Realienbuch

herausgegeben von

Dr. M. Franke und **Prof. Dr. O. Schmeil**
Stadtschulrat in Magdeburg — Rektor a. D. in Heidelberg

unter Mitwirkung von

R. Lehmann, **P. Lorenz** und **Th. Szymanski**
Lehrer in Magdeburg — Stadtschulrat in Flensburg — Seminarlehrer in Fulda

Mit zahlreichen Abbildungen nach Originalzeichnungen von W. Heubach, A. Wagner und K. Bauer, sowie mit 5 farbigen Geschichtskarten

Ausgabe A

Dreizehnte Auflage

Springer Fachmedien Wiesbaden GmbH 1921

ISBN 978-3-663-15268-2 ISBN 978-3-663-15833-2 (eBook)
DOI 10.1007/978-3-663-15833-2

Softcover reprint of the hardcove 13rd edition 1921

Inhaltsübersicht.

I. Geschichte.

Seite

A. Die alten Deutschen 1

B. Die deutschen Stämme bis zur Entstehung eines Deutschen Reiches:
- I. Römer und Deutsche 6
- II. Die Völkerwanderung 9
- III. Das Reich der Franken 12
- Mohammed 14
- IV. Bonifatius 15
- V. Karl der Große 17

C. Deutschland bis zum Untergange der Hohenstaufen:
- I. Heinrich I. 21
- II. Otto der Große 23
- III. Heinrich IV. 25
- IV. Friedrich I. 29
- V. Die Kreuzzüge 32

D. Deutschland vom Untergange der Hohenstaufen bis zur Reformation:
- I. Das Mittelalter: 1. Die Kirche. 2. Entwicklung der Berufsstände (die Fürsten, der Adel, der Bauernstand, der Bürgerstand). 3. Mittelalterliches Leben 34
- II. Rudolf von Habsburg 49
- III. Entdeckungen und Erfindungen . 50

E. Deutschland von der Reformation bis zum Westfälischen Frieden:
- I. Die Reformation 55
- II. Der Bauernkrieg 58
- III. Karl V. und die Reformation . . 59
- IV. Die Reformation in anderen Ländern 62
- V. Der Dreißigjährige Krieg 63

F. Deutschland vom Westfälischen Frieden bis zur Auflösung des Reiches:
- I. Vorgeschichte der Mark Brandenburg 71
- II. Die hohenzollernschen Kurfürsten von Brandenburg bis zum Jahre 1640 73
- III. Friedrich Wilhelm, der Große Kurfürst 76
- IV. Friedrich III. (I.) 82
- V. Friedrich Wilhelm I. 85
- VI. Friedrich der Große 89
- VII. Friedrich Wilhelm II. 99
- VIII. Napoleon I. und der Untergang des Deutschen Reiches 102

G. Der Deutsche Bund und das neue Deutsche Reich:
- I. Friedrich Wilhelm III. 103
- II. Friedrich Wilhelm IV. 118
- III. Wilhelm I., der erste Deutsche Kaiser aus dem Hause Hohenzollern . . 122
- IV. Kaiser Friedrich III. 139
- V. Kaiser Wilhelm II. 141

Zeittafel 148

Sachregister 150

Kartenbeilagen: I. Das Römische Reich. — IIa. Europa am Ende der Völkerwanderung. — IIb. Das Reich der Karolinger und die Teilung von Verdun. — III. Deutschland nach dem Dreißigjährigen Kriege. — IV. Geschichtliche Entwicklung Preußens.

II. Erdkunde.

Europa.

A. Deutschland.

I. Die deutschen Meere und das deutsche Tiefland. Seite

1. Die Nordsee 1
2. Die Ostsee 6
3. Das ostdeutsche Tiefland 8
4. Das westdeutsche Tiefland 19
5. Politische Verhältnisse 22

II. Das Mitteldeutsche Gebirgsland.

1. Das Schlesische Gebirgsland (Sudeten) 23
2. Das Sächsische Gebirgsland 25
3. Das Thüringische Bergland 28
4. Der Harz und sein nördliches Vorland 29
5. Das Hessische und das Weserbergland 30
6. Das Rheinische Schiefergebirge 32

III. Das Südwestdeutsche Gebirgsland.

1. Die Oberrheinische Tiefebene . . . 36
2. Das Lothringische Stufenland und seine Umwallung 38
3. Das Schwäbisch-Fränkische Stufenland und seine Umwallung 39
4. Politische Verhältnisse 42

IV. Die Oberdeutsche Hochebene und ihre Umwallung.

1. Der Böhmisch-Bayrische Wald . . . 43
2. Die Oberdeutsche Hochebene 43
3. Die Alpen 45
4. Politische Verhältnisse 46

V. Übersicht über Deutschland und seine wirtschaftlichen Verhältnisse.

1. Gestalt des Bodens 46
2. Gewässer 46
3. Klima 46
4. Bevölkerung 46
5. Wirtschaftliche Verhältnisse 48

VI. Rückblick auf die Staaten des Deutschen Reiches 51

B. Die außerdeutschen Länder von Europa.

Seite

1. Die Alpen 56
2. Die Schweiz 60
3. Österreich-Ungarn 62
4. Rumänien 67
5. Die Balkan-Halbinsel 67
6. Die Apennin-Halbinsel 69
7. Die Pyrenäen-Halbinsel 72
8. Frankreich 75
9. Belgien 79
10. Luxemburg 80
11. Die Niederlande (Holland) 80
12. Die Britischen Inseln 81
13. Dänemark 84
14. Skandinavien 85
15. Rußland 87

C. Europa als Erdteil.

1. Verhältnis zum Erdganzen 90
2. Gliederung 90
3. Klima 91
4. Kultur 91

Die außereuropäischen Erdteile.

A. Asien.

1. Verhältnis zum Erdganzen 91
2. Gliederung und Klima 91

I. Die Monsunländer und Innerasien.

1. China 92
2. Japan 96
3. Vorderindien 98
4. Hinterindien und Malaiische Inseln . 100

II. Südwest- oder Vorderasien.

1. Iran 101
2. Armenien 102
3. Kleinasien 103
4. Kaukasien 104
5. Mesopotamien 104
6. Syrien 105
7. Arabien 106

III. Nordwestasien.

1. Turan 107
2. Kirgisensteppe 107
3. Sibirien 107

B. Afrika.

1. Verhältnis zum Erdganzen 109
2. Gliederung 110

Seite

I Nordafrika.

1. Die Atlasländer 110
2. Die Sahara 110
3. Die Nilländer 111
4. Der Sudan. 113
5. Die deutschen Kolonien Togo und Kamerun 114

II. Südafrika.

1. Das Kongobecken 115
2. Deutsch-Ostafrika 115
3. Britisch-Südafrika 117
4. Deutsch-Südwestafrika 118

III. Die afrikanischen Inseln. . . . 118

C. Amerika.

1. Verhältnis zum Erdganzen. 119
2. Gliederung. 119

I. Nordamerika.

1. Der eisige Norden. 119
2. Das westliche Gebirgsland 120
3. Das östliche Gebirgsland und das Tiefland am Atlantischen Ozean . . 121
4. Das mittlere Tiefland 122
5. Politische Verhältnisse 124

II. Mittelamerika und Westindien

1. Mittelamerika 124
2. Westindien. 125

III. Südamerika.

1. Das westliche Gebirgsland 125
2. Die östlichen Bergländer und das mittlere Tiefland 127

D. Australien.

1. Das Festland 128
2. Die Inseln 129
3. Deutsche Besitzungen 131
Vergleichende Darstellung der Erdteile und der Deutschen Kolonien 131

Himmelskunde.

I. Was wir am Himmel beobachten.

1. Gesichtskreis (Horizont) 132
2. Himmelsgegenden 132
3. Die scheinbare Bewegung der Sonne. 132
4. Der Fixsternhimmel 134
5. Der Mond 134
6. Sonnen- und Mondfinsternis 140
7. Kalender 141

II. Wie sind diese Erscheinungen zu erklären?

1. Kugelgestalt der Erde 135
2. Einteilung der Erdoberfläche 135
3. Bewegung der Erde 137
4. Bewegung des Mondes 139
5. Beschaffenheit des Mondes 140

III. Von den Sternen.

1. Fixsterne. 142
2. Planeten. 142
3. Kometen 142
4. Sternschnuppen 142

IV. Was wir von der Entstehung der Erde wissen.

A. Die Erdrinde. 143
B. Die Gesteine der Erdrinde 143
C. Von der Umgestaltung der Erdoberfläche 144

III. Naturgeschichte.

Tierkunde.

Seite

1. Kreis. Wirbeltiere.

1. Klasse. Säugetiere.

1. Ordnung. Affen: 1. Orang-Utan, Gorilla, Schimpanse, Meerkatzen, türkischer Affe 1
2. O. Raubtiere: 1. Hauskatze, Löwe, Königstiger. 2. Haushund, Wolf, Fuchs. 3. Marder, Iltis, Wiesel, Dachs, Fischotter. 4. Brauner Bär, Eisbär 2
3. O. Flattertiere: Großohrige Fledermaus . . . 9
4. O. Insektenfresser: Maulwurf, Igel 10
5. O. Nagetiere: 1. Eichhörnchen. 2. Hase. 3. Kaninchen, Hamster, Mäuse, Ratten 12
6. O. Rüsseltiere: Indischer und afrikanischer Elefant 15
7. O. Paarzeher: 1. Unterord. Nicht wiederkäuende P.: Wildschwein, Hausschwein 16
2. Unterord. Wiederkäuende P. oder Wiederkäuer: 1. Rind, Schaf, Ziege, Gemse. 2. Reh, Hirsch, Renntier. 3. Ein- u. zweihöckeriges Kamel 18
8. O. Unpaarzeher: Pferd, Esel 23
9. O. Wale: Blau- oder Riesenwal 24
10. O. Flossenfüßler oder Robben: Seehund . . . 25

2. Klasse. Vögel.

1. Ordnung. Raubvögel: 1. Mäusebussard, Hühnerhabicht, Sperber, Steinadler. 2. Schleiereule, Steinkauz 26
2. O. Klettervögel: Buntspecht, Grünspecht, Kuckuck 28
3. O. Singvögel: 1. Schwalben. 2. Sperling, Fink, Kanarienvogel, Lerche, Nachtigall, Schwarzdrossel, Kohlmeise, Star, Saatkrähe. . 29
4. O. Tauben: Haustaube . 32
5. O. Hühnervögel: Haushuhn, Perlhuhn, Truthuhn, Pfau, Rebhuhn 33
6. O. Laufvögel: Strauß . 34
7. O. Stelzvögel: Storch . 34
8. O. Schwimmvögel: Ente, Gans, Schwan 35
Das Gefieder der Vögel . . 36

3. Klasse. Kriechtiere.

1. Ordnung. Eidechsen: Zauneidechse, Blindschleiche, Krokodil 36
2. O. Schlangen: 1. Ringelnatter. 2. Kreuzotter . . 38
3. O. Schildkröten: Teichschildkröte 39

4. Klasse. Lurche.

Wasserfrosch, Landfrosch, Kröte, Laubfrosch 40

5. Klasse. Fische.

1. Karpfen, Weißfische, Goldfisch, Karausche, Schleie, Aal. 2. Hecht, Flußbarsch, Lachs, Forelle. 3. Hering, Sprotte, Sardine, Sardelle, Kabeljau oder Dorsch, Schellfisch . . . 42

2. Kreis. Gliederfüßler.

1. Klasse. Kerbtiere oder Insekten.

1. Maikäfer, Apfelblütenstecher oder Brenner, Borkenkäfer, Goldschmied, Marienkäfer. 2. Kohlweißling. 3. Seidenspinner, Kiefernspinner, Nonne, Goldafter, Ringelspinner, Frostspanner, Apfelwickler, Pelz- od. Kleidermotte. 4. Honigbiene, Hummeln, Wespen. 5. Waldameise. 6. Stubenfliege, Stechmücke, Flöhe, Bettwanze, Läuse, Blattläuse, Blutlaus, Reblaus 45

2. Klasse. Spinnentiere.

Kreuzspinne, Milben 54

3. Klasse. Krebse.

Flußkrebs 55

3. Kreis. Weichtiere.

1. Klasse. Schnecken.

Weinbergschnecke 56

2. Klasse. Muscheln.

Flußmuschel, Perlmuscheln, Auster, Miesmuschel, Herzmuschel 58

4. Kreis. Würmer.

1. Regenwurm. 2. Trichine. 3. Rinder- u. Hundebandwurm 59

5. Kreis. Hohltiere.

1. Süßwasserpolyp, 2. Edelkoralle. 3. Badeschwamm . . 61

Menschenkunde.

1. Das Knochengerüst . . . 62
2. Die Muskeln 65
3. Die Nerven 65
4. Die Sinneswerkzeuge . . . 66
5. Die Atmung 69
6. Das Blut u. d. Blutkreislauf 72
7. Die Verdauung 74
8. Die Ausscheidungswerkzeuge 77

Pflanzenkunde.

1. Abteilung. Blüten- oder Samenpflanzen.

1. Klasse.

Bedecktsamige Pflanzen.

1. Unterklasse. Zweikeimblättrige Pflanzen.

1. Familie. Hahnenfußgewächse: 1. Scharbockskraut, Busch-Windröschen, Hahnenfußarten, Sumpfdotterblume 79
2. F. Kreuzblütler: Raps, Kohl, Senf, Gartenrettich, Ackersenf, Hedrich, Hirtentäschelkraut, Wiesen-Schaumkraut 80
3. F. Veilchengewächse: Veilchen, Stiefmütterchen . 83
4. F. Roßkastaniengewächse: Roßkastanie . . . 85
5. F. Leingewächse: Lein oder Flachs 87
6. F. Weinrebengewächse: Weinstock 87
7. F. Doldengewächse: Möhre oder Mohrrübe, Petersilie, Kümmel, Dill, Fenchel, Anis, Gartenkerbel, Sellerie, Hundspetersilie, Schierlingsarten 89
8. F. Rosenartige Gewächse: 1. Birnbaum, Apfelbaum, Süßkirschbaum, Sauerkirsche, Pflaume, Zwetsche, Aprikose, Pfirsiche. 2. Hunds-

Seite

rose, edle Rose, Erdbeere, Himbeere, Brombeere, Johannisbeere, Stachelbeere 92

9. F. Schmetterlingsblütler: 1. Gemüsebohne. 2. Erbse, Linse, Klee, Luzerne, Esparsette, Lupine, Saatwicke, Pferde- oder Saubohne, Goldregen, Robinie oder falsche Akazie 94

10. F. Schlüsselblumengewächse: Schlüsselblume . 98

11. F. Nachtschattengewächse: 1. Kartoffel, 2. Nachtschattenarten, Tollkirsche, Tabak, Bilsenkraut, Stechapfel 99

12. F Lippenblütler: Taubnessel, Bohnenkraut, Majoran, Thymian, Salbei . 102

13. F. Kürbisgewächse: Kürbis, Gurke 104

14. F. Korbblütler: Sonnenrose, Salat, Aster, Georgine, Kornblume, Kamille, Löwenzahn, Zichorie, Gänseblümchen, Wucherblume, Schafgarbe, Disteln 104

15. F. Becherfrüchtler: Haselnußstrauch, Eiche, Buchen, Birke, Erle, Rüster, Walnuß 106

16. F. Weidengewächse: Sal- oder Palmweide, Pappeln 108

2. Unterklasse. Einkeimblättrige Pflanzen.

17. F. Liliengewächse: Tulpe, Hyazinthe, Kaiserkrone, Lilie, Schneeglöckchen, Narzisse, Krokus,

Seite

Zwiebel, Schnittlauch, Knoblauch, Porree, Spargel, Maiblume, Herbstzeitlose 110

18. F. Gräser: 1. Roggen, 2. Weizen, Gerste, Hafer, Mais, Quecke 112

2. Klasse. Nacktsamige Pflanzen.

19. F. Nadelhölzer: Kiefer, Fichte, Tanne 116

2. Abteilung. Blütenlose oder Sporenpflanzen.

1. Klasse. Farne.

Wurmfarn 118

2. Klasse. Moose.

Goldenes Frauenhaar . . . 119

3. Klasse. Algen . 121

4. Klasse. Pilze.

1. Feld-Champignon. 2. Eßbare, giftige u. schmarotzende Pilze: Knollenblätterpilz, Fliegenpilz, Gelbling, Pfifferling od. Eierpilz, Reizker, zottiger Reizker, Steinpilz, Habichtschwamm od. Rehpilz, Ziegenbart od. Hahnenkamm, Boviste, Morcheln, Mutterkorn, Rostpilze, Kartoffelpilz, Meltaupilze, Schimmel. 3. Spaltpilze 122

Anhang.

I. Ausländische Nutzpflanzen.

Kaffeepflanze, Teestrauch, Kakaobaum, Reis, Zuckerrohr,

Seite

Ölbaum, Pfefferstrauch, Zimtbaum, Muskatnußbaum, Gewürznelkenbaum, Vanille, Baumwolle, Federharz- oder Kautschukbäume 127

II. Vom Bau und Leben der Pflanze.

1. Vom Bau u. Leben der Zelle 131

Zelle, Protoplasma, Zellsaft.

2. Vom Bau und Leben des Blattes 132

Baustoffe der Pflanze, Aneignung der Nährsalze, Aneignung des Kohlenstoffes, Bedeutung des Blattgrüns, die Pflanze und das Licht, Durchlüftung des Blattes, die erzeugten Pflanzenstoffe, Verdunstung.

3. Vom Bau und Leben der Wurzel 135

Aufgaben der Wurzel, Wurzelhaare.

4. Vom Bau und Leben des Stammes 136

Stamm der Holzgewächse, Wasserleitung im Stamme, Bekleidung des Stammes, Veredeln der Holzgewächse.

5. Vom Bau und Leben der Blüte 137

Bestäubung, Befruchtung.

6. Vom Bau und Leben der Frucht und des Samens . 138

IV. Naturlehre.

A. Physik.

Seite

I. Von der Ruhe und der Bewegung der Körper (Mechanik) . . . 1

1. Von den festen Körpern 1

1. Schwerkraft. 2. Gewicht. 3. Schwerpunkt. 4. Standfestigkeit. 5. Ruhe, Bewegung und Geschwindigkeit. 6. Beharrung. 7. Reibung. 8. Der freie Fall. 9. Der Hebel. 10. Der gleicharmige Hebel. 11. Der ungleicharmige Hebel. 12. Der einarmige Hegel. 13. Die Brückenwage. 14. Die feste Rolle. 15. Die bewegliche Rolle. 16. Der Flaschenzug. 17. Das Rad an der Welle. 18. Die schiefe Ebene. 19. Der Keil. 20. Die Schraube. 21. Das Pendel. 22. Die Wanduhr.

2. Von den flüssigen Körpern 14

1. Die Oberfläche der Flüssigkeiten. 2. Verbundene Gefäße. 3. Haarröhrchen. 4. Der Druck der Flüssigkeiten. 5. Der Gewichtsverlust eingetauchter Körper. 6. Das spezifische Gewicht. 7. Die Senkwage.

3. Von den luftförmigen Körpern (Gasen) . . 18

1. Die Luft ist ein Körper. 2. Der Druck der Luft. 3. Die Spannkraft der Luft. 4. Der Blasebalg. 5. Der Stechheber. 6. Der Saugheber. 7. Die Saugpumpe. 8. Die Druckpumpe. 9. Der Windkessel. 10. Die Feuerspritze. 11. Die Hahnluftpumpe. 12. Das Barometer. 18. Vom Wetter. 14. Der Auftrieb der Luft und die Luftschiffahrt.

II. Von der Wärme 26

1. Quellen der Wärme. 2. Ausdehnung der Körper durch die Wärme. 3. Wie wir die Wärme messen. 4. Das Thermometer. 5. Verhalten des Wassers. 6 Strömung der Luft. 7. Schmelzen und Erstarren. 8. Sieden und Verdampfen des Wassers. 9. Dampfspannung. 10. Dampfmaschine. 11. Verdunsten des Wassers. 12. Feuchtigkeit der Luft. 13. Atmosphärische Niederschläge. 14. Leitung der Wärme. 15. Strahlung der Wärme. 16. Wirkung der Sonnenstrahlen.

III. Vom Schalle 36

1. Arten des Schalles. 2 Entstehung des Schalles. 3. Leitung des Schalles. 4. Geschwindigkeit des Schalles. 5. Zurückwerfung des Schalles. 6. Musikinstrumente. 7. Der Schall als Kraft.

Seite

IV. Vom Lichte 40

1. Lichtquellen. 2. Dunkle Körper. 3. Ausbreitung des Lichtes. 4. Der Schatten. 5. Geschwindigkeit des Lichtes. 6. Zurückwerfung des Lichtes. 7. Dämmerung. 8. Ebene Spiegel. 9. Der Hohlspiegel. 10. Brechung des Lichtes. 11. Die erhabene Linse. 12. a) Das Mikroskop. b) Das Fernrohr. c) Der photographische Apparat. 13. Das Auge und die Brillen. 14. Die Zerlegung des Lichtes in Farben. 15. Der Regenbogen.

V. Vom Magnetismus 49

1. Magnetische Anziehung. 2. Die Pole des Magneten. 3. Der Kompaß. 4. Wechselwirkung zweier Magnete. 5. Das magnetische Verhalten der Erde. 6, Innere Beschaffenheit des Magneten. 7. Magnetische Verteilung.

VI. Von der Elektrizität 51

1. Von der Reibungselektrizität 51

1. Merkmale eines elektrischen Körpers. 2. Arten der Elektrizität. 3. Leitung der Elektrizität. 4. Elektrische Verteilung (Influenz). 5. Der Elektrizitätanzeiger oder das Elektroskop. 6. Sitz und Ausbreitung der Elektrizität an der Außenfläche eines Leiters. 7. Elektrische Spannung. 8. Ausströmen der Elektrizität durch Spitzen. 9. Die Elektrisiermaschine. 10. Das Gewitter. 11. Der Blitzableiter. 12. Die Leidener Flasche.

2. Von der strömenden Elektrizität (Galvanismus) 58

1. Wie die strömende Elektrizität entsteht. 2. Wie der galvanische Strom auf den menschlichen Körper wirkt. 3. Elektrisches Glühlicht. 4. Elektrisches Bogenlicht. 5. Chemische Wirkungen des galvanischen Stromes (Ausscheidung von Metallen). 6. Ablenkung der Magnetnadel. 7. Elektrische Maßeinheiten.

3. Vom Elektromagnetismus und seiner Verwendung 62

1. Elektromagnetismus. 2. Die elektrische Klingel. 3. Der elektromagnetische Telegraph oder Fernschreiber.

4. Von der Induktionselektrizität und ihrer Verwendung 66

1. Entstehung von Induktionsströmen. 2. Der Fernsprecher (das Telephon). 3. Die Dynamomaschine. 4. Die elektrische Bahn. 5. Die Funkentelegraphie.

Seite

B. Chemie und Mineralogie.

I. Von der Luft 69

1. Eigenschaften der Luft. 2. Die wichtigsten Bestandteile der Luft. 3. Der Stickstoff. 4. Physikalische und chemische Vorgänge. 5. Darstellung des Sauerstoffes. 6. Mechanisches Gemenge, chemische Verbindung, Element. 7. Eigenschaften und Vorkommen des Sauerstoffes. 8. Bedeutung des Sauerstoffes.

II. Vom Wasser 72

1. Vorkommen und Eigenschaften. 2. Hartes und weiches Wasser. 3. Vom Trinkwasser. 4. Die Zusammensetzung des Wassers. 5. Der Wasserstoff. 6. Ammoniak. 7. Salpeter und Salpetersäure.

III. Vom Feuer und von der Heizung 75

1. Entzündungswärme. 2. Die Flamme. 3. Die Heizung.

IV. Von den Heizstoffen 77

1. Der Kohlenstoff. 2. Die Holzkohle. 3. Das Verkohlen der Pflanzenstoffe in der Natur (Torf, Braunkohle, Steinkohle). 4. Graphit und Diamant. 5. Die Kohlensäure. 6. Das Kohlenoxyd.

V. Von den Beleuchtungsstoffen . . 80

1. Das Steinöl (Petroleum). 2. Das Leuchtgas.

VI. Schwefel und Phosphor . . . 81

1. Der Schwefel. 2. Schweflige Säure. 3. Schwefelsäure. 4. Der Phosphor.

VII. Das Kochsalz und andere Salze 83

1. Das Kochsalz. 2. Die Soda. 3. Die Pottasche. 4. Das Chlor. 5. Die Salzsäure.

Seite

VIII. Kalk und Gips 85

1. Der Kalkstein (Kreide, Marmor, Mörtel). 2. Der Gips (Alabaster, Marienglas).

IX. Glas- und Tonwaren . . . 87

1. Der Quarz. 2. Die Glasbereitung. 3. Der Ton. 4. Die Porzellanerde. 5. Der Töpferton. 6. Der Lehm (Löß, Mergel).

X. Granit, Porphyr, Basalt . . 89

XI. Von den Metallen 89

1. Die Edelmetalle 89
   1. Das Gold. 2. Das Silber. 3. Das Platin.
2. Die unedlen Metalle 90
   1. Das Quecksilber. 2. Das Nickel. 3. Das Kupfer. 4. Das Blei. 5. Das Zinn. 6. Das Zink. 7. Das Eisen.

XII. Von den Nährstoffen . . . 92

1. Der Zucker. 2. Die Stärke. 3. Das Eiweiß. 4. Die Fette. 5. Die Seifenbereitung.

XIII. Von einigen Nahrungs- und Genußmitteln 95

1. Die Milch. 2. Das Ei. 3. Das Fleisch. 4. Die pflanzlichen Nahrungsmittel. 5. Die Gewürze.

Zusammensetzung wichtiger Nahrungsmittel . 97

XIV. Von der Gärung 97

1. Die geistige Gärung. 2. Die Spiritusbereitung (Branntweinbrennerei). 3. Die Bierbrauerei. 4. Die Weinbereitung. 5. Die Essiggärung. 6. Die Brotbereitung.

XV. Von der Lederbereitung . . 100

I. Geschichte.

A Die alten Deutschen.

1. **Aus Deutschlands Vorzeit.** Schon in ferner Vorzeit war das deutsche Land von Menschen bewohnt. Keine Geschichte jedoch, kein Lied gibt von ihnen Kunde; nur ihre Grabstätten findet man noch. Außer Tongefäßen enthalten die ältesten Gräber Beile, Messer und Pfeilspitzen, die mühsam aus Stein oder Horn angefertigt worden sind. In jüngeren Gräbern finden sich Waffen, Geräte und Schmuckgegenstände aus Bronze, einer Mischung von Kupfer und Zinn. Eisen verstand man nämlich in jenen Zeiten noch nicht zu schmieden. Die Bronzegeräte tauschten unsre Vorfahren von Kaufleuten, die vom Mittelländischen Meere zu ihnen kamen, gegen Bernstein ein. Durch diese wissen wir auch, daß die alten Deutschen damals an den Küsten der Nord- und Ostsee wohnten. Später haben sie die Norddeutsche Tiefebene vom Rheine bis zur Weichsel in Besitz genommen. Schließlich sind sie auch über das deutsche Mittelgebirge nach Süddeutschland vorgedrungen.

2. **Das deutsche Land.** Der größte Teil Deutschlands war mit Urwäldern bedeckt, in denen Bär, Wolf, Elch, Auerochs und anderes Wild hausten. Die Gewässer waren fischreich und mit allerlei Wasservögeln belebt. Häufig fielen so gewaltige Regengüsse, daß die Flüsse die Wassermengen nicht faßten und das Land weithin überschwemmten. Da die Sonnenstrahlen durch das dichte Laubdach der Bäume nicht hindurchdrangen, konnte das Wasser nicht verdunsten. Auf diese Weise entstanden ungeheure Sümpfe, durch die der Verkehr der Menschen in hohem Maße erschwert wurde. Es gab aber auch ausgedehnte Grasflächen, die sich vortrefflich zur Viehzucht eigneten. Das Klima war rauh und nebelig; im Winter traten oft harte Fröste ein.

3. **Die alten Deutschen.** a) Körpergestalt. Unsre Vorfahren waren ein starkes und stolzes Volk. Sie hatten blaue, trotzig blickende Augen und rötliches Haar, das auf dem Scheitel zusammengebunden war und lang herabwallte. Wegen ihrer Körperkraft und Tapferkeit wurden sie von den Nachbarn gefürchtet. An Anstrengungen und rauhes Wetter waren sie gewöhnt; Hitze und Durst ertrugen sie weniger gut.

b) Kleidung. Ihre Kleidung bestand aus grober Wolle und Leinwand, die die Frauen selbst webten, oder auch aus Leder. Der Mann trug kurze, bis an die Knie reichende Hosen und einen derben Rock. Die Frau kleidete sich in ein hemdartiges, mit roten Kanten verziertes Gewand, das durch einen Gürtel zusammengehalten wurde. Dazu kam für beide Geschlechter ein mantelartiges Tuch aus farbiger Wolle, das mit Spangen auf der Schulter befestigt wurde, sowie Pelzwerk. Als Schmuck verwendete man metallene Arm- und Fingerringe; die Frauen liebten auch Halsketten aus Bernstein oder Tonperlen.

c) Bewaffnung. Alle Arbeit in Haus und Feld blieb den Frauen und den Knechten überlassen. Krieg und Jagd waren die einzigen Beschäftigungen, die des

Mannes würdig erschienen. Als **Hauptwaffe** gebrauchte man einen Eschenspeer mit schmaler Metallspitze. Er wurde auf große Entfernung geschleudert, war aber auch für den Nahkampf geeignet. Außerdem verwandte man Keule, Bogen und Pfeile. Schwerter waren nicht allgemein im Gebrauch, und nur wenige Wohlhabende besaßen einen Helm oder Harnisch von Metall. Der Schild bestand aus Holz oder Flechtwerk und war mit Fell überzogen. Auf das Haupt setzte man den Schädel eines Bären, eines Wolfes oder eines andern wilden Tieres. Er diente als Schutz und gab seinem Träger ein furchtbares Aussehen. Die Rosse der alten Deutschen waren nicht schön, aber schnell und ausdauernd. Die Hauptmasse der Krieger zog zu Fuß in den Streit. Den Reitern gab man nicht selten gewandte, zu Fuß kämpfende Leute bei, von denen sie in der Schlacht unterstützt wurden. Das Heer stellte sich in Form eines Keiles auf, an

Auf der Jagd.

dessen Spitze sich die tapfersten Männer befanden. Die Verwandten kämpften am liebsten nebeneinander. Wer ohne Schild aus der Schlacht heimkehrte, galt als ehrlos. Die Knaben wurden von Jugend auf in den Waffen geübt. Bei Opfern und Gelagen führten Jünglinge zwischen Schwertern, die mit der Spitze nach oben in die Erde gesteckt waren, gefährliche Tänze auf.

4. **Haus und Hof.** Die **Gehöfte** der alten Deutschen lagen einzeln, wo eine Quelle, ein Hain oder ein zum Ackerbau geeignetes Stück Land zur Niederlassung eingeladen hatte. Später siedelten sich oft mehrere verwandte Familien, eine „Sippe", gemeinsam an und rodeten zusammen den Wald für den Landbau. So entstanden Gruppen von Hofstätten, die **Dörfer**. Die **Häuser** waren aus Baumstämmen fest zusammengefügt, mit Lehm verstrichen und rot oder gelb getüncht. Der Ehrenplatz im Hause war der erhöhte Sitz am Herde. Von hier aus zogen sich an den Wänden einfache Holzbänke hin, die auch als Nachtlager dienten. Das Licht empfingen die Häuser meist durch die Tür. Die Fensteröffnungen, die bei Regen und Kälte durch Holzläden geschlossen wurden, waren

klein, und Glas war noch unbekannt. Bei jeder Hofstätte befand sich ein gesondert stehendes, kleines Badehaus. Im Winter suchte man zuweilen in Erdgruben, die mit Dünger bedeckt waren und sonst als Keller dienten, Schutz gegen die Kälte. Die Gehöfte waren mit Pfahlwerk umgeben. Sie wurden von Hunden bewacht, die man auch beim Weiden des Viehes und zur Jagd brauchte. Städte gab es nicht. Bei Kriegsnot suchte man in Wäldern oder in Ringwällen, die auf steilen Bergen angelegt waren, mit den Haustieren und der besten Habe Zuflucht vor den Feinden.

5. **Viehzucht und Ackerbau.** Die alten Deutschen lebten hauptsächlich von der Viehzucht. Zahlreichen Rindern, Pferden und Schafen bot das Land Nahrung. Herden von Schweinen mästeten sich in den Eichen- und Buchenwäldern. Ackerbau wurde nur wenig getrieben. Man baute Hafer, Gerste, Roggen, Hirse und Flachs an; auch Erbsen, Bohnen, Rüben und Rettiche waren bekannt. Feineres Gemüse jedoch und edles Obst fehlten. Aus der Gerste braute man Bier; aus Honig bereitete man ein anderes berauschendes Getränk, den Met. Die Nahrung bestand gewöhnlich aus Milch und Haferbrei, dem Fleische der Herdentiere und des Wildes sowie aus Fischen. Das Ackerland gehörte meist der ganzen Sippe. Jedem Hausvater wurden alljährlich einzelne Landstücke in den verschiedenen Teilen der Flur zugewiesen. Die Weiden blieben gemeinsam. Auch durfte jeder im Walde jagen und Holz schlagen sowie in den Gewässern fischen. Später ging ein großer Teil des Ackerlandes in den Besitz des einzelnen über.

6. **Die Stände.** Außer den freien Deutschen, die Haus und Hof sowie Anteil am Gemeindelande besaßen, gab es noch Hörige und Unfreie. Einzelne Freie, die sich durch Tapferkeit auszeichneten und große Viehherden besaßen, genossen hohes Ansehen. Aus ihnen entstand allmählich der Adel. Die „Edelinge" hatten aber keine Vorrechte und bildeten keinen besonderen Stand. Die Hörigen erhielten von einem Freien ein Stück Land zur Bewirtschaftung. Dafür mußten sie ihm einen Teil der Ernte abgeben, seine Äcker bearbeiten und seine Herden bewachen. Manche Hörige waren geschickte Schmiede, Zimmerleute und Töpfer. Die Schmiedekunst, die als besonders ehrenvoll galt, wurde nicht selten auch von Freien ausgeübt. Die Unfreien waren gewöhnlich Kriegsgefangene oder deren Nachkommen. Sie mußten umsonst arbeiten, wurden aber gut behandelt.

7. **Stammeseinteilung.** Mehrere Sippen bildeten eine Hundertschaft. (Hundert bedeutet aber hier nur eine unbestimmte größere Anzahl.) Mehrere Hundertschaften machten einen Gau, mehrere Gaue den Volksstamm aus. Solcher Stämme gab es viele. Manchmal vereinten sich mehrere von ihnen zu gemeinsamen Opferfeiern; meist aber lebten sie in Unfrieden miteinander. Diese Uneinigkeit machten sich fremde Völker oft zunutze, um in deutsches Gebiet einzufallen.

8. **Volksversammlungen.** Die meisten Stämme waren ohne Könige und Fürsten. Bei Neu- und Vollmond versammelten sich die Freien zu Beratungen. Alle erschienen dazu in vollem Schmuck der Waffen. Der Stammespriester opferte den Göttern und sorgte für Ruhe und Ordnung. Diese Volksversammlungen berieten über Krieg und Frieden. Zum Zeichen des Beifalls schlugen die Männer die Wurfspieße aneinander, daß sie hell erklangen; Mißfallen gab man durch Murren zu erkennen. War ein Krieg beschlossen worden, so wurde ein Anführer gewählt, der dem Heere voranzog. Wenn der Krieg beendigt war, hörte die Würde des „Herzogs" wieder auf. Herangewachsenen Jünglingen wurde auf den Volksversammlungen feierlich Speer und Schild überreicht. Nun durften sie an den Beratungen teilnehmen und mußten mit in den Krieg ziehen. Auch Gerichte wurden auf den Volksversammlungen abgehalten. Hatte sich ein Volksgenosse gegen die Sicher-

heit oder das Wohl des Stammes schwer vergangen, so wurde er den Göttern als Opfer dargebracht. Landesverräter wurden gehängt, Feiglinge in einem Sumpfe erstickt.

9. **Rechtspflege.** Die Freien der einzelnen Hundertschaften und Gaue versammelten sich von Zeit zu Zeit, um über Streitigkeiten zu entscheiden. Hatte jemand einen Menschen erschlagen, so trachteten ihm die Verwandten des Toten nach dem Leben (Blutrache!). Er konnte sich aber durch ein „Wergeld" loskaufen, das in Rindern oder Pferden an die Sippe des Toten gezahlt wurde. War der Getötete ein Freier, so bestand das Wergeld manchmal aus großen Herden. Für Hörige war es erheblich niedriger; für einen Unfreien brauchte nur Ersatz geleistet zu werden. Wurde das Wergeld nicht gezahlt, so mußte der Schuldige fliehen. Nicht selten wurde er aus seiner Sippe ausgestoßen und für friedlos erklärt, so daß ihn niemand aufnehmen, aber jedermann töten durfte.

10. **Sitten und Gebräuche.** Bei den alten Deutschen galten gute Sitten mehr als bei andern Völkern Gesetze. Das Wort des Mannes wurde höher geschätzt als bei andern der Eid. Die Ehe wurde als heiliger Bund betrachtet; der Freie wählte aber nur die Tochter eines Freien zur Lebensgefährtin. Die Braut wurde von den Angehörigen gekauft, manchmal auch geraubt. Die Hausfrau nahm eine sehr angesehene Stellung ein, mußte aber auch allen Arbeiten vorstehen. Da das Brauen und Schlachten, das Spinnen und Weben im Hause verrichtet wurde, war sie mit den Knechten und Mägden von früh bis spät unermüdlich tätig. Besondere Zeit und Mühe erforderte das tägliche Mahlen des Getreides und die Anfertigung der Bekleidung. Die Deutschen sahen in den Frauen etwas Heiliges und hörten gern auf ihre Ratschläge.

Unbeschränkt wurde die Gastfreundschaft geübt. Der ankommende Gast wurde über die Schwelle des Hauses geleitet und von der Hausfrau mit einem Kusse willkommen geheißen. Man versah ihn, wenn es nötig war, mit trockener Kleidung, wies ihm einen Sitz am Herdfeuer an und bewirtete ihn mit dem Besten, was im Hause vorhanden war. Er galt als unverletzlich und stand unter dem besonderen Schutze des Hausherrn. Beim Abschiede erhielt er noch ein Geschenk.

Die Freiheit liebten die Deutschen so sehr, daß in Kriegsnöten die Frauen manchmal ihre Kinder und sich selbst töteten, um nicht mit ihnen in Knechtschaft zu geraten.

Den Tugenden standen aber auch Laster gegenüber. Wenn die Männer nicht auf einem Kriegszuge oder auf der Jagd waren, so feierten sie gern Gelage. Dabei hielten sie im Trinken vielfach nicht Maß und ergaben sich dem Würfelspiele. In der Leidenschaft verspielten sie dann wohl Vieh und Äcker, ja Frau und Kinder und ihre eigene Freiheit, so daß sie das Gelage als Unfreie verließen. Solche Unfreie behielt man nicht gern in dem Gaue; man verkaufte sie in ferne Gegenden.

Die Toten wurden begraben oder auf Scheiterhaufen verbrannt. Dem Manne gab man seine Waffen mit und tötete sein Pferd sowie seine Knechte. Die Frau wurde in ihrem besten Schmuck und mit allerlei Hausgerät bestattet.

11. **Religion.** Die alten Deutschen waren Heiden, glaubten aber an ein Fortleben der Seele und an eine Wiedervergeltung nach dem Tode. Ihre Götter verehrten sie unter alten Bäumen in heiligen Hainen. Dort befanden sich einfache Holzgebäude, in denen die großen Opferkessel und andre Opfergeräte sowie erbeutete Waffenstücke aufbewahrt wurden. Jeder freie deutsche Hausvater konnte den Göttern opfern; es gab aber auch besondere Stammespriester.

Die älteste Gottheit aller deutschen Stämme war der strahlende Himmelsgott Tiu, an den heute noch der Name Dienstag erinnert. Man dachte sich ihn als einen einarmigen Mann von schrecklichem Aussehen, dessen Anblick niemand zu ertragen vermochte. Er trug als Waffe ein blitzendes Schwert, galt als Lenker der Schlachten und als Schützer des Rechts. Nach siegreichen Kämpfen wurden ihm nicht selten die Gefangenen geopfert. In Niederdeutschland nannte man ihn auch „Sachsnot" oder „Er".

Am Tage der Sommersonnenwende (21. Juni) brannte man ihm zu Ehren auf den Bergen Freudenfeuer an. Man schwenkte dabei brennende Reisigbüsche schnell im Kreise herum, so daß ein feuriges Rad, eine Sonne, entstand. (In manchen Gegenden Deutschlands hat sich diese Sitte bis auf den heutigen Tag erhalten.) Fröhliche Gelage beschlossen das Fest.

In späterer Zeit galt als der höchste der Götter der Allvater Wodan. Er hatte den Himmel und die Erde sowie die andern Götter und die Menschen geschaffen. Bekleidet mit weitem, wehendem Mantel und mit dem Wolkenhute auf dem Haupte, machte er als Windgott Getreide und Obstbäume fruchtbar. In hohen, weit sichtbaren Bergen hielt er sich mit Vorliebe auf. Vielerlei geheimnisvolles Wissen und zauberhafte Kenntnisse teilte er denen mit, die von ihm auserwählt waren. Wenn in den Urwäldern der Sturmwind brauste, meinte man, Wodan reite auf seinem achtfüßigen Rosse mit dem immertreffenden Wurfspieße in der Hand durch die Luft (Sage vom wilden Jäger!). Der Wolf und der Rabe sowie die Esche, aus der man die Speere anfertigte, waren ihm heilig. Man opferte ihm auf hohen Bergen Rosse, deren Fleisch man dann verzehrte. Die Pferdeschädel nagelte man an die Bäume und an die Giebel der Häuser. In einigen Gegenden Niederdeutschlands nennt man den Mittwoch noch heute „Gunstag", d. h. Wodanstag. Die im Kampfe gefallenen Helden wurden von den Schlachtjungfrauen, den Walküren, zu Wodan in die Götterburg Walhalla gebracht. Hier fand ein fröhliches Fortleben statt, bei dem Kampf und heitere Gelage abwechselten. Wer aber auf dem Krankenbette starb, kam in das finstere Reich der bleichwangigen Hel.

Die Gemahlin Wodans war die flachshaarige Frija, die Göttin der Fruchtbarkeit der Erde und die Schützerin der Ehe. Mit der Spindel in der Hand fuhr sie durch das Land und segnete die Arbeiten der Frauen. Ihr war der Freitag geweiht.

Bei manchen Stämmen wurde der Gott Donar hoch verehrt, nach dem der Donnerstag seinen Namen hat. Er war ein junger, riesenhafter Mann mit langem, rotem Barte und trug einen großen Hammer in der rechten Hand. Wenn er zornig blickte, blitzte es, und wenn er in seinen Bart blies, entstand großer Sturm. Fuhr er mit seinem Bocksgespann über die Wolken, dann rollte der Donner. Den Menschen, besonders den Landleuten, erwies er viele Wohltaten. Er wendete von ihnen und ihren Viehherden Krankheiten ab und sandte den Saaten erquickenden Regen.

In den Bergen hausten Zwerge, die die Erdschätze bewachten; in den Gewässern wohnten Nixen, in Wald und Feld Elfen.

Die Götter waren jedoch nach dem einfachen Glauben unserer Vorfahren wie die Menschen sündhaft und mußten daher einmal untergehen. Zur Zeit des Götterendes, so meinten sie, werde ein Flammenmeer die ganze Welt vernichten; aber ein schönerer Himmel sollte aus ihm erstehen und eine schönere Erde, auf der ein Leben ohne Schuld und ohne Leid beginnen werde.

12. **Lieder und Schrift.** Bei Opfern und Gelagen, bei Hochzeiten und Totenbestattungen wurden Lieder gesungen, in denen kühne Kriegshelden gepriesen und alte

Volks- und Göttersagen erzählt wurden. — Auch eine Schrift besaßen die Deutschen. Auf Waffen- und Schmuckgegenstände wurden die Namen der Besitzer bisweilen in einfachen Zeichen („Runen") eingeritzt. Da diese Schrift jedoch sehr unvollkommen war, haben wir keine Nachrichten über unsre Vorfahren von ihnen selbst erhalten. Was wir von ihnen wissen, verdanken wir ihren Nachbarn, den Römern.

B. Die deutschen Stämme bis zur Entstehung eines Deutschen Reiches.

I. Römer und Deutsche.

Zur Zeit der alten Deutschen waren die Römer das mächtigste Volk der Erde. Von Rom aus hatten sie nach und nach fast alle damals bekannten Länder unterworfen. Ungefähr 120 Jahre v. Chr. umfaßte ihr Reich Italien, die Balkanhalbinsel, einen Teil Asiens, Nordafrika, Spanien, das Alpenland und den Südosten Frankreichs. (Karte!) Die Römer waren ein kluges, gebildetes Volk und verstanden, feste Städte und gute Landstraßen zu bauen. Sie führten fortwährend Kriege und unterhielten wohlbewaffnete, geübte Heere.

1. **Die Cimbern und Teutonen.** Zu jener Zeit wohnten östlich und nördlich der unteren Elbe die Cimbern. Sie trieben fast nur Viehzucht. Als das Land für ihre Volkszahl

Schlacht zwischen Deutschen und Römern.

nicht mehr ausreichte, zog ein Teil von ihnen mit Weibern, Kindern und Herden nach Süden, um neue Wohnsitze zu suchen. Unterwegs schlossen sich ihnen die Teutonen an, die jedoch wahrscheinlich nicht deutschen Stammes waren. Cimbern und Teutonen überschritten gemeinsam die Donau, kamen an die Alpen und schlugen die römischen Heere in mehreren gewaltigen Schlachten. Hierauf teilten sie sich. Die Teutonen wollten von der Rhone aus, die Cimbern von Donau und Inn her in Italien einbrechen. Da sandten die Römer ihren besten Feldherrn, Marius, gegen die wilden Scharen. Er wendete sich zuerst gegen die Teutonen und baute in der Rhone-Ebene ein festes Lager. Die Teutonen versuchten, es zu erstürmen, setzten aber nach mehreren vergeblichen Angriffen ihren Marsch fort. Am Tage darauf eilte Marius ihnen nach, fiel unvermutet über sie her und besiegte sie völlig. — Die Cimbern waren unterdessen über die Alpen gestiegen und hatten sich in der fruchtbaren Po-Ebene von dem mühsamen Marsche erholt. Marius eilte herbei und schlug auch sie in einer blutigen Schlacht. Nach errungenem Siege mußten die Römer aber erst noch die Wagenburg erobern, die von den cimbrischen Frauen wütend verteidigt wurde (ungefähr 100 v. Chr.).

2. **Die Römer versuchen, Deutschland zu einer Provinz ihres Reiches zu machen.** Etwa zur Zeit, als Christus geboren wurde, ließ Kaiser Augustus das Land nördlich der Alpen erobern. Die Donau wurde die Grenze des Römerreiches. Dann baute er am Rheine feste Burgen, von denen aus seine Krieger in deutsches Gebiet einfielen. Am liebsten benutzte er die Uneinigkeit der Deutschen und reizte die Stämme zum Kriege gegeneinander. Auf diese Weise unterwarf er nach und nach das Land zwischen Rhein und Elbe. Augustus betrachtete nun Deutschland als eine Provinz seines Reiches und setzte seinen Feldherrn Varus als Statthalter ein. Dieser mißbrauchte sein Amt, um sich Reichtümer zu sammeln, und führte an Stelle des uralten deutschen Rechtes römisches Recht ein. Bei Gericht sprach man die römische Sprache, die der Deutsche nicht verstand. Aus geringer Ursache wurden freie Deutsche von den römischen Gerichtsdienern körperlich gezüchtigt, und römische Rechtsgelehrte brachten manchen wohlhabenden Mann um seinen ganzen Besitz. Ungerechte Steuern wurden dem Volke auferlegt und mit Härte eingetrieben. Die Männer wurden sogar gezwungen, in das römische Heer einzutreten.

3. **Hermann, Deutschlands Befreier.** Diese Schmach wollten die Deutschen nicht länger ertragen. Die gemeinsame Not machte sie einig, und die Führer der Stämme verbanden sich heimlich, um die Knechtschaft abzuschütteln. Das Haupt des Bundes war Hermann, ein Fürst der Cherusker, die an Weser und Aller wohnten. Als Jüngling war er in den Dienst der Römer getreten, um ihre Kriegskunst kennen zu lernen. Die Römer hätten den jungen deutschen Fürsten gern für sich gewonnen. Sie behandelten ihn sehr freundlich und ernannten ihn zum Reiterführer in ihrem Heere. Aber auch in der glänzenden Stadt Rom vergaß Hermann die grünen Wälder seines Vaterlandes nicht. Trotz aller Bemühungen der Römer blieb er in seinem Herzen ein Deutscher. Als er im Alter von 25 Jahren in die Heimat zurückkehrte, sah er mit Schmerz und Grimm, wie seine deutschen Brüder von den hochmütigen Römern behandelt wurden. Varus schenkte ihm großes Vertrauen und betrachtete ihn als einen Freund der Römer. Ein andrer Cheruskerfürst, Segest, war Hermann feindlich gesinnt, weil dieser seine Tochter Thusnelda geraubt und geheiratet hatte. Er warnte Varus vor Hermann; Varus aber glaubte ihm nicht.

4. **Die Schlacht im Teutoburger Walde.** An einem bestimmten Tage i. J. 9 n. Chr. empörte sich, wie es verabredet war, zuerst ein Volksstamm, der weit entfernt

an der Ems wohnte. Sofort brach Varus mit drei Legionen (ungefähr 18000 Mann) auf, um den Aufstand zu unterdrücken. Die deutschen Stammesfürsten bekamen von ihm den Befehl, den Heerbann, d. h. alle waffenfähigen Männer, zusammenzurufen und mitzuziehen. Nach einigen Tagen gelangten die Römer in den Teutoburger Wald, auf dessen sumpfigen Wegen sie nur langsam vorwärts kamen. Durch die Wipfel der Bäume brauste der Herbststurm, und bald begann es in Strömen zu regnen. Der Waldweg wurde immer grundloser, der Marsch immer beschwerlicher. Die zahlreichen Gepäckkarren, die dem Heere folgten, blieben weit hinter dem Zuge zurück. Da fielen plötzlich die Deutschen über die Römer her. In dem dichten Walde war es diesen unmöglich, in geschlossenen Reihen zu kämpfen, wie sie gewohnt waren; ihre Kriegskunst nützte ihnen hier nichts. Von allen Seiten stürzten die ergrimmten deutschen Männer, die jeden verborgenen Fußpfad kannten, auf ihre Feinde. Der ganze Wald schien lebendig geworden zu sein; aus allen Büschen sausten Pfeile und schwere Steine in die Reihen der römischen Soldaten. Dank ihrer straffen Kriegszucht gelang es diesen zwar noch, am Abende des ersten und zweiten Marschtages im Walde ein Lager herzustellen und es durch Gräben notdürftig zu schützen, aber auch in der Nacht gönnten ihnen Hermanns unermüdliche Scharen keine Ruhe. Am dritten Tage löste sich alle Ordnung im Römerheere, und jeder suchte sich zu retten, wie er es vermochte. Ein Teil der Reiterei schlug sich mühsam durch; die Hauptmasse des stolzen Heeres aber wurde völlig vernichtet. Varus tötete sich selbst, um nicht in Gefangenschaft zu geraten.

5. **Die Rache der Sieger.** Schrecklich war die Rache, die die Sieger an ihren bisherigen Unterdrückern nahmen. Die gefangenen Führer des Heeres wurden den Göttern geopfert. Die Rechtsgelehrten, die sich besonders den allgemeinen Haß zugezogen hatten, marterte man grausam zu Tode. Alle andern Gefangenen wurden zu Sklaven gemacht, und mancher vornehme Römer mußte sein Leben als Leibeigener eines Deutschen beschließen. — Deutschland war wieder frei.

6. **Hermanns Lebensende.** Als die Römer versuchten, Deutschland wieder zu erobern, wurden sie immer wieder zur Rückkehr genötigt. Sie meinten daher, man müsse die Deutschen ihrer eigenen Uneinigkeit überlassen. Leider hatten sie recht! Der ruhmvolle Stamm der Cherusker rieb sich im Kampfe mit andern Stämmen fast auf. Hermann wurde, 37 Jahre alt, von seinen eigenen Verwandten ermordet, weil sie fürchteten, er könne sich zum Könige machen. Sein Weib Thusnelda war mit ihrem kleinen Sohne in die Knechtschaft der Römer gefallen. — (Hermannsdenkmal bei Detmold.)

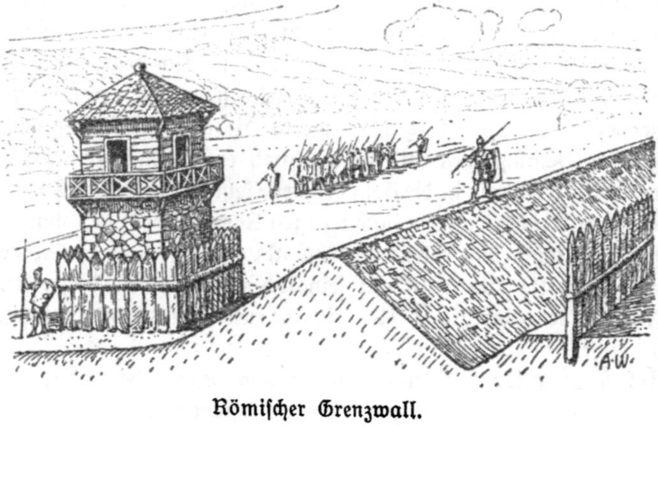

Römischer Grenzwall.

7. **Das Zehntland.** Später schoben die Römer ihre Grenzen über Rhein und Donau vor und bauten zur Sicherung einen langen Grenzwall mit doppeltem Graben. Er begann an der Mündung der Lippe, zog sich über den Taunus,

überschritt den Main und endete bei Regensburg an der Donau (Karte!). In bestimmten Entfernungen standen Warttürme, auf denen römische Krieger Wache hielten. An Flußübergängen, Pässen und andern wichtigen Stellen waren Burgen angelegt, in denen beständig starke Besatzungen lagen. (Eine dieser Römerburgen, die Saalburg bei Homburg im Taunus, ist in der letzten Zeit ausgegraben und durch Kaiser Wilhelm II. wiederhergestellt worden.) Hinter dem Grenzwalle, der fast 600 km lang war, siedelten sich ausgediente römische Soldaten, Deutsche und Gallier an. Sie mußten an die römische Obrigkeit den zehnten Teil ihrer Ernte abgeben; deshalb nannte man das Land „Zehntland". Im Schutze der Burgen, die an Rhein und Donau errichtet worden waren, bauten sich gleichfalls viele Leute an, so daß sich nach und nach große Städte bildeten. Auf diese Weise sind z. B. Cöln, Coblenz, Mainz, Worms, Straßburg, Basel und Regensburg entstanden. Die bedeutendste dieser Römerstädte war Trier, wo noch heute gewaltige altrömische Bauten erhalten sind.

8. **Friedlicher Verkehr zwischen Römern und Deutschen.** Am Grenzwalle wechselten Kriegs- und Friedenszeiten. Der römische Kaufmann zog von hier aus und brachte den Deutschen Gold- und Silberschmuck, feine Kleiderstoffe, Werkzeuge, eiserne Waffen und römische Münzen. Dafür tauschte er von ihnen blondes Frauenhaar ein, mit dem sich vornehme Römerinnen gern schmückten, sowie Honig, Bernstein, Wolle und Felle, besonders aber Sklaven und Vieh. Auch die Deutschen hatten von dem Verkehre mit den hochgebildeten Römern mancherlei Vorteile: sie lernten von ihnen den Boden besser bearbeiten, Wein, Obst und Gemüse bauen, steinerne Häuser, Landstraßen und Brücken herstellen u. dgl. mehr. Viele deutsche Jünglinge wurden durch Aussicht auf Beute verleitet, in römischen Kriegsdienst zu treten. Wenn sie glücklich wieder heimgekehrt waren, erzählten sie von dem sonnigen Lande Italien und von der Macht und Pracht des weltbeherrschenden Rom.

II. Die Völkerwanderung.

1. **Bildung großer Völkerschaften in Deutschland.** Durch den römischen Grenzwall war es den Deutschen fast unmöglich geworden, Einfälle in das Römerreich zu machen; denn zum Durchbrechen der Befestigungen reichte die Kraft eines einzelnen Stammes nicht aus. Um die wachsende Volkszahl ernähren zu können, wurden die Deutschen genötigt, seßhaft zu werden und mehr als bisher Ackerbau zu treiben; sie wurden ein Bauernvolk. Zugleich erkannten sie aber auch, daß sie gegen die Römer fest zusammenhalten mußten; sie verbanden sich daher miteinander. Auf diese Weise entstanden große Völkerschaften, von denen die Alamannen, die Franken, die Sachsen und die Goten die wichtigsten waren. (Karte!) Alle suchten neues Land zu gewinnen. Die Alamannen vertrieben i. J. 250—300 die Römer aus dem Zehntlande und siedelten sich am Schwarzwalde an. Die Franken eroberten die römischen Rheinfestungen und drangen nach Gallien vor. Vom Harze bis zur Nord- und Ostsee wohnten die Sachsen. Sie hatten ihren Namen von ihrer Hauptwaffe, einem Schwerte mit breitem Rücken, das „Sachs" genannt wurde. Auf ihren Schiffen unternahmen sie nicht selten Plünderungszüge nach benachbarten Küstenländern. Die Goten, die in Ost- und Westgoten zerfielen, breiteten sich allmählich von der Weichsel bis zum Schwarzen Meere aus. Von allen Deutschen bekehrten sie sich zuerst zum Christentume. Der Bischof Ulfila, der ihnen das Evangelium verkündete, übersetzte auch die Bibel in die gotische Sprache. Diese Bibelübersetzung ist das älteste deutsch geschriebene Buch. Ulfila lehrte

jedoch, Christus sei nicht Gottes Sohn, sondern nur gottähnlich gewesen; denn so hatte er es von seinem Lehrer, dem Bischofe Arius, gehört. Die Goten nahmen den christlichen Glauben so an, wie Arius und Ulfila lehrten. Die Römer aber, zu denen das Christentum schon früher gekommen war, wollten von der Lehre des Arius nichts wissen und haßten die „Arianer".

Teilung des römischen Reiches. Während die großen deutschen Völkerschaften entstanden, wurde das römische Reich um das Jahr 400 in das oströmische und weströmische Reich geteilt. Zu dem oströmischen Reiche, das noch 1000 Jahre (bis 1453) bestanden hat, gehörten die Balkanhalbinsel, Ägypten und Westasien. Seine Hauptstadt war Konstantinopel. Das weströmische Reich, dessen Hauptstadt Rom war, umfaßte Italien, Nordafrika, Spanien, Frankreich (Gallien), das Alpenland und England. (Karte!) In Rom und Konstantinopel wohnten sehr angesehene Bischöfe. Der Bischof von Rom führte den Namen Papst.

2. **Die Hunnen.** Mehrere Jahrhunderte hindurch schon hatte das Andrängen der deutschen Völker das römische Reich in Gefahr gebracht. Da brachen um das Jahr 375 die Hunnen, ein mongolisches Reitervolk, aus Asien über die Wolga in Europa ein. Mit ihren schiefen Augen und breiten Gesichtern machten sie auf Deutsche und Römer einen abschreckenden Eindruck. Sie waren von kleiner, gedrungener Gestalt, aber abgehärtet und an Anstrengungen gewöhnt. Halbrohes Fleisch, Wurzeln und Kräuter bildeten ihre Nahrung. Ihre Kleidung bestand aus Leinen oder aus zusammengenähten Fellen kleiner Tiere. Da sie nur Viehzucht trieben, zogen sie mit ihren Zelten und Herden ohne feste Heimat von Ort zu Ort („Nomaden"!). Sie waren vortreffliche Reiter und auf ihren flinken, struppigen Pferden gefährliche Feinde. Als Waffen führten sie Schwerter und Wurfspieße, Bogen und Pfeile sowie eine Wurfschlinge. Unersättlich war ihre Geldgier.

Zuerst stießen die Hunnen auf die Ostgoten, die am Schwarzen Meere wohnten. Diese wurden besiegt und gezwungen, sich ihrem Zuge anzuschließen. Die Westgoten warteten den Angriff gar nicht ab, sondern gingen zum großen Teil über die Donau in das römische Reich. Die Hunnen nahmen ihr Land in Besitz und blieben zunächst in der Ungarischen Tiefebene. Durch ihren Einbruch entstand unter den deutschen Völkerschaften eine gewaltige Bewegung von Osten nach Westen, die über 200 Jahre dauerte. Sie hatte die Vernichtung ganzer Völker, die Verwüstung vieler Länder und den Untergang großer Reiche zur Folge. Man nennt sie die Völkerwanderung.

3. **Alarich.** Die Römer versprachen den Westgoten Land zur Ansiedlung, wenn sie die Donaugrenze gegen die Hunnen und andre Völker bewachen wollten. Die Versprechungen wurden von den Römern aber nicht gehalten. Auch behielten die römischen Beamten die Geldsummen, für die sie den Westgoten Brotgetreide kaufen sollten, und ließen sie Hunger leiden. Da empörten sich die Westgoten, besiegten ein römisches Heer und verwüsteten die Balkanhalbinsel. Später erwählten sie den jugendlichen Alarich zu ihrem Könige. Dieser beschloß, seinem Volke neue Wohnsitze zu suchen, und drang in Italien ein. Weströmische Heere versuchten mehrmals vergeblich, ihn aufzuhalten. Er durchzog Italien und belagerte die Stadt Rom, in der bald eine Hungersnot ausbrach. In ihrer Bedrängnis schickten die Römer zu Alarich Gesandte. Diese baten ihn, die Belagerung aufzuheben und abzuziehen. Alarich jedoch wies sie kurz ab. Da drohten sie: „In unserer Stadt lebt mehr als eine Million Menschen; sie werden verzweifelt kämpfen, wenn du eindringst!" Aber Alarich erwiderte lächelnd: „Je dichter das Gras, um so besser das Mähen!" Er verlangte eine ungeheure Menge von Gold und Silber für seinen Abzug. Erschrocken über die Forderung, fragten die Gesandten: „Was willst du uns denn lassen?" „Das Leben", antwortete Alarich

hart. Die Römer mußten ihm ihre kostbarsten Schätze ausliefern. Als man sein Verlangen, den Westgoten Land abzutreten, nicht erfüllte, erschien er im folgenden Jahre wieder vor der Stadt, eroberte und plünderte sie. Kurze Zeit danach starb Alarich in Cosenza in Unteritalien. Er soll im Flußbette des Busento begraben worden sein (Gedicht: Grab im Busento). Sein Nachfolger führte das Volk, dem sich viele römische Sklaven deutscher Herkunft angeschlossen hatten, nach Südfrankreich. Dort, auf römischem Boden, gründeten die Westgoten ein Reich, das sich später über die Pyrenäen bis weit nach Spanien hinein ausdehnte.

4. **Attila.** Bei den Hunnen hatte sich inzwischen Attila zum Könige gemacht. Zwischen Theiß und Donau stand seine Königsburg, die von Holz erbaut und mit Pfahlwerk umgeben war. Dort hielt er prächtig Hof und empfing die Gesandten fremder Völker. Seine eigene Lebensweise jedoch war einfach und bescheiden. Er übte strenge Gerechtigkeit und verstand seine Pläne klug auszuführen. Seine Herrschaft reichte von der Wolga bis nach Deutschland. Auch deutsche Stämme, besonders die Ostgoten, mußten ihm gehorchen und Heeresfolge leisten. — Um das Jahr 450 brach Attila mit einem mächtigen Heere auf, um das weströmische Reich zu erobern. Zunächst wandte er sich gegen die weströmische Provinz Gallien. Verwüstete Felder und zerstörte Häuser bezeichneten seinen Weg; die Städte Worms, Metz und Trier wurden niedergebrannt. „Wo der Huf seines Rosses hintrat, wuchs kein Gras mehr." In der Not erbat der römische Statthalter von den Westgoten Hilfe. Auf den katalaunischen Feldern, einer großen Ebene an der oberen Seine, traten sich die Heere gegenüber: Römer und Westgoten auf der einen, Hunnen und Ostgoten auf der andern Seite. Eine ungeheure Völkerschlacht, in der deutsche Bruderstämme gegeneinander stritten, wurde geschlagen (451). Das Wasser des Baches, der die Ebene durchfließt, rötete sich von dem Blute der Getöteten. Im wilden Reiterkampfe wurde der Westgotenkönig von einem hunnischen Krieger mit der Wurfschlinge vom Pferde gerissen und von den Hufen zertreten. Als sich die Nacht auf das blutige Schlachtfeld herabsenkte, zog sich Attila in seine Wagenburg zurück. Er hielt sich für geschlagen und ließ von Sätteln einen Scheiterhaufen errichten, um sich zu verbrennen; denn er wollte seine Niederlage nicht überleben. Aber auch die Römer und Westgoten waren so erschöpft, daß sie den Kampf nicht erneuern konnten. So blieb das gewaltige Ringen ohne Entscheidung. Attila kehrte nach Ungarn zurück, wo er zwei Jahre danach starb. Nach seinem Tode zerfiel sein Reich; die unterworfenen deutschen Stämme machten sich frei, und die Hunnen zogen wieder in die Steppen Asiens zurück. — In den deutschen Heldenliedern lebt der gewaltige Hunnenkönig unter dem Namen „Etzel" fort.

Der Untergang des weströmischen Reiches. Hundert Jahre waren seit dem Beginne der Völkerwanderung verflossen; aber wie sah es in dem einst so mächtigen weströmischen Reiche aus! Fast in alle Provinzen waren deutsche Völker eingedrungen. Nur Italien und ein nördlich der Loire gelegener Teil Galliens waren noch übrig geblieben. Aber in Italien herrschte keine Ordnung mehr; denn Herr im Lande war nicht der Kaiser, sondern der Anführer seiner Leibwachen, Odovakar. Er war als einfacher Kriegsmann nach Italien gekommen und wegen seiner Klugheit von den deutschen Söldnertruppen zum Anführer gewählt worden. Odovakar verlangte für seine Krieger den dritten Teil des Landes vom Kaiser. Als dieser nicht einwilligte, setzte ihn Odovakar ab und machte sich selbst zum Könige von Italien (Karte!). So ging das weströmische Reich ruhmlos unter (476); nur der Rest der Römerherrschaft in Gallien hielt sich noch.

5. **Theoderich der Große.** Odovakars Macht hatte jedoch nicht lange Bestand. Die Ostgoten, die sich nach Attilas Tode von der Herrschaft der Hunnen befreit hatten, zogen unter ihrem Könige Theoderich (um 500) über die Alpen. Nach harten Kämpfen mit Odovakar, der gefangen und erschlagen wurde, nahmen sie schließlich Italien in Besitz.

Theoderichs Hauptstadt wurde das feste Ravenna. Nun bewohnten Ostgoten und Römer das Land gemeinschaftlich; die Goten waren zwar die Herren, die Römer aber übertrafen sie bei weitem an Bildung. Auch der Glaube trennte sie: die Goten waren arianische Christen, die Römer aber Katholiken. Theoderich wollte, daß beide Völker friedlich zusammenlebten. Gute Einrichtungen der früheren, römischen Zeit ließ er bestehen und aus den römischen Rechtsbüchern ein neues Gesetzbuch zusammenstellen, das für Goten und Römer gelten sollte. Durch seine Fürsorge kam Italien bald wieder zu Wohlstand. Der Ruf seiner weisen Regierung verbreitete sich in allen Ländern, und besonders von den andern deutschen Königen wurde Theoderich hoch geehrt. Sie erbaten sich von ihm oft sogar Rat und wählten ihn bei Streitigkeiten zum Schiedsrichter. In den alten deutschen Heldenliedern wird er „Dietrich von Bern" genannt (Bern bedeutet hier Verona). Sein Grabmal ist in Ravenna noch heute erhalten. Nach seinem Tode verfiel das Ostgotenreich jedoch bald wieder. — Der oströmische Kaiser in Konstantinopel hatte schon lange mit Verdruß gesehen, daß Deutsche sich in Italien niedergelassen hatten. Durch Treulosigkeit und Verrat besiegten seine Feldherren das tapfere Ostgotenvolk. Sie rieben es in erbitterten Kämpfen so vollständig auf, daß keine Spur mehr von ihm übrig geblieben ist.

6. **Rückblick und Folgen.** Deutsche Stämme hatten das weströmische Reich zertrümmert und auf seinem Boden deutsche Staaten errichtet. (Karte!) — Die siegreichen Deutschen nahmen den Römern gewöhnlich einen Teil des Grund und Bodens weg und wohnten nun unter ihnen. In Italien, der Pyrenäenhalbinsel und Gallien vermischten sich Deutsche und Römer im Laufe der Jahrhunderte miteinander. Die Deutschen nahmen von den gebildeteren Römern Gesetze, Sitten, den Glauben, ja sogar die Schrift und die Sprache an (romanische Völker!). Beim Gottesdienste wurde nur die römische (lateinische) Sprache gebraucht, die bis auf den heutigen Tag die Sprache der katholischen Kirche geblieben ist.

III. Das Reich der Franken.

1. **Die Franken.** Unter den deutschen Völkern, die auf römischem Gebiete Reiche gegründet hatten, wurden die Franken bald am mächtigsten. Sie standen unter mehreren Fürsten und zerfielen (Karte!) in Uferfranken (am Rhein) und salische Franken (am Meere; sal bedeutet Salzwasser). Als tapfere Krieger waren sie gefürchtet; sie galten aber für hinterlistig und treulos. Ihre Hauptwaffe war die Franziska, eine Art mit rückwärts gekrümmtem, kurzem Stiele, die zum Werfen und Schlagen diente. Während sie noch Heiden waren, hatten die zahlreichen Römer, die unter ihnen wohnten, längst den christlichen Glauben angenommen.

Fränkischer Krieger.

2. **Chlodovech, der Gründer des Frankenreichs.** Über die salischen Franken war zur Zeit Theoderichs d. Gr. (also um 500) Chlodovech König. Seine Gemahlin Klothilde, die sich zum Christentume bekannte, wollte ihn für die christliche Lehre gewinnen; er hing aber treu an den alten Göttern.

Chlodovech strebte danach, Herr über ganz Gallien zu werden, und führte daher bis an seinen Tod ununterbrochen Krieg mit seinen Nachbarn. Zuerst warf er sich auf den letzten Rest des weströmischen Reiches, der sich noch in Gallien (S. 11) erhalten hatte. Der römische Statthalter unterlag im Kampfe und suchte bei den

Westgoten Zuflucht. Er wurde aber an Chlodovech ausgeliefert und von diesem grausam getötet. — Dann begann Chlodovech Krieg mit den Alamannen. Als er mit seinem Heere den Oberrhein überschreiten wollte, wurde er jedoch von ihnen unvermutet angegriffen und geriet in große Bedrängnis. In dieser Not rief er, der Sage nach, den Gott der Christen um Hilfe an und gelobte, sich taufen zu lassen, wenn ihm der Sieg verliehen würde. Das Glück wendete sich in der Tat, und die Alamannen wurden geschlagen. Als Chlodovech aus dem Kriege zurückkehrte, ließ er sich taufen, und ein großer Teil des Volkes folgte seinem Beispiele. Die Franken wurden aber nicht Arianer wie einst die Goten, sondern nahmen die katholische Lehre an. Die Alamannen unterlagen später noch in einer zweiten Schlacht und mußten sich den Franken unterwerfen. Chlodovech war durch die Taufe nicht besser geworden. Er benutzte vielmehr seinen neuen Glauben bald als Vorwand, um mit seinen Nachbarn im Süden, den Westgoten, Streit zu beginnen. „Es kränkt mich tief," sagte er heuchlerisch, „daß diese Arianer einen Teil Galliens innehaben." Nach blutigen Kämpfen gelang es ihm auch, ihnen das Land bis zur Garonne zu entreißen. — Bisher hatte Chlodovech seine Herrschaft noch mit andern Stammesfürsten teilen müssen, die mit ihm verwandt waren. Diese ließ er, um alleiniger Herr über die Franken zu werden, nach und nach heimlich ermorden. Auf diese Weise begründete Chlodovech ein mächtiges Reich. Er starb, erst 45 Jahre alt, in seiner Hauptstadt Paris. — Seine Nachfolger besiegten die Burgunder, Thüringer und Bayern, so daß das Frankenreich bald von den Pyrenäen bis an die Saale und die Donau reichte.

3. **Innere Zustände.** Östlich vom Rheine waren die Bewohner des Frankenreiches rein deutsch; in Westfranken dagegen lebten Deutsche und Römer nebeneinander. Die Franken hatten wie alle Deutschen noch keine geschriebenen Gesetze; ältere, erfahrene Männer kannten die uralten Rechtssprüche aber auswendig. Damit das fränkische Recht nicht in Vergessenheit gerate, wurden auf Befehl des Königs jene deutschen Rechtssprüche in lateinischer Sprache niedergeschrieben. So entstand das älteste deutsche Gesetzbuch. Weil es von den salischen Franken herstammt, nennt man es das salische Gesetz. — Den Vorsitz bei Gericht führte der Graf, der als Beamter des Königs der Landschaft vorstand; sieben freie Männer mußten als Schöffen das Urteil finden. Wenn jemand einer Übeltat bezichtigt wurde, so konnte er sich durch einen Eid reinigen. Er mußte aber eine Anzahl Eideshelfer haben, die beschworen, daß man ihm einen wahrheitsgemäßen Eid zutrauen könne. In zweifelhaften Fällen hatten der Kläger und der Beklagte einen Zweikampf auszufechten, bei dem der Besiegte für schuldig angesehen wurde. Man ließ auch wohl ein Gottesurteil entscheiden: der Beklagte mußte aus kochendem Wasser einen Gegenstand mit entblößtem Arme herausnehmen oder mit nackten Füßen über glühendes Eisen schreiten. Verbrannte er sich, so galt er für schuldig; denn man glaubte, Gott werde zugunsten eines Unschuldigen ein Wunder tun. Wer eines Mordes verdächtig war, mußte die Wunden des Erschlagenen berühren; fingen sie an zu bluten, so hielt man ihn für überführt. — Eine wichtige Bestimmung im salischen Gesetz war, daß der Landbesitz eines Verstorbenen stets auf den nächsten männlichen Verwandten überging; Frauen konnten keinen Landbesitz erben. Das salische Gesetz erhielt nach und nach bei fast allen deutschen Stämmen Gültigkeit.

4. **Das Lehnswesen.** Als die Frankenkönige die Nachbarreiche unterwarfen, kamen große Ländereien in ihren Besitz. Einen Teil davon überließen sie hervorragenden Kriegern nnd Hofbeamten auf bestimmte Zeit oder bis zu ihrem Tode leihweise, als „Lehen". Die Lehnsmänner (Vasallen) des Königs bewirtschafteten das Land

meist aber nicht selbst, sondern gaben den größten Teil davon wieder als Lehen an andre freie Männer, die so ihre Lehnsmänner wurden. Der Lehnsmann mußte seinem Herrn Treue schwören und ihm bei jedem Streite Heeresfolge leisten. Die großen Grundherren wurden dadurch oft so mächtig und übermütig, daß sie sogar dem Könige Trotz boten. Erfüllte der Vasall seine Pflichten gegen den Lehnsherrn nicht, so gab dieser sein Land einem andern zu Lehen. Starb der Vasall, so nahm der Lehnsherr das Land wieder an sich, belehnte aber auch wohl einen Sohn des Verstorbenen damit. — Bei den vielen Kriegen mußten freie Franken häufig lange Zeit von Haus und Hof wegbleiben. Da sie für ihren Unterhalt im Felde selbst zu sorgen hatten, gerieten sie oft in Not und Schulden. Auch wurden nicht selten arme Freie von benachbarten vornehmen Grundherren arg bedrückt. Daher übergaben in vielen Fällen freie Männer einem mächtigen Herrn ihren freien Besitz und empfingen ihn als Lehen von diesem wieder zurück. Auf diese Weise wurden sie zwar seine Vasallen; er aber nahm ihnen dafür einen Teil der Kriegspflicht ab, indem er seine eigenen Mannen und Knechte für sie ins Feld sandte, und stellte sie unter seinen Schutz. — Auch die Kirche hatte von den fränkischen Königen große Landgüter als Geschenk erhalten. Diese wurden in kleine Stücke geteilt und armen Freien gegen Zinszahlung überlassen. Wer aber einem andern zinsen mußte, galt nicht mehr für völlig frei. Diese Minderfreien genossen geringeres Ansehen, und viele von ihnen sanken allmählich zu „Hörigen" herab. So kam es, daß die Zahl der freien Männer, die unabhängig auf eigenem Lande (Allod) lebten, im Frankenreiche immer geringer wurde.

5. **Die Hausmeier.** An dem Hofe der fränkischen Könige beaufsichtigten einige Beamte Schloß und Ställe, andre überwachten die Einnahmen oder sorgten für Tafel und Keller. An der Spitze des königlichen Haushalts stand der Hausmeier. Er war Führer des königlichen Gefolges und verwaltete die Landgüter seines Herrn. Daher gewann er nach und nach immer größeres Ansehen und wurde bald der erste Beamte des ganzen Reiches. Er sorgte für die Erziehung der Königskinder, war der höchste Richter im Lande und befehligte im Kriege den Heerbann. Wenn ein König noch zu jung war, um über Land und Volk herrschen zu können, wurde der Hausmeier sein Vormund und regierte für ihn. Schließlich kam alle wirkliche Macht in die Hände der Hausmeier. Die Nachfolger Chlodovechs sanken allmählich zu Scheinherrschern herab, die nur alljährlich bei der großen Heerschau, dem „Märzfelde", vom Volke Geschenke entgegennahmen. Um 730 war Karl Martell Hausmeier im Frankenreiche. Den Ehrennamen Martell (d. h. Hammer) erwarb er sich in den Kämpfen mit den mohammedanischen Arabern.

Mohammed.

Mohammed, der Stifter einer neuen Religion, wurde im Jahre 571 in Mekka, der Hauptstadt Arabiens, geboren. Als Kaufmann war er weit in der Welt umhergezogen. Im Alter von 40 Jahren verkündete er in Mekka eine neue Lehre, den Islam. Er predigte: „Es ist nur ein Gott (Allah) und Mohammed ist sein Prophet!" Zuerst schenkte man ihm wenig Glauben; im Jahre 622 mußte er sogar vor seinen Feinden nach Medina fliehen. Dort fand er zahlreiche Anhänger, mit deren Hilfe er Mekka eroberte. Später unterwarf er ganz Arabien und Syrien seiner Herrschaft. In Medina liegt er begraben. Von seiner Flucht nach Medina an zählen die Mohammedaner die Jahre.

Die Lehre Mohammeds, die in dem heiligen Buche seiner Anhänger, dem „Koran", aufgezeichnet steht, ist ein Gemisch von christlichen, jüdischen und heidnischen Glaubenssätzen. Der Islam gebietet häufige Waschungen und täglich fünf Gebete, bei denen das Gesicht nach der heiligen Stadt Mekka gerichtet wird. Der Freitag ist der wöchentliche Feiertag. Vielweiberei ist erlaubt. Jeder Mohammedaner soll in seinem Leben einmal nach Mekka pilgern. Das Schicksal und die Todesstunde sind jedem Menschen unabänderlich bestimmt. Der Glaube Mohammeds muß mit Feuer und Schwert ausgebreitet werden. Der Tod unter der mit dem Halbmonde, dem heiligen Zeichen des Islams, geschmückten Fahne führt mit Sicherheit in das Paradies.

Kaum 100 Jahre nach Mohammeds Tode hatten die Araber bereits Ägypten und Nordafrika ihrem Glauben unterworfen. Dann überschritten sie die Straße von Gibraltar, besiegten die Westgoten und gründeten in Spanien ein Reich Man nannte sie hier „Mauren". Darauf versuchten sie auch das Frankenreich zu erobern. Karl Martell trat ihnen aber entgegen, schlug sie in der gewaltigen Schlacht bei Tours (tuhr) und Poitiers (poatjeh) im Jahre 732 und rettete so das Abendland und das Christentum. Die Mauren zogen sich wieder nach Spanien zurück, wo ihr Reich noch fast 800 Jahre lang bestanden hat. Erst zur Zeit der Reformation wurden die letzten Mauren aus Spanien vertrieben. — Im Morgenlande stellte sich das oströmische Reich dem Vordringen des Islams entgegen. Im Jahre 1453 aber gelang es den mohammedanischen Türken, die Oströmer zu überwältigen, Konstantinopel zu erobern und in Europa einzudringen.

IV. Bonifatius.

1. **Erste Ausbreitung des Christentums unter den Deutschen.** Durch römische Soldaten und Kaufleute war das Christentum zuerst in die Römerstädte am Rheine und an die deutschen Grenzen gebracht worden. Während der Völkerwanderung aber wurde die christliche Lehre dort wieder vernichtet. — Von den deutschen Stämmen bekannten sich zuerst die Goten (S. 9) zum Christentum, zur Zeit Chlodovechs folgten die Franken (S. 13). Aber die Sachsen und die östlich des Rheines unter fränkischer Herrschaft stehenden Alamannen, Bayern, Hessen und Thüringer waren Heiden geblieben. Ihre Bekehrung erfolgte im 7. und 8. Jahrhundert. Der größte „Apostel der Deutschen" war Winfried, der vom Papste den Namen Bonifatius erhielt.

2. **Bonifatius bekehrt die Hessen und Thüringer.** Bonifatius stammte aus edlem angelsächsischen Geschlecht. Als Jüngling schon wurde er Mönch. Im Alter von 7 Jahren war er einem Benediktinerkloster übergeben worden. Mit 30 Jahren wurde er Priester und kam, 36 Jahre alt, von England nach Deutschland, um bei der Bekehrung der Friesen zu helfen. Diese hielten aber hartnäckig am Heidentume fest, so daß die Arbeit fast erfolglos war. Da verließ Bonifatius Friesland und zog nach Rom, um sich den päpstlichen Segen für seine Arbeit zu erbitten. Er wurde vom Papste freundlich aufgenommen und feierlich zum Bischofe geweiht. Bei dieser Weihe gelobte er, die in Deutschland neu entstehenden christlichen Gemeinden in kirchlicher Beziehung dem Papste, als dem Oberhaupte der Kirche, zu unterstellen. Freudig kehrte Bonifatius nun nach Deutschland zurück und fing an, die Hessen und Thüringer zum Christentume zu bekehren. Bei Geismar im Hessenlande, in der Nähe der Stadt Fritzlar, stand eine uralte Eiche, die dem Wodan geweiht war und dem heidnischen Volke als heilig galt. Mutig begann Bonifatius mit seinen Begleitern den mächtigen Stamm zu fällen. Mit scheuer Furcht schaute das Volk zu und erwartete, Wodan werde einen Blitzstrahl senden und die Frevler zerschmettern. Als aber der gewaltige Baum unter den kräftigen Axthieben der christlichen Glaubensboten krachend zur Erde stürzte, verloren die Hessen das Vertrauen zu den alten Göttern und nahmen die neue Lehre an. Aus dem Holze der Eiche baute Bonifatius eine Kapelle, die er dem hl. Petrus weihte.

3. **Bonifatius wird Erzbischof von Mainz.** Überall, wo Bonifatius das Christentum verkündigt hatte, erbaute er Gotteshäuser und setzte Priester ein. Für größere Kirchen bestellte er Bischöfe, denen er die Aufsicht über die Priester und Kirchen der ganzen Gegend übertrug. So wurden die Bistümer Erfurt, Würzburg u. a. gegründet. Die Bischöfe mußten feierlich geloben, den Papst in Rom als ihr Oberhaupt anzusehen. Auf diese Weise wurde

das christliche deutsche Volk dem römischen Papste unterstellt. Bonifatius selbst führte von Mainz aus als Erzbischof (höchster Bischof) die Oberaufsicht. Das Erzbistum Mainz wurde bald das vornehmste in Deutschland. An den Bischofssitzen siedelten sich bald neubekehrte Christen an, so daß auch im Innern Deutschlands Städte entstanden. Weil bei den Kirchen nach der Messe (dem Gottesdienste) Handel getrieben wurde, nannte man die Märkte „Messen".

4. **Bonifatius stirbt für den Glauben.** Als Bonifatius über 70 Jahre alt war, versuchte er noch einmal, die Friesen zu bekehren. Mit zahlreichen Begleitern zog er zu

Bonifatius stirbt für den Glauben.

Schiffe rheinabwärts und verkündigte in ihrem Lande das Christentum. Als er am Pfingstfeste (5. Juni) 755 bei Dokkum Neubekehrte zur Firmung erwartete, nahte ein wütender Haufe heidnischer Friesen, um ihn zu töten. Er verbot seinen Begleitern, sich zu verteidigen, und erlag mit ihnen den Streichen der Heiden. Seine Leiche wurde im Kloster Fulda, das er selbst gegründet hatte, begraben.

5. **Die Klöster.** Mit der Ausbreitung des Christentums entstanden in Deutschland zahlreiche Klöster. Von hohen Mauern eingeschlossen und überragt von einer Kirche, erhoben sich Wohn- und Wirtschaftsgebäude. Die Bewohner der Klöster, die Mönche, mußten das Gelübde der Armut, der Keuschheit und des Gehorsams ablegen. Sie trugen grobe Kutten, die mit einem Stricke umgürtet waren. Unter einem Vorsteher, dem Abte, führten sie ein gemeinsames Leben in Frömmigkeit und Arbeit. Die Mönche vollendeten die Bekehrung der Heiden; sie legten aber auch Sümpfe trocken, machten Wälder urbar und zeigten dem Volke, wie man den Boden bearbeiten muß, um reiche Ernten zu erzielen. Sie sammelten heilkräftige Kräuter und pflegten die Kranken. Bei ihnen fanden Verfolgte Zuflucht, Wanderer Obdach und Nahrung,

Gebrechliche liebevolle Aufnahme. Fast in jedem Kloster bestand eine Schule, in der Geistliche herangebildet und Söhne vornehmer Familien erzogen wurden. Mit großem Fleiße wurden Bücher durch Abschreiben vervielfältigt. — In den Frauen- oder Nonnenklöstern wurden edle Jungfrauen unterrichtet und Kranke gepflegt. Die Nonnen webten auch Teppiche und stickten Meßgewänder für die Priester.

V. Karl der Große. 768—814.

1. **Pipin wird König.** Nach Karl Martells Tode wurde sein Sohn Pipin Hausmeier des Frankenreiches. Der damalige König kümmerte sich nicht um die Regierung und war bei seinem Volke verachtet. Pipin dagegen stand bei dem Heerbanne wegen seiner Tapferkeit in großem Ansehen. Auch die Geistlichen ehrten ihn, weil er die Kirche reich beschenkte und die Bekehrung der Heiden unterstützte.

Er beschloß, den König abzusetzen und sich selbst zum Herrscher des Frankenreiches zu machen. Vorher ließ er aber den Papst um seine Meinung fragen. Dieser erklärte die Absetzung des schwachen Königs für notwendig, „damit die Ordnung im Frankenreiche nicht gestört werde". Nun nahm Pipin den König gefangen, ließ ihm die langen Locken, das Zeichen der Königswürde, abschneiden und ihn mit seiner Familie in ein Kloster bringen. Darauf wurde er selbst vom Heerbanne zum Könige der Franken erwählt. — Ihm folgte sein Sohn Karl in der Regierung.

2. **Karls Gestalt und Lebensweise.** Karl war von hoher, kräftiger Gestalt und hatte große, lebhafte Augen. Das Haar wallte ihm bis auf die Schultern herab und verlieh ihm ein ehrwürdiges Aussehen. Er war im Waffendienste wohl geübt und ein rüstiger Schwimmer; die Jagd liebte er leidenschaftlich. In seiner Lebensweise war Karl einfach. Wie seine Untertanen trug er schlichte wollene Kleidung, die im Hause von den Frauen gewebt und angefertigt worden war. Er wurde unwillig, wenn sich seine vornehmen Hofleute und Krieger mit kostbaren seidenen Kleidern schmückten, und verspottete sie deshalb nicht selten vor allen Leuten. Nur an hohen Kirchenfesten, oder wenn er fremde Gesandte empfing, trug er Gewänder von königlicher Pracht. Am liebsten verweilte er in Aachen oder auf seiner Pfalz (Burg) Ingelheim, von der aus er den schönen Rheinstrom weit übersehen konnte. Er liebte heitere Geselligkeit und war im Umgange mit jedermann freundlich. Den Gottesdienst besuchte Karl täglich, und er schenkte den Klagen der Schwachen und Unterdrückten willig Gehör.

Die königlichen Landgüter lieferten der Hofhaltung fast alles, was für den Lebensunterhalt nötig war. Die jährlichen Abrechnungen prüfte Karl selbst, und er kümmerte sich auch um die Bereitung der Butter, um die Geflügelzucht und um andre kleine Dinge. Er führte auf seinen Gütern den Weinbau ein und schrieb vor, welche Gemüse in den Gärten gebaut werden sollten. Auf jedem königlichen Landgute beschäftigte er Schmiede, Stellmacher und andre Handwerker. Seine Gemahlin mußte mit seinen Töchtern die Hauswirtschaft, das Spinnen und das Weben der Kleider beaufsichtigen.

3. **Karl als Kriegsfürst.** a) Die Unterwerfung der Sachsen. Ein christliches Reich zu beherrschen, dem alle deutschen Stämme angehörten, das war Karls Lebensziel. Nun wohnten an der Nordostgrenze des Frankenreiches, an Weser und Elbe, die Sachsen, ein kräftiger deutscher Volksstamm (vgl. S. 9). Sie lebten noch in alter Freiheit, ohne Fürsten. Mit Zähigkeit hingen sie an den heidnischen Göttern und haßten die Franken, die den Glauben an Wodan verlassen hatten. Karl beschloß den Krieg gegen sie. Die Sachsen leisteten aber unter ihren Herzögen, die sie beim Ausbruche des Kampfes erwählt hatten, hartnäckigen Widerstand. Ein fränkisches Heer drang in ihr

Land ein, eroberte die feste Eresburg am Teutoburger Walde und stürzte die Irminsäule, die nach der Meinung der Sachsen das Himmelsgewölbe trug. (Er und Irmin sind Namen für Tiu; S. 5.) Die Irminsäule war „ein in die Höhe gerichteter Baumstamm von nicht geringer Größe". — Als nach einigen Jahren viele Häuptlinge der Sachsen sich unterwarfen und das Christentum annahmen, hielt Karl den Widerstand für gebrochen. Er verbot den Sachsen bei schwerer Strafe, den Göttern Menschen zu opfern und nach heidnischer Sitte die Leichen zu verbrennen. Zugleich setzte er angesehene sächsische Edelinge zu Grafen ein, sandte christliche Priester in das Land und erhob den „Zehnten" der Feldfrüchte und des Viehes. Um seine Herrschaft zu sichern, ließ er feste Burgen bauen, in die er fränkische Besatzungen legte. — Einige Jahre später bot er den sächsischen Heerbann zu einem Kriege auf. Die Sachsen waren jedoch erbittert darüber, daß Karl ihnen Christentum und fränkische Gesetze aufgedrängt hatte, und daß sie ihm Heerfolge leisten sollten. Sie überfielen unter Führung ihres tapfern und verschlagenen Herzogs Widukind am Süntelgebirge ein fränkisches Heer und vernichteten es. Die christlichen Priester wurden erschlagen oder verjagt, die neugegründeten Kirchen dem Erdboden gleichgemacht. Zur Strafe ließ Karl eine große Zahl gefangener sächsischer Edelinge bei Verden an der Aller hinrichten. Da aber erhob sich das ganze Sachsenvolk, und der wilde Krieg entbrannte von neuem. Nachdem Karl jedoch noch zwei blutige Siege erfochten hatte, verzweifelte Widukind an den alten Göttern und ließ sich taufen. Um weitere Aufstände unmöglich zu machen, führte Karl 10000 Sachsen von der Elbe weg. Er siedelte sie in Süddeutschland an, wo noch heute Namen und Bauart einzelner Orte an sächsische Anlage erinnern. Die Kämpfe dauerten trotzdem fort, und erst nach 32jähriger Kriegszeit waren die Sachsen völlig unterworfen. Die Bistümer Münster, Osnabrück und Paderborn, die Karl im Sachsenlande gegründet hat, bestehen noch heute.

b) Sicherung des Reiches. Karl dehnte seine Herrschaft auch über Norditalien und einen Teil von Spanien aus. Zur Sicherung des Reiches mußte er dort häufige Grenzkriege führen (Sage von Roland). — An den Ufern der Donau und Theiß wohnten die Avaren, ein den Hunnen verwandtes Reitervolk. Da sie oft räuberische Einfälle in das Frankenreich unternahmen, bot Karl den Heerbann seines ganzen Reiches auf und eroberte ihre zwischen Donau und Theiß gelegene feste Hauptstadt. Dabei erbeutete er unermeßliche Reichtümer, die die Avaren andern Völkern geraubt hatten. An dem Flusse Raab gründete Karl die Ostmark, die den ersten Anfang des österreichischen Staates bildet. — Als in der Völkerwanderung die deutschen Stämme das Land zwischen Elbe und Weichsel verlassen hatten, waren slawische Völker, nämlich die Wenden und Sorben, von Osten her bis zur Elbe und Saale vorgedrungen. Da sie in den deutschen Grenzgebieten häufig raubten und plünderten, fiel Karl in ihr Land ein. Dann ließ er bei Halle, wo sich wertvolle Salzquellen befinden, und bei Magdeburg zum Schutze gegen sie feste Burgen erbauen (sorbische Mark). — Auch gegen die Dänen mußte Karl zu Felde ziehen. Er machte die Eider zur Grenze seines Reiches und legte in der Gegend von Itzehoe eine feste Burg an (dänische Mark).

Über die Grenzgebiete, die Marken, setzte Karl kriegserfahrene Männer als „Markgrafen". Damit nicht bei jedem Grenzstreite der Heerbann aufgeboten werden mußte, teilte er ihnen Lehnsmannen zu. Diese blieben längere Zeit unter den Waffen und bewachten die Grenzburgen. An den Mündungen der Flüsse sorgten Wachtschiffe und Beobachtungsposten für die Sicherheit des Reiches.

4. **Karl als Landesvater.** a) Ordnung des Heerbannes. Seit alter Zeit waren im fränkischen Reiche alle freien Männer zum Heeresdienste verpflichtet. Sie mußten sich dazu mit Nahrung auf drei Monate sowie mit Waffen und Kleidung auf ein halbes Jahr versehen. Die häufigen und langen Kriege machten die Wehrpflicht für viele Freie recht drückend. Sie wurden daher aus Not oft die Lehnsmänner mächtigerer Herren, die ihnen dann einen großen Teil des Heeresdienstes abnahmen (vgl. S. 13, 4). Karl behielt zwar die Wehrpflicht aller Freien bei, rief aber, besonders bei Kriegen in fernen Gegenden, immer nur einen Teil des Heerbannes zu den Waffen.

In der Regel mußten Freie, die mehr als 90 ha Land besaßen, sowie die Träger großer Lehen zu Roß und mit Panzer zu Felde ziehen. Freie Besitzer von Gütern zwischen 30 und 90 ha und Träger kleinerer Lehen dienten zu Fuß mit Speer und Bogen. Ärmere Freie wurden entweder ganz vom Heerbanne befreit, oder mehrere, gewöhnlich vier, stellten gemeinsam einen Mann ins Feld. Die Bischöfe und die Klöster sandten ihre Lehnsleute und Vögte; außerdem lieferten sie Rosse, Nahrungsmittel und Heergerät.

b) Verwaltung. Gleich den alten fränkischen Landesteilen wurden die neu eroberten Gebiete in Gaue eingeteilt, denen Grafen vorstanden. Diese hielten mit sieben Schöffen die gewöhnlichen Gerichtssitzungen ab (S. 13, 3). Nur dreimal im Jahre beriefen sie Gaugerichtsversammlungen, zu denen alle freien Männer des Gaues erscheinen mußten. Über allen Gerichten stand das Königsgericht, bei dem Karl selbst den Vorsitz führte. Der Graf beaufsichtigte auch die königlichen Landgüter und war im Kriege Heerführer seines Gaues. Damit Grafen und Bischöfe ihre Ämter recht verwalteten, wurden je zwei Königsboten, ein weltlicher und ein geistlicher, über mehrere Gaue und Bistümer gestellt. Sie mußten vierteljährlich wenigstens einmal in jedem Gaue erscheinen und dem Kaiser genauen Bericht erstatten. Im Mai eines jeden Jahres hielt Karl eine Reichsversammlung ab, auf der die weltlichen und geistlichen Großen zu wichtigen Beratungen zusammenkamen; auch jeder Freie durfte daran teilnehmen. Die auf diesem „Maifelde" beschlossenen Gesetze ließ Karl niederschreiben und im ganzen Reiche ausführen.

c) Sorge für Kirche und Schule. Die Kirche stand bei Karl in hohem Ansehen; die Bischöfe beschenkte er reichlich und stellte sie den Gaugrafen gleich. Von allen Geistlichen forderte er, daß sie die Heilige Schrift kannten und ein vorbildliches Leben führten. Sie sollten in deutscher Sprache predigen und dafür sorgen, daß das Volk den Sonntag heiligte, den Gottesdienst besuchte, Vaterunser und Glaubensbekenntnis wußte. Um den Kirchengesang zu verbessern, richtete er Gesangschulen ein. An Bischofssitzen und Klöstern wurden Schulen gegründet, in denen die Kinder der Freien und Hörigen in Religion, Lesen und Schreiben unterrichtet werden sollten. Die Schule am Königshofe besuchte der Kaiser nicht selten selbst (Gedicht: Wie Kaiser Karl Schulvisitation hielt).

d) Sorge für Wissenschaft und Kunst. Karl verstand und sprach die lateinische und die deutsche Sprache; auch lesen konnte er. Das Schreiben aber hatte er in der Jugend nicht gelernt. Er suchte es später nachzuholen und übte sich darin mit vieler Mühe noch im Mannesalter. Aus fernen Ländern rief er Gelehrte herbei, die der Hofschule vorstanden. Sie verfaßten Lehrbücher und gaben eine Predigtsammlung für Geistliche heraus. Einer von ihnen hat auch Karls Lebensgeschichte geschrieben. An dem Hofe zu Aachen wurde eine Büchersammlung eingerichtet; die alten deutschen Heldengesänge ließ Karl sorgfältig zusammenstellen und aufschreiben. Wenn er beim Mahle saß, wurde häufig aus geschichtlichen Schriften vorgelesen. Seine Liebe zur Baukunst zeigte er dadurch, daß er die Marienkirche in Aachen und die Pfalzen zu Ingelheim und Aachen errichtete.

e) Sorge für Handel und Verkehr. Um den Handel zu erleichtern, ließ Karl Landstraßen anlegen und bei Mainz eine Brücke über den Rhein schlagen. Er wollte sogar Donau und Main durch einen Kanal verbinden; das Werk wurde aber nicht ausgeführt. Gleiche Maße und Gewichte sollten überall beim Handel gebraucht werden. Auch ließ er Silbermünzen mit seinem Namen und Titel prägen, die im ganzen Reiche galten. Außer ihm durfte niemand im Frankenreiche Geld herstellen lassen (königliches Münzrecht).

5. **Karl wird römischer Kaiser.** Der Papst war von mächtigen Feinden aus Rom vertrieben worden und nach Deutschland geflohen. Karl überstieg mit einem stattlichen Heere die Alpen und führte den Kirchenfürsten wieder zurück. Als er am Weihnachtsfeste in der Peterskirche am Altare kniete, setzte ihm der Papst unvermutet eine goldene Krone auf das Haupt. Dann beugte er seine Knie vor ihm und begrüßte ihn als „römischen Kaiser". Da die römischen Kaiser einst das mächtigste Reich der Erde beherrscht hatten, galt dieser Titel als das Zeichen der Weltherrschaft. Die Krönung Karls bedeutete also, daß das untergegangene römische Reich wieder aufgerichtet, die Herrschaft über die christliche Welt aber von den Römern auf die Franken übergegangen sei (800).

6. **Letzte Lebenszeit und Tod.** Seit Karl römischer Kaiser geworden war, wurde er in der ganzen Welt als der oberste Schirmherr der Christenheit angesehen. Der Ruhm seiner Regierung war bis nach den fernsten Ländern gedrungen. Ein mächtiger Fürst des Morgenlandes schickte zu ihm sogar Gesandte mit prächtigen Geschenken. — Nach 46jähriger Regierung verschied Kaiser Karl, über 70 Jahre alt. Sterbend sprach er: „Herr, in deine Hände befehle ich meinen Geist!" In der von ihm erbauten Marienkirche zu Aachen ruht er in einem marmornen Sarge.

7. **Entstehung des Deutschen Reiches.** Karls Sohn und Nachfolger war ein schwacher Herrscher, der das gewaltige Reich nicht zu regieren vermochte. Überall riß daher Unordnung ein, und Bürgerkriege schädigten während seiner ganzen Lebenszeit das Land.

Im Jahre 843 schlossen drei Enkel Karls des Großen untereinander den Vertrag zu Verdun (werdöng), durch den sie das Frankenreich teilten. Lothar, der älteste, bekam Italien, das Land an der Rhone, Lothringen (an der Maas) und Friesland. An Karl den Kahlen fielen die Länder westlich von Rhone und Maas (Westfranken). Ludwig erhielt das Land östlich vom Rhein und die Gebiete von Speyer, Worms und Mainz am linken Rheinufer (Ostfranken; Karte!). Ludwig war der erste deutsche König und wird deshalb Ludwig „der Deutsche" genannt. Er machte Regensburg zur Hauptstadt des neuen Reiches. — Lothars Geschlecht starb bald aus, und die beiden überlebenden Brüder Karl und Ludwig teilten in einem zweiten Vertrage sein Erbe. An Ostfranken (Deutschland) fiel dabei Friesland, Elsaß und Lothringen. Die beiden Verträge sind bedeutungsvoll bis auf die heutige Zeit; denn durch sie entstanden die Länder Italien, Frankreich (Westfranken) und Deutschland (Ostfranken).

Westfranken und Ostfranken waren bereits damals, 50 Jahre nach dem Tode Karls des Großen, sehr verschieden. Die Westfranken konnten schon nicht mehr deutsch sprechen. Sie hatten die Sprache der alten römischen Bevölkerung (S. 12, 6) angenommen und mit deutschen Wörtern vermischt. Während sich in Frankreich mehr und mehr französisches Wesen entwickelte, blieb Ostfranken ein deutsches Land mit deutscher Sprache und deutscher Sitte.

C. Deutschland bis zum Untergange der Hohenstaufen.

I. Heinrich I. 919–936.

1. **Verfall des Reiches unter den Karolingern.** a) Unordnung im Innern. Bis 911 herrschten in Deutschland die Nachkommen Karls des Großen, die Karolinger. Unter den meist schwachen Herrschern verfielen nach und nach die guten Einrichtungen, die Karl der Große geschaffen hatte. Reichsversammlungen wurden nicht mehr abgehalten, und Königsboten überwachten nicht mehr die Beamten und Bischöfe. Die Grafen vererbten Amt und Land auf ihre Söhne, ohne den Kaiser zu fragen. In Sachsen und Bayern machten sich die Markgrafen, in Franken und Schwaben mächtige Vasallen zu Herzögen. Dasselbe tat in Lothringen ein Königsbote. Jeder der fünf Stämme lebte für sich, so daß dem Reiche die Gefahr drohte, allmählich in einzelne kleine Länder zu zerfallen. Der Herzog von Lothringen schloß sich sogar an Frankreich an. Nur die Bischöfe hielten zum Kaiser und wünschten wieder ein mächtiges und einheitliches Reich.

b) Äußere Feinde. Äußere Feinde machten sich die Schwäche des Reiches zunutze. Von Osten drangen die Slawen plündernd und raubend häufig über Elbe und Saale in das Land ein. Auf zahlreichen Schiffen, deren Kielbalken vorn zu Drachenköpfen geschnitzt waren, kamen von Skandinavien her die kühnen Normannen an die deutsche Küste. Sie fuhren in die Mündungen der Flüsse, verheerten das Land und verbrannten die Städte, z. B. Hamburg, Cöln und Coblenz. Schlimmer noch hausten die Ungarn. Sie hatten die Ostmark des Reiches (vgl. S. 18, 3b) besetzt und unternahmen auf ihren flinken Rossen, die durch lederne Panzer geschützt waren, große Raubzüge bis an den Rhein und den Harz. Den offenen Streit Mann gegen Mann vermieden sie, wenn sie konnten. Am liebsten griffen sie ihre Feinde in früher Morgenstunde unvermutet an oder fielen aus dem Hinterhalte heraus blitzschnell über sie her. Nicht selten ergriffen sie im Kampfe scheinbar die Flucht. Sobald sich jedoch ihre Gegner bei der Verfolgung zerstreut hatten, kehrten sie um und machten sie einzeln nieder. Sie waren vorzügliche Bogenschützen, die vom Rosse herab ihre Pfeile versendeten, doch führten sie auch Schwert und Wurfspieß. Bei ihren Einfällen verwüsteten sie die Felder, trieben das Vieh mit sich fort und raubten die Frauen. Brennende Dörfer bezeichneten ihren Weg. Nur durch schnelle Flucht in dichte Wälder oder auf Bergeshöhen konnten sich die Bewohner vor ihnen retten.

2. **Heinrichs Wahl.** Nach dem Aussterben der Karolinger wurde der Frankenherzog Konrad zum Kaiser gewählt. Er gab sich redliche Mühe, die Ordnung im Reiche wiederherzustellen. Aber die trotzigen Großen wollten ihm nicht gehorchen. Besonders der mächtige Herzog Heinrich von Sachsen beugte sich ihm nicht. Entmutigt gab der Kaiser den erfolglosen Kampf auf. Als er fühlte, daß sein Ende nahe war, besprach er mit seinem Bruder Eberhard die Zukunft des Reiches. Dann übergab er ihm die Krönungskleinodien (Krone, Schwert und goldene Mantelspangen) und befahl ihm, sie seinem größten Gegner, dem Herzoge Heinrich, zu überbringen; denn, so sagte er: „Die Zukunft des Reiches steht bei den Sachsen." Eberhard führte den Auftrag seines Bruders getreulich aus, obgleich er selbst gern König geworden wäre. Nach Konrads Tode wählten auch die Sachsen und Franken Heinrich zu ihrem Herrscher. Die Großen der drei andern Herzogtümer blieben aber der Wahl fern. Eine Sage erzählt, daß die

Boten, die Heinrich von seiner Erhebung zum deutschen Könige benachrichtigen sollten, ihn am Harze beim Vogelfange angetroffen hätten (Gedicht: Heinrich der Vogelsteller).

3. **Heinrich und die Herzöge.** Mehr durch Klugheit und Überredung als durch Waffengewalt bewog Heinrich die Herzöge von Schwaben und Bayern, ihn als Lehnsherrn und König anzuerkennen. Lothringen gewann er nach einigen Jahren dem Reiche wieder zurück. Dem jungen Herzoge von Lothringen gab er eine seiner Töchter zur Frau, um ihn näher an sich zu fesseln. Obgleich die französischen Könige immer wieder versuchten, Lothringen mit ihrem Lande zu vereinigen, ist es bis 1766 beim Deutschen Reiche geblieben (S. 89).

4. **Heinrich gründet feste Zufluchtsorte.** Als Heinrich fünf Jahre regiert hatte, fielen die Ungarn wieder in das Reich ein. Der König, der zu dieser Zeit gerade von einer Krankheit heimgesucht wurde, mußte in eine feste Burg bei Goslar flüchten. Nun fügte es das Kriegsglück, daß ein angesehener Ungarnfürst den Reitern Heinrichs bei einem Streifzuge in die Hände fiel. Da schickten die Ungarn Gesandte, die den Gefangenen für ein hohes Lösegeld loskaufen sollten. Heinrich weigerte sich jedoch, ihn freizugeben, wenn die Ungarn nicht aus seinem Lande abzögen. Nach langen Verhandlungen erlangte er von seinen Feinden einen neunjährigen Waffenstillstand. Dafür lieferte er den Gefangenen aus und versprach, den Ungarn jedes Jahr eine große Summe von Gold und Silber (Tribut) zu übersenden. Dieser Waffenstillstand galt jedoch nicht für das ganze Reich, sondern nur für Heinrichs eigenes Herzogtum. Die gewährte Zeit benutzte Heinrich, um Sachsen und Thüringen gegen die Einfälle der Ungarn zu sichern. Er bestimmte, daß Bischofssitze, Klöster, königliche Pfalzen und größere Ansiedlungen mit Mauern und Gräben versehen würden. Auf diese Weise entstanden feste Zufluchtsorte, aus denen sich mit der Zeit Städte entwickelten. So wurden u. a. Merseburg und Goslar befestigt und die Burgen Quedlinburg und Nordhausen gebaut. Auf hochgelegenen Punkten an der Grenze ließ Heinrich starke Warttürme errichten, von denen aus die Bewohner durch Feuerzeichen vor einer nahenden Gefahr gewarnt werden konnten. Der Sicherheit wegen sollten Volksversammlungen, Gerichtstage und Märkte in den festen Orten abgehalten werden. Die Deutschen wollten jedoch nicht in den Burgen, den „steinernen Gräbern", wohnen. Da Besatzungen aber vorhanden sein mußten, zwang Heinrich jeden neunten Mann seiner sächsisch-thüringischen Lehnsleute dorthin zu ziehen. Damit die Verteidiger und die flüchtigen Landbewohner im Falle einer Belagerung nicht Mangel litten, mußte der dritte Teil der Feldfrüchte in die Burgen abgeliefert und dort aufgespeichert werden.

5. **Heinrich schafft ein Reiterheer.** Um mit den flinken ungarischen Reitern erfolgreich zu streiten, war der deutsche Heerbann zu langsam; denn die meisten Krieger kämpften nach alter Sitte zu Fuße. Nur die Träger größerer Lehen und die Freien, die große Landgüter besaßen, zogen als Reiter in den Krieg. Diesen befahl Heinrich, auch ihre Dienstmannen mit guten Pferden zu versehen. Er rief sie mit ihren Leuten von Zeit zu Zeit zusammen und lehrte sie, zu Rosse zu fechten und in geschlossenen Massen Bewegungen auszuführen. Auf diese Weise bildete sich Heinrich allmählich ein tüchtiges Reiterheer.

6. **Gründung von Marken.** Während des Waffenstillstandes übte Heinrich seine Krieger in zahlreichen Kämpfen mit den räuberischen Slawen. Er brach über die Elbe in ihr Land ein und suchte ihre Hauptstadt Brennabor (das heutige Brandenburg) einzunehmen. Diese lag auf einer Insel in der Havel. Das Wasser, das sie umfloß, war überall so breit, daß man die Mauern nicht einmal mit Pfeil und Speer erreichen konnte.

Die Slawen fühlten sich daher völlig sicher. Heinrich gab auch bald die nutzlose Belagerung auf. Jedoch im Winter, als harter Frost das Wasser mit einer festen Eisdecke überzogen hatte, kehrte er unvermutet zurück. Brennabor wurde nun erobert und zerstört. Im folgenden Jahre schlug er die Slawen noch einmal in der furchtbaren Schlacht bei Lenzen am rechten Elbufer. Durch diese Kämpfe unterwarf er die Slawen von der mittleren Elbe bis zur Ostsee. Um die Grenze zu sichern, errichtete er am linken Elbufer und an der Havel die Nordmark. — Die Böhmen machte er sich tributpflichtig und gründete zum Schutze gegen sie die Mark Meißen. — Im Norden entstand später noch die Mark Schleswig als Schutzwehr gegen die Dänen.

7. **Die Ungarnschlacht im Jahre 933.** Als der Waffenstillstand abgelaufen war, verlangten die Ungarn, daß der Tribut weitergezahlt würde. Heinrich wies im Vertrauen auf seine Macht ihre Gesandten jedoch kurz ab. Da brachen die Ungarn im nächsten Frühjahre in großen Scharen über die Saale in Thüringen ein, vermochten aber die festen Orte nicht einzunehmen. Heinrich lockte die Hauptmasse ihres Heeres in das ziemlich enge Tal der Unstrut. Weil hier die Bergzüge nahe aneinander treten, konnten die ungarischen Reiterscharen sein Heer so leicht nicht umgehen. Dort trat er ihnen mit seinen wohlgeübten Kriegern entgegen und trieb sie bald in wilde Flucht. Viele deutsche Gefangene erlangten durch Heinrichs Sieg ihre Freiheit wieder, und reiche Beute wurde zurückgewonnen. Der Erfolg war freilich nur vorübergehend; denn wenige Jahre später fielen die Ungarn schon wieder in Thüringen ein.

8. **Heinrichs Lebensende.** Durch sein vorsichtiges Auftreten gegen die Herzöge hatte Heinrich I. verhütet, daß sich die deutschen Stämme voneinander trennten und das Reich sich auflöste. Man nennt ihn deshalb mit Recht einen „Gründer des Reiches". Seine zahlreichen Kämpfe aber mußte er, lediglich auf seine Stammlande Sachsen und Thüringen gestützt, ohne die Hilfe der Herzöge ausfechten. Auf einem Reichstage in Erfurt empfahl er noch den deutschen Fürsten, seinen Sohn Otto zu seinem Nachfolger zu wählen. Kurze Zeit danach starb er. Er ist zu Quedlinburg begraben, wo seine Gemahlin ein Kloster gestiftet hatte.

Von Heinrich I. an bis zum Jahre 1806 ist Deutschland ein Wahlreich geblieben. Im Laufe der Zeit erhielten sieben Fürsten das Vorrecht, den Kaiser zu „küren" (wählen). Man nannte sie deshalb Kurfürsten. Die Kaiserwahl erfolgte in Frankfurt a. M., die Krönung fand in Aachen statt.

II. Otto der Große. 936—973.

1. **Krönung zu Aachen.** Im Alter von 24 Jahren folgte Otto seinem Vater. Er war von hoher, edler Gestalt, hatte durchdringende Augen und trug einen lang herabwallenden Bart. Zu Aachen wurde er durch den Erzbischof von Mainz gekrönt und gesalbt. Die deutschen Herzöge versahen bei dem Krönungsfeste zum ersten Male die sogenannten Reichsämter. Der Herzog von Lothringen leitete als Erzkämmerer die Festlichkeit. Eberhard von Franken, der einst dem Vater Ottos die Reichskleinodien überbracht hatte, setzte als Erztruchseß dem Kaiser die Speisen vor. Der Herzog von Schwaben reichte ihm als Erzschenk den Wein, und der Herzog von Bayern sorgte als Erzmarschall für Unterkunft der Ritter und Rosse. Daß sie dem Kaiser so dienten, war bedeutungsvoll. Im Gegensatz zu seinem Vater Heinrich betrachtete nämlich Otto die Herzogswürde als ein Amt, das er verleihen, aber auch nehmen konnte.

2. **Otto und die Herzöge.** Im Anfange seiner Regierung hatte Otto schwere Kämpfe mit den Herzögen auszufechten, die sich seiner Macht nicht beugen wollten. Er verlieh darum die Herzogtümer seinen Verwandten: sein Bruder Heinrich erhielt Bayern, sein Schwiegersohn Konrad Lothringen, sein Sohn Ludolf Schwaben. Sein Stammland Sachsen behielt Otto zunächst selbst, gab es aber später dem tapferen Hermann Billung, einem Edlen aus alter sächsischer Familie. (Lesestück: Otto I. und Hermann Billung.) Franken blieb ohne eigenen Herzog. Sein Ziel, ein einheitliches Reich zu schaffen, erreichte Otto dadurch aber doch nicht. Konrad und Ludolf empörten sich ebenfalls wider ihn, so daß er ihnen die Herzogtümer wieder abnahm.

3. **Krieg gegen Slawen und Böhmen.** Mit Hilfe Hermann Billungs und des Markgrafen Gero von Meißen unterwarf Otto die Slawen bis zur Oder und zwang sie, ihm Abgaben zu zahlen. Das Land der vertriebenen Häuptlinge schenkte er tapferen Vasallen, die sich in dem eroberten Gebiete niederließen und feste Burgen bauten. Deutsche Ansiedler, Kaufleute und Priester folgten ihnen. In Havelberg und Brandenburg wurden Bistümer gegründet, die später mit andern Bistümern das Erzbistum Magdeburg bildeten. Der Herzog von Böhmen wurde gezwungen, dem Kaiser den Lehnseid zu leisten und Tribut zu zahlen. — (Daß Otto die Dänen besiegt und seinen Speer in den „Ottensund" geschleudert habe, ist Sage.)

Otto I. hielt sich mit seiner Gemahlin Editha oft und gern in Magdeburg auf. Er gründete in der Stadt ein Kloster und sandte besonders von hier aus deutsche Priester und Ansiedler in die Slawenländer östlich der Elbe.

4. **Otto I. und die Kirche.** Kaiser Otto sah ein, daß er sich auf die Herzöge, auch wenn sie seine nahen Verwandten waren, nicht verlassen konnte. Er gab daher die Herzogtümer meistens an unbedeutende Stammesfürsten und stützte sich mehr auf die hohen Geistlichen. Eine hervorragende Stellung unter diesen nahm der Erzbischof von Cöln, ein Bruder Ottos, ein. Er verwaltete Lothringen und bildete Geistliche heran, aus denen der Kaiser mit Vorliebe die Bischöfe erwählte. Otto schenkte der Kirche viel Land und gab den Bischöfen große Rechte. Dafür hatte die Kirche aber die Kosten seiner Hofhaltung zu tragen. Wenn Otto auch am liebsten in Quedlinburg und auf seinen Pfalzen in der goldenen Aue weilte, so war er doch genötigt, bald in diesem, bald in jenem Herzogtume zu erscheinen. Überall im Reiche hatten dann Bischöfe und Klöster für den Unterhalt des Hofes zu sorgen und Krieger, Beamte und Diener aus ihren Lehnsmannen zu stellen.

5. **Schlacht auf dem Lechfelde 955.** Die Ungarn hatten nach der Schlacht an der Unstrut ihre Plünderungszüge keineswegs aufgegeben. Besonders Herzog Heinrich von Bayern mußte fortwährend mit ihnen kämpfen. Im Jahre 955 drangen sie wieder in großer Zahl an der Donau entlang in Deutschland ein und belagerten Augsburg. Da eilte Otto mit den Kriegern aller deutschen Stämme zur Befreiung der Stadt herbei. Am Morgen der Schlacht nahm er mit seinem ganzen Heere das heilige Abendmahl und stellte dann seine Streitmacht zum Kampfe auf. Voran standen die Bayern, die an die Kampfesweise der Ungarn gewöhnt waren, dann folgten die Franken unter der Führung des Herzogs Konrad. Hinter ihnen kamen die Sachsen unter Ottos eigenem Befehle; bei ihnen befand sich das Reichsbanner und eine Fahne mit dem Bilde des Erzengels Michael. Schwaben, Böhmen und Bürger von Augsburg bildeten die Nachhut. Bei Beginn der Schlacht griff ein Teil der Ungarn die Bayern an, ein an-

derer durchschwamm den Lech und stürzte sich auf die Nachhut. Diese geriet in Unordnung und begann zu fliehen. Aber Herzog Konrad eilte mit den Franken schnell zur Hilfe herbei. Dann führte Kaiser Otto die Sachsen zum Beistande der hart bedrängten Bayern vor, er selbst voran, „glorreich, wie es einem Könige geziemt, der über streitbare Männer gebietet". Zum Schutze gegen den Pfeilhagel hielten die sächsischen Harnischreiter ihre Schilde dicht aneinander und drängten eng geschlossen die Feinde an den Lech. Da löste sich das Ungarnheer zu wilder Flucht auf. Viele stürzten in die Fluten und wurden noch im Flusse von dem deutschen Schwerte ereilt. Eilboten des Kaisers benachrichtigten die Landleute weit umher von dem errungenen Siege. Da hielten diese an den Furten der Flüsse sorgfältig Wache. Ergrimmt über die Greueltaten der Ungarn bereiteten sie den Flüchtlingen, die in ihre Hände fielen, ein schreckliches Ende. Nur wenige Ungarn sahen ihr Vaterland wieder; ihre gefangenen Heerführer ließ Otto an den Galgen hängen. Auf deutscher Seite war neben vielen tapferen Kriegern der Herzog Konrad gefallen. Als er, erhitzt vom Kampfe an dem heißen Augusttage, seinen Helm lüftete, durchbohrte ein Pfeil seinen Hals. So sühnte er seine alte Schuld durch einen ruhmvollen Tod. — Seit dieser Zeit blieb Deutschland von den Einfällen der heidnischen Ungarnhorden verschont.

6. **Das Heilige Römische Reich Deutscher Nation.** In Italien versuchten mächtige einheimische Edle, sich von der deutschen Lehnshoheit freizumachen. Deshalb mußte Otto mehrmals über die Alpen ziehen und sie mit Waffengewalt zum Gehorsam zwingen. Auf seinem zweiten Zuge wurde er in Rom vom Papste feierlich zum römischen Kaiser gekrönt. Man nannte das Reich das „Heilige Römische Reich Deutscher Nation".

„Heilig" hieß es, weil es nur christliche Völker umfaßte, „römisch", weil man es als das wiederaufgerichtete weströmische Reich ansah, und „deutscher Nation", weil die Deutschen in ihm die Herrschaft führten.

Daß Otto die römische Kaiserwürde erwarb, vermehrte sein Ansehen vor der Welt, war aber für Deutschland kein Vorteil. Denn von nun an wurde es Sitte, daß die deutschen Könige nach Rom zogen, um sich dort zu römischen Kaisern krönen zu lassen. Sie hatten in Italien fortwährend zu kämpfen und konnten sich um Deutschland nicht genug kümmern. Besonders fehlte es ihnen an Zeit, die Länder östlich der Elbe von den Slawen zurückzugewinnen.

Otto I. hat das Deutsche Reich zu gewaltiger Macht emporgehoben; er liegt im Dome zu Magdeburg begraben.

III. Heinrich IV. 1056—1106.

1. **Das Faustrecht.** Die Nachfolger Ottos I. hielten sich fast beständig in Italien auf. Da gewöhnten sich die Großen des Reiches daran, Streitigkeiten untereinander mit dem Schwerte in der Hand auszufechten, anstatt sie von dem Gerichte des Kaisers entscheiden zu lassen. Allerorten in Deutschland herrschten daher wilde Fehden, unter denen besonders die schutzlosen Bewohner der Dörfer viel zu leiden hatten. Wer die kräftigste Faust besaß, konnte im Vertrauen auf seine Macht ungestraft seine Nachbarn bedrücken (Faustrecht!). Mit der Kriegsnot kam zugleich noch anderes Elend. Da die Felder nicht regelmäßig bestellt werden konnten, traten Hungersnöte ein. Ansteckende Krankheiten wüteten im Volke und entvölkerten das Land.

2. **Kirchliche Bestrebungen.** Wenn ein Geistlicher zum Bischofe ernannt wurde, erhielt er damit auch die Herrschaft über große Reichsgebiete und Tausende von heerespflichtigen Lehnsmannen. Dafür mußte er auch an den Kaiser hohe Abgaben zahlen, gerade wie man noch heute beim Kaufe eines Hauses oder Ackers an den Staat eine Steuer zu entrichten hat. Auch weltliche Lehnsmannen waren beim Empfange eines Lehnsgutes zu einer solchen Abgabe verpflichtet. Dieses Bezahlen für geistliche Ämter nannte man Simonie. (Vgl. Apostelgesch. 8, 12.) Dabei kamen freilich leicht Mißbräuche vor. Mancher versprach große Geldsummen, um eine hohe geistliche Würde zu erlangen. Es geschah dadurch nicht selten, daß ungeeignete Männer als Bischöfe eingesetzt wurden. Die niederen Geistlichen führten oft ein lasterhaftes Leben; die Bischöfe nahmen häufig selbst an den Fehden der Großen teil.

Da erging von dem Kloster Cluny (klüni) in Frankreich an die Christenheit die Mahnung, diese traurigen Zustände zu bessern. Die Geistlichen sollten durch strenge Sittenreinheit dem Volke ein Beispiel geben und ihren kirchlichen Oberen unbedingten Gehorsam leisten. Um den Fehden zu steuern, wurde ein „Gottesfriede" gepredigt. Vom Mittwoch abend bis zum Montag früh jeder Woche durfte kein Streit ausgefochten werden. Wer zuwiderhandelte, wurde mit dem Kirchenbanne belegt, d. h. aus der Kirche ausgestoßen; nur wenn er eine Pilgerfahrt nach Jerusalem unternahm, konnte er Lossprechung erlangen. — Der Zölibat, d. h. die Ehelosigkeit der Priester, und die Abschaffung der Simonie wurden aufs neue eingeschärft. Die Priester sollten als Diener der Kirche einzig Gott und ihrem Berufe sich widmen. Wenn die Simonie abgeschafft wurde, konnten die weltlichen Fürsten in kirchlichen Dingen nicht mehr so oft zum Schaden der Kirche entscheiden. Man wollte also durch die beiden Verordnungen das kirchliche Leben fördern, dann aber auch die Kirche von der staatlichen Abhängigkeit befreien. In dieser gefahrvollen Zeit kam Heinrich IV. von Franken auf den deutschen Kaiserthron.

3. **Heinrichs Jugend.** Da Heinrich IV. erst sechs Jahre alt war, als er König wurde, führte seine Mutter Agnes für ihn die Regierung. Sie war eine fromme und kluge Fürstin. Die Großen des Reiches wollten ihr jedoch nicht gehorchen. Die deutschen Herzöge glaubten vielmehr, sich jetzt unabhängig machen zu können. Dabei gerieten sie aber untereinander in blutige Fehden. Schließlich bemächtigte sich der Erzbischof Anno von Cöln des jungen Königs und führte als sein Vormund die Herrschaft über das Reich.

Anno strebte danach, dem jungen Könige zum Wohle des Reiches eine gute Erziehung zuteil werden zu lassen und wollte ihn deshalb unter seine Leitung nehmen. Zu diesem Zwecke lud er die Kaiserin und Heinrich zu einem Feste am Rheine ein. Während die Fürstin bei der Tafel saß, lockte man den jungen König an das Ufer des Rheines, um ihm angeblich das schöne Schiff des Erzbischofs zu zeigen. Kaum hatte er es aber betreten, da wurden die Ruder in Bewegung gesetzt, und das Schiff fuhr eilig davon. Da merkte Heinrich die List und stürzte sich in den Strom. Er wurde aber von einem Ritter, der ihm nachsprang, herausgezogen und wieder auf das Schiff gebracht. Darauf führte man ihn nach Köln in die erzbischöfliche Wohnung. Seine Mutter trat aus Gram über die Trennung von ihrem Sohne in ein Kloster ein.

Anno war ein sittenreiner, pflichteifriger, aber strenger Mann, der sich bemühte, seinen Schützling gut zu erziehen. Er leitete ihn besonders zum Gehorsam und zur Gottesfurcht an. Leider mußte er auf Drängen der Fürsten, die auf ihn neidisch wurden, die Erziehung des unmündigen Königs dem Erzbischofe Adalbert von Bremen überlassen. Dieser feingebildete, gutmütige Kirchenfürst erfüllte alle Wünsche des leidenschaftlichen und eigenwilligen Knaben, regierte aber für ihn mit viel Geschick. Mit seinen Nachbarn, den Sachsen, lebte Adalbert in Unfrieden; auch in das Herz des jungen Königs pflanzte er eine tiefe Abneigung gegen das Sachsenvolk ein. Als Heinrich 16 Jahre alt war, wurde er von Adalbert wehrhaft gemacht und führte nun die Regierung selbst. Aber Adalbert blieb sein erster Ratgeber.

4. **Die Empörung der Sachsen.** Heinrich IV. wohnte am liebsten in Goslar oder auf der Harzburg. Die Sachsen hatten daher viele Lieferungen an Getreide und Vieh an seine Hofhaltung zu leisten. Weil Heinrich ihnen aber nicht vertraute, baute er in ihrem Lande feste Burgen. Die sächsischen Bauern mußten dazu Steine und Holz heranfahren. In die Burgen legte Heinrich dann fränkische Lehnsleute als Besatzung. Da sich im Sachsenlande nur wenig kaiserliche Güter befanden, hatten die Sachsen auch für diese noch die Lebensmittel zu liefern. Die fränkischen Krieger scheuten sich dabei nicht, die Felder zu plündern und den Bauern gewaltsam Vieh wegzunehmen. Beklagten sich die Geschädigten, so erhielten sie kein Recht. Auf diese Weise wurden die Herzen der sächsischen Männer allmählich mit Grimm und Erbitterung erfüllt. Ihre Grafen und Edlen schlossen heimlich einen Bund. Auf ihren Ruf erhob sich der ganze Stamm der Sachsen und zerstörte mehrere Zwingburgen. Heinrich mußte bei Nacht und Nebel aus der Harzburg fliehen. Er berief eilig die deutschen Fürsten und forderte sie auf, ihm gegen die Sachsen Heeresfolge zu leisten. Aber die Fürsten weigerten sich und fielen offen von ihm ab.

Als der König von allen verlassen wurde, fand er Zuflucht und Hilfe in der treuen Stadt Worms. Die Bürger nahmen ihn ehrenvoll auf, stellten ihm ihre ganze Habe zur Verfügung und gelobten, auch ihr Leben freudig für ihn einzusetzen. Auch von andern Städten wurde Heinrich unterstützt. So erwies sich der Bürgerstand der aufblühenden deutschen Städte zum ersten Male als eine treue Stütze des Kaiserthrons.

5. **Niederwerfung des Aufstandes.** Ohne die Unterstützung der Fürsten konnte Heinrich aber doch nicht viel gegen die Sachsen ausrichten. Er mußte ihnen Straflosigkeit zusichern und versprechen, die Burgen niederzureißen. Da begingen die Sachsen eine schlimme Tat. Als die Harzburg abgebrochen wurde, zerstörten sie auch die Wirtschaftsgebäude und beraubten die Kapelle. Sie rissen sogar die Gebeine der Verwandten Heinrichs, die dort beerdigt waren, aus der Gruft. Entrüstet über diese Frevel erklärten sich jetzt viele Fürsten für den Kaiser und schickten ihm ihre Vasallen, so daß ein stattliches Heer zusammenkam. Erschreckt boten die Sachsen ihre Unterwerfung an. Aber Heinrich überraschte sie in der Nähe von Langensalza an der Unstrut und erfocht einen blutigen Sieg. Deutsche hatten gegen Deutsche gekämpft. Selbst im Heere des Königs erhob sich am Abende der Schlacht laute Klage über die gefallenen Volksgenossen. Heinrich unterwarf nun die Sachsen völlig und nahm vielen Edlen ihre Lehen. So gelangte er wieder in den Besitz der königlichen Herrschaft.

6. **Papst Gregor VII.** In der Zeit, als sich die Sachsen gegen Heinrich IV. empörten, wurde in Rom der kluge und sittenstrenge Mönch Hildebrand zum Papste gewählt. Aus Dankbarkeit gegen seinen Lehrer und Gönner Gregor VI. legte er sich den Namen Gregor VII. bei. Schon seit einer Reihe von Jahren hatte er als Berater seiner Vorgänger auf dem päpstlichen Stuhle eifrig für das Wohl der Kirche gewirkt.

Besonders war er darauf bedacht gewesen, die großen Mängel und Schäden, die sich im Laufe der Zeiten in Kirche und Geistlichkeit eingeschlichen hatten, zu entfernen und das Papsttum von jeder weltlichen Gewalt frei zu machen. Diese Bestrebungen setzte er als Papst mit unerschütterlicher Festigkeit fort. Unter Androhung der schwersten Kirchenstrafen verbot er die Mißbräuche der Simonie (vgl. S. 26) und der Investitur. Unter Investitur verstand man die Verleihung höherer Kirchenämter, z. B. der Würde eines Bischofs oder Abtes, durch die Landesfürsten vermittels der Belehnung mit Ring und Stab. Er bestimmte, die Ernennung der Priester, höherer wie niederer, sei das alleinige Recht der Kirche. Damit nun die Geistlichen in völliger Freiheit und Sittenreinheit der Erfüllung ihrer Pflichten leben könnten, erneuerte er die Zölibatsgesetze, durch welche die Geistlichen zur Ehelosigkeit verpflichtet wurden.

7. **Beginn des Kampfes zwischen Kaiser und Papst.** Trotz des päpstlichen Verbotes der Simonie und der Investitur fuhr der Kaiser fort, die Investitur auszuüben und mit Geistlichen, die der Papst wegen Simonie gebannt hatte, zu verkehren. Der Papst machte ihm deswegen ernste, wohlgemeinte Vorhaltungen. Er gab ihm zu verstehen, daß er bei Fortsetzung seines frevelhaften Tuns die größte Kirchenstrafe, den Bannspruch, zu erwarten habe. Wer im Banne war, wurde von Gottesdienst und Sakramenten ausgeschlossen und durfte, wenn er gestorben war, nicht kirchlich beerdigt werden. Heinrich aber ließ sich nicht raten. In seiner Verblendung berief er vielmehr die deutschen Bischöfe zu einer Versammlung nach Worms. Hier wurde die Absendung eines in heftigen und maßlosen Ausdrücken gehaltenen Schreibens an den Papst beschlossen, das ihm seine Absetzung mitteilte. Auf dieses Schreiben hin sprach Gregor VII. über Heinrich den Bann aus und entband seine Untertanen vom Eide der Treue gegen ihn.

8. **Kanossa.** Als die Nachricht, daß Heinrich vom Papste gebannt und abgesetzt sei, sich in Deutschland verbreitete, empörten sich die Sachsen von neuem. Die Zahl der Anhänger des Königs wurde immer geringer. Die süddeutschen Fürsten beschlossen sogar, einen neuen König zu wählen, wenn Heinrich nicht innerhalb eines Jahres vom Banne losgesprochen sei. Da erkannte Heinrich, daß die deutschen Fürsten ihm feindlicher seien als der Papst. Um sich in seiner königlichen Würde zu behaupten, faßte er den Entschluß, persönlich die Verzeihung des Papstes zu erflehen. Im Winter des Jahres 1077 reiste er, begleitet von seiner Gemahlin, seinem dreijährigen Söhnchen und wenigen Dienstmannen, durch Burgund nach Italien. Gregor VII. befand sich damals gerade auf einer Reise nach Deutschland. Die Anhänger und die Gegner des Königs wollten nämlich in Augsburg zu einem neuen Reichstage zusammenkommen, um über Heinrichs Schicksal zu entscheiden. Der Papst sollte dabei als Schiedsrichter tätig sein. Da der Papst annahm, daß Heinrich in feindseliger Absicht nach Italien käme, zog er sich nach Kanossa, einem festen Schloß der Markgräfin Mathilde, zurück. Hier erschien Heinrich, tat drei Tage lang nach damaliger Sitte Kirchenbuße und erhielt vom Papste Lossprechung vom Banne. Seine Reue war aber nur von kurzer Dauer, denn bald darauf verband er sich mit den Lombarden gegen den Papst.

9. **Kampf mit Rudolf von Schwaben.** Obgleich Heinrich vom Banne losgesprochen worden war, setzten die deutschen Fürsten ihn ab und erwählten den Herzog Rudolf von Schwaben. Dieser wurde besonders von den Sachsen unterstützt. Auch der Papst begünstigte den neuen Kaiser und sprach den Bann zum zweiten Male über Heinrich aus. Ein blutiger Bürgerkrieg entbrannte, in dem Deutschland furchtbar verheert wurde. Mehrere Jahre schwankte das Glück. Da verlor Rudolf in einer Schlacht (in

der Nähe von Merseburg) die rechte Hand und erlag der Verwundung (1080). Sterbend soll er gesagt haben: „Das ist die Hand, mit der ich dem Könige Heinrich Treue geschworen habe." Er liegt im Dome zu Merseburg begraben, wo die vertrocknete rechte Hand noch heute gezeigt wird.

10. **Gregors Tod.** Einige Jahre darauf zog Heinrich mit Heeresmacht nach Rom, setzte einen neuen Papst ein und ließ sich von ihm krönen. Gregor floh vor ihm nach Süditalien. Dort starb er im folgenden Jahre mit den Worten: „Ich habe die Gerechtigkeit geliebt und die Ungerechtigkeit gehaßt; darum sterbe ich in der Verbannung!"

11. **Heinrichs Lebensende.** In Deutschland erwarteten den Kaiser neue Kämpfe, denn ein neuer Gegenkaiser war gewählt worden. Später erhoben selbst seine Söhne die Waffen gegen ihn. Ehe der Kampf entschieden war, starb Heinrich IV., 56 Jahre alt. Da er bis an seinen Tod im Banne gewesen war, blieb seine Leiche fünf Jahre an ungeweihter Stätte. Später erfolgte die Beisetzung im Dome zu Speyer.

IV. Friedrich I. 1152—1190.

1. **Hohenstaufen und Welfen.** Nach dem Aussterben des fränkischen Herrscherhauses wurde Herzog Lothar von Sachsen Deutscher Kaiser. Dieser vermählte seine einzige Tochter mit dem Herzoge Heinrich dem Stolzen von Bayern, der dem Fürstenhause der Welfen angehörte. Später gab er ihm auch sein eigenes Stammland Sachsen, so daß die Welfen nun zwei große Herzogtümer besaßen. Im Bunde mit ihm machte Kaiser Lothar zwei Brüdern aus dem Fürstengeschlechte der Hohenstaufen, Friedrich und Konrad, große Landgebiete streitig, die sie von dem erloschenen fränkischen Kaiserhause geerbt hatten. Damit begann ein langer, verderblicher Kampf zwischen den mächtigen Fürstenfamilien der Hohenstaufen und der Welfen. — Kaiser Lothar gab im Jahre 1134 die Nordmark (die heutige Altmark) Albrecht dem Bären aus dem Hause Anhalt. Dieser vergrößerte sein Gebiet durch Eroberungen auf dem rechten Elbufer und nannte sich „Markgraf von Brandenburg" (vgl. S. 71).

2. **Friedrich Barbarossa.** Als Lothar starb, kam die Kaiserkrone an das Haus der Hohenstaufen. Der zweite Kaiser aus diesem Geschlechte war Friedrich I. Unter ihm erreichte das Reich seinen höchsten Glanz. Er war ein ritterlicher Herr, mittelgroß, mit blauen Augen und blondem Haupthaare. Wegen seines rötlichen Bartes nannten ihn die Italiener Barbarossa, d. i. Rotbart. Nachdem er in Aachen gekrönt worden war, unternahm er einen Umritt (Königsritt) durch das ganze Reich und stellte überall den Landfrieden her.

3. **Heinrich der Löwe.** In dem Kampfe zwischen Hohenstaufen und Welfen hatte das welfische Haus Bayern verloren. Friedrich wollte dem langen Streite ein Ende machen. Er gab deshalb dem Sohne Heinrichs des Stolzen, dem jungen Heinrich dem Löwen, Bayern wieder zurück. Dieser hielt nun in seiner Hauptstadt Braunschweig prächtig Hof. Dort steht heute noch ein eherner Löwe, den er vor seinem Schlosse aufstellen ließ. Heinrich der Löwe war aber dabei nicht untätig. Von Sachsen aus eroberte er von den Slawen Holstein, Mecklenburg und Pommern. In den gewonnenen Ländern siedelte er sächsische Bauern an. An der Trave, wo eine slawische Befestigung gelegen hatte, gründete er die Stadt Lübeck (Lübeck bedeutet Löwenburg).

4. **Kämpfe in Italien.** Die Städte in Norditalien waren durch den Handel mit dem Morgenlande und mit Deutschland mächtig geworden. Der Herrschaft der deutschen Könige wollten sie sich nicht mehr unterwerfen. Am übermütigsten waren die Bewohner von Mailand. Sie zerstörten sogar Nachbarstädte, die dem Kaiser treu waren. Da auch in Rom Aufruhr herrschte und der Papst zur Flucht genötigt worden war, zog Friedrich mit 1800 Rittern nach Italien. Er führte den vertriebenen Kirchenfürsten zurück und wurde von ihm in der Peterskirche zum Kaiser gekrönt. Die Römer meinten aber, ohne ihren Willen dürfe der Papst den Kaiser nicht krönen. Wütende Volkshaufen zogen daher über die Tiberbrücke nach der Peterskirche und griffen Friedrichs kleines Heer an. Auf der Brücke tobte der Streit am heftigsten. Der Kaiser wurde im Kampfgewühl vom Rosse gerissen und schwebte in großer Gefahr. Da schlug sich Heinrich der Löwe zu ihm durch, wehrte die Feinde von ihm ab und rettete ihm so das Leben. Mit seinem kleinen Heere konnte sich der Kaiser aber in Italien keinen Gehorsam erzwingen. Er kehrte daher bald wieder nach Deutschland zurück.

Im engen Etschtale, durch das der Weg nach Deutschland führt, hatten verwegene Raubgesellen eine Burg besetzt. Sie drohten, das deutsche Heer durch Felsblöcke und Baumstämme zu zerschmettern. Nur dann wollten sie den Durchzug erlauben, wenn der Kaiser eine Summe Geldes bezahlte und jeder Reiter Roß und Harnisch an sie auslieferte. Da erkletterte ein mutiger Ritter, Otto von Wittelsbach, mit 200 Kriegern einen steilen Felsen, dessen Spitze sich hoch über die Burg erhob. Von Vorsprung zu Vorsprung mußten die kühnen Männer auf dem zerklüfteten Gestein emporklimmen. Oft konnten sie nur weiterkommen, wenn einer auf die Schultern des andern stieg. Endlich aber war das gefährliche Wagestück gelungen. Nun wurde die Burg von oben und unten zugleich angegriffen. Da verloren die überraschten Feinde den Mut und suchten zu entfliehen. Die meisten aber wurden niedergehauen oder stürzten die steilen Felswände hinab. Die übrigen wurden zur Strafe aufgehängt.

5. **Die Zerstörung Mailands.** Wenige Jahre später zog Friedrich I. mit einem großen Heere wieder nach Italien; Mailand wurde belagert und mußte sich ergeben. In der Po-Ebene hielt Friedrich einen großen Reichstag ab, auf dem die Pflichten der lombardischen Städte festgesetzt wurden. Die Streitigkeiten hörten jedoch nicht auf. Der neue Papst Alexander sprach den Bann über den Kaiser aus, und die stolzen Mailänder wollten sich der Ordnung, die auf dem Reichstage bestimmt worden war, nicht fügen. Da erklärte Friedrich die trotzige Stadt in die Reichsacht, nahm sie nach zweijähriger Belagerung zum zweiten Male ein und zerstörte sie vollständig.

6. **Die Schlacht bei Legnano** (1176). Trotz dieses furchtbaren Strafgerichtes entbrannten die Kämpfe bald von neuem. Kaum zehn Jahre später war Mailand wieder aufgebaut. Die Städte verbündeten sich mit dem klugen und tatkräftigen Papste Alexander. Ihm zu Ehren und dem Kaiser zum Trotz gründeten sie die Festung Alessandria am Po. Wieder mußte Friedrich I. nach Italien ziehen. Er belagerte im Winter Alessandria, konnte die Stadt aber nicht einnehmen; denn sein Heer war durch Krankheiten sehr geschwächt. Da verlangte er von Heinrich dem Löwen, der seit langer Zeit an keinem Kriegszuge des Reiches teilgenommen hatte, Verstärkungen. Dieser aber verweigerte die schuldige Heeresfolge, obgleich ihn der Kaiser bei einer Zusammenkunft dringend um Hilfe bat. Trotzdem wagte Friedrich bei Legnano (1176) den Kampf mit dem weit überlegenen Heere der Städte. Als jedoch im Schlachtgetümmel sein Roß erstochen unter ihm zusammenbrach, so daß er zu Boden stürzte, wurde das hartbedrängte deutsche Heer von Schrecken ergriffen und erlitt eine schwere Niederlage.

Fast 25 Jahre hatte Friedrich ununterbrochen mit dem Papste und den italischen Städten im Kampfe gelegen. Nach der Niederlage bei Legnano versöhnte er sich mit beiden.

7. **Niederwerfung der Welfen.** Ergrimmt auf Heinrich den Löwen, durch dessen Treulosigkeit seine Niederlage verursacht worden war, kam Friedrich nach Deutschland zurück. Er lud Heinrich viermal zur Verantwortung vor; aber dieser stellte sich nicht. Da erklärte ihn der Kaiser in die Reichsacht und nahm ihm seine Länder. Bayern gab er Otto von Wittelsbach, dessen Nachkommen heute noch dort herrschen. Sachsen, das letzte große Stammesherzogtum, wurde zerstückelt und unter viele geistliche und weltliche Herren verteilt. Der „Löwe" aber wehrte sich tapfer, und der Kampf zwischen Welfen und Hohenstaufen (Waiblingen) entbrannte von neuem. Die kleinen Vasallen fielen jedoch bald von Heinrich ab, so daß er sich dem Kaiser unterwerfen mußte. Friedrich begnadigte ihn und gab ihm Braunschweig und Lüneburg zurück. Er zwang ihn aber, auf drei Jahre in die Verbannung zu gehen. Das kaiserliche Ansehen war damit im Reiche wiederhergestellt. Aber es war ein schwerer Schaden für Deutschland, daß Sachsen nicht mehr bestand. Denn nun gab es keinen mächtigen Grenzfürsten mehr, der das Reich gegen die Dänen schützte und die östlichen Slawenländer deutsch und christlich machte.

8. **Das Reichsfest zu Mainz.** Als der Kaiser auf der Höhe seiner Macht stand, wurde in Mainz ein glänzendes Fest gefeiert. Friedrich wollte dabei seine beiden ältesten Söhne wehrhaft machen. Zu Pfingsten 1184 strömten weltliche und geistliche Fürsten, über 40 000 Ritter, fremde Gesandte, fahrende Sänger und unzähliges Volk zusammen, um dem Kaiser zu huldigen. An den Ufern des Rheinstromes erhoben sich Tausende von Zelten; denn die Stadt Mainz konnte die Zahl der Gäste bei weitem nicht fassen. Der Kaiser, der schon über 60 Jahre alt war, beteiligte sich selbst noch an den ritterlichen Spielen. Fünf blühende Söhne umgaben ihn. Der älteste von ihnen war schon zu seinem Nachfolger gewählt und gekrönt. Noch lange wurde dieses große Fest in Liedern besungen. — Bald darauf unternahm Friedrich seinen letzten (den sechsten) Zug nach Italien. In Mailand, wo er diesmal glänzend aufgenommen wurde, vermählte er seinen Sohn Heinrich mit der Erbin des normannischen Reiches in Süditalien. Diese Ehe sollte die Ursache zum Untergange des hohenstaufischen Kaiserhauses werden.

9. **Friedrichs Tod.** Der Sultan Saladin hatte die Stadt Jerusalem erobert, nachdem sie 87 Jahre in den Händen der Christen gewesen war (S. 34,5). Die Kunde davon erregte im Abendlande überall Bestürzung. Es wurde beschlossen, zur Befreiung Jerusalems einen „Kreuzzug" zu unternehmen. Kaiser Friedrich zog mit nach dem Heiligen Lande, obwohl er fast 70 Jahre alt war. Die umsichtigsten Vorbereitungen wurden getroffen. Mit einem auserlesenen Ritterheere zog Friedrich von Regensburg die Donau abwärts durch das oströmische Reich nach Kleinasien. Wohl mußte das Heer große Anstrengungen, Hunger und Durst erdulden (Gedicht: Schwäbische Kunde); doch gelang es dem Kaiser, seine Krieger ohne erhebliche Verluste bis an die Grenze des Heiligen Landes zu führen. Da wurde aber das Kreuzheer von einem schweren Unglück betroffen. Friedrich war dem Zuge vorausgeeilt, um sich in den kühlen Wellen eines Flusses durch ein Bad zu erfrischen. Im Wasser jedoch verließ ihn die Kraft, und er sank unter. Seine Begleiter zogen ihn mit Mühe wieder heraus, aber es war schon zu spät — der Kaiser war tot. Unendliche Trauer erhob sich im Heere. Viele Teilnehmer des Zuges kehrten um, und das so glücklich begonnene Unternehmen scheiterte.

10. **Friedrich II.** Barbarossas Nachfolger, Heinrich, starb nach kurzer Regierung und hinterließ das Reich seinem unmündigen Sohne Friedrich II. Die deutschen Fürsten, die nicht von einem Kinde beherrscht sein wollten, schieden sich in zwei Parteien. Die eine erkor einen welfischen, die andre einen staufischen Kaiser. Wiederum entbrannte in Deutschland der Kampf

zwischen Welfen und Waiblingen. Als jedoch der junge Friedrich II. herangewachsen war, wurde er von den deutschen Fürsten auf den Thron erhoben. Von seiner Mutter hatte er auch Süditalien geerbt. Er war das Ebenbild seines Großvaters und wollte wie dieser ein Weltbeherrscher werden. In Palermo, wo er gewöhnlich wohnte, hielt er glänzend Hof. Dort sammelte er Gelehrte, Dichter und Künstler um sich. Nach Deutschland kam er nur dreimal auf kurze Zeit. Hier hielt er sich am liebsten auf seiner Kaiserpfalz Tilleda am Kyffhäuser auf.

11. **Das Interregnum.** Nach Friedrichs II. Tode entstand große Verwirrung im Reiche. Für Deutschland kam die „kaiserlose, die schreckliche Zeit". Ausländische Fürsten, die das Reich kaum betraten, nahmen den Kaiserthron ein. Die Großen des Reiches bekriegten sich, der niedere Adel plünderte und verheerte in fortwährenden Fehden das Land oder raubte auf den Landstraßen, ohne daß ihm jemand wehrte. Man nennt diese Zeit, in der das „Faustrecht" überall uneingeschränkt herrschte (1256 bis 1273), das große „Interregnum" (Zwischenreich).

Der Dom zu Speyer.

12. **Untergang des staufischen Geschlechts.** Von dem staufischen Geschlechte war noch ein einziger Sproß, der junge Konradin, übrig geblieben. Während er in Schwaben von seiner Mutter erzogen wurde, verlieh der Papst einem französischen Prinzen die hohenstaufischen Länder Süditalien und Sizilien. Als Konradin herangewachsen war, zog er nach Italien, um das Erbe seiner Väter wiederzugewinnen. Er geriet aber nach einer unglücklichen Schlacht in Gefangenschaft und wurde zum Tode verurteilt. Auf dem Marktplatze zu Neapel endete der blühende Jüngling, der letzte Hohenstaufe, durch Henkershand.

In den folgenden Jahrhunderten, in denen das Deutsche Reich nach und nach immer mehr verfiel, blieb die Erinnerung an die glanzvollen Gestalten Friedrich Barbarossas und Friedrichs II. im deutschen Volke lebendig. Im Laufe der Jahre verschmolzen diese beiden Herrscher dem Volke zu einer Person, zu Kaiser Barbarossa, der im Kyffhäuserberge verzaubert schläft und des Reiches Herrlichkeit mit hinabgenommen hat. Die Hoffnung auf die Wiederkehr der glänzenden Zeiten der Hohenstaufen hat das deutsche Volk 600 Jahre lang treu bewahrt. Im Jahre 1870/71 ist sie durch Kaiser Wilhelm I. endlich in Erfüllung gegangen (Gedichte: Der alte Barbarossa — Tief im Schoße des Kyffhäusers).

V. Die Kreuzzüge.

1. **Das Heilige Land.** Die Stätten, an denen Jesus Christus gelehrt und gelitten hatte, waren den Gläubigen stets Orte stiller Weihe und Andacht gewesen. Die fromme Mutter des römischen Kaisers Konstantin des Großen, Helena, hatte um das Jahr 300 über dem Heiligen Grabe eine Kirche errichten lassen, zu der viele Christen Wallfahrten unternahmen. Bei der Teilung des römischen Reiches (S. 10) kam das Heilige Land an Ostrom. Später

aber wurde es von den mohammedanischen Arabern erobert. Diese ließen ruhig zu, daß in Jerusalem christlicher Gottesdienst abgehalten wurde. Sie waren auch gegen die Pilger freundlich, wenn sie von ihnen eine mäßige Abgabe erhielten. Da eroberten zur Zeit Heinrichs IV. die Türken, die ebenfalls Anhänger Mohammeds waren, das Heilige Land. Sie verhöhnten und bedrückten die Christen, zerstörten die Kirchen, beraubten und töteten die Pilger.

2. **Die Kirchenversammlung zu Clermont** (klärmong). Der Einsiedler Peter von Amiens (amiäng), der als Pilger in Jerusalem gewesen war, hatte diese Greuel mit angesehen. Nun zog er, im Pilgerkleide auf einem Esel sitzend, durch das nördliche Frankreich. In Dörfern und Städten predigte er von dem Elende der Christen im Heiligen Lande. Mit glühendem Eifer forderte er das Volk auf, Jerusalem zu befreien. — Um dieselbe Zeit berief der Papst (1095) eine Kirchenversammlung nach Clermont. Unter freiem Himmel beschrieb er dort, wie die Christen im Heiligen Lande vertrieben oder zu Sklaven gemacht und die christlichen Kirchen in Viehställe verwandelt wären. In begeisterten Worten mahnte er, das Grab des Erlösers nicht in den Händen der Ungläubigen zu lassen. Reicher Lohn im Himmel sollte allen zuteil werden, die für den Glauben die Waffen ergriffen. Da brach die Menge der Gläubigen in den donnernden Ruf aus: „Gott will es!" Arme und Reiche, Vornehme und Geringe ließen sich sogleich ein rotes Kreuz auf die Schulter heften, zum Zeichen, daß sie an der Kriegsfahrt nach Jerusalem teilnehmen wollten. In ganz Frankreich, Italien und England wurde der Kreuzzug gepredigt. Später schloß sich auch Deutschland der Bewegung an.

3. **Der Marsch nach Palästina.** Ritter und Mönche, Bürger und Bauern, reuige Sünder und beutelustige Abenteurer nahmen das Kreuz. Viele glaubten, durch die Teilnahme am Kreuzzuge die Sündenschuld abbüßen zu können, die sie auf sich geladen hatten. Die erste Schar der Kreuzfahrer machte sich in wildem Eifer, ohne Ordnung und ohne Führer auf den Weg. Die meisten von ihnen gingen auf dem Marsche durch Hunger und Krankheiten elend zugrunde. Der Rest wurde in Kleinasien durch die Türken vernichtet. Dann aber zogen wohlgerüstete Heere auf verschiedenen Wegen nach dem Morgenlande (1096). Einer der Hauptanführer der Kreuzfahrer war der Herzog von Lothringen, Gottfried von Bouillon. Über unwegsame Gebirge und durch wasserlose Wüsten führte der Marsch. Glühende Sonnenstrahlen brannten auf die Kreuzfahrer herab. Da erlag mancher tapfere Mann den Anstrengungen und fand im fernen Lande ein frühes Grab. Oftmals sperrten die Scharen der Türken den erschöpften Kriegern den Weg, so daß sie sich den Weitermarsch erst blutig erstreiten mußten. Nach zweijährigen, unendlichen Leiden und Kämpfen erreichten sie das Heilige Land.

4. **Erstürmung Jerusalems.** Als die Kreuzfahrer endlich die heilige Stadt Jerusalem erblickten, erhob sich lauter Jubel im ganzen Heere. Alle Mühen und Gefahren waren vergessen. Andächtig küßten die rauhen Krieger den Boden, über den einst der Herr geschritten war. Viele stiegen von den Rossen und wanderten mit nackten Füßen weiter. Aber noch war Jerusalem in den Händen der Feinde. Das Kreuzheer war auf ungefähr 30000 Mann zusammengeschmolzen und litt großen Mangel an Lebensmitteln und Wasser. Trotzdem wurde sofort mit der Belagerung begonnen. Nach fünf Wochen erstürmten die Kreuzfahrer mit dem Rufe „Hilf Gott!" die Mauern Jerusalems. Gottfried von Bouillon gehörte zu den ersten, die in die Stadt eindrangen. Unter den Feinden wurde ein entsetzliches Blutbad angerichtet, bei dem nicht einmal Frauen und Kinder Schonung fanden. Als das Morden beendet und die Kampfeswut verflogen war, legten die Kreuzfahrer die Waffen ab und reinigten sich von Staub und Blut. Dann zogen sie

in Pilgerkleidern und fromme Lieder singend in feierlichem Zuge zum Heiligen Grabe, um Gott für das gelungene große Werk zu danken.

5. **Das Königreich Jerusalem.** Das eroberte Land erhielt den Namen „Königreich Jerusalem". Gottfried von Bouillon wurde zum Könige gewählt. Er wollte sich aber nicht dort mit einer goldenen Krone schmücken, wo der Heiland eine Dornenkrone getragen hatte, und nannte sich nur „Beschützer des Heiligen Grabes". Gottfried starb schon im folgenden Jahre (1100) und wurde in der Grabeskirche beigesetzt. Sein Bruder und dessen Nachkommen haben 87 Jahre über das Königreich Jerusalem geherrscht. Dann ging es aber, obgleich noch sechs Kreuzzüge nach dem Heiligen Lande unternommen wurden, wieder an die Türken verloren. In ihren Händen ist es noch heute.

6. **Wirkungen der Kreuzzüge.** Niemandem durfte verwehrt werden, an einem Kreuzzuge teilzunehmen. Unfreie Leute wurden frei, wenn sie das Kreuz nahmen. Wenn nun ein Herr seine Hörigen mit Frondiensten drückte, so verließen sie ihn und zogen mit nach dem Heiligen Lande. Auf diese Weise waren sie für ihn verloren, und er hatte keine Leute, die seine Felder bestellten. Die Lasten der Hörigen mußten daher in den meisten Gegenden Deutschlands erleichtert werden. — Handel und Verkehr nahmen einen großen Aufschwung. Seide, Teppiche, Waffen, Gewürze wurden vom Morgenlande eingeführt. Durch den gewinnbringenden Handel wuchsen der Reichtum und die Macht der Städte. — Die Kreuzfahrer schauten auf ihren Zügen fremde Länder und erlebten Abenteuer. Sie kamen mit Kriegern anderer Völker in Berührung und lernten besonders auch die hochgebildeten Araber und Griechen kennen. Ihre oft rohen Sitten wurden dadurch verfeinert; Sänger und Dichter empfingen lebhafte Anregung.

Da sehr viele Kreuzfahrer umkamen, wurden auch viele Lehen erledigt. Diese wurden von den Lehnsherren gewöhnlich eingezogen, so daß durch die Kreuzzüge die Macht der Fürsten erheblich stieg. Die Kirche stand zu dieser Zeit im höchsten Ansehen.

D. Deutschland vom Untergange der Hohenstaufen bis zur Reformation.

I. Das Mittelalter.

I. Die Kirche.

1. **Wie die Kirche in Deutschland einig und mächtig wurde.** Unter den westgermanischen Volksstämmen waren die Franken und Alamannen die mächtigsten. In dem Frankenreiche führte König Chlodovech die römisch-katholische Lehre ein. Durch den Sieg der Franken über die Alamannen wurden auch diese für die katholische Kirche gewonnen. Die späteren fränkischen Könige unterstützten die Glaubensboten, die zur Bekehrung der noch heidnischen Deutschen auszogen. So kam es, daß allmählich alle deutschen Stämme Anhänger der einen katholischen Kirche wurden. Als der Islam das christliche Abendland bedrohte, wandte Karl Martell die Gefahr ab. Karl der Große unterwarf der katholischen Kirche auch den letzten heidnischen deutschen Volksstamm, die Sachsen. Seitdem die Päpste die deutschen Könige zu römischen Kaisern krönten, wuchs der Einfluß der Kirche gewaltig. Gregor VII. erneuerte das Gesetz über den Zölibat der Geistlichen, führte die Papstwahl durch die Kardinäle ein und machte die Kirche damit von der weltlichen Herrschaft völlig unabhängig (vgl. S. 28, 6). Sogar bei der Einsetzung der Bischöfe, die deutsche Reichsfürsten waren, hatte der Papst mitzusprechen. Die Kirche war also auch mächtig geworden.

2. **Ihre Stellung zur weltlichen Obrigkeit.** Zur Zeit der Hohenstaufen und der Kreuzzüge im 12. und 13. Jahrhundert erreichte die Kirche ihre höchste Gewalt. Der

Papst war Oberherr der Fürsten. Ohne seine Bestätigung war die deutsche Kaiserwahl ungültig. Fügten sich die Fürsten dem Willen des Papstes nicht, so sprach er den Bannfluch über sie aus. Dadurch entband er ihre Untertanen von dem Eide der Treue. Die Fürsten konnten dann nur unter schweren Kämpfen ihre Krone behaupten. Wenn Städte oder Länder der Kirche ungehorsam waren, wurde über sie das Interdikt (Verbot kirchlicher Handlungen) verhängt. Dann durfte keine Glocke geläutet, kein Kind getauft, kein Toter kirchlich beerdigt werden. Nur mit großen Geldsummen konnten die betroffenen Städte oder Länder sich vom Interdikte wieder loskaufen. Bann und Interdikt waren die Waffen der Kirche. Die Bischöfe hatten durch die Kaiser reichen Besitz an Land und Leuten erhalten und waren die vornehmsten Reichsfürsten geworden. Die Geistlichen waren die Träger der Bildung. Sie allein verstanden die lateinische Sprache und hatten schreiben gelernt. Da man im Mittelalter alle wichtigen Schriftstücke lateinisch abfaßte, waren sie den Fürsten auch für weltliche Geschäfte unentbehrlich.

3. **Ihr Einfluß auf das Volk.** Die Kirche pflegte nicht nur Gottesfurcht und christlichen Wandel unter dem Volke, sie nahm sich auch der Schwachen an und schützte sie vor Bedrückungen durch die weltlichen Herren. Die geistlichen Würdenträger behandelten ihre zahlreichen Hörigen milde und erhoben sie nicht selten zu freien Dienstleuten. (Unter dem Krummstab ist gut wohnen!) Auch durch ihre Einrichtungen gewann die Kirche Einfluß auf die Bevölkerung. In den Städten entstanden herrliche Dome, die man mit Gemälden und Bildsäulen prächtig ausschmückte. Die Zahl der kirchlichen Feste wurde erhöht. Den Gottesdienst, bei dem die Priester in schön gestickte Gewänder gekleidet waren, gestaltete man durch Kirchenmusik feierlicher. Viele reiche Stiftungen flossen daher auch der Kirche zu und zeugten von dem frommen Sinne, der zu dieser Zeit das Volk beherrschte.

4. **Die Klöster.** Der Landbesitz der Klöster war durch Schenkungen im Laufe der Zeit ungeheuer gewachsen. Die Mönche, deren es in manchen Klöstern einige Hundert gab, wußten den Grundbesitz fortgesetzt zu vermehren. Sie rodeten den Wald und entwässerten Sümpfe, so daß fruchtbares Land entstand. Mühlen und Backhäuser, Keltereien und Brauhäuser, Werkstätten für Schmiede, Gerber und Sattler befanden sich hinter den Klostermauern. Die Mönche trieben Bergbau und gewannen Salz, sie bauten Brücken und Wasserleitungen, sie führten aus Italien und Frankreich seine Gemüse und edle Obstsorten ein. Die Klostergebäude wurden unter der Leitung geschickter Mönche aus Stei-

Ein Kloster.

nen errichtet. Die Kirchen baute man so, daß ihre Mauern ein Kreuz bildeten (vgl. die Kirche auf dem Bilde S. 35). Ihre Fenster verzierte man mit Säulen und Rundbögen (romanischer Stil; s. Abb. S. 32). Die Altäre wurden mit Gemälden und Elfenbeinschnitzereien, die Chorstühle mit kunstvollen Holzbildhauerarbeiten, die Decken und Seitenwände mit Malereien geschmückt. Die Wissenschaften fanden eifrige Pflege. Die Werke der alten römischen Dichter und Geschichtschreiber vervielfältigte man durch Abschreiben; die Überschriften der einzelnen Abschnitte wurden mit Farben kunstvoll ausgemalt. Manche Klosterschulen (Fulda, St. Gallen u. a.) erlangten großen Ruf. In den Nonnenklöstern fanden viele unverheiratete Töchter des Adels eine Heimat.

II. Entwicklung der Berufsstände.

1. Die Fürsten.

1. **Entstehung der fürstlichen Häuser.** In der Zeit vom Vertrage zu Verdun (843) bis zum Aussterben der Karolinger hatten sich die fünf Stammesherzogtümer Sachsen, Franken, Schwaben, Bayern und Lothringen gebildet. Unter den Hohenstaufen wurden die alten Herzogtümer an weltliche und geistliche Große verteilt. Ungefähr von dieser Zeit an rechnete man die Herzöge, Land-, Mark- und Burggrafen, die Grafen, Erzbischöfe, Bischöfe und einzelne Äbte zu den Fürsten. Die weltlichen Fürsten waren fast alle aus dem Grafenstande hervorgegangen. Ihre Lehen, die sie für die Verwaltung des Grafenamtes erhalten hatten, waren erblich geworden. Durch die Gerichtsbußen, die sie über Schuldige verhängten, und die ihnen zuflossen, wurden sie reich. Kaiser Friedrich II. erkannte die weltlichen Fürsten sogar als erbliche „Landesherren" an. Er überließ ihnen das königliche Recht, Münzen zu prägen, Bergbau zu treiben sowie auf Märkten, an Flüssen und Wegen Zölle zu erheben. So wurden sie innerhalb ihres Gebietes fast unabhängig vom Kaiser. Dadurch, daß die Fürsten ihr Land häufig unter ihre Söhne teilten, wuchs die Zahl der fürstlichen Häuser immer mehr; aber der Besitz der einzelnen Familien wurde immer kleiner. Starb ein Fürstenhaus aus, so behielt der Kaiser das erledigte Lehen für sich, oder er übergab es einem andern Fürsten. Dies geschah durch Überreichung einer Lanze, an der eine Fahne befestigt war. Die geistlichen Fürsten wurden durch Überreichung eines Zepters belehnt.

2. **Die Fürsten und die Kaisermacht.** Ursprünglich besaßen die Kaiser viele Landgüter und Bergwerke. Aber schon unter den Hohenstaufen waren die Königsgüter durch fortgesetzte Belehnungen verschwunden, so daß die kaiserlichen Einnahmen sehr abgenommen hatten. Der Kaiser vermochte im Mittelalter auch keinen Krieg zu führen, wenn die Fürsten nicht einverstanden waren. Diese leisteten ihm oft nur ungern Heeresfolge (Beispiele?). Er konnte nur auf seine eigenen Lehnsleute mit Gewißheit zählen. So war es ihm oft unmöglich, das Reich gegen äußere Feinde zu schützen und den Frieden im Innern zu schirmen. Die mächtigsten Fürsten nahmen sich das Recht, den Kaiser zu „küren" (wählen) und nannten sich „Kurfürsten". Vor der Wahl ließen sie sich aber erst allerlei Vorrechte versprechen. Am liebsten wählten sie einen Fürsten, der wenig Land und Macht besaß, damit sie nicht von ihm zum Gehorsam gezwungen werden konnten. Die Kaiser suchten nun dadurch Macht und Einfluß zu bekommen, daß sie erledigte Reichslehen für sich und ihre eigene Familie behielten: sie gründeten sich eine „Hausmacht".

2. Der Adel.

1. **Entstehung des Adels.** Vasallen und wohlhabende Freie dienten im Kriege zu Rosse; denn der Reiterdienst galt für besonders vornehm. Um die Zahl der Reiter zu erhöhen, rüsteten die Kaiser, die großen Vasallen und die Bischöfe für den Kriegsdienst zu Pferde auch ihre Beamten aus. Diese waren unfreien Standes und dienten ihren Herren an den Höfen und auf den Gütern. Als Lohn wurde ihnen seit der Mitte des

12. Jahrhunderts Land zu Lehen überlassen. Da diese unfreien „Mannen" bald zu großem Ansehen kamen, wurden auch arme Freie veranlaßt, bei großen Herren Dienste zu nehmen. Auf den langen Kriegsfahrten nach Italien und dem Heiligen Lande verschmolzen die freien Grundherren, die freien und die unfreien Mannen wegen ihres gemeinsamen Reiterdienstes zu einem neuen Stande, dem Ritterstande.

Allmählich übernahmen die Ritter mit ihren Knechten ganz allein den Heeresdienst. Wenn ein unfreier Dienstmann ein Gut von 5 Hufen Größe (ungefähr 60 ha) zu Lehen trug, hatte er einen Ritter und einen Knecht zu stellen. War das Gut 10 Hufen groß, so mußte ein Ritter mit zwei Knechten in den Krieg ziehen, auch wenn das Land nicht Lehen, sondern freies Eigentum war. Als später die kleinen Lehen erblich wurden, vererbte sich auch die Ritterwürde, und nur „Ritterbürtigen" durften Lehen gegeben werden. Die freien Grundbesitzer, die keinem Lehnsherrn zu Diensten verpflichtet waren, genossen unter den Rittern größere Ehre und nannten sich „Freiherren". Die Ritter, die ihre Lehen unmittelbar vom Kaiser empfangen hatten, hießen „Reichsritter". Zur Zeit der Kreuzzüge fingen die Ritter an, ihren Vornamen den Namen des Ortes beizufügen, wo sie ihre Lehen hatten. Auf diese Weise sind die jetzt noch üblichen adeligen Geschlechtsnamen entstanden.

2. **Die Ritterorden.** Im Heiligen Lande bildeten sich während der Kreuzzüge drei Ritterorden, in denen Rittertum und Mönchtum miteinander vereinigt waren: die Johanniter, die Templer und die Deutschritter. Wer in sie eintreten wollte, mußte die Ritterwürde besitzen und das Gelübde der Armut, der Keuschheit und des Gehorsams ablegen. Zweck dieser geistlichen Orden war die Bekämpfung der Ungläubigen sowie die Pflege der Armen und Kranken.

3. **Ritterliche Erziehung.** Für den Kampf zu Rosse war beständige Waffenübung nötig. Daher erzog man den Knaben schon von Jugend an für den Ritterdienst. War er sieben Jahre alt, so brachte ihn der Vater an den Hof seines Lehnsherrn oder eines andern Fürsten. Dort lernte er ritterliche Sitte und wurde im Reiten, Speerstechen und Fechten geübt. Der Schloßgeistliche oder die Burgherrin unterrichtete ihn im Lesen und im christlichen Glauben; mitunter lernte er auch schreiben. War der Knabe 14 Jahre alt, so wurde er mit dem Schwerte umgürtet und begleitete als Knappe oder Edelknecht seinen Herrn auf die Jagd und in den Krieg. Er hielt ihm die Waffen in Ordnung und trug ihm auf dem Marsche Speer und Schild. Bei Tische bediente er ihn und die Herrin. Wenn der Knappe 21 Jahre alt geworden war, wurde er im Gotteshause zum Ritter geschlagen. Er gelobte, die Kirche zu schützen, den Witwen und Waisen beizustehen, die Frauen zu ehren und dem Kaiser zu gehorchen. Dann kniete er am Altare nieder und empfing von dem vornehmsten der anwesenden Ritter drei leichte Schläge mit dem Schwerte auf die Schulter. Hierauf wurden ihm die goldenen Sporen angeschnallt und Helm, Schild und Speer überreicht.

4. **Die Burgen.** In bergigen Gegenden baute der Ritter seine Wohnung auf schwer zugängliche Höhen, im Flachlande dagegen zwischen Seen und Sümpfe (Höhenburgen und Wasserburgen). In der ältesten Zeit bestanden die Burgen nur aus einem steinernen Turme und hölzernen Wohngebäuden. Später führte man auch die Wohnräume aus Stein auf. Die meisten Burgen wurden im 11. und 12. Jahrhundert errichtet. Ein hoher Mauerring mit davorliegendem, tiefem Graben umgab die Gebäude. An den Ecken der Mauern sprangen feste Türme oder Erker vor. Sie waren mit schmalen Öffnungen versehen, so daß man einen anstürmenden Feind von der Seite her beschießen konnte. Über den Graben, der bei Höhenburgen trocken war, führte eine schmale Zugbrücke. Sie hing an Ketten und war in gefährlicher Zeit aufgezogen, so daß sie das Burgtor verdeckte und schützte. Das Tor war aus dicken Eichenbalken gezimmert und mit Eisen beschlagen. Über ihm erhob sich gewöhnlich ein starker Turm. Hinter dem äußeren Tore befand sich oft noch

ein zweites, inneres, und zwischen beiden ein eisernes Fallgitter. Große Burgen besaßen häufig noch einen zweiten, inneren Mauerring. Den Raum zwischen den Mauern nannte man den Zwinger. Er enthielt die Stall- und Wirtschaftsgebäude sowie die Wohnungen für die Knechte. Auf der höchsten Stelle erhob sich ein hoher Turm mit meterdicken Mauern, der **Bergfried**. Er bildete den letzten Zufluchtsort für die Bewohner, wenn die Burg vom Feinde erstürmt war. Sein unterster, kellerartiger Teil, das Verlies, diente als Gefängnis. In dem höchsten Raume, von dem man weit in das Land sehen konnte, hielt sich gewöhnlich ein Wächter auf. Der schmale Eingang zu dem Turme lag mehrere Meter hoch über dem Boden und konnte nur durch eine Leiter erreicht werden. Über ihm befand

Die Wartburg.

sich ein Erker, die „Pechnase", durch deren Bodenöffnung man siedendes Pech, Öl oder Wasser auf den Angreifer heruntergießen und schwere Steine auf ihn fallen lassen konnte. Neben dem Bergfriede stand das Wohnhaus der Ritterfamilie, der **Palas**. Er enthielt im Erdgeschosse eine große Halle, die mit Waffen und Geweihen, mit Decken und Fellen geschmückt und mit Bänken versehen war. Sie diente den Männern zum Aufenthalte. In ihr bewirtete man auch die Gäste und feierte fröhliche Gelage. Über der Halle befanden sich die Kemenaten, d. h. die mit Kaminen versehenen Frauengemächer. Die Fenster waren klein und nur durch Läden geschlossen. Kleine, runde, in Blei gefaßte Glasscheiben kamen erst im 15. Jahrhundert auf.

5. **Ritterliches Leben.** Befand sich der Ritter nicht auf einem Kriegszuge, so beschäftigte er sich mit Waffenübungen, oder er ging auf die Jagd. Auch die Edelfrau ritt mit dem

abgerichteten Falken auf der Faust zur Reiherbeize. Im Sommer sah der Burgherr nach seinen Wiesen und Äckern, deren Bearbeitung seinen Hörigen oblag. Er besuchte auch wohl seine Nachbarn zu ritterlichem Waffenspiele und fröhlichem Gelage. Wenn im Winter aber der Verkehr durch große Schneefälle wochenlang gehemmt wurde, war das Leben auf den unzugänglichen Burgen, um deren Mauern die Stürme brausten, oft recht unbehaglich und einsam.

Für den Kampf war der Ritter von Kopf bis zu Fuß schwer gerüstet. Der Schuppen- und Kettenpanzer, den man anfänglich trug, wich im 12. Jahrhundert der Rüstung aus Eisenplatten. Der Helm, der prächtig mit Straußenfedern geschmückt war, konnte so dicht geschlossen werden, daß nur eine schmale Öffnung für die Augen verblieb. Der eiserne Schild war gewöhnlich mit der Gestalt eines Tieres bemalt, so daß der gerüstete Ritter für seine Freunde zu erkennen war. Aus diesen Abzeichen, die sich bald vom Vater auf den Sohn vererbten, sind die Wappen entstanden. Als Waffe diente die mit eiserner Spitze versehene Lanze und das zweihändige Schwert. Da die Rüstung sehr schwer war, mußte der Ritter immer zwei starke Rosse mit sich führen, das eine für den Marsch, das andre für den Kampf. Das Schlachtroß war durch Decken geschützt, auf denen Eisenplatten befestigt waren. — Nicht selten wurden von den Fürsten große Waffenspiele, „Turniere", veranstaltet, zu denen von weit und breit die Ritter in ihrem schönsten Schmucke erschienen. Ein großer, freier Platz wurde dazu abgesperrt. Herolde hielten das zahlreich zuströmende Volk in Ordnung und dienten als Kampfordner. Von hohen Bühnen herab schauten vornehme Frauen dem Turniere zu. Bei dem Einzelkampfe kam es darauf an, den Gegner mit der Lanze so zu treffen, daß er aus dem Sattel fiel. Wenn die Rosse in vollem Jagen gegeneinander stürmten, und die Speere auf Schild oder Harnisch trafen, splitterten von dem gewaltigen Anpralle oft die Lanzenschäfte in Stücke, und die Pferde brachen nicht selten zusammen. Der Sieger erhielt knieend von der vornehmsten Frau den „Dank", der in einer goldenen Kette, einem Ringe oder Becher und in einem Kranze bestand. Wenn man bei den Turnieren auch nur stumpfe Waffen gebrauchte, so ereigneten sich dabei doch viele Unfälle. Die Kirche verbot darum mehrmals die Teilnahme an ihnen, konnte sie aber nicht verhindern.

6. **Bedeutung und Verfall.** Auf dem Ritterstande ruhte das ganze Heerwesen der damaligen Zeit. Auch viele hohe Staatsämter, die früher die Geistlichen innehatten, wurden von Rittern verwaltet. Da die Ritter aber mit der lateinischen Sprache nicht gut Bescheid wußten, fing man in dieser Zeit an, wichtige Urkunden in deutscher Sprache abzufassen. Auch die Dichtkunst ging von den Mönchen auf die Ritter über und wurde von ihnen zu hoher Blüte gebracht. An dem Hofe des Landgrafen von Thüringen fand um das Jahr 1200 der berühmte Sängerkrieg (Wettstreit) auf der Wartburg statt. Da die ritterlichen Dichter in ihren Liedern meist die Frauenliebe, die „Minne", verherrlichten, nannte man sie Minnesänger. Die bekanntesten waren Walter von der Vogelweide und Wolfram von Eschenbach. Aus jener Zeit stammen auch die großen Heldenlieder des deutschen Volkes, das Nibelungen- und das Gudrunlied.

Wenn ein Ritter in den Krieg zog, mußte er sich und seine Knechte mit Rossen und Waffen ausrüsten. Auch für Kleidung und Nahrung hatte er selbst zu sorgen. Dadurch geriet er nicht selten in Schulden. Mancher hatte auch nur ein kleines Erbe erhalten oder war durch Trunk und Spiel arm geworden. Um Beute zu gewinnen und aus Lust am Kampfe fing er dann wohl mit benachbarten Städten oder mit andern Rittern Streit an. Auf diese Weise entstanden zahllose Fehden. Da man die feste Burg des Gegners nicht erobern konnte, plünderte man seine Dörfer. Dem Bauer wurde Haus und Hof zerstört und das Vieh geraubt. Er mußte froh sein, wenn er das Leben behielt. Bauern „auspochen", Kaufleute überfallen und reiche Klöster plündern, galt nicht mehr als Schande; Straßenraub wurde ein adlig Handwerk („Raubritter"). Die Kaiser waren meist zu schwach, diesen Gewalttaten zu steuern. So trat an Stelle der Zucht und edlen Sitte bei den Rittern Verrohung. An den Fürstenhöfen wurden Dichtkunst und Musik von den derben Späßen der Hofnarren verdrängt.

3. Der Bauernstand.

1. **Entstehung und Blütezeit.** In derselben Zeit, in der ein neuer Adel entstand, entwickelte sich auch ein neuer Bauernstand. Zu ihm gehörten zunächst unfreie oder hörige Leute, die von ihren Herren Äcker zur Bewirtschaftung erhalten hatten. Oft aber ließen sich auch arme Freie von einem begüterten Ritter oder einem Kloster Land geben und zahlten dafür eine Abgabe. Sie wurden dadurch allmählich zu Bauern. Das Bauernhaus war ein einfacher, mit Stroh oder Schindeln gedeckter Holz- oder Fachwerkbau. Oft wohnte das Vieh mit den Menschen unter demselben Dache. Ein schwerer Tisch, einige Bänke, Schemel und Truhen bildeten den Hausrat. Der Ofen war aus Steinen und Lehm aufgemauert. Die Kleidung des Bauern bestand aus Hosen von derbem Lodenstoff oder grober Leinwand und einem grauen Kittel. Im 12. und 13. Jahrhundert gelangte der Bauernstand zu Blüte und Wohlstand.

Da jeder Bauer, der an einem Kreuzzuge teilnahm, frei wurde, nahm die Zahl der Leibeigenen sehr ab. Viele jüngere Leute wanderten in die Slawenländer östlich der Elbe und siedelten sich dort an. Andre gingen in die Städte, wo sie sich hinter dem Pfahlwerk der Befestigung (S. 43, 4) niederlassen durften. Wurden sie nicht von ihren Herren gefunden und zurückgefordert, so waren sie nach Jahr und Tag frei („Pfahlbürger"). Infolgedessen entstand auf dem Lande Mangel an Arbeitskräften. Die Grundherren gaben daher den Bauern, um sie zu behalten, die Zinsgüter in erbliche Pacht. Die Arbeiten für die Gutsherrschaft, die „Fronden", waren gering. In manchen Gegenden brauchten die Bauern nur Wege und Brücken instandzuhalten. An den zahlreichen kirchlichen Festen herrschte lustiges Leben in den Dörfern, und die jungen Leute tanzten fröhlich unter der Dorflinde. Die Kleidung der Bauern wurde reicher, und mehrfach mußte ihnen das Tragen ritterlicher Waffen verboten werden.

Bäuerin und Bauer (um 1500) nach A. Dürer.

2. **Niedergang.** Um das Jahr 1300 hörten die Kreuzzüge auf. Auch die Besiedelung der östlichen Länder kam zum Stillstand. Da blieben die deutschen Bauernsöhne in ihrer Heimat. So geschah es, daß das Ackerland für die Bevölkerung bald nicht mehr ausreichte. Viele Bauern gingen daher wieder auf die Güter der Ritter und der Klöster, um dort Arbeit und Unterhalt zu suchen. Der ärmer und roher werdende Adel vermehrte die Abgaben und Fronden will-

kürlich. Nicht selten nahmen die Ritter die Zinsgüter der Bauern unter nichtigen Vorwänden ganz an sich („Bauernlegen"). Auch an die Kirche und den Landesherrn hatte der Bauer schwere Abgaben zu entrichten. Er wurde zu den Jagden als Treiber aufgeboten und mußte auch noch die Hunde seines Herrn auf seinem kleinen Zinsgute unterhalten. Wenn aber das Wild seine mühsam bestellten Äcker verwüstete, durfte er es bei schweren Strafen nicht töten. Damit der Bauer jedoch sein Land nicht verlassen sollte, untersagte man den Städten, Pfahlbürger aufzunehmen. Befolgt wurde das Verbot freilich nur selten.

3. **Die freien Bauern.** In den Bergen der Schweiz, an der Nordsee bei den Friesen und in Westfalen hatten sich freie Bauern erhalten. Sie saßen noch auf eigenem Besitz und hatten Wald und Wild, Wasser und Weide gemeinsam. Sie duldeten keinen Herrn über sich und leisteten niemandem Fronden und Abgaben. Mehrmals versuchten benachbarte mächtige Fürsten, sie zinsbar zu machen; aber sie verteidigten tapfer ihre alte Freiheit und schlugen die Ritterheere, die gegen sie ausgesandt wurden.

4. **Die heilige Feme.** Während sonst überall im Reiche im Namen der weltlichen und geistlichen Fürsten Recht gesprochen wurde, erhielten sich unter den freien Bauern Westfalens die uralten königlichen Volksgerichte. Sie beruhten noch auf der früheren Gaueinteilung (vgl. S. 13, 3 u. 19, 4 b). Da es ein allgemeines deutsches Gericht nicht gab und im Reiche Ordnung und Sicherheit immer mehr schwanden, dehnte dieses Freigericht seine Wirksamkeit nach und nach über ganz Deutschland aus. Man nannte es die „heilige Feme". Freischöffe konnte jeder freie Deutsche werden; der Freigraf aber mußte ein Westfale sein. Die Feme trat an den uralten Gerichtsstätten unter freiem Himmel öffentlich zusammen und verfuhr ganz, wie es seit alten Zeiten üblich war. Die berühmteste Gerichtsstätte befand sich in Dortmund. Später wurden auch geheime Sitzungen eingeführt, die zu belauschen bei Todesstrafe verboten war. Die Feme richtete nur schwere Verbrecher. Sie lud auch vornehme Übeltäter vor ihren Richterstuhl und verurteilte sie zum Tode, wenn sie schuldig waren oder nicht erschienen. Die jüngsten Schöffen vollzogen das Urteil und steckten neben den Hingerichteten ein bloßes Messer in einen Baum zum Zeichen, daß ihn die „Feme" gerichtet habe. Die heilige Feme erreichte um das Jahr 1400 ihr größtes Ansehen und war in ganz Deutschland gefürchtet. Später mißbrauchte sie ihre Macht, so daß die Landesfürsten sie zu unterdrücken suchten.

4. Der Bürgerstand.

1. **Entstehung der Städte.** Die ältesten Städte Deutschlands hatten die Römer an der Donau und am Rheine gegründet (S. 9). Später siedelten sich an den Bischofssitzen, an den Kaiserpfalzen, an größeren Burgen, an den Kreuzungspunkten der Handelsstraßen und in der Nähe der Flußmündungen Freie und Hörige an. Wuchs der Ort, so erhielt er vom Kaiser das Recht, Märkte abzuhalten. Im 13. Jahrhundert entstanden auf diese Weise zahlreiche Städte. Die ersten Bürger, die Häuser oder Land innerhalb der Stadtbefestigung besaßen, waren Freie. Auch Leute ritterlichen Standes zogen nicht selten in benachbarte Städte und bauten dort ihre Edelhöfe, die sie noch besonders mit Mauern umgaben. Sie beteiligten sich bald an dem Handel und bildeten mit den wohlhabenden Freien die „Geschlechter". Vom Ende des 12. Jahrhunderts an wanderten zahlreiche Hörige und Unfreie in die Städte. Sie betrieben gewöhnlich ein Handwerk, konnten jedoch auch Grundbesitz erlangen und das Bürgerrecht erwerben. So bildete sich in den Städten durch die Mischung von Freien und Freigewordenen ein neuer Stand von freien Leuten.

Um die Streitigkeiten zu schlichten, die beim Handel entstanden, setzte der Kaiser ein Marktgericht ein. Aus diesem entwickelte sich die Obrigkeit, der „Rat", der Stadt. Die Geschlechter hielten die Besetzung der Ratsstellen für ihr Vorrecht. Aber als sich die Handwerker zu Berufsgenossenschaften, „Zünften" (S. 44, 1), zusammengeschlossen hatten, forderten auch sie Anteil an der Verwaltung. In fast allen deutschen Städten gab es zwischen Geschlechtern und Zünften deshalb lange, erbitterte Streitigkeiten, die meist zugunsten der Zünfte ausliefen. War die Stadt volkreich und mächtig geworden, so suchte sie sich von der Herrschaft des Landesherrn, in dessen Gebiete sie lag, unabhängig zu machen. Gelang ihr das, so daß sie nur den Kaiser als Oberherrn anerkannte, dann war sie eine freie „Reichsstadt". Die andern Städte nannte man „Landstädte". Im Mittelalter waren aber die Städte nicht so volkreich wie in der Gegenwart; Nürnberg z. B. hatte zur Zeit seiner höchsten Blüte nur etwa 20000 Einwohner.

Eine Straße in Nürnberg.

2. **Das Aussehen der Städte.** Die mittelalterlichen Städte hatten enge und winkelige Straßen. Die Häuser waren hoch und meist so gebaut, daß das obere Geschoß über das untere vorsprang. In den oberen Stockwerken kamen sich die Häuser dadurch oft so nahe, daß man sich über die Straße die Hände reichen konnte. Luft und Licht fanden freilich dabei nur wenig Zugang. Das erste Obergeschoß ruhte häufig auf Säulen, so daß an den Häuserreihen entlang bedeckte Gänge, „Lauben", herliefen. Die Gebäude standen gewöhnlich mit den Giebeln nach der Straße. Sie waren aus Holz aufgeführt und mit Stroh oder Schindeln gedeckt. Brach eine Feuersbrunst aus, so wurde daher fast immer die ganze Stadt in Schutt und Asche gelegt. Die Bewohner trieben auch Landwirtschaft, und in fast allen Gehöften wurde Vieh gehalten. Die Straßen waren nicht gepflastert. Häufig liefen die Schweine auf ihnen umher. Wenn Regen oder Tauwetter eintrat, war es oft kaum möglich, durch den Schmutz und Unrat hindurchzukommen. Es konnte darum nicht ausbleiben, daß das Wasser der Brunnen verunreinigt wurde. Infolgedessen verbreiteten sich ansteckende Krankheiten mit furchtbarer Schnelligkeit und rafften zahlreiche Menschen hinweg. Im 14. Jahrhundert wurde Deutschland z. B. von dem „schwarzen Tode", einer schrecklichen Pest, heimgesucht. Beim Ausbruch dieser furchtbaren

Seuche wurden die Juden beschuldigt, die Brunnen vergiftet zu haben, und grausam verfolgt. Durch die Kreuzzüge war der Aussatz nach dem Abendlande eingeschleppt worden. Um die Gesunden vor Ansteckung zu bewahren, errichtete man vor den Stadttoren Krankenhäuser für Aussätzige. In allen Städten gab es zahlreiche Badestuben, die fleißig benutzt wurden.

3. **Bürgerliches Leben.** Der Hausrat der Bürger war zuerst sehr einfach. Als aber durch Handel und Gewerbe der Wohlstand wuchs, schmückte man auch die Wohnungen. Die Öfen wurden aus bunten Kacheln gebaut, und die Fenster mit farbigen oder bemalten, kreisrunden Glasscheiben geziert, die in Blei gefaßt waren. Statt des hölzernen oder tönernen Geschirres kamen Gefäße in Gebrauch, die aus Zinn gegossen oder sogar aus Silber getrieben waren. Die Kleidung wurde reicher; der wohlhabende Bürger ging in Gewändern aus Seide und Samt einher. Bei der Bereitung der Speisen verwendete man mit Vorliebe fremde Gewürze, wie Pfeffer, Zimt und Muskatnuß. Auch der Wein, den man damals fast überall in Deutschland baute, wurde gewürzt. Das Bier mancher Städte war wegen seiner Güte weit und breit berühmt. Des Abends versammelten sich die Bürger in den Trinkstuben; doch hielten sich die Geschlechter streng von den Handwerkern gesondert. Erklang um 10 Uhr die Ratsglocke, so begab sich jeder nach Hause. Tiefe Dunkelheit herrschte nachts in den engen Gassen, und lichtscheue Gesellen machten sie nicht selten unsicher. Die Juden waren nicht nur von der vornehmen Kaufmannsgilde, sondern auch von den Zünften ausgeschlossen. Damit man sie leicht erkennen konnte, mußten sie einen gelben Tuchstreifen am Rocke und einen hohen Spitzhut tragen. Sie wohnten in der Judengasse, die abends und Sonntags durch besondere Tore abgeschlossen wurde.

4. **Befestigung und Verteidigung.** Zuerst waren die Städte nur durch Erdwälle mit davorliegendem Pfahlwerk geschützt. Vom Ende des 12. Jahrhunderts an aber umgab man sie mit hohen Steinmauern, in die zahlreiche vorspringende Türme eingebaut waren. Um den Mauerring zog man tiefe Gräben. Auch legte man Schleusen an, durch die man das Vorland unter Wasser setzen konnte. Die Tore waren eng und durch starke Vorbauten besonders geschützt. Jeder hereinkommende Fremde wurde durch den Torwächter nach Ziel und Zweck seines Weges befragt. Auf dem höchsten Turme der Stadt hielt ein Wächter Tag und Nacht Umschau. Wenn Kriegsscharen herannahten oder Feuer ausgebrochen war, meldete er es durch Glockenzeichen. Jeder Bürger war zur Verteidigung der Stadt verpflichtet. Die Geschlechter erschienen zu Roß und in voller Waffenrüstung, die Pfahlbürger mit einfachem Spieße. Die Handwerker, die nach Zünften geordnet unter ihren Obermeistern zum Kampfe auszogen, benutzten neben dem Schwerte mit Vorliebe die Armbrust. Sie übten sich fleißig im Gebrauch dieser Waffe und setzten für die besten Schützen wertvolle Preise aus. Größere Städte hielten besoldete Stadtknechte, die den Warenzügen der Kaufleute das Geleite geben mußten; sie nahmen auch wohl benachbarte Ritter in ihren Sold. Die Städte hielten treu zu dem Kaiser. Es lag ihnen daran, daß ein mächtiger Herrscher für Ordnung und Sicherheit im Reiche sorgte, damit ihre Frachtwagen und Lastschiffe unbelästigt fahren konnten.

5. **Die Hansa.** Selbst wohlhabende und mächtige Städte waren allein oft zu schwach, ihren Handel zu schützen. Übermütige Fürsten hielten ihre Handelsschiffe auf den Flüssen an und ließen sie nur weiterfahren, wenn sie hohen Zoll zahlten. Raublustige Ritter überfielen ihre Lastwagen auf den Landstraßen. Vom Kaiser war selten Hilfe zu erlangen. Er weilte vielleicht in einem entfernten Teile des großen Reiches oder war über die Alpen nach Italien gezogen. Oft konnte er nicht helfen, wenn er auch wollte. Da schlossen die Städte untereinander Bündnisse und mieteten auf gemein-

Eine Hansakogge.

same Kosten Kriegsleute. Diese mußten dann die Frachtwagen und Handelsschiffe vor Räubereien schützen. Der wichtigste Städtebund war die Hansa. Zu ihr gehörten Cöln, Hamburg, Bremen, Magdeburg, Frankfurt a. O. und viele andre Städte. Zur Blütezeit der Hansa waren es über hundert. In Lübeck, dem Hauptorte des Bundes, kamen alljährlich Gesandte aller Städte zusammen, um zu beraten. Die Hansa trieb mit England, Dänemark, Norwegen, Schweden und Rußland umfangreichen Seehandel. In diesen Ländern besaß sie besondere Handelshöfe, in denen ihre Waren lagerten. Die größten befanden sich in London, Bergen und Nowgorod. Die Hauptgegenstände des Handels waren Getreide, Heringe, Stockfische, Eisen, Holz und Felle. Um die Frachtschiffe, die „Handelskoggen", gegen Seeräuber zu beschützen, rüstete die Hansa Kriegsschiffe aus. Sie beherrschte mit ihnen Nord- und Ostsee. Selbst Könige mußten sich vor der Macht der Städte beugen. Als einst der König Waldemar von Dänemark die Hansastadt Wisby auf der Insel Gotland überfallen hatte, sammelte die Hansa eine gewaltige Flotte, vertrieb Waldemar aus seinem Lande und verwüstete Kopenhagen. Die höchste Blüte der Hansa fiel in die zweite Hälfte des 14. Jahrhunderts; im 16. Jahrhundert geriet sie allmählich in Verfall. — Die Städte Hamburg, Lübeck und Bremen erneuerten später ihren alten Bund und nennen sich bis auf den heutigen Tag „Freie und Hansestädte".

III. Mittelalterliches Leben.

1. **Gewerbe und Handel.** Handwerker gab es in Deutschland zuerst an den großen Herrenhöfen, und zwar waren es meist Schmiede und Stellmacher. Als seit dem 9. Jahrhundert regelmäßig wiederkehrende Märkte („Messen"; S. 16) Gelegenheit zum Verkaufe boten, fingen die Handwerker auf dem Lande an, auch auf Vorrat zu arbeiten. Um den Märkten nahe zu sein, siedelten sie sich vielfach in den entstehenden Städten an. Leute, die dasselbe Handwerk betrieben, wohnten meistens in einer bestimmten Straße beisammen, die nach ihnen den Namen erhielt, und schlossen sich eng aneinander an. So entstanden zuerst die „Zünfte" (Innungen) der Schmiede, Schuhmacher, Fleischer, Bäcker und Tuchweber. An dem Orte, wo der Markt stattfand, errichtete man ein hölzernes Kreuz. Es war das Zeichen, daß der Kaiser Marktherr war und jeder Anwesende unter seinem Schutze und Rechte stand. Später ersetzte man das Kreuz durch eine steinerne Figur mit dem Schwerte in der Hand, den „Roland". Das schnelle Wachsen und Emporblühen der Städte ist den Märkten und dem kaiserlichen Schutze zu danken.

Der Handel hatte früher allein in den Händen der Friesen und der Juden gelegen. Friesische Händler zogen seit uralten Zeiten im Innern Deutschlands umher und verkauften weiche Tuche, die in ihrer Heimat angefertigt wurden (Fries). In den Städten bildete sich nun nach und nach ein besonderer Kaufmannsstand. Die Erzeugnisse des Morgenlandes (Teppiche, feine Gewebe, Gewürze) wurden auf Schiffen aus Kleinasien und Syrien nach Venedig und Genua gebracht. Von dort schaffte man sie auf Saumtieren über die Alpen. Freilich gab es dabei viele Schwierigkeiten zu überwinden. Über ungerechte Zölle wurde viel geklagt. An manchen Orten mußte der Kaufmann seine Waren erst mehrere Tage zum Verkaufe ausstellen, ehe er weiterziehen durfte. Die Wege befanden sich meist in einem traurigen Zustande. Wo es möglich war, benutzte man daher die Flüsse zur Beförderung der Waren. Besonders auf dem Rheine herrschte ein reger Schiffsverkehr. Wichtige Handelsstraßen führten von Genua über den St. Gotthardt den Rhein abwärts, von Venedig über den Brennerpaß nach Augsburg, Nürnberg, Erfurt und Hamburg, über den Semmering nach Wien, Prag und Breslau, endlich von Frankfurt a. M. über Erfurt nach Leipzig und Magdeburg. Da viele Landesherren in Deutschland Münzrecht besaßen (S. 36, 1), galten die Münzen nur in bestimmten Gegenden und mußten häufig umgewechselt werden. Die Geldwechsler waren gewöhnlich Juden. Sie allein liehen auch Geld gegen Zins aus, da dies den Christen von der Kirche verboten war. Der Zinsfuß war sehr hoch; im Jahre 1255 z. B. wurden $33^1/_3$ Prozent als höchster Jahreszins festgesetzt.

2. **Künste.** Kirchen und Paläste wurden wie die Wohnhäuser ursprünglich aus Holz aufgeführt. In der Hohenstaufenzeit gelangte durch die Mönche der „romanische“ Baustil (vgl. S. 36 u. Abb. S. 32) von Italien nach Deutschland (Dome zu Worms und Speyer, Kaiserpfalz zu Goslar). Im 12. Jahrhundert fing man an, Kirchen und Rathäuser in einer neuen Stilart zu bauen, die aus Frankreich eingeführt wurde. An Stelle der romanischen Säulen und Rundbogen trat die Spitzbogenform. Schlanke Pfeiler trugen die Gewölbe. Hohe, schmale Fenster durchbrachen die Wände der Gotteshäuser. In den Spitzbögen, in die sie oben ausliefen, befand sich die kunstvoll aus Stein gehauene Rose. Auch die Rundfenster über den Pforten waren mit der Rose ausgefüllt. Über den Bau stiegen himmelanstrebende Türme empor, die mit steinernen Kreuzblumen abschlossen. In diesem „gotischen“ Stile sind der Dom zu Cöln, das Straßburger Münster, das Rathaus zu Lübeck und viele andre Bauwerke errichtet. Ausgeführt wurden die gewaltigen Kunstbauten von den Steinmetzbruderschaften, die ihre Handwerksgeheimnisse streng für sich bewahrten. (Die Rose war das Sinnbild der Verschwiegenheit.) — Mit Werken der Malerei (Albrecht Dürer, Hans Holbein), der Erzgießerei (Peter Vischer) und

Der Cölner Dom (gotischer Baustil).

der Goldschmiedekunst wurden die Altäre und Grabdenkmäler geschmückt; Glasmalereien zierten die Fenster. Die Holzschneidekunst und der Kupferstich wurden zu großer Vollkommenheit gebracht (Albrecht Dürer).

Nach der Entartung des Minnegesangs (S. 39, 6) fanden Dichtung und Musik eine Stätte bei den Bürgern. Handwerksmeister, die an Saitenspiel und Gesang ihre Freude hatten, bildeten eine Singeschule. In ihr gab es Lehrlinge, Gesellen und Meister. Sie kamen abends zusammen und trugen vor, was sie gedichtet hatten. Gewöhnlich wurden biblische Geschichten und gute Lehren in Verse gebracht. Der Dichter mußte dazu auch die Melodie erfinden. Dabei gab es aber viele bestimmte Regeln. Wer sie nicht genau beachtete, hatte sich „versungen". Die Verse waren oft recht künstlich und die Melodien einförmig. Wer eine „Weise", d. h. ein neues Versmaß mit der Melodie erfunden hatte, erhielt den Titel Meistersänger. An Festtagen wurden die Lieder in den Kirchen oder Rathäusern öffentlich vorgetragen. In fast allen größeren Städten bestanden Singeschulen. Besonders blühte der Meistergesang in Nürnberg und Ulm. Unter den Meistersängern gab es einzelne bedeutende Dichter. Der bekannteste war der Schuhmacher Hans Sachs in Nürnberg.

3. **Schulwesen.** Die Städte gründeten auch eigene Schulen. In ihnen wurde gelehrt, was der Kaufmann und der Handwerker für seinen Beruf brauchte, besonders Schreiben und Rechnen. Man unterschied deutsche und lateinische Schulen. Der Rat der Stadt schloß mit einem „Schulmeister" (dem Rektor) gewöhnlich auf ein Jahr einen Vertrag und gewährte ihm Gebäude und Brennholz. Dieser unterrichtete mit seinen „Schulgesellen", die er selbst anstellte. Daneben bestanden auch noch Pfarr- und Klosterschulen. Von den Schülern waren viele schon erwachsene Männer; die jüngeren nannte man „Schützen". Sie zogen von Ort zu Ort und besuchten in verschiedenen Städten die Schulen. Bei ihren Wanderungen lebten sie oft nur von Almosen, die sie von Bauern und Bürgern erhielten. Sie wurden häufig durch ihr Betteln zur Landplage.

4. **Rechtspflege.** In der Rechtspflege bestanden nach der Zeit der Hohenstaufen in den einzelnen Gegenden Deutschlands große Verschiedenheiten. Auch gab es für Geistliche, Edelleute, Bürger und Bauern besondere Gesetze. Vor der Mitte des 13. Jahrhunderts schrieb ein sächsischer Ritter das in Norddeutschland geltende Recht in lateinischer Sprache auf und übersetzte es dann ins Deutsche. Diese erste deutsche Gesetzsammlung nannte man den „Sachsenspiegel". Bald richtete man in ganz Norddeutschland nur nach diesem Gesetze. In Süddeutschland galt der etwas später entstandene „Schwabenspiegel".

Die Strafen waren im Mittelalter sehr hart. Man sperrte die Verbrecher nicht jahrelang in Gefängnisse, sondern strafte sie an Leib und Leben. Auf viele Übeltaten stand Todesstrafe. Bei jeder Stadt erhob sich ein Galgen, und der als „unehrlich" angesehene Henker hatte viel Arbeit. Diebe wurden gehängt, Falschmünzer gesotten, Hexen verbrannt. Mördern und Straßenräubern zerstieß man mit einem schweren Rade die Knochen, nachdem man sie vorher mit glühenden Zangen gezwickt hatte. Bei geringeren Vergehen wurde der Schuldige „gestäupt", d. h. von dem Henker mit Ruten hart geschlagen. Auch Verstümmelungen, wie Abschlagen einer Hand, Abschneiden der Ohren wurden häufig als Strafen verhängt. Verleumder stellte man auf einen großen Stein am Rathause, „den Pranger". Dort schloß man sie mit einem Halseisen an einen Pfahl an, so daß das Volk Spott mit ihnen treiben konnte. Wer falsches Gewicht benutzt oder sonst beim Handel betrogen hatte, wurde von dem Henker in ein Holzgestell gesperrt und damit mehrmals unter das Wasser getaucht. Um einen Angeklagten zum Geständnis zu bringen, wurde die Folter angewendet. Man klemmte seine Daumen mit Schrauben zusammen, preßte seine Füße in „spanische Stiefel“ und ließ durch den Henker noch viele andre Grausamkeiten verüben. Nur wenige Menschen konnten solchen Qualen widerstehen. Die meisten bekannten alles, was man von ihnen wissen wollte, auch wenn sie unschuldig waren. Der Geständige wurde hingerichtet. Diejenigen, welche durch die Schmerzen nicht zu einem Schuldbekenntnisse zu bringen waren, behielten oft für ihr ganzes Leben einen siechen Körper.

Der Pranger.

5. **Fahrendes Volk.** Auf den Landstraßen herrschte ein reger Verkehr. Sie wurden von dem Ritter, dem Kaufmanne, dem fahrenden Schüler, von heimatlosen Geistlichen und von Pilgern belebt. Letztere zogen oft in ganzen Scharen unter Vorantritt von Spielleuten durch die Lande. Sie trugen graue Röcke und breitkrempige Pilgerhüte. Kehrten sie aus dem Heiligen Lande zurück, so hatten sie gewöhnlich Palmwedel in den Händen. Wenn Krankheiten das Land verheerten, kamen noch Scharen von Männern und Frauen hinzu, die durch öffentliche Bußübungen Gott versöhnen wollten und ihre nackten Körper mit Geißeln blutig schlugen. Das eigentliche „fahrende Volk“ aber waren die wandernden Sänger und Künstler sowie seit dem 12. Jahrhundert die Zigeuner. Die Sänger waren nicht ritterlichen Standes wie die Minnesänger. In bunter, auffallender Tracht zogen sie von Burg zu Burg, von Bauernhof zu Bauernhof, zu Festen, Turnieren und Märkten. Überall sangen sie ihre meist selbstgedichteten Lieder, durch die sie das Gelächter und den Beifall der Menge zu erregen suchten. Sie wurden mit Essen und Kleidung belohnt. Freigebigen Spendern sangen sie Loblieder, geizige Zuhörer verspotteten sie öffentlich in Gedichten, die gewöhnlich mit den Worten schlossen: „und er gibt nichts!“ Manchmal unterrichteten sie wohl ein Burgfräulein in Saitenspiel und Gesang. Auch als Boten dienten sie und erzählten allerhand Neuigkeiten; denn Post und Zeitungen gab es damals noch nicht. Besonders trugen sie auch zur Verbreitung des deutschen Volksliedes bei, das zu jener Zeit in höchster Blüte stand. Die fahrenden Leute, die „Gut für Ehre“ nahmen, d. h. jeden lobten, der sie beschenkte, waren verachtet. Man warf ihnen Trunksucht und liederliches Leben vor. Nach dem Sachsenspiegel waren sie rechtlos.

6. **Landwirtschaft.** In den Dörfern Westdeutschlands, die oft aus Siedelungen von Sippen hervorgegangen waren (vgl. S. 2, 4 u. 3), standen die Häuser gewöhnlich in

Gruppen („Gruppendörfer“). Zu einem Bauerngehöfte gehörte in der Regel eine Hufe Land, d. h. so viel, als man mit zwei Pferden bewirtschaften konnte. Es gab aber auch größere und kleinere Höfe. Die Äcker lagen in der ganzen Feldmark zerstreut, so daß der Bauer oft nur über das Feld seines Nachbarn zu seinem Ackerlande gelangen konnte. Damit nun nicht einer des andern Feldfrüchte beschädigte, herrschte der Flurzwang, d. h. es wurde von der Gemeinde bestimmt, wann Aussaat und Ernte stattfinden sollte. Bei der Bearbeitung war die „Dreifelderwirtschaft“ die Regel. Ein Drittel des Landes wurde mit Wintergetreide (Roggen und Weizen), ein Drittel mit Sommergetreide (Hafer und Gerste) bestellt, das letzte Drittel aber blieb „brach“ liegen und wurde nur abgeweidet. In jedem Jahre wechselte man damit. Jährlich einmal begingen die Männer und Knaben die ganze Flur und sahen nach, ob die Grenzsteine zwischen den Äckern noch richtig standen. Mit dem Wachsen der Städte, die viel Schlachtvieh brauchten, hob sich die Rinderzucht; Weizen-, Wein- und Hopfenbau wurden eingeführt. Da der Honig den fehlenden Zucker ersetzte, und da man das Wachs zur Anfertigung der Kerzen verwendete, wurde eifrig Bienenzucht betrieben.

7. **Besiedelung der Slawenländer.** Zur Zeit der Völkerwanderung hatten die Slawen das Land östlich von der Elbe in Besitz genommen. Heinrich I. und Otto I. versuchten sie zurückzudrängen, und manche Landesfürsten (Gero von Meißen, Heinrich der Löwe und Albrecht der Bär, S. 24, 3 u. 29, 1 u. 3) setzten den Kampf erfolgreich fort. Aber die Kaiser, die nach Otto I. herrschten, waren so oft in Italien, daß sie keine Zeit hatten, gegen die Slawen ins Feld zu ziehen. Die deutschen Grenzfürsten mußten daher den Kampf allein weiterführen. Ritter und Bauernsöhne aus Westdeutschland, die in ihrer Heimat kein Erbe besaßen, halfen ihnen dabei. Die Ritter erhielten dafür große Lehnsgüter. Die Bauern bekamen stattliche Höfe, waren frei von Fronden und brauchten nur geringe Abgaben zu zahlen.

Die Gründung von deutschen Dörfern geschah meist durch Unternehmer. Diesen wurde hierzu ein großes Stück Land mit Wald und Wiesen überlassen. Sie teilten es in einzelne Höfe ein, auf denen sie dann deutsche Bauernsöhne ansiedelten. Den größten Hof behielt der Unternehmer für sich. Oft bekam er auch noch das Recht, ein Wirtshaus zu betreiben. Er war zugleich des neuen Dorfes Erbschulze, d. h. Ortsvorsteher, dessen Amt auf seine Söhne forterbte. Gewöhnlich baute man die Häuser in einem Flußtale. Sie standen in zwei Reihen, zwischen denen neben dem Bache die Straße hindurchführte. Unmittelbar hinter den Gebäuden lagen die Äcker in langen, schmalen Streifen. Jeder Bauer konnte also seine Felder bearbeiten, ohne das Land des Nachbarn zu betreten („Straßendörfer“). Manchmal benutzte man wohl auch verlassene slawische „Runddörfer“. Bei diesen standen die Häuser in einem Kreise; ringsherum war eine dichte Dornenhecke angelegt. Der einzige Eingang in das Dorf war schmal und führte oft zwischen Teichen hindurch. — Allmählich wurden Sachsen, Brandenburg, Schlesien, Pommern, Mecklenburg und Holstein für das Deutschtum wieder erobert. In Brandenburg war die Besiedelung mit großer Gefahr verbunden; denn mit den Slawen mußten erbitterte Kämpfe geführt werden. Oft waren die festen Türme der Kirchen, die gewöhnlich auf Anhöhen oder zwischen Sümpfen erbaut waren, die letzte Zuflucht der Ansiedler. In Schlesien, wohin meist fränkische und thüringische Bauern zogen, mischten sich Slawen und Deutsche friedlich. Dem Ansiedler folgte überall der Mönch und der Priester. An Verkehrswegen und schiffbaren Flüssen entstanden Städte, in denen sich deutsche Handwerker und Kaufleute niederließen, und die bald Mittelpunkte deutschen Wesens wurden. *Die Rückgewinnung des Ostens ist in der Hauptsache das Werk der deutschen Bauern.*

II. Rudolf von Habsburg 1273—1291.

1. **Die Kaiserwahl.** Als während des großen Interregnums Unordnung und Gewalttaten überhandnahmen, drängten Geistliche und Städte die deutschen Fürsten, einen neuen Kaiser zu wählen. Schließlich drohte der Papst, allein einen Kaiser einzusetzen. Da wählten die Fürsten den Grafen Rudolf von Habsburg. Er war in der Schweiz reich begütert, gehörte aber nicht zu den mächtigsten Landesherren (Gedicht: Der Graf von Habsburg). Vorher mußte er überdies den Kurfürsten feierlich versprechen, bei wichtigen Angelegenheiten sie immer erst um ihren Rat und ihre Zustimmung zu fragen. Seine Wahl verdankte er besonders seinem Schwager, dem Burggrafen Friedrich III. von Nürnberg aus dem Hause Hohenzollern.

2. **Rudolfs Person.** Rudolf war ein willensstarker Herrscher, der bei allen Dingen seinen eigenen Vorteil im Auge behielt. Als er gewählt wurde, war er schon 56 Jahre alt. Er besaß einen hohen, hageren Wuchs, hatte ein ernstes, blasses Gesicht und eine stark gebogene Nase. Eine gelehrte Bildung war ihm nicht zuteil geworden. Er konnte nur deutsch sprechen und ließ auch seine Briefe und Urkunden gewöhnlich deutsch abfassen. Vor der Kirche besaß Rudolf große Ehrfurcht, und den Geistlichen erwies er häufig Wohltaten. In seinem Wesen war er einfach, im Essen und Trinken überaus mäßig. Sein unscheinbares, graues Gewand flickte er im Felde wohl selbst. Als die Krieger einst bei der Belagerung einer Stadt Hunger litten, zog der Kaiser gleichmütig eine Rübe aus dem Acker, schabte und verzehrte sie. In den Schlachten kämpfte er wie jeder andre Ritter tapfer mit. Darum ertrugen seine Krieger freudig für ihn alle Entbehrungen und Gefahren. Wegen seiner Leutseligkeit und seiner Scherzreden war er bei dem Volke sehr beliebt. Man erzählte sich viele kleine Geschichten von seiner Freundlichkeit und Einfachheit (Rudolf und die Bäckersfrau, Kaiser und Bettler u. a.). Von den fahrenden Leuten wurde er aber wegen seiner Sparsamkeit vielfach in Liedern verhöhnt („und er gibt nichts!" vgl. S. 47, 5).

3. **Ottokar von Böhmen.** König Ottokar von Böhmen war damals der mächtigste Fürst im Reiche. Während der kaiserlosen Zeit hatte er die alte deutsche Ostmark (S. 18; Österreich, Steiermark, Kärnten und Krain) mit seinen Erbländern Böhmen und Mähren eigenmächtig vereint. Er wäre gern selbst Deutscher Kaiser geworden. Daher erkannte er Rudolf, den er als „armen Grafen" verspottete, nicht an. Zur Krönung in Aachen war er nicht gekommen. Als der Kaiser die Reichsländer von ihm zurückforderte, zögerte er, sie herauszugeben. Da sammelte Rudolf ein Heer, zog nach Österreich und besetzte Wien. Jetzt hielt es Ottokar doch für klug, nachzugeben. Er lieferte die Herzogtümer aus und kam zu Rudolf, um ihm zu huldigen.

Bei dieser Gelegenheit — so wird erzählt — wollte Ottokar dem „armen Grafen" seine Macht und seinen Reichtum zeigen. Er erschien daher in prächtiger Kleidung und mit einem glänzenden Gefolge. Als Rudolfs Ritter ihren Herrn baten, sich zu der Zusammenkunft ebenfalls zu schmücken, sagte dieser: „Oft hat der Böhmenkönig über meinen grauen Rock gelacht, jetzt soll mein Rock über ihn lachen!" Er empfing Ottokar absichtlich in seinem abgetragenen grauen Koller. Beschämt und ergrimmt zog dieser wieder von dannen.

4. **Ottokars Gefangennahme und Tod.** Dem Böhmenkönige war es jedoch mit seiner Unterwerfung nicht Ernst gewesen. Bald darauf rüstete er offen gegen den Kaiser zum Kriege. Es kam zu der blutigen Schlacht auf dem Marchfelde (1278), in der der Burggraf von Nürnberg die Sturmfahne des Reiches trug. Im wilden Gefechte wurde

Rudolfs Roß erstochen, er stürzte und kam in Gefahr, von den Hufen zertreten zu werden. Ein treuer Mann half ihm jedoch auf und gab ihm ein anderes Pferd. Schließlich neigte sich der Sieg auf des Kaisers Seite. Ein einfacher Reiter aus Rudolfs Heere nahm Ottokar gefangen und wollte ihn vor den Kaiser führen. Da eilte ein deutscher Ritter herbei und durchbohrte den gefangenen Böhmenkönig mit dem Schwerte, weil dieser früher seinen Bruder hatte hinrichten lassen.

5. **Rudolf begründet die habsburgische Hausmacht.** Rudolf gab die freigewordenen Reichslehen Österreich, Steiermark und Krain mit Einwilligung der Kurfürsten seinen Söhnen. Damit gründete er die Hausmacht der Habsburger, die noch heute über diese Länder herrschen. Er vermehrte seinen Landbesitz auch noch dadurch, daß er seine Kinder mit reichen Fürstinnen oder mächtigen Fürsten verheiratete. Seine Nachkommen machten es wie er, so daß das Sprichwort entstand: „Du glückliches Österreich, heirate!"

6. **Rudolfs Wirken für das Reich.** Das Raubrittertum suchte Rudolf im Reiche zu unterdrücken. Besonders in seinen eigenen Ländern und in Thüringen ließ er zahlreiche Burgen zerstören und viele Raubritter hinrichten. Als vornehme Fürsprecher ihn einst baten, nicht „adlig Blut" zu vergießen, sprach er: „Adlig Blut habe ich nicht vergossen, sondern Diebe, Räuber und Mörder gerichtet." — Die zahlreichen Kämpfe, die die Fürsten untereinander ausfochten, verhinderte Rudolf selten. Er bestimmte aber, daß der Angreifer seinen Gegner wenigstens drei Tage vor dem Beginn der Feindseligkeiten benachrichtigen sollte. — Unter Rudolfs Regierung wurde verordnet, daß die Klagen bei Gericht schriftlich angebracht werden sollten. Da die Deutschen von alters her gewohnt waren, vor Gericht mündlich zu verhandeln, und da nur wenige Leute schreiben konnten, so wurde durch diese Bestimmung die Rechtspflege verschlechtert. — Um Italien kümmerte sich der Kaiser nicht. Er verglich es mit der Löwenhöhle, in die viele Spuren hinein-, aber keine wieder herausführten. Seit Rudolfs Zeit nannten sich die deutschen Könige wohl noch „römische Kaiser", aber oberste Schutz- und Schirmherren der ganzen Christenheit waren sie nicht mehr. Über 500 Jahre haben Rudolfs Nachkommen über Deutschland geherrscht. In Österreich regieren sie noch heute.

7. **Habsburger und Schweizer.** In der Schweiz hatten die Habsburger große Besitzungen. Sie übten über die dort noch zahlreichen freien Bauern auch die Grafengewalt (oberstes Gericht) aus. Obgleich sie milde Herren waren, suchten die Schweizer sich seit der Zeit Rudolfs völlig unabhängig zu machen. Die Waldstätten Uri, Schwyz und Unterwalden schlossen einen Bund, aus dem allmählich die Schweizer Eidgenossenschaft entstand. Es kam zwischen ihnen und den Habsburgern zu offenen Streitigkeiten, in denen die österreichischen Ritterheere mehrmals vollständig geschlagen wurden (Sage von Arnold von Winkelried). Die Schweizer Bauern wurden völlig unabhängig und verteidigten auch später ihre Freiheit erfolgreich gegen mächtige Nachbarn. Diese Kämpfe haben zu der Sage von Wilhelm Tell Anlaß gegeben.

III. Entdeckungen und Erfindungen.

1. **Die Entdeckung Amerikas und des Seeweges nach Indien.** a) Der Handel mit indischen Waren. Die Völker Europas bezogen seit alten Zeiten seltene Gewürze (Vanille, Pfeffer, Nelken), feine Gewebe und viele andre Waren aus Indien. Diese Erzeugnisse wurden durch Karawanen bis an die Küsten des Mittelländischen Meeres gebracht. Die Reise durch Asien war aber ungeheuer lang und beschwerlich. Die Karawanen wurden in den Wüsten nicht selten durch Stürme überrascht oder durch Räuber angefallen. Wenn die Waren endlich an der Küste Kleinasiens angekommen waren, wurden sie von Kaufleuten aus Venedig oder Genua auf Schiffe geladen und nach dem Abendlande befördert. Der lange

Transport und der Zwischenhandel machten sie natürlich sehr teuer. Als nun der Kompaß, der zu Anfang des 14. Jahrhunderts erfunden worden war, allgemeiner in Gebrauch kam, versuchte man Indien auf dem Seewege zu erreichen. Die Portugiesen taten sich hierbei als kühne Entdecker besonders hervor und gelangten bis an die Südspitze von Afrika (Kap der guten Hoffnung).

b) Christoph Kolumbus. Auf einem andern Wege glaubte Christoph Kolumbus das vielgesuchte indische Wunderland finden zu können. Er stammte aus einer bescheidenen, bürgerlichen Familie in Genua. Als er 14 Jahre alt war, wurde er Seemann. Nebenbei beschäftigte er sich eifrig mit Sternkunde und Geographie. Auch las er Bücher, in denen die Portugiesen ihre Entdeckungsreisen beschrieben hatten. Hierdurch und durch Beobachtungen auf seinen Seefahrten war er zu der Überzeugung gelangt, daß die Erde die Gestalt einer Kugel besitze. Er meinte daher, man müsse Indien auch erreichen, wenn man immer nach Westen segle. Um Schiffe und Geld für eine Entdeckungsreise zu erhalten, ging er nach Portugal. Als er dort keine Unterstützung fand, wandte er sich nach Spanien, wo er den König Ferdinand und die Königin Isabella für seine Pläne gewann. Die Admiralswürde, Erhebung in den Adelsstand und reiche Belohnungen wurden ihm zugesichert, wenn er den Seeweg nach Indien fände.

c) Die Entdeckung Amerikas. Die Spanier mußten jedoch damals mit den Mauren (vgl. S. 15) blutige Kriege führen und hatten für andre Unternehmungen kein Geld. Sie vertrösteten daher Kolumbus von einem Monate zum andern. Endlich nach sieben langen Jahren erhielt er drei kleine Schiffe mit 90 Mann und konnte von Spanien absegeln. Zunächst fuhr er an der Küste Afrikas nach Süden bis an die Azoren. Dann aber wendete er die Schiffe nach Westen und wagte sich auf das unbekannte Weltmeer. Viele Wochen lang segelte er vor dem gleichmäßigen Ostwinde, der in diesen Meeresgegenden einen Teil des Jahres hindurch weht. Da wurde sein Schiffsvolk ängstlich. Die Seeleute fürchteten, „es möchten auf jenem Meere niemals Winde zur Rückkehr nach Spanien wehen". Auch befanden sich die Schiffe in schlechtem Zustande. Doch der Wind drehte sich endlich, und man gewahrte Anzeichen, daß Land nahe war. Frische Baumzweige und geschnitzte Holzstücke trieben auf dem Meere, Vögel ließen sich sehen. Am Abend des 11. Oktober 1492 bemerkte Kolumbus in weiter Ferne ein Licht, aber es verschwand bald wieder. Wenige Stunden später jedoch erblickte ein Matrose des vordersten Schiffes im Scheine des Mondes ein Vorgebirge. Er eilte an das nächste Geschütz und gab durch einen Schuß das Zeichen, daß man Land erreicht habe. Auf allen drei Schiffen erhob sich großer Jubel. Als der Morgen herankam, landete Kolumbus, ließ ein Kreuz aufrichten und hielt mit dem ganzen Schiffsvolke einen Dankgottesdienst ab. Es war eine Insel, die man gefunden hatte. Menschen mit roter Hautfarbe, die Zierate von Goldblech in Nasen und Ohren trugen, bewohnten sie. In ihrer Sprache hieß die Insel Guanahani; Kolumbus nannte sie jedoch San Salvador, d. h. Heiliger Erretter. Bald entdeckte er noch andre, größere Inseln. Nachdem er das gefundene Land, das später den Namen „Westindien" erhielt, für Spanien in Besitz genommen hatte, kehrte er zurück. Er wurde von dem Königspaare und dem spanischen Volke mit großen Ehren empfangen und zum Statthalter der entdeckten Länder ernannt. Noch mehrere Male legte er die weite Fahrt zwischen Europa und Westindien zurück.

d) Das Lebensende des Kolumbus. Nun aber wendete sich sein Glück. Zur Verwaltung der Statthalterschaft besaß er nicht die Fähigkeiten. Er wurde abgesetzt und in Ketten nach Spanien zurückgesandt. Dort gab man ihm zwar sogleich die Freiheit wieder und erwies ihm alle gebührenden Ehren; sein Amt erhielt er jedoch nicht zurück. Auf einer vierten Entdeckungsreise litt er Schiffbruch und gelangte erst nach langer Zeit und mancherlei Not wieder nach Spanien. Krank und einsam ist er bald darauf gestorben. Bis an sein Lebensende war er fest überzeugt, Indien gefunden zu haben. Erst später stellte es sich heraus, daß Kolumbus einen bisher unbekannten Erdteil, Amerika, entdeckt hatte.

e) Vasco da Gama findet den Seeweg nach Indien. Sechs Jahre danach segelte der Portugiese Vasco da Gama um Afrika herum und fand endlich den Seeweg nach Indien. Durch diese Entdeckungen nahm der Weltverkehr allmählich andre Wege. Die Portugiesen, die Spanier, die Engländer und besonders die Holländer bemächtigten sich des Handels. Die deutschen Städte hatten den Schaden davon; denn sie mußten ihre Waren nun von Lissabon und Amsterdam beziehen. Auch die früher so einflußreiche Hansa (vgl. S. 43, 5) verlor nach und nach ihre Macht und ihr Ansehen.

2. **Das Schießpulver.** Die Erfindung des Schießpulvers hat man dem Mönche Berthold Schwarz aus Freiburg i. B. zugeschrieben. Asiatische Völker haben aber schon lange vorher Salpeter, Kohle und Schwefel gemischt und das entstandene Pulver zum Sprengen verwendet. Wahrscheinlich ist die Kenntnis des Schießpulvers durch die Araber nach dem Abendlande gebracht worden. Zuerst schoß man nur aus schweren gegossenen Kanonen. Als Geschosse benutzte man große Steine und später auch eiserne Kugeln. Um das Jahr 1400 fing man an, Handfeuerwaffen herzustellen. Da diese aber sehr schwer waren, konnte sie der Schütze beim Zielen nicht halten. Er legte sie deshalb auf eine Gabel, die er immer mit sich führte. Dann schüttete er Pulver auf das Zündloch und hielt eine glimmende Lunte daran. Bei Regen freilich wurde das Pulver naß und die Büchse unbrauchbar. Am Ende des 16. Jahrhunderts kamen die Steinschloßgewehre auf. Bei ihnen schlug ein Stück Feuerstein auf Stahl, so daß Funken sprühten, die das Pulver entzündeten. Neben dem Feuergewehre blieb aber die Armbrust noch lange in Gebrauch. Gegen die Feuerwaffen boten die Burgen und festen Städte sowie die schweren Rüstungen der Ritter keinen rechten Schutz. Es trat infolgedessen allmählich eine große Veränderung im Kriegswesen ein.

Die frommen Landsknechte. Die Kriege der Schweizer mit den Heeren der Habsburger hatten gezeigt, daß die schwer gepanzerten Ritter dem beweglichen Fußvolke nicht gewachsen waren. Da es auch immer sehr lange Zeit dauerte, bis die Kaiser und die großen Fürsten ihre Lehnsleute zu einem Kriege zusammenbrachten, fing man an, Fußknechte zu mieten. So kamen die Söldnerheere der Landsknechte auf. Drohte ein Krieg, dann gab der Landesfürst einem erprobten Kriegsobersten den Befehl, ein Heer aufzustellen. Dieser erwählte die Hauptleute und ließ die Werbetrommel in Städten und Dörfern rühren. Da strömten aus allen Ländern verwegene Gesellen herzu, die meist schon früher um Sold gedient hatten. Aber auch zahlreiche Bauernsöhne und arme Edelleute nahmen Handgeld. Der monatliche Sold betrug etwa 20 Mark. Büchsenschützen und Leute, die mit Brust- und Rückenpanzer, Arm- und Beinschienen ausgerüstet waren, erhielten als „Doppelsöldner" höheren Lohn. Die Offiziere wurden sehr hoch bezahlt. Ein bekannter Landsknechtführer war Georg von Frundsberg, den man „den Vater der Landsknechte" nannte. — Die Kleidung besorgte sich jeder selbst. Sie bestand aus einer Lederjacke mit geschlitzten Ärmeln, aus einer kurzen, weiten Hose, langen Strümpfen und derben Schuhen. Der Kopf war mit einer Stahlhaube bedeckt. Als Waffe diente ein Spieß von 4—6 m Länge und ein mächtiges, zweihändiges Schwert. Man teilte die Landsknechte in Gruppen von ungefähr 400 Mann ein, von denen 25—30 mit Büchsen versehen waren. Jedes dieser „Fähnlein" hatte einen Hauptmann, einen Leutnant, einen Feldwebel und einen Fähnrich. Auch ein Trommler und ein Pfeifer gehörten dazu. Der Fähnrich mußte ein kräftiger Mann sein; denn die Fahne war gewaltig groß und schwer.

Ein wichtiges Amt im Söldnerheere hatte der Profoß, der Verräter und andre Verbrecher anklagte. Das Urteil sprachen die Landsknechte selbst. Hatte der Angeklagte den Tod verdient, so stellte sich das Fähnlein in zwei Reihen auf. Dann wurde der Schuldige von dem Profoß in diese „Gasse" hineingetrieben und von den Knechten mit den Spießen niedergestoßen. — Vor dem Kampfe knieten die Landsknechte nieder zum Gebet („fromme Landsknechte"). Dann warf jeder eine Handvoll Erde hinter sich, zum Zeichen, daß er mit dem Leben abgeschlossen hatte. Voran rückte der „verlorene Haufen", der den Angriff eröffnete; darauf folgte die im Viereck aufgestellte Hauptmasse des Heeres in wuchtigem Schritt. — Ein Landsknechthaufe wurde von einer großen Zahl von Weibern und Kindern, dem „Troß", begleitet. Auf 1000 Kämpfer rechnete man 3000 Troßleute. Das Leben der Landsknechte war roh und

Landsknechte.

zügellos. Trunk, Würfelspiel und gotteslästerliches Fluchen waren etwas Alltägliches. Die Bauern wurden von ihnen oft furchtbar gebrandschatzt, besonders wenn der Sold nicht pünktlich bezahlt worden war. Wurde ein Heer entlassen, dann streiften die herrenlosen Knechte zum Schrecken des schutzlosen Landvolkes raubend und mordend umher. — Später warb man auch Reiter an; sie bildeten gewöhnlich Kompanien von 100 Pferden. Da die Unterhaltung eines Söldnerheeres sehr teuer war, konnten nur mächtige Fürsten Landsknechte anwerben. Sie zwangen mit ihnen aufrührerische Ritter und Städte zum Gehorsam, so daß die Macht der Fürsten bedeutend stieg.

Das Reichsheer. Neben den Söldnerheeren bestand noch das Reichsheer. Es setzte sich aus Rittern mit ihren Knechten und aus dem Aufgebote der Städte zusammen. Später mußte jeder Reichsstand, d. h. jeder Landesherr und jede Reichsstadt, zu ihm nach der Größe des Gebietes Reiter und Fußvolk senden. So stellten z. B. zu den 1300 Reitern und 2700 Fußknechten, die der schwäbische Kreis aufzubringen hatte, 93 verschiedene Landesherren ihre Mannen. Mit solchen zusammengewürfelten Kriegern konnte man natürlich nur wenig ausrichten, und das deutsche Reichsheer wurde daher nach und nach zum Gespött der ganzen Welt.

3. **Erfindung des Buchdrucks.** Die Buchdruckerkunst ist aus der Holzschneidekunst hervorgegangen. Schon seit längerer Zeit schnitt man auf einer Holzplatte Bilder aus, bestrich sie mit Farbe und druckte sie dann beliebig oft ab. Später gab man den Bildern lange Unterschriften und stellte mehrere zu kleinen Büchern zusammen. Freilich konnte man die mühsam geschnitzten Holztafeln nicht weiter verwenden. Da kam Johann Gutenberg aus Mainz auf den Gedanken, die Schriftzeichen einzeln herzustellen, so daß man sie beliebig zusammensetzen und wieder auseinandernehmen konnte. Er schnitt sie erst in Stäbchen aus Buchenholz (Buchstaben); später goß er sie aus Metall. In Gemeinschaft mit dem reichen Goldschmiede Johann Fust und dessen Schwiegersohne, dem Bücherabschreiber Peter Schöffer, errichtete er in Mainz die erste Buchdruckerei. Da seine Geschäftsteilnehmer aber sehr eigennützig waren, geriet Gutenberg in Schulden und mußte Mainz verlassen. Er ist in Armut gestorben. Das erste gedruckte Buch war eine lateinische Bibel (1456). Fünf Jahre später erschien das erste in deutscher Sprache gedruckte Buch. Durch die Buchdruckerkunst, die sich von Mainz aus bald weiter verbreitete, wurden die Bücher erheblich billiger. Blätter mit Neuigkeiten ließen sich schnell in großer Zahl herstellen. Dadurch wurde die Fertigkeit des Lesens und der Drang nach Bildung unter dem Volke allgemeiner.

Gutenberg an der Buchdruckerpresse.

Erneuerung der Wissenschaft. Auf geistigem Gebiete erfolgte am Ende des Mittelalters eine Wiederbelebung der Wissenschaften und Künste des Altertums. Als 1453 Konstantinopel von den Türken erobert worden war (S. 10), flohen viele griechische Gelehrte nach dem Abendlande. Sie brachten die Kenntnis der griechischen und hebräischen Sprache mit und regten zur Beschäftigung mit den Schriften der alten griechischen Denker und Dichter an. Seitdem begannen die Gelehrten des Abendlandes, die Heilige Schrift, die ursprünglich in hebräischer und griechischer Sprache verfaßt war, wieder in der Ursprache zu lesen. Die deutschen Hochschulen (Universitäten), von denen die Prager die älteste ist, nahmen einen gewaltigen Aufschwung. Wenn ein Professor in dem Rufe stand, ein tüchtiger Kenner der alten Sprachen zu sein, strömten oft Tausende von Studenten herbei, um von ihm zu lernen. Zahlreiche neue Hochschulen wurden gegründet, z. B. in Wien, Heidelberg, Leipzig und Wittenberg.

E. Deutschland von der Reformation bis zum Westfälischen Frieden.

I. Die Reformation.

1. **Innere Gründe.** Unter der Reformation versteht man die große Umwälzung, die sich im kirchlichen und staatlichen Leben zu Beginn des 16. Jahrhunderts

Peterskirche.

vollzog. Die inneren Gründe der Reformation lagen zunächst in den kirchlichen Verhältnissen der damaligen Zeit. Durch die Unwissenheit und Unsittlichkeit mancher Mönche und Geistlichen wurde das Ansehen der Kirche stark geschädigt. Der Unfug der Simonie, der noch immer fortdauerte, hatte dazu geführt, daß vielfach Männer ohne die erforderlichen geistigen und sittlichen Eigenschaften Kirchenämter bekleideten. Diese Geistlichen waren es namentlich, die durch ihr üppiges, den kirchlichen Vorschriften widersprechendes Leben öffentliches Ärgernis erregten. Auch vertraten solche Geistliche infolge ihrer Unbildung nicht immer die wahre Lehre der Kirche. Auf diese Weise ergaben sich gelegentlich Irrtümer, die dann die Kirche auf gemeinsamen Versammlungen zu beseitigen suchte. Andre Vorbedingungen zu einem Umsturze alles Bestehenden waren die kirchenfeindliche Haltung der Gelehrten jener Zeit, die wirtschaftliche Not der Bauern und die Habsucht der Fürsten.

2. **Äußerer Anlaß. Der Ablaß.** Den ersten Anstoß zu jener großen Bewegung, die in ihren Folgen so verhängnisvoll werden sollte, gab ein Ablaßstreit, der sich innerhalb der Kirche entspann. Im Anfange des 16. Jahrhunderts faßte der kunstsinnige Papst Leo X. den Plan, den christlichen Völkern durch den Bau der Peterskirche in Rom ein gemeinsames Heiligtum zu geben. Zu diesem Zwecke schrieb er einen vollkommenen Ablaß aus, d. h. er bestimmte, daß jeder gläubige Christ, der reumütig gebeichtet und ein seinen Kräften entsprechendes Almosen gegeben habe, Lossprechung von allen seinen Sünden und Nachlaß der zeitlichen Sündenstrafen erhalten werde. Das freiwillig gegebene Almosen sollte zum Bau der Peterskirche verwandt werden. Auf Anordnung des Mainzer Erzbischofs Albrecht von Brandenburg übernahm der Dominikanerorden die Verkündigung des Ablasses im nördlichen Deutschland. Unter den Ablaßverkündigern zeichnete sich besonders der durch seine Frömmigkeit und Redegewalt gleich bedeutende Dominikaner Johann Tetzel aus. Man hat diesem sittenreinen und gelehrten Priester vielfach den Vorwurf gemacht, daß er über die Erlangung des Ablasses irrige Meinungen verbreitet habe. Das ist nicht wahr. In einer Anweisung an die Pfarrer sagt Tetzel ausdrücklich: „Wer gebeichtet hat und Schmerz über seine Sünden empfindet, dem kann, wenn er Almosen gibt, Nachlaß der zeitlichen Kirchenstrafen gewährt werden!"

Doch haben andre Ablaßprediger sich gelegentlich Mißbräuche zuschulden kommen lassen, indem sie die falsche Anschauung erweckten, daß nicht die Reue über die Sünden, sondern das vorgeschriebene Almosen die Hauptsache sei.

3. **Martin Luther.** Diese bedauerlichen Ungehörigkeiten einiger gewissenloser Prediger nahm der Augustinermönch Martin Luther, der damals als Lehrer an der Universität zu Wittenberg tätig war, zum Vorwande, um die Kirche und ihr Oberhaupt öffentlich anzugreifen. Er wurde am 10. November 1483 zu Eisleben als Sohn eines Bergmannes geboren. Zunächst besuchte er die Lateinschulen zu Magdeburg und Eisenach. Im Jahre 1501 bezog er dann die Hochschule zu Erfurt, um Rechtswissenschaft zu studieren. Der plötzliche Tod eines Freundes und die bei einem Gewitter ausgestandene Todesangst stimmten den lebenslustigen Jüngling ernst und bewogen ihn, in das Augustinerkloster zu Erfurt einzutreten. Aber auch hier fand sein krankhaftes Gemüt trotz strenger Bußübungen und eifriger Studien keine Ruhe. Auf Empfehlung seines Ordensvorstehers Johann von Staupitz wurde er im Jahre 1508 Lehrer der Weltweisheit (Philosophie) an der 1502 gegründeten Universität zu Wittenberg. Hier verkündete er seine Lehrmeinungen, die allmählich immer mehr von der Kirche abwichen. Auch mit der Lehre, daß der Mensch nicht durch seine Werke, sondern allein durch den Glauben an die Barmherzigkeit Gottes selig werde, stand Luther im Widerspruch mit der Auffassung der Kirche von der Verdienstlichkeit guter Werke. Da nun zur Erlangung des Ablasses ein gutes Werk, das freiwillig gespendete Almosen, erforderlich war, so wurde Luther ein Gegner des Ablasses.

4. **Beginn des Kampfes gegen die Kirche.** Als Tetzel in der Gegend von Wittenberg den Ablaß verkündigte, benutzte Luther diese Gelegenheit, um gegen die „dicken Irrtümer der Ablässe" vorzugehen. Er schrieb 95 Sätze über den Ablaß und

schlug sie am 31. Oktober 1517 an die Türe der Schloßkirche zu Wittenberg an. So war es in jener Zeit üblich, wenn ein Gelehrter seine Meinung kundtun und andre zu einer Äußerung darüber veranlassen wollte. In jenen Sätzen wandte sich Luther zunächst gegen die Mißbräuche, die bei der Verkündigung des Ablasses vorgekommen waren. Dann aber äußerte er auch seine von der Lehre der Kirche abweichenden Meinungen über Bußsakrament und Ablaß. Mit großer Schnelligkeit verbreiteten sich seine Thesen (Sätze) in ganz Deutschland und riefen eine große Zahl von Gegenschriften hervor. Doch ließ sich Luther hierdurch nicht umstimmen. Die Kluft zwischen der Kirche und ihm wurde immer größer, da er einen Glaubenssatz nach dem andern verwarf. Da seine kirchenfeindlichen Lehren von vielen gebilligt wurden, sah sich der Papst zum Einschreiten gezwungen. Luther wurde nach Rom zur Verantwortung geladen. Auf Veranlassung des Kurfürsten von Sachsen erlangte er jedoch ein Verhör durch den päpstlichen Gesandten Cajetan in Augsburg. Hier weigerte er sich, seine Lehren zu widerrufen, wenn er nicht durch die Heilige Schrift widerlegt werde. Da er für seine Sicherheit fürchtete, floh er nachts aus der Stadt. Bei einer Unterredung zu Altenburg versprach Luther dem päpstlichen Kämmerer Karl von Miltitz, fernerhin zu schweigen, wenn auch seinen Gegnern Schweigen auferlegt würde. Trotzdem wurde der Streit fortgesetzt.

5. **Luthers völliger Abfall von der Kirche.** Gegen den Willen der kirchlichen Behörden verabredete der Ingolstädter Professor Dr. Eck mit einem Anhänger Luthers, dem Wittenberger Professor Bodenstein, eine gelehrte Besprechung der Glaubenssätze von der Rechtfertigung. An dieser Leipziger Disputation (Unterredung) im Jahre 1519 nahm auch Luther teil. Hier bestritt er, daß der Papst als Nachfolger des hl. Petrus der Stellvertreter Christi auf Erden sei, und daß die Beschlüsse der allgemeinen Kirchenversammlungen (Konzilien) von der ganzen Christenheit angenommen werden müßten. In mehreren Schriften, die Luther bald darauf veröffentlichte, vertrat er noch andre der Kirche widersprechende Lehren. Da alle gütlichen Mittel, Luther zur Umkehr zu bewegen, fruchtlos geblieben waren, erklärte der Papst in einem Schreiben (der „Bulle") 41 Lehrsätze Luthers für falsch. Auch drohte er ihm mit dem Banne, wenn er nicht binnen 60 Tagen seine Irrlehren widerriefe. Luther widerrief aber nicht. Er zog vielmehr am 10. Dezember 1520 unter großem Zulauf des Volkes vor das Elstertor in Wittenberg. Hier verbrannte er auf einem Scheiterhaufen die päpstliche Bulle nebst einem Buche, in dem das katholische Kirchenrecht aufgeschrieben war. So trennte sich Luther völlig von der Kirche, deren Oberhaupt er durch den letzten Schritt aufs schwerste beleidigt hatte. Es erhob sich jetzt die Frage, welche Stellung der Kaiser zu dieser Angelegenheit nehmen werde.

6. **Der Reichstag zu Worms 1521.** Auf dem deutschen Kaiserthrone saß damals Karl V. Er herrschte zugleich über Spanien, die Niederlande und Italien. Da die Spanier durch die Entdeckungsfahrten des Kolumbus Herren von Amerika waren, sagte man von dem gewaltigen Reiche Karls mit Recht, daß in ihm die Sonne nicht untergehe. Karl war bei seiner Thronbesteigung erst 19 Jahre alt. Doch zeigte er sich in den Regierungsgeschäften klug und erfahren. Auch war er ein treuer Anhänger der Kirche. Als er von der neuen Lehre und den durch sie hervorgerufenen Maßnahmen des Papstes gegen Luther hörte, war er fest entschlossen, streng, aber gerecht gegen den von der Kirche abgefallenen Augustinermönch zu verfahren. Im Jahre 1521 kam er

zum erstenmal nach Deutschland. Sogleich berief er einen Reichstag nach Worms, auf dem auch über Luther und seine Lehren entschieden werden sollte. Luther wurde vorgeladen und erhielt freies Geleit zugesichert; ein Reichsherold holte ihn ab. Am Tage nach seiner Ankunft in Worms erschien er vor dem Reichstage. Zum Widerruf seiner Lehren aufgefordert, erbat er sich einen Tag Bedenkzeit. Von seinen Freunden ermutigt, trat er am folgenden Tage mit großer Entschlossenheit auf und erklärte, nur dann widerrufen zu können, wenn er aus Stellen der Heiligen Schrift widerlegt werde. Darauf verbot der Kaiser die weitere Verbreitung seiner Lehre und verhängte über ihn und seine Anhänger die Reichsacht. Niemand sollte ihn in sein Haus aufnehmen und ihm Speise und Trank reichen. Wer ihn nach Ablauf von 21 Tagen, die Luther zur Reise bewilligt worden waren, anträfe, sollte ihn fangen und dem Kaiser einliefern.

7. **Luther auf der Wartburg.** Luther hatte in seinem Landesherrn, dem Kurfürsten von Sachsen, einen einflußreichen Gönner. Dieser nahm sich jetzt des Geächteten an und ließ ihn auf die Wartburg bei Eisenach in Sicherheit bringen. Als Luther nämlich auf der Heimreise nach Wittenberg durch den Thüringer Wald kam, wurde er unweit Eisenach von zwei Rittern, die sich durch Verkleidung unkenntlich gemacht hatten, zum Scheine überfallen und auf die Wartburg entführt. Hier lebte er zurückgezogen unter dem Namen „Junker Jörg". In seiner einsamen Zelle auf der Burg fing er an, die Heilige Schrift in die deutsche Sprache zu übersetzen.

8. **Luthers Rückkehr nach Wittenberg.** Während Luther auf der Wartburg weilte, wandte sein Freund, der Gelehrte Karlstadt in Wittenberg, die Lehre von der freien Auslegung der Heiligen Schrift in der umfassendsten Weise an. Er schaffte die lateinische Messe ab, spendete die Kommunion ohne Beichte unter beiden Gestalten und zertrümmerte sogar an der Spitze einer Schar von Handwerkern und Studenten die Bilder und Altäre in den Kirchen. Sobald Luther von diesen Gewalttaten hörte, verließ er die Wartburg, eilte nach Wittenberg und predigte so lange, bis der Aufruhr sich gelegt hatte. Dann nahm er seine Lehrtätigkeit an der Universität wieder auf und fuhr fort, die Bibel zu übersetzen. Die Sprache, die er hierbei gebrauchte, war so volkstümlich, daß sein Werk sich schnell verbreitete. Im Jahre 1546 starb Luther in Eisleben und wurde in Wittenberg, wo er so lange gelebt und gewirkt hatte, begraben. Seine letzten Lebensjahre waren durch Krankheiten und mancherlei üble Erfahrungen mit seinen Anhängern getrübt.

9. **Die Wiedertäufer in Münster.** Zur Zeit der Reformation traten Männer auf, die die Taufe der Kinder verwarfen und die Erwachsenen nochmals tauften. Diese „Wiedertäufer" wollten schon hier auf Erden ein Reich Gottes aufrichten. In der Stadt Münster i. W. vertrieben sie den Bischof und die Obrigkeit und erwählten ihren Führer Johann Bockold aus Leiden in Holland zum Könige. Dann zwangen sie die Bürger, ihren Besitz an Gold und Silber auf dem Rathause abzuliefern, und führten die Vielweiberei ein. Der Bischof von Münster und der Landgraf Philipp von Hessen eroberten schließlich die Stadt und machten der tollen Wirtschaft ein Ende (1535).

II. Der Bauernkrieg.

1. **Ursache.** Die Lage des Bauernstandes war in den letzten Jahrhunderten immer schlechter geworden. Der Bauer mußte mit seinen Familiengliedern und mit seinen Zugtieren

oft mehrere Tage der Woche auf dem Gutshofe unentgeltlich arbeiten (Hand- und Spanndienste). Außerdem hatte er allerlei Abgaben an Vieh und Feldfrüchten an den Gutsherrn zu entrichten. Daher war es ihm auch bei großem Fleiße kaum möglich, das Leben zu fristen. Als nun Luther eine Schrift über die Glaubensfreiheit herausgab, bezogen die Bauern das Wort „Freiheit" auf ihre Lage. Im Jahre 1525 erhoben sie sich in ganz Süd- und Mitteldeutschland und verlangten Abschaffung der Leibeigenschaft, Beschränkung und Feststellung der Fronden und Abgaben, freie Jagd, freien Fischfang, freies Holz und freie Wahl ihrer Geistlichen. Da Christus alle Menschen mit seinem Blute freigemacht und erlöst habe, stehe die Leibeigenschaft mit der christlichen Lehre in Widerspruch. Auch bei ihren andern Forderungen beriefen sie sich auf die Heilige Schrift.

2. **Luther und die Bauern.** Solange die Bauern sich vor Gewalttaten hüteten, trat Luther für sie ein. Er kannte ihre Not wohl. In einer Schrift hielt er den Fürsten vor, wie übel sie das arme Landvolk gehalten hätten. Ernstlich ermahnte er sie, „den Bauernstand billig zu behandeln, sonst werde Gott Vergeltung über sie schütten". Die Bauern aber warnte er, sich gegen die von Gott eingesetzte Obrigkeit zu empören, und riet zum Frieden. Die Warnungen waren jedoch umsonst. Die Bauern fingen bald an zu plündern und zu rauben. Sie zündeten Burgen und Klöster an. Aus den Kellern holten sie die Fässer mit Wein oder Bier und hielten tagelang wüste Zechgelage. Wertvolle Bücher und Handschriften zerstörten oder verbrannten sie aus reiner Zerstörungswut. Edelleute und Geistliche wurden grausam ermordet. Als Luther von diesen Greueln hörte, forderte er in einer zornigen Schrift die Fürsten auf, die Bauern mit Gewalt zur Ordnung zu bringen.

3. **Thomas Münzer.** Der Hauptanführer der Bauern in Mitteldeutschland war der frühere Mönch Thomas Münzer. Er hatte schon an dem Bildersturm in Wittenberg teilgenommen. Unter seiner Führung bemächtigten sich die Bauern der freien Reichsstadt Mühlhausen i. Th. Von hier aus verwüsteten sie viele Klöster in Thüringen und am Harze. Aber bald rückte der Landgraf Philipp von Hessen mit 6000 Mann gegen sie heran. Da stellte sich ihm Münzer mit 8000 Bauern bei Frankenhausen entgegen. Philipp von Hessen wollte die Bauern gern schonen und sandte daher einen jungen Ritter als Unterhändler zu ihnen. Wenn sie Münzer auslieferten, sollten sie Verzeihung erhalten. Aber Münzer ließ den Boten meuchlings niederstechen. Ohne Ordnung zogen die Bauernscharen in den Kampf. Bald trieben die Reiter der Fürsten ihre regellosen Haufen in wilde Flucht. Thomas Münzer versteckte sich in Frankenhausen auf dem Boden eines Hauses. Er wurde jedoch entdeckt und vor Philipp von Hessen geführt. Zur Strafe für seine Vergehen wurde er grausam gefoltert und dann hingerichtet.

Auch in andern Gegenden Deutschlands wurden die Aufstände blutig niedergeschlagen. Überall hielten die Fürsten furchtbare Strafgerichte ab. Die Lage des Bauernstandes wurde nun schlimmer als vorher und ist auch noch 250 Jahre lang so geblieben.

III. Karl V. und die Reformation.

1. **Ausbreitung der neuen Lehre.** Luthers Lehre breitete sich schnell aus. In vielen Gebieten des Deutschen Reiches richtete man die Kirchen nach dem Vorbilde ein, das im Kurfürstentum Sachsen gegeben worden war. Nicht mehr der Papst war das kirchliche Oberhaupt, sondern die weltlichen Fürsten übernahmen persönlich den Schutz der Kirche. Sie erklärten sich selbst zu Bischöfen ihrer Länder, hoben die Klöster auf und setzten Behörden ein, die Kirchen und Schulen beaufsichtigten. Messe, Beichte, Verehrung der Heiligen und Reliquien wurden abgeschafft. Der Gottesdienst wurde

nur in deutscher Sprache gehalten. Beim heiligen Abendmahl empfingen die Teilnehmer Brot und Wein. Den Geistlichen erlaubte man die Eheschließung. Als Quelle der Lehre wurde allein die Heilige Schrift angesehen. Auch das Schulwesen wurde überall da verbessert, wo Luthers Lehre Eingang fand. So wurde bald der weitaus größte Teil Deutschlands evangelisch. Nur in den Ländern der drei geistlichen Kurfürsten und in Bayern erhielt sich die katholische Lehre. Die mächtigsten evangelischen Fürsten waren der Kurfürst Johann Friedrich von Sachsen und der Landgraf Philipp von Hessen.

2. **Fortgang der Reformation bis zum Nürnberger Religionsfrieden.** Im Jahre 1529 fand ein Reichstag in Speyer statt, zu dem Kaiser Karl V. aber nicht selbst erschien. Hier wurde die neue Lehre verboten. Dagegen erhoben sechs Fürsten und 14 Reichsstädte Widerspruch; sie „protestierten". Von dieser Zeit an nannte man die Evangelischen auch Protestanten. Im folgenden Jahre kam der Kaiser selbst nach Deutschland und berief einen neuen Reichstag nach Augsburg, um die kirchlichen Fragen zu regeln. Da Luther noch in der Reichsacht war, konnte er den Kurfürsten von Sachsen nicht zum Reichstage begleiten. Melanchthon aber zog mit und stellte dort die wichtigsten evangelischen Lehren zu einer Schrift, der „Augsburgischen Konfession", zusammen. Sie wurde auf dem Reichstage vorgelesen und machte selbst auf die katholischen Fürsten großen Eindruck. Der Kaiser ließ eine Entgegnung anfertigen, nahm aber eine von Melanchthon verfaßte Verteidigungsschrift nicht an. Der Reichstag bestimmte, daß alle evangelischen Einrichtungen abgeschafft und die Klöster wiederhergestellt werden sollten. Luthers Lehren und Schriften wurden als ketzerisch verboten. Da merkten die evangelischen Fürsten, daß sie der Kaiser mit Gewalt zur Rückkehr zum katholischen Glauben zwingen wollte. Sie schlossen daher im Jahre danach in Schmalkalden i. Th. einen Bund, dessen Häupter Johann Friedrich von Sachsen und Philipp von Hessen waren. Karl V. hätte seine Drohungen gegen die evangelischen Fürsten gern wahr gemacht. Er brauchte aber ihre Hilfe zu einem Kriege gegen die Türken. Deshalb schloß er mit ihnen einen vorläufigen Vergleich, den Nürnberger Religionsfrieden. Durch diesen wurde den Protestanten freie Religionsübung bis zu einer allgemeinen Kirchenversammlung gewährt.

3. **Der Schmalkaldische Krieg.** a) Moritz von Sachsen. Protestanten und Katholiken standen sich nun im Reiche schroff gegenüber. Im Jahre 1546 — Luther war kurz vorher gestorben — brach der Kampf zwischen Karl V. und dem Schmalkaldischen Bunde aus. Der Kaiser hatte heimlich mit dem protestantischen Herzoge Moritz von Sachsen-Zeitz ein Bündnis geschlossen und ihm die Kurwürde versprochen, wenn er ihm Hilfe leistete. Während der Kurfürst Johann Friedrich mit seinen Truppen in Süddeutschland stand und den Angriff des Kaisers erwartete, brach sein Vetter Moritz in Sachsen ein. Da kehrte Johann Friedrich mit seinen Truppen eilends zurück, verjagte seinen Vetter und bedrängte ihn in seinem eigenen Lande.

b) Die Schlacht bei Mühlberg. Der Kaiser zog dem Kurfürsten jedoch nach und erreichte ihn bei Mühlberg a. Elbe (1547). Das kaiserliche Heer, das hauptsächlich aus Spaniern und Ungarn bestand, war dem kurfürstlichen weit überlegen. Johann Friedrich ging deshalb schnell auf das rechte Elbufer hinüber, so daß sich der Fluß zwischen den beiden Heeren befand. Es war an einem Sonntage, und der Kurfürst hielt in der Frühe

Gottesdienst ab. Über dem Strome lag dichter Nebel. Da schwammen spanische Soldaten über die Elbe und holten die Kähne herüber, die von den Sachsen an das rechte Ufer geschafft worden waren. Auf diesen wurde nun das kaiserliche Fußvolk übergesetzt. Den Reitern zeigte ein Müller, dem die kursächsischen Truppen zwei Pferde genommen hatten, aus Rache eine Furt. Der Kurfürst wurde überrascht und mußte mit seiner geringen Streitmacht fliehen. Er wurde jedoch eingeholt und erhielt im Reiterkampfe einen Säbelhieb über das Gesicht. Dann nahm ihn ein deutscher Ritter gefangen und führte ihn vor Karl V.

c) Folgen der Schlacht. Das kaiserliche Heer belagerte nun Wittenberg, das die Gemahlin Johann Friedrichs tapfer verteidigte. Vor Wittenberg wurde dem gefangenen Fürsten mitgeteilt, daß ihn der Kaiser zum Tode verurteilt habe. Karl V. ließ das Urteil indessen nicht vollstrecken. Er verlangte aber, der Kurfürst solle sich von Luthers Lehre lossagen. Dieser wies die Zumutung standhaft zurück. Er mußte die Kurwürde mit dem Kreise Wittenberg an seinen Vetter Moritz abtreten. Nur die sächsischen Herzogtümer (Weimar, Eisenach, Gotha usw.) behielt er, wo seine Nachkommen jetzt noch regieren. Philipp von Hessen unterwarf sich bald darauf dem Kaiser freiwillig. Er erbat kniend Karls V. Verzeihung. Aber noch am Abend desselben Tages wurde er von dem Feldherrn des Kaisers, dem gefürchteten Herzog Alba, gefangen gesetzt.

4. **Der Augsburger Religionsfriede.** Moritz von Sachsen war ungehalten darüber, daß Karl V. den Landgrafen Philipp von Hessen, seinen Schwiegervater, in strenger Haft hielt. Auch fürchtete er wohl, daß der Kaiser gar zu mächtig werden könnte. Nachdem er an das Ziel seiner Wünsche gelangt und Kurfürst geworden war, fiel er vom Kaiser wieder ab. Er schloß gegen ihn heimlich einen Bund mit dem Könige von Frankreich und versprach diesem als Lohn für seine Hilfe die drei lothringischen Städte Metz, Toul und Verdun. Diese sind im Verlaufe des Kampfes auch in den Besitz der Franzosen gekommen (1552). Unvermutet rückte Moritz gegen Innsbruck und hätte den Kaiser, der dort gichtkrank daniederlag, beinahe gefangen genommen. Karl V. mußte Johann Friedrich von Sachsen und Philipp von Hessen freigeben. Wenige Jahre später (1555) schloß der Kaiser, des langen Kampfes müde, auf einem Reichstage zu Augsburg mit den evangelischen Fürsten den Augsburger Religionsfrieden. Den Protestanten wurde völlige Religionsfreiheit zugestanden. Sie erhielten dieselben Rechte wie die Katholiken. Jeder weltliche Fürst konnte bestimmen, wie es in seinem Lande mit der Religion gehalten werden sollte. Die Untertanen durften, wenn sie einem andern Bekenntnisse anhingen, ungehindert auswandern.

Das Lebensende Karls V. Der Kaiser war der vielen Kämpfe, die er hatte führen müssen, überdrüssig. Es verstimmte ihn auch, daß er die evangelische Lehre nicht hatte unterdrücken können. Er legte die Krone nieder und zog sich in ein Kloster zurück (Gedicht: Der Pilgrim von St. Just). Nach zwei Jahren starb er (1558). Karl V. war der letzte Deutsche Kaiser, der sich vom Papste krönen ließ.

5. **Die Folgen der Reformation.** a) Allgemeine Folgen. Die kirchlichen Streitigkeiten des 16. Jahrhunderts und die durch sie hervorgerufenen Kriege haben über Deutschland unsägliches Unheil gebracht. Das Land verarmte, Ackerbau und Gewerbe, Handel und Verkehr lagen danieder. Zu dem wirtschaftlichen Verfall des Landes kam ein geistiger und sittlicher Niedergang der Bevölkerung.

b) Festigung der katholischen Kirche durch die Kirchenversammlung in Trient. Die schmerzlichsten Wunden hat die Reformation der katholischen Kirche geschlagen. An vielen Orten wurden Kirchen, Klöster und sonstige geistliche Güter von den protestantischen Fürsten in Besitz genommen. Da der Grundsatz galt, daß die Bewohner eines Landes dieselbe Religion haben müßten wie der Landesherr, wurden zahlreiche Katholiken gezwungen, zur neuen Lehre überzutreten. — Anderseits hat aber die Reformation auf die Kirche reinigend gewirkt. Es konnte ihr nur zum Segen gereichen, daß sie manche unwürdige Priester und Mönche verlor. Auf Mißstände aufmerksam gemacht, bemühte sie sich jetzt, eine wirkliche und wahre Verbesserung durchzuführen. Zu diesem Zwecke versammelten sich Vertreter der ganzen katholischen Christenheit in Trient (Tirol). In dieser allgemeinen Kirchenversammlung wurden mancherlei Schäden beseitigt. Um die Unsicherheit in Glaubenssachen dauernd zu entfernen, wurden die Hauptlehren der Kirche klar und bestimmt ausgesprochen und in dem „Tridentinischen Glaubensbekenntnis" kurz zusammengefaßt. Sodann drang man auf eine bessere Erziehung und gründlichere Bildung der Geistlichkeit. In Verbindung hiermit stand eine Erneuerung der kirchlichen Wissenschaft. Auch traf man Vorkehrungen zur Hebung des Jugend- und Volksunterrichtes.

6. **Segensreiche Entfaltung der katholischen Kirche durch neue Orden.** a) Der Jesuitenorden. Obgleich der Kirche durch die beklagenswerte Kirchentrennung viele Mitglieder verloren gingen, nahm sie doch fortgesetzt an Größe zu. Es entstanden nämlich neue katholische Ordensgemeinschaften, die zahlreiche eifrige Glaubensboten nach neuentdeckten Ländern sandten und viele Heiden zum Christentume bekehrten. Durch Klugheit, Umsicht und großen Eifer zeichneten sich vor allen die Jesuiten aus. Sie haben das religiöse Leben und die Ausbreitung der Kirche in besonderem Maße gefördert. Der Jesuitenorden wurde von dem spanischen Edelmanne Ignatius von Loyola gestiftet. Als dieser, im Kampfe schwer verwundet, auf dem Krankenbette lag, faßte er den Entschluß, sein Leben nur Gott zu weihen. Nachdem er seine Kräfte wiedererlangt hatte, ging er nach Paris, um sich für den geistlichen Stand vorzubereiten. Mit sechs Gesinnungsgenossen legte er das Gelübde ab, sich fortan der Bekehrung der Ungläubigen zu widmen. Dies war der Anfang des Ordens, der (1540) vom Papste Paul III. unter dem Namen „Gesellschaft Jesu" bestätigt wurde. Nach und nach verbreitete sich der Orden über alle Länder und Reiche der Erde. Schon wenige Jahre nach seiner Gründung ging der hl. Franz Xaverius ins ferne Morgenland und verkündete dort mit so großem Erfolge das Evangelium, daß man ihn den Apostel Indiens und Japans nannte. Auch in Amerika entwickelte der Orden eine rege Missionstätigkeit; besonders in den Wildnissen Südamerikas entstanden viele blühende christliche Gemeinden. In Deutschland bekämpften die Jesuiten als Lehrer, Prediger und Schriftsteller den Irr- und Unglauben. Ihnen namentlich ist es zu verdanken, daß der Südosten und der Nordwesten Deutschlands der katholischen Kirche erhalten blieben.

b) Andre geistliche Orden. Den Jesuiten schlossen sich die Franziskaner, Dominikaner, Kapuziner und Lazaristen an. Sie befaßten sich sowohl mit der Seelsorge in den katholischen Ländern, als auch mit der Bekehrung der Heiden. — Der Krankenpflege widmeten sich die Barmherzigen Brüder, eine Vereinigung von Männern, die vom hl. Johannes von Gott gestiftet wurde, ferner die Barmherzigen Schwestern, deren Stifter der hl. Vincenz de Paula war. Die Schulbrüder und die Piaristen sorgten insbesondere für den Unterricht. Durch die Kirchenversammlung von Trient und durch das neuaufblühende Ordenswesen wurde der vielfach gefährdete Glaube aufs neue gefestigt und die Kirche nach innen gestärkt und nach außen geeint.

IV. Die Reformation in andern Ländern.

In der Schweiz war Ulrich Zwingli, Prediger in Zürich, als Reformator aufgetreten. Er gründete wie Luther die kirchliche Lehre nur auf die Heilige Schrift. In einigen Punkten jedoch wich er von Luther ab, besonders in der Lehre vom heiligen Abendmahle. Er ließ es nämlich nur als Erinnerungsfeier an den Opfertod Christi gelten. Als zwischen den „reformierten" und den katholisch gebliebenen Kantonen der Schweiz ein Krieg ausbrach, fiel Zwingli im Kampfe (1531). — In den westlichen Teilen der Schweiz kam die Lehre Johann Calvins zur Herrschaft, der sich in der Glaubenslehre fast ganz an Zwingli anschloß. Von Genf aus, wo er zuerst eine neue Kirchenform eingeführt hatte, verbreitete sich seine Lehre in Südwestdeutschland, Frankreich, den Niederlanden und Schottland. In den Augsburger Religionsfrieden waren die Reformierten nicht mit eingeschlossen. — In Frankreich nannte man die reformierten Christen „Hugenotten". Um die streitenden religiösen Parteien zu versöhnen, verheiratete der französische König seine Schwester mit dem vornehmsten von ihnen, dem Prinzen Heinrich von Navarra. Zu der Hochzeitsfeier waren aus ganz Frankreich zahlreiche Hugenotten in Paris zusammengeströmt. Da faßte des Königs Mutter den Entschluß, in der Nacht zum 24. August, dem Tage des heiligen Bartholomäus, alle Hugenotten in Paris töten zu lassen. Der schreckliche Plan wurde ausgeführt, und 25 000 Menschen verloren ihr Leben (1572). Man nennt diese furchtbare Verfolgung die Pariser Bluthochzeit. Als Heinrich von Navarra später König von Frankreich wurde, nahm er zwar den katholischen Glauben an, gab aber (1598) das Edikt von Nantes (Nangt). Dies ist ein Gesetz, durch das den Hugenotten freie Religionsübung und gleiches Recht mit den Katholiken zugestanden wurde. — In den Niederlanden suchte der Sohn Karls V. durch Errichtung neuer Bistümer und durch strenge Gerichte die Ausbreitung der Reformation zu verhindern. Als Herzog Alba, den er dorthin sandte, viele Anhänger der neuen Lehre hinrichten ließ, brach ein allgemeiner Aufstand aus. Unter der Führung des Prinzen Wilhelm von Oranien erstritt sich die nordöstliche Hälfte der Niederlande Freiheit des Glaubens und Unabhängigkeit. — Auch England, Dänemark, Schweden und Norwegen fielen von der katholischen Kirche ab.

V. Der Dreißigjährige Krieg 1618—1648.

Trotz des Augsburger Religionsfriedens wurde das Verhältnis zwischen Katholiken und Protestanten in Deutschland nicht besser. Um das Jahr 1600 standen sich beide Parteien schon so feindselig gegenüber, daß ein Krieg vorauszusehen war. Wegen der drohenden Gefahr schlossen die protestantischen Fürsten ein Bündnis, die „Union", an deren Spitze der Kurfürst Friedrich von der Pfalz stand. Die katholischen Fürsten traten unter der Führung des tatkräftigen Herzogs Maximilian von Bayern gleichfalls zu einem Bunde, der „Liga", zusammen. Die erste Veranlassung zum Ausbruche des Kampfes zwischen Katholiken und Protestanten gab eine Gewalttat böhmischer Protestanten gegen kaiserliche Beamte in Prag. Auch in Böhmen hatte nämlich die neue Lehre viele Anhänger gefunden. Kaiser Rudolf II., der den Protestanten freundlich gesinnt war, versprach durch den sogenannten „Majestätsbrief" seinen evangelischen Untertanen in Böhmen freie Religionsübung. Auch erlaubte er den protestantischen Ständen, d. h. dem Adel und den freien Städten, Schulen und Kirchen zu bauen. Von diesen Vergünstigungen waren aber die protestantischen Untertanen der katholischen geistlichen Herren ausgeschlossen.

1. **Der Aufruhr in Prag.** Trotz dieser Einschränkung des Majestätsbriefes bauten die protestantischen Untertanen des Erzbischofs von Prag und des Abtes von Braunau in Klostergrab und in Braunau zwei Kirchen. Auf Anordnung der geistlichen

Herren jener Protestanten wurde die erstere niedergerissen, die letztere geschlossen. Als sich nun die Protestanten deswegen beim Kaiser Matthias beschwerten, erhielten sie mit Recht eine ungnädige Antwort, weil sie gegen die Bestimmungen des Majestätsbriefes gehandelt hatten. Man glaubte, an dem abschlägigen Bescheide seien die vom Kaiser eingesetzten Statthalter schuld. Deshalb zog eine zahlreiche Menschenmenge, die von evangelischen Edelleuten angeführt wurde, nach dem Prager Schlosse und warf zwei Statthalter und ihren Geheimschreiber zum Fenster hinaus. Diese kamen zwar ohne ernstliche Verletzung davon; aber diese Mißhandlung kaiserlicher Beamter hatte einen furchtbaren Krieg zur Folge. Er brachte namenloses Elend über Deutschland, das noch unter den Wirkungen der Reformation zu leiden hatte.

2. **Friedrich von der Pfalz, der Winterkönig.** Zu dieser Zeit starb der Kaiser, und Ferdinand II. wurde sein Nachfolger. Er war streng katholisch erzogen worden; ihn zierten strenge Rechtlichkeit und unerschütterliches Gottvertrauen. In seinen Erbländern Steiermark, Kärnten und Krain hatte er die evangelische Lehre ganz unterdrückt. Die Böhmen fürchteten, daß er in ihrem Lande ebenso verfahren werde und erkannten ihn daher nicht als ihren König an. Sie wählten vielmehr den Kurfürsten Friedrich von der Pfalz, den Führer der Union, zu ihrem Herrscher. Friedrich hoffte, sein Schwiegervater, der König von England, werde ihm helfen, und zog nach Prag. Aber die erwartete Hilfe blieb aus. Kaiser Ferdinand dagegen wurde vom Herzog Maximilian von Bayern und der Liga kräftig mit Truppen unterstützt. Im Jahre 1620 rückte ein kaiserliches Heer unter dem Grafen Tilly heran, und es kam zu der Schlacht am Weißen Berge bei Prag. Während Friedrich in der Stadt sorglos bei fröhlicher Tafelrunde saß, wurde sein Heer völlig geschlagen. Nur durch eiligste Flucht entging er der Gefangenschaft. Da er nur während eines Winters geherrscht hatte, nannte ihn das Volk zum Spotte den „Winterkönig“. Die Union löste sich auf. Über das unglückliche Böhmen ließ Kaiser Ferdinand ein strenges Strafgericht abhalten, den Majestätsbrief vernichtete er. Die Protestanten, die sich weigerten, zur katholischen Kirche zurückzukehren, verwies er des Landes. Infolgedessen wanderten über 50000 Familien aus ihrer Heimat aus. Die Führer der Böhmen, 27 angesehene evangelische Edelleute und Bürger, wurden in Prag hingerichtet. Ihre Landgüter gab der Kaiser seinen Anhängern. Der Herzog Maximilian von Bayern erhielt als Belohnung für seine Hilfe einen Teil der Länder Friedrichs und die Kurwürde.

Tilly.

3. **Ernst von Mansfeld und Christian von Braunschweig.** Für den vertriebenen Kurfürsten kämpften am Rheine und in Norddeutschland der Graf Ernst von Mansfeld und der Herzog Christian von Braunschweig. Beide waren rauhe und wilde Kriegsmänner, die mit ihren Söldnerscharen Deutsch-

land verheerten. Dabei machten sie zwischen Katholiken und Protestanten keinen Unterschied.

4. **Tilly.** Feldherr der Liga war der bayerische General Graf Tilly. Er stand damals schon in vorgerücktem Lebensalter, war klein von Gestalt und trug einen spitzen Kinnbart. Tilly war ein hervorragender Feldherr und wie sein Herr, der Herzog Maximilian, streng katholisch gesinnt. Er schlug Ernst von Mansfeld und Christian von Braunschweig in mehreren Schlachten, ohne jedoch ihre Heere völlig vernichten zu können.

5. **Der Dänenkönig Christian IV.** Kaiser Ferdinand fing nun an, auch in Norddeutschland die evangelische Lehre zu unterdrücken. Dazu verheerten Tillys Scharen weit und breit das Land. Deshalb riefen einige norddeutsche Fürsten den Dänenkönig Christian IV. zu Hilfe. Dieser war zugleich Herzog von Holstein, also auch deutscher Reichsfürst. Mit einem stattlichen Heere trat er den Truppen der Liga entgegen. Auch Ernst von Mansfeld hatte die Trümmer seines Heeres gesammelt und neue Söldnerscharen angeworben. Diesen mächtigen Feinden gegenüber war der Kaiser vollständig auf die Liga angewiesen. Er selbst besaß keinen geeigneten Feldherrn und auch nicht Geld genug, um ein Heer anwerben zu können. Aus dieser Not befreite ihn ein böhmischer Edelmann, namens Wallenstein. Dieser erbot sich, auf eigene Kosten für den Kaiser ein Heer zu schaffen. Jedoch stellte er die Bedingung, daß ihm der Oberbefehl und die Anstellung der Offiziere überlassen würde.

6. **Wallenstein** war das Kind lutherischer Eltern. In früher Jugend verwaist, wurde er jedoch katholisch erzogen. Später nahm er Kriegsdienste und wurde wegen seiner Tapferkeit Oberst. Er heiratete eine sehr reiche Frau und lieh dem Kaiser für den Krieg bedeutende Geldsummen. Als Entschädigung dafür erhielt er die Herrschaft Friedland in Böhmen und wurde in den Reichsfürstenstand erhoben. Wallenstein war von hagerer Gestalt und hatte finstere, stechende Augen. Gewöhnlich trug er einen langen, roten Mantel und einen grauen Hut, von dem eine rote Feder herabwinkte. Er glaubte, der Mensch könne sein zukünftiges Schicksal aus der Stellung der Gestirne erkennen. Deshalb hatte er auch einen besonderen Sternkundigen in seinen Diensten. Die Soldaten hielten ihn für unverwundbar und glaubten, er habe mit dem Teufel einen Bund geschlossen. — Der Kaiser nahm das Anerbieten Wallensteins an, und in kurzer Zeit hatte dieser ein Heer von 50000 Mann zusammengebracht. Im Dienste hielt er eiserne Zucht; Ungehorsame und Feiglinge ließ er unerbittlich aufhängen. Den Bürgern und Bauern gegenüber aber gewährte er den Söldnern große Freiheit. Selbst seine Offiziere scheuten sich nicht, zu plündern und zu rauben. Tapferkeit und Tüchtigkeit belohnte er mit fürstlicher Freigebigkeit.

7. **Der Dänische Krieg.** Wallenstein rückte nach Norddeutschland und besiegte Ernst von Mansfeld an der Dessauer Elbbrücke. Bald darauf erlag Ernst einem heftigen Fieber. (Auch Christian von Braunschweig war in demselben Jahre gestorben.)

Tilly hatte inzwischen den König Christian von Dänemark bei dem braunschweigischen Städtchen Lutter am Barenberge geschlagen. Die beiden siegreichen kaiserlichen Heere eroberten nun gemeinsam ganz Norddeutschland, verjagten die Herzöge von Mecklenburg und trieben den König Christian bis nach Jütland. Wallenstein erhielt zur Belohnung Mecklenburg und wurde zum Admiral der Nord- und Ostsee ernannt.

Um eine Flotte gründen zu können, wollte er Stralsund erobern. Da er aber keine Schiffe hatte, um die Stadt auch vom Meere aus einzuschließen, gelang es ihm trotz seines großen Heeres nicht; denn die mutigen Bürger konnten sich immer wieder von Schweden her mit Kriegsvorräten und Nahrungsmitteln versorgen. Wallenstein mußte schließlich abziehen, obgleich er geschworen hatte, die Stadt zu erobern und „wenn sie mit Ketten an den Himmel geschlossen wäre".

8. **Das Restitutionsedikt** (Wiedererstattungsbefehl). Der Kaiser stand jetzt auf der Höhe seiner Macht. Er konnte nun dem so lange beunruhigten Reiche nach innen Frieden und nach außen Sicherheit verschaffen. Aber von einigen Reichsfürsten übel

Wallenstein.

beraten, tat er einen verhängnisvollen Schritt, durch den ihm im Reiche neue Gegner entstanden. Er erließ nämlich im Jahre 1629 ein Gesetz, das Restitutionsedikt. In diesem bestimmte er, daß die seit 1552 von den protestantischen Fürsten eingezogenen geistlichen Güter den Katholiken zurückgegeben werden sollten. Es waren zwei Erzbistümer, zwölf Bistümer und viele Abteien und Klöster. Diese Verordnung erbitterte die Protestanten; der Kaiser hatte sich dadurch aufs neue die protestantischen Fürsten zu Feinden gemacht.

9. **Wallensteins Absetzung.** Wallenstein, dessen Heer inzwischen auf 100000 Mann angewachsen war, verheerte die Länder in furchtbarer Weise. Von den Städten erpreßte er ungeheure Kriegssteuern. Da beklagten sich (1630) die protestantischen und katholischen

Fürsten bitter über ihn und verlangten, daß er abgesetzt würde. Sie fürchteten auch, daß der Kaiser, der durch diesen Mann so große Gewalt erlangt hatte, sie vollständig unter seine Macht beugen könnte. Ihrem Drängen mußte der Kaiser schließlich nachgeben. Wallenstein empfing die Nachricht von seiner Absetzung mit stolzer Ruhe. Kalt erklärte er dem kaiserlichen Boten, die Sterne hätten ihm seinen Fall schon verkündigt. Er entließ sein Heer und zog sich nach Friedland zurück. Dort lebte er mit königlicher Pracht, hielt sich eine Leibwache und baute ein prächtiges Schloß. Er sah voraus, daß der Kaiser ihn bald wieder brauchen werde.

10. **König Gustav Adolf von Schweden.** Im Juli 1630 landete der Schwedenkönig Gustav Adolf mit einem Heere von 16000 Mann an der Küste Pommerns. Er mischte sich in den Krieg, weil seine Verwandten, die Herzöge von Mecklenburg, aus ihrem Lande vertrieben worden waren. Auch wollte er nicht dulden, daß der Kaiser seine Macht auf die Ostsee ausdehnte; denn die Schweden trieben auf ihr lebhaften Handel und beherrschten sie mit ihren Schiffen. Da Gustav Adolf ein eifriger Protestant war, wünschte er zugleich seinen bedrängten deutschen Glaubensgenossen gegen den Kaiser zu helfen. Er war ein Mann von großer, kräftiger Gestalt, hatte blaue Augen und blondes Haar. Sein Heer bestand nicht aus Söldnern, die aus aller Herren Ländern stammten, sondern aus schwedischen Bauernsöhnen. Der König duldete keine Plünderungen, hielt strenge Kriegszucht und ließ täglich Gottesdienst abhalten. Die schwedischen Truppen trugen leichtere Rüstungen, als es bisher üblich war, auch ihre Gewehre und Kanonen waren weniger schwer. Dadurch konnten sie weite Märsche schneller zurücklegen und sich auch in der Schlacht leichter bewegen. Die Soldaten der einzelnen Regimenter trugen Armbinden von gleicher Farbe. — Als man in Wien erfuhr, daß Gustav Adolf gelandet sei, spottete man über den nordischen „Schneekönig". Die protestantischen Fürsten empfingen ihn mit Mißtrauen. Gustav Adolf konnte daher der Stadt Magdeburg, die von Tilly belagert wurde, nicht zu Hilfe kommen.

Die Zerstörung Magdeburgs. Gustav Adolf hatte den Oberst von Falkenberg, einen tapferen und erfahrenen Krieger, mit einer kleinen Truppenmacht nach Magdeburg gesandt. Falkenberg leitete die Verteidigung so geschickt, daß Tilly die Hoffnung aufgab, die Stadt zu erobern. Der General Pappenheim bewog ihn aber, noch einen Angriff zu versuchen. Nachdem die Stadt drei Tage lang beschossen worden war, zog Tilly mit seinem Heere scheinbar ab. Am folgenden Morgen jedoch kehrte er zurück und ließ an vier Orten zugleich stürmen. Die Bürger waren durch die langen Nachtwachen erschöpft und bemerkten die Feinde nicht zeitig genug. Dadurch gelang es den Soldaten Pappenheims, in die Stadt einzudringen. Oberst Falkenberg eilte herbei und warf sich ihnen mutig entgegen. Es wäre ihm wohl gelungen, die Feinde hinauszutreiben; er wurde jedoch von einer Kugel tot niedergestreckt. Nun fehlte bei den Bürgern die sichere Führung. Bald befand sich die unglückliche Stadt, die an mehreren Stellen zugleich in Brand geriet, gänzlich in den Händen der Feinde. Die wütenden Scharen richteten unter den Bürgern ein furchtbares Blutbad an, so daß die Straßen mit Leichen bedeckt waren. Besonders die ausländischen Söldner Tillys verübten entsetzliche Grausamkeiten. Sie warfen wehrlose Menschen ins Feuer und stachen selbst die kleinen Kinder mitleidlos nieder. 30000 Menschen verloren ihr Leben. Die blühende und reiche Stadt wurde geplündert und brannte gänzlich nieder. Nur der Dom und wenige andre Gebäude entgingen dem Verderben. Die Zerstörung Magdeburgs war gegen Tillys Absicht geschehen. Er hätte die feste Stadt gern dauernd besetzt, um von ihr aus Norddeutschland unter seiner Gewalt zu erhalten. Er zog am vierten Tage in die verwüstete Stadt ein. Eine große Schar von Greisen, Frauen und Kindern, die sich in den Dom geflüchtet und dort zwei Tage in Todesfurcht verbracht hatten, begnadigte er.

11. **Die Schlachten bei Breitenfeld und am Lech.** In der Ebene von Leipzig, bei Breitenfeld (1631), kam es zwischen Tilly und den schwedischen Truppen zur Entscheidungsschlacht. Nach hartem Kampfe errang der Schwedenkönig den Sieg. Tilly, der bisher noch nie überwunden worden war, mußte eilends nach Bayern zurückgehen. Gustav Adolf durchzog nun Deutschland bis nach Mainz. Der tapfere Prinz Bernhard von Weimar trat in schwedische Kriegsdienste. — Im folgenden Jahre brach Gustav Adolf in Bayern ein. Auf Herzog Maximilians Geheiß stellte sich ihm Tilly am Lech entgegen und versuchte, ihm den Übergang zu wehren. Aber zum zweiten Male unterlag er den schwedischen Waffen. Er wurde von einer Kanonenkugel schwer am Oberschenkel verwundet und starb wenige Tage darauf im Alter von fast 73 Jahren. Ganz Bayern war in Gustav Adolfs Gewalt. Niemand konnte ihn jetzt hindern, den Kaiser in Wien selbst anzugreifen. In dieser größten Not bat Ferdinand II. Wallenstein, für ihn wieder ein Heer aufzustellen. Dieser aber konnte dem Kaiser seine Absetzung nicht verzeihen. Zum Scheine weigerte er sich lange und ließ sich erst erbitten, als ihm große Vorrechte eingeräumt wurden. Er konnte völlig selbständig über das Heer verfügen, und kein General durfte ohne seine Bewilligung vom Kaiser Befehle empfangen.

12. **Die Schlacht bei Lützen.** Wallenstein zog nach Bayern und bedrohte das protestantische Nürnberg. Gustav Adolf wollte die Stadt nicht in seine Hände fallen lassen und eilte zu ihrer Unterstützung herbei. Beide Heere standen sich in befestigten Lagern elf Wochen lang gegenüber. Als die Schweden endlich Wallensteins Verschanzungen angriffen, wurden sie mit schweren Verlusten zurückgeschlagen. Da während der kalten Jahreszeit gewöhnlich der Kampf ruhte, erwartete Wallenstein keine Schlacht mehr und wandte sich nach Sachsen, wo er während des Winters mit seinem Heere bleiben wollte. Aber die Schweden eilten ihm nach, und am 16. November 1632 kam es bei Lützen zur blutigen Entscheidung. Beide Heere kämpften mit verzweifelter Tapferkeit. Gustav Adolf geriet ohne seine Absicht in das Gewühl des Reiterkampfes, wurde von einer Kugel in den Rücken getroffen und stürzte vom Pferde. Wütend über den Tod ihres Königs, dessen blutbeflecktes Roß über das Schlachtfeld jagte, fochten die Schweden mit furchtbarer Erbitterung und errangen unter der Führung Bernhards von Weimar nach langem Kampfe den Sieg. Die Leiche Gustav Adolfs fand man später ausgeplündert und von den Hufen der Rosse zertreten. Sie wurde nach Schweden gebracht und in Stockholm beigesetzt. Auch Pappenheim, der kühnste Reiterführer des 30jährigen Krieges, wurde bei Lützen so schwer verwundet, daß er in der folgenden Nacht starb.

13. **Wallensteins Ermordung.** Wallenstein zog sich nach Böhmen zurück und hielt über sein Heer ein furchtbares Strafgericht ab: Offiziere, die in der Lützener Schlacht nicht ihre Schuldigkeit getan hatten, wurden enthauptet, Soldaten, die sich feige gezeigt hatten, gehängt. Obgleich die Schweden ungehindert Deutschland verheerten, blieb Wallenstein mit seinem Heere in Böhmen untätig stehen. Er wußte sehr wohl, daß man ihn am kaiserlichen Hofe zu Wien haßte und ihn abermals absetzen wollte. Da er aber seine große Macht nicht wiederum verlieren mochte, knüpfte er heimlich mit den Sachsen und Schweden Unter-

handlungen an. Jedenfalls wollte er im Bunde mit ihnen den Kaiser zum Frieden zwingen und sich selbst dabei ein möglichst großes Ländergebiet sichern, über das er als selbständiger Herzog oder Kurfürst herrschen konnte. Dem Kaiser blieben jedoch diese Absichten seines Feldherrn nicht verborgen. Er nahm ihm zum zweiten Male den Oberbefehl und erklärte ihn für einen Hochverräter. In zwei Tagen fiel die Mehrzahl der Generale und fast das ganze Heer von Wallenstein ab. Da zog er mit einigen treugebliebenen Regimentern nach Eger, wo er sich mit sächsischen oder schwedischen Truppen vereinigen wollte. Auf Anstiften des Obersten Butler, eines dem Kaiser ergebenen Irländers, drangen jedoch in der darauf folgenden Nacht zwölf Dragoner in das Haus ein, in dem Wallenstein schlief. Als dieser, von dem Lärme aufgeweckt, das Fenster öffnete, um die Wache zu rufen, erbrachen die Mordgesellen sein Schlafzimmer. Schweigend an einem Tische lehnend, empfing Wallenstein den Todesstoß. Kurz vorher waren auch seine treugebliebenen Offiziere bei einem Gastmahle meuchlerisch umgebracht worden. — In demselben Jahre (1634) wurde das schwedische Heer von den Kaiserlichen bei **Nördlingen** entscheidend geschlagen. Infolgedessen fielen fast sämtliche protestantische Fürsten von den Schweden ab und schlossen mit dem Kaiser Frieden.

14. **Der Schwedisch-Französische Krieg.** Die Schweden suchten und fanden Hilfe bei den Franzosen, die bei dieser Gelegenheit deutsches Gebiet an sich zu bringen hofften. Sie unterstützten die Schweden mit Geld und Truppen. Bernhard von Weimar sowie schwedische und französische Generale setzten nun den Krieg mit wechselndem Glücke fort.

Der Krieg beschränkte sich jetzt vielfach auf planlose Plünderungszüge. Die Schweden, bei denen nach Gustav Adolfs Tode Zucht und Ordnung völlig geschwunden waren, trieben es mit dem schutzlosen Volke schlimmer als einst die Wallensteiner. Den Landleuten gab man den „schwedischen Trunk" zu kosten, d. h. man goß ihnen gewaltsam so lange Jauche in den Hals, bis sie starben oder den Ort angaben, wo sie ihre letzten Spargroschen vergraben hatten. Noch lange nach jener Zeit schreckten die Mütter ihre unfolgsamen Kinder mit dem Rufe: „Sei ruhig, der Schwed' kommt!" Die aufs äußerste gepeinigten Bauern rotteten sich zusammen und brachten jeden Soldaten, der in ihre Hände fiel, auf die grausamste Weise ums Leben. So entstand ein wahrer Vernichtungskrieg zwischen ihnen und den Söldnern.

15. **Der Frieden von Münster und Osnabrück.** Endlich kam nach jahrelangen Verhandlungen der Friede zustande (1648). Die jüngeren Leute in Deutschland, die während der dreißigjährigen Schreckenszeit herangewachsen waren, wußten nicht, was „Friede" bedeutete. Auch die älteren glaubten kaum an die Nachricht von dem Ende des entsetzlichen Krieges; denn sie hatten in stumpfer Verzweiflung die Hoffnung auf bessere Zeiten längst aufgegeben. Der Friede wurde zu Münster und Osnabrück geschlossen und heißt deshalb auch der Westfälische. Durch ihn verlor Deutschland die vorherrschende Stellung, die es seit fast 900 Jahren in der Welt innegehabt hatte. Schweden und Frankreich waren von nun an die mächtigsten Staaten Europas. — Schweden erhielt Vorpommern mit Stettin sowie die Bistümer Bremen und Verden. Hierdurch beherrschte es die Mündungen deutscher Ströme und damit den Handel auf der Nord- und Ostsee. — **Frankreich** bekam das Elsaß; die freie Reichsstadt Straßburg blieb jedoch bei Deutschland. Die **Schweiz** und **Holland** schieden aus dem Deutschen Reiche

aus. An Brandenburg, das alte Erbrechte auf Pommern besaß, fiel nur Hinterpommern. Als Entschädigung für Vorpommern wurden ihm die Bistümer Halberstadt, Minden und Kamin sowie das Erzbistum Magdeburg mit den Städten Magdeburg und Halle zugesprochen. In bezug auf die kirchlichen Verhältnisse wurde bestimmt, daß Katholiken, Evangelische und Reformierte gleiche Rechte haben sollten. — Die deutschen Reichsfürsten wurden in ihren Ländern völlig selbständig. Sie durften, ohne den Kaiser zu fragen, Krieg führen und Frieden schließen, sie erhielten sogar das Recht, mit dem Auslande Bündnisse einzugehen. Ohne sie konnte der Kaiser weder einen Reichskrieg führen, noch Steuern erheben und Gesetze geben.

16. **Die Folgen des Krieges.** Vor dem Kriege war Deutschland ein wohlhabendes und volkreiches Land gewesen; nach ihm war es eine Wüste. Die Bevölkerung war in manchen Gegenden auf den zehnten Teil der früheren Zahl zusammengeschmolzen. In den Städten standen nicht selten zwei Drittel aller Häuser unbewohnt. Viele Dörfer waren gänzlich vom Erdboden verschwunden. Wiesen und Felder waren jahrelang unbebaut geblieben und zu Buschland oder Heide geworden, in denen Wölfe hausten. Die Bauern besaßen weder Pferde noch Saatkorn, um die Äcker zu bestellen; die stattlichen Rinder- und Schafherden waren in dem langen Kriege aufgezehrt worden. Auch in den östlichen Gegenden Deutschlands geriet nun der Bauer in völlige Abhängigkeit von dem Gutsherrn und wurde hörig. Die Pest und andre ansteckende Krankheiten suchten die Bevölkerung heim. Auf den Landstraßen herrschte die größte Unsicherheit; Räuberbanden und Scharen entlassener Söldner ließen das Land nicht zu Ruhe und Frieden kommen. Der Handel war vernichtet, und das Gewerbe lag danieder; denn niemand konnte dem Handwerker etwas abkaufen. — Die Sitten waren verwildert, Diebstahl, Betrug und Trunksucht hatten überhand genommen. Ohne Schulen und ohne Erziehung war das junge Geschlecht groß geworden, so daß Unwissenheit und Aberglaube allgemein waren. Zu keiner Zeit gab es so viele Hexenprozesse als nach dem Dreißigjährigen Kriege. Selbst die deutsche Sprache war geschändet und verdorben. Da ausländische Söldner jahrzehntelang in Deutschland ihr Wesen trieben, bürgerten sich unzählige fremde Worte ein, so daß Schriftstücke aus jener Zeit fast unverständlich sind. — Der letzte Rest der kaiserlichen Gewalt und der Reichseinheit war verloren gegangen. Uneinig und zerrissen im Innern, gänzlich ohnmächtig nach außen, wurde das Deutsche Reich zum Gespött der ganzen Welt. Nicht nur ein gewaltiger Religionskrieg zwischen Katholiken und Evangelischen, sondern auch ein erbitterter Streit zwischen Kaiser und Reichsfürsten war ausgefochten worden. Letztere hatten gesiegt und waren dem Kaiser gleichberechtigt. Die Macht des habsburgischen Kaiserhauses war gebrochen, die einst so bedeutungsvolle Kaiserwürde zum inhaltlosen Titel geworden.

In der nun folgenden schlimmen Zeit erhob sich neben Österreich, das die Macht und das Ansehen des Deutschen Reichs nicht hatte bewahren können, nach und nach ein anderes Land, auf das sich bald die Blicke der ganzen Welt richteten: die Mark Brandenburg unter der Herrschaft des Hauses Hohenzollern.

F. Deutschland vom Westfälischen Frieden bis zur Auflösung des Reiches.

I. Vorgeschichte der Mark Brandenburg.

Kaiser Heinrich I. hatte einst am linken Elbufer gegen die Slawen die Nordmark gegründet und die deutsche Herrschaft über einen Teil des Havellandes ausgedehnt (vgl. S. 23). Das Christentum fand schon damals in Brandenburg Eingang. Später jedoch gelang es den Slawen, sich zu befreien. Sie töteten die christlichen Priester, brannten die Kirchen nieder und machten sich wieder zu Herren des Landes. Nur in der Nordmark hielt sich das Christentum und die deutsche Herrschaft.

1. **Die Mark unter den Anhaltinern 1134—1320.** a) Albrecht der Bär. Im Jahre 1134 belehnte Kaiser Lothar den Grafen Albrecht den Bär aus dem Hause Anhalt mit der Nordmark (vgl. S. 29). Dieser tatkräftige und kluge Fürst suchte sogleich das verlorene Gebiet wieder zu gewinnen. Durch Waffengewalt nahm er den Slawen die Priegnitz (Karte!). Mit dem Slawenfürsten Pribislaw von Brandenburg, der dem Christentume anhing, schloß er Freundschaft. Als Pribislaw kinderlos starb, setzte er Albrecht zu seinem Erben ein. Damit war ein Verwandter des verstorbenen Fürsten, Jaczko von Cöpenick, aber nicht einverstanden. Er rief die Slawen zum Kampfe gegen Albrecht auf und bemächtigte sich der Stadt Brandenburg. Albrecht eroberte jedoch die Feste im Sturm und vertrieb seinen tapferen Gegner. Nachdem er im Lande Herr geworden war, nannte er sich Markgraf von Brandenburg. Später verlieh ihm Kaiser Barbarossa die Erzkämmererwürde des Deutschen Reiches. Die Nordmark erhielt zum Unterschiede von dem neuen Besitze den Namen Altmark (Karte!).

b) Albrecht besiedelt das Land. Die Mark war ein unwirtliches und schwer zugängliches Land. Gewaltige Sümpfe nahmen die Niederungen der Flüsse ein, die weiten Ebenen waren mit einförmigen Kiefernwäldern bedeckt. Nur durch zähe, fleißige Arbeit konnte der Mensch dem sandigen Boden Früchte abgewinnen. Albrecht siedelte nun zahlreiche deutsche Bauern an, die meistens vom Niederrheine stammten. Diese rodeten die Wälder, legten die Sümpfe trocken und machten das Land urbar. Deutsche Edelleute bekamen große Lehnsgüter. Sie bauten feste Burgen und halfen dem Markgrafen das Land verteidigen. Zahlreiche Städte wurden gegründet; ehemalige slawische Orte erhielten Stadt- und Marktrecht. Die deutschen Ansiedler führten ihre Rathäuser und Stadtmauern aus Backsteinen auf, die bisher in der Mark unbekannt gewesen waren. Albrecht ließ auch viele Kirchen und Klöster bauen. Die Mönche bekehrten die im Lande gebliebenen Slawen und unterrichteten sie im Ackerbau. Auf diese Weise wurden Christentum und deutsches Wesen überall eingeführt.

c) Albrechts Nachfolger. Albrechts Nachfolger setzten die Besiedelung eifrig fort und dehnten ihre Herrschaft immer weiter aus. In 150 Jahren wurde das ganze Land zwischen Elbe und Oder gewonnen. Auch auf dem rechten Oderufer faßten sie Fuß und gründeten dort die Neumark mit den Städten Frankfurt und Landsberg. Die zahlreichen Nachkommen Albrechts regierten gemeinsam, der älteste des Geschlechts bekleidete die Erzkämmererwürde. Sie waren gute Landesväter, die für Ordnung und Frieden sorgten. Unter ihrer Herrschaft wurde das wendische Dorf Berlin an der Spree zur Stadt erhoben (um 1250).

d) Otto IV. mit dem Pfeile. Von den Anhaltinern ist besonders Otto IV. wegen seiner Fehden bekannt geworden. Er dichtete auch als Minnesänger schöne Lieder. Weil sein Bruder in Magdeburg nicht zum Erzbischofe gewählt worden war, fing er mit der Stadt eine Fehde an. Die Bürger schlugen ihn aber in einem Treffen bei Frohse, nahmen ihn gefangen und sperrten ihn in einen Holzkäfig. Nur gegen hohes Lösegeld wollten sie ihn freigeben. Ottos treue Gemahlin konnte die große Summe nicht aufbringen. Da zeigte ihr der alte Ritter Johann von Buch einen Schatz von Gold und Silber, der von Ottos Vorfahren in der Kirche von Tangermünde verborgen worden war. Damit wurde Otto aus der Gefangenschaft gelöst. Bald danach fing Otto die Fehde von neuem an. Er erreichte es auch endlich, daß sein Bruder Erzbischof von Magdeburg wurde. — Als Otto IV. einmal Staßfurt belagerte, traf ihn ein Pfeil in den Kopf. Weil die Pfeilspitze lange Zeit nicht entfernt werden konnte, nannte man ihn „Otto mit dem Pfeile".

e) Waldemar. Einer der letzten Markgrafen aus dem Hause Anhalt war Waldemar der Große. Seine Nachbarn hatten gegen ihn einen Bund geschlossen, um ihn seines Landes zu berauben. Er wehrte sich jedoch so tapfer, daß sie ihm einen ehrenvollen Frieden gewähren mußten. Aber in der Blüte seiner Jahre wurde er vom Tode hinweggerafft. Nicht lange danach (1320) starb die Familie der Anhaltiner in der Mark aus.

2. **Die Mark unter den Wittelsbachern (1324—1373).** Kaiser Ludwig der Bayer, ein Nachkomme Ottos von Wittelsbach (S. 31, 7), zog die Mark als erledigtes Reichslehen ein und gab sie seinem Sohne Ludwig dem Älteren. Dadurch wurde das Land in die Streitigkeiten des Kaisers hineingezogen und von schwerem Unglück heimgesucht. Benachbarte Fürsten rissen große Grenzgebiete gewaltsam an sich. Die Polen fielen in die Neumark ein und verheerten sie in schrecklicher Weise. Im Lande selbst hausten die Raubritter schlimmer als je, so daß niemand seines Lebens und Eigentums sicher war. Da trat 28 Jahre nach dem Aussterben der Anhaltiner ein alter Pilger auf, der sich für den verstorbenen Markgrafen Waldemar ausgab. Er behauptete, er sei zur Erfüllung eines Gelübdes nach dem Heiligen Lande gezogen und erst jetzt wiedergekehrt. Die Fürsten der Nachbarländer und Kaiser Karl IV, der inzwischen auf Ludwig den Bayer gefolgt war, erkannten ihn als den echten Waldemar an. Die Edelleute, die Bürger und die Bauern der Mark, die alle mit der bayrischen Herrschaft unzufrieden waren, fielen ihm zu. Nur Briezen, das deshalb den Ehrennamen „Treuenbriezen" erhielt, blieb Ludwig dem Älteren treu. Auf dem Boden des unglücklichen Landes wurde nun ein langer Krieg ausgefochten. Schließlich gelang es Ludwig dem Älteren doch, den falschen Waldemar zu verdrängen. — Unter den Wittelsbachern wurde die Mark durch ein Reichsgesetz, die Goldene Bulle, 1356 zum Kurfürstentume erhoben. Im Jahre 1373 zwang Kaiser Karl IV. von Luxemburg den letzten Wittelsbachischen Kurfürsten, Otto den Faulen, ihm die Mark gegen eine hohe Geldsumme abzutreten.

3. **Die Mark unter den Luxemburgern (1373—1415).** Karl IV. war ein sorgsamer Landesvater, der Brandenburg vortrefflich verwaltete. In Tangermünde an der Elbe, das er zu einer großen Handelsstadt machen wollte, errichtete er ein Schloß und große Lagerhäuser. Er ließ auch das „Landbuch der Mark" anlegen, in dem alle Schlösser, Städte und Dörfer aufgezählt und nach ihrem Werte und Umfange sowie nach den auf ihnen ruhenden Abgaben beschrieben sind. Sein Sohn aber, Kaiser Sigismund, verpfändete die Mark und verkaufte einen Teil, die Neumark, an den deutschen Ritterorden. Da kamen wieder schlimme Zeiten für die Bewohner. Raubritter und Räuberbanden machten das Land so unsicher, daß die Dörfer und die wehrlosen kleinen Städte in Armut gerieten. Im Jahre 1411 sandte Sigismund den Burggrafen Friedrich von Nürnberg als Statthalter in die Mark. Wenige Jahre später (1415) übergab er sie ihm mit der Kur- und Erzkämmererwürde als Reichslehen (Gedicht: Zu Konstanz auf dem Markte)

II. Die hohenzollernschen Kurfürsten von Brandenburg bis zum Jahre 1640.

1. **Das Geschlecht der Hohenzollern.** Das Stammschloß des Geschlechtes der Hohenzollern steht in der Nähe von Hechingen in Schwaben. Ungefähr um 1200 erlangte ein Graf von Zollern durch Heirat großen Besitz in Franken (Ansbach, Bayreuth, Kulmbach) und erhielt die Würde eines Burggrafen von Nürnberg. Ein Burggraf war ein kaiserlicher Beamter, dem in einer freien Stadt die Verteidigung der Burg und die Führung der Krieger übertragen war. Zugleich hatte er des Kaisers Rechte wahrzunehmen und das höchste Gericht auszuüben. — Im Jahre 1227 teilten die beiden Söhne eines Grafen von Zollern ihr Erbe. Der eine erhielt die Besitzungen in Schwaben, der andre die Burggrafschaft von Nürnberg mit den fränkischen Gebieten. Die Burggrafen waren sparsame Haushalter, die ihren Besitz durch Kauf und Erbschaft klug vermehrten, so daß er an Größe manches Fürstentum übertraf. Da sie sich auch allezeit als treue Diener der Deutschen Kaiser erwiesen, wurden sie von Karl IV. in den Fürstenstand erhoben. Burggraf Friedrich IV. verhalf dem Kaiser Sigismund zur Krone, lieh ihm große Geldsummen und leistete ihm als Feldhauptmann wertvolle Dienste. Er wurde als „Friedrich I." Kurfürst von Brandenburg und der Stammvater des preußischen Königshauses.

2. **Friedrich I.** 1415—1440. Als Friedrich die Mark übernahm, umfaßte sie nur noch die Hälfte ihres alten Gebietes und befand sich in einem traurigen Zustande. Städte und Bischöfe sowie ein Teil des Adels leisteten ihm willig die Huldigung. Die Raubritter jedoch, die ihr zügelloses Leben nicht aufgeben wollten, weigerten sich, ihn als ihren Herrn anzuerkennen. Besonders die Brüder Hans und Dietrich von Quitzow boten ihm im Vertrauen auf ihre zahlreichen festen Burgen offen Trotz. Sie spotteten über den „Nürnberger Tand" und verweigerten die Huldigung, auch „wenn es ein Jahr lang Burggrafen regnete". Friedrich aber lieh sich von dem Landgrafen von Thüringen die „faule Grete", ein schweres Geschütz, das mächtige Steinkugeln schoß, und eroberte die Burgen der übermütigen Edlen. Hans von Quitzow wurde dabei gefangen genommen; Dietrich gelang es zu entkommen. So erzwang sich der neue Herr Gehorsam. Für die heimgesuchte Mark kamen nun endlich glücklichere Zeiten. Wenn Friedrich in des Kaisers Diensten fern von der Mark weilte, verwaltete seine Gemahlin, die „schöne Else", für ihn das Land.

3. **Friedrich II., Albrecht Achilles, Johann Cicero.** Friedrich II., der Eiserne, 1440—1470, unterwarf die trotzigen Städte Berlin und Kölln a. Spree. Diese wollten ihm nämlich verwehren, sie gewappnet und mit seinen Kriegern zu betreten. Um die Bürger zu dauerndem Gehorsam zu zwingen, baute er an der Spree ein festes Schloß. Von dem deutschen Ritterorden kaufte er die Neumark zurück. Albrecht Achilles 1470—1486, der Bruder Friedrichs II., war ein streitbarer Herr, der in vielen Turnieren den Sieg davontrug. Er gab 1473 das Hohenzollernsche Hausgesetz. Dieses bestimmt, daß die Mark Brandenburg ungeteilt und mit der Kurwürde immer auf den ältesten Sohn übergeht. Jüngere Söhne sollten mit den fränkischen Besitzungen, Töchter bei ihrer Verheiratung durch Geldsummen entschädigt werden. Durch dieses Gesetz blieb die Mark vor Erbstreitigkeiten und Zerstückelung bewahrt. Johann Cicero 1486—1499 war der erste Hohenzoller, der in

der Mark aufgewachsen war und sich dort heimisch fühlte. Er hatte eine gelehrte Erziehung genossen und sah es gern, wenn sich auch die märkischen Edelleute Kenntnisse und feine Sitte aneigneten.

4. **Joachim I. Nestor** 1499—1535. a) Joachim und die Raubritter. Joachim I. war erst 15 Jahre alt, als er zur Herrschaft kam. Da er noch so jung war, glaubten viele Edelleute, ungestraft Räubereien im Lande treiben zu können. Selbst die adeligen Hofbeamten des jungen Kurfürsten ritten nachts auf die Straßen, um Kaufleute zu überfallen. Als Joachim die Friedensbrecher strafte, trachteten ihm ihre Genossen nach dem Leben. Sie sollen ihm sogar den höhnenden Vers: „Joachimchen, hüte dich; fangen wir dich, so hangen wir dich!" an die Tür seines Schlafzimmers geschrieben haben. Aber Joachim hielt scharfe Ordnung und ließ über vierzig der wilden Gesellen hinrichten.

b) Wie Joachim für sein Land sorgte. Um den Handel im Lande zu heben, führte der Kurfürst für die ganze Mark Brandenburg gleiche Maße und Gewichte ein. Er ordnete auch die Verwaltung der Städte. Die Bürgermeister und Ratsherren wurden streng beaufsichtigt und mußten über Einnahmen und Ausgaben genau Rechnung legen. — Der Kurfürst war ein Freund der Wissenschaften und einer der gelehrtesten Fürsten seiner Zeit. Deshalb empfand er es schmerzlich, daß man seine Untertanen als unwissend verachtete. Er sagte einmal selbst: „Ein gelehrter Mann ist in der Mark seltener als ein weißer Rabe!" Um gründlich gebildete Richter und Beamte zu bekommen, eröffnete er zu Frankfurt a. O. eine Universität. Damit jedermann sein Recht finden könnte, setzte er das Kammergericht in Berlin ein. Er ließ auch ein Rechtsbuch ausarbeiten, das in der ganzen Mark gelten sollte. Alte Anrechte auf Pommern sicherte er durch einen Vertrag, in dem den Kurfürsten von Brandenburg Pommern zugesagt wurde, wenn die dortigen Herzöge ausstürben.

c) Joachim und die Reformation. Der Reformation stand Joachim I. feindlich gegenüber. Er hielt es für Sache des Papstes und der Bischöfe, Mißbräuche in der Kirche abzuschaffen. Ein Mönch wie Luther, meinte er, habe dazu kein Recht und reize nur das Volk zum Aufruhr. Besonders gab er Luther Schuld, durch seine Lehre den Bauernkrieg veranlaßt zu haben. Er verbot deshalb die Ausbreitung der neuen Lehre in seinem Lande. Aber bei seiner unwandelbaren Treue gegen die katholische Kirche war er duldsam gegen die Personen; er ließ sich nicht bewegen, einzelne ihres Glaubens wegen zu verfolgen. Des Kurfürsten Kampf gegen die Reformation war aber vergeblich. In seinem ganzen Lande, besonders in den Städten, wendete sich das Volk heimlich der neuen Lehre zu. Selbst Joachims Gemahlin Elisabeth ließ sich beim Abendmahl Brot und Wein reichen und trat dadurch zum evangelischen Glauben über. Als der Kurfürst davon erfuhr, kannte sein Zorn keine Grenzen. Elisabeth mußte vor ihm aus dem Lande fliehen. Sie fand Zuflucht bei dem Kurfürsten von Sachsen, der ihr ein Schloß als Wohnung überließ. Noch auf dem Sterbebette verpflichtete Joachim seine beiden Söhne, „unverrückt bei dem alten christlichen Glauben zu bleiben".

5. **Joachim II., Johann Georg, Joachim Friedrich.** Joachim II. Hektor 1535—1571. Dem Hausgesetze entgegen hatte Joachim I. bei seinem Tode die Mark geteilt. Joachim II. erhielt die Kurwürde und den größten Teil des Landes, sein jüngerer Bruder Hans von Küstrin die Neumark. Diese fiel aber, als Hans ohne männliche Erben starb,

wieder an die Mark zurück. Joachim II. führte die Reformation in der Mark ein, ließ Schulen errichten und suchte die Bildung der Geistlichen zu heben. Durch seinen klugen Kanzler Lamprecht Distelmeyer schloß er mit dem Herzoge von Liegnitz, Brieg und Wohlau einen Erbvertrag (1537). In diesem wurde festgesetzt, daß die drei schlesischen Lande nach dem Aussterben des herzoglichen Hauses an Brandenburg fallen sollten. In seiner Hofhaltung war Joachim II. verschwenderisch und prachtliebend. — Johann Georg 1571—1598 wirtschaftete sparsam und tilgte die vorgefundenen Schulden. Die Günstlinge seines Vaters, denen er die Schuld an dessen Verschwendung beimaß, strafte er hart. Niederländische Handwerker, die wegen ihres Glaubens vertrieben worden waren, nahm er in sein Land auf. In Berlin stiftete er das Gymnasium zum grauen Kloster, das noch heute besteht. — Joachim Friedrich 1598—1608 setzte als oberste Behörde des Landes das „Geheimratskollegium" ein. Es bestand aus acht sachkundigen, lebenslänglich angestellten Männern, die das Kriegswesen, die Einnahmen usw. zu überwachen hatten.

6. **Johann Sigismund** 1608—1619. Seine Vorfahren hatten durch Klugheit und Tüchtigkeit den alten Umfang der Mark nach und nach wiederhergestellt und vergrößert. Johann Sigismund vermehrte den Besitz seines Hauses durch zwei wichtige Erwerbungen auf das Doppelte. Die Herzogtümer Preußen und Kleve fielen unter seiner Herrschaft an Brandenburg. Die hohenzollernschen Kurfürsten faßten damit Fuß an Weichsel und Rhein.

Das Herzogtum Preußen. Zwischen Weichsel und Memel wohnten seit alten Zeiten die heidnischen Preußen. Als alle Versuche, sie friedlich zu bekehren, mißlangen, rief der Bischof von Oliva den deutschen Ritterorden gegen sie zu Hilfe (S. 37, 2). Da sandte der Hochmeister im Jahre 1230 eine Anzahl Ordensritter, um Preußen zu erobern. Von Kulm an der Weichsel aus drangen sie in das Land ein. Sie unterwarfen es in harten Kämpfen, die mehr als 50 Jahre dauerten. Dabei wurden sie von deutschen Kreuzfahrern unterstützt. Das eroberte Gebiet sicherten sie, indem sie feste Burgen anlegten und deutsche Bauern und Edelleute ansiedelten. Der Hochmeister schlug seinen Wohnsitz in der prächtigen Marienburg a. d. Nogat auf. Von dort aus beherrschte er ein Reich, das sich in seiner Glanzzeit (1350) von der Oder bis zur Düna erstreckte. Später aber geriet der Orden mit dem benachbarten Königreiche Polen in Streitigkeiten. In der furchtbaren Schlacht bei Tannenberg (1410) wurde das Ritterheer so völlig geschlagen, daß damit die Kraft des Ordens gebrochen war. Er mußte den westlichen Teil Preußens mit der Marienburg an Polen abtreten; den östlichen behielt er zwar, jedoch nur als polnisches Lehen (1466). — Zur Zeit der Reformation war ein Hohenzoller Hochmeister. Er verwandelte auf Luthers Rat das Ordensland, dessen Bewohner sich der evangelischen Lehre angeschlossen hatten, in ein weltliches, erbliches Herzogtum. In seiner Hauptstadt Königsberg gründete er auch eine Universität. Sein Sohn besaß nur zwei Töchter, von denen die ältere mit dem Kurfürsten Johann Sigismund verheiratet war. So kam Preußen durch Erbschaft an Brandenburg (1618) und blieb dadurch ein deutsches Land (Karte!). Es war jedoch kein Teil des Deutschen Reiches. Der Kurfürst von Brandenburg war daher als Herzog von Preußen vom Kaiser unabhängig; wohl aber mußte er dem Könige von Polen den Lehnseid leisten. — Die deutschen Ordensritter trugen einen weißen Mantel mit einem schwarzen Kreuze; daher sind die Farben „schwarz-weiß" preußische Landesfarben geworden.

Kleve. Die Gemahlin Johann Sigismunds war die Nichte des letzten Herzogs von Kleve. Als dieser kinderlos starb, erhob Johann Sigismund Anspruch auf das Land. Dabei geriet er aber mit andern Fürsten in Zwist. Um bei einem Kriege den Beistand der reformierten Holländer zu gewinnen, trat er zur reformierten Kirche über. Dieser gehört das brandenburgisch-preußische Königshaus noch heutigen Tages an. Nach langem Streite wurde das

Friedrich Wilhelm, der Große Kurfürst.

Erbe durch Vertrag geteilt (1614): Johann Sigismund erhielt Kleve, die Grafschaften Mark (Hauptstadt Hamm) und Ravensberg. (Hauptstadt Bielefeld; Karte!).

7. **Georg Wilhelm** 1619—1640. Zu seiner Zeit wütete der Dreißigjährige Krieg. Die brandenburgischen Lande wurden von Schweden und Kaiserlichen entsetzlich verwüstet. Der Kurfürst, dem es leider an Tatkraft fehlte, hielt sich meist in dem fernen Königsberg auf.

III. Friedrich Wilhelm, der Große Kurfürst 1640—1688.

1. **Jugendzeit.** Friedrich Wilhelm wurde im Jahre 1620 geboren. Wegen der Unruhen des Dreißigjährigen Krieges mußte er einen großen Teil seiner Knabenzeit in der Festung Küstrin verleben. Als er 14 Jahre alt war, wurde er auf die Hochschule zu Leiden in Holland gesandt. Die Niederländer waren ein gesittetes und fleißiges Volk, das durch Seehandel und gewerbliche Tüchtigkeit zu großem Wohlstande gelangt war. Wissenschaft und Kunst standen bei ihnen in hoher Blüte; die niederländischen Maler waren weit berühmt. In den Städten erhoben sich mächtige Rathäuser und Kirchen. Das Land war durch künstliche Wasserbauten gegen die See geschützt. Die Äcker wurden sehr sorgfältig bearbeitet. Weise Staatsmänner sorgten durch gute Gesetze für das Wohl des Volkes. Mit Bewunderung beobachtete Friedrich Wilhelm, in welcher Blüte sich Holland befand. Er faßte den festen Vorsatz, sein Land auch einmal zu solcher Gesittung und zu solchem Wohlstande zu führen. — Der junge Fürst zeigte hier schon einen gefestigten Charakter. Als ihn einst leichtsinnige Edelleute in ihr lockeres Treiben hineinziehen wollten, wies er die Versuchung mit den Worten zurück: „Ich bin es meiner Ehre und meinem Lande schuldig!" Unverweilt begab er sich zu seinem Vetter, dem Erbstatthalter Prinzen von Oranien, in das Kriegslager vor Breda. Dieser sagte zu ihm: „Vetter, Ihr habt etwas Großes getan. Wer sich selbst bezwingt, ist großer Dinge fähig!"

Luise Henriette.

2. **Luise Henriette.** Im Jahre 1646 vermählte sich Friedrich Wilhelm mit Luise Henriette, der Tochter des Prinzen von Oranien. Sie war eine fromme und edle Frau von großen geistigen Fähigkeiten. Erst nach

vierjähriger Ehe, nach Beendigung des Dreißigjährigen Krieges, konnte die junge Fürstin in die Mark Brandenburg einziehen. Beim Anblick der verbrannten Dörfer und der bitteren Not des Volkes soll sie Tränen vergossen haben. Sie ist dem Kurfürsten 21 Jahre lang eine vertraute Lebensgefährtin gewesen. Selbst auf seinen Reisen begleitete sie ihn und hat ihm oft mit ihrem klugen Rate zur Seite gestanden. Aus ihrer Heimat, den Niederlanden, ließ sie Gärtner und Landwirte kommen, die Musterwirtschaften einrichteten und die Viehzucht in der Mark verbesserten. In der Nähe von Berlin errichtete sie ein großes Waisenhaus, das ihr zu Ehren den Namen „Oranienburg" erhielt. Auf ihre Veranlassung wurde ein neues Gesangbuch herausgegeben, in dem auch das angeblich von ihr selbst gedichtete Lied „Jesus, meine Zuversicht" Aufnahme fand. Tief betrauert von ihrem Gemahle starb Luise Henriette bereits im Alter von 39 Jahren.

3. **Errichtung eines stehenden Heeres.** Als Friedrich Wilhelm, erst 20 Jahre alt, die Regierung antrat, waren seine Besitzungen am Rheine in den Händen der Kaiserlichen. Die Mark Brandenburg war furchtbar verheert. Hunderte von Dörfern lagen in Asche. Die Bauern besaßen weder Zugtiere noch Saatkorn. Über die Hälfte der Einwohner war durch den Krieg, durch Hunger oder durch ansteckende Krankheiten ums Leben gekommen. Die Städte waren gänzlich verarmt; in Berlin stand der dritte Teil der Häuser unbewohnt. Pommern, das nach dem 1637 erfolgten Tode seines letzten Herzogs an Brandenburg hätte fallen müssen (S. 74, b), wurde von den Schweden besetzt gehalten. Die brandenburgischen Truppen waren auf den Kaiser vereidigt und wollten dem Kurfürsten nicht gehorchen. Friedrich Wilhelm sah ein, daß er, um sein Land zu schützen, ein brauchbares Heer haben mußte. Er entließ daher die unzuverlässigen Regimenter und warb neue Truppen an. Sie bestanden meist aus Landeskindern und blieben dauernd in seinen Diensten. Auf diese Weise schuf er ein stehendes Heer. Bei der Errichtung der Reiterei unterstützte ihn besonders der Feldmarschall Derfflinger, ein Bauernsohn, der während des Dreißigjährigen Krieges wegen seiner Tapferkeit zum General emporgestiegen war. Im Jahre 1648 zählte das brandenburgische Heer 8000 Mann; später wurde es auf 28 000 Mann vermehrt.

4. **Die Erwerbungen im Westfälischen Frieden.** Da der Kurfürst über ein tüchtiges Heer gebot, konnte er in den letzten Jahren des Dreißigjährigen Krieges gegen den Kaiser und die Schweden selbständig auftreten. Standhaft forderte er nun Pommern. Im Westfälischen Frieden bekam er jedoch nur Hinterpommern (Karte!); Vorpommern mit den wichtigen Odermündungen erhielten die Schweden. Wenn der Kurfürst auch mit Magdeburg, Halberstadt, Minden und Kamin entschädigt wurde (vgl. S. 70), so empfand er es doch schmerzlich, daß Brandenburg vom Seeverkehr abgeschnitten war; denn von den entlegenen hinterpommerschen und preußischen Häfen aus konnte man keine Waren nach der Mark senden. In einer von ihm veranlaßten Flugschrift heißt es daher: „Was sind Rhein, Elbe, Oder, Weserstrom heute anders als fremder Nationen Gefangene? Gedenke, daß du ein Deutscher bist!" — Das dem brandenburgischen Hause gehörige schlesische Fürstentum Jägerndorf, dessen Herzog während des Krieges vertrieben worden war, behielt der Kaiser widerrechtlich für sich.

5. **Einrichtung einer einheitlichen Verwaltung.** Die Länder des Kurfürsten waren nicht nur weit zerstreut (Karte), sondern jedes Land hatte auch eine eigene Ver-

waltung und Besteuerung. Das Recht, Steuern auszuschreiben, besaßen in den einzelnen Landesteilen die Stände, d. h. die Vertreter des Adels und der Städte. Sie wollten aber zu den allgemeinen Kosten der Regierung, besonders zur Unterhaltung des Heeres, nichts beitragen. Nicht selten weigerten sie sich daher, Steuern zu bewilligen, oder wälzten sie auf den Bauernstand ab, während sie selbst abgabenfrei blieben. Besonders die ostpreußischen Stände pochten auf alte Vorrechte und fügten sich nicht. Der Kurfürst mußte gegen ihre beiden Führer schließlich Gewalt anwenden. Den Schöppenmeister Rhode von Königsberg ließ er auf die Festung bringen; der Oberst von Kalkstein wurde hingerichtet. Dann wurde in allen brandenburgischen Besitzungen für die Städte eine Verbrauchssteuer auf Mehl, Bier und Tabak, für das flache Land dagegen eine Grundsteuer, d. h. Ackersteuer, eingeführt. So mußten die Bewohner aller Landesteile, auch der Adel und die Bürger, zu den allgemeinen Lasten beitragen. Die Einnahmen flossen in die gemeinsame Staatskasse. Indem Friedrich Wilhelm eine einheitliche Verwaltung für alle seine Lande von Ostpreußen bis Kleve einrichtete, ist er der Begründer des brandenburgisch-preußischen Staates geworden.

6. **Friedrich Wilhelm wird in Preußen unabhängiger Herzog.** Im Jahre 1656 brach zwischen Polen und Schweden ein Krieg aus. Friedrich Wilhelm hätte die unwürdige polnische Lehnshoheit über Preußen, die dem Ordenslande einst mit Gewalt aufgezwungen war, gern abgeschüttelt (S. 75, 6). Aber auch die Schweden waren dem Kurfürsten nicht freundlich gesinnt. Sie hatten bisher immer versucht, ihn in seinen Rechten auf Pommern zu verkürzen. Friedrich Wilhelm hatte also keinen Anlaß, den Polen oder den Schweden zu helfen. Trotzdem mußte er sich an dem Kriege beteiligen; denn das Herzogtum Preußen lag zwischen den beiden Gegnern. Tat er es nicht, so wurde Preußen besetzt und verwüstet. Der Sieger hätte es dann jedenfalls überhaupt nicht wieder an den Kurfürsten herausgegeben. In dieser schlimmen Lage trat Friedrich Wilhelm auf Schwedens Seite. Die Polen wurden auch von den vereinten Schweden und Brandenburgern in der dreitägigen Schlacht bei Warschau geschlagen. Schon hierbei hatten sich die Schweden aber nicht als ehrliche Bundesgenossen erwiesen; nach dem Siege ließen sie sogar den Kurfürsten im Kampfe gegen Polen allein. Da trat Friedrich Wilhelm kurz entschlossen auf des Polenkönigs Seite. Dieser versprach ihm dafür, auf die Lehnshoheit über Preußen zu verzichten. Außerdem wollte er dem Kurfürsten die Lande Lauenburg und Bütow überlassen, die früher zu Hinterpommern gehört hatten. Dieser Vertrag wurde im Frieden von Oliva 1660 bestätigt. So war der Kurfürst unabhängiger Herzog von Preußen und damit ein selbständiger europäischer Landesherr geworden.

Ludwig XIV. von Frankreich. Frankreich war damals das mächtigste Land Europas. König Ludwig XIV. führte eine glänzende Hofhaltung, die von vielen deutschen Fürsten nachgeahmt wurde. Dadurch drangen französische Sitten, französische Kleidertracht und Sprache in Deutschland ein. — Um sein Reich zu vergrößern, mißbrauchte Ludwig XIV. seine Macht zu „Raubkriegen" gegen die Niederlande und Deutschland. Die Schwäche des Deutschen Reiches benutzte er, um mitten im Frieden Straßburg an sich zu reißen (1681; vgl. S. 69, 15). Die schöne deutsche Rheinpfalz ließ er in eine Wüste verwandeln und die wehrlosen Städte Speyer, Worms, Heidelberg und über 1000 Dörfer niederbrennen. Sogar die alten deutschen Kaisergräber im Dome zu Speyer wurden geplündert und verwüstet. Das herrliche Heidelberger Schloß wurde in die Luft gesprengt. Von dieser Zeit an sah das deutsche Volk die Franzosen als seine Erbfeinde an. — Ludwig XIV. hob auch das Edikt von Nantes auf

(S. 63, IV) und suchte seine evangelischen Untertanen mit Gewalt der katholischen Kirche zuzuführen. — Später entstand zwischen Frankreich und dem Deutschen Kaiser wegen der Thronfolge in Spanien ein langer Krieg, durch den Ludwig sein großes Ansehen in Europa verlor. Der Kaiser wurde in diesem „Spanischen Erbfolgekriege" von Preußen unterstützt.

7. **Fehrbellin.** a) Der Kurfürst zieht an den Rhein. Friedrich Wilhelm hielt sich von der allgemeinen Bewunderung Ludwigs XIV. fern. Er sprach, schrieb und handelte deutsch. Als der Franzosenkönig über die Niederlande herfiel, erklärte

Der Große Kurfürst bei Fehrbellin.

Friedrich Wilhelm: „Wenn des Nachbars Haus brennt, so gilt's dem eigenen" und führte seine Truppen gegen die Franzosen an den Rhein. Auch der Deutsche Kaiser sandte ein Heer.

b) Der Einfall der Schweden. Ludwig XIV. wußte, daß der Kurfürst sein gefährlichster Gegner war. Um ihn loszuwerden, bewog er daher die Schweden, von Vorpommern aus in Brandenburg einzufallen. Jetzt wiederholten sich in der Mark die Greueltaten des Dreißigjährigen Krieges. Die Äcker wurden verwüstet, die Häuser geplündert, die Bewohner entsetzlich gemißhandelt. Die märkischen Bauern rotteten sich zusammen und suchten sich der Feinde zu erwehren. Auf ihre Fahnen schrieben sie mit roter Schrift:

Wir sind Bauern von geringem Gut
Und dienen unserm gnädigen Kurfürsten mit unserm Blut!

c) Der Überfall von Rathenow. Als Friedrich Wilhelm die Nachricht von dem Friedensbruche empfing, eilte er mit seiner Reiterei und einigen tausend Mann Fußvolk, das auf Wagen gefahren wurde, seinem bedrängten Lande zu Hilfe. So schnell kam er aus Franken heran, daß die Feinde von seiner Nähe keine Ahnung hatten. In stiller Nacht erschien Derfflinger mit einer kleinen Reiterschar vor der aufgezogenen Havelbrücke am Tore der Stadt Rathenow, die von den Schweden stark besetzt war. Er gab sich für einen schwedischen Offizier aus, der von Bauern verfolgt werde, und forderte dringend Einlaß. Die Feinde dachten an keine List und ließen die Zugbrücke fallen. Sofort sprengte Derfflinger hinüber, überwältigte die Torwache und bemächtigte sich in kurzer Zeit der Stadt. Dadurch war die Stellung der Schweden in der Mitte durchbrochen, und sie mußten sich eilig zurückziehen.

d) Fehrbellin Der Kurfürst blieb den Feinden jedoch auf den Fersen und zwang sie am 28. Juni 1675 bei Fehrbellin an den Sümpfen des Rhins zur Schlacht. Mit 5600 Reitern und 13 Geschützen griff er das doppelt so starke schwedische Heer an. Auf beiden Seiten wurde mit heldenmütiger Tapferkeit gestritten. Derfflinger hatte zu Beginn des Gefechts auf einigen Sandhügeln Geschütze aufgestellt, die den Schweden viel Schaden zufügten. Um diese Hügel entspann sich ein erbitterter Kampf. Als dabei der Oberst eines brandenburgischen Dragoner-Regiments fiel, stellte sich der Kurfürst selbst an die Spitze der Reiter und führte sie gegen den Feind. Er geriet in das dichteste Kampfgewühl und konnte nur mit Mühe von seinen Dragonern herausgehauen werden. Sein Stallmeister Froben wurde an seiner Seite von einer Kanonenkugel getötet; sein Reitknecht Uhle, der mit ihm das Pferd gewechselt hatte, erhielt einen Schuß in den Fuß. Die Schweden wurden trotz ihrer Übermacht vollständig geschlagen; ihre besten Regimenter waren vernichtet (Gedicht: Der Große Kurfürst bei Fehrbellin). Der Sieg bei Fehrbellin ist die erste selbständige Waffentat Brandenburgs. Er ist um so bedeutungsvoller, als er gegen Schweden, das seit dem Dreißigjährigen Kriege als europäische Großmacht galt, erfochten wurde. In ganz Deutschland herrschte Freude, daß ein deutscher Reichsfürst die Ausländer so glänzend besiegt hatte. Friedrich Wilhelm wurde von nun an „der Große Kurfürst" genannt.

e) Verfolgung der Schweden. Wenige Tage nach der Schlacht waren die Schweden aus der Mark vertrieben. Die Brandenburger verfolgten sie jedoch noch weiter. Dabei eroberten sie Stettin und Stralsund, besetzten ganz Vorpommern und die Insel Rügen. Als die Schweden einen Einfall in Ostpreußen machten, führte Friedrich Wilhelm seine Truppen mitten im Winter auf Schlitten über das Eis des Frischen und des Kurischen Haffs und schlug die Schweden auch dort so völlig, daß nur geringe Reste ihres Heeres das damals schwedische Riga erreichten.

f) Friedensschluß. Inzwischen aber hatte der Deutsche Kaiser ohne den Kurfürsten, dessen wachsende Macht er mißtrauisch betrachtete, mit Ludwig XIV. Frieden geschlossen. Gegen Schweden und Frankreich konnte Friedrich Wilhelm allein den Kampf unmöglich aufnehmen Er war daher gezwungen, das eroberte Vorpommern wieder zurückzugeben. Voll Bitterkeit über die ihm vom Hause Habsburg widerfahrene Treulosigkeit ließ er zur Friedensfeier über den Text predigen: „Es ist gut, auf den Herrn vertrauen und sich nicht verlassen auf Menschen!" — Noch ein anderes Unrecht fügte ihm der Kaiser zu. Als der letzte Herzog von Liegnitz, Brieg und Wohlau starb (S. 75,5), nahm er diese Herzogtümer für sich in Besitz. Eine brandenburgische Münze, die damals geprägt wurde, trägt die Inschrift: „Aus meinen Gebeinen wird dereinst ein Rächer erstehen!"

8. **Der Große Kurfürst gründet eine Seemacht.** Sein ganzes Leben lang hat sich Friedrich Wilhelm eifrig bemüht, seine Länder am Seehandel teilnehmen zu lassen. Als er 1675 die Schweden aus Vorpommern und von den Odermündungen verjagt hatte, nahm er den niederländischen Seefahrer Jakob Raule in seinen Dienst und gründete eine Flotte von sechs Schiffen. Raule war der erste brandenburgisch-preußische Admiral. Er eroberte in einer Seeschlacht drei schwedische Kriegsschiffe und erbeutete auf der Ostsee 21 schwedische Handelsschiffe. Als Friedrich Wilhelm Vorpommern wieder herausgeben mußte, zog Raule mit der Flotte nach Königsberg. In der Folgezeit bestand die brandenburgische Kriegsflotte noch ein rühmliches Seegefecht gegen die Spanier, die dem Kurfürsten eine große Geldschuld nicht bezahlen wollten. Sie nahm ihnen dabei ein Kriegsschiff und mehrere Handelsschiffe weg. — Später gründete Friedrich Wilhelm die Guinea-Gesellschaft, die in Afrika Handel treiben sollte. Er ließ trotz des Neides der Niederländer, die keinen brandenburgischen Seeverkehr aufkommen lassen wollten, mit Negerhäuptlingen Verträge schließen. Dann errichtete er an der Küste von Guinea die befestigten Niederlassungen „Dorothea" (so genannt nach seiner zweiten Gemahlin) und „Großfriedrichsburg". Wegen des Gummihandels besetzte er noch eine Insel an der Küste Westafrikas. Mit Ostfriesland schloß der Kurfürst einen Vertrag, durch den ihm der Hafen von Emden überlassen wurde. Von hier aus war der Handel bequemer als von dem entlegenen Königsberg.

Die brandenburgische Flotte an der Küste von Guinea.

9. **Friedenstätigkeit.** a) Landwirtschaft. In den Dörfern, die durch den Dreißigjährigen Krieg entvölkert waren, siedelte Friedrich Wilhelm zahlreiche Schweizer und Holländer an. Mit dem Anbau der Kartoffel und des Tabaks machte er in seinen Gärten selbst Versuche. Die staatlichen Landgüter erhob er allmählich zu Musterwirtschaften. Die Ackerbürger in den Städten wurden von ihm ermutigt, Gemüse- und Obstbau zu treiben und bei ihren Häusern Gärten anzulegen. Jeder junge Landwirt, der sich verheiraten wollte, mußte erst sechs Obstbäume pflanzen.

b) Gewerbe und Verkehr. Das Gewerbe suchte der Kurfürst zu heben, indem er selbst Fabriken, z. B. ein großes Eisenwerk, anlegte. Auch erleichterte er tüchtigen jungen Handwerkern das Meisterwerden, das damals mit erheblichen Kosten verbunden war. Als Ludwig XIV. das Edikt von Nantes aufhob, ließ er öffentlich bekannt machen, daß ihm die verfolgten Hugenotten in seinem Lande willkommen wären. Er versprach zugleich, ihnen bei dem Bau von Häusern und der Anlegung von Fabriken Unterstützung zu leisten und sechsjährige Steuerfreiheit zu gewähren. Dadurch gewann er seinem Staate 20000 geschickte und fleißige Untertanen. Sie gründeten in den Städten, besonders in Berlin, Porzellanfabriken, Teppich- und Seidenwebereien, Goldschmiede- und Uhrmacherwerkstätten und förderten dadurch das Gewerbe. Um den Verkehr zu heben, ließ der Kurfürst Straßen und Brücken bauen. Oder und Spree verband er durch den Müllroser-(Friedrich-Wilhelms-)Kanal. Dadurch schuf er zwischen Breslau und Hamburg eine ununterbrochene Wasserstraße, die durch die Mark Brandenburg führte und den Handel in Berlin außerordentlich hob. Zwischen Königsberg und Kleve richtete er eine regelmäßige Post ein, die die große Entfernung in zehn Tagen zurücklegte.

c) Wissenschaft und Kunst. Friedrich Wilhelm bemühte sich auch, die Bildung seiner Untertanen zu heben. Zu diesem Zwecke gründete er die Bibliothek in Berlin und eine Universität in Duisburg, die später aber wieder einging. Er war auch ein Freund der Künste. Besonders liebte er die niederländische Malerei, die er in seiner Jugendzeit in Holland kennen gelernt hatte. — Mit seinem Glauben war es dem Kurfürsten sehr ernst. Bei allen seinen Erfolgen gab er Gott allein die Ehre. Nach der Schlacht bei Fehrbellin rief er aus: „Es ist Gottes Werk, der hat es getan!" Von seinen Untertanen forderte Friedrich Wilhelm, daß sie den Gottesdienst regelmäßig besuchten; gegen Andersgläubige war er duldsam.

Friedrich Wilhelm war der bedeutendste Herrscher seines Jahrhunderts und der erste brandenburgisch-preußische Fürst, der selbständig in die Weltereignisse eingriff. Bei seinem Tode hatte der brandenburgisch-preußische Staat $1\frac{1}{2}$ Millionen Einwohner.

IV. Friedrich III. (I.). 1688—1713.

1. **Friedrich III. als Kurfürst. 1688—1701.** Friedrich III., der Sohn des Großen Kurfürsten, hatte eine schmächtige, etwas verwachsene Gestalt. Von Charakter war er gutmütig und milde. Er wurde deshalb auch von seinem Volke aufrichtig geliebt. Bei Beginn seiner Regierung erhob er seinen Erzieher, den trefflichen Dankelmann, zu seinem ersten Ratgeber und verwaltete sein Land in der sparsamen Weise seines Vaters. Da er aber von großem Ehrgeize erfüllt war, wollte er es bald dem prunkliebenden Franzosenkönige Ludwig XIV. gleichtun. Als Dankelmann ihm über die wachsenden Ausgaben der Hofhaltung Vorstellungen machte, fiel er in Ungnade. Ein anderer Ratgeber, der sich durch Schmeichelei Friedrichs Gunst erworben hatte, trat an seine Stelle. Nun folgte am Hofe ein prächtiges Fest auf das andre. — Als Ludwig XIV. den 3. Raubkrieg gegen Deutschland begann, zog Friedrich III. wie einst sein Vater an den Rhein. Seine Truppen nahmen den Franzosen die von ihnen besetzte Stadt Bonn wieder weg. Der Krieg wurde jedoch vom Kaiser ohne Eifer be-

Friedrich I.

trieben, so daß Ludwig XIV. beim Friedensschlusse Straßburg und andre geraubte Reichsstädte behalten konnte.

2. **Friedrich wird König in Preußen.** Friedrich besaß unter allen deutschen Reichsfürsten nächst dem Kaiser das größte Landgebiet. Brandenburg genoß seit der Zeit seines Vaters auch hohes Ansehen in der Welt. Als nun der Kurfürst von Sachsen, dessen Macht der brandenburgischen nachstand, König von Polen wurde, erwachte in Friedrich der glühende Wunsch, ebenfalls die Königswürde zu erlangen. Als deutscher Reichsfürst konnte er das nicht, da es in Deutschland nur einen König gab, nämlich den Kaiser. Friedrich war aber zugleich unabhängiger Herzog in Preußen, das nicht zum Reiche gehörte. Dort war seine Erhebung zum Könige möglich; freilich mußte der deutsche Kaiser ihn als König anerkennen. Der Kurfürst scheute am Hofe zu Wien weder Mühe noch Kosten, um die Zustimmung zu erhalten. Endlich willigte der Kaiser ein, und Friedrich versprach dafür, ihm in dem spanischen Erbfolgekriege (S. 79) 8000 Mann Truppen zu senden. Er hat sein Versprechen auch treulich gehalten. Unter der Führung des Fürsten Leopold von Anhalt-Dessau erwarben sich preußische Truppen im Kampfe gegen Frankreich hohen Ruhm.

3. **Das Krönungsfest.** Ungeduldig reiste der Kurfürst noch im Dezember 1700 bei rauher Witterung nach Königsberg. Sein Gefolge mit dem Troß war so groß, daß man den Wagenzug in vier Gruppen teilen mußte. Um die große Zahl der Fahrzeuge fortzuschaffen, waren 30000 Vorspannpferde nötig. Mitte Januar 1701 war man in Königsberg mit den Vorbereitungen zum Feste fertig. Am 15. Januar ritten prächtig gekleidete Herolde unter Trompetengeschmetter durch die Straßen der Stadt und verkündeten, daß der Kurfürst die Königswürde annehmen werde. Dazu läuteten die Glocken und donnerten die Kanonen. Am 17. Januar stiftete Friedrich den „Hohen Orden vom schwarzen Adler", der die Inschrift trägt: „Suum cuique" d. h. „Jedem das Seine". Die Krönung selbst fand am 18. Januar statt. Im Saale des Schlosses, wo sich die vornehmsten Männer des Landes und die Stände des Herzogtums Preußen versammelt hatten, war der Thron aufgeschlagen. Dort setzte Friedrich III. sich selbst und seiner Gemahlin am 18. Januar 1701 die Königskrone auf das Haupt. Während alle Glocken läuteten, begab sich dann der Krönungszug nach der Kirche. König und Königin schritten unter prächtigen Thronhimmeln, die von zehn preußischen Edelleuten getragen wurden. Friedrich hatte die Krone auf dem Haupte und das Zepter in der Hand. Von seinen Schultern wallte der Purpurmantel herab. Überreich war seine Kleidung mit strahlenden Edelsteinen geschmückt; die Knöpfe bestanden aus großen Diamanten, von denen jeder 30000 Mark kostete. Der Weg, den der Zug nahm, war mit rotem Tuch belegt; zu beiden Seiten bildeten Soldaten Spalier. An der Pforte der Kirche wurden König und Königin von zwei hohen Geistlichen empfangen. Nachdem über den Text: „Wer mich ehret, den will ich wieder ehren" gepredigt worden war, fand die feierliche Salbung statt. Alle Anwesenden riefen darauf: „Glück zu dem Könige und der Königin!" Dann folgte im Schlosse das Krönungsmahl. Auch für das Volk wurde ein großes Fest veranstaltet. Berittene Edelleute warfen Geld unter die Menge. Auf dem Markte wurde ein riesiger Ochse gebraten, der mit Wild und Geflügel gefüllt war. Aus zwei Springbrunnen sprudelte roter und weißer Wein in große Becken, aus denen jeder schöpfen konnte. Öffentliche Theatervorstellungen und Feuerwerk schlossen die Feier. Zum Andenken gründete Friedrich in Berlin ein Armenhaus und in Königsberg ein Waisenhaus.

Er nannte sich von nun an „Friedrich I., König in Preußen". Im März wurde der Rückweg nach Berlin angetreten. Hier hielt der König feierlich seinen Einzug. Für die Bewohner aller brandenburgisch-preußischen Lande kam nun allmählich der Name Preußen auf.

Das Berliner Schloß.

4. **Pflege von Kunst und Wissenschaft.** Wie sein Vorbild Ludwig XIV. förderte auch Friedrich I. Kunst und Wissenschaft. In Berlin wurde die Straße „Unter den Linden" und ein neuer Stadtteil, das Friedrichsviertel, angelegt. Unter der Leitung des Baumeisters und Bildhauers Schlüter entstanden das gewaltige Königliche Schloß und das Zeughaus. Auf der Brücke, die am Schlosse über die Spree führt, erhob sich das von Schlüter entworfene und in Erz gegossene, herrliche Denkmal des Großen Kurfürsten. Seiner Gemahlin Sophie Charlotte erbaute der König das Schloß Charlottenburg und umgab es mit einem schönen Parke. Er begründete auch in Berlin die Akademie der Wissenschaften, in der sich die gelehrtesten Männer seines Landes zu gemeinsamer Arbeit vereinigten. In Halle wurde eine Universität errichtet, an der berühmte Lehrer wirkten, z. B. der fromme August Hermann Francke, der Stifter des großen Waisenhauses.

5. **Sophie Charlotte.** Die Gemahlin Friedrichs I., die geistvolle Sophie Charlotte von Hannover, liebte das geräuschvolle Hofleben mit den häufigen Festlichkeiten nicht. Sie zog sich gern nach ihrem stillen Schlosse Charlottenburg zurück. Dort sammelte sie einen Kreis von gelehrten Männern um sich, mit denen sie sich über die schwierigsten Fragen der Wissenschaft unterhielt.

6. **Letzte Regierungszeit.** In den letzten Jahren der Regierung Friedrichs I. wurde Ostpreußen von einer furchtbaren Pest heimgesucht. Sie raffte 200 000 Menschen, den dritten Teil der Bevölkerung, hinweg. Die langen Kriege, zu denen der König seine Truppen entsandt hatte, und die verschwenderische Hofhaltung verschlangen unge-

Sophie Charlotte.

heure Geldsummen. Daher hinterließ Friedrich I. trotz der sehr hohen Steuern, die für das Volk kaum zu erschwingen waren, seinem Nachfolger eine große Schuldenlast. — Der Umfang des Staates war gewachsen. Durch Erbschaft (von Luise Henriette her) und durch Kauf waren einige Gebiete am Rhein und an der Ems zu Preußen gekommen.

V. Friedrich Wilhelm I. 1713—1740.

1. **Charakter und Lebensweise.** Friedrich Wilhelm I. hatte als Kronprinz die Verschwendung am Hofe mit Mißfallen gesehen. Nachdem er seinem Vater eine glänzende Leichenfeier gehalten hatte, schaffte er ohne weiteres den kostspieligen Hofstaat ab. Nur wenige unentbehrliche Hofbeamte behielt er. Sein Sinn war auf das Nützliche gerichtet. Wissenschaft und Kunst, deren Nutzen er nicht einsah, schätzte er gering. Er besaß einen derben, geraden Charakter, wurde aber leicht heftig und rücksichtslos. Von seinen Untertanen forderte er unbedingten Gehorsam, Fleiß und Sparsamkeit. Versuchte jemand ihm zu widersprechen, so gebrauchte er mit dem Ausrufe: „Räsonier' er nicht!" ohne Ansehen der Person den dicken Rohrstock, den er auf seinen Ausgängen zu tragen pflegte. Den Torschreiber von Potsdam, der den Bauern frühmorgens nicht rechtzeitig das Stadttor öffnete, prügelte er einst mit den Worten: „Guten Morgen, Herr Torschreiber!" aus dem Bette. Von den Frauen, die Obst an den Straßenecken feilhielten, verlangte er, daß sie strickten oder spannen, wenn sie nicht Käufer abzufertigen hatten. Müßiggänger taten gut, dem Könige weit aus dem Wege zu gehen. — In seiner eigenen Lebensweise gab Friedrich Wilhelm I. das Beispiel der Einfachheit und Sparsamkeit. Der königliche Haushalt unterschied sich kaum von dem eines wohlhabenden Bürgers. Wenige einfach zubereitete Gerichte kamen in Zinngeschirr auf den Tisch, und leichtes Bier war das gewöhnliche Getränk. Der schlichte, blaue Soldatenrock war des Königs tägliche Kleidung, und von seiner Zeit an wurde es bei den Fürsten Brauch, Uniform zu tragen. Die großen, teuern Perücken, die bisher üblich waren, schaffte der König ab. Er band sein Haar in einen kurzen Zopf, und diese Haartracht wurde bald allgemein Sitte (Zopfzeit!).

Friedrich Wilhelm I.

2. Sorge für das Heer. Der König war mit Leib und Seele Soldat. Er brachte das preußische Kriegsheer, dessen Begründer er geworden ist, allmählich auf 83000 Mann. Das ganze Land wurde in Bezirke eingeteilt, von denen jeder eine bestimmte Zahl Soldaten stellen mußte. Von dieser Maßregel wurde jedoch fast nur der Bauernstand getroffen; die Bürger waren in der Regel vom Militärdienste frei. Um die Kraft des dünnbevölkerten Landes zu schonen, wurde auf diese Weise aber nur die Hälfte der Soldaten zusammengebracht. Die übrigen ließ der König in außerpreußischen Ländern anwerben, wobei nicht selten Gewalt und List gebraucht wurde. Wer Soldat war, mußte es bleiben, solange seine Kräfte ausreichten; die Landeskinder wurden aber

Friedrich Wilhelm I. besichtigt die „langen Kerls".

jährlich zur Ernte längere Zeit beurlaubt. Die Zucht war hart; denn man meinte, die Soldaten ohne Prügel nicht ausbilden und in Ordnung halten zu können. Ausreißer wurden grausam mit Ruten geschlagen oder mit dem Tode bestraft. Die Offiziere ernannte der König selbst. Er nahm sie fast nur aus dem grundbesitzenden Adelstande, damit sie nicht Not litten, wenn sie dienstunfähig wurden. Auch gründete er Kadettenanstalten, auf denen junge Edelleute für den Kriegsdienst erzogen wurden. — Bei der Ausbildung des Heeres wurde der König von dem Fürsten Leopold von Anhalt, „dem alten Dessauer", unterstützt. Dieser führte den gleichen Schritt und den eisernen Ladestock ein. Die Soldaten wurden geübt, in drei Gliedern dicht geschlossen und in schnurgeraden Linien vorzurücken. Dabei mußten sie von Zeit zu Zeit gleichzeitig Feuer abgeben und im Marsche wieder schnell laden. Man nahm am liebsten hochgewachsene Leute, weil diesen das Laden der Gewehre leichter wurde. Friedrich Wilhelm I. hatte eine große Vorliebe für diese „langen Kerls". Trotz seiner sonstigen Sparsamkeit gab er große Summen aus, wenn er einen besonders langen Mann anwerben konnte. Das Potsdamer Leibregiment, dessen Oberst der König selbst war, bestand aus lauter Riesen. Es gewährte einen prächtigen Anblick, wenn die stattlichen Männer, die auf dem Kopfe noch hohe Blechmützen trugen, ihre Übungen abhielten. Bei aller Strenge sorgte der König väterlich für seine „blauen Kinder". Er erlaubte ihnen zu heiraten und baute ihnen in Potsdam kleine Wohnhäuser, in denen sie nebenher ein Handwerk betrieben. Sie durften ihm auch ihre Wünsche persönlich vortragen. Wenn den König die Gicht plagte, beschäftigte er sich damit, die längsten seiner Leibgrenadiere abzumalen. Eine Anzahl dieser Bilder mit der Unterschrift des Königs „Gemalt unter großen Schmerzen" ist noch jetzt vorhanden. In Potsdam, das Friedrich Wilhelm sehr liebte, und das er erst zu einer ansehnlichen Stadt gemacht hat, errichtete er ein großes Militärwaisenhaus. — Für die Verteidigung des Landes wurde durch Ausbau der Festungen Spandau, Küstrin und Magdeburg gesorgt.

3. **Friedrich Wilhelm I. als Landesvater.** a) Verwaltung. Wenn der König zur Besichtigung der Truppen im Lande umherreiste, achtete er mit scharfen Augen darauf, daß seine Beamten treu ihre Pflicht erfüllten; unfähige und unehrliche setzte er rücksichtslos ab. Um so sparsam wie möglich zu wirtschaften, richtete er die Oberrechnungskammer ein, die sämtliche Ausgaben der Verwaltung genau nachprüfen mußte In der Behörde, die an der Spitze der verschiedenen Verwaltungszweige stand, dem „Generaldirektorium", führte er selbst den Vorsitz. Auf diese Weise gelang es ihm, überall musterhafte Ordnung herzustellen und einen gewissenhaften Beamtenstand zu schaffen. Die Steuerfreiheit der Rittergüter hob Friedrich Wilhelm I. auf, obgleich sich der Adel, besonders in Ostpreußen, heftig dagegen sträubte. Den Städten nahm er das Recht, sich selbst zu verwalten; die Bürger konnten ihm aber bestimmte Männer als Bürgermeister vorschlagen. Auf den Dörfern vertraten die Edelleute oder die Pächter der königlichen Güter die Obrigkeit. — In der Rechtspflege verlangte der König schnelle Entscheidung der Prozesse. Gerichtliche Urteile, die ihm nicht gefielen, änderte er nicht selten eigenmächtig ab.

b) Ackerbau. Als viele Tausende protestantischer Bewohner des Bistums Salzburg ihres Glaubens wegen die Heimat verließen, bot ihnen Friedrich Wilhelm I. in seinem Lande eine Zuflucht. In Ostpreußen, das durch die Pest fast entvölkert war, siedelte er 18000 Salzburger an. Über 300 Dörfer und eine Anzahl Städte wurden dort gegründet. Außer reichlichem Ackerlande, Vieh und Ackergeräten gab der König das Holz zum Bau von Wirtschaftsgebäuden und gewährte neunjährige Steuerfreiheit. Auch zahlreichen Ansiedlern aus Schwaben und Franken bereitete er in Ostpreußen eine neue Heimat. — Die Havelsümpfe wurden auf Befehl des Königs trocken gelegt, so daß fruchtbare Äcker und fette Wiesen an ihrer Stelle entstanden. Er ließ auch Bauernmädchen in der Bereitung von Butter und Käse ausbilden und belohnte die tüchtigsten, nachdem er selbst die von ihnen hergestellte Butter gekostet hatte. Um Hungersnöten vorzubeugen, richtete er in den Städten große Kornlager ein, in denen man in guten Jahren Getreide aufspeicherte. Auf den königlichen Gütern wurden die Lasten und Fronden der Bauern erheblich gemildert; auf den Gütern des Adels durften die Hand- und Spanndienste wenigstens nicht vermehrt werden. Bauerngüter einzuziehen, war den Edelleuten aufs strengste untersagt.

c) Gewerbe. Um das Gewerbe in seinem Lande zu heben, verbot Friedrich Wilhelm die Einfuhr fremder Waren, besonders englischer Tuche. In Berlin gründete er eine Wollweberei, in der die Stoffe für das Heer hergestellt wurden. Wenn er Leute antraf, deren Kleider aus englischem Tuche angefertigt waren, prügelte er sie rücksichtslos mit seinem Stocke. — Die Stadt Berlin suchte er zu verschönern und zu vergrößern. Wohlhabende Bürger zwang er mit den Worten: „Der Kerl hat Geld, soll bauen!" zur Errichtung neuer Häuser. — Für den Wert der afrikanischen Kolonien besaß der König leider kein Verständnis. Er verkaufte sie, weil sie zu wenig einbrachten; die Kriegsflotte ließ er eingehen.

d) Kirche und Schule. Friedrich Wilhelm I. war von aufrichtiger Frömmigkeit und besuchte den Gottesdienst fleißig. Dabei haßte er aber alle religiösen Streitigkeiten. Er hat in Berlin ein großes Krankenhaus, die Charité, und zahlreiche Kirchen bauen lassen. — Besondere Sorgfalt widmete er der Volksschule. Er bestimmte, daß alle Kinder vom 5. bis 12. Lebensjahre die Schule besuchten, und bereitete damit die allgemeine Schulpflicht vor. Über 1800 neue Landschulen hat er errichten lassen, darunter fast 1200 in Ostpreußen. Auf seinen Besichtigungsreisen erschien der König mitunter auch selbst in den Schulen, um die Kinder zu prüfen.

4. **Erwerbungen.** Als der Spanische Erbfolgekrieg beendet wurde, erhielt Preußen den größten Teil von Geldern (westlich vom Rhein). Im Nordischen Kriege erwarb Friedrich Wilhelm I. Vorpommern bis zur Peene mit Stettin und den Inseln Usedom und Wollin. (Karte!)

Der Nordische Krieg. Seit dem Dreißigjährigen Kriege beherrschten die Schweden die Länder an der Ostsee. Dies war nicht nur für Deutschland sehr ungünstig, sondern auch für Rußland und Polen, die dadurch fast völlig vom Seeverkehr abgeschnitten waren. Im Anfange des 18. Jahrhunderts versuchte daher der Zar (Kaiser) Peter der Große von Rußland, die Schweden von den Flüssen Düna und Newa zu vertreiben. Nach mancherlei Wechselfällen belagerten die Russen Stettin und wollten sich in Vorpommern festsetzen. Um sie nicht zu Grenznachbarn der Mark Brandenburg zu bekommen, zahlte ihnen Friedrich Wilhelm I. die Kosten der Belagerung und nahm die Stadt in preußische Verwaltung. Beim Friedensschlusse bekam er den größten Teil Vorpommerns. Schweden behielt noch das Land nördlich der Peene und die Insel Rügen.

5. **Friedrich Wilhelms I. Verhältnis zu Kaiser und Reich.** Friedrich Wilhelm empfand es schmerzlich, daß sich fremde Völker fortwährend in die Angelegenheiten des Deutschen Reiches mischten. Er sagte einmal: „Kein Engländer oder Franzose soll über uns Deutsche gebieten, und meinen Kindern will ich Pistolen und Degen in die Wiege geben, daß sie die fremden Nationen aus Deutschland helfen abhalten!" Soviel er vermochte, unterstützte er deshalb den Kaiser, obwohl dieser nur das Wohl seiner österreichischen Lande im Auge hatte. — Der damalige Deutsche Kaiser Karl VI. war der letzte männliche Habsburger. Er wünschte, daß seine Tochter Maria Theresia nach seinem Tode die österreichischen Lande erbte, und suchte dies durch ein Gesetz zu erreichen. Dazu mußten aber die deutschen Fürsten erst ihre Zustimmung erteilen; denn seit uralter Zeit waren die Frauen in Deutschland nicht berechtigt, den Thron zu besteigen (vgl. S. 13, 3). Friedrich Wilhelm I. willigte ein. Der Kaiser versprach, ihm dafür das Herzogtum Berg zu verschaffen, auf das Preußen Erbansprüche besaß. Später erfuhr der König aber, daß der Kaiser das Herzogtum Berg einem andern Fürsten zugesagt hatte. Tief erbittert über diese Kränkung deutete er auf seinen Sohn, den Kronprinzen, und rief aus: „Da steht einer, der mich rächen wird!"

Lothringen geht dem Deutschen Reiche verloren. Während Friedrich Wilhelm I. in Preußen regierte, brach zwischen Frankreich und dem Kaiser wegen der Thronfolge im Königreiche Polen ein Krieg aus. Friedrich Wilhelm I. sandte dem Kaiser 10000 Mann zu Hilfe. Der Krieg wurde aber lässig geführt, und es kam zum Schaden des Reiches zu einem unrühmlichen Ländertausche. Ohne Wissen Friedrich Wilhelms schloß der Kaiser mit den Franzosen Frieden. Es wurde dabei bestimmt, daß der vertriebene Polenkönig Herzog von Lothringen werden und das alte deutsche Herzogtum nach seinem Tode an Frankreich fallen sollte. Dies ist 1766 auch geschehen. Der Herzog Franz von Lothringen bekam als Entschädigung Land in Italien; das Königreich Polen erhielt der Kurfürst von Sachsen (S. 83, 2).

6. **Das Tabakskollegium.** Erholung von seiner unermüdlichen Tätigkeit fand Friedrich Wilhelm I. auf der Jagd, die er sehr liebte. — Des Abends besuchte der König gewöhnlich das Tabakskollegium. In einem Zimmer, das mit Hirschgeweihen geschmückt und mit einfachen Tischen und Holzstühlen versehen war, kam er um 5 Uhr regelmäßig mit einigen Generalen und Ministern zusammen. Auf Nebentischen stand Brot, Butter und kaltes Fleisch, von dem jeder nach Belieben nehmen konnte. Man trank Bier und rauchte dabei aus langen Tonpfeifen. Der König sah es gern, daß jeder, auch wenn er nicht rauchte, die Pfeife im Munde hielt. Diener waren nicht anwesend. Hier durfte jeder offen seine Meinung äußern. Es wurden Zeitungen vorgelesen, oder man vertrieb sich die Zeit mit derben Späßen. Der König nahm es auch nicht übel, wenn er selbst einmal geneckt wurde. Nicht selten wurden in diesem vertrauten Kreise auch wichtige Staatsangelegenheiten besprochen.

7. **Des Königs Tod.** Durch seine rastlose Arbeit und die anstrengenden Reisen rieb Friedrich Wilhelm I. seine Gesundheit auf. Mutig und im festen Glauben an seinen Erlöser sah er dem Tode entgegen. Er starb im Alter von 52 Jahren. Seinem Nachfolger hinterließ er einen festgeordneten Staat mit einem ehrlichen, anspruchslosen Beamtenstande, ein musterhaft ausgebildetes Heer von 83000 Mann, einen Staatsschatz von mehr als 10 Millionen Talern und ein an Sparsamkeit, Arbeit und Gehorsam gewöhntes Volk. Friedrich I. hatte die Königskrone erworben; Friedrich Wilhelm I. hat den Grund zu der späteren Größe des jungen Königreiches gelegt.

VI. Friedrich der Große. 1740—1786.

1. **Friedrichs Erziehung.** Friedrich wurde am 24. Januar 1712 geboren. Sein Vater wollte ihn so erziehen, daß nicht „der Sohn einmal des Vaters Arbeit zerstörte". Er sollte ein guter Christ, ein sparsamer Hausvater und ein tüchtiger Soldat werden. Bis zum 11. Lebensjahre des Prinzen ging alles nach des Königs Wunsche, und er hatte eine innige Freude, wenn sein Fritz trommelte oder Schildwache stand. Bald aber zeigte sich, daß der Sohn andre Neigungen hatte als der Vater. Fritz besaß einen lebhaften Sinn für die Wissenschaften, dichtete französische Verse und erlernte heimlich das Flötenspiel und die lateinische Sprache. Die militärischen Übungen fand er langweilig, das Tabaks-

Friedrich der Große.

kollegium sogar roh. Voll Sorge merkte der König die Veränderung. Er nannte seinen Sohn „einen lauen Christen und faulen Soldaten" und klagte: „Fritz ist ein Querpfeifer und Poet; er wird mir die ganze Arbeit verderben!" Aber die herben Worte fruchteten nichts. Als dem Könige vollends gemeldet wurde, daß sein Sohn einen lockeren Lebenswandel führe und Schulden mache, ergriff ihn heftiger Zorn. Fast täglich mußte nun der 18jährige Prinz schimpfliche Mißhandlungen über sich ergehen lassen. Der König warf ihm auch Mangel an Ehrgefühl vor und sagte häufig: „Hätte mein Vater mich so behandelt wie ich dich, ich wäre längst davongelaufen."

2. **Friedrichs Fluchtversuch.** Da beschloß Friedrich, heimlich zu entfliehen. Sein Freund, der Leutnant von Katte, wollte ihm dabei behilflich sein. Auf einer Reise an den Rhein, auf der er seinen Vater begleiten mußte, unternahm er einen Fluchtversuch. Aber der Plan war verraten worden. Friedrich wurde ergriffen und gefangen erst nach Wesel, dann nach Küstrin gebracht. Des Königs Zorn kannte keine Grenzen. Bei dem ersten Verhöre drohte er, seinen Sohn mit dem Degen zu durchbohren. Er stieß ihn als einen Fahnenflüchtigen, der den Tod verdient habe, aus dem Heere und wollte ihn von der Thronfolge ausschließen. Der Prinz und Katte wurden dann vor ein Kriegsgericht gestellt. Die Offiziere aber, die als Richter dabei tätig waren, weigerten sich, über den Kronprinzen zu urteilen, weil er durch seine Geburt hoch über ihnen stände. Sie beharrten auch trotz der Ungnade des Königs bei dieser Meinung. Den Leutnant von Katte verurteilten sie zu lebenslänglicher Festungshaft. Der König verschärfte dieses Urteil und ließ Katte hinrichten. Der Kronprinz wurde in Küstrin in strenger Haft gehalten. Erst nach $^3/_4$ Jahren zeigte sich der König gegen ihn milder gestimmt. Friedrich mußte aber in Küstrin bleiben und bei der Regierungsbehörde, der „Kriegs- und Domänenkammer", fleißig arbeiten, damit er die Verwaltung des Landes genau kennen lernte. Der sehr tüchtige Vorsteher der Kammer wies ihn darauf hin, wie wichtig der Besitz des fruchtbaren und gewerbfleißigen Schlesiens und die ungehinderte Schiffahrt auf der Oder für Brandenburg und Pommern sein würde.

3. **Versöhnung mit dem Vater.** Nach eineinhalb Jahren nahm der König den Prinzen wieder in Gnaden auf. Er durfte zur Hochzeit seiner Schwester nach Berlin kommen und wurde zum Oberst eines Infanterieregiments ernannt. Die Zeit in Küstrin war eine harte Schule für den Prinzen gewesen. Sein Vater bestimmte ihm bald darauf die Prinzessin Christine von Braunschweig, eine Verwandte des Kaisers, zur Gemahlin. Friedrich fügte sich schweigend, wenn auch mit tiefem Schmerze. Um das Lob des Königs zu verdienen, widmete er sich mit großem Eifer der Ausbildung seines Regiments. Er lernte seinen Vater jetzt auch besser verstehen. Als er im Polnischen Erbfolgestreite (S. 89) an den Rhein gesandt wurde, um den Krieg kennen zu lernen, sah er mit Stolz, wieviel besser die preußischen Truppen waren als die kaiserlichen. Auf einer Reise nach Ostpreußen erkannte er mit Staunen und Bewunderung, was sein Vater für die Wohlfahrt des Landes geleistet hatte. Der König war mit ihm zufrieden und schenkte ihm das Schloß Rheinsberg bei Neuruppin. Dort hat Friedrich sich ungestört mit Dichtkunst, Musik, Geschichte und andern Wissenschaften beschäftigt und im Kreise von Freunden vier glückliche Jahre verlebt.

4. **Friedrich wird König.** Als Friedrich Wilhelm I. sein Ende nahen fühlte, rief er den Kronprinzen an sein Lager. Völlig versöhnt, schloß er den Sohn in die Arme. Sterbend warnte er ihn vor dem Hause Habsburg, von dem Preußen nur Undank ge-

erntet habe. — Nach seiner Thronbesteigung traf Friedrich einige Änderungen. Er schaffte die Folter bei der Rechtspflege ab und ließ den Zeitungen, die bis dahin nur drucken durften, was ihnen zuvor erlaubt war, mehr Freiheit. Den Religionsbekenntnissen gegenüber war er sehr duldsam und erklärte: „Hier muß ein jeder nach seiner Fasson selig werden!" Die Akademie der Wissenschaften erneuerte er. An der sparsamen Staatsverwaltung jedoch wurde nichts geändert. Gleich seinem Vater wollte Friedrich alles selbst beaufsichtigen, „sein eigener Minister sein". Die Potsdamer Riesengarde löste er zwar auf, errichtete aber für das Geld, das sie gekostet hatte, neue Regimenter, so daß das Heer auf 90000 Mann anwuchs.

Maria Theresia. Nach dem Tode Karls VI., des letzten Habsburgers, trat seine Tochter Maria Theresia die Herrschaft über die österreichischen Erblande an. Sie verheiratete sich mit dem Herzoge Franz von Lothringen (vgl. S. 89) und wollte die Wahl ihres Gemahls zum Deutschen Kaiser durchsetzen. Der Kurfürst von Bayern, der mit den Habsburgern verwandt war, erkannte aber die weibliche Erbfolge nicht an und erhob Anspruch auf Land und Kaiserkrone. — Da die Versprechungen, die Friedrich Wilhelm I. einst erhalten hatte, nicht erfüllt worden waren (S. 88, 5), machte Friedrich II. die alten Rechte Preußens auf Schlesien geltend (S. 75, 5; 77, 4 80, f). Denn schon der Große Kurfürst hatte seinen Nachkommen eingeschärft, beim Aussterben der Habsburger Anspruch auf die schlesischen Herzogtümer zu erheben. Maria Theresia aber nahm mutig den Kampf um ihr Erbe und die Kaiserkrone auf.

5. **Der Erste Schlesische Krieg.** Friedrich bot Maria Theresia an, ihr gegen ihre Feinde zu helfen und die Wahl ihres Gemahls zum Deutschen Kaiser zu unterstützen. Dafür sollte sie ihm Schlesien überlassen. Sie lehnte jedoch das Ansinnen des Königs ab, das nach ihrer Meinung unerhört war. Da überschritt dieser schnell entschlossen mit 20000 Mann die österreichische Grenze und nahm in kurzer Zeit den größten Teil Schlesiens in Besitz. Im Jahre 1741 kam es zwischen Österreichern und Preußen zu der Schlacht bei Mollwitz. Gleich zu Anfang warf die österreichische Reiterei die preußische völlig über den Haufen. Sodann aber zeigte sich die Überlegenheit des preußischen Fußvolks. Unerschütterlich hielt es den feindlichen Reitern stand. Hierauf ging es unter dem Oberbefehl des Generals Grafen Schwerin wie eine „lebende Mauer" in schnurgeraden Linien eng geschlossen auf den Feind los und schlug ihn gänzlich in die Flucht. — Im folgenden Jahre besiegte Friedrich die Österreicher nochmals. Da schloß Maria Theresia, die von ihren andern Feinden hart bedrängt war, mit ihm den Frieden zu Breslau, in dem sie Schlesien mit der Grafschaft Glatz an Preußen abtrat. (Karte!) — Friedrich richtete in der neuerworbenen Provinz sogleich preußische Verwaltung ein, hob Truppen aus und baute Festungen. Außerdem verbesserte er seine Reiterei und sammelte einen Kriegsschatz. Er wußte wohl, daß Maria Theresia versuchen würde, Schlesien zurückzuerobern.

6. **Der Zweite Schlesische Krieg.** Nach dem Frieden von Breslau hatte sich Maria Theresias Lage erheblich gebessert. Der Kurfürst von Bayern, der als Karl VII. Deutscher Kaiser geworden war, wurde von ihren Truppen aus seinem Lande vertrieben. Dann richtete sie ihr Augenmerk auf die Wiedererwerbung Schlesiens, „der Perle in der Krone des Hauses Österreich". Zu diesem Zwecke schloß sie mit dem Kurfürsten von Sachsen ein Bündnis. Da zog Friedrich zum zweiten Male das Schwert und rückte in Böhmen ein (1744). Bei Hohenfriedberg (1745) fiel er unvermutet über die vereinigten Österreicher und Sachsen her und erfocht einen herrlichen Sieg. Die preußische Reiterei tat sich hier glänzend hervor. Die Bayreuth-Dragoner überritten 18 feindliche Bataillone und er-

oberten 66 Fahnen. Noch in demselben Jahre schlug Leopold von Anhalt-Dessau die sächsischen Truppen bei Kesselsdorf. Bald darauf wurde in Dresden der Friede geschlossen (1745). Friedrich blieb im Besitz von Schlesien, erkannte aber Maria Theresias Gemahl Franz als Deutschen Kaiser an. — Durch die beiden ersten Schlesischen Kriege war Preußens Macht so gestiegen, daß es im Deutschen Reiche ebenbürtig neben Österreich trat. Zugleich war es eine Großmacht geworden, deren Stimme im Rate der Völker Europas gehört werden mußte. Den jungen Preußenkönig aber nannte man „Friedrich den Großen".

7. **Zehn Jahre Friedenszeit.** In der Friedenszeit, die nun folgte, war der König eifrig für das Wohl des Landes tätig. Das Heer vermehrte er auf 140000 Mann. Um die Truppen besser auszubilden, führte er alljährliche große Herbstübungen (Manöver) ein. Er sammelte auch einen Kriegsschatz von 14 Millionen Talern. — Zu seiner Erholung beschäftigte sich Friedrich mit Kunst und Wissenschaft. Auf einer Anhöhe bei Potsdam ließ er nach selbstentworfenen Plänen das Lustschloß Sanssouci (Ohne Sorge) errichten und versammelte dort einen Kreis gelehrter Männer um sich. Der König schmückte sein Schloß mit herrlichen Gemälden und mit auserlesenen Werken der Bildhauerei. Eifrig pflegte er die Musik und spielte selbst bei den abendlichen Konzerten meisterlich die Flöte. In Berlin erbaute er das Opernhaus. Friedrich verfaßte auch verschiedene gelehrte Schriften in französischer Sprache, für die er von Jugend auf eine besondere Vorliebe hatte.

8. **Der Dritte Schlesische oder Siebenjährige Krieg 1756—1763.** a) Vorbereitungen. Maria Theresia konnte den Verlust Schlesiens nicht überwinden. Sie bewog daher die Kaiserin Elisabeth von Rußland, den König von Frankreich und den Kurfürsten von Sachsen zu einem Bündnisse gegen Preußen. Später traten noch Schweden und das Deutsche Reich den Feinden Friedrichs bei. Man verabredete eine völlige Teilung des preußischen Staates; Friedrich sollte nur Brandenburg behalten. Diesem gewaltigen Bunde gegenüber konnte der König nur auf die Unterstützung einiger norddeutscher Staaten (Hannover, Braunschweig, Gotha, Hessen-Kassel, Schaumburg-Lippe) rechnen. England, das in Nordamerika mit Frankreich wegen seiner Kolonien kämpfte, sagte ihm Hilfsgelder zu. Auch versprach es, durch seine Flotte die preußische Ostseeküste gegen Russen und Schweden zu schützen. — Im Jahre 1757 wollten die Feinde gemeinsam über Preußen herfallen. Friedrich erhielt jedoch von dem Plane Kenntnis und beschloß, ihnen zuvorzukommen.

b) Pirna und Lobositz (1756). Im Jahre 1756, ehe seine Gegner die Rüstungen beendet hatten, besetzte Friedrich unvermutet Sachsen und schloß die sächsischen Truppen bei Pirna ein. Dort mußten sie sich gefangen geben, nachdem das Heer, das ihnen Maria Theresia zu Hilfe sandte, von Friedrich bei Lobositz besiegt worden war. Das Kurfürstentum Sachsen wurde nun völlig in preußische Verwaltung genommen und mußte Geld und Soldaten liefern.

c) Prag und Kolin (1757). Im folgenden Jahre rückten die feindlichen Heere von allen Seiten gegen Preußen heran. Ihren Truppen, die fast 500000 Mann betrugen, konnte der König kaum 200000 Mann entgegenstellen. In dieser Lage schrieb er an seinen ersten Minister: „Wenn ich das Unglück hätte, gefangen zu werden, verbiete ich, daß man auf meine Person die geringste Rücksicht nehme; man soll alsdann meinem Bruder Gehorsam leisten." Friedrich wendete sich zuerst gegen seine Hauptfeinde, die Österreicher und griff sie bei Prag an. Sie hatten eine fast uneinnehmbare Höhenstellung inne, die von den preußischen Truppen trotz größter Tapferkeit nicht erobert werden konnte. Da ergriff der greise Feldmarschall Graf Schwerin die Fahne eines weichenden Bataillons und führte das Fußvolk nochmals zum Sturme vor. Diesmal gelang der Angriff, und ein herrlicher Sieg wurde erfochten. Aber er war teuer erkauft. Unter den Toten befand sich auch der tapfere Schwerin, seines Königs bester Feldherr. — Als Friedrich darauf Prag belagerte, rückte ein zweites österreichisches Heer unter dem vorsichtigen General Daun zum Entsatze heran. Der König warf sich ihm entgegen und erlitt bei Kolin gegen den übermächtigen Gegner seine erste Niederlage. Die Folgen waren schwer. Die Feinde Friedrichs, bei denen die preußischen Truppen für unüberwindlich gegolten hatten, faßten frischen Mut. Die Russen schlugen die Truppen, die Ostpreußen verteidigten. General Winterfeldt, Friedrichs vertrautester Freund, fiel in einer unglücklichen Schlacht gegen die Österreicher. Berlin wurde von feindlichen Streifscharen gebrandschatzt, und die Franzosen rückten zusammen mit der deutschen Reichsarmee auf Magdeburg. Gegen sie ging Friedrich zuerst vor.

d) Roßbach und Leuthen (1757). Bei Roßbach, unweit Weißenfels (5. November 1757) traf er auf das dreifach überlegene feindliche Heer. Die Franzosen glaubten sich des Sieges sicher und fürchteten nur, Friedrich könnte ihnen entwischen. Mit lustiger Feldmusik zogen sie heran. Sie wollten das preußische Heer, das ruhig in seinem Lager verweilte, umgehen und gefangen nehmen. Aber blitzschnell kam ihnen der König zuvor. Plötzlich donnerten die preußischen Kanonen gegen die Feinde. Friedrichs jüngster Reiterführer, der erst 27jährige Seydlitz, warf sich aus einem Hohlwege heraus auf die französische Reiterei und schlug sie in die Flucht. Dann stürzte er sich auf das überraschte Fußvolk. Da ergriff wilder Schrecken das ganze feindliche Heer. Ehe noch das preußische Fußvolk recht zum Angriff kommen konnte, war die Schlacht schon entschieden. Franzosen und Reichstruppen befanden sich in wildester Flucht, 70 Geschütze waren erobert. Über diesen glänzenden Sieg erhob sich in ganz Deutschland großer Jubel. Friedrich wurde in zahlreichen Volksliedern als Deutschlands Held gefeiert. Selbst am kaiserlichen Hofe zu Wien empfand man Schadenfreude, daß die hochmütigen Franzosen die Schärfe der preußischen Waffen auch einmal kennen gelernt hatten. — Inzwischen aber waren die Österreicher tief nach Schlesien eingedrungen und hatten die Festungen Schweidnitz und Breslau erobert. In Gewaltmärschen eilte Friedrich herbei und trat dem fast dreimal so starken Feinde, der das kleine preußische Heer spöttisch die „Potsdamer Wachtparade" nannte, am 5. Dezember 1757 bei Leuthen entgegen. Vor der Schlacht versammelte Friedrich seine höheren Offiziere und richtete eine zündende Ansprache an sie. Er schloß mit den Worten: „Nun leben Sie wohl, meine Herren, in kurzem haben wir den Feind geschlagen, oder wir sehen uns nie wieder!" Ernst und unter dem Gesange des Liederverses: „Gib, daß ich tu' mit Fleiß" zogen die preußischen Truppen in den Kampf. Friedrich führte die Hauptmasse seines Fußvolks hinter niedrigen Höhenzügen entlang, bis sie dem linken Flügel der Österreicher gegenüberstand. Dann ließ er aber zuerst den rechten Flügel der Feinde heftig angreifen, so daß diese glaubten, hier werde der Entscheidungskampf stattfinden. Schleunigst zogen sie daher zur Unterstützung Truppen von ihrem linken Flügel heran. Plötzlich wurde dieser jedoch von der preußischen Hauptmacht angegriffen und nach kurzem, heftigem Kampfe zurückgeworfen. General Zieten sorgte mit der Reiterei dafür, daß der Feind sich nicht von neuem ordnen konnte. Die Erstürmung des Dorfes Leuthen vollendete den Sieg. Schlesien war wieder frei.

Als am Abend das siegreiche Heer auf dem blutigen Schlachtfelde lagerte, stimmte ein alter Soldat den Choral „Nun danket alle Gott!" an. Seine Nachbarn sangen mit, bald fiel auch die Musik ein, und endlich erklang das Danklied, vom ganzen Heere gesungen, feierlich zum klaren Sternenhimmel empor (Gedicht: Der Choral von Leuthen).

e) Zorndorf und Hochkirch (1758). Während das preußische Heer gegen die Österreicher im Felde stand, waren die Russen bis Küstrin vorgedrungen und hatten in der Neumark übel gehaust. Bei Zorndorf, nordöstlich von Küstrin, griff sie Friedrich an. Seydlitz entschied durch rechtzeitiges Eingreifen mit der Reiterei die Schlacht, die blutigste des ganzen Krieges. Dann eilte der König nach Sachsen zurück, um die Österreicher aufzuhalten. Aber der General Daun wich fortgesetzt dem Kampfe aus. Da wurde Friedrich unvorsichtig. Er lagerte bei Hochkirch in unmittelbarer Nähe der

Friedrich der Große im Siebenjährigen Kriege.

Österreicher in ungünstiger Stellung, obgleich ihn seine Generale dringend warnten. In einer nebligen Oktobernacht überfiel Daun das preußische Lager. Doch auch in dem furchtbaren Nachtgefechte bewährte sich die preußische Kriegszucht. Die Soldaten, die durch den Donner der Kanonen aus dem Schlafe geweckt wurden, ergriffen ihre Waffen und ordneten sich schnell. Sie kämpften mit so todesverachtender Tapferkeit, daß sich das preußische Heer ungehindert zurückziehen konnte. Der größte Teil der Geschütze und das ganze Gepäck fiel freilich in die Hände der Feinde. — Trotz der schweren Niederlage vermochte Friedrich Schlesien und Sachsen zu halten.

f) Kunersdorf (1759). Im folgenden Kriegsjahre (1759) gelang es den Russen und Österreichern, sich zu vereinigen, so daß sie gemeinsam auf Berlin vordringen konnten. Um die Mark zu retten, stellte sich Friedrich ihnen bei Kunersdorf in der Nähe von Frankfurt a. O. entgegen. Seine Truppen, die schon seit 2 Uhr morgens auf dem Marsche waren, hatten anfangs Erfolg. Jedoch an dem glühendheißen Augusttage erlahmte nach und nach ihre Kraft, und sie konnten den frischen feindlichen Truppen nicht mehr widerstehen. Seydlitz wurde schwer verwundet und mußte das Schlachtfeld verlassen. Mit Mühe gelang es dem Könige, mit einer Schar zusammengeraffter Soldaten unter eigener, höchster Lebensgefahr den Rückzug zu decken. Zwei Pferde wurden ihm dabei unterm Leibe erschossen, seine Kleider von Kugeln durchbohrt. An seiner goldenen Schnupftabaksdose, die er in der Westentasche trug, schlug sich eine Kugel breit, die ihm sonst wohl den Tod gebracht hätte. 500 Offiziere und 18 000 Mann waren gefallen; der Rest des Heeres strömte aufgelöst nach der Oder zurück. Der preußische Staat schien verloren zu sein. Der König selbst brach unter der Wucht des Unglücks körperlich und geistig zusammen und mußte den Oberbefehl abgeben. Aber schon drei Tage später hatte er sich wieder erholt. Die Uneinigkeit der Gegner wurde seine Rettung. Die Russen waren erzürnt, daß sich die Österreicher den Sieg von Kunersdorf allein zuschrieben. Ihr Feldherr weigerte sich daher, auf Berlin zu marschieren. Dadurch gewann Friedrich Zeit, sein Heer zu sammeln und zu ordnen. Aber noch weiteres Unglück sollte das Jahr 1759 bringen. Dresden fiel in die Hände der Österreicher, und eine Heeresabteilung von 13 000 Mann wurde von Daun gefangen. Nur der hervorragenden Geschicklichkeit seines Bruders Heinrich, „des einzigen Generals, der nie einen Fehler gemacht hat", hatte es Friedrich zu danken, daß Sachsen trotzdem von seinen Truppen gehalten wurde.

g) Liegnitz und Torgau (1760); Lager von Bunzelwitz (1761). Im Jahre 1760 schlug Friedrich die Österreicher bei Liegnitz und bei Torgau, wo Zieten noch in später Nachtstunde die feindlichen Stellungen stürmte (Gedicht: Joachim Hans von Zieten); 1761 aber war der König nicht stark genug, um den Feinden in offener Schlacht entgegenzutreten. Er bezog bei Bunzelwitz in Schlesien ein festes Lager, in dem die Feinde ihn nicht anzugreifen wagten. In Sachsen standen sich Prinz Heinrich und Daun gegenüber, beide zu vorsichtig, um sich in eine Schlacht einzulassen. Friedrichs Lage wurde immer düsterer. Die wichtige Festung Schweidnitz ging an die Österreicher verloren; Kolberg wurde von den Russen erobert. Zum ersten Male nahmen die feindlichen Truppen auf preußischem Boden ihre Winterquartiere (1761/62). Um das Unglück voll zu machen, trat England von dem Bündnisse mit Friedrich zurück. Preußen schien dem Untergange nahe zu sein.

h) Burkersdorf und Freiberg (1762); Friede zu Hubertusburg (1763). Da trat unvermutet für Friedrich eine Wendung zum Besseren ein: die Kaiserin Elisabeth von Rußland starb. Ihr Nachfolger, ein Bewunderer Friedrichs, schloß sofort Frieden mit dem Könige. Er stellte sogar die russischen Truppen, die bisher gegen Friedrich gefochten hatten, unter dessen Befehl. Der neue Herrscher wurde zwar bald darauf von seiner Gemahlin vom Throne gestoßen, aber diese erneuerte den Krieg gegen Preußen nicht. — Friedrich schlug Daun bei Burkersdorf und eroberte Schweidnitz zurück. Prinz Heinrich siegte bei Freiberg in Sachsen, wo Seydlitz sich mit seinen Reitern wiederum glänzend hervortat. Preußische Heeresabteilungen streiften nun weit in die feindlichen süddeutschen Staaten hinein. Da lernten auch diese einmal die schweren Lasten des Krieges kennen und sehnten den Frieden herbei. Maria Theresia sah sich von ihren Verbündeten verlassen. Ihr Land war durch den Krieg furchtbar verschuldet, während Friedrich „immer noch den letzten Taler in der Tasche behielt". So mußte sie sich zum Frieden bequemen. Er kam 1763 in Hubertusburg, einem Jagdschlosse bei Leipzig, endlich zustande. Friedrich behielt Schlesien mit der Grafschaft Glatz; Preußens Waffen gingen aus dem langen Kampfe gegen Europa unbesiegt hervor.

9. **Friedrich als Landesvater.** a) Der alte Fritz. Die furchtbaren Aufregungen und Anstrengungen des Siebenjährigen Krieges hatten den König vorzeitig alt gemacht. In abgetragenem, blauem Rocke, mit hohen Stiefeln, ein dreieckiges Hütchen auf dem Kopfe und mit dem Krückstocke in der Hand sahen ihn die Berliner auf seinem Schimmel durch die Straßen reiten. Er hielt seinen kleinen, hageren Körper ein wenig nach vorn geneigt. Seine großen, blauen Augen schienen jedem bis auf den Grund der Seele zu schauen. So steht er noch bis heute als „der alte Fritz" dem preußischen Volke vor Augen. Mit eiserner Pflichttreue, einfach, sparsam und gerecht, arbeitete er für das Wohl seines Staates, dessen „erster Diener er sein wollte". Als ihm die Gicht den Gebrauch der rechten Hand erschwerte, lernte er im Alter noch mit der linken schreiben. Alle Teile der Staatsverwaltung standen unter seiner strengen Aufsicht.

b) Der Großgrundbesitz. Friedrich wünschte, daß jeder Untertan in seinem Stande bleiben sollte, weil er so für den Staat und sich selbst am nützlichsten wirken könnte. Der Bauer sollte das Feld bearbeiten, der Bürger Handel oder Gewerbe treiben, der Edelmann als Großgrundbesitzer sich mit Landwirtschaft beschäftigen und als Offizier oder Verwaltungsbeamter dem Staate dienen. Die Söhne des Adels hatten sich in den Kriegen als hervorragende Offiziere erwiesen; manche Familie hatte 20 und mehr ihrer Glieder auf dem Schlachtfelde verloren. Daher wurden den Edelleuten, denen der König das regste Ehrgefühl zutraute, die Offizierstellen vorbehalten. Nichtadelige Offiziere duldete Friedrich höchstens bei der Artillerie. Er verbot den Verkauf von Rittergütern an Bürger und sah es ungern, wenn Edelleute bürgerliche Frauen heirateten. Um den Adel, der durch den Krieg verarmt war, auf den großen Gütern zu erhalten, gewährte er ihm Darlehn gegen geringe Verzinsung.

c) Ackerbau. Zunächst galt es für Friedrich, seinem Lande, das in dem langen Kriege gewaltige Opfer an Gut und Blut gebracht hatte, wieder aufzuhelfen. Er schenkte bedürftigen Bauern die Abgaben. Viele Militärpferde, die nach dem Kriege überflüssig geworden waren, und Saatkorn ließ er umsonst verteilen. Um Arbeitskräfte für den Ackerbau zu beschaffen, entließ er viele Landeskinder aus dem Heere und stellte dafür Fremde ein. — Aus Holland wurde gutes Rindvieh bezogen. Besondere Mühe gab sich der König, in den sandigen Gegenden der Mark und Hinterpommerns den Kartoffelbau einzubürgern. Nur dem Zwange gehorchend, pflanzten die Bauern das neue, unbekannte Gewächs. Als aber einmal das Brotgetreide schlecht geraten war, lernten sie den Wert der Kartoffel endlich schätzen. Sumpfige Landstriche wurden entwässert und dadurch in fruchtbares Ackerland verwandelt. Im Oderbruche allein entstanden 40 neue Dörfer mit 1200 Familien. Im ganzen hat Friedrich mehr als 1000 Dörfer gegründet und dafür 40 Millionen Taler ausgegeben. Daher konnte er mit berechtigtem Stolze sagen, er habe „mitten im Frieden eine Provinz erobert". Auf den königlichen Gütern erleichterte der König das Los der Bauern. Edelleute, die die Bauern übel behandelten, strafte er schonungslos und ohne Ansehen der Person.

d) Handel und Gewerbe. Schon vor dem Siebenjährigen Kriege hatte sich der König eifrig bemüht, den Handel zu heben. Da es damals weder Eisenbahnen noch feste Straßen gab, konnte man große Mengen von Gütern nur auf den Flüssen und Kanälen fortschaffen. Friedrich ließ daher die vorhandenen Wasserstraßen verbessern und zwischen Elbe und Havel den Plaueschen, zwischen Oder und Havel den Finow-Kanal erbauen. — Alles, was die Bewohner Preußens gebrauchten, sollte im Lande selbst hervorgebracht werden. Um mit den englischen Tuchwaren den Wettbewerb aufzunehmen, ließ der König das spanische Merinoschaf einführen, das feinere Wolle trägt. Papiermühlen, Samt- und Seidenwebereien wurden angelegt und zur Zucht der Seidenraupe zahlreiche Maulbeerbäume angepflanzt. In Berlin gründete Friedrich die Königliche Porzellanmanufaktur, die bald einen Weltruf erlangte. — Die Schlesier konnten, seitdem sie Preußen geworden waren, ihre Leinenwaren nicht mehr wie bisher nach Österreich verkaufen. Der Absatz nach Brandenburg und Pommern ersetzte aber den Ausfall nicht. Da verwies sie Friedrich auf den Seehandel. Er ließ die Swine schiffbar machen und Swinemünde bauen; Stettin wurde der Hafen für die Ausfuhr. Bald ging schlesische Leinwand in alle Welt. Außerdem hatte Friedrich für den Verkehr mit den überseeischen Ländern die preußisch-ostindische Handelsgesellschaft in Emden gegründet. (Emden war 1744 mit Ostfriesland durch Erbschaft an Preußen gefallen.) Leider ging im Siebenjährigen Kriege der eben erblühte Seehandel wieder zugrunde.

Daß der König die Kriegsflotte nicht erneuert hatte, sollte sich im Siebenjährigen Kriege hart bestrafen. Da die verbündeten Engländer trotz ihres Versprechens keine Schiffe zum Schutze der preußischen Küsten nach der Ostsee sandten, vernichteten Schweden und Russen den preußischen Seehandel vollständig. Die Engländer selbst rissen den preußischen Seeverkehr an sich und knüpften sogar Handelsverbindungen mit den Russen an, die Friedrichs Feinde waren. Diese schnitten die von ihnen belagerte Festung Kolberg durch ihre Schiffe vom Meere ab, so daß sie sich aus Mangel an Zufuhr ergeben mußte. Die Schweden konnten ungehindert ihre Truppen, die gegen Preußen fechten sollten, über die Ostsee senden. Der König versuchte während des Krieges schnell eine Flotte zu schaffen: er kaufte zwölf Handelsschiffe, bemannte sie aus Mangel an Seeleuten mit Landtruppen und wollte mit ihnen die Odermündungen verteidigen. Aber in einer Seeschlacht wurde die kleine Flotte mit den ungeeigneten Fahrzeugen und ungeübten Mannschaften vernichtet. Trotz der Tapferkeit der Besatzungen wurden zehn Schiffe genommen oder in die Luft gesprengt. — Das Versäumte ließ sich nicht nachholen.

e) Steuerwesen. Auf Tabak, Kaffee und Salz legte Friedrich hohe Abgaben. Zur Leitung des Steuerwesens berief er Franzosen, die darin besondere Erfahrungen besaßen. Nur der Staat durfte Kaffee, Tabak und Salz verkaufen: wer von andern kaufte oder etwa heimlich selbst Kaffee brannte, verfiel in Strafe. Die Steuerbeamten waren sehr verhaßt und wurden zum Spott „Kaffeeriecher" genannt. — Auch der Postverkehr wurde streng beaufsichtigt. Zur Beförderung von Briefen durfte nur die staatliche Post benutzt werden.

f) Rechtspflege. Bis zu Friedrichs Zeit erhielten die Richter die Gerichtskosten. Sie zogen daher nicht selten die Prozesse in die Länge, damit die Gebühren recht hoch wurden. Friedrich der Große verminderte die Zahl der Richter, gab ihnen Gehälter und bestimmte, daß jeder Rechtsstreit spätestens in einem Jahre erledigt werde. Die Kosten flossen in die Staatskasse. Friedrich ließ auch das „Allgemeine preußische Landrecht", ein Gesetzbuch, ausarbeiten, das bis zum Jahre 1900 in Geltung geblieben ist. Vor dem Gesetze waren alle Preußen gleich; auch der König stellte sich unter das Recht. So schuf Friedrich der Große den preußischen Richterstand und machte Preußen zu einem Rechtsstaate (Erzählung vom Müller zu Sanssouci).

g) Schule. Durch ein Gesetz, das „General-Land-Schulreglement", wurde die allgemeine Schulpflicht eingeführt und die Aufsicht über die Schulen einer staatlichen Behörde übertragen. Um tüchtige Lehrer zu bekommen, errichtete Friedrich Lehrerseminare. In den letzten Jahren seiner Regierung stellte er auch alte Soldaten als Lehrer an; sie mußten aber vorher eine Prüfung ablegen.

10. **Erwerbung Westpreußens.** Das Königreich Polen (Hauptstadt Warschau) war von inneren Streitigkeiten und häufigen Bürgerkriegen zerrissen. Der zahlreiche übermütige Adel hielt die gänzlich verkommenen Bauern in Knechtschaft; einen Bürgerstand gab es nicht. Die Unordnung und Unsicherheit im Lande, die „polnische Wirtschaft", war so schlimm, daß der Staat nicht länger bestehen konnte. Da kamen Rußland, Österreich und Preußen überein, die an ihre Länder grenzenden Gebiete Polens in Besitz zu nehmen und nur einen Teil als Königreich weiterbestehen zu lassen. Bei dieser Teilung Polens (1772) fiel Westpreußen außer Danzig und Thorn, sowie das Gebiet an der Netze Friedrich dem Großen zu. Auf diese Weise war zwischen Ostpreußen und Brandenburg-Pommern nunmehr die Verbindung hergestellt. (Karte!) Da jetzt das ehemalige Ordensland Preußen (S. 75) fast ganz zu seinem Staate gehörte, nannte sich Friedrich von dieser Zeit an „König von Preußen". Das neuerworbene Gebiet befand sich freilich in jammervollem Zustande. Ganze Landstriche waren unbebaut. Wölfe machten im Winter oft wochenlang den Verkehr unmöglich. Die Häuser lagen selbst in den Städten in Schutt und Trümmern. Die Menschen waren durch Hunger und Krankheiten entkräftet und wohnten nicht selten zusammen mit ihren Haustieren in Kellern und Erdhöhlen. Ohne Schulen, ohne ordentliches Gericht, ohne Post, ohne Ärzte und Apotheken lebte das Volk in fast tierischer Roheit stumpf dahin. Unter der Fürsorge Friedrichs, der sofort eine geordnete Verwaltung einführte, blühte das Land schnell auf. Das Netzebruch wurde entwässert. Bald verband der Bromberger Kanal Weichsel und Oder. Straßen wurden gebaut, Rathäuser und Schulen errichtet und deutsche Handwerker in das Land gezogen. In wenigen Jahren wendete Friedrich 7 Millionen Taler zu Verbesserungen auf. Seine Arbeit hatte so sichtbare Erfolge, daß benachbarte, polnisch gebliebene Landschaften ihn baten, auch preußisch werden zu dürfen. Deutsches Wesen und deutsche Bildung, die durch die lange Polenherrschaft fast vernichtet worden waren, zogen auf diese Weise jetzt von neuem in das alte Ordensland ein. — Westpreußen verdankt sein Blühen und Gedeihen einzig und allein der preußischen Verwaltung.

11. **Friedrich der Große und das Deutsche Reich.** Noch einmal mußte Friedrich gegen Österreich das Schwert ziehen. Als die Kurfürsten von Bayern ausstarben, wollte der Kaiser ihr Land für sich in Besitz nehmen. Friedrich erhob dagegen Einspruch und rückte mit seinen Truppen in Böhmen ein. Ehe es aber zu Feindseligkeiten kam, gab der Kaiser nach, und Bayern fiel an die Verwandten des verstorbenen Kurfürsten. Später schlossen sich mehrere deutsche Fürsten mit Friedrich zu einem Bunde zusammen, um unter Preußens Führung Schutz gegen die Erweiterungsgelüste des Kaisers zu finden.

12. **Friedrichs Lebensende.** Friedrich der Große war ein einsamer Mann geworden. Seine alten Freunde waren gestorben. Seine Gemahlin Christine lebte entfernt von ihm und hat bei seinen Lebzeiten Sanssouci nie betreten. Auch das geliebte Flötenspiel hatte Friedrich aufgeben müssen. Trotz körperlicher Leiden sorgte er aber von früher Morgenstunde an mit eisernem Fleiße für sein Land. „Jedermann wußte, daß er sein ganzes Leben an diese Arbeit gesetzt und sie seit 45 Jahren noch nicht einen einzigen Tag versäumt hatte." Im August 1786 verschied der große König. — Der Staat hatte

sich unter Friedrichs Regierung um die Hälfte vergrößert und zählte sechs Millionen Einwohner. Das Heer war auf 200 000 Mann angewachsen. In der Staatskasse befand sich ein Schatz von 54 Millionen Talern. — Die Staaten des Deutschen Reiches spalteten sich seit der Zeit Friedrichs des Großen bis zum Jahre 1866 in zwei Gruppen. Die eine schloß sich an das Habsburgische Kaiserhaus, die andre an das Königshaus der Hohenzollern an.

VII. Friedrich Wilhelm II. 1786—1797.

1. **Sein Wesen und seine Neigungen.** Da Friedrich der Große keine Kinder hinterließ, folgte ihm sein Neffe Friedrich Wilhelm II. in der Regierung. Er hatte eine stattliche Gestalt und ein wohlwollendes, offenes Wesen. Wegen seiner Freundlichkeit war er bei seinen Untertanen sehr beliebt. Er redete die Leute nicht mehr, wie es bisher üblich gewesen war, mit „Er" an, sondern gebrauchte das höflichere „Sie". — Den Staatsgeschäften war er fern geblieben und verstand wenig davon; es fehlte ihm aber auch an Willenskraft und Beharrlichkeit. Daß er sogleich die Tabak- und Kaffeezölle beseitigte und die französischen Beamten entließ, erregte im Volke viel Freude. Freilich mußte er die verhaßten Steuern später wieder einführen, als die Einnahmen des Staates nicht mehr ausreichten. — Am Hofe zu Berlin begann bei äußerlicher Frömmigkeit bald ein leichtfertiges Genußleben. Der König überließ die Regierungsgeschäfte unwürdigen Günstlingen und Schmeichlern, die er überreich mit Landgütern und Geld beschenkte. Der militärische Dienst langweilte ihn. — Der deutschen Wissenschaft und Kunst jedoch widmete er große Fürsorge. Auf dem Theater, in dem bisher nur französische Schauspiele gegeben worden waren, wurden von nun an deutsche Dichtungen aufgeführt. Die Musik liebte Friedrich Wilhelm II. sehr und spielte auch selbst geschickt das Cello. In Berlin ließ er das schöne Brandenburger Tor errichten, auf dem die Siegesgöttin in einem von vier Rossen gezogenen Wagen dargestellt ist. — Unter seiner Regierung wurden die ersten festen Landstraßen (Chausseen) in Preußen gebaut.

Friedrich Wilhelm II.

2. **Erwerbungen.** Das Königreich Polen wurde zur Zeit Friedrich Wilhelms II. völlig aufgeteilt. Preußen erhielt neben den für den Handel wichtigen Städten Danzig und Thorn weite polnische Gebiete. (Karte!) Sie waren jedoch bei ihrem verkommenen Zustande und der deutschfeindlichen Bevölkerung kein rechter Gewinn. Preußen, das bisher ein rein deutsches Land gewesen war, wurde dadurch ein deutsch-slawisches Mischreich. Es war daher kein Schade, daß die meisten polnischen Besitzungen nach Friedrich Wilhelms Tode wieder verloren gingen.

Die französische Revolution. a) Die Erstürmung der Bastille. Der französische Staat war durch das üppige Hofleben seiner Herrscher, durch kostspielige Kriege und durch verschwenderische Pflege von Kunst und Wissenschaft in ungeheure Schulden geraten. In der Verwaltung des Landes bestanden schwere Mißbräuche. Die Stellen der Richter, Beamten und Offiziere konnten durch Kauf erworben werden, so daß sie oft von völlig ungeeigneten Männern eingenommen wurden. Ohne Richterspruch legte man mißliebige Leute jahrelang in das Gefängnis. Die Steuern waren an Unternehmer verpachtet, die hohe Gewinne für sich zu erzielen suchten. Adel und Geistlichkeit, in deren Händen sich der weitaus größte Teil des Landbesitzes befand, waren von den allgemeinen Lasten frei. Auf dem Bürger- und Bauernstande ruhte infolgedessen ein unerträglicher Steuerdruck. Ludwig XVI., der damalige König, der mit einer Tochter Maria Theresias vermählt war, bemühte sich vergeblich, die unglücklichen Zustände zu bessern. — Als im Jahre 1789 eine große Hungersnot eintrat, brach in Paris ein Aufruhr aus. Die unzufriedenen Volksmassen erstürmten das gefürchtete Staatsgefängnis, die Bastille, und befreiten die Gefangenen. Die Erstürmung der Bastille ist der Anfang der großen französischen Revolution.

b) Frankreich wird Republik. Edelleute und Geistliche waren bald ihres Lebens nicht mehr sicher und mußten aus Frankreich flüchten. Auch die königliche Familie wollte sich nach Deutschland in Sicherheit bringen, wurde aber unterwegs erkannt und zur Umkehr gezwungen. Ehrgeizige Männer bemächtigten sich der Herrschaft, und bald entstand in Paris eine blutige Schreckensherrschaft. Der König wurde für abgesetzt und Frankreich zur Republik erklärt. Wer in den Verdacht kam, ein Freund des Königs oder des Adels zu sein, wurde mit dem Fallbeil hingerichtet, so daß Tausende ihr Leben verloren. Österreich und Preußen wollten dem unglücklichen Könige zu Hilfe kommen und erklärten an Frankreich den Krieg. Sie konnten aber nicht hindern, daß Ludwig XVI. und seine Gemahlin 1793 zum Tode verurteilt und hingerichtet wurden.

c) Einführung der bürgerlichen Freiheit. Die Einrichtungen des französischen Staats wurden durch die Revolution schnell und gewaltsam umgestaltet. Leibeigenschaft und Frondienste wurden abgeschafft, alle Vorrechte und Steuerfreiheiten aufgehoben. Die Bürger waren von nun an vor dem Gesetz gleich und konnten zu allen Ämtern in Staat und Heer gelangen. Sie besaßen volle Religionsfreiheit und das Recht, ihre Meinung in Wort und Schrift offen zu äußern. Die Zünfte wurden aufgehoben, Gewerbe- und Handelsfreiheit eingeführt. Das Volk nahm durch gewählte Abgeordnete an der Regierung des Landes teil. Da diese „bürgerliche Freiheit" aber plötzlich und gewaltsam eingeführt wurde, entstanden in Frankreich lange und blutige Bürgerkriege. Viele unschuldige Menschen verloren dabei ihr Leben oder Hab und Gut (Lied von der Glocke: der Aufruhr). Auch mit allen benachbarten Völkern, besonders mit Preußen und Österreich, wurden die Franzosen durch die Revolution in schwere Kriege verwickelt. In den andern Staaten Europas führte man die bürgerliche Freiheit später allmählich und auf friedlichem Wege ein.

d) Der Friede von Basel. Gegen die deutschen Heere wurde in Frankreich das ganze Volk zu den Waffen gerufen. Junge, verwegene Generale erfochten gegen die wohlgeschulten deutschen Truppen Siege, indem sie eine neue Fechtart anwendeten. Bei dieser gingen dichte Schützenschwärme vor den geschlossenen Truppenteilen her und brachten den Gegner durch ihr Gewehrfeuer in Unordnung. — Friedrich Wilhelm II. trat bald von dem Bündnisse mit Österreich zurück und schloß in Basel mit Frankreich Frieden. Er willigte dabei sogar in die Abtretung seiner Besitzungen am linken Rheinufer. Dafür erhielt er das Versprechen, daß er für diesen Verlust auf andre Weise entschädigt werden sollte. Durch den Frieden von Basel verlor Preußen viel von seinem früheren Ansehen. Man warf ihm undeutsches Verhalten vor.

3. Preußen beim Tode Friedrich Wilhelms II. a) Verfall in Verwaltung und Heer. Als Friedrich Wilhelm II. starb, ging der preußische Staat dem Verfalle entgegen. Die Beamten des Landes, die durch Friedrich den Großen an strenge Aufsicht gewöhnt worden waren, zeigten sich jetzt nicht selten untüchtig und unzuverlässig. Unfähige und willensschwache Männer, die allen Fortschritten und Verbesserungen abgeneigt waren, nahmen hohe Stellungen in der Verwaltung ein. Die Bevölkerung wurde von den Behörden ängstlich bevormundet. Der Staatsschatz war aufgezehrt, und Schulden drückten das Land. Trotz der stetig drohenden Kriegsgefahr und der angewachsenen Bevölkerung war das Heer nur wenig vermehrt worden. Die Truppen der französischen Republik hatten durch ihre Siege bewiesen, daß die bisherige Kriegführung (der Angriff in enggeschlossenen Reihen) veraltet war. Dennoch hielt man in Preußen an dem Hergebrachten hartnäckig fest. Die Armee bestand noch zum größten Teile aus landfremden Söldnern, die durch den Stock in Zucht gehalten wurden. Die Offiziere waren stolz auf die Siege Friedrichs des Großen. Sie hielten das preußische Heer für unüberwindlich und sahen hochmütig auf die anderen Stände herab. An der Spitze der Armee standen greise Generale, denen es an Tatkraft fehlte.

b) Verfall des Volkslebens. Im preußischen Volke war die alte Gottesfurcht und Frömmigkeit verloren gegangen. Man überschätzte das menschliche Wissen und Können und hatte an die Stelle des Glaubens die eigene Vernunft gesetzt. Wer diese „Aufklärung" nicht für richtig hielt und bei der christlichen Lehre treu verharrte, wurde als töricht und beschränkt bemitleidet. Die gebildeten Kreise schwärmten für die von der französischen Revolution gepredigte „Gleichheit und Brüderlichkeit" aller Menschen. Sie fühlten sich nicht mehr als Preußen oder als Deutsche, sondern als Bürger der ganzen Welt und vergaßen über ihrem „Weltbürgertume" die Liebe zum eigenen Volke. Dem preußischen Staatsleben, an dem sie tätig nicht teilnehmen durften, standen sie gleichgültig gegenüber. Daran, daß jeder Bürger Pflichten gegen den Staat zu erfüllen hat, unter dessen Schutze er lebt, dachten sie nicht. Auf diese Weise schwand allmählich die Bereitwilligkeit, für das Vaterland Opfer an Gut und Blut zu bringen. Mit den Lehren der Revolution zog auch französische Vergnügungssucht und Leichtfertigkeit in Deutschland ein und verdrängte die alte Ehrbarkeit und Einfachheit der Sitten. So gingen in weiten Kreisen des Volks Gottlosigkeit, Vaterlandslosigkeit und Sittenlosigkeit Hand in Hand. Die Bauern waren, wie fast überall im Deutschen Reiche, noch den Edelleuten erbuntertänig.

4. **Deutsche Zustände am Ende des 18. Jahrhunderts.** Am Ende des 18. Jahrhunderts trug Franz II. die Krone. Er war der letzte Kaiser des gänzlich verfallenen Deutschen Reiches. Die Herrscher der zahllosen kleinen Länder wachten eifersüchtig über ihre Selbständigkeit. Sie bemühten sich, teils die prunkvolle Hofhaltung der französischen Könige, teils das soldatische Wesen Friedrichs des Großen nachzuahmen. Der Adel eiferte meist in Lebensweise, Benehmen und zierlicher Tracht den Franzosen nach. — Der Bürgerstand hatte bei der Ohnmacht des Reiches die Freude an dem gemeinsamen deutschen Vaterlande verloren. Er suchte dafür Ersatz in der Pflege der Künste und Wissenschaften. Zu dieser Zeit erreichten Dichtkunst und Musik in Deutschland ihre höchste Blüte. Der kunstsinnige Herzog Karl August von Weimar vereinigte an seinem Hofe eine Anzahl von Dichtern, unter denen Schiller und Goethe durch ihre unsterblichen Werke dem deutschen Volke die liebsten geworden sind. In Wien lebten die großen Musiker Mozart und Beethoven.

VIII. Napoleon I. und der Untergang des deutschen Reiches.

1. **Napoleon I.** Unter den Generalen der jungen französischen Republik ragte besonders Napoleon Bonaparte hervor. Er wurde auf der Insel Korsika als Sohn eines Rechtsanwalts geboren, erhielt seine Erziehung auf einer Kriegsschule und wurde dann Artillerieoffizier. Aus Ehrgeiz schloß er sich der Revolution an und brachte es schon im Alter von 27 Jahren zum General. Er war von kleiner Gestalt und finsterer, verschlossener Gemütsart. — Als Österreich im Bunde mit Rußland und England gegen die französische Republik kämpfte, wurde Bonaparte Befehlshaber in Norditalien. Dort besiegte er die Österreicher und zwang sie zum Frieden. — Bald darauf entbrannte ein zweiter Krieg. Bonaparte, der inzwischen unter dem Titel „Erster Konsul" an die Spitze der französischen Republik gestellt worden war, schlug die Österreicher wiederum und nötigte sie, das linke Rheinufer an Frankreich abzutreten. — Begeistert durch seine Siege wählten ihn die Franzosen zum Konsul auf Lebenszeit. Wenige Jahre später (1804) machte sich Bonaparte mit Hilfe der Armee, die ihn schwärmerisch verehrte, unter dem Namen „Napoleon I." zum erblichen Kaiser der Franzosen. — In einem dritten Kriege Frankreichs gegen Österreich, Rußland und England eroberte Napoleon I. Wien und schlug die Österreicher und Russen (1805) in der furchtbaren Dreikaiserschlacht bei Austerlitz (Franz II., Alexander I. von Rußland und Napoleon I.). Die eroberten Länder schenkte er seinen Verwandten und Günstlingen, die er zu Königen oder Herzögen machte und mit Prinzessinnen aus den alten Fürstenfamilien verheiratete.

Napoleon I.

2. **Der Untergang des Deutschen Reiches.** Diejenigen deutschen Fürsten, die ihre Besitzungen am linken Rheinufer an Frankreich abgetreten hatten, sollten durch andre Gebiete entschädigt werden. Im Jahre 1803 wurden daher viele kleinere deutsche Staaten unter sie verteilt. Dabei übte Frankreich großen Einfluß aus. Die geistlichen Fürsten, außer dem Erzbischof von Mainz, und viele weltliche verloren ihre Länder. Die meisten Reichsstädte wurden zu Landstädten gemacht. Im ganzen wurden 112 kleine Staaten eingezogen. Preußen erhielt davon die Bistümer Hildesheim und Paderborn, Teile von Münster und Mainz, sowie die Reichsstädte Goslar, Nordhausen und Mühlhausen i. Th. — Nach der Schlacht bei Austerlitz schlossen sechzehn westdeutsche Fürsten den „Rheinbund". Sie stellten sich unter den Schutz Napoleons, dem sie den Befehl über ihre Truppen überließen, und sagten sich vom Deutschen Reiche los. Als Belohnung verschaffte ihnen Napoleon Gebietserweiterungen und verlieh ihnen Königs- und Großherzogstitel. Der Rheinbund, dem später noch Sachsen und andere Länder beitraten, zählte schließlich 40 Staaten: deutsche Fürsten dienten einen fremden Eroberer, der mit deutschen Truppen seine Siege erfocht. Da legte Franz II. die deutsche Kaiserwürde nieder und erklärte (1806) das Heilige Römische Reich Deutscher Nation für aufgelöst. So ging das Deutsche Reich nach fast tausendjährigem Bestehen ruhmlos unter.

G. Der Deutsche Bund und das neue Deutsche Reich.

I. Friedrich Wilhelm III. 1797—1840.

1. **König Friedrich Wilhelm III. und Königin Luise.** Friedrich Wilhelm III. war unter der Aufsicht seines Großoheims, des „alten Fritz", einfach und schlicht erzogen worden. Pflichttreu und sittlich ernst, von wortkargem, oft kurzem Wesen, bemühte er sich, gegen jedermann gerecht zu sein. In seiner Gemahlin, der schönen und liebenswürdigen Prinzessin Luise von Mecklenburg-Strelitz, besaß er eine kluge und willensstarke Lebensgefährtin, die ihn im Unglück durch ihr Gottvertrauen oft ermutigte und aufrichtete. — Dem glänzenden Leben am Hofe Friedrich Wilhelms II. waren Friedrich Wilhelm und Luise abgeneigt. Sie weilten ungern in dem vornehmen Stadtschlosse zu Potsdam, das ihnen der prachtliebende König als Wohnsitz zugewiesen hatte. Sooft es möglich war, zogen sie sich nach dem Gute Paretz bei Potsdam zurück. Dort führte Friedrich Wilhelm mit seiner Gemahlin und seinen Kindern das einfache Leben eines Landedelmanns. Er nahm an den Freuden und Leiden der Dorfbewohner Anteil und ließ seine Luise gern die „gnädige Frau", sich selbst den „Schulzen von Paretz" nennen. Beide tanzten fröhlich am Erntefeste unter der Dorflinde mit. Besonderes Vergnügen bereitete es der gütigen Kronprinzessin, bei solchen Gelegenheiten die zahlreichen Kinder des Ortes zu beschenken. Auch als Friedrich Wilhelm III. im Alter von 27 Jahren den Thron bestieg, blieb sein Familienleben den Untertanen ein leuchtendes Vorbild deutscher Zucht und Sitte.

Königin Luise.

2. **Erste Regierungszeit.** Als Friedrich Wilhelm III. die Regierung übernahm, war Preußen von schweren Schulden bedrückt. Durch sparsame Wirtschaft gelang es dem Könige aber, in acht Jahren die Hälfte davon abzutragen. Beim Heere freilich war diese Sparsamkeit nicht angebracht. Um keine Ruhegehälter zahlen zu müssen, ließ Friedrich Wilhelm viele alte Generale, die längst nicht mehr kriegstüchtig waren, in ihren Stellungen. Die Soldaten hatten sehr schweres Gepäck zu tragen, und die Gewehre waren schlecht und verbraucht. Trotzdem unterblieben Verbesserungen in Ausrüstung und Bewaffnung. Der König liebte Neuerungen überhaupt nicht, weil er sie auf die französische Revolution zurückführte. Daher wurde auch das Heerwesen in dem Zustande belassen, in dem es sich zur Zeit Friedrichs des Großen befunden hatte. Der König hoffte nämlich, durch Friedensliebe seinem Volke das Unglück eines Krieges ersparen zu können.

3. **Jena und Auerstädt.** Als Österreich im Bunde mit Rußland und England 1805 zum dritten Male gegen Frankreich kämpfte, zogen französische Truppen durch preußisches Gebiet, obgleich Preußen am Kriege nicht beteiligt war. Der Gesandte, den Friedrich Wilhelm III. wegen dieser Rechtsverletzung zu Napoleon sandte, wurde mit

Ausflüchten hingehalten, bis Österreicher und Russen bei Austerlitz geschlagen waren. Als dann Napoleon von diesen Feinden nichts mehr zu befürchten hatte, führte er gegen Preußen eine hochmütige Sprache. Er drängte ihm erst Hannover auf, bot dieses Land aber kurz darauf den Engländern an. So zwang er durch Hinterlist und verächtliche Behandlung Friedrich Wilhelm III. im Jahre 1806 zum Kriege. Mit großer Zuversicht zogen die preußischen Offiziere, die längst schon den Krieg gegen den übermütigen Eroberer gewünscht hatten, ins Feld. Zwei Armeen unter Ferdinand von Braunschweig und dem Fürsten Hohenlohe traten den Franzosen und den Truppen des Rheinbunds entgegen. Es fehlte aber bei der Heeresleitung an der rechten Einheit und an rascher Entschlossenheit. Ungehindert und überraschend schnell drangen daher die feindlichen Truppen über den Thüringer Wald vor. Die preußische Vorhut unter Prinz Louis Ferdinand von Preußen wurde am 10. Oktober 1806 bei Saalfeld geschlagen. Louis Ferdinand starb im Kampfe mit französischen Reitern den Heldentod. Am 14. Oktober kam es zur Entscheidungsschlacht. Fürst Hohenlohe unterlag bei Jena den kriegsgewohnten, leicht beweglichen Truppen und dem überlegenen Feldherrngeschicke Napoleons. Ferdinand von Braunschweig wurde an demselben Tage bei Auerstädt unvermutet angegriffen und verlor gleich bei Beginn der Schlacht durch einen Schuß beide Augen. Bald befand sich die Armee trotz der Tapferkeit einzelner Abteilungen in voller Flucht: das preußische Heer, das zur Zeit des großen Friedrich der ganzen Welt Trotz geboten hatte, war geschlagen.

König Friedrich Wilhelm III.

4. **Der Zusammenbruch des preußischen Heerwesens.** Viele alte Generale wurden von furchtbarem Schrecken befallen und verloren völlig Ruhe und Besinnung. Die starken Festungen Erfurt, Magdeburg, Spandau, Küstrin, Stettin, die den Feind lange Zeit hätten aufhalten können, wurden mit Kriegsvorräten und Besatzungen ohne Schwertstreich übergeben. Schon zehn Tage nach der Schlacht bei Jena konnte Napoleon in Berlin als Sieger einziehen. Nur mit Mühe brachte der Minister von Stein die Staatskasse in Sicherheit. Hohe Kriegssteuern wurden dem besetzten Lande auferlegt. Viele Kunstschätze, u. a. die Siegesgöttin vom Brandenburger Tore, ließ Napoleon nach Paris bringen. Auch Hut und Degen Friedrichs des Großen wurden als Siegesbeute weggeführt. — Die Trümmer der preußischen Armee ergaben sich bei Prenzlau. Der General Blücher aber wahrte den alten preußischen Waffenruhm. Er schlug sich tapfer mit einer kleinen Abteilung bis Lübeck durch, mußte sich jedoch schließlich gleichfalls gefangen geben, weil er kein „Pulver und kein Brot mehr hatte". In Kolberg hinderte die Bürgerschaft unter Führung des alten, entschlossenen Schiffskapitäns Nettelbeck den altersschwachen Kommandanten, die Stadt zu übergeben. Auf ihre Bitte sandte der König den Major von Gneisenau zur Leitung der Verteidigung. Dieser hielt die Festung, trotzdem sie furchtbar beschossen wurde, bis zum Friedensschlusse. Dabei wurde er von den Bürgern und dem tapfern Husarenrittmeister von Schill kräftig unterstützt. Auch die kleinen Festungen Pillau,

Neisse, Kosel und Glatz wurden wacker verteidigt. In Graudenz forderten die Franzosen den alten General von Courbière auf, die Festung zu übergeben; denn es gäbe keinen König von Preußen mehr. Er antwortete stolz: „So gibt es doch noch einen König von Graudenz" und hielt die ihm anvertraute Feste. Die Treue und Tüchtigkeit einzelner mutiger Männer konnte jedoch das Unglück nur wenig aufhalten.

Aber nicht nur im Heere, sondern auch bei einem großen Teile des preußischen Volkes schienen Vaterlandsliebe und Mannesmut geschwunden zu sein. Kein Versuch wurde gemacht, dem Feinde Widerstand zu leisten und die Schmach von Jena auszulöschen. Die Bevölkerung zeigte dem geschlagenen Heere gegenüber offene Schadenfreude und unterwarf sich willig der französischen Herrschaft. Hohe preußische Beamte leistetem dem Kaiser Napoleon den Eid der Treue. Deutsche Zeitungen druckten Siegeslieder der Franzosen und Lobreden auf ihre Feldherren. Man buhlte sogar offen um die Gunst Napoleons, indem man ihn in den Städten feierlich empfing.

5. **Die Flucht der königlichen Familie.** Die königliche Familie war nach der Niederlage von Jena und Auerstädt nach Graudenz geflohen. Da die Franzosen aber schnell bis zur Weichsel vordrangen, mußte sie die Flucht nach Königsberg und schließlich bis nach dem entlegenen Memel fortsetzen. Es herrschte strenger Winter. Dazu war die Königin kaum von schwerer Krankheit wiederhergestellt. Nicht selten mußte die Reise in einfachen Bauernwagen zurückgelegt werden. Auf der unwirtlichen Kurischen Nehrung wurde die Königin unterwegs von einem heftigen Schneetreiben überrascht. Erst nach langer Fahrt fand sie in einer Bauernhütte, durch deren zerbrochene Fensterscheiben Wind und Kälte eindrangen, eine dürftige Zuflucht für die Nacht. Obgleich die edle Frau durch das Unglück gebeugt und körperlich leidend war, verlor sie Mut und Gottvertrauen nicht. Häufig ermahnte sie ihre beiden ältesten Söhne Friedrich Wilhelm und Wilhelm, die alt genug waren, um das Unglück Preußens zu verstehen, tüchtige Männer zu werden, damit sie das Vaterland aus der Erniedrigung einst zu erretten vermöchten.

6. **Preußisch-Eylau und Friedland.** Im Anfange des Jahres 1807 war ein russisches Heer zur Unterstützung Preußens herangerückt. Es kam bei Preußisch-Eylau zu einer hartnäckigen, zweitägigen Schlacht. In dieser verhinderte der preußische General Scharnhorst durch sein rechtzeitiges Eingreifen und durch seine Geschicklichkeit, daß Napoleon den Sieg erstritt. Das blutige Ringen blieb unentschieden. Nach der Schlacht bot Napoleon Friedrich Wilhelm III. Frieden an, wenn er sich von Rußland trenne. Der König war aber zu ehrenhaft, um den Kaiser Alexander im Stich zu lassen. Denn dieser hatte zu ihm gesagt: „Nicht war, keiner von uns fällt allein? Entweder beide zusammen, oder keiner!" Er lehnte daher Napoleons Vorschläge ab. — Einige Monate später wurde aber das russische Heer bei Friedland von Napoleon vernichtet.

7. **Der Friede zu Tilsit.** Entmutigt durch die Niederlage von Friedland brach Kaiser Alexander sein Wort. Napoleon verstand auch, seiner Eitelkeit zu schmeicheln. In einer Unterredung stellte er ihm die Teilung der Weltherrschaft zwischen Rußland und Frankreich in Aussicht. Da gab Alexander Preußen der Rache des übermütigen Siegers preis. Furchtbar hart waren die Friedensbedingungen, die Napoleon Preußen auferlegte. Alle Besitzungen westlich der Elbe mußten abgetreten werden, so daß Friedrich Wilhelm III. nur die kleinere Hälfte seines Landes behielt. Die polnischen Gebietsteile wurden Preußen ebenfalls entrissen (S. 99, 2). Alexander I. scheute sich nicht, einen Teil davon an sich zu nehmen und sein Reich auf Kosten seines bisherigen Verbündeten zu

vergrößern. Napoleon forderte außerdem ungeheure Kriegskosten, die er später sogar noch willkürlich erhöhte. Bis zu ihrer Zahlung mußten 160000 Mann französischer Truppen, die die preußischen Festungen besetzt hielten, ernährt werden. Über 1000 Millionen Mark wurden dem unglücklichen Lande in zwei Jahren abgenötigt. Um eine Wiederbelebung Preußens unmöglich zu machen, durfte Friedrich Wilhelm nur ein Heer von 42000 Mann unterhalten. Aus Liebe zum Vaterlande gewann es die Königin Luise über sich, den stolzen Eroberer persönlich um mildere Friedensbedingungen zu bitten. Die edle Frau schrieb damals: „Das ist das schmerzhafteste Opfer, was ich meinem Volke bringe, und nur die Hoffnung, diesem dadurch nützlich zu sein, kann mich dazu bringen." Das Opfer wurde aber von ihr umsonst gebracht: Napoleon blieb auch gegen ihre Bitten taub. — Aus den Gebieten westlich der Elbe bildete Napoleon das Königreich Westfalen, dessen Hauptstadt Kassel wurde, und setzte einen seiner Brüder zum Könige ein.

Die Kontinentalsperre. Das einzige Land, das Napoleon noch unbesiegt Widerstand leistete, war England. In zwei Seeschlachten war die französische Flotte von der englischen vernichtet worden. Kein französisches Schiff durfte wagen, den schützenden Hafen zu verlassen. Um das verhaßte Land zu schädigen, verbot Napoleon allen von ihm beherrschten Reichen, mit England Seehandel zu treiben. Auch Preußen und Rußland wurden genötigt, den englischen Schiffen ihre Häfen zu verschließen, so daß das gesamte europäische Festland, der „Kontinent", für sie gesperrt war. Alle fremden Waren, wie Kaffee, Reis, Zucker, Tee, Gewürze usw., wurden dadurch unerschwinglich teuer, und die Länder, die von der Kontinentalsperre betroffen wurden, erlitten großen Schaden. An den Meeresküsten entwickelte sich bald ein lebhafter Warenschmuggel.

8. **Preußens Erneuerung.** a) Reichsfreiherr von Stein. Friedrich Wilhelm III. sah ein, daß alle Kräfte des preußischen Volkes aufgeboten werden mußten, wenn man sich von dem Joche Napoleons wieder befreien wollte. Der Mann, der dem Könige bei dieser schweren Aufgabe als Ratgeber zur Seite stand, war der Reichsfreiherr von Stein. Er war wegen seiner vornehmen Gesinnung hochgeachtet, wegen seines schroffen Wesens aber auch gefürchtet. Mit klarem Blicke erkannte er, daß Vaterlandsliebe und Ehrgefühl im Volke von neuem geweckt werden müßten. Es galt, den Bewohnern Preußens wieder Vertrauen auf die eigene Kraft einzuflößen und sie an selbständiges Handeln zu gewöhnen. Um dieses Ziel zu erreichen, änderte er durch eine Reihe wichtiger Gesetze die Einrichtungen des preußischen Staates.

Freiherr von Stein.

b) Aufhebung der Erbuntertänigkeit. Der Bauer war bisher dem Edelmanne erbuntertänig, d. h. er durfte die Scholle, auf der er geboren war, nicht verlassen. Für die Benutzung des Ackers, der nicht sein Eigentum war, hatte er schwere Fronden und Abgaben zu leisten. Seine Kinder brauchten, wenn sie in fremden Dienst treten oder heiraten wollten, erst die Erlaubnis des Gutsherrn. Um dem Bauer Liebe zur heimatlichen Erde einzupflanzen, hob Freiherr von Stein die Erbuntertänigkeit auf. Dadurch machte er den Bauern zu einem freien Gutsbesitzer, der mit

Lust auf seinem Lande tätig war und durch Arbeit nunmehr vorwärts kommen konnte. Auch dem Handel oder dem Handwerke durfte er sich zuwenden.

c) Städteordnung. Für den Bürgerstand wurde die „Städteordnung" gegeben. Bisher waren die Bürgermeister vom Könige ernannt worden, ohne daß man die Bewohner der Städte dabei gefragt hatte. Am liebsten nahm man ausgediente Offiziere. Diese besaßen aber für die Bedürfnisse und Wünsche der Einwohner oft wenig Verständnis. Von nun an wählten die Bürger Männer aus ihrer Mitte zu Stadtverordneten. Diese wählten dann die Mitglieder der ausführenden Obrigkeit, des Magistrats. Sie berieten selbst über die Einrichtungen ihrer Stadt und führten ihre Beschlüsse auch selbständig aus. Die Regierung behielt nur die Oberaufsicht. Durch die Städteordnung wurde bei der städtischen Bevölkerung Teilnahme für die Angelegenheiten von Stadt und Staat geweckt.

d) Gewerbefreiheit. Bisher war in jedem Handwerke nur eine bestimmte Zahl von Meistern zugelassen. Dieser Zunftzwang wurde abgeschafft, und jeder tüchtige Mann konnte von nun an selbständig sein Handwerk betreiben. Mit dieser „Gewerbefreiheit" wurde der Grund für das Aufblühen der Industrie gelegt. Auch Grundbesitz konnte der Bürger von jetzt an erwerben; die Rittergüter blieben nicht mehr dem Adel vorbehalten. Der Edelmann anderseits durfte ungehindert Handel und Gewerbe treiben. Auf diese Weise wurden die Schranken zwischen den Gliedern des Volkes beseitigt. — Durch Verkauf von Staatsländereien und durch äußerste Sparsamkeit gelang es dem Freiherrn von Stein, fast die ganze Kriegsschuld abzutragen. Napoleon mußte daher nach zwei Jahren den größten Teil seiner Truppen aus Preußen zurückziehen.

e) Erneuerung des Heeres. Das Heerwesen wurde durch General von Scharnhorst umgestaltet. Er war eines Bauern Sohn und hatte es durch außergewöhnliche Tüchtigkeit zu seiner hohen Stellung gebracht. Die Soldaten wurden nicht mehr wie bisher angeworben, sondern jeder gesunde Preuße war wehrpflichtig. Die Prügelstrafe wurde abgeschafft. Nicht eine Strafe, sondern eine Ehre war es von nun an, des Königs Rock zu tragen. Bewaffnung, Kleidung und Verpflegung der Soldaten wurden zweckmäßiger eingerichtet. Die „allgemeine Wehrpflicht" konnte allerdings erst später völlig durchgeführt werden, da Preußen nur 42000 Mann unter Waffen halten durfte. Um jedoch eine größere Zahl kriegstüchtiger Männer zu bekommen, entließ Scharnhorst von jeder Kompanie monatlich 5–6 Mann und stellte dafür wieder Rekruten ein. Die Offizierstellen wurden jedem zugänglich gemacht, der sich im Frieden durch Bildung, im Kriege durch Tapferkeit und Umsicht auszeichnete.

f) Geistige Erneuerung. In geistiger Hinsicht bereitete sich ebenfalls eine Erneuerung im Volke vor. Einsichtsvolle Männer, wie der Professor Fichte, der Prediger Schleiermacher, der Dichter Arndt, ermahnten in eindringlichen Worten die deutsche Jugend, die Selbstsucht abzulegen und für das Vaterland Opfer zu bringen. Der Gymnasiallehrer Jahn richtete Turnplätze ein, um das heranwachsende Geschlecht durch körperliche Übungen zur Befreiung des Vaterlandes tüchtig zu machen. Junge Lehrer wurden vom Staate nach der Schweiz zu dem großen Volksfreunde und Erzieher Pestalozzi geschickt, um seine Unterrichtsweise kennen zu lernen. Auf diese Art erwuchs im preußischen Volke allmählich wieder ein ernster, tüchtiger Sinn. Alt und jung fing an, sich der Pflichten zu erinnern, die jeder gegen das Vaterland zu erfüllen hat. Hauptsitz dieser Bewegungen war die Universität zu Berlin, die 1810 gegründet worden war.

Dem Kaiser Napoleon, der in Preußen zahlreiche Spione unterhielt, blieb dieses Erwachen eines neuen Lebens nicht unbekannt. Als ein Brief des Freiherrn von Stein, in dem sich dieser über seine Zukunftspläne aussprach, in französische Hände geriet, zwang daher Napoleon den König Friedrich Wilhelm III., den verdienstvollen Minister zu entlassen. Stein floh vor Napoleons Zorn nach Rußland und gewann dort bald großen Einfluß auf den Kaiser Alexander.

9. **Tod der Königin Luise.** Die königliche Familie wohnte nach dem Frieden von Tilsit in Königsberg. Die Hofhaltung war so einfach wie möglich eingerichtet; ein großer Teil des goldenen und silbernen Tafelgerätes, das noch aus Friedrichs I. Zeit stammte, wurde verkauft. Im Jahre 1809 kehrte die königliche Familie auf Wunsch Napoleons nach Berlin zurück, obgleich dort noch eine französische Besatzung lag. Die edle Königin sah hier mit innerer Freude, daß ein neuer Geist über das preußische Volk gekommen war. Die Sorge über das Schicksal des Vaterlandes hatte ihre Gesundheit in den letzten Jahren aber schwer erschüttert. — Als sie sich im Frühjahre 1810 zur Erholung bei ihrem Vater in Mecklenburg befand, brach ein altes Brustleiden wieder bei ihr aus. Da sich die Krankheit verschlimmerte, eilte der König mit seinen beiden ältesten Söhnen Friedrich Wilhelm und Wilhelm an ihr Krankenlager. Weinend knieten die beiden Prinzen an dem Bette der sterbenden Mutter. In Gegenwart ihres tiefgebeugten Gemahls, der ihre Hand in der seinen hielt, hauchte Königin Luise ihre edle Seele aus. Im Schloßgarten zu Charlottenburg ließ der König seine unvergeßliche Gemahlin beisetzen. Das preußische Volk trauerte aufrichtig mit der königlichen Familie über den Tod von „Preußens Schutzengel".

10. **Napoleon auf der Höhe seiner Macht.** Im Jahre 1809 zog der Kaiser von Österreich zum vierten Male gegen Napoleon das Schwert. Zugleich verjagten die treuen Tiroler unter Anführung von Andreas Hofer die Feinde aus ihrem Lande. Jetzt glaubten in Preußen viele vaterlandsliebende Männer, die Zeit der Befreiung sei gekommen, und rieten dem Könige zum Kampfe. Aber Friedrich Wilhelm III. wußte, daß das Fortbestehen Preußens auf dem Spiele stand, wenn ein neuer Krieg unglücklich endete. — Da zog der Major von Schill (S. 104, 4) mit seinem Husarenregimente eigenmächtig aus Berlin, drang in das Königreich Westfalen ein und begann auf eigene Faust den Krieg. Aber die Volkserhebung in Norddeutschland, auf die er gehofft hatte, blieb aus. Er zog sich daher nach einigen glücklichen Gefechten vor der französischen Übermacht nach Stralsund zurück, um sich dort nach England einzuschiffen. Die Stadt wurde jedoch von dem Feinde genommen, und Schill fiel im Straßenkampfe. Elf gefangene Offiziere ließ Napoleon in Wesel erschießen. Vierzehn von den Schillschen Reitern erlitten in Braunschweig dasselbe Schicksal; die übrigen wurden nach Frankreich geschafft und wie Verbrecher mit Zwangsarbeiten beschäftigt (Gedicht: Die Opfer zu Wesel). — Österreich unterlag abermals und mußte einen schimpflichen Frieden schließen. Tirol wurde preisgegeben und von französischen und bayrischen Truppen besetzt. Andreas Hofer, der sich im Gebirge verborgen hatte, wurde verraten und in Mantua auf Napoleons Befehl erschossen (Gedicht: Zu Mantua in Banden). — Napoleon stand jetzt auf der Höhe seiner Macht. Sein Reich erstreckte sich von den Pyrenäen bis zur Ostsee; die Niederlande und die deutsche Nordseeküste waren Frankreich einverleibt. Der Rheinbund, dem sich sogar Mecklenburg hatte anschließen müssen, stand völlig unter seiner Herrschaft. Um seinen Tron zu sichern, wünschte Napoleon nun auch mit den alten Königsfamilien verwandt zu werden. Er ließ sich von seiner Gemahlin scheiden und vermählte sich mit der Tochter des Kaisers von Österreich, den er kurz vorher in blutigen Kämpfen besiegt hatte.

11. **Napoleons Zug nach Rußland.** Alexander I. von Rußland hatte die Kontinentalsperre gegen England nicht aufrechterhalten und dadurch Napoleons Zorn erregt. Dieser

beschloß daher, auch Rußland zu unterwerfen. Im Frühjahr 1812 setzte sich ein gewaltiges Heer (300000 Franzosen, 200000 Rheinbundtruppen, 100000 Italiener, Polen u. a.) gegen Rußland in Bewegung. Österreich mußte 30000 Mann Hilfstruppen stellen. Friedrich Wilhelm wurde gezwungen, die Hälfte seines Heeres mit gegen Rußland ins Feld zu senden. „Die große Armee" zog durch Preußen, und wiederum wurden dem verarmten Lande ungeheure Lieferungen an Lebensmitteln, Pferden usw. auferlegt. An der russischen Grenze hielt Napoleon Musterung über das Heer, von jeder Abteilung mit dem donnernden Rufe: „Es lebe der Kaiser!" begrüßt. Nur eine Truppe erwartete ihn schweigend und stolz: die Preußen unter General York. — Die russische Armee wurde in zwei mörderischen Schlachten besiegt und ging immer tiefer in das Innere des großen Reiches zurück. Bald zog Napoleon in Moskau, der alten Hauptstadt Rußlands, ein. Dort hoffte sein Heer nach den langen Märschen während des Winters Erholung zu finden. Aber die Franzosen fanden die Stadt von den Einwohnern verlassen. Wenige Tage später wurde Moskau von den Russen angezündet und ging mit allen Vorräten in Flammen auf. Jetzt suchte Napoleon mit Alexander I. Frieden zu schließen. Aber die Verhandlungen, die viele Wochen dauerten, blieben erfolglos. Napoleon mußte den Rückzug befehlen. Nun kam das Verhängnis! Da das Land bei dem ersten Durchmarsche schon ausgesogen war, litt das Heer große Not. Das Fleisch gefallener Pferde wurde ein gesuchter Leckerbissen. Bald gesellte sich zu dem Hunger ein noch grimmigerer Feind: der russische Winter. Durch Kälte und Mangel an Nahrung gingen viele Tausende von Kriegern elend zugrunde. Dazu wurde das zurückziehende Heer unaufhörlich von Scharen russischer Reiter beunruhigt, so daß sich jede Ordnung löste. Von der stolzen Armee erreichten noch ungefähr 30000 Mann die preußische Grenze, ein Haufe von zerlumpten, völlig entkräfteten Bettlern. Napoleon war den Trümmern seines Heeres in einem Schlitten vorausgeeilt, um in Frankreich und in den Rheinbundstaaten neue Rüstungen anzuordnen. — Mit wunderbarer Schnelligkeit verbreitete sich die Kunde von dem schrecklichen Untergange der großen Armee in ganz Preußen. Da ergriff ein Gedanke alle Kreise des Volkes: „Das sind Gottes Gerichte!"

12. **Die Befreiungskriege.** a) Der Vertrag von Tauroggen. Die preußischen Truppen unter York hatten auf dem äußersten linken Flügel in den russischen Ostseeprovinzen gefochten. Sie waren daher dem schrecklichen Lose der großen Armee entgangen. Nicht länger wollte York seine tapferen Soldaten für Napoleon opfern. Er hielt die Zeit der Befreiung des Vaterlandes für gekommen und faßte daher einen folgenschweren Entschluß. Ohne Wissen des Königs schloß er am Ende des Jahres 1812 in Tauroggen eigenmächtig mit den Russen einen Vertrag, nach dem seine Truppen nicht mehr für Frankreich fechten sollten. Die Provinz Ostpreußen begann unter seiner Leitung gewaltig gegen Napoleon zu rüsten. Friedrich Wilhelm III., der sich in Berlin im Bereiche der Franzosen befand, mißbilligte öffentlich Yorks kühnen Schritt. Im Herzen jedoch stimmte er seinem mutigen Generale zu. Dank seinem vorsichtigen Verhalten konnte er sich ungehindert nach Breslau begeben, wo er von den Franzosen nichts zu befürchten hatte.

b) Preußens Erhebung. Unter Scharnhorsts Leitung wurde eifrig zum Kriege gerüstet. Am 3. Februar 1813 erließ der König den „Aufruf zur Bildung freiwilliger Jägerkorps". In diese traten junge Männer ein, die selbst für ihre Ausrüstung sorgen konnten. Auch Freikorps bildeten sich, unter denen das des Majors von Lützow das berühmteste wurde (Gedicht: Lützows wilde Jagd). In ihm dienten der Turnvater Jahn und der Freiheitsdichter Theodor Körner, der noch in demselben Jahre den Heldentod starb (Gedicht: Theodor Körners Grab). Am 28. Februar schlossen Friedrich Wilhelm III. und Alexander I. ein Bündnis, um „Europa freizumachen". Am Geburtstage der verstorbenen Königin Luise (10. März) stiftete der König den Orden vom Eisernen Kreuz, und am 17. März erließ er den berühmten „Aufruf an mein Volk". Alle Stände rief er zu den Waffen. „Keinen andern Ausweg gibt es als einen ehrenvollen Frieden oder einen ruhmvollen Untergang", heißt es darin. Eine gewaltige Begeisterung ergriff das preußische Volk, das durch die maßlosen Bedrückungen aufs äußerste gegen die Franzosen erbittert war. Wer Waffen tragen konnte, trat in das Heer ein: der Handwerker verließ seine Werkstätte, der Beamte die Schreibstube. Die Universitäten und höheren Schulen verödeten; denn Lehrer und Schüler wollten ihre Pflicht gegen das Vaterland erfüllen. „Der König rief, und alle, alle kamen." Wer nicht waffenfähig war, half mit seinem Hab und Gut. Der Bauer gab sein letztes Roß her, der Bürger seinen Goldschmuck und sein Silbergeschirr. 150000 goldene Trauringe wurden eingeliefert und zu Münzen geprägt. Die Geber erhielten dafür eiserne mit der Inschrift „Gold gab ich für Eisen!" Eine schlesische Jungfrau schnitt ihr schönes Haar ab, verkaufte es und schenkte den Erlös für die Befreiung des Landes. Die Dichter Arndt, Körner, Schenkendorf, Kleist und Rückert begeisterten Volk und Heer durch zündende Freiheitslieder. Preußen stellte bei 5 Millionen Einwohnern 270000 Krieger ins Feld. Die militärisch nicht ausgebildeten Männer von 17—40 Jahren bildeten die „Landwehr". Sie trugen an der Wachstuchmütze ein Kreuz mit der Inschrift: „Mit Gott für König und Vaterland". Anfangs waren sie nur mangelhaft mit Waffen und Kleidung versehen. Nachdem man sie einige Monate im Waffendienste geübt und ihre Ausrüstung verbessert hatte, erwiesen sie sich aber als brauchbare Feldtruppen. Der Oberbefehl über die Armee wurde auf Scharnhorsts Rat dem General Blücher übertragen, der später von den russischen Kriegern wegen seines ungestümen Vorgehens den Namen „Marschall Vorwärts" erhielt.

c) **Lützen und Bautzen.** Mit Hilfe des Rheinbundes hatte Napoleon in kurzer Zeit wieder ein großes Heer zusammengebracht. Als er sich auf dem Marsche nach Leipzig befand, griffen ihn die vereinten Preußen und Russen bei **Lützen** (Großgörschen) an (2. Mai 1813). Ein langes, blutiges Ringen entspann sich. Napoleon, der mit Staunen die Todesverachtung der preußischen Truppen sah, rief grimmig aus: „Diese Bestien haben etwas gelernt!" Die Schlacht blieb ohne Entscheidung. Aber am Abende beschlossen die Russen gegen den Willen Friedrich Wilhelms und der preußischen Generale den Rückzug. — (Scharnhorst war in der Schlacht verwundet worden. Er reiste trotzdem im Dienste des Königs nach Österreich, um über ein Bündnis zu verhandeln. Unterwegs starb er jedoch.) — Drei Wochen später kam es bei **Bautzen** zu einer zweiten Schlacht. Wiederum zwang Napoleon durch seine erdrückende Übermacht die Preußen und Russen zum Rückzuge. Er hatte den Sieg aber furchtbar teuer erkaufen müssen. „Keine Fahne, kein Geschütz, keine Trophäe; ist das ein Sieg!" rief er zornig am Abend der Schlacht. Wegen seiner schweren Verluste bot er den Verbündeten einen Waffenstillstand an, der auch angenommen wurde. Unterdessen konnten neue russische Heerhaufen näher herankommen und die preußischen Landwehrtruppen eingeübt werden. Österreich, Schweden und England schlossen sich dem Bündnisse gegen Napoleon an.

d) **Die Schlachten bei Großbeeren, an der Katzbach, bei Dresden und Dennewitz.** Die Verbündeten, die nunmehr Napoleon an Truppenzahl überlegen waren, stellten drei Heere gegen ihn auf. Die **Hauptarmee**, die aus Österreichern, Russen und einem preußischen Korps unter General von Kleist zusammengestellt war, wurde von dem österreichischen Fürsten Schwarzenberg befehligt. Bei ihr hielten sich die Kaiser von Rußland und Österreich und der König von Preußen auf. Die schlesische Armee stand unter Blücher, bei dem sich Gneisenau und York befanden; sie war aus Preußen und Russen gebildet. Die Nordarmee sollte Berlin decken und bestand aus Preußen unter Bülow und Tauentzien, sowie aus Schweden. Den Oberbefehl führte Bernadotte, ein Franzose der früher unter Napoleon General gewesen war, und den die Schweden zum Thronfolger ihres kinderlosen Königs gewählt hatten. — Napoleon sandte einen seiner besten Generale, um Berlin zu nehmen. Bernadotte wollte die Stadt preisgeben

Blücher in der Schlacht an der Katzbach.

und hinter die Spree zurückgehen. Bülow aber erklärte ihm: „Meine Knochen sollen vor Berlin bleichen" und griff mit den Preußen die französische Armee zwei Meilen südlich von Berlin bei Großbeeren an. Bei dem Regenwetter wurde das Pulver feucht, so daß die Flinten nicht losgingen. Da drehten die pommerschen und brandenburgischen Landwehrleute die Gewehre um und schlugen unter dem Rufe: „So flutscht es besser!" mit den Kolben auf den Feind los. Nach furchtbarer Blutarbeit wurde das Dorf Großbeeren genommen und der Sieg errungen. Die Schweden nahmen an der Schlacht nicht teil. — Napoleon selbst hatte sich gegen Blücher gewendet. Dieser aber wich dem schlachtenkundigen Kaiser vorsichtig aus. Wie es vorher verabredet war, ließ er sich in keinen Kampf ein. Als Napoleon, der durch die Hauptarmee im Rücken bedroht wurde, den Oberbefehl jedoch an einer seiner Marschälle abgab und zurückeilte, änderte Blücher sein Verhalten. Er ließ (26. August 1813) einen Teil des französischen Heeres die Katzbach überschreiten, die durch starke Regengüsse hoch angeschwollen war. Dann aber stürzte er sich ungestüm auf die Feinde. Unter strömendem Regen fielen Preußen und Russen ingrimmig über sie her und drängten sie unwiderstehlich in die Katzbach und Wütende Neisse. York vollendete durch rücksichtslose Verfolgung den glänzenden Sieg (Gedicht: Das Lied vom Feldmarschall). — An demselben Tage hatte aber Napoleon der Hauptarmee bei Dresden eine schwere Niederlage beigebracht und sie in die böhmischen Grenzgebirge zurückgeworfen. Um sie völlig abzuschneiden, sandte er ihr eine Truppenabteilung in den Rücken. Diese wurde jedoch am folgenden Tage von den Russen und dem Korps des Generals von Kleist vollständig eingeschlossen und gefangen genommen. — Napoleon machte noch einen zweiten Versuch, Berlin zu nehmen, und sandte seinen tüchtigsten Feldherrn gegen Bernadotte. Abermals suchte dieser einer Schlacht auszuweichen. Bülow und Tauentzien stellten sich jedoch bei Dennewitz, nördlich von Wittenberg, den Franzosen entgegen und erfochten einen entscheidenden Sieg.

e) Die Völkerschlacht bei Leipzig am 16., 18. und 19. Oktober 1813. (Gedicht: Die Leipziger Schlacht.) Nach der Schlacht an der Katzbach hatte Blücher bei Wartenburg, wo York in einem glänzenden Nachtgefechte den Übergang erzwang, die Elbe überschritten. Die Heere der Verbündeten bildeten nunmehr einen großen nach Westen offenen Halbkreis um Napoleon, der seine Truppen bei Leipzig zusammengezogen hatte. Hier kam es am 16. und 18. Oktober 1813 zur großen Entscheidungsschlacht, in der über $^1/_2$ Million Soldaten fast aller Völker Europas um den Sieg rangen und über 1000 Kanonen gegeneinander donnerten.

Der 16. Oktober. Im Süden von Leipzig entbrannte um das Dorf Wachau ein furchtbarer Kampf. Es gelang Napoleon wiederum, Erfolge zu erringen. Schon hätte er Siegesboten nach Frankreich abgesandt. Im Norden der Stadt aber, bei Möckern, erfocht Blücher einen blutigen Sieg. Die ummauerten Gehöfte des Orts mußten alle einzeln erstürmt werden. Die Franzosen leisteten dabei verzweifelten Widerstand. Fünfmal wurde das Dorf von Yorks heldenmütigen Truppen genommen, aber erst beim sechsten Male konnten sie sich darin halten. Ungeheuer waren die Verluste der Preußen. York hatte fast die Hälfte seiner Leute verloren. Schließlich wurden die Feinde bis an die Mauern von Leipzig zurückgetrieben. — Am 17. Oktober, einem Sonntage, ruhten die Waffen. Napoleon versuchte, mit seinem Schwiegervater, dem Kaiser von Österreich, zu unterhandeln, wurde jedoch abgewiesen.

Der 18. Oktober brachte die Entscheidung. Napoleon hatte sein Heer näher um Leipzig zusammengezogen. Von allen Seiten rückten nun die Verbündeten gegen ihn heran. Am furchtbarsten tobte die Schlacht im Südosten der Stadt bei Probstheida. Napoleons Garden verteidigten dieses Dorf mit glänzender Tapferkeit und ließen es sich auch nicht nehmen. Aber im Norden und Osten, wo sich die Preußen unter Blücher und Bülow bei dem Dorfe Schönfeld wieder blutige Lorbeeren erfochten, drängten die Verbündeten den Feind unwiderstehlich gegen Leipzig zurück. Napoleon mußt den Rückzug antreten. Sächsische und württembergische Truppen, die nicht mehr für den fremden Eroberer ihr Blut vergießen wollten, waren während der Schlacht zu den Verbündeten übergetreten. Bayern hatte sich schon acht Tage vorher von Napoleon losgesagt. — Am 19. Oktober wurde Leipzig erstürmt; Königsberger Landwehr drang zuerst in die Stadt. Um die verbündeten Truppen aufzuhalten, befahl Napoleon, die über die Elster führende Brücke zu sprengen. Sie flog aber zu früh in die Luft, und Tausende von Franzosen gerieten dadurch in Gefangenschaft oder fanden in den Fluten des Flusses ihren Tod. Die drei Monarchen zogen unter dem Jubel der Bevölkerung in Leipzig ein. Alexander I. umarmte Blücher auf offenem Marktplatze und nannte ihn den Befreier „Deutschlands“.

Friedrich Wilhelm III. beförderte den alten Helden zum Feldmarschall. — Napoleon floh mit der geschlagenen Armee dem Rheine zu. Der Rheinbund löste sich auf.

f) Das Kriegsjahr 1814. Nach der Schlacht bei Leipzig unterhandelte der Kaiser Franz mit Napoleon über den Frieden. Blücher und die preußischen Generale fürchteten, daß „die Feder verderben werde, was das Schwert errungen". Die Verhandlungen scheiterten aber an Napoleons maßlosen Forderungen, und der Kampf wurde wieder aufgenommen. Blücher überschritt in der Neujahrsnacht bei Caub den Rhein. Die andern Heere folgten, und der Krieg wurde nach Frankreich hineingetragen. Napoleon zeigte sich noch oft als der alte Meister der Kriegskunst und brachte den verbündeten Heeren mehrere blutige Niederlagen bei. Nur dem Vorwärtsdrängen Blüchers war es zu danken, daß die Verbündeten Ende März 1814 vor Paris standen. Am 31. März 1814 zogen die drei Monarchen in Frankreichs Hauptstadt ein.

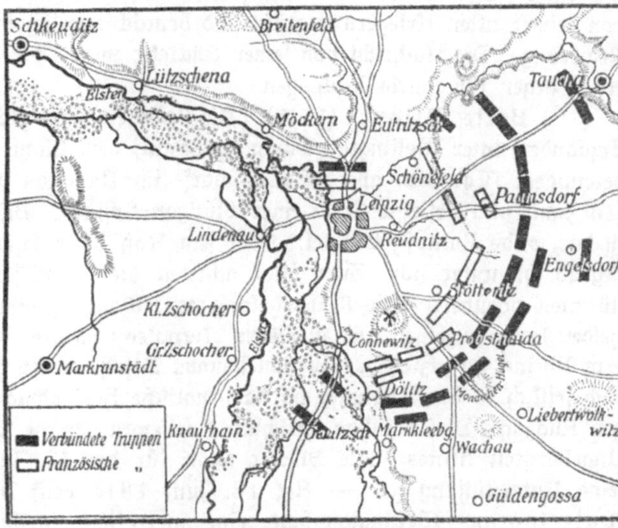

Die Leipziger Schlacht.

Prinz Wilhelm (der spätere Kaiser Wilhelm I.). Bei Bar sur Aube (bar bür ohb) erfocht die Hauptarmee über die Franzosen einen Sieg. Hier erhielt der siebzehnjährige Prinz Wilhelm, der zweite Sohn des Königs, die Feuertaufe. Ein russisches Regiment befand sich im heftigen Kampfe und erlitt starke Verluste. Da sandte der König seinen Sohn Wilhelm mit einem Auftrage zu der kämpfenden Truppe. Der junge Prinz führte den Befehl mit großer Kaltblütigkeit aus. Er erwarb sich dadurch die Achtung der russischen Offiziere, die beifällig unter sich äußerten: „Das wird ein Prinz Heinrich!" (S. 95.) Der König verlieh ihm das Eiserne Kreuz.

g) Napoleons Abdankung und der erste Pariser Friede. Nach der Einnahme von Paris wurde Napoleon gezwungen, die Krone niederzulegen; er wurde nach der Insel Elba verbannt. Den französischen Thron bestieg der Bruder des hingerichteten Königs unter dem Namen Ludwig XVIII. — Beim Friedensschlusse wurde Frankreich sehr milde behandelt. Preußen verlangte, daß ihm die ungeheuren Kosten erstattet würden, die der Durchzug der Franzosen 1812 verursacht hatte. Es wünschte ferner, daß die alten deutschen Lande Elsaß und Lothringen an Deutschland zurückfielen. Diese Forderungen wurden jedoch von den andern Mächten abgelehnt. Frankreich zahlte keine Kriegskosten und brauchte nicht einmal alle geraubten Kunstschätze herauszugeben. Die Siegesgöttin vom Brandenburger Tor, der Hut und der Degen Friedrichs des Großen wurden indessen nach Berlin zurückgebracht. — Um die Länder Europas neu zu ordnen, sandten alle Staaten Vertreter zu einer großen Versammlung nach Wien (Wiener Kongreß).

h) Napoleons Rückkehr. In Frankreich war das Volk mit König Ludwig XVIII. nicht zufrieden. Er hatte viele Anhänger Napoleons ihrer Ämter entsetzt. Besonders die alten Soldaten mußten bittere Armut leiden und sehnten sich nach des Kaisers Herrschaft zurück. — Auf dem Wiener Kongresse konnten sich die verbündeten Fürsten über die Neuordnung der Länder nicht einigen. Es brachen unter ihnen Streitigkeiten aus, die fast zum Kriege führten. — Napoleon hatte von Elba aus alles beobachtet. Er entwich unvermutet von der Insel und landete an der französischen Küste. Mit Jubel wurde er von seinen alten Kriegern begrüßt und bemächtigte sich in wenigen Tagen wieder der Regierung. Die Nachricht von seiner Rückkehr machte die Mächte einig, und ein neuer Krieg gegen ihn wurde beschlossen.

i) Belle Alliance (1815). Die Preußen unter Blücher und Gneisenau und die Engländer unter Wellington waren zuerst auf dem Platze. In Belgien wollten sie sich vereinigen. Ehe dies aber gelang, warf sich Napoleon unvermutet auf die Preußen (16. Juni) und besiegte sie in einer blutigen Schlacht. Blücher stürzte sich dabei selbst in das wilde Kampfgetümmel. Aber sein Roß brach schwer getroffen zusammen und begrub ihn unter sich. Zum Glück achteten die französischen Reiter nicht darauf und stürmten vorüber. Mit Mühe gelang es Blüchers getreuem Adjutanten, den greisen Helden hervorzuziehen und zu retten. Napoleon glaubte, die Preußen würden sich nach dem Rheine zurückziehen. Auf Gneisenaus Befehl waren die geschlagenen Truppen jedoch seitlich in der Richtung auf das englische Heer abmarschiert. Die Nacht verdeckte den Rückzug. Dieser kühne Entschluß Gneisenaus wurde für Napoleon verhängnisvoll. Ungebeugten Mutes sagte Blücher schon für den 18. Juni dem Herzoge Wellington seine Unterstützung zu. — Am 18. Juni 1815 griff Napoleon die Engländer bei Waterloo an. Wellington hatte eine vortreffliche Stellung gewählt und leitete mit ruhiger Besonnenheit die Schlacht. Aber bald bedeckte mehr als die Hälfte seiner Krieger tot oder verwundet das blutige Feld. Als immer neue feindliche Truppen anstürmten und seine Reihen zu wanken begannen, rief er aus: „Ich wollte, es wäre Nacht, oder die Preußen kämen!" — Diese waren schon seit frühem Morgen auf dem Marsche. Erschöpft von den unerhörten Anstrengungen kamen sie aber nur mühsam vorwärts. Dazu waren die Wege durch schwere Regengüsse aufgeweicht, so daß die Geschütze nur mit äußerster Anstrengung weiter zu bringen waren. Blücher selbst litt arge Schmerzen an seinem Oberschenkel, der durch den Sturz mit dem Pferde gequetscht worden war. Trotzdem mahnte er mit den Worten: „Ich habe es meinem Bruder Wellington versprochen!" immer wieder zur Eile. Als Wellingtons Not auf das höchste gestiegen war, griffen die preußischen Truppen in die Schlacht ein. Da löste sich das feindliche Heer bald zu wilder Flucht auf. Bei dem Gutshofe Belle Alliance (schöne Vereinigung) trafen Wellington und Blücher freudig bewegt zusammen. Gneisenau aber, der die Verfolgung leitete, setzte „den letzten Hauch von Mann und Roß" daran, das geschlagene französische Heer nicht zur Ruhe kommen zu lassen. Napoleon selbst entging mit Mühe der Gefangennahme. Als sein Wagen fast eingeholt war, bestieg er schnell ein Pferd und floh weiter. Hut und Degen, die er in der Eile zurückgelassen hatte, fielen den preußischen Reitern in die Hände. Dieser eine Sieg entschied den Feldzug. Zum zweiten Male zogen die verbündeten Monarchen an der Spitze ihrer siegreichen Heere in Paris ein.

k) Der zweite Pariser Friede und Napoleons Ende. Frankreich mußte 560 Millionen Mark Kriegskosten zahlen und alle geraubten Kunstschätze herausgeben. Elsaß-Lothringen behielt es aber. Der König Ludwig XVIII. kehrte auf den Thron zurück. Napoleon mußte von neuem abdanken. Auf Beschluß der verbündeten Mächte wurde er als Gefangener Europas nach der kleinen Felseninsel St. Helena (westlich von

Afrika) verbannt. Dort ist er bis zu seinem Tode (1821) von den Engländern streng bewacht worden.

13. **Der Wiener Kongreß und der Deutsche Bund.** Auf dem Wiener Kongresse versuchte Österreich wiederum, Preußen nicht zu Macht und Ansehen kommen zu lassen. Obgleich es in den Befreiungskämpfen die größten Opfer gebracht hatte, erhielt es weniger Gebiet, als es vor 1806 besessen hatte. Es mußte Ansbach-Bayreuth an Bayern und Ostfriesland an Hannover abtreten. Dafür bekam es die Hälfte von Sachsen, den größten Teil der jetzigen Provinzen Westfalen und Rheinland. Gegen das Herzogtum Lauenburg a. E. tauschte es das schwedische Vorpommern ein, so daß seit 1815 ganz Pommern preußisch ist. (S. 88, 4 u. Karte!) Von seinen polnischen Besitzungen wurden ihm nur Danzig, Thorn und Posen zurückgegeben; der Rest fiel an Rußland. Preußen war durch Hannover, Kurhessen und andre Staaten in eine große östliche und eine kleine westliche Hälfte gespalten. Ein Krieg, in dem diese Länder sich feindlich verhielten, konnte ihm also große Gefahr bringen. Es war aber durch den Wiener Kongreß wieder ein vorwiegend deutsches Land geworden. — Das deutsche Kaiserreich wurde nicht wieder aufgerichtet. An seine Stelle trat der „Deutsche Bund", zu dem Österreich, die fünf Königreiche Preußen, Bayern, Württemberg, Hannover und Sachsen, ferner dreißig Kleinstaaten und vier freie Städte, im ganzen 40 Glieder, gehörten. Die Angelegenheiten Deutschlands sollten durch Vertreter der Regierungen aller deutschen Länder gemeinsam beraten werden. Dieser „Bundestag", in dem Österreich den Vorsitz führte und den meisten Einfluß besaß, trat in Frankfurt a. M. zusammen. So blieb Deutschland ohne Einheit und Oberhaupt in viele selbständige Staaten zerrissen, unter denen die beiden alten Gegner, Österreich und Preußen, den Vorrang zu gewinnen trachteten.

14. **Die heilige Allianz.** Das deutsche Volk war durch diese Gestaltung des Reiches enttäuscht. Auch das Versprechen, eine Verfassung zu geben, d. h. das Volk durch gewählte Abgeordnete an der Regierung der Staaten teilnehmen zu lassen, wurde nur von wenigen Fürsten gehalten. Überall in Deutschland entstand daher unter den gebildeten Kreisen der Bevölkerung Unzufriedenheit. Alexander I., Franz I. und Friedrich Wilhelm III. hatten während der Befreiungskriege ein Bündnis, die „heilige Allianz", geschlossen, in dem sie „Regierung ihrer Länder im christlichen Geiste" gelobten. Der österreichische Minister Metternich benutzte diesen Bund, um alle Bestrebungen zu unterdrücken, die auf freiheitliche Einrichtungen und auf Deutschlands Einigung hinzielten. Über 30 Jahre übte er in ganz Deutschland einen unheilvollen Einfluß aus. Er verhinderte auch, daß Friedrich Wilhelm III. eine Volksvertretung berief. Nur Vertretungen der einzelnen Provinzen, „Provinzialstände", wurden in Preußen gebildet (vgl. Absch. 15 a). Vereine von Turnern und Studenten sowie Versammlungen wurden verboten und die Zeitungen unter strenge Aufsicht gestellt. Männer, die den Wünschen des Volkes Ausdruck zu geben wagten, wurden verfolgt und in die Gefängnisse geworfen. Selbst Arndt, Jahn u. a., die sich um Deutschlands Befreiung verdient gemacht hatten, blieben nicht verschont.

15. **Friedrich Wilhelms III. Sorge für sein Land.** a) Verwaltung. Nach den Befreiungskämpfen waren in Preußen große Aufgaben zu lösen. Schulden, die durch den Krieg entstanden waren, mußten gedeckt, die neuen Landesteile in den Staat eingegliedert werden. Der König setzte die jährlichen Ausgaben für den Hof auf eine bestimmte Summe fest. An die Spitze der Verwaltung, die so sparsam wie möglich geführt wurde, stellte er das Staatsministerium. Jeder der sechs Minister hatte mit seinen Räten einen bestimmten Zweig der Verwaltung zu leiten. Es gab Ministerien der Äußeren Angelegenheiten, des Innern, der Justiz, der Finanzen, des Krieges und der geistlichen, Unterrichts- und Medi-

zinal-Angelegenheiten. (Unter Friedrich Wilhelms III. Nachfolgern kamen noch Ministerien für Handel und Gewerbe, für Landwirtschaft und für öffentliche Arbeiten hinzu.) Das Land wurde in acht Provinzen geteilt, an deren Spitze je ein Oberpräsident stand. Diese „altpreußischen Provinzen" heißen: Preußen, Pommern, Brandenburg, Sachsen, Posen, Schlesien, Westfalen und Rheinland. Jede Provinz zerfällt wieder in Regierungsbezirke, die von Präsidenten verwaltet wurden, und in Kreise unter Landräten. (Städte mit mehr als 25 000 Einwohnern können Kreise für sich werden. An der Spitze dieser „Stadtkreise" steht der erste Bürgermeister.) Vertreter des Grundbesitzes und der Städte bilden den Provinziallandtag. Dieser hat über den Bau und die Unterhaltung der Landstraßen zu beschließen, für Landarmen- und Krankenhäuser, für Irren-, Blinden-, Taubstummen-Anstalten u. dgl. Sorge zu tragen. In jeder Provinz wurde auch eine Landesbrandkasse errichtet, bei der die Bewohner ihre Häuser und Wirtschaftsgebäude versichern mußten.

b) Das Heerwesen. In jeder Provinz wurde ein Armeekorps aufgestellt, das ein „kommandierender General" befehligte. Als 9. Armeekorps trat in Berlin und Potsdam die Garde hinzu, die aus allen Provinzen ihre Soldaten erhielt. Die allgemeine Wehrpflicht wurde durchgeführt und an der Einrichtung der Landwehr festgehalten. Jeder Preuße mußte drei Jahre bei der Truppe, zwei Jahre in der Reserve und je sieben Jahre in der Landwehr ersten und zweiten Aufgebots dienen. Die Heerführer der Befreiungskriege hatte der König durch Standeserhöhungen belohnt. Bülow, Tauentzien, York, Kleist und Gneisenau wurden in den Grafenstand erhoben; Blücher war zum „Fürsten von Wahlstatt" ernannt worden.

c) Schule und Kirche. Damit die allgemeine Schulpflicht durchgeführt und eine hinreichende Anzahl geeigneter Lehrer angestellt werden konnte, ließ Friedrich Wilhelm III. neue Seminare einrichten. — Die Universität Wittenberg wurde nach Halle verlegt, und im Westen des Landes die Universität Bonn gegründet. — Als im Jahre 1817 die dritte Jahrhundertfeier der Reformation begangen wurde, vereinigten sich die lutherische und die reformierte Kirche auf Veranlassung des Königs unter einer gemeinsamen Oberbehörde. Die Gemeinden, die sich dieser „Union" (Vereinigung) anschlossen, nannten sich „evangelisch". Auch die Verhältnisse der katholischen Kirche in Preußen wurden 1821 durch eine Verständigung (Konkordat) mit dem Papste Pius VII. neu geregelt. Die kirchliche Verwaltung wurde in die Hände von 2 Erzbischöfen (von Köln und Posen-Gnesen) und 6 Bischöfen (von Paderborn, Münster, Trier, Breslau, Kulm und Ermland) gelegt.

d) Land- und Forstwirtschaft. Seit der Befreiung der Bauern entwickelte sich in der Landwirtschaft ein reges Streben. Es war gesetzlich bestimmt worden, daß Hand- und Spanndienste sowie die Abgaben, die noch zu leisten waren, „abgelöst" werden konnten. Wenn der Bauer diese Lasten gänzlich los werden wollte, zahlte er dem Gutsherren den 21—25fachen Betrag ihres jährlichen Wertes in einer Summe. Der Staat lieh ihm dazu gegen billigen Zins das Geld, das er dann in kleinen Jahresraten wieder zurückzahlte. — Die Gemeindeländereien wurden unter die Bauern verteilt, die bisher das Recht der gemeinsamen Benutzung gehabt hatten. Diese Neuordnung erfolgte durch königliche Beamte. Sie vermaßen das Land und teilten es nach der Güte des Bodens in Klassen ein. Dann legte man die Äcker so zusammen, daß jeder Bauer bequem und ohne durch den Nachbar behindert zu werden, zu seinem Lande gelangen konnte. Das Ackerland kam auf diese Weise auch näher an die Höfe heran. Es war dem Landmanne daher möglich, es besser zu bearbeiten und zu düngen. Zum Vorteil für die Viehhaltung hatte sich der Anbau des Klees überall verbreitet. Da die Kartoffel, die auch auf sandigem Boden gedeiht, jetzt allgemein angepflanzt wurde, konnte man die weniger fruchtbaren Ländereien alle Jahre benutzen. Die alte Dreifelderwirtschaft hörte daher nach und nach auf. Mit Rüben- und Tabakbau wurden Versuche gemacht, die in vielen Gegenden günstig ausfielen. Die Besitzer der großen Güter fingen an, die Lehren der Naturwissenschaft auf den Ackerbau anzuwenden. Sie führten eine richtige Fruchtfolge ein und begannen, künstlichen Dünger zu benutzen. Auch wendeten sie allmählich verbesserte Pflüge, Drill-, Mäh- und Dreschmaschinen an. Die Bauern sahen diese gründlichere Bewirtschaftung und ahmten sie nach. Man kam bald zu der Einsicht, daß der Landbau regelrecht erlernt werden müßte. Bei Berlin entstand die erste landwirtschaftliche Hochschule. — Zu gleicher Zeit wurde eine geordnete Forstwirtschaft eingeführt. Der Waldbesitz wurde unter staatliche Aufsicht gestellt, und es wurde festgesetzt, welcher Teil jedes Jahr geschlagen werden durfte. Was abgeholzt wurde, mußte auch regelrecht wieder angepflanzt werden. Öde Ländereien, die bisher keinerlei Nutzen gebracht hatten, wurden vom Staate angekauft und aufgeforstet.

e) Der Zollverein. Die deutsche Vielstaaterei war der Entwicklung des Handels sehr hinderlich. Jedes Land erhob von den Waren, die der Kaufmann hindurchführen wollte, hohe Zölle. Es war daher fast unmöglich, auf weite Entfernungen Handel zu treiben. Da gründete Friedrich Wilhelm III. 1834 den Deutschen Zollverein, dem trotz der Abmahnungen Österreichs bald viele deutsche Staaten beitraten. Sie bildeten zusammen mit Preußen ein einheitliches Zollgebiet, in dem die Waren nur einmal versteuert werden mußten. Das Geld, das dadurch einkam, wurde unter die beteiligten Länder nach der Bevölkerungszahl verteilt. Der Zollverein führte einen großen Aufschwung des Handels herbei. Er brachte auch die deutschen Staaten einander näher und hat so die spätere Einigung Deutschlands vorbereitet.

f) Verkehr und Gewerbe. Zur Zeit Friedrich Wilhelms III. fing man an, die Dampfmaschine allgemeiner anzuwenden. Dadurch wurde allmählich ein völliger Umschwung im wirtschaftlichen Leben hervorgerufen. Die ersten Dampfschiffe fuhren schon 1818 auf Rhein und Elbe, die erste Eisenbahn in Deutschland entstand im Jahre 1829. In Preußen wurden zuerst Berlin und Potsdam durch einen Schienenstrang verbunden. Der Verkehr war bis dahin durch die langsame Postkutsche, der Transport der Güter durch Frachtwagen vor sich gegangen. Nun übernahmen es Eisenbahnen und Dampfschiffe,

Ein Eisenbahnzug im Jahre 1840.

Personen zu befördern und Waren auf weite Entfernungen auszutauschen. Güter, an denen es in einem Teile des Landes fehlte, konnte man leicht in großen Mengen herbeischaffen. Wenn z. B. schlechte Ernten eintraten, brauchte man deshalb keine Hungersnot mehr zu befürchten.

Die Schätze, die die Erde birgt, besonders Eisen und Kohlen, wurden durch Bergbau eifrig ausgenutzt. In Rheinland, Westfalen und Oberschlesien entwickelte sich bald eine gewaltige gewerbliche Tätigkeit. Zahlreiche Großbetriebe, „Fabriken", entstanden, in denen die Menschenkraft mehr und mehr durch die Dampfmaschine ersetzt wurde. Viele Gegenstände, die man im häuslichen Leben und im Gewerbe braucht, wurden nun durch Maschinen erzeugt. Die Nägel, die der Nagelschmied bisher einzeln angefertigt hatte, machte die Dampfmaschine in viel kürzerer Zeit aus Eisendraht. Die Schreibfeder, die man sich bis dahin aus Gänsekielen mit dem Federmesser zurechtschneiden mußte, wurde durch die Feder aus Stahlblech verdrängt. In den Haushaltungen hatte man bisher mühsam mit Feuerstein, Stahl und Zunder Feuer schlagen müssen, wenn man sich nicht von dem Nachbar glühende Kohlen holen, „Feuer leihen", konnte. Im Jahre 1832 wurden die Streichschwefelhölzer erfunden und fanden bald überall Anwendung. Später begann auch die Nähmaschine sich in den Familien einzubürgern. Mit Hilfe des Dampfes wurden Kessel geschmiedet, Schienen gewalzt und Maschinen verschiedenster Art gebaut. Der mechanische Webstuhl, der durch Dampfkraft getrieben wurde, stellte Leinwand und Tuche schnell und billig her. Dadurch wurde das Spinnrad, das in jedem Hause benutzt worden war, allmählich überflüssig. Die Baumwolle wurde in großen Massen eingeführt und ersetzte vielfach den Flachs. In den Familien gewöhnte man sich an den Genuß von Kaffee, Tee, Kakao, Reis u. dgl. Je mehr die Erzeugnisse fremder Länder gebraucht wurden, desto lebhafter wurde der Seehandel. Die Zahl und Größe der Dampfschiffe nahm schnell zu; die Segelschiffahrt, die von der Witterung abhängiger ist, ging zurück.

Das Zeitungswesen nahm einen gewaltigen Aufschwung. Man lernte, aus Holzbrei billiges Papier herzustellen. Die großen Druckereien wendeten statt der alten Handpresse die vom Dampfe betriebene Schnellpresse an, die in einer Stunde 15000 und mehr Bogen bedruckte. Der elektrische Telegraph wurde eingeführt und übermittelte Nachrichten. Auf diese Weise konnten die Zeitungen in kürzester Zeit und für wenig Geld Neuigkeiten aus aller Welt mitteilen. Sie fingen an, alle Tage zu erscheinen, und nahmen an Größe und Inhalt zu.

Es gab bald kein Gewerbe, in dem die Maschine nicht benutzt wurde. Wohnstätte und Arbeitsstätte schieden sich allmählich. Denn viele Menschen, z. B. Weber und Eisenarbeiter, fanden in der Heimarbeit, die bisher die Regel gewesen war, nicht länger lohnenden Verdienst. Sie wanderten nach den Städten und suchten in den Fabriken Arbeit. Die Städte nahmen dadurch schnell an Volkszahl zu. Neben den drei alten Ständen (Adel, Bürger, Bauern) begann sich ein neuer, vierter Stand, der Arbeiterstand, zu bilden.

In der langen Friedenszeit, die auf die Befreiungskriege folgte, strebte besonders der deutsche Bürgerstand mächtig empor. Allmählich übernahm er in Wissenschaft und Kunst, in Handel und Gewerbe die Führung.

II. Friedrich Wilhelm IV. 1840—1861.

1. **Des Königs Wesen.** Friedrich Wilhelm IV. war der älteste Sohn Friedrich Wilhelms III. und der Königin Luise. Ausgestattet mit hohen Geistesgaben, hatte er sich eine gelehrte Bildung angeeignet, so daß er „sein Brot als Professor hätte erwerben" können. Dabei besaß er ein tiefes Verständnis für die Kunst und war ein witziger, ge-

wandter Redner. Er wollte das Beste seines Volkes. Für die unruhvolle Zeit, in die seine Regierung fiel, war er jedoch nicht tatkräftig genug. — Mit seiner Gemahlin Elisabeth lebte er in kinderloser, aber glücklicher Ehe. Sie unterstützte ihn getreulich bei allen Werken der Barmherzigkeit und pflegte ihn in den Tagen der Krankheit mit aufopfernder Liebe.

2. **Der Verfassungskampf in Preußen.** Der Wunsch nach einer „Verfassung" wurde, wie überall in Deutschland, so auch in Preußen allgemein gehegt. Das Volk wollte bei der Gesetzgebung und Rechtsprechung mitwirken. Keinem Bürger sollte es verwehrt sein, in Versammlungen und Zeitungen frei seine Meinung zu äußern. Friedrich Wilhelm IV. suchte den Hoffnungen des Volkes entgegenzukommen. Er berief deshalb 1847 einen „vereinigten Landtag", der aus Vertretern der acht preußischen Provinzen bestand. Der Landtag konnte sich jedoch mit der Regierung über die Rechte, die ihm eingeräumt werden sollten, nicht einigen und ging wieder auseinander. — Als nun 1848 in Frankreich eine Revolution ausbrach, wurden auch in Deutschland die Gemüter heftig erregt. Besonders in Berlin besprach man in Versammlungen die Wünsche des Volkes. Große Freude entstand daher, als Friedrich Wilhelm IV. versprach, eine Verfassung zu gewähren. Eine riesige Volksmenge zog vor das Königliche Schloß, um dem Könige zu danken. Bei dem Menschengewühle versuchte das Militär die Ordnung aufrechtzuerhalten, und es kam dabei zwischen Bürgern und Soldaten zu Streitigkeiten. Plötzlich fielen auf bisher unaufgeklärte Weise zwei Schüsse. Ausländische Aufwiegler, die König und Volk einander entfremden wollten, hatten jedenfalls ihre Hand dabei im Spiele. Da glaubte die Menge, es werde auf das Volk geschossen, und geriet in wilde Erregung. Der Ruf „Verrat!" erschallte. Aus umgestürzten Wagen, zusammengehäuften Pflastersteinen u. dgl. wurden Barrikaden gebaut, die die Straßen versperrten, und zwischen dem Volke und den Truppen brach an den folgenden Tagen ein offener Kampf aus. Die meisten Barrikaden wurden von den Soldaten erstürmt. Auf Bitten der Bürger und um dem Blutvergießen Einhalt zu tun, befahl der König, daß das Militär aus Berlin abzog. Er selbst stellte sich unter den Schutz der Bürgerschaft. Aber die Unordnung hielt wochenlang an. Allerlei Gewalttaten wurden verübt, das Zeughaus wurde geplündert und großer Schaden angerichtet. Da berief der König tatkräftige Männer an die Spitze der Regierung. Das Militär rückte wieder in Berlin ein, und bald war die Ordnung hergestellt. Im Jahre 1850 gab dann Friedrich Wilhelm IV. dem preußischen Volke eine Verfassung, die noch jetzt in Kraft ist.

Friedrich Wilhelm IV.

3. **Die preußische Verfassung.** Die Königswürde ist im Mannesstamme des Hohenzollernhauses erblich. Der König ernennt und entläßt die Minister; er beruft und schließt alljährlich den Landtag. Gesetze gibt er in Gemeinschaft mit dem Landtage und sorgt für ihre Ausführung. Er hat den Oberbefehl über das Heer und ernennt die Staatsbeamten. Die Verfassung wird von ihm beschworen. — Der Landtag besteht aus dem Herrenhause und dem Hause der Abgeordneten. Mitglieder des Herrenhauses sind die volljährigen Prinzen des Königshauses, die Häupter der früher selbständigen Fürstenfamilien, Vertreter des Adels, der Städte und der Universitäten. Die Mitgliedschaft ist entweder erblich, oder die Berufung erfolgt durch

den König. Die Mitglieder des Abgeordnetenhauses werden vom Volke gewählt. Von einigen Ausnahmen abgesehen ist jeder Preuße, der ein Alter von 24 Jahren erreicht hat, wahlberechtigt. Die Wähler sind nach der Höhe ihrer Steuern in drei Klassen eingeteilt. Sie wählen zunächst (Urwahlen) die „Wahlmänner", von denen dann die Abgeordneten auf fünf Jahre gewählt werden. Die Wahl ist mündlich und öffentlich. Das Abgeordnetenhaus zählt 433, das Herrenhaus ungefähr 275 Mitglieder. Beide beraten gemeinsam mit der Regierung die Gesetze und beschließen über Einnahmen und Ausgaben des Landes. — Es besteht allgemeine Schul- und Wehrpflicht. — Alle Preußen sind vor dem Gesetze gleich und können Staatsämter bekleiden. Sie genießen Freiheit des religiösen Bekenntnisses sowie das Recht, Versammlungen abzuhalten und ihre Meinung frei zu äußern.

4. **Deutsche Einigungsversuche.** Das deutsche Volk hatte seine Hoffnungen auf ein einiges Reich mit einem Kaiser an der Spitze noch nicht aufgegeben. Schon als 1840 ein Krieg mit Frankreich drohte, das alles Land bis zum Rheine für sich forderte, war das Gefühl der Zusammengehörigkeit der deutschen Stämme mächtig emporgelodert. Die Lieder „Es braust ein Ruf wie Donnerhall", „Deutschland, Deutschland über alles" und „Sie sollen ihn nicht haben, den freien, deutschen Rhein" wurden damals gedichtet und überall mit Begeisterung gesungen. Im Jahre 1848 traten zahlreiche Männer in Frankfurt a. M. zusammen und forderten das ganze deutsche Volk auf, Abgeordnete zu wählen und nach Frankfurt zu einer Nationalversammlung zu senden. Der Bundestag (S. 115) konnte die Wahlen nicht hindern, und die einzelnen Staaten ließen sie zu. Ungefähr 600 Abgeordnete versammelten sich in der Paulskirche in Frankfurt. Der Bundestag wurde für aufgelöst erklärt und eine Reichsverfassung beraten, nach der das geeinte Deutschland regiert werden sollte. Auch eine deutsche Kriegsflotte wurde aus freiwilligen Beiträgen gegründet. — Bald aber bildeten sich in der Nationalversammlung zwei Gruppen. Die eine wollte Österreich, die andre Preußen die Führung des Reichs übertragen. Schließlich erlangte die preußische Partei die Oberhand, und man wählte den König von Preußen zum erblichen Deutschen Kaiser. Friedrich Wilhelm IV. lehnte die Kaiserkrone jedoch ab, weil sie ihm ohne das Einverständnis der Fürsten vom Volke allein angetragen wurde. Die von der Nationalversammlung beratene Reichsverfassung wurde von den meisten deutschen Staaten nicht angenommen. Das Volk wollte die Regierungen dazu zwingen, und in Sachsen und Baden brachen deshalb große Aufstände aus. Sie wurden aber mit Hilfe preußischer Truppen bald unterdrückt. Die Nationalversammlung löste sich schließlich auf. Ihr Versuch, eine Einigung Deutschlands herbeizuführen, war gescheitert. Die Schiffe der kaum gegründeten deutschen Kriegsflotte wurden öffentlich versteigert.

5. **Friedrich Wilhelms IV. Einigungsversuch.** Da versuchte Friedrich Wilhelm IV., dem deutschen Volke zu seiner Einigung behilflich zu sein. Er berief deshalb eine neue, aus Volkswahlen hervorgegangene Abgeordnetenversammlung nach Erfurt und lud die deutschen Fürsten zu einer Beratung nach Berlin ein. Aber Österreich arbeitete ihm mit den süddeutschen Staaten entgegen. Es suchte den Bundestag und die alten Zustände, die der Wiener Kongreß geschaffen hatte, wiederherzustellen. Als Friedrich Wilhelm dem hessischen Volke, dessen Kurfürst die Verfassung seines Landes schmählich mißachtete, zu seinen Rechten verhelfen wollte, drohte ihm Österreich mit Krieg. Der König fühlte sich aber nicht stark genug, den Waffengang zu wagen. Im Vertrage zu Olmütz beugte er sich vor Österreich. Er willigte ein, daß der Bundestag wiederhergestellt wurde, und gab die Versuche, Deutschland zu einigen, endgültig auf. So endeten des Königs Bemühungen mit einer schweren Demütigung Preußens. Seit dem Vertrage von Olmütz verzichtete Friedrich Wilhelm IV. darauf, eine führende Stellung in Deutschland einzunehmen. Der alte Gegensatz zwischen Österreich und Preußen blieb; die süddeutschen Staaten

schlossen sich an Österreich, die norddeutschen Kleinstaaten an Preußen an. — Zum Vertreter Preußens beim Bundestage ernannte der König den Herrn von Bismarck.

6. **Schleswig-Holstein.** Seit Jahrhunderten waren die dänischen Herrscher zugleich Herzöge von Schleswig-Holstein (S. 65, 5). Es war diesen deutschen Ländern indessen gelobt worden, daß sie selbständig verwaltet werden und „auf ewig ungeteilt" bleiben sollten. Im Jahre 1848 versuchten aber die Dänen, Schleswig ihrem Lande einzuverleiben und den Bewohnern die dänische Sprache aufzudrängen. Da griffen die Schleswig-Holsteiner mutig zu den Waffen. Preußen unterstützte sie und ließ Truppen einrücken, von denen die Dänen mehrmals besiegt wurden. Bald mischten sich jedoch fremde Staaten ein. Preußen wurde im Vertrage zu Olmütz von Österreich schließlich gezwungen, Schleswig-Holstein den Dänen schutzlos zu überlassen.

7. **Friedrich Wilhelm IV. gründet eine preußische Flotte.** Während des Kampfes gegen Dänemark waren preußische Handelsschiffe von der dänischen Flotte weggenommen worden, ohne daß es Preußen hatte hindern können. Da beschloß Friedrich Wilhelm IV., eine Kriegsflotte zu gründen. Weil jedoch der Ausgang aus der Ostsee in den engen dänischen Meeresstraßen gesperrt werden konnte, Preußen aber nicht an die Nordsee heranreichte, kaufte er von Oldenburg den Jadebusen. Dort baute er einen Kriegshafen, Wilhelmshaven. Ein Vetter des Königs, Prinz Adalbert, wurde Admiral der neuen Flotte.

Schon wenige Jahre später zeigte die junge Marine ihre Tüchtigkeit. Als an der Küste von Marokko Seeräuber ein preußisches Handelsschiff geplündert hatten, begab sich Prinz Adalbert mit der Dampfkorvette „Danzig" an den Ort der Freveltat. Dort wurden Schiffsmannschaften gelandet, die die von den schuldigen Küstenbewohnern besetzten Anhöhen am Meeresufer erstürmten. Der Prinz, der die Landungstruppen selbst führte, wurde in dem heftigen Gefechte verwundet.

8. **Fortschritte im Handel und Verkehr.** Die Veränderung im Verkehrswesen, die zu Anfang des 19. Jahrhunderts begonnen hatte, schritt weiter fort. Ein Netz von Eisenbahnen und Telegraphenleitungen überzog bald ganz Deutschland. Zwischen den deutschen Hafenstädten und Amerika entstanden regelmäßige Dampfschiffverbindungen. Die gewerbliche Tätigkeit nahm besonders in den westlichen Provinzen immer mehr zu. Unter den zahlreichen großen Fabriken erlangten einzelne einen Weltruf, z. B. die Gußstahl- und Geschützgießerei von Krupp in Essen und die Lokomotivenfabrik von Borsig in Berlin.

9. **Erwerbung von Hohenzollern.** Seit dem Anfange des 13. Jahrhunderts blühte noch in Süddeutschland ein Zweig des Hohenzollernhauses, der in dem Fürstentume Hohenzollern-Sigmaringen-Hechingen die Herrschaft führte. Unter Friedrich Wilhelm IV. übergab der Fürst von Hohenzollern die Verwaltung seines Landes an Preußen und schloß sich enger an das königliche Haus an (S. 73, 1 und Karte!).

10. **Kunst und Wissenschaft.** Friedrich Wilhelm IV. ließ in Berlin das Schauspielhaus, das neue Museum und die Schloßkapelle erbauen. Der Bildhauer Rauch schuf das herrliche Denkmal Friedrichs des Großen, das in der Straße „Unter den Linden" seinen Standort erhielt. Die Stammburg des Hohenzollerngeschlechts bei Hechingen in Schwaben und die stolze Marienburg a. Nogat, der alte Sitz des deutschen Ritterordens, wurden wiederhergestellt. Getreu seinem Wahlspruche: „Ich und mein Haus, wir wollen dem Herrn dienen!" ließ Friedrich Wilhelm IV. über 400 neue Gotteshäuser in Preußen errichten. Der Bau des Cölner Doms, der seit Jahrhunderten unvollendet stand, wurde

wiederaufgenommen. Die Vollendung dieses Meisterwerks der gotischen Baukunst (s. Abb. S. 45) hat der König jedoch nicht mehr erlebt.

In seinen letzten Lebensjahren wurde Friedrich Wilhelm IV. von einer schweren Gemütskrankheit befallen, so daß er seine Herrscherpflichten nicht mehr erfüllen konnte; 1861 wurde er durch den Tod abgerufen.

Napoleon III.

In Frankreich war 1848 eine Revolution ausgebrochen, durch die die Königsfamilie vertrieben wurde. Die Franzosen erklärten das Land zur Republik und wählten einen Neffen Napoleons I. zum Präsidenten. Diesem gelang es nach einigen Jahren, sich unter dem Namen Napoleon III. zum Kaiser zu machen. Um der Ruhmsucht des französischen Volkes zu schmeicheln, mischte er sich 1853 in einen Streit zwischen Rußland und der Türkei und besiegte die Russen auf der Halbinsel Krim im Schwarzen Meere (Krimkrieg). — Dem italienischen Volke, das sich zu einem einheitlichen Staate zusammenschließen wollte, half Napoleon III., indem er die Österreicher besiegte und sie nötigte, die Lombardei abzutreten. So entstand 1861 das Königreich Italien. (Venetien, das bei Österreich blieb, und der Kirchenstaat, den Napoleon bestehen lassen wollte, gehörten noch nicht dazu.) Durch diese Siege wurde Napoleon III. der mächtigste Herrscher Europas.

III. Wilhelm I., der erste Deutsche Kaiser aus dem Hause Hohenzollern. 1861—1888.

1. **Der Prinz Wilhelm.** Dem kinderlosen Friedrich Wilhelm IV. folgte sein Bruder Wilhelm auf den Thron. Er wurde am 22. März 1797 geboren und war der zweite Sohn Friedrich Wilhelms III. und der Königin Luise. Seine Kinderjahre fielen in die traurige Zeit von Preußens Erniedrigung. Mit Eltern und Geschwistern mußte er vor den Franzosen nach Memel fliehen. Als Knabe von 13 Jahren kniete er am Sterbebette seiner Mutter. Diese hatte stets seinen einfachen und pflichttreuen Sinn gerühmt. Er ist auch sein Leben lang in Wesen und Lebensweise einfach geblieben und hat bis zum Tode durch eiserne Pflichttreue seinem Volke ein leuchtendes Vorbild gegeben. Von Jugend an zeigte der Prinz eine Vorliebe für den Soldatenstand und erwarb sich bald eine gründliche Kenntnis des militärischen Dienstes. Im Jahre 1814 begleitete er seinen Vater in den Krieg (S. 113, f) und zog zweimal mit in Paris ein. Als er älter geworden war, nahm er in der Armee bald eine führende Stellung ein. Im Jahre 1829 vermählte er sich mit der geistvollen Prinzessin Augusta von Sachsen-Weimar. Die Ehe wurde mit zwei Kindern gesegnet, dem nachmaligen Kronprinzen Friedrich Wilhelm (Kaiser Friedrich III.) und einer Prinzessin. — An der Spitze der preußischen Truppen warf Prinz Wilhelm 1848 den in Baden ausgebrochenen Volksaufstand nieder. (S. 120, 4.) Als Friedrich Wilhelm IV. 1858 in Krankheit verfiel, übernahm er unter dem

Wilhelm I.

Titel „Prinzregent" für ihn die Regierung und bestieg 1861 nach dem Tode seines Bruders den preußischen Königsthron. Er ließ sich mit seiner Gemahlin in Königsberg feierlich krönen.

2. **Verbesserung des Heeres.** Wenn Preußen das alte Ansehen, das es durch den Vertrag von Olmütz eingebüßt hatte, wiedererlangen wollte, so bedurfte es eines starken Heeres. Die Zahl der Soldaten stand auch nicht mehr im richtigen Verhältnis zu der Bevölkerung, die beträchtlich angewachsen war. König Wilhelm erblickte daher seine erste Aufgabe darin, die Truppen zu vermehren und zu verbessern. Die Anzahl der Regimenter wurde verdoppelt. Die Fußtruppen wurden mit dem Zündnadelgewehre bewaffnet, das der Schlosser Dreyse in Sömmerda erfunden hatte. Die Artillerie erhielt gezogene Hinterladekanonen. Um das Heer schneller kriegsbereit zu machen, trennte der Kriegsminister von Roon die Landwehr von den jüngeren Soldaten und bildete aus ihr besondere Truppenteile. Die dreijährige Dienstzeit wurde streng durchgeführt. — Bei diesen Plänen stieß der König aber auf den Widerstand des Abgeordnetenhauses, das die dazu nötigen Geldmittel nicht bewilligen wollte. Um die schwierigen Verhandlungen mit der Volksvertretung zu führen, wurde der bisherige Gesandte in Paris, **Otto von Bismarck**, vom Könige an die Spitze der Regierung berufen.

3. **Otto von Bismarck**, geboren 1815 in Schönhausen, stammte aus einer Adelsfamilie der Altmark. Er besuchte in Berlin das Gymnasium zum grauen Kloster und studierte in Göttingen und Berlin die Rechte. Dann trat er in den Staatsdienst, verließ diesen aber bald wieder und bewirtschaftete seine väterlichen Güter an der Elbe. In der Heimat erwarb er sich schnell Vertrauen. Er wurde zum Deichhauptmann gewählt, dem die Oberaufsicht über die schützenden Elbdämme oblag. 1847 kam er als Abgeordneter in den Landtag, wo er mit großer Schärfe die Rechte des Königs vertrat. Er wurde deshalb auch von Friedrich Wilhelm IV zum Gesandten beim Bundestage in Frankfurt ernannt. Dort erkannte Bismarck, daß eine Einigung des deutschen Vaterlandes nie möglich sein werde, solange beide Großmächte, Österreich und Preußen, zu Deutschland gehörten. Später wurde Bismarck Gesandter in Petersburg und darauf in Paris. Als ihn König Wilhelm zum Ministerpräsidenten ernannte, sprach es Bismarck offen aus, daß Deutschland nicht durch Verhandlungen und Verträge, sondern nur durch „Blut und Eisen" geeinigt werden könne. Daher war er felsenfest davon überzeugt, daß für Preußen ein starkes und tüchtiges Heer unentbehrlich sei. Er besaß das volle Vertrauen des Königs und führte mutig und mit zäher Willenskraft den schweren Streit mit dem Abgeordnetenhause.

Otto von Bismarck.

4. **Der Deutsch-Dänische Krieg 1864.** Die Dänen hatten ihre Bemühungen, Schleswig ihrem Lande einzuverleiben, fortgesetzt. In rücksichtsloser Weise suchten sie deutsches Wesen und deutsche Sprache zu unterdrücken. Sie sandten dänische Prediger und Lehrer nach Schleswig und belegten jeden, der seine deutsche Gesinnung offen zeigte, mit harten Geld- und Gefängnisstrafen. Vor Gericht und bei den Behörden durfte nur in dänischer Sprache verhandelt werden. Die Beamten, die sich nicht fügten, wurden ihrer Ämter entsetzt und aus dem Lande vertrieben. Im Jahre 1864 zwang die Bevölkerung der dänischen Hauptstadt sogar den König, die Vereinigung Schleswigs mit Dänemark durch ein Gesetz zu erklären. Da nahmen sich

Österreich und Preußen der bedrängten Schleswiger an und ließen Truppen in Schleswig-Holstein einrücken.

Die Preußen wurden von einem Neffen König Wilhelms, dem Prinzen Friedrich Karl, befehligt. Den Oberbefehl über alle Truppen führte der alte preußische Feldmarschall Wrangel.

Die Dänen wurden gezwungen, das Danewerk, einen langen Erdwall, der sich von der Schlei quer durch das Land zog, zu räumen. Sie gingen in die starken Düppler Schanzen zurück, die den Übergang nach der Insel Alsen deckten. Diese Schanzen bestanden aus zehn hohen Erdwerken, die durch Gräben, Pfahlwerk u. dgl. unzugänglich gemacht und mit schweren Geschützen besetzt waren. Während die Österreicher weiter nach Jütland vordrangen, begannen die preußischen Truppen die Düppler Schanzen zu belagern. Am 18. April 1864 früh 10 Uhr erfolgte unter dem Klange des Düppler Marsches der allgemeine Sturm auf die Wälle. Den Angriffskolonnen gingen Pioniere voran, die das Pfahlwerk sprengten und die Gräben mit Sandsäcken ausfüllten. Trotz des furchtbaren Feuers und der tapfersten Gegenwehr der Dänen flatterten schon nach einer Viertelstunde auf sechs eroberten Schanzen die preußischen Fahnen. (Gedicht: Der Tag von Düppel.) Am Nachmittage fielen auch die letzten Befestigungen. Nun flüchteten die Dänen auf einer Schiffbrücke, die sie hinter sich abbrachen, nach Alsen. Da die preußische Flotte nur klein und schwach war, glaubten sie, hier vor einem Angriffe geschützt zu sein. Prinz Friedrich Karl ließ jedoch heimlich Kähne zusammenbringen. Eine preußische Truppenmacht setzte am frühen Morgen des 29. Juni nach Alsen über und brachte die Insel in ihre Gewalt. Die dänischen Schiffe erschienen zu spät, um den Übergang hindern zu können. Da sahen die Dänen ein, daß sie auch auf ihren Inseln nicht sicher waren. Sie traten im Frieden zu Wien Schleswig-Holstein und das Herzogtum Lauenburg a. d. Elbe an Österreich und Preußen ab.

Die Genfer Konvention. Im Jahre 1863 kamen in Genf Gesandte der meisten europäischen Staaten zusammen. Sie berieten dort, wie das Schicksal der im Kampfe verwundeten Krieger erleichtert werden könnte. Man kam überein, Ärzte, Krankenträger, Pfleger und Pflegerinnen, Lazarette und Gebäude mit Verwundeten als unverletzlich und unbeteiligt, als „neutral", zu behandeln. Auf den Lazaretten sollten als Erkennungszeichen Flaggen aufgezogen werden, die ein rotes Kreuz im weißen Felde zeigen. Die Personen sollten am linken Arme eine weiße Binde mit einem roten Kreuz tragen. Unter dem Schutze des roten Kreuzes kann man seit dieser Zeit, unbekümmert um den Ausgang der Schlacht, für die Verwundeten sorgen. Auch die Verwundeten des Feindes werden verbunden und gepflegt. Diese Übereinkunft, die „Genfer Konvention", hat sich als sehr segensreich erwiesen und das Elend der verwundeten Krieger außerordentlich gemildert.

5. **Der Deutsche Krieg 1866.** a) Anlaß. Österreich verlangte, daß aus Schleswig-Holstein ein neuer Staat gebildet würde. Der Prinz Friedrich von Augustenburg, der alte Erbrechte besaß, sollte an seine Spitze treten. König Wilhelm war einverstanden. Er forderte jedoch, daß sich der Prinz mit Heer- und Postwesen an Preußen anschlösse; denn ein neuer Staat im Norden war sonst für Preußen gefährlich. Dies wollten aber weder Österreich noch der Prinz. Durch einen Vertrag, den Bismarck abschloß, wurde der Streit zunächst beigelegt. Österreich und Preußen wollten danach später über die zukünftige Ordnung in den Herzogtümern nach gemeinsamer Übereinkunft entscheiden. Vorläufig sollte Schleswig durch Preußen, Holstein durch Österreich verwaltet werden; Lauenburg wurde gegen eine Geldentschädigung Preußen überlassen. Für das Zustandekommen des Vertrags erhob König Wilhelm Bismarck in den Grafenstand. — In

Schleswig-Holstein war man mit dieser Neuordnung nicht zufrieden. Man wünschte, daß die Herzogtümer unter Friedrich von Augustenburg einen selbständigen Staat bildeten. In Versammlungen wurden Reden für den Prinzen gehalten und in den Zeitungen öffentliche Kundgebungen veranstaltet. Der österreichische Statthalter in Holstein ließ die Anhänger des Prinzen frei gewähren, trotzdem sich Bismarck darüber in Wien beschwerte. Schließlich rief er sogar die Stände des Herzogtums Holstein zusammen, um den Prinzen Friedrich von Augustenburg zum Herzog wählen zu lassen. Der Vertrag war dadurch gebrochen, und auf Bismarcks Veranlassung rückten daher preußische Truppen in Holstein ein. Österreich forderte nun den deutschen Bundestag auf, über die Erbfolge in Schleswig-Holstein zu entscheiden. Dieser beschloß, das Bundesheer kriegsbereit zu machen, um Preußen durch Waffengewalt zum Nachgeben zu zwingen. Der Krieg zwischen den deutschen Stämmen war unvermeidlich geworden. Auf Österreichs Seite standen die süddeutschen Staaten, ferner Sachsen, Hannover, Kurhessen, Nassau und die freie Stadt Frankfurt a. M. Die norddeutschen Kleinstaaten dagegen schlossen sich Preußen an. — Vorher schon hatte Bismarck mit Italien, das Venetien zu gewinnen hoffte (S. 122), ein Bündnis geschlossen.

b) Die Besetzung Norddeutschlands. Nach einem Plane, den General v. Moltke aufgestellt hatte, rückten die preußischen Truppen überraschend schnell in Hessen, Sachsen und Hannover ein. Der Kurfürst von Hessen wurde gefangen genommen; seine Truppen hatten sich aber am Maine mit den Süddeutschen vereinigt. Der sächsischen Armee gelang es, nach Böhmen zu den Österreichern zu entkommen. Der König von Hannover suchte mit seinem Heere Bayern zu erreichen. Er wurde aber bei Langensalza von schwachen preußischen Abteilungen angegriffen und festgehalten. Die tapfere hannöversche Armee errang bei Langensalza zwar den Sieg, mußte sich aber einige Tage darauf, am 29. Juni, gefangen geben, da sie von herbeigeeilten preußischen Streitkräften umstellt war. Dem Könige von Hannover wurde erlaubt, sich nach Österreich zu begeben.

c) Der Einmarsch in Böhmen. Das preußische Heer, das den Kampf gegen Österreich führte, war in drei Armeen eingeteilt. Die Elbarmee befehligte der General Herwarth von Bittenfeld, die I. Armee Prinz Friedrich Karl, die II. Armee der Kronprinz Friedrich Wilhelm. Sie sollten einzeln die Sudeten überschreiten und sich bei Gitschin in Böhmen vereinigen. Die Elbarmee und die I. Armee drangen von Norden her über das Gebirge und stellten die Verbindung unter sich her, nachdem sie die ihnen entgegentretenden feindlichen Abteilungen geschlagen hatten. Schwerer war die Aufgabe des Kronprinzen. Er mußte wegen der Enge der schlesischen Gebirgspässe drei voneinander entfernte Straßen benutzen, auf denen seine Truppen einzeln angegriffen und in das Gebirge zurückgeworfen werden konnten. Eine Heeresabteilung wurde auch wirklich von den Österreichern zurückgedrängt. Die auf der mittleren Straße marschierende Garde wetzte aber die Scharte aus, indem sie am Tage darauf den Feind bei Trautenau besiegte. Glänzend löste General v. Steinmetz, der mit seinem Korps die südöstlichste Straße eingeschlagen hatte, seine Aufgabe. Aus dem Gebirge heraustretend, zertrümmerte er an drei hintereinander folgenden Tagen drei verschiedene österreichische Armeekorps, die sich ihm einzeln entgegenstellten. (Nach dem Orte der ersten Schlacht erhielt er den Ehrennamen „Der Löwe von Nachod".) Die Verbindung der drei preußischen Armeen war nun hergestellt. König Wilhelm begab sich mit Moltke, Roon und Bismarck nach Böhmen und übernahm den Oberbefehl.

d) Die Schlacht bei Königgrätz. Der österreichische Oberbefehlshaber riet nun seinem Kaiser dringend, sofort Frieden zu schließen, da das österreichische Heer dem preußischen nicht gewachsen sei. Er erhielt jedoch den Befehl, eine Entscheidungsschlacht zu schlagen. Daher nahm er nordwestlich der Festung Königgrätz bei dem Dorfe Sádowa eine Verteidigungsstellung ein, die er noch befestigte; besonders stark besetzte er die Höhe von Chlum. König Wilhelm beschloß, mit der Elbarmee und der I. Armee sofort anzugreifen. Noch in später Nacht erhielt der Kronprinz Befehl, mit der II. Armee zu Hilfe zu kommen. Am 3. Juli 1866 morgens gegen 8 Uhr entbrannte die Schlacht. Heldenmütig drangen die preußischen Truppen gegen die verschanzten Stellungen der Österreicher vor. Unter dem furchtbaren Geschützfeuer des Feindes häuften sich die Verluste bald in erschreckender Weise. Besonders schwer litten die Magdeburgischen Regimenter unter General v. Fransecki (sprich „Franzki"!), die in den „Swiepwald" eingedrungen waren. Als ein weiteres Vorwärtskommen unmöglich war, setzten sich die tapferen Truppen am Waldrande fest, und General Fransecki stieß seinen Degen in die Erde mit den Worten: „Hier sterben wir!" Im Kampfe mit mehr als vierfacher Übermacht und unter furchtbarem Geschützfeuer hielten die zusammengeschossenen Bataillone ihre Stellung fest. Endlich gegen 2 Uhr kam der Kronprinz mit seinem Heere auf dem Schlachtfelde an. Unablässig war die II. Armee gegen Flanke und Rücken des Feindes marschiert, und am Nachmittage erstürmte die preußische Garde die Höhe von Chlum. Um nicht abgeschnitten zu werden, mußte der tapfere Gegner den Rückzug antreten. Die blutigste und größte Schlacht seit der großen Völkerschlacht bei Leipzig war geschlagen worden. Auf der Höhe von Chlum traf König Wilhelm mit dem Kronprinzen zusammen, schloß ihn tief bewegt in die Arme und schmückte ihn mit dem höchsten preußischen Kriegsorden. — Die preußischen Heere drangen nun unaufhaltsam gegen Wien vor, so daß der Kaiser von Österreich schleunigst Friedensverhandlungen anknüpfte.

e) Der Mainfeldzug. Die preußischen Streitkräfte, die gegen Süddeutschland zu kämpfen bestimmt waren, drängten die Bayern in mehreren siegreichen Gefechten über den Main und besetzten Frankfurt. Später überschritten die preußischen Truppen unter dem Befehle des Generals v. Manteuffel den Main und schlugen die Süddeutschen noch an der Tauber.

f) Der Friedensschluß. Die Friedensbedingungen, die dem besiegten Kaiserstaate auferlegt wurden, waren sehr milde. Bismarck wollte zwar Österreich aus Deutschland hinausdrängen, um die deutsche Einigung zu ermöglichen, es aber nicht zu einem unversöhnlichen Gegner machen. Auch galt es, einen schnellen Friedensschluß zu erreichen. Denn Napoleon III. versuchte schon, sich zum Schiedsrichter zwischen Österreich und Preußen aufzuwerfen. Er hoffte, auf diese Weise deutsches Gebiet für sich zu gewinnen. Daher forderte Bismarck keine Landabtretung von Österreich; auch Sachsen blieb im ganzen Umfange erhalten. (Venetien freilich mußte Österreich an Italien überlassen, obgleich die Italiener zu Wasser und zu Lande geschlagen worden waren.) Österreich schied aus Deutschland aus, zahlte 60 Millionen Mark Kriegsentschädigung und verzichtete zugunsten Preußens auf Schleswig-Holstein. — Die süddeutschen Staaten zahlten ebenfalls geringe Kriegskosten. Sie schlossen auf Bismarcks Veranlassung mit Preußen ein geheimes Bündnis, nach dem sie im Falle eines Krieges ihre Truppen unter den Oberbefehl König Wilhelms stellten. — Schleswig-Holstein, Hannover, Kurhessen, Nassau, Hessen-Homburg und die freie Stadt Frankfurt a. M. wurden Preußen einverleibt. (Karte!)

g) Ergebnisse des Krieges. Aus den erworbenen Gebieten wurden die drei Provinzen Schleswig-Holstein, Hannover und Hessen-Nassau gebildet. Damit war der

Zusammenhang zwischen den östlichen und westlichen Landesteilen Preußens und der Zugang zur Nordsee hergestellt. Es gibt jetzt im ganzen 12 preußische Provinzen, da die Provinz Preußen geteilt worden ist. (Vgl. S. 115, 15.) — Alle Länder nördlich des Mains vereinigten sich unter Führung Preußens zu dem „Norddeutschen Bunde". Ein gewaltiger Schritt zur Errichtung des ersehnten einigen Deutschen Reiches war damit getan.

6. **Der Deutsch-Französische Krieg 1870/71.** a) Anlaß. Die Franzosen hatten die preußischen Ruhmestaten mit Neid, die fortschreitende Einigung Deutschlands mit Besorgnis verfolgt. Sie sahen die Niederlage Österreichs fast wie eine eigene an und forderten „Rache für Sádowa". Napoleon III. fürchtete, seinen Thron zu verlieren, wenn er sein wankendes Ansehen nicht durch einen ruhmvollen Feldzug gegen Preußen bei dem ehrgeizigen Volke befestigte. Er hoffte dabei, daß Österreich, Italien und Dänemark ihn unterstützen und die süddeutschen Staaten das Bündnis mit Preußen nicht halten würden. Ein Vorwand zum Kriege war bald gefunden. — Die Spanier boten 1870 dem Prinzen Leopold von Hohenzollern, der dem süddeutschen Zweige des Hohenzollerngeschlechtes angehörte, die Königskrone an. Da erklärte die französische Regierung, sie werde nicht dulden, daß ein Hohenzoller den spanischen Thron besteige, weil darin eine Bedrohung Frankreichs liege. Prinz Leopold verzichtete daraufhin auf die spanische Krone. Aber nun verlangte der französische Botschafter, König Wilhelm solle an Napoleon einen entschuldigenden Brief schreiben. In diesem sollte er versprechen, daß er auch für die Zukunft dem Prinzen Leopold die Annahme der spanischen Krone verbieten werde. Ohne Ursache hätte er sich dadurch vor Napoleon gedemütigt. König Wilhelm, der in Ems zur Kur weilte, wies daher diese Zumutung würdevoll zurück. Er erklärte, für ihn sei die Angelegenheit durch den Verzicht des Prinzen erledigt. Als der französische Botschafter neue Unterredungen nachsuchte, um seine Forderung zu wiederholen, ließ ihm der König sagen, er habe ihm nichts weiter mitzuteilen. In der französischen Volksvertretung waren inzwischen heftige Reden gegen Preußen gehalten worden. In Paris zogen aufgeregte Menschenmassen mit dem Rufe: „Nach Berlin!" durch die Straßen. Als Bismarck die telegraphische Nachricht von der Abweisung des französischen Botschafters in Ems veröffentlichte, stieg die Erregung in Paris auf den Gipfel. Der französische Kriegsminister erklärte der Volksvertretung: „Frankreich ist vollbereit!", und so wurde der Krieg an Preußen erklärt. — König Wilhelm reiste, von brausendem Jubel des Volkes auf allen Bahnhöfen begrüßt, nach Berlin und befahl, das Heer kriegsbereit zu machen. Am Todestage seiner Mutter besuchte er die Gräber seiner Eltern und erneuerte dann den Orden vom Eisernen Kreuze. — Die süddeutschen Staaten, auf deren Abfall Napoleon III. gerechnet hatte, stellten dem Bündnisse getreu ihre Truppen unter König Wilhelms Befehl. Die wehrhaften Männer aller deutschen Stämme eilten unter dem Gesange der „Wacht am Rhein" zu den Waffen. Alldeutschland nahm den Kampf auf.

b) Die Aufstellung der Heere. Nach den Plänen des Generals von Moltke begann der Aufmarsch der deutschen Heere. Tag und Nacht beförderten die Eisenbahnen Truppen und Kriegsgerät an den Rhein. Nach 14 Tagen standen über 400000 Mann an der französischen Grenze. Drei große Armeen wurden gebildet. Die I. Armee sammelte sich zwischen Coblenz und Trier; sie stand unter dem Befehle des Generals v. Steinmetz. Die II. Armee unter dem Prinzen Friedrich Karl nahm in der Rheinpfalz Aufstellung. Die III. Armee setzte sich aus den süddeutschen Truppen und drei preußischen Korps zusammen. Sie wurde in der Gegend von Mannheim zusammengezogen und von dem Kronprinzen Friedrich Wilhelm von Preußen befehligt. Zur Verteidigung der Seeküsten gegen die überlegene französische Flotte waren 90000 Mann bestimmt. König Wilhelm begab sich mit Moltke, Roon und Bismarck an die Westgrenze und übernahm den Oberbefehl über die drei Armeen. — Die Franzosen hatten zwei Heere gebildet. Das eine, die Rheinarmee, unter Bazaine (basähn), stand bei Metz, das andre, unter Mac Mahon, bei Straßburg. Zu diesem gehörten auch die Turkos, mohammedanisch-arabische Truppen, die aus Algier hergeholt worden waren. Napoleon hatte sich der Armee Bazaines angeschlossen.

c) Die Schlachten an der Grenze. Der Aufmarsch der französischen Truppen ging trotz der stolzen Versicherung des Kriegsministers nur unter Schwierigkeiten vonstatten. Die Regimenter waren nicht vollzählig und ihre Ausrüstungen unvollständig. Trotzdem drängte Napoleon zum Kampfe. Ein französisches Korps überschritt am 2. August die Grenze und griff die schwache Besatzung der preußischen Stadt Saarbrücken lebhaft an. Die preußischen Truppen gingen vor der Übermacht tapfer kämpfend zurück, so daß die Franzosen in Saarbrücken einrücken konnten. Während des Kampfes hatte Napoleons einziger Sohn, der 14 jährige Louis, mit eigener Hand ein Geschütz abgefeuert. Darüber berichtete man nach Paris, der Prinz habe „die Feuertaufe mutig bestanden". Das unbedeutende Grenzgefecht wurde als ein gewaltiger Sieg dargestellt. In Paris erhob sich großer Jubel. — Nachdem der Aufmarsch der Deutschen vollendet war, überschritt der Kronprinz mit der III. Armee zuerst die Grenze. Seine Truppen, Bayern und Preußen, griffen die Vorhut Mac Mahons am 4. August bei Weißenburg an und erstürmten den dahinterliegenden, steilen Geisberg. Zwei Tage darauf kam es mit Mac Mahons Hauptmacht bei Wörth zur Schlacht. Die Franzosen, die mit glänzender Tapferkeit fochten, wurden von den Höhen am Flüßchen Sauer nach furchtbarem Kampfe vertrieben. Um die Schlacht zu retten, warf Mac Mahon dem unaufhaltsam vordringenden deutschen Fußvolke seine Reitergeschwader entgegen. Aber die stolzen Regimenter brachen unter dem vernichtenden Gewehrfeuer der Deutschen zusammen. In Unordnung flutete die geschlagene französische Armee zurück. — An demselben Tage griffen Teile der beiden andern Armeen die von den Franzosen besetzten Spicherer Höhen südlich von Saarbrücken an. Das preußische Fußvolk erkletterte unter schweren Verlusten die steilen Hänge und schlug die Franzosen in die Flucht.

Nach diesen siegreichen Schlachten hüteten sich die fremden Staaten, für Frankreich das Schwert zu ziehen. Nicht auf deutschem Boden, wie der Kaiser Napoleon gehofft hatte, sondern in Frankreich wurde der Krieg nun ausgefochten.

d) Die Schlachten bei Metz. Bazaine wagte es nicht mehr, den Deutschen allein entgegenzutreten. Er beschloß weiter zurückzugehen und sich mit Mac Mahon zu vereinigen, der seine geschlagene Armee ordnete und ergänzte. Aber er wurde von Steinmetz ungestüm angegriffen, mehrere Tage aufgehalten und gegen Metz gedrängt. Von hier standen ihm zum Rückzuge zwei Straßen zu Gebote, eine südliche und eine nördliche. Die deutsche Heeresleitung wollte jedoch Bazaines Abmarsch verhindern. Die II. Armee überschritt deshalb südlich von Metz die Mosel, und das dritte Korps (Brandenburger), das sich an der Spitze befand, griff am 16. August die abziehenden Franzosen bei Mars la Tour-Vionville an. Wohl wurde der Feind dadurch am Weitermarsche gehindert, aber das eine preußische Korps wurde von der Übermacht fast umklammert und erlitt furchtbare Verluste. Die preußische Reiterei versuchte durch mehrere große Angriffe das Fußvolk zu unterstützen. Mit gewaltigem Stoße durchbrach sie die dichten Reihen der französischen Infanterie und zwang auch die feindlichen Batterien zu schleuniger Flucht. Aber kaum die Hälfte der todesmutigen Streiter kehrte von dem Ritte zurück. (Gedicht: Die Trompete von Mars la Tour.) Endlich, als die Kräfte der braven Brandenburger fast erschöpft waren, kam die ersehnte Hilfe. — Die nördliche Abmarschstraße war für Bazaine noch offen geblieben. Er setzte jedoch seinen Rückzug nicht fort, sondern bezog auf der Hochebene westlich von Metz feste Stellungen. Hier traf ihn am 18. August von Süden und Westen her bei **Gravelotte-St. Privat** der Angriff der I. und II. Armee. König Wilhelm führte selbst den Oberbefehl. Das zwölfte (Königl. Sächsische)

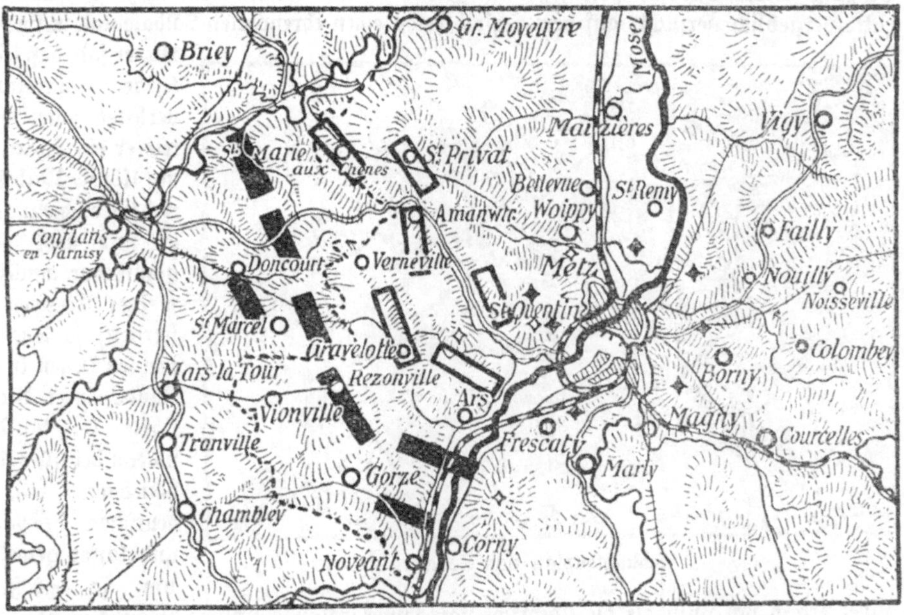

Schlachtenplan von Metz.

Korps und die Garde umgingen in weit ausholendem Marsche den französischen rechten Flügel, der die Dörfer St. Marie und St. Privat besetzt hielt. Hier tobte die Schlacht am heißesten. Besonders von den hochgelegenen, ummauerten Gehöften von St. Privat schlug den Sturmkolonnen ein vernichtendes Feuer entgegen. In mehreren Regimentern wurden sämtliche Offiziere getötet oder verwundet. Nach mörderischem Kampfe gelang es, die brennenden Dörfer zu erstürmen. Bei Gravelotte warf noch am späten Abend der General Fransecki mit dem zweiten Korps (Pommern) die Franzosen zurück. Mit diesen Erfolgen war die Schlacht, die blutigste des Krieges, entschieden: Bazaine wurde mit der ganzen französischen Rheinarmee in die Festung Metz hineingedrängt und darin von allen Seiten eingeschlossen. Napoleon hatte vor der Schlacht das Heer verlassen und war zu Mac Mahon geflohen. — Prinz Friedrich Karl belagerte nun mit der I. und II. Armee Metz. Drei Korps, nämlich die Garde, das vierte (Prov. Sachsen) und das zwölfte (Kgr. Sachsen), wurden aber ausgeschieden und als IV. Armee unter den Befehl des Kronprinzen Albert von Sachsen gestellt.

e) **Sedan.** Mac Mahon wollte mit seiner neu geordneten Armee Bazaine befreien und suchte auf einem Umwege von Norden her nach Metz zu gelangen. Die deutsche Reiterei stellte jedoch seine Bewegungen fest. Die III. und IV. Armee schwenkten in einem großen Bogen nach Norden, um ihm den Weg zu verlegen, und erreichten ihn im Tale der Maas, unfern der belgischen Grenze. Auf den Hochebenen östlich und südlich der kleinen Festung **Sedan** hatte Mac Mahon sein Heer aufgestellt. Die deutschen Armeen griffen ihn hier am 1. September an und schlossen im Laufe des Tages weit um Sedan herum einen undurchdringlichen Ring. Trotz tapferster Gegenwehr wurden die Franzosen überall zurückgeworfen. Am Nachmittage fluteten die geschlagenen Truppen von allen Seiten in die überfüllte, enge Stadt hinein. Dort waren sie dem Feuer der deutschen Geschütze widerstandslos preisgegeben. Jeder weitere Kampf war nutzlos. Napoleon hatte vergeblich versucht, auf dem Schlachtfelde einen ehrenvollen Soldatentod zu finden.

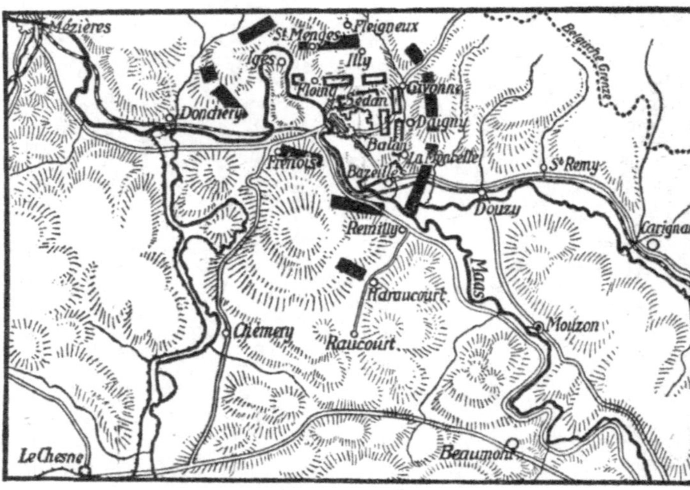

Schlachtenplan von Sedan.

Als er sah, daß seine Armee unrettbar verloren war, richtete er ein Schreiben an König Wilhelm, in dem es hieß: „Da es mir nicht vergönnt war, inmitten meiner Truppen zu sterben, so lege ich meinen Degen in die Hände Eurer Majestät!“ Daß sich Napoleon bei Mac Mahon befand, war im deutschen Heerlager unbekannt gewesen; um so größerer Jubel erhob sich nun, als die Nachricht von seiner Gefangennahme bekannt wurde. Der Rest der französischen Armee, 100 000 Mann, mußte sich am Tage nach der Schlacht dem Sieger ergeben. Tief ergriffen von den gewaltigen Ereignissen, telegraphierte König Wilhelm seiner Gemahlin: „Welch eine Wendung durch Gottes Fügung!“ Napoleon wurde auf Schloß Wilhelmshöhe bei Kassel bis zum Friedensschlusse gefangen gehalten wenige Jahre danach ist er in England gestorben.

f) **Der Belagerungskrieg.** Auf die Nachricht von den Ereignissen in Sedan brach in Paris die Revolution aus. Napoleon wurde für abgesetzt und Frankreich zur Republik erklärt; die Kaiserin floh nach England. Aber keinen Fuß breit seines Landes, keinen Stein seiner Festungen wollte Frankreich dem Sieger überlassen. Es setzte, obgleich die deutschen Heere (III. und IV. Armee) Paris belagerten, den Krieg entschlossen fort: das ganze Volk wurde zu den Waffen gerufen. In den von den Deutschen besetzten Landesteilen bildeten sich bewaffnete Banden (Franktireurs), die kleinere deutsche Abteilungen überfielen. Die deutschen Truppen wurden durch die Belagerung von Straßburg, Metz, Paris und vieler kleineren Festungen festgehalten. Den zum Entsatze von Paris herbeieilenden französischen Volksheeren konnten daher nur schwache bayrische Abteilungen unter General von der Tann entgegengestellt werden. Aber dieser schlug die Franzosen in der Gegend von **Orleans** in zahlreichen Gefechten und hielt sie so lange von Paris fern, bis andre deutsche Truppen frei wurden. — Straßburg verteidigte sich sehr tapfer. Es mußte regelrecht belagert und beschossen werden, ehe es sich Ende September dem General v. Werder ergab. Dieser begann darauf die Belagerung von Belfort. — In Metz hielt sich Bazaine noch längere Zeit. Er suchte durch mehrere große Ausfälle den Ring zu sprengen, der ihn einschloß. Als alle Lebensmittel aufgezehrt waren, mußte er jedoch Ende Oktober die Festung und sein ganzes Heer von 180000 Mann übergeben.

g) **Der Kampf gegen die Republik.** Durch den Fall von Metz wurde das Heer des Prinzen Friedrich Karl frei. Dieser eilte zur Unterstützung der Bayern an die Loire und vernichtete das dort stehende große französische Entsatzheer in den Schlachten bei **Orleans** und **Le Mans**. — Eine andre französische Armee suchte von Norden her der bedrängten Hauptstadt zu Hilfe zu kommen, wurde aber bei **St. Quentin** ebenfalls geschlagen und zerstreut. — Ein drittes Heer sollte Belfort befreien und in Süddeutschland eindringen. General v. Werder versperrte ihm jedoch mit etwa 40000 Mann an dem Flüßchen Lisaine (lisähn) den Weg. In Eis und Schnee rang er drei Tage lang mit dem vierfach überlegenen Feinde, bis General v. Manteuffel zu seiner Unterstützung herangekommen war. Dieser drängte die Franzosen in das Juragebirge und zwang sie, in die Schweiz überzutreten. Dort wurden sie, noch 80000 Mann stark, entwaffnet und bis zum Schlusse des Krieges gefangen gehalten. — Während dieser Kämpfe blieb Paris von den deutschen Truppen eingeschlossen. König Wilhelm leitete von Versailles aus, wo er in dem glänzenden Schlosse Ludwigs XIV. wohnte, die Belagerung der Stadt und die Bewegungen der Heere.

h) **Die Kaiserproklamation zu Versailles.** Nach so herrlichen Ruhmestaten, die von allen deutschen Stämmen gemeinsam auf Frankreichs Erde vollbracht worden waren, konnte der Main nicht länger eine Grenzlinie zwischen Nord- und Süddeutschland bilden. Im Laufe des Winters 1870/71 traten die süddeutschen Staaten dem Norddeutschen Bunde bei, und Graf Bismarck bewog den König Ludwig von Bayern, im Namen aller deutschen Fürsten den greisen König Wilhelm zu bitten, die deutsche Kaiserwürde anzunehmen. Für das deutsche Volk sprach eine Abordnung des Norddeutschen Reichstages dieselbe Bitte aus. **Am 18. Januar 1871 wurde König Wilhelm von Preußen, umgeben von einer Anzahl deutscher Fürsten und von seinen schlachtenerprobten Kriegern, im Schlosse zu Versailles zum Deutschen Kaiser ausgerufen.**

Im Spiegelsaale des Schlosses versammelten sich die Minister und Generäle sowie die Abordnung des Reichstags. Die vor Paris stehenden deutschen Truppen hatten Abgesandte mit den Fahnen geschickt. Dann betrat König Wilhelm mit vielen deutschen Fürsten den Saal. Nachdem ein von Soldaten gebildeter Sängerchor ein Lied gesungen hatte, wurde ein kurzer Gottesdienst abgehalten. Der Predigt lagen die Worte zugrunde: „Von Gottes Gnade bin ich, was ich bin!" Hierauf trat König Wilhelm vor und erklärte laut und feierlich, daß er die ihm von den deutschen Fürsten und dem deutschen Volke angebotene Kaiserwürde annehmen wolle. Er erteilte dem Kanzler des neuen Reiches, Grafen Bismarck, den Befehl, die Urkunde vorzulesen, in der dem gesamten deutschen Volke die Errichtung des neuen Deutschen Reiches kundgegeben wurde. Der Großherzog Friedrich von Baden brach sodann in den Ruf aus: „Seine Majestät Kaiser Wilhelm lebe hoch!", und alle Anwesenden stimmten begeistert dreimal ein. Glockengeläute und rollender Kanonendonner begleiteten dieses erste Hoch auf den Kaiser und verkündeten der Welt das große Ereignis. Ein mächtiges Deutsches Reich unter dem Kaiserhause der Hohenzollern war erstanden. Kronprinz Friedrich Wilhelm schrieb am Abende des unvergeßlichen Tages: „Die langjährigen Hoffnungen unserer Voreltern, die Träume deutscher Dichtungen, sind erfüllt!"

Kronprinz Friedrich Wilhelm. König Wilhelm. Roon. Bismarck. Moltke.

Wilhelm I. wird zum Deutschen Kaiser ausgerufen (nach A. v. Werner).

i) Der Einzug in Paris. In Paris, das sich noch immer hartnäckig verteidigte, war die Not auf das höchste gestiegen. Alle Vorräte waren aufgezehrt. Selbst Pferdefleisch war nicht mehr zu erhalten. Um den nagenden Hunger zu stillen, verschmähte man sogar Hunde und Ratten nicht. Bei der bittern Winterkälte gab es weder Kohlen noch Holz zum Heizen. Viele Menschen, besonders Kinder erlagen den Entbehrungen. Die Hoffnung auf Befreiung war geschwunden; die stolze Hauptstadt Frankreichs mußte dem deutschen Heere ihre Tore öffnen. An der Spitze seiner tapferen Krieger zog Kaiser Wilhelm am 1. März 1871 als Sieger ein.

k) Der Kampf zur See. Zu Beginn des Krieges erschienen große französische Geschwader in der Nord- und Ostsee. Sie versperrten die Häfen, da die schwache preußische Flotte den Kampf auf offenem Meere mit ihnen nicht wagen konnte. Nach den Niederlagen des französischen Heeres kehrten aber die feindlichen Schiffe nach Frankreich zurück, wo ihre Besatzungen als Landtruppen verwendet wurden. Bei Habana (Westindien) bestand das preußische Kanonenboot

„Meteor" ein siegreiches Gefecht mit einem französischen Kriegsschiffe, das schwer beschädigt in den fremden Hafen fliehen mußte.

l) Der Friede zu Frankfurt. Fast 400000 französische Soldaten waren in deutsche Kriegsgefangenschaft geraten und 100000 Mann über die belgische und schweizerische Grenze getrieben worden. Die meisten Festungen des Landes, mehr als 7000 Geschütze und 110 Fahnen befanden sich in den Händen der Deutschen. Frankreich war völlig niedergeworfen und mußte um Frieden bitten. Er kam zu Frankfurt a. M. zustande. Frankreich trat Elsaß (mit Straßburg, aber ohne Belfort) sowie Deutsch-Lothringen (mit Metz) ab und zahlte eine Kriegsentschädigung von 4000 Millionen Mark, bis zu deren Entrichtung französisches Gebiet besetzt blieb. — Elsaß-Lothringen wurde unmittelbares deutsches Reichsland. (Karte!) — Die Verdienste seiner getreuen Helfer Bismarck, Moltke und Roon erkannte Kaiser Wilhelm an, indem er Bismarck in den Fürstenstand, Moltke und Roon in den Grafenstand erhob. Den Kronprinzen Friedrich Wilhelm, den Prinzen Friedrich Karl und Moltke ernannte er zu Generalfeldmarschällen.

Moltke und Roon. Hellmuth v. Moltke wurde im Jahre 1800 in Mecklenburg geboren. Er war erst dänischer Offizier, trat aber dann in preußischen Dienst, wo er zum General emporstieg. Die Pläne der Feldzüge 1864, 1866 und 1870/71 sind von ihm entworfen worden, und daher gebührt ihm an den großen Erfolgen ein Hauptverdienst. Er war ein hagerer Mann und erhielt wegen seines ernsten und wortkargen Wesens den Beinamen „der große Schweiger". Bis 1888 stand er an der Spitze der Armee. Er starb 1891 in Berlin. — Albrecht v. Roon, geboren 1803, verbesserte als Kriegsminister Einrichtung und Bewaffnung der preußischen Armee. Er führte die Vermehrung des Heeres durch, das nach seinen Plänen in 14 Tagen kriegsbereit gemacht werden konnte. Auf diese Weise wurden die schnellen und großen Erfolge der drei Feldzüge erst möglich. Er starb 1879.

7. **Das neue Deutsche Reich.** a) Die Reichsverfassung. Das Deutsche Reich bildet einen Bundesstaat, zu dem vier Königreiche, sechs Großherzogtümer, fünf Herzogtümer, sieben Fürstentümer, drei freie Städte und das Reichsland Elsaß-Lothringen, zusammen also 26 Staaten, gehören. An seiner Spitze steht der König von Preußen als erblicher Deutscher Kaiser. Er ist Oberbefehlshaber über Heer und Flotte, erklärt Krieg, schließt Frieden, vertritt das Reich dem Auslande gegenüber und ernennt die Reichsbeamten. Der preußische Thronfolger ist zugleich Kronprinz des Deutschen Reiches. — Der Bundesrat besteht aus 61 Mitgliedern, die von den einzelnen Regierungen ernannt werden. (Preußen hat 17 Stimmen, Bayern 6 usw.) Er bereitet die Gesetze vor, die der Reichstag beraten soll. — Der Reichstag zählt 397 Mitglieder, die auf fünf Jahre gewählt werden; die Wahl erfolgt durch Stimmzettel und ist geheim. Jeder deutsche Mann, der 25 Jahre alt ist, darf wählen und gewählt werden. Der Reichstag gibt in Gemeinschaft mit dem Bundesrate Gesetze und bestimmt über Einnahmen und Ausgaben des Reiches. — Der Reichskanzler, der vom Kaiser ernannt wird, leitet alle Angelegenheiten des Reiches. Er ist gleichzeitig preußischer Ministerpräsident und Minister des Äußern. Für die einzelnen Zweige der Verwaltung bestehen acht Reichsämter. Unter der Leitung von Staatssekretären stehen: das Auswärtige Amt, das Reichsmarineamt, das Reichsschatzamt, das Reichsamt des Innern, das Reichsjustizamt, das Reichspostamt und das Reichskolonialamt. An der Spitze des Reichseisenbahnamtes steht ein Präsident. — Die Reichsfarben sind schwarz, weiß, rot.

b) Heer und Marine. Jeder gesunde Deutsche ist militärpflichtig. Die Dienstpflicht beginnt mit dem 20. Lebensjahre. Der Soldat dient jetzt zwei Jahre, bei den berittenen Truppen drei Jahre lang im stehenden Heere. Junge Männer, die sich eine höhere Bildung angeeignet haben und sich selbst erhalten, können ihrer Militärpflicht als Einjährig-Freiwillige genügen. Bis zum 27. Lebensjahre gehört der ausgebildete Soldat der Reserve, bis zum 32. Lebensjahre der Landwehr ersten Aufgebots, bis zum 39. Jahre der Landwehr zweiten Aufgebots an. Daneben besteht noch der Landsturm, dem auch die weniger diensttauglichen Männer bis zum 45. Lebensjahre zugeteilt sind. Wenn Krieg ausbricht, werden die Reservisten und Landwehrleute zu den Fahnen einberufen. In Friedenszeiten werden sie, bis sie 32 Jahre alt sind, zuweilen zu Übungen eingezogen. Der Landsturm tritt nur zusammen, wenn ein Feind ins Land eingedrungen ist. Die alte Einteilung der preußischen Truppen ist geblieben (vgl. S. 116, b). Die Mannschaften der Bundesstaaten sind, zum Teil in besonderen Armeekorps, angegliedert. Gegenwärtig ist die Zahl der Armeekorps auf 20 gestiegen. Dazu kommen noch die 3 bayrischen Korps, die im Kriege unter den Befehl des Kaisers treten. — Unablässig war Kaiser Wilhelm bemüht, die Truppen immer besser auszubilden und schlagfertig zu erhalten. Die Festungen Metz, Straßburg u. a. wurden weiter ausgebaut und durch Außenwerke verstärkt. — Gleich nach dem Kriege wurde eine kaiserliche Marine gegründet, in der die preußische Flotte (S. 121, 7) aufging. Kiel und Wilhelmshaven wurden allmählich zu Kriegshäfen ausgebaut und durch Küstenbatterien stark befestigt. Um in Kriegszeiten die gesamte Flotte schnell vereinigen zu können, wurde der Bau des Nordostsee-Kanals in Angriff genommen. Die neue Marine war freilich nur klein und sollte hauptsächlich zum Schutze der deutschen Meeresküsten dienen.

c) Reichssteuern. Zu den Kosten des Heeres, der Marine und der sonstigen Reichseinrichtungen werden keine direkten Steuern gezahlt. Wohl aber fließen die Überschüsse der Post-, Telegraphen- und Eisenbahnverwaltung in die Reichskasse. Die Haupteinnahmen bilden jedoch die Zölle und indirekten Steuern. Für viele Waren, die aus fremden Ländern eingeführt werden, z. B. Kaffee, Tee, Seide, Tabak, Petroleum, Getreide, muß an das Reich eine Abgabe gezahlt werden. Dieser Zoll ist für die einzelnen Waren verschieden und wird in der Regel nach dem Gewicht berechnet. Auf manche einheimische Erzeugnisse, z. B. Bier, Branntwein, Zucker, Tabak, Streichhölzer sind indirekte Steuern gelegt. Diese zahlt der Fabrikant und läßt sie sich durch erhöhte Preise vom Volke zurückgeben. Soweit alle diese Einnahmen nicht ausreichen, um die Ausgaben zu decken, werden noch von den einzelnen Bundesstaaten Beiträge erhoben. — Bundesrat und Reichstag stellen für jedes Jahr im voraus einen Reichshaushaltsplan auf, in dem alle Einnahmen und Ausgaben des Reiches aufgezählt sind. Für außergewöhnliche, große Ausgaben werden Anleihen aufgenommen, die das Reich aus den laufenden Einnahmen verzinst.

d) Post, Telegraphie und Eisenbahn. Schon im Norddeutschen Bunde war das Postwesen gemeinsam verwaltet worden. Nach dem großen Kriege schloß sich auch Baden dem norddeutschen Postvereine an. Bayern und Württemberg behielten jedoch ihre eigenen Postverwaltungen, Bayern hat jetzt noch besondere Briefmarken. Ausgezeichnete Verdienste um das Postwesen erwarb sich der Staatssekretär von Stephan. Schon im Kriege hatte er eine musterhafte Feldpost eingerichtet. Durch diese konnten die deutschen Soldaten ihren Angehörigen Nachrichten geben und von ihnen empfangen. Stephan führte im Reichspostgebiete ein billiges und einheitliches Porto für Briefe, Karten, Pakete und Geldsendungen ein. Tausende von neuen Postämtern wurden errichtet. Mit der Post wurde die Telegraphie verbunden. Die deutsche Post wurde bald wegen der Zuverlässigkeit und Schnelligkeit, mit der sie die ihr anvertrauten Sachen beförderte, in der ganzen Welt bekannt. — Im Königreiche Preußen wurden die Eisenbahnen, so weit sie sich noch im Besitze von Gesellschaften befanden, angekauft. Der Staat nahm fast sämtliche Bahnen in eigene Verwaltung. Später (1896) vereinigte das Großherzogtum Hessen seine Eisenbahnen mit den preußischen Staatsbahnen. Reichseisenbahnen gibt es nur in Elsaß-Lothringen.

e) Rechtspflege. In Preußen wurde im Jahre 1877 das Gerichtswesen neu geordnet. Man unterscheidet von dieser Zeit an Amtsgerichte, Landgerichte und Oberlandesgerichte. Die Amtsgerichte haben bei kleineren bürgerlichen Streitigkeiten Recht zu sprechen. Jedem Amtsgericht ist ein Schöffengericht angegliedert. Es besteht aus dem rechtsgelehrten Amtsrichter und zwei unbescholtenen Bürgern, den Schöffen, die durch das Los bestimmt werden. Es urteilt über Übertretungen und kleine Strafsachen, z. B. einfache Diebstähle. Damit das Schöffengericht nicht wegen jeder geringfügigen Beleidigung angerufen wird, sind angesehene Bürger als Schiedsmänner eingesetzt. Sie müssen vorher versuchen, die Streitenden gütlich zu einigen. — Landgerichte befinden sich in der Regel nur in den größeren Städten. Bei bürgerlichen Rechtsstreitigkeiten sind sie mit drei, bei Strafsachen mit fünf rechtsgelehrten Richtern besetzt. Zu den Landgerichten gehört gewöhnlich auch ein Handelsgericht. Es besteht aus einem Richter und zwei Kaufleuten. Von Zeit zu Zeit wird bei den Landgerichten ein Schwurgericht gebildet, das über schwere Verbrechen, z. B. Mord, Meineid, Brandstiftung, urteilt. Zwölf Geschworene haben dabei über Schuld oder Nichtschuld zu entscheiden, drei rechtsgelehrte Richter setzen die Strafe fest. Die Geschworenen sind Männer aus dem Volke. Sie müssen vor der Verhandlung einen Schwur ablegen, daß sie nach bestem Wissen richten wollen. — In jeder Provinz gibt es als höchsten Gerichtshof ein Oberlandesgericht. Es besteht nur aus gelehrten Richtern und entscheidet, wenn gegen Urteile der Landgerichte Beschwerde erhoben worden ist. — In den andern Bundesstaaten ist die Rechtspflege ähnlich geordnet. Das oberste Gericht für ganz Deutschland ist das Reichsgericht in Leipzig. Es steht über allen Gerichten der Bundesstaaten und ist eine Reichsbehörde. Gegen seine Entscheidung gibt es keine Berufung mehr. Im ganzen Deutschen Reiche gilt für Strafsachen das deutsche Strafgesetzbuch, für bürgerliche Streitigkeiten (seit 1900) das Bürgerliche Gesetzbuch.

f) Wichtige Gesetze (vgl. S. 146, 11). Je mehr und je größere Fabriken im Laufe der Zeit gegründet wurden, um so mehr wuchs die Zahl der Menschen, die in ihnen Beschäftigung fanden: die Arbeiterklasse wurde durch Zuzug vom Lande allmählich die zahlreichste im Reiche. Nun ist aber der Absatz der Waren oft Schwankungen unterworfen. Da bei geringem Verkaufe nicht selten Leute entlassen wurden, geriet der Arbeiter mit seiner Familie in eine unsichere Lebenslage. Besonders mußte er in Tagen der Krankheit oft Not leiden. Da richtete Kaiser Wilhelm 1881 an den Reichstag eine kaiserliche Botschaft. In dieser forderte er die Vertretung des deutschen Volkes auf, zur Besserung der Lage der Arbeiterklasse besondere Gesetze zu beraten. So entstanden das Kranken- und Unfallversicherungsgesetz.

1) Gesetz über die Freizügigkeit (1868): Jeder Deutsche darf innerhalb des Reiches seinen Wohnsitz nehmen, wo er will.

2) Gesetz über den Unterstützungswohnsitz (1870): Wer in eine hilflose Lage gerät, muß von der Gemeinde, in der er zuletzt ununterbrochen 2 Jahre lang gewohnt hat, unterstützt werden.

3) Haftpflichtgesetz (1871): Wird jemand beim Betriebe der Eisenbahnen, Bergwerke und Fabriken verletzt oder getötet, so ist der Unternehmer haftpflichtig und muß den Verletzten

oder die Familie des Getöteten mit Geld entschädigen. Nur dann ist er nicht haftpflichtig, wenn der Unfall durch eigenes Verschulden des Geschädigten oder durch höhere Gewalt, z. B. Blitzschlag, verursacht worden ist.

4) Krankenversicherungsgesetz (1883): Erkrankten Arbeitern und Arbeiterinnen wird freie ärztliche Behandlung und freie Medizin sowie vom dritten Tage der Erkrankung an bis zur Dauer von 13 Wochen die Hälfte des durchschnittlichen Tagelohnes als Krankengeld gewährt. Stirbt der Kranke, so erhalten die Hinterbliebenen Sterbegeld. Zu den Krankenkassen haben die Arbeiter $^2/_3$ (in der Regel 2% des Tagelohnes), die Arbeitgeber $^1/_3$ der Beiträge zu zahlen.

5) Unfallversicherungsgesetz (1884): Erleidet ein Arbeiter einen Betriebsunfall, so haben während der ersten 13 Wochen die Krankenkassen für ihn einzutreten. Von der 14. Woche an erhält er außer den Kosten des Heilverfahrens eine Rente, bis er wieder erwerbsfähig ist. Bleibt der Verletzte vollständig erwerbsunfähig, so beträgt die Rente $^2/_3$ seines Arbeitsverdienstes; stirbt er, so empfängt seine Familie neben dem Sterbegelde eine dauernde Rente. — Die Beiträge werden von den Arbeitgebern gezahlt.

8. **Deutschlands Weltstellung.** „Allezeit Mehrer des Reiches zu sein, nicht an kriegerischen Eroberungen, sondern an Gütern und Gaben des Friedens", das hatte Kaiser Wilhelm am 18. Januar 1871 in Versailles versprochen. Siebzehn Jahre hat er an der Spitze des Reiches gestanden, für die ganze Welt ein Schirmherr des Friedens. Beraten von seinem großen Kanzler, dem Fürsten Bismarck, wahrte er dem deutschen Volke die geachtete Stellung, die es sich unter blutigen Opfern erkämpft hatte. — Auf Einladung Deutschlands traten Gesandte aller gebildeten Völker zusammen und gründeten 1874 den Weltpostverein. Durch ihn wurde es ermöglicht, für billigen Preis Briefe usw. nach allen Teilen der Erde zu senden. — Als nach einem Feldzuge Rußlands gegen die Türkei 1877/78 wegen der Friedensbedingungen zwischen den Völkern Europas Krieg auszubrechen drohte, lud Fürst Bismarck Vertreter der europäischen Staaten zu dem Berliner Kongresse ein. Hier wurden unter seinem Vorsitze die Verhältnisse der Balkanhalbinsel geordnet und die Streitigkeiten beigelegt. — Mit Österreich schloß Fürst Bismarck 1879 ein Bündnis, dem später auch Italien beitrat. Dieser Dreibund erwies sich im Laufe der Jahre als ein mächtiger Hort des Friedens. — Im Jahre 1883 erwarb Deutschland seine ersten Kolonien und suchte damit nachzuholen, was es in der traurigen Zeit der deutschen Uneinigkeit versäumt hatte. Wenn auch die wertvollsten überseeischen Länder sich schon in den Händen anderer Völker befanden, so besitzt Deutschland doch in Togo, Kamerun, Südwestafrika, Ostafrika, Neuguinea und den Südseeinseln Gebiete, die eine große Zukunft versprechen.

Um die Erinnerung an die Ruhmestaten der Väter auch in den kommenden Geschlechtern wach zu erhalten, entstand das Nationaldenkmal auf dem Niederwalde bei Rüdesheim, das im Beisein des greisen Kaisers feierlich enthüllt wurde.

9. **Der innere Aufschwung.** a) Handel, Gewerbe, Verkehr. In den einzelnen Bundesstaaten waren bisher verschiedene Münzen, Maße und Gewichte in Gebrauch. Dadurch wurde der Handel sehr erschwert. Bald nach Gründung des Reiches trat hierin eine Änderung ein. Dem Münzwesen wurde die Mark, den Maßen das Meter, den Gewichten das Kilogramm zugrundegelegt. — Um das Gewerbe zu fördern, belegte man ausländische Erzeugnisse mit einem „Schutzzoll", z. B. Seidenwaren, Südfrüchte und Eisen. Muster- und Patentschutzgesetze verhinderten, daß Erfindungen nachgeahmt und die Erfinder um die Frucht ihres Fleißes gebracht wurden. Da das Vermögen der einzelnen Bürger zu großen Unternehmungen oft nicht ausreichte, gründete man Aktiengesellschaften, für welche die Gesetze eine bestimmte Ordnung vorschreiben. An diesen ist der einzelne nur mit einer gewissen Summe beteiligt. Auch Handwerker und Kleingewerbe-

treibende können sich auf diese Weise zusammenschließen und mit dem Großgewerbe den Wettbewerb aufnehmen. Banken, besonders die Reichsbank, sowie zahlreiche Vorschuß- und Sparkassen erleichterten den Geldverkehr. Im Beginn der 80er Jahre fing man an, den Fernsprecher im geschäftlichen Verkehre allgemein anzuwenden. Technische Hochschulen (Charlottenburg), kunstgewerbliche Fach- und Fortbildungsschulen sorgten dafür, daß junge Leute eine tüchtige technische Ausbildung erhielten. So entwickelte sich unter dem Schutze des Reiches eine gewaltige gewerbliche Tätigkeit. Diese hatte wieder ein schnelles Aufblühen der Städte zur Folge. Um bei dem plötzlichen Anwachsen der Bevölkerung Krankheiten zu verhüten, mußten die Gemeinden ihre Einrichtungen verbessern. Wasserleitungen, Kanalisation, Schlachthäuser wurden als unentbehrlich erkannt. Gasanstalten und Elektrizitätswerke sorgten für gute Beleuchtung. Straßenbahnen, die aber zunächst mit Pferden betrieben wurden, vermittelten den schnellen Verkehr zwischen den einzelnen Stadtteilen. Besonders rasch entwickelte sich die Reichshauptstadt Berlin. Ihre Bevölkerungszahl überschritt die erste Million; jetzt ist sie auf mehr als drei Millionen gestiegen.

b) Landwirtschaft. Wo der Boden fruchtbar genug war, baute der Landwirt die Zuckerrübe an. In der Provinz Sachsen und in der Weichselniederung entstanden große Zuckerfabriken. Der Rohrzucker, den man vom Auslande bezogen hatte, wurde von dem Rübenzucker völlig verdrängt. Deutschland versorgte bald sogar fremde Länder mit Zucker. In den östlichen Provinzen, in denen viel Kartoffeln gebaut werden, richtete man auf den Gütern große Brennereien ein. In diesen wird aus Kartoffeln Spiritus gewonnen, der ebenfalls zu einem großen Teile an das Ausland verkauft wird. Gegen zu starke Einfuhr von ausländischem Getreide und Vieh wurde die Landwirtschaft durch Zölle geschützt. Neue landwirtschaftliche Hochschulen wurden gegründet.

c) Kirche und Schule. Früher mußte man Geburten und Todesfälle bei den Geistlichen anmelden. Diese stellten darüber Bescheinigungen aus, die bei Erbschaften u. dgl. vor Gericht Geltung hatten. Auch die Eheschließungen erfolgten nur durch die Kirche. Unter dem Kultusminister Dr. Falk wurden durch Gesetzgebung die „Standesämter" geschaffen. In diesen vollziehen Beamte die Eheschließungen und stellen über Geburten, Todesfälle usw. Urkunden aus. Die kirchliche Einsegnung der Ehe darf erst nach der bürgerlichen Eheschließung erfolgen. Zwischen der katholischen Kirche und dem preußischen Staate entbrannte über die beiderseitigen Machtbefugnisse in manchen kirchlichen Angelegenheiten ein langer, erbitterter Streit, der „Kulturkampf". Im Jahre 1873 wurden die sogenannten Maigesetze erlassen. Diese stellten an das katholische Volk und seine Geistlichen Forderungen, die der Lehre der katholischen Kirche widersprachen. Die Katholiken kamen dadurch in eine schwierige Lage, hielten aber unerschütterlich fest in der Liebe zu ihrer Kirche und in der Treue zu ihrem Kaiser. Man sah auch bald ein, daß dieser Streit dem Staate und der Kirche Schaden brachte. Durch das persönliche Entgegenkommen der obersten Gewalten in Staat und Kirche (Kaiser Wilhelms I. und des Papstes Leo XIII.) wurde allmählich der Friede zwischen Staat und Kirche wiederhergestellt. — Die Volksschule erfuhr in Preußen große Fürsorge. Besonders wichtig war das unter dem Minister Dr. Falk gegebene Schulaufsichtsgesetz, das alle Schulen unter die Aufsicht des Staats stellte. Die „Allgemeinen Bestimmungen" von 1872 schufen verbesserte Schuleinrichtungen. Der Staat gründete zahlreiche Seminare. Eine einheitliche Rechtschreibung wurde eingeführt. Leute, die nicht lesen und schreiben können, sind seit dieser Zeit in Preußen fast nicht mehr zu finden.

10. **Kaiser Wilhelms Lebensabend.** Kaiser Wilhelm blieb trotz der großen

Erfolge, an denen sein langes Leben so reich war, anspruchslos und bescheiden. Ein eisernes Feldbett war seine Lagerstatt. Seine Zimmer in Babelsberg bei Potsdam, wo er gern im Sommer weilte, zeigten die schlichteste Ausstattung. In Berlin bewohnte er ein einfaches Gebäude am Opernplatze, das er schon als Prinz bezogen hatte. In dem zu ebener Erde gelegenen, geräumigen Eckzimmer erledigte er bis in sein hohes Alter hinein die Regierungsgeschäfte. Mittags um 1 Uhr, wenn die Schloßwache mit klingendem Spiele vorüberzog, pflegte er sich von seinem Schreibtische zu erheben und an das Eckfenster zu treten. Da diese Gewohnheit bekannt war, sammelten sich täglich zur Mittagszeit Hunderte von Menschen dem „historischen Eckfenster" gegenüber, um den greisen Helden zu sehen. Mit freundlichem Gruße erwiderte der alte Kaiser die Huldigungen der Menge, ehe er in das Zimmer zurücktrat. — Im Jahre 1879 feierte Kaiser Wilhelm unter herzlicher Teilnahme seines Volkes mit seiner treuen Lebensgefährtin, der Kaiserin Augusta, das Fest der goldenen Hochzeit; 1882 wurde sein erster Urenkel, der jetzige Kronprinz, geboren. Mit den fröhlichen Worten: „Hurra, vier Kaiser!" empfing er die freudige Nachricht. — Die große Verehrung, die Kaiser Wilhelm in der ganzen Welt genoß, zeigte sich besonders, als er seinen 90. Geburtstag feierte. Fast 100 Fürsten aus Deutschland und vielen andern Staaten kamen in Berlin zusammen, um ihn, den ältesten Herrscher der Erde, zu beglückwünschen. — Aber auch das Leid verschonte den hochbetagten Kaiser nicht. Von tiefem Schmerze wurde er ergriffen, als sein einziger Sohn an einem schweren Halsleiden erkrankte und in dem milderen Klima Italiens Heilung suchen mußte.

11. **Sein Heimgang.** Bis in das höchste Greisenalter hinein hatte Gott dem Kaiser die Rüstigkeit erhalten. Noch als hoher Achtziger konnte Wilhelm I. das Roß besteigen, um seine Truppen zu besichtigen; schließlich aber machte sich doch die Schwäche des Alters geltend. Nach seinem 90. Geburtstage kränkelte Kaiser Wilhelm häufig und im März 1888 nahte das Ende. Da sein Sohn krank in Italien weilte, besprach er im Beisein des Fürsten Bismarck mit seinem Enkel, dem Prinzen Wilhelm, die Zukunft des Reiches und gab ihm seine Ratschläge. Auf die Bitte, sich zu schonen, äußerte er: „Ich habe keine Zeit, müde zu sein!" Noch auf dem Sterbebette unterschrieb er ein wichtiges Schriftstück, das ihm Fürst Bismark vorlegte. Am 9. März 1888 schloß Kaiser Wilhelm im Glauben an seinen Erlöser für immer die Augen. Mit banger Befürchtung hatte man im ganzen deutschen Vaterlande die Berichte vom Krankenlager erwartet, und tiefe Trauer ergriff bei der Todesnachricht die Herzen. Die Erinnerung an die ehrwürdige Greisengestalt Kaiser Wilhelms I. wird im deutschen Volke unvergänglich fortdauern. „Lebe wohl, alter Kaiser!" stand oben am Brandenburger Tore angeschrieben, als der Zug mit der Leiche des ersten deutschen Hohenzollernkaisers die Stadt Berlin verließ.

12. **Kaiserin Augusta.** Kaiserin Augusta war ihrem Gemahl in Freud und Leid eine verständnisvolle Gefährtin, ihrem Volke eine echte Landesmutter. Ihre schönste Aufgabe erblickte sie darin, Not zu lindern und Tränen zu trocknen. Armen-, Kranken- und Waisenhäuser, Volksküchen und viele andre Wohltätigkeitsanstalten sind auf ihre Veranlassung errichtet worden. Eine besonders rege Liebestätigkeit entfaltete sie während der Feldzüge, als es galt, den Tausenden von Verwundeten und Kranken Hilfe zu spenden. Um die Pflege im Kriege in feste Ordnung zu bringen, gründete sie den Vaterländischen Frauenverein, der bei Ausbruch eines Krieges Lazarette, Ärzte und Krankenpflegerinnen in das Feld sendet. Schon 1870 hat

er außerordentlich segensreich gewirkt und dazu beigetragen, daß viele verwundete und kranke Soldaten die Gesundheit wiedererlangt haben. — Am liebsten hielt sich die Kaiserin Augusta in Coblenz auf, wo sie am Rheine schöne Gartenanlagen geschaffen hat. In ihrem hohen Alter traf sie mancherlei Leid; im Jahre 1888 verlor sie den unvergeßlichen Gemahl und wenige Monate später den einzigen Sohn. In Gottergebung hat sie das ihr auferlegte Geschick getragen, bis sie, zwei Jahre später, 78 Jahre alt, von der Erde abgerufen wurde. Sie liegt neben Wilhelm I. zu Charlottenburg begraben.

Kaiserin Augusta.

IV. Kaiser Friedrich III. 1888.

1. **Jugendzeit.** Kaiser Friedrich III. wurde am 18. Oktober 1831 geboren. Seine Eltern nannten ihn Fritz. Als er aber nach der Thronbesteigung seines Vaters Kronprinz von Preußen wurde, führte er den Namen Friedrich Wilhelm. Im Alter von 18 Jahren bezog er die Universität Bonn, um Rechtswissenschaft zu studieren. Friedrich Wilhelm war der erste preußische Prinz, der seine Bildung auf einer Hochschule abschloß. Militärische Übungen und Unterricht in den Kriegswissenschaften wurden daneben nicht versäumt. In ihm vereinte sich die soldatische Art des Vaters mit der von der Mutter ererbten Liebe zu Kunst und Wissenschaft. Durch sein heiteres Wesen, seine Leutseligkeit und Herzensgüte erwarb er sich die Zuneigung aller, mit denen er in Berührung kam. Er wuchs zu einem stattlichen Manne mit mächtigem blonden Vollbarte heran.

2. **Sein Familienleben.** Als Kronprinz Friedrich Wilhelm 27 Jahre alt war, verheiratete er sich mit der Prinzessin Viktoria von England. Das hohe Paar führte ein außerordentlich glückliches Familienleben. Acht Kinder, vier Söhne und vier Töchter, wurden ihm geboren. Besonders gern verweilte die kronprinzliche Familie auf dem Gute Bornstedt bei Potsdam. Dort traten die jungen Prinzen und Prinzessinnen oft in ungezwungenen Verkehr mit den Dorfbewohnern. Der Kronprinz war ein großer Kinderfreund. Im Sommer veranstaltete er für die Knaben und Mädchen des Ortes Feste, bei denen sie bewirtet und beschenkt wurden. Nicht selten erschien er in der Schule. Dabei übernahm er auch persönlich den Unterricht und prüfte die Knaben in der preußischen Geschichte.

3. **Sein Wirken für das Vaterland.** Im Kriege gegen Dänemark 1864 war der Kronprinz dem General Wrangel als Berater beigegeben. Im Jahre 1866 führte er die II. Armee. Als er sich in Schlesien befand und die Feindseligkeiten eröffnet werden sollten, erhielt er unerwartet die Nachricht von dem Tode eines seiner Söhne. Da wäre er gern nach Berlin geeilt, um seiner Gemahlin in den Tagen der Trauer zur Seite zu stehen, doch die Pflicht gegen das Vaterland erlaubte es nicht. Der Kronprinz er-

Kaiserin Viktoria.

wies sich als ein geschickter und kaltblütiger Heerführer, der seinen Truppen unbegrenztes Vertrauen einflößte. Durch sein rechtzeitiges Eingreifen entschied er die Schlacht bei Königgrätz. Große Verdienste erwarb er sich auch beim Friedensschlusse. Er unterstützte den Grafen Bismarck, der Österreich keine Gebietsabtretung auferlegen wollte. Erst als der Kronprinz sich der Ansicht des Grafen anschloß, willigte König Wilhelm in die milden Friedensbedingungen ein. — Im Französischen Kriege 1870/71 befehligte der Kronprinz die süddeutschen Truppen (III. Armee), deren Zuneigung er sich bald in hohem Maße erwarb. Brausender Jubel erhob sich unter den Kriegern, wenn er sie mit einem freundlichen Worte begrüßte, oder wenn er, die kurze Pfeife im Munde, an ihren Reihen entlang ritt. Der Sieg von Wörth, die gewaltigen Ereignisse von Sedan sind mit seinem Namen untrennbar verknüpft. Für die Einigung Deutschlands und die Erneuerung der Kaiserwürde ist er mit ganzer Seele eingetreten. Wilhelm I. war anfangs wenig geneigt, die Kaiserwürde zu übernehmen. Er wollte am liebsten nur König von Preußen bleiben; doch dem Kronprinzen gelang es im Verein mit dem eisernen Kanzler, alle Bedenken seines Vaters zu zerstreuen. Seinem herzgewinnenden Wesen ist es zu danken, daß die frühere Abneigung der Süddeutschen gegen Preußen schnell überwunden wurde.

4. **Krankheit und Tod.** Im Jahre 1887 erkrankte der Kronprinz an einem Halsleiden. Bald vernahm man im deutschen Volke mit sorgenvoller Trauer, daß die Krankheit sich mehr und mehr verschlimmere. Die Ärzte sandten den kranken Fürsten, der sein Leiden mit großer Geduld und Ergebung trug, nach verschiedenen Kurorten und zuletzt nach Italien. Dort traf ihn die Nachricht von dem Tode seines Vaters. Als sterbenskranker Mann eilte er trotz des rauhen Winterwetters nach Deutschland und übernahm als „Kaiser Friedrich III." die deutsche Kaiserwürde und die preußische Königskrone. Fürst Bismarck blieb an der Spitze der Staatsleitung. Nur 99 Tage hat Kaiser Friedrich die Regierung geführt. Seine Dankbarkeit für treu geleistete Dienste bewies er dadurch, daß er den General v. Blumenthal, der ihm 1866 und 1870/71 zur Seite gestanden hatte, zum Feldmarschall ernannte. — Die schreckliche Krankheit machte immer weitere Fortschritte. Kaiser Friedrich war bald nicht mehr imstande zu sprechen und mußte seine Wünsche schriftlich mitteilen. Mit heldenhafter Überwindung trug er alle Schmerzen. Seinem ältesten Sohne, dem Kronprinzen Wilhelm, schrieb er einst auf einen Zettel: „Lerne leiden, ohne zu klagen!" Mit wehmütiger Freude wohnte er der Vermählung seines zweiten Sohnes, des Prinzen Heinrich, bei. Er nahm auch noch, auf seinen Säbel gestützt im Wagen stehend, über die 2. Garde-Infanterie-Brigade, die der Kronprinz Wilhelm ihm vorführte, eine Parade ab. Am 15. Juni 1888 machte ein sanfter Tod dem schweren Leiden des edlen Fürsten ein Ende. — Wenn Kaiser Friedrich III., den man wegen seiner Gestalt und seines Schicksals mit dem Helden Siegfried verglichen

hat, den deutschen Kaiserthron auch nur wenige Monate lang einnahm, so wird sein Name doch im Herzen des deutschen Volkes unauslöschlich fortleben. Mit der Geschichte der deutschen Einigung und der Wiederaufrichtung des Deutschen Reiches ist er für alle Zeiten verknüpft. — Kaiser Friedrichs Gemahlin starb im Jahre 1901 auf Schloß Friedrichshof im Taunus, wohin sie sich zurückgezogen hatte.

Kaiser Friedrich III.

V. Kaiser Wilhelm II.

1. **Jugendzeit.** Wilhelm II., der älteste Sohn des Kaisers Friedrich, erblickte am 27. Januar 1859 das Licht der Welt. Wie bei allen Hohenzollernprinzen ging auch bei seiner Erziehung die Ausbildung des Geistes und Körpers Hand in Hand. Als Knabe sah er Vater und Großvater in den Krieg ziehen, und Begeisterung erfüllte ihn, wenn er von den hohen Taten hörte, die unter ihrer Führung geschahen. Später wurde Prinz Wilhelm auf das Gymnasium zu Kassel gesandt; er war der erste Hohenzoller, der eine öffentliche Schule besuchte. Nachdem er 1877 die Abgangsprüfung mit Ehren bestanden hatte, bezog er die Universität Bonn, um Rechts- und Staatswissenschaften zu studieren. Mit Vorliebe beschäftigte er sich daneben mit Weltgeschichte. An dem fröhlichen Leben und Treiben der Studenten nahm der Prinz in frischer Jugendlust teil. Nach zwei Jahren des Studiums wurde er von dem Fürsten Bismarck in die Staatskunst eingeführt. — Mit Leib und Seele war Prinz Wilhelm Soldat. Den Dienst der verschiedenen Waffengattungen lernte er gründlich kennen. Es erfüllte ihn mit besonderer Freude, als ihn der berühmte Feldherr Prinz Friedrich Karl einst wegen seiner geschickten Führung des Garde-Husarenregiments lobte.

2. **Vermählung.** Im Jahre 1881 vermählte sich Prinz Wilhelm mit der Prinzessin Auguste Viktoria, der ältesten Tochter des Herzogs Friedrich von Schleswig-Holstein-Sonderburg-Augustenburg (vgl. S. 124, 5a). Die junge Fürstin gewann sich durch ihre natürliche Anmut und große Herzensgüte bald die Zuneigung der kaiserlichen Familie und die Liebe des Volkes. — Am 6. Mai 1882 wurde dem Prinzen der erste Sohn, der jetzige Kronprinz Wilhelm, geboren. Noch fünf Söhne (die Prinzen Eitel Friedrich, Adalbert, August Wilhelm, Oskar, Joachim) und eine Tochter (die Prinzessin Viktoria Luise) wurden dem fürstlichen Ehepaare im Laufe der Jahre geschenkt. Ein inniges Band der Liebe umschlingt Eltern und Kinder zu einem glücklichen und vorbildlichen Familienleben.

3. **Regierungsantritt.** Das Trauerjahr 1888 raubte dem deutschen Volke seine beiden ersten Hohenzollernkaiser. Im Alter von 29 Jahren übernahm Wilhelm II. die preußische Königskrone und die deutsche Kaiserwürde. In Gegenwart der deutschen Fürsten, die einmütig an seine Seite geeilt waren, eröffnete er den ersten Reichstag unter seiner Regierung. Wie sein großer Vorfahr Friedrich II. gelobte er, sich jeder-

Kaiser Wilhelm II.

zeit als ersten Diener des Staates zu betrachten. In dem Verhältnis des Reiches zu den andern Völkern trat keine Änderung ein. Der Dreibund blieb bestehen und wurde nach Ablauf seiner Geltungsfrist erneuert; Fürst Bismarck lenkte nach wie vor mit Meisterhand die Geschicke Deutschlands. Durch Besuche bei den Fürsten Europas suchte Kaiser Wilhelm Vertrauen zu erwerben und den Weltfrieden zu sichern.

4. **Kaiser und Kanzler.** Schon in den ersten Jahren der Regierung Wilhelms II. zeigte es sich, daß die Ansichten des jungen Kaisers in vielen Dingen von denen des Fürsten Bismarck abwichen. Besonders in bezug auf die Arbeiterschutzgesetzgebung ergaben sich tiefgehende Meinungsverschiedenheiten. Der Kanzler wollte die Gesetze nicht so weit ausdehnen, wie es der Kaiser beabsichtigte. Wohl erkannte dieser die unvergänglichen Verdienste des Fürsten um Deutschlands Einigung und um das Reich freudig an. Der junge, tatkräftige Herrscher wollte jedoch „sein eigener Kanzler" sein. Er wünschte auch mancherlei Regierungsgeschäfte, die Fürst Bismarck bisher allein geführt hatte, selbst in die Hand zu nehmen. Daher wurde der alte Reichskanzler im Jahre 1890 unter Erhebung zum „Herzoge von Lauenburg" aus dem Dienste entlassen. Er zog sich auf sein Gut Friedrichsruh im Sachsenwalde bei Hamburg zurück. — Später kam es zur Freude des deutschen Volkes wieder zu einer Annäherung zwischen Kaiser Wilhelm und dem Fürsten. Aber seinen Sachsenwald hat der große, eiserne Kanzler, „der getreue Eckart" des deutschen Volkes, nicht wieder verlassen. In Friedrichsruh schloß er am 30. Juli 1898 die Augen zur ewigen Ruhe. Sein Grabmal trägt die von ihm selbst bestimmte Inschrift: „Fürst v. Bismarck, ein treuer, deutscher Diener Kaiser Wilhelms I."

5. **Heer und Flotte.** Unermüdliche Arbeit verwendet Kaiser Wilhelm darauf, das Heer schlagfertig zu erhalten. Der wachsenden Volkszahl entsprechend, ist es vermehrt worden und zählt jetzt in Friedenszeiten ungefähr 600000 Soldaten. Da die Dienstzeit bei den meisten Waffengattungen auf zwei Jahre herabgesetzt ist, muß mit erhöhtem Eifer an der Ausbildung der Soldaten gearbeitet werden. — Sodann hat sich Kaiser Wilhelm die besondere Aufgabe gestellt, eine achtunggebietende Flotte zu schaffen. Das deutsche Gewerbe hat sich gewaltig entwickelt. Millionen von Arbeitern stellen nur Waren her, die nach dem Auslande verkauft werden. Deutschland ist eine Welthandelsmacht geworden. Mit Recht hat daher Kaiser Wilhelm das Wort gesprochen: „Deutschlands Zukunft liegt auf dem Wasser!" Die deutsche Seemacht kann sich nicht mehr wie früher darauf beschränken, im Kriegsfalle die Meeresküsten zu schützen. Sie soll auch den Absatz der Handelswaren nach überseeischen Ländern sichern, die Kolonien beschirmen und die Macht und das Ansehen des Reiches erhalten helfen. Dem deutschen Volke ist darum eine große Kriegsflotte „bitter not". Dank dem Kaiser, auf dessen Drängen Bundesrat und Reichstag ein Flottengesetz gegeben haben, ist der Bau von Linienschiffen, großen und kleinen Kreuzern, von Torpedo- und Unterseebooten rüstig

vorwärts geschritten. In Kiel, Stettin, Danzig, Elbing und Hamburg befinden sich gewaltige Werften, in denen die deutschen Kriegsschiffe hergestellt werden. Obgleich die deutsche Handelsflotte die zweitgrößte auf der Welt ist, steht die Kriegsflotte immer erst noch an dritter Stelle. Wenn das Flottengesetz im Jahre 1917 völlig durchgeführt ist, wird sie aus 38 Linienschiffen, 20 großen, 38 kleinen Kreuzern und 144 Torpedobooten bestehen. Der Kaiser-Wilhelm-Kanal, der den Schiffen einen Umweg von 612 km durch die engen dänischen Meeresstraßen und das gefährliche Kattegatt erspart, ist im Jahre 1895 fertiggestellt worden. Die deutschen Nordsee- und Ostseegeschwader können sich daher schnell und ungehindert vereinigen. Da der Kanal jedoch für die neuesten gewaltigen Linienschiffe nicht breit genug ist, wird er auf Beschluß des Reichstags noch erheblich erweitert und vertieft. Admiral Prinz Heinrich, der Bruder des Kaisers, ist von Jugend auf für den Seemannsberuf erzogen. Er nimmt in der Kriegsflotte die höchste Stellung ein. Der dritte Sohn des Kaisers, Prinz Adalbert, gehört ebenfalls der Marine an.

Kaiserin Auguste Viktoria.

6. **Die Kämpfe in China.** Heer und Flotte haben auch schon während der Regierungszeit Kaiser Wilhelms II. ihre Tüchtigkeit beweisen müssen. In Peking, der

Torpedoboot und Panzerschiff.

Kronprinz Wilhelm.

Hauptstadt Chinas, wurde 1900 der deutsche Gesandte meuchlerisch ermordet. Chinesische Soldaten schlossen die europäischen Gesandtschaften ein. Truppen verschiedener europäischer Länder unternahmen es, sie wieder zu befreien. Wegen der großen feindlichen Übermacht mißlang jedoch der Entsatzversuch. Als die kleine Abteilung auf dem Rückzuge einmal in besonders gefährliche Lagen geriet, ertönte aus den Reihen der fremden Krieger der Ruf: „Die Deutschen an die Spitze!" Der Tüchtigkeit deutscher Matrosen und ihres Führers war das Gelingen des Rückzugs vornehmlich zu danken. Später wurden die in Peking eingeschlossenen Europäer von einer größeren Abteilung befreit, die sich aus Truppen verschiedener Länder zusammensetzte. Unter Führung des deutschen Generals Grafen Waldersee, der mit 20000 Mann nach Ostasien entsandt wurde, gelang es dann den europäischen Truppen, Friede und Ordnung wiederherzustellen. — Auch die Flotte erkämpfte sich in China Lorbeeren. Bei der Erstürmung der an der Meeresküste gelegenen chinesischen Befestigungen hielt das kleine Kanonenboot „Iltis" trotz großer Verluste unerschütterlich in furchtbarem Geschützfeuer aus und trug zum Gelingen des Angriffs das meiste bei.

7. **Die Kolonien.** Im Jahre 1890 tauschte das Reich gegen ostafrikanisches Gebiet von England die Insel Helgoland ein. Weil sie für den Schutz der Nordseeküsten und des Kaiser-Wilhelm-Kanals sehr wichtig ist, sind auf ihr starke Befestigungen angelegt worden. 1897 wurde die Bucht von Kiautschou auf 99 Jahre von China gepachtet. Durch Kauf kamen die im Stillen Ozeane liegenden Karolinen, Ladronen und Palau-Inseln von Spanien an Deutschland. Später wurde auch noch die wertvolle Samoagruppe erworben. Die von wilden Völkerschaften bewohnten Kolonien bereiteten dem Reiche nicht selten Schwierigkeiten. So brach in Südwestafrika 1904 ein blutiger Aufstand der Herero und Hottentotten aus. Ungefähr 15000 deutsche Krieger zogen freiwillig hinaus, um ihn zu unterdrücken. Ungeheuer waren die Schwierigkeiten des Feldzuges. Vortrefflich bewaffnet und beritten, sammelte sich der landeskundige Feind immer wieder, so oft er auch zersprengt wurde. Durch wasserlose Wüstenstriche und über zerrissene Gebirge wurde er unermüdlich verfolgt, bis sein Widerstand endlich gebrochen war. In dem wilden und wasserarmen Lande haben die deutschen Krieger glänzend bewiesen, daß die alten Tugenden der Väter: Tapferkeit, Kriegszucht und williges Ertragen von Anstrengungen in Heer und Flotte noch lebendig sind. Damit in Zukunft Aufstände schneller unterdrückt werden können, sind in den Schutzgebieten besondere Kolonialtruppen errichtet worden.

Eine weitere Vergrößerung der Kolonien erfolgte im Jahre 1911. In Marokko, wo deutsche Kaufleute umfangreichen Handel trieben, herrschten beständig Bürgerkriege. Frankreich benutzte diese Unruhen als Vorwand, um das Land allmählich militärisch zu besetzen, in der Absicht, es seinem afrikanischen Kolonialreiche anzugliedern. Deutschland, das seinen Handel nicht schädigen lassen wollte, erhob dagegen Einspruch und sandte im Sommer 1911 ein Kriegsschiff nach dem marokkanischen Hafen Agadir. Nun folgten lange Verhandlungen, in die sich auch England zugunsten Frankreichs einmischte. Nur mit Mühe wurde ein großer europäischer Krieg vermieden. Schließlich kam ein Vertrag zustande. Deutschland gab seine Ansprüche in Marokko auf, und Frankreich trat ihm dafür Teile seiner Besitzungen in Mittelafrika ab. Diese grenzen an die deutsche Kolonie Kamerun, die dadurch fast doppelt so groß geworden ist, und bieten einen Zugang zum Kongoflusse.

Kronprinzessin Cecilie.

8. **Handel und Verkehr.** In den letzten Jahrzehnten haben Handel und Verkehr eine ungeahnte Ausdehnung erhalten. Die Zahl der deutschen Dampfschiffe, die im Jahre 1871 nur 147 betrug, ist auf mehr als 2000 gestiegen. Das Reich nimmt unter den Seehandel treibenden Völkern jetzt den zweiten Platz ein. Der Vermerk auf den Waren „In Deutschland angefertigt" gilt in der ganzen Welt als Empfehlung. Die deutschen Dampfschiffahrtgesellschaften, an ihrer Spitze die Hamburg-Amerika-Linie in Hamburg und der Norddeutsche Lloyd in Bremen, sind wegen der Seetüchtigkeit und Schnelligkeit ihrer Schiffe berühmt. Der Dortmund-Emskanal ermöglicht es, besonders Steinkohlen unmittelbar von den Bergwerken billig an die Meeresküste zu schaffen. Durch den Ausbau des Eisenbahnnetzes ist der Verkehr unendlich gewachsen. Auch hier sucht Kaiser Wilhelm anzuregen und zu fördern; er hat selbst ausgesprochen: „Wir stehen im Zeichen des Verkehrs!"

9. **Gewerbe.** Auch das Gewerbe hat während der Regierungszeit Kaiser Wilhelms II. gewaltige Fortschritte gemacht. Immer mehr wird die menschliche Arbeit durch elektrische oder Dampfkraft ersetzt. Durch die Arbeitsteilung, bei der jeder Person nur eine bestimmte Verrichtung zufällt, wird viel Zeit erspart und die Leistung oft hundertfach gesteigert (Stahlfeder-, Stecknadelfabrikation). Das Fahrrad wurde durch Einführung der mit Luft gefüllten Reifen so verbessert, daß es sich zum allgemeinen Verkehrsmittel entwickelte. Bei den Straßenbahnen richtete man allmählich überall den elektrischen Betrieb ein. Nach langen Versuchen gelang es den Maschinenfabrikanten, Kraftmaschinen, Motore, anzufertigen, die bei geringer Größe und mäßigem Gewicht große Kraft vereinen. Sie werden durch Benzin, Petroleum, Spiritus, Gas oder Elektrizität getrieben. Viele Handwerker und Fabrikanten stellen in ihren Werkstätten solche Motore auf und bedienen sich ihrer in ihrem Gewerbe. Besondere Anwendung fanden die Motore bei Fahrrädern und Automobilen (Kraftwagen). In den Großstädten fangen die Kraftwagen an, die von Pferden gezogenen Kutschen und Lastwagen zu ersetzen. Auch im Heere sind sie in Gebrauch. Durch die Motore ist aber auch die bedeutsamste Errungenschaft unserer Zeit, die Eroberung der Luft, möglich geworden. Einem deutschen Manne, dem Grafen Zeppelin, ist es zuerst gelungen, mit einem durch Motore bewegten lenkbaren Luftschiffe tagelange Kreuzfahrten auszuführen. An vielen Orten Deutschlands entstehen Landungshallen für lenkbare Luftschiffe. Fast gleichzeitig sind auch die Flugmaschinen erfunden worden, die, durch starke Motore getrieben,

1—2 Personen mit sehr großer Geschwindigkeit durch die Lüfte tragen. Die von einem Italiener erfundene Telegraphie ohne Draht, die Funkentelegraphie, wird auch in Deutschland an bestimmten Stationen angewendet. Viele Kriegsschiffe und Seedampfer sind mit der Einrichtung für Funkentelegraphie versehen und tauschen während der Fahrt auf hoher See mit andern Schiffen und dem Festlande Nachrichten aus.

10. **Wissenschaft und Kunst.** Wissenschaft und Kunst erfreuen sich in Deutschland hoher Blüte. Auf den Technischen Hochschulen, die durch Kaiser Wilhelm den Universitäten gleichgestellt sind, empfangen Baumeister und Ingenieure eine vorzügliche Ausbildung. An der Verbesserung der höheren Schulen, der Lehrerseminare, der Fortbildungs- und Volksschulen wird unermüdlich gearbeitet, damit sie den veränderten Verhältnissen der neuen Zeit entsprechen. Das Schulgeld an den öffentlichen Volksschulen wurde 1889 abgeschafft. — Künstler und Dichter erfahren machtvolle Förderung. Prachtvolle Bauwerke, wie das Reichstagsgebäude, das Herrenhaus, der neue Dom, die Kaiser-Wilhelms- und Kaiser-Friedrichs-Gedächtniskirche, schmücken die Reichshauptstadt. In der Siegesallee ließ Kaiser Wilhelm die Marmorstandbilder der Könige von Preußen, der Kurfürsten und Markgrafen von Brandenburg durch hervorragende Bildhauer errichten und machte sie der Stadt Berlin zum Geschenk. Vor dem Königsschlosse erhebt sich das Nationaldenkmal für Wilhelm I. und vor dem Reichstagsgebäude das gewaltige Standbild seines eisernen Kanzlers, des Schmiedes der deutschen Einigkeit.

11. **Gesetzgebung.** Durch den Finanzminister von Miquel wurde das preußische Steuerwesen gesetzlich neu geordnet. Wie schon seit 1883 sind danach die Einkommen unter 900 ℳ jährlich von direkten Staatssteuern frei. Von den Einkommen zwischen 900 bis 3000 ℳ werden nur mäßige Steuern entrichtet. Wer über 3000 ℳ jährlich einnimmt, muß sein Einkommen selbst nach bestem Wissen angeben. Ein bestimmter Prozentsatz, der sich bei höherem Einkommen schnell bis auf 4% steigert (bei 100000 ℳ), wird davon als Steuer erhoben. Außerdem müssen Leute, die mehr als 6000 ℳ Vermögen besitzen, eine Ergänzungssteuer bezahlen. Die Gemeinden können einen Zuschlag zur staatlichen Einkommensteuer erheben, der nach Prozenten berechnet wird. Durch die Steuergesetze sind die Einnahmen Preußens erheblich gestiegen. — Im Jahre 1900 trat das neue „Bürgerliche Gesetzbuch" in Kraft, das für das ganze Reich Geltung besitzt. In Preußen wurde u. a. 1900 das Fürsorgeerziehungsgesetz, 1906 das Volksschulunterhaltungsgesetz gegeben. Kinder, die in Gefahr stehen zu verwahrlosen, können, solange sie das 18. Lebensjahr noch nicht vollendet haben, in Fürsorgeerziehung genommen werden. Das Volksschulunterhaltungsgesetz trifft Bestimmungen, wie die Kosten der Volksschule auf Staat und Gemeinde zu verteilen sind. Im Jahre 1909 wurden die Gehälter der Beamten des Reiches und des preußischen Staates sowie die der preußischen Volksschullehrer durch Gesetz erhöht. Da die Einnahmen des Reiches nicht mehr zur Deckung der Ausgaben hinreichten, beschloß der Reichstag 1909 eine Erhöhung der indirekten Steuern, die besonders Bier, Wein, Tabak, Spiritus und Streichhölzer betrifft. Die Lage des Arbeiterstandes wurde durch das Alters- und Invaliditätsversicherungsgesetz sowie durch das Arbeiter- und Kinderschutzgesetz weiter verbessert, so daß die deutsche Gesetzgebung hierin für fremde Völker vorbildlich geworden ist. Damit die Arbeiterschutzgesetze auch gewissenhaft beachtet werden, sind besondere Aufsichtsbeamte, Gewerbeinspektoren, angestellt.

1) **Alters- und Invaliditätsversicherungsgesetz** (1889): Versicherungspflichtig ist jeder Arbeiter, dessen Verdienst weniger als 2000 ℳ jährlich beträgt. Die Beiträge richten sich nach der Höhe des Lohnes (4 Lohnklassen) und werden von Arbeitgebern und Arbeitern je zur Hälfte getragen. Wer das 70. Lebensjahr erreicht und 30 Jahre Beiträge geleistet hat, empfängt eine Altersrente; wer dauernd erwerbsunfähig ist und mindestens 5 Jahre Beiträge gezahlt hat, eine Invalidenrente. Das Reich zahlt zu jeder Rente 50 ℳ Zuschuß jährlich. Die Altersrente beträgt in der höchsten Lohnklasse 191 ℳ, in der niedrigsten 106 ℳ Die Höhe der Invalidenrente richtet sich nach den Lohnklassen und nach der Zahl der Jahre, während welcher Beiträge gezahlt worden sind. Sie erreicht in der höchsten Lohnklasse die Summe von 385 ℳ.

2) **Einführung der Gewerbegerichte** (1890): Um gewerbliche Streitigkeiten zwischen Arbeitgebern und Arbeitnehmern zu schlichten, wurden Gewerbegerichte eingeführt, deren Beisitzer je zur Hälfte aus Arbeitgebern und aus Arbeitnehmern bestehen.

3) **Arbeiterschutzgesetz** (1891): Arbeiterinnen dürfen nicht zwischen 8½ Uhr abends und 5½ Uhr morgens beschäftigt werden; ihre Arbeitszeit soll 11 Stunden täglich nicht überschreiten. Es ist verboten, Kinder unter 12 Jahren in Fabriken arbeiten zu lassen. Die Sonntagsarbeit wird auf das notwendigste Maß beschränkt.

4) **Kinderschutzgesetz** (1903): Das Gesetz bestimmt, in welcher Zeit und in welchen Betrieben schulpflichtige Kinder arbeiten dürfen. Völlig verboten ist die Kinderarbeit bei Bauten, in Ziegeleien, in Bergwerken, beim Schornsteinfegergewerbe, beim Steinklopfen, bei der Beförderung von Gütern, beim Mischen und Mahlen von Farben und bei Arbeiten in Kellereien.

12. **Kaiser Wilhelms Sorge für die Zukunft des Reichs.** a) Eigene Tätigkeit. Ohne Rast und Ruhe arbeitet Kaiser Wilhelm daran, die machtvolle Stellung Deutschlands unter den Staaten der Erde zu erhalten und zu stärken. Er sorgt aber auch dafür, „daß das Deutsche Reich von allen Seiten das unbedingte Vertrauen als eines ruhigen, ehrlichen und friedlichen Nachbarn genießt". Auf allen Lebensgebieten will er seinem Volke ein Führer sein, damit es „Gott vertrauend und in sich gefestigt, nach außen entschlossen, nach innen geschlossen" für die Fortentwicklung menschlicher Gesittung und menschlichen Wissens arbeite. — Sammlung und Erholung sucht Kaiser Wilhelm am liebsten auf Seereisen nach Norwegen und dem Mittelmeere. — Die Kaiserin Auguste Viktoria unterstützt ihren hohen Gemahl in der Fürsorge für das deutsche Volk, indem sie den Bau von Gotteshäusern sowie alle Werke der Wohltätigkeit und Krankenpflege eifrig fördert.

b) Erziehung seiner Kinder. Da Deutschlands Zukunft auf der Tüchtigkeit des heranwachsenden Geschlechtes beruht, bemüht sich Kaiser Wilhelm, seine Tochter zu einer echten deutschen Frau, seine Söhne zu pflichttreuen und charaktervollen Männern zu erziehen. Die Prinzen müssen sich tüchtige, militärische Kenntnisse und eine gründliche, wissenschaftliche Bildung aneignen, damit sie als Führer des Heeres und der Flotte oder als Verwaltungsbeamte dem Vaterlande zu dienen fähig sind. Ein Freudenfest für das deutsche Volk war es, als der Kronprinz sich mit der jugendfrischen Herzogin Cecilie von Mecklenburg-Schwerin vermählte. Mit den herzlichsten Segenswünschen hat die Bevölkerung das hohe Paar, das dereinst den deutschen Kaiserthron einnehmen wird, bei seinem Einzuge in Berlin begrüßt. Am 4. Juli 1906 wurde dem Kronprinzen der erste Sohn, dem Kaiser und der Kaiserin also der erste Enkel, geboren. Er erhielt in der heiligen Taufe den Namen Wilhelm.

Auch der zweite und der vierte Sohn Kaiser Wilhelms, die Prinzen Eitel Friedrich und August Wilhelm, haben sich bereits verheiratet.

Die Aufgaben der deutschen Jugend.

Seit dem deutschen Einigungskriege 1870/71 befindet sich Deutschland in einem ununterbrochenen wirtschaftlichen Aufschwunge. Die Volkszahl ist von 40 Millionen auf 65 Millionen Einwohner gewachsen, der Wohlstand hat gewaltig zugenommen, die Lebenshaltung weiter Kreise ist reicher und besser geworden. Überall im Vaterlande ist der Fortschritt erkennbar. Das deutsche Volk hat alle Ursache, mit der Entwicklung des Reiches zufrieden zu sein und zu dem Hohenzollerngeschlechte, das Deutschland zu Einigkeit, Macht und Größe geführt hat, mit Vertrauen emporzublicken. „Die Jugend aber", so hat Kaiser Wilhelm II. es ausgesprochen, „soll hineinwachsen in das neue Reich. Ihre Aufgaben werden sein: Stetig auszubauen; Streit, Haß, Zwietracht und Neid zu meiden, sich zu erfreuen an dem deutschen Vaterlande, wie es ist; nicht nach Unmöglichem zu streben und sich der festen Überzeugung hingeben, daß unser Herrgott sich niemals so große Mühe mit unserm deutschen Vaterlande und seinem Volke gegeben hätte, wenn er uns nicht noch Großes vorbehalten hätte!"

Zeittafel.

9 n. Chr.	Schlacht im Teutoburger Walde.
375	Beginn der Völkerwanderung.
451	Schlacht auf den katalaunischen Feldern.
755	Bonifatius' Tod.
768—814	Karl der Große.
800	Karl wird römischer Kaiser.
843	Vertrag zu Verdun. Entstehung eines Deutschen Reiches.
919—936	Heinrich I.
933	Ungarnschlacht an der Unstrut.
936—973	Otto I.
955	Ungarnschlacht auf dem Lechfelde.
056—1106	Heinrich IV.
096—1099	Der Erste Kreuzzug.
152—1190	Friedrich I., Barbarossa.
273—1291	Rudolf v. Habsburg.
1440	Erfindung des Buchdrucks.
1492	Entdeckung Amerikas.
1517	Beginn der Reformation.
618—1648	Der Dreißigjährige Krieg.
1632	Gustav Adolf fällt bei Lützen.

1134	Kaiser Lothar belehnt Albrecht den Bären mit der Nordmark.
1415	Die Mark Brandenburg kommt an die Hohenzollern.
1618	Das Herzogtum Preußen fällt an die Mark Brandenburg.
1640—1688	Friedrich Wilhelm, der Große Kurfürst.
1660	Preußen wird ein unabhängiges Herzogtum.
1675	Die Schlacht bei Fehrbellin.
1688—1713	Friedrich III. (I.), der erste König aus dem Hause Hohenzollern.
1701 18./1.	Preußen wird Königreich.
1713—1740	Friedrich Wilhelm I.
1740—1786	Friedrich II., der Große.
1740—1742	Der Erste Schlesische Krieg (Schlacht bei Mollwitz).
1744—1745	Der Zweite Schlesische Krieg (Schlacht bei Hohenfriedberg).
1756—1763	Der Siebenjährige Krieg (Schlachten bei Lobositz 1756; Prag, Kolin, Roßbach und Leuthen 1757; Zorndorf, Hochkirch 1758; Kunersdorf 1759; Liegnitz und Torgau 1760; Burkersdorf und Freiberg

	1762; Friede zu Hubertusburg 1763).
1786—1797	Friedrich Wilhelm II.
1806	Untergang des alten Deutschen Reiches.
1797—1840	Friedrich Wilhelm III.
1806/07	Der unglückliche Krieg Preußens gegen Napoleon (Schlachten bei Jena und Auerstädt 1806; bei Preußisch-Eylau und Friedland 1807; Friede zu Tilsit).
1812	Napoleons Zug gegen Rußland.
1813—1815	Die Befreiungskriege (Schlachten bei Lützen, Bautzen, Großbeeren, an der Katzbach, bei Dresden, Dennewitz und Leipzig 1813; erster Frieden zu Paris 1814; Schlacht bei Belle Alliance und zweiter Pariser Frieden 1815)
1814/15	Der Wiener Kongreß und die Gründung des Deutschen Bundes.
1817	Die Kirchenunion in Preußen.
1840—1861	Friedrich Wilhelm IV.
1861—1888	Wilhelm I., der erste Deutsche Kaiser aus dem Hause Hohenzollern.
1864	Der Dänische Krieg (Erstürmung der Düppler Schanzen).
1866	Der Deutsche Krieg (Schlacht bei Königgrätz).
1870/71	Der Deutsch-Französische Krieg (Schlachten bei Wörth, Mars la Tour-Vionville, Gravelotte-St. Privat, Sedan und Orleans 1870; Friede zu Frankfurt 1871).
1871 18./1.	Wiederaufrichtung des Deutschen Reiches. Die deutsche Kaiserwürde kommt an das Haus Hohenzollern.
1888	Kaiser Friedrich III. — Regierungsantritt Kaiser Wilhelms II.

Sachregister.

1. Kleidung, Waffen, Wohnung, Sitten und Gebräuche.

Die alten Deutschen **1**, 3b u. c.
Haus und Hof der alten Deutschen **2**, 4.
Sitten der alten Deutschen **4**, 10.
Die Sachsen **9**, 1.
Die Franken **12**, 1.
Die Ritter; ritterliche Erziehung **37**, 3—5.
Die Bauern und ihr Leben im Mittelalter **40**, 1. 2.
Die Bürger im Mittelalter **42/43**, 2—4.
Die Landsknechte **52/53**.
Französische Sitten in Deutschland **78**, 6. 7; **101**, 3. 4.
Das Tabakskollegium (Friedrich Wilhelm I. von Preußen) **89**, 6.
Friedrich Wilhelm III. u. Königin Luise in Paretz **103**, 1.
Einfluß des Seehandels auf die Lebensweise **117** f.
Erziehung am preußischen Königshofe **139**, 1; **141**, 1; **147**, 12b.

2. Politische Verhältnisse und Verwaltung.

Die alten Deutschen **3**, 7. 8.
Die Zeit der römischen Eroberungskriege **7**, 2.
Das Zehntland **8/9**, 7. 8.
Deutsche Völkerschaften **9**, 1.
Westgoten- und Ostgotenreich **10/11**, 3. 5.
Das Frankenreich **12—15**, 2—5; **19**, 4b.
Das Deutsche Reich (Ludwig der Deutsche) **20**, 7.
Die 5 Stammesherzogtümer **21**, 1.
Die Nordmark fällt an Albrecht den Bären **29**, 1.
Bayern kommt an das Haus Wittelsbach **31**, 7.
Die Geistlichen in der Verwaltung **35**, 2. 3.
Die Ritter in der Staatsverwaltung **39**, 6.
Rudolf von Habsburg faßt die Urkunden deutsch ab **49**, 2.
Rudolf von Habsburg begründet die habsburgische Hausmacht **50**, 5.
Entstehung der Schweizer Eidgenossenschaft **50**, 7.
Die Schweiz u. Holland scheiden aus dem Deutschen Reiche aus. Die Reichsfürsten werden selbständig **69**, 15.
Verwaltung und Steuern unter dem Großen Kurfürsten **77**, 5.

Friedrich Wilhelm I. begründet den preußischen Beamtenstand **87**, 3.
Steuern unter Friedrich dem Großen **97**, 9e.
Rückgang des Beamtenstandes **100**, 3.
Innere Erneuerung des preußischen Staates **106**, 8.
Neugestaltung Preußens durch den Wiener Kongreß **114/115**, 13.
Die heilige Allianz; Provinzialstände in Preußen **115**, 14.
Neuordnung der preußischen Verwaltung unter Friedrich Wilhelm III. **115**, 15.
Die preußische Verfassung **119**. 2. 3.
Streit zwischen Regierung u. Landtag in Preußen **123**, 2. 3.
Die drei neupreußischen Provinzen Schleswig-Holstein, Hannover, Hessen-Nassau **126**, 5g.
Die Verfassung des neuen Deutschen Reiches **133**, 7.
Das Steuerwesen des neuen Deutschen Reiches **134**, 7c.
Reform der preußischen Steuergesetzgebung **146**, 11.

3. Rechtspflege.

Die alten Deutschen **3/4**, 8. 9.
Das salische Gesetz **13**, 3.
Das Reich Karls des Großen **19**, 4b.
Verfall (Faustrecht) in der Kaiserzeit **25**, 1.
Die heilige Feme **41**, 4.
Der Sachsenspiegel; mittelalterliche Rechtspflege **46**, 4.
In die Rechtspflege wird das schriftliche Verfahren eingeführt **50**, 6.
Die Folter wird in Preußen abgeschafft **91**, 4.
Preußen wird ein Rechtsstaat. Das Allgemeine preußische Landrecht **97**, 9f.
Das Rechtswesen im neuen Deutschen Reiche **135**, 7e. f.
Ausbau der Arbeitergesetzgebung. Das Bürgerliche Gesetzbuch **146**, 11.

4. Das Lehnswesen.

Im Frankenreiche **13**, 4.
Heerespflicht unter Karl dem Großen **19**, 4a.
Heerespflicht unter Heinrich I. **22**, 5.
Lehnswesen u. Rittertum **37**, 1.
Verfall des Lehnsheeres **53** (Reichsheer).

5. Religion und Kirche.

Religion der alten Deutschen **4/5**, 11.
Die Goten u. das Christentum **9**, 1.
Katholiken und Arianer **12**, 5.
Die Franken werden christlich **13**, 2.
Mohammed u. der Islam **14**. **15**.
Hessen u. Thüringer werden bekehrt **15**, 1. 2.
Die Klöster **16**, 5.
Bekehrung der Sachsen **17/18**, 3a.
Karl d. Große und die Kirche **19**, 4c.
Die Kirche unter Otto I. **24**, 4.
Kirchliche Bestrebungen **26**, 2.
Kampf zwischen Kaiser u. Papst **27**, 6; **28**, 7—10.
Die Kreuzzüge **32—34**.
Die Kirche auf der Höhe ihrer Macht **34/35**.
Einfluß der Klöster **35**, 4.
Geistliche Ritterorden **37**, 2.
Pilger und Geißler **47**, 3.
Kirchliche Mißstände u. Irrtümer **55**.
Die Reformation **57—60**.
Festigung der kathol. Kirche **62**, 5b u. 6.
Die Reformation außerhalb Deutschlands **63**.
Der Glaubenskrieg (Dreißigjähr. Krieg) **63—70**.
Katholiken, Evangelische und Reformierte erhalten gleiche Rechte **70**, 15.
Friedrichs des Großen Duldsamkeit **91**, 4.
Verfall des kirchlichen Lebens **101**, 3b.
Die kirchliche Verwaltung unter Friedrich Wilhelm III. **116**, c.
Kirchenbauten unter Friedrich Wilhelm IV. **121**, 10.
Standesämter. Der Kulturkampf **137**, 9c.
Der Bauernkrieg **58/59**.

6. Schule.

Die Klosterschulen **17**, 5.
Schulen im Reiche Karls des Großen **19**, 4c.
Stadtschulen im Mittelalter **46**, 3.
Friedrich Wilhelm I. sorgt für die preußische Volksschule **88**, 3d.
Friedrich der Große gibt das General-Land-Schulreglement **97**, 9g.
Neuerungen in Erziehung und Unterricht **107**, 8f.
Die Durchführung der allgemeinen Schulpflicht **116**, 15c.
Das Schulaufsichtsgesetz. Die allgemeinen Bestimmungen v. 1872 **137**, 9c.
Das Fürsorgeerziehungsgesetz und das Volksschulunterhaltungsgesetz von 1906 **146**, 11.

7. Sprache, Schrift, Wissenschaft und Kunst.

Die Runenschrift **5**, 12.
Romanische Völker **12**, 6.
Pflege der Wissenschaft durch Karl den Großen **19**, 4d.
Ostfranken bleibt ein deutsches Land **20**, 7.
Einfluß der Kreuzzüge **34**, 6.
Die Geistlichen als Träger der Bildung und Kunst (romanischer Baustil) **35**, 2—4.
Die Ritter; der Minnegesang; die deutschen Heldenlieder **39**, 6.
Der gotische Baustil; Malerei; Erzgießerei; Goldschmiedekunst **45**, 2.
Der Meistergesang **46**, 2.
Die fahrenden Leute; das Volkslied **47**, 5.
Erfindung des Buchdrucks; die Erneuerung der Wissenschaften **54**, 3.
Verfall am Ende des Dreißigjährigen Krieges **70**, 16.
Gründung der Bibliothek in Berlin **82**, 9c.
Bauten u. Denkmäler in Berlin unter Friedrich I. Die Akademie der Wissenschaften **84**, 4.
Friedrichs des Großen Pflege von Kunst und Wissenschaft **92**, 7.
Auf dem Theater bürgern sich deutsche Dichtungen ein **99**, 1.
Blütezeit der Dichtkunst und Musik **101**, 4.
Die Freiheitsdichter **109**, 12b.
Aufblühen des Zeitungswesens. Die Schnellpresse **118**.
Friedrich Wilhelms IV. Pflege der Baukunst **121**, 10.
Das Nationaldenkmal auf dem Niederwalde **136**, 8.
Pflege von Kunst u. Wissenschaft durch Kaiser Wilhelm II. **146**, 10.

8. Ackerbau und Viehzucht.

Die alten Deutschen (Sippen) 3, 5.
Der römische Einfluß 9, 8.
Die Landgüter Karls des Großen 17, 2.
Dreifelderwirtschaft und Flurzwang 47/48, 6.
Der Große Kurfürst siedelt in Brandenburg-Preußen Bauern an 81, 9a.
Friedrich Wilhelms I. Fürsorge für die Landwirtschaft 87, 3b.
Friedrich der Große führt den Kartoffelbau ein u. gründet Dörfer 96, 9c.
Die Bauern werden freie Gutsbesitzer 106, 8b.
Verteilung der Gemeindeländereien. Große Fortschritte in der Land- und Forstwirtschaft 116, 15d.
Zuckerfabriken u. Brennereien 137, 9b.

9. Gewerbe, Handel, Verkehr.

Handwerke bei den alten Deutschen 3, 6.
Handel mit den Römern 9, 8.
Handel u. Gewerbe unter Karl dem Großen 17, 2; 20, 4e.
Einfluß der Kreuzzüge 34, 6.
Die deutsche Hansa 43, 5.
Der Handwerkerstand; der Kaufmannsstand; Marktwesen; Handelsstraßen; Bankwesen 44, 1.
Handel mit indischen Waren. Entdeckung Amerikas 50, 1.
Verfall am Ende des Dreißigjährigen Krieges 70, 16.
Der Große Kurfürst begründet einen überseeischen Handel 81, 8.
Gründung von Fabriken, Bau von Verkehrsstraßen unter dem Großen Kurfürsten 81, 9b.
Friedrich Wilhelm I. sucht das Gewerbe zu fördern 88, 3c.
Friedrich der Große gründet Fabriken 96, 9d.
Einführung der Gewerbefreiheit in Preußen 107, 8d.
Der Deutsche Zollverein. Umwälzungen durch Einführung der Dampfmaschine, des Telegraphen usw. 117, 15e u. f.
Fortschritte unter Friedrich Wilhelm IV. 121, 8.
Post, Telegraphie und Eisenbahn im neuen Deutschen Reiche 134, 7d.
Der Weltpostverein 136, 8.
Einheitliche Münzen, Maße u. Gewichte; Schutzzölle; Aktiengesellschaften; technisches Schulwesen 136, 9.
Schutz d. deutschen Welthandels durch die Kriegsflotte 142, 5.
Entwicklung des Gewerbes unter Wilhelm II. Kraftwagen, Luftfahrzeuge, Funkentelegraphie 145, 9.

10. Seefahrt und Kolonien.

Die Hansa 43, 5.
Die Entdeckung Amerikas u. des Seewegs nach Ostindien 50/52, 1a—e.
Der Große Kurfürst gründet eine Seemacht u. erwirbt Kolonien 81, 8.
Friedrich Wilhelm I. verkauft die Kolonien 88, 3c.
Friedrich der Große versucht den Seehandel zu beleben. Folgen des Mangels einer Kriegsflotte unter Friedrich dem Großen 97, 9d.
Einführung der Dampfschiffe. Entwicklung der Schiffahrt 118, 15f.
Gründung einer deutschen Kriegsflotte 120, 4.
Friedrich Wilhelm IV. gründet eine preußische Kriegsflotte 121, 7.
Der Kampf zur See im Jahre 1870/1 132, 6k.
Gründung der kaiserlichen Marine 134, 7b.
Erwerbung der ersten deutschen Kolonien 136, 8.
Wilhelms II. Fürsorge für die Kriegsflotte 142, 5.
Deutsche Kriegsschiffe an der Küste Chinas; Erwerbung der Insel Helgoland u. weiterer Kolonien 143/4, 6. 7.
Die deutsche Handelsflotte 145, 8.

11. Heerwesen.

Der deutsche Heerbann 8, 4.
Der Heerbann im Frankenreiche 14, 4.
Die Marken unter Karl dem Großen 18, 3b.
Heerespflicht im Reiche Karls des Großen 19, 4a.
Der Reiterdienst unter Heinrich I. 22, 5. 6.
Die Ritter 37, 1. 4; 39, 5.
Befestigung u. Verteidigung der Städte. Die Hansa 43, 4.
Das Schießpulver; Landsknechte; Verfall des Lehnsheeres 52/53, 2.
Der Große Kurfürst errichtet ein stehendes Heer 77, 3.
Friedrich Wilhelm I. begründet das preußische Kriegsheer 86, 2.
Friedrich der Große vermehrt das Heer u. führt die Herbstübungen ein 92, 7.
Stillstand unter Friedrich Wilhelm II. und Friedrich Wilhelm III. 100, 3; 103, 2.
Der Zusammenbruch des preußischen Heerwesens 1806/7 104, 4.
Preußen wird durch Napo-

leon I. in seinem Heerwesen beschränkt **106**, 7.
Die allgemeine Wehrpflicht in Preußen (Scharnhorst) **107**, 8e.
Die preußische Landwehr **110**, 12b.
Einteilung des preußischen Heeres unter Friedrich Wilhelm III. **116**, 15b.
Vermehrung und Verbesserung des preußischen Kriegsheeres **123**, 2.
Die Genfer Konvention **124**.
Moltke und Roon **133**, 6.
Die Heerespflicht im neuen Deutschen Reiche **133**, 7b.
Der Vaterländische Frauenverein **138**, 12.
Wilhelms II. Sorge für das Heer **142**, 5.

12. Die Stände.

a) Im allgemeinen.

Die alten Deutschen **3**, 6.
Stände im Frankenreiche **14**, 4.
Friedrich der Große und die Stände **96**, 9b.

b) Fürsten und Adel.

Lehnsadel, Anfänge des Ritterwesens **22**, 5.
Die steigende Macht der Fürsten **34**, 6.
Entstehung der fürstlichen Häuser und des Adels **36/37**.
Das Rittertum **37—39**.

c) Bürger.

Entstehung der Städte **9**, 7.
Die Städte **16**, 3; **22**, 4.
Der Bürgerstand eine Stütze des Kaiserthrons **27**, 4.
Entstehung, Verwaltung, Aussehen der Städte **41—43**.
Die Städteordnung **107**, 8c.
Das Anwachsen der Städte **118**.
Wohlfahrtseinrichtungen der Städte **137**, 8a.

d) Bauern.

Einfluß der Kreuzzüge **34**, 6.
Entstehung und Entwicklung des Bauernstandes. Freie Bauern **40/41**, 1. 2; **41**, 3.
Der Bauernkrieg **58/59**.
Die Bauern unter Friedrich Wilhelm I. **87**, 3b.
Die Erbuntertänigkeit wird aufgehoben **106**, 8b.

e) Arbeiterstand.

Entstehung des Arbeiterstandes **118**.
Arbeiter-Versicherungsgesetze **135**, 7f; **136**.
Weiterer Ausbau der Arbeiterschutzgesetze **146**, 11.

13. Besiedelung Ostdeutschlands.

Slawen an Elbe und Saale **18**, 3b; **21**, 1b.
Heinrich I. besiegt die Slawen (Brandenburg) **22**, 6.
Kämpfe mit den Slawen unter Otto I. **24**, 3.
Die Wiedergewinnung des deutschen Ostens beginnt zu stocken **25**, 6.
Heinrich der Löwe erobert Holstein, Mecklenburg und Pommern **29**, 3; **31**, 7.
Ansiedler u. Priester gewinnen Ostdeutschland zurück **48**, 7.
Friedrichs des Großen Wirksamkeit in Posen und Westpreußen **98**, 10.

14. Das alte und das neue Deutsche Reich.

Karl der Große wird römischer Kaiser **20**, 5.
Die Entstehung eines Deutschen Reiches, Lothringen fällt an Ostfranken **20**, 7.
Heinrich I. verhindert den Zerfall des Reiches. Deutschland, ein Wahlreich **22**, 3; **23**, 8.
Das Heilige Römische Reich Deutscher Nation **25**, 6.
Kampf zwischen Kaisertum u. Papsttum **27**, 6; **28**, 7—10.
Glanz des Reiches unter Friedrich I. **31**, 8.
Interregnum; Kyffhäusersage **32**, 11. 12.
Rudolf v. Habsburg **49**.
Karl V. **57**, 6; **59—61**.
Der Dreißigjährige Krieg. (Kampf zwischen Kaisergewalt und Fürsten) **63—70**.
Deutschland verliert seine Stellung als Vormacht Europas; das Elsaß, die Schweiz und Holland gehen dem Reiche verloren; die deutschen Fürsten werden selbständig **69/70**, 15. 16.
Lothringen geht dem Reiche verloren **89**.
Der letzte Kaiser aus dem Hause Habsburg **88**, 5; **91**.
Fürstenbund gegen den Kaiser unter Friedrich dem Großen **98**, 11. 12.
Der letzte Kaiser des alten Reiches **101**, 4.

Einziehung weltlicher und geistlicher Staaten in Deutschland 1803; der Untergang des alten Deutschen Reiches 1806 **102**, 2.
Der Deutsche Bund **115**, 13.
Deutsche Einigungsversuche **120**, 4. 5.
Österreich scheidet aus Deutschland aus. Die süddeutschen Staaten schließen mit Preußen ein Bündnis. Der Norddeutsche Bund **126**, 5 f.
Wiederaufrichtung des Deutschen Reiches unter Wilhelm I. **131**, 6 h.
Wiedererwerbung von Elsaß und Deutsch-Lothringen **133**, 6, 1..

15. Das Haus Hohenzollern und die Entwicklung des brandenburgisch-preußischen Staats.

Heinrich I. gründet die Nordmark **23**, 6.
Die Nordmark kommt an Albrecht den Bären; die Anhaltiner in der Mark **29**, 1; **71**, 1 a—e.
Die Mark unter Wittelsbachern und Luxemburgern **72**, 2. 3.
Das Geschlecht der Hohenzollern. Friedrich I., Kurfürst von Brandenburg **73**, 1.
Das Hohenzollernsche Hausgesetz **73**, 3.
Erbvertrag mit Pommern **74**, 4 b.
Erbvertrag mit den schlesischen Herzögen **74**, 5.
Preußen und Kleve fallen an Brandenburg **75**, 6.
Hinterpommern sowie Magdeburg, Halberstadt, Minden und Kamin fallen an Brandenburg-Preußen **70**, 15; **77**, 4.
Brandenburg-Preußen erhält eine einheitliche Verwaltung **77**, 5.
Preußen wird ein unabhängiges Herzogtum u. erwirbt Lauenburg und Bütow in Hinterpommern **78**, 6.
Fehrbellin. (Die erste selbständige Waffentat Brandenburg-Preußens) **79/80**, 7.
Die Hohenzollern werden Könige in Preußen **83**, 2.
Preußen erwirbt Vorpommern bis zur Peene **88**, 4.
Die Erwerbung Schlesiens. Preußen wird Großmacht. Beginn des Kampfes um die Vorherrschaft in Deutschland zwischen Österreich u. Preußen **91**; **99**, 12.
Ostfriesland fällt an Preußen **97**, 9 d.
Erwerbung Westpreußens **98**, 10.
Preußen erwirbt unter Friedrich Wilhelm II. polnische Gebiete **99**, 2.
Preußen erwirbt 1803 eine Reihe von Bistümern als Ersatz für die Abtretungen am linken Rheinufer **102**, 2.
Preußen verliert im Frieden zu Tilsit die Hälfte seines Gebiets **105**, 7.
Die Neugestaltung Preußens durch den Wiener Kongreß. Fortdauer des Gegensatzes zwischen Österreich und Preußen **115**, 13.
Preußen erhält eine Verfassung **119**, 2. 3.
Erwerbung der hohenzollernschen Lande **121**, 9.
Streit zwischen Regierung und Landtag in Preußen **123**, 2. 3.
Preußen erwirbt Schleswig-Holstein, Hannover, Kurhessen, Nassau, Hessen-Homburg und Frankfurt a. M. Der Norddeutsche Bund **126**, 5 f. g.
Die Hohenzollern erlangen die deutsche Kaiserkrone **131**, 6 h.

II. Erdkunde.

Europa.

A. Deutschland.

I. Die deutschen Meere und das deutsche Tiefland.

Durch Norddeutschland erstreckt sich von Osten nach Westen ein weites Tiefland, das beinahe die Hälfte des deutschen Reichsgebietes und etwa $^2/_3$ der Oberfläche des preußischen Staates umfaßt. Es wird von zwei Landrücken, einem nördlichen und einem südlichen, durchzogen und durch den Lauf der Aller und der unteren Weser in eine östliche und eine westliche Hälfte geteilt. Im Norden reicht es bis an die Gestade der Nord- und der Ostsee, im Süden bis an den Fuß des deutschen Mittelgebirges.

1. Die Nordsee.

1. **Ihre Lage.** Die Nordsee ist ein Teil des Atlantischen Ozeans. Nach Westen setzt sie sich in dem „Kanal" fort, einer Meeresstraße, die Frankreich und England voneinander scheidet. Mit der Ostsee steht sie durch Skagerrak und Kattegatt in Verbindung, und im Norden geht sie in den Atlantischen Ozean über.

2. **Ihr Wasser.** a) In dem Ackerboden und in zahllosen Gesteinen findet sich stets etwas Salz. Es wird von dem Wasser, das durch die Erde sickert, aufgelöst und aus den Quellen den Flüssen zugeführt. Meist ist der Salzgehalt des Flußwassers allerdings so gering, daß wir das Salz gar nicht schmecken („Süßwasser"). Wenn wir jedoch bedenken, welch große Wassermassen sich durch die Ströme (nenne die deutschen Zuflüsse der Nordsee!) tagtäglich in das Meer ergießen, so verstehen wir, daß ihm dadurch fortgesetzt auch große Mengen von Salz zugeführt werden. Trotz der Zuflüsse ändert sich aber der Wasserstand des Meeres nicht. In dem Maße, wie ihm Wasser zufließt, geht es also wieder verloren. Das Wasser verdunstet, bildet Nebel und Wolken und fällt als Regen oder Schnee wieder herab. Das Salz verdunstet aber nicht mit (Versuch!); es sammelt sich daher im Laufe der Zeit im Meere in großen Mengen an. So enthalten z. B. 100 l Nordseewasser etwa $3^1/_2$ kg Salz.

b) Da Salzwasser größere Lasten tragen kann und schwerer gefriert als Süßwasser (Versuch!), ist der Salzgehalt des Meeres für die Schiffahrt von Wichtigkeit. — Das Baden in der salzigen Flut und der Aufenthalt in der reinen, staubfreien Seeluft sind der menschlichen Gesundheit dienlich. Daher suchen alljährlich viele Tausende von Bewohnern des Binnenlandes die Nordsee auf, um sich zu kräftigen.

c) An der Küste sieht das Wasser zumeist gelblich aus; weiter draußen nimmt es eine tiefblaue Färbung an. Dort ist es oft so klar, daß man metertief hinabsehen und das Treiben der Fische beobachten kann. Besonders Hering und Kabeljau sind häufig anzutreffen. Im Vergleich zum offenen Weltmeere (Ozean) ist die Nordsee flach; ihre Tiefe beträgt durchschnittlich nur 90 m, die der Ozeane aber 3600 m.

3. **Ihr Einfluß auf das Klima.** Wenn wir in einem Kachelofen, der einen eisernen Unterbau besitzt, Feuer anzünden, so wird das Eisen schneller warm als die Kacheln. Erlischt aber das Feuer, dann erkaltet das Eisen sehr bald, während die Kacheln ihre Wärme noch stundenlang behalten. Eine ähnliche Wahrnehmung können wir an heißen Sommertagen im Freien machen: während sich der Erdboden schnell erwärmt, nimmt das Wasser im Flusse oder Teiche verhältnismäßig langsam Wärme auf. Wenn dann dem heißen Tage ein kühler Abend folgt, wird der Erdboden bald empfindlich kalt, während das Wasser so warm bleibt wie am Tage. Auch bei großen Land- und Wassermassen beobachtet man, daß das Land schnell viel Wärme aufnimmt, sie jedoch ebenso schnell wieder abgibt, daß aber das Wasser sich nur langsam erwärmt und langsam wieder abkühlt.

a) Die Landmassen erwärmen sich im Sommer sehr stark und kühlen sich im Winter stark ab. Gegenden, die weit vom Meere entfernt liegen, haben mithin heiße Sommer und kalte Winter. Ein solches Landklima herrscht z. B. in dem größten Teile des östlichen Deutschlands. Die Winde, die aus diesen Gebieten und vor allem aus dem benachbarten Rußland kommen, sind daher im Sommer heiß, im Winter aber kalt und stets trocken.

b) Die großen Wassermassen dagegen, die Meere, erwärmen sich im Sommer nur allmählich, halten jedoch die aufgespeicherte Wärme lange zurück. Deshalb sind auch die Winde, die von einem Meere her wehen, im Sommer bei weitem nicht so heiß und im Winter nicht so kalt wie die Landwinde. Die Länder, die an das Meer grenzen, haben infolgedessen kühlere Sommer und mildere Winter als die Gegenden mit Landklima. Da die Seewinde außerdem reichlich mit Wasserdampf beladen sind, erhalten jene Länder auch mehr Niederschläge als diese. Ein solches Seeklima hat der westliche Teil von Deutschland, der unter dem Einflusse des nahen Ozeans und der Nordsee steht.

4. **Ihre Bewegungen.** a) Wellen. Die Oberfläche der Nordsee ist nur selten spiegelglatt. Meist ist sie vom Winde bewegt. Die Wellen können bei Sturm eine Höhe von mehr als 4 m erreichen. Rollen die Wogen dem flachen Strande zu, so stoßen sie am Meeresboden oder an Felsen, die vom Grunde aufragen (Klippen, Riffe), auf Widerstand. Die Wassermassen überstürzen sich; sie brausen und schäumen dann, und das Meer gerät in Aufruhr. Das ist die Brandung, die den Schiffen leicht gefährlich werden kann. Leuchttürme, die man am Strande und auf Inseln errichtet hat, warnen die Seeleute in der Nacht vor den gefahrdrohenden Stellen; am Tage werden die Schiffer durch fest verankerte, schwimmende Tonnen und andere „Seezeichen" darauf aufmerksam gemacht. Oft scheitern aber trotzdem Schiffe. Um den Schiffbrüchigen Hilfe bringen zu können, hat man an der Küste zahlreiche Rettungsstationen errichtet.

b) Ebbe und Flut (Gezeiten). Während in den Teichen und Seen das Wasser im Laufe eines Tages gleich hoch steht, ist dies in der Nordsee nicht der Fall. Hier können wir vielmehr ein regelmäßiges Sinken und Steigen beobachten. Nachdem das Wasser den höchsten Stand erreicht hat, beginnt es tiefer und immer tiefer zu fallen. Felsen, die vorher vom Wasser bedeckt waren, kommen zum Vorschein, und der Meeresboden wird auf kleinere oder größere Strecken, oft sogar einige Kilometer weit entblößt. Die Küstenbewohner eilen dann herbei, um die Gaben einzusammeln, die ihnen das

Meer beschert hat. In zahlreichen Wassertümpeln fangen sie Fische, die dort zurückgeblieben sind, und vom feuchten Boden sammeln sie Krebse und Muscheln. Doch auch vielerlei Vögel stellen sich ein, die hier eine reich gedeckte Tafel finden. Dieses Zurückweichen des Wassers, das etwa 6 Stunden währt, bezeichnet man als Ebbe. Hat das Wasser den tiefsten Stand inne, so beginnt es langsam wieder heranzufluten und höher und höher zu steigen. Nach ungefähr 6 Stunden hat es den höchsten Stand erreicht, der durchschnittlich 3 m über dem tiefsten liegt. Dieses Steigen nennt man Flut. Nach 6 Stunden ist wieder Ebbe, nach abermals 6 Stunden Flut, und so geht das Fallen und Steigen des Wassers fort von Tag zu Tag, von Jahr zu Jahr. Die Entstehung von Ebbe und Flut glaubt man hauptsächlich auf die Anziehungskraft des Mondes zurückführen zu müssen. Stehen bei Voll- bzw. Neumond Erde, Mond und Sonne in einer Linie, so steigt die Flut am höchsten; man nennt sie Springflut. Setzt dann zur Flutzeit Sturm ein, dann entsteht eine Sturmflut.

Die Flutwelle dringt auch in die Elbe, Weser und Ems ein. Dadurch wird das Flußwasser gestaut, und selbst tiefgehende Seeschiffe können zu dieser Zeit die großen Handelsstädte erreichen, die an dem Unterlaufe der Ströme entstanden sind (Hamburg, Bremen, Emden).

5. **Wie die See an den Küsten arbeitet.** a) Wie sie Land zerstört. Die Brandungswellen nagen beständig an den Küsten. Setzt zur Flutzeit ein Sturm ein, der mit Riesengewalt die Wassermassen landeinwärts treibt und am Zurückströmen hindert, so richtet das Meer oft unermeßlichen Schaden an. Es überflutet die flach gelegenen Küstenstriche, wühlt den Boden der Wiesen und Äcker auf und schwemmt ihn fort; es verwüstet die menschlichen Ansiedlungen und gefährdet die Bewohner und ihr Vieh. Da, wo sich heute der Dollart befindet, lagen einst an 30 Ortschaften inmitten des fruchtbarsten Landes. Durch eine solche Sturmflut — es war am Weihnachtstage des Jahres 1277 — wurde das ganze Gebiet in den Fluten des Meeres begraben; der Dollart war entstanden. Auf gleiche Weise wurde der Jadebusen gebildet, und die Verheerungen, welche die Nordsee an der Westküste Jütlands angerichtet hat, stehen jenen nicht nach.

b) Wie sie Land aufbaut. Das Bett vieler Flüsse ist mit Sand und Steinen bedeckt. Wenige Schritte vom Ufer entfernt dehnen sich aber Äcker und Wiesen mit fruchtbarer Erde aus. Der Sand und die Steine müssen also von einem anderen Orte herrühren. Gehen wir an dem Flusse aufwärts, so kommen wir endlich in das Gebirge. Dort liegen im Wasser große Felsblöcke, die sich von den Bergwänden losgelöst haben. Durch den Frost werden sie im Winter vielfach auseinandergesprengt: sie verwittern. Das schnell fließende Wasser reißt die Steintrümmer mit fort. Dabei reiben sie sich gegenseitig ab, verlieren die scharfen Ecken und werden abgeplattet oder rundlich, zugleich aber auch kleiner. Schließlich werden sie zu feinem Pulver zerrieben, das vom Wasser fortgetragen wird. Lassen wir ein Glas Flußwasser ruhig stehen, dann setzt sich dieses Pulver nach einigen Stunden zu Boden. Dasselbe geschieht an ruhigen Stellen des Flusses. Nur die härtesten, aus Quarz bestehenden Steine bleiben als Kies oder Sand übrig. Auch von Äckern und Wiesen wird bei starken Regenfällen Erde in die Flüsse geschwemmt, und bei trockenem Wetter führt der Wind dem Wasser massenhaft Staub zu. Tritt der Fluß bei Hochwasser über seine Ufer, so fallen Schlamm und Sand auf den Wiesen und Äckern als „Schlick" nieder. Alle unsere großen Ströme werden auf beiden Ufern von breiten, fruchtbaren Schlick- (Ton-) Flächen begleitet. Zu anderen Zeiten aber führt der Fluß Sand und Schlick in das Meer.

Das Meer behält jedoch die ihm fremden Stoffe nicht. Findet sich ein Küstenvorsprung oder eine Untiefe (Name!) in der Nähe der Gestade, so wird das Wasser dort in seiner Bewegung gehemmt. Der schwere Sand sinkt zu Boden, und es entstehen Sandbänke, die schließlich aus dem Wasser hervorragen. Ist der Sand trocken geworden, dann erfaßt ihn der Wind und führt ihn fort. Weht der Wind landeinwärts, so wird er häufig durch eine Pflanze oder einen Stein gehemmt und läßt den Sand fallen: es bildet sich ein kleiner Sandhügel. Dieser bietet aber dem Winde ein neues Hindernis und veranlaßt eine weitere Ablagerung des Sandes. (Achte auf die Schneewehen im Winter!) Allmählich wachsen die Sandhügel zu langen Wällen an, die von der See her sanft ansteigen, oben einen scharfen Kamm haben und nach der anderen Seite zu steil abfallen. Diese Sandwälle nennt man Dünen (Abb. S. 7). In ihnen hat das Meer ein starkes Bollwerk errichtet, das die heranbrausenden Fluten hindert, das Festland zu zerstören.

Als die Wogen des Atlantischen Ozeans die Kreidefelsen des Ärmelkanals zerstört hatten, entwickelte sich durch dieses „Tor" ein äußerst kräftiger Flut- und Ebbestrom. Die Wellen, die mit dem Flutstrome durch den Kanal in die Nordsee drangen, häuften die mitgeführten Sande zu langen Bänken auf, die der deutsch-holländischen Küste parallel liefen: die Friesischen Inseln entstanden. Nach und nach schüttete der Wind auf ihnen Flugsand zu kuppigen und langgestreckten Dünenzügen an. Zwischen dem Festlande und den Inseln blieb ein flacher Strandsee bestehen. In seinem ruhigen Wasser setzte sich der hineingeschwemmte Schlick ab. Der Meeresboden wurde dadurch allmählich so erhöht, daß er schließlich über den Wasserspiegel ragte und trocken wurde: es entstand Marschland, auf dem sich bald Graswuchs einstellte. Auf dieselbe Weise bildeten sich Marschen auch in dem Mündungsgebiete der Elbe, Weser und Ems.

Von dem Marschlande wurden aber durch Sturmfluten die ungeschützten Teile wieder fortgeschwemmt; an ihre Stelle trat also aufs neue das Meer. — Zur Ebbezeit werden oft weite Gebiete zwischen dem Festlande und den Inseln vom Wasser entblößt, so daß man zu einigen Inseln fast trockenen Fußes hinübergehen kann. Diese Teile des Meeresbodens nennt man Watten, und das Meer, von dem sie während der Flut überspült werden, Wattenmeer. Da es sehr seicht ist, bildet es eine ständige Gefahr für die Schiffe. Doch haben die Wogen auch einige tiefere Rinnen eingeschnitten, durch die kundige Führer (Lotsen) die Fahrzeuge zu den Häfen leiten. Sie sind meist an den Flußmündungen angelegt worden. (Warum gerade dort?)

Die Bewohner der Küsten suchten das fruchtbare Marschland, soweit es erhalten blieb, schon seit vielen Jahrhunderten gegen das Meer zu schützen. Sie umgaben die Marschen mit mächtigen Dämmen, die die Fluten zurückhalten sollten. Trotzdem brach aber der „blanke Hans", wie die Nordsee von der Küstenbevölkerung genannt wird, bei Sturmfluten wiederholt aus seinem „Hause" hervor und riß die Dämme nieder. Erst in unserer Zeit ist es gelungen, den Deichen eine solche Höhe und Festigkeit zu geben, daß die Menschen sicher dahinter wohnen können. Schnurgerade Wege durchschneiden die Weide- und Ackerflächen. Gräben, in denen sich das Wasser des feuchten Bodens sammelt, durchziehen das Land. Durch verschließbare Öffnungen (Schleusen), die in die Dämme eingebaut sind, leitet man das Wasser hinaus zum Meere. Da die Viehzucht (Rinder) und der Feldbau (Weizen, Gerste, Hafer, Raps)

Marschen an der Nordsee.

reiche Erträge liefern, sind die Marschbewohner zumeist wohlhabende Leute. Der stete Kampf mit den Naturgewalten hat sie zu Ausdauer und Mut, Gottvertrauen und Heimatliebe erzogen. — Der vom Meere gebildete Boden enthält kein Gestein. Auch an Wäldern, die Bauholz liefern könnten, fehlt es. Darum sind in den Marschen die meisten Gebäude aus Ziegelsteinen errichtet und die Straßen mit ebensolchen Steinen gepflastert. Die Gehöfte liegen entweder zu stattlichen Dörfern vereinigt oder einzeln auf künstlichen Hügeln, rings von Feldern und Wiesen umgeben.

Von dem Marschlande, das sich einst östlich von den Nordfriesischen Inseln befand, hat das Meer große Stücke weggerissen. Außer den Marschen, die an der Küste von Schleswig-Holstein erhalten sind, finden sich aber noch einzelne inselartige Teile, die Halligen. Sie ragen bei der Flut mit steilen Wänden etwa $^1/_2$—$1^1/_2$ m über den Wasserspiegel empor. Oft aber jagen auch die Wogen über die grünen Wiesen hinweg und umspülen die Häuser, die von den Bewohnern auf künstlichen Erdhügeln errichtet worden sind. Um die Halligen vor sicherem Untergange zu schützen, verbindet man sie jetzt untereinander und mit der Küste durch Deiche. In dem ruhigen Wattenmeere und an den Dämmen setzt sich Meeresschlick ab, so daß man auf diese Weise der See zugleich auch fruchtbaren Boden abgewinnt.

Geht man von der Küste landeinwärts, so kommt man an einen sandigen, hügeligen Landstrich. Das ist der Rand des früheren Festlandes, die Geest. Im Gegensatz zu den fruchtbaren Marschen ist sie eine ärmliche Landschaft, die vielfach nur dürftiges Korn hervorbringt oder mit Heidekraut bedeckt ist.

Helgoland. (D. Die Düne.)

6. **Helgoland.** Der Elbmündung gegenüber liegt die kleine, dreieckige Felseninsel Helgoland, deren braunrote Sandsteinwände schroff aus den Fluten aufragen. Ihrer schmalen Seite ist ein flaches, sandiges Unterland vorgelagert; eine Treppe führt auf das Oberland. Da der tonhaltige Sandstein den Brandungswellen und der Verwitterung geringeren Widerstand leistet als ein härteres Gestein, wird Helgoland durch Felseinstürze immer kleiner. Eine große Düne, die früher mit dem Unterlande zusammenhing, ist durch den Anprall der Wogen bereits losgerissen worden. Man ist aber bemüht, die Insel durch Schutzbauten vor einer weiteren Zertrümmerung zu bewahren. Auf dem höchsten Teile des Oberlandes befindet sich ein Leuchtturm, dessen Licht in der Nacht den Schiffen den Weg zur Elb- und Wesermündung zeigt. Im Kriegsfalle ist Helgoland ein wichtiger Stützpunkt für unsere Flotte (warum?).

Die hauptsächlichsten Erwerbsquellen der Bewohner Helgolands wie aller deutschen Nordseeinseln bilden Schiffahrt, Fischerei, Lotsendienst und besonders der Fremdenverkehr (Seebäder!).

2. Die Ostsee.

1. **Ihr Wasser.** a) Die Ostsee ist ein fast rings von Land umschlossenes Meer, nahezu ein „Binnenmeer". Nenne die angrenzenden Staaten! Mit der Nordsee steht sie durch drei schmale, flache Straßen und zwei größere Meeresteile (nenne sie!) in Verbindung. Daher findet ein beständiger Austausch von Wasser statt. Aber aus der Ostsee fließt viel mehr Wasser ab, als ihr aus der salzreichen Nordsee zuströmt. Da der Ostsee durch zahlreiche große Flüsse (nenne die deutschen Zuflüsse!) viel Süßwasser zugeführt wird, durch Verdunstung aber verhältnismäßig wenig Wasser verloren geht, ist ihr Salzgehalt (etwa 1 kg Salz in 100 l Wasser) geringer als der der Nordsee (S. 1, 2a).

Dünenküste der Ostsee.

Wegen des geringen Salzgehaltes frieren die Häfen der Ostsee im Winter meist zu, so daß die Schiffahrt eingestellt werden muß. Die Bildung der Eisdecke wird noch dadurch begünstigt, daß im Winter von Osten her sehr kalte Winde wehen, und daß ein Wechsel von Ebbe und Flut, also ein regelmäßiges Steigen und Fallen des Wassers, nicht stattfindet. Am Ende des Winters entzieht das schmelzende Eis der Luft viel Wärme; daher verzögert sich in den Küstenlandschaften die Ankunft des Frühlings.

b) Die deutsche Ostsee ist ein flaches Meer. Ihre Tiefe beträgt durchschnittlich nur 67 m. Die zahlreichen Buchten, die sich an der Küste finden (nenne sie und ihre Teile!), eignen sich vortrefflich zur Anlage von Häfen. Daher sind dort auch große Handelsorte entstanden (S. 9 u. 10). Häufig senkt sich aber der mit feinem Sande bedeckte Meeresboden ganz allmählich, so daß man stellenweise weit in das Wasser gehen kann. Die Ostsee besitzt daher einen vortrefflichen Badestrand, der alljährlich von vielen Bewohnern des Binnenlandes aufgesucht wird. Der lebhafte Fremdenverkehr sowie die Schiffahrt und der Fischfang (besonders auf Hering, Dorsch und Flundern) gewähren den Bewohnern der Küsten und der Inseln (Alsen, Fehmarn, Rügen, Usedom, Wollin) einträgliche Beschäftigung.

2. **Gefährdung der Küsten.** Weht an den Küsten der Ostsee ein starker Wind landeinwärts, dann entstehen häufig große Überschwemmungen, die ähnliche Verwüstungen anrichten wie die Sturmfluten der Nordsee. So ist z. B. die Insel Rügen durch Einbrüche des Meeres sehr zerrissen worden. Dem Wechsel von Wasser und Land sowie den prachtvollen Buchenwäldern, die große Teile der Insel bedecken, verdankt aber Rügen hohe landschaftliche Reize. Als schönster Ort gilt das Vorgebirge Stubbenkammer mit seinen schneeweißen Kreidefelsen, die über 130 m steil zum

Meere abfallen. Viele tausend Fremde reisen alljährlich nach Rügen, um sich an der herrlichen Natur zu erfreuen, oder in einem der zahlreichen Bäder Kräftigung zu suchen.

Der Wind fügt dem Küstenlande oft auch noch dadurch schweren Schaden zu, daß er die Dünen, die er gebaut hat, wieder abträgt. Treibt er den Sand landeinwärts, so werden — besonders auf den Nehrungen — Äcker, Wiesen, ja oft ganze Ortschaften vom Sande bedeckt und die Bewohner genötigt, Haus und Hof zu verlassen, um sich eine neue Heimat zu suchen. Damit die „wandernden Dünen" zum Stillstande kommen, bepflanzt man sie mit Gräsern oder Kiefern, deren weit verzweigte Wurzeln den Sand festhalten.

3. Das Ostdeutsche Tiefland.

1. **Der Nördliche Landrücken** begleitet die Küste der Ostsee in einiger Entfernung. Er erstreckt sich von der Memel bis fast zur Elbe, wendet sich dann nach Norden und durchzieht die Halbinsel Jütland. Der Teil des Landrückens, welcher der Ostsee zugewendet ist, besitzt meist lehmigen, fruchtbaren Boden. Die Abdachung zum Tieflande im Süden ist aber vielfach sandig und unfruchtbar. Im Osten sind die niedrigen Berge vorwiegend mit Kiefern-, im Westen dagegen mit Buchenwald bedeckt. Auf den welligen Flächen liegen zahlreiche Seen („Seenplatte"), und an vielen Orten findet man auf den Hügeln gewaltige Steinblöcke und Steingeröll.

Woher stammen die Felsblöcke, die man auf dem Landrücken und auch in anderen Gegenden des Norddeutschen Tieflandes erblickt? — Vor vielen tausend Jahren kamen von den Gebirgen Skandinaviens (Karte!) mächtige Eisströme herab. Sie bedeckten das Gebiet, das heute von der Ostsee überflutet wird, und reichten etwa bis an den Fuß des deutschen Mittelgebirges. Als das Eis schmolz, blieben gewaltige Steine zurück, die es mit sich gebracht hatte. Man nennt sie Findlinge oder Irrblöcke („erratische Blöcke"), weil sie sich gleichsam auf deutschen Boden verirrt haben. Zugleich führte das Eis auch Sand, Lehm und Mergel (ein Gemenge von Kalk- und Tonerde) herbei, die nun das Land bedecken. Wo diese Stoffe in guter Mischung vorhanden sind, ist der Boden fruchtbar.

Durch den Lauf der Weichsel (Thorn bis Danzig) und der Oder (Küstrin bis Stettin) sowie durch die Senke, die Elbe und Trave durchfließen, wird der Landrücken in einzelne Landschaften gegliedert. Sie sind nach den Volksstämmen benannt, die dort wohnen (den Preußen, Pommern, Mecklenburgern und Holsteinern).

a) Von der Memel bis zur Weichsel erstreckt sich der Preußische Landrücken (Prov. Ostpreußen und Teile der Prov. Westpreußen). Er besitzt viele Seen (Mauer- und Spirdingsee), und zahlreiche Flüsse (Pregel) eilen von ihm der Ostsee zu.

Im östlichen Teile liegen unweit der Stadt Gumbinnen (15)*) die Waldungen der Rominter Heide mit einem königlichen Jagdschlosse. Da sich in diesen Gegenden auch ausgezeichnete Weideflächen finden, züchtet man edle Pferde (Trakehnen). Im westlichen Teile ist der Boden fruchtbarer und sorgsam angebaut. Um die Bodenerzeugnisse dieses „Oberlandes" mühelos fortschaffen zu können, hat man die einzelnen Seen durch den Oberländischen Kanal verbunden, der in das Frische Haff mündet.

Wenn im zeitigen Frühlinge der Schnee schmilzt, oder wenn im Sommer gewaltige Regenmengen niedergehen, schwellen Memel, Pregel und Weichsel stark

*) Die eingeklammerten Zahlen hinter den Städtenamen bezeichnen die Einwohnerzahlen in Tausenden.

Pferdezucht an den ostpreußischen Seen.

an. In früheren Zeiten konnten sie dann ihre Fluten ungehindert über die Uferlandschaften ergießen. Der von ihnen mitgeführte Schlamm setzte sich ab, so daß sich in den breiten Tälern nach und nach fruchtbarer Boden bildete. Jetzt ist das ausgedehnte Gebiet durch Dämme vor Überschwemmungen geschützt und mit ertragreichen Feldern und vielen Dörfern bedeckt, deren Bewohner meist zu Wohlstand gelangt sind.

Den größten Teil des Schlammes führen die Ströme aber — wie wir bereits gesehen haben — dem Meere zu. Da, wo sie an ihrer Mündung trägen Laufes mit den Meeresfluten zusammentreffen, entsteht eine Stauung. In diesem stillen Wasser senkt sich der Schlamm. Der Boden des Gewässers wird dadurch allmählich so erhöht, daß er über den Wasserspiegel ragt. Der Fluß durchbricht das Schwemmland entweder nach verschiedenen Richtungen, oder er umfließt es in mehreren Armen: es entsteht ein Delta, wie wir es bei Memel und Weichsel (nenne die Mündungsarme!) beobachten.

Die Ströme und ihre Täler sind die natürlichen Straßen, die das Binnenland mit dem Meere verbinden. Daher entstanden hier auch bedeutende Handelsstädte. Am Ausgange des Kurischen Haffs, dem nördlichen Ende der Kurischen Nehrung gegenüber, liegt Memel (21; Holz aus Rußland) und inmitten der fruchtbaren Memelniederung Tilsit (39; Friedensschluß 1807). Königsberg (246; Universität), das am schiffbaren Pregel erblühte und lebhaften Seeverkehr besitzt, ist die Krönungsstadt der preußischen Könige. — Die meisten Städte sind jedoch in dem Tale der Weichsel (Westpreußen) entstanden. Weil aber bei Hochwasser die Dämme unter dem Drucke der Fluten und der mitgeführten Eisschollen brechen können, liegen im Weichselgebiete die Ortschaften nicht unmittelbar an dem Flusse, sondern auf den Rändern des Landrückens. Unweit der Stelle, an der die Weichsel in den

Landrücken eintritt, liegt Thorn (46). Da sich hier die deutsch-russische Grenze entlang zieht, ist die Stadt stark befestigt. Stromabwärts folgen Graudenz (40), Marienwerder (13) und Dirschau (17) mit einer wichtigen Eisenbahnbrücke. Der Hauptmündungsarm der Weichsel ergießt sich in die Danziger Bucht. Auf ihm entwickelte sich ein reger Schiffsverkehr, durch den die alte Stadt Danzig (170) ein großer Handelsplatz geworden ist (Holz und Getreide aus Rußland; Schiffbau). Ein weniger wichtiger Weichselarm, die Nogat, mündet in das Frische Haff, das durch die Frische Nehrung von der Ostsee getrennt wird. An der Nogat liegen Marienburg (14; deutscher Ritterorden!) und nahe der Mündung Elbing (59; Schiffbau). — Zwischen dem Frischen und dem Kurischen Haff liegt die Halbinsel Samland.

Vor vielen tausend Jahren war der Boden, den jetzt die Ostsee überflutet, mit großen Nadelwaldungen bestanden. Wie unsere Nadelbäume schieden auch sie ein klebriges Harz aus. Als sich die Ostsee bildete, wurden die Wälder mit mächtigen Erdschichten (Sand und Schlamm) bedeckt. Das Harz der untergegangenen Bäume aber ist uns bis auf den heutigen Tag als Bernstein erhalten geblieben (Verwendung?). Bei ruhiger, klarer See kann man ihn in der Tiefe erblicken; denn er funkelt rotbraun auf dem dunkeln Grunde. Dann fahren die Leute hinaus und „fischen" ihn. Wühlt bei starken Stürmen das Meer den Grund auf, so wird der Bernstein an den Strand geworfen. Besonders an der Westküste des Samlandes findet man ihn in größeren und kleineren Stücken. Auch in Bergwerken wird er gewonnen.

b) Zwischen Weichsel und Oder liegt der Pommersche Landrücken (Teile der Prov. Westpreußen und Prov. Pommern). Da er vielfach aus sandigen Hochflächen besteht, ist er zum Teil unfruchtbar und dünn bevölkert. Schaf- und Gänsezucht (Pommersche Gänsebrüste!) bilden hier die Hauptbeschäftigung der Bewohner. Die Täler der kleinen Flüsse, die nach Norden und Süden hinabeilen, sowie die Landschaften an den Seen sind ertragreicher. Ein besonders fruchtbarer Landstrich befindet sich in der Nähe von Stargard (28), der bedeutendsten Stadt des Landrückens. In dem nördlichen Vorlande liegt Köslin (23) und an der flachen, buchtenlosen Küste hat sich Kolberg (25) zu einem vielbesuchten Seebade entwickelt.

Das Tal der Oder ist ärmer an größeren Städten als das Weichseltal. Unweit der Mündung des Stromes in das Stettiner Haff liegt Stettin (236). Das Haff, dem die Inseln Usedom und Wollin vorgelagert sind, steht mit dem Meere durch drei Wasserstraßen — Peene, Swine, Dievenow — in Verbindung. Da die Swine die erforderliche Tiefe besitzt, können die großen Seeschiffe bis Stettin gelangen. Von dort aus werden die Erzeugnisse fremder Länder, die von den Schiffen herbeigeführt sind, auf dem Wasserwege (Flüsse, Kanäle) oder durch Eisenbahnen nach Berlin und in die östlichen Teile unseres Vaterlandes befördert. Anderseits versendet man auch von Stettin aus die Werke deutschen Fleißes in alle Welt. Daher ist es eine unserer wichtigsten Handelsstädte und sein Hafen der größte aller deutschen Ostseehäfen. Auch seine Schiffswerften sind berühmt. An der Einfahrt zur Swine wurde auf Usedom als Vorhafen für Stettin Swinemünde (14) angelegt.

c) Westlich von der Oder wird der nördliche Höhenzug Mecklenburgischer Landrücken genannt (Teile der Prov. Pommern und Großhzgt. Mecklenburg). Er ist mit vielen Seen und Wäldern bedeckt und daher an zahlreichen Orten von großer Lieblichkeit. So liegt Schwerin (43), die Residenz des Großherzogs von Mecklenburg-Schwerin, in einer Landschaft, deren Hauptreiz auf dem Reichtum an Seen, bewaldeten Hügeln und grünen, von Bächen durchströmten Wiesentälern beruht. Infolge der guten Bewässerung des schweren, lehmigen Bodens ist der Landrücken ebenso fruchtbar wie sein nordöstliches Vorland (Vorpommern) in der Gegend von Stralsund (34) und Greifswald (25; Universität). Nach Westen wird die sanftwellige Landschaft allmählich niedriger. Daher konnte man Trave und Elbe und somit Ost- und Nordsee (Lübeck und Hamburg) durch einen Kanal verbinden. An der Mündung des Kanals in die Lübecker Bucht liegt die alte Hansestadt Lübeck (99). Weiter östlich hat in unserer Zeit der mecklenburgische Hafenort Rostock (65; Universität) Bedeutung erlangt. Zwischen seinem Vorhafen Warnemünde und Dänemark verkehren große Fährdampfer. Auf diesen werden die Eisenbahnwagen, die z. B. von Berlin kommen, nach dem Nachbarlande hinübergeschafft, so daß man von Berlin aus in kurzer Zeit (10—11 Stunden) die dänische Hauptstadt Kopenhagen erreichen kann. Aber nicht nur der Personenverkehr, sondern vor allem der deutsch-dänische Handel wird durch diese Verbindung gefördert. Eine andere Dampffähre verbindet Stralsund mit Rügen und weiter mit Südschweden. (Berlin—Stockholm 25 Stunden, Berlin—Kristiania 35 Stunden.)

d) Der Holsteinische Landrücken erstreckt sich durch die Prov. Schleswig-Holstein und setzt sich auch noch in das nördlicher gelegene Jütland (dänisch) fort. Viele anmutige Seen, die von prächtigen Buchenwäldern umkränzt sind, verleihen ihm große landschaftliche Schönheit (Plöner See). Nach Osten fällt der Landrücken ziemlich steil zur Ostsee ab, die in einige seiner tiefen Täler (Förden) eingedrungen ist. In ihnen finden die Schiffe sicheren Schutz gegen Sturm und Wellen. Daher entstanden dort ansehnliche Handelsstädte: Kiel (211; Kriegshafen, Schiffbau, Universität), Schleswig (20) und Flensburg (61). In Kiel und in Flensburg, zwei Hauptstationen der deutschen Kriegsflotte, sind nächst Hamburg, Bremen und Stettin die meisten Dampfer der deutschen Handelsflotte „beheimatet". Kiel hat durch den Bau des Kaiser Wilhelm-Kanals außerordentlich an Bedeutung gewonnen.

Früher mußten die Schiffe, um aus der Nordsee in die Ostsee zu gelangen, ihren Weg um die Halbinsel Jütland nehmen. Diese Fahrt dauert mehrere Tage und ist wegen der schweren Stürme, die im nördlichen Teile der Wasserstraße häufig herrschen, vielfach mit großen Gefahren verknüpft. Da der Holsteinische Landrücken von tiefen Einsenkungen zerschnitten wird, hat man eine derselben benutzt, um Ost- und Nordsee durch einen Kanal zu verbinden. Auf dem Kaiser Wilhelm-Kanal gelangen die Schiffe in etwa 9 Stunden gefahrlos aus einem Meere in das andere. Er ist so verbreitert und vertieft worden, daß auch die großen Schlachtschiffe, die jetzt gebaut werden, hindurchfahren können. (Bedeutung im Falle eines Krieges?) Die neuen Schleusen bei Kiel und Brunsbüttel sind mit einer Länge von 330 m, einer Breite von 45 m und einer Tiefe von 14 m die größten Schleusenanlagen der Welt.

Da sich auf den Holsteinischen Höhen vortreffliche Weiden finden, wird dort Rinder- und Pferdezucht getrieben. Zum Schutze gegen die Stürme, die vom nahen Meere heranbrausen, hat man jede Wiese und jeden Acker mit Hecken umschlossen. Nach Westen senkt sich die Landschaft (achte auf den Lauf der Flüsse!) zu dem namentlich im Norden unfruchtbaren Heide- und Moorlande der „Hohen Geest", der sich weiterhin die fruchtbaren Marschen (S. 4) anschließen. Im Norden dieser Gebiete ist die Bevölkerung vorwiegend dänischer Abstammung.

2. **Das Tiefland zwischen dem Nördlichen und dem Südlichen Landrücken** wird von zahlreichen Flüssen durchströmt (nenne sie!). In früheren Zeiten traten sie während der Schneeschmelze oder nach starken Regenfällen oft über die Ufer. Aus dem flachen Lande konnte aber das Wasser nicht wieder abfließen. (Gieße Wasser auf eine wagerechte Tischplatte!) So entstanden durch die fortgesetzten Überflutungen

große Sümpfe, die zum Teil mit Rohr und Schilf bedeckt waren. Solche Brücher gab es an der Oder sowie an ihrem größten Nebenflusse, der Warte, und an deren Zuflusse, der Netze (Oder-, Warte-, Netzebruch). Auch an Havel und Spree dehnten sie sich aus (Havelland, Spreewald). In diesen unwirtlichen Gegenden fanden nur wenige Menschen durch Jagd und Fischfang ein kümmerliches Auskommen. Durch die Tatkraft der preußischen Fürsten, besonders Friedrichs des Großen, wurde hier Wandel geschaffen. Um die Flächen dem Ackerbau nutzbar zu machen, baute man an den Flüssen hohe Dämme und entwässerte einen großen Teil der Sümpfe durch Kanäle. Zahlreiche Ansiedler stellten sich ein und gewannen durch unablässigen Fleiß dem fruchtbar gewordenen Boden hohe Erträge ab.

Mit der Entwässerung der Brücher hat man zugleich auch die Schiffahrtswege verbessert sowie Weichsel, Oder und Elbe durch Kanäle verbunden. So führt der Bromberger Kanal von der Brahe, einem Weichselnebenflusse, zur Netze, der Oder-Spree-Kanal von der Oder zur Spree, der Finow-Kanal von der Oder zur Havel und der Plauesche Kanal von der Havel zur Elbe.

a) Das Tiefland östlich der Oder (Prov. Posen und Teile der Prov. Brandenburg) hat fast durchweg fruchtbaren Boden. Daher bildet der Ackerbau den Haupterwerbszweig der Bewohner. Die wenigen größeren Städte, die hier entstanden sind, vermitteln den Handel zwischen diesen ertragreichen Gebieten und anderen Gegenden unseres Vaterlandes. Sie liegen an Hauptverkehrswegen: Bromberg (58) an dem gleichnamigen Kanal, der Weichsel und Oder verbindet, Posen (157) an der Warte und Frankfurt (68) an der Oder. An Posen, das jetzt einen Königspalast zum Wahrzeichen der deutschen Herrschaft besitzt, und an Frankfurt führt außerdem noch eine alte Landstraße (jetzt Eisenbahn) vorüber, die Deutschland von Westen nach Osten durchzieht. Da die Ostgrenze unseres Vaterlandes jeder natürlichen Umwallung entbehrt, bedürfen diese wichtigen Wege für den Kriegsfall eines starken Schutzes. Thorn (46) ist ein festes Bollwerk zur Sicherung der Wasserstraße; ebenso sind Küstrin (18) an der Wartemündung und Posen zu starken Festungen ausgebaut worden. — Bei Hohensalza (26) findet man Steinsalz. — Die Bewohner der Landschaft sind nur zum Teil deutscher Abstammung; im äußersten Osten überwiegen die Polen (etwa 3 Mill.), die der römisch-katholischen Kirche angehören.

b) Das Tiefland westlich der Oder (Prov. Brandenburg) entbehrt vielfach des fruchtbaren Ackerbodens. Nordwestlich von Küstrin geht das Oderbruch in eine Waldlandschaft über, die man wegen ihrer Schönheit als „Märkische Schweiz" bezeichnet. Hier liegt Eberswalde (26) mit einer Forstakademie. An dieses Gebiet schließt sich im Westen das Havelland an. Es wird von der Havel, die auf dem nördlichen Landrücken entspringt, umflossen (beschreibe ihren Lauf!). In der ostwestlichen Stromstrecke erweitert sich der Fluß zu zahlreichen Seen, die anmutig von Wäldern umkränzt sind. Bei der schön gelegenen Stadt Potsdam (62) errichteten die preußischen Könige mehrere Schlösser, von denen Sanssouci (ßangßußi) das bekannteste ist. Die Bewohner der meisten Havelstädte ernähren sich durch Fabrikarbeit. In Spandau (85), einer Festung, die im Kriege Berlin schützen soll, befinden sich Gewehrfabriken, in Brandenburg (54) Wollwebereien und Korbwarenfabriken, in Rathenow (25) berühmte Glasschleifereien und optische Anstalten (Brillen, Fernrohre usw.).

Der Süden des Gebietes wird von Bober, Görlitzer Neisse und Spree entwässert, die alle den südlichen Landrücken durchbrechen. Während Bober und Görlitzer Neisse sich in die Oder ergießen, sendet die Spree ihr Wasser der Havel zu.

Im Mittellaufe durchströmt die Spree den Spreewald. Der Fluß teilt sich hier in viele Arme, so daß das Land gleichsam in eine große Anzahl von Inseln zerschnitten wird. In früherer Zeit waren sie mit dichtem Walde bedeckt. Die Bewohner sind aber ein fleißiges Volk, das die Tugenden seiner Vorfahren, der alten Wenden, geerbt hat. Durch Fleiß und zähe Ausdauer haben sie aus dem Urwalde und den sumpfigen Wiesenflächen ein fruchtbares Gartenland geschaffen, das in günstigen Jahren die schwere Arbeit durch reichen Ertrag segnet. Besonders Gemüse wird in großen Mengen geerntet. Die Ausfuhr an Gurken, Meerettich und Zwiebeln erstreckt sich weit über die Landesgrenzen. Die Wohnhäuser der Spreewälder liegen, von Eichen und Erlen beschattet, auf den einzelnen Inseln. Als Verkehrswege dienen Wasserstraßen. Der Kahn ist daher das wichtigste Verkehrsmittel: im Kahne fahren die Bewohner des Spreewaldes an die Stätte ihrer Arbeit, führen sie das Vieh auf die Weide und bringen sie die Bodenerzeugnisse auf den nächsten Markt. Der Kahn trägt das Kind zur Schule, das Hochzeitspaar zur Kirche und den Verstorbenen auf den Friedhof. Briefträger, Förster, Hausierer, Musikanten, Gendarmen und Nachtwächter — alle müssen ihn benutzen. Im Winter treten Schlittschuhe und Schlitten an seine Stelle. Da die Spreewaldbewohner vielfach in der Fremde einträglichere Beschäftigung finden als in der Heimat, wandern sie oft in die benachbarten Großstädte. Dort kann man häufig junge Spreewälderinnen im Schmucke ihrer Volkstracht sehen.

Das Land östlich und westlich des Spreewaldes (Nieder-Lausitz) ist sandig und wenig fruchtbar. Besonders öde und daher dünn bevölkert ist das westliche Gebiet. Im Osten hat sich infolge des Kohlenreichtums benachbarter Gegenden (S. 15, 3b) eine rege Fabriktätigkeit entwickelt, und zwar ist besonders die Tuchweberei zu hoher Blüte gelangt. Deshalb finden dort auch bei weitem mehr Menschen ein Auskommen, als der dürftige Boden ernähren könnte. An der Spree hat sich Kottbus (49) zu einer wichtigen Fabrikstadt entwickelt, und an der Neisse sind Forst (34) und Guben (38) zu betriebsamen Orten herangewachsen. In der Nähe der Spreemündung liegt Berlin (mit Vororten 3,4 Mill.), die Hauptstadt des Deutschen Reiches und des Königreiches Preußen.

Da Berlin die Residenz des Kaisers ist, haben dort die obersten Reichs- und Staatsbehörden ihren Sitz, und es versammeln sich dort der deutsche Reichstag und der preußische Landtag. Das königliche Schloß liegt auf einer Spreeinsel. Vor ihm steht das Denkmal, das vom Deutschen Reiche dem Kaiser Wilhelm I. errichtet worden ist. Gehen wir dem Straßenzuge nach, an dem das Schloß liegt, so erblicken wir noch eine große Anzahl anderer wichtiger Bauwerke: den Dom, das Zeughaus (ein Heeresmuseum) und das Palais, das Kaiser Wilhelm I. bewohnte, sowie das Opernhaus und die Gebäude der Universität. Dann betreten wir die schönste Straße Berlins „Unter den Linden" (erkläre den Namen!), die von der über 3 km langen Friedrichstraße durchschnitten wird. In diesen und den benachbarten Straßen, in denen sich Laden an Laden reiht, herrscht ein überaus lebhafter Verkehr. Am Ende „der Linden" befindet sich das Brandenburger Tor mit dem Standbild der Siegesgöttin in einem mit vier Rossen bespannten Wagen. Durch das Tor gelangen wir in einen großen Park, den Tiergarten. Hier durchschreiten wir die Siegesallee, an deren Seiten die 32 Denkmäler der brandenburgisch-preußischen Fürsten errichtet sind. Sie endet in dem Königsplatze, dem schönsten Platze Berlins. In seiner Mitte erhebt sich die hohe Siegessäule mit der Borussia, dem Sinnbilde Preußens. An der Ostseite des Platzes ist das Reichstagsgebäude erbaut worden, vor dem das Bismarckdenkmal seinen Platz gefunden hat.

Berlin ist ferner die bedeutendste deutsche Industriestadt. Besonders Wäsche- und Modegegenstände (fertige Kleider), Sammet, Plüsch und Teppiche, Wachstuch, Linoleum,

Eine Hauptstraße in Berlin.

Maschinen und elektrische Anlagen, Buchbinder-, Gold-, Silber-, Bronze-, Kupfer-, Nickel- und Neusilberwaren werden dort hergestellt.

Die Folge dieser regen Gewerbtätigkeit ist ein lebhafter Handel. Gefördert wurde er durch die günstige Lage der Stadt zwischen Meer und Mittelgebirge, zwischen Oder und Elbe sowie zwischen Weichsel und Weser. Ein weit verzweigtes Eisenbahnnetz, das auch die Stadt selbst durchzieht (Berlin hat Bahnen auf, unter und über der Erde), stellt die Verbindung mit allen Gegenden unseres Vaterlandes und mit den Nachbarländern her. Die bereits genannten Kanäle (sie verbinden Berlin mit Hamburg und Stettin, mit Magdeburg und Breslau) begünstigten ebenfalls den Aufschwung des Handels. Berlin wurde im Jahre 1912 von etwa 47000 Frachtschiffen aufgesucht.

Berlin ist endlich auch Hauptsitz der deutschen Wissenschaft und Kunst. Wie die Universität, die 1913 von etwa 26000 Studierenden besucht wurde, erfreuen sich die Akademien der Wissenschaften und der Künste, die Technische Hochschule (im Nachbarorte Charlottenburg), die Landwirtschaftliche Hochschule, die Bergakademie, die zahlreichen Bibliotheken und Sammlungen des höchsten Ansehens.

3. **Der Südliche Landrücken** beginnt im äußersten Südosten des deutschen Tieflandes, hat vorwiegend nordwestliche Richtung und endet westlich der unteren Elbe. Er wird von der Oder, Elbe und vielen kleineren Flüssen durchbrochen und dadurch in mehrere Teile gegliedert. Der Seenreichtum des Nördlichen Landrückens fehlt ihm. Sein lockerer Sandboden ist teilweise unfruchtbar und mit Kiefernwäldern oder dürftigen Kornfeldern bedeckt.

a) Der Schlesische Landrücken (Prov. Schlesien) beginnt im Osten der oberen Oder und führt dort den Namen Tarnowitzer Höhen. Er ist sehr reich an

Lüneburger Heide.

Steinkohlen sowie an Blei-, Zink- und Eisenerzen. Die Bevölkerung treibt daher in ausgedehntem Maße Bergbau, so daß **Gleiwitz** (67), **Königshütte** (73) und **Beuthen** (68) zu großen Fabrikorten aufgeblüht sind. In nordwestlicher Richtung senkt sich der Landrücken allmählich. Jenseits der Oder ist er mit weiten Kiefernwäldern bedeckt („Niederschlesische Heide"). Am Nordrande liegt **Grünberg** (23), in dessen Umgebung man noch Weinbau treibt.

b) **Der Lausitzer Landrücken** (Prov. Brandenburg) wird von Bober, Görlitzer Neisse und Spree durchbrochen. Die Braunkohlen, die man an seinem Nordrande findet, begünstigten in den benachbarten Städten Kottbus, Guben und Forst das Entstehen von Tuchfabriken. Früher lieferten große Schafherden, die auf den sandigen Flächen des Landrückens weideten, die Wolle zur Herstellung von Tuch. Da das Ausland (Australien, Südafrika und Argentinien) die Wolle billiger liefert, lohnt sich jetzt die Schafzucht nicht mehr.

c) **Der Fläming**, der teils zur Prov. Brandenburg, teils zur Prov. Sachsen gehört, erstreckt sich bis an das Durchbruchstal der Elbe. Soweit er unbewaldet ist, trägt er Wiesen oder Kornfelder. In den kleinen Städten am Nordrande (**Luckenwalde**; 23) sind die Bewohner vielfach Tuchweber. Bei **Jüterbog** befindet sich ein großer Artillerieschießplatz.

d) **Die Altmark** (Prov. Sachsen) dehnt sich im Westen der Elbe aus. Ihr südlicher Teil wird von wildreichen Waldungen eingenommen; der Norden dient dem Ackerbau. Die bedeutendste Stadt ist **Stendal** (27).

e) **Die Lüneburger Heide** (Prov. Hannover) ist ein Hügelland, das die Wasserscheide zwischen der Elbe und der zur Weser führenden Aller bildet. Zahlreiche Bäche und Flüßchen durchbrechen die Höhenzüge und eilen durch grasreiche Täler nach Norden und Süden. Weite Flächen des Landes sind noch vorwiegend mit Heidekraut bedeckt. Von Jahr zu Jahr wird jedoch das Heidegebiet durch Anlage von Waldungen mehr und mehr eingeengt. So ist z. B. die „Göhrde" ein Wald, der eine Fläche von 55 qkm bedeckt, und der „Lüß" hat gleiche Ausdehnung. Am häufigsten treten in den Wäldern die Kiefer und die Rottanne auf; in kleineren Beständen finden sich Eichen und Buchen. Die klaren Heidebäche und die in neuerer Zeit angelegten Fischteiche sind von Forellen, Hechten, Barschen, Weißfischen, Karpfen, Aalen u. a. belebt.

Die Dörfer und einzelnen Höfe, die meist an Heidebächen gelegen sind, gewähren ein freundliches Bild. In behaglicher Breite liegen die Gebäude auf dem vielfach mit einer Mauer aus Findlingsblöcken eingefriedigten Hofraume unter dem schattigen Laubdache hundertjähriger Eichen. Durch Zuführung von Kalk und künstlichem Dünger und durch sorgfältige Bearbeitung gewinnt der Landmann dem mageren Boden gute Erträge an Roggen, Hafer und Hackfrüchten ab. Die Kartoffel gedeiht hier in besonderer Güte und ist auf dem Markte des benachbarten Hamburg ebenso begehrt wie das Fleisch der genügsamen Heidschnucke, die sich vorwiegend von dem Heidekraute nährt. Auch sonst blüht die Viehzucht, und die Ausfuhr an fetten Kälbern und Schweinen nach Hamburg und den rheinischen Industriegebieten ist bedeutend. Die Bienenzucht dagegen wird immer mehr eingeschränkt; denn dem Imker geht es wie dem Winzer: gute Honigjahre sind so selten wie gute Weinjahre. An unterirdischen Bodenschätzen birgt die Heide Erdöl, Kali (S. 18) und Kochsalz.

Schlicht und einfach wie das Land sind die Bewohner. Ihre durchweg kräftigen gesunden Gestalten äußern mehr Kraft als Anmut in Gang und Bewegung. Dem Wesen nach sind sie ernst, wortkarg und am Alten hängend, aber arbeitsam und genügsam. Daher herrscht bei ihnen ein gewisser Wohlstand; Bettler wird man hier vergeblich suchen. Jeder kann sein eigen Brot essen und hat auch noch genug, um dem Dürftigen zu geben.

Städte liegen nur dort, wo die Heide von dem alten Handelswege durchschnitten wird, der Westdeutschland mit den Seehäfen Hamburg und Lübeck verbindet. Größere Stationen an dieser Straße sind Celle (23) an der schiffbaren Aller und Lüneburg (28) am nördlichen Endpunkte des Heideweges.

4. **Die Schlesische und die Sächsisch-Thüringische Bucht.** Wie wir die Einschnitte der See in das Land als Meeresbuchten bezeichnen, so können wir die Einschnitte des Tieflandes in das Gebirge Tieflandbuchten nennen. Im Süden des südlichen Landrückens greift das Tiefland in zwei Buchten weit in das Mitteldeutsche Gebirgsland ein, es sind dies die Schlesische Bucht zu beiden Seiten der Oder und die Sächsisch-Thüringische Bucht an Elbe, Elster, Mulde und Saale.

a) Die Schlesische Bucht (Prov. Schlesien) liegt wie eine flache Mulde zwischen dem Schlesischen Landrücken und den Sudeten. Sie wird von der Oder und ihren Nebenflüssen, der Glatzer Neisse und der Katzbach, reichlich bewässert. Besonders die westliche Hälfte der Bucht zwischen Neisse und Katzbach hat fruchtbaren Boden, der sich sehr gut zur Feldwirtschaft eignet (Zuckerrüben, Getreide, Kartoffeln, Flachs, Gurken und Zwiebeln). Die Bevölkerung befaßt sich aber auch vielfach mit Leinen- und Baumwollenweberei sowie mit der Herstellung von Glas- und Tonwaren (Kohlenlager in der Nähe!). Die Städte Neisse (26), Liegnitz (67) und Bunzlau (16) liegen in diesen dicht bewohnten Gegenden. Mehrere wichtige Orte sind ferner an der Oder entstanden (warum?). So liegt unweit des oberschlesischen Bergwerkgebietes die Handelsstadt Ratibor (38). Stromabwärts folgen

Oppeln (34), Brieg (29) und Breslau (512). Bei letztgenannter Stadt treffen sich die großen Wege, die aus Böhmen, Mähren, Galizien und Polen in das schlesische Flachland führen, um dann in das Innere Deutschlands auszustrahlen. Zucker, Getreide, Spiritus, Wolle, Flachs und andere Waren werden aus jenen Ländern nach Breslau gebracht und von dort wieder ausgeführt. Die Stadt hat sich daher zu einem bedeutenden Handelsplatze entwickelt. Auch die Breslauer Universität erfreut sich eines guten Rufes. Um die wichtige Oderstraße im Falle eines Krieges schützen zu können, hat man Breslau und das stromabwärts gelegene Glogau (25) befestigt. — Das Land rechts der Oder ist zum großen Teil sandig und daher nur wenig angebaut. Waldwirtschaft und Schafzucht bilden dort die wichtigsten Erwerbsquellen.

b) Die Sächsisch-Thüringische Bucht (Kgr. Sachsen, Prov. Sachsen, Hzgt. Sachsen-Altenburg und Anhalt) hat ihren Namen nach den Volksstämmen, die dort wohnen. Unmittelbar am Fuße des Landrückens ist der Boden teils sandig, teils moorig („Schwarze" Elster) und vielfach mit Kiefernwäldern bedeckt. Im Elbtale dagegen, namentlich in der Gegend von Torgau, hat sich fruchtbares Schwemmland gebildet. Auch die Landschaften, die von der Mulde, Weißen Elster und Saale durchflossen werden, sind sehr ertragreich. Ganz besonders gilt dies von dem nördlichsten Teile des Gebietes, der als „Magdeburger Börde" bezeichnet wird.

Wegen ihrer Fruchtbarkeit ist die Landschaft dicht bevölkert. Die zahlreichen Städte wurden aber teilweise durch das Aufblühen der drei Großstädte Leipzig, Halle und Magdeburg in ihrer Entwicklung zurückgehalten. An der Elbe liegen Torgau (13) und Wittenberg (22; Luther), bei denen wichtige Brücken über den Strom führen. Dessau (57), die Hauptstadt des Herzogtums Anhalt, liegt in der Nähe der Muldemündung und besitzt bedeutende Zuckerfabriken und -raffinerien. Zu Anhalt gehören außerdem die Städte Bernburg (34) an der Saale, Cöthen (23) und Zerbst (19). Landwirtschaft und Industrie bilden die Hauptbeschäftigung ihrer Bewohner.

Im südlichen Teile der Landschaft, unweit des industriereichen Sächsischen Berglandes (S. 25), liegt Leipzig (588). Durch seine Lage in der Mitte Deutschlands ist es der Knotenpunkt vieler Verkehrsstraßen (jetzt Eisenbahnen) und daher eine wichtige Handelsstadt geworden. Seine Messen und Märkte, zu denen die Kaufleute einst aus allen Ländern herbeiströmten, waren schon in alter Zeit berühmt. Auch heute noch ist der Pelzhandel Leipzigs sehr bedeutend. Für den deutschen Buchhandel und die damit verbundenen Gewerbe ist die Stadt ein Hauptsitz. In Leipzig befindet sich ferner eine seit Jahrhunderten berühmte Universität sowie das höchste deutsche Gericht, das Reichsgericht. — Von den zahlreichen kleineren Städten, die in der Nähe Leipzigs liegen, merken wir Zeitz (33) mit ansehnlichem Maschinenbau und Altenburg (40) mit Zigarren-, Handschuh- und Maschinenfabriken. Sie wurden auch durch die Großstadt Leipzig in ihrem Wachstum gehindert. Nur das benachbarte Halle (181) ist in neuerer Zeit zu hoher Bedeutung gelangt. Es liegt wie Leipzig in sehr fruchtbarer Umgebung und besitzt ebenfalls eine altberühmte Universität. Dazu kommt noch, daß die schiffbare Saale an ihm vorüberfließt, und daß sich in der Nähe reiche Bodenschätze (Braunkohlen, Salz) finden, die das Emporkommen verschiedener Industrien begünstigt haben. Außerdem hat Preußen die Stadt zu einem wichtigen Eisenbahnknotenpunkte gemacht und dadurch einen Teil des Verkehrs von Leipzig, das im Königreich Sachsen liegt, abgelenkt. Da sich aber der Verkehr des Sächsischen Berglandes nach Leipzig hinzieht, während der Handel Thüringens (S. 28, 3b) vornehmlich auf Halle gerichtet ist, können beide Städte ungestört nebeneinander blühen.

In der Magdeburger Börde baut man außer Getreide besonders Hackfrüchte (Zuckerrüben, Zichorien) und Gemüse (Kohl, Gurken, Zwiebeln). Die Landschaft ist überaus ertragreich und deshalb dicht bevölkert; die Bewohner leben in Wohlstand. Der Boden birgt auch Salz und Kohlen. Bei Staßfurt (17) befindet sich das größte deutsche Steinsalzlager. Gegenwärtig wird jedoch das Steinsalz an Bedeutung noch von den Edelsalzen übertroffen, die die oberen Schichten des gewaltigen Lagers bilden. Sie werden zu sehr geschätzten Düngemitteln („Kali") verarbeitet, sowie zur Herstellung von Soda, Glaubersalz, Bittersalz usw. verwendet. Gleichfalls wichtige Salzstädte sind Aschersleben (29) und Schönebeck an der Elbe (18). Der größte Ort des Gebietes ist Magdeburg (280). Es liegt dort, wo sich die wichtige Elbstraße mit dem Straßenzuge kreuzt, durch den West- und Ostdeutschland verbunden werden (Berlin, Frankfurt a. O. und Posen liegen an ihm). Da in der Börde der Zuckerrübenbau in hoher Blüte steht, ist Magdeburg der Hauptsitz des deutschen Zuckerhandels. Aber auch für die übrigen Bodenerzeugnisse ist es ein wichtiger Markt. Dazu tritt eine lebhafte Fabriktätigkeit (Maschinen, Zichorien, Schokolade, Tabak). Magdeburg besitzt eine ruhmreiche Geschichte. Von hier aus wurden Christentum und Deutschtum in die östlichen Gebiete unseres Vaterlandes verpflanzt (Otto d. Gr.). — Im Nordosten von Magdeburg liegt jenseits der Elbe Burg (24) mit Tuch- und Schuhfabriken.

5. **Die Landschaft an der unteren Elbe.** Da früher der Verkehr nach dem Meere fast ausschließlich auf Landwegen erfolgte, und da die Elbe auf ihrem Laufe durch das Tiefland die flachen Ufer oft überschwemmte, haben sich an dem Strome unterhalb Magdeburgs nur wenige kleine Städte entwickelt. Die untere Elbe ist jedoch so tief, daß die Seeschiffe den Strom etwa 90 km aufwärts zu befahren vermögen. Von dieser Stelle aus können daher die Erzeugnisse deutschen Fleißes am leichtesten zum Versande nach überseeischen Ländern gebracht werden. Zugleich ist es aber auch möglich, die von den Seeschiffen herbeigetragenen Güter ferner Erdteile den Bewohnern unseres Vaterlandes auf Flußschiffen und Eisenbahnen zuzuführen. Daher entwickelte sich an diesem günstig gelegenen Orte die Freie Stadt Hamburg (931), die den bedeutendsten Seehandel des europäischen Festlandes besitzt. Hamburg ist aber auch ein wichtiger Industrieort. Besonders berühmt sind sein Schiffs- und Maschinenbau, sowie die Fabriken, in denen überseeische Rohstoffe verarbeitet werden (Schokoladen- und Seifenfabriken, Kaffeeröstereien, Reisschälanstalten, Dampfmühlen usw.).

Der Hamburger Hafen wird durch das breite, tiefe Bett der Elbe gebildet, das durch Baggerung noch bedeutend erweitert ist. Wie ausgespreizte Finger vieler Hände erstrecken sich die großen Hafenbassins vom Elbbett in das Land. An ihren Ufern ziehen sich starke Mauern hin, an denen die Schiffe anlegen können. In großen Schuppen und Speichern lagern die Waren, die von den Eisenbahnen, Fluß- oder Seeschiffen zum Versand herbeigeführt worden sind. Überall herrscht ein ungemein reges Leben und Treiben. Arbeiter sind beschäftigt, mittels mächtiger Krane die Schiffe zu entladen. Reisende besteigen die stattlichen Dampfer, um die Fahrt über das Meer anzutreten. Kleine Dampf- und Ruderboote eilen hin und her und vermitteln den Verkehr zwischen den einzelnen Hafenteilen, den dort ankernden Schiffen und der Stadt. Schwer beladene Lastkähne ziehen vorüber, um wertvolle Güter von den Seeschiffen nach den Speichern zu bringen. — Die bedeutendste Hamburger Schiffahrtgesellschaft ist die Hamburg-Amerika Linie. Sie verfügte vor dem Weltkriege über etwa 170 Ozeandampfer, die alle Meere der Erde befuhren.

Hamburger Hafen.

Von fast allen ausländischen Waren, die in Deutschland verkauft werden sollen, wird an der Grenze ein Zoll erhoben. (Warum?) Die Hamburger Kaufleute verhandeln aber die fremden Güter auch nach außerdeutschen Ländern. Für diese Waren wird kein Zoll erhoben. (Warum nicht?) Die Schiffe, die aus dem Auslande kommen, fahren deshalb in den Freihafen und löschen dort ihre Ladung. Diese Waren gehen entweder in das Zollgebiet — dann ist Zoll zu zahlen —, oder sie wandern wieder in das Ausland — dann haben sie das Zollgebiet nicht berührt, sind also zollfrei geblieben.

Unmittelbar an Hamburg grenzt das schleswig-holsteinische Altona (173), das ebenfalls lebhaften Handel und Industrie treibt, sowie einen bedeutenden Fischmarkt besitzt. Beiden gegenüber liegt Harburg (67; Prov. Hannover); da aber die größeren Seeschiffe die Stadt nicht erreichen können, hat sie für den Handel geringere Bedeutung. An der Elbmündung ist Cuxhaven (15) als Vorhafen Hamburgs entstanden. Die Bewohner ernähren sich hauptsächlich durch Schiffahrt und Fischfang. — Der Unterlauf der Elbe wird zu beiden Seiten von fruchtbaren Flußmarschen begleitet, deren fleißige Bewohner sich besonders mit Garten- und Obstbau sowie mit Viehzucht beschäftigen.

4. Das Westdeutsche Tiefland.

1. **Das Gebiet der Moore.** Von der Lüneburger Heide bis in die Niederlande hinein, von den Nordseemarschen bis zum deutschen Mittelgebirge dehnt sich ein weites Flachland aus das oft viele hundert Quadratkilometer ununterbrochen nur von

Torfstich.

Mooren bedeckt ist. Sie sind dadurch entstanden, daß das Wasser von dem ebenen Boden nicht abfließen konnte. Als sich Torfmoose und andere Pflanzen einstellten, bildeten sich im Laufe der Jahrhunderte Torflager, die hier und da Wassertümpel einschließen. Wo ein Stück Sandboden herausragt, finden Heidekraut und Birken kümmerliche Nahrung. Abgesehen von mehreren kleineren Flüssen wird die Landschaft von Weser und Ems entwässert, die außerhalb des Gebietes entspringen und in die Nordsee münden. Die Weser erhält von rechts die Aller als Zufluß, deren Quelle im Tieflande westlich von Magdeburg liegt. Sie begleitet den Südfuß der Lüneburger Heide und mündet, durch die Leine verstärkt, bei Verden. (Warum kann man Aller und Unterweser als Scheide des Tieflands bezeichnen? S. 1.)

Die Moorgegenden sind nur sehr dünn bevölkert (warum?). Die Bewohner beschäftigen sich hauptsächlich mit der Gewinnung des Torfes. Ackerland erhalten sie, indem sie die Moore durch Anlage tiefer Gräben entwässern, die obere Torfschicht durch Graben und Hacken auflockern, trocknen lassen und dann in Brand setzen. Der „Heer- oder Höhenrauch", der sich dabei entwickelt, ist bei Nordwestwinden weit im Innern Deutschlands zu spüren. Die Asche der verbrannten Moorpflanzen enthält Salze, die den Boden düngen und dem genügsamen Buchweizen zur Nahrung dienen; aber schon nach wenigen Jahren bedarf der Moorboden einer erneuten Düngung und das Moorbrennen muß wieder beginnen. — Man sucht aber auch weite Moorflächen für alle Zeiten in anbaufähiges Land zu verwandeln. Zuerst wird die obere Moorschicht entfernt, der Torf bis auf die unterste Schicht abgestochen und auf Schiffen, welche die breiten Entwässerungskanäle befahren, fortgeschafft. Dann vermengt man den darunter lagernden Sandboden durch tiefes Umgraben mit der zuletzt stehengelassenen Moorschicht. So erhält man, indem man auch fleißig düngt, nach langer, mühevoller Arbeit Ackererde, auf der sogar Weizen gedeiht. Dieses Verfahren bezeichnet man als Fehnwirtschaft (Fehn heißt Moor, Sumpf). — Aber noch auf andere Weise macht man die Moore anbaufähig. Man teilt sie durch tiefe Entwässerungsgräben in 20 bis 30 m breite Streifen oder Dämme

(Moordammkultur). Um die Moorpflanzen auf den trocken gelegten Dämmen zu ersticken, bedeckt man sie dann mit einer 12—14 cm starken Sandschicht, die fleißig gedüngt wird, so daß mit der Zeit eine Ackerkrume entsteht.

In dieser unfruchtbaren Gegend sind nur wenige Städte entstanden. Oldenburg (30), die Hauptstadt des gleichnamigen Großherzogtums, ist der ansehnlichste Ort. Der Haupthandelsplatz für Ostfriesland, d. i. das fruchtbare Marschland zwischen Dollart und Jadebusen (Prov. Hannover), ist Aurich (6). — Von größerer Wichtigkeit sind die Städte, die sich an dem Unterlaufe der schiffbaren Flüsse gebildet haben. Die Freie Stadt Bremen (247) ist an derjenigen Stelle der unteren Weser entstanden, bis zu der die Seeschiffe mit der Flut noch gelangen können. Deshalb ist Bremen nach Hamburg der bedeutendste deutsche Seehandelsplatz und der erste Hafen Europas für Auswanderer. Es besitzt ebenfalls einen Freihafen. Die größte Schiffahrtgesellschaft Bremens ist der „Norddeutsche Lloyd". Er verfügte vor dem Weltkriege über 125 Seedampfer, die alljährlich über eine halbe Million Menschen, besonders im Verkehr mit Amerika, beförderten und auch den Reichspostdienst nach den Ländern am Indischen und Stillen Ozean besorgten. Von Bremen aus wurden besonders Tabak, Reis und Baumwolle in unser Vaterland eingeführt; ferner hat die Stadt große Tabakfabriken und Reisschälmühlen. Da die Wesermündung leicht versandet und die mächtigen Ozeandampfer nicht mehr bis zu der Stadt fahren konnten, wurde der Vorhafen Bremerhaven (24) errichtet. Jetzt hat man jedoch den Fluß bei Bremen geradegelegt sowie die Ufer befestigt, und das Strombett wird dauernd ausgebaggert. Daher kann Bremen wieder von großen Seeschiffen erreicht werden. Bremerhaven ist ebenso wie das benachbarte preußische Geestemünde (25), Cuxhaven und Emden (24) ein Hauptsitz der deutschen Hochseefischerei, die unser Volk mit großen Mengen nahrhafter Speisefische versorgt. Emden liegt am Dollart in der Nähe der Emsmündung und ist Endpunkt des Dortmund-Ems-Kanals, der das industriereiche Ruhrgebiet (S. 34, 2c) mit der Nordsee verbindet. Die deutschen Seekabel nehmen in Emden ihren Anfang. Am Jadebusen liegt Wilhelmshaven (35), der Kriegshafen der deutschen Nordseeflotte.

2. **Das Münsterland und die Cölner Tieflandsbucht.** Südlich von den Moorgegenden greift das Tiefland bei Münster und bei Cöln weit in das Mitteldeutsche Gebirgsland ein.

a) Das Münsterland (Prov. Westfalen), das sich zwischen Teutoburger Wald und dem rechtsrheinischen Teile des Schiefergebirges erstreckt, ist ein flachwelliges Gebiet, dessen Fruchtbarkeit von Norden nach Süden zunimmt. In der Soester Börde, am Fuße des Mitteldeutschen Gebirgslandes, ist der Boden am ertragreichsten. Daher findet sich hier auch eine dichtere Bevölkerung als in dem übrigen Münsterlande. Die Bewohner treiben vorwiegend Ackerbau und Viehzucht (Pumpernickel; westfälischer Schinken!). Sie wohnen in einzeln liegenden Gehöften, die inmitten der zugehörigen Feldmark errichtet und von Obstbäumen und kleinen Eichenbeständen umgeben sind. Der größte Ort des Münsterlandes ist Münster (90) am Dortmund-Ems-Kanal. Es hat bedeutenden Handel mit landwirtschaftlichen Erzeugnissen und besitzt eine Universität. An der Lippe liegt das industriereiche Hamm (44) und im südöstlichsten Teile der Landschaft die Bischofsstadt Paderborn (30).

b) Die Cölner Bucht (Rheinprov.) schiebt sich wie ein Keil zwischen die beiden Flügel des Rheinischen Schiefergebirges ein (S. 32). Der lehmige, ertragreiche Boden ist durchweg mit fruchtbaren Feldern bedeckt. An dem untersten Teile des deutschen Rheinlaufes breiten sich Marschen aus, auf denen besonders Viehzucht getrieben wird. Um

Überflutungen zu verhindern, ist hier der Strom eingedeicht worden. Da die Gebirge zu beiden Seiten des Flachlandes — im Osten das Ruhrgebiet, im Westen die Gegend von Aachen — außerordentlich reich an Kohlen sind, bildet trotz der Fruchtbarkeit des Bodens nicht die Landwirtschaft, sondern die Industrie den Haupterwerbszweig der Bewohner. In Cöln (516) befinden sich Baumwollen- und Wollspinnereien sowie Eisengießereien und Maschinenfabriken. Der Rhein hat hier schon eine so bedeutende Breite und Tiefe, daß kleinere Seeschiffe die Stadt erreichen können. Außerdem ist Cöln ein wichtiger Eisenbahnknotenpunkt. Hier kreuzt die Handelsstraße, die Deutschland von Westen nach Osten durchzieht (S. 12a), den großen Verkehrsweg, der dem Rheintale folgt. Daher hat sich die Stadt zu dem bedeutendsten Handelsplatze Westdeutschlands entwickelt. Um die wichtigen Straßen im Kriege schützen zu können, ist Cöln stark befestigt worden. Hochberühmt ist auch der prächtige Cölner Dom (Turmhöhe 156 m). — Stromabwärts liegt Düsseldorf (358), eine ansehnliche Industrie- und Handelsstadt, die besonders durch ihre Malerschule bekannt ist. Dann folgt Duisburg (229) mit dem größten Binnenhafen der Welt. Die Schiffe bringen hauptsächlich Grubenhölzer für die Bergwerke und Getreide für die Bewohner des dichtbevölkerten Ruhrgebietes. Dagegen sind Erze und vor allem Steinkohlen die wichtigsten Güter, die zum Versande gelangen. Unterhalb Wesel (24) verläßt der Rhein Deutschland. — Auch im Westen der Landschaft sind viele wichtige Fabrikorte aufgeblüht. Wir merken nur München-Gladbach (66) mit Baumwollen- und Maschinenindustrie und Crefeld (129) mit Seiden- und Sammetfabrikation.

5. Politische Verhältnisse.*)

1. Das deutsche Tiefland gehört fast ganz dem Königreich Preußen an. Der größere östliche Teil des Preußischen Landrückens und sein nördliches Vorland werden von der Provinz Ostpreußen eingenommen. — Den Westen des Preußischen und den Osten des Pommerschen Landrückens umfaßt die Provinz Westpreußen. — Der größere westliche Teil des Pommerschen und ein Stück des Mecklenburgischen Landrückens sowie die Insel Rügen gehören zur Provinz Pommern. — Der Holsteinische Landrücken und überhaupt der deutsche Teil der Halbinsel Jütland, das Gebiet um Altona sowie die Inseln Alsen, Fehmarn, die Nordfriesischen Inseln und Helgoland bilden die Provinz Schleswig-Holstein. — Das Flachland östlich der Oder, jedoch ohne den breiten Landstrich, der sich unmittelbar an der Oder und der unteren Warte hinzieht, wird von der Provinz Posen eingenommen. — Das nicht zu Posen gehörige Land rechts der Oder und das Flachland links von diesem Flusse umfaßt die Provinz Brandenburg. — Der Schlesische Landrücken und die Schlesische Bucht bilden die Provinz Schlesien; der deutsche Teil der Sudeten (s. u.) gehört ihr gleichfalls an. — Die Niederungen bei Torgau an der Elbe, die nach Westen über Mulde und Saale hinwegreichen, sowie der westliche Teil des Fläming, die Altmark und die Magdeburger Börde sind Teile der Provinz Sachsen. — Die Lüneburger Heide, das Flachland an der Weser und die Landschaft an der Ems werden von der Provinz Hannover eingenommen. Die Ostfriesischen Inseln gehören auch zu ihr. — Das Münsterland ist ein Teil der Provinz Westfalen, und die Cölner Bucht gehört zur Rheinprovinz.

2. In das übrige Gebiet des Tieflandes teilen sich verschiedene deutsche Staaten. Der Mecklenburgische Landrücken wird, mit Ausnahme des kleinen pommerschen Teiles, von den beiden Großherzogtümern Mecklenburg-Schwerin und -Strelitz eingenommen.

An der Lübecker Bucht liegt die Freie Stadt Lübeck, an der unteren Elbe die Freie Stadt Hamburg und an der unteren Weser die Freie Stadt Bremen.

---

*) Vgl. auch die Übersicht über die Staaten des Deutschen Reiches, S. 51 bis 56.

Das Gebiet am Jadebusen — nur Wilhelmshaven ist preußisch — und das gesamte Land im Süden davon wird von dem Großherzogtum Oldenburg eingenommen.

Der Südosten der Sächsisch-Thüringischen Bucht gehört dem Königreich Sachsen an. Im äußersten Süden der Bucht liegt das Herzogtum Sachsen-Altenburg.

Das Land an der Muldemündung, das nach Osten bis über die Elbe und nach Westen bis über die Saale reicht, bildet das Herzogtum Anhalt.

II. Das Mitteldeutsche Gebirgsland.

Im Süden des Tieflandes dehnt sich das Mitteldeutsche Gebirgsland aus. Es gliedert sich in mehrere Teile: in das Schlesische Gebirgsland (Sudeten), das Sächsische Gebirgsland, das Thüringische Bergland, den Harz mit seinem nördlichen Vorlande, das Hessische und Weserbergland und das Rheinische Schiefergebirge.

1. Das Schlesische Gebirgsland (Sudeten).

Das Schlesische Gebirgsland (Prov. Schlesien) bildet eine Gebirgsmauer, die von Südosten (Tal der Oder) nach Nordwesten (Tal der Görlitzer Neisse) gerichtet ist. Durch Einsenkungen, die meist von Flüssen durchströmt werden, wird es in das Mährische Gesenke, das Glatzer Gebirgsland, das Riesengebirge und das Isergebirge geschieden.

1. **Das Mährische Gesenke** ist ein flachwelliges, meist gut angebautes Bergland. An seinem Südostrande entspringt die Oder, durch deren Tal, die „Mährische Pforte", eine wichtige Straße von Deutschland nach Österreich führt. Im Nordwesten steigt das Gesenke im Altvater zu einer Höhe von 1500 m an.

2. **Das Glatzer Gebirgsland** besteht aus einer Hochfläche, die von Gebirgen umrahmt wird. Auf diese Weise entsteht ein großer Gebirgskessel, dessen Gewässer sich in der Glatzer Neisse sammeln. Sie fließt durch eine Lücke des Nordostrandes der Oder zu; kleinere Flüsse gehen von den Randgebirgen zur Elbe, während die größere March zur Donau eilt. In dem Tale der Neisse hat man eine Eisenbahn angelegt, die Deutschland und Österreich verbindet. Die Festung Glatz (17) schützt diesen Weg. — Auf den fruchtbaren Feldern des „Glatzer Kessels" wird u. a. Flachs geerntet. Deshalb steht dort schon seit langer Zeit die Leinwandweberei in hoher Blüte. Da man am Nordwestrande des Berglandes, vornehmlich bei der Stadt Waldenburg (20), vor einigen Jahrzehnten Steinkohlen zu fördern begann, sind zahlreiche große Spinnereien und Webereien entstanden. Sie liefern die Leinwand viel billiger als die Handweber. Diese bewohnen nur noch die entlegenen Gebirgstäler und müssen infolge des geringen Verdienstes oft Not leiden. Dem Fleiße und der Geschicklichkeit der Bewohner verdankt auch die Uhrmacherei in dem Gebirge ihre Entstehung. Besonders Stand- und Wanduhren werden hier verfertigt. An einzelnen Orten des Berglandes sprudeln heilkräftige Quellen hervor, die von Leidenden gern aufgesucht werden (Reinerz, Landeck).

8. **Das Riesengebirge** (Name!) besitzt von allen deutschen Mittelgebirgen den höchsten Gipfel, die 1600 m hohe Schneekoppe. — Nähern wir uns dem Gebirge vom Schlesischen Tieflande her, so steigt es vor uns wie ein riesiger Wall auf, dem niedrige Berge vorgelagert sind. Steigen wir zu seinem „Kamme" empor, so durchwandern wir zunächst enge Täler, in denen sich nur langgestreckte Dörfer bilden konnten Die Berghänge werden von prächtigen Laub- und Nadelwäldern bedeckt. Je höher wir kommen, desto kümmerlicher wird der Pflanzenwuchs; denn in jenen Höhen führen die

Das Riesengebirge. (S. Die Schneekoppe.)

Stürme während des Winters ein strenges Regiment. Schließlich vermögen nur noch die niederliegenden Büsche der Zwergkiefer zu gedeihen, die als „Knieholz" bezeichnet werden. Auf blumenreichen Wiesen weiden Rinder- und Ziegenherden. Weil die Bewohner dieser Höhen großer Weideflächen bedürfen, wohnen sie nicht in Dörfern beisammen, sondern in einzeln liegenden Häusern („Bauden"). Das Gebirge wird von vielen Naturfreunden aufgesucht, und der Fremdenverkehr gewährt den Gebirgsbewohnern guten Verdienst. Im Winter ist das Leben der Gebirgsbewohner oft entbehrungsreich. Der Schnee reicht manchmal monatelang bis an das Dach, so daß ein Dachfenster oder der Schornstein den Bewohnern als Ausgang dienen muß. Auf Schneeschuhen oder in Hörnerschlitten gleiten sie pfeilschnell in das Tal hinunter, um sich mit frischen Lebensmitteln zu versorgen. Lange Holzstangen, die man schon im Sommer aufgestellt hat, bezeichnen die Richtung der verschneiten Wege. — Steigen wir noch weiter im Gebirge aufwärts, so sehen wir, daß der Graswuchs immer spärlicher wird. Schließlich bedecken fast nur noch Moose und Flechten den steinigen Boden. Auf den breiten Bergrücken finden sich Senken, aus denen das Wasser nicht abfließen kann. Hier sind daher Moore entstanden, in denen viele Flüsse ihren Ursprung haben. Die **Elbe** fließt zunächst nach Süden, während sich der **Bober** nach Norden zur Oder wendet.

Die Moore sind hier wie in allen Gebirgen für die umliegenden Landschaften von großer Bedeutung. Sie geben in den Zeiten der Dürre und Trockenheit von ihrem Wasservorrate an die Flüsse ab. Wenn aber im Frühlinge der Schnee schmilzt, oder wenn im Sommer starke Gewitterregen fallen, dann saugen sie sich wie natürliche Schwämme voll Feuchtigkeit. Sie verhüten also plötzliche Überschwemmungen. (Vgl. Alpenseen S. 59.) Trotzdem kommt es aber vor, daß die Täler des Riesengebirges von Wassernot heimgesucht werden. Die Sommerregen sind nämlich manchmal so ausgiebig, daß sie von den Mooren nicht aufgesaugt werden können.

Im Tale des Bobers wird Flachs angebaut; daher blüht in **Hirschberg** (21) schon seit alter Zeit die Leinwandweberei. Unweit dieser Stadt liegt **Warmbrunn**, dessen warme, schwefelhaltige Quellen vielen Leidenden Heilung bringen.

4. **Das Isergebirge.** Auf dem breiten Rücken des Isergebirges dehnen sich große Torfmoore aus. Sie speisen die Quellen der Iser, eines Nebenflusses der Elbe, und der Görlitzer Neisse, die sich in die Oder ergießt. Aus dem reinen Quarzsande des Isergebirges werden von den Bewohnern kunstvolle Glaswaren (Kristallglas) hergestellt, und in zahlreichen Fabriken sind Tausende von Arbeitern mit der Verfertigung von Leinen-, Woll- und Baumwollenwaren beschäftigt.

5. **Politische Verhältnisse.** Der lange Sudetenzug bildet die Wasserscheide zwischen Oder, Elbe und Donau. Er trennt auch zwei Länder. Die nordöstlichen Teile des Gebirges gehören zu Deutschland (preußische Provinz Schlesien), die südwestlichen zu Österreich.

2. Das Sächsische Gebirgsland.

Das Sächsische Gebirgsland (meist Kgr. Sachsen) dehnt sich zwischen der Görlitzer Neisse (im Osten) und der Weißen Elster (im Westen) aus. Es gliedert sich in das Lausitzer Gebirge, das Elbsandsteingebirge, das Erzgebirge und das Elstergebirge. Nach Norden geht es in ein Hügelland über, das sich allmählich zum Tieflande senkt.

1. **Das Lausitzer Gebirge** ist ein Hochland, über das sich viele einzelne Kuppen erheben. Dem Hügellande, das ihm im Norden vorgelagert ist (Oberlausitz), entströmen Spree und Schwarze Elster. Da dieses Gebiet reiche Braunkohlenlager besitzt, sind in Zittau (37), Bautzen (33) und Görlitz (86; Prov. Schlesien) bedeutende Fabriken (Tuch, Leinwand, Maschinen) entstanden. Zu ganz besonderem Ansehen hat sich Görlitz emporgeschwungen; denn es liegt am Kreuzungspunkte von Eisenbahnen, die nach Österreich, Schlesien und Norddeutschland führen. Über Görlitz verläuft der Meridian, der die Mitteleuropäische Zeit bestimmt (S. 136).

2. **Das Elbsandsteingebirge.** Während die benachbarten Gebirge vornehmlich aus Granit und anderen sehr festen Steinen aufgebaut sind, besteht das Elbsandsteingebirge, wie schon sein Name sagt, hauptsächlich aus Sandstein. Daß dieser vom Wasser leichter zerstört wird, können wir unter Dachtraufen und Brunnenröhren sehen. Im Elbsandsteingebirge haben solche Auswaschungen viele tausend Jahre hindurch stattgefunden, und die Felsen sind oft wild zerrissen. Wir treffen dort tief eingeschnittene Schluchten, hohe, säulenartige Pfeiler, die meist in mächtige Quadern (d. i. viereckige Blöcke) zerspalten sind, sowie Tafelberge (Königstein) mit steil abfallenden Wänden. Das breiteste und tiefste Tal hat sich die Elbe genagt. Auf dem Grunde der Täler und auf den Gipfelflächen der Berge steht dichter Wald. Wegen seiner landschaftlichen Schönheit wird das Gebirge „Sächsische Schweiz" genannt und alljährlich von vielen Fremden aufgesucht. Da der „Quadersandstein" als Baustein sehr geschätzt wird, hat man am Elbufer große Steinbrüche angelegt (warum gerade hier?). Der Sitz des Sandsteinhandels ist Pirna (20).

Die Ausläufer des Lausitzer Berglandes und des Elbsandsteingebirges schließen einen Talkessel ein, der von der Elbe durchströmt wird. Sie ist die wichtigste Verbindungsstraße zwischen Deutschland und Böhmen; daher herrscht auf dem Strome lebhafte Schiffahrt (täglich gehen etwa 50 Schiffe über die Grenze — Sandstein, Holz, Obst, Getreide, Kohlen). Neben dem Strome läuft die sächsisch-böhmische Eisenbahn. An der Stelle, wo man die Elbe am leichtesten überbrücken konnte und von wo aus sich Straßen und Eisenbahnen nach allen Himmelsgegenden anlegen ließen, entwickelte

Elbsandsteingebirge mit Elbtal.

sich **Dresden** (547), die Haupt- und Residenzstadt Sachsens, zu einer großen Handels- und Industriestadt (Schokolade, Zigaretten, Fahrräder, Nähmaschinen, Möbel). Es ist durch seine Lage und Umgebung eine der schönsten deutschen Städte, reich an prächtigen Bauwerken und wertvollen Kunstsammlungen (Kgl. Schloß, Zwinger mit Gemäldegalerie, Hofkirchen, Hoftheater, Brühlsche Terrasse) und darum auch eine Fremdenstadt.

Dresden.

Landhäuser, Schlösser, Weinberge und freundliche Dörfer schmücken die Umgebung. — Stromabwärts liegt die alte Stadt Meißen (34), deren Porzellanwaren weltberühmt sind.

3. **Das Erzgebirge,** über dessen Rücken die sächsisch-böhmische Grenze verläuft, erreicht im Fichtel- und im Keilberg Höhen von mehr als 1200 m. Nach Süden fällt es steil zum Egertale (S. 64) ab. Nach Norden aber senkt es sich allmählich zu einem Berglande, in das seine beiden Hauptflüsse, die Freiberger und die Zwickauer Mulde, tief einschneiden. Die große Menge der Niederschläge und der Waldreichtum machen das ganze Gebiet sehr wasserreich.

Das Erzgebirge (Name!) und sein nördliches Vorland waren in früheren Zeiten reich an Erzen. („Silber hegen seine Berge wohl in manchem tiefen Schacht". Freiberg; 36.) Die Bewohner beschäftigten sich daher hauptsächlich mit der Gewinnung der unterirdischen Schätze. Als der Erzreichtum aber nachließ, verarmte die Bevölkerung und mußte sich anderen Erwerbszweigen zuwenden. In und bei Annaberg (17) klöppelt man kunstvolle Spitzen (Barbara Uttmann!) und fertigt Borten, Schnüre, Fransen, Troddeln und andere Posamenten an. Im östlichen Erzgebirge flechten die Bewohner aus feinem Weizenstroh Strohhüte. Auch die Uhrenfabrikation hat hier eine sorgsame Pflegestätte gefunden (Glashütte). Die großen Holzmassen der Wälder werden zur Herstellung von Pappe und Papier verwendet oder zu Spielwaren, Kisten und Musikinstrumenten verarbeitet. Durch den Bergbau hat freilich (s. Harz S. 30) der Wald an Umfang sehr abgenommen. Ackerland, auf dem Roggen, Hafer und Kartoffeln gedeihen, nimmt jetzt vielfach seine Stelle ein.

Da sich in dem Berglande, das sich nördlich vom Erzgebirge erhebt, große Steinkohlenlager finden (Zwickau; 74), ist besonders Chemnitz (287) durch seine Spinnereien, Webereien, Strumpfwirkereien und Maschinenfabriken zu einer der ersten Industriestädte des Deutschen Reiches aufgeblüht. Die Industrie beschäftigt in der Gegend um Chemnitz so viele Menschen, daß diese Landschaft in ganz Europa am dichtesten bevölkert ist (444 Bewohner auf 1 qkm).

4. **Das Elstergebirge,** von dem sich die Weiße Elster nach Norden wendet, gleicht dem Erzgebirge. Im Norden dacht es sich zum hügeligen Vogtlande ab. Da dessen Bewohner aus dem benachbarten Sächsischen Berglande leicht Kohlen beziehen können, sind an vielen Orten, besonders in Plauen (121), Greiz (23) und Gera (49) große Fabriken für Webwaren entstanden. Musselin, Mull, Gardinen, Damenkleider-, Plüsch- und Teppichstoffe werden hergestellt. Der Absatz aller dieser Erzeugnisse wird durch die günstige Lage des Vogtlandes gefördert. Durch dieses zieht nämlich von Leipzig aus nach Süddeutschland und Böhmen eine alte Handelsstraße, jetzt Eisenbahn, die im Mittelalter durch einen kaiserlichen „Vogt" geschützt wurde.

5. **Politische Verhältnisse.** Das Sächsische Gebirgsland wird fast ganz vom Königreich Sachsen eingenommen, zu dem auch noch Teile des deutschen Tieflandes (bei Leipzig S. 17) gehören.

Im Osten greift die preußische Provinz Schlesien in das Lausitzer Bergland ein (Görlitz).

Im Westen liegen am nördlichen Rande des Vogtlandes (z. T. allerdings schon im Tieflande) die beiden Fürstentümer Reuß ä. L. mit der Hauptstadt Greiz und Reuß j. L. mit der Hauptstadt Gera und

das Herzogtum Sachsen-Altenburg mit der Hauptstadt Altenburg (40).

3. Das Thüringische Bergland.

An das Sächsische Gebirgsland schließt sich im Westen ein Bergland an, das nach dem Volksstamme, von dem es fast ausschließlich bewohnt wird, Thüringen genannt wird. Es besteht im Südwesten aus einem langen Gebirgszuge, dem Franken- und dem Thüringerwalde, sowie aus einem Hügellande, das sich im Norden bis an den Harz erstreckt.

1. **Der Frankenwald** dehnt sich von der oberen Saale, die auf dem Fichtelgebirge (S. 40) entspringt, bis zur Werraquelle aus. Er ist ein flachwelliges, gipfelarmes Hochland. In zahlreichen Steinbrüchen gewinnt man Schiefer, aus dem Schreibstifte, Schiefertafeln, Dachziegel und Wetzsteine hergestellt werden.

2. **Der Thüringerwald,** der die Fortsetzung des Frankenwaldes bildet und bis zum Werraknie reicht, ist ein langgestrecktes Kammgebirge. Im Schnee-, Beer- und Inselsberge steigt er bis zu Höhen von fast 1000 m an. Auf seinem Kamme führt ein uralter Grenzweg, der „Rennstieg" (eigentlich Rainstieg), entlang, der das Land der Franken von dem der Thüringer schied. Die Gebirgswasser eilen in tief eingeschnittenen Tälern teils den nordöstlichen, teils, wie die Werra, den nordwestlichen Gebieten zu. — Das dicht bewaldete Gebirge (Name!), das man wegen seiner Lieblichkeit und Anmut den „Park Deutschlands" nennt, wird im Sommer von vielen Fremden aufgesucht. Dadurch erwächst den Bewohnern reicher Verdienst. Aber auch der Wald selbst ist eine wichtige Erwerbsquelle. Sein Holz wird zu Bauten verwendet sowie zu Pappe, Papier und Spielwaren verarbeitet. Die Spielzeuge von Sonneberg (16) werden in allen Ländern der Erde gern gekauft. In den zahlreichen Glashütten und Porzellanfabriken dient das Holz als Feuerungsmittel. Dort werden sowohl einfache Glasscheiben, Flaschen und Röhren, als auch wertvolle Instrumente und zierlicher Christbaumschmuck, sowohl schlichte Tassen und Teller, als auch prächtige Vasen und Figuren hergestellt. In Suhl (14) befinden sich Gewehrfabriken, und in Ruhla (7) verfertigt man besonders aus Meerschaum Zigarrenspitzen und Tabakpfeifen. Am Südabhange des Thüringerwaldes liegen einige Städte, die als Hauptstädte kleiner Staaten Bedeutung haben: Coburg (24) und Meiningen (17).

3. **Das Thüringer Hügelland.** a) Den nordwestlichen Teil des Thüringer Hügellandes bildet das Eichsfeld, das durch die Leine zur Weser und durch die Unstrut zur Saale entwässert wird. Die Gegend südlich vom oberen Leinetale (oberes Eichsfeld) ist zumeist eine wenig fruchtbare Hochfläche mit rauhem Klima; die Landschaft nördlich des Flusses (unteres Eichsfeld) hat fruchtbareren Boden, auf dem der Ackerbau lohnt. Wo sich die Bewohner vom Feldbau allein nicht zu ernähren vermögen, betreiben sie auch Leinen- und Wollenweberei, oder sie suchen in benachbarten Gegenden Verdienst.

b) Der übrige, größere Teil des Gebietes besteht aus bewaldeten Hügelketten und breiten Talmulden. Er senkt sich nach Osten und Nordosten zur Saale, welche die Gewässer des fast allseitig abgeschlossenen Landes sammelt. Die Unstrut, die vom Eichsfelde kommt, ist ihr größter Nebenfluß. Die Talbecken sind infolge der reichlichen Bewässerung, des ausgezeichneten Ackerbodens und des verhältnismäßig milden Klimas sehr fruchtbar und daher dicht bevölkert. An der oberen Unstrut liegt Mühlhausen (35), dessen Bewohner sich mit Acker- und Gartenbau sowie mit Industrie beschäftigen (Weberei, Tabakfabriken). Ein besonders ertragreicher Landstrich ist die „Goldene Aue" (Name!), die sich zwischen dem Harz und dem sagenumwobenen Kyffhäuser

(Barbarossa; Kaiser Wilhelm-Denkmal) ausbreitet. An dem Straßenzuge, der von Westen nach Osten durch die Goldene Aue führt, liegt Nordhausen (33; Branntweinbrennereien und Tabakfabriken). In einer anderen fruchtbaren Gegend Thüringens, deren Bevölkerung vorwiegend Gartenbau treibt, ist Erfurt (111) durch seine Blumen- und Gemüsesämereien weltberühmt geworden. Bei der Stadt kreuzen sich zwei Straßen, die das Hügelland von Norden nach Süden und von Westen nach Osten durchziehen. Deshalb ist Erfurt zugleich ein wichtiger Verkehrsmittelpunkt. An der Straße, die in westlicher Richtung verläuft, liegen noch drei Hauptstädte thüringischer Staaten: Eisenach (38; Wartburg), Gotha (40) und Weimar (35; Schiller und Goethe). Dort, wo diese Straße die Saale trifft, vereinigt sie sich mit einer anderen, die dem Saaletale folgt. An ihr finden sich Rudolstadt (13), Jena (38; Universität), Naumburg (27) sowie — allerdings bereits im Tieflande — Weißenfels (34), Merseburg (21) und Halle (S. 17).

4. **Politische Verhältnisse.** Der südöstliche Teil des Frankenwaldes gehört zum Königreich Bayern.

Das Land mit den Städten Halle, Merseburg, Weißenfels, Naumburg, Nordhausen, Mühlhausen, Erfurt und Suhl ist im Besitz der preußischen Provinz Sachsen.

In das übrige Gebiet teilen sich folgende Staaten:

das Herzogtum Sachsen-Meiningen am Südwestabhange des Thüringer- und des Frankenwaldes mit der Hauptstadt Meiningen,

das Herzogtum Sachsen-Coburg-Gotha südlich und nördlich des Thüringerwaldes mit den gleichnamigen Hauptstädten,

das Fürstentum Schwarzburg-Rudolstadt am Nordabfalle des Thüringerwaldes mit der Hauptstadt Rudolstadt (der Kyffhäuser gehört ebenfalls zu diesem Staate),

das Fürstentum Schwarzburg-Sondershausen im Westen des Kyffhäusers mit der Hauptstadt Sondershausen (ein kleiner Gebietsteil liegt außerdem im Süden von Erfurt) und

das Großherzogtum Sachsen-Weimar. Es besteht aus mehreren Landesteilen, die um die Städte Weimar (Hauptstadt), Jena und Eisenach liegen.

4. Der Harz und sein nördliches Vorland.

1. **Der Harz** ist ein breites Massengebirge, das von zahlreichen Tälern durchfurcht wird. Fast auf allen Seiten tritt er deutlich wie eine Insel aus seiner Umgebung hervor. Namentlich sein nordöstlicher Teil steigt unmittelbar aus dem Tieflande auf. Er ist deshalb den kalten Nord- und Ostwinden ausgesetzt und hat ein rauhes Klima. Der höhere Nordwesten des Gebirges heißt Oberharz, der niedrigere Südosten Unterharz. Auf der Grenze zwischen beiden liegt der Brocken (1140 m). Seine sanft gewölbte, mit Felstrümmern übersäte Kuppe geht in Hochflächen über, von denen das Wasser nicht abfließen kann. Es haben sich daher große Moore gebildet, die zahlreiche Quellen speisen. Die Bode, ein Nebenfluß der Saale, nimmt dort ihren Anfang. In einem engen, wilden Tale bahnt sie sich den Weg zum Fuße des Gebirges. Die schroffen Felsenmauern der Roßtrappe und des Hexentanzplatzes bilden das Tor, durch das sie in das Tiefland tritt.

Die wichtigste Erwerbsquelle der Bewohner ist der Wald. Im Oberharz findet sich vorwiegend Nadel-, im Unterharz Laubwald. Er liefert Bau- und Brennholz, Holzkohlen, Teer, Pech und Beeren. Der Erzreichtum des Harzes wird in zahlreichen Bergwerken ausgebeutet. Bei Andreasberg und Klausthal im Oberharz gewinnt man besonders Blei und Silber, bei Mansfeld und Eisleben (25), in den südöstlichen Ausläufern des Unterharzes, vorwiegend Kupfer und Silber. Zum Betriebe der Werke dient im Oberharz vielfach das Wasser der Flüsse, das zu diesem Zwecke in Teichen

Im Harz. (B. Der Brocken.)

gestaut wird. Da beim Schmelzen der Erze giftige Gase entstehen, ist in diesen Gegenden ein großer Teil des Waldes abgestorben. An anderen Stellen wird er gefällt, um für die zahlreiche Bevölkerung Ackerland zu schaffen. In dem kalten, rauhen Oberharze gedeiht freilich nur noch die anspruchslose Kartoffel; auf den Hochflächen des Unterharzes aber baut man alle Getreidearten an. — Eine besondere Vorliebe haben die Harzbewohner für Stubenvögel; ihre Kanarienvögel (Andreasberg) sind weit und breit berühmt.

Da der Harz reich an Naturschönheiten ist, werden alle Orte des Gebirges sowie die Städte an seinem Fuße (Goslar; 19. Wernigerode; 18) von vielen „Sommerfremden" aufgesucht.

2. **Das nördliche Harzvorland** ist ein fast ebenes Gebiet, aus dem nur wenige niedrige Bergrücken hervorragen. Inmitten fruchtbarer Landstriche liegen die Städte Quedlinburg (27; bedeutende Gemüse- und Blumensamenzucht), Halberstadt (46; Acker- und Gartenbau, Industrie) und Braunschweig (144; Getreide, Zuckerrüben, Gemüse, besonders Spargel). Durch das Harzvorland führt von Osten nach Westen der wichtige Straßenzug von Magdeburg über Braunschweig nach Cöln.

3. **Politische Verhältnisse.** Der Harz und sein nördliches Vorland gehören zu drei Staaten. Den größten Teil besitzt das Königreich Preußen. Von Osten her greift die Provinz Sachsen und von Westen die Provinz Hannover ein. — In das übrige Gebiet teilen sich die Herzogtümer Braunschweig und Anhalt.

5. Das Hessische und das Weserbergland.

Zwischen Thüringen und dem Harz einerseits und dem Rheinischen Schiefergebirge anderseits dehnt sich eine hügelige Landschaft aus. Ihr südlicher Teil wird als Hessisches, ihr nördlicher als Weserbergland bezeichnet.

1. **Das Hessische Bergland** ist eine flachwellige Hochfläche, die von einzelnen Berggruppen und bewaldeten Höhenzügen überragt wird. Im Süden liegen Vogelsberg und Rhön, die beide ein rauhes Klima besitzen („Dreiviertel Jahre ist es Winter, das andere Vierteljahr — kalt", sagt ein Sprichwort). Der Vogelsberg ist ein sanft ansteigender Bergkegel, der Rest eines vor Jahrtausenden erloschenen feuerspeienden Berges (Vulkans). Östlich vom Vogelsberge liegt die Rhön, eine von vielen Kuppen gekrönte Gebirgsmasse (z. T. vulkanischen Ursprungs). In den Dörfern an ihrem Fuße herrscht rege Gewerbtätigkeit (Leinen- und Baumwollenweberei), während den Bewohnern der Höhe Waldwirtschaft und Holzbearbeitung ein spärliches Auskommen gewähren. Auf der Rhön entspringt die Fulda. Bei Münden (11) ergießt sie sich in die Werra (Quelle?), die nun Weser genannt wird. — Im allgemeinen sind die Höhen des Hessischen Berglandes wenig fruchtbar und daher nur dünn bevölkert; die Täler dagegen sind meist gut angebaut, so daß in den schmucken Bauernhöfen Wohlstand herrscht.

Vom Rheinischen Schiefergebirge wird die Landschaft durch eine breite Niederung geschieden, die als Westhessische Senke bezeichnet wird. Sie ist fruchtbar und deshalb dichter bewohnt als das Bergland. An Mineralschätzen fehlt es aber überall. Daher wird nur in wenigen größeren Orten Industrie betrieben. In der Universitätsstadt Gießen (31) befinden sich Tabakfabriken, in Marburg (22), das ebenfalls eine Universität besitzt, Töpfereien und in Kassel (153), bei dem das Schloß Wilhelmshöhe liegt (Napoleon III.), Maschinen- und Eisenbahnwagenfabriken. An diesen Städten führt eine Eisenbahn vorüber, die Nord- mit Süddeutschland verbindet. Eine andere wichtige Bahnlinie benutzt die Osthessische Senke zwischen Vogelsberg und Rhön. Sie berührt die alte, durch Bonifatius bekannte Bischofsstadt Fulda (22).

2. **Das Weserbergland.** Im Norden geht das Hessische Bergland in das Weserbergland über. Es erstreckt sich in zwei Höhenzügen von Südosten nach Nordwesten. Die Weser, die zwischen beiden dahinströmt, durchbricht in der Westfälischen Pforte (Name!) den nördlichen Höhenzug und tritt bei der Stadt Minden (26) in das Tiefland ein. Der südwestliche der beiden Bergzüge ist der wildreiche Teutoburgerwald. Dort besiegte 9 n. Chr. der Cheruskerfürst Hermann die Römer. Unweit von Detmold (14) hat man ihm auf dem Gebirge ein Denkmal errichtet. Der vortreffliche Sandstein, aus dem die Berge aufgebaut sind, wird in vielen Steinbrüchen gebrochen, die man besonders in der Nähe der Weser angelegt hat (warum?). Die schönsten Gebäude der Weserstädte sowie die mächtigen Hafenmauern der nahen Seestädte (nenne sie!) sind daraus aufgeführt worden. In der fruchtbaren Landschaft zwischen den beiden Höhenzügen liegen viele ansehnliche Städte. Bielefeld (78) mit Leinenindustrie und Osnabrück (66) mit Eisenwerken (Steinkohlenlager in der Nähe!) sind dort entstanden, wo tiefe Einsenkungen im Teutoburgerwalde es ermöglichten, über das Gebirge Straßen (jetzt Eisenbahnen) zu führen.

Von Thüringen und dem Harze wird das Weserbergland durch eine fruchtbare Senke geschieden, die von der Leine durchströmt wird. Die Universitätsstadt Göttingen (38) ist dort gelegen. Wo die Wege, die aus Thüringen und aus Hessen kommen, auf den Straßenzug des Harzvorlandes treffen (s. o.), liegt die altberühmte Bischofsstadt Hildesheim (50). Sie hat wie Braunschweig unter dem Wachstum von Hannover (302; die Nachbarstadt Linden, 73) zu leiden gehabt, das weiter nordwestlich an der Leine schon im Tieflande liegt. Diese schöne Residenzstadt des früheren gleichnamigen

Königreiches ist dadurch groß geworden, daß die genannten alten Handelsstraßen durch Eisenbahnen ersetzt sind, die sich hier kreuzen, und daß sich in der Nähe Kohlenlager befinden, die ein Aufblühen der Industrie bewirkten (Baumwollenspinnerei und -weberei, Maschinenfabriken). Hannover besitzt auch eine Technische Hochschule.

3. **Politische Verhältnisse.** Ein großer Teil des Berglandes steht unter der Herrschaft des Königreiches Preußen, und zwar gehören: zur Provinz Hannover die Gebiete mit Göttingen, Hildesheim und Hannover sowie der äußerste Westen des Weserberglandes mit Osnabrück, zur Provinz Westfalen die Landschaften des Weserberglandes bei Bielefeld und Minden, zur Provinz Hessen-Nassau das Hessische Bergland bei Kassel, Fulda und Marburg.

Von den übrigen Teilen der Landschaft gehören: dem Herzogtum Braunschweig die südöstlichen Gebiete des Weserberglandes,

dem Fürstentum Lippe-Detmold die Gegend bei Detmold,

dem Fürstentum Schaumburg-Lippe die nördlich davon gelegene Landschaft mit Bückeburg an.

Das Fürstentum Waldeck mit der Hauptstadt Arolsen umfaßt das Gebiet westlich von Kassel.

Dem Großherzogtum Hessen gehören der Vogelsberg und seine Umgebung sowie die Gegend von Gießen,

dem Königreich Bayern die südliche Hälfte der Rhön,

dem Großherzogtum Sachsen-Weimar-Eisenach und

dem Herzogtum Sachsen-Meiningen einige östliche Teile dieses Gebirges an.

6. Das Rheinische Schiefergebirge.

Das Rheinische Schiefergebirge erstreckt sich von Main und Nahe bis zur Cölner Bucht und dem Münsterlande. Das wellige, wenig fruchtbare Hochland wird durch den Rhein in einen rechtsrheinischen und einen linksrheinischen Teil geschieden.

1. **Das Rheintal.** Der breite, schiffbare Rhein ist die natürliche Handelsstraße, die weite Gebiete unseres Vaterlandes mit der Nordsee verbindet. In Jahrtausende langer Arbeit hat er sich durch das Gebirge, das früher ein zusammenhängendes Hochland war, einen Weg gebahnt (S. 36, 1a). Sein tief eingeschnittenes Tal ist reich an Windungen und von hoher landschaftlicher Schönheit. — Um es kennen zu lernen, besteigen wir in Bingen ein Dampfschiff und fahren stromabwärts. In der Nähe des Ortes tritt der Rhein in das Schiefergebirge ein. Mächtige Felsenriffe hinderten früher an dieser Stelle die Schiffahrt. Jetzt sind sie aber durch Sprengungen beseitigt worden. Nur ein einziges Felseneiland ragt noch aus dem Strome hervor. Auf ihm steht der sagenberühmte „Mäuseturm". Er war ein „Mautturm", an dem in früheren Zeiten von den Schiffen der Rheinzoll erhoben wurde (Maut heißt Zoll). Zahlreiche Burgen krönen die Höhen zu beiden Seiten des Stromes. Bewaldete Hänge wechseln mit nackten, schroffen Felsen (Loreleifelsen!) ab, welche die mächtig vorwärts drängenden Wogen oft so einengen, daß an beiden Ufern kaum noch Platz für Straße und Eisenbahn bleibt. Wo die Sonne die Felsenhänge bestrahlt, reift der Weinstock seine köstlichen Früchte. Daher beschäftigen sich die Bewohner der langgestreckten Ortschaften, die auf dem schmalen Uferrande gelegen sind, vorwiegend mit Weinbau. Größere Städte haben sich nur dort entwickeln können, wo Seitentäler in das Rheintal münden; denn an diesen Stellen ist das Tal meist beckenartig erweitert. So liegt Coblenz (56), die wichtigste Stadt des Rheinischen Schiefergebirges, am Einflusse der Mosel in den Rhein, nicht weit von der Lahnmündung.

Der Rhein bei Bingen.

Der Stadt gegenüber erhebt sich auf hohem Felsen die Festung Ehrenbreitstein, die den Schlüssel zum Rhein-, Mosel- und Lahntale bildet. Unterhalb Coblenz erweitert sich das Rheintal. Bevor jedoch der Strom die Universitätsstadt Bonn (88) erreicht, wird er durch die Berge des Siebengebirges (s. u.) nochmals eingeengt. Dann erst tritt er in breitem Laufe in die Cölner Tieflandsbucht ein (S. 21, 2b).

2. **Der rechtsrheinische Teil des Schiefergebirges** besteht aus mehreren Gebirgen, die durch Flußtäler voneinander geschieden sind. Zwischen Main, Rhein und Lahn liegt der Taunus, zwischen Lahn und Sieg der Westerwald, zwischen Sieg und Ruhr das Sauerland (d. i. Südland, im Gegensatze zum westfälischen Nordlande).

a) Der Taunus ist eine meist bewaldete Hochfläche, die von zahlreichen Bächen und Flüssen durchfurcht wird. Zum Main- und besonders zum Rheintale fällt er steil ab. Im Feldberg erreicht er eine Höhe von 880 m. Auf dem westlichen, niedrigen Teile des Gebirges, dem „Niederwalde", steht gegenüber von Bingen ein herrliches Denkmal mit der Germania. Es soll uns an die großen Taten erinnern, die in dem ruhmreichen Deutsch-Französischen Kriege 1870/71 die Wiederaufrichtung des Deutschen Reiches herbeigeführt haben. — Wie ein nach Süden gerichtetes Dach werden die dem Main und dem Rhein zugewendeten Abhänge des Taunus von der Sonne stark erwärmt. Da sie zugleich durch den hohen Gebirgswall gegen die rauhen Nordwinde geschützt sind, gedeihen auf dem fruchtbaren, kalkhaltigen Boden des „Rheingaues" köstlicher Wein (Rüdesheim) und vortreffliches Obst in reicher Fülle. Auch die edle Kastanie reift dort ihre Früchte. Wo am Taunus heilkräftige, meist warme Mineralquellen hervorsprudeln, sind, durch das milde Klima begünstigt, weltberühmte Kurorte aufgeblüht: am Südabhange Wiesbaden (109) und Homburg (14), am Nordabhange Selters (Selterser Wasser!) und im schönen Lahntale Ems (7).

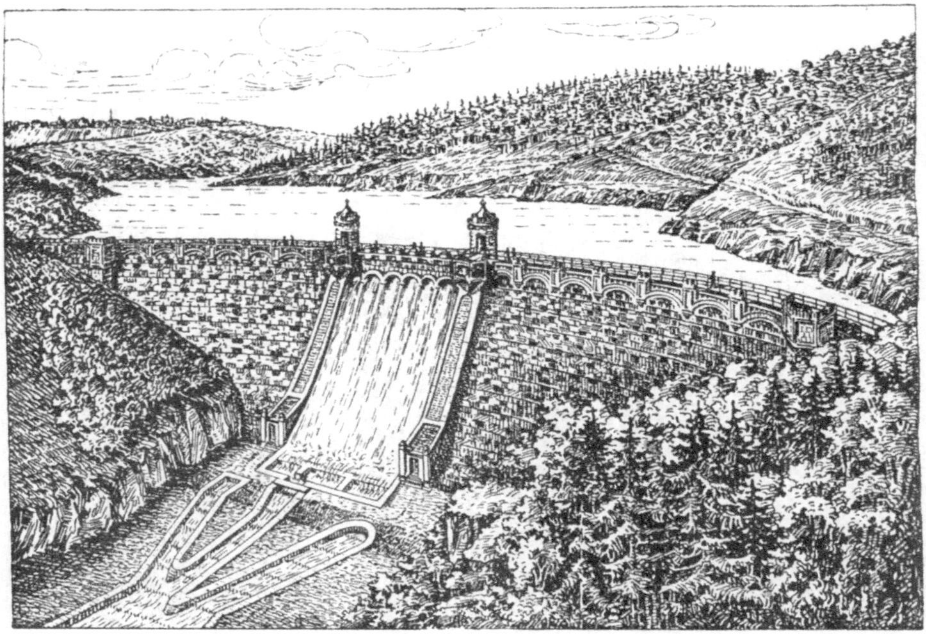

Talsperre.

b) Der Westerwald ist besonders in seinen östlichen Teilen unbewaldet und mit Mooren bedeckt (Nord- und Ostwinde bringen Kälte, Westwinde Regen!). In diesen unwirtlichen Gegenden brauchen — wie man sagt — die Kirschen zwei Jahre um zu reifen. Im ersten Jahre werden sie auf der einen Seite rot, im zweiten auf der anderen. Das dem Rheine zugewendete Gebiet ist aber gut angebaut und hat fette Weidegründe sowie prächtige Wälder. An Bodenschätzen birgt der Westerwald Braunkohlen, Eisenerze und Töpferton. Sie bewirkten das Aufblühen verschiedener Gewerbe. — Landschaftlich schön ist die vulkanische Berggruppe des Siebengebirges (Name!), die oberhalb von Bonn sich unmittelbar am Rhein erhebt.

c) Jenseits der Sieg liegt das Sauerland, auf dem Lahn, Sieg, Wupper und Ruhr entspringen. Wie auf dem Westerwalde kann auch auf den kalten Hochflächen des Sauerlandes nur wenig Ackerbau getrieben werden. Das Gebirge ist aber außerordentlich reich an Steinkohlen (Ruhrkohlengebiet) sowie an Eisen-, Blei- und Zinkerzen. Sie werden besonders bei Dortmund (214; Prov. Westfalen), das am Dortmund-Ems-Kanal (S. 21) liegt, gefördert. Dort sind daher bedeutende Industrieorte entstanden. Als Triebkraft vieler gewerblicher Anlagen dient seit alter Zeit das Wasser der schnell fließenden Wupper. Seitdem die Dampfmaschine erfunden ist, trat sie in Wettbewerb mit dem Wasserrade. In unserer Zeit sucht man die Wasserkraft wieder mehr auszunutzen. Zu dem Zwecke werden ganze Täler durch eine hohe Mauer abgesperrt, so daß sich dahinter die Bäche zu gewaltigen Seen aufstauen (Talsperren). Das Wasser, das man durch Schleusen abfließen läßt, treibt Elektrizitätswerke und Fabriken. Ferner werden viele Ortschaften durch die Talsperren mit Trinkwasser versorgt.

Im Wuppergebiete (Rheinprov.) liegen Barmen (169) und Elberfeld (170) mit Garnfabriken, Webereien und Färbereien sowie Remscheid (72) und Solingen

Eine Fabrikstadt. (Essen.)

(51), wo man treffliche Stahlwaren anfertigt (Schlittschuhe — Schneidewerkzeuge). In Essen (295) an der Ruhr befinden sich u. a. die berühmten Kruppschen Gußstahlfabriken; auch Gelsenkirchen (170) und Bochum (137; Prov. Westfalen) haben bedeutende Eisenwerke. Düsseldorf und Duisburg sind die Rheinhäfen für dieses weltbekannte Industriegebiet. — Neben dem Rheine hat der bereits erwähnte Dortmund-Ems-Kanal als Handelsstraße große Bedeutung (wieso?). Man beabsichtigt, diesem Kanal in dem Dortmund-Rhein-Kanal eine westliche Fortsetzung zu geben, wodurch der Rhein gleichsam eine deutsche Mündung erhalten würde.

3. **Der linksrheinische Teil des Schiefergebirges** wird ebenfalls durch Flußtäler in mehrere Teile geschieden. Aus dem tiefen Nahetale steigt der Hunsrück auf, und nördlich der Mosel erhebt sich die Eifel, die in das Hohe Venn übergeht.

a) Die Höhen des Hunsrücks sind zum großen Teil mit dichten, wildreichen Wäldern bedeckt; aber in den Tälern (Nahe und Mosel), die gegen die kalten Winde geschützt sind, erntet man Wein und Obst. Die wichtigste Moselstadt ist das altertümliche Trier (49). In den südwestlichsten Vorbergen des Hunsrücks, im Gebiete der Saar werden bei Saarbrücken (105) Steinkohlen gefördert. Da sich im benachbarten Lothringen (S. 39, 4) ergiebige Eisenerzlager finden, gesellt sich vielerorts zum Bergbau eine ausgedehnte Eisenindustrie, so daß die ganze Gegend dicht bevölkert ist.

b) Die Eifel ist ein teilweise vulkanisches Gebiet, dessen feuerspeiende Berge aber längst erloschen sind. Ihre „Krater", d. s. die Auswurfsöffnungen jener Berge, werden jetzt vielfach von kleinen Seen ausgefüllt (Laacher See). Ein Beweis für die vulkanische Natur des Landes sind auch die kohlensäurehaltigen Mineralquellen, die an manchen Orten hervorsprudeln. Das Wasser wird in Flaschen gefüllt und als Erfrischungsgetränk weithin verschickt. Das Klima der Eifel ist rauh und regenreich; deshalb sind weite Gegenden nicht angebaut und mit ausgedehnten Mooren oder mit Heidekraut bedeckt. Die wenigen Bewohner leben daher in großer Armut. Die Regierung sucht dem Lande dadurch zu helfen, daß sie weite Flächen aufforsten läßt.

c) Im Norden geht die Hochfläche der Eifel in das Hohe Venn über (Venn heißt soviel wie Moorland), an dessen Rande sich mächtige Steinkohlenlager finden. Auch Eisen-, Blei-, Zink- und Kupfererze werden gewonnen. In Aachen (156) sind daher bedeutende Fabriken entstanden (Maschinen, Tuch, Papier). Wegen ihrer heilkräftigen, warmen Schwefelquellen wird die Stadt von vielen Leidenden aufgesucht. In alter Zeit ließen sich in Aachen die deutschen Könige krönen.

4. **Politische Verhältnisse.** Das Rheinische Schiefergebirge ist preußisches Gebiet mit Ausnahme des oldenburgischen Besitzums Birkenfeld (am Südostabhange des Hunsrücks; Achatschleifereien) und der großherzoglich-hessischen Landschaft im östlichen Teile des Taunus. Es gehören: zur Rheinprovinz die Landschaften links vom Rhein sowie der Westen des Sauerlandes und des Westerwaldes, zur Provinz Westfalen der größere Osten des Sauerlandes, zur Provinz Hessen-Nassau der größere Osten des Westerwaldes und fast der ganze Taunus.

III. Das Südwestdeutsche Gebirgsland.

Südlich vom Hessischen Berglande und dem Rheinischen Schiefergebirge breitet sich das Südwestdeutsche Gebirgsland aus. Es wird durch die Oberrheinische Tiefebene in eine westliche und eine östliche Hälfte, in das Lothringische und das Schwäbisch-Fränkische Stufenland geschieden.

1. Die Oberrheinische Tiefebene.

a) Die Oberrheinische Tiefebene erstreckt sich von Basel, das am Nordfuße des Schweizer Jura (S. 60) gelegen ist, bis Bingen. Im Westen wird sie von dem Wasgenwald und der Hart, im Osten von dem Schwarzwald und dem Odenwald begrenzt. Außer dem Kaiserstuhl bei Freiburg, einem kleinen Massengebirge vulkanischen Ursprungs, findet sich in ihr keine größere Erhebung.

Vor vielen Tausenden von Jahren waren Schwarzwald und Wasgenwald ein zusammenhängendes Gebirgsland. Durch gewaltige Erderschütterungen sank aber das Land dort ein, wo sich jetzt die Oberrheinische Tiefebene befindet: es entstand ein mächtiger, grabenartiger Einbruch. Das breite Tal wurde von einem See ausgefüllt. Seine Wasser nagten sich später im Norden einen Abfluß durch das Rheinische Schiefergebirge, so daß endlich die Oberrheinische Tiefebene mit dem Lauf des Rheines übrig blieb.

Die Randgebirge fallen zur Tiefebene steil ab. Da die Wolken der feuchten Westwinde sich an ihnen abregnen, sind sie sehr quellenreich. Infolgedessen senden sie dem Rheine viele Flüsse zu, die aber einen nur kurzen Lauf haben und für die Schiffahrt ohne Bedeutung sind (warum?). Die ansehnlichsten Gewässer, die der Strom in der Ebene aufnimmt, sind Ill, Neckar und Main. Sie kommen aus ferner gelegenen Gebieten. Die Ill entspringt am Schweizer Jura, fließt lange Zeit dem Rhein parallel und erreicht ihn bei Straßburg. Dort enden in ihr zwei wichtige deutsch-französische Schiffahrtswege, der Rhein-Rhone- und der Rhein-Marne-Kanal. Der Neckar sammelt die Gewässer des Schwäbischen Stufenlandes und mündet in der Nähe von Mannheim. Der Main (S. 41, 7a), der bei Mainz in den Rhein tritt, entspringt auf dem Fichtelgebirge und nimmt aus dem Fränkischen Stufenlande sowie aus dem Hessischen Berglande zahlreiche Flüsse auf.

b) Die Oberrheinische Tiefebene liegt in dem südlichen, wärmeren Teile Deutschlands und ist durch die Randgebirge gegen rauhe Winde geschützt. Ihr Klima ist deshalb außerordentlich milde, so daß der fast durchweg fruchtbare, tonreiche Boden von Feldern und Gärten bedeckt wird („der Garten Deutschlands"; Weizen, Gerste,

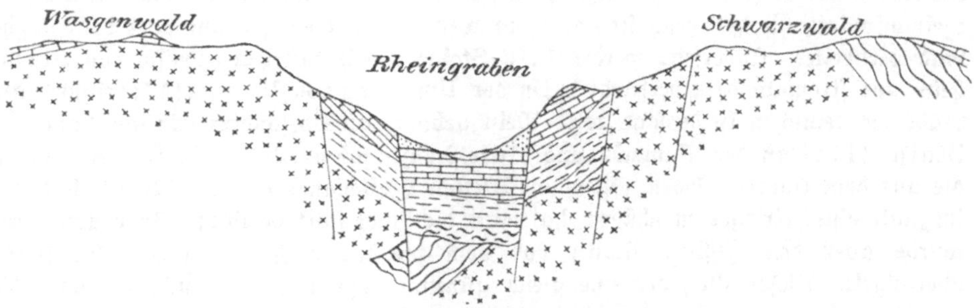

Die Entstehung der Oberrheinischen Tiefebene.

Mais, Hopfen, Tabak). Außerdem ist an vielen Orten der Tiefebene eine lebhafte Fabriktätigkeit aufgeblüht. Da die Acker- und Gartenwirtschaft sowie die Industrie reichen Erwerb gewähren, ist das Gebiet auch dicht bevölkert. Unmittelbar am Rheine sind allerdings nur wenige größere Städte entstanden. In früheren Zeiten wechselte nämlich der Strom bei Überschwemmungen häufig sein Bett. Infolgedessen versumpften und versandeten besonders im südlichen Teile die Uferlandschaften. Seitdem man den Rheinlauf von Basel bis Mainz aber geregelt hat, sind diese Übelstände beseitigt.

c) Im südlichen, linksrheinischen Teile (Elsaß) liegen an der Ill Mülhausen (95), Colmar (44) und Straßburg (179). Sie sind Sitz reger Gewerbtätigkeit. In den beiden erstgenannten Städten befinden sich große Fabriken für Baumwollenwaren und Maschinen; Straßburg ist bekannt durch seine Leder- und Wurstwaren sowie durch seine Tabakfabriken. An Straßburg (Name!) führen wichtige Straßen vorüber, die Deutschland mit der Schweiz und mit Frankreich verbinden. Daher ist es zum Schutze des Rheinstromes und der Verkehrswege stark befestigt worden. Seit 1871 gehört Straßburg wieder zum Deutschen Reiche, und 1872 wurde auch die alte Universität von neuem eröffnet. Das weltberühmte Straßburger Münster ist eins der schönsten deutschen Bauwerke.

Auf der rechtsrheinischen Seite liegt in dem fruchtbaren Breisgau (Grßhzgt. Baden) Freiburg (83). Es besitzt ebenfalls eine angesehene Universität. Weiter nördlich ist Karlsruhe (134), die Hauptstadt des Großherzogtums, durch lebhafte Gewerbtätigkeit aufgeblüht (Technische Hochschule und Malerakademie). Da, wo der Neckar das Gebirgsland verläßt, liegt in anmutiger Umgebung die vielgerühmte Universitätsstadt Heidelberg (56), die von den herrlichen Ruinen des Heidelberger Schlosses überragt wird. Durch die wein- und obstreiche Bergstraße, die an dem mit Burgen gekrönten Westabhange des Odenwaldes entlang führt, wird Heidelberg mit Darmstadt (87; Hauptstadt des Großherzogtums Hessen) verbunden, das durch Pflege des Kunstgewerbes bekannt geworden ist.

Im Norden der Tiefebene hat der Rhein einen ruhigeren Lauf. Daher konnten hier auch unmittelbar am Strome große Städte entstehen. Dort liegen Speyer (23; bayrisch), in dessen schönem Dome viele deutsche Kaiser begraben sind, weiter stromabwärts Mannheim (193; badisch) und ihm gegenüber Ludwigshafen (83; bayrisch). Da der Rhein von hier ab mit Dampfschiffen befahren werden kann, haben die Häfen dieser Städte große Bedeutung für den Handel erlangt. Gewaltige Mengen Getreide (besonders Weizen), Kohlen und Petroleum werden von den Schiffen rheinaufwärts hierher geschafft und dann weiter durch die Eisenbahn über Süddeutschland verbreitet. Anderseits werden Holz, Steine und Industrieerzeugnisse von Mannheim aus stromabwärts verfrachtet. In der Umgebung von Worms (47; hessisch), der Stadt der deutschen Heldensage, wird Wein gebaut. Eine besonders günstige Lage hat Mainz (111) an der Mainmündung. Hier kreuzen sich nämlich große Handelsstraßen, die aus dem Norden, Süden, Osten und Westen Deutschlands kommen. Um diese Wege im Falle eines Krieges zu schützen, hat man die Stadt stark befestigt. In neuerer Zeit wurde aber das hessische Mainz von dem preußischen Frankfurt a. M. (415) überflügelt. Dieser Ort, der eine gleich günstige Lage besitzt, ist nämlich durch die preußische Verwaltung zu dem bedeutendsten Eisenbahnmittelpunkte zwischen Nord- und Süddeutschland gemacht und daher eine wichtige Handels- und Industriestadt geworden. Unweit von Frankfurt liegen am Main Offenbach (76; hessisch) und Hanau (37; preußisch), das besonders durch seine Gold-, Silber- und Galanteriewaren bekannt ist.

2. Das Lothringische Stufenland und seine Umwallung.

Das Lothringische Stufenland wird im Osten vom Wasgenwald, der Hart und dem Pfälzer Bergland, im Norden vom Rheinischen Schiefergebirge begrenzt; den Westen und Süden durchziehen flachwellige Hügelketten. Zur Mosel, die das Gebiet entwässert, dacht sich die Landschaft stufenförmig ab.

1. **Der Wasgenwald**, der zum Elsaß gehört, erreicht in seinem breiten, südlichen Teile eine Höhe von über 1400 m (Sulzer Belchen). Nach Norden wird er niedriger und schmaler. Da sich die Wolken, die von den Westwinden herbeigeführt werden, an den sanft geneigten, westlichen Berghängen abregnen, findet man besonders auf dieser Seite des Gebirges dichte Wälder. Die Höhen haben ein rauhes Klima. Der Baumwuchs tritt daher dort mehr zurück. Weite Wiesen, die im Sommer der Viehzucht dienen, bedecken die Rücken des Gebirges; doch sind auf deutschem Gebiete auch große Flächen mit Knieholz aufgeforstet worden. Zur Oberrheinischen Tiefebene fällt der Wasgenwald steil ab. Weingärten umkränzen hier seinen Fuß. Die Bevölkerung des Gebirges beschäftigt sich vorwiegend mit Baumwollenweberei. — Im Süden wird der Wasgenwald durch eine tiefe Senke, die Burgundische Pforte, vom Schweizer Jura getrennt. Sie bildet eine bequeme Verbindung zwischen Deutschland und Frankreich und ist auf der französischen

Seite durch Belfort gesperrt. Durch diese Einsenkung führt der Rhein-Rhone-Kanal. Einer anderen Einsattelung, die weiter nördlich liegt, folgt der Rhein-Marne-Kanal. (Welche deutsche Festung schützt beide Wege?)

2. **Die Hart** (bayrisch) bildet im Norden die Fortsetzung des Wasgenwaldes. Sie dacht sich wie dieser nach Osten steil, nach Westen aber allmählich ab. Ihre Höhen sind mit dichten Wäldern bedeckt. Auf der Seite, die dem Rheine zugewendet ist, reiht sich ein stadtähnliches Dorf an das andere. Kastanienwälder umgeben die ruinengekrönten Bergspitzen, Mandel- und Pfirsichbäume schmücken die Weinberge, und Alleen von Nußbäumen reichen bis weit hinab in die Ebene.

3. **Das Pfälzer Bergland** (teils bayrisch, teils hessisch), das sich an die Hart anschließt, besteht aus einzelnen bewaldeten Berggruppen. Sie sind durch breite, fruchtbare Täler voneinander geschieden, die sich vortrefflich zur Anlage von Verkehrsstraßen eignen. Die höchste Erhebung ist der Donnersberg (690 m), der vulkanischen Ursprungs ist. Das Pfälzer Bergland ist ertragreich und daher dicht bewohnt. Der Ackerbau allein vermag allerdings die zahlreiche Bevölkerung nicht zu beschäftigen. Die Nähe der Saarbrückener Kohlenlager begünstigte jedoch das Aufblühen verschiedener Industrien. In Kaiserslautern (54) wird Spinnerei und Eisengießerei, in Pirmasens (38) vorwiegend Schuhfabrikation betrieben.

4. **Das Lothringische Stufenland** gehört fast ganz zu Frankreich. Nur das Gebiet zwischen der mittleren Mosel und der Saar, die beide vom Wasgenwalde kommen, ist deutsch (Reichsland!). Es hat meist fruchtbaren Boden und dient daher dem Ackerbau und der Viehzucht (Pferde und Geflügel). Im Tale der Mosel wird auch Weinbau betrieben. Ergiebige Eisenerzlager, die die reichsten in Deutschland sind, und die Nähe des Saarbrückener Kohlengebietes haben eine bedeutende Eisenindustrie entstehen lassen. Wertvoll sind auch die reichen Salzlager, die an verschiedenen Orten ausgebeutet werden. Im Saartale befinden sich ansehnliche Glas- und Porzellanfabriken. Lothringen ist ziemlich dicht bevölkert. Die größte Stadt, Metz (68), liegt an der Mosel in der Nähe der deutsch-französischen Grenze und ist deshalb stark befestigt. Über ein Viertel seiner Bewohner sind Soldaten.

3. Das Schwäbisch-Fränkische Stufenland und seine Umwallung.

Das Schwäbisch-Fränkische Stufenland hat die Gestalt eines Dreiecks und ist rings von Gebirgen eingeschlossen, die sich zum Neckar und Main, den beiden Hauptflüssen des Gebietes, abdachen. Während der Neckar den schwäbischen Teil der Landschaft durchströmt (Neckarland), entwässert der Main mit seinen Nebenflüssen das fränkische Gebiet (Mainland). Die Umwallung wird gebildet im Westen vom Schwarzwald und Odenwald, im Norden von dem Spessart und der Rhön, im Osten vom Frankenwald, dem Fichtelgebirge und dem Fränkischen Jura, im Süden vom Schwäbischen Jura.

1. **Der Schwarzwald** (teils badisch, teils württembergisch) hat seine bedeutendsten Erhebungen im Süden (Feldberg fast 1500 m). Nach Norden nimmt er nicht nur an Höhe, sondern auch an Breite ab. Infolge der häufigen Niederschläge sind seine steilen Westabhänge mit dichten, finsteren Tannenwäldern bedeckt (daher „Schwarz"wald). Das Holz wird in Sägemühlen, die durch die wasserreichen Gebirgsbäche getrieben werden,

zerschnitten oder in Flößen den waldarmen Landschaften am Niederrheine zugeführt. Da das harte Felsgestein (Granit, Gneis) und der tonige Boden das Wasser am Einsickern hindern, werden die Höhen der flach gewölbten Schwarzwaldberge meist von Mooren und kleinen Seen eingenommen. Auf dem sanft geneigten Ostabhange des Gebirges tritt der Wald mehr zurück. (Vgl. Schwarzwald und Wasgenwald!) — Im Süden wird der Schwarzwald durch das enge Durchbruchtal des Rheines vom Schweizer Jura geschieden; im Norden geht er in das flachwellige, gut angebaute Neckarbergland über, das einen bequemen Eingang in das Schwäbische Stufenland bildet.

Im Gegensatze zu den meisten Gebirgen ist der Schwarzwald dicht bevölkert. Waldarbeit und Viehzucht allein bieten den Bewohnern aber nicht ausreichenden Erwerb. Sie beschäftigen sich vielmehr zum großen Teil mit der Herstellung von Wanduhren und Musikwerken (Drehorgeln, Spieldosen). Nur in zwei Gegenden Deutschlands wird die Uhrenfabrikation noch in ähnlicher Weise betrieben, nämlich im Erzgebirge und im Glatzer Gebirgsland. Auch der Fremdenverkehr ist eine gute Einnahmequelle. — Im nördlichen Schwarzwald sprudeln bei Baden-Baden (22) und Wildbad (4) warme, heilkräftige Quellen hervor, die von vielen Leidenden aufgesucht werden.

2. **Der Odenwald** (hessisch) erhebt sich zwischen Neckar und Main. Er ist ein reich bewaldetes Bergland mit breiten, freundlichen Tälern. Seine mittlere Höhe beträgt 450 m. Nur wenige der sanft gewölbten Kuppen ragen darüber hinaus (Katzenbuckel). Die Westseite des Gebirges fällt ziemlich steil zur Rheinebene (Bergstraße) ab. Dort reifen wie an der gegenüberliegenden Hart Wein und Obst. Der östliche Gebirgsteil geht allmählich in den Spessart über.

3. **Der Spessart** (bayrisch) liegt im „Mainviereck". Er ist ein flaches, mit Buchen- und Eichenwäldern bedecktes Massengebirge. Seine Bewohner finden wie die der benachbarten Rhön meist durch Waldwirtschaft und Holzbearbeitung ein kümmerliches Auskommen.

4. **Das Fichtelgebirge** (bayrisch) liegt in der Mitte Deutschlands. Es besteht aus mehreren dicht bewaldeten Bergzügen, die hufeisenförmig angeordnet sind und ein flachwelliges Hügelland umschließen. Vier Gebirge (nenne sie!) strahlen gleichsam von ihm aus, und vier Flüsse eilen von ihm hinab: der Main führt sein Wasser zum Rheine, während sich die Naab zur Donau wendet; Eger und Saale strömen der Elbe zu (Wasserscheide!). Einst war das Fichtelgebirge erzreich, gegenwärtig lohnt jedoch der Bergbau nicht mehr. Die Bewohner sind größtenteils Waldarbeiter, Steinhauer, Weber oder Glasbläser. — Die bedeutendste Stadt in der Nähe des Gebirges ist Hof (41). Sie liegt in dem Treffpunkte wichtiger Eisenbahnen, die Nord- mit Süddeutschland verbinden.

5. **Der Jura** umsäumt den Osten und Süden des Stufenlandes in einem weiten Bogen, der sich vom Fichtelgebirge bis zum Schwarzwalde erstreckt. Sein nordöstlicher, niedrigerer Teil heißt Fränkischer Jura (bayrisch), der südwestliche Schwäbischer Jura oder Rauhe Alb (württembergisch). Der Jura, der insbesondere zum Neckargebiete steil abfällt, ist ein breites, felsiges Hochland. Er besteht aus Kalkstein, der verhältnismäßig leicht verwittert und daher viele Spalten und Höhlen besitzt. Deshalb versickern Regen- und Schneewasser rasch, und die Hochflächen sind trocken. Durch künstliche Bewässerung ist diesem Übelstande aber abgeholfen worden, so daß viele Gebiete dem Ackerbau dienen können. Wo sich guter, tonreicher Boden findet, ist die Hochfläche besonders ergiebig. Dort wird sie auch von prächtigen Wäldern bedeckt. In

Durchbruchtal der Donau im Schwäbischen Jura.

den Tälern, die infolge ihrer geschützten Lage ein mildes Klima haben, tritt das eingesickerte Wasser zu Tage. Hier finden sich daher frische Wiesen, ertragreiche Felder, Obstgärten und stattliche Dörfer mit wohlhabender Bevölkerung. — Bei Solnhofen im südlichen Teile des Fränkischen Jura (am Durchbruchtale der Altmühl, die zur Donau fließt) gewinnt man einen sehr feinkörnigen Kalkstein. Da er wie Schiefer leicht in dünnen Platten spaltet („Solnhofer Schiefer"), die für den Steindruck (Lithographie) Verwendung finden, wird er hochgeschätzt.

Dem Jura sind zahlreiche Bergkegel vorgelagert. Auf zweien von ihnen hatten die Hohenzollern und die Hohenstaufen ihre Stammburgen errichtet. Im Laufe der Zeiten sind freilich die Bauten verfallen. König Friedrich Wilhelm IV. hat aber die Burg seiner Väter wiederherstellen lassen.

Nach dem Neckar zu erhebt sich ein niedriges, bewaldetes Bergland, dessen einzelne Züge verschiedene Namen tragen. Die Frankenhöhe bildet ungefähr die Grenze zwischen dem Neckar- und dem Mainlande und damit zwischen dem schwäbischen und dem fränkischen Teile des Gebietes. Am Maine erhebt sich der Steigerwald.

6. **Das Neckarland** oder das Schwäbische Stufenland (württembergisch). Der Neckar entspringt da, wo Schwarzwald und Schwäbischer Jura zusammenstoßen. (Beschreibe seinen Lauf!) Das von ihm und seinen Nebenflüssen Kocher und Jagst (deute die Namen!) durchströmte Gebiet ist sehr anmutig. Ebenen und Hügel, Waldungen, Felder und Auen wechseln miteinander ab. Da das Klima milde und der Boden fruchtbar ist (Getreide, Obst, Wein) und da sich infolge des Vorkommens von Mineralschätzen (Eisenerze, Salz, Werksteine) ein reger Gewerbfleiß entwickelt hat,

ist das Land dicht bevölkert: Eßlingen (32) und Heilbronn (43) sind wichtige Fabrikstädte. Auch Stuttgart (286), die Hauptstadt des Königreiches Württemberg, besitzt bedeutende Industrie; es ist einer der Hauptsitze des deutschen Buchhandels und der damit verbundenen Gewerbe. Im Westen der Landschaft hat Pforzheim (69); badisch) durch seine Gold- und Silberwaren Ansehen erlangt. In Tübingen (19) befindet sich die württembergische Landesuniversität.

7. **Das Mainland** oder das Fränkische Stufenland (bayrisch). a) Der Main ist der bedeutendste deutsche Nebenfluß des Rheins. Er entsteht aus zwei Quellflüssen, dem Weißen Main, der vom Fichtelgebirge herabkommt, und dem Roten Main, der auf dem Fränkischen Jura entspringt. Durch viele Nebenflüsse, von denen die Regnitz der wichtigste ist, wächst er bald zu einem ansehnlichen Flusse an. Da der Fränkische Jura, der Steigerwald und der Spessart ihm nacheinander den Weg versperren, ist sein Lauf vielfach gewunden. (Beschreibe ihn!) — Das tief gelegene Maintal hat ein mildes Klima und ist sehr fruchtbar. Bei Bayreuth (34) am Roten Main überwiegt allerdings noch die gewerbliche Beschäftigung (Baumwollenindustrie); bei Bamberg (48) aber, das unweit des Mains in einem weiten Talkessel an der Regnitz liegt, ist Blumen-, Gemüse- und Obstbau der Haupterwerbszweig der Bevölkerung. Bamberg hat auch als Handelsstadt Bedeutung. Hier endet nämlich der Ludwigskanal, der den Main mit der Altmühl und somit auch mit der Donau verbindet. Die Gegend um Würzburg (84; Universität) ist ebenfalls sehr ertragreich. Zur Garten- und Feldwirtschaft tritt hier noch ergiebiger Weinbau. — Nördlich vom Maindreieck liegt am Fuße der Rhön der Badeort Kissingen.

b) Das von der Regnitz durchflossene Gebiet (westlich vom Fränkischen Jura) ist fast durchweg sandig; es liefert daher der Landwirtschaft nur spärliche Erträge. In den fruchtbareren Tälern treibt man Hopfenbau; den größten Teil des Landes aber nehmen Kiefernwälder ein. Der geringe Bodenertrag nötigte die regsamen Bewohner von jeher zur Gewerbtätigkeit, durch die sich Nürnberg (333) zu einer Großstadt entwickelt hat. Seine Spielwaren („Nürnberger Tand"), Bleistifte und Metallarbeiten werden hoch geschätzt. Die Stadt verdankt ihre Bedeutung aber auch der Lage in dem Kreuzungspunkte wichtiger Handelsstraßen, an deren Stelle jetzt Eisenbahnen getreten sind: vom Mittelländischen Meere führt ein Weg über Nürnberg nach Norddeutschland und zur Nordsee; aus Südosten, von der Donau her, kommt ein anderer, der an der Mainmündung endet, und ein dritter verläuft westöstlich, vom Rheine (Mannheim) nach Böhmen. Welche Ausdehnung der Handel Nürnbergs einst hatte, bezeugt das Sprichwort: „Nürnberger Hand geht durch alle Land!" In Nürnberg befindet sich das Germanische Nationalmuseum, in dem viele kostbare Schätze mittelalterlicher Kunst aufbewahrt werden. Die Burg, auf der die Hohenzollern einst als Burggrafen wohnten, ist noch gut erhalten. Von Nürnberg nach Fürth (67), das bedeutende Metallwaren- und Spiegelfabriken besitzt, baute man in Deutschland (1835) die erste Eisenbahn. In dem weiter nördlich gelegenen Erlangen (25) befindet sich eine Universität.

4. Politische Verhältnisse.

Das Südwestdeutsche Gebirgsland gehört mehreren Staaten an. — Das Lothringische Stufenland, der Wasgenwald und der ihm vorgelagerte, linksrheinische Teil der Oberrheinischen Tiefebene bilden die Reichslande Elsaß-Lothringen.

Nördlich davon liegt die baŋrische Rheinpfalz. Außerdem gehören zum Königreich Bayern das Mainland mit dem Regnitzgebiete, Teile des Odenwaldes und der Rhön, der Spessart, das Fichtelgebirge, der Fränkische und der östliche Teil des Schwäbischen Jura.

Am nördlichen Ende der Tiefebene breitet sich zu beiden Seiten des Rheines das Großherzogtum Hessen aus.

Das Land am rechten Ufer des unteren Maines gehört zur preußischen Provinz Hessen-Nassau. Auch der schmale Landstrich, der vom oberen Neckar nach Süden bis über die Donau reicht, ist als Regierungsbezirk Hohenzollern im Besitze des Königreiches Preußen (Rheinprovinz).

Das Großherzogtum Baden umfaßt die rechtsrheinische Hälfte der Oberrheinischen Tiefebene (den kleinen großherzoglich-hessischen Anteil ausgenommen) und den größten Teil des Schwarzwaldes.

Die Gebiete am Ostabhange des Schwarzwaldes, das Neckarland und der Schwäbische Jura bilden den Hauptteil des Königreiches Württemberg.

IV. Die Oberdeutsche Hochebene und ihre Umwallung.

Südöstlich von dem Südwestdeutschen Gebirgslande dehnt sich die Oberdeutsche oder Schwäbisch-Bayrische Hochebene aus. Der Schwäbisch-Fränkische Jura, das Fichtelgebirge und der Böhmisch-Bayrische Wald bilden ihre nördliche, die deutschen Alpen ihre südliche Umwallung. Im Südwesten wird sie durch den Bodensee von der Schweizerischen, im Südosten durch Salzach und Inn von der Österreichischen Hochebene (Alpenvorland) geschieden.

1. **Der Böhmisch-Bayrische Wald,** der nur zum kleineren Teile dem deutschen Reiche angehört, setzt sich aus mehreren langgedehnten Bergrücken zusammen. Er beginnt am Fichtelgebirge und erstreckt sich nach Südosten bis zur Donau. Eine tiefe Senke, die den Böhmer Wald in eine Nord- und eine Südhälfte zerlegt, ermöglichte die Anlage einer Eisenbahn von Süddeutschland nach Böhmen (Nürnberg-Prag). An der Gebirgsmauer kühlen sich die von den Westwinden herbeigeführten Regenwolken ab. Daher erhalten die Höhen sehr viele Niederschläge, so daß besonders in den flachen Talmulden Torfmoore und Seen entstanden sind. Eine Folge der außerordentlichen Feuchtigkeit ist der große Waldreichtum des Gebirges. Die höchsten Gipfel, die nahezu 1500 m erreichen (Arber), sind allerdings kahl oder nur mit niedrigem Strauchwerk, Moosen und Flechten bedeckt. Von den zahlreichen Flüssen, die auf dem Gebirge entspringen, wenden sich die meisten nach Osten, der Elbe zu. Der bedeutendste Donaunebenfluß des Böhmer Waldes ist der Regen. Seine Quellen liegen auf dem südlichen Teile des Gebirges. Im Ober- und Mittellaufe durchströmt er eine Einsenkung, die den Böhmer Wald von dem Bayrischen Walde scheidet. Aus den reichen Holzschätzen beider Waldgebirge verfertigt man Möbel, Musikinstrumente, Zündhölzchen und allerlei Gerätschaften. In zahlreichen Glashütten und Töpfereien dient das Holz als Feurungsmittel. Von den Mineralschätzen, die im Böhmer Walde vorkommen, sei besonders der Graphit (Bleistifte!) erwähnt.

2. **Die Oberdeutsche Hochebene.** a) Der Teil der Oberdeutschen Hochebene, der zwischen dem Fränkischen Jura, dem Fichtelgebirge und dem Böhmisch-Bayrischen Walde liegt, heißt die Oberpfalz (Flußgebiet der Naab). Sie hat sandigen, steinigen Boden sowie ein rauhes Klima und ist daher wenig fruchtbar. Nur der Flachsbau liefert in den Tälern guten Ertrag (Leinenweberei!). Am Fuße des Fränkischen Jura wird Eisen gefördert. Da sich auch Kohlenlager finden, konnte an einigen Orten (Amberg) die In-

dustrie aufblühen. Dort, wo Altmühl (Ludwigskanal), Naab und Regen sich mit der Donau vereinigen, enden viele Verkehrswege, die den Flußtälern folgen. Auch kann von hier an die Donau mit Dampfschiffen befahren werden. Daher ist **Regensburg** (53), das an dieser Stelle entstanden ist, schon seit alten Zeiten ein wichtiger Handelsort. In der Nähe der Stadt liegt auf dem hohen Ufer der Donau ein tempelartiger Bau, die **Walhalla**, in der die Bildnisse von berühmten deutschen Männern aufgestellt worden sind.

b) Die **Donau**, die den nördlichen Teil der Oberdeutschen Hochebene durchströmt, entspringt auf dem Schwarzwalde. (Gib die Richtung ihres Laufes an!) Ihre linken Nebenflüsse (nenne sie!) haben nur einen kurzen Lauf (warum?). Von rechts dagegen erhält sie aus den Alpen stattlichen Zuwachs: **Iller**, **Lech**, **Isar** und **Inn** mit **Salzach** führen ihr in tief eingeschnittenen Betten große Wassermengen zu. Da diese Flüsse aber einen sehr schnellen Lauf haben und gewaltige Geröllmassen mit sich führen, können sie der Schiffahrt nicht dienen; sie eignen sich nur zum Flößen des Holzes. — Die Landschaften zu beiden Seiten des unteren Lech sind sehr flach. Donau und Lech vermochten hier nicht ihre Geröllmassen fortzuschaffen. Dadurch wurde der Abfluß des Wassers gehindert, und es entstanden weite Sumpfflächen, die links (in Schwaben) Riede, rechts (in Bayern) Möser genannt werden (Völkerscheide!). Sonst ist das Donautal fruchtbar. Das Land zwischen Regensburg und Passau hat lehmigen Boden und ist daher besonders ertragreich (Kornkammer Bayerns!). — Das Donautal war zu allen Zeiten eine der wichtigsten natürlichen Straßen, die Europa von Westen nach Osten durchziehen. Die Römer, die Hunnen, die Ungarn, die Kreuzfahrer, die Heere Napoleons, aber auch die Kaufleute haben diesen Weg benutzt. Daher entstanden dort zahlreiche Orte. Einige sind wichtige Handelsstädte, andere schützen durch ihre starken Befestigungen den Weg im Kriege. Dort, wo der Donauhandel zum Rhein und Neckar sowie nach der Schweiz und nach Frankreich abzweigt, liegt das württembergische **Ulm** (56). Die Stadt besitzt große Webereien, Messing- und Zementwarenfabriken. Ihr berühmtes Münster überragt mit dem 161 m hohen Turme alle kirchlichen Bauwerke der Erde. Stromabwärts folgen in Bayern **Ingolstadt** (24; Festung), **Regensburg** (s. o.) und an der österreichischen Grenze **Passau** (21; Festung).

c) **Das Hochland zwischen der Donau und den Alpen** ist eine fast ebene, nur an wenigen Orten wellenförmige Fläche. Wie der Lauf der Flüsse zeigt, steigt sie nach Süden zu allmählich an. Der mächtige Alpenwall, der sich dort erhebt, hält die warmen Südwinde fern, während sich die Wolken der feuchten Nordwestwinde abkühlen und abregnen, wenn sie über die Hochfläche ziehen (durchschnittliche Höhe 500 m). Sie hat daher ein rauhes Klima, und der Ackerbau lohnt dort nicht so wie in vielen anderen Gegenden unseres Vaterlandes. Trotzdem wird aber ein großer Teil des Gebietes von Getreidefeldern eingenommen, und die Bauern, die meist große Güter besitzen, sind sehr wohlhabend. Im südlichen Teile finden sich hauptsächlich Wiesen, die der Viehzucht dienen, und große Kiefernwälder. In den Mösern und Rieden wird Torf gestochen. Neuerdings sind diese Gebiete z. T. trockengelegt und dadurch vielfach anbaufähig gemacht worden.

Der breite Landstrich am Fuße der Alpen war vor vielen tausend Jahren wie das Norddeutsche Tiefland von mächtigen Eisströmen (Gletschern, S. 58, 3a) bedeckt, die von den hohen Alpenbergen herabkamen. Sie führten gewaltige Schuttmassen mit sich, die nach dem Abschmelzen des Eises liegen blieben. Dort, wo sich das Geröll zu Wällen anhäufte, konnten die Schmelzwasser nicht abfließen, so daß teils Moore, teils Seen entstanden. Die Seen liegen jetzt anmutig zwischen Wäldern und Wiesen. Die schönsten und größten unter ihnen sind der Chiemsee (spr. Kiemsee) zwischen Inn und Salzach, der Würmsee (auch Starnberger See genannt) südwestlich von München und der Bodensee auf der Grenze zwischen dem Oberdeutschen und dem Schweizer Hochlande. Die Gebiete am Bodensee haben ein mildes Klima und fruchtbaren Boden, so daß hier Acker- und Gartenbau außerordentlich lohnen.

Die Hochfläche ist nur dünn bevölkert (warum?), und die Zahl der Städte ist gering. Ungefähr in der Mitte liegt an der Isar München (595), die Hauptstadt des Königreiches Bayern. Eine wichtige, deutsch-italienische Handelsstraße führt an der Stadt vorüber; sie kreuzt sich hier mit einem westöstlichen Wege, der den Verkehr zwischen Deutschland und Österreich vermittelt. Die Stadt ist ein Hauptmarkt für Getreide, Hopfen und Vieh; ihre Bierbrauereien sind weltbekannt. Außerdem besitzt sie bedeutende Maschinen- und Handschuhfabriken. Seine Größe verdankt München aber besonders den bayrischen Fürsten. Sie haben durch Anlage einer berühmten Kunstakademie, einer Universität und einer Technischen Hochschule für Kunst und Wissenschaft gesorgt sowie durch Errichtung prächtiger Bauwerke ihre Residenz geschmückt. Weil sich in München reiche Kunstschätze befinden und weil es in der Nähe der Alpen liegt, wird es alljährlich von vielen Fremden besucht. — Nordwestlich von München liegt am Lech die alte Reichs- und Handelsstadt Augsburg (123). Ihre Industrie, die vielfach das Wasser des Lech als Triebkraft benutzt, ist hochentwickelt (Baumwollen- und Wollwebereien, Maschinenfabriken). Südlich von Augsburg breitet sich das Lechfeld aus. — Am Bodensee wird durch bayrische, württembergische, badische, schweizerische und österreichische Orte (nenne einige!) ein reger Handel (Getreide, Obst, Wein, Bauholz) zwischen dem Deutschen Reiche, der Schweiz und Österreich vermittelt. Das württembergische Städtchen Friedrichshafen ist durch die Luftschiffe des Grafen Zeppelin in aller Welt bekannt geworden.

3. **Die Alpen**, die wie eine gewaltige Mauer im Süden das Oberdeutsche Hochland begrenzen, gehören nur zum kleinsten Teile unserem Vaterlande an. Die „deutschen Alpen" erstrecken sich vom Bodensee bis an die Salzach. Sie bestehen aus Kalkstein, der verhältnismäßig leicht verwittert (S. 40, 5). Ihre Kämme sind daher wild zerklüftet und werden von steilwandigen „Spitzen" und „Hörnern" überragt. Sie gliedern sich in die Algäuer Alpen zwischen Bodensee und Lech, die Bayrischen Alpen zwischen Lech und Inn und die Berchtesgadener Alpen, die wie eine Halbinsel westlich von der Salzach in das österreichische Gebiet hineinragen. Der höchste Berg, die Zugspitze (fast 3000 m), erhebt sich in den Bayrischen Alpen. Am Fuße des Watzmanns (2700 m) breitet sich der herrlich grüne, von mächtigen Bergen umschlossene Königsee aus. In seiner Nähe liegt Berchtesgaden mit einem berühmten Salzbergwerke.

Die breiten Gebirgstäler sind mit Feldern, Wiesen und zahlreichen Ortschaften bedeckt. Viehzucht, Heuwirtschaft und Holzschnitzerei bilden die Haupterwerbsquellen der Bewohner (westlich vom Lech Schwaben, östlich Bayern); doch gewährt auch der Fremdenverkehr lohnenden Verdienst. Dazu kommt noch, daß die Gewässer des Gebirges den Fabriken billige Triebkraft gewähren. Daher ist in vielen Orten eine lebhafte Industrie aufgeblüht (Baumwollen-, Seiler-, Stein- und Tonwaren). Über den dichten Wäldern, die sich auf den unteren Berghängen ausbreiten, liegen blumenreiche Wiesen (Almen), auf denen im Sommer große Rinder- und Ziegenherden weiden. Die Hirten (Senner und Sennerinnen) wohnen in den kleinen Sennhütten und bereiten aus der Milch Butter und Käse. Steigt man noch höher hinauf, so verschwindet der Pflanzenwuchs fast gänzlich; schroff und steil ragen die kahlen, z. T. mit ewigem Schnee gekrönten Felsen zum Himmel empor. (Weiteres über die Alpen S. 56.)

4. **Politische Verhältnisse.** Der Osten des Oberdeutschen Hochlandes und Teile seiner Umwallung gehören zum Königreich Bayern; im Westen der Iller liegen Gebiete des Königreiches Württemberg.

Der nordwestliche Teil des Bodensees mit Konstanz (27) ist im Besitz des Großherzogtums Baden, und ein kleiner Landesteil im Süden der oberen Donau gehört dem Königreich Preußen an (Hohenzollerische Lande).

V. Übersicht über Deutschland und seine wirtschaftlichen Verhältnisse.

1. **Gestalt des Bodens.** Betrachten wir das Kartenbild Deutschlands, so sehen wir an der Abtönung der Farben wie an dem Lauf der meisten Flüsse, daß sich der Boden von Süden nach Norden, vom Fels zum Meer allmählich senkt. Den Süden nehmen die Alpen ein. Nördlich der Alpen breitet sich die Oberdeutsche Hochebene aus, die von der Donau und ihren vielen Nebenflüssen durchströmt wird. Weiter nach Norden zu schließen sich Landschaften an, die sich in breiten, stufenartigen Absätzen zu Nebenflüssen des Rheines abdachen, zu Neckar und Main und zu Mosel und Saar. Weil sie im Südwesten Deutschlands liegen, werden sie als Südwestdeutsches Stufenland bezeichnet. Nördlich davon erhebt sich die langgestreckte Masse des deutschen Mittelgebirges, und an diesen Bergwall lehnt sich das Tiefland, das an seinem nördlichen Saume von den Wogen der beiden deutschen Meere, der Nord- und Ostsee bespült wird.

2. **Gewässer.** Der Abdachung des Bodens entsprechend, wird Deutschland hauptsächlich nach Norden entwässert. Die Quellen der meisten Ströme liegen im deutschen Mittelgebirge. Im nordwestlichen Tieflande senkt sich der Boden oft so wenig, daß die Gewässer nicht abfließen können und Sümpfe und Moore entstehen. Auch die Alpen entsenden ihr Wasser durch den Rhein zum Teil zur Nordsee. Gewaltige Massen werden aber durch die Donau dem Schwarzen Meere zugeführt.

3. **Klima.** Der Osten unseres Vaterlandes steht unter dem Einflusse des Landklimas mit seinen heißen Sommern und kalten Wintern. Am Fuße der Alpen spürt man den kühlen Hauch der Schnee- und Eisberge. Im übrigen Mitteleuropa macht sich die Einwirkung der feuchtwarmen Winde geltend, die vom Atlantischen Ozean her wehen. Die allmähliche Abdachung des Bodens mildert aber die Wärmeunterschiede, so daß im Deutschen Reiche von Süden nach Norden große Gleichmäßigkeit in der Temperatur herrscht. Ebenso kann sich das Land einer reichlichen Benetzung durch Regen erfreuen. Wo nicht Unfruchtbarkeit des Bodens den Pflanzenwuchs behindert, finden wir dichte Wälder, grüne Wiesen und wogende Felder.

4. **Bevölkerung.** Dieses reich gesegnete Land vermag eine große Menschenmenge zu ernähren (65 Millionen). Deutschland ist unter den Ländern Europas mit am dichtesten besiedelt. Auf 1 qkm wohnen durchschnittlich 120 Menschen. Am meisten drängt sich die Bevölkerung in den großen Industriebezirken, besonders im rheinisch-westfälischen (546 Bewohner auf 1 qkm) und im sächsischen (444 Bewohner auf 1 qkm) zusammen. Die Schwäbisch-Bayrische Hochebene, die Moor- und Heidegegenden

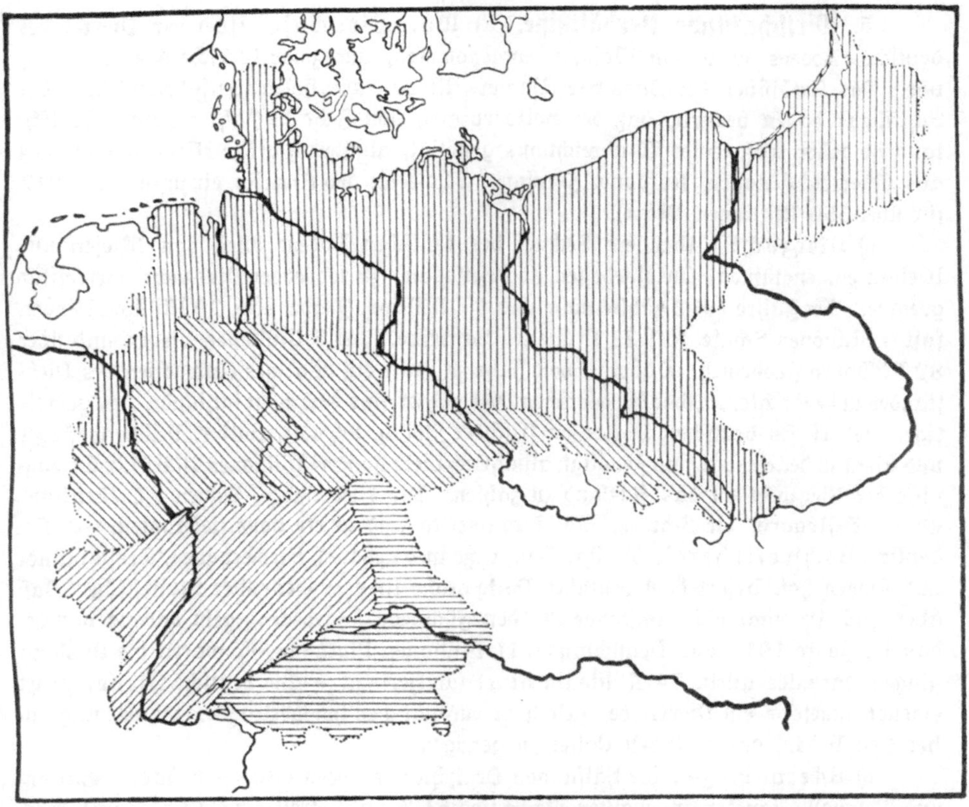

Deutschlands Landschaften.

Alpen und Oberdeutsche Hochebene, ////// Südwestdeutsches Gebirgsland, \\\\\\ Mitteldeutsches Gebirgsland, Norddeutsches Tiefland.

Norddeutschlands und Teile des Nördlichen Landrückens sind verhältnismäßig dünn bevölkert. In Mecklenburg-Strelitz wohnen auf dem Quadratkilometer durchschnittlich nur 36 Menschen.

Die Deutschen bilden einen Hauptzweig des großen germanischen Völkerstammes, zu dem auch die Engländer und Skandinavier gehören. Deutsche sind aber auch die Holländer, die Flamen in Belgien, die Mehrzahl der Schweizer und ein großer Teil der Bevölkerung Österreich-Ungarns. In den russischen Ostseeprovinzen leben ebenfalls zahlreiche unserer Stammesgenossen, und in den Ländern Amerikas haben sich sogar viele Millionen Deutsche niedergelassen. Die Gesamtzahl aller Deutschen auf der Erde dürfte mehr als 90 Millionen betragen.

Die nichtdeutschen Bewohner unseres Vaterlandes verteilen sich auf folgende Volksstämme: Polen 3 Millionen, Franzosen 212000, Masuren 142000, Dänen 141000, Litauer 106000, Kassuben 100000, Wenden 93000, Holländer 80000.

Nach dem Glaubensbekenntnis gibt es in Deutschland 62% Evangelische und 36% Katholiken. Der Rest verteilt sich auf Israeliten (600000) und Andersgläubige (275000).

Fragen wir uns nun, auf welche Weise die große Menschenmenge ihren Unterhalt erwirbt.

5. **Wirtschaftliche Verhältnisse.** a) Waldwirtschaft. Über ein Viertel des deutschen Bodens wird von Wäldern eingenommen, und zwar herrscht das Nadelholz vor. Das Aufblühen der Industrie (Papier-, Möbel- und Holzwarenfabriken) und des Schiffbaus haben bewirkt, daß der Holzverbrauch von Jahr zu Jahr wächst. Deutschland ist daher trotz seines Waldreichtums genötigt, alljährlich große Mengen von Holz aus Österreich-Ungarn, Rußland, Finnland, Schweden und Amerika einzuführen (1912 für über 350 Millionen Mark).

b) Viehzucht. Über ein Sechstel des deutschen Bodens wird von Wiesen und Weiden eingenommen. Infolgedessen ist Deutschland zu lohnender Viehzucht vortrefflich geeignet. Im Jahre 1912 zählte man über $4^1/_2$ Million. Pferde, über 20 Million. Rinder, fast 6 Millionen Schafe, fast 22 Millionen Schweine, über 3 Millionen Ziegen und über 82 Millionen Federvieh. Dabei ist von Jahr zu Jahr ein ständiges Anwachsen des Viehstandes zu beobachten. Aber die deutschen Viehzüchter sind doch nicht imstande, den gewaltigen Bedarf des deutschen Volkes an frischem Fleisch, Schmalz, Butter, Milch, Geflügel und Eiern zu decken; wir sind genötigt, alljährlich viele hundert Millionen Mark für Erzeugnisse der Viehzucht an das Ausland zu zahlen. Die Niederlande, Dänemark, Rußland, Österreich-Ungarn, die Schweiz und Nordamerika sind unsere Hauptlieferanten. — Die deutsche Hochseefischerei, die ihre Hauptsitze in Cuxhaven, Bremerhaven, Geestemünde und Emden hat, liefert dem deutschen Volke große Mengen wertvoller Speisefische. Daß aber auch sie noch nicht imstande ist, den Fischbedarf zu decken, geht daraus hervor, daß im Jahre 1913 aus Deutschland 141 Millionen Mark für Fischwaren ins Ausland gingen, darunter allein 74 Millionen Mark für Heringe. — Die deutsche Bienenzucht erzeugt ungefähr ein Viertel des gesamten europäischen Honigertrages. Sie vermag daher dem Bedarf des deutschen Volkes zu genügen.

c) Ackerbau. Fast die Hälfte von Deutschlands Boden dient dem Acker-, Garten- und Weinbau. Von der angebauten Fläche sind 61 % mit Getreide und 17,5 % mit Hackfrüchten bestellt. Der Rest findet für den Anbau von Futter- und Handelspflanzen, Obstbäumen und Reben Verwendung. Trotz der sorgsamen Ausnutzung des Bodens ist unser Vaterland jedoch nicht imstande, für seine dichte Bevölkerung die nötige Fruchtmenge zu erzeugen. Weizen mußte im Jahre 1912 für 444 Millionen Mark, Gerste für 310 Millionen Mark aus dem Auslande bezogen werden, und die Gesamtsumme, die für fremdes Getreide in das Ausland ging, betrug über 1 Milliarde Mark. Die Hauptgetreidelieferanten Deutschlands sind Rußland, Rumänien, Argentinien und die Vereinigten Staaten von Amerika. — Diese gewaltige Getreidemenge ist aber nicht nur für das deutsche Volk bestimmt. Der deutsche Kaufmann führt nämlich auch viel Getreide aus, so für 188 Millionen Mark Hafer und Roggen, die in Deutschland über Bedarf angebaut werden, dazu von dem eingeführten Weizen noch für 63 Millionen Mark. — Daß auch der deutsche Obstbau nicht den steigenden Bedarf an Früchten zu decken vermag, geht daraus hervor, daß 1912 für 126 Millionen Mark Obst aus dem Auslande bezogen werden mußte.

d) Bergbau. Das Erdinnere unseres Vaterlandes steht mit seinem Reichtum an Mineralschätzen den Erträgen der Bodenkrume nicht nach. Steinkohlen finden sich in solcher Fülle, daß sie nicht nur dem Bedarf unserer Industrie genügen, sondern auch an das Ausland in großen Mengen abgegeben werden können (1913 für 516 Millionen Mark). Dazu treten noch weite Braunkohlenlager, die an vielen Orten abgebaut werden. — Dem Reichtum an Eisenerzen verdankt unsere Industrie ihr gewaltiges Aufblühen;

in der Ausbeute von Zinkerz steht Deutschland sogar an der Spitze aller Länder der Erde. Auch Blei- und Nickelerze werden in beträchtlichen Mengen gefördert. Kupfererze, die für unsere aufstrebende elektrische Industrie von großem Werte sind, birgt der deutsche Boden ebenfalls, jedoch bei weitem nicht in ausreichender Menge, so daß viel Kupfer aus dem Auslande bezogen werden muß. Von den edlen Metallen findet sich Gold nur sehr wenig, namentlich im Sande der Flüsse; aber in der Silbergewinnung nimmt das Deutsche Reich unter den Staaten Europas die erste Stelle ein. — Im übrigen ist besonders der Reichtum des deutschen Bodens an Salz zu erwähnen. „Kalisalze", die für die Landwirtschaft und verschiedene chemische Gewerbe von außerordentlicher Bedeutung sind, wurden vor dem Weltkriege über die ganze Erde versandt; denn Deutschland ist bis jetzt das einzige Land, in dem sie vorkommen.

e) Industrie. Daß bei dem Reichtum Deutschlands an Schätzen der Bodenkrume wie des Erdinnern die Industrie aufblühen mußte, ist wohl verständlich. Ein außerordentlich reges gewerbliches Leben entfaltete sich besonders dort, wo die Hauptgrundlagen der Industrie, Kohle und Eisenerz, in benachbarten Lagern auftreten (Oberschlesien, Sächsisches Bergland, Nordrand des Rheinischen Schiefergebirges, Lothringen), ferner dort, wo die Wasserkräfte der Gebirgsbäche eine billige Triebkraft liefern (am Fuße der Alpen und in vielen deutschen Mittelgebirgen) und endlich in Orten, wohin Rohstoffe und Kohlen durch billige Schiffsfracht geschafft werden können (in den Küstenstädten und in den Städten an schiffbaren Flüssen). Nach den Rohstoffen, die verarbeitet werden, unterscheidet man:

Industrien mit Pflanzenstoffen.

Holz: Möbel (Großstädte), Papier (Waldgebirge), Spielwaren (Nürnberg, Thüringer Wald, Erzgebirge), Holzschnitzerei (Alpen, Spessart, Rhön und andere Gebirge), Uhren (Schwarzwald, Erzgebirge, Glatzer Gebirgsland), Musikinstrumente (Alpen, Erzgebirge).

Getreide, Kartoffeln, Zuckerrüben: Mühlenwerke (Küstenstädte, Duisburg, Mannheim u. a.), Branntwein- und Spiritusbrennerei (Posen, Prov. Sachsen), Zuckerfabriken (Mitteldeutschland, Weichselniederung).

Wein, Obst, Gemüse: Beeren- und Obstwein (Oberrheinische Tiefebene nebst den Randgebirgen, Rheinisches Schiefergebirge, Schwäbisch-Fränkisches Stufenland, Thüringen, Bodensee, Grünberger Höhen), Konserven (Harzvorland).

Hopfen und Tabak: Hopfenbau und Bierbrauerei (Bayern, Oberrheinische Tiefebene und viele Orte Norddeutschlands), Tabakfabrikation (Bremen u. a.).

Gespinstpflanzen: Die Spinnerei und Weberei bieten in Deutschland mehreren hunderttausend Menschen Erwerb. Leinen (Schlesien, Lausitz, Westfalen, Elsaß), Baumwollenwaren (Elsaß, Rheinland, Thüringen und Sachsen, Lausitz und Schlesien), Jutewaren (Bremen, Braunschweig, Bonn), Hanfwaren (die Küstenstädte).

Industrien mit tierischen Rohstoffen.

Wolle und Seide: Über die Wollen- und Seidenspinnerei und -weberei gilt dasselbe, was über die Industrie der Gespinstpflanzen gesagt ist. Tuchweberei (Aachener Bezirk, im Königreich Sachsen, in der Lausitz und in Schlesien), Seidenweberei (Crefeld, Elsaß). In der Verarbeitung der fertigen Stoffe steht Berlin an der Spitze der deutschen Städte.

Leder: Die deutsche Lederindustrie erfreut sich in der ganzen Welt eines guten Rufes. Gerberei (Straßburg, Worms, Trier, Leipzig, Plauen, Berlin, Posen, Hamburg,

Bremen), Schuhe (Thüringen und Sachsen), Galanteriewaren — Gürtel, Taschen, Geldbörsen usw. — (Mainz, Hanau u. a.).

Fleisch und Fisch: Fleischwaren (Braunschweig, Gotha und Straßburg), Fischräuchereien und Marinieranstalten (in den meisten Städten an der Nord- und Ostseeküste).

Industrien mit mineralischen Rohstoffen.

Metalle: Die Metallwaren-, besonders die Eisenindustrie beschäftigt im Deutschen Reiche von allen Industrien die meisten Menschen. Sie ist so verzweigt, daß es unmöglich ist, alle Fabrikorte und alle Waren zu nennen. Durch die Menge ihrer Fabrikate zeichnen sich besonders die fünf großen Steinkohlenreviere aus (Saar, Aachen, Ruhr, Königreich Sachsen, Oberschlesien), denn die Billigkeit der Kohlen und die Nähe großer Erzlagerstätten hat hier die Entstehung vieler Fabriken begünstigt.

Steine und Erden: Werksteine von vorzüglicher Beschaffenheit werden in den meisten deutschen Gebirgen gebrochen. Weltberühmt sind die Kalksteinplatten von Solnhofen, die beim Steindruck Verwendung finden. Mühlsteine liefert die Eifel. Dach- und Schreibschiefer gehen vom Rheinischen Schiefergebirge und dem Frankenwald in alle Gegenden der Erde. Durch Verarbeitung des Quarzes zu Glas sind bekannt der Böhmerwald, das Fichtelgebirge, der Thüringer Wald und die Sudeten. Deutsches Porzellan (Meißen, Berlin, München) und deutsche Steingut- und Tonwaren (Saargebiet, Schlesien) bilden ebenfalls Gegenstände des Welthandels.

Dazu tritt noch unsere hochentwickelte chemische Industrie, die Farbwaren, Düngemittel, Drogen, Arzneimittel, Parfümerien, Seifen u. a. liefert.

f) Handel. Das Aufblühen der Industrie und die schnelle Zunahme der Bevölkerung hatten eine große Entwicklung des deutschen Welthandels zur Folge. Einerseits bietet der heimische Boden trotz seines Reichtums an Schätzen auf und unter der Erde den vielen fleißigen Menschen nicht genug Stoffe zur Nahrung und zur Verarbeitung, so daß Nahrungsmittel und Rohstoffe aus fernen Ländern herbeigeschafft werden müssen (Einfuhrhandel). Anderseits werden in den Werkstätten und Fabriken Deutschlands mehr Waren hergestellt, als seine Bewohner verwerten können, so daß ein Versand der Erzeugnisse deutschen Fleißes in das Ausland stattfinden muß (Ausfuhrhandel). Deutschlands Gesamthandel hatte im Jahre 1913 einen Wert von über $22\frac{1}{2}$ Milliarden Mark. Davon entfielen auf die Einfuhr etwa 10,8, auf die Ausfuhr 11,7 Milliarden. Unser Vaterland stand vor dem Weltkriege mit allen Ländern der Erde in Handelsbeziehungen. Unter den Lieferanten von Rohstoffen und Nahrungsmitteln standen 1913 an erster Stelle die Vereinigten Staaten von Nordamerika (1700 Millionen Mark), Rußland (1400 Millionen Mark), Großbritannien (876 Millionen Mark), Österreich-Ungarn (827 Millionen Mark) und Frankreich (584 Millionen Mark). Zu den Hauptabnehmern unserer Industrie gehören dieselben Länder, nur in anderer Reihenfolge: Großbritannien (1400 Millionen Mark), Österreich-Ungarn (1100 Millionen Mark), Rußland (880 Millionen Mark), Frankreich (790 Millionen Mark) und die Vereinigten Staaten von Nordamerika (713 Millionen Mark).

g) Verkehr. Ohne große Schwierigkeit konnten in unserem Vaterlande nach allen Richtungen hin Eisenbahnen geführt werden, und die leichte Überschreitbarkeit seiner Grenzen auch dort, wo sie durch Gebirge gebildet werden, ermöglicht den Verkehr mit den Nachbarländern. So kommt es, daß Deutschland von allen Staaten Europas das längste Schienennetz hat (1912: 63000 km; vergleiche mit dem Erdumfang!). Unter den vielen Knotenpunkten des deutschen Eisenbahnverkehrs steht Berlin an erster Stelle. Hier kreuzen sich die Verbindungslinien des nördlichen, östlichen und westlichen Europa, und der Nord-Süd-Expreß nimmt dort seinen Anfang. Nenne andere wichtige Eisenbahnmittelpunkte Deutschlands!

Auch die deutschen Ströme sind durch ihre billigen Frachten hervorragende Verkehrswege. Die westdeutschen Gewässer haben vor den ostdeutschen den Vorzug, daß sie nur kurze Zeit im Jahre der Vereisung ausgesetzt sind, und daß sie in die stets eisfreie Nordsee münden. Die zahlreichen Kanalverbindungen fördern Handel und Verkehr außerordentlich. Nenne die Kanäle im Nordsee-, Ostsee-, Donau- und Rheingebiet!

Deutschlands Seeverkehr hat sich in den letzten Jahrzehnten mächtig entwickelt: Liegen doch rund um die Nordsee neben Deutschland die bedeutendsten Handels- und Industriestaaten Europas mit ihren großen Handelsplätzen. Zugleich aber öffnet die Nordsee als ein Glied des Atlantischen Ozeans dem Handel aller dieser Länder den Weg nach Westen, nach Nord-, Mittel- und Südamerika. Der Ostsee wird durch die dänischen Inselgruppen die breite und sichere Ausfahrt zum Weltmeere versperrt. Dazu kommt noch, daß ihre Küstenländer Dänemark, Skandinavien und Rußland für Deutschlands Handel eine geringere Bedeutung haben als die Nordseeländer. Der überseeische Verkehr der deutschen Ostseehäfen kann daher in der Gegenwart nicht mehr mit dem der Nordseehäfen wetteifern. Doch vermittelte er immerhin vor dem Weltkriege einen lebhaften Handel mit den nordischen Ländern und England.

Der Nachrichtenverkehr hat sich durch die Einrichtungen der Reichspost (Post, Telegraphie und Fernsprechwesen) außerordentlich entwickelt. Er steht keinem Lande der Erde nach. Nur an unterseeischen Kabeln ist Deutschland noch verhältnismäßig arm. Die Funkentelegraphie, die zur Verbindung der Schiffe auf hoher See und mit den Stationen an der Küste dient, wird auf allen unseren Kriegsschiffen und den meisten Handelsfahrzeugen angewandt.

VI. Rückblick auf die Staaten des Deutschen Reiches.

Das Deutsche Reich besteht aus 26 Staaten: 4 Königreichen, 6 Großherzogtümern, 5 Herzogtümern, 7 Fürstentümern, 3 Freien Städten und 1 Reichslande. Es ist ein Bundesstaat, dessen Oberhaupt stets der König von Preußen als „Deutscher Kaiser" ist.

1. Gesamtübersicht.

Staaten des Deutschen Reiches	Flächeninhalt qkm	Bevölkerung	Hauptstadt
1. Königreich Preußen	350 000	40 200 000	Berlin
2. „ Bayern	76 000	6 900 000	München
3. „ Württemberg	19 500	2 400 000	Stuttgart
4. „ Sachsen	15 000	4 800 000	Dresden
5. Großherzogtum Baden	15 000	2 150 000	Karlsruhe
6. „ Hessen	7 700	1 280 000	Darmstadt
7. „ Sachsen-Weimar	3 600	417 000	Weimar
8. „ Oldenburg	6 400	482 000	Oldenburg
9. „ Mecklenburg-Schwerin	13 000	640 000	Schwerin
10. „ Mecklenburg-Strelitz	2 900	106 000	Neustrelitz
11. Herzogtum Sachsen-Meiningen	2 500	279 000	Meiningen
Summe:	511 600	59 654 000	

Staaten des Deutschen Reiches	Flächeninhalt qkm	Bevölkerung	Hauptstadt
Übertrag	511 600	59 654 000	
12. Herzogtum Sachsen-Altenburg	1 300	216 000	Altenburg
13. „ Sachsen-Coburg-Gotha	2 000	257 000	Coburg; Gotha
14. „ Anhalt	2 300	331 000	Dessau
15. „ Braunschweig	3 700	494 000	Braunschweig
16. Fürstentum Schwarzburg-Sondershausen	860	90 000	Sondershausen
17. „ Schwarzburg-Rudolstadt	940	101 000	Rudolstadt
18. „ Reuß ältere Linie	320	73 000	Greiz
19. „ Reuß jüngere Linie	830	153 000	Gera
20. „ Schaumburg-Lippe	340	47 000	Bückeburg
21. „ Lippe	1 200	151 000	Detmold
22. „ Waldeck	1 100	62 000	Arolsen
23. Freie Stadt Hamburg	414	1 000 000	Hamburg
24. „ „ Lübeck	298	117 000	Lübeck
25. „ „ Bremen	256	299 000	Bremen
26. Reichsland Elsaß-Lothringen	14 500	1 872 000	Straßburg
Deutsches Reich rund:	**540 000**	**65 000 000**	**Berlin**

2. Die einzelnen Staaten.

Königreich Preußen.

Provinzen	Regierungsbezirke	Städte
1. Ostpreußen (Östlicher Teil des Preußischen Landrückens und sein Vorland)	a) Königsberg b) Gumbinnen c) Allenstein	Königsberg (246), Memel (21). Gumbinnen (15), Tilsit (39). Allenstein (33).
2. Westpreußen (Westlicher Teil des Preußischen, östlicher Teil des Pommerschen Landrückens)	a) Danzig b) Marienwerder	Danzig (170), Elbing (59), Dirschau (17). Marienwerder (13), Thorn (46), Graudenz (40).
3. Pommern (Westlicher Teil des Pommerschen, östlicher Teil des Mecklenburgischen Landrückens, Rügen, Usedom, Wollin)	a) Stettin b) Stralsund c) Köslin	Stettin (236), Stargard (28), Swinemünde (14). Stralsund (34), Greifswald (25). Köslin (23), Kolberg (25).
4. Posen (Flachland östlich der Oder, ohne das Land an der Oder und der unteren Warte)	a) Posen b) Bromberg	Posen (157). Bromberg (58), Hohensalza (26).

Provinzen	Regierungsbezirke	Städte
5. Brandenburg . . . . (mit Berlin) (Flachland westlich und ein Landstrich östlich der Oder sowie der Südrand des nördlichen Landrückens)	a) Potsdam	Potsdam (62), Charlottenburg (305), Spandau (85), Brandenburg (63), Rathenow (25), Eberswalde (26), Luckenwalde (23).
	b) Frankfurt	Frankfurt a. d. O (68), Kottbus (49), Guben (38), Forst (34), Küstrin (18).
		Berlin (2,1 Mill.; mit Vororten 3,7 Mill.).
6. Schlesien . . . . . . (Nordostabhang der Sudeten, Schlesische Bucht, Schlesischer Landrücken)	a) Oppeln	Oppeln (34), Königshütte (73), Beuthen (68), Gleiwitz (67), Kattowitz (43), Ratibor (38), Neisse (26).
	b) Breslau	Breslau (512), Schweidnitz (31), Brieg (29), Glatz (17).
	c) Liegnitz	Liegnitz (67), Görlitz (86), Glogau (25), Grünberg (23), Bunzlau (16).
7. Sachsen . . . . (Teile des Südlichen Landrückens, der Sächsisch-Thüringischen Bucht, Thüringens und des Harzes)	a) Magdeburg	Magdeburg (280), Halberstadt (46), Quedlinburg (27), Stendal (27), Staßfurt (17), Burg (24), Aschersleben (29), Schönebeck (18).
	b) Merseburg	Merseburg (21), Halle (181), Weißenfels (34), Eisleben (25), Zeitz (33), Torgau (13), Wittenberg (22), Naumburg (27).
	c) Erfurt	Erfurt (111), Mühlhausen (35), Nordhausen (33), Suhl (14).
8. Hannover . . . . . . (Größter Teil des Westdeutschen Tieflandes und der Lüneburger Heide, westlicher Harz, Gebiete des Weserberglandes)	a) Hannover	Hannover (302), Linden (73).
	b) Hildesheim	Hildesheim (50), Göttingen (38), Goslar (19), Münden (11), Klausthal, Zellerfeld, Andreasberg.
	c) Lüneburg	Lüneburg (28), Harburg (67), Celle (23).
	d) Stade	Stade (11), Geestemünde (25).
	e) Aurich	Aurich (6), Emden (24), Wilhelmshaven (35).
	f) Osnabrück	Osnabrück (66).
9. Schleswig-Holstein. (Landrücken, Geest, Marschen, Alsen, Fehmarn, Nordfriesische Inseln, Helgoland)	Schleswig	Schleswig (20), Flensburg (61), Altona (172), Kiel (211), Neumünster (35).
10. Westfalen . . . . . . (Münsterland, Teile des Weserberglandes, der Osten vom Sauerland)	a) Münster	Münster (90).
	b) Minden	Minden (26), Bielefeld (78), Paderborn (30).
	c) Arnsberg	Arnsberg (8), Dortmund (214), Gelsenkirchen (214), Hagen (89), Bochum (137), Hamm (44), Soest (18).
11. Rheinprovinz . . . (mit Hohenzollern) (Der größte Teil des Rheinischen Schiefergebirges,	a) Coblenz	Coblenz (56).
	b) Cöln	Cöln (516), Bonn (88).
	c) Düsseldorf	Düsseldorf (358), Elberfeld (170), Barmen (169), Essen (295), Crefeld (129), Duisburg (229),

Provinzen	Regierungsbezirke	Städte
Cölner Bucht, Landstrich über den Schwäbischen Jura vom Neckar- zum Donautale)		Solingen (51), München-Gladbach (66) Remscheid (72), Wesel (24).
	d) Aachen	Aachen (156).
	e) Trier	Trier (49), Saarbrücken (105).
12. Hessen-Nassau . . . (Hessisches Bergland, Taunus, Osten des Westerwaldes)	a) Kassel	Kassel (153), Hanau (37), Marburg (22), Fulda (22).
	b) Wiesbaden	Wiesbaden (109), Frankfurt a. M. (415), Homburg (14), Ems (7), Rüdesheim (5).

Königreich Bayern. (Der größere Osten der Oberdeutschen Hochebene und ihre Umwallung, Teile des Südwestdeutschen Gebirgslandes, des Frankenwaldes und der Rhön.)

Regierungsbezirke:	Städte:
1. Oberbayern	München (595), Ingolstadt (24), Berchtesgaden (3).
2. Niederbayern	Landshut (25), Passau (21).
3. Oberpfalz	Regensburg (53), Amberg (25).
4. Oberfranken	Bayreuth (34), Bamberg (48), Hof (41).
5. Unterfranken	Würzburg (84), Aschaffenburg (30).
6. Mittelfranken	Ansbach (20), Nürnberg (333), Fürth (67), Erlangen (25).
7. Schwaben	Augsburg (123), Lindau (6).
8. Rheinpfalz	Speyer (23), Kaiserslautern (54), Ludwigshafen (83), Pirmasens (38).

Königreich Württemberg. (Ostabhang des Schwarzwaldes, Neckarland, Schwäbischer Jura, Westen der Oberdeutschen Hochebene.)

Kreise:	
1. Neckarkreis	Stuttgart (286), Heilbronn (43), Eßlingen (32).
2. Schwarzwaldkreis	Reutlingen (30), Tübingen (19).
3. Donaukreis	Ulm (56), Friedrichshafen (7).
4. Jagstkreis.	

Königreich Sachsen. (Südosten der Sächsisch-Thüringischen Bucht, Sächsisches Gebirgsland.)

Kreishauptmannschaften:	
1. Dresden	Dresden (547), Freiberg (36), Pirna (20), Meißen (34).
2. Bautzen	Bautzen (33), Zittau (37).
3. Leipzig	Leipzig (586).
4. Chemnitz	Chemnitz (287), Glauchau (25), Annaberg (17).
5. Zwickau	Zwickau (74), Plauen (121).

Großherzogtum Baden. (Rechtsrheinischer Teil der Oberrheinischen Tiefebene und größter Teil des Schwarzwaldes und des Neckarberglandes.)

Landesbezirke:	
1. Karlsruhe	Karlsruhe (134), Pforzheim (69), Baden-Baden (22), Rastatt (15).
2. Mannheim	Mannheim (193), Heidelberg (56).
3. Freiburg	Freiburg (83).
4. Konstanz	Konstanz (28).

Großherzogtum Hessen. (Der Norden des Südwestdeutschen Gebirgslandes sowie der Vogelsberg mit Umgebung.)

Provinzen:	Städte:
1. Starkenburg	Darmstadt (87), Offenbach (76).
2. Rheinhessen	Mainz (111), Worms (47), Bingen (10).
3. Oberhessen	Gießen (31).

Großherzogtum Sachsen-Weimar-Eisenach. (Teile Thüringens.)

Weimar (35), Eisenach (38), Jena (38), Apolda (23).

Großherzogtum Oldenburg. (Westdeutsches Tiefland südlich vom Jadebusen.)

1. Herzogtum Oldenburg	Oldenburg (30).
2. Fürstentum Lübeck.	
3. „ Birkenfeld.	

Großherzogtümer Mecklenburg. (Mecklenburgischer Landrücken.)

Mecklenburg-Schwerin	Schwerin (43), Rostock (65).
Mecklenburg-Strelitz	Neustrelitz (12).

Sächsische Herzogtümer.

Sachsen-Meiningen (Südwestabhang des Thüringerwaldes)	Meiningen (17), Sonneberg (16), Saalfeld (14), Hildburghausen (7).
Sachsen-Altenburg (Südzipfel der Sächsisch-Thüringischen Bucht)	Altenburg (40).
Sachsen-Coburg-Gotha (Zu beiden Seiten des Thüringerwaldes)	Gotha (40), Coburg (24).

Herzogtum Anhalt. (Teile der Sächsisch-Thüringischen Bucht und des Harzes.)

Dessau (57), Bernburg (34), Cöthen (23), Zerbst (19).

Herzogtum Braunschweig. (Teile des Harzes und seines nördlichen Vorlandes sowie des Weserberglandes.)

Braunschweig (144).

Fürstentümer Schwarzburg. (Am Thüringerwalde und am Kyffhäuser.)

Schwarzburg-Rudolstadt	Rudolstadt (13).
„ Sondershausen	Sondershausen (7).

Fürstentümer Reuß. (Am nordwestlichen Rande des Sächsischen Berglandes.)

Reuß ältere Linie	Greiz (23).
„ jüngere Linie	Gera (49).

Fürstentümer Lippe. (Im Weserbergland.)

Lippe	Detmold (14).
Schaumburg-Lippe	Bückeburg (6).

Fürstentum Waldeck. (Hessisches Bergland westlich von Kassel.)

Arolsen (3).

Freie Städte. (Teile des Norddeutschen Tieflandes.)

	Städte:
Hamburg	Hamburg (932), Cuxhaven (15).
Lübeck	Lübeck (99).
Bremen	Bremen (247), Bremerhaven (24).

Reichsland Elsaß-Lothringen. (Linksrheinische Teile des Südwestdeutschen Gebirgslandes.)

1. Oberelsaß	Colmar (44), Mülhausen (95).
2. Unterelsaß	Straßburg (179), Wörth, Weißenburg.
3. Lothringen	Metz (68), Saargemünd (15).

Die deutschen Kolonien siehe Seite 95: Kiautschou, 114: Togoland und Kamerun, 115: Deutsch-Ostafrika, 117: Deutsch-Südwestafrika, 130: Kaiser-Wilhelmsland usw.

B. Die außerdeutschen Länder von Europa.

1. Die Alpen.

1. **Lage.** Die Alpen erstrecken sich in einem gewaltigen Bogen vom Mittelländischen Meere bis zur Donau bei Wien. Im Norden gehen sie in das „Alpenvorland" über; im Süden fallen sie steil zur Norditalienischen Tiefebene ab.

2. **Gliederung.** Durch einen großen Talzug, der sich vom Boden- zum Comersee, also ziemlich genau von Norden nach Süden erstreckt, werden die Alpen in die West- und Ostalpen geteilt.

Wenn wir uns im Luftballon hoch über die höchsten Gipfel der Alpen erheben könnten, würden wir aus dieser „Vogelschau" sehen, daß die Westalpen aus zwei, die Ostalpen aber aus drei mächtigen, fast gleichlaufenden Hauptbergketten bestehen. Diese sind durch große „Längstäler" (Name!) voneinander getrennt und durch „Quertäler" (Name!) wieder vielfach gegliedert. In den Westalpen ist der südliche Bergzug am höchsten, in den Ostalpen dagegen der mittlere. Da diese Hochalpen aus sehr hartem Gestein bestehen (Granit, Gneis, Schiefer), das schwer verwittert, zeigen ihre mächtigen Gipfel mehr abgerundete Formen. Sie erreichen durchschnittlich eine Höhe von 4000 m und darüber und sind jahraus, jahrein mit Schnee und Eis bedeckt. — Die anderen Züge bestehen vorwiegend aus Kalkstein, der leichter verwittert. Die Kämme dieser Kalkalpen sind daher wild zerklüftet und werden von steilwandigen „Hörnern" und Spitzen überragt.

a) Die Westalpen sind durch eine Einsenkung, die vom Genfer See durch das Rhonetal und über den Großen St. Bernhard nach Süden führt, in die Französisch-Italienischen und die Schweizer Alpen geschieden.

Die Französisch-Italienischen Alpen erstrecken sich in südnördlicher Richtung. Nach Osten fallen sie steil, nach Westen aber allmählich ab. Daher kann man von Frankreich aus viel leichter in das Gebirge eindringen als von Italien, und darum sind auch die meisten der Bewohner Franzosen. In dem französischen Teile der Alpen liegt die höchste Erhebung Europas, der Montblanc (d. i. Weißer Berg, 4800 m). Von seiner Höhe können wir uns ungefähr eine Vorstellung machen, wenn wir erfahren, daß seine Besteigung (Auf- und Abstieg) drei Tage dauert. Der Weg führt, wie bei den meisten hohen Alpenbergen, über weite Schnee- und Eisfelder hinweg. Werden die Bergsteiger von dichtem Nebel oder

Alpenlandschaft: Berner Oberland. (J. Die Jungfrau.)

von einem Schneesturme überrascht, so geraten sie oft in Lebensgefahr. Sie nehmen daher kundige Führer mit und versorgen sich für mehrere Tage mit Speise und Trank. In den Hochgebirgen gibt es nämlich nur Unterkunftshütten, in denen die Wanderer zwar ausruhen können, aber für ihre Nahrung meist selbst Sorge tragen müssen.

Etwa in der Mitte der Schweizer Alpen liegt der St. Gotthard. An seinen Abhängen entspringen Rhein, Rhone, Reuß und Tessin. (Gib die Richtung ihres Laufes an!) Die Schweizer Alpen, besonders aber die Berner Alpen (bestimme ihre Lage zum St. Gotthard!), werden alljährlich von vielen tausend Fremden besucht. Von dem Rigi und dem Pilatus, an deren Fuße sich der Vierwaldstätter See ausbreitet, hat man eine herrliche Aussicht auf das Hochgebirge. Im bequemen Eisenbahnwagen kann man mühelos bis zu den Gipfeln dieser beiden Berge gelangen. Jetzt hat man sogar eine Bahn gebaut, welche die Besteigung der schnee- und eisbedeckten Jungfrau (4170 m) erleichtert.

b) Die Ostalpen sind breiter und niedriger als die Westalpen. Sie liegen fast ganz auf österreichischem Gebiete. Nur Teile der nördlichen Kalkalpen sind deutscher Besitz (nenne sie!), und einige Züge der südlichen Kalkalpen gehören Italien an. In der gewaltigen Ortlergruppe sowie in der langen Kette der Hohen Tauern (Großglockner) erreichen die Ostalpen Höhen von fast 4000 m.

3. **Klima.** a) Je höher man in einem Gebirge emporsteigt, um so kälter wird es. Da nun die Alpen zu gewaltigen Höhen aufragen, schneit es dort sogar während des Sommers. Sobald die Sonne scheint, schmilzt der Schnee etwas, gefriert jedoch in der Nacht wieder. Durch das abwechselnde Schmelzen und Gefrieren verwandelt er sich nach und nach in grobkörnigen Firnschnee. Eine ähnliche Veränderung des Schnees können wir bei uns beobachten, wenn auf Tauwetter Frost folgt. Die Firnmassen häufen sich im Laufe der Zeit immer mehr an. Schließlich rutschen sie von den steilen Berghängen ab und füllen die tiefer liegenden Mulden, Felsschluchten und engen Täler aus.

Wenn wir einen Schneeball längere Zeit zwischen den warmen Händen drücken, so erhalten wir schließlich ein Stück knetbares Eis. Ganz ähnlich werden die Firnmassen durch die größere Wärme in den Mulden und durch den gewaltigen Druck, den die oberen auf die unteren Schichten ausüben, erst etwas aufgeweicht, beim Zusammenfrieren aber in schmiegsames, blaugrünes Eis verwandelt. Die Eismassen bewegen sich abwärts und werden zu mächtigen Eisströmen, die man Gletscher nennt. Ihren Rand bedeckt gewöhnlich Felsgeröll, das von den Bergwänden herabgestürzt ist. Es wird von dem Gletschereise talwärts getragen. Da hier das Eis schmilzt, bleibt der Schutt liegen. Er häuft sich im Laufe der Zeit zu großen Massen, den „Moränen", an. Das trübe Gletscherwasser, das unter dem Eise hervortritt, fließt als Gletscherbach weiter bergab.

b) Wie bei uns im Winter oder im Frühlinge oft Schnee von den schrägen Dächern herunterrutscht und auf die Straße fällt, so gleiten in den Alpen zuweilen große Schneemassen von den steilen Berghängen ab. In rasender Eile sausen diese Lawinen in das Tal. Dabei reißen sie Felsblöcke und Erde mit sich fort und erzeugen oft einen so gewaltigen Luftzug, daß die stärksten Bäume zerknickt werden. Wenn die Lawinen in bewohnte Täler niedergehen, richten sie häufig großen Schaden an: Wiesen, Äcker, Häuser und Menschen werden verschüttet. Da aber Lawinen und Gletscher die Gegenden von Schnee befreien, in denen er niemals vollkommen schmelzen würde, bewahren sie das Gebirge und seine Umgebung vor zu starker Abkühlung (wieso?).

c) Im Frühjahre und im Herbste tritt in den nördlichen Alpentälern häufig ein warmer, trockener Wind auf, der Föhn genannt wird. Er bringt die Schneemassen schnell zum Schmelzen („Schneefresser!") und veranlaßt dann oft Lawinenstürze und große Überschwemmungen. Da er auch die Schindeldächer und Holzwände der Häuser austrocknet, entstehen durch umherfliegende Funken leicht Feuersbrünste.

4. **Flüsse und Seen.** Die mit Schnee und Eis bedeckten hohen Alpenberge sind das „Mutterhaus" vieler Ströme. Außer den erwähnten Gotthardflüssen entspringen auf ihnen Po und Etsch sowie zahlreiche Donaunebenflüsse (nenne sie!). Sie sind wasserreich, haben aber, solange sie im Gebirge fließen, ein starkes Gefälle und führen viel Geröll mit sich. Deshalb eignen sie sich nicht zur Schiffahrt. Bei ihrem Austritt aus den Alpen durchströmen die meisten von ihnen herrlich gelegene Seen. Am Nordfuße des Gebirges liegen der Genfer-, Brienzer- und Thuner-, Vierwaldstätter-, Züricher- und Bodensee, am Südfuße der Lange- (Lago maggiore), Comer- und Gardasee.

Bedeutung der Seen. Sobald die Flüsse in die Seen eintreten, werden sie durch das stillstehende Seewasser in ihrem Laufe gehemmt und können die mitgeführten Geröllmassen nicht weiter fortschaffen. Diese sinken daher zu Boden. Die Seen sind also Läuterungsbecken der Alpenflüsse. — Wenn auf dem Gebirge der Schnee schmilzt, oder wenn mächtige Regengüsse niedergehen, führen die Flüsse große Wassermengen in die Seen. Dadurch wird die Überschwemmungsgefahr für die abwärts gelegenen Länder vermindert. In Zeiten der Dürre und Trockenheit werden jene Länder aber vom Wassermangel bedroht. Dann geben die Seen an die Flüsse von ihrem Vorrate ab. Sie regeln also den Wasserstand der Alpenströme.

5. **Der Mensch in den Alpen.** a) Wege. Die Flußtäler bilden in allen Gebirgen die natürlichen Wege. Da die Alpen viele Täler besitzen, sind sie ein sehr wegsames Gebirge. Die breiten Längstäler zeichnen sich durch gute Bewässerung und infolge der tiefen Lage durch ein mildes Klima aus. Sie sind daher zum Teil recht fruchtbar und dicht bevölkert. Zahlreiche Orte liegen aber auch in den Quertälern, die sich von den Längstälern abzweigen. Dort, wo sich zwei Quertäler von Norden und Süden nähern, befindet sich im Kamme oft eine Einsenkung. Hier kann man das Gebirge am leichtesten überschreiten („passieren"); deshalb hat man diese „Pässe" vielfach zur Anlage von Kunststraßen benutzt (St. Gotthard, St. Bernhard). Gegenwärtig haben die Straßen freilich an Bedeutung verloren; Eisenbahnen sind vielfach an ihre Stelle getreten. So ist Italien mit Frankreich durch die Mont-Cenis- (mong ßöni) und die Simplonbahn, mit den nördlichen Nachbarländern (nenne sie!) durch die St.-Gotthard-, die Brenner- und die Semmeringbahn verbunden. Während der Semmering- und der Brennerpaß so tief liegen, daß man die Eisenbahn über sie hinweg führen konnte, sind durch den St. Gotthard, den Simplon und den Mont Cenis lange Tunnel geschlagen worden.

b) Erwerbsquellen. Wie in allen Gebirgen, so nimmt auch in den Alpen der Pflanzenwuchs mit der Höhe ab (warum?). In den tiefliegenden Tälern wird Ackerbau getrieben; auch die unteren Teile der Berghänge sind vielfach noch mit Feldern bedeckt. Auf den rauheren, nach Norden gerichteten Abdachungen reichen sie bis in Höhen von 1000 m, auf den sonnigen, südlichen Abhängen sogar bis zu 1500 m. Da die Täler der südlichen Kalkalpen gegen die kalten Nordwinde geschützt sind, den warmen, feuchten Südwinden aber ungehindert Zutritt gewähren, gedeihen dort auch Wein und Obst in großen Mengen.

An die Äcker schließen sich dichte Laub- und Nadelwälder an, in denen viele Leute als Waldarbeiter tätig sind. Während des langen Winters beschäftigen sich die Bewohner in zahlreichen Orten mit der Herstellung kunstvoller Holzschnitzereien. In den Höhen über 1800 m findet sich nur noch dürftiges Knieholz, zwischen dem die niedrigen Büsche der Alpenrosen in ihrem roten Blütenschmucke hervorleuchten. Auf ausgedehnten Wiesen blühen Alpenkräuter ohne Zahl. Diese „Almen" dienen der Vieh- und Heuwirtschaft. Die unwirtlichen Höhen, die über die Almen aufragen, werden selten von eines Menschen Fuße betreten. Nur Gems- und Adlerjäger sowie unerschrockene Freunde der Bergwelt erklettern mühsam die steilen Hänge. Ein Strauß Edelweiß, das häufig an schwer zugänglichen Stellen wächst, ist oft der Lohn ihres kühnen Wagnisses.

Auf den Almen (s. Abb. S. 57) finden während des kurzen Sommers Rinder und Ziegen gute Weide. Im Juni, wenn der Schnee geschmolzen ist, wird das Vieh aus den Tälern auf die Berge getrieben. Der Tag des Auszuges ist zugleich ein Tag der Freude. Die Tiere werden mit Blumengewinden geschmückt, und mit Gesang und Scherz gibt ihnen jung und alt das Geleite. Auf den Höhen weilt den Sommer über ein Bursche (Senner) oder ein Mädchen (Sennerin) allein mit dem Vieh. Ihre Wohnung, die Sennhütte, ist ein einfaches Holzhaus, das sich auf einem steinernen Unterbau erhebt. Das breite Dach ist mit Schindeln gedeckt und mit Steinen beschwert, damit es vom Sturme nicht fortgetragen werden kann. Aus der Milch der Kühe und Ziegen bereitet man Butter oder Käse (Schweizerkäse). Selten spricht in der Sennhütte ein Besuch vor (Jäger, Wurzelgräber, Bergsteiger). Alle 8—14 Tage kommt jedoch aus dem Tale ein Knecht herauf, der frische Nahrungsmittel bringt und Butter oder Käse abholt. Ziehen Anfang September die Herbststürme mit ihren Schneeschauern über die Höhen, dann wird die Heimkehr angetreten.

An Mineralschätzen sind die Westalpen arm; in den Ostalpen dagegen findet man Eisen-, Blei- und Quecksilbererze sowie Salz und Kohlen. Der Holzreichtum der Berge hat nicht wenig dazu beigetragen, daß diese Schätze gefördert und verarbeitet werden. Die Täler der Ostalpen sind deshalb auch ziemlich dicht bevölkert.

Da die Alpen reich an Naturschönheiten sind, werden sie von vielen Fremden besucht. Der Fremdenverkehr verschafft nicht nur den Gastwirten und Fremdenführern, sondern auch den Handwerkern, Gewerbetreibenden und Landwirten reichlichen Verdienst.

c) **Volksstämme.** Die Alpen sind, wie wir gesehen haben, leicht zugänglich. Deshalb konnten von allen Seiten Völker in ihre Täler eindringen und Besitz davon ergreifen. Im Norden und Nordosten wohnen Deutsche, im Westen Franzosen, im Süden Italiener und im Südosten Slawen. So verschieden auch die Bewohner hinsichtlich ihrer Abstammung sind, so gemeinsam sind ihnen doch bemerkenswerte Charakterzüge. Der stete Kampf mit den Naturgewalten (nenne solche!) hat sie zu Fleiß und Genügsamkeit, Ausdauer und Mut, Gottvertrauen und Heimatliebe erzogen.

2. Die Schweiz.

Die Schweiz (gib die Lage zu den angrenzenden Ländern an!) ist etwa so groß wie die Prov. Schlesien. Sie gliedert sich in drei Landschaften: in den Schweizer Jura, die Schweizer Hochebene und die Schweizer Alpen.

1. **Der Schweizer Jura** ist der südwestlichste Teil eines Gebirgszuges, der sich von der Rhone über den Rhein bis weit nach Deutschland hinein erstreckt (unter welchen Namen?). Er steigt wie eine Mauer schroff und steil aus der Schweizer Hochebene auf und bildet daher eine natürliche Grenze zwischen der Schweiz und Frankreich. Da er aus Kalkstein besteht, in dem das Regenwasser schnell versickert, und

da er ein rauhes Klima besitzt, kann auf seinen Höhen nur wenig Ackerbau und Viehzucht betrieben werden. Trotzdem ist das Gebirge ziemlich dicht bevölkert. Die gewerbfleißigen Bewohner beschäftigen sich nämlich mit der Herstellung von Uhren, Spieldosen u. dgl. Und zwar verfertigt jeder Arbeiter stets nur einen bestimmten Uhrenteil: der eine Räder, der andere Zeiger usw. (Gib Vorteil und Nachteil dieser Arbeitsteilung an!) Von Neuenburg (24) und Genf (mit Vororten 123; Universität) werden die Uhren in fast alle Länder der Erde verschickt.

2. **Die Schweizer Hochebene** breitet sich zwischen dem Jura und den Alpen und zwischen dem Genfer- und dem Bodensee aus. Sanft gewölbte Höhenrücken, die Laub- und Nadelwälder tragen, durchziehen das Land. Die Aar (Quelle?) ist der Hauptfluß des Gebietes. Sie nimmt die Reuß (Quelle?) auf, durchbricht dann den Schweizer Jura und führt ihr Wasser dem Rheine zu. Auch dieser Fluß muß sich nach seinem Austritt aus dem Bodensee einen Weg durch den Jura erzwingen. Seine Fluten stürzen bei Schaffhausen (18) in tosendem Falle über eine 24 m hohe Felswand. Für den Schiffsverkehr bildet der Rheinfall ein großes Hindernis, aber dem Naturfreunde bietet die gewaltige, schäumende und sprudelnde Wassermenge einen großartigen Anblick. Am Fuße des Falles hat man ein Elektrizitätswerk angelegt, durch das ein Teil der Wasserkraft für gewerbliche Betriebe ausgenutzt wird.

Da der Boden der Hochebene fruchtbar und das Klima milde und feucht ist, werden allenthalben Ackerbau und Viehzucht betrieben. Besonders in den westlichen Gegenden gedeiht auf sonnigen Hügeln viel Wein und Obst. Die Landwirtschaft allein kann freilich die zahlreiche Bevölkerung nicht ernähren. Die vielfachen Wasserkräfte begünstigten aber das Aufblühen wichtiger Gewerbe. Die Hauptstadt Bern (85; Universität) hat lebhafte Maschinen- und Wollenindustrie. In St. Gallen (34) werden Baumwollenwaren und Stickereien, in dem volkreichen Zürich (189; Universität) Seidenstoffe hergestellt, und Basel (132; Universität) ist der Hauptsitz der Seidenbandweberei. Da sich bei dieser Stadt wichtige Verkehrswege treffen, die durch die Burgundische Pforte, aus dem Rheintale, aus dem Donautale und aus Italien (St. Gotthard) kommen, ist sie zu einem bedeutenden Handelsplatze herangewachsen. Eine Hauptstation der Gotthardbahn ist Luzern (39) am schönen Vierwaldstätter-See. Es liegt in der Nähe der Aussichtsberge Rigi und Pilatus und wird deshalb von vielen Vergnügungsreisenden aufgesucht. — Durch Landwirtschaft, Industrie, Handel und Fremdenverkehr sind die Schweizer wohlhabend geworden. Daher konnten sie ihre Fürsorge der Förderung von Kunst und Wissenschaft zuwenden. Die Bildung steht besonders in den größeren Orten auf hoher Stufe.

3. **Die Schweizer Alpen** haben wir schon früher (S. 58) kennen gelernt. Ihre Bewohner finden den Haupterwerb in Milchwirtschaft und Fremdenverkehr.

4. **Politische Verhältnisse.** Die Schweiz besteht aus 25 Einzelstaaten oder Kantonen, die zusammen eine Bundesrepublik bilden. Die Regierung wird durch den Bundesrat ausgeübt, an dessen Spitze der Präsident steht. — Der Norden der Schweiz mit den Städten Bern, Basel, Zürich, St. Gallen und Luzern wird von Deutschen bewohnt (über $^2/_3$ der Gesamtbevölkerung), der Westen mit dem Hauptorte Genf von Franzosen und der Süden (am Tessin) von Italienern. — Etwa $^2/_3$ der Bevölkerung bekennen sich zur reformierten Kirche; $^1/_3$ ist römisch-katholisch. — Deutschland steht mit der Schweiz in lebhaftem Handelsverkehr. Es bezieht von dort besonders Seiden- und Baumwollenwaren sowie Taschenuhren und Erzeugnisse der Viehzucht (Kühe, Käse, Rindshäute). Umgekehrt erhält die Schweiz aus unserem Vaterlande namentlich Kohlen, Eisenwaren, Kleiderstoffe sowie fertige Kleider und Wäsche.

3. Österreich-Ungarn.

Im Südosten von Deutschland liegt Österreich-Ungarn. Es erstreckt sich vom Elbsandsteingebirge bis zum Adriatischen Meere und vom Bodensee bis zu den Ostkarpaten. (Gib die Grenzen des großen Reiches an!) Das Land ist vorwiegend gebirgig. Ausgedehnte Tiefebenen finden sich nur im Osten an der Donau. Wie die Karte zeigt, lassen sich vier Gebiete unterscheiden: die Alpenländer, die Karstländer, die Sudetenländer und die Karpatenländer.

I. Die Alpenländer.

Die gesamten Ostalpen, mit Ausnahme kleiner Teile der nördlichen und der südlichen Kalkalpen, sind österreichisches Gebiet. Nenne die Züge der nördlichen Kalkalpen, der Hochalpen und der südlichen Kalkalpen, die Österreich gehören! In diese ausgedehnten Gebirge, zu denen noch die Landschaften am Nordfuße der Alpen treten (Alpenvorland), teilen sich folgende österreichische Länder:

1. **Vorarlberg** und **Tirol** sind Alpenlandschaften, die am mittleren Inn und an der oberen und mittleren Etsch liegen. Im Westen reichen sie bis an den Rhein und den Bodensee, im Osten bis zum Quellgebiete der Drau. — Die wichtigste Erwerbsquelle der Tiroler ist die Viehzucht (Almen!). Der sehr starke Fremdenverkehr schafft ebenfalls lohnenden Verdienst. Viele Bewohner beschäftigen sich mit Holzschnitzerei, andere suchen auch wohl in der Fremde Erwerb (Tiroler Sänger).

Wo sich die Brennerstraße vom Inntale abzweigt, treffen mit ihr Wege zusammen, die vom Bodensee (Arlbergbahn) und aus der Schweiz kommen. An diesem wichtigen Straßenknotenpunkte liegt in einem breiten Talbecken die Landeshauptstadt Innsbruck (53; Universität; Andreas Hofer). In Südtirol vereinigt sich die Straße, die aus dem oberen Etschtale kommt, mit der Brennerstraße. Hier liegt die wichtige Handelsstadt Bozen (24). Da das Etschtal sehr milde Winter und heiße Sommer besitzt (weshalb?), gedeihen dort Wein, Obst und Maulbeerbaum (Seidenraupenzucht). Während des Winters werden Bozen und besonders Meran von zahlreichen Erholungsbedürftigen aufgesucht. „Bei Trient (30) hat das Deutschtum sein End". Viele Italiener bewohnen diese Gebiete. (Weltkrieg!)

2. **Salzburg** umfaßt das Gebirgsland zu beiden Seiten der oberen Salzach. Hier wird wie in Tirol Viehzucht getrieben und wie in dem benachbarten Salzkammergut (Oberösterreich) Salz gewonnen. Auch durch den Fremdenverkehr finden viele Bewohner ihren Erwerb. Die Hauptstadt des Landes ist das herrlich gelegene Salzburg (36). In den Tauern liegt das viel besuchte Bad Gastein, und im Salzkammergut das liebliche Ischl.

3. **Steiermark** liegt im äußersten Osten der Alpen. Es besitzt weite Talbecken, so daß Ackerbau in großem Umfange getrieben werden kann. Da das Land reich an Eisenerzen ist, blüht die Eisenindustrie besonders in der Hauptstadt Graz (152; Universität, Technische Hochschule).

4. In **Kärnten**, das sich zu beiden Seiten der oberen Drau ausdehnt, gewinnt man besonders Blei- und Eisenerze. Die Hauptstadt ist Klagenfurt (29).

5. **Oberösterreich** nimmt den höher gelegenen Westen des österreichischen Alpenvorlandes ein. Der Hauptort Linz (68) liegt an der schiffbaren Donau. Weil sich hier wichtige Wege aus Böhmen, Bayern und den Alpen treffen, ist es ein bedeutender

Handelsmittelpunkt geworden. Anderenteils verdankt Linz sein Aufblühen aber auch dem Reichtume des benachbarten Gebirgslandes an Salz, Eisenerzen und Kohlen.

6. **Niederösterreich** erstreckt sich von der Enns bis an die Mündung der March. Dort trifft die von Westen nach Osten führende Donaustraße mit den beiden Wegen zusammen, die vom Adriatischen Meere aus nordwärts ziehen: der eine über den Semmering, der andere um den Ostrand der Alpen durch die Ungarische Tiefebene. Sie setzen sich in die Marchstraße fort, die über die Donau hinweg nach Deutschland führt. An der Kreuzung dieser wichtigen Verkehrsstraßen ist Wien (2 Mill.), die Hauptstadt Österreichs, der größte Handelsplatz des Landes geworden. Auch seine Industrie ist mannigfaltig und bedeutend; insbesondere sind die Wiener Modewaren und feinen Gebrauchsgegenstände (Luxuswaren) berühmt. Durch seine Universität, Technische Hochschule und Museen nimmt es auf den Gebieten der Wissenschaft und Kunst die erste Stelle unter den Städten des Kaiserreiches ein. Da Wien am Fuße der nördlichen Kalkalpen und an dem breiten Donaustrome eine herrliche Lage hat, sowie als Residenz des Kaisers viele prächtige Bauwerke, Denkmäler und Anlagen besitzt, ist es auch eine schöne Stadt. Der Wiener kann daher mit Stolz sagen: „Es gibt nur eine Kaiserstadt, es gibt nur ein Wien!"

II. Die Karstländer.

Die Alpen gehen im Südosten in ein Kalkhochland, den Karst, über, der wie der Jura unter großer Trockenheit leidet (warum?). Infolgedessen ist er unfruchtbar und dünn bevölkert. An den Karst schließt sich im Süden ein ebenfalls ödes Kalkgebirge an, die Dinarischen Alpen, die nur vereinzelte Eichen- und Buchenwälder besitzen. Die mageren Wiesen auf den Bergabhängen dienen Schafen und Ziegen als Weiden. An der Küste des Adriatischen Meeres sowie in den nach Süden offenen Tälern gedeihen Mais, Wein und Oliven. In das Gebiet teilen sich folgende österreichische Länder:

1. **Krain** ist nur in seinem nördlichen Teile Alpenland; der Südwesten gehört dem Gebiete des Karstes an. Unweit der Hauptstadt Laibach (42) befindet sich eines der reichsten Quecksilberbergwerke der Erde. — Weiter südlich liegt das

2. **Küstenland.** Seine Hauptstadt Triest (229) ist die einzige Seehandelsstadt Österreichs. Der Hafen hat besondere Bedeutung, weil von hier aus über den Karst und die Alpen wichtige Eisenbahnen zum Donaugebiete geführt worden sind. Fast an der Spitze der Halbinsel Istrien ist der Kriegshafen Pola (70) angelegt worden. Von den Bewohnern des Küstenlandes sind etwa die Hälfte Italiener. (Weltkrieg!)

3. **Dalmatien** nimmt den Teil der Dinarischen Alpen ein, der steil zum Adriatischen Meere abfällt. Da Landbau und Viehzucht nur geringen Ertrag gewähren, suchen die Bewohner meist als Schiffer und Fischer auf dem Meere Beschäftigung.

Östlich von den Dinarischen Alpen liegen (schon auf der Balkanhalbinsel S. 69)

4. **Bosnien** und die **Herzegowina.** Sie sind ganz von Gebirgen durchzogen. In ihren Eichen- und Buchenwäldern werden große Schweineherden gemästet. Der Boden ist reich an Braunkohlen und Eisenerzen. In den fruchtbaren Flußtälern baut man Mais, Weizen und Tabak an.

III. Die Sudetenländer (Böhmen-Mähren).

Die Böhmisch-Mährische Landschaft hat die Gestalt eines Vierecks. Sie wird von den Sudeten, dem Erzgebirge, dem Böhmerwalde (mit seinen südöstlichen Aus-

Braunkohlenbergwerk in Böhmen.

läufern) und den Westkarpaten umrahmt. Die Mährische Landhöhe scheidet das Gebiet in zwei Teile, Böhmen und Mähren.

1. **Böhmen** dacht sich nach Norden ab und sendet auch seine Gewässer nach dieser Richtung. Moldau und Elbe sammeln sie in einer großen Rinne, die sich ziemlich genau durch die Mitte des Gebietes erstreckt. Da das Land einen guten, meist mergeligen Boden besitzt, über den sich die Niederschläge im Laufe des Jahres gleichmäßig verteilen, und da besonders die tief gelegenen Flußtäler durch ein warmes Klima begünstigt sind, ist Böhmen recht fruchtbar. Die ausgedehnten Obstgärten, die Weizen-, Zuckerrüben- und Hopfenfelder sowie die Weinberge gewähren den fleißigen Bewohnern ergiebige Ernten. Hierzu kommt noch, daß das Land reich an Mineralschätzen ist. Im Egertale fördert man viel Braunkohlen. Sie werden teils in offenen Gruben, teils in unterirdischen Schächten abgebaut. Bei Aussig (39) an der Elbe werden sie zum Versand (besonders auch nach Deutschland) auf Schiffe verladen. Am Fuße des Erzgebirges sprudeln in Teplitz (27), Karlsbad (17) u. a. Orten heilkräftige Quellen hervor, durch die diese Städte zu weltbekannten Kurorten geworden sind. Da man bei Karlsbad auch vorzügliche Porzellanerde findet, sind dort berühmte Porzellanfabriken entstanden. An einem Moldaunebenflusse liegt Pilsen (81). In der Umgebung der Stadt dehnen sich mächtige Lager von Steinkohlen und Eisenerzen aus, so daß sich in Pilsen eine lebhafte Industrie entwickelt hat (Maschinenfabriken, Bierbrauereien). Unweit der Hauptstadt Prag (225), die an der Moldau gelegen ist, fördert man gleichfalls Steinkohlen. Infolgedessen werden in Prag wichtige Gewerbe betrieben (Maschinenbau, Baumwollenweberei u. a.). Die Stadt wurde dort angelegt, wo sich in der Mitte des Landes die Hauptverkehrsstraßen kreuzen; sie ist zu einem bedeutenden Handelsplatze geworden. Das Holz des

Böhmerwaldes dient in vielen Glashütten des Gebirges als Brennstoff. Es wird aber auch in die waldarmen Niederungen verschickt. Besonders Budweis (45) an der Moldau ist durch lebhaften Holzhandel zu Ansehen gekommen. Am Abhange des Sudetenzuges wird in vielen Orten (Reichenberg; 36) Woll- und Leinenweberei betrieben. Die Bergwiesen dienen der Viehzucht. — Von den Bewohnern Böhmens sind $^1/_3$ Deutsche, $^2/_3$ Slawen (Tschechen).

2. **Mähren** wird durch die March zur Donau entwässert. In dem fruchtbaren Lande bilden Ackerbau (Getreide, Flachs, Gemüse, Obst) und Viehzucht (Pferde) die wichtigsten Erwerbsquellen der Bewohner. Der östliche Zipfel Mährens grenzt an das oberschlesische Bergwerksgebiet. Infolge des außerordentlichen Kohlenreichtums blüht auch hier besonders die Eisenindustrie mächtig auf. Die Hauptstadt Mährens ist Brünn (125; Wollweberei).

3. **Österreichisch-Schlesien**, das sich an dem Nordostabhange des Mährischen Gesenkes (Sudeten) und dem Nordwestabhange der Westkarpaten ausbreitet, hat weniger ergiebigen Boden; es besitzt aber ansehnliche Industrie (Tuch- und Leinenweberei). Die Hauptstadt ist Troppau (30).

IV. Die Karpatenländer.

Die Karpaten, die nordöstliche Fortsetzung der Alpen, sind ein gewaltiges Hochgebirge, in dessen ausgedehnten Wäldern Bär und Wolf noch vorkommen. Sie beginnen bei Preßburg und enden am Eisernen Tore, einer klippenreichen Rinne, in der die Donau das Gebirge durchbricht. In einem weit ausgreifenden Bogen, der nach Westen offen ist, umschließen sie das große ungarische Tiefland, das von der Donau durchflossen wird. Mit ihrem Außenrande fallen sie zum osteuropäischen Tieflande ab. Auf dieser Seite, die im Winter von den kalten Ostwinden getroffen wird, liegt die Waldgrenze des Gebirges sehr tief. Die meisten Flüsse, die auf den Karpaten entspringen, strömen der Donau zu (Theiß und Pruth). Der Dnjestr führt seine Gewässer selbständig zum Schwarzen Meere, und die Weichsel fließt zur Ostsee. Einzelne Teile des Gebirges sind reich an Mineralschätzen (Gold, Silber, Eisen, Blei, Kohle, Salz). — Am Nord- und Nordostabhange der Karpaten liegen die österreichischen Länder Galizien und die Bukowina. Das Gebiet in der Südostecke des Gebirgszuges wird von Siebenbürgen eingenommen, das zu Ungarn gehört.

1. **Galizien** und die **Bukowina.** Da beide Länder den Nordostwinden ausgesetzt sind, haben sie sehr warme Sommer, aber auffallend kalte Winter (Landklima!). Der gelbbraune, lehmige Boden ist sehr ertragreich, so daß Ackerbau (Getreide, Hanf, Tabak) und Viehzucht die wichtigsten Erwerbszweige der Bewohner bilden; doch sind auch ansehnliche Bodenschätze vorhanden: bei Wieliczka (7) Steinsalz und bei der Festung Krakau (150) an der Weichsel Steinkohlen. Außerdem wird am Fuße der Karpaten Erdöl in so großen Mengen gewonnen, daß Galizien eins der ersten Petroleumländer der Erde ist. Die Hauptstadt Galiziens ist Lemberg (207), die der waldreichen Bukowina Czernowitz (87).

2. **Ungarn.** a) Siebenbürgen ist ein Hügelland, das zum großen Teile mit Wäldern bedeckt ist. Das Holz wird in die waldarmen Niederungen versandt. Den Hauptreichtum des Landes bilden aber unerschöpfliche Steinsalzlager; auch Braunkohlen und Gold werden gefördert. Die Bevölkerung besteht aus Rumänen, Ungarn (Madjaren) und Deutschen. Letztere werden als „Sachsen" bezeichnet. Sie wohnen besonders in Kronstadt (41) und Hermannstadt (33), zwei Orten mit lebhafter Gewerbtätigkeit (Metall-, Holz- und Lederwaren). Die Hauptstadt Siebenbürgens ist Klausenburg (60; Universität).

Das **Ungarische Tiefland** breitet sich zwischen Alpen und Karpaten aus. Es wird durch den **Bakonywald** in zwei Teile geschieden. Das kleinere, nordwestliche Gebiet heißt **Oberungarn**, das größere, südöstliche ist **Niederungarn**.

b) **Oberungarn** wird allseitig von Gebirgen umgeben (nenne sie!). Da die kalten Winde durch die Bergwälle ferngehalten werden und der fruchtbare Boden gut bewässert ist (nenne die Flüsse!), liefert der Ackerbau reiche Erträge (Weizen, Mais, Gemüse, Wein und Obst). Dort, wo die Donau durch ein enges Felsentor in die Landschaft eintritt, liegt **Preßburg** (78).

c) **Niederungarn**. Während sich in dem westlichen Teile Niederungarns Höhenrücken erheben, ist der östliche Teil ein Flachland, das von Donau und Theiß entwässert wird. Bei Hochwasser wird das niedrige Uferland überschwemmt. Dort finden sich daher ausgedehnte Sümpfe und Schilfdickichte. Die weiten Gebiete haben Landklima (warum?), und zwar sind die Sommer oft so heiß, daß die Pflanzen verdorren. Die baumlose „Steppe" (Pußta) wurde bis vor kurzem von den Madjaren ausschließlich als Weide benutzt (Pferde, Rinder, Schafe). Jetzt sind aber schon große Flächen des lehmreichen Bodens dem Ackerbau gewonnen worden. Man erntet Mais (Schweine- und Geflügelzucht), Weizen, Tabak, Hanf, Flachs, Bohnen, Kürbisse und Zuckerrüben. Wo aber die Ebene von Flugsand bedeckt wird, ist alle Mühe des Landwirts vergebens. Auf den Bergabhängen gedeihen feuriger Wein (Tokayer) und treffliches Obst.

Die Hauptstadt des Königreiches Ungarn, **Budapest** (d. h. Ofenpest; 882), liegt unterhalb der Stelle, wo die Donau durch die Gebirge gezwungen wird, sich nach Süden zu wenden. Da sich hier die wichtigsten Verkehrsstraßen des Landes treffen, ist Budapest ein bedeutender Handels- und Industrieplatz. Auch **Szegedin** an der Theiß (118), das an einem Eisenbahnknotenpunkte liegt, ist eine ansehnliche Handelsstadt.

d) Außer Siebenbürgen gehören zum Königreiche Ungarn auch **Kroatien** und **Slawonien**. Die gebirgigen Länder, in deren Eichenwäldern Schweinezucht getrieben wird, reichen von **Drau** und **Save** bis an das Adriatische Meer. Dort liegt der ungarische Seehafen **Fiume** (49). Er ist mit Budapest durch eine wichtige Eisenbahn verbunden, an der **Agram** (61), die Hauptstadt von Kroatien und Slawonien, liegt.

V. Politische Verhältnisse.

Österreich-Ungarn ist ein Doppelstaat. (Nenne die österreichischen und die ungarischen Länder!) Der Kaiser von Österreich ist zugleich König von Ungarn. Jeder der beiden Staaten hat aber seine eigene Verwaltung. Das gesamte Gebiet ist 1 ¼ mal so groß als Deutschland (676 000 qkm), hat jedoch weniger Einwohner (51 Millionen). Die Bevölkerung des Doppelstaates ist ein buntes Gemisch von Volksstämmen. **Deutsche** (über 11 Millionen) wohnen besonders im Westen, **Slawen** im Nordosten und Südosten, **Madjaren** (Mongolen) im Osten, **Italiener** (Romanen) in Südtirol. In bezug auf das religiöse Bekenntnis herrscht in dem Doppelstaate größere Einheit: mehr als ¾ der Bevölkerung sind römisch-katholisch. — Deutschland steht mit Österreich-Ungarn in regem Güteraustausch. Es erhält von dort u. a. Bau- und Nutzholz, Braunkohlen, Vieh (Rinder und Pferde), Gerste, Obst, Eier und Bettfedern. Anderseits empfängt Österreich-Ungarn von Deutschland Steinkohlen, Maschinen, Metallwaren, Bücher, Farbstoffe usw. Ferner nehmen viele Waren, die das Donaureich aus überseeischen Ländern (England, Amerika) erhält oder ihnen liefert, ihren Weg durch Deutschland. Warum hat Deutschland Vorteil von diesem „Durchgangshandel"?

4. Rumänien.

Das Königreich Rumänien (etwa so groß wie Süddeutschland) erstreckt sich von den Karpaten bis zum Schwarzen Meere und von der Donau bis zum Pruth. Da der Nordostwind aus den weiten russischen Steppen ungehindert einströmen kann, herrscht Landklima. Der fruchtbare Boden liefert aber große Erträge an Weizen, Gerste, Roggen, Hafer, Mais, Rübsaat und Walnüssen. Der mächtige Donaustrom (beschreibe seinen Lauf!) ist die Haupthandelsstraße, auf der diese Landeserzeugnisse bis zu uns geschafft werden. Auf den höher gelegenen Abhängen der Karpaten finden sich saftige Weiden, die vom Frühjahre bis zum Herbste Schaf-, Ziegen- und Rinderherden gute Nahrung liefern. Ackerbau und Viehzucht sind mithin die Haupterwerbsquellen der Bewohner. Die reichen Salzlager und die Petroleumquellen, die das Land besitzt, werden jetzt besonders von Deutschen ausgenutzt.

Der Landesteil zwischen Donau und Siebenbürgen ist die Walachei mit der Hauptstadt Bukarest (300). Zu beiden Seiten des Seret, nur durch den Prut von Rußland (Beßarabien) getrennt, liegt die Moldau mit den Handelsstädten Jassy (80) und Galatz (70). Östlich des Donaulaufes und südlich von den Mündungsarmen des Stromes breitet sich die Dobrudscha mit dem Seehafen Constanza aus. Sie wird zum größten Teile von Bulgaren bewohnt. (Weltkrieg!)

5. Die Balkan-Halbinsel.

1. **Lage und Gliederung.** Die Balkan-Halbinsel wird durch Donau und Save von dem Rumpfe Europas geschieden. (Nenne nach der Karte die Meere, von denen sie im Westen, Süden und Osten bespült wird!) Der nördliche Teil der Halbinsel ist breit, der südliche dagegen schmal und reich gegliedert. Zwei einander gegenüberliegende Meerbusen greifen tief in das Land ein und schnüren dadurch im Süden eine kleinere Halbinsel ab (Morea). Längs der Westküste liegen die Jonischen Inseln; im Osten bilden die Ägäischen Inseln eine Landbrücke zwischen Europa und Asien. Die große Insel Kreta schließt das Ägäische Meer im Süden ab.

2. **Bodengestalt.** Der Westen und Süden der Halbinsel werden von Gebirgen durchzogen, die die Fortsetzung der Dinarischen Alpen bilden. Sie bestehen wie diese aus Kalkstein und sind arm an Wäldern und Wiesen. — Die zahlreichen anderen Gebirgszüge im größeren, östlichen Teile der Halbinsel erstrecken sich vorwiegend in westöstlicher Richtung. Sie gleichen einem gewaltigen Gitterwerke, das über das Land ausgebreitet ist. Der Balkan, nach dem die Halbinsel ihren Namen führt, ist ein langes, schmales Kammgebirge, das nach Norden zum Donautieflande allmählich, nach Süden zum Maritzatieflande steil ab fällt. Die breite Masse des Rhodopegebirges erhebt sich südlich vom Tale der Maritza. Größere Flüsse konnten sich nicht bilden (weshalb?). Von Bedeutung sind nur die langgestreckten Täler der Maritza und des Wardar, durch die man vom Ägäischen Meere in das Innere des Landes und weiter (durch das Tal der Morawa) zur Donaustraße gelangen kann. Beide Talfurchen sind zur Anlage wichtiger Eisenbahnlinien benutzt worden.

3. **Klima und Bodenerzeugnisse.** Der nördliche Teil der Halbinsel hat Landklima (warum?). Der spärliche Graswuchs der Gebirge bietet nur Schafen und Ziegen ausreichende Nahrung. Wo sich Eichen- und Buchenwaldungen finden, mästet man wie in Kroatien und Slawonien Schweine. Auch Geflügelzucht wird an vielen Orten betrieben, so daß besonders Hühnereier in großen Mengen ausgeführt werden. Der fruchtbare Boden der Tiefländer und der Talbecken liefert ergiebige Ernten an Mais, Weizen,

Konstantinopel.

Gerste und Hülsenfrüchten. An der geschützten Südseite des Balkans sind weite Felder mit Rosen bepflanzt, aus denen man das wertvolle Rosenöl bereitet. Sehr bedeutend ist auch der Anbau von Pflaumen, die gedörrt versandt werden. — Im Süden der Halbinsel und auf den Inseln sind die Winter milde und feucht, die Sommer aber heiß und trocken (Mittelmeerklima!). Es werden dort Oliven, Wein (Korinthen, Rosinen), Feigen, Mandeln, Orangen usw. angebaut. Wo das Land künstlich bewässert wird, erntet man auch Tabak (türkischer Tabak) und sogar Baumwolle. Die Mineralschätze (Gold, Silber, Eisen, Marmor) werden wenig ausgenutzt. Das nahe Meer liefert Fische und vorzügliche Badeschwämme. Alle diese Erzeugnisse des Landes sind wichtige Handelsgegenstände, die auch zu uns gelangen. Die Deutschen senden dafür Webwaren, Maschinen, Farbstoffe u. a. Waren nach den Ländern der Balkanhalbinsel.

4. **Bevölkerung.** Die Balkan-Halbinsel ist zu allen Zeiten ein Durchgangsland für die Völker gewesen, die von Asien nach Europa oder in umgekehrter Richtung gezogen sind. Da die Talbecken, in denen sich einzelne Volksstämme festsetzten, ringsum abgeschlossen sind, haben sich die Bewohner der großen Halbinsel nicht zu einem einzigen Volke vereinigt. Im Norden wohnen meist Slawen (Bulgaren, Serben), im Westen Albanesen, im Osten Türken, im Süden Griechen. Der größte Teil der Bevölkerung bekennt sich zur griechischen Kirche; die Türken und die meisten Albanesen aber sind Anhänger des Islam.

5. **Politische Verhältnisse.** a) Im Nordwesten der Halbinsel liegen die Länder **Bosnien** und **Herzegowina**, die zu Österreich (S. 63) gehören, das kleine selbständige Fürsten-

tum **Montenegro** mit der Hauptstadt Cetinje (4) und das Fürstentum **Albanien.** In das Land südlich der Donau teilen sich das Königreich **Serbien** mit der Hauptstadt Belgrad (80; Lage?) und **Bulgarien** mit der Hauptstadt Sofia (103; Lage?). Durch den Weltkrieg wird jedoch auf der Halbinsel eine Neuordnung der staatlichen Verhältnisse herbeigeführt werden.

Der Teil der Halbinsel im Osten von Adrianopel (120) und der unteren Maritza ist der Rest der europäischen **Türkei.** Ihre Hauptstadt Konstantinopel (1,1 Mill.) liegt an einer schmalen Meerenge, dem Bosporus. Dort kreuzt sich die Wasserstraße, die das Mittelländische und das Schwarze Meer verbindet, mit der Landstraße (Eisenbahn), die aus Europa nach Asien führt. Da Konstantinopel ferner einen vortrefflichen Hafen („Goldenes Horn") besitzt, ist es eine wichtige Handelsstadt. Von dem mit Schiffen belebten Goldenen Horn aus gewährt die Stadt einen prächtigen Anblick. Aus der Häusermasse erheben sich die Kuppeln der Moscheen (Gotteshäuser) und die hochragenden Minarets (d. s. schlanke Türme, von deren Höhe aus die Mohammedaner zum Gebet gerufen werden). Dicht am Strande, inmitten prächtiger Gärten, die terrassenartig ansteigen, liegen die herrlichen Paläste des Sultans (des türkischen Kaisers) und vornehmer Türken. Das Innere der Stadt aber besitzt enge, winklige, schlecht gepflasterte Straßen voll Schmutz und Unrat. Zwischen Fußgängern, Reitern und Wagen laufen viele herrenlose Hunde umher. Sie nähren sich von den Küchenabfällen, die vor die Häuser geworfen werden.

b) Das Königreich **Griechenland** umfaßt den südlichen Teil der Balkanhalbinsel. Das Innere des gebirgigen Landes ist arm an Regen, und der magere Boden vermag das Volk nicht zu ernähren. Da die Küsten viele Meereseinschnitte besitzen, die sich vortrefflich zur Anlage von Häfen eignen, suchen die Bewohner vielfach auf dem Meere Erwerb. Sie sind als vortreffliche Seefahrer und Kaufleute bekannt. Die Hauptstadt Athen (167) war vor und zu der Zeit Christi eine hervorragende Pflegestätte der Kunst und der Wissenschaft. Die Ruinen herrlicher Bauwerke sind Zeugen jener ruhmreichen Vergangenheit. Der Hafen von Athen ist Piräus (68). In Saloniki (140; Lage!) hat Griechenland durch die Balkankriege des Jahres 1913 einen wichtigen Handelshafen für den Verkehr mit Mitteleuropa erworben. — Zu Griechenland gehören auch die Jonischen und die meisten der Ägäischen Inseln.

6. Die Apennin-Halbinsel.

Die Apennin-Halbinsel, wird von dem Königreiche Italien eingenommen, das halb so groß wie Deutschland ist. Sie setzt sich im Süden der Alpen an den Rumpf Europas an und erstreckt sich in der Gestalt eines Stiefels weit in das Mittelländische Meer (nenne die angrenzenden Meeresteile!). Mit der Insel Sizilien, die ihr im Süden vorgelagert ist, bildet sie eine Landbrücke, die Europa und Afrika verbindet. Wie die Karte zeigt, besteht die Halbinsel aus zwei Gebieten: aus der Norditalienischen Tiefebene und der eigentlichen Halbinsel. Dazu treten noch die Inseln Sizilien, Malta, Sardinien, Korsika und Elba.

1. **Die Norditalienische Tiefebene** wird im Norden und Westen von den Alpen, im Süden von dem Apennin begrenzt. Sie gleicht daher einer weiten Mulde, die sich nach Osten zum Adriatischen Meere senkt (Lauf der Flüsse, s. Karte!). Dort, wo der Po und die Etsch an ihrer Mündung trägen Laufes mit den Meeresfluten zusammenstoßen, entsteht eine Stauung. In diesem stillen Wasser sinken die Sand- und Schlammteilchen, die die Fluten von den Gebirgen herabtragen, zu Boden. Im Laufe der Zeit haben sie sich längs der Küste zu langgestreckten Nehrungen angehäuft. Die flachen Strandseen oder Haffe, die zwischen den Nehrungen und dem Festlande liegen und die man dort „Lagunen" nennt, werden allmählich mit Schlamm ausgefüllt. So wächst also das Festland gleichsam in das Meer hinein. Daher sind hier Städte, die

früher an der Küste lagen, jetzt mehrere Kilometer von ihr entfernt (Ravenna). In ähnlicher Weise ist die ganze Tiefebene, an deren Stelle sich vor Jahrtausenden ein Meerbusen befand, aus Schwemmland aufgebaut worden.

Die gewaltige Gebirgsmauer der Alpen hindert die kalten Nordwinde, in die Ebene einzudringen, und der Apennin hält die warmen Mittelmeerwinde fern. Nur die Ostwinde, deren Trockenheit durch das schmale Adriatische Meer nicht gemildert wird, haben freien Zutritt. Die Tiefebene besitzt deshalb Landklima. Im Frühjahr und Herbst fallen reichliche Niederschläge; der Sommer aber ist heiß und meist trocken. Während dieser Zeit erfolgt die Bewässerung vorwiegend durch Kanäle, die sich von den Flüssen abzweigen. Das warme Sommerklima und die ausgezeichnete Bewässerung rufen auf dem fruchtbaren Boden üppigen Pflanzenwuchs hervor, so daß die Landschaft einem einzigen großen Garten gleicht. Die Felder, auf denen man besonders Mais und Weizen baut (in sumpfigen Gegenden gedeiht auch Reis), werden von Ulmen, Pappeln und Maulbeerbäumen (Seidenraupenzucht!) eingerahmt, an denen sich vielfach der Weinstock emporrankt. Der Boden liefert also den Bewohnern oft gleichzeitig Getreide, Futter für die Seidenraupen, Holz als Feurungsmittel und Trauben. An sehr günstig gelegenen Orten werden die Äcker zweimal im Jahre bestellt, und die Wiesen, die sorgfältig berieselt werden, oft achtmal gemäht (Rindviehzucht!).

Infolge der großen Fruchtbarkeit ist die Norditalienische Tiefebene äußerst dicht bevölkert; daher sind in ihr zahlreiche Städte entstanden, unter denen wir Turin (336), Mailand (491), Verona (72) und Bologna (152) merken. Sie sind Sitz einer regen Gewerbtätigkeit. In Mailand wird besonders Seidenspinnerei und -weberei betrieben. Da bei Turin, Mailand und Verona Alpenstraßen enden (welche?), sind diese Orte auch wichtige Handelsplätze. Durch die reichen Erträge der Landwirtschaft, der Industrie und des Handels kamen die Städte schon in alter Zeit zu großem Wohlstande, so daß sie Pflegestätten der Kunst und Wissenschaft werden konnten. Turin und Bologna besitzen noch heute angesehene Universitäten, und Mailand ist durch seinen herrlichen Dom berühmt, der ganz aus weißem Marmor gebaut ist. Die beiden Mittelmeerhäfen des Gebietes sind Venedig und Genua (s. u.). Venedig (152) ist im Lagunengebiete nördlich der Etschmündung auf Pfählen erbaut worden (warum?). Statt von Straßen, wird es von Kanälen durchzogen. Im Mittelalter beherrschte es nicht nur das Mittelmeer, es war sogar die mächtigste und reichste Handelsstadt von ganz Europa. Die prächtigen Paläste und Kirchen, die in jener Zeit aufgeführt wurden, sind noch heute ein Schmuck der Stadt. Nach der Entdeckung Amerikas und des Seeweges nach Ostindien verlor aber der Handel Venedigs immer mehr an Bedeutung (warum?). Da ferner die großen Seeschiffe, die jetzt gebaut werden, wegen des seichten Fahrwassers die Stadt nur schwer erreichen können, zieht sich in unserer Zeit Venedigs Mittelmeerhandel immer mehr nach Triest (S. 63).

2. **Die eigentliche Halbinsel** wird in ihrer ganzen Länge von dem Apennin durchzogen. Er beginnt an den Westalpen und umgibt in einem weiten Bogen den Golf von Genua. Dann nähert er sich der Ostküste. Während er zu dieser steil abfällt, geht er im Westen in ein Hügelland über, das von Arno und Tiber durchflossen wird. In seinem südlichen Teile wendet er sich wieder der Westküste zu und endet in dem Gebirge, das den Nordrand der Insel Sizilien durchzieht. An Wald und an Mineralschätzen ist der Apennin arm. Steinkohlen, die der Gewerbtätigkeit dienen

könnten, fehlen ganz; doch beginnt man jetzt die Wasserkräfte des Gebirges für die Industrie auszunutzen. Hochberühmt ist der weiße Marmor, der besonders bei Carrara gebrochen wird und zu den herrlichsten Bildhauerwerken Verwendung gefunden hat.

a) Die Südwestseite der Halbinsel ist durch den Apennin vor den rauhen Nord- und Ostwinden geschützt. Da sie Mittelmeerklima (S. 68) besitzt, in dem der Ackerbau nur bei künstlicher Bewässerung lohnt, ist vielfach die Baumzucht an seine Stelle getreten. Es gedeihen vor allem Oliven, Wein, edle Kastanien, Feigen, Mandeln, Zitronen und als Zierpflanzen auch Palmen. Ganz besonders milde sind die Winter in dem schmalen Küstenlande am Golf von Genua, an der sog. Riviera (d. h. Gestade), die während des Winters und des blütenreichen Frühlings von vielen Kranken und Erholungsbedürftigen aufgesucht wird. Genua (235) ist durch seinen vortrefflichen Hafen am Endpunkte verschiedener Alpenbahnen die erste Handelsstadt Italiens geworden. — Am Arno erhebt sich das gewerbtätige Florenz (206; Bildhauerei, Seidenweberei, Strohflechterei). Die mit zahlreichen Kirchen, Palästen und Denkmälern geschmückte Stadt wird von herrlichen Gärten umgeben. Das flache Küstenland zu beiden Seiten der Arno- und Tibermündung ist ein meist sumpfiges, fieberreiches Gebiet. — Auf den hügeligen Ufern des Tibers, im natürlichen Mittelpunkte der Halbinsel wie des gesamten Mittelmeeres, ist Rom (507), die „Ewige Stadt", erbaut worden. Zweimal im Laufe der Geschichte, zur Blütezeit des römischen Reiches (Kaiser Augustus) und der päpstlichen Macht, war sie die erste Stadt der Welt. Sie besitzt die größte Kirche der Erde, die Peterskirche, und ist die Residenz des Königs von Italien und des Papstes. — An dem Golfe gleichen Namens liegt Neapel (564). Eine herrliche Umgebung, mildes Klima und üppige Fruchtbarkeit des vulkanischen Bodens zeichnen es vor anderen Städten des Landes aus. „Sieh Neapel und dann stirb!" sagt daher der Italiener von diesem Paradiese Europas. Nahe bei der Stadt erhebt sich der Vesuv, der bekannteste feuerspeiende Berg. Aus seinem „Krater" (Auswurfsöffnung) steigt beständig eine mächtige Rauchwolke auf. Von Zeit zu Zeit schlagen gewaltige Feuergarben empor; glühende Steine und Asche werden ausgeworfen, und feuerflüssige Gesteinsmassen („Lava") fließen die Abhänge hinunter. Der „Ausbruch", der im Jahre 79 n. Chr. stattfand, begrub drei blühende Städte, die am Fuße des Berges lagen, mit den meisten ihrer Bewohner. In unserer Zeit hat man Teile der untergegangenen Ortschaften (Pompeji) wieder ausgegraben.

b) Das Küstenland am Adriatischen Meere ist größtenteils regenarm, aber nicht unfruchtbar. Weite Flächen sind dort mit Öl-, Mandel- und Obstbäumen sowie mit Reben bedeckt. Dennoch hat das Land nur wenige größere Städte. Brindisi (25) ist als Post- und Passagierhafen der Dampfer, die durch den Sueskanal (S. 109) fahren, und als Endpunkt einer Eisenbahn, die Mitteleuropa mit diesem Hafen verbindet, im Aufblühen begriffen.

3. **Die Inseln.** Sizilien hat die Gestalt eines Dreiecks. Es wird durch die schmale Straße von Messina vom Festlande geschieden und ist durchweg gebirgig. An seiner Ostküste liegt ein gewaltiger feuerspeiender Berg, der Etna. Der Boden der Insel ist sehr fruchtbar und meist gut angebaut (künstliche Bewässerung!); vor allen Dingen gedeihen Weizen, Mais, Wein, Apfelsine, Zitrone, Olive, Zuckerrohr und Baumwolle. Das Erdinnere birgt reiche Schwefellager. Die größten Städte Palermo (310), Messina (150) und Catania (149) sind an der Meeresküste entstanden (warum?). Die an

Neapel mit dem Vesuv.

der Straße von Messina gelegenen Ortschaften wurden im Dezember 1908 durch ein furchtbares Erdbeben schwer heimgesucht und zum Teil zerstört. — Im Süden Siziliens liegt die kleine Insel Malta, die in englischem Besitze ist. (Bedeutung für den Verkehr?)

Das italienische Sardinien und das französische Korsika sind gleich Sizilien gebirgig. Die Bewohner der Küsten treiben meist Fischfang (Sardinen, Sardellen, Anchovis, Edelkorallen). Im Binnenlande ist die Viehzucht eine Haupterwerbsquelle, doch gewährt in dem erzreichen Sardinien auch der Bergbau auf Eisen lohnenden Verdienst. Die wichtigsten Städte liegen an den Küsten und besitzen vortreffliche Häfen: in Sardinien Cagliari (54), in Korsika Ajaccio (20; Geburtsort Napoleons). — Zwischen Korsika und dem italienischen Festlande liegt die eisenreiche Insel Elba, auf die Napoleon I. verbannt wurde.

Die Bewohner Italiens ($34\frac{1}{2}$ Mill.) sind trotz ihrer oft geringen Bildung ein erwerbsfreudiger, handelstüchtiger Volksstamm. Sie gehören ausschließlich der römisch-katholischen Kirche an. — Vor dem Weltkriege erhielt Deutschland aus Italien Rohseide, Obst, Gemüse usw.; dagegen bezog Italien von uns die Erzeugnisse unserer Industrie (Leder-, Web- und Farbwaren) sowie Steinkohlen.

7. Die Pyrenäen-Halbinsel.

Die Pyrenäen-Halbinsel, die fast die Gestalt eines Quadrates besitzt, scheidet das Mittelländische Meer vom Atlantischen Ozean. Nur die schmale Straße von Gibraltar stellt die Verbindung zwischen beiden her. Der mittlere, größere Teil der Halbinsel wird von einem Hochlande eingenommen. Im Norden und Süden ist ihm je ein hohes Kammgebirge vorgelagert: im Norden die Pyrenäen, im Süden das Andalusische Gebirge (mit der Sierra Nevada). Jedes berührt an einem Ende das Hochland, entfernt sich dann aber von dessen Rande, so daß zwischen Hochland und Gebirge ein Tiefland keilförmig eingebettet ist: im Nordosten das Tiefland des Ebro, im Südwesten das des Guadalquivir. Am Mittelländischen Meere und am Atlantischen Ozeane breitet sich ein flacher Küstenstrich aus. — Der größte Teil der Halbinsel ($^5/_6$) wird von dem Königreiche Spanien (fast so groß wie Deutschland) eingenommen; im Westen liegt die Republik Portugal (größer als Bayern).

1. **Die Pyrenäen** erstrecken sich von Osten nach Westen und bilden die Grenze zwischen Frankreich und Spanien. Nach Norden fallen sie steil ab; nach Süden aber setzen sie sich in wildzerrissene Vor- und Nebenketten fort. Die Nordseite des Gebirges (französisch) erhält viel Regen (weshalb?); sie ist mithin gut bewässert (Garonne) und waldreich. Der Südseite dagegen, die wenig Niederschläge empfängt (weshalb?), fehlen Wälder und grüne Wiesen fast ganz. Da man die zahlreichen Pässe der Pyrenäen nicht zu Straßen ausgebaut hat, ist das Gebirge unwegsam. Die beiden wichtigsten Wege, die Frankreich und Spanien verbinden, führen an den Küsten entlang.

2. **Das Tiefland am Ebro** gleicht einem Becken, das rings von Gebirgen umwallt wird. Es ist vom Meere abgeschlossen und besitzt Landklima. Infolge des Regenmangels und der sommerlichen Hitze sind weite Strecken baumlos und oft ganz ohne Pflanzenwuchs. Dort aber, wo man vom Ebro und von seinen Nebenflüssen Kanäle abgezweigt hat, die das Land bewässern, ist es fruchtbar (Getreidebau). Die Hauptstadt des Gebietes ist Zaragoza (ßaragossa; 99). Es liegt am Ebro und ist der Endpunkt der Wege, die Frankreich mit Spanien verbinden, sowie der Ausgangspunkt der einzigen bequemen Straße, die zu dem Hochlande hinaufführt.

3. **Das Hochland** wird durch das Kastilische Scheidegebirge in Alt- und Neu-Kastilien geschieden. Da sich die Wolken, die vom Atlantischen Ozeane heranziehen, an dem Westrande abregnen, erhält es wenig Niederschläge. Deshalb sind auch die Flüsse Duero, Tajo und Guadiana, die das Land in tief eingeschnittenen Tälern durchströmen, sehr wasserarm. Das hoch gelegene Gebiet hat Landklima und ist während der überaus heißen Sommermonate von trostloser Öde. Hier sind, wie ein spanisches Sprichwort sagt, „drei Monate Winter und neun Monate Hölle". Das Land ist daher zum größten Teil eine baumlose Steppe, auf der nur Schafherden (Merinoschafe) kümmerliche Nahrung finden. Wo aber der Boden durch künstliche Bewässerung anbaufähig gemacht wird, gedeihen Weizen, Gerste, Hülsenfrüchte und Flachs vortrefflich. In einzelnen tiefen Flußtälern findet man auch Olivenhaine. Die Randgebirge sind mit ausgedehnten Korkeichenwäldern bedeckt. Das südliche Randgebirge ist sehr reich an Kupfer- und Quecksilbererzen, das nördliche birgt Eisenerze und Steinkohlen. — Am Südfuße des Kastilischen Scheidegebirges liegt Madrid (540), die Hauptstadt des Königreiches Spanien. Weil sich hier im Mittelpunkte der Halbinsel viele Straßen und Eisenbahnen kreuzen, ist es ein wichtiger Handelsplatz.

4. **Das Tiefland am Guadalquivir** hat Seeklima (warum?). Es besitzt zudem fruchtbaren, ertragreichen Boden und gilt als das Paradies der Halbinsel. Wo die Bewässerung fehlt, dehnen sich freilich steppenartige Gebiete aus, die nur der Viehzucht dienen (Schafe, Pferde, Maultiere). Auf den benachbarten Bergwiesen werden die Kampfstiere für die grausamen Stiergefechte gezüchtet, an denen der Spanier Gefallen findet. Das Mündungsgebiet des Guadalquivir ist versumpft; der Unterlauf des Stromes ist aber so breit und tief, daß kleinere Seeschiffe mit der Flut bis Sevilla (148) gelangen

Granada mit der Alhambra.

können. Die Stadt ist daher ein wichtiger Handelsplatz. Prächtige Bauwerke erinnern an die Zeit, in der die Halbinsel unter der Herrschaft der Araber (Mauren) stand.

5. **Das Andalusische Gebirge** steigt in der Sierra Nevada (d. h. Schneegebirge) zu Höhen von über 3400 m an. Es ist reich an Silber- und Bleierzen. Zwischen den einzelnen Bergketten liegen kleine Hochebenen, unter denen die von Granada besonders sorgfältig angebaut ist. Auf den gut bewässerten Fruchtfeldern gedeihen Südfrüchte (Apfelsinen), Wein und Getreide in üppiger Fülle. Die Stadt Granada (76) war Jahrhunderte hindurch die Hauptstadt der Mauren. Die Reste eines prächtigen maurischen Palastes, der Alhambra, sind bis auf den heutigen Tag erhalten.

6. **Der Küstenstrich am Mittelländischen Meer** hat milde, feuchte Winter und warme, trockene Sommer (Mittelmeerklima!). Da der Boden aber durchweg künstlich bewässert wird, ist er sehr ertragreich. Besonders fruchtbar ist das Land am Fuße des Andalusischen Gebirges. Hier finden sich sogar Zuckerrohr-, Reis- und Baumwollenfelder, und bei Malaga (130) wird feuriger Wein gewonnen. In der Umgebung von Valencia (214; Seidenweberei) erntet man Apfelsinen und Zitronen, und im nördlichsten Teile des Küstenstriches gedeihen besonders der Ölbaum, der Weinstock und der Haselnußstrauch. Die Steinkohlen, die in dem benachbarten Gebirge gefördert werden, haben das Aufblühen der Gewerbtätigkeit begünstigt (Baumwollenweberei). Das volkreiche Barcelona (533) ist dadurch die wichtigste Industrie- und Seehandelsstadt Spaniens geworden. — Im Südwesten der Küstenlandschaft erhebt sich auf einem hohen Felsen die englische Festung Gibraltar (27), die die Meerenge beherrscht.

7. **Der Küstenstrich am Atlantischen Ozean.** a) Das nördliche Küstenland, das sich am Busen von Biskaya hinzieht, erhält beträchtliche Niederschläge und ist daher fruchtbar (Obst und Getreide). Die wiesenreichen Berghänge eignen sich vorzüglich zur Viehzucht. Da die Küste viele kleine Häfen besitzt, treiben die Bewohner auch Fischerei und Seehandel.

b) Der westliche Küstenstrich (Portugal) steht gleichfalls unter der Herrschaft des Seeklimas. Er ist fruchtbar; doch wird der Boden meist ungenügend bestellt. Von Feldfrüchten werden außer Weizen, Roggen, Mais und Hirse besonders Kartoffeln sowie Gemüse angebaut und im Frühjahre in das mittlere Europa verschickt. Wichtiger sind jedoch diese Küstenlandschaften wegen ihres Weines, der nach dem Ausfuhrhafen Porto (168; Lage?) Portwein genannt wird. Die großen Flüsse (nenne sie!), die dem Atlantischen Ozeane zuströmen, sind wegen ihres starken Gefälles nur im Unterlaufe schiffbar. An der Tajomündung, die sich seeartig zu einem vortrefflichen Hafen erweitert, liegt in prächtiger Umgebung Lissabon (356). Es ist die Hauptstadt der Republik Portugal. Da Lissabon am westlichsten Punkte des europäischen Festlandes liegt, führen von ihm aus die kürzesten Dampferlinien nach Mittel- und Südamerika sowie nach Westafrika. Es ist darum einer der wichtigsten Seehandelsplätze unseres Erdteils. Die Bevölkerung der kleinen Küstenorte beschäftigt sich vielfach mit Fischerei (Sardinen und Sardellen).

8. **Die Bewohner** der Halbinsel sind Romanen und bekennen sich fast alle zur römisch-katholischen Kirche. Die früheren Bewohner unternahmen kühne Seefahrten (Kolumbus, Vasco da Gama), sammelten große Reichtümer und waren die Herren der Welt. Daran erinnert noch die portugiesische Sprache in Südamerika und die spanische in Westindien und Mexiko. Die Bevölkerung wurde aber träge und verarmte. Portugal besitzt jedoch noch einige Kolonien. Die Volksbildung ist in beiden Ländern sehr gering. — Deutschland bezieht von der Pyrenäenhalbinsel Erze (Eisen-, Blei-, Zink- und Kupfererze), Wein, Apfelsinen, Mandeln und Kork. Dafür liefert es Metall-, Web-, Leder- und Farbwaren.

8. Frankreich.

Frankreich nimmt den Westen des europäischen Festlandes ein. Es ist ungefähr so groß wie Deutschland, hat aber weniger Einwohner (39 Mill.). Von den Nachbarländern wird es auf fast allen Seiten durch z. T. schwer wegbare Gebirge oder durch Meere (nenne sie!) geschieden. Nur im Nordosten fehlt gegen Deutschland und Belgien eine natürliche Grenze. Die Landesgrenze läuft dort vom Lothringischen Stufenlande aus zunächst über das Hochland der Ardennen, dann durch ein weites Tiefland und endet schließlich an der Straße von Calais (kalä). Obgleich Frankreich von zwei Meeren bespült wird, ist es wenig gegliedert. Nur zwei Halbinseln, die Bretagne (brötanj) und die Normandie (normangdi), sind vorhanden. Die zu Frankreich gehörige Insel Korsika haben wir schon kennen gelernt (S. 72).

Wie die Karte zeigt, ist besonders der Osten des Landes gebirgig. Die Pyrenäen, die Westalpen, der Schweizer Jura und der Wasgenwald, von denen einzelne Teile zu Frankreich gehören, sind uns bereits bekannt. Im Westen der tiefen Senke, die von Rhone und Saone (ßohn) durchflossen wird, erhebt sich das Französische Mittelgebirge. Außerdem werden noch die beiden Halbinseln und ihre Nachbargebiete (Bretagne und Normandie) von einem niedrigen Berglande durchzogen. Tiefland findet sich an dem Mittel- und Unterlaufe der großen Flüsse, an der Seine (ßähn), Loire (loar), Garonne und Saone-Rhone. Wir unterscheiden daher folgende Landschaften: das Französische Mittelgebirge, das Bergland der Bretagne und der Normandie, das Tiefland an der Seine, das Tiefland an der Loire, das Tiefland an der Garonne und das Tiefland an der Saone-Rhone.

1. **Das Französische Mittelgebirge** ist ein meist vulkanisches Hochland, das von einzelnen Berggruppen und Gebirgsketten überragt wird. Es steigt steil aus der Saone-Rhone-Ebene auf und senkt sich, wie der Lauf der Gewässer (Loire, Seine, Marne und Maas) erkennen läßt, nach Westen und Norden. Die Höhen erhalten viel Niederschläge, haben aber ein rauhes Klima. Feldbau kann deshalb nur wenig getrieben werden; auch Wälder fehlen fast gänzlich. Die dünn bevölkerten Flächen dienen vorwiegend als Schafweiden. Die Täler dagegen sind gut angebaut (Wein, Obst, Getreide). Dort, wo das Gebirge Kohlenschätze birgt, herrscht ein sehr reger Gewerbfleiß. In St. Etienne (ßängt etiän; 149) befinden sich große Waffenschmieden, Fabriken für die verschiedensten Maschinen und Eisengeräte sowie Seidenbandwebereien.

Im Nordosten geht das Gebirge in das fruchtbare Lothringische Stufenland über, dem sich die französischen Teile des Rheinischen Schiefergebirges, die eisen- und kohlenreichen Ardennen, anschließen. In diesem Gebiete Frankreichs liegen zum Schutze der Grenze viele Festungen. — Suche auf der Karte die auf, welche im Weltkriege oft genannt wurden.

2. **Das Bergland der Bretagne und der Normandie** ist ein wenig fruchtbares Gebiet, das sich mehr zur Viehzucht als zum Ackerbau eignet. Besonders in der Normandie findet man große Pferde- und Rinderherden. Die Bewohner suchen ihren Unterhalt auch vielfach als Fischer auf der See. Freilich ist die Schiffahrt an den klippenreichen, steil zum Meere abfallenden Küsten sehr gefahrvoll. In der Bretagne liegt Brest (bräst; 85), in der Normandie Cherbourg (schärbur; 44). Beide Orte besitzen wichtige Häfen für die französische Kriegsflotte.

3. **Das Tiefland an der Seine** gleicht einem großen Becken, das rings von Höhen umschlossen ist. Im Südosten breitet sich die Champagne (schangpanj) aus. Die wenigen Niederschläge versickern in dem durchlässigen und von der Sonne stark erwärmten Kreideboden schnell. Auf den mageren, staubigen Feldern können daher nur dürftige Saaten gedeihen. Wo aber der Boden mit Ton und Sand gemischt ist, liefert er reiche Erträge. Auf den sonnigen Abhängen vieler Hügel und an den hohen Flußufern der Marne haben die Bewohner mit großer Sorgfalt Weingärten angelegt (Champagner, d. i. Schaumwein). Die alte französische Krönungsstadt Reims (rängs; 113) und weite Landstriche der nördlichen Champagne haben unter den Schrecken des Weltkrieges furchtbar zu leiden.

Der äußerste Norden umschließt das Gebiet der oberen Schelde. Es erhält mehr Regen (ozeanisches Klima!) und ist sehr fruchtbar. Daher blühen hier Ackerbau (Zuckerrüben, Getreide), Obstbau und Viehzucht (Rinder, Geflügel). In der Nähe der großen Steinkohlenlager am Fuße der Ardennen ist aber auch eine bedeutende Gewerbtätigkeit entstanden. Lille (lil; 217; Festung) und die Orte seiner Umgebung besitzen Spinnereien, Webereien, Maschinenfabriken, Brauereien und Zuckerfabriken. St. Quentin (ßäng kangteng; 53) ist der Mittelpunkt eines Industriebezirkes, in dem mehr als 130000 Arbeiter mit der Verarbeitung der Baumwolle beschäftigt sind. Die Namen Cambrai und Arras erinnern daran, wie sehr diese reiche Landschaft von der Wut des Krieges heimgesucht wurde. — Obgleich die Küste Nordfrankreichs durch eine

Paris.

Meeresströmung immer mehr versandet, liegen dort wichtige Hafenorte. Von Calais (67) aus ist England vom europäischen Festlande in kürzester Seefahrt zu erreichen. Es ist ebenso wie Dünkirchen (139) und Boulogne (53) zu einer starken Seefestung ausgebaut worden. Le Havre (lö awr; 133), das an der trichterförmig erweiterten Mündung der Seine entstanden ist, hat als Handelsstadt große Bedeutung. Kleineren Seeschiffen ist es möglich, stromaufwärts bis Rouen (ruang; 122) zu gelangen. Diese Stadt kann daher als der Seehafen von Paris (2,8 Mill.), der Hauptstadt Frankreichs, bezeichnet werden. Paris liegt im Mittelpunkte des Tieflandbeckens zu beiden Seiten der schiffbaren Seine. Hier treffen sich neben anderen wichtigen Straßen auch zwei Wege, die aus Deutschland kommen: einer von Straßburg aus, der Marne folgend (Rhein-Marne-Kanal), der andere von Cöln und Aachen her, der an dem Nordrande des Rheinischen Schiefergebirges entlang führt. Paris ist durch seine kunstgewerblichen Werkstätten weltbekannt geworden. Sie liefern besonders hochgeschätzte Schmuckgegenstände für Kleidung und Wohnung. Die Umgebung von Paris ist landschaftlich ungemein schön. In weitem Kreise um die Stadt erheben sich Hügel und Anhöhen, die für den Kriegsfall mit Befestigungswerken versehen sind. Fruchtfelder und Gemüsegärten, aber auch Waldungen dehnen sich dazwischen aus. Südwestlich von Paris liegt inmitten prächtiger Gärten und Anlagen Versailles (werßaj; 55), in dessen Schlosse König Wilhelm I. von Preußen am 18. Januar 1871 die deutsche Kaiserwürde annahm.

4. **Das Tiefland an der Loire** ist sehr fruchtbar und überall vortrefflich angebaut (Getreide). Man nennt es daher den „Garten Frankreichs". Am nördlichsten Punkte des Loirelaufes wird der Fluß von der Straße überschritten, die Nord- mit Südfrankreich verbindet. An dieser wichtigen Stelle ist Orleans (orleang; 69) entstanden. In der Umgebung der Stadt sind viele Schlachten geschlagen worden (warum gerade hier?). An der trichterförmig erweiterten Mündung der Loire hat sich Nantes (nangt; 169) zu einer großen Handelsstadt für Kolonialwaren (besonders Rohrzucker) entwickelt. Weil aber der Unterlauf des Flusses immer mehr versandet, können nur noch kleinere Seeschiffe bis zur Stadt gelangen. In dem Küstenlande südlich der Loiremündung (Marschland!) wird Ackerbau und Viehzucht betrieben.

5. **Das Tiefland an der Garonne** (Quelle?) breitet sich zwischen den Pyrenäen, dem Französischen Mittelgebirge und dem Atlantischen Ozeane (Golf von Biskaya) aus. Im Südosten steht es durch eine Landsenke, die zur Anlage eines Kanals benutzt wurde, mit dem Tieflande der Rhone in Verbindung. (Welche Flüsse und damit welche Meere verbindet dieser Kanal?) Da der Boden fruchtbar und das Klima warm ist, gleicht die Landschaft einem einzigen Fruchtgarten. Am Fuße der Pyrenäen und am Mittellaufe der Garonne, besonders bei Toulouse (tulus; 149), wird viel Weizen und Mais geerntet. Auf den Hängen der Talränder hat man Wein- und Obstpflanzungen angelegt. Der kostbarste Wein gedeiht am Unterlaufe der Garonne; er führt seinen Namen nach dem Ausfuhrhafen Bordeaux (bordo; 262). Im Süden von dieser Stadt ziehen sich an der Küste Heideflächen hin. Das Meer und die Seewinde haben hier seit langen Zeiten mächtige Dünen geschaffen, die zu wandern begannen und das Land weit und breit mit unfruchtbarem Sande bedeckten. Hinter den Dünen stauten sich die Gewässer, so daß Sümpfe und Seen entstanden sind. Diese Gebiete benutzt man als Weideland für die Schafe. Die Hirten gehen auf hohen Stelzen über den sumpfigen Boden. Um die Landstrecken besser zu verwerten, ist man gegenwärtig dabei, sie aufzuforsten oder durch Entwässerung in Wiesen zu verwandeln, die der Rinder- und Pferdezucht dienen.

6. **Das Tiefland an der Saone-Rhone** ist eine lange Landsenke, die mit der Oberrheinischen Tiefebene Ähnlichkeit hat. Im Westen bildet das Französische Mittelgebirge die Grenze, während sich im Osten Westalpen und Jura erheben. Die Rhone (Quelle?) ist der Hauptfluß des Gebietes. Nachdem sie den Genfer See verlassen hat, durchbricht sie in einer engen Talspalte den Jura und wendet sich dann nach Süden (weshalb?). Von Norden strömt ihr an dieser Stelle die Saone zu, die am Lothringer Stufenlande entspringt. Die Mündung der Rhone ist ein Delta (S. 9).

a) Die Landschaft am Mittelländischen Meere (Golf von Lyon) ist sehr fruchtbar. Hier gedeihen besonders der Ölbaum sowie Wein, Obst, Walnüsse, Blumen und Feldfrüchte. Im Osten des sumpfigen Rhonedeltas liegt am Endpunkte der wichtigen Rhonestraße Marseille (marßäj; 522), der größte Seehandelsplatz des Mittelmeeres (Seifensiedereien, Zuckerfabriken). Der Hafen von Toulon (tulong; 105) ist zu einem Kriegshafen für die französische Marine ausgebaut worden. Auf dem schmalen Küstenstriche am Fuße der Westalpen (französische Riviera) liegen zahlreiche Orte, die wegen ihres milden Klimas und ihrer landschaftlichen Schönheit im Winter und Frühling von vielen Fremden aufgesucht werden (Nizza; 164).

b) Das Rhonetal ist auf weite Strecken mit unfruchtbarem Sandboden bedeckt. Da es Mittelmeerklima besitzt, baut man dort wie in den wasserarmen Mittelmeerländern die Olive, den Weinstock und besonders den Maulbeerbaum (Seidenraupenzucht) an. Lyon (liong; 524), das in der Nähe der reichen Kohlengruben des Französischen Mittelgebirges liegt, ist durch seine Seiden- und Sammetfabrikation weltberühmt.

c) Die Ebene an der Saone (Burgund) ist ein ertragreiches Wein- und Getreideland. Im Norden steht sie durch die Burgundische Pforte, die zur Anlage des Rhein-Rhone-Kanals benutzt worden ist, mit der Oberrheinischen Tiefebene in Verbindung. Im Kriegsfalle kann hier die starke Festung Belfort den Verkehr sperren.

7. **Die Bewohner** Frankreichs sind Romanen und bekennen sich fast ausnahmslos zur römisch-katholischen Kirche. Sie haben durch Fleiß und Sparsamkeit ihr Land zu großem Wohlstande gebracht. — An der Spitze des französischen Staates, der Republik Frankreich, steht ein Präsident. Die günstige Lage des Landes an zwei Meeren veranlaßte die regsamen, hochgebildeten Bewohner weite Seefahrten zu unternehmen und an verschiedenen Punkten der Erde Kolonien zu gründen. Sie liefern dem Mutterlande Getreide, alle Kolonialwaren, Tabak, Baumwolle, Wolle, Häute, Erze usw. — Vor dem Weltkriege bezog Deutschland aus Frankreich Wolle, Tierfelle (zu Leder und Pelzwerk), Wein, Seide, Pferde, Gemüse, Blumen und Schmuckgegenstände. Dafür lieferte es dorthin Erzeugnisse seiner Industrie (Metall-, Web- und Farbwaren) sowie Brennstoffe (Steinkohlen, Koks).

9. Belgien.

Das Königreich Belgien, das etwa so groß wie die Prov. Pommern ist, umfaßt das Land an der mittleren Maas und Schelde. Es erstreckt sich von den Ardennen, die ihm zum größten Teile angehören, bis zur Nordsee. (Gib die Grenzen an!)

1. **Hochbelgien.** Die Ardennen steigen im Süden steil aus dem Lothringischen Stufenlande auf. Sie haben kühle, feuchte Sommer und schneereiche Winter. Die Höhen werden von ausgedehnten Moorflächen bedeckt, während die niedriger liegenden Teile bewaldet sind (Eichen und Buchen). Die Entwässerung erfolgt durch die Maas, die aus dem Lothringischen Stufenlande kommt. Am Nordrande der Ardennen findet man große Lager von Steinkohlen und Eisenerzen, die vielen Tausenden Erwerb gewähren. In Lüttich (177) blüht die Metallwaren- und Waffenfabrikation; an anderen Orten sind Glasfabriken und Töpfereien entstanden. Lüttich und Namur (32; Lage?) wurden von den Belgiern für den Fall eines deutsch-französischen Krieges zu starken Festungen ausgebaut (warum?) Die Steinbrüche des Maastales liefern wertvolle Bau- und Pflastersteine, die weithin verschickt werden.

2. **Niederbelgien** ist die wellenförmige Ebene, die jenseits der Schelde in die Marschen übergeht. Mächtige Dämme und Dünen schützen das Land vor Überflutungen. Die Stürme der Nordsee, die über die niederen Flächen dahinbrausen, hindern den Baumwuchs. Daher ist das Gebiet waldarm. Der fruchtbare Boden wird vortrefflich angebaut (Getreide, Zuckerrübe, Zichorie, Hopfen, Flachs, Raps, Tabak). Unfruchtbares Gebiet findet sich östlich der Schelde. Es ist sandige, moorige Heide (Geest), die mit der Lüneburger Heide Ähnlichkeit hat. Hier wird wie auf den feuchten Marschen Viehzucht getrieben (Brabanter Pferde, Limburger Käse). Ungefähr in der Mitte des Landes liegt Brüssel (mit Vororten 758), die Hauptstadt Belgiens. Es besitzt regen Handel sowie blühende Industrie (Brüsseler Spitzen und Teppiche) und ist der Mittelpunkt der Kunst und Wissenschaft des Königreiches. Gent (163), das an der Schelde gelegen ist, hat große Spinnereien und Webereien. Die altertümliche Hansestadt Brügge (54) ist durch einen tiefen Kanal mit dem Hafen Zeebrügge verbunden worden.

Die Küste Belgiens ist stark versandet, so daß an ihr keine guten Häfen angelegt werden konnten. Da aber die großen Seeschiffe mit der Flut weit in die Scheldemündung einfahren können, ist Antwerpen (408), das vortreffliche Hafenanlagen besitzt, zu einer wichtigen Seehandelsstadt geworden. Der kleine Hafen des Seebades Ostende (43) vermittelte vor dem Weltkriege den Personenverkehr zwischen dem Festlande und England.

3. **Bewohner.** Belgien ist infolge seiner Fruchtbarkeit und reichen Bodenschätze nächst dem Königreiche Sachsen dasjenige Land Europas, welches am dichtesten bevölkert ist. Den Süden Belgiens bewohnen die französisch redenden Wallonen, den Norden die germanischen Vlamen (Flamländer). Alle bekennen sich zur römisch-katholischen Kirche. Die Volksbildung steht auf niedriger Stufe. — Der deutsch-belgische Handel beschränkt sich hauptsächlich auf Kolonialwaren, die von Antwerpen aus in unser Vaterland, besonders nach Westdeutschland, gelangen. Außerdem erhält Deutschland aus Belgien Wolle und Pferde. Umgekehrt führt Deutschland nach Belgien Steinkohlen, Eisenerze, Maschinen und Webwaren aus.

10. Luxemburg.

Das Großherzogtum Luxemburg (fast so groß wie Mecklenburg-Strelitz) wird von Belgien, Deutschland und Frankreich umschlossen. Es nimmt den Südabfall der Ardennen und den angrenzenden Teil des Lothringischen Stufenlandes ein. In den Flußtälern wird Obst- und Weinbau betrieben; auf den Feldern gedeiht besonders viel Weizen. Die Höhen sind mit Wäldern und Wiesen (Viehzucht!) bedeckt. Da der Boden Eisenerze birgt, bildet auch der Bergbau eine wichtige Erwerbsquelle. Die Hauptstadt ist Luxemburg (21). — Die Bewohner (246) sind Deutsche und gehören der römisch-katholischen Kirche an. Die Eisenbahnen des Landes werden vom Deutschen Reiche verwaltet. Luxemburg bildet mit unserem Vaterlande ein Zollgebiet.

11. Die Niederlande (Holland).

Das Königreich der Niederlande (etwas größer als die Prov. Pommern) nimmt den Westzipfel des großen Norddeutschen Tieflandes ein, also das Mündungsgebiet von Rhein, Maas und Schelde. (Gib die Grenzen an!) Wie die deutschen Gebiete an der Nordsee besteht Holland aus einer breiten Heide- und Moorlandschaft, der Geest, und einem ausgedehnten Marschlande, das durch einen langen, oft unterbrochenen Dünenzug vom Meere geschieden ist.

1. **Die Geest.** Das belgische Geestgebiet erstreckt sich weit nach Holland hinein. Die Landschaft, die an die Provinz Hannover grenzt, ist mit Mooren bedeckt. Durch die Fehnwirtschaft sucht man die Moore in Felder und Wiesen zu verwandeln.

2. **Die Marschen.** a) Der Marschboden ist in den Niederlanden weit ausgedehnter als an der deutschen Nordseeküste. Er umfaßt das ganze Land am Unterlaufe des Rheines und der Schelde. Bald nachdem der Rhein Deutschland verlassen hat, teilt er sich und bildet ein mächtiges, vielverzweigtes Delta. Der Hauptarm ist die Waal, die kurz vor der Mündung noch die Maas aufnimmt.

b) Die Marschen liegen zum Teil tiefer als der Spiegel der Nordsee („Nieder"-lande). Früher waren sie durch den langen Dünensaum völlig gegen die Meereswogen geschützt. Aber die Dünenkette wurde wie an der deutschen Nordseeküste mehrfach von den Fluten zerrissen. Dadurch entstanden die Westfriesischen Inseln, und die Zuider- (seuder) See, die vorher ein Binnensee war, wurde zum Meerbusen.

Um die Marschen gegen neue Einbrüche des Meeres und gegen die Überschwemmungen der Flüsse zu sichern, hat man sie eingedeicht. Da aber der Boden infolge der tiefen Lage sehr feucht ist, müssen die Holländer in rastlosem Fleiße ständig für seine Entwässerung sorgen. Zu dem Zwecke haben sie Kanäle angelegt, in denen sich das Wasser sammelt. Mittels Pumpen, die durch Windmühlen oder Dampfmaschinen getrieben werden, wird es dann aus dem tiefen, ebenen Lande den Flüssen oder dem Meere zugeführt. — Zur Anlage von Straßen benutzt man meist die Krone der Dämme; auch die Kanäle bilden wichtige Verkehrswege.

c) Die Marschen sind, begünstigt durch das milde Klima (Seeklima!), von außerordentlicher Fruchtbarkeit. Wegen ihrer Feuchtigkeit eignen sie sich besonders als Weideland (Rinder- und Pferdezucht). Wo Ackerbau getrieben werden kann, baut man neben Getreide solche Pflanzen an, die für die Industrie von Bedeutung sind: Flachs, Hanf, Tabak, Zuckerrübe und Zichorie. Sehr einträglich ist in einzelnen Gegenden (Haarlem) die Zucht von Blumenzwiebeln (Tulpen, Hyazinthen) und der Gemüsebau.

d) An der Grenze von Geest und Marsch ist Utrecht (119; Universität) zu einem stattlichen Handelsorte aufgeblüht (Viehmärkte). Am inneren Rande desjenigen Teiles der Dünenkette, der dem Andrängen der Meereswogen standgehalten hat, liegen Haarlem (69; Blumenzucht, Kattunweberei und -färberei), Leiden (58; Baumwollen- und Tuchindustrie, Universität) sowie Haag (271), die Residenz der Niederlande. Sie wird von schönen Wäldern umgeben, die im Schutze der Dünen in dem sonst waldlosen Gebiete angelegt wurden. Durch herrliche Wege ist der Ort mit dem Seebade Scheveningen verbunden. Der natürliche Ausfuhrhafen des gesamten Rheingebietes ist Rotterdam (418; Schiffbau). Mit ihm wetteifert im Handelsverkehr Amsterdam (566), das an der Zuidersee gelegen ist. Da für die großen Seeschiffe die Fahrt durch die seichte See nicht möglich ist, hat man die Stadt durch einen breiten Kanal unmittelbar mit dem Meere verbunden. Die Kanalöffnung wird durch lange Dämme gegen Versandung geschützt.

3. **Die Bewohner** der Niederlande sind deutscher Abstammung. Durch die Natur ihres Landes wurden sie veranlaßt, für peinliche Sauberkeit in den Häusern Sorge zu tragen. An feuchter Luft fault nämlich das Holz und rostet das Eisen leicht. Um diese schädlichen Einwirkungen fernzuhalten, werden die Gebäude häufig mit Ölfarbe angestrichen. Auch muß die Scheuerbürste fleißig gebraucht werden; denn der weiche Moorboden bleibt an den Schuhen haften und wird leicht in die Stuben getragen. Der Reinlichkeitssinn der Holländer ist deshalb sprichwörtlich geworden. Durch Fleiß, Ausdauer und Kraft sind sie in dem Lande, das von den Fluten stets bedroht ist, zu Wohlstand gekommen. Kunst (Malerei) und Wissenschaft haben bei ihnen eine hervorragende Pflege gefunden. Etwa $^3/_5$ der Bevölkerung bekennen sich zur reformierten Kirche, $^2/_5$ sind römisch-katholisch.

Deutschland erhält aus den Niederlanden besonders Erzeugnisse der Viehzucht (Butter, Käse, Fleisch, Felle, Pferde), der Gärtnerei (Blumenzwiebeln, Gemüse) und der Fischerei (Heringe usw.). Außerdem kommen im Durchgangshandel über Amsterdam und Rotterdam Kaffee, Kakao, Reis, Tabakblätter und andere Kolonialwaren zu uns. Die Holländer beziehen aus Deutschland hauptsächlich Brennstoffe, Web- und Metallwaren.

12. Die Britischen Inseln.

Die Britischen Inseln Großbritannien und Irland (fast so groß wie das Kgr. Preußen), die durch die Irische See voneinander geschieden werden, liegen westlich vom europäischen Festlande. Da sie rings von Meeren umgeben sind (nenne sie!), haben sie Seeklima. Außerdem wird das Klima bedeutend gemildert durch den Golfstrom, eine breite Wassermasse, die im Atlantischen Ozean nordwärts strömt und aus der heißen Zone Wärme mitbringt. Deshalb frieren die englischen Häfen nie zu, und die Winter sind besonders in den südlichen Gegenden sehr milde. Dort überwintern Myrten und Lorbeerbäume ungeschützt im Freien. Der Himmel ist jedoch meist bewölkt, und die Sommer sind so kühl, daß der Weinstock nicht mehr gedeiht.

Die langgestreckte Insel Großbritannien ist stark gegliedert. Von Osten und von Westen her schneidet das Meer tief in das Land ein, so daß mehrere Halbinseln abgeschnürt werden. Die Meeresbuchten, in die meist Flüsse einmünden, bilden vortreffliche Häfen, die stets eisfrei sind. Kleinere Inseln finden sich zu Gruppen vereinigt besonders im Norden der Hauptinsel. — Der größere, südliche Teil Großbritanniens wird von England, der kleinere, nördliche Teil von Schottland eingenommen.

1. **England.** a) Das Bergland. Der Nordwesten von England ist ein niedriges Bergland. Nur wenige Gipfel erreichen Brockenhöhe. Infolge der starken Verwitterung sind die Gebirge in einzelne Berggruppen gegliedert, so daß man das Innenland durch zahlreiche Wege und Kanäle bequem mit der Meeresküste verbinden konnte (Bedeutung?). Die Gebirge sind meist unbewaldet; dafür bergen sie aber Eisen-, Zinn- und Kupfererze sowie mächtige Kohlenlager. Die besten Steinkohlen (Anthrazit) werden in dem Berglande von Wales (uäls) gefördert. Aber auch an vielen anderen Orten findet man sie in ausgezeichneter Güte. Das größte aller Kohlenlager liegt nahe der Ostküste bei Newcastle (njukasl; 286). Da von ihm aus das Meer bequem zu erreichen ist, können die dort gewonnenen Kohlen leicht in alle Welt versandt werden. In England bilden sie die Grundlage einer außerordentlich regen Fabriktätigkeit. Die größte Industriestadt Englands ist Manchester (mäntschestr; 716). Sie besitzt großartige Eisenwerke sowie zahlreiche Baumwollen- und Seidenwebereien, für die man die Rohstoffe vorwiegend aus den englischen Kolonien bezieht. Die Hauptorte der Metallindustrie sind Birmingham (börmingäm; 570 — Schreibfedern, Nähnadeln, Kanonenrohre, Dampfkessel usw.) und Sheffield (scheffild; 479 — Schneidewerkzeuge). Der wichtigste Ausfuhrhafen für die Erzeugnisse des industriereichen Landes ist Liverpool (liwerpul; 768), das mit Manchester durch einen Schiffahrtskanal verbunden ist.

b) Das Tiefland. Der Südosten Englands ist Flachland. Er hat zumeist fruchtbaren Boden, auf dem lohnender Ackerbau getrieben wird (Weizen, Gerste, Hopfen). Trotzdem erzeugt das Land bei weitem nicht so viel Brotkorn, als die überaus dichte Bevölkerung braucht (mehr als 30 Städte mit über 100 000 Einwohnern). Daher muß aus Amerika und Rußland viel Getreide eingeführt werden. Die saftig grünen Wiesen eignen sich vorzüglich zur Rinder- und Pferdezucht. Auf den trockenen Hügeln, die das Flachland durchziehen, weiden große Schafherden. — Früher war das Land mit Wald bedeckt. Der Bergbau, die Industrie und der Schiffbau haben jedoch die Holzbestände verbraucht, und da Ackerbau und Viehzucht reichere Erträge liefern als die Waldwirtschaft, ist der Boden nicht wieder aufgeforstet worden. Durch einzelne Bäume und Baumgruppen, die sich auf den Feldern und Wiesen finden, erhält aber die waldarme Landschaft das anmutige Aussehen eines Parkes.

Die Bewohner der Süd- und Ostküste treiben Fischerei, Schiffahrt und Handel. An den Mündungen der kurzen, wasserreichen Flüsse, die das Flachland durchströmen, ist die Bevölkerung am dichtesten (warum?). Hier, gegenüber den wichtigsten Handelsreichen des europäischen Festlandes, haben sich daher große Hafenstädte entwickelt. An der Themse liegt die Hauptstadt Englands, London (mit Vororten über $7^1/_4$ Mill. Einwohner), die volkreichste Stadt der Welt. Wie Hamburg ist es an derjenigen Stelle des Flusses entstanden, bis zu der die Seeschiffe mit der Flut gelangen können. Die Schiffe führen die Waren aus allen Teilen der Erde, vornehmlich aber aus Ostindien, China und Australien herbei. Der Engländer liebt es, mit seiner Familie möglichst ein Haus allein zu bewohnen. Deshalb sind die Häuser in zahlreichen Teilen der Stadt klein (1- oder 2stöckig) und werden durchschnittlich nur von 8 Personen bewohnt, während in Berlin auf ein bewohntes Grundstück etwa 77 Einwohner entfallen. Daher nimmt London einen sehr großen Raum ein (etwa den fünffachen von Berlin) und ist eine der gesündesten Großstädte. In unmittelbarer Nähe von London liegt Greenwich (grinitsch), bis vor kurzem mit einer berühmten Sternwarte, von der aus die Längengrade (S. 136) gezählt sind. Stromaufwärts liegt die alte Universitätsstadt Oxford (53). Der wichtigste Hafen, der den Verkehr mit dem Festlande vermittelt, ist Dover. Als Ausgangspunkt der meisten ozeanischen Dampferlinien dient Southampton (ßaußämtn; 127), und der erste Kriegshafen des Reiches ist Portsmouth (portsmeß; 218).

2. **Schottland.** Das englische Bergland setzt sich im Norden in niedrige Höhen fort, die als Niederschottisches Bergland bezeichnet werden. Durch ein breites Tiefland wird es von dem Schottischen Hochlande geschieden. Die Gebirge Schottlands sind wie die Englands in viele einzelne Berggruppen gegliedert. Sie werden durch Täler oder tiefe Meereseinschnitte, die die Schiffahrt begünstigen, voneinander getrennt. In ihrer Höhe gleichen sie etwa den deutschen Mittelgebirgen, doch fehlt ihnen der Schmuck des Waldes. Die Hochflächen werden zumeist von Heiden eingenommen, die nur den anspruchslosen Schafen genügende Nahrung liefern. Auch ausgedehnte Moore finden sich dort. — Zum Ackerbau (Getreide) eignen sich besonders die fruchtbaren Küstenstriche an der Nordsee, während das ebenfalls ertragreiche Schottische Tiefland in erster Linie ein Bergbau- und Industriegebiet ist. Dort fördert man nämlich große Mengen Steinkohlen und Eisenerze. Die Fabrikstadt Glasgow (gläsgo; 783) besitzt daher große Schiffswerften sowie Baumwollen- und Wollwebereien. In Dundee (döndi; 169) betreibt man Leinen- und Hanfindustrie. Die Hauptstadt von Schottland ist Edinburg (320; Seilerei, Eisen- und Leinenindustrie). Die Bevölkerung der kleineren Küstenorte ernährt sich vorwiegend durch Fischerei (Heringe).

3. **Irland.** Nur an den Küsten erheben sich einzelne Berggruppen. Das Innere der Insel wird zum großen Teil von einem beckenförmigen Tiefland eingenommen, das stellenweise so flach ist, daß die Flüsse träge dahinströmen oder Seen und Sümpfe bilden. An Wald und Kohlen ist Irland arm, doch liefern ausgedehnte Moore Torf als Brennstoff. Durch den Einfluß des Atlantischen Ozeans sind die Sommer kühl und regenreich. Der Boden eignet sich deshalb nur wenig zum Ackerbau (Getreide, Kartoffeln, Flachs), aber die Wiesen (Viehzucht) gedeihen bei dem feuchten Klima vortrefflich. Irland wird deshalb auch die „grüne Insel" genannt. Der größte Teil des Grund und Bodens gehört einigen reichen Engländern, die ihre Güter an irische Bauern verpachten. Diese müssen hohe Abgaben zahlen und kommen, besonders nach Mißernten, oft in große Not. Um dem Elende zu entgehen, wandern alljährlich viele Iren nach Amerika aus. — Größere Städte sind nur an der Küste entstanden, die

Großbritannien zugewendet ist (warum?). Dort liegen **Dublin** (döblin; 309), die Hauptstadt Irlands, und **Belfast** (384; Leinen- und Baumwollengewerbe).

4. **Die Bewohner** der Britischen Inseln sind vorwiegend **germanischer** Abstammung. Sie bekennen sich meist zur protestantischen Kirche; nur in Irland überwiegen die Anhänger der römisch-katholischen Lehre. — England, Schottland und Irland sind zu dem **Vereinigten Königreich Großbritannien und Irland** verbunden. Da das Land rings vom Wasser umgeben ist und vortreffliche Häfen besitzt, die schnell von allen Punkten im Innern des Landes erreicht werden können, sind die Engländer (so nennt man gewöhnlich alle Bewohner) ein Schiffahrt treibendes Volk geworden. Der Handel hat aber erst den Umfang angenommen, den er gegenwärtig besitzt, seitdem die reichen Bodenschätze Großbritanniens ein Aufblühen der Industrie herbeigeführt haben. Hand in Hand mit der Entwicklung des Seehandels ging die Erwerbung von Besitzungen in fremden Ländern. Dadurch erweiterten die tatkräftigen Engländer ihr Reich zu dem größten der Erde, und ihre Sprache wurde Welthandelssprache. Das britische Reich ist dreimal so groß wie Europa und umfaßt rund 420 Millionen Einwohner, also ebensoviel wie dieser Erdteil. Zum Schutze seines Handels und seiner Kolonien besitzt England eine stattliche Kriegsflotte, durch die es die erste Seemacht der Erde ist.

Mit Deutschland stand Großbritannien vor dem Weltkriege in außerordentlich regem Handelsverkehr. England sandte uns (z. T. aus seinen Kolonien) Steinkohlen, Schafwolle, Baumwolle, Erze, Kautschuk, Guttapercha und andere Rohstoffe für unsere Industrie sowie die Erzeugnisse seiner mannigfachen Gewerbtätigkeit. Deutschland führte nach England ebenfalls die Produkte seiner blühenden Industrie, insbesondere Zucker aus. Kein anderes Land der Erde war ein so guter Kunde von Deutschland wie England. Im Jahre 1910 bezog es von uns für 1100 Millionen Mark Waren.

13. Dänemark.

Im Norden und Osten der preußischen Provinz Schleswig-Holstein liegt das Königreich Dänemark (so groß wie die Prov. Hannover). Es besteht aus der nördlichen Hälfte der Halbinsel **Jütland** und zahlreichen **Inseln** (Fünen, Langeland, Seeland, Laaland). Zwischen den Inseln und dem Festlande auf beiden Seiten liegen drei wichtige Wasserstraßen: der **Sund**, der **Große Belt** und der **Kleine Belt** (bestimme die Lage!). Sie führen von der Ostsee zu einem seichten Meeresteile, dem **Kattegat**. Dieses geht in das **Skagerrak** über, das die Verbindung mit der Nordsee herstellt.

1. **Jütland.** Der dänische Teil der Halbinsel Jütland hat hinsichtlich seiner Bodenverhältnisse mit Schleswig-Holstein viel Ähnlichkeit. Die Ostseite wird von dem Nördlichen Landrücken durchzogen, der hier in viele einzelne Hügel aufgelöst ist. Die Täler werden zum Teil von dem Meere eingenommen (Förden!); die Höhen aber sind mit fruchtbaren Feldern oder mit Buchenwäldern bedeckt, die oft liebliche Seen umrahmen. Nach Westen schließt sich ödes Heideland (Geest) an, das an einigen Orten der Viehzucht dient (Pferde, Rinder). An der hafenlosen, flachen Nordseeküste finden sich nur wenige Marschen. Sie sind durch breite Dünenwälle gegen das Andringen der Wogen geschützt. Das dänische Gebiet Jütlands ist bei weitem nicht so ertragreich wie der Teil der Halbinsel, den Schleswig-Holstein einnimmt. Darum sind dort auch keine größeren Städte entstanden.

2. **Die Inseln** werden — mit Ausnahme des entfernteren Bornholm — von Flachland eingenommen, aus dem sich einzelne Hügel erheben. Da der Boden fruchtbar und das Klima milde sowie reich an Niederschlägen ist (Seeklima!), bilden Ackerbau und Viehzucht die Hauptbeschäftigung der Bewohner. An unterirdischen Bodenschätzen ist das Land arm. Die Industrie beschränkt sich deshalb auf die Verarbeitung der landwirtschaftlichen Erzeugnisse (Milchwirtschaft, Zucker; Handschuhe). Weil aber Däne-

mark ein Durchgangsgebiet zwischen Mittel- und Nordeuropa ist, und die Inseln die Meeresstraßen beherrschen, welche Nord- und Ostsee verbinden, stehen Handel und Schiffahrt in hoher Blüte. Die Schiffe, die aus einem der beiden Meere in das andere fahren wollen, benutzen zumeist den kürzesten Weg, der durch den Sund führt. Sie müssen sich aber nahe an der dänischen Küste halten, weil sie dort das günstigste Fahrwasser finden. Daher ist die Hauptstadt Dänemarks, Kopenhagen (d. h. Kaufmannshafen; 514), ein wichtiger Handelsplatz geworden. Es besitzt auch hochangesehene Anstalten zur Pflege von Kunst und Wissenschaft.

3. **Die Bewohner** Dänemarks sind Germanen und bekennen sich zur evangelisch-lutherischen Kirche. Die Volksbildung steht auf hoher Stufe. — Deutschland erhält aus Dänemark vorwiegend Erzeugnisse der Viehzucht (Pferde, Kühe, Milch, Butter) und Seefische; dagegen liefert es dorthin Webwaren, Maschinen, Getreide, Zucker und Steinkohlen.

4. Zu Dänemark gehört neben anderen außereuropäischen Besitzungen auch die große vulkanische Insel **Island** (fast so groß wie Süddeutschland), die im Nordwesten von Europa liegt. Einige feuerspeiende Berge sind heute noch in Tätigkeit, und aus heißen Springquellen ("Geysirs") steigen häufig Wasserstrahlen bis zu einer Höhe von 50 m empor. Infolge der nördlichen Lage (auf welchem Parallelkreise?) ist ein großer Teil des gebirgigen Landes (einzelne Berge erreichen Höhen von 1900 m) mit Gletschern bedeckt. Da die eisfreien Gebiete zumeist von Heide oder Sumpf eingenommen werden, können sie dem Ackerbau nicht dienen. Die Schafzucht bildet die Hauptbeschäftigung der Bewohner. An den Küsten gewährt der Fischfang lohnenden Erwerb. Viele Leute verschaffen sich auch durch das Sammeln von Eiderdunen Verdienst; denn auf den felsigen Küsten nisten zahllose nordische Vögel.

14. Skandinavien.

Die Halbinsel, deren Länge ungefähr der Entfernung von Königsberg über Wien nach Messina gleichkommt, hängt nur im Nordosten (Finnland) mit dem Rumpfe Europas zusammen. (Von welchen Meeren wird sie begrenzt?) Nähern wir uns Skandinavien vom Atlantischen Ozeane her, so erblicken wir eine wildzerklüftete, nackte Felsenküste, die durch vorliegende Inseln und Klippen fast verdeckt wird. Ersteigen wir die steilen Abhänge, so gelangen wir auf weite Hochflächen, die von Bergspitzen und Berggruppen überragt werden. Folgen wir dann dem Laufe der Flüsse, die von den Höhen entspringen, so erkennen wir, daß sich das Hochland nach Osten neigt. Es geht in ein Hügelland über, das sich terrassenartig zur flachen Ostseeküste senkt. — Der westliche Teil der Halbinsel wird vom Königreiche Norwegen, der östliche vom Königreiche Schweden eingenommen. Ersteres ist kleiner, letzteres größer als das Königreich Preußen.

1. **Die Westküste und das Hochland.** a) Die zahllosen kleinen Felseninseln (Schären), die der Westküste vorgelagert sind, bilden natürliche Wellenbrecher. Sie schützen bei Stürmen das Küstenland vor der Gewalt der Wogen. Der Schiffahrt aber können sie überaus gefährlich werden (Gedicht: Der Lotse). Von der Küste aus erstrecken sich meilenlange, tiefe Täler in das Land. Sie werden z. T. von den Fluten ausgefüllt, wie die Förden in Schleswig-Holstein, und heißen Fjorde. Zu beiden Seiten sind sie meist von nackten Felswänden eingerahmt, die bis zu Höhen von 1500 m ansteigen. Weil in den tiefen Fjorden Schiffe nicht ankern können und weil sich auch an den steilen Abhängen der Berge selten Raum für Ansiedlungen findet, haben dort nur wenige Hafenstädte entstehen können. Durch das Hochland werden die rauhen Ostwinde ferngehalten und durch den Golfstrom (S. 82) die Winter gemildert (Klima?).

Ein Fjord an der Küste von Norwegen.

Daher bleibt die Westküste bis zum Nördlichen Eismeere das ganze Jahr hindurch eisfrei, und die Schiffahrt erleidet keine Unterbrechung. Auf dem schmalen Küstensaume wird von der rührigen Bevölkerung Acker- und Obstbau betrieben. Das norwegische Obst ist vorzüglich und wird auch in das Ausland versandt. Die Hauptbeschäftigungen der Bewohner sind jedoch die Fischerei (Hering, Dorsch) und die Gewerbe, die mit der Zubereitung und Verwertung der Fische zusammenhängen. Besonders Bergen (77) hat als Fischmarkt großes Ansehen erlangt. Die nördlichste Stadt Skandinaviens, wie der Erde überhaupt, ist Hammerfest (2; unter welchem Parallelkreise?); dort dauert der „längste Tag" $2^1/_2$ Monat (S. 138).

b) Das Hochland erreicht in einzelnen seiner Gipfel Höhen von 2600 m. Die unwirtlichen Gebiete werden von Schneefeldern, Gletschern, kleinen Seen und Sümpfen bedeckt. Wald ist nur in den östlichen Tälern anzutreffen. Auch der Graswuchs ist kümmerlich; Moose und Flechten überziehen den Boden. Besonders häufig findet sich die Renntierflechte, die im Norden weite Flächen bedeckt. Sie bildet die Hauptnahrung des genügsamen Renntieres (Abb. S. 89), das von den Lappen (einem mongolischen Volksstamme) gezähmt ist und ihnen den Aufenthalt in den öden Gegenden ermöglicht. — Im Süden gehen die Hochflächen in ein anmutiges Hügelland über, das fruchtbar und daher gut angebaut ist. Auch große Waldungen befinden sich hier, so daß Holz in die waldarmen Gebiete ausgeführt werden kann. In dieser so begünstigten Gegend ist Kristiania (243; Universität), die Hauptstadt des Königreiches Norwegen, entstanden.

2. **Das Hügelland und die Ostseeküste.** Da sich das Land in mehreren Terrassen nach Osten senkt, haben die vielen Flüsse, die vom Hochlande zur Ostsee strömen, einen reißenden Lauf (Wasserfälle!). Trotz ihres Wasserreichtums können sie also der Schiffahrt nur wenig dienen. Unter den zahlreichen Seen ist der Wenersee der größte (etwa 10mal so groß als der Bodensee). Sein Abfluß zum Kattegatt, der Göta-Elf (d. h. Göta-Fluß), ist schiffbar gemacht worden. Außerdem hat man den Wenersee durch einen Kanal mit dem Wettersee und diesen wieder mit der Ostsee verbunden (Bedeutung für die Schiffahrt?).

Die ganze Ostseite der Halbinsel hat kurze, warme Sommer und lange, kalte Winter (Landklima!). Im südlichen Schweden findet sich guter Boden, und es wird dort Ackerbau und Viehzucht getrieben. In den mittleren und nördlichen Teilen des Landes dagegen, die von zahlreichen Seen und Sümpfen bedeckt werden, lohnt der Ackerbau nicht; die Waldwirtschaft bildet hier die Hauptbeschäftigung der Bewohner. An unterirdischen Bodenschätzen ist Schweden außerordentlich reich. Man fördert Kupfer-, Blei-, Silber- und vortreffliche Eisenerze sowie Werksteine (Granit). Da es aber dem Lande an Steinkohlen fehlt, erfolgt die Verarbeitung der Erze zumeist im Auslande. — Die Hauptstadt des Königreiches Schweden, Stockholm (344), liegt an der Ostseeküste. Sie ist teils auf kleinen Inseln, teils auf dem Festlande erbaut worden und Sitz einer regen Metall- und Holzindustrie.

3. **Bewohner.** Skandinavien wird fast ausschließlich von Germanen bewohnt (Norweger und Schweden), die sich zum protestantischen Glauben bekennen. Obwohl die Gehöfte der Landbevölkerung weit auseinander liegen, erhalten alle Kinder guten Schulunterricht (Wanderlehrer!). Die Volksbildung steht daher auf hoher Stufe. — Deutschland bezieht aus Skandinavien, besonders aus Schweden, Bauholz, Eisenerz, Steine (Granit) und Fische. Es liefert den nordischen Ländern Getreide, Tuch- und andere Webwaren, Maschinen und Zucker.

15. Rußland.

Der Osten Europas, mehr als die Hälfte des ganzen Erdteils, wird von dem gewaltigen russischen Tieflande eingenommen (zehnmal so groß, aber nur doppelt so volkreich wie Deutschland). Durch das Uralgebirge wird es von Asien geschieden. (Von welchen Ländern Europas wird es begrenzt?) Obgleich Rußland im Westen an die Ostsee, im Norden an das Nördliche Eismeer (mit dem Weißen Meere) und im Süden an das Schwarze Meer (mit dem Asowschen Meere) sowie an den größten Landsee der Erde, an das Kaspische Meer, grenzt, hat es doch Landklima. Die Meere sind nämlich zu klein, um das Klima des großen Landes mildern zu können, und z. T. haben sie auch eine so nördliche Lage, daß sie lange Zeit des Jahres mit Eis bedeckt sind. — Rußland besitzt nur wenige, niedrige Erhebungen. Die höchste ist die Waldaihöhe, südöstlich vom Finnischen Meerbusen. Über sie verläuft die Hauptwasserscheide des Landes, die von Südwesten (Karpaten) nach Nordosten (Ural) zieht. Der nördlichen Abdachung folgen die Flüsse Weichsel und Memel, die der Ostsee zuströmen, der südlichen Ural und Wolga, die in das Kaspische Meer münden, sowie der Dnjepr, der sich zum Schwarzen Meere wendet. Da alle Flüsse im Flachlande strömen, haben sie einen ruhigen Lauf. Sie bilden daher wichtige Verkehrsstraßen, die leicht durch Kanäle verbunden werden konnten. Für den Welt-

Handel kommen sie aber wenig in Betracht, weil sie alle in Nebenmeere einmünden. Unter den Seen, die sich besonders im Nordwesten des Landes finden, sind Ladoga- und Onega-See die größten. Beide stehen miteinander in Verbindung. Der Abfluß des Ladoga-Sees ist die Newa, die sich in den Finnischen Meerbusen ergießt.

Das ausgedehnte Gebiet wird in folgende Landschaften eingeteilt: Finnland, Ostsee- und Weichselgebiet, Nordrußland, Mittelrußland, Südrußland und Uralgebirge.

1. **Finnland** hat große Ähnlichkeit mit dem benachbarten Schweden. Seen und Moore (Finnland heißt Sumpfland) nehmen fast $^1/_3$ des ganzen Landes ein, und der Felsboden, der nur eine dünne Schicht Ackererde trägt, ist reich bewaldet. Forstwirtschaft, Viehzucht und Fischfang bilden die wichtigsten Erwerbsquellen. Die Bewohner, teils Finnen (mongolischer Volksstamm), teils Schweden, bekennen sich zur lutherischen Kirche und besitzen eine gute Schulbildung. Die Hauptstadt ist Helsingfors (154).

2. **Ostsee- und Weichselgebiet.** a) Das Küstenland an der Ostsee erhält mehr Niederschläge als die weiter östlich liegenden Gebiete Rußlands. Da der Boden eben ist, kann das Wasser an vielen Stellen nicht abfließen. Es sind daher große Sümpfe und Moore entstanden, zwischen denen sich Wälder ausdehnen. Die rührige Bevölkerung (über 1 Mill. Deutsche) hat trotzdem einen großen Teil des Landes anbaufähig gemacht und treibt Ackerbau (Getreide, Flachs) und Viehzucht. Wegen des Mangels an Bodenschätzen fehlt die Industrie fast ganz. Nur Riga (321; Lage?) und Petersburg (1,5 Mill.; Lage?), die Hauptstadt Rußlands, besitzen Baumwollen-, Maschinen-, Branntwein- und Zuckerfabriken.

b) Das Land zu beiden Seiten der Weichsel (Polen) ist in seinem nördlichen Teile, etwa zwischen Warschau und der preußischen Grenzstadt Thorn, fruchtbar. Der südliche Teil aber hat Ähnlichkeit mit dem benachbarten Schlesischen Landrücken. Weite Flächen werden von Wald bedeckt, und an vielen Orten finden sich sehr ergiebige Lager von Kohlen, Eisen-, Zink- und Bleierzen. Warschau (756), die Hauptstadt des Königreiches Polen, sowie Lodz (352) sind daher zu wichtigen Industriestädten aufgeblüht (Baumwollen- und Wollwebereien, Maschinenfabriken, Branntweinbrennereien).

Finnland, die früheren russischen Ostseeprovinzen (nenne sie und ihre Hauptorte!) sowie das angrenzende Litauen (Hauptorte!) haben sich jetzt selbständig gemacht.

3. **Nordrußland.** a) Nördlich vom Polarkreise bleibt der Boden fast das ganze Jahr hindurch gefroren (8—9 Monate Winter). Nur an der Oberfläche taut er während des kurzen Sommers auf. Größere Gewächse (Bäume) können daher nicht gedeihen; hier und da findet sich jedoch niedriges Gebüsch. Die höher gelegenen Gebiete sind mit Flechten bedeckt; alles übrige ist Sumpfland. Diese „Tundra" wird nur von einigen mongolischen Volksstämmen bewohnt. Allein das Renntier ermöglicht ihnen den Aufenthalt in den unwirtlichen Gegenden (wieso?).

b) Zwischen der Tundra und der oberen Wolga breitet sich Waldland aus. Während in dem rauheren, nördlichen Teile nur Birken und Nadelhölzer gedeihen, herrscht weiter südlich der Laubwald vor (Eichen, Linden). Früher bildete die Jagd auf Pelztiere die Hauptbeschäftigung der Bewohner. Jetzt sind aber die Tiere durch den schonungslosen Vernichtungskrieg, den man gegen sie geführt hat, fast gänzlich ausgerottet. Daher ist die Waldwirtschaft zur wichtigsten Erwerbsquelle geworden. Dort, wo der Wald geschlagen ist, sind Wiesen entstanden, auf denen Viehzucht getrieben wird.

4. **Mittelrußland.** Die Landschaft südlich des großen Waldgebietes besitzt fruchtbaren, lehmhaltigen Boden, der in einzelnen Gegenden fast schwarz gefärbt ist. Dieses

Tundra.

„Land der schwarzen Erde" ist die Kornkammer Rußlands und auch Deutschlands, das von dort für seine dichte Bevölkerung Getreide, besonders Weizen und Gerste bezieht. Ferner werden auch Zuckerrüben, Flachs, Hanf und Tabak angebaut. Da man aber die Felder nicht sorgfältig bearbeitet und fast gar nicht düngt, wird der Ernteertrag von Jahr zu Jahr geringer. Treten in trockenen Sommern noch Mißernten dazu, so entstehen oft große Hungersnöte. Im Süden der alten Hauptstadt Moskau (1,5 Mill.) befinden sich große Steinkohlenlager. Moskau ist dadurch die wichtigste Fabrikstadt Rußlands geworden; es besitzt große Spinnereien und Webereien. In Nischni-Nowgorod (101) an der Wolga wird alljährlich während der Sommermonate eine große Messe (Pelze, Wolle) abgehalten, zu der sich viele Tausende von Kaufleuten aus allen Teilen Europas und Asiens einfinden. Infolge der Fruchtbarkeit des Bodens und der regen Gewerbtätigkeit ist Mittelrußland dicht bevölkert.

5. **Südrußland.** Die Landschaften am Schwarzen und am Kaspischen Meere haben besonders stark unter den schroffen Gegensätzen des Landklimas zu leiden. Wenn im Frühlinge der Schnee geschmolzen und der Boden durch die Sonne erwärmt ist, sprießen überall Gras und Blumen hervor. Unter den Strahlen der Sonne trocknet jedoch der Boden nach kurzer Zeit so aus, daß alles Pflanzenleben erstirbt. Das Land ist eine Steppe, die insbesondere der Rinder-, Schaf-, Pferde- und Geflügelzucht dient. Im Jahre 1913 wurden allein etwa für 80 Mill. Mark Eier aus diesen Gegenden nach Deutschland ausgeführt. Die Steppen am Kaspischen Meere haben Salzboden; die im Norden des Schwarzen Meeres gelegenen Gebiete (Ukraine) sind jetzt vielfach in Ackerland verwandelt worden (Mais, Sommergetreide, Lein). Die südlichen Küstenstriche der Halbinsel Krim am Asowschen Meere sind durch ein Gebirge gegen die kalten Nordwinde geschützt und haben daher ein mildes Klima. Wie am Mittelländischen Meere gedeihen dort Lorbeerbäume, Feigen, Ölbäume und Wein. — In der Landschaft nördlich vom Asowschen Meere findet sich Rußlands ergiebigstes Steinkohlenlager, dessen Wert noch durch das gleichzeitige Vorkommen von Eisen- und andern Erzen erhöht wird. Daher beginnt dort die Industrie aufzublühen. An den Küsten des Kaspischen Meeres sowie in der unteren Wolga und dem Uralflusse wird Fischfang betrieben. Man gewinnt

dort u. a. den Kaviar, der meist von der Stadt Astrachan (149) an der **Wolgamündung ausgeführt wird. Die wichtigste Handelsstadt (Getreideausfuhr!) des Gebietes** ist Odessa (520) am Schwarzen Meere.

6. **Das Uralgebirge** ist doppelt so lang wie die Alpen und etwa so hoch wie das Riesengebirge. Während die nördliche Hälfte des Gebirges mit Eis und Schnee bedeckt ist, trägt die südliche prächtige Wälder. Hier befinden sich auch wichtige Lagerstätten von Eisenerzen, Gold und Platin. Da auch Steinkohlen in der Nähe gefördert werden, konnte sich eine lebhafte Industrie entwickeln. Im Süden geht das Gebirge in die Steppe über, die von einem mongolischen Volksstamm, den Kirgisen, mit ihren Pferde-, Schaf- und Kamelherden durchstreift wird (Abb. S. 108).

7. **Die Bewohner** Rußlands sind zumeist Slawen und bekennen sich zur griechischen Kirche. Die Volksbildung steht noch auf sehr niedriger Stufe. Die Russen sind ein vorzugsweise bäuerliches Volk; ein Drittel der europäischen Getreideernte kommt aus Rußland. In manchen Gegenden haben aber reiche Mineralschätze und Steinkohlenlager das Aufblühen der Industrie begünstigt. Das große Reich, zu dem auch ganz Nordwestasien gehört, ist jetzt eine Republik. Doch sind die staatlichen Verhältnisse noch nicht geordnet.

Vor dem Weltkriege stand Deutschland mit Rußland in sehr regem Handelsverkehr. Es erhielt besonders Erzeugnisse der russischen Landwirtschaft und Viehzucht sowie Felle zur Pelzwerkbereitung, Bau- und Nutzholz, Erze und Petroleum. Rußland bezog aus Deutschland vorwiegend industrielle Produkte: Metallwaren, Maschinen, Woll- und Baumwollenwaren, Farbstoffe und Steinkohlen.

C. Europa als Erdteil.

1. **Verhältnis zum Erdganzen.** Wie die Karte zeigt, liegt Europa auf der nördlichen Hälfte der östlichen Halbkugel. (Gib die Grenzen an!) Es umfaßt 10 Millionen qkm, die von mehr als 440 Millionen Menschen bewohnt werden. Im Mittel kommen also auf 1 qkm ungefähr 45 Bewohner: Europa ist der am dichtesten bevölkerte Erdteil (S. 131). — Mit Asien hängt es zusammen. Zum nahen Afrika führt der Weg über das Mittelländische Meer, und Amerika erreicht man nach einer $5\frac{1}{2}$ tägigen Fahrt über den Atlantischen Ozean. Der einzige Erdteil, der weit von Europa entfernt liegt, ist Australien. Die günstige Lage Europas in der Mitte der länderreichen nördlichen Erdhälfte ist mit der Grund, daß seine Bewohner unter allen Völkern, die Welthandel treiben, an erster Stelle stehen. Nicht wenig hat dazu aber auch die

2. **Gliederung** des Erdteils beigetragen: der Rumpf ist im Süden und Westen in zahlreiche Halbinseln und Inseln aufgelöst. (Nenne die größten!) Da von seiner Oberfläche ungefähr $\frac{1}{3}$ auf die Glieder entfällt, ist Europa der am meisten gegliederte Erdteil. Die Länge der Küsten übertrifft die des dreimal so großen Afrika bedeutend. Durch die auffallend starke Gliederung wurden die Bewohner des Erdteils schon seit alten Zeiten auf das Meer hingewiesen. Schiffahrt und Handel machten sie zu den Herren der Welt. In allen anderen Erdteilen haben die Völker Europas Besitzungen erworben und Niederlassungen gegründet.

Während die Westhälfte Europas von vielen Gebirgen und Hügelländern durchzogen wird, ist der breite Osten fast völlig eben. Hier haben sich daher besonders große Flüsse entwickeln können. Doch auch dem Westen fehlt das Tiefland nicht, und zwar reicht es bis an den Atlantischen Ozean. Das Hauptgebirge sind die Alpen. Sie bilden zusammen mit den Pyrenäen im Westen, den Karpaten und dem Balkan im Osten einen gewaltigen Gebirgszug, der sich nach Asien hinein fortsetzt. In Europa erreichen die Gebirge aber nirgends eine solche Höhe, daß sie die Völker am Verkehr miteinander hindern konnten; sie haben jedoch als Grenzwälle die Bildung vieler selbständiger Staaten begünstigt.

3. **Klima.** Europa erstreckt sich durch die nördliche gemäßigte bis in die kalte Zone hinein. Obgleich es dem Nordpole näher liegt als dem Äquator, sind die Sommer doch zumeist milde. Ein besonders günstiges Klima haben West- und Mitteleuropa. Dies verdanken sie vor allem dem warmen Golfstrome des Atlantischen Ozeans, der die Küsten bespült, und den vorherrschenden Südwestwinden, die die laue Seeluft weit über den reich gegliederten Erdteil tragen (Seeklima!). Je weiter man nach Nordosten kommt, desto mehr überwiegt der Einfluß der ausgedehnten Landmassen, so daß dort die Gegensätze zwischen Sommerwärme und Winterkälte stark hervortreten (Landklima!). Eine klimatisch gesonderte Stellung nehmen die Länder am Mittelländischen Meer ein: sie haben heiße, trockene Sommer und milde, feuchte Winter (Mittelmeerklima!).

4. **Kultur.** Das günstige Klima Europas hat zur Folge, daß mit Ausschluß weniger Gebiete überall Landwirtschaft getrieben werden kann. Da aber der Ackerbau in den Gegenden mit gemäßigtem Klima (im Gegensatz zu denen der heißen Zone) nur dann lohnt, wenn der Boden mit Fleiß und Ausdauer bearbeitet wird, so werden die Bewohner Europas immer wieder zur Arbeit gezwungen und somit vor Verweichlichung und Trägheit bewahrt. Der Boden muß aber auch sorgsam ausgenutzt werden, wenn die außerordentlich dichte Bevölkerung bestehen will. Die reichen unterirdischen Schätze, besonders Kohlen und Eisenerze, sind ebenfalls ein Ansporn zu rastloser Tätigkeit. Industrie und Handel sind daher in Europa mächtig aufgeblüht. Der große Wohlstand, der sich dadurch entwickelte, war der Grund, daß Kunst und Wissenschaft eine so hohe Ausbildung erfahren haben wie sonst nirgends auf der Erde.

Die außereuropäischen Erdteile.

A. Asien.

1. **Verhältnis zum Erdganzen.** Die Karte zeigt, daß Asien auf der nördlichen Hälfte der östlichen Halbkugel liegt. Da es 44 Millionen qkm umfaßt, ist es der größte aller Erdteile. Es nimmt beinahe $^1/_3$ des gesamten Festlandes ein und ist $4^1/_2$ mal so groß wie Europa. Die Bewohner Asiens schätzt man auf etwa 955 Millionen. Da die Bevölkerung der Erde gewiß die Zahl von 1700 Millionen erreicht, wohnt in Asien mehr als die Hälfte der gesamten Menschheit. Trotzdem hat die gewaltige Landmasse nur 2 mal so viel Einwohner als das kleine Europa. Auf 1 qkm wohnen durchschnittlich 22 Menschen (S. 131).

Mit Europa bildet Asien eigentlich ein Ganzes. Mit Afrika hängt es durch die Landenge von Sues eng zusammen. Australien erreicht man über die unterbrochene Landbrücke der Malaiischen Inseln und Amerika über die Beringsstraße. Diese Vorteile der Lage werden aber zum Teil wieder aufgehoben durch die Unzugänglichkeit der Küsten im Norden, die weite Entfernung des Gegengestades im Osten und das Fehlen eines solchen im Süden. (Gib nach der Karte die Grenzen des Erdteils an!)

2. **Gliederung und Klima.** Der Außenrand des großen Festlandes ist in viele Halbinseln gegliedert, denen oft noch einzelne Inseln und Inselgruppen vorgelagert

sind. (Nenne die wichtigsten Halbinseln und Inseln im Westen, Süden und Osten!) Im Süden ist die Gliederung Asiens derjenigen Europas ähnlich (weise dies nach!). — Das Binnenland hat Landklima. Das gilt ganz besonders von den weiten Tiefebenen des Nordens und Nordwestens, von den Hochländern Innerasiens und von dem größten Teile Südwest- oder Vorderasiens (einschließlich der Halbinsel Arabien). Ostasien sowie die Halbinseln und Inseln im Süden stehen unter dem Einflusse regelmäßiger Winde, der Monsune. Diese Landgebiete bezeichnen wir daher als die Monsunländer.

I. Die Monsunländer und Innerasien.

1. China.

1. **Abgeschlossene Lage.** Das chinesische Reich nimmt das gesamte innerasiatische Hochland und den Osten des Festlandes ein. Nur die Halbinsel Korea und das Mündungsgebiet des Amur sind in fremdem Besitz. Es bedeckt somit eine Fläche, die größer ist als Europa. Auf drei Seiten wird es von mächtigen Gebirgen und unwirtlichen Hochländern, auf der vierten vom Stillen Ozean begrenzt, der vorläufig für den Verkehr noch nicht die Bedeutung besitzt wie der Atlantische Ozean.

2. **Bodengestalt.** a) Innerasien. Ganz im Westen des Gebietes liegt das fast quadratische Hochland von Pamir („Dach der Welt"; 4000 m). Von ihm strahlen fächerartig drei gewaltige Bergzüge in östlicher Richtung aus: Himalaja, Kuenlun und Tianschan, dem sich nach Nordosten die Sibirischen Grenzgebirge anschließen. Während der Himalaja, das Pamir-Hochland und die Sibirischen Grenzgebirge das Hochland Innerasiens umranden, ziehen der Kuenlun und der Tianschan mitten hindurch und gliedern es in einzelne Landschaften. Zwischen Himalaja und Kuenlun liegt das Hochland von Tibet (5000 m), zwischen Kuenlun und Tianschan das von Ostturkistan, zwischen Tianschan und den Sibirischen Grenzgebirgen das der Dsungarei und der Mongolei.

b) Ostasiatisches Festland. Dem Hochlande von Tibet ist im Südosten ein niedrigeres Bergland vorgelagert. Es reicht bis an den Großen Ozean (Meeresteile?) und bildet den Süden des eigentlichen China. Nach Osten fällt das Hochland Innerasiens zu einer großen Tiefebene ab, die den Norden des eigentlichen China bildet. Ein riesiges Bauwerk, die große Mauer (S. 94, d), scheidet das chinesische Tiefland von dem der nördlicher gelegenen Mandschurei, das bis an den Amur reicht. Hohe Gebirge trennen die Mandschurei sowohl von Innerasien, als auch vom Großen Ozean (Meeresteile?). — Die Halbinsel Korea im Osten, die zu Japan gehört, wird ebenfalls von Bergketten durchzogen.

3. **Die Monsune und ihre Bedeutung.** Die Hochländer Innerasiens werden im Sommer von der Sonne stark erhitzt. Der Erdboden strahlt die Wärme an die Luft zurück, die sich über ihm ausbreitet. Erhitzte Luft ist aber leicht und steigt, wie wir am Rauch im Schornsteine beobachten können, in die Höhe. Zum Ersatze strömt vom Indischen und vom Großen Ozean feuchtwarme Seeluft nach den Hochländern Innerasiens. Man nennt die hierdurch entstehenden Winde Sommermonsune (Monsun bedeutet Jahreszeitenwind). Treffen sie gegen die Randgebirge, die zum Teil mit ewigem Schnee und Eis bedeckt sind, so werden sie stark abgekühlt. Ungeheure Regengüsse stürzen dann aus den Wolken hernieder. In diesen niederschlagreichen Gebieten liegen daher die Quellen mächtiger Ströme. Nach China wenden sich der Jang-tse-kiang und der Hoang-ho, die auf den Randgebirgen Tibets entspringen, sowie der Amur, der den Abhängen der Sibirischen Grenzgebirge entströmt. Da sich die Wolken an den Randgebirgen abregnen,

sind die inneren Hochländer wasserarm und werden meist von Steppen und Wüsten eingenommen. Das eigentliche China, das zwischen dem Meere und den Randgebirgen liegt, erhält aber reichliche Sommerregen. — Im Winter kühlen sich der Boden der Hochländer und die darüber befindliche Luft bedeutend ab. Auf den Meeren dagegen sinkt die Temperatur nur wenig. Die Luft über ihnen ist also wärmer und dünner als die kalte und dichte Landluft Innerasiens. Diese strömt daher im Winter den Küsten zu (Wintermonsun). — So findet ein regelmäßiger, halbjährlicher Wechsel von warmen, feuchten Sommer- und kalten, trockenen Winterwinden statt. Dadurch werden oft stürmische, auf dem Meere höchst gefährliche Luftwirbel (Taifune) hervorgerufen. Anderseits aber fördern die regelmäßig abwechselnden Winde die Schiffahrt bedeutend. Mit den Sommermonsunen fahren die Segler schnell und sicher den nördlichen, mit den Wintermonsunen den südlichen Gegenden zu.

Durch den Wechsel von Frost und Hitze verwittern die Gebirge stark. Die trockenen Wintermonsune treiben dann den Verwitterungsstaub nach Südosten. Der schwerere Flugsand fällt bald zu Boden, so daß sich große Wüsten (Wüste Gobi in der Mongolei) bildeten. Der leichte, kalkhaltige Quarzstaub dagegen wird dort, wo sich die Gebirge nach Südosten öffnen, bis an den Rand des Hochlandes, ja weit in das Flachland Chinas hineingetragen. Dadurch sind mächtige Erdschichten entstanden, die man Löß nennt. — Auch in Deutschland (Oberrheinische Tiefebene, Magdeburger Börde) und in anderen Teilen Europas (Ungarn, Rußland) findet man Löß. — Der Hoang-ho, d. i. gelber Fluß, durchströmt den Löß und hat daher gelbliches Wasser. Sein Mündungsbecken heißt Gelbes Meer (Name!). Da der Hoang-ho sehr viel Schlamm mitführt, erhöht er fortgesetzt sein Bett, tritt bei Hochwasser häufig über die Ufer und verändert oft seinen Lauf. Der Jang-tse-kiang durchfließt das lößlose Bergland Südchinas, tritt jedoch vor seiner Mündung in das Lößgebiet des Landes ein. Da der Lößboden durch diese beiden Riesenströme und ihre vielen Nebenflüsse reich bewässert wird und die Sommermonsune häufig Regen bringen, ist das eigentliche China ein sehr fruchtbares Land.

4. **Kultur des eigentlichen China.** a) Das Volk. Seit undenklichen Zeiten wird China von einem mongolischen Volksstamme bewohnt. Die Chinesen haben weizengelbe Hautfarbe, dunkle, straffe Haare, hervorstehende Backenknochen und schiefgeschlitzte Augen. Vor drei Jahrhunderten wurden sie von den Mandschu, die aus der Mandschurei eindrangen, unterworfen und gezwungen, das Haar zum Zeichen des Gehorsams in einen Zopf zu flechten. In unserer Zeit haben sich aber die Chinesen von der Herrschaft der Mandschu wieder befreit. Ihre Religion gebietet den Chinesen die Anbetung des Himmels und die Verehrung der Ahnen. Daher halten es auch die Kinder und jüngeren Leute für ihre erste Pflicht, die Eltern und das Alter zu ehren. Missionare breiten jetzt in China das Christentum aus.

b) Bevölkerungsdichte. Obgleich das eigentliche China noch nicht halb so groß wie Europa ist, hat es doch fast ebensoviel Bewohner (407 Mill.). Da der Boden für Wohnplätze zu kostbar ist, haben sich im nördlichen Tieflande viele Millionen Menschen in den steilen Lößwänden der Täler und am Abfalle des Hochlandes Höhlenwohnungen geschaffen. Im südlichen China sieht man sogar auf den Strömen Tausende von schwimmenden Häusern und viele Schiffe, die zur Wohnung dienen.

Trotzdem kann das Land die Bewohner nicht alle ernähren. Viele von ihnen wandern daher in die Nachbarländer sowie nach Australien und Amerika aus. Bei ihrer großen Genügsamkeit sind die Chinesen mit einem sehr geringen Verdienste zufrieden und verdrängen dadurch die Arbeiter europäischer Abstammung, die nicht von ein paar Händen voll Reis den ganzen Tag leben können. Nachdem sie durch großen Fleiß ausreichende Ersparnisse gemacht haben, kehren sie wieder in ihr Vaterland zurück, das sie über alles lieben.

c) Ausnutzung des Bodens. Der größere Teil der Bevölkerung beschäftigt sich mit Ackerbau. Durch unermüdlichen Fleiß haben die Chinesen ihr Land in ertragreiche Felder umgewandelt.

Seit den ältesten Zeiten wird in China der Teestrauch angepflanzt. Das Hauptnahrungsmittel des Volkes ist der Reis. Darum gehört er zu den fünf heiligen Pflanzen (Reis, Weizen, Gerste, Hirse und Bohnen). Durch viele kleine Kanäle werden die Felder berieselt. Aus dem milchigen Safte der unreifen Mohnkapseln gewinnt man das wertvolle Opium. Es ist gleich dem Morphium, das aus ihm hergestellt wird, ein wichtiges Arzneimittel. Die unerträglichsten Schmerzen werden dadurch gestillt, und der Kranke verfällt in den ersehnten Schlaf. Das Opium wird aber auch wie der Tabak geraucht. Wer sich diesem Laster ergibt, zerrüttet nach und nach seine Gesundheit und sinkt vorzeitig in das Grab. Deshalb hat die chinesische Regierung jetzt den Verkauf von Opium verboten. In dem wärmeren Südchina, das sich bis in die heiße Zone erstreckt, gedeihen Baumwolle und Zuckerrohr. Große Verdienste haben sich die Chinesen um die Zucht der Seidenraupe erworben.

Für die Viehzucht (Rinder, Schafe, Schweine) läßt der Ackerbau nur wenig Land übrig. Auch Bergbau wird trotz des Reichtums an unterirdischen Schätzen (besonders an Steinkohlen) bis jetzt nur wenig betrieben.

d) Gewerbe. Die chinesischen Handwerker sind so geschickt, daß ihre Arbeiten (Seiden- und Baumwollengewebe, Elfenbeinschnitzereien, Bronzegeräte und lackierte Holzwaren, z. B. Schränkchen, Kästen, Teller) uns mit Hochachtung vor ihrer Kunstfertigkeit erfüllen. Daß sie auch in der Baukunst Vortreffliches leisten, beweisen die eigenartigen, turmhohen Tempel (Pagoden), ferner die „große Mauer", die sie im Norden des Landes zum Schutze gegen Überfälle feindlicher Völker aufgeführt haben, sowie der Kaiserkanal, der den Süden mit dem Norden des Landes verbindet.

Die Chinesen machten schon vor mehr als 2000 Jahren viele Erfindungen, die in Europa erst seit wenigen hundert Jahren bekannt sind. So erfanden sie den Kompaß, der ihnen die Reisen durch die weiten Wüsten ermöglichte, das Schießpulver, aus dem sie aber nur Feuerwerkskörper für ihre Feste herstellten, das Porzellan, das ihnen zu Wirtschafts- und Schmuckgegenständen diente, die Tusche, mit der sie farbenprächtige Malereien ausführten, sowie den Buchdruck, durch den sie das Wissen der Gelehrten zu allgemeiner Kenntnis brachten.

e) Die Chinesen und die Fremden. Durch die bedeutenden Fortschritte, welche die Chinesen schon in alter Zeit auf allen Gebieten machten, wurden sie stolz und sahen mit hochmütiger Verachtung auf andere Völker herab. Sie verweigerten den Fremden hartnäckig den Zutritt in ihr Land, so daß sie sich die Erfahrungen fremder Nationen nicht zunutze machen konnten. Infolgedessen blieben sie trotz ihrer bewunderungswürdigen Emsigkeit hinter anderen Völkern zurück; sogar ihre Industrie und ihre Handfertigkeit können sich heute mit derjenigen der Europäer nicht messen. Da die Europäer das dichtbevölkerte Land als Absatzgebiet für ihre Waren brauchen, haben sie mit Gewalt den Eintritt erzwungen.

f) Handelswege. Der von Jahr zu Jahr an Bedeutung zunehmende Handel mit China hat auch eine Veränderung der Handelswege bewirkt. Früher führten von Europa nur wenige Karawanenstraßen nach diesem Lande. Jetzt durcheilt die Eisenbahn die weiten Flächen Sibiriens und der Mandschurei, und zahlreiche Ozeandampfer vermitteln den Verkehr. Früher mußten die Schiffe den weiten Weg um die Südspitze von Afrika nehmen; seit 1869 kürzt aber der Sueskanal die Fahrzeit bedeutend ab. Ein Brief gelangt von Berlin nach der deutschen Besitzung Kiautschou auf dem Eisenbahnwege über Sibirien in kaum 3, auf dem Seewege über Sues in etwa 6 Wochen.

g) Handelsorte. Da man im Innenlande den Fremden noch feindlich gesinnt ist, haben die europäischen Kaufleute ihre Handelshäuser zumeist an der Küste errichtet. Hier liegen sehr volkreiche Städte, die meist im Rechteck angelegt und von einer hohen Mauer umgeben sind. In den engen, unsauberen Straßen reiht sich Laden an Laden. Weit heraushängende, bunte Firmenschilder zeigen in senkrechten Schriftreihen die zum Verkauf gestellten Waren an. Handelsleute, Ausrufer, Handwerker, Arbeiter (Kulis) mit Tragstühlen oder einrädrigen Schubkarren drängen sich auf den Steinplatten der Gassen. Im Süden, dem Lande des Tees, liegt Kanton (900). Ihm gegenüber, auf der den Engländern gehörenden Insel Hongkong, ist Viktoria (170) eine für Schiffahrt und Handel wichtige Stadt geworden. Weiter nördlich folgt am Jang-tse-kiang Nanking (270; Baumwollenstoff!). Es liegt in einer Landschaft, die gleichfalls reich an Tee und Baumwolle ist. Unweit der Mündung des Stromes ist Schanghai (650) entstanden, das den bedeutendsten Hafen Chinas besitzt. In Nordchina liegt die Hauptstadt Peking (1,6 Mill.). Ihr Hafenort ist Tientsin (800) am Gelben Meer.

Straße in Kanton.

Fremder Besitz. Einige europäische Mächte haben in China Gebiete als Stützpunkte für ihren Handel und ihre Schiffe erworben. Im Süden des Landes besitzen die Franzosen, die Portugiesen und die Engländer seit längerer Zeit Teile der chinesischen Küste.

5. **Kiautschou.** Auch in Deutschland hegte man den Wunsch, für die deutschen Schiffe einen eigenen, sicheren Hafen in den ostasiatischen Gewässern zu besitzen. Da sich nämlich der deutsche Handel in China immer mehr ausbreitete, entstand die Notwendigkeit, die dort wohnenden Angehörigen der deutschen Nation und ihr Eigentum durch die deutsche Kriegsflotte zu schützen. Im Jahre 1898 erwarb deshalb das Deutsche Reich das Gebiet von Kiautschao von China pachtweise auf 99 Jahre. Es ist etwa so groß wie das Stettiner Haff mit Usedom und Wollin und liegt an der Südostseite der Schantunghalbinsel unter derselben geographischen Breite wie die Straße von Gibraltar. Während die Häfen des Gelben Meeres trotz ihrer südlichen Lage infolge der Kälte des Wintermonsuns einige Monate im Jahre vereisen, bleibt die Kiautschou-Bucht eisfreit. Der Hauptort des Pachtgebietes, Tsingtau, beherrscht die Einfahrt in die Bucht. Die Täler des Berglandes, das sich landeinwärts erhebt, sowie die Niederungen, die sich von der Küste her in das Binnenlandes erstrecken, sind mit fruchtbarem Löß bedeckt. Die Eingeborenen be-

schäftigen sich daher vorwiegend mit Ackerbau. — Von außerordentlicher Bedeutung sind die Rechte, die das Deutsche Reich auf der Halbinsel Schantung erhalten hat: nur Deutsche dürfen in dem steinkohlenreichen Lande Bergwerke anlegen und Eisenbahnen bauen, durch die der deutsch-chinesische Handel sicher einen großen Aufschwung nehmen wird. Ausgeführt werden Strohgeflechte (zur Hutfabrikation), Seide und Schweinsborsten, eingeführt dagegen Metall- und Baumwollenwaren, Zucker, Petroleum und Farbstoffe.

6. **Nebenländer Chinas.** a) Das Tiefland der Mandschurei besteht aus fruchtbarem Acker- und gutem Weideland. Die Randgebirge sind reich an Wald. Der nördliche, kleinere Teil am Unterlaufe des Amur gehört den Russen. Der Hafenort Wladiwostok ist der Endpunkt der großen sibirischen Eisenbahn.

b) Die Mongolei und die Dsungarei schließen sich im Westen an die Mandschurei an. Beide Länder bestehen aus Steppen und Wüsten, die von abgehärteten, mongolischen Hirtenvölkern bewohnt werden. An der uralten Karawanenstraße zwischen China und Europa liegt — der russischen Stadt Kiachta gegenüber — die mongolisch-chinesische Stadt Maimatschin (6). Eine andere Straße führt durch die Dsungarei.

c) Ostturkistan hat die Gestalt eines Beckens, das von hohen Randgebirgen eingeschlossen wird. Die zahlreichen Flüsse, die auf den Gebirgen entspringen, bewässern die Bergabhänge und die Landstriche an ihrem Fuße. Hier gedeihen daher Weizen, Reis, Mais und Obst. Im Innern Ostturkistans versiegen die Flüsse aber infolge der großen Sonnenwärme. Deshalb finden sich dort fast nur öde Steppen und steinige Wüsten. Die Bewohner sind ein Reitervolk türkischen Stammes.

d) Tibet ist das Land der Erde, das die höchste Lage besitzt. Die Bewohner sind Mongolen und Anhänger des buddhistischen Glaubens (S. 99). Die Hauptstadt ihres Oberpriesters heißt Lasa (25). Als Reit- und Lasttier dienen den Tibetanern das Trampeltier und der Jak, ein langhaariges Rind.

7. **Korea.** Südöstlich der Mandschurei liegt auf einer Halbinsel das Königreich Korea, das zu Japan gehört. Es hat fast die Größe Italiens und wird von einem mongolischen Volksstamme bewohnt, der den Chinesen nahe verwandt ist. In den fruchtbaren Niederungen Koreas gedeiht viel Reis. Die Hauptstadt ist Söul (schaul; 190).

2. Japan.

1. **Lage und Bodengestalt.** Dem ostasiatischen Festlande sind in einem flachgekrümmten Bogen zahlreiche Inseln vorgelagert, die das Kaiserreich Japan bilden. (Nenne die größten dieser Inseln und die Meere, von denen ihre Küsten bespült werden! Vergleiche die Lage Japans mit derjenigen Englands!) Das Land ist sehr gebirgig und reich an feuerspeienden Bergen; Erdbeben sind daher häufige Erscheinungen (jährlich mehr als 1000). Die Japaner wohnen darum meist in einstöckigen Häusern aus Holz; denn niedrige, leicht gefügte Gebäude widerstehen den Erdschwankungen besser als hohe, schwere Steinbauten. Sie richten auch beim Einsturze geringeren Schaden an. Eine Stadt, die aus solchen Häusern besteht, nimmt freilich eine sehr große Fläche ein (s. London, S. 83!). Darum hat auch Tokyo, die Hauptstadt des Landes, trotz seiner etwa gleichen Einwohnerzahl (2,2 Mill.) einen viel größeren Umfang als Berlin.

2. **Klima und Bewässerung.** Der Sommermonsun bringt dem Lande Wärme und Regen. Der Wintermonsun dagegen hat, wenn er Japan erreicht, bereits viel von seiner Kälte und Trockenheit verloren. Das Japanische Meer wird nämlich von einem Arme des warmen Meeresstromes durchzogen, der von Süden kommt und an Japan vorüberflutet. Das Klima der Inseln, die mit den Mittelmeerländern unter

gleicher geographischer Breite liegen, ist daher milde. Obgleich die Berge Japans fast bis zur Höhe der Alpen emporragen, sind sie doch nur während des Winters mit Schnee bedeckt. Durch die Schmelzwasser der Schneemassen und die Regen der Sommermonsune werden die Inseln vortrefflich bewässert. Die vielen kurzen Flüsse sind aber wegen des starken Gefälles und der großen Schuttmengen, die sie talwärts tragen, nicht schiffbar.

3. **Fruchtbarkeit und Bodenschätze.** Das milde Klima und die reichliche Bewässerung machen den vulkanischen Boden Japans ertragreich. Daher ist der Ackerbau die Hauptbeschäftigung des Volkes. Selbst die Abhänge der Berge sind mit fruchtbaren Feldern bedeckt, auf denen dieselben Nutzpflanzen wie in China gedeihen (nenne sie!). Viehzucht (Pferde, Rinder) wird dagegen nur wenig getrieben. Sogar das Pferd findet erst seit kurzer Zeit Verwendung. Arbeiter (Kulis) bewegen die in ganz Ostasien gebräuchlichen, zweirädrigen Last- und Personenfuhrwerke fort. Auch Sänften und Tragstühle sind vielfach in Gebrauch. In den Bergwerken gewinnt man Steinkohlen, Eisen- und Kupfererze sowie ausgezeichnete Porzellanerde. Das fischreiche Meer liefert ebenfalls hohe Erträge, besonders dort, wo der erwähnte warme Meeresstrom mit einem kalten, der von Norden kommt, zusammentrifft. Die im Meere schwimmenden kleinen Lebewesen sammeln sich nämlich hier in großen Mengen an, weil sich das Wasser staut. Da sie vielen Fischen zur Nahrung dienen, strömen diese auch in riesigen Scharen herbei. (Vgl. mit der Bank von Neufundland S. 121!)

4. **Bevölkerung.** a) Das ertragreiche Land ist imstande, eine große Menschenmenge zu ernähren. Daher ist Japan auch überaus dicht bevölkert. Die Japaner ähneln in ihrem Aussehen den Chinesen. Sie tragen lange Gewänder aus Seide oder Baumwolle; doch kleiden sich die Vornehmen vielfach bereits nach europäischer Art. Die Japaner sind Buddhisten (S. 99, 5). Das Christentum hat bei ihnen noch weniger Eingang gefunden als bei den Chinesen. Die Hauptnahrung des Volkes besteht wie in China aus Reis, Fischen und Gemüse. Beim Essen werden nicht Messer und Gabel, sondern zwei Holzstäbchen benutzt.

b) In allen Gewerben waren die Japaner lange Zeit gelehrige Schüler ihres festländischen Brudervolkes. Jetzt haben sie es aber in vielen Beziehungen weit überholt. Der japanische Kaiser (Mikado) förderte nämlich das Bildungsstreben seines Volkes, wo er nur konnte. Er öffnete den Europäern sein Land und schickte viele lernbegierige japanische Jünglinge nach Europa. Sie sollten dort in Schulen, Fabriken und Werkstätten studieren. Heimgekehrt, verwendeten sie dann ihre Kenntnisse zum Nutzen des Vaterlandes: man baute nach europäischem Muster Eisenbahnen, errichtete Postämter und Schulen, legte Bergwerke an, gründete Fabriken usw. Auch das japanische Heereswesen wurde nach dem Vorbilde des europäischen geordnet, so daß gegenwärtig die Japaner das mächtigste selbständige Volk Asiens sind.

5. **Handel.** Europäer und Amerikaner treiben mit Japan lebhaften Handel. Sie führen die Erzeugnisse ihrer Länder dorthin aus (Deutschland z. B. Farbstoffe, Metallwaren, Wollengewebe und geschliffene Glaswaren) und bringen dafür Seide, Kupfer, Kampfer, Papier- und feine Lackwaren zurück. Wegen des seichten Wassers können tiefgehende Seeschiffe allerdings nicht bis zur Hauptstadt Tokyo gelangen. Ihre Hafenstadt ist Yokohama (390). In den letzten Jahren hat aber Nagasaki (180), das einen vorzüglichen Hafen besitzt und der chinesischen Küste näher liegt, den Haupthandel an sich gezogen.

3. Vorderindien.

Vorderindien hat die Gestalt eines Vierecks, das durch den Wendekreis des Krebses in ein nördliches und ein südliches Dreieck geschieden wird. Im Nordosten und im Nordwesten bilden Gebirge die Grenzen (nenne sie!); die beiden anderen Seiten werden vom Indischen Ozeane (Meeresteile?) bespült. Im Süden ist der Halbinsel die Insel Ceylon vorgelagert, die durch die Palk-Straße vom Festlande getrennt wird. Das gesamte Gebiet ist fast siebenmal so groß wie das Deutsche Reich.

1. **Der Himalaja** (d. h. Wohnung des Schnees) ist das höchste Gebirge der Erde. Viele seiner Spitzen sind über 7000 m hoch; der Mount Everest (maunt ewerest) erreicht sogar eine Höhe von 8840 m (höchster Berg der Erde). Die Kämme des Gebirges, die sich im Bogen von Nordwesten nach Südosten erstrecken, sind durchschnittlich höher als der Montblanc. Sie überragen aber das dahinter liegende Hochland von Tibet nur wenig. Aus dem Tieflande im Süden steigt der Himalaja steil auf. Wenn man ihn von dort aus betrachtet, hat man daher einen prächtigen Anblick. Da die Wolken der Sommermonsune sich an den Schneebergen abkühlen, erhalten die Südabhänge des Gebirges sehr viel Regen. Einzelne Orte haben jährlich etwa 20 mal so viel Niederschläge wie das Norddeutsche Flachland. Der Himalaja ist darum das Quellgebiet großer Ströme: Indus, Brahmaputra und Ganges entspringen dort mit vielen ihrer Nebenflüsse. Sie haben wie alle Gebirgswasser im Laufe der Zeiten ungeheure Mengen von Steingeröll und Erde mit sich fortgerissen. Auf diese Weise wurde der Meerbusen, der sich vor vielen Jahrtausenden zwischen dem Gebirge und dem südlicher gelegenen Hochlande Dekan ausdehnte, zugeschüttet. So ist das Tiefland Hindostan entstanden. An den Mündungen des Indus und Ganges kann man noch heute beobachten, wie sich fortgesetzt Land bildet. (Vgl. mit der Poebene!)

2. **Hindostan.** a) Indusgebiet. Die Ebenen am Mittel- und Unterlaufe des Indus werden von den Sommermonsunen nicht berührt. Hier herrscht darum große Trockenheit. Östlich vom Indus dehnt sich sogar eine Wüste aus. Am Südwestfuße des Himalaja dagegen fließen 5 wasserreiche Gebirgsflüsse zum Indus. Die von ihnen durchströmte Ebene, das Fünfstromland (Pandschab), ist fruchtbar. Auch die Gebirgstäler dieser Flüsse und die Hochflächen, die sich im Gebirge finden, sind überaus ertragreich, so besonders das herrliche, gartenähnliche Land Kaschmir. Von dort erhalten wir die kostbaren Schals, die aus den Haaren der Kaschmirziege angefertigt werden.

b) Ganges- und Brahmaputragebiet. Die Flüsse vermögen die gewaltigen Wassermassen, die vom Himalaja herabkommen, zeitweise nicht zu fassen und überfluten das Land. Am Fuße des Gebirges dehnt sich daher ein weiter, mit Schilf und Bambusrohr dicht bewachsener Sumpfgürtel (Dschungeln) aus. In diesen undurchdringlichen Dickichten leben u. a. das riesige Nashorn, der blutgierige Tiger und die von den Indern göttlich verehrte, giftige Brillenschlange. Die höher gelegenen Urwälder werden von Elefanten, Affen und vielen buntgefiederten Vögeln bewohnt; der Pfau hat dort seine Heimat. — Die breite Tiefebene, das eigentliche Hindostan, wird durch den Ganges und seine Nebenflüsse reichlich bewässert. Da die kalten Wintermonsune wegen der Höhe des Himalaja die Tiefebene nicht erreichen, herrscht in Hindostan während des ganzen Jahres ein mildes Klima. Die Wärme und Feuchtigkeit bringen auf dem fruchtbaren Boden üppigsten Pflanzenwuchs hervor. In den weiten Niederungen gedeiht an den Flüssen der Reis, der hier jährlich eine viermalige Ernte liefert. Auch Weizen, Baumwolle, Mohn und viele andere Gewächse geben reiche Erträge. Ergiebige Steinkohlenlager finden sich in den südöstlichen Gebieten. Sie begünstigten das Aufblühen der Maschinen- und Metallindustrie, der Baumwollen-, Wollen- und Seidenweberei. In der besonders ertragreichen Landschaft Bengalen vereinigen sich Ganges und Brahmaputra. Ihr mächtiges Delta (größer als Bayern) ist von Dschungeln bedeckt (Heimat der Cholera!).

3. **Das Hochland Dekan** ist von Randgebirgen umgeben. Die Wolken der Sommermonsune regnen sich am westlichen Bergrande ab. Hier befinden sich deshalb auch die Quellen vieler Flüsse. Da sich das Land nach Osten senkt, fließen sie dem Bengalischen Meerbusen zu. Das regenarme Innenland, welches Gold und kostbare Diamanten liefert, wird zum großen Teil von Grassteppen eingenommen; doch hat man jetzt auch Pflanzungen von Baumwolle angelegt.

4. **Die Insel Ceylon** ist von paradiesischer Fruchtbarkeit. Das Land ist weithin mit Tee- und Kaffeepflanzungen sowie mit Kokoshainen bedeckt; auch Gewürze, besonders Zimt und Pfeffer, gedeihen in dem feuchtwarmen Klima vortrefflich. Das Erdinnere birgt prächtige Edelsteine. Auf dem Grunde des angrenzenden Meeres lebt die Perlmuschel.

5. **Bewohner.** a) Das Volk und seine Religion. Infolge der großen Fruchtbarkeit ist Vorderindien, und zwar besonders Hindostan, sehr dicht bevölkert. Es wird von den Hindu bewohnt, einem Volksstamme, der mit den Germanen verwandt ist.

Die Hindu glauben, daß ihr Gott Brahma (d. h. Schöpfer) die Menschen in verschiedene Stände (Kasten) geteilt habe. Es wurden von ihm Priester, Krieger, Ackerbauer, Handeltreibende, Handwerker und Diener geschaffen. Ein jeder Mensch ist also schon durch seine Geburt gezwungen, den Beruf des Vaters zu ergreifen, und er kann niemals in einen anderen Stand eintreten. Gegen dieses Kastenwesen trat Buddha (d. h. Erretter) auf. Er stiftete eine neue Religion, die man Buddhismus nennt. Sie lehrt die Gleichheit aller Menschen und gebietet, ein Leben voll Tugend und Nächstenliebe zu führen. Der Buddhismus wurde aber von den Brahmanen aus Vorderindien verdrängt. Er ist heute besonders in Tibet, Hinterindien, China und Japan verbreitet; doch werden von seinen Anhängern die edlen Lehren Buddhas kaum noch beachtet. Zahllose Priester wohnen in Klöstern und halten ein tatenloses Dasein für verdienstvoller als ein solches, das der Arbeit gewidmet ist. Feierliche Umzüge, Bußübungen und Wallfahrten füllen ihr Leben aus.

b) Kultur. Wie die Chinesen besaßen die Hindu bereits in alter Zeit eine hohe Kultur. Ihren Göttern bauten sie in Felswänden bewundernswerte Tempel, die sie mit köstlichen Bildwerken schmückten. Die Macht der Gottheit priesen sie in herrlichen Dichtungen. Auch in verschiedenen Kunstgewerben waren und sind sie Meister. Sie stellen prächtige Schmucksachen und Geräte aus Metall her und weben farbenreiche Teppiche sowie feine Seiden- und Baumwollenzeuge. Unsere Ziffern, die wir die arabischen nennen, weil sie uns durch die Handel treibenden Araber bekannt geworden sind, haben sie erfunden.

c) Politische Verhältnisse. In dem reichen Lande vermochten die Hindu ohne Anstrengung ihren Lebensunterhalt zu erwerben. Sie verweichlichten daher und wurden unkriegerisch, so daß sie leicht zu unterwerfen waren. Nach der Entdeckung des Seeweges nach Ostindien setzten sich die Europäer auf der Halbinsel fest. Heute steht sie ganz unter der Herrschaft der Engländer.

6. **Handel und Handelsplätze.** Die außerordentliche Fruchtbarkeit des Bodens die unerschöpflichen Reichtümer des Erdinnern und die Kunstfertigkeit der Bewohner brachten Vorderindien schon in alter Zeit in den Ruf eines Wunderlandes. Dadurch

wurden Handel treibende Völker angelockt. An Stelle der Karawanenwege sind jetzt Straßen und Eisenbahnen getreten, auf denen die Waren leicht an die Küste gebracht werden können. Dort sind große Handelsorte entstanden, von denen zahlreiche Schiffe die Schätze des Landes in alle Welt befördern. Von Kalkutta (1,1 Mill.), das am Gangesdelta liegt, werden die Reichtümer Hindostans ausgeführt. Der westliche Hafenort ist das auf einer Insel gelegene Bombay (780). Bedeutende Handelsmittelpunkte im Innern sind für Hindostan Delhi (210) und Benares (210; das indische Rom) sowie Lahore (200) im Fünfstromlande. Die Stadt Colombo (160) auf der Insel Ceylon ist eine wichtige Schiffsstation (Kohlenniederlage) an dem großen Seewege von Europa nach Indien und Ostasien.

4. Hinterindien und Malaiische Inseln.

1. **Hinterindien.** a) Das Land. Hinterindien hat die Gestalt einer geballten Faust mit ausgestrecktem Zeigefinger. Die Bergketten des Himalaja und anderer Randgebirge Tibets biegen fächerartig nach Süden um und stellen gleichsam das Gerippe der Halbinsel dar. Der mittelste Gebirgszug reicht am weitesten nach Süden und bildet die zinnreiche Halbinsel Malaka, die den Indischen vom Großen Ozeane scheidet (Meeresteile?). In die mächtigen Gebirgstäler, in denen die Ströme dem Meere zueilen, dringt von Süden her die warme und feuchte Luft der Sommermonsune ungehindert ein. Daher sind die Gebirge dicht bewaldet und ihre breiten Täler außerordentlich fruchtbar (Reis). Pflanzen- und Tierwelt haben große Ähnlichkeit mit der Vorderindiens. Unter den Elefanten kommen auch solche von fast weißer Farbe vor. Ihnen wird in einem Teile der Halbinsel, in Siam, göttliche Verehrung zuteil.

b) Die Bewohner Hinterindiens sind Mongolen (viele eingewanderte Chinesen). Besonders die fruchtbaren Flußniederungen haben eine sehr dichte Bevölkerung. Wie in China ist daher das Land sorgsam angebaut und zur Anlage von Wohnungen vielfach zu wertvoll. Deshalb hat man an den Flüssen (z. B. am Menam) Pfähle in das Wasser gerammt und darauf Häuser gebaut (Pfahlbauten) oder auf Bambusflößen einfache Hütten errichtet. Bangkok (630) am Menam ist die bedeutendste Stadt des Kaiserreiches Siam, des einzigen noch selbständigen Staates der Halbinsel. — Den Engländern gehören der Westen Hinterindiens, das Land Barma und der Süden von Malaka mit der Stadt Singapore (180), die für Schiffahrt und Handel von außerordentlicher Wichtigkeit ist. Da sie an dem Seewege von Europa nach Ostasien liegt, pflegen die Dampfschiffe hier Kohlen einzunehmen. Außerdem ist Singapore Stapelplatz der Waren Hinterindiens und der ihm vorgelagerten Inseln. — Die Ostküste der Halbinsel ist im Besitze der Franzosen.

2. **Die Malaiischen Inseln.** Die hinterindischen Gebirge setzen sich gleichsam in den Malaiischen Inseln fort, die das Festland in zwei kranzähnlichen Bogen umlagern. Viele von ihnen besitzen tätige Vulkane und werden häufig von Erdbeben heimgesucht. Die Bevölkerung wohnt daher wie in Japan meist in einstöckigen Häusern. Die gesamte Inselwelt gliedert sich in vier Hauptgruppen: die Großen Sundainseln (Sumatra, Java, Borneo, Celebes), Kleinen Sundainseln, Molukken und Philippinen.

Die Inseln, die inmitten eines warmen Meeres liegen, haben ein feuchtwarmes Klima (ungesund für Europäer). Der fruchtbare, vulkanische Boden kann daher einen ungemein üppigen Pflanzenwuchs hervorbringen. Die Berge sind bis zu ihren Gipfeln mit dichten Wäldern bedeckt (Farbhölzer, Ebenholz), die von Orang-Utan (auf Sumatra und Borneo), Tiger und vielen anderen Tieren belebt werden. In den Niederungen und auf den unteren Bergabhängen breitet sich ertragreiches Ackerland aus. Hier gedeihen Reis, Zuckerrohr, Kaffee, Kakao, Tee und Tabak. Sehr zahlreich sind auch die Gewürzpflanzen (Pfeffer, Muskatnuß, Gewürznelken usw.), die namentlich auf den Molukken oder Gewürzinseln angebaut werden.

Infolge der Fruchtbarkeit des Bodens ist die Bevölkerung in einzelnen Gebieten sehr dicht, besonders in Java, das von allen Inseln am besten angebaut ist. Die Bewohner sind zum größten Teil Malaien, ein den Mongolen verwandter Volksstamm. Durch die Araber wurden sie dem Islam zugeführt. Die meisten Inseln sind im Besitze der Niederländer (Batavia auf Java; 140). Die Philippinen gehören den Vereinigten Staaten von Nordamerika.

Deutschland stand vor dem Weltkriege mit ganz Ostindien, so nennt man Vorderindien, Hinterindien und die Malaiischen Inseln zusammengenommen, in lebhaftem Handelsverkehr; Ostindien war nämlich ein wichtiges Absatzgebiet unserer Industrie, insbesondere für Webwaren, Maschinen und Farbstoffe. Nenne die Waren, die wir aus jenen Ländern erhielten!

II. Südwest- oder Vorderasien.

1. Iran.

1. **Lage und Bodengestalt.** Iran ist ein Hochland, das etwa die fünffache Größe von Deutschland hat. Es wird auf allen Seiten von Gebirgen begrenzt. Im Osten fällt es zum Tieflande des Indus, im Norden zum Tieflande von Turan und zum Kaspischen Meere, im Südwesten zu dem Tieflande von Mesopotamien, dem Persischen Meerbusen und dem Arabischen Meere steil ab. Im Nordosten geht es in das Hochland von Innerasien, im Nordwesten in das von Armenien über.

Das weite Gebiet wird von vielen Kettengebirgen durchzogen, zwischen denen sich größere oder kleinere Mulden ausbreiten. Sie sind, wie die Hochflächen Innerasiens, teils mit Sand, teils mit Löß bedeckt. Das höchste Gebirge ist der Alburs, der sich an der Küste des Kaspischen Meeres erhebt.

2. **Klima und Fruchtbarkeit.** An den Gebirgen kühlen sich die Wolken der Seewinde ab, so daß sie dort ihre Feuchtigkeit verlieren. Die Bergabhänge und die Gebiete an ihrem Fuße sind daher meist reichlich bewässert. Da die Bewohner dieser Landschaften den Boden auch fleißig berieseln, trifft man hier fruchtbare Getreide-, Mohn-, Tabak- und Baumwollenfelder sowie ertragreiche Wein- und Obstgärten an. Deshalb sind diese Gegenden, in denen u. a. die Pfirsiche heimisch ist, dicht bevölkert. Während der eine Teil der Bewohner Acker- und Gartenbau treibt, versteht der andere farbenprächtige Webereien (Teppiche, Seidenwaren) herzustellen, die in allen Ländern gern gekauft werden.

Die von den Gebirgen umschlossenen breiten Mulden aber haben unter großer Hitze und solcher Trockenheit zu leiden, daß eiserne Geräte nicht rosten, selbst wenn sie monatelang im Freien liegen. Im Sommer steigt das Thermometer am Mittage nicht selten über $+ 32^0$ C. Wie in Innerasien, kühlt sich aber auch in Iran der Boden in den Sommernächten oft so stark ab, daß Frost eintritt. Im Winter schneit es sogar häufig. Die wenigen Flüsse, die auf den Gebirgen entspringen, verrinnen zumeist im Sande. Vielfach enden sie auch in Sümpfen oder flachen, abflußlosen Seen. Wie früher bereits erwähnt wurde (S. 1), enthält Flußwasser stets

Steppe in Iran mit dem Alburs im Hintergrunde.

etwas Salz. Wenn nun einem solchen Sumpfe oder See jahraus, jahrein Wasser zugeführt wird, der Wasserstand aber infolge der starken Verdunstung nicht zunimmt, so muß der Salzgehalt des Wassers fortgesetzt größer werden. Auf diese Weise sind Salzseen und Salzsümpfe oder Salzsteppen entstanden, die weite Flächen des Hochlandes bedecken. Abgesehen von einigen besser bewässerten Stellen (Oasen) sind die Hochflächen daher öde, unwirtliche Steppen, die vielfach nur dornenstarrende, befilzte Gewächse hervorbringen. Umherziehende Hirten, die besonders edle Pferde, Rinder und zweihöckrige Kamele züchten, sind die einzigen Bewohner dieser Gebiete.

3. **Besitzverhältnisse.** Höhenzüge, die etwa von Norden nach Süden verlaufen, teilen Iran in eine größere westliche und eine kleinere östliche Hälfte. Den Westen umfaßt das Königreich Persien. Die Hauptstadt Teheran (280) liegt am Südfuße des quellenreichen Albursgebirges. In einem fruchtbaren Gebirgstale Südpersiens erhebt sich die „Rosenstadt" Schiras (30). Der Osten ist das Gebiet zweier Staaten. Zu Afghanistan im nördlichen Teile gehört das wichtige Kabultal, das Iran mit Vorderindien verbindet. Belutschistan nimmt den Süden ein.

2. Armenien.

Armenien stellt eine Brücke zwischen den Hochländern von Iran und Kleinasien dar. Während es im Norden bis an das Vorland des Kaukasus reicht, erstreckt es sich im Süden bis an das Tiefland des Euphrat und Tigris. Das ganze Gebiet wird von Gebirgen durchzogen (Ararat), die breite Hochflächen einschließen. Da die Wolken sich an den schneebedeckten Höhen abkühlen und infolgedessen abregnen, sind die Berge quellenreich (Euphrat und Tigris) und mit grünen Matten bedeckt. Auf den hochgelegenen Weiden hüten die mohammedanischen Kurden ihre Schafherden. Nur im Winter sucht dieses räuberische Hirtenvolk die tiefer liegenden Dörfer auf. An dem gut bewässerten Fuße der Gebirge treiben die christlichen Armenier Acker- und Gartenbau (Heimat der Aprikose!). Ihre (nach Südosteuropa) ausgewanderten Volksgenossen sind als schlaue Geschäftsleute bekannt. Die inneren Hochflächen sind zumeist wasserarme Gebiete, deren tiefste Stellen von Salzsteppen, Salzsümpfen oder Salzseen bedeckt werden. Der Norden des Landes ist russisch, der Südosten persisch, der Südwesten türkisch.

3. Kleinasien.

1. **Bodengestalt.** Die Halbinsel Kleinasien ist ein Hochland, das von Gebirgen durchzogen und im Norden und Süden von hohen Bergwällen begrenzt wird. Wir finden daher hier ganz ähnliche Verhältnisse wie in mehreren anderen Landschaften des Erdteils (Innerasien, Iran, Armenien); die Halbinsel ist also gleichsam ein „Asien im kleinen" (Name!).

2. **Küstenlandschaften.** Im Winter führen die Winde, die vom Mittelmeere und vom Schwarzen Meere heranziehen, Regenwolken herbei. Sie werden sowohl vom Taurus im Süden als auch von dem Küstengebirge im Norden aufgehalten und abgekühlt, so daß sie sich abregnen. Deshalb sind die nördlichen und südlichen Küstenländer gut bewässert. Sie haben infolge ihrer südlichen Lage auch ein warmes Klima und sind außerordentlich fruchtbar. Am Nordsaume, wo die Sauerkirsche heimisch ist, gedeiht u. a. der Ölbaum. Im Süden findet sich auch die Dattelpalme. Ganz besonders günstige Verhältnisse haben die westlichen Gebiete Kleinasiens, die vom Ägäischen Meere bespült werden. Kein geschlossener Gebirgswall wehrt hier der milden, feuchten Seeluft den Eintritt in das Küstenland, dem zahlreiche Inseln vorgelagert sind. Diese Gegenden sind von so großer Fruchtbarkeit, daß sie als „Garten Kleinasiens" bezeichnet werden. Orangen, Feigen und Oliven gedeihen an den Abhängen der Berge. Wein-, Kirschen- und Aprikosengärten umkränzen den Fuß der Höhen. Reis-, Mais-, Knoblauch- und Baumwollenfelder bedecken die Niederungen. Dort liegt Smyrna (225), die bedeutendste Stadt der Halbinsel. Da es einen großen und sicheren Hafen besitzt, von dem aus alle wichtigen Orte Kleinasiens leicht erreicht werden können, bildet es einen Stapelplatz für die Produkte der Halbinsel wie für die Erzeugnisse Europas. Die Industrie Smyrnas liefert uns u. a. prächtige Teppiche, in deren Herstellung die Bewohner sehr geschickt sind. Am Bosporus liegt Skutari (80), die asiatische Vorstadt Konstantinopels. Von hier aus durchquert eine Eisenbahn die Halbinsel. Handel und Gewerbe liegen hauptsächlich in den Händen der Griechen, die sich dort niedergelassen haben.

3. **Das Innenland** wird von öden Steppen eingenommen, die denen Irans ähnlich sind. Der spärliche Pflanzenwuchs gestattet den Bewohnern fast nur Schaf- und Ziegenzucht (Angora-Ziege). An einigen Orten wird Meerschaum gewonnen.

4. **Besitzverhältnisse.** Die Türken sind die Beherrscher Kleinasiens und der vorgelagerten Inseln (nur Cypern ist englischer Besitz). Unter ihrer Verwaltung ist die Halbinsel, die vor Christi Geburt blühend und ertragreich war, verödet; denn das Land wird nicht mehr so sorgsam wie in früheren Zeiten bebaut. Häufige Erdbeben trugen gleichfalls zum Verfalle bei. Die Trümmer vieler Städte sind heute noch Zeugen vergangener Pracht.

4. Kaukasien.

Die russische Landschaft Kaukasien liegt nördlich von Armenien zwischen dem Schwarzen und dem Kaspischen Meere. Sie wird von dem Kaukasus durchzogen. Dieses mächtige Gebirge hat die Länge der Alpen, jedoch noch höhere Gipfel (Elbrus 5600 m), die zum Teil mit „ewigem“ Schnee und Eis bedeckt sind. Im Gegensatz zu den Alpen besitzt der Kaukasus fast gar keine Quertäler, so daß er schwer zu überschreiten ist. Daher suchten bedrängte Völker vielfach Zuflucht in ihm. Nur ein Übergang führt von Tiflis (190), der Hauptstadt des Landes, hinüber in das europäische Rußland. Die feuchtwarmen Winde, die vom Schwarzen Meere her wehen, stoßen besonders auf die Südwestseite der großen Gebirgsmauer. Deshalb sind das Bergland und die Niederungen am Schwarzen Meere reichlich bewässert. Da der Kaukasus zudem die kalten, trockenen Landwinde zurückhält, die von den nördlich vorgelagerten Steppen kommen, herrscht hier ein warmes Klima. Auf dem fruchtbaren Boden kommt der Weinstock sogar noch wild vor. Der Osten des Landes, der von den regenbringenden Winden nicht erreicht wird, ist wasserarm und von öden Steppen bedeckt. An der Küste des Kaspischen Meeres finden sich unweit der Stadt Baku (220) ergiebige Petroleumquellen. Baku ist durch eine Eisenbahn, die über Tiflis führt, mit dem Schwarzen Meere verbunden.

5. Mesopotamien.

Euphrat und Tigris schließen auf ihrem Laufe zum Persischen Meerbusen eine Ebene ein, die man Mesopotamien, d. h. „das Land zwischen den Strömen“, nennt. Sie wird im Westen und Osten von trockenen Hochländern begleitet und ist gleichfalls regenarm. Trotzdem hat sie im Altertum in hoher Blüte gestanden. Wenn nämlich auf den Gipfeln der armenischen Gebirge der Schnee schmilzt, treten Euphrat und Tigris über die Ufer und überschwemmen das Land weithin. Da nun die Ströme in ihrem Oberlaufe viel Erde fortreißen, bleibt nach jeder Überschwemmung in der Ebene eine Schlammschicht zurück, die einen befruchtenden Dünger bildet. Einst wurde das Wasser durch Kanäle und Schöpfräder über weite Flächen des Landes geleitet. Verliefen später die Wasser wieder, so wurden die Felder bestellt, und bald glichen sie einem Garten, in dem Reis, Gerste und Weizen üppig gediehen und Dattelhaine reiche Ernten gewährten. Infolge der Fruchtbarkeit des Bodens und der günstigen Lage Mesopotamiens an dem Handelswege von Kleinasien und Syrien nach Persien und Arabien entstanden hier zahlreiche große Städte. Im Norden lag am Tigris das sagenreiche Ninive, und wo sich die beiden Flüsse nähern, blühte am Euphrat das mächtige Babylon. Durch den wachsenden Wohlstand verweichlichten aber die Bewohner. Kriege entvölkerten und verödeten das Land; die Bewässerungsanlagen verfielen, und die Städte wurden zerstört. Zur Zeit Karls des Großen kam unter der Herrschaft der arabischen Kalifen (der Nachfolger Mohammeds) noch einmal eine Blütezeit für Mesopotamien. Bagdad galt damals als größte (angeblich 2 Mill.), glänzendste und reichste Stadt der Erde. Als aber später das Land von den Türken erobert wurde, verfiel es immer mehr; gegenwärtig hat Bagdad nur noch etwa 125 000 Einwohner. Im oberen Mesopotamien ist jetzt Mosul (70; Musselinzeug) die einzige Stadt von Bedeutung; es liegt am Tigris in der Nähe der Ruinen von Ninive. — Vielleicht kommt in unserer Zeit das Land durch den Bau einer Eisenbahn zu neuer Blüte. Eine deutsche Gesellschaft läßt jetzt nämlich die Bahn, die von Skutari aus Kleinasien durchquert, über Mosul und Bagdad bis zum Persischen Meerbusen weiterführen (Bagdadbahn). Die Fahrzeit von Europa nach Indien und Ostasien wird dadurch stark abgekürzt werden.

6. Syrien.

1. **Bodengestalt.** Wandern wir vom mittleren Euphrat nach Westen, so gelangen wir in die Syrisch-Arabische Wüste. Diese öde Hochfläche fällt zu einem tiefen, grabenartigen Tale ab, das zum Teil vom Jordan durchflossen wird. Jenseit des Tales setzt sich das Hochland fort. Es wird von Kalkgebirgen durchzogen, deren höchste Erhebung der Libanon (3100 m) ist. Haben wir auch diese Landschaft durchschritten, so stehen wir an ihrem terrassenartigen Abfalle zu einem schmalen, tiefliegenden Küstenstriche, den das Mittelmeer bespült. Diese Landschaften bilden zusammen Syrien, das den Türken gehört.

2. **Küstenland.** Die im Winter vom Mittelmeere kommenden Wolken stoßen gegen den westlichen Rand des Hochlandes. Deshalb sind der Küstenstrich sowie die angrenzenden Stufenländer gut bewässert und, da ein warmes Klima herrscht, auch fruchtbar. Die bestbebauten Gegenden liegen am Abhange des Libanon. Wein, Baumwolle, Reis Oliven, Orangen, Zitronen und Feigen gedeihen hier in üppiger Fülle. Das Küstenland war daher schon in alten Zeiten dicht bevölkert. Während die im Süden wohnenden Philister nur Ackerbau trieben, zogen die Phönizier im Norden besonders als Schiffer und Kaufleute auf das Meer hinaus. Ihre wichtigsten Städte, Tyrus und Sidon, waren die Endpunkte des großen Handelsweges aus Indien, Iran und Mesopotamien. Da aber eine Meeresströmung von der Nilmündung her große Sand- und Schlammassen nach Nordosten führt, sind die einst so berühmten Häfen gegenwärtig für die Schiffahrt ohne Wert. Die einzigen Hafenorte, die heute noch einige Bedeutung haben, sind Jafa (20) und Beirut (190).

3. **Libanon und Westjordanland.** Der Libanon (d. h. weißes Gebirge wegen seines Kalksteins) war im Altertum von mächtigen Zedernwäldern bedeckt (Salomos Tempelbau!). Seitdem aber die Türken das Land besitzen, sind die Waldungen abgeholzt und nicht wieder aufgeforstet worden. Das Gebirge besteht aus zwei parallelen Bergzügen, einem westlichen, dem eigentlichen Libanon, und einem östlichen, dem Anti-(d. h. Gegen-)libanon. Sie werden durch eine tiefe Senke voneinander getrennt, die ähnlich entstanden ist wie die Oberrheinische Tiefebene. In diesem Tale strömt der Orontes nach Norden und dann dem Mittelmeere zu, während sich der Jordan vom Antilibanon nach Süden wendet. Der Jordan durchfließt zunächst den flachen und sumpfigen Merom-See, darauf den fischreichen See Genezareth und mündet endlich in das Tote Meer, dessen Spiegel fast 400 m unter dem des Mittelmeeres liegt. Dieses Wasserbecken hat keinen Abfluß und ist so salzhaltig (warum?), daß es nur von wenigen Tieren bewohnt wird. Fische fehlen überhaupt. Die Talsenke, in der das Tote Meer (Name!) liegt, erreicht erst am Roten Meere ihr Ende.

Das Kalkhochland südlich vom Libanon, das sich zwischen Jordan und Küstenebene ausdehnt, ist das Westjordanland, das Land Kanaan. Nur im Winter streichen vom Mittelmeere her Regenwolken darüber hin. Wie im Jura versickern aber die Wasser in dem leicht verwitternden Felsboden, waschen ihn aus und bilden zahlreiche Höhlen. Kanaan ist darum ein trockenes, unfruchtbares Land. Die Kinder

Israel, die hier im Altertum wohnten, sammelten das Regenwasser in tiefen Gruben (Zisternen) und verwandelten durch großen Fleiß die öde Hochfläche in ein Land, „darin Milch und Honig floß". Dort, wo kein Ackerbau möglich war, trieben sie Viehzucht. Ein so sorgsam angebautes Land konnte auch zahlreiche Menschen ernähren. Unter der türkischen Mißwirtschaft wurden die Berge entwaldet, die Bewässerungsanlagen verfielen, und Kanaan verödete. Jerusalem ist jetzt nur noch eine Stadt mittlerer Größe (110), die von Arabern, Juden und Christen bewohnt wird. Alljährlich strömen viele Tausende von Pilgern herbei, um an den heiligen Stätten zu beten. An der Stelle des so hoch berühmten Tempels erblicken wir heute den Kuppelbau einer mohammedanischen Moschee. Für die Christen ist die Kirche zum heiligen Grabe der Ort teuerster Erinnerung. Der Verkehr Jerusalems mit dem Abendlande wird durch eine Eisenbahn gefördert, die die Verbindung mit dem Hafenorte Jafa herstellt.

Nach Süden setzt sich das Kalkhochland in die Halbinsel Sinai fort. Sie hat die Gestalt eines Dreiecks, an dessen Südspitze das hohe, kahle Sinaigebirge liegt (Berg Horeb; Moses).

4. **Ostjordanland.** Im Ostjordanlande, der Syrischen Wüste, findet sich nur während der Regenzeit an einzelnen Stellen Pflanzenwuchs. Am Fuße des Antilibanon dagegen verleihen die Gewässer des Gebirges dem Boden große Fruchtbarkeit. Damaskus (200), das hier gelegen ist, wird daher von schönen Gärten umgeben. Es ist mit dem Hafen von Beirut durch eine Eisenbahn verbunden und der Ausgangspunkt wichtiger Karawanenstraßen.

7. Arabien.

1. **Bodengestalt.** Die Syrische Wüste geht allmählich in das Hochland von Arabien über, das wie das benachbarte Afrika ein hohes Tafelland mit gebirgigen Rändern ist. (Nenne die Grenzmeere!) Die Randgebirge fallen in Stufen steil zu einem schmalen Küstenstriche ab.

2. **Stufenländer.** Die vom Indischen Ozeane her kommenden Seewinde ergießen ihre Regenmengen über die Stufenländer; die Küstenebenen dagegen sind heiße, regenarme und öde Gebiete. Die meisten Niederschläge erhalten die Terrassen im Südwesten. Hier findet sich daher ein sehr üppiger Pflanzenwuchs, so daß die Landschaft mit Recht als das „Glückliche Arabien" bezeichnet wird. Die Dörfer sind von Dattelpalmen, Zitronenbäumen und Weinreben umgeben, und an den Bergabhängen breiten sich Kaffeepflanzungen aus. Der Ausfuhrhafen Mokka hat dem hier geernteten Kaffee den Namen gegeben. Das Harz verschiedener Bäume wird gesammelt und liefert Weihrauch (Räuchermittel), Myrrhen und Balsam (Arzneimittel). An der Südspitze der Halbinsel liegt die Stadt Aden (23), die den Engländern gehört. Sie ist eine wichtige Kohlenstation auf dem Seewege von Europa nach Indien und Ostasien. Die nördlicher gelegenen Stufenländer der Westküste sind regenärmer, daher auch weniger fruchtbar und dünner bevölkert. Bei Mekka (90) steht das größte Heiligtum der Mohammedaner, die Kaaba. Es ist ein würfelähnlicher Bau, in den ein Meteorstein, der heilige „Schwarze Stein", eingemauert ist. In Medina (110) liegt der Prophet Mohammed, der Begründer des Islam, begraben. Der gläubige Mohammedaner pilgert wenigstens einmal in seinem Leben zu jenen Stätten. Die Küste von Südarabien ist größtenteils flach, sandig und unfruchtbar. Das Tiefland am Persischen Golf dagegen erhält durch unterirdische Quellen Feuchtigkeit und ist daher an vielen Stellen ertragreich. Mais, Reis, Baumwolle, Zuckerrohr und Obst (Aprikose) werden hier geerntet

3. **Innenland.** Da die Randgebirge die feuchten Seewinde vom Innenlande fast ganz fernhalten, sind die weiten Hochflächen Wüstengebiete von größter Trockenheit und Öde. Die Mitte des Hochlandes ist hügelig. Im Winter treten hier häufiger Regenfälle ein. Das Wasser sammelt sich dann in den Tälern und Mulden, so daß dort Pflanzenwuchs entstehen kann. In diesen Gegenden leben die wenigen Bewohner (Beduinen). Sie treiben zumeist Viehzucht (Kamele, Pferde, Schafe).

4. **Besitzverhältnisse.** Das westliche und östliche Küstenland ist größtenteils im Besitze der Türken. Die Bewohner des Innenlandes haben sich noch keiner fremden Herrschaft gefügt.

III. Nordwestasien.

Von Iran bis zum Nördlichen Eismeere breitet sich ein weites Tiefland aus; der nördliche Teil senkt sich, wie der Lauf der Flüsse zeigt (nenne sie!), zum Nördlichen Eismeer. Das gesamte Gebiet ist russisch.

1. Turan.

Der südliche Teil der Tiefebene, der zwischen dem Kaspischen Meere und den Randgebirgen Irans und Innerasiens liegt, wird von Turan oder West-Turkistan eingenommen. Die belebenden Seewinde des Indischen Ozeans und des Mittelmeeres erreichen dieses Gebiet nicht. Daher hat es Landklima, und zwar ist der Wechsel der Temperatur zwischen Tag und Nacht sowie zwischen Sommer und Winter so groß, wie sonst an kaum einem anderen Orte der Erde. Während der überaus heißen und trockenen Sommer verrinnen die meisten Flüsse, die von den Randgebirgen kommen, im Sande. Selbst Amu und Syr (Quelle? — Mündung?) vermögen nur ihr Uferland einigermaßen zu bewässern; sonst bildet das ganze Turan eine öde, einförmige Steppe. Wie groß die Verdunstung ist, zeigen Aralsee und Kaspisches Meer. Obgleich sie starken Zufluß haben (nenne die einmündenden Ströme!) und abflußlos sind, werden sie fortgesetzt kleiner, so daß ihr Wasser immer salzhaltiger wird (vgl. S. 101, 2). — Auf die heißen Sommer folgen ungewöhnlich kalte Winter. Furchtbare Schneestürme brausen dann über das Land dahin, und der Amu, der unter süditalischer Breite fließt, ist sogar wochenlang mit Eis bedeckt. Hirten- und Reitervölker türkischen Stammes sind die Bewohner dieser unwirtlichen Gebiete.

Nur in den ständig bewässerten Flußtälern finden sich fruchtbare Felder, auf denen Getreide, Reis, Obst, Baumwolle und Tabak gedeihen. Aber auch hier muß der Mensch durch fleißige Berieselung des Bodens nachhelfen. Die Hauptstadt des Landes ist Taschkent (190).

2. Kirgisensteppe.

Die Landschaft nördlich von Turan steht ebenfalls unter der Herrschaft des Landklimas. Sie ist ein Steppengebiet, das nur nach der Schneeschmelze mit einem reichen Blumenflore bedeckt ist. Das Land wird von einem mongolischen Hirtenvolke, den Kirgisen, bewohnt (Name!). Die Gewässer, die von den innerasiatischen Randgebirgen nach Westen strömen, sammeln sich zumeist in dem abflußlosen Balkaschsee, oder sie enden in andern kleineren Salzseen.

3. Sibirien.

Sibirien ist das weite Gebiet, das sich von der Kirgisensteppe bis zum Nördlichen Eismeere und vom Ural bis zum Großen Ozeane erstreckt. Östlich vom Jenissei geht es in ein Bergland über.

Kirgisensteppe.

a) In Süd- und Mittelsibirien besteht der Boden wie im europäischen Rußland aus fruchtbarer „Schwarzerde". Alle Getreidearten gedeihen dort, und Rinder, Schafe und Pferde werden gezüchtet.

b) An das Ackerland schließt sich im Norden ein breites Waldland an. In seinem westlichen Teile herrscht Nadel-, im Osten dagegen Laubholz vor. Der Waldreichtum Sibiriens wird jedoch erst Bedeutung erlangen, wenn die wertvollen Hölzer durch die große sibirische Eisenbahn, die das Land von Westen nach Osten durchquert, ausgeführt werden können. Bis jetzt schätzt man nur die Pelztiere des Waldgebietes, Zobel, Hermelin, Edelmarder, Fuchs, Eichhörnchen und Bär. Gegen die Tiere wird aber durch die Jägerstämme, welche die Hauptbevölkerung des Waldgürtels bilden, ein so planloser Vernichtungskrieg geführt, daß sie wahrscheinlich bald ausgerottet sein werden. — Fischfang, Acker- und Bergbau stellen weitere Erwerbsquellen dar. Die mächtigen Ströme (nenne sie!) und der Baikalsee sind außerordentlich fischreich. Die Flußtäler und die Waldlichtungen eignen sich meist zur Feldwirtschaft. Die Gebirge sind reich an Mineralschätzen. Der Ural liefert Eisen, Platin, Silber und Gold; in den Gebirgen des Südostens und Ostens gewinnt man Eisen, Gold, Silber, Blei und Graphit (Bleistifte!). Da Sibirien zudem noch mächtige Steinkohlenlager besitzt, könnten die Erze am Orte ihrer Gewinnung verarbeitet werden.

Bewohnt werden diese Gebiete von Eingeborenen und Eingewanderten. Die Eingeborenen sind meist mongolische Völker, die sich durch Jagd oder Fischfang ernähren. Die Eingewanderten sind Russen, die sich hier entweder freiwillig angesiedelt haben, oder dazu gezwungen worden sind. Rußland verbannt nämlich nach Sibirien seine Verbrecher. Diese sind je nach der Schwere ihrer Vergehen zur Zwangsansiedlung oder zur Zwangsarbeit verurteilt. Die Zwangsansiedler führen ein erträgliches Leben; sie

Hundeschlitten in der Tundra.

sind vielfach Ackerbauer und dürfen nur den angewiesenen Wohnort nicht verlassen. Den Zwangsarbeitern dagegen ergeht es überaus traurig. Sie verbringen ihre Tage zumeist in den Bergwerken. An dem Hauptwege, der von Rußland aus durch Sibirien führt, sind die wichtigsten Städte des Landes entstanden: Tobolsk (20), Omsk (80), Tomsk (50), Irkutsk (80) und Kiachta (S. 96, 6b). Die große sibirische Eisenbahn, die in Wladiwostok (90) endet, folgt ungefähr diesem Straßenzuge. Sie kürzt eine Reise von Deutschland nach China gegenüber der Seefahrt um etwa 20 Tage ab und dauert fast 3 Wochen.

c) Tundren. Nördlich vom Waldgebiete dehnen sich wie im nördlichen Teile des europäischen Rußlands öde Tundren aus (Abb. S. 89). Da die Winde des Polarmeeres ungehindert über das Land streichen können, ist es dort außerordentlich kalt. An einzelnen Orten ist eine Kälte von — 70 ^{0} C beobachtet worden, und der Winter dauert fast neun Monate. Das Land gleicht während dieser Zeit einer Schnee- und Eiswüste. Die tieferen Bodenschichten tauen niemals auf. Es kommen sogar Lager reinen Eises vor, in denen man ganze Körper einer ausgestorbenen Elefantenart, des Mammuts, gefunden hat. Die Zähne dieser Tiere liefern für den Handel einen beträchtlichen Teil des vielbegehrten Elfenbeins. Während des kurzen Sommers überzieht sich die Tundra mit Moosen, Flechten und dazwischen eingestreuten Gräsern, Kräutern und Beerensträuchern. Hier weiden die Samojeden und ihnen verwandte Völker ihre Renntierherden. In leichten Schlitten, die meist von Hunden gezogen werden, gleiten sie auch im Sommer pfeilschnell über die weiten, morastigen Flächen. Die großen Ströme, die das Gebiet durchfließen, sind nur wenige Monate im Jahre eisfrei und können deshalb nicht als Verkehrsstraßen dienen.

B. Afrika.

1. **Verhältnis zum Erdganzen.** Afrika liegt auf der östlichen Erdhälfte und ist fast völlig von Meeren umgeben. Durch das Mittelländische Meer wird es von Europa geschieden; beide Erdteile nähern sich an der Straße von Gibraltar und der Insel Sizilien auf kurze Entfernungen. Im Westen wird es durch den Atlantischen Ozean von Amerika, im Osten durch den Indischen Ozean von Australien getrennt. Mit Asien hängt es im Nordosten durch die Landenge von Sues zusammen, die von dem Sueskanal durchschnitten wird. (Bedeutung für den Weltverkehr!) — Afrika ist dreimal so groß als Europa, hat aber viel weniger Einwohner (138 Millionen); auf 1 qkm kommen also durchschnittlich nur etwa 4 Menschen (S. 131).

2. **Gliederung.** Obgleich Afrika nahe an Asien und Europa liegt, traten doch während vieler Jahrhunderte nur seine nördlichen Küstenländer zu diesen Erdteilen in Beziehung. Gleich der Halbinsel Arabien wird Afrika nämlich von einem riesigen Hochlande eingenommen, das meist aus unwirtlichen Wüsten und Steppen besteht. Da das Hochland vielfach von Randgebirgen umgeben ist, die in Stufen zu einem schmalen Küstenstriche abfallen, bilden die Ströme auf ihrem Laufe zum Meere oft Wasserfälle und Stromschnellen, so daß sie nicht als natürliche Wege nach Innerafrika dienen können. Auch durch die geringe Küstengliederung wird der Verkehr erschwert: Meerbusen, die tief in das Land einschneiden, sind fast gar nicht vorhanden (im Westen der Golf von Guinea und im Norden die beiden Syrten). Daher fehlen Halbinseln, und auch an Inseln ist der Erdteil arm. Afrika gleicht also einem Rumpfe ohne Glieder. Durch eine Linie, die vom Golf von Guinea nach Osten zum Golf von Aden verläuft, wird der Erdteil in Nordafrika und Südafrika geschieden.

I. Nordafrika.

1. Die Atlasländer.

Im Nordwesten Afrikas erhebt sich zwischen der atlantischen Küste und der Kleinen Syrte ein mächtiges Gebirge, der Atlas. Es ist etwa zweimal so lang wie die Alpen und erreicht in einzelnen seiner Gipfel Höhen von 4500 m. Die Bergketten umschließen Steppenhochländer, in denen sich Salzseen und Salzsümpfe gebildet haben. Die der Wüste zugewendete Seite erhält nur wenig Niederschläge. Sie ist daher unfruchtbar. Dort, wo am Wüstensaume das Grundwasser hervortritt, gedeihen jedoch Datteln, und auf dürftigen Wiesen weiden Kamele. — Zum Atlantischen Ozeane und zum Mittelländischen Meere fällt der Atlas in Stufenlandschaften ab. Sie haben Mittelmeerklima (S. 68) und bringen bei künstlicher Bewässerung reiche Erträge an Mais, Zuckerrohr, Reis, Baumwolle, Wein und Südfrüchten, besonders Mandeln. Auch feine Gemüsearten werden gezogen, die man im zeitigen Frühjahre erntet und nach Europa versendet. Für die Viehzucht (Schafe, Ziegen, Rinder, Esel und Pferde) ist das Gebiet ebenfalls gut geeignet. In den Wäldern, die die Berghänge bedecken, wachsen Korkeichen und Oliven. An Bodenschätzen finden sich Eisen-, Kupfer- und andere Erze; doch ist Bergbau bisher noch nicht betrieben worden. In der Herstellung von Leder sowie von feinen Seiden- und Wollwaren (Teppichen) sind die Bewohner geschickt. Obgleich das Land also reiche Erträge liefert, ist es doch nur dünn bevölkert. Die Bewohner, Berber und Araber, bekennen sich zum Islam.

Besitzverhältnisse. Das westliche Atlasland wird von dem Sultanat (d. h. Kaiserreich) **Marokko** eingenommen. Die Hauptstädte sind Marokko (50) und Fes (150). Als Hafenstadt hat Tanger (20) an der Straße von Gibraltar Bedeutung erlangt. Wenn auch dem Namen nach der Sultan von Marokko Besitzer des Landes ist, so sind doch in Wirklichkeit die Franzosen die Herren. Deutschland hat für seinen Verzicht auf Marokko als Entschädigung von Frankreich Gebiete in Zentralafrika erhalten, die an Kamerun grenzen. — Die Gebiete östlich von Marokko, **Algerien** und **Tunis,** stehen unter der Herrschaft der Franzosen. Die größte Stadt, Tunis (200), ist Hauptausgangsort des Karawanenhandels. In der Nähe befinden sich die Ruinen von Karthago, einer phönizischen Handelsstadt, die im Altertum große Bedeutung besaß.

2. Die Sahara.

Durch Nordafrika erstreckt sich vom Roten Meere bis zum Atlantischen Ozeane eine ungeheure Wüste, die Sahara (fast so groß wie Europa). Sie ist ein Hochland, das viele ansehnliche Erhebungen besitzt. Ihre Südgrenze wird durch eine Linie gebildet, die man sich über den Tsadsee und den Nordpunkt des Nigers gezogen denkt.

Ausgedehnte Gebiete der Sahara erhalten jahrelang keinen Regen. Ein wolkenloser Himmel lagert über dem Lande. Daher erhitzt sich der Boden am Tage außerordentlich stark, während nachts die Temperatur zuweilen unter den Gefrierpunkt sinkt. Durch die Erwärmung dehnen sich die Felsen, die weite Flächen der Wüste bedecken, stark aus, bei der Abkühlung aber ziehen sie sich wieder zusammen. Da sich nun der Temperaturwechsel schnell und oft wiederholt, so zerspringen die Felsen, und sie werden mit der Zeit von zahllosen kleinen Spalten durchsetzt. Der Wind führt dann aus den Spalten winzige Steinkörnchen heraus und fegt sie über Felsen, Blöcke und Geröll. Er wetzt und schleift sie ab und verwandelt sie im Laufe der Jahrtausende in Sand, der weite Gebiete der Sahara bedeckt. Weil aber reichlich Tau fällt, können in diesen öden Gegenden einige harte Gräser und Sträucher gedeihen. Die hohen Gebirge der Sahara erhalten verhältnismäßig viel Niederschläge. Ihre Täler sind daher zum Anbau geeignet und bewohnt. Auch dort, wo das Grundwasser in Quellen aus dem Boden hervorsickert, oder wo man Artesische Brunnen angelegt hat, ist das Land anbaufähig. Diese fruchtbaren Stellen, die Oasen, liegen gleichsam wie Inseln in dem „Sandmeere" zerstreut. In ihnen gedeihen Datteln, Getreide, Wein und Südfrüchte, und in ihrer Umgebung dehnen sich Grassteppen aus, die zur Viehzucht (Kamele, Schafe, Esel) geeignet sind. — An Tieren ist die Sahara arm. Am Rande der Wüste kommt der „Wüstenkönig", der Löwe, vor, dem Antilopen und anderes Wild zur Beute fallen. Zumeist in der Nähe der menschlichen Wohnungen halten sich Hyänen und Schakale auf. In den südlichen Teilen der Sahara sind auch Strauße anzutreffen. — Die Bewohner der Oasen, die Beduinen, sind abgehärtete, genügsame Menschen, die sich zum mohammedanischen Glauben bekennen. Sie tragen lange, faltenreiche Gewänder. Den Kopf umhüllen sie mit einem baumwollenen Schal, um die trockene Wüstenluft durch die ausgeatmete Feuchtigkeit vor dem Einatmen zu durchfeuchten. Wie alle Wüstenbewohner, die ihren Lebensunterhalt meist durch Raub erwerben, besitzen sie einen kriegerischen Sinn. Von den Reisenden werden sie daher gefürchtet.

Von Oase zu Oase führen Wege, auf denen die Handelskarawanen von der Mittelmeerküste nach Innerafrika (Niger, Tsadsee) ziehen. Eine solche Wanderung ist außerordentlich beschwerlich. Sie kann nur mit Hilfe des Kamels ausgeführt werden. Sehr gefürchtet ist von den Reisenden der furchtbare Glutwind (Samum), durch den schon viele Karawanen ihren Untergang gefunden haben.

Besitzverhältnisse. Den größeren westlichen Teil der Wüste beanspruchen die Franzosen; nur eine kleine Landschaft an der atlantischen Küste gehört den Spaniern. Das östliche Gebiet (Tripolis, Ägypten) ist in den Händen der Türken. Doch sind sie nur dem Namen nach die Herren; denn die Verwaltung Ägyptens liegt in den Händen der Engländer, und nach Tripolis trachten die Italiener.

3. Die Nilländer.

Der östliche Teil der Sahara wird von dem Nil in einem breiten, tiefen Tale durchflossen. Der mächtige Strom (fast fünfmal so lang als der Rhein) heißt, nachdem er das Sammelbecken seiner Quellflüsse, den Viktoria-See (so groß wie Bayern), verlassen hat, wegen des reinen Wassers Weißer Nil. Seine flachen Ufer sind auf weite Strecken mit Schilfdickichten bewachsen. Bei der Stadt Chartum nimmt er seinen

Niltal.

größten Nebenfluß auf, der wegen des trüben Wassers als **Blauer Nil** bezeichnet wird. Dieser kommt von dem Hochlande **Abessinien**, das in mauerartigen Terrassen ansteigt und in einzelnen seiner Gipfel die Höhe der Alpen erreicht. Dann durchströmt der Nil das öde Steppenland **Nubien**. Durch mehrere Höhenzüge, die sich ihm in den Weg stellen, und denen er ausbiegen muß, erhält sein Lauf eine S-förmige Krümmung. Er durchbricht aber auch die Felsen in großen Stromschnellen. Nachdem er diese Hindernisse überwunden hat, durchfließt er trägen Laufes Ägypten in einem breiten Tale, das tief in das Hochland der Sahara eingeschnitten ist. In einem mächtigen Delta, das bei **Kairo** beginnt, mündet er in das Mittelländische Meer.

Während die Landschaften am Weißen Nil und Nubien unter der Herrschaft der **Engländer** stehen, bildet das meist fruchtbare Abessinische Hochland, auf dem Kaffee und Baumwolle gedeihen, einen selbständigen Staat, das Kaiserreich **Abessinien.** Die Bewohner Abessiniens sind Christen. (Kämmerer aus dem Mohrenlande!)

Ägypten. Alljährlich gehen in den oberen Nilländern und besonders auf dem Hochlande Abessinien von Ende Juni ab gewaltige Regengüsse nieder. Dann steigt der Nil, tritt über seine Ufer und überschwemmt die Niederungen. Der mitgeführte Schlamm setzt sich ab. Von Mitte Oktober an beginnt das Wasser wieder zu fallen. Dieser Vorgang wiederholt sich alljährlich. So ist durch die jahrtausendelange Tätigkeit des Nils

Ägypten, dessen nördlicher Teil früher ein Busen des Mittelländischen Meeres war, in ein fruchtbares Schwemmland verwandelt worden. Es kann also geradezu als ein Geschenk des Nils bezeichnet werden. Um das Wasser und damit den Schlamm auch entfernteren Gegenden zuzuführen, hat man schon in den ältesten Zeiten ausgedehnte Bewässerungsanlagen geschaffen. Jetzt hat man sogar ein großes Stauwerk (Dämme und Schleusen) in den Nil gebaut, durch das gewaltige Wassermassen aufgesammelt werden. Diese leitet man dann in der trockenen Jahreszeit über die Felder. Besonders fruchtbar ist die Deltaebene (Land Gosen!). In Ägypten gedeihen Weizen, Reis, Mais und Hülsenfrüchte vortrefflich; auch Baumwolle, Zuckerrohr, Tabak und Dattelpalmen gewähren reiche Ernten. — Deutschland bezog vor dem Weltkriege aus Ägypten hauptsächlich Baumwolle und Zigaretten. Es lieferte ihm Web-, Metall-, Porzellanwaren und andere Erzeugnisse seiner Industrie.

Durch die Fruchtbarkeit des Bodens kamen die alten Ägypter schon Jahrtausende vor Christi Geburt zu hohem Wohlstande. Wissenschaften (Himmelskunde, Geometrie, Heilkunde), Künste (Baukunst, Bildhauerei), sowie Gewerbe (Weberei, Färberei, Töpferei) fanden bei ihnen eine Pflegestätte. Unter den gewaltigen Bauwerken, die die ägyptischen Könige (Pharaonen) errichten ließen, fallen besonders die Pyramiden auf, von denen man bei Kairo noch jetzt einige erblicken kann. Das größte dieser Königsgräber erreicht eine Höhe von etwa 140 m.

Da das Niltal sehr fruchtbar ist, gehört Ägypten zu den am dichtesten besiedelten Gebieten der Erde. Die Bewohner sind teils Nachkommen der alten Ägypter, teils Araber. — Politisch gehört Ägypten zur Türkei; die Verwaltung wird von einem erblichen Vizekönige (Khedive) ausgeübt. In Wirklichkeit sind aber die Engländer Herren des Landes; sie haben für Hebung des Ackerbaus und Handels segensreich gewirkt. Die Hauptstadt ist Kairo (660). Westlich der Nilmündung liegt die Hafenstadt Alexandria (340), die den Handel zwischen Ägypten und den Ländern Europas vermittelt. In neuerer Zeit ist ihr aber in Port Said (50) eine gefährliche Nebenbuhlerin erstanden. Diese Stadt liegt nämlich am Nordende des Sueskanals. Sie ist also eine wichtige Schiffsstation auf dem kürzesten Seewege zwischen Europa und Asien oder Australien.

4. Der Sudan.

Der südliche Teil von Nordafrika wird von dem Sudan (Land der Schwarzen, d. h. Neger) eingenommen. Er erstreckt sich vom Atlantischen Ozeane bis zum mittleren Niltale. Im Westen erhebt er sich zu Höhen von über 1000 m und heißt dort Hochsudan; im Osten senkt er sich zu einem weiten Flachlande, das als Flachsudan bezeichnet wird.

1. **Der Hochsudan,** der durch westliche Meereswinde Sommerregen erhält, ist quellen- und waldreich. Der größte Fluß des Gebietes ist der Niger. (Beschreibe seinen Lauf!)

2. **Der Flachsudan.** Das Tal des Nigers bildet ungefähr die Grenze zwischen Hoch- und Flachsudan. Da der schiffbare Strom die natürliche Fortsetzung vieler Karawanenstraßen bildet, hat Timbuktu, das an seinem nördlichsten Punkte liegt, für den Handel große Bedeutung. Die tiefste Stelle Flachsudans wird von dem Tsadsee eingenommen, dessen sumpfige Ufer mit Schilfdickichten bedeckt sind. Die Gebiete östlich des Sees liegen weit von dem regenspendenden Ozeane entfernt. Sie sind daher meist Grassteppen, auf denen die Viehherden einiger Negerstämme weiden. Dort, wo der Boden eine reichlichere Bewässerung empfängt, wird Ackerbau getrieben. Elfenbein und Straußenfedern bilden wichtige Handelsgegenstände.

3. **Besitzverhältnisse.** In den Sudan teilen sich die drei Kolonialmächte Frankreich, England und Deutschland (Togoland und Kamerun).

5. Die deutschen Kolonien Togo und Kamerun.*)

Am Golf von Guinea herrscht tropisches Klima. Das heißfeuchte Küstenland ist fast ganz im Besitze der Europäer (Deutsche, Engländer, Franzosen). Den Deutschen gehören Togo und Kamerun.

1. **Togo** ist die kleinste deutsche Besitzung in Afrika (etwas größer als Bayern). Da Häfen fehlen, ist es vom Meere aus schwer zugänglich. Eine starke Brandung zwingt sogar die Schiffe, weit von der Küste zu ankern. Um diese Schwierigkeit zu beseitigen, hat man eine Landungsbrücke in das Meer hinaus gebaut.

Hinter den Dünen der flachen Küste breiten sich fischreiche Lagunen (S. 69) aus. Am Strande und in der Nähe des Meeres finden sich ausgedehnte Haine der Kokospalme. Aus den Fruchtkernen der „Kokosnüsse" wird ein Öl gewonnen, das zur Herstellung von Seifen und Kerzen dient.

Das Küstenland steigt zu einer fruchtbaren und wohl angebauten Landschaft an. Pflanzen, die Kautschuk (Gummi) liefern, gedeihen in jenen Gegenden vortrefflich. Sehr wertvoll ist auch die Ölpalme. Ihre haselnußgroßen Früchte enthalten ein Öl, das ähnlich wie das Kokosöl verwendet wird. Baumwollenpflanzungen (Plantagen) sowie Maisfelder gewähren ebenfalls reiche Ernten.

Die Hochflächen im Innern sind Grassteppen, aus denen einzelne Baumgruppen aufragen. Sie eignen sich zur Viehzucht (Pferde, Esel, Rinder, Schafe, Ziegen).

Die Bewohner Togos (1½ Mill.) sind fleißige, friedfertige Neger. Der Verkehr mit den Küstenorten wird dadurch sehr erschwert, daß es an guten, befahrbaren Wegen fehlt. Die Neger müssen daher die Bodenerzeugnisse (Öl, Palmkerne, Kautschuk, Baumwolle) auf dem Kopfe zu den Handelsniederlassungen (Faktoreien) tragen (Abb. S. 116). Dort tauschen sie Baumwollenwaren und andere europäische Erzeugnisse dagegen ein. Eine Eisenbahn verbindet den Hauptort Lome mit dem Innenlande; eine andere Bahn führt an der Küste entlang und eine dritte, die erst kürzlich eröffnet ist, erstreckt sich ebenfalls in das Hinterland. — Da Togo schon verhältnismäßig dicht bevölkert ist und ein für Europäer ungesundes Klima besitzt, eignet es sich nicht zur Ansiedlung deutscher Auswanderer. Es hat für uns aber als Plantagenkolonie (Name!) und als Absatzgebiet für die deutsche Industrie großen Wert.

2. **Kamerun** liegt wenige Grade nördlich vom Äquator, und zwar dort, wo der Busen von Guinea am tiefsten in das Land einschneidet. Die Küste ist nur kurz, weiter nach dem Innern zu aber breitet sich die Kolonie aus und reicht im Norden bis zum Tsadsee, im Osten bis zum Kongo und dem Ubangani. An der Guineaküste liegt inmitten des deutschen Schutzgebietes die kleine spanische Kongokolonie. Insgesamt nimmt Kamerun eine Fläche ein, die fast 1½ mal so groß wie Deutschland ist.

Das Küstenland ist meist flach und z. T. sumpfig. Unmittelbar am Meere steigt aus der Küstenebene das gewaltige, vulkanische Kamerungebirge auf, das eine Höhe von 4000 m erreicht. Seine unteren Hänge sowie der Rand des inneren Hochlandes erhalten durch westliche Seewinde viel Niederschläge. Diese Gegenden sind daher mit dichten Urwäldern bedeckt, in denen Elefanten, Affen (Gorilla, Schimpanse), buntgefiederte Vögel (Papageien), Schlangen u. a. Tiere leben. Alligatoren und Flußpferde bevölkern die Gewässer. Da es in dieser Wildnis an Wegen fehlt — nur wenige Negerpfade sind vorhanden —

*) Vgl. Darstellung der deutschen Kolonien, S. 131.

können die europäischen Reisenden nur mühsam in das Land eindringen. Auf dem fruchtbaren Boden der Küstenebene und der unteren Bergabhänge, wo tropische Hitze herrscht, hat man Plantagen angelegt, in denen Kautschuk und Kakao gewonnen werden. Unmittelbar an der Küste liefern Kokospalmen und in den Urwäldern Ölpalmen hohen Ertkag.

Die weiten Hochflächen des Innenlandes werden zumeist von Grassteppen eingenommen, auf denen Antilopen, Zebras, Giraffen u. a. Tiere weiden.

Die Bewohner Kameruns ($3\frac{1}{2}$ Mill.) sind Neger, die an der Küste Handel treiben, im Hinterlande aber von Viehzucht und Ackerbau leben. — Durch den Mangel an bequemen Wegen wird auch in Kamerun der Verkehr ungemein erschwert. Für die Europäer ist besonders der Aufenthalt in dem heißfeuchten Klima der Küstenlandschaften sehr gesundheitsschädlich; viele von ihnen erliegen alljährlich dem Fieber.

II. Südafrika.

1. Das Kongobecken.

Im Süden vom Flachsudan breitet sich ein weites Hochland aus. Es fällt in Stufen zu einem großen Becken ab, das vom Kongo, dem wasserreichsten und breitesten Strome Afrikas, durchflossen wird. Da der Kongo vor seiner Mündung die westlichen Randgebirge des Beckens durchbrechen muß, bildet er in seinem Unterlaufe zahlreiche Wasserfälle und Stromschnellen, die der Schiffahrt außerordentlich hinderlich sind. An den reich bewässerten Ufern des Stromes und seiner großen Nebenflüsse findet sich dichter Urwald, dessen Ölpalmen und Farbhölzer für den Handel Bedeutung haben; auch Kautschuk wird dort gewonnen. Auf den benachbarten Grasfluren leben Giraffen, Zebras, Antilopen und viele andere Tiere. In den Wäldern hausen u. a. Elefant, Nashorn und zahllose Affen. — Die Bewohner des Landes sind wie im Sudan Neger, bei denen die Menschenfresserei noch verbreitet ist. Der größte Teil des Kongogebietes ist eine Kolonie der Belgier. An der atlantischen Küste haben aber auch Franzosen und Portugiesen Besitzungen erworben. Deutschland hat für seinen Verzicht auf Marokko im Jahre 1911 von den Franzosen einige nördliche Gebiete erhalten. Sie sind an Kamerun angegliedert worden.

2. Deutsch-Ostafrika.

Deutsch-Ostafrika, unsere größte und volkreichste Kolonie (fast zweimal so groß wie das Deutsche Reich), liegt im nordöstlichen Teile des südafrikanischen Hochlandes, also ganz in der heißen Zone. Im Osten grenzt es an den Indischen Ozean, im Süden an portugiesische und englische Besitzungen, im Westen an den Kongostaat, im Norden an Britisch-Ostafrika.

Der Küstensaum, der in seiner Länge etwa der deutschen Nordseeküste gleicht, ist wie in Togoland und Kamerun flach, teils sandig, teils sumpfig. Hier gedeihen besonders Kokospalmen sowie Baumwolle, Zuckerrohr und Vanille. Da das Meer sehr seicht und die Küste wenig gegliedert ist, fehlt es an guten Häfen. Dar es Salam (13) ist Sitz der deutschen Regierung. Der beste Hafen des Gebietes befindet sich auf der benachbarten Insel Sansibar, die 1890 gegen Helgoland an England abgetreten wurde.

Von der Küste aus steigt das Land stufenartig zu einem Gebirge auf, das ungefähr die Höhe des Riesengebirges erreicht. Die vielen Flüsse, die von ihm herabkommen, sind nur im Unterlaufe schiffbar (warum?). Infolge der herrschenden Wärme

Trägerkarawane in der afrikanischen Steppe.

(tropisches Klima) und der großen Feuchtigkeit ist das Gebirge mit ausgedehnten Urwäldern bedeckt. In den Plantagen, die man angelegt hat, werden Kautschuk, Baumwolle, Hanf, Flachs und Kaffee gewonnen.

Auf den inneren Hochländern, die vom Meere her keine Niederschläge erhalten (warum nicht?), breiten sich Steppen aus. Das schilfartige Gras wird oft mannshoch. Hin und wieder ragen einzelne Dornenbüsche daraus hervor. In diesen „Savannen" tummeln sich Herden von Antilopen, Gazellen und Zebras, Elefanten, Nashorne, Giraffen und Strauße. Löwen finden daher reichliche Beute. Die Flüsse werden von Krokodilen und Flußpferden belebt. Im Norden und Westen verläuft die deutsche Grenze über eine Anzahl großer Seen (nenne sie!). Östlich vom Viktoria-See erhebt sich ein mächtiger Vulkan, der Kilimandscharo (über 6000 m). Bis zu einer Höhe von 3000 m ist er mit Urwäldern bedeckt. Dann folgt das Gebiet der Bergwiesen, während der Gipfel in Schnee und Eis gehüllt ist.

Die Zahl der Bewohner Deutsch-Ostafrikas schätzt man auf $6^1/_2$ Millionen; es sind zumeist Neger, die sich in den fruchtbaren Gegenden mit Ackerbau und Viehzucht beschäftigen. An der Küste wohnen auch viel Araber und Inder. Sie sind bereits in alter Zeit mit Hilfe der Monsune auf ihren leichten Booten hierher gelangt und treiben Handel. Die Araber tauschen im Innern gegen europäische Erzeugnisse (baumwollene Tücher, Glasperlen, Draht, Gegenstände aus Blech, Email und Eisen) Elfenbein, Rinderhäute, Ziegen- und Wildfelle (früher auch Sklaven) ein und bringen die Waren durch Trägerkarawanen (befahrbare Wege fehlen!) zu den Küstenplätzen. Wie in Kamerun rafft auch in den Küstengebieten dieser Kolonie das Fieber viele Europäer hinweg. — Der hohe Wert unserer Schutzgebiete liegt in ihrer Bedeutung als Plantagen- und Handelskolonien. Besonders Kautschuk, Kokosnüsse (Kopra), Kaffee, Baumwolle, Hanf, Flachs, Elfenbein und Kopal (ein Baumharz, das zu Lack verarbeitet wird) werden ausgeführt. Die meisten dieser Waren sind für unsere Industrie wichtige Rohstoffe, die bisher aus nichtdeutschen Ländern bezogen werden mußten. Anderseits findet aber auch das deutsche Gewerbe in den Kolonien neue Absatzgebiete für seine Erzeugnisse. (Weise dies nach!) — Missionare bemühen sich hier wie in allen anderen Teilen Afrikas die Neger zum Christentum zu bekehren.

3. Britisch-Südafrika.

Das innerafrikanische Hochland südlich vom Kongostaate und die Südspitze des Erdteils werden von Britisch-Südafrika eingenommen. Durch die Gebirge des Ostrandes werden die Wolken, die vom Indischen Ozeane heranziehen, gezwungen, sich abzuregnen. Daher erhalten der östliche und der südöstliche Küstenstrich reiche Niederschläge. Auf dem fruchtbaren Boden des Küstenlandes gedeihen alle europäischen Obst- und Getreidearten. Das innere Hochland aber ist trocken und fast ausschließlich mit Grassteppen bedeckt, die als Weide dienen (Rinder, Schafe, Strauße); zum Teil wird es sogar von einer Wüste (Kalahari) eingenommen. Die bedeutendsten Flüsse, der Oranje und der Sambesi (Hauptlaufrichtung?), führen viel Geröll mit sich und bilden Stromschnellen und Wasserfälle. Sie eignen sich deshalb nur streckenweis zur Schiffahrt. Bei Johannesburg (190) liegen sehr ergiebige Goldfelder, und weiter südwärts werden Diamanten von seltener Größe gefunden. Da sich in der Nähe der reichsten Gold- und Diamantminen auch Kohlenlager befinden, hat der Bergbau einen außerordentlichen Aufschwung genommen. — Der Ausgangspunkt des Handels ist Kapstadt (mit Vororten 170), das durch den Bau des Suesкanals freilich an Bedeutung für den Welthandel eingebüßt hat. Südlich von der Stadt liegt das Kap der Guten Hoffnung.

Die Bevölkerung von Britisch-Südafrika bestand ursprünglich aus Hottentotten und Buschmännern. Sie wurden aber durch Kaffern (Neger), die aus nördlicheren Gegenden kamen, verdrängt. Im 17. Jahrhundert nahmen Holländer (Buren) von Südafrika Besitz. Sie mußten sich nach harten Kämpfen den Engländern unterwerfen. — Das Land zu beiden Seiten der Sambesimündung gehört den Portugiesen.

Steppe bei Windhuk.

4. Deutsch-Südwestafrika.

Deutsch-Südwestafrika grenzt im Westen an den Atlantischen Ozean, im Süden und Osten an britisches, im Norden an portugiesisches Gebiet. Es ist ungefähr $1^2/_3$ mal so groß wie das Deutsche Reich. Trotz der bedeutenden Küstenlänge — sie gleicht etwa der Entfernung von Stettin bis Neapel — besitzt das Land nur einen einzigen guten Hafen, Lüderitzbucht. Dazu kommt noch, daß die Schiffe wegen der starken Brandung oft längere Zeit auf dem Meere liegen müssen, ehe ihre Ladung gelandet werden kann. Zur Erleichterung des Verkehrs hat man bei Swakopmund wie bei Togo eine Landungsbrücke in das Meer hinausgebaut. — Ostwinde vermögen der Kolonie keine Niederschläge zu bringen (warum nicht? s. Britisch-Südafrika). Aber auch die Südwestwinde führen keine Regenwolken herbei. An der Küste fließt nämlich ein kalter Meeresstrom entlang, durch den die Wolken so abgekühlt werden, daß sie sich schon über dem Meere abregnen. Das Küstengebiet ist daher ein regenarmes, mit Sanddünen bedecktes Land.

Nach dem Innern zu schließen sich weite Hochebenen mit stattlichen Gebirgen an. Der tropische Norden des Gebietes erhält Sommerregen, und es können Viehzucht (Rinder, Schafe, Pferde, Strauße) und Ackerbau (Getreide, Tabak, Obst) getrieben werden. An einigen Orten hat man auch gute Kupfererze gefunden, so daß Bergwerke angelegt worden sind. Im Süden treten nur dann und wann starke Gewitterregen auf. Das Regenwasser verläuft jedoch in dem waldlosen Lande schnell und durchtränkt den durstigen Boden nicht. Es finden sich dort nur Steppen, die der Viehzucht dienen. Unweit der Lüderitzbucht hat man Diamanten gefunden. Sie liegen entweder an der Erdoberfläche oder bis zu einer Tiefe von 30 cm im Sande. Im Jahre 1909 wurden für $15^1/_2$ Mill. Mark ausgeführt.

Da Südwestafrika von allen afrikanischen Kolonien Deutschlands das gesündeste Klima besitzt, kann es dauernd von Deutschen bewohnt werden. Windhuk, der Hauptort des Gebietes, liegt ungefähr in der Mitte des Landes in ziemlich hoher Lage (1600 m). Es ist mit dem Küstenort Swakopmund durch eine Eisenbahn verbunden worden. Zumeist wird aber der Verkehr wie in ganz Südafrika durch schwere Wagen vermittelt, die von Ochsen durch das unwegsame Gelände gezogen werden.

Die Bevölkerung der Kolonie (nur wenig über 200 000 Einwohner) besteht im Norden aus Herero, einem Negerstamme, im Süden aus Hottentotten. Beide sind geschickte Viehzüchter.

III. Die afrikanischen Inseln.

Im Westen von Nordafrika erhebt sich aus dem Atlantischen Ozeane eine Anzahl kleiner, meist vulkanischer Inseln. Von den Azoren werden besonders Orangen ausgeführt. Weiter südöstlich liegt Madeira, das durch sein mildes Klima (Kurort für Lungenkranke) und seinen Wein berühmt ist. Noch südlicher liegen die ebenfalls von einem wunderbaren Seeklima begünstigten Kanarischen und Kapverdischen Inseln (Inseln des grünen Vorgebirges). Mitten im Atlantischen Ozeane liegt die Insel St. Helena, der zweite Verbannungsort Napoleons. — Alle diese Inseln haben als Schiffsstationen für den Handel große Bedeutung. Mit Ausnahme der Kanarischen Inseln, die spanisch sind, und St. Helenas, das in britischem Besitz ist, gehören sie zu Portugal.

Östlich von Südafrika liegt Madagaskar, das größer als das Deutsche Reich ist. Hohe Gebirge (2700 m) halten die Winde auf, die vom Indischen Ozeane kommen. Die Ostseite der Insel erhält daher viel Regen und ist fruchtbar (Zucker, Reis, Kaffee, Vanille). Die Westseite ist aber ein trockenes Steppenland. Die Bevölkerung besteht im Westen aus Negern, im Osten aus Malaien, die mit Hilfe der Monsune dorthin gekommen sind. Politisch gehört die Insel zu Frankreich.

C. Amerika.

1. **Verhältnis zum Erdganzen.** Während auf der östlichen Halbkugel vier Erdteile liegen (nenne sie!), ist Amerika das einzige Festland der westlichen Erdhälfte. Von Europa und Afrika wird es durch den Atlantischen, von Asien und Australien durch den Großen Ozean geschieden. Beide Weltmeere stoßen im Süden von Amerika zusammen. Im Norden bildet das Nördliche Eismeer die Grenze. Die schmale Beringsstraße, die im Nordwesten den Verkehr mit Asien begünstigen könnte, hat keine Bedeutung; denn sie verbindet nur menschenleere Gebiete des hohen Nordens.

Amerika erstreckt sich vom Nördlichen bis fast zum Südlichen Eismeere; es ist der längste aller Erdteile. An Größe (S. 131) wird es nur von Asien übertroffen; Europa übertrifft es in seiner Flächenausdehnung 4 mal. Da aber die „Neue Welt" (Amerika wurde erst 1492 von Kolumbus entdeckt) nur etwa 175 Millionen Bewohner besitzt, ist sie dünn bevölkert (etwa 4 Menschen auf 1 qkm; S. 131), und das Ziel vieler Einwanderer aus der „Alten Welt" (Europa und Asien).

2. **Gliederung.** Amerika wird durch den Golf von Mexiko und das Karibische Meer in zwei ziemlich gleichgroße Teile von dreieckiger Gestalt, in Nord- und Südamerika, zerlegt. Eine Landenge, Mittelamerika, sowie eine vielgegliederte Inselbrücke, Westindien, stellen die Verbindung zwischen den beiden großen Festlandmassen her.

I. Nordamerika.

Nordamerika gliedert sich in folgende Landschaften: den eisigen Norden, das westliche Gebirgsland, das östliche Gebirgsland mit dem Tieflande am Atlantischen Ozeane und das mittlere Tiefland.

1. Der eisige Norden.

Den nördlichen Gegenden von Nordamerika, in die die Hudsonsbai tief einschneidet, sind viele Inseln vorgelagert. Da diese Gebiete den eisigen Winden, die vom Nordpole herwehen, schutzlos ausgesetzt sind, haben sie außerordentlich lange und strenge Winter (das Thermometer fällt nicht selten unter — 40° C). Ackerbau und Viehzucht können infolgedessen nicht getrieben werden. Die wenigen Bewohner des Landes, die Eskimo, sind darauf angewiesen, ihren Unterhalt auf dem Meere zu suchen. Sie wohnen in der Nähe der Küste und beschäftigen sich mit Fischfang und Jagd. Fische und besonders Seehunde gewähren ihnen alles, was sie zum Leben brauchen. Sie wohnen in höhlenartigen Hütten, die aus Steinen oder Schnee errichtet werden. Ihr einziges Haustier ist der Hund, der auch als Zugtier benutzt wird (Abb. S. 109).

Die größte Insel des Gebietes und der Erde überhaupt ist Grönland (4 mal so groß wie Deutschland). Die Küsten dieses eisbedeckten Hochlandes sind von vielen tiefen

Fjorden (S. 85) zerschnitten, in die mächtige Gletscher münden. An der Ostküste flutet ein kalter Meeresstrom vorüber. Daher haben sich dort so gewaltige Eismassen angehäuft, daß das Land vom Meere aus fast unzugänglich ist. Die Westküste dagegen, die von einem warmen Meeresstrome bespült wird, ist während des Sommers eisfrei; auf dem schmalen Küstenlande stellt sich sogar etwas Pflanzenwuchs ein. Deshalb hat die Insel den Namen Grönland, d. h. Grünland, erhalten. Sie gehört den Dänen.

2. Das westliche Gebirgsland.

Der Westen Nordamerikas wird von mächtigen Gebirgen eingenommen. Sie beginnen in der goldreichen Halbinsel Alaska, die noch zu der soeben betrachteten Landschaft gehört. In zwei Hauptketten, zwischen denen ein Hochland liegt, erstrecken sie sich bis zur Landenge von Mittelamerika.

1. **Die westliche Kette** erreicht in den Seealpen und in der Sierra Nevada gewaltige Höhen. Die Seealpen fallen steil zum Großen Ozeane ab. Der Sierra Nevada aber ist ein niedriges Küstengebirge vorgelagert, von dessen südlicher Fortsetzung auch die langgestreckte Halbinsel Kalifornien ausgefüllt wird. Zwischen der Sierra Nevada und dem Küstengebirge liegt das schmale Tiefland von Kalifornien. Die ergiebigen Goldlager, die in diesen Gegenden entdeckt wurden, veranlaßten viele Europäer sich dort anzusiedeln. Da die Wolken, die besonders im Winter von den Westwinden herbeigeführt werden, sich an der Sierra Nevada abkühlen und abregnen, erhält das Tiefland viel Niederschläge. Es ist daher fruchtbar (Getreide, Obst, Wein) und dicht bevölkert. Die wichtigste Stadt des gesamten Gebietes ist San Franzisko (420). An seinem vorzüglichen Hafen, dem „Goldenen Tore", enden große Eisenbahnen, die den Erdteil von Osten nach Westen durchqueren. Unter den Einwohnern San Franziskos befinden sich viele Chinesen und Japaner.

2. **Die östliche Kette** der Anden bezeichnet man als Felsengebirge. Es umschließt in seinem mittleren Teile einige Hochflächen, die Parks genannt werden.

Von großer landschaftlicher Schönheit ist der Yellowstone (jellostohn) Park (so groß wie Schleswig-Holstein). Dort sprudeln Hunderte von heißen Springquellen (S. 85) aus dem Boden hervor. Ihre Wassermassen ergießen sich über seltsam geformte Felsenterrassen in die Tiefe. Der Yellowstone Park gewährt auch den letzten amerikanischen Büffeln (Bison) eine Zuflucht. Bis vor wenigen Jahrzehnten bewohnten diese riesigen Tiere noch in ungezählten Scharen die Prärien Nordamerikas (S. 123). Dort sind sie jedoch durch den rücksichtslosen Kampf, den besonders die weißen Jäger gegen sie führten, gänzlich ausgerottet worden.

3. **Das Hochland,** das von den beiden gewaltigen Ketten der Anden eingeschlossen wird, kann wegen der Höhe der Randgebirge von regenbringenden Winden nicht erreicht werden. Es ist daher trocken und z. T. völlige Wüste. Wälder finden sich nur auf den Bergabhängen. Die wenigen Gewässer, die von den Randgebirgen herabkommen, sammeln sich zumeist in abflußlosen, stark salzhaltigen Seen (Großer Salzsee). Einige Flüsse, z. B. Colorado und Rio Grande del Norte, erzwingen sich aber in tief eingeschnittenen, schluchtenartigen Tälern den Weg zum Meere.

Der Hauptreichtum des Hochlandes besteht in Mineralschätzen; man findet Silber, Kupfer und Gold. Gegenwärtig hat man aber auch begonnen, einzelne Landschaften durch künstliche Bewässerung anbaufähig zu machen. Ertragreiche Gebiete befinden sich in der Gegend des Großen Salzsees und im südlichen Teile, in dem Hochlande von Mexiko.

Das Hochland von Mexiko ist ebenfalls arm an Niederschlägen. In den Gegenden südlich vom Wendekreise dagegen stellen sich während des Sommers oft Gewitter ein, die von heftigen Regengüssen begleitet sind. Bei künstlicher Bewässerung werden besonders Mais, Bohnen, Gerste und Weizen angebaut; auch Wein gedeiht. Wegen der langen Trockenzeit fehlt es dem Hochlande an Wald. Man findet jedoch viele ausdauernde Pflanzen (Kaktusarten u. a.), die in ihren dickfleischigen Stämmen so reichlich Wasser aufspeichern, daß sie die Zeit der Dürre überstehen können. Das an einem See in der Nähe mächtiger Vulkane gelegene Mexiko (350), die Hauptstadt der Vereinigten Staaten von Mexiko, verdankt sein Aufblühen hauptsächlich dem Reichtume des Hochlandes an Silbererzen. — Die Stufenlandschaften am Golf von Mexiko und die Küstenebene sind infolge des heißfeuchten Tropenklimas außerordentlich fruchtbar. Hier gedeihen Kakao, Kaffee, Zuckerrohr, Baumwolle, Tabak, Vanille usw. Da in Mexiko gegenwärtig auch Steinkohlen abgebaut werden, ist die Industrie in schnellem Aufblühen begriffen (Baumwollenwebereien und Zuckerfabriken).

3. Das östliche Gebirgsland und das Tiefland am Atlantischen Ozean.

1. **Das Gebirgsland.** Auch die Ostküste Nordamerikas wird von Gebirgen begleitet. Im südlichen Teile der Landschaft erheben sich die Alleghanies (elligenis), die infolge des milden Klimas und der reichlichen Niederschläge dicht bewaldet sind. Sie besitzen die größten Petroleumquellen und die ergiebigsten Steinkohlenlager der Erde. Daneben fördert man auch Eisen-, Kupfer-, Zink- und Bleierze sowie Gold und Silber. Der nördliche Teil des Küstenlandes wird von niedrigen Bergrücken durchzogen. Sie erstrecken sich auch noch in die Halbinsel Labrador und die Inseln hinein, die der stark gegliederten Küste vorgelagert sind. Im Osten der Insel Neufundland treffen ein von Norden her kommender, kalter und ein südlicher, warmer Meeresstrom (der Golfstrom) zusammen. Auf einer seichten Meeresstelle in der Nähe der Insel (Neufundland-Bank) sammeln sich daher (vgl. S. 97, 3) während der Sommermonate viele Fische an (besonders Kabeljau). Der Fischfang gewährt dann zahlreichen europäischen und amerikanischen Fischern reiche Erträge.

2. **Das Tiefland** zwischen den Alleghanies und dem Atlantischen Ozeane ist etwa so groß wie das Norddeutsche Tiefland. Es erhält reichliche Niederschläge und ist sehr fruchtbar. — In seinen südlichen, warmen Gebieten sowie auf der Halbinsel Florida gedeihen Baumwolle, Zuckerrohr, Tabak, Mais und Reis. In dem nördlichen Teile der Ebene wird hauptsächlich Getreide gebaut. Da in diesen Gegenden die Küste viele tiefe Einschnitte besitzt, die sich zu Häfen eignen, sind hier wichtige Städte entstanden. An der Mündung des schiffbaren Hudson (hödsn) ist Neuyork zu einer Riesenstadt von $4\frac{3}{4}$ Millionen Einwohnern herangewachsen. Von Europa aus kann es in verhältnismäßig kurzer Zeit (in etwa 6 Tagen) erreicht werden, und mit dem Binnenlande steht es durch Kanäle und Eisenbahnen in Verbindung. Dadurch ist es einer der größten Handelsorte der Erde geworden (Hauptausfuhr: Weizen und Petroleum). Nördlich von Neuyork liegt Boston (bostn; 670), dessen Hafen gleichfalls einen außerordentlich lebhaften Verkehr aufweist. Dem Reichtume der Alleghanies an Petroleum, Kohle und Eisen verdankt Philadelphia (1,5 Mill.) sein Aufblühen (Petroleumhandel, Maschinenfabriken und Webereien), und als Ausfuhrort der Bodenerzeugnisse des Südens hat Baltimore (560) große Bedeutung erlangt. In seiner Nähe liegt Washington (uoschingtn; 330), die Bundeshauptstadt der Vereinigten Staaten von Amerika.

4. Das mittlere Tiefland.

Zwischen den westlichen und den östlichen Gebirgen Nordamerikas breitet sich ein weites Tiefland aus, das vom Nördlichen Eismeere bis zum Golf von Mexiko reicht. Durch eine niedrige Bodenschwelle wird es in ein nördliches und ein südliches Tiefland geschieden. (Achte auf den Lauf der Flüsse!)

1. **Der nördliche Teil des Gebietes,** der sich an die unwirtlichen Gegenden des eisigen Nordens anschließt, ist reich an Flüssen und Seen. Er wird zumeist von ausgedehnten Wäldern eingenommen, in denen viele Pelztiere leben. Nach Südosten zu, dem Gebiete der großen, fischreichen Seen, wird der Boden fruchtbarer. Während der warmen Sommer (Landklima!), betreibt die Bevölkerung Getreidebau. Besonders das dicht bevölkerte England bekommt von dort viel Weizen. Der Verkehr vom Meere zum Binnenlande wird durch den gewaltigen St. Lorenzstrom vermittelt. An ihm liegen die wichtigsten Handelsstädte des Gebietes, z. B. Montreal (montriôl; 270). Der St. Lorenzstrom ist der Abfluß der großen Seen: Oberer-, Michigan- (mischigän-), Huron-, Erie- (iri-) und Ontario-See. Zwischen dem Erie- und dem Ontario-See stürzen die Wassermassen in dem weltberühmten Niagarafalle (d. h. Donnerwasser) etwa 50 m in die Tiefe. Ein Teil der Kraft des Falles wird zum Betriebe vieler Fabriken ausgenutzt.

Der Niagarafall.

2. **Der südliche Teil des Gebietes** gleicht einer Riesenmulde, die sich zum Golf von Mexiko neigt. Sie wird von dem Mississippi (d. h. großer Fluß) durchströmt. Er entspringt westlich vom Oberen See, nimmt von rechts den Missouri, von links den Ohio (oheio) auf und mündet, indem er ein riesiges Delta bildet, in den Golf von Mexiko. Das Gebiet hat Landklima. Während des Winters wehen vom Eismeere her kalte, trockene Winde; im Sommer aber ziehen vom Golf von Mexiko aus warme Winde über das Land. Da letztere nach Nordosten gerichtet sind, bringen sie jedoch nur

a) dem östlichen Tieflandsbecken (links vom Mississippi) Niederschläge. Hier

Indianer.

finden sich daher ausgedehnte Wälder. Sie verschwinden aber immer mehr, weil sie von den Ansiedlern gerodet werden, um Ackerland zu gewinnen. Südlich von den Seen wird viel Weizen und Mais gebaut sowie Viehzucht (Schweine, Rinder, Schafe, Pferde) getrieben. Chikago (2,2 Millionen), das am südlichen Ende des Michigan-Sees liegt, ist der größte Vieh-, Fleisch- und Holzmarkt der Erde. Da man in der Nähe des Oberen Sees Eisenerze fördert und da sich das mächtige Kohlenlager der Alleghanies weit in die Ebene fortsetzt, hat die Stadt auch eine hochentwickelte Industrie. Der Handel Chikagos wurde besonders durch seine gute Verbindung mit dem Ozeane und durch Eisenbahnen gefördert, die man nach allen Gegenden des Erdteils gebaut hat. Mit dem wachsenden Wohlstande der Bewohner hat sich auch die geistige Bildung gehoben. Die Universität und die Bibliotheken von Chikago erfreuen sich eines sehr guten Rufes. Cincinnati (360) am Ohio ist gleichfalls ein bedeutender Handels- und Industrieort (Schweineschlächtereien, Gerbereien, Schuhfabriken). An der Mündung des Missouri hat sich St. Louis (690) zu einem mächtigen Verkehrsmittelpunkte entwickelt. Die Bewohner sind zum großen Teil Deutsche.

In der fruchtbaren Niederung zu beiden Seiten der Mississippimündung sind Baumwollen- und Zuckerrohrpflanzungen angelegt worden. Die Arbeiter dieser „Plantagen" sind fast ausschließlich Neger, deren Vorfahren als Sklaven aus Afrika eingeführt wurden. An der Mündung des Mississippi, der die Hauptverkehrsstraße zum Binnenlande bildet, liegt Neuorleans (340). Es ist ein wichtiger Industrie- und Handelsort (Zucker- und Maschinenfabriken; Baumwollenausfuhr).

b) Das Tiefland westlich vom Mississippitale erhält nur selten Niederschläge. Der Boden trocknet daher so aus, daß selbst die tiefgehenden Wurzeln der Bäume keine Nahrung finden würden. Die weiten Flächen, die man Prärien nennt, sind deshalb vorwiegend mit Gras bedeckt (Steppen). In früheren Zeiten wurden sie nur von den Indianern bewohnt, die hier den Büffel jagten. Durch das Vordringen der „Weißen" sind aber die „Rothäute" immer weiter nach Westen gedrängt worden, und ihre Zahl ist auf wenige Hunderttausend zurückgegangen. Jetzt hat man weite Strecken der Prärien in nutzbares Land verwandelt, auf dem Ackerbau (Mais, Weizen) und Viehzucht (Rinder, Pferde, Schafe, Schweine) getrieben werden.

5. Politische Verhältnisse.

Nordamerika gehört mehreren Staaten an:

1. **Dänischer Besitz** ist die große, unwirtliche Insel Grönland.

2. **Britisch-Nordamerika** umfaßt die ganze nördliche Hälfte des Erdteils (außer Alaska, das ein Teil der Vereinigten Staaten von Nordamerika ist). Die Südgrenze verläuft über die großen Seen in gerader Linie nach Westen. Diese ausgedehnte Kolonie (so groß wie Europa) steht unter der eigenen Verwaltung ihrer Bewohner und wird als „Herrschaft Kanada" bezeichnet. Vor dem Weltkriege erhielt Deutschland aus diesem Lande Aluminium und landwirtschaftliche Maschinen; doch war Kanada auch ein Absatzgebiet für die deutsche Industrie.

3. **Die Vereinigten Staaten von Amerika** (fast so groß wie Europa) nehmen das Gebiet zwischen Britisch-Nordamerika und Mexiko ein. Ursprünglich war das Land eine englische Kolonie. Die Bewohner rissen sich jedoch nach harten Kämpfen vom „Mutterlande" los und gründeten einen republikanischen Bund, der sich jetzt aus 49 Staaten zusammensetzt. An der Spitze der Verwaltung steht ein Präsident. Die Bewohner (über 92 Millionen) sind zum größten Teil Nachkommen von eingewanderten Europäern, besonders Engländern und Deutschen, sowie von Negern, die als Sklaven aus Afrika eingeführt wurden. Die englische Sprache und das evangelische Bekenntnis haben sich über das ganze Land verbreitet. Die geistige Bildung der Bevölkerung ist sehr ungleich, doch wird für die Hebung des Schulwesens viel getan. Durch die Rührigkeit und den Fleiß der Bewohner, durch den Reichtum der Gebirge an Mineralschätzen, durch die Fruchtbarkeit des Bodens, durch die günstige Lage des Landes zu Europa (hafenreiche Ostküste) und durch die vorzüglichen Verkehrsmittel (Ströme, Seen, Kanäle, Eisenbahnen) sind die Vereinigten Staaten zu hoher Macht und zu großem Ansehen gelangt. In der Wertsumme ihres Gesamthandels (Ein- und Ausfuhr) stehen sie unter allen handeltreibenden Ländern der Erde an dritter Stelle (1. England, 2. Deutschland). — Vor dem Weltkriege bezog Deutschland aus den Vereinigten Staaten Baumwolle, Weizen, Mais, Obst, Schweineschmalz, Kupfer, Petroleum, Bauholz, landwirtschaftliche Maschinen usw. Dagegen lieferte es dorthin Salze, Webwaren, Kinderspielzeug, Christbaumschmuck, Porzellan, Handschuhe sowie Erzeugnisse des Kunst- und Buchdrucks.

4. **Die Vereinigten Staaten von Mexiko** (4 mal so groß wie Deutschland) bilden gleichfalls eine Bundesrepublik. Unter den Bewohnern befinden sich nur etwa $^1/_5$ Weiße; die übrige Bevölkerung besteht teils aus Indianern, teils aus Mischlingen von beiden. Da das Land in früherer Zeit unter spanischer Herrschaft stand, wird auch heute noch die spanische Sprache allgemein gesprochen. Die Bewohner bekennen sich fast ausnahmslos zur römisch-katholischen Kirche. Aus Mexiko bezog Deutschland vor dem Weltkriege Kaffee, Baumwolle, Tabakblätter und Erze.

II. Mittelamerika und Westindien.

1. **Mittelamerika** ist sehr gebirgig und reich an feuerspeienden Bergen. Nur an der Küste des Karibischen Meeres findet sich Tiefland. An der schmalsten Stelle, am Golf von Panama, nähern sich der Große und der Atlantische Ozean auf die kurze Entfernung von etwa 50 km (so weit wie von Bremen bis zur Nordsee). Man hat daher die Landenge durchstochen und beide Meere durch einen Kanal verbunden, der nach seiner völligen Fertigstellung für den Weltverkehr von großer Bedeutung sein wird (warum?).

Das Klima Mittelamerikas ist besonders an den Küsten und auf den unteren Bergabhängen tropisch heiß. Da der fruchtbare Boden zudem reiche Niederschläge erhält, ist er mit dichten Urwäldern bedeckt, die u. a. Mahagoni- und Farbholz liefern. Von Nutzpflanzen werden besonders Kaffee, Kakao und Vanille angebaut. — Die 6 kleinen Staaten (Guatemala, Honduras, Salvador, Nicaragua, Costarica und Panama), die sich in das Gebiet teilen, haben nur wenig Bedeutung.

2. Westindien. Östlich von Mexiko und Mittelamerika liegt eine weite Inselflur, die von Kolumbus als das gesuchte Indien angesehen wurde und daher den Namen Westindien erhielt (die Bewohner nannte man Indianer). Es besteht aus den Bahamainseln, den Großen und den Kleinen Antillen. Alle haben ein heißfeuchtes Tropenklima und sind sehr fruchtbar (Tabak, Zuckerrohr). Die reichsten Erträge liefern die Großen Antillen: Kuba, Jamaika, Haiti und Portoriko. Auf Kuba wächst der beste Tabak der Erde; er führt seinen Namen nach Habana (300), der größten Stadt der Insel und Westindiens überhaupt. Von Jamaika kommt der Jamaika-Rum. Man stellt ihn aus den Rückständen her, die man bei der Bereitung des Rohrzuckers erhält.

Mit Ausnahme von Kuba und Haiti (Republiken) sind sämtliche Inseln in den Händen fremder Mächte: Portoriko steht unter der Hoheit der Vereinigten Staaten von Amerika; Jamaika und die Bahamainseln gehören den Engländern; in die vulkanreichen Kleinen Antillen teilen sich Engländer, Franzosen und Dänen.

III. Südamerika.

Südamerika gliedert sich in drei Landschaften: das westliche Gebirgsland, das östliche Gebirgsland und das mittlere Tiefland.

1. Das westliche Gebirgsland.

Im Westen von Südamerika erhebt sich ein mächtiges Gebirge, die Kordilleren (d. h. Kettengebirge). Einzelne ihrer gewaltigen Bergkegel, die zumeist vulkanischer Natur sind, erreichen Höhen von über 6000 m (Chimborazo). Die Kordilleren fallen sowohl zur Tiefebene im Osten als auch zur Küste des Großen Ozeans steil ab. Diese wird zum größten Teil von einem kalten Meeresstrome bespült. Die Wolken, die vom Großen Ozeane heranziehen, regnen sich daher schon ab, ehe sie das Festland erreichen. Deshalb sind die Berghänge der Kordilleren sehr trocken und waldlos. In der Nähe des Wendekreises breiten sich am Fuße des Gebirges sogar Wüsten aus, deren Boden mit Salpeter bedeckt ist. Dieser wurde vor dem Weltkriege auch nach Deutschland gebracht und diente unseren Landleuten als wichtiges Düngemittel. Die Gegenden im Süden und im äußersten Norden erhalten reichliche Niederschläge; dort ist das Gebirge dicht bewaldet, und in der Küstenebene kann Ackerbau getrieben werden. — Die tropische Ostabdachung der Kordilleren empfängt viel Regen. Hier befinden sich infolgedessen dichte Urwälder. Sie liefern Kautschuk, Chinarinde und Farbhölzer. Die großen Flüsse, die auf dem quellenreichen Gebirge entspringen, gehören zumeist dem Gebiete des Atlantischen Ozeans an (warum?). Der Magdalenenstrom, in dessen fruchtbarem Talbecken Kaffee und Kakao angebaut werden, eilt nach Norden in das Karibische Meer. Die meisten Gewässer aber werden von dem gewaltigen Amazonenstrom aufgenommen, der sie dem Ozeane zuführt. — Das große Hochland, das von den Kordilleren in ihrem mittleren Teile eingeschlossen wird, erhält wenig Regen (warum?) und ist pflanzenarm. Ackerbau kann nur bei künstlicher Bewässerung getrieben werden. — Ganz im Süden des Erdteils liegen die Gebirgstäler so tief, daß sie von den Meeresfluten ausgefüllt werden. Die Kordilleren sind dort in eine Anzahl von Inseln aufgelöst, deren größte man als Feuerland bezeichnet. Die Magellanstraße scheidet das Feuerland von dem Festlande; sie hat für den Weltverkehr noch so lange große Bedeutung, bis der Panamakanal von der Schiffahrt benutzt werden kann (Beweis!).

Brasilianischer Urwald (Selva).

Die Kordilleren und das Küstenland am Großen Ozeane sind nur dünn bevölkert. In den nördlichen, tropischen Teilen wohnen vorwiegend Indianer, in den südlichen Gegenden viele eingewanderte Europäer. Die Indianer der mittleren Kordilleren lebten schon zur Zeit der Entdeckung des Erdteils in einem wohlgeordneten Staate. Sie waren ein reiches, kunstfertiges Volk. Aber unter der Herrschaft der Spanier, die durch den Reichtum des Bodens an Gold, Silber, Eisen und Kupfer angelockt wurden und das Land ausbeuteten, ging das blühende Reich zugrunde. Seit ungefähr 100 Jahren sind an die Stelle der spanischen Kolonialländer Republiken getreten, in denen noch heute vorwiegend spanisch gesprochen wird und das katholische Bekenntnis vorherrscht.

Im Norden liegt **Columbia** mit der Hauptstadt Bogota (120).

Ecuador (Name!) schließt sich nach Süden an; die Hauptstadt ist Quito (kito; 80).

Dann folgt **Peru**, das erzreichste Land der Anden, mit der Hauptstadt Lima (130).

Östlich von Peru liegt der Binnenstaat **Bolivia**, der sehr reiche Silberlager besitzt. Der größte Ort ist La Paz (spr. paß; 80).

Chile nimmt den gesamten Küstenstreifen südlich von Peru sowie die angrenzenden Abhänge der Kordilleren ein. Seine Hauptstadt ist Santiago (330) und sein wichtigster Hafenort Valparaiso (160).

2. Die östlichen Bergländer und das mittlere Tiefland.

Aus dem großen südamerikanischen Tieflande erheben sich nahe der atlantischen Küste das Bergland von Guayana und das Bergland von Brasilien.

1. **Das Bergland von Guayana** hat ein feuchtwarmes Tropenklima. Die Berge sind dicht bewaldet; in den Tälern und auf den sumpfigen, ungesunden Küstenstrichen werden Kaffee, Kakao und Zuckerrohr angebaut. Zu den zahlreichen Flüssen, die auf dem Hochlande entspringen, gehört der Orinoko, der an seiner Mündung ein vielverzweigtes Delta bildet.

2. **Das Bergland von Brasilien** erhält besonders auf der dem Meere zugewendeten Seite viele Niederschläge und ist daher quellenreich (Parana, Uruguay). Hier dehnen sich mächtige Urwälder aus, die u. a. Nutzhölzer und Kautschuk liefern. Zum Teil sind sie aber von den Ansiedlern abgeholzt worden. Auf dem Ackerlande, das man dadurch gewonnen hat, baut man in den nördlichen, tropischen Gegenden Kaffee, Tabak, Baumwolle und Zuckerrohr, in dem gemäßigteren Süden aber, wo sich u. a. viele Deutsche niedergelassen haben (etwa $^1/_2$ Mill.), vorwiegend Getreide. Das regenarme und daher unfruchtbare Binnenland befindet sich im Besitze einiger Indianerstämme. Von den Mineralschätzen des Brasilianischen Berglandes seien namentlich die kostbaren Edelsteine und Edelmetalle (Gold und Platin) erwähnt. Der wichtigste Ausfuhrhafen des Landes ist Rio de Janeiro (840). — Vor dem Weltkriege empfing Deutschland aus diesen Gebieten Kaffee, Kakao, Tabak, Kautschuk und Rindshäute zur Lederbereitung. Brasilien dagegen erhielt aus unserem Vaterlande Metallwaren, Webwaren u. a.

3. **Das Tiefland** breitet sich an den Flußläufen aus. Die Ebenen, die am Orinoko liegen, heißen Llanos, die am Amazonenstrome Selvas und die am Parana Pampas.

a) Die Llanos (über $1^1/_2$ mal so groß wie das Deutsche Reich) werden von Steppen eingenommen. Während der Regenzeit gleichen sie einem riesigen See. Haben sich die Wasser verlaufen, dann verwandelt sich das Land schnell in ein weites „Grasmeer", das ungezählten Herden von Rindern und Pferden als Weide dient. Unter der Einwirkung der Sonnenglut vertrocknen jedoch die Gräser bald, und die Landschaft wird zu einer öden „Staubwüste".

b) Die Selvas (etwa 7mal so groß wie das Deutsche Reich) erhalten während des ganzen Jahres reiche Niederschläge. Da das Land so eben ist, daß die Wassermengen nur langsam abfließen können, ist ein großer Teil des Gebietes versumpft. Wärme und Feuchtigkeit haben ein außerordentlich üppiges Pflanzenleben hervorgerufen: die ganze weite Fläche ist mit Urwald bedeckt, in dem ein dichtverschlungenes Pflanzengewirr das Vordringen des Menschen erschwert. In den Wäldern leben Jaguare, Bären, Pumas, Affen, Papageien und andere Tiere. Die wenigen Indianer des Urwaldes benutzen meist die zahlreichen Wasseradern als Straßen.

c) Die Pampas werden von dem Parana, der sich mit dem Paraguay vereinigt, durchströmt. Der Mündungstrichter des gewaltigen Flusses führt den Namen Rio de la Plata. In ihn ergießt sich auch der Uruguay. (Wo entspringen diese Flüsse?) Die Pampas sind wie die Llanos baumlose Grassteppen, die der Viehzucht dienen (Rinder, Pferde, Schafe). Wolle, Häute, Büchsenfleisch und Fleischextrakt (eingedickter Rindfleischsaft) werden von dort ausgeführt. Der bedeutendste Handelsort ist Buenos Aires (1,2 Millionen; Lage?). Zwischen dem Unterlaufe des Parana und den Kordilleren dehnt sich ein weites anbaufähiges Gebiet aus, auf dem man Weizen und Baumwolle erntet. Im Süden gehen die Pampas in die öden, mit Dorngestrüpp bedeckten patagonischen Steppen über, die fast nur von Indianern bewohnt werden.

4. **Politische Verhältnisse.** Das Bergland von Guayana ist fast ganz in dem Besitze europäischer Staaten. Franzosen, Engländer und Niederländer haben dort Kolonien gegründet, die als **Französisch-, Britisch-** und **Niederländisch-Guayana** bezeichnet werden.

In das übrige Gebiet teilen sich folgende Republiken:

Venezuela nimmt den Westen des Hochlandes von Guayana, nahezu das ganze Orinokoland sowie die östlichen Ausläufer der Kordilleren ein. Die Hauptstadt ist Caracas (70).

Brasilien umfaßt die weiten Ebenen zu beiden Seiten des Amazonenstromes und das Brasilianische Bergland. Die Hauptstadt ist Rio de Janeiro (840). Im Süden des Landes wohnen, wie erwähnt, viele Deutsche.

Paraguay liegt zwischen dem Unterlaufe des Paraguay und dem Parana.

Uruguay breitet sich zwischen dem Unterlaufe des Uruguay und der atlantischen Küste aus. Von seiner Hauptstadt Montevideo (320), in der viele eingewanderte Italiener wohnen, wird namentlich Fleischextrakt ausgeführt.

Argentinien besteht aus dem großem Pampasgebiete westlich des unteren Uruguay, den Patagonischen Steppen und dem östlichen Teile von Feuerland. Seine Hauptstadt Buenos Aires (1,2 Mill.) ist die größte Stadt Südamerikas.

D. Australien.

Australien ist uns von allen Erdteilen zuletzt bekannt geworden. Es liegt südöstlich von Asien, mit dem es durch die Brücke der Sundainseln verbunden ist, und besteht aus dem eigentlichen Festland und den australischen Inseln. Im Norden und Osten wird es vom Großen Ozeane (er führt hier den Namen Südsee), im Süden und Westen vom Indischen Ozeane bespült. Es ist kleiner als Europa und nur dünn bevölkert ($7\frac{1}{2}$ Mill.); auf 1 qkm kommt durchschnittlich kaum 1 Bewohner (S. 131).

1. Das Festland.

Das australische Festland hat wie Afrika eine geringe Küstengliederung; nur im Norden und im Süden greifen einige Meerbusen in das Land ein (nenne sie!). Das Innere besteht, soweit es erforscht ist, zumeist aus Hochland. Nur in den östlicheren Gebieten findet sich Tiefland. Unmittelbar an der Ostküste erhebt sich ein langes Gebirge, das in seinem südlichen Teile, den Australalpen, zu Höhen von 2200 m ansteigt. Es ist reich an Gold, Kupfer, Silber und Steinkohlen. Auch im Westen des Landes sind Goldfelder entdeckt worden.

1. **Der Süden und Osten** Australiens stehen unter dem Einflusse von Winden, die vom Großen Ozeane Regenwolken herbeiführen. Die Küsten und die Berglandschaften jener Gegenden erhalten daher während des ganzen Jahres reiche Niederschläge. Sie sind fruchtbar und werden sorgsam angebaut (Weizen, Obst, Wein).

2. **Das Binnenland** dagegen hat außerordentlich unter Regenarmut zu leiden. Dazu kommt noch, daß der Boden während des Sommers sehr stark erwärmt wird. Die wenigen Flüsse, von denen die Gebiete durchströmt werden, versiegen sogar in dieser Jahreszeit. — Der Murray (mörre) ist der einzige Fluß, der während des ganzen Jahres Wasser führt. — Die nördlichen Gegenden, die in den Tropen liegen, empfangen zwar durch den Nordwestmonsun bedeutende Niederschläge; die längste Zeit des Jahres aber herrscht auch hier große Trockenheit.

Die meisten Landschaften sind deshalb unfruchtbar. Sie werden von Steppen und Wüsten eingenommen, die z. T. mit harten, schneidenden Gräsern oder undurchdringlichem Dornengebüsch bedeckt sind. Diese Pflanzen hindern den Verkehr ungemein, so daß das Innere des Erdteils schwer zugänglich ist. Eigentliche Waldungen gibt es so gut wie gar nicht; nur im östlichen Tieflande finden sich parkartige Landstriche. Die Bäume und Sträucher haben immergrüne, meist harte Blätter, die vielfach die Schmalseite der Sonne zukehren und wenig Schatten spenden. Da dort auch Weideland vorhanden ist, wird Viehzucht (Schafe, Rinder, Pferde) getrieben. Außer Wolle, die als die beste der Erde gilt, werden Fleisch (in gefrorenem Zustande) und Felle ausgeführt. Die Weidetiere sind freilich erst von den Europäern eingeführt worden. Die einheimischen Säugetiere sind vorwiegend Beuteltiere, zu denen u. a. das Känguruh gehört. Auch eierlegende Säugetiere kommen vor (Schnabeltier). Die Vogelwelt ist reich an Papageien und Kakadus. — Durch künstliche Bewässerung (Artesische Brunnen!) verwandelt man jetzt weite Gebiete im Südosten und im Westen des Erdteils in Weideland, ja sogar in reichtragende Apfelsinen-, Ananas- und Ölbaumgärten.

3. **Bewohner.** Die Ureinwohner Australiens, die dunkelfarbigen Australschwarzen, bewohnen das Innere des Erdteils. Ihre Zahl ist stark im Abnehmen begriffen, so daß sie in nicht zu ferner Zeit ausgestorben sein werden. Die eingewanderten Europäer, besonders Engländer und Deutsche (über 100 000), haben sich namentlich in dem fruchtbaren Südosten, und zwar in der Nähe der erz- und steinkohlenreichen Gebirge angesiedelt. Dort liegen auch die beiden wichtigsten Hafenstädte des Festlandes, Melbourne (melbörn; 540) und Sydney (ßidne; 530).

4. Die Insel **Tasmanien** ist gleichsam die südliche Fortsetzung des australischen Festlandes. Da sie ein mildes, regenreiches Klima besitzt, ist sie fruchtbar (Obst, Weizen, Hafer). Die dichtbewaldeten Berge sind reich an nutzbaren Mineralien (Erze und Edelsteine).

5. **Politische Verhältnisse.** Australien bildet mit Tasmanien eine Kolonie des Britischen Reiches. Das Land gliedert sich in einzelne Staaten, die unter der selbständigen Verwaltung ihrer Bewohner stehen. Der Zusammenhang mit dem „Mutterlande" ist daher ein sehr loser; nur der oberste Beamte, der Generalgouverneur, wird von dem englischen Könige ernannt. Aus Australien, das vor dem Weltkriege ein wichtiges Absatzgebiet unserer Industrie war, bezog Deutschland Schafwolle, Erze, Edelsteine, Obst und Weizen.

2. Die Inseln.

Nördlich und östlich vom australischen Festlande ragen aus dem Großen Ozeane sehr viele Inseln auf. Nach ihrer Lage unterscheidet man sie in festlandnahe und festlandferne Inseln.

1. **Die festlandnahen Inseln** umsäumen die Küste Australiens in einem flachgekrümmten Bogen. Sie sind durchweg gebirgig und besitzen zum Teil feuerspeiende Berge. Am nördlichsten liegt die große Insel Neu-Guinea (etwa $1^1/_2$ mal so groß als Deutschland), die noch wenig erforscht ist. Da sie ein feuchtes, tropisches Klima hat, ist sie fast überall mit dichten Urwäldern bedeckt (Palmen, Baumfarne usw.). — Nach Osten und Südosten schließen sich mehrere Gruppen kleiner Inseln an, von denen wir den Bismarck-Archipel und die Salomoninseln merken.

Die Bewohner aller dieser Inseln heißen Papua. Es sind dunkelfarbige, negerartige Menschen, die vielfach noch dem Laster des Menschenfressens ergeben sind. In der Herstellung von hölzernen Gegenständen (Metalle kannten sie bisher nicht) und von

Küstenlandschaft auf Neu-Guinea.

Töpferwaren sind sie geschickt. Sie wohnen meist in Hütten, die auf Pfählen errichtet sind (warum?). Ihr wichtigstes Haustier ist das Schwein.

Den südlichen Abschluß in der Reihe der festlandnahen Inseln bildet die Doppelinsel **Neu-Seeland**; es ist die einzige große australische Insel, die nicht in den Tropen liegt. Da Neu-Seeland fruchtbaren Boden und ein für den Anbau günstiges Klima besitzt, sind viele Europäer (besonders Engländer) eingewandert, so daß die eingeborene Bevölkerung fast ganz verdrängt worden ist. Ackerbau, Viehzucht und Bergbau bilden die Hauptbeschäftigungen der Bewohner.

Politische Verhältnisse. Die festlandnahen Inseln sind fast ausnahmslos in den Händen von Europäern. **Engländer, Deutsche** (s. S. 131), **Niederländer** und **Franzosen** teilen sich darin.

2. **Die festlandfernen Inseln** breiten sich in kleinen, weit zerstreuten Gruppen zwischen den beiden Wendekreisen aus. Viele dieser Inseln sind gebirgig und tragen tätige Vulkane. Auf den Berghängen, die zumeist reichliche Niederschläge erhalten, hat sich ein üppiger Pflanzenwuchs entfaltet. Andere Inseln sind aus Korallenbauten entstanden und ragen nur wenig über den Meeresspiegel empor. Besonders die Kokospalme gedeiht auf ihnen vorzüglich. Da die tropische Hitze durch den Einfluß des Meeres gemildert wird, haben die festlandfernen Inseln ein gesundes Klima. Die wenigen Bewohner sind ein schöner, kräftiger Menschenschlag von malaiischer Abstammung; sie werden als **Polynesier** bezeichnet. — In den **Besitz** dieser Inseln teilen sich **Engländer, Deutsche, Franzosen** und **Amerikaner** (Vereinigte Staaten von Amerika).

3. Deutsche Besitzungen.

1. **Kaiser Wilhelms-Land und Bismarck-Archipel.** Das Kaiser Wilhelms-Land (etwa halb so groß wie Preußen) ist der nordöstliche Teil von Neu-Guinea. Es ist gebirgig; einzelne seiner schneebedeckten Gipfel, die noch unerforscht sind, scheinen sich über Montblanchöhe zu erheben. Die zahlreichen Flüsse, die das Land durchströmen, sind meist schiffbar und daher für den Verkehr von großem Wert. — Der Bismarck-Archipel ist dem Kaiser Wilhelms-Lande im Osten vorgelagert. Seine beiden größten Inselgruppen sind Neu-Pommern und Neu-Mecklenburg. Auf ihnen finden sich feuerspeiende Berge. Die Admiralitätsinseln im Nordwesten und die größte der Salomoninseln im Südosten gehören gleichfalls dem Deutschen Reiche.

Das heißfeuchte Tropenklima beider Inselgebiete hat auf dem fruchtbaren Boden einen außerordentlich üppigen Pflanzenwuchs hervorgerufen. Auf den unteren Bergabhängen finden sich dichte Urwälder; das ebene Land aber wird meist von Wiesen oder Pflanzungen der Eingeborenen eingenommen (Bananen und Kokosnüsse). Deutsche Handelsgesellschaften haben jetzt Plantagen angelegt, in denen auch Baumwolle und Kaffee geerntet werden.

2. **Karolinen, Marianen und Marshallinseln.** Diese Inselgruppen, die zum Teil aus Korallenbauten entstanden sind, liegen im Norden der soeben genannten, deutschen Besitzungen. Da auf ihnen Kokospalmen gut gedeihen, haben deutsche Kaufleute hier Niederlassungen gegründet. Die Inseln bieten auch unserer Kriegs- und Handelsflotte vorzügliche Häfen.

3. **Die Samoainseln** liegen südöstlich von den Marshallinseln; die beiden größten von ihnen gehören dem Deutschen Reiche. Sie werden von vulkanreichen Gebirgen durchzogen. An den Küsten breiten sich sehr fruchtbare Ebenen aus, auf denen Kokospalmen, Tabak, Kaffee und Kakao gedeihen. Auch Viehzucht wird getrieben.

Vergleichende Darstellung der Erdteile und der Deutschen Kolonien.

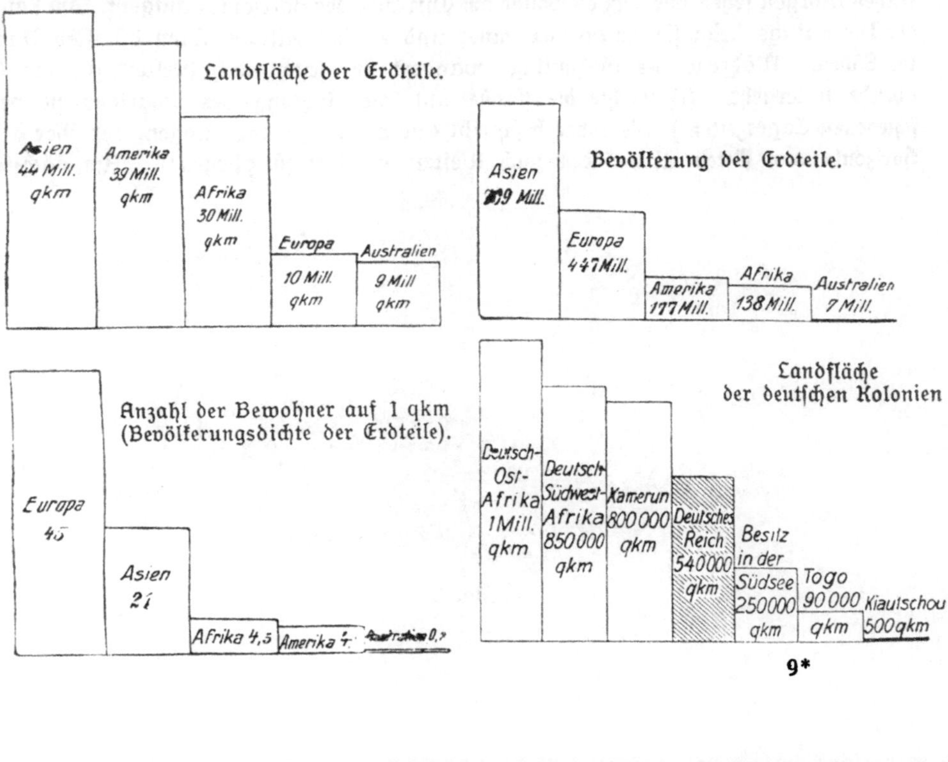

Himmelskunde.

I. Was wir am Himmel beobachten.

1. **Gesichtskreis (Horizont).** Befinden wir uns auf einer Ebene, dann erscheint uns die Erde wie eine kreisrunde Fläche, in deren Mittelpunkte wir stehen. Auf ihr ruht scheinbar der Himmel in Gestalt einer halbkugeligen Glocke. Die Kreislinie, in der Himmel und Erde sich zu berühren scheinen, und bis zu der wir sehen können, heißt Gesichtskreis oder Horizont. Der höchste Punkt des Himmelsgewölbes (Name!) liegt senkrecht über unserem Scheitel. Man nennt ihn daher Scheitelpunkt (Zenit). — Dieselben Beobachtungen können wir an allen Orten der Erde sowie überall auf dem Meere machen.

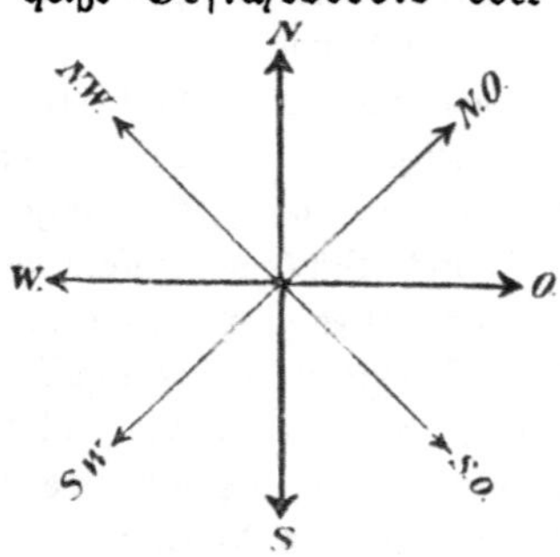

Fig. 1.

2. **Himmelsgegenden.** Werden Häuser, Bäume oder andere undurchsichtige Körper von der Sonne beschienen, so sehen wir, daß sie einen Schatten werfen. Stecken wir einen Stab in die Erde, und beobachten wir die Lage und die Länge seines Schattens zu verschiedenen Tageszeiten, dann finden wir, daß der kürzeste Schatten stets nach ein und derselben Richtung zeigt; sie heißt Norden (N). Blicken wir nach Norden, so liegt hinter uns Süden (S), rechts von uns Osten (O) und links von uns Westen (W). Zwischen diesen vier Haupthimmelsgegenden liegen die vier Nebenhimmelsgegenden Nordosten (NO), Südosten (SO), Südwesten (SW) und Nordwesten (NW). (Fig. 1.) Die Himmelsgegenden findet man am bequemsten mit Hilfe des Kompasses.

3. **Die scheinbare Bewegung der Sonne.** a) Im Laufe eines Tages. Am frühen Morgen sehen wir, daß die Sonne am Ostrande des Horizontes aufgeht. Im Laufe des Vormittags steigt sie am Himmel empor und erreicht mittags ihren höchsten Stand im Süden. Während des Nachmittags wandert sie weiter nach Westen zu, wo sie abends untergeht. (Beobachte die Größe und die Richtung des Schattens zu verschiedenen Tageszeiten!) Die Sonne beschreibt also am Tage einen Bogen, der über dem Horizonte von Osten über Süden nach Westen verläuft (Tagbogen!). Am nächsten

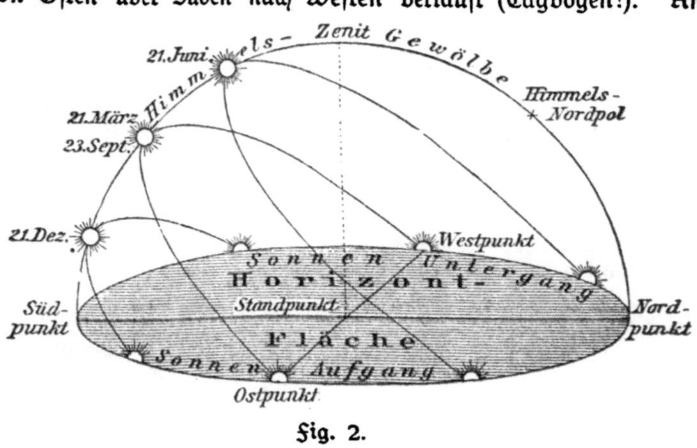

Fig. 2.

Morgen geht sie wieder im Osten auf. Sie ist mithin in der Nacht unter dem Horizonte von Westen über Norden (Mitternacht) nach Osten gewandert (Nachtbogen!). Tag- und Nachtbogen machen daher einen ganzen Kreis aus.

b) Im Laufe eines Jahres. Beobachten wir den Lauf der Sonne an verschiedenen Tagen des Jahres von ein und demselben Orte aus, so finden wir, daß sie im Sommer höher steigt als im Winter. Um uns die Bahn, welche die Sonne während des Jahres durchläuft, zu veranschaulichen, benutzen wir eine halbkugelförmige Fliegenglocke aus Drahtgeflecht, die wir im Laufe des Jahres mehrere Male an genau demselben Punkte des Schulhofes aufstellen (Fig. 2). Um der Glocke stets dieselbe Stellung geben zu können, bezeichnen wir an ihr sowie auf dem Erdboden des Schulhofes zwei gegenüberliegende Punkte. Die Fliegenglocke und der von ihr bedeckte Teil des Erdbodens sind im kleinen das, was wir von der Welt sehen können. (Gib an, wodurch das Himmelsgewölbe und der Horizont dargestellt werden! In welchem Punkte würdest du stehen?) Darauf halten wir einen Pappdeckel, in den wir ein kleines Loch gebohrt haben, so über das Drahtnetz, daß ein Sonnenstrahl gerade auf den Punkt in der Mitte fällt. Die Stelle, an welcher der Lichtstrahl die Glocke trifft, bezeichnen wir mittels eines Hölzchens, das wir in die Drahtmasche stecken. Wiederholen wir dies mehrmals im Laufe eines Tages, so erhalten wir auf der Glocke eine Reihe von Punkten. Verbinden wir sie durch eine farbige Linie, dann stellt diese die Bahn dar, die die Sonne während des Tages am Himmel durchlaufen hat. Zeichnen wir auf dieselbe Weise den Lauf der Sonne zu verschiedenen Zeiten des Jahres auf, so finden wir, daß sie im Sommer einen großen Tagbogen durchläuft und des Mittags hoch am Himmel steht, während sie im Winter einen kleinen Tagbogen bildet und am Mittag einen niedrigen Stand einnimmt.

Ferner können wir leicht feststellen, daß die Sonne am 21. März um 6 Uhr morgens genau im Ostpunkte auf- und um 6 Uhr abends genau im Westpunkte untergeht und daß an diesem Tage der Tagbogen ebenso groß ist wie der Nachtbogen: Tag und Nacht sind gleich lang. Den 21. März bezeichnet man als Frühlingsanfang.

In den folgenden Wochen beobachten wir, daß die Sonne Tag für Tag früher aufgeht, höher am Himmel emporsteigt und später untergeht, und zwar rücken der Auf- und Untergangspunkt immer weiter nach Norden. (Vergleiche die Länge von Tag- und Nachtbogen in dieser Zeit!) Am 21. Juni endlich erreicht die Sonne ihren höchsten Stand, und ihr Tagbogen ist der größte des ganzen Jahres (längster Tag): der Sommer beginnt.

Von nun ab geht die Sonne täglich später auf und früher unter; ihr Auf- und ihr Untergangspunkt wenden sich wieder dem Ost-, bzw. dem Westpunkte zu, und des Mittags steht sie immer niedriger am Himmel. (Vergleiche die Länge der Tag- und Nachtbogen in dieser Zeit!) Am 23. September geht die Sonne wieder morgens 6 Uhr genau im Osten auf und abends 6 Uhr genau im Westen unter. Tag und Nacht sind gleich lang: der Herbst beginnt.

Von da ab geht die Sonne fortgesetzt später auf, bzw. früher unter. Ihr Auf- und Untergangspunkt rücken weiter nach Süden, und des Mittags steht sie von Tag zu Tag immer niedriger am Himmelsgewölbe. Am 21. Dezember endlich ist der Tagbogen am kleinsten (kürzester Tag): der Winter hält seinen Einzug. Von nun an werden die Tage wieder länger und länger; Auf- und Untergangspunkt der Sonne nähern sich immer mehr dem Ost-, bzw. dem Westpunkte, die sie beide am 21. März wieder erreicht.

Wir sehen also, daß die Sonne im Laufe eines Jahres gleichsam eine große Schraubenlinie durchläuft. Der nördlichste und der südlichste Kreis am Himmel, in denen die Sonne scheinbar umwendet (an welchen Tagen?), werden daher als *nördlicher*, bzw. *südlicher Wendekreis* bezeichnet. Nach den Sternbildern (s. u.), durch die dann die Sonnenbahn führt, heißen sie auch *Wendekreis des Krebses*, bzw. *des Steinbocks*. Die Bahn, welche die Sonne am 21. März und am 23. September beschreibt, heißt *Gleicher* oder *Äquator* des Himmels.

c) *Versuch und Folgerung.* Je nachdem die Sonne hoch oder niedrig steht, fallen ihre Strahlen steil oder schräg auf die Erdoberfläche. Wir lassen das Licht einer Lampe so durch eine Röhre gehen, daß die Strahlen steil auf eine Tischplatte fallen: sie bescheinen eine nur kleine Fläche (Fig. 3, a).

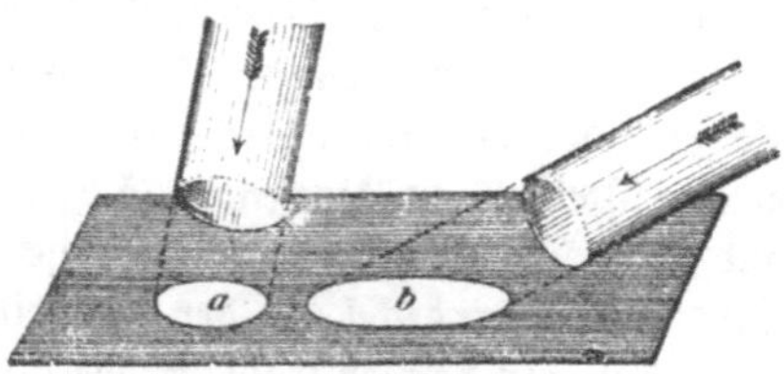

Fig. 3.

Halten wir jedoch die Röhre so, daß die Strahlen schräg auffallen, so verteilt sich dieselbe Licht- und Wärmemenge auf eine viel größere Fläche (Fig. 3, b). Ebenso verhält es sich mit der Bestrahlung der Erde durch die Sonne. Warum ist es also mittags wärmer als morgens und abends, und warum ist es im Sommer wärmer als im Winter?

4. **Der Fixsternhimmel.** An klaren Abenden erblicken wir am Himmelsgewölbe unzählige Sterne. Fast alle haben Tag für Tag und Jahr für Jahr dieselbe Stellung zueinander. Sie sind gleichsam am Himmel festgeheftet und heißen darum Fixsterne (fix heißt soviel wie fest). Die meisten von ihnen hat man zu Gruppen, „Sternbildern", vereinigt. Eins der bekanntesten ist der *Große Bär* oder der *Große Wagen* (Fig. 4). Ziehen wir durch seine Hinterräder eine gerade Linie und verlängern sie etwa um das Fünffache, so treffen wir im Sternbilde des *Kleinen Bären* einen Stern; es ist der *Polarstern*. Er steht stets an derselben Stelle des Himmels. Alle anderen Sterne und das ganze Himmelsgewölbe dagegen scheinen sich von Osten nach Westen um die Erde zu drehen.

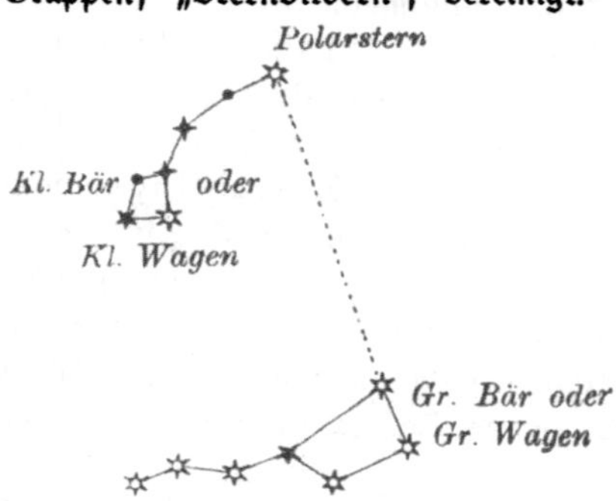

Fig. 4.

5. **Der Mond** (Mondphasen). Wenn wir den Mond beobachten, können wir sehen, daß er wie die Sonne am Ostrande des Himmels auf- und am Westrande untergeht. Zu Zeiten erblicken wir ihn als eine schmale, nach rechts gekrümmte, leuchtende Sichel. Von Tag zu Tag nimmt die beleuchtete Fläche zu: wir haben *zunehmenden Mond*. (Vervollständige den Mondbogen zu einem *z*!) Nach sieben Tagen ist die halbe Mondscheibe hell (*erstes Viertel!*), und nach wieder sieben Tagen sehen wir eine voll beleuchtete, kreisrunde Scheibe: wir haben *Vollmond*. Nun wird die beleuchtete Fläche Tag für Tag von rechts her immer kleiner: wir haben *abnehmenden Mond*. (Vervollständige den Mondbogen zu einem *a*!) Nach sieben Tagen sehen wir nur noch die halbe Scheibe (*letztes Viertel!*), und nach abermals sieben Tagen ist der

Lichtschein völlig verschwunden. Der Mond wird jetzt Neumond genannt (warum?). Diese Lichtgestalten des Mondes, die regelmäßig in 4 Wochen (einem Monate!) wechseln, bezeichnet man als Mondphasen.

II. Wie sind diese Erscheinungen zu erklären?

1. **Kugelgestalt der Erde.** a) Wenn wir uns fernen, hohen Gegenständen, z. B. Kirchtürmen oder Bergen, nähern, sehen wir zunächst ihre Spitzen, dann ihre mittleren und endlich auch ihre unteren Teile. Dasselbe beobachten wir an Schiffen, die sich der Küste nähern. Wäre die Erde eine Scheibe, so müßten wir die fernen Gegenstände sogleich ganz erblicken. Da dies aber nicht der Fall ist, müssen die unteren Teile der Kirchtürme, der Berge oder der Schiffe durch eine Wölbung der Erdoberfläche verdeckt sein. Die Erdoberfläche, die sich zwischen uns und jenen Gegenständen befindet, ist also gekrümmt (Fig. 5).

b) Reisende, die von Osten nach Westen oder in umgekehrter Richtung um die Erde fahren, kommen schließlich zu ihrem Ausgangsorte zurück. Die Erde muß also von Osten nach Westen gekrümmt sein. — Bei einer Reise von Norden nach Süden kann man beobachten, daß die Sterne des nördlichen Himmels nach und nach unter den Horizont sinken, während die Sterne des südlichen Himmels auftauchen. Die Erde ist demnach auch von Norden nach Süden gekrümmt: sie besitzt eine allseitig gekrümmte Oberfläche.

c) Bei Mondfinsternissen (S. 141) beobachten wir, daß der Erdschatten, der auf den Mond fällt, stets die Gestalt eines Kreises oder eines Teiles davon hat. Wie wir durch Versuche leicht feststellen können, ist jedoch nur der Schatten einer Kugel stets kreisförmig. Da ferner auch der Horizont überall kreisrund ist, muß die Erde eine Kugel sein. (Welche Gestalt würde er auf kantigen oder ovalen Körpern haben können?) — Eine stark verkleinerte Nachbildung der Erde ist der Globus.

d) Wo wir uns auch auf der Erde befinden mögen, stets haben wir den Himmel über uns. Auf der Stelle der Erdoberfläche, die unserem Wohnorte entgegengesetzt ist, wohnen ebenfalls Menschen. Sie kehren uns die Füße zu; darum nennen wir sie unsere Gegenfüßler.

2. **Einteilung der Erdoberfläche** (Gradnetz). a) Gehen wir von unserem Wohnorte weiter nach Norden, so scheint der Polarstern immer höher am nächtlichen Himmel emporzusteigen, und könnten wir immer weiter wandern, so würden wir an einen Ort kommen, an dem er senkrecht über uns steht. Diesen Punkt der Erdoberfläche bezeichnet man als den Nordpol. Denken wir uns von ihm aus durch den

Fig. 5.

Mittelpunkt der Erde eine Linie gezogen (Erdachse), so trifft sie auf den Südpol. Wollte jemand den Weg vom Nordpol zum Südpol auf der gekrümmten Erdoberfläche zurücklegen, so müßte er etwa 20000 km weit reisen. Wanderte er auf der andern Seite der Kugel wieder zum Nordpole zurück, so hätte er einen Kreis von 40000 km zurückgelegt (Umfang der Erde!).

b) Die Erdoberfläche ist also sehr groß. Um sich auf ihr besser zurecht zu finden, denkt man sich genau in der Mitte zwischen Nord- und Südpol rund um die Erde eine Linie gezogen. Sie teilt die Erde in zwei Hälften, in eine nördliche und eine südliche Halbkugel, und heißt deshalb Gleicher oder Äquator.

c) Nördlich und südlich vom Äquator denkt man sich parallel zu dieser Linie in Abständen von etwa 111 km je 90 Kreise um die Erde gezogen. Der Raum zwischen je zwei dieser Parallelkreise wird Breitengrad genannt. Man unterscheidet 90 Grade (^{0}) nördlicher und 90 Grade (^{0}) südlicher Breite (Fig. 6).

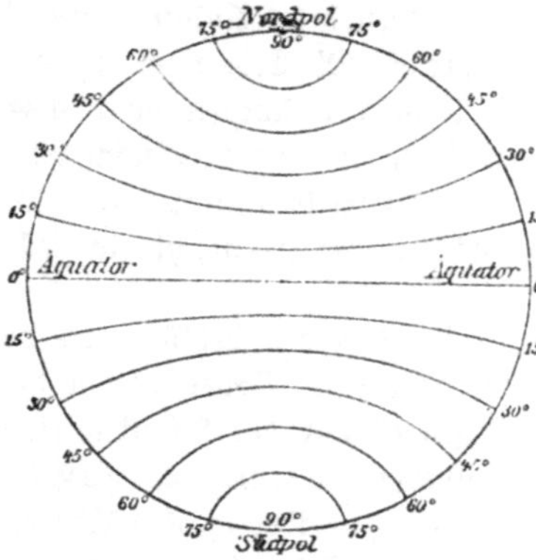

Fig. 6.

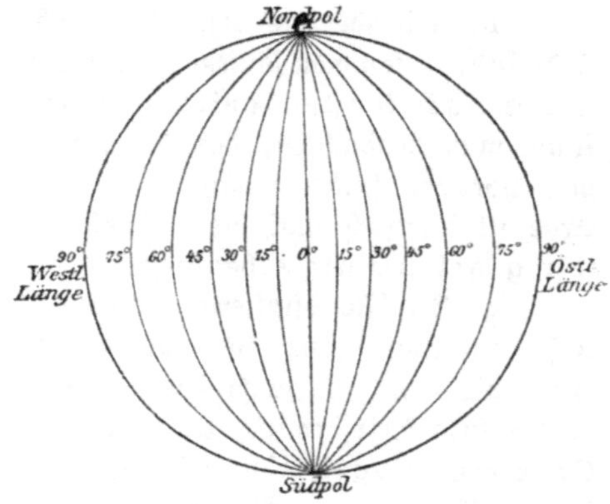

Fig. 7.

d) Den Äquator denkt man sich (wie jeden Kreis) in 360^0 geteilt und durch jeden Teilpunkt vom Nordpol zum Südpol einen Halbkreis gelegt. Da die Orte, die auf demselben Halbkreise liegen, zu gleicher Zeit Mittag haben, nennt man diese 360 Halbkreise Mittagslinien oder Meridiane (Fig. 7). Der Raum zwischen zwei dieser Linien heißt Längengrad. Die Längengrade zählen wir von dem Meridiane aus, der durch die Sternwarte von Greenwich (S. 83) geht, und zwar nach Westen und nach Osten hin. Wir unterscheiden also 180^0 westlicher und 180^0 östlicher Länge. — Meridiane und Parallelkreise bilden gleichsam ein Netz (Gradnetz!), das über die Erde gebreitet ist, und mit dessen Hilfe wir die Lage jedes Ortes genau bestimmen können. So liegt z. B. Berlin $52^1/_2{}^0$ n. Br. und $13^1/_2{}^0$ ö. L. (Gib die Lage deines Heimatortes an!)

e) Da nur die Orte „gleicher Länge" zu derselben Zeit Mittag haben und sich die Sonne von Osten nach Westen bewegt, tritt der Mittag in den östlicher gelegenen Gegenden früher ein als in den westlicher gelegenen. Der Unterschied beträgt für je 1^0 Entfernung 4 Minuten. In Posen, Berlin und Cöln, die unter verschiedenen Meridianen liegen, müßten daher die Uhren ganz verschieden zeigen. Für den Verkehr (Eisenbahn, Post usw.) wäre dies jedoch sehr störend. Deshalb ist bestimmt worden, daß alle Orte Deutschlands, Österreichs, Italiens und der Schweiz dann Mittag haben, wenn die Sonne in dem Meridiane steht, der Mitteleuropa etwa in der Mitte durchschneidet. Dieser Meridian geht über Görlitz. Sind die Uhren auf dieselbe Mittagszeit eingestellt, so geben sie auch die anderen Tageszeiten in mitteleuropäischer Zeit übereinstimmend an. (Um wieviel Minuten weicht die Uhr deines Wohnortes von der „wirklichen“ Zeit ab?) Die Niederlande, Belgien und Großbritannien haben westeuropäische Zeit. Sie richtet sich nach dem Meridian von Greenwich (S. 83, 1). Bulgarien und Rumänien haben die für den 30. Meridian gültige osteuropäische Zeit. (Um wieviel Minuten weichen die west- und osteuropäische Zeit von unserer Zeit ab?) In den nichtgenannten europäischen Staaten gelten Einheitszeiten nach den Meridianen ihrer Hauptstädte.

3. **Bewegung der Erde.** Der Augenschein zeigt, daß sich die Sonne, die Sterne und das ganze Himmelsgewölbe um uns drehen. Das ist aber eine Täuschung! Ebensowenig wie bei einer Eisenbahnfahrt die Hecken, Telegraphenstangen, Häuser, Brücken, Felder usw. an uns vorbeifliegen, ebensowenig bewegen sich die Gestirne und das Himmelsgewölbe an uns vorüber. Sie stehen vielmehr still, und wir bewegen uns mit der Erde. Wie ferner die Fahrrichtung des Zuges der scheinbaren Bewegung der Gegenstände entgegengesetzt ist, so ist auch die wirkliche Bewegung der Erde der scheinbaren des Himmelsgewölbes entgegengesetzt. Die Erde bewegt sich also von Westen nach Osten um die Sonne.

a) Tägliche Bewegung; Entstehung der Tageszeiten. Stellen wir ein brennendes Licht vor einen Globus und drehen wir ihn um seine Achse, so erkennen wir leicht, wie der Wechsel von Tag und Nacht entsteht. Morgens tritt unser Wohnort von Westen her in den Lichtkreis der Sonne ein, die wir im Osten „aufgehen“ sehen. Die Erde dreht sich immer weiter. Um 12 Uhr steht für uns die Sonne am höchsten, und abends verschwinden wir nach Osten zu wieder aus dem Lichtkreise der Sonne, die jetzt im Westen „untergeht“. Während der Nacht kann uns kein Lichtstrahl erreichen, bis wir am nächsten Morgen wieder in das Licht der Sonne treten. Die Erde dreht sich also im Laufe eines Tages einmal um sich selbst (um ihre Achse); dadurch entstehen die Tageszeiten.

b) Jährliche Bewegung; Entstehung der Jahreszeiten. Wie erklärt sich das scheinbare Auf- und Absteigen der Sonne am Himmelsgewölbe in einer Schraubenlinie (S. 134) und der dadurch eintretende regelmäßige Wechsel der Jahreszeiten? Um dies zu verstehen, stellen wir folgenden Versuch an: In einem dunkeln Zimmer setzen wir auf die Mitte eines großen, runden Tisches ein Licht; es stellt die Sonne dar. An den Tischrand, der gleichsam die Erdbahn ist, halten wir einen Globus und richten diesen so, daß seine Achse senkrecht auf dem Rande des Tisches (Erdbahn) steht. Führen wir ihn nun rings um den Tisch, so sehen wir, daß die Beleuchtungsgrenze stets durch die Pole geht. Da die Lichtstrahlen auf dem Äquator ununterbrochen senkrecht, weiter den Polen zu aber in immer kleineren Winkeln auffallen, müßten alle Orte der Erde, die unter derselben Breite liegen, während des ganzen Jahres gleich stark erwärmt werden. Ein Wechsel der Jahreszeiten könnte also nicht eintreten. Nun wissen wir aber, daß ein solcher stattfindet. Die Erdachse kann mithin nicht senkrecht, sie muß vielmehr schief zur Erdbahn stehen. Man hat gefunden, daß der Winkel, den beide miteinander bilden, um $23^1/_2{}^0$ vom rechten Winkel abweicht, und daß der Nordpol der Erde stets nach dem Polarsterne zeigt.

Wir führen nun unseren Versuch nochmals aus, geben aber der Erdachse die notwendige schiefe Stellung (Fig. 8). Zunächst (I) halten wir den Globus so, daß die Ebene, in der die Erdachse liegt, parallel zum Lichte steht: die Beleuchtungsgrenze geht durch die Pole, und die Sonnenstrahlen fallen auf den Äquator senkrecht. Die Flächen, die auf der nördlichen und südlichen Halbkugel beleuchtet werden, sind also gleich groß. Ebenso sind Tag und Nacht überall auf der Erde gleich lang (21. März; Frühlings-

Tag- und Nachtgleiche). — Führen wir nun den Globus in der Pfeilrichtung um den Tisch, so bemerken wir, daß sich nach und nach der Nordpol dem Lichte zuwendet, während sich der Südpol von ihm abkehrt. Von der nördlichen Erdhälfte wird also ein größerer Teil beleuchtet als von der südlichen. Daher sind die Tage dort länger als die Nächte. Wenn wir (II) eine Vierteldrehung um das Licht ausgeführt haben (21. Juni; Sommersanfang), fallen die Sonnenstrahlen senkrecht auf einen Parallelkreis, der $23^1/_2{}^0$ nördlich vom Äquator und genau unter dem nördlichen Wendekreise des Himmels liegt; er wird deshalb wie dieser als Wendekreis des Krebses bezeichnet. In unseren Gegenden dauert der Tag dann etwa 16 und die Nacht 8 Stunden. Für die Bewohner des Parallelkreises,

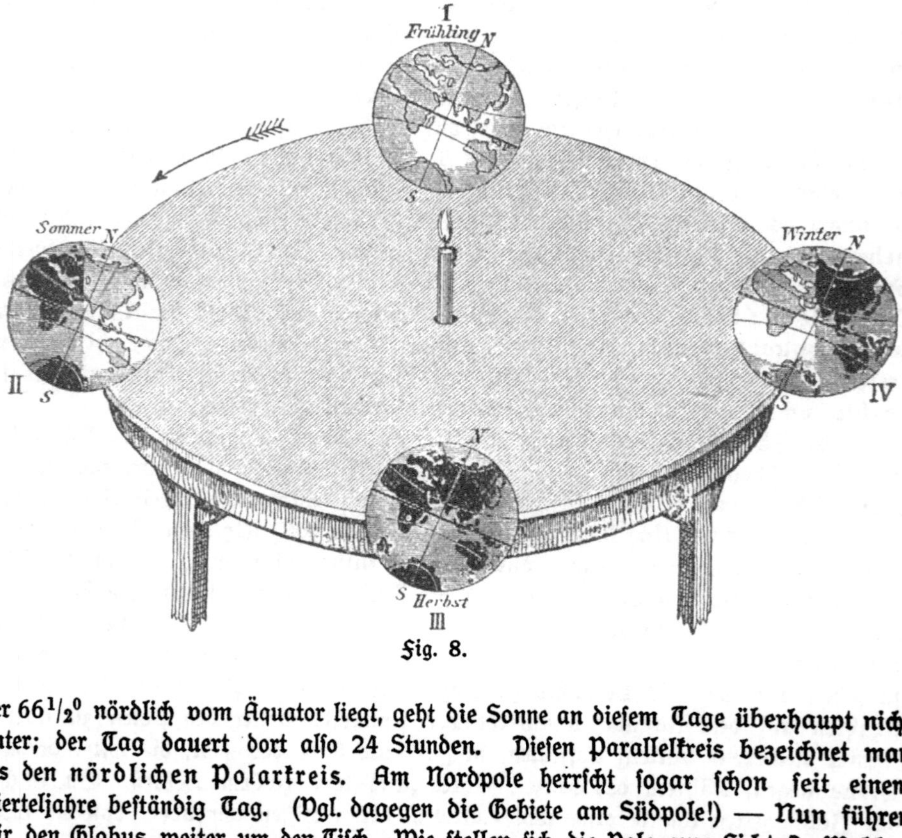

Fig. 8.

der $66^1/_2{}^0$ nördlich vom Äquator liegt, geht die Sonne an diesem Tage überhaupt nicht unter; der Tag dauert dort also 24 Stunden. Diesen Parallelkreis bezeichnet man als den nördlichen Polarkreis. Am Nordpole herrscht sogar schon seit einem Vierteljahre beständig Tag. (Vgl. dagegen die Gebiete am Südpole!) — Nun führen wir den Globus weiter um den Tisch. Wie stellen sich die Pole zum Lichte? Welchen Einfluß hat das auf die Länge der Tage? Was beobachtest du nach einer halben Drehung (III) um das Licht? (23. September; Herbst-Tag- und Nachtgleiche.) — Auf der weiteren Wanderung der Erde wendet sich nunmehr der Nordpol immer mehr von dem Lichte ab. Er hatte bis jetzt ständig Tag (wie lange scheint also die Sonne am Nordpole ununterbrochen?) und liegt nun im Schatten. Der Südpol dagegen tritt in den Lichtkreis der Sonne ein und wendet sich ihr mehr und mehr zu. Nach einer dreiviertel Drehung (IV) um das Licht (21. Dezember; Wintersanfang auf der nördlichen Halbkugel) fallen die Strahlen senkrecht auf den Parallelkreis, der $23^1/_2{}^0$ südlich vom Äquator, genau unter dem südlichen Wendekreise des Himmels liegt; er heißt deshalb **Wendekreis des Steinbocks.** Bei uns ist dann der Tag etwa 8, die Nacht aber 16 Stunden lang. Auf dem **südlichen Polarkreise** geht an diesem Tage die Sonne nicht unter, während sie auf dem nördlichen nicht aufgeht. Am Südpole dauert der Tag jetzt bereits 1/4 Jahr. — Von nun an wendet sich der Südpol wieder allmählich von dem Lichte ab (was geschieht mit dem Nordpole?). Nach einer ganzen Drehung (I) um das Licht (am 21. März) geht die Lichtgrenze wieder durch beide Pole. — Ähnlich ist es in Wirklichkeit. **Der Wechsel der Jahreszeiten wird also dadurch hervorgerufen, daß sich die Erde im Laufe eines Jahres einmal um die Sonne bewegt, und daß die Erdachse schief zur Erdbahn steht.**

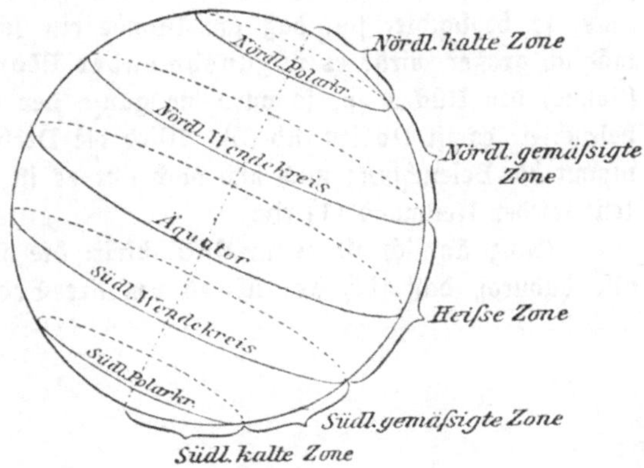

Fig. 9.

c) **Zonen** (Fig. 9). Die Gegenden zwischen den beiden Wendekreisen werden jährlich zweimal von der Sonne senkrecht beschienen, und auch zu anderen Zeiten fallen dort die Lichtstrahlen in einem fast rechten Winkel auf die Erde. Da dieser Erdgürtel also sehr stark von der Sonne erwärmt wird (S. 134), nennt man ihn die **heiße Zone** (Tropen). — Die Gegenden zwischen den Wende- und den Polarkreisen werden während des Jahres von den Sonnenstrahlen in einem ständig wechselnden Winkel getroffen (Sommer und Winter!). Die mittlere Jahreswärme ist daher in ihnen

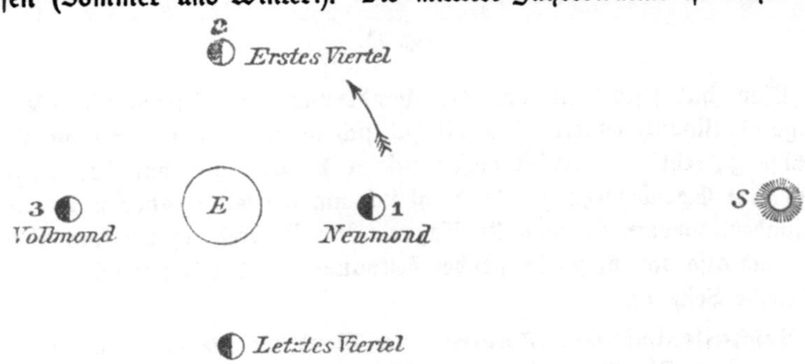

Fig. 10.

niedriger als in den Tropen, und man bezeichnet sie als **nördliche**, bzw. **südliche gemäßigte Zone.** — Die Teile der Erdoberfläche, die jenseits der Polarkreise liegen, empfangen nur wenig Wärme von der Sonne. (Weise das nach!) Sie bilden die **nördliche**, bzw. **südliche kalte Zone.** — Diesem sog. mathematischen Klima entspricht das **wirkliche Klima** nicht genau; denn die Verteilung von Wasser und Land, die Erhebungen über den Meeresspiegel, die Meeres- und Luftströmungen u. a. m. machen gleichfalls ihren Einfluß geltend (Beweis!).

4. **Bewegung des Mondes.** (Fig. 10.) Wie die verschiedenen Lichtgestalten des Mondes entstehen, zeigt folgender Versuch. In einem dunkeln Zimmer setzen wir ein bren-

nendes Licht (Sonne) auf einen Tisch. Eine Person stellt die Erde dar und hält eine möglichst große Kugel (Mond) auf Armeslänge von sich ab. Wenn der Arm gegen das Licht ausgestreckt ist, steht der Mond zwischen Sonne und Erde. Die Sonne beleuchtet also die Seite des Mondes, die der Erde abgewendet ist: es ist Neumond (1). Dreht sich nun die Person (Erde), ohne den Arm zu bewegen, langsam um sich selbst nach links, so beobachtet sie, daß am Monde ein schwacher Lichtrand erscheint, der allmählich größer wird: es ist zunehmender Mond (2). Kehrt die Person dem Lichte (Sonne) den Rücken zu, so wird die ganze der Erde zugewendete Seite des Mondes beleuchtet: es ist Vollmond (3). Wird die Drehung in derselben Weise fortgesetzt, so nimmt die Beleuchtung nach und nach ab: es ist abnehmender Mond (4). Endlich tritt wieder Neumond (1) ein.

Ganz ähnlich ist es in Wirklichkeit: die Lichtgestalten (Mondphasen) entstehen also dadurch, daß sich der Mond um die Erde und mit dieser um die Sonne

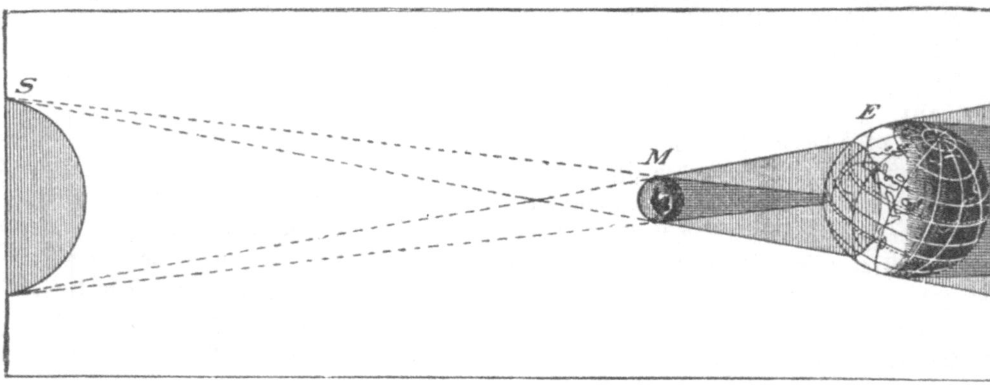

Fig. 11.

dreht. Man hat festgestellt, daß die Wanderung des Mondes um die Erde etwa $29\frac{1}{2}$ Tage (1 Monat) dauert. Wie oft hat sich in der gleichen Zeit die Erde um die eigene Achse gedreht? — Außer diesen beiden Bewegungen hat der Mond wie die Erde auch eine Eigenbewegung. Er dreht sich um sich selbst, aber nicht wie die Erde in 24 Stunden, sondern in etwa 28 Tagen. Die Umdrehung um die Erde und um sich selbst sind also von ungefähr gleicher Zeitdauer. Infolgedessen kehrt uns der Mond immer dieselbe Seite zu.

5. **Beschaffenheit des Mondes.** Der Mond hat wie die Erde die Gestalt einer Kugel. Auf seiner Oberfläche sehen wir helle und dunkle Stellen. Durch ein Fernrohr erkennen wir, daß er sehr gebirgig ist. Die Gebirge, die in einzelne Gruppen gegliedert sind, besitzen viele Krater und bestehen zumeist aus erloschenen Vulkanen. Die hohen Bergspitzen werden von der Sonne hell bestrahlt. Im Schatten der Gebirge liegen Ebenen und tiefe Schluchten. Da der Mond keine Lufthülle besitzt und auf ihm auch kein Wasser vorhanden ist, können Pflanzen, Tiere und Menschen dort nicht bestehen.

6. **Sonnen- und Mondfinsternis.** Wir stellen uns in die Nähe eines Tisches, auf dem eine brennende Kerze steht. Die Lichtstrahlen fallen auf unser Gesicht. Nun halten wir eine Kugel zwischen uns und das Licht. Solange wir sie etwas höher oder niedriger, nach rechts oder nach links bewegen, vermögen wir die Flamme noch zu sehen. Halten wir aber die Kugel gerade zwischen das Licht und

unsere Augen, dann sehen wir es nicht mehr: das Licht wird von der Kugel verdeckt oder verfinstert. — Zur Zeit des Neumondes kommt es mitunter vor, daß Erde, Mond und Sonne in gerader Linie zueinander stehen. Der Mond, der dann von rechts (Westen) nach links (Osten) an der Sonne vorüber geht, verdeckt sie uns eine Zeitlang: es tritt eine Sonnenfinsternis (Fig. 11) ein.

Steht bei Vollmond die Erde genau zwischen Sonne und Mond, dann wird der Mond durch den Schatten der Erde verdunkelt: es findet eine Mondfinsternis statt (Fig. 12). Da aber für gewöhnlich der Mond etwas über oder unter der Erdbahn steht, tritt diese Erscheinung nicht bei jedem Vollmonde ein.

7. **Kalender.** Wie wir erfahren haben, dauert die Wanderung des Mondes um die Erde etwa 29 ½ Tage. Diese Zeit wurde schon von den ältesten Völkern als Monat bezeichnet. Zwölf solcher Monate, die zu 29, bzw. 30 Tagen gerechnet wurden, nannte man ein Mondjahr; es umfaßte 354 Tage. Die Mohammedaner rechnen noch jetzt

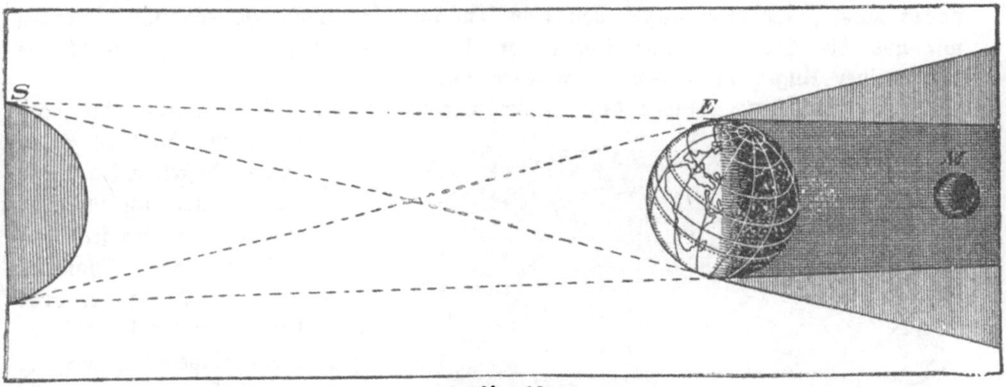

Fig. 12.

danach. Bei ackerbautreibenden Völkern, wie es die Ägypter waren, stellte sich jedoch bald die Notwendigkeit heraus, das Jahr mit dem Sonnenlaufe in Übereinstimmung zu bringen. Sie setzten aber das Jahr zu kurz an, und es entstand im Laufe der Jahrhunderte in der Zeitrechnung eine solche Verwirrung, daß der Römer Julius Cäsar den Kalender neu ordnete. Nach diesem julianischen Kalender wurde das Jahr zu 365¼ Tagen angenommen. Um den Vierteltag in Anrechnung zu bringen, wurde alle 4 Jahre am 29. Februar ein Schalttag eingefügt. Da aber genaue Messungen ergeben haben, daß sich die Erde in 365 Tagen 5 Stunden 48 Minuten um die Sonne bewegt, war das Jahr im Kalender zu lang angesetzt worden. Man blieb alle 100 Jahre etwa 1 Tag gegenüber der wirklichen Zeit zurück, und im Jahre 1582 hatte sich der Kalender um 10 Tage verschoben. Papst Gregor XIII. bestimmte deshalb, daß man nach dem 4. Oktober 1582 gleich den 15. Oktober schrieb. Weiter wurde durch den gregorianischen Kalender angeordnet, daß auch ferner in jedem vierten Jahre ein Schalttag einzufügen sei. Um jedoch die kleine Ungenauigkeit auszugleichen, die dadurch entstand, wurde bestimmt, daß in jedem Zeitraum von 400 Jahren 3 Schalttage ausfallen sollten. Von den vollen Hunderten der Zeitrechnung sollen Schaltjahre nur die sein, deren Zahl durch 400 teilbar ist (1600, 2000, 2400). Nach diesem Kalender rechnet man jetzt in vielen Ländern, so auch in Deutschland. Rußland aber hat den julianischen Kalender beibehalten. Es ist darum im Datum schon 13 Tage hinter uns zurück geblieben.

III. Von den Sternen.

1. **Fixsterne.** Am Himmel erblicken wir unzählige Sterne. Die meisten sind selbstleuchtend und verändern ihre Stellung zueinander nicht merklich. Wir haben sie schon früher (S. 134, 4) als Fixsterne bezeichnet. Auch unsere Sonne ist ein Fixstern. Sie sieht nur deshalb größer und glänzender als die anderen Sterne aus, weil sie uns viel näher steht als jene. Durch sorgfältige Beobachtungen und Berechnungen hat man gefunden, daß das Licht der Sonne in 8 Minuten 25 Sekunden zu uns gelangt. Da wir nun wissen, daß das Licht in 1 Sekunde 300000 km zurücklegt, muß die Sonne 150 Millionen km von der Erde entfernt sein. Andere Fixsterne sind so weit von uns entfernt, daß sie unserem Auge nur noch als Punkte erscheinen. Ihr Licht erreicht die Erde daher erst nach Jahrhunderten oder nach Jahrtausenden. Von der Größe dieser Himmelskörper können wir uns eine Vorstellung machen, wenn wir hören, daß man mehr als eine Million Erden zusammenballen müßte, um eine Kugel von dem Umfange der Sonne zu erhalten. (Stellen wir uns die Erde als eine Kugel von 1 cm Durchmesser vor, so gleicht die Sonne einer Kugel mit einem Durchmesser von 108 cm.)

2. **Planeten.** Außer den Fixsternen erblicken wir andere Sterne, die bald in diesem, bald in jenem Sternbilde stehen. Da sie also am Himmel hin und her wandern, werden sie Wandelsterne oder Planeten genannt. Gleich der Erde bewegen sie sich in größerer oder geringerer Entfernung um die Sonne, von der sie gleichfalls Licht und Wärme empfangen. Von den Fixsternen unterscheiden sich die Planeten äußerlich dadurch, daß sie in ruhigem, von der Sonne „erborgtem" Scheine leuchten. Zu den Planeten gehören außer unserer Erde u. a. Venus (Morgen- und Abendstern), Mars und Jupiter. (Beobachte sie!) — Die meisten großen Planeten werden auf ihrem Laufe von kleinen Weltkörpern begleitet, die ihr Licht ebenfalls von der Sonne empfangen. Sie heißen Nebenplaneten oder Monde.

Fig. 13.

3. **Kometen.** Von Zeit zu Zeit kann man am Himmel Sterne erblicken, die aus einem hellen Kerne und einem leuchtenden Schweife bestehen. Man nennt sie Kometen oder Schweifsterne (Fig. 13).

4. **Sternschnuppen.** Wenn wir am Abend ins Freie treten, sehen wir dann und wann einen Lichtpunkt plötzlich am Himmel aufblitzen, eine kurze Strecke dahinschießen und wieder verschwinden. Was wir erblickten, war eine Sternschnuppe oder ein Meteor. Mit Millionen seinesgleichen eilte er durch den Weltenraum um die Sonne. Dabei kam er so nahe an die Erde, daß er von ihr angezogen wurde. Da die Meteore mit ungeheurer Geschwindigkeit durch die Lufthülle (Atmosphäre) zur Erde herabfallen, werden sie infolge der Reibung glühend und unserem Auge sichtbar.

IV. Was wir von der Entstehung der Erde wissen.

A. **Die Erdrinde.** Man nimmt an, daß die Erde einst ein feurigflüssiger Ball war, der seine Wärme in den kalten Weltenraum ausstrahlte. Dadurch erstarrte seine Oberfläche zu einer festen Gesteinsrinde. An manchen Stellen barst aber diese Kruste: es entstanden Schollen, von denen einzelne untersanken, so daß sich Sammelbecken für die Meere bildeten. (Das Mittelländische Meer zum Beispiel ist durch einen solchen Einbruch der Erdrinde geschaffen worden.) Aus den höher liegenden Schollen entstanden Festländer.

B. **Die Gesteine der Erdrinde.** 1. Erstarrungsgesteine. An verschiedenen Orten drangen feuerflüssige Massen aus dem Innern der Erde empor. Erstarrten sie, ohne die Erdoberfläche erreicht zu haben, in der Tiefe, so bildeten sich daraus Tiefengesteine (Granit, Syenit u. a.). Wurden später, als die Erdoberfläche durch die verschiedensten Ursachen umgestaltet wurde (S. 144), die Deckschichten entfernt, so traten die Tiefengesteine frei zutage (Harz, Thüringerwald, Randgebirge der Oberrheinischen Tiefebene, Gebirge der Umwallung Böhmens usw.) — Erreichte die Schmelzmasse aber die Erdoberfläche, wie wir es noch jetzt bei den Vulkanen beobachten (S. 71), so entstanden die Ergußgesteine (Porphyr, Basalt, Lava u. a.).

2. Absatzgesteine. Während die Erstarrungsgesteine aus dem Erdinnern kommen, entstehen die Absatzgesteine durch äußere Auflagerungen auf sehr verschiedene Weise:

a) Daß die Trümmer der verwitterten Felsen durch das fließende Wasser zerkleinert, fortgetragen und schließlich als Kies, Sand und Schlamm am Grunde der Meere, der Landseen oder auf dem Festlande selbst „abgesetzt" werden, haben wir bereits erfahren (vgl. S. 3 u. 4). Das, was wir noch heute beobachten können, geschah auch in früheren Zeiten. Die Sand- und Schlammassen, die vor Millionen Jahren auf dem Meeresgrunde abgelagert wurden, erhärteten durch den Druck, der auf ihnen lastete, zu festem Fels, zu Sandstein und zu Tonschiefer. Nenne deutsche Gebirge, in denen diese Gesteine vorkommen! — Pflanzen und Pflanzenteile sowie Reste von Tieren (Muscheln, Krebse, Fische), die mit auf den Meeresgrund gesunken waren, wurden in die ursprünglich weiche Masse eingebettet, oder ihre Hohlräume wurden damit ausgefüllt. Nach dem Erhärten des Schlammes blieben sie dann als „Abdruck" oder „Versteinerung" erhalten. Man bezeichnet sie als Fossilien (d. h. aus der Erde gegraben). Sie verraten uns, daß sich die Gesteine, in denen wir sie finden, durch Absatz im Wasser gebildet haben.

b) Andere Absatzgesteine wurden als feste Masse aus dem Sickerwasser oder aus stehenden Gewässern ausgeschieden, z. B. Kalk- und Kieselsinter, Gips und Steinsalz (s. Naturlehre).

c) Noch andere Gesteine sind aus Tier- oder Pflanzenresten zusammengesetzt. Bruchstücke von Kalkgehäusen und -schalen (Muscheln, Schnecken, Krebse, Korallen u. a.) häufen sich im Laufe der Jahrtausende zu oft mächtigen Ablagerungen auf dem Meeresgrunde an und verhärten schließlich zu Fels. So bildeten sich z. B. die Kreide (Rügen) und die meisten Kalkgesteine (Jura, Kalkalpen). — Auch das Erdöl (Petroleum) und das Erdpech scheinen tierischen Ursprungs zu sein.

Die aus Pflanzenresten entstandenen Gesteine wurden teils aus Kalk- oder Kieselkrusten von Meeresalgen (Diatomeenerde) oder aus festländischen Gewächsen gebildet (Steinkohle, Braunkohle, Torf; vgl. Naturlehre).

d) Im Gegensatz zu den Erstarrungsgesteinen besitzen viele Absatzgesteine eine mehr oder weniger deutliche „Schichtung“ (Schichtgesteine). Ungeschichtet sind die Absatzgesteine, die durch den Wind zusammengetragen wurden, so der Löß (S. 93) und der Dünensand (S. 4).

3. Die kristallinischen Schiefer nehmen eine Mittelstellung zwischen den Erstarrungs- und den Absatzgesteinen ein. Man nimmt an, daß es alte Absatzgesteine sind, die vielfache Änderungen erfahren haben (Gneis, Glimmerschiefer, Urtonschiefer). Sie kommen in sehr alten Gebirgen vor, so im Schwarzwald und im Wasgenwald, in der Gebirgsumwallung Böhmens, im Thüringerwalde, im Harz, in den Hochalpen usw.

4. In den Gesteinen der Erdrinde finden wir vielfach Erzlagerstätten. Wenn das Sickerwasser in tiefere Schichten der Erdrinde kommt, nimmt es höhere Temperaturen an und vermag dann die meisten Metalle und andere Mineralien aufzulösen. Bei der Abkühlung scheiden sich die vorher gelösten Stoffe wieder ab, und es entstehen im Laufe vieler Jahrtausende die Erzlager. — Oft dringt das Wasser auch bis an die Erdoberfläche vor. Dann bildet sich eine heiße Quelle (Therme), deren Wasser von heilkräftiger Wirkung ist (Baden-Baden, Wiesbaden, Warmbrunn).

C. **Von der Umgestaltung der Erdoberfläche.** Die Schichtgesteine haben sich zwar wagerecht auf dem Grunde des Wassers abgesetzt, aber nur selten finden wir sie auf weite Strecken hin noch in dieser „ursprünglichen“ Lagerung. Gewöhnlich sind sie sanfter oder steiler geneigt, zuweilen stehen sie aufrecht, oder sie sind gar wie zusammengeschobene Tücher gefaltet. Diese „Schichtenstörungen“ sind durch sehr verschiedene Vorgänge veranlaßt worden, durch Hebung, Senkung, seitlichen Druck u. a. — Sinkt z. B. wie in der Oberrheinischen Tiefebene (S. 37) eine große Gebirgsmasse in die Tiefe, während die Schichten an den Seiten stehen bleiben, so entsteht ein Grabenbruch. — Beim Harze und dem Thüringerwalde ist zu beobachten, daß ein großer Teil der Erdrinde seine Lage behalten hat, die seitlich benachbarten Gebiete jedoch in die Tiefe gesunken sind. Die stehengebliebene Gebirgsmasse nennt man Horst. — In der Lothringischen und in der Schwäbisch-Fränkischen Landschaft wieder ist ein staffelförmiges Absinken der Gesteinslagen eingetreten, so daß Stufenländer entstanden sind.

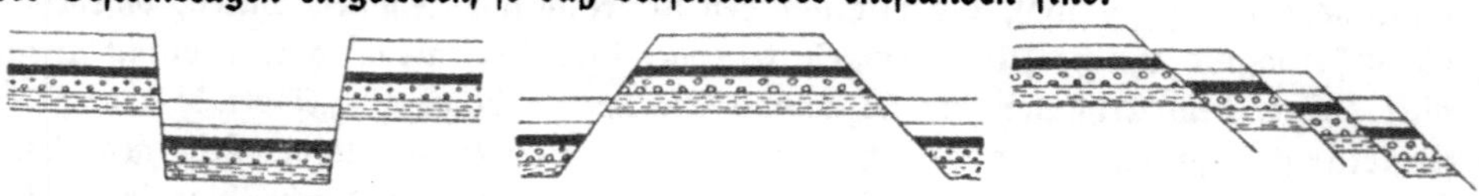

Grabenbruch Horst Staffelbruch

Alle diese Veränderungen in der Lagerung der Gesteinsschichten haben in Verbindung mit der ständig arbeitenden Verwitterung der Felsen (S. 93) und der Abtragung und Wiederablagerung des Schuttes durch das fließende Wasser (S. 3), das Gletschereis (S. 8 u. S. 58) und den Wind (S. 4 u. S. 93) bewirkt, daß die Erdoberfläche umgestaltet wurde. Gebirge, Tiefländer und Meeresbecken bildeten sich. Ein Menschenalter ist zu kurz, um diese Veränderungen beobachten zu können. Dazu wären Millionen von Jahren nötig. Nur wenn die Erdrinde einmal plötzlich erschüttert wird, wenn also ein Erdbeben eintritt (S. 72 u. S. 96), oder wenn die Riesenfackeln der Vulkane emporlohen (S. 71), kommt es uns zum Bewußtsein, daß der Boden unter unseren Füßen nicht festgegründet, sondern veränderlich ist.

Die Gebietsabtretungen des Deutschen Reiches nach dem Kriege.

Durch den unglücklichen Ausgang des Weltkrieges ist unserem Vaterlande ein schmachvoller Friedensvertrag aufgezwungen worden. Neben der Zahlung einer riesengroßen Kriegsentschädigung werden darin auch beträchtliche Gebietsabtretungen von uns verlangt.

Die **Bodenfläche des Reiches** betrug vor dem Kriege rund 540000 qkm. Bis zum 31. Dezember 1920 wurden davon insgesamt rund 67000 qkm oder rund $12^1/_2$% an fremde Staaten abgegeben. Das Saargebiet und Oberschlesien, über deren Staatszugehörigkeit noch nicht entschieden ist, sind dabei nicht mitgerechnet. Im einzelnen ergeben sich folgende Gebietsabtretungen:

1. Elsaß und Lothringen an Frankreich.
2. Eupen, Malmedy und Moresnet (Gebiete südlich von Aachen) an Belgien.
3. Schleswig nördlich der Linie Apenrade—Tondern—Nordspitze von Sylt an Dänemark.
4. Danzig und Umgebung. Das Gebiet wurde zu einem freien Staat erklärt, in dem aber die Polen viele Rechte erhalten haben.
5. Teile von Ost- und Westpreußen sowie fast die ganze Provinz Posen an Polen. Die Reste von West- und Ostpreußen, die bei Deutschland verblieben sind, wurden durch einen breiten polnischen Landstrich beiderseits der Weichsel („Polnischer Korridor" zur Ostsee) völlig vom Reiche abgetrennt.
6. Memel mit angrenzenden Teilen von Ostpreußen. Die Staatszugehörigkeit ist noch unbestimmt.
7. Der Teil Schlesiens am Südostabhang der Sudeten an die Tschecho-Slowakei.
8. Alle Kolonien mit einer Gesamtfläche von rund 3 Millionen qkm, d. i. der $5^1/_2$fache Umfang des alten Deutschen Reiches, an die verschiedenen feindlichen Mächte.

Die **Bevölkerung** des Deutschen Reiches betrug nach der letzten Volkszählung vor dem Kriege im Jahre 1910 rund 65 Millionen Menschen. Auf die bis Ende 1920 endgültig abgetretenen Gebiete entfallen davon 5,6 Millionen oder $8^3/_5$%.

Welchen Verlust an **Bodenerzeugnissen** Deuschland durch diese Gebietsabtretungen erleidet, zeigen folgende Zahlen aus dem Jahre 1913, dem letzten abgeschlossenen Wirtschaftsjahre vor dem Kriege:

Produktionsgegenstand	Produktion in den bis 31. 12. 20 abgetrennten Gebieten	In Prozenten der gesamten Produktion Deutschlands an dem jeweiligen Produktionsgegenstand
Weizen	5,9 Millionen D.-Z.	12,8
Roggen	20,0 " "	16,4
Gerste	6,2 " "	16,9
Hafer	9,9 " "	10,2
Kartoffeln	93,5 " "	17,3
Zuckerrüben	30,9 " "	18,3
Steinkohlen*)	4,4 " Tonnen	2,3
Eisenerz	**21,1** " "	**74,0**
Salinensalz	0,1 " "	15,0
Roheisen	3,9 " "	23,0
Eisenrohblöcke und Stahlformguß	2,2 " "	13,4
Eisen- und Stahlwalzwerkprodukte	1,2 " "	9,1

*) Dazu aber noch der Ausfall des Saarreviers!

Verfassung des Deutschen Reiches. Das Deutsche Reich ist eine Republik. Das Reichsgebiet besteht aus den Gebieten der 25 deutschen Länder. Die Staatsgewalt geht vom Volke aus. An der Spitze des Reiches steht der Reichspräsident. Er wird vom ganzen deutschen Volke gewählt. Wählbar ist jeder Deutsche, der das fünfunddreißigste Lebensjahr vollendet hat. Das Amt des Reichspräsidenten dauert sieben Jahre. — Die Reichsregierung besteht aus dem Reichskanzler und den Reichsministern. Der Reichskanzler und auf seinen Vorschlag die Reichsminister werden vom Reichspräsidenten ernannt und entlassen. — Zur Vertretung der deutschen Länder bei der Gesetzgebung und Verwaltung des Reiches wird ein Reichsrat gebildet. Im Reichsrat hat jedes Land mindestens eine Stimme. — Der Reichstag besteht aus den Abgeordneten des deutschen Volkes. Die Abgeordneten werden in allgemeiner, gleicher, unmittelbarer und geheimer Wahl von den über zwanzig Jahre alten Männern und Frauen gewählt. Der Reichstag wird auf vier Jahre gewählt. Die Gesetzesvorlagen werden von der Reichsregierung oder aus der Mitte des Reichstags eingebracht. Die Reichsgesetze werden vom Reichstage beschlossen. Die Einbringung von Gesetzesvorlagen der Reichsregierung bedarf der Zustimmung des Reichsrates.

Die Aufteilung Österreich-Ungarns.

Österreich-Ungarn war vor dem Kriege ein Doppelstaat. Jeder der beiden Staaten hatte aber seine eigene Verwaltung. Die verschiedenen Volksstämme (nenne sie nach S. 66), die die Donauländer bewohnen, standen sich schon in den Zeiten vor dem Kriege feindlich gegenüber. Durch den Friedensvertrag, den Österreich und Ungarn mit ihren Gegnern abgeschlossen haben, ist nun das weite Land in viele einzelne Staaten aufgeteilt worden.

Die Alpenländer bilden überwiegend Deutsch-Österreich.

Südtirol bis an den Brenner, das Küstenland und viele dalmatinische Inseln hat Italien erhalten.

Die südlichen Teile von Kärnten und von Steiermark, Krain, Kroatien, Slawonien, Bosnien, die Herzegowina und Dalmatien sowie die südöstlichen Teile Niederungarns sind als Jugoslawien zu Serbien gekommen.

Böhmen, Mähren, Österreichisch-Schlesien, ein kleiner Teil der preußischen Provinz Schlesiens und Teile Oberungarns bilden die Tschecho-Slowakei.

Siebenbürgen und Teile der Bukowina hat Rumänien erhalten.

Der Rest der Bukowina und der Osten Galiziens gehören zur Ukraine, einem neuen Staate, der Teile des alten russischen Reiches umfaßt.

Der Westen Galiziens ist zu dem neu erstandenen Polen gekommen.

Der Rest Niederungarns und Oberungarn zwischen Donau und Drau bilden Ungarn.

Über die Aufteilung des **russischen Reiches** lassen sich keine bestimmten Mitteilungen machen, da dort die staatlichen Verhältnisse noch ungeklärt sind. Ebenso sind die Besitzverhältnisse in der **Türkei** noch nicht geregelt.

III. Naturgeschichte.

Tierkunde.

1. Kreis. Wirbeltiere.

1. Klasse. Säugetiere.

1. Ordnung. Affen.

Der Orang-Utan.

1. **Heimat und Name.** Der Orang-Utan bewohnt die Urwälder von Sumatra und Borneo. Er ist schwanzlos und erreicht aufgerichtet eine Höhe von 1,40 m. Sein Name bedeutet soviel wie Waldmensch.

2. **Gestalt und Aussehen.** Junge Tiere sind dem Menschen auch ziemlich ähnlich; bei den erwachsenen dagegen ist die Stirn weit zurückgetreten. Über den kleinen Augen erheben sich starke Knochenwülste, die Nase ist plattgedrückt, das Maul springt schnauzenartig vor, ein deutliches Kinn fehlt, und von dem kurzen Halse hängt ein mächtiger Kehlsack herab. Die Männchen besitzen in der Regel einen roten Bart und breite Wangenwülste.

3. **Haarkleid.** Der Körper ist mit einem gelb- oder rotbraunen, zottigen Haarkleide bedeckt. Nur das Gesicht, die kleinen Ohrmuscheln, der Kehlsack sowie die Innenflächen der Hände und Füße sind wenig oder nicht behaart. Diese Körperstellen sehen hellbraun bis schwarzblau aus.

Orang-Utan.

4. **Aufenthalt und Körperbau.** Der Orang-Utan ist ein echtes Baumtier.

a) Die Vordergliedmaßen tragen **Hände**, ganz ähnlich wie sie der Mensch besitzt. Abgesehen vom Daumen sind die Finger aber sehr lang. Infolgedessen vermag das Tier selbst stärkere Äste fest und sicher zu ergreifen oder zu umfassen.

b) Auch die handförmigen Füße bilden Kletterwerkzeuge. Da die Sohlen schräg nach innen gerichtet sind, ist das Tier imstande, die Stämme, Äste und Schlingpflanzen um so besser zu erfassen und zu umklammern. Sämtliche Zehen tragen gleich den Fingern Plattnägel, wie wir sie besitzen.

c) Beim Klettern verwendet der Orang-Utan vorwiegend die Arme. Da sie auffallend lang sind, vermag er sich schnell fortzubewegen und leicht auf benachbarte Bäume zu schwingen. Auch kann er Früchte von solchen Zweigen pflücken, die er seines Gewichtes wegen nicht betreten darf.

d) Die Beine sind weit kürzer und schwächer als die Arme. Der Orang-Utan kann sich auf ihnen zwar erheben; beim Gehen aber muß er sich der Arme als Stützen bedienen. Auch dadurch, daß die Füße handförmig und die Sohlen schräg nach innen gerichtet sind, vermag er nur unsicher auf dem Boden dahin zu schreiten. Er verläßt übrigens auch nur selten die Baumkronen; denn diese liefern ihm ja die nötige Nahrung. Auch Wasser findet er in seiner regenreichen Heimat in Blattwinkeln und dgl. meist zur Genüge.

5. **Ernährung und Gebiß.** Junge Blätter, saftige Sprosse und allerlei Früchte bilden die Nahrung des Orang-Utan. Auch Vogeleier und kleinere Vögel verschmäht er nicht. In der Gefangenschaft nimmt er wie alle andern Affen menschliche Kost an. Sein Gebiß stimmt, abgesehen von der größeren Stärke, auch völlig mit dem des Menschen überein. Die Eckzähne dagegen stellen wie die der Raubtiere mächtige Dolche dar.

Meerkatzen.

6. **Feinde und Familienleben.** Der Orang-Utan hat größere Raubtiere kaum zu fürchten. Infolge seiner gewaltigen Kraft und des mächtigen Gebisses würde er einen Kampf auch nicht zu scheuen brauchen. Vor dem Menschen ergreift er die Flucht.

Gewöhnlich trifft man den Orang-Utan einzeln, seltener in Paaren oder familienweise an. Die Mutter pflegt ihr Junges mit größter Zärtlichkeit und verteidigt es unter Aufopferung des eigenen Lebens.

Dem Orang-Utan sehr ähnlich in Körperbau und Lebensweise sind **Gorilla** und **Schimpanse.** Beide leben in den Urwäldern des westlichen Afrika. Der Schimpanse ist etwas kleiner, der Gorilla etwas größer, aber weit stärker als der Mensch. — Die langgeschwänzten Affen, die in Schaubuden u. dgl. allerlei Kunststücke ausführen, sind zumeist **Meerkatzen** aus dem heißen Afrika. — Dort trifft man vielfach auch den schwanzlosen **türkischen Affen** an, der in Nordafrika heimisch ist. Einige wenige Tiere dieser Art kommen auch auf den Felsen von Gibraltar vor.

2. Ordnung. Raubtiere.

1. Die Hauskatze.

Wir halten die Katze, damit sie Haus und Hof von Mäusen oder auch von Ratten säubert. Besonders in der Nacht macht sie auf diese Tiere Jagd. Auf einem solchen Raubzuge wollen wir sie verfolgen.

1. **Wie die Katze ihre Beute wahrnimmt.** Zusammengerollt liegt die Katze schlafend am Herde. Plötzlich erhebt sie sich, schleicht nach einem Schranke oder dgl. und hält bald darauf eine Maus in den Tatzen. Sie besitzt also ein sehr feines Gehör. Darauf deuten auch die beweglichen Ohrmuscheln hin. Ebenso sicher kann sich die Katze auf die Augen verlassen. Bei grellem Lichte zwar zieht sich der Augenstern (Pupille) zu einem senkrechten Spalte zusammen. Mit zunehmender Dunkelheit aber erweitert er sich und wird schließlich fast kreisförmig, so daß von den spärlichen Lichtstrahlen möglichst viele in das Auge eindringen können. Außerordentlich fein ist auch der Tastsinn der Katze. Er hat seinen Sitz besonders an den Wurzeln der Schnurrhaare, die an der Oberlippe stehen.

2. **Wie die Katze ihre Beute erhascht.** a) Hat die Katze eine Beute wahrgenommen, so schleicht sie sich nahe an diese heran. Sie tritt nur mit den Zehen auf (Zehengänger!) und berührt beim Gehen den Boden bloß mit den weichen Fußballen, die sich mit Gummisohlen vergleichen lassen. Die Katze geht infolgedessen so leise einher, daß sie sich der Beute unbemerkt zu nähern vermag. Dann legt sie sich nieder, um das Tier im Sprunge zu ergreifen. Indem sie den stark gekrümmten Rücken (Katzenbuckel) und die tief gebeugten Beine schnell wieder streckt, schleudert sie ihren Körper vorwärts. Die Hauptarbeit haben hierbei die starken und langen Hinterbeine zu leisten.

b) Auch wenn die Katze klettert oder fällt, wenn sie durch Spalten schlüpft, wenn sie mit einem Feinde kämpft u. dgl., läßt sich leicht erkennen, wie vorteilhaft ihr biegsamer Körper für sie ist. Der lange, kräftige Schwanz dient beim Sprunge als Steuer.

c) Wenn die Katze ihre Beute ergreift, spreizen die Zehen weit auseinander und ihre nadelspitzen Krallen dringen wie Dolche in den Körper des Tieres ein. Werden die Krallen nicht mehr gebraucht, dann zieht sie die Katze empor, und sie verschwinden in je einer Hautfalte sowie zwischen den Haaren der Zehen. Sie berühren daher niemals den Boden und bleiben mithin beständig scharf. Die spitzen Krallen befähigen die Katze auch, Bäume, Mauern u. dgl. zu erklettern, und sie sind ihr endlich eine gefürchtete Waffe gegen Feinde.

3. **Wie die Katze ihre Beute tötet, zerreißt und verzehrt.** a) Hat die Katze das Tier ergriffen, so schlägt sie zumeist auch schon die langen, spitzen Eckzähne wie Messer in dessen Körper ein. Da das Maul des Räubers weit gespalten ist, vermögen die Mordwerkzeuge tief in die Beute einzudringen.

Gebiß der Hauskatze.
R. Reißzähne.

b) Darauf trägt die Katze das getötete Tier gewöhnlich an einen sicheren Ort, um es ungestört zu verspeisen. Hierbei treten die Backenzähne in Tätigkeit, von denen jederseits oben vier und unten drei vorhanden sind. Mit Ausnahme des ersten und letzten Zahnes im Oberkiefer haben alle Backenzähne scharfe, zackige Schneiden. Ganz besonders gilt dies für die dritten, sehr großen Zähne, die als Reißzähne (R.) bezeichnet werden. Schließt die Katze das Maul, so gleitet die obere Reihe der Backenzähne dicht an der unteren vorüber. Beide Zahnreihen bilden also gleichsam die sägeförmigen Klingen zweier Scheren. Mit ihrer Hilfe schneidet die Katze Teil um

Teil von dem erlegten Tiere ab. Auch zertrümmert sie mit ihnen leicht kleinere Knochen. Da die Backenzähne nicht aufeinander stoßen, bleiben die Kronen **stets scharf und schneidend**. — Eine Schere schneidet aber nur dann gut, wenn sie fest im Niet ist. So ist auch der **Unterkiefer** der Katze fest am Schädel eingelenkt.

c) Die kleinen **Schneidezähne** (oben und unten je sechs) dienen nur zum Abnagen von Knochen. Hierbei werden sie von der **Zunge** unterstützt, die viele hornige Stacheln trägt. Mit der Zunge leckt die Katze auch Blut, Milch und andere Flüssigkeiten auf und putzt sorgfältig das weiche Fell.

d) Die Katze genießt sehr nahrhafte Speise. Dementsprechend ist ihr **Darm** auch kurz, etwa nur viermal so lang als der Körper. — Die jungen Kätzchen sind noch nicht

Löwenpaar.

imstande, Fleisch zu verzehren. Sie werden in den ersten Wochen von der Mutter mit Milch gesäugt (Säugetiere!).

e) Ebenso wie in ihren körperlichen Eigenschaften zeigt sich die Katze auch in ihren **geistigen Fähigkeiten** als ein vollendetes Raubtier. Geduldig und unbeweglich liegt sie vor dem Mauseloche, listig läßt sie das Mäuslein dem sicheren Loche entschlüpfen, und richtig beurteilt sie den Augenblick, den Sprung zu wagen. Doch ist sie auch nicht frei von Grausamkeit und Mordlust.

Der **Löwe** findet sich in einem großen Teile von Afrika sowie in Süd- und Westasien. Wegen seiner Größe (Schulterhöhe bis 1 m), seiner edlen Gestalt und seiner ungeheuren Stärke preist man ihn als den „König der Tiere". Sein schlanker Leib ist mit kurzen, meist fahlgelben Haaren bedeckt. Vielfach umwallt eine dunklere Mähne Brust und Schultern des männlichen Tieres. Wenn die Sonne verschwunden ist, erwacht der Löwe zu blutiger Tätigkeit. Alle Herdentiere sowie Gazelle, Giraffe und Zebra bilden seine Beute. Mit einem Schlage der Tatze streckt er das Opfer nieder, und mit einem einzigen Bisse zertrümmert er ihm die Wirbel des Halses. Dem „Herrn der Erde" geht der „König der Wüste" scheu aus dem Wege, solange er dessen Schwäche noch nicht erkannt hat. — Der **Tiger** bewohnt vorwiegend die Sumpfgegenden von Süd- und Ostasien. Über sein gelbes oder rotes Fell ziehen sich schwarze Querstreifen. Dem Löwen steht er weder an Größe, noch an Kraft nach, übertrifft ihn aber an Wildheit und Blutgier.

2. Der Haushund.

1. **Abstammung und Rassen des Haushundes.** Der Haushund stammt wahrscheinlich von verschiedenen Wolfsarten ab. Als der Mensch vor Jahrtausenden gelegentlich einige dieser Tiere zähmte, lernte er ihre guten Eigenschaften kennen. Diese suchte er sich dienstbar zu machen. Wollte er sich z. B. einen Jagdgehilfen schaffen, so nahm er sicher dasjenige Tier mit auf die Jagd, das die „feinste Nase" hatte, der beste Läufer war oder dgl. mehr. Aus dessen Nachkommen wählte er immer wieder die brauchbarsten aus, und so dürften nach und nach unsere Jagdhunde entstanden sein. Durch eine solche fortgesetzte Auslese der geeignetsten Tiere haben sich wahrscheinlich alle Hunderassen und auch die Rassen aller andern Haustiere entwickelt.

Tiger im indischen Sumpfwalde.

In Gestalt und Größe, in der Form von Kopf, Ohren, Schwanz und Beinen sowie in Länge und Färbung der Haare unterscheiden sich die Rassen des Haushundes oft stark voneinander.

2. **Der Hund, ein Freund und Gehilfe des Menschen.** Soweit der Mensch die Erde bewohnt, soweit ist auch der Hund anzutreffen. Durch unerschütterliche Liebe und Treue, durch Anhänglichkeit und Gehorsam gegen seinen Herrn ist er für den Menschen fast unentbehrlich geworden. Hier ist er ein zuverlässiger Wächter von Haus und Hof, dort ein sorgsamer Beschützer der Herde; hier ein unermüdlicher Gehilfe bei der Jagd, im Kriege oder im öffentlichen Sicherheitsdienste (Kriegs- und Polizeihunde!), dort, vor den Wagen gespannt, ein williger Arbeitsgenosse. Seine vielfachen treuen Dienste sollte ihm der Mensch durch die sorgfältigste Pflege und die beste Behandlung vergelten! — Von der Tollwut befallen, kann er dem Menschen jedoch überaus gefährlich werden. Auch darf man sich vom Hunde nicht belecken lassen, weil dadurch die Eier des Hundebandwurms leicht auf uns übertragen werden können.

3. **Wodurch ist der Hund befähigt, dem Menschen jene Dienste zu leisten?** a) Sein Geruchssinn ist für uns unbegreiflich scharf. So bemerkt z. B. der Jagdhund ein Wild lange, bevor der Mensch seiner ansichtig wird und verfolgt schnüffelnd die aufgefundene Spur. Beim gesunden Hunde ist die Nase stets feucht; bei trockener Nase riecht man nämlich nichts, wie wir aus Erfahrung wissen.

b) Infolge seines feinen **Gehörs** ist der Hund ein vortrefflicher Wächter. Die Rassen, die wir vorwiegend zum Wachtdienste verwenden, haben zumeist aufrechtstehende **Ohrmuscheln**, die den Schall besser auffangen als hängende.

c) Die Hunde, die der Mensch zum Hetzen des Wildes, zum Bewachen der Herde u. dgl. benutzt, sind schnelle Läufer. Ihr **Rumpf** ist seitlich zusammengedrückt, durchschneidet also leicht die Luft. Bei schnellem Laufe wird der Kopf weit vorgestreckt, so daß er gleichsam die Spitze eines Keiles bildet. Der Dachshund dagegen, der unterirdischen Jagddienst zu verrichten hat, besitzt einen runden, langgestreckten und biegsamen Rumpf. Auch sind seine Beine kurz und krumm, so daß er leicht in die Höhlen von Dachs und Fuchs eindringen kann.

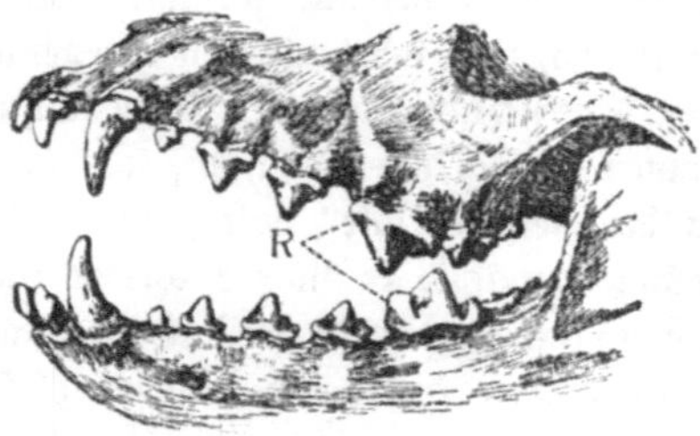

Gebiß des Hundes (Jagdhundes).
R. Reißzähne.

d) Die Läufer jedoch haben lange **Beine**. Wie die Katze tritt der Hund nur mit den **Zehen** (vorn 5, hinten 4) auf. Er ist daher, wie alle Zehengänger, leichtfüßig und schnell. Beim Laufen stemmt sich der Hund mit den kurzen, stumpfen **Krallen** und den großen, harten und rauhen **Ballen** kräftig in die Unebenheiten des Bodens ein.

e) Mit dem kräftigen **Gebisse** verteidigt der Hund seinen Herrn und dessen Eigentum, reißt das Wild nieder u. dgl. mehr. Es ist dem der Katze sehr ähnlich (Raubtiergebiß). Da die Zähne aber stärker und stumpfer sind als bei diesem Tiere, vermag der Hund selbst große Knochen zu zermalmen und Pflanzenstoffe zu zerquetschen.

Wölfe.

Der **Wolf** gleicht in der Gestalt etwa einem Schäferhunde, erreicht aber die Größe einer Dogge und trägt einen Pelz, der aus gelbgrauen und schwarzen Haaren besteht. Tiere aller Art und Größe, im Notfalle auch Pflanzenstoffe, dienen ihm zur Nahrung. Seine Beute sucht er in schnellem Laufe zu erlangen. Dem Menschen fügt er, indem er Haustiere niederreißt, oft großen Schaden zu. Vom Hunger gepeinigt, greift er diesen sogar selbst an. In Deutschland ist er gänzlich ausgerottet. — Der **Fuchs** hat ungefähr die Gestalt und Größe eines mittelgroßen Hundes, besitzt aber einen mehr zugespitzten Kopf, niedrigere Beine, einen langen, buschigen Schwanz und ein oben „fuchsrotes", unten dagegen weißes Fell. Der senkrechte Augenstern zeigt an, daß er ein vorwiegend nächtliches Tier ist. Seine Nahrung besteht besonders aus Mäusen; doch stellt er auch dem Wilde nach, plündert Vogelnester, raubt Gänse, Hühner u. dgl. Die Vorsicht, List und Schlauheit, die er auf seinen Streifzügen bekundet, haben ihn sprichwörtlich gemacht. Sein unterirdischer Bau findet sich zumeist im Walde.

Fuchs, einen Fasan beschleichend.

3. Die Marder.

Der **Baum- oder Edelmarder** bewohnt vorwiegend die Bäume dichter, stiller Wälder. Infolge seines braunen Pelzes, der vom Menschen hoch geschätzt wird, ist er im Gezweig nur schwer zu erkennen. Auch die gelbe Zeichnung an Hals und Kehle wird ihm nicht zum Verräter, da er sich, wenn er eine Beute beschleicht, den Ästen und Stämmen dicht anschmiegt. Der langgestreckte, sehr biegsame Leib, die großen und kräftigen Hinterbeine, der lange, buschige Schwanz und die scharfen Krallen befähigen ihn, gewandt zu schleichen, durch das dichteste Dickicht zu schlüpfen, vortrefflich zu springen und ausgezeichnet zu klettern. Alle Tiere, denen er gewachsen ist, fallen ihm zur Beute. Gelingt es ihm, in einen Hühnerstall oder Taubenschlag einzudringen, so mordet er so lange, als sich noch etwas Lebendes rührt.

Baum- oder Edelmarder.

Der **Stein- oder Hausmarder,** der dem Hausgeflügel gleichfalls eifrig nachstellt, hat einen mehr grauen Pelz mit weißem Kehl- und Brustflecke. — Der dunkelbraune **Iltis** ist ein fleißiger Vertilger von Mäusen, Hamstern und Kreuzottern, plündert aber auch Hühnerställe. — Die **Wiesel** sind infolge ihres langgestreckten, biegsamen Körpers und der niedrigen Beine vortrefflich befähigt, in die Baue der Mäuse und Hamster einzudringen. Sie besitzen ein erdfarbenes Kleid. Während dieses sich beim kleinen Wiesel das ganze Jahr hindurch nicht verändert, legt das große Wiesel oder Hermelin im Herbste einen weißen Winterpelz an. Nur die Schwanzspitze bleibt schwarz. — Der **Dachs** trägt einen wenig wertvollen Pelz, der aus grauen, weißen und schwarzen, borstigen Haaren besteht. Er ist ein plumpes Tier, dessen kurze Beine den Boden beim Laufen mit der ganzen Sohle berühren. Daher vermag er auch nicht soviel andere Tiere zu erbeuten, daß er sich stets davon sättigen könnte, sondern ist ein Allesfresser. Mit Hilfe der stark bekrallten Vorderbeine und der verlängerten Schnauze durchwühlt er den Erdboden und die modernde Laubdecke nach allerlei Kleintieren sowie nach Wurzeln, Knollen u. dgl. Gelegentlich vergreift er sich aber auch an den reifenden Getreidekörnern und an den Trauben des Weinstockes. Tritt im Herbste Nahrungsmangel ein, dann verfällt er in einen Winterschlaf. Diesen hält er in einer Erdhöhle, die er sich selbst gräbt. — Der **Fischotter** ist wie zahlreiche andere Wassertiere im Schwimmen und Tauchen ein Meister. Der breitgedrückte Kopf, der kurze Hals und der schlanke Rumpf bilden gleichsam einen Keil, der das Wasser leicht durchschneidet. Die Beine, deren Zehen durch Schwimmhäute verbunden sind, dienen als Ruder und der lange Schwanz als Steuer. Mund, Nasenlöcher und Ohren sind verschließbar. Da sich der Otter besonders von Fischen nährt, ist er ein sehr schädliches Tier. Hochgeschätzt vom Menschen wird aber sein Pelz.

Dachse vor ihrem Baue.

4. Der braune Bär (Länge 2 m).

1. Der Bär bewohnte früher ganz Europa. Jetzt aber ist er nur noch in den wildesten Teilen der Hochgebirge sowie in Skandinavien, in Rußland und auf der Balkanhalbinsel anzutreffen. Jedoch auch hier stellt man ihm wegen seiner Räubereien an Wild und Weidetieren überall eifrig nach. Vom Jäger wird sein brauner, zottiger Pelz hoch geschätzt.

2. Der Bär besitzt einen plumpen Körper, dessen Füße mit der ganzen nackten Sohle auftreten. Daher ist er auch viel langsamer als die Zehengänger unter den Raubtieren und vermag sich mithin von Raub allein nicht zu ernähren. Er ist vielmehr ein Allesfresser. Vom Pferd und Rind an bis zu den Insekten, Würmern und Schnecken herab stellt er allen Tieren nach. Vornehmlich aber muß er sich mit Gras, Getreide, Beeren, Pilzen, Obst, Eicheln u. dgl. begnügen. Nach Honig ist er besonders lüstern.

Brauner Bär.

3. Ein Blick in den mächtigen Rachen lehrt gleichfalls, daß der Bär auf Fleischnahrung allein nicht angewiesen ist. Die Eckzähne sind zwar groß und bilden gefährliche Waffen. Die Backenzähne aber haben breite, stumpfhöckerige Kronen. Sie eignen sich daher mehr zum Zermalmen von Pflanzenstoffen als zum Zerreißen von Fleisch. Die großen Schneidezähne bilden gute Werkzeuge zum Abbeißen von Gras, Getreide und dgl.

4. Beim Erwerben der Nahrung kommen dem Bären die große Beweglichkeit der Gliedmaßen und die riesige Kraft sehr zu statten. Er vermag sich auf die Hinterbeine zu erheben (Tanzbär!) und die Vordergliedmaßen wie Arme zu gebrauchen. Die großen, sichelförmigen Krallen der Füße befähigen ihn, Bäume und Felsen zu ersteigen.

5. Wenn die kalte Jahreszeit beginnt und die Hauptnahrungsquelle versiegt, verfällt der Bär in einen Winterschlaf.

Der **Eisbär,** der bis 2,5 m lang wird, bewohnt die Küsten, Inseln und Eisflächen des Nördlichen Eismeeres. Ein dicker Pelz und eine starke Speckschicht unter der Haut schützen ihn gegen die grausige Winterkälte seiner Heimat. Seine Nahrung besteht vorwiegend aus Tieren. Beim Beschleichen der Beute kommt ihm die weiße Farbe des Felles, die sich von der des Schnees kaum abhebt, sehr zu statten. Sein Hauptjagdgebiet ist jedoch das Meer. Infolge der riesigen Kraft und der breiten Tatzen ist er ein ausgezeichneter Schwimmer. Sogar Seehunde und Fische vermag er zu erbeuten.

3. Ordnung. Flattertiere.

Die großohrige Fledermaus (Körperlänge 4 cm).

Die großohrige Fledermaus kann die Luft flatternd durcheilen. Von dieser Fähigkeit, dem mäuseartigen Aussehen und den auffallend großen Ohrmuscheln hat sie ihren Namen erhalten.

1. **Körperbau und Fortbewegung.** a) Zwischen dem Rumpfe, den Armen, den Beinen und dem fast körperlangen Schwanze ist beiderseits eine Flughaut ausgespannt. Da sie im vorderen Teile sehr breit ist, sind auch die Knochen der Arme und der Hände stark verlängert. Indem das Tier die ausgestreckten Arme abwechselnd hebt und senkt, bewegt es sich durch die Luft. Damit die Flughaut stets elastisch bleibt, wird sie häufig eingefettet.

b) Die Fledermaus ist aber nicht nur ein Lufttier. Schon um zu ruhen, muß sie auf Bäume, Gebäude u. dgl. herabkommen. Wie bewegt sie sich hier und auf dem Erdboden fort? Die Daumen der Hände und die Füße sind nicht mit in die Flughaut eingeschlossen. Mit den krallenförmigen Daumen hakt sie sich in die Rauhigkeiten des Bodens, der Wände usw. ein, und mit den Beinen schiebt sie den Körper nach. So kriecht und klettert sie. Während der Ruhe klammert sie sich mit den Krallen der Hinterfüße an Balken, Mauerwerk u. dgl. an, so daß der Kopf nach abwärts gerichtet ist.

2. **Körperbau und Nahrung.** Bald nach Sonnenuntergang beginnt die Fledermaus, die Luft nach Insekten zu durchstreifen.

a) Mit den winzigen Augen vermag sie freilich die Beute nicht zu entdecken. Dafür ist aber ihr Tastgefühl außerordentlich fein. Es hat seinen Sitz in der Flughaut, den nur wenig behaarten Ohrmuscheln und dem Deckel, der vor der Ohröffnung steht.

b) Die Beute wird im Fluge entweder mit dem weit gespaltenen Maule ergriffen oder mit dem Teile der Flughaut festgehalten, der zwischen Beinen und Schwanz ausgebreitet ist. Aus diesem „Schmetterlingsnetze" wird das gefangene Insekt sodann mit dem Maule oder mit den handförmigen Füßen herausgenommen. Die Zähne erscheinen wie Reihen von Nadelspitzen. Sie können daher selbst die harten Panzer größerer Insekten leicht durchbohren.

c) Die Fledermaus kann den überwinternden Insekten nicht in ihre Schlupfwinkel folgen; sie vermag auch keine Wintervorräte aufzuspeichern und ist endlich kein so ausdauernder Flieger, um mit den Vögeln nach wärmeren Ländern zu ziehen: sie müßte verhungern, wenn sie nicht in einen Winterschlaf verfiele. In Kellern, hohlen Baumstämmen u. dgl. findet man sie während der kalten Jahreszeit an den Füßen hängend, bewußtlos, starr und steif. Während sie im Nahrungsüberflusse lebte, sammelte sich in ihrem Körper Fett an, das jetzt die schwachen Lebenstätigkeiten unterhält. Das dichte Haarkleid verhindert eine zu starke Abkühlung.

Großohrige Fledermaus (verkl.). Fliegendes und kriechendes Tier.

d) Das Fliegen erfordert weit mehr Kraft als jede Bewegung auf dem Erdboden. Je kräftiger sich aber ein Tier bewegt, desto mehr Nahrung muß es zu sich nehmen, um die verbrauchte Kraft wieder zu ersetzen. Die großohrige Fledermaus ist daher ein ungemein gefräßiges Tier. Da sie sich nun außer von Fliegen, Mücken und Käfern besonders von Nachtschmetterlingen nährt, deren Raupen unsere Obst- und Waldbäume verheeren, ist sie wie alle andern Fledermäuse dem Menschen außerordentlich nützlich.

3. **Feinde.** Eulen suchen die Fledermaus während des Fluges zu erbeuten. Marder, Iltis und Katzen stellen ihr nach, wenn sie ruht. Da sie sich aber an schwer zugänglichen Orten zur Ruhe begibt, können diese Räuber sie meist nicht erreichen. Auch die graue Färbung ist ihr ein guter Schutz; denn eine schlafende Fledermaus erscheint fast wie ein bestäubtes Spinngewebe.

4. Ordnung. Insektenfresser.

Der Maulwurf (Länge etwa 15 cm).

Der Maulwurf verbringt fast sein ganzes Leben unter der Erde. Schon sein Name bezeichnet ihn als einen, der „Mull oder Müll aufwirft“. Die Äcker und Wiesen, die er bewohnt, sind oft nach allen Richtungen hin von seinen Gängen oder Röhren durchzogen. Häufen sich hier die aufgewühlten Erdmassen an, dann befördert er sie durch Stöße des Kopfes ins Freie. Beim Aufwerfen dieser Maulwurfshaufen wird er nicht selten von seinen Feinden, den lauernden Füchsen, Eulen, Falken, Raben oder Störchen überfallen. In seine Gänge vermag ihm allerdings nur das Wiesel zu folgen. Die Wohnung des kleinen Bergmannes, der sog. Kessel, bildet eine kugelförmige Höhle, die mit Moos, Laub oder Gras ausgepolstert ist. Liegt die Wohnung nicht im Jagdgebiete, so führt ein langer, fester Gang, die Laufröhre, zu ihr hin.

1. **Wie ist der Körper für das Leben in der Erde eingerichtet?** a) Die Vordergliedmaßen sind des Tieres Grabschaufeln. Sie stehen nicht wie bei den meisten übrigen Säugetieren nach unten, sondern nach den Seiten wagerecht vom Körper ab. Die sehr breiten Hände, die allein aus dem Rumpfe hervorragen, sind mit den nackten Innenflächen nach hinten gerichtet. Ihre kurzen, durch Häute miteinander verbundenen Finger tragen lange, breite und an der Spitze scharfe Nägel. Die Hintergliedmaßen beteiligen sich nicht an der Wühlarbeit. Sie sind Gangbeine, die den Boden mit der ganzen Sohle berühren.

Maulwurf.

b) In lockerem Boden hilft der kegelförmige Kopf mit, dem Körper einen Weg zu bahnen. Diese Form erhält er durch die Nase, die zu einem Rüssel verlängert ist. Der Rüssel ist aber biegsam. Daher kann der Kopf in hartem Boden nicht als Bohrwerkzeug dienen. Hier vermögen allein die Grabfüße etwas auszurichten. Um mit ihnen die Erde besser losscharren zu können, wird der Kopf sehr weit zurückgezogen.

c) Der Rumpf, an dem äußerlich ein Hals nicht zu erkennen ist, hat die Form einer Walze. Infolgedessen kann sich der Maulwurf in seinen Gängen leicht drehen und wenden.

d) Der samtartige Pelz besteht aus kurzen, dichten Haaren, durch die Erdteilchen und Wasser von der Haut abgehalten werden. Die schwarze Farbe des Kleides macht den Maulwurf nachts, wenn er auf der Erdoberfläche seiner Nahrung nachgeht, fast unsichtbar.

e) Ohrmuscheln, die die Fortbewegung in den Röhren hindern würden, fehlen. Die Gehörgänge sind verschließbar, und die Nasenlöcher öffnen sich am Ende des Rüssels nach unten. So können Sand und Erde nicht in sie eindringen. Die Augen sind nur mohnkorngroß und im Pelze versteckt. Gerät der Maulwurf aber außerhalb der Erde in Gefahr, dann treten sie hervor.

2. **Körperbau und Nahrung.** a) Das Gebiß des Maulwurfs gleicht dem der Fledermäuse im hohen Grade, ein Zeichen, daß Insekten und deren Larven vorwiegend seine Nahrung bilden. Auch Mäuse, Frösche, Kröten, Regenwürmer und Schnecken verzehrt das sehr gefräßige Tier. Die Beute findet er besonders durch das feine Tastgefühl, das seinen Sitz im Rüssel hat. Auch das Gehör ist vortrefflich.

b) Mit Eintritt des Winters folgt er den Engerlingen und Regenwürmern in die frostfreie Tiefe des Bodens. Er braucht also keinen Winterschlaf zu halten wie die Fledermäuse.

c) Da, wo sich der Maulwurf vorwiegend von Engerlingen und Mäusen nährt, ist er des **Landmanns treuester Gehilfe.** Da aber, wo er vornehmlich den Regenwürmern nachgeht, dürfte er zumeist schädlich sein; denn diese Tiere sind ja wichtige Bearbeiter des Bodens (S. 60). Wenn er lästig wird (z. B. in Gärten), soll man ihn vertreiben. Ihn zu töten, ist aber stets ein großes Unrecht.

Der **Igel** besitzt in dem erdfarbenen Stachelrocke ein vortreffliches Schutzmittel gegen Feinde. Naht sich ihm eine Gefahr, dann rollt er sich schnell zusammen: **Kopf, Beine** und Unterseite des Leibes, die unbestachelt sind, werden von der bestachelten Rückenhaut schützend eingehüllt, und tausend kleine Spieße starren dem Angreifer entgegen. Mit dem Rüssel und den stark bekrallten Zehen gräbt er nach Mäusen und durchwühlt das trockene Laub nach Insekten, Würmern und Schnecken. Versiegt im Herbste die Nahrungsquelle, dann zieht er sich in seine kunstlose Erdhöhle zurück und verfällt in einen Winterschlaf. Da er auch ein eifriger Vertilger der Kreuzotter ist, verdient er unsern Schutz ganz besonders.

Igel. Ausgestrecktes und zusammengerolltes Tier.

5. Ordnung. Nagetiere.

1. Das Eichhörnchen (Körperlänge 25 cm).

1. **Das Eichhörnchen, ein Baumtier.** Die Bäume des Waldes sind des Eichhörnchens Heimat. Mit den handartigen **Füßen** vermag es sich auf den Ästen sicher festzuhalten. Die langen, scharfen **Krallen** befähigen es, selbst an glattrindigen Stämmen auf und nieder zu klettern. Infolge der langen, kräftigen **Hinterbeine** und des biegsamen **Rumpfes** kann es selbst Entfernungen von 4 bis 5 m überspringen. Hierbei dient ihm der fast körperlange, zweireihig behaarte **Schwanz** als Steuer.

Eichhörnchen. N. das Nest.

2. **Das Eichhörnchen, ein Nagetier.** Die Waldbäume liefern dem Eichhorn auch die Nahrung. Es verzehrt Eicheln, Bucheckern und Nüsse, Tannen-, Fichten- und Kiefernsamen, junge Triebe, Knospen und Baumrinde sowie Beeren und Pilze.

a) Wie aber vermag es die süßen Kerne der Nüsse zu erlangen oder die harte Baumrinde abzunagen, d. h. in kleinen Stücken abzuschneiden? Hierzu wird es durch die **Schneidezähne** (Nagezähne) befähigt, von denen oben und unten je zwei vorhanden sind und die vollkommen kleinen Meißeln gleichen. Wie die Meißel in den Griffen, sitzen sie **tief und fest** in den Kiefern. Daher können sie auch harte Arbeit leisten. Durch den vielfachen Gebrauch nutzen sie sich nach und nach ab. Sie würden bald zu kurz, d. h. unbrauchbar werden, wenn sie an den inneren Enden nicht stetig nachwüchsen. Bei einem Meißel besteht zumeist nur die Schneide aus Stahl. So ist auch bei den Nagezähnen nur die Außenseite mit einer harten Schmelzplatte belegt; alles übrige besteht aus weicherer Knochenmasse. Durch das Nagen wird die Knochenmasse leichter abgerieben als die Schmelzschicht: die Nagezähne bleiben daher stets meißelförmig, also scharf.

b) Die Vorderzähne wären aber zum Nagen unbrauchbar, wenn sie mit den übrigen Zähnen in einer Reihe ständen. Sie sind vielmehr von den Backenzähnen durch eine Zahnlücke getrennt. (Eckzähne, deren ein Pflanzenfresser ja auch nicht bedarf, fehlen also.) Da die Oberlippe gespalten ist (Hasenscharte), werden die beiden oberen Zähne bei ihrer Arbeit bloßgelegt. Hierdurch ist die Lippe zugleich gegen Verletzungen geschützt.

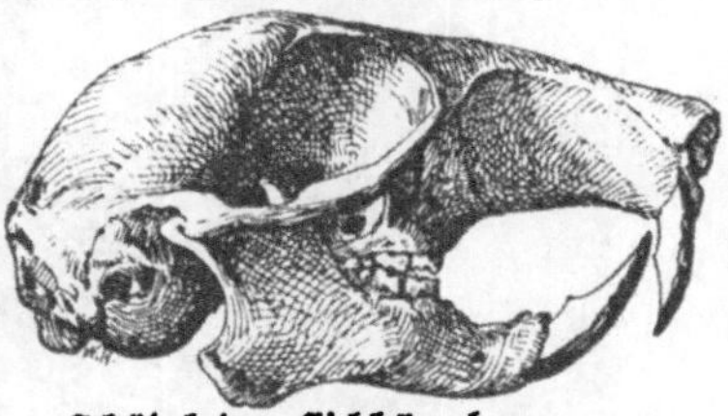
Schädel des Eichhörnchens.

c) Alle Pflanzenstoffe müssen sorgfältig zerkleinert werden (s. Rind), damit sie verdaut werden können. Da sich nun der Unterkiefer beim Kauen von hinten nach vorn bewegt, bilden die Backenzähne Feilen, die die Nahrung zerreiben.

d) Das Eichhörnchen vermöchte aber keine Haselnuß zu öffnen, keinen Fichtenzapfen zu entblättern u. dgl., wenn es nicht handartige Vorderfüße besäße, mit denen es die Gegenstände festhalten könnte.

3. **Das Eichhörnchen und seine Feinde.** Edelmarder, Füchse, Falken und Eulen stellen dem Eichhörnchen beständig nach. Auch vom Menschen wird es verfolgt, weil es den Wald schädigt. Es frißt die jungen Triebe ab, benagt die Rinde, plündert Vogelnester u. dergl. Gegen die zahlreichen Feinde bietet ihm das Leben auf den Bäumen einen guten Schutz. Auch ist es ein sehr behendes Tier, das durch das meist rotbraune Kleid in den Baumkronen ganz unauffällig wird. Seinem scharfen Ohre entgeht nicht leicht ein Ton. Die Ohrmuscheln tragen während der kälteren Jahreszeit Haarbüschel. Mit den klugen Augen überschaut es beständig die Umgebung. Durch die handartigen Vorderfüße ist es befähigt, sich ein schützendes Nest zu bauen. Für die nahrungsarme Zeit werden Vorratskammern angelegt. Trotzdem gehen in strengen Wintern gar viele Eichhörnchen zugrunde. Das zierliche Tier wäre längst ausgerottet, wenn es sich nicht so stark vermehrte.

2. Der Hase (Länge bis 75 cm).

1. **Der Hase ist ein vielgeplagter Bewohner unserer Felder.** Alle Raubsäugetiere, die meisten Raubvögel sowie die Raben, Krähen und Elstern stellen dem Hasen unablässig nach. Besonders aber wird er des wohlschmeckenden Fleisches wegen vom Menschen verfolgt. Wie vermag er sich gegen seine Feinde zu behaupten?

a) Er bemerkt diese schon von weitem. Gesicht und Geruch sind zwar ziemlich schwach. Das Gehör dagegen ist ungemein scharf; schon das leiseste Geräusch weckt ihn aus dem Schlafe. Die großen Ohrmuscheln können nach allen Seiten hin bewegt werden.

b) Die Farbe des Felles stimmt in vollendetem Maße mit der des Bodens überein.

c) Solange es irgend angeht, duckt sich der Hase. Kommt der Feind näher, dann ergreift er in großen Sprüngen die Flucht. Da er eine schlanke Gestalt besitzt, durchschneidet er leicht die Luft. Durch plötzliches Strecken der langen und kräftigen Hinterbeine wird der biegsame Körper weit fortgeschnellt. Mit den stark bekrallten Zehen stemmt er sich beim Abspringen kräftig gegen den Boden.

Hasen in einem Kohlfelde.

d) Die erwähnten Schutzmittel würden den Hasen aber nicht vor der Ausrottung schützen, wenn er sich nicht so stark vermehrte.

e) Infolge seiner Wehrlosigkeit ist der Hase ein furchtsames Tier. Während des Tages ruht er meist in sicherem Verstecke oder auch in der Grube, die er sich gescharrt hat.

2. **Von der Nahrung des Hasen.** Kohl und Rüben sind die Lieblingsspeise des Hasen; aber auch alle andern Feldfrüchte verschmäht er nicht. Im Winter muß er sich oft mit Baumrinde begnügen. (Benagen der Obstbäume!) Sein Gebiß ist fast genau wie das des Eichhörnchens gebaut. Die Oberlippe besitzt gleichfalls eine „Hasenscharte". Da die Füße pfotenförmig sind, vermag der Hase seine Nahrung nicht festzuhalten. Er ist eben ein Läufer, dem handartige Füße nur nachteilig sein würden.

3. Andere Nager.

Das erdfarbene **Kaninchen** scharrt sich weitverzweigte Höhlen, aus denen es meist mit Anbruch der Nacht hervorkommt. Des wohlschmeckenden Fleisches und der starken Vermehrung wegen (bis 60 Nachkommen in einem Jahre) ist es zum Haustiere geworden. — Der **Hamster,** der eine Länge von 30 cm erreicht, ist ein häufiger Bewohner unserer Äcker. Er hat ein vorwiegend braunes Fell und bewohnt Erdhöhlen, die er mit den scharf bekrallten Füßen gräbt. Allerlei Feldfrüchte dienen ihm zur Nahrung. In den Backentaschen trägt er große Mengen von Getreidekörnern, Erbsen und Bohnen als Wintervorräte in seinen Bau. Gleich der gelbbraunen **Feldmaus** fügt er dem Landmanne oft großen Schaden zu. — Noch verhaßter als diese beiden Nager sind uns **Hausmaus** und **Wanderratte.** Nur harte Metalle widerstehen den scharfen Zähnen der langgeschwänzten Tiere. Dabei vermehren sie sich in fast unglaublicher Weise. Das graue Kleid macht sie im Finstern vollkommen unsichtbar. Die Wanderratte ist erst seit etwa der Mitte des 18. Jahrhunderts aus Asien in Europa eingewandert. Bei ihrem Vordringen stieß sie auf die dunkelbraune **Hausratte.** Zwischen beiden entstand ein Kampf auf Leben und Tod, aus dem die größere und stärkere Wanderratte immer mehr als Siegerin hervorgeht.

Hamster, die Backentaschen füllend.

6. Ordnung. Rüsseltiere.

Der indische Elefant (Höhe bis 3,5 m).

1. **Die Heimat des Elefanten.** Die fast undurchdringlichen Urwälder Ostindiens sind die Heimat des Elefanten. Die Säugetiere dieser Wälder bewohnen vorwiegend die Kronen der Bäume. Diejenigen aber, die am Boden leben, haben entweder nur

Indischer Elefant.

eine geringe Größe, so daß sie durch das Pflanzengewirr schlüpfen können, oder es sind riesige Geschöpfe, die das Dickicht zu durchbrechen vermögen. Ein solcher Riese ist der Elefant.

2. **Der Elefant, ein Durchbrecher des Urwaldes.** a) Sein gewaltiger, starrer und seitlich zusammengedrückter Leib bildet einen riesigen Keil, der das Dickicht leicht zerteilt. Unter der Wucht seines Ansturmes zerreißen selbst armstarke Schlingpflanzen und brechen mäßig dicke Bäume. (Ein starkes, gezähmtes Männchen kann eine Last von 1000 kg tragen.)

b) Die säulenförmigen Beine, auf denen der oft mehr als 3000 kg schwere Körper ruht, treten selbst das dichteste Unterholz nieder. Die Füße, die einige hufartige Nägel besitzen, gleichen gewaltigen Klötzen.

c) Die brettartige Haut wird von den Dornen und Ästen nicht verletzt. Sie ist meist grau und fast vollkommen nackt. Ein dichtes Haarkleid würde beim Durchbrechen des Urwalddickichts auch bald verloren gehen. Überdies lebt der Elefant in der heißen Zone, so daß er einer wärmenden Haardecke wohl entbehren kann.

3. **Der Elefant, ein Pflanzenfresser.** a) Der Elefant verzehrt allerlei Pflanzenstoffe. Baumzweige, die er ganz verspeist oder der Rinde beraubt, bilden seine Lieblingsnahrung. Um sie zu erhalten, entwurzelt er selbst mäßig starke Bäume. Kann

er die Stämme mit Hilfe des Rüssels oder durch Drängen mit der mächtigen, zweihöckerigen Stirn nicht zu Falle bringen, so zersplittert er sie vielfach durch die **Stoßzähne**, die weit aus dem Maule hervorragen. Dies sind die Schneidezähne des Tieres. Sie erreichen ein Gewicht von je 50 kg und liefern das wertvolle **Elfenbein**, das zur Herstellung von Schnitzereien, Schmucksachen u. dgl. verwendet wird.

b) Die Nahrung wird durch die **Backenzähne** zerkleinert. In jedem Kiefer findet sich jederseits allerdings nur ein solcher Zahn, der dafür aber 40 cm lang sein kann.

c) Zähne von der Stärke der Stoß- und Backenzähne können nur in gewaltigen Kiefern Platz finden. Der **Kopf** des Elefanten ist daher von auffallender Größe.

d) Bei den Säugetieren, die die Nahrung vom Erdboden aufnehmen, ist entweder der Hals so lang, daß das Maul den Boden berührt, oder die Nahrung wird dem Maule mit Hilfe handförmiger Vordergliedmaßen zugeführt. Der Hals des Elefanten ist aber sehr kurz, und die klotzartigen Vorderfüße können eine solche Arbeit nicht leisten. Sie ist einer Verlängerung der Nase, dem **Rüssel**, übertragen, der sich nach allen Seiten drehen und wenden sowie ausstrecken und zusammenziehen kann. Mit ihm vermag der Elefant sowohl einen winzigen Gegenstand vom Boden aufzunehmen, als auch armstarke Äste abzubrechen. Mit ihm reicht er dem Maule die Nahrung dar, und mit seiner Hilfe trinkt er auch: er saugt ihn voll Wasser, das er sodann in das Maul spritzt. Der Rüssel dient dem Elefanten also als Nase, Finger, Hand und Arm zugleich; **ohne ihn könnte er nicht leben.**

4. **Der Elefant und der Mensch.** Vor dem Menschen ergreift der Elefant in der Regel die Flucht. Sieht er sich aber bedroht, dann spreizt er die mächtigen Ohrmuscheln, stößt einen gellenden Trompetenton aus und geht dem Angreifer entgegen. In Indien ist er ein wichtiger und williger **Arbeitsgehilfe** des Menschen. Daher wird der Fang des klugen Tieres dort eifrig betrieben.

Der **afrikanische Elefant** unterscheidet sich von dem indischen besonders durch die flache Stirn, den gekrümmten Rücken und die riesigen Ohrmuscheln. Da man ihn seiner Stoßzähne wegen fortgesetzt schonungslos niederschießt, wird er wohl bald ganz vom Erdboden verschwunden sein.

7. Ordnung. Paarzeher.

I. Unterordnung: Nicht wiederkäuende Paarzeher.

Das europäische Wildschwein.

1. **Das Wildschwein, ein Durchbrecher des Dickichts.** Das Wildschwein, das eine Länge von 2 m erreicht, bewohnt am liebsten sumpfige Wälder.

a) Mit Hilfe des kegelförmigen **Kopfes** und des seitlich zusammengedrückten, starren **Rumpfes** bahnt es sich leicht durch Dickichte einen Weg, die für andere Tiere undurchdringlich sind. Hierbei stemmt es sich mit den kurzen, starken **Beinen** kräftig gegen den Boden. Die beiden mittleren **Zehen**, die auf festem Untergrunde allein auftreten, sind mit starken **Hufen** wie mit Hornschuhen umkleidet.

b) Wollte sich etwa ein Schaf durch das Gestrüpp zwängen, so würde es bald alles Haar verloren haben; nicht so aber das Schwein mit seinem **Borstenkleide**. Ebenso werden die starke **Haut** (Speckschwarte!) und die kleinen, tiefliegenden **Augen** beim Durchbrechen des Dickichts kaum einmal verletzt.

2. **Das Wildschwein, ein Bewohner des Sumpfes.** a) Betritt das Schwein sumpfiges Land, so sinken die beiden sich spreizenden Mittelzehen etwas in den Grund ein. Dann berühren aber auch die beiden kürzeren äußeren oder Afterzehen den Boden. Infolgedessen wird die tragende Fläche vergrößert. Das Tier vermag daher selbst Sümpfe zu überschreiten.

b) Unter der Haut findet sich eine dicke Fettschicht (Speck!). Diese hält den Körper warm und verhütet selbst bei stundenlangem Wälzen im Sumpfe eine todbringende Abkühlung.

c) Das Wildschwein hat ein schwarzbraunes Kleid (Schwarzwild!). Daher wird es sogar vom Jäger leicht übersehen, wenn es in der selbstgescharrten Grube ruht. Die zahlreichen Jungen (Frischlinge) tragen ein heller und dunkler gestreiftes Kleid.

3. **Das Wildschwein, ein Allesfresser.** Alles, was genießbar ist, dient dem Schweine zur Nahrung: Wurzeln, Pilze, Eicheln, Bucheckern, Kerbtiere, Schnecken, Würmer, ja selbst Aas.

Wildschweine.

a) Bei seinen Streifzügen kommt ihm das scharfe Gehör sehr zu statten. Das Gesicht dagegen ist schwach, wie schon die blöden Augen andeuten. Der feine Geruchsinn zeigt ihm an, wo etwas Freßbares im Boden zu finden ist.

b) Der gemischten Kost entspricht auch das Gebiß des Schweines. Die vier vorderen Backenzähne sind scharf schneidend wie bei den Raubtieren, die hinteren dagegen erscheinen breit und fast so stumpfhöckerig wie bei den eigentlichen Pflanzenfressern. Die Vorderzähne, oben und unten je 6, sind groß. Sie eignen sich daher vortrefflich dazu, Stücke von größeren Gegenständen, z. B. von Rüben u. dgl., abzubeißen.

c) Wie aber vermag das Tier starke Wurzeln loszureißen oder Knollen, Insektenlarven u. dgl. aus dem Boden zu graben? Der keilförmige Kopf mit dem langen Rüssel und den gewaltigen Eckzähnen (Hauern) ist ihm Brechstange und Pflug zugleich.

4. **Das Wildschwein und der Mensch.** Ist das Wildschwein nicht eingehegt, dann tritt es abends auf die Felder, wühlt Kartoffeln und Rüben aus, verzehrt Getreide und was sonst der Acker noch bietet. Durch Abreißen der Wurzeln und Zerstören von Anpflanzungen schadet es auch dem Forste oft erheblich. Allerdings vertilgt es auch eine Unmenge schädlicher Insektenlarven.

Das **Hausschwein** ist ein Nachkomme mehrerer Wildschweinarten. Sein Schädel ist weit kürzer und höher und die Behaarung geringer und wolliger als bei den Wildschweinen. Die Ohren sind meist hängend. Der vielfache Nutzen, den uns das wichtige Tier gewährt, ist allgemein bekannt. Als Wirt der Trichine und der Finne eines Bandwurms kann es dem Menschen allerdings auch sehr gefährlich werden.

2. Unterordnung: Wiederkäuende Paarzeher, Wiederkäuer.

1. Das Hausrind.

Das Rind ist ein Nachkomme des Auerochsen, der früher in unserer Heimat wild lebte. Es hat sich über einen großen Teil der Erde verbreitet und ist das wichtigste Haustier des Menschen. Wie es uns durch Milch, Fleisch, Fett, Haut, Haare und Horn sowie durch seine Kraft und seinen Dünger nützt, ist allgemein bekannt.

1. **Das Rind, ein Pflanzenfresser.** a) Verzehren wir ein Stück Fleisch, so sind wir für längere Zeit gesättigt, als wenn wir ein gleich großes Stück Brot oder ein anderes pflanzliches Nahrungsmittel (Obst, Gemüse oder dgl.) verspeisen. Pflanzenstoffe sind also weniger nahrhaft als tierische Stoffe. Das Rind nährt sich aber nur von Pflanzen und ist dazu noch ein sehr großes Tier. Daher bedarf es auch einer großen Menge von Nahrung.

Befindet sich das Rind auf der Weide, so ist es stundenlang damit beschäftigt, Nahrung zu sich zu nehmen. Hierbei muß es beständig langsam weiterschreiten. Dazu ist es durch die starken Beine, die den schweren Rumpf wie feste Säulen tragen, wohl befähigt. — Den Boden berührt es nur mit den Spitzen zweier Zehen (Paarzeher), die von festen Hornschuhen oder Hufen umkleidet sind. Die höher stehenden „Afterzehen" reichen nicht bis zum Boden hinab.

b) Der Hals ist so lang, daß das Maul bequem den Boden erreicht. Die schlaff herabhängende Hautfalte am Halse nennt man „Wamme". Die starken Muskeln des Nackens („Stiernacken") erlauben dem weidenden Tiere, den Kopf stundenlang zu senken.

c) Beim Fressen erfaßt das Rind mit Hilfe der langen, rauhen Zunge einen Grasbüschel nach dem andern und zieht ihn seitlich in das Maul.

d) Die acht großen, scharfen Schneidezähne des Unterkiefers drücken den erfaßten Büschel gegen die zahnlose, knorpelige Kante des Oberkiefers; ein Ruck mit dem Kopfe, und der Büschel ist abgerupft. Die Schneidezähne sind von den Backenzähnen durch eine große Zahnlücke getrennt. Dolchartige Eckzähne wie ein Raubtier besitzt der friedliche Pflanzenfresser nicht.

e) Rohe Pflanzenstoffe müssen möglichst fein zermalmt werden, wenn sie verdaut werden sollen. Dies geschieht durch die Backenzähne, die sich mit Mühlsteinen vergleichen lassen. Indem sich nämlich der Unterkiefer fortgesetzt von einer Seite zur andern bewegt, wird die Nahrung zwischen ihnen zerrieben. Der Unterkiefer ist also nicht fest eingelenkt, wie z. B. bei der Katze, sondern nach der Seite verschiebbar. Die Backenzähne besitzen breite Kronen und stumpfhöckerige Oberflächen, auch sind sie sehr groß und in beträchtlicher Anzahl vorhanden, oben und unten jederseits sechs.

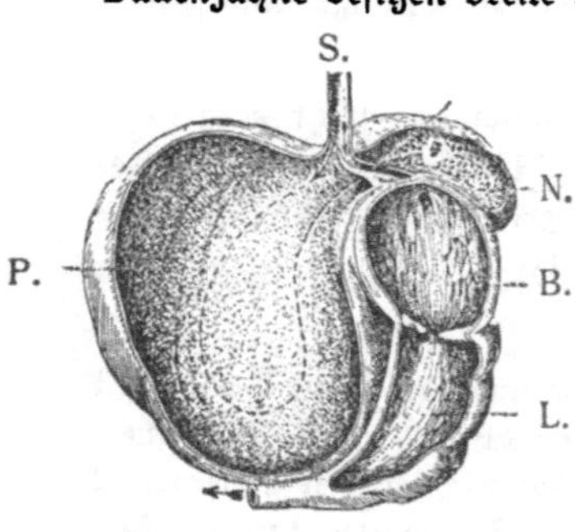

Magen des Rindes.

f) Beim erstmaligen Kauen hat das Rind die Nahrung noch nicht fein genug zerkleinert. Diese kehrt daher noch einmal in das Maul zurück und wird wiedergekäut.

Das grob gekaute Futter gelangt durch die Speiseröhre (S.) in den ersten, sehr großen Abschnitt des Magens, den Pansen (P.). Aus ihm wandert es nach einiger Zeit in den zweiten Abschnitt, den Netzmagen (N.). Hat das Rind eine genügende Menge von Nahrung aufgenommen, so legt es sich zur Ruhe nieder. Zu kleinen Ballen geformt, steigt die nunmehr aufgeweichte Speise aus dem Netzmagen in das Maul zurück. Hier wird sie — wie bereits erwähnt — nochmals und zwar sehr sorgfältig gekaut. Zum zweiten Male verschluckt, gelangt sie jetzt aber in die dritte Abteilung des Magens, den **Blättermagen** (B.). Im letzten Magenabschnitte, dem **Labmagen** (L.), geht erst die eigentliche Verdauung vor sich.

Schließlich wandert die Nahrung in den **Darm**, der 22mal so lang ist als der Körper.

Schädel des Rindes. Das rechte Horn ist von dem Knochenzapfen abgenommen.

2. **Das Rind und seine Feinde.** Durch den scharfen **Geruchsinn** entdeckt das Rind seine schlimmsten Feinde, die Giftpflanzen. Die weitgeöffneten Nasenlöcher sind stets feucht wie beim Hunde. Die großen **Augen** blicken blöde in die Welt, und trotz der beweglichen, tütenförmigen **Ohrmuscheln** hat das Rind kein scharfes Gehör. Die Fliegen, von denen es gepeinigt wird, vertreibt es besonders mit Hilfe des langen **Schwanzes**. Als Verteidigungswaffe dienen dem Rinde die **Hörner**. Sie sind hohl und umschließen wie Scheiden je einen großen Knochenzapfen. Die dicken Schädelknochen halten selbst die schwersten Stöße aus. In den starken **Nackenmuskeln** liegt des Rindes größte Kraft. Darum sollte man dem Tiere auch, wenn es Wagen oder Pflug zu ziehen hat, das Joch an der Stirn oder an den Hörnern befestigen.

Nächst dem Rinde sind **Schaf** und **Ziege** die wichtigsten Haustiere unter den Wiederkäuern. Ihr vielfacher Nutzen ist allgemein bekannt (Fleisch, Fett, Haut, Wolle, Milch, Dünger). Die Stammeltern beider waren Felsenbewohner. Daher sind sie auch vortreffliche Kletterer. — Die **Gemse** ist eine Bewohnerin der europäischen Hochgebirge. Felsen, die für den Menschen unersteiglich sind, nimmt sie wie im Fluge. Hierzu wird sie durch den kurzen, gedrungenen Leib, die langen, starken Beine und die dicken, weit spreizbaren Hufe befähigt, die zudem an der Unterfläche ausgehöhlt sind und scharf schneidende Ränder haben. In den nach hinten gebogenen, spitzen Hörnern besitzen beide Geschlechter eine wirksame Waffe gegen Feinde. Das braune und dünne Sommerkleid geht mit Eintritt kalter Witterung in einen schwarzen, dichten und langhaarigen Winterpelz über.

Gemsen auf der Flucht.

2. Das Reh.

Der größte Feind des schmucken Rehes ist der Mensch, aber auch dem Fuchse und dem Edelmarder fällt manches Rehkälbchen zum Opfer. **Wie ist das Reh gegen seine Feinde geschützt?**

1. Im Sommer verbirgt es sich tagsüber in dem dichtbelaubten Unterholze des Waldes. Im Winter fehlt ihm aber diese Deckung. Dann besitzt jedoch sein **Kleid**,

das im Sommer auffallend rot bis gelbrot ist, eine unscheinbare, dunkelgraue Färbung. Das Fell des jungen Tieres ist mit hellen Flecken überstreut.

2. Durch den scharfen Geruch nimmt das Reh den Feind schon von weitem wahr. Seine Nasenlöcher sind weit und stets feucht wie beim Hunde. Den Ohren entgeht kaum ein Geräusch. Die tütenförmigen, sehr beweglichen Ohrmuscheln werden mit der Öffnung nach der Richtung hin gewendet, von der das Geräusch kommt.

3. Kaum ist der Feind bemerkt, so ergreift das Reh in großen Sprüngen die Flucht. Der schlanke Rumpf durchschneidet leicht die Luft, zumal der Kopf beim Laufen nach vorn gestreckt wird. Die zierlichen, leichten und langen Beine (sie sind wie die des Rindes gebaut) tragen das Reh blitzschnell dahin.

Rehe. Männchen, Weibchen und zwei junge Tiere.

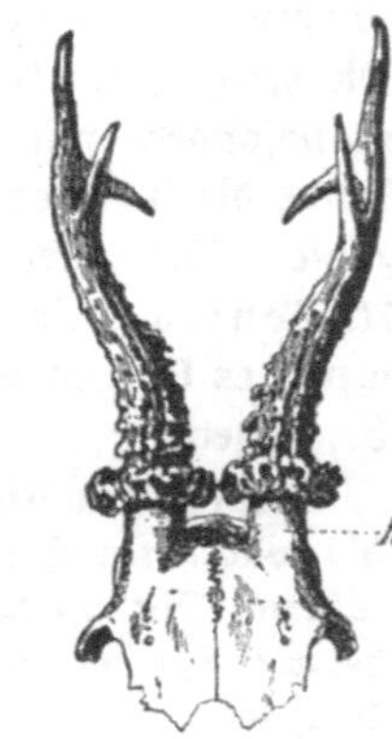

Geweih des Rehes.

4. Das Männchen trägt auf der Stirn ein Geweih. In erster Linie wird diese Waffe in den Kämpfen verwendet, die die „Rehböcke" untereinander ausfechten. Die beiden Geweihstangen erheben sich auf je einem Knochenzapfen des Schädels (K). Während die Zapfen dem Tiere zeitlebens verbleiben, fallen die Stangen alljährlich ab, um wieder gebildet zu werden. Das neue Geweih ist anfangs weich und von einer behaarten Haut bedeckt. Es erhärtet jedoch nach und nach, die Haut trocknet ein und wird schließlich an Bäumen abgerieben.

Im ersten Lebensjahre des Böckchens besteht das Geweih nur aus zwei knopfartigen Gebilden, die aber schon im zweiten Jahre kleinen Spießen Platz machen: der Knopfspießer ist — wie der Jäger sagt — zum Spießbock geworden. Beim nächsten Geweihwechsel erhalten die Stangen je eine Nebensprosse. Daher wird das Tier jetzt Gabelbock genannt. Im folgenden Jahre endlich bilden sich an jeder Stange zwei Nebensprossen: das Männchen hat sich zum Sechserbock entwickelt. Diese Form behält das Geweih, das weiter alljährlich gewechselt wird, von nun ab in der Regel bei.

5. Im Gegensatz zu einem Raubtiere erscheint das Reh ziemlich wehrlos. Es ist darum auch ein furchtsames Tier. Nur bei anbrechender Dunkelheit verläßt es den schützenden Wald. Außer den Nutzpflanzen des Ackers verzehrt es die Blätter und Knospen fast aller Bäume und Sträucher des Waldes sowie Gräser, Eicheln, Bucheckern usw.

Dem Land- und Forstmanne fügt es daher oft großen Schaden zu, den es durch Fleisch, Fell und Geweih allerdings wohl wieder ausgleicht.

Der **Rot-** oder **Edelhirsch** wird wegen seiner Größe und edlen Gestalt, wegen seiner Stärke und Schnelligkeit, wegen des mähnengeschmückten Halses und der herrlichen Kopfzier des Männchens als der „König unserer Wälder" bezeichnet. Wälder mit Unterholz meidet er. Dort würde ihm ja das große, vielzackige Geweih hinderlich sein. Er lebt wie das Reh, verursacht aber weit größeren Schaden als dieses. — Das **Renntier** ist ein echtes Kind des Nordens. Das dunklere und leichtere Sommerkleid wird mit Eintritt der kälteren Jahreszeit durch einen etwa 4 cm dicken, helleren Winterpelz ersetzt. Die breiten, weit spreizbaren Hufe und die bis zum Boden reichenden, großen Afterzehen erlauben ihm, Moore und Schneeflächen zu überschreiten. Die Renntierflechte, die es sich oft unter dem Schnee hervorscharren muß, bildet besonders im Winter die Hauptnahrung des genügsamen Tieres. Der Bewohner der nordischen Länder hat es gezähmt und hält es in großen Herden. Ihm ist es sein ein und alles: es führt ihn im leichten Schlitten über die endlosen Schneefelder dahin; es gibt ihm in seinem Felle Zeltdecken, Kleidung und Leder; es spendet ihm in seinem Fleische, seiner Milch und seinem Blute die wichtigsten Nahrungsmittel; aus seinen Sehnen verfertigt er Zwirn zum Nähen, aus den Därmen Stricke zum Binden, aus den Knochen und dem Geweihe Fischspeere, Angeln und andere Gerätschaften.

Kopf des männlichen Edel- (1) und Damhirsches (2).

Renntiere.

3. Das einhöckerige Kamel oder Dromedar.

Seit undenklichen Zeiten ist das Kamel, das eine Schulterhöhe von 2,25 m erreicht, in Vorderasien und in ganz Nordafrika ein unentbehrlicher Hausgenosse des Menschen. Allein durch dieses Tier werden die wasser- und pflanzenarmen Steppengebiete jener Gegenden für den Menschen bewohnbar; denn es gibt seinem Herrn alles, was zum Leben notwendig ist (Fleisch, Milch, Haut und Haare; sein Kot muß sogar an Stelle des Holzes als Brennmaterial dienen). Mit seiner Hilfe ist es auch nur möglich, die Sand- und Steinwüsten zu durchreisen. Darum bezeichnet der Araber seinen treuen, meist braun behaarten Gehilfen als „das Schiff der Wüste", als das wir das Kamel auch betrachten wollen.

Es ist ein großes und starkes Tier, das darum schwere Lasten tragen kann (bis 400 kg). Da die Zehen in eine breite, schwielige Sohle eingebettet sind (große Tragflächen!), vermag es ohne einzusinken über den losen, scharf schneidenden, glühendheißen Sand dahinzuschreiten. Die Hornschwielen, die sich an der Brust, am Ellbogen- und Handgelenke sowie am Knie- und Fersengelenke finden, dienen dem lagernden Tiere als Schutzpolster. Während der Reise erhält das Kamel nur ein

Einhöckeriges Kamel oder Dromedar.

paar Hände voll Getreidekörner oder Bohnen als Futter für den ganzen Tag. Was es mehr gebraucht, muß es sich selbst suchen. Da sein Maul hart und unempfindlich und sein Gebiß sehr kräftig ist, vermag es die scharf schneidenden oder dornigen Wüstenpflanzen zu verzehren. Zum Aufnehmen der Nahrung vom Boden (lange Beine!) und zum Abreißen von Baumzweigen wird es durch einen langen Hals befähigt. Trotzdem würde das Kamel aber bei der dürftigen Nahrung nicht bestehen können, wenn es nicht in dem Fette seines Höckers einen Vorrat von Nahrungsstoffen mit auf die Reise genommen hätte. Keines unserer Haustiere vermöchte schon wegen des Wassermangels eine größere Wüste zu durchschreiten. Das Kamel aber kann selbst bei größter Hitze mehrere Tage des Wassers entbehren. Das Vorhandensein einer Quelle wittert es bereits einige Kilometer weit. Die pflanzen- und wasserarme Wüste kann nur ein schnelles Tier durchqueren. Mit den langen, weit ausgreifenden Beinen schreitet das Kamel rasch dahin. Dabei zeigt es sehr große Ausdauer.

Was das Dromedar für die genannten Länder, ist das **zweihöckerige Kamel** oder **Trampeltier** für die öden Steppen des mittleren und östlichen Asiens (Abb. s. Erdkunde).

8. Ordnung. Unpaarzeher.

Das Pferd.

1. **Das Pferd, ein Gehilfe des Menschen.** Das Pferd ist das wichtigste Zug- und Reittier des Menschen, sein Freund und Gehilfe in Krieg und Frieden. Außer durch den Dünger nützt es uns selbst noch nach dem Tode durch alle Teile seines Körpers (Fleisch, Haut, Fett, Haare, Knochen).

Je nach der Arbeit, die das Pferd verrichten soll, hat der Mensch verschiedene Rassen gezüchtet. Man unterscheidet sie als Last-, Kutsch-, Reit- und Rennpferde. Auch Färbung und Größe des edlen Tieres sind verschieden. — Wodurch ist das Pferd nun befähigt, ein Gehilfe des Menschen zu sein?

a) Es ist ein großes und starkes Tier. Besonders gilt dies von dem Wagenpferde, das so angeschirrt wird, daß es die Last mit der breiten Brust zieht. Aber auch das Reitpferd ist von kräftigem Bau; leicht trägt es den Menschen auf dem sanft gebogenen Rücken.

b) Ferner ist das Pferd ein Schnelläufer. Sein Kopf und sein Hals, den eine Mähne schmückt, erscheinen seitlich zusammengedrückt. Beide werden bei schnellem Laufe (Wettrennen!) nach vorn gestreckt. So bildet der schlanke Körper einen Keil, der die Luft leicht durchschneidet.

c) Weit höhere Bedeutung für die Schnelligkeit haben jedoch die schlanken, aber dabei doch sehr kräftigen Beine. Sie berühren den Boden nur mit der Spitze je einer Zehe. Diese ist von einem festen Hornschuh, dem Hufe, umschlossen. Mit ihm stemmt sich das Pferd kräftig in die Unebenheiten des Bodens ein, wodurch ihm das Ziehen des Wagens sehr erleichtert wird. Da sich unsere Pferde zumeist auf hartem Boden bewegen (Straßenpflaster), beschlagen wir ihre Hufe mit Eisen. Hierdurch werden diese gegen zu starke Abnutzung geschützt.

d) Endlich wird das Pferd auch durch die „geistigen" Eigenschaften befähigt, ein Gehilfe des Menschen zu sein. Willig läßt es sich Zaum und Zügel anlegen. Es gehorcht dem Zurufe des Führers; es versteht Lob und Tadel; es kennt den Ton der Trompete und den Wirbel der Trommel; mutig trägt es den Reiter in den Kampf, und selbst nach Jahren erkennt es seinen Herrn wieder.

2. **Das Pferd, ein Pflanzenfresser.** a) Als Pflanzenfresser nimmt das Pferd, zumal es ein sehr großes Tier ist, wie das Rind eine große Menge von Nahrung auf. Diese vermag es auf der Weide sehr wohl zu erwerben; denn infolge der kräftigen Beine kann es stundenlang dahin schreiten, ohne zu ermüden.

b) Vermöge des langen Halses erreicht das Maul bequem den Boden, und die starken Nackenmuskeln tragen leicht den schweren Kopf.

c) Mit Hilfe der sehr beweglichen Lippen erfaßt das Pferd das längere Gras und zieht es in das Maul. Die Zunge ist kürzer als beim Rinde und ohne Rauhigkeiten.

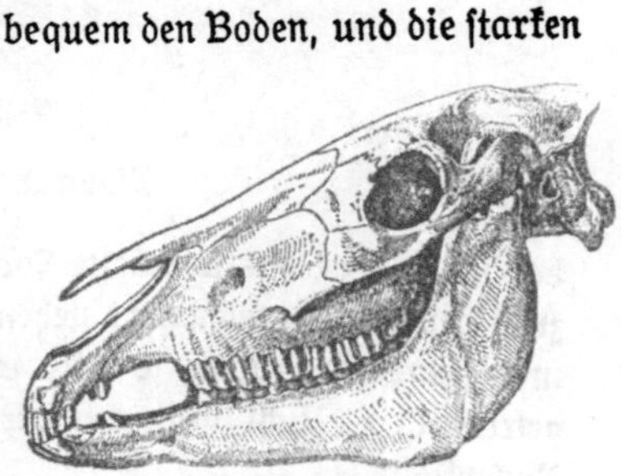
Schädel des Pferdes.

d) Im Gegensatz zum Rinde besitzt nicht nur der Unter-, sondern auch der Oberkiefer sechs Schneidezähne, und vielfach sind auch kleine Eckzähne anzutreffen. Da die breiten Schneidezähne lang und schräg nach vorn gerichtet sind, vermag das Pferd mit ihnen selbst kurzes Gras abzuweiden. In die Zahnlücke legt man dem Pferde „das Gebiß".

e) Gleich dem Rinde muß das Pferd die Nahrung auch fein zermalmen. Seine Backenzähne sind ebenfalls breitkronig, stumpfhöckerig, groß und in beträchtlicher Anzahl vorhanden. Auch die Kaubewegung ist mahlend.

f) Zur Aufnahme und Verarbeitung der großen Nahrungsmenge dient dem Pferde wie jenem Tiere ein großer Magen und ein langer Darm. Es käut seine Nahrung aber nicht wieder.

3. **Das Pferd und seine Feinde.** Das Pferd hat bei uns nur in den Fliegen gefährliche Feinde. Es sucht sie durch Schlagen mit Schweif und Beinen und durch Zucken der Haut zu vertreiben. Gefahren (im Kriege u. dgl.) merkt das scharfsinnige Tier meist schon aus größerer Entfernung. Die Nasenlöcher (Nüstern) sind weit, die Ohrmuscheln tütenförmig und beweglich, die Augen groß und selbst in der Nacht scharf. Die Vorderzähne und die Hufe dienen als Waffen.

Gleich dem Pferde ist der **Esel** dem Menschen ein treuer Gehilfe. Er ist ein sehr genügsames, vielfach aber auch störrisches Tier. Von dem ihm sehr ähnlichen Pferde unterscheidet er sich durch das meist graue Fell. Auch hat er längere Ohren und eine längeren Schwanz, der mit einer Haarquaste versehen ist.

9. Ordnung. Wale.

Der Blau- oder Riesenwal.

Der Blau- oder Riesenwal bewohnt die kalten Meere, die sich um den Nord- und Südpol ausdehnen. Seine Namen trägt er von der heller oder dunkler blauen Färbung und der gewaltigen Größe. Er erreicht eine Länge von 30 m und ein Gewicht von etwa 150000 kg (d. i. gleich dem von 200 starken Rindern!).

Blauwal.

1. Da das riesige Tier beständig im Wasser lebt, könnte es durch ein noch so starkes Haarkleid nicht gegen Wärmeverlust geschützt werden. Diese Aufgabe erfüllt vielmehr eine 20 bis 40 cm dicke Speckschicht unter der nackten Haut. Sie verringert zugleich das Gewicht des Körpers im Wasser, wirkt also wie ein riesiger Schwimmgürtel.

2. Der Schwanz ist wie bei den Fischen das wichtigste Fortbewegungswerkzeug. Er verbreitert sich am Ende zu zwei gewaltigen, wagerecht stehenden Flügeln. Versetzt das Tier diese Schwanzflosse in drehende Bewegung, so wird es wie ein Dampfschiff durch seine Schraube vorwärts getrieben. — Nicht weit von der Schwanzflosse findet sich noch eine kleine, dreieckige Rückenflosse.

3. Hintergliedmaßen, die für die Säugetiere zumeist das Hauptwerkzeug der Fortbewegung sind, fehlen. Die Vordergliedmaßen werden als Ruder verwendet. Sie stellen zwei riesige, seitlich gerichtete Platten dar.

4. Da der Körper des Wales eine glatte Oberfläche besitzt und in allen Teilen abgerundet ist, gleitet er leicht durch das Wasser. Ohrmuscheln fehlen gänzlich. — Nicht weit von den Winkeln des Maules liegen die etwa faustgroßen Augen.

5. Wie alle Säugetiere atmet der Wal die freie Luft. Infolge der riesigen Lungen steigt er jedoch nur etwa alle $3^1/_2$ Minuten zur Oberfläche des Meeres empor. Dann bildet sich auf seinem Scheitel eine Erhebung, auf deren Gipfel die schlitzförmigen Nasenlöcher liegen. Mithin braucht er beim Atmen auch nur diesen Körperteil über das Wasser zu heben. Die verbrauchte Luft bläst er durch die Nasenöffnungen aus. Da ihr Wasserdampf infolge der Kälte jener Breiten sichtbar wird — genau wie an kalten Wintertagen der Wasserdampf unseres Atems — so erscheint es, als ob ein mächtiger Dampfstrahl vom Kopfe des Tieres aufstiege.

6. Der Blauwal nährt sich von winzigen Krebsen und Schnecken, die in den kalten Meeren in ungeheuren Scharen vorkommen. Als Werkzeug, die nötigen Mengen dieser Tierchen zu fangen, dient sein riesiges, zahnloses Maul. Von dem Gaumen hängen nämlich in zwei Längsreihen viele dreieckige Hornplatten herab. Diese Barten sind an der Innenseite federartig zerschlissen. Den Boden der Mundhöhle bildet die gewaltige Zunge. Öffnet der Wal das Maul, dann wird sie nach unten gedrückt. Dabei glätten sich die Längsfalten der Kehlhaut aus, und der Mundraum erweitert sich sehr stark. Schließt sich das Maul wieder, dann bilden sich die Kehlfurchen von neuem.

Streicht nun der Wal mit geöffnetem Maule durch die Fluten, so füllt sich die Mundhöhle mit Wasser und den darin enthaltenen Tieren. Schließt er es darauf, dann preßt die Zunge das Wasser aus dem Maule; die Tiere aber bleiben in den Fransen der Barten hängen und werden nun verschluckt. Das Maul stellt also ein riesiges Schöpfwerkzeug dar, das sich mit einem Fischernetz vergleichen läßt.

7. Gleich allen andern großen Walarten bringt der Fang des Blauwales dem Menschen überaus reichen Gewinn. Er wird daher seit vielen Jahren gejagt. Dies geschieht gegenwärtig durch Geschosse, die im Leibe des Tieres explodieren. Der erbeutete Wal wird mit starken Ketten an dem Schiffe befestigt und nach der Küste (Walstation) geschleppt. Hier wird er verarbeitet. Der Speck wird abgestochen und in Kesseln ausgekocht (Tran). Die Barten, die das wichtige Fischbein liefern, werden losgelöst, und aus dem Fleische und den Knochen bereitet man einen wertvollen Dünger.

10. Ordnung. Flossenfüßler oder Robben.

Der Seehund.

Der Seehund (Länge bis 2 m) bewohnt die Nord- und Ostsee sowie die Küstengewässer des nördlichen Atlantischen Ozeans. Nur um zu ruhen, zu schlafen oder sich zu sonnen, entsteigt er den Fluten. Dann läßt er auch seine bellende Stimme hören. Er ist also Wasser- und Landtier zugleich.

1. Wie der Wal ist der Seehund ein gewandter Schwimmer und Taucher. Sein Körper hat die Form einer Spindel; Hände und Füße bilden breite, flossenförmige Platten, die fast allein aus dem Körper hervorragen. Die Füße sind nach hinten gerichtet. Indem sie kräftig zusammengeschlagen werden, wird der Körper vorwärts

getrieben. Die seitlich gerichteten Hände besorgen vor allen Dingen die Steuerung. Die Gehörgänge (Ohrmuscheln fehlen!) werden wie die spaltenförmigen Öffnungen der Nase beim Tauchen gegen eindringendes Wasser verschlossen. Durch eine dicke Speckschicht unter der Haut, die zugleich den Körper im Wasser leichter macht, ist der Seehund wie der Wal gegen tödlichen Wärmeverlust geschützt. Seine Nahrung besteht besonders aus Fischen. Dementsprechend ist sein Gebiß auch dem der Raubtiere sehr ähnlich.

Seehunde.

2. Infolge der Kürze und Richtung der Gliedmaßen bewegt sich der Seehund auf dem Lande nur höchst schwerfällig fort. Daher ist er auch hier Feinden (Eisbären, Menschen) gegenüber ziemlich hilflos. Vermöge der scharfen Sinne erkennt er sie aber meist schon von weitem und sucht dann sofort das schützende Meer zu erreichen.

3. Da der Seehund eine ungeheure Menge von Nutzfischen verzehrt, ist er sicher das schädlichste Tier unserer Küsten. Sein gelbgraues, braun- und schwarzgetupftes Fell und sein Fett, aus dem man Tran siedet, wiegen den Schaden nicht auf. Für die Bewohner Grönlands dagegen ist er (samt seinen nächsten Verwandten) ein ungemein nützliches Geschöpf; denn er gibt ihnen fast alles, was sie zum Leben gebrauchen. Aus dem Felle bereitet man Kleider; Fleisch und Blut werden verzehrt; der Tran wird getrunken oder zum Beleuchten der Hütten verwendet; die Gedärme benutzt man als Fensterscheiben; zusammengenäht liefern sie ein wasserdichtes Obergewand, zusammengedreht Seile und Zwirn, und aus den Knochen verfertigt man allerlei Geräte.

2. Klasse. Vögel.

1. Ordnung. Raubvögel.

1. Der Mäusebussard.

1. Der Bussard nährt sich vorwiegend von Mäusen. Er verzehrt aber auch Hamster, Ratten, Heuschrecken und Schlangen (Kreuzottern). Der Nahrung wegen bewohnt er Gegenden, in denen Äcker und Wiesen mit kleinen Waldungen abwechseln. Im Wipfel hoher Waldbäume baut das Bussardpaar aus Reisig sein kunstloses Nest. Das Gefieder junger Tiere ist braun, im Alter dagegen wird es weißfleckig.

2. Wenn der Bussard nach Beute ausspäht, sitzt er scheinbar teilnahmlos auf einem Baume, Hügel oder Steine. Öfter beschreibt er auch hoch in der Luft Kreise über seinem Jagdgebiete. Sein wunderbar scharfes Auge erblickt selbst aus Turmeshöhe die huschende Maus.

3. Sausend stürzt er aus den Lüften hernieder, und in schnellem Fluge nähert er sich der Beute. Die mächtigen Flügel befähigen ihn hierzu. Meist vergehen nur

wenige Sekunden, bis der große und starke Räuber (Länge bis 60 cm) das entdeckte Tier überwältigt hat.

Mäusebussard.

4. Mit den langen und starken Zehen — drei sind nach vorn und eine nach hinten gerichtet — ergreift er das Opfer. Die nadelspitzen, langen und gebogenen Krallen dringen wie Dolche in dessen Leib ein. Ballen unter den Zehen verhindern, daß diese Waffen beim Sitzen den Boden berühren und dadurch stumpf werden. Die Bisse, durch die sich das ergriffene Tier vielfach zu wehren sucht, vermögen die Füße des Räubers meist nicht zu verletzen; denn diese sind größtenteils durch Hornschilder gepanzert.

5. Mit der Spitze des gekrümmten Oberschnabels, die den Unterschnabel hakig überragt, zertrümmert der Bussard der Beute leicht den Schädel. Größere Tiere hält er mit den Füßen fest und reißt mit dem Schnabel Stück um Stück von ihnen ab. Da der Oberschnabel auch an den Seiten über den Unterschnabel hinweggreift und beide scharfe Ränder besitzen, bilden sie gleichsam eine doppelte Schere.

Steinadler.

6. Kleinere Tiere werden von dem Vogel ganz verschlungen. Sein Rachen ist weit; Speiseröhre und Magen können sich stark ausdehnen. Unverdauliche Stoffe, wie Haare und Federn, werden wieder ausgewürgt („Gewölle").

Im Gegensatz zu dem überaus nützlichen Mäusebussard fügen uns **Hühnerhabicht** und **Sperber** vielfach Schaden zu: sie morden alle Tiere, die sie bezwingen können. Ersterer hat die Größe des Bussards, letzterer die einer Taube. An den dunkleren Wellenlinien, die sich über die Unterseite und den Schwanz hinziehen, sind sie leicht zu erkennen. — Im Hochgebirge und in weit ausgedehnten Waldungen lebt der **Steinadler.** Seine Größe, sein herrliches, dunkelbraunes Gefieder, sein feurig kühnes Auge, seine mächtigen Waffen und sein majestätischer Flug machen ihn zum Könige im Reiche der Lüfte.

2. Die Schleiereule.

Die Schleiereule (Länge 35 cm) nährt sich vorwiegend von Mäusen. Trotzdem verfolgt man sie aber vielfach, weil sie törichterweise für einen Unglücksboten gehalten wird. Gleich dem Bussard besitzt sie einen Raubvogelschnabel und Raubvogelfüße. Da sie aber ein nächtliches Tier ist, weicht sie von ihm in zahlreichen Stücken ab.

1. Tagsüber sitzt die Eule meist schlafend in Scheunen, Felsenhöhlen, Kirchtürmen oder alten Gebäuden. Ihr düsteres Gefieder macht sie dort fast unkenntlich und in der Nacht ganz unbemerkbar. Oben ist es grau, unten gelbbraun und mit vielen weißen und dunklen Tupfen übersät. Um Augen und Schnabel bildet es einen herzförmigen Schleier.

Schleiereulen.

2. Wenn die Nacht anbricht, erwacht die Eule zur Tätigkeit. Die auffallend großen Augen, deren Pupillen stark erweitert werden können, vermögen selbst jetzt noch eine genügende Anzahl von Lichtstrahlen aufzufangen. Während die Eule jagt, fliegt sie in geringer Höhe über dem Boden dahin. Da beide Augen nach vorn, während des Fluges also nach unten gerichtet sind, kann sie die Erdoberfläche um so genauer nach Beute absuchen.

3. Der jagenden Eule kommt auch das sehr scharfe Gehör vortrefflich zustatten. Die großen Ohröffnungen sind durch je einen häutigen Deckel verschlossen, der aber während des Fluges nach vorn geschlagen wird. Außer ihm wirken auch die Federn des Schleiers noch schallauffangend.

4. Da der Flug der Eule ungemein leicht und leise ist, entgeht ihr nicht das geringste Geräusch. Dieser geisterhafte Flug wird besonders durch das dicke, seidenartig weiche und lockere Gefieder bedingt.

Der **Steinkauz** wohnt meist in der Nähe menschlicher Ansiedlungen. Seine Stimme klingt wie „ku-i-mit". Das übersetzen abergläubische Leute in „komm mit!" und denken, er rufe die Kranken, mit auf den Friedhof zu kommen. Er ist wie die meisten andern Eulen ein sehr nützliches Tier, das unsern Schutz verdient.

2. Ordnung. Klettervögel.

Der Buntspecht.

Der Buntspecht führt seinen Namen nach dem bunten Gefieder, in dem die Farben weiß, schwarz und rot vorherrschen. Er ist ein Bewohner des Waldes, und zwar ein echtes Baumtier.

In Stämme, die meist hohl zu werden beginnen, meißelt er seine Höhlen. In ihnen schläft er oder brütet seine weißen Eier aus. Die Insekten und Insektenlarven, die die Rinde und das Holz der Bäume durchwühlen, oder die sich in Spalten und Ritzen der Borke versteckt halten, dienen ihm vorwiegend zur Nahrung. Wie vermag er aber jene Höhlen zu zimmern und diese Tiere zu erlangen?

1. Seine Zehen sind mit scharfspitzigen Krallen bewehrt, die sich in die geringsten Unebenheiten der Rinde einhaken. Zwei von ihnen sind nach vorn und zwei nach hinten gerichtet (Kletterfüße). Während der Körper an den Vorderzehen gleichsam aufgehängt ist, stützen ihn die Hinterzehen und verhindern so ein Herabrutschen. Hierbei dient auch der Schwanz dem Spechte als Stütze. Die Kiele der Schwanzfedern sind nämlich sehr stark und fest.

2. Zu den Insekten unter der Rinde oder im Holze gelangt er durch kräftige Hiebe mit dem langen, geraden und festen **Schnabel**. Der Oberschnabel überragt den Unterschnabel um ein kleines Stück und endet in einer zugeschärften Schneide. Mit diesem vortrefflichen Werkzeuge splittert der Specht Span um Span selbst von hartem Holze los. Darum nennt man ihn mit Recht „den Zimmermann des Waldes".

Buntspecht.

3. Der kurze **Hals** erlaubt ihm, wohlgezielte Schnabelhiebe zu führen, deren Wirkung durch den schweren **Kopf** noch erhöht wird. (Wir fassen das Beil kurz, wenn wir sicher zuschlagen wollen, und nehmen einen schweren Hammer, um einen kräftigen Schlag zu führen.)

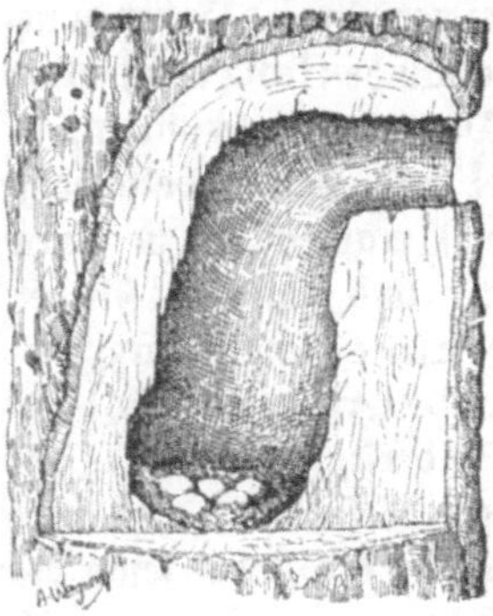

Nest des Buntspechtes.

4. Das Hervorziehen der Insekten besorgt die **Zunge**, die weit aus dem Schnabel herausgeschnellt werden kann. Da sie sehr lang, dünn und biegsam ist, vermag sie leicht in die Wurmröhren einzudringen. Größere Insekten werden von der hornigen, mit Widerhäkchen besetzten Spitze durchbohrt, kleinere bleiben an der Zunge haften; denn der **Speichel**, von dem sie überzogen wird, ist sehr klebrig.

5. Die Insekten, die dem Spechte zur Nahrung dienen, sind meist arge Waldverderber. Er ist für uns daher ein sehr **nützliches Tier**. In seinen Höhlen nisten gern Singvögel, die gleichfalls viele schädliche Insekten vertilgen. Daß er auch Samen der Nadelhölzer verzehrt, kann man ihm ruhig verzeihen.

Kuckuck.

Der **Grünspecht** besitzt ein vorwiegend grünes Gefieder. Er nährt sich besonders von Ameisen, die er mit der klebrigen Zunge fängt. Daher hält er sich auch gern am Erdboden auf. — Der **Kuckuck** ist ein etwa taubengroßer Vogel. Er trägt ein aschgraues Gefieder. Der Bauch jedoch ist weißlich und mit schwarzen Querwellen geziert. Die Nahrung des sehr nützlichen Tieres besteht vorwiegend aus langhaarigen Raupen. Dementsprechend ist sein Schnabel auch kurz und schwach. Da er im Winter bei uns keine Nahrung finden würde, zieht er im Herbste nach dem insektenreichen Süden. Im Gegensatz zu allen andern heimischen Vögeln baut er kein Nest. Er legt seine Eier vielmehr in die Nester anderer Vögel.

3. Ordnung. Singvögel.

1. Die Rauchschwalbe.

1. **Die Schwalbe, ein Baumeister.** Die Rauchschwalbe baut ihr Nest am liebsten dicht unter die Decke der Ställe. Dort sind die **Jungen** gegen Nässe und Kälte sowie gegen Katzen und andere Räuber vortrefflich geschützt. Schlamm und Lehm bilden die Bau-

stoffe des Nestes. Im Schnabel trägt die Schwalbe Klümpchen um Klümpchen davon herbei, klammert sich mit den Füßen an der Wand fest und legt Schicht auf Schicht. Der klebrige Speichel dient als Mörtel.

Rauchschwalbe und ihr Nest.

2. **Die Schwalbe, ein Insektenjäger.** Die Nahrung der Schwalbe besteht vorwiegend aus Fliegen und Mücken. Um sich zu sättigen, muß sie jedoch eine große Menge der winzigen Tiere verzehren. Daher durcheilt sie täglich viele Stunden lang in schnellem Fluge die Luft. Die langen, schmalen, zugespitzten Flügel und der gabelförmige Schwanz (Steuer!) machen sie zu einem überaus gewandten und schnellen Flieger. Ihr Gefieder (Oberseite blauschwarz, Stirn und Kehle rotbraun, Unterseite rotgelb) bietet der Luft geringen Widerstand dar, da es dem Körper eng anliegt. Dieser wird auch durch die kurzen Beine nur wenig belastet. Die scharfen Augen erblicken die Beute schon von ferne. Eine Schwenkung — und diese verschwindet in dem weiten Maule, das bis gegen die Augen hin gespalten ist. Wenn im Herbste die Mücken und Fliegen immer seltener werden, zieht die Schwalbe nach dem warmen und insektenreichen Afrika.

Die **Haus-** oder (wegen der weißen Unterseite) **Mehlschwalbe** baut ihr Nest an die Außenseite der Häuser, unter das vorspringende Dach u. dgl.

Feldlerche an ihrem Neste.

2. Andere Singvögel.

1. Der allbekannte **Haussperling** hat ein vorwiegend graues Kleid (Kopf aschgrau; über den Flügeln eine gelblichweiße Querbinde). Er vertilgt eine große Menge von Insekten, fügt uns aber auch durch Abbeißen von Knospen, durch Plündern der Felder, Kirschbäume und Weinberge oft großen Schaden zu. Mit dem kurzen, dicken, kegelförmigen Schnabel vermag er die Samen leicht zu enthülsen. Auch kann er von Kirschen und Beeren kleine Stücke abpicken. Um seine Nahrung zu erlangen, hüpft er täglich stundenlang dahin. Er besitzt dementsprechend viel kräftigere Beine als z. B. die Schwalbe. Unter Dachgiebel u. dgl. baut er sein unordentliches Nest. — Dem Haussperlinge ähnelt der **Feldsperling** in allen Stücken. Er besitzt aber einen braunen Kopf und weiße Querbinden über den Flügeln. — Ein vortrefflicher Sänger ist der allbekannte, bunte **Fink**. — Der **Kanarienvogel**, unser beliebtester Stubenvogel, stammt von den Kanarischen Inseln.

2. Die **Lerche** ist ein Tier des Feldes. Dort ist ihr das erdfarbene Gefieder ein gar

Nachtigall.

Amseln und ihr Nest. Das Weibchen bringt den Jungen eine Raupe.

treffliches Schutzmittel. Auch das aus Wurzeln und Halmen gebaute Nest und die erdfarbenen Eier heben sich vom Boden kaum ab. Alles, was das Feld liefert, dient ihr zur Nahrung: junge Saat, Insekten, Getreidekörner und andere Samen, die sie am Boden aufsucht. Sie ist der beste Läufer unter den Singvögeln. Der Jubelgesang des Männchens ertönt etwa bis Ende Juli. Im Herbste zieht sie nach dem Süden.

3. Die **Nachtigall** hat ein unscheinbar braunes Gefieder, so daß sie meist schwer zu entdecken ist. Sie bewohnt dichtes Gebüsch im Garten und Parke oder das Unterholz des Laubwaldes. Ihre Nahrung (Würmer, glatte Raupen u. dgl.), für die der pfriemenförmige Schnabel gerade stark und fest genug ist, liest sie meist vom Boden auf. Die langen, kräftigen Beine befähigen den Vogel, andauernd am Boden und im Gezweig zu hüpfen. Das Lied der herrlichen Sängerin ertönt etwa bis Mitte Juni. Im Herbste zieht sie nach dem Süden. — Vorzügliche Sänger sind auch die Drosseln, von denen besonders die **Schwarzdrossel** oder **Amsel** ihren Flötenton vom zeitigsten Frühjahre bis in den Herbst hinein hören läßt.

4. Die schmucke **Kohlmeise** (Oberseite gelbgrün, Unterseite hellgelb; Scheitel, Kehle und ein Streifen über Brust und Bauch schwarz), ernährt sich vorwiegend von Insekten und deren Eiern. Sie zählt daher zu unsern nützlichsten Vögeln. Die kurzen, kräftigen Beine mit den spitzen Krallen eignen sich vortrefflich zum Klettern. Mit dem kurzen, kegelförmigen Schnabel kann sie die Nahrung aus allen Ritzen hervorziehen und selbst die kleinsten Insekten und Insekteneier ablesen. Daher findet sie bei uns auch im Winter so viel, um satt zu werden.

5. Wenn der **Star** aus der Winterherberge zurückkehrt, schillert sein schwarzer Rock grün und purpurn, später aber erhält jede Feder eine weiße Spitze. Sein Gesang gleicht mehr einem Geschwätz als einem Liede.

Kohlmeise (K.) und Star (St.).

Weinbeeren und Kirschen sind seine Lieblingsspeise. Aber durch fleißiges Vertilgen von Insekten und Nacktschnecken gleicht er den hierdurch verursachten Schaden zumeist wieder aus. Die stämmigen Beine mit den stumpfen Krallen befähigen ihn, stundenlang zu gehen. Der lange Schnabel wird in jeden Grasbusch gesteckt und dann gespreizt. Dadurch gewinnt die Zunge Raum, nach Insekten zu tasten. Gern benutzt der Vogel die Nistgelegenheiten (Starkasten), die ihm der Mensch anbietet.

Saatkrähen.

6. Die **Saatkrähe,** die gleichfalls ein Zugvogel ist, hat ein schwarzglänzendes Gefieder. Sie bewohnt fruchtbare Ebenen mit kleinen Gehölzen und legt ihr Reisignest in den Kronen hoher Bäume an. Im Felde sucht sie nach Nahrung, die vorwiegend aus Engerlingen, Nacktschnecken und Mäusen, aber auch aus Getreidekörnern u. dgl. besteht. Gelegentlich nimmt sie auch die Eier eines andern Vogels aus dem Neste, und Aas verzehrt sie wie ihre nächsten Verwandten besonders gern. Nach der Mauser im Herbste ist der Schnabelgrund mit Federn bedeckt; bald aber fallen diese aus, so daß ein nackter Hautring zum Vorschein kommt, der dem Vogel bei der Arbeit im Boden sicher von Vorteil ist. Die Füße sind kräftig, stumpfkrallig und daher zum Schreiten am Boden wohl geeignet.

4. Ordnung. Tauben.

Die Haustaube.

Da der Mensch das Fleisch der Taube hoch schätzt, hat er sie schon seit vielen Jahrhunderten zum Haustiere gemacht. Die meisten Taubenrassen entfernen sich nicht einmal mehr von der Wohnung, die ihnen ihr Pfleger angewiesen hat. Nur die blaugraue Feldtaube, deren Flügel mit je zwei schwarzen Flügelbinden geziert sind, durchstreift noch gern nahrungsuchend das Feld. Wir wollen sie besonders berücksichtigen!

1. **Die Taube, ein Körnerfresser.** Die gestreckte Gestalt und die langen, spitzen Flügel befähigen die Feldtaube zu schnellem Fluge (Brieftauben!). Mit den großen, scharfen Augen erkennt sie schon aus beträchtlicher Höhe die Getreidekörner, Erbsen u. dgl., die ihr zur Nahrung dienen. Die kräftigen Beine erlauben ihr, lange Zeit suchend am Boden dahin zu schreiten. Da der schwache Schnabel nur an der Spitze hart ist, vermag die Taube mit ihm die Körner bloß aufzunehmen. Zerkleinert werden sie, nachdem sie vorher im Kropfe aufgeweicht worden sind, im Magen. Indem sich nämlich die starken Muskelwände des Magens zusammenziehen und wieder ausdehnen, werden die Körner nach und nach zermalmt. Gefördert wird die Zerkleinerung durch Steinchen, die vom Vogel mit verschluckt werden. Um die Körner aufzuweichen, trinkt die Taube viel Wasser. Dabei werden die Nasenlöcher durch knorpelige Schuppen verschlossen: so bildet der Schnabel eine Röhre, durch die das Wasser eingesogen wird.

2. **Die Jungen der Taube** sind anfänglich blinde, hilflose Tierchen (Nesthocker). Da sie die weißen Eier fast nackt verlassen, müssen sie von den Eltern erwärmt werden. Auch das harte Körnerfutter können sie noch nicht verdauen. Sie werden zuerst mit einer Masse gefüttert, die sich im Kropfe der Alten bildet. Später erhalten sie Körner, die zuvor dort erweicht worden sind. Die Aufzucht der Jungen ist also sehr schwierig. Dadurch wird uns auch verständlich, daß das „Gelege" der Tauben nur aus wenigen (zwei) Eiern besteht.

5. Ordnung. Hühnervögel.

Das Haushuhn.

Das Huhn, dessen Fleisch und Eier für uns eine wichtige Nahrung bilden, ist schon seit Jahrtausenden ein Haustier des Menschen. Die zahlreichen Hühnerrassen sind untereinander sehr verschieden. Fast alle aber besitzen einen gezackten, roten, fleischigen Kamm auf dem Scheitel und zwei Hautlappen am Unterschnabel. Der Hahn ist stets farbenprächtiger als die Henne, hat einen größeren Kamm sowie größere Hautlappen, und sein dachförmiger Schwanz wird noch durch sichelförmige Federn überdeckt.

1. **Das Huhn, ein Bewohner des Bodens.** Das Huhn besitzt kurze, muldenförmige Flügel und einen schweren Körper. Sein Flug ist daher schwerfällig und wenig andauernd. Die kräftigen Beine befähigen es aber zu schnellem und andauerndem Laufe. Dabei greifen die starken und stumpfen Krallen (wie Hufe) sicher in die Unebenheiten des Bodens ein. Mit ihnen scharrt es auch unablässig nach Würmchen, Insektenlarven und Pflanzensamen, die seine Nahrung bilden. Von dem, was das Huhn findet, kann es sich aber zumeist nicht sättigen. Der Mensch muß ihm vielmehr Futter vorwerfen. Kleinere Brocken werden ganz verschluckt, größere mit dem kräftigen Schnabel zerhackt. Am liebsten verzehrt es Körner, die wie bei der Taube im Kropfe aufgeweicht und im Muskelmagen zermalmt werden. Da die Schuppen über den Nasenlöchern nicht geschlossen werden können wie bei der Taube, schöpft es das Wasser und läßt es in den Schlund fließen.

Rebhühner und ihre Jungen.

2. **Das Huhn und seine Jungen.** Eine gute Henne legt im Jahre 150 und mehr Eier, von denen man „der Glucke" etwa bis 16 zum Bebrüten läßt. Nach ungefähr 3 Wochen entschlüpfen ihnen die Küchlein, kleine, in weiche Flaumfedern gekleidete Dinger. Sie folgen der Mutter vom ersten Tage an und nehmen sofort selbst Futter auf (Nestflüchter). Daher kann das Huhn auch eine große Anzahl von Eiern auf einmal ausbrüten.

Auf den Hühnerhöfen finden sich oft noch das **Perlhuhn** aus Afrika, das **Truthuhn** aus Nordamerika und der **Pfau** aus Ostindien. — Unsere Äcker werden vom **Rebhuhne** bewohnt, das gleich anderen Feldtieren ein bodenfarbenes Kleid trägt.

6. Ordnung. Laufvögel.

Der afrikanische Strauß.

Der Strauß (Höhe bis 2,5 m), der die Wüsten und Steppen von Afrika und Westasien bewohnt, wird wegen seiner herrlichen Flügel- und Schwanzfedern schon seit den ältesten Zeiten unablässig verfolgt. Da er infolgedessen immer seltener wurde, hat ihn der Mensch in seine Pflege genommen (Straußenzüchtereien). Ein Männchen und mehrere Weibchen bilden eine Familie. In ein gemeinsames Nest legen die Weibchen bis 30 Eier. Jedes der Eier hat ein Gewicht, das etwa dem von 24 Hühnereiern gleichkommt. Pflanzen und deren Samen sowie allerlei kleine Tiere liefern dem Strauße die Nahrung. Die Gegenden, die er bewohnt, sind jedoch stets arm daran. Er muß daher täglich ein großes Gebiet durchstreifen. Auch wenn er sich in diesem nicht mehr sättigen kann, oder wenn die Quelle versiegt, an der er sonst den Durst löschte, hat er oft weite Wanderungen zu unternehmen. Der Flug ist ihm jedoch versagt; denn seinen Flügeln fehlen die Schwungfedern und dem Schwanze die Steuerfedern. Die großen Federn, die sich an beiden finden, haben nämlich weiche, biegsame Kiele und zerschlissene Fahnen. Beim Männchen sind diese Federn blendend weiß, während der Rumpf tiefschwarz ist. Das Weibchen trägt ein braungraues Kleid. Der Strauß ist aber ein Schnelläufer sondergleichen. Die nackten Beine sind sehr hoch und besitzen eine gewaltige Kraft. Die beiden Zehen haben breite Sohlen, die das Einsinken in den Sand verhindern. Durch starke Haut, teilweise sogar durch Hornschilder, sind die Beine gegen die Schärfe und Hitze des Wüstensandes geschützt. Eine gleiche Bedeutung hat für den ruhenden Strauß die Hornschwiele an der Brust (s. Kamel). Den hohen Beinen entspricht der lange Hals, der wie der Kopf nur spärlich mit borstenartigen Federn bedeckt ist.

Afrikanische Strauße.

7. Ordnung. Stelzvögel.

Der Storch.

1. Das Storchenpaar errichtet sein Reisignest am liebsten auf dem Wagenrade, das der Landmann auf dem Dachfirste befestigt hat. Die Hausbewohner freuen sich der schmucken Gäste (Gefieder weiß bis auf die schwarzen Schwanzfedern; Schnabel und Beine rot; Höhe 75 cm), die mit dem Schnabel klappernd („Klapperstörche") gern auf dem Dache einherstolzieren.

Störche.

2. Der Storch ist ein Räuber. Alle Tiere, die er überwältigen kann, dienen ihm zur Nahrung. Besonders hat er es auf die Bewohner des Sumpfes und Wassers abgesehen. Darum lebt er auch nur in wasserreichen Gegenden. Die Beine sind sehr lang und unbefiedert. Infolgedessen kann er weit in das Wasser waten und seichte Gewässer durchschreiten, ohne das Gefieder zu benetzen. Die breiten Vorderzehen und die dazwischen ausgespannten, kurzen Häute verhindern, daß er in den sumpfigen Boden einsinkt. Trotz der Höhe der Beine vermag er die Nahrung vom Boden aufzunehmen; denn Hals und Schnabel sind sehr lang. Da der Schnabel zudem kräftig ist und scharfe Ränder besitzt, kann der Storch selbst größere Tiere töten und schlüpfrige festhalten. Mit Beginn der kalten Jahreszeit zieht er nach Süden. Die langen Flügel befähigen ihn zu der weiten Reise. An Stelle des kurzen Schwanzes dienen die langen, im Fluge nach hinten gestreckten Beine als Steuer des Luftschiffes.

8. Ordnung. Schwimmvögel.

Die Hausente.

Der Mensch pflegt die Hausente, deren Fleisch, Fett, Eier und Federn er sehr hoch schätzt, schon seit Jahrtausenden. Sie stammt von der ganz ähnlichen Wildente ab und trägt ein sehr verschieden gefärbtes Federkleid, das sich beim Männchen stets durch buntere Farben auszeichnet. Gleich ihrer Stammutter ist sie aber ein echter Wasservogel geblieben. Auch die Jungen suchen, kurz nachdem sie aus den Eiern geschlüpft sind, das Wasser auf (Nestflüchter).

1. **Die Kälte des Wassers vermag der Ente nicht zu schaden.** Das Dunenkleid an Brust und Bauch ist sehr dick und wird von straffen, gewölbten Federn überdeckt. Daher kann die Körperwärme nur sehr langsam nach außen entweichen und das kühlende Wasser nicht bis zum Körper vordringen. Zudem werden die Deckfedern mit Hilfe des Schnabels oft und sorgfältig mit Fett bestrichen. Dieses wird von einer Drüse über der Schwanzwurzel geliefert. Auch die dicke Fettschicht unter der Haut hält die Wärme im Körper stark zurück.

2. **Die Ente durchfurcht leicht das Wasser.** Der Rumpf hat die Form eines Kahnes. Da er von oben nach unten zusammengedrückt ist, ruht das Tier sicher auf dem Wasser. Als Ruder und Steuer „des Kahnes" dienen die Beine, die von starken Muskeln (Keulen!) bewegt werden. Die Vorderzehen und die zwischen ihnen ausgespannten Schwimmhäute stellen breite Ruderplatten dar. Der vorn scharfkantige Lauf durchschneidet leicht die Flut. Auf dem Lande dagegen bewegt sich die Ente nur ungeschickt (watschelnd) fort; denn die Beine stehen weit hinten am Rumpfe.

3. **Die Ente nährt sich** besonders von kleinen Wassertieren. Doch verzehrt sie auch Wasserpflanzen und plündert Wiesen und Felder. Um sie schnell zu mästen, wird sie vom Menschen meist noch gefüttert. Am liebsten aber sucht sie im Wasser tierische Kost.

Infolge des langen Halses vermag sie mit dem Schnabel tief in das Wasser zu reichen und im schlammigen Grunde seichter Gewässer zu „gründeln". Der Schnabel ist breit und flach, und die Ränder beider Hälften sind mit vielen Hornleisten ausgerüstet. Hat die Ente etwas Schlamm aufgenommen, dann schließt

Kopf der Ente.

sie den Schnabel, das Wasser fließt durch die „Rillen" nach außen, und nur die festen Bestandteile bleiben zurück (Seihwerkzeug!). Da der Oberschnabel mit einer weichen, sehr empfindlichen Haut überzogen ist, findet die Ente selbst im trüben Wasser und im Schlamme ihre Nahrung. Die Ränder und die hakige Spitze dagegen sind hornig. Daher eignet sich der Schnabel auch zum Abschneiden von Pflanzenstoffen und zum Festhalten schlüpfriger Nahrung (Lurche, Fische).

Von der **Grau-** oder **Wildgans,** die Nord- und Mitteleuropa bewohnt, stammt unsere **Hausgans** ab. — Der reinweiße, langhalsige **Schwan** wird häufig als Zierde auf Teichen gehalten.

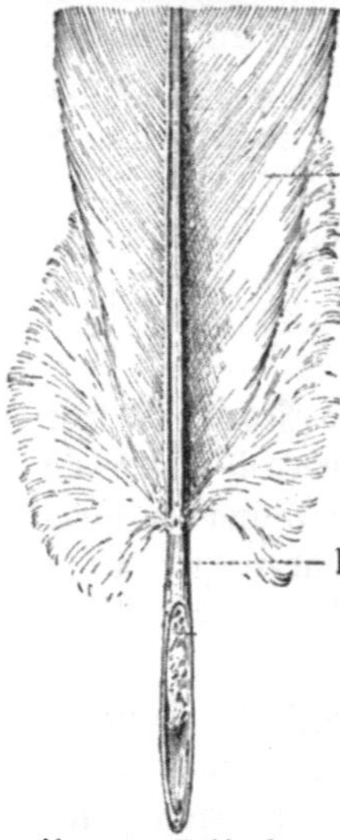

Unterer Teil einer Schwungfeder.

Das Gefieder der Vögel.

Bei den Säugetieren und Vögeln ist die Körperwärme immer gleich hoch. Man bezeichnet sie daher als gleichwarme Tiere. Sinkt oder steigt die Wärme erheblich, dann erkranken oder sterben sie, genau wie dies auch beim Menschen der Fall ist. Sie müssen daher gegen eine zu starke Abkühlung des Körpers geschützt sein. Diese Aufgabe hat bei den Säugetieren das Haarkleid und bei den Vögeln das Gefieder zu erfüllen.

Der Vogel trägt ein doppeltes Kleid: ein aus Dunen oder Flaumfedern bestehendes Untergewand und ein Oberkleid, das aus größern Deckfedern zusammengesetzt ist. Die großen Federn am Hinterrande der Flügel werden Schwungfedern genannt. Die Schwanz- oder Steuerfedern machen den Schwanz zum Steuern geschickt.

Jede ausgebildete größere Feder besteht aus dem festen Kiele (K.), der dem ganzen Gebilde Halt gibt, und der eigentlichen Federfläche, der Fahne (F.). Die Fahne ist wieder aus einer Menge Hornplättchen, den Strahlen, zusammengesetzt.

Mit Beginn des Herbstes wechselt der Vogel in der Regel das Federkleid (Mauser).

3. Klasse. Kriechtiere.

1. Ordnung. Eidechsen.

Die Zauneidechse.

1. **Aufenthalt und Körperwärme.** Die Eidechse ist an trockenen Orten anzutreffen. Hier findet man unter Steinen u. dgl. auch ihre weißen, weichschaligen Eier, die sie von der Sonnenwärme ausbrüten läßt. An heißen Sommertagen erscheint der Körper der Eidechse ziemlich warm; dann ist auch das Tierchen überaus lebhaft. Tritt aber kaltes Wetter ein, so fühlt sich die Eidechse kalt an und ruht träge in ihren Verstecken. Im Herbste sinkt die Körperwärme noch tiefer. Dann verfällt das Tier, fast erstarrt, in einen Winterschlaf. Die Eidechse besitzt also eine sehr verschiedene Körperwärme: sie ist im Gegensatz zu den gleichwarmen Säugern und Vögeln ein wechselwarmes Tier.

2. **Körperbedeckung.** Im Gegensatz zu diesen Tieren bedarf sie daher auch keiner wärmeschützenden Hülle (etwa eines Haar- oder Federkleides). Ihr horniges Schuppenkleid bewahrt den Körper nur vor Verletzungen und vor dem Austrocknen durch die Luft. Das Weibchen ist erdfarben (grau oder braun mit mehreren Reihen weißer Flecken). Das Männchen trägt ein ganz ähnliches Kleid; nur im Frühjahre erscheint es an den Seiten lebhaft grün. Im Grase entschwinden die Tierchen den Blicken schnell, so daß sie von ihren Feinden (Marder, Falken, Krähen usw.) leicht übersehen werden.

3. **Fortbewegung.** Rasch und stoßweise läuft die Eidechse dahin. Mit den **kurzen Beinen** allein wäre sie hierzu allerdings nicht imstande. Sie schlängelt sich vielmehr wie eine Schlange durch Krümmungen des ganzen Körpers vorwärts, der dem Erdboden leicht aufliegt. Auf solche Weise vermag sich aber nur ein Tier mit einem langgestreckten und beweglichen Körper fortzubewegen, wie ihn die Eidechse besitzt. Die langen **Zehen** mit den scharfen **Krallen** erlauben ihr auch, sicher und gewandt zu klettern.

Zauneidechse. Unter den Steinen einige Eier.

4. **Ernährung.** Insekten, Spinnen, Regenwürmer und kleinere Nacktschnecken dienen der Eidechse zur Nahrung. Die Beute nimmt das Tierchen wohl zumeist mit den lebhaften **Augen** wahr. Die lange, vorn tief gespaltene **Zunge**, die weit aus dem Maule hervorgestreckt werden kann, dient als Tastwerkzeug. Die erbeuteten Tiere werden mit den kleinen **Zähnen** der Kiefer und des Gaumens festgehalten, getötet und zerquetscht. Das **Maul** ist weit gespalten.

Der harmlosen **Blindschleiche** fehlen die Gliedmaßen. Sie bewegt sich daher ganz wie eine Schlange fort. Da sie ein langsames Tier ist, vermag sie schnelle Insekten nicht zu erbeuten; Regenwürmer und Nacktschnecken bilden ihre Nahrung. Ihre Färbung gleicht meist der des Bodens oder des dürren Laubes.

Nilkrokodil.

Ein Kriechtier von der Gestalt einer riesigen Eidechse (Länge 6 m) ist das **Nilkrokodil.** Es hat eine dunkelgrüne Färbung und bewohnt die Gewässer Afrikas. Der mächtige Ruderschwanz und die mit Schwimmhäuten ausgerüsteten Hinterfüße machen es zu einem schnellen Schwimmer. Seine Nahrung besteht besonders aus Fischen; jedoch auch Säugetiere und Menschen, die sich dem Wasser nähern, fallen ihm zur Beute. Die Kiefer des mächtigen Rachens sind mit großen Zähnen besetzt. Trocknet während der heißen Jahreszeit das Wohngewässer aus, so vergräbt sich das Krokodil in den Schlamm und hält einen Sommerschlaf.

2. Ordnung. Schlangen.

1. Die Ringelnatter.

1. **Fortbewegung und Körperbau.** Die Ringelnatter bewegt sich wie die Eidechse durch schlängelnde Bewegungen des Rumpfes und Schwanzes fort. Da ihr im Gegensatz zu diesem Tiere Beine fehlen, ist auch ihr Körper noch mehr in die Länge gestreckt (bis zu 1 m): er ist wurmförmig und außerordentlich biegsam. Wesentlich unterstützt wird die Fortbewegung der Schlange durch die breiten Bauchschuppen, mit denen sie sich in die Unebenheiten des Bodens einstemmt.

Ringelnatter und Kreuzotter. Die Ringelnatter (R.) verschlingt einen Frosch. Die Kreuzotter (K.) hat eine Maus getötet. (E.) Eier der Ringelnatter.

2. **Ernährung und Körperbau.** Die Ringelnatter ist wie alle andern Schlangen ein Raubtier. Lurche und Fische bilden ihre Nahrung. Sie bewohnt daher auch vorwiegend wasserreiche Gegenden und geht gern in das Wasser.

a) Aus der Entfernung nimmt sie ihre Beute durch das Gesicht wahr. Das Auge ist von einem unbeweglichen, durchsichtigen Häutchen bedeckt. Der Tastsinn hat besonders in der tiefgespaltenen Zunge seinen Sitz, die weit aus dem Maule hervorgestreckt werden kann.

b) Das entdeckte Tier wird mit Hilfe des Maules schnell ergriffen. Hierbei dringen zahlreiche Zähne der Kiefer und des Gaumens, die alle nach hinten gerichtet sind, in die Beute ein. Daher gibt es für diese meist kein Entrinnen. Wie aber vermag die Natter z. B. einen Frosch zu verschlingen, der doch viel dicker ist als ihr zierlicher Kopf?

Das Maul ist zwar tief gespalten; die notwendige Weite aber erlangt es erst dadurch, daß die Kieferknochen auseinander weichen. Bei der Schlingarbeit hebt sich erst die eine Seite der Kiefer etwas empor und greift ein Stück nach vorn, worauf die andere Seite die gleiche Bewegung ausführt. Auf diese Weise wird die Beute langsam in den Rachen gezogen. Reichlich abgesonderter Speichel („Geifer") macht den riesigen Bissen schlüpfrig.

3. **Schuppenkleid und Feinde.** Das Schuppenkleid ist unterseits gelblichweiß, sonst aber grau oder olivgrün und mit mehreren Reihen schwarzer Tupfen versehen. Sicher zu erkennen ist das harmlose Tier an den beiden gelben oder weißlichen, halbmondförmigen Flecken am Hinterkopfe. In dem unscheinbaren Kleide besitzt die Ringelnatter ein vortreffliches Schutzmittel gegen ihre zahlreichen Feinde, gegen Füchse, Igel, Schweine, Störche, Bussarde usw.

4. **Fortpflanzung und Winterschlaf.** Die Ringelnatter pflanzt sich durch weichschalige Eier fort, die in lockere Erde, zwischen Moos u. dgl. gelegt werden. Im Herbste sucht sie frostfreie Schlupfwinkel auf, in denen sie den Winterschlaf hält.

2. Die Kreuzotter.

Der Kreuzotter begegnen wir im Walde, auf Wiesen und Feldern, im Moore und auf der Heide, also an sehr verschiedenen Orten. Am leichtesten und sichersten ist das bis 80 cm lange Tier an dem dunklen Zickzackbande zu erkennen, das über den Rücken verläuft, ferner an der H- oder X-förmigen, dunklen Kopfzeichnung. Die Grundfärbun des Rückens ist grau, grünlich, braun, in Moorgegenden sogar schwarz: immer aber entspricht sie in hohem Grade dem Untergrunde.

Tagsüber ruht die Kreuzotter zumeist in ihrem Verstecke oder im warmen Sonnenscheine; erst des Nachts geht sie auf die Jagd. Mäuse bilden vornehmlich ihre Nahrung. Der Oberkiefer ist aber sehr kurz und besitzt außer den Giftzähnen keine Hakenzähne. Auch die Zähne des Unterkiefers und des Gaumens sind sehr klein. Daher vermag die Otter lebende Tiere, die sich heftig sträuben würden, nicht zu verschlingen. Sie vergiftet ihre Beute und würgt sie dann hinab.

Die Giftzähne sind von einem feinen Kanale durchzogen, durch den das tödliche Gift in die Wunde der Beute geleitet wird. Für den Menschen hat der Otternbiß entweder eine heftige Erkrankung, oder jahrelanges Siechtum, ja sogar den Tod im Gefolge. Darum sollte niemand einen Ort, der von der Kreuzotter bewohnt wird, barfuß betreten, oder sich im Freien an einer Stelle niederlassen, ohne sie vorher genau untersucht zu haben. Darum sollte man auch die Feinde der Otter (Iltis, Igel, Bussard) sorglich schützen. Derjenige aber, der von ihr gebissen ist, muß die Wunde sofort ausbrennen oder ausschneiden und — bis zum Eintreffen ärztlicher Hilfe — das vom Biß getroffene Glied so fest als möglich unterbinden. Als wirksamstes Gegengift haben sich größere Mengen von Branntwein, Rum, Wein u. dgl. erwiesen.

3. Ordnung. Schildkröten.

Die europäische Teichschildkröte.

Die Teichschildkröte, die eine Länge bis 30 cm aufweist, findet sich in Deutschland wild wahrscheinlich nur noch östlich der Elbe. Sie hat, wie schon der Name andeutet, die Gestalt einer Kröte, während iht Rumpf von einem Schilde oder Panzer umgeben ist. Dieser besteht aus Knochenplatten, die von Horntafeln (Schildpatt) bedeckt werden. Durch zwei Öffnungen können Kopf und Beine ganz in den Panzer eingezogen werden. Wird dann noch der Schwanz an ein Hinterbein gelegt, so ist das Tier von allen Seiten geschützt. Wenn die Schildkröte am schlammigen Ufer im sicheren Verstecke ruht oder sich sonnt, ist sie infolge ihrer unauffälligen Färbung nur schwer zu entdecken. Die Horntafeln des Bauchschildes sehen allerdings gelb bis braun aus; alle andern Teile aber sind schwarzgrün, gelblich punktiert und gestrichelt. Nachts geht sie in das Wasser, um auf allerlei Tiere, besonders Fische, Jagd zu machen. Der flache Rumpf durchschneidet leicht die Flut, und die kurzen Beine, deren Zehen durch Schwimmhäute verbunden sind, bilden vortreffliche Ruder. Die scharfrandigen Hornüberzüge der Kiefer gleiten scherenartig aneinander vorüber. Sie befähigen das zahnlose Maul, geeignete Bissen von der Beute abzuschneiden. Größere Tiere werden dabei mit den starken Nägeln der Zehen festgehalten. Das Fleisch der Schildkröte ist eßbar.

Teichschildkröten.

4. Klasse. Lurche.

Der grüne Wasserfrosch.

1. **Körperbedeckung und Aufenthalt.** Verirrt sich ein Frosch in einen trockenen Raum, so geht er schon nach kurzer Zeit zugrunde. Seine nackte Haut verdunstet nämlich bald so viel Wasser, daß das Tier vertrocknet. Deshalb kann der Frosch auch nur in feuchter Umgebung leben: Gewässer und deren Ufer bilden seinen Aufenthalt.

2. **Färbung und Feinde.** Zwischen den Wasser- und Uferpflanzen findet er auch den besten Schutz gegen seine zahlreichen Feinde (Storch, Hecht u. v. a.); denn die grasgrüne, schwarzgefleckte Oberseite, über die sich drei gelbe Längsstreifen hinwegziehen, läßt ihn dort nur schwer erkennen. Ruht er an der Oberfläche des Wassers, so fällt er, von unten gesehen, gleichfalls kaum auf. Die Unterseite des scheibenförmigen Körpers ist nämlich gelb oder weiß, sticht also von dem hellen Himmel nur wenig ab.

3. **Ernährung und Körperbau.** Der Frosch nährt sich besonders von Insekten, Spinnen und Schnecken. Er verzehrt jedoch auch kleine Fische und Lurche.

a) Nur Beute, die sich bewegt, nimmt er wahr. Mit den großen Augen mustert er beständig die Umgebung. — Die Nasenöffnungen werden im Wasser durch Hautklappen verschlossen.

b) Der Frosch erhascht seine Beute in weitem Sprunge. Hierzu wird er durch die sehr langen und muskulösen Hinterbeine befähigt. Da ihre fünf langen Zehen durch Schwimmhäute verbunden sind, bilden sie zugleich vortreffliche Schwimmwerkzeuge. Die Vorderbeine dienen beim Springen nur als Stütze des niederfallenden Körpers; beim Schwimmen treten sie gar nicht in Tätigkeit. Sie sind viel kürzer und schwächer als die Hinterbeine, und zwischen ihren kurzen Zehen finden sich keine Schwimmhäute. — Froschschenkel gelten in vielen Gegenden als Leckerbissen.

c) Zum Fangen der Beute dient die dehnbare, hinten zweizipfelige Zunge. Sie ist mit ihrem Vorderende festgewachsen und kann aus dem weiten Maule herausgeklappt werden.

Der grüne Wasserfrosch und seine Verwandlung.

4. Fortpflanzung.

a) Im Mai erwachen die Wasserfrösche aus dem Winterschlafe, den sie im Schlamme gehalten haben. Dann lassen die Männchen ihre Konzerte erschallen. Zwei Schallblasen, die beim Quaken seitlich am Kopfe hervortreten, verstärken die Stimme.

b) Anfang Juni findet man auf dem Grunde der Gewässer die Eiklumpen, den Laich der Wasserfrösche. Die große Zahl der Eier wird uns verständlich, wenn wir an die vielen Feinde des Frosches denken. Auch bekümmern sich die Froscheltern weder um die Eier, noch um die Jungen.

c) Nach einigen Tagen kommen aus den Eiern die Jungen, die bekannten Kaulquappen, hervor. Da sie im Wasser leben, zeigen sie auch den Bau eines Wassertieres. Sie besitzen die Gestalt eines Fisches; ein langer, seitlich zusammengedrückter Schwanz dient ihnen als Ruder, und wie ein Fisch atmen sie durch Kiemen. Die Jungen sind also den Eltern sehr unähnlich. Ehe sie als fertige Frösche das Wasser verlassen können, müssen sie darum eine Verwandlung durchmachen. Nach einigen Wochen sprossen die Hinter- und später auch die Vorderbeine hervor. Der Ruderschwanz verschwindet nach und nach. Das Maul wird immer breiter, und die Zunge bildet sich aus; statt der Kiemen hat das Tier Lungen erhalten: kurz, aus der fischähnlichen Kaulquappe ist ein Frosch geworden. — Da die Kaulquappe den Frosch gleichsam verkleidet oder verlarvt darstellt, wird sie als dessen Larve bezeichnet.

Der **Landfrosch** trägt seinem Aufenthalte entsprechend ein vorwiegend braunes Kleid. Gleich der erdfarbenen **Kröte** besucht er das Wasser nur, um zu laichen. Als Vertilgerin der schädlichen Nacktschnecken ist die Kröte dem Menschen ein sehr nützliches Tier. — Der **Laubfrosch** sieht gewöhnlich blattgrün aus. Haftballen unter den Zehen machen ihn zum Klettern geschickt.

5. Klasse. Fische.

1. Der Karpfen (Länge gewöhnlich 30—40 cm).

Der Karpfen **bewohnt** Teiche, Seen und Flüsse. Seines wohlschmeckenden **Fleisches** wegen wird er vom Menschen vielfach wie ein Haustier gepflegt und gezüchtet.

1. **Körperbedeckung.** Der Körper des Karpfens ist mit **Schuppen** bedeckt. Sie liegen wie Dachziegel übereinander und sind nach hinten gerichtet, so daß sie die Fortbewegung des Tieres nicht hemmen. Ebenso bewirkt der **Schleim**, der den Körper überzieht, daß der Fisch leicht durch das Wasser gleitet.

2. **Fortbewegung.** a) Der Karpfen hat die Gestalt einer Spindel oder eines Schiffsrumpfes. Infolgedessen vermag er das Wasser leicht zu durchschneiden. Diese

Karpfen (K.), Hecht (H.) und Schleie (S.).

Spindelform kommt besonders dadurch zustande, daß dem Tiere ein beweglicher Hals fehlt, und daß der Rumpf ohne Absatz allmählich in den Schwanz übergeht.

b) Die **Flossen** bilden die Ruder und Steuer des Fisches. Die **Brustflossen** entsprechen den Vorder-, die **Bauchflossen** den Hintergliedmaßen der anderen Wirbeltiere. Außer diesen paarigen Flossen sind noch eine **Rücken-**, eine **Schwanz-** und eine **Afterflosse** vorhanden. Die Flossen stellen häutige Gebilde dar, die durch knöcherne oder knorpelige Strahlen gestützt werden.

Ein schnell dahinschwimmender Fisch kommt dadurch vorwärts, daß er mit dem Schwanze und dessen Flosse abwechselnd nach rechts und links gegen das Wasser schlägt. Der Schwanz ist also das eigentliche Fortbewegungswerkzeug. Er besteht — abgesehen von der stützenden Wirbelsäule — nur aus Muskeln und ist auffallend groß und stark. Durch Schläge der Bauch- und Brustflossen vermag der Fisch sich zwar auch fortzubewegen; in erster Linie dienen diese Werkzeuge aber als Steuer. Rücken- und Afterflosse haben für den Fisch dieselbe Bedeutung wie der Kiel für das Schiff: sie tragen mit dazu bei, daß sein Körper nicht umschlägt oder sich auf die Seite legt.

c) Im Innern des Körpers liegt ein häutiger Sack, die **Schwimmblase**. Da sie mit Luft gefüllt ist, verringert sie wie ein Schwimmgürtel das Gewicht des Tieres im Wasser. Der Karpfen schwebt also im Wasser und kann sich mithin auch ohne besondere Anstrengung darin fortbewegen.

3. **Atmung.** Das Atemwerkzeug sind die Kiemen, die zu beiden Seiten des Kopfes liegen. Sie bestehen aus knöchernen Bögen, die nach außen mit den roten Kiemenblättchen besetzt sind. Knöcherne Kiemendeckel schützen die Kiemen gegen Verletzung. Am Hinterrande bleibt der Deckel frei, so daß sich zwischen ihm und dem Rumpfe ein großer Spalt befindet.

Die Atmung erfolgt durch die überaus zarten Kiemenblättchen: die Kohlensäure des Blutes dringt nach außen, und umgekehrt geht aus der Luft, die im Wasser enthalten ist, Sauerstoff in das Blut über. Soll die Atmung nicht stocken, so muß das Wasser, das die Kiemen umspült, beständig erneuert werden. Es wird durch das Maul aufgenommen, fließt an den Kiemenblättchen vorbei und durch den Spalt hinter dem Deckel wieder nach außen.

4. **Ernährung.** Der Karpfen nährt sich von grünen Pflanzenteilen, Kleintieren und faulenden Stoffen. Im freien Wasser wird er von den Augen geleitet, denen Lider fehlen. Da sie groß sind und weite Pupillen besitzen, dringen selbst noch am Grunde der Gewässer genügend Lichtstrahlen in sie ein. Durchsucht der Karpfen den Schlamm, so dienen ihm die fleischigen Lippen und die Bartfäden des Maules als Tastwerkzeuge. Im Gegensatz zu den Fischen, die sich von größeren Tieren nähren (Hecht u. a.), ist der Karpfen ein langsames Geschöpf mit einem plumpen Körper und einem engen, zahnlosen Maule.

5. **Vermehrung.** Ein großes Weibchen legt bis 700000 Eier auf einmal ab. Diese riesige Zahl erscheint umso wichtiger, als der Karpfen vom Ei bis zum Tode stets von Feinden umringt ist, und er sich um das Schicksal seiner Nachkommen nicht kümmert.

Die häufigsten Fische unserer Gewässer sind die **Weißfische.** — Der **Goldfisch,** der aus China stammt, ist eine künstlich gezüchtete Abart der bei uns heimischen **Karausche.** — Die **Schleie** hält sich am liebsten am schlammigen Boden auf. Damit stimmt auch die dunkle Färbung überein. — Auch der dunkle **Aal** ist ein Grundfisch. Im Herbste wandern die erwachsenen Tiere in das Meer, um daselbst zu laichen, und im Frühjahre steigen die jungen Fischchen die Flüsse aufwärts.

2. Der Hecht.

Der Hecht, dessen Fleisch der Mensch wohl zu schätzen weiß, ist der gefürchtetste Raubfisch unserer Süßgewässer. Wegen seiner Größe und Stärke (er wird bis 1 m lang und bis 15 kg schwer) vermögen ihm nur wenige Wassertiere zu widerstehen. Zwischen Wasserpflanzen lauert er seiner Beute auf. Die Färbung (grünlich, mit dunklen Streifen oder Flecken) macht ihn dort nicht auffällig. Der langgestreckte Rumpf und der zugespitzte Kopf befähigen ihn, das Wasser schnell zu durchschneiden. Mit dem weitklaffenden Maule, das von spitzen Zähnen starrt, wird das Opfer sicher gepackt.

Flußbarsch.

Ein ganz ähnlich gefärbter Raubfisch ist der **Flußbarsch.** — Ein anderer

Räuber, der schnelle **Lachs**, wandert alljährlich aus dem Meere die Ströme aufwärts. Er überspringt Wehre und Wasserfälle und dringt in die Waldbäche ein, um daselbst zu laichen. — In klaren, fließenden Gewässern lebt die muntere **Forelle.**

3. Der Hering.

1. **Aufenthalt und Nahrung.** Der Hering bewohnt die nördlichen Meere. Sein ganzer Körper zeigt Silberglanz, der am Rücken in Blau oder Grün übergeht. Allerlei winzige Tiere, von denen erst Tausende seinen Magen füllen, bilden seine Nahrung. Um sich zu sättigen, muß er die Tierchen daher in Massen fangen. Hierzu dient ihm ein „Netz" aus langen Knochenstäben, die den Kiemenbögen aufsitzen. Das Wasser, das dem Fische fortgesetzt durch das Maul strömt, um den Kiemenblättchen Atemluft zuzuführen, muß durch diese Stäbe fließen. Die im Wasser enthaltenen Tierchen aber bleiben in dem „Netze" hängen und werden sodann verschluckt.

K.
D.
S.
H.

Ein Zug Heringe (H.), der von einem größeren (K.) und einem kleineren Kabeljau oder Dorsch (D.) sowie von einem Schellfische (S.) verfolgt wird.

2. **Fortpflanzung und Verwertung.** Da die Eier des Herings im Wasser untersinken, kann er nicht auf hohem Meere laichen, dessen Grund mit feinem Schlamme bedeckt ist. Er muß mithin Laichplätze mit festem Grunde aufsuchen, wie ihn die Sandbänke und viele Küstengewässer besitzen. Zu diesen Orten wandert er daher zu bestimmten Zeiten in riesigen Zügen. Ihnen stellt der Mensch seine Netze entgegen. Und welche Mengen glitzernder Fische alljährlich gefangen werden, ist kaum zu schätzen! Man verwendet sie frisch (grüner Hering), gesalzen, geräuchert (Bückling), mariniert oder gebraten und dann in Essig gelegt (Brathering). Heringe, die noch nicht ausgewachsen sind, nennt man Matjesheringe; die ausgewachsenen bezeichnet man, wenn sie noch nicht gelaicht haben, als Vollheringe, sonst als Hohlheringe.

Dem Heringe sehr ähnliche, aber weit kleinere Fische sind die **Sprotte,** die in den deutschen Meeren lebt, sowie die **Sardine** und die **Sardelle.** Die beiden letztgenannten sind im Mittelmeere und in den Küstengewässern des südwestlichen Europas anzutreffen. Sie kommen geräuchert („Kieler Sprotten"), gesalzen oder mariniert in den Handel.

Eine noch größere Bedeutung für den Menschen als der Hering hat der **Kabeljau** oder **Dorsch,** der die nördlichen Teile des Atlantischen Ozeans samt den angrenzenden Meeren bewohnt. Der wertvolle Fisch, der eine Länge von 1,50 m erreicht, ist am Rücken und an den Seiten grünlich oder braun mit dunkleren Flecken, am Bauche dagegen weiß. Er besitzt drei Rücken- und zwei Afterflossen und trägt am Unterkiefer einen kleinen Bartfaden. Wie schon das weite, zahnbewehrte Maul zeigt, ist er ein Räuber. Hochseefischer fangen in den deutschen Meeren alljährlich mehrere Millionen Kabeljaus. Weit großartiger ist aber der Fang an der Küste des nördlichen Norwegens und besonders bei Neufundland. Hier strömen zu gewissen Zeiten des Jahres unzählige Scharen von Fischen zusammen, und zu ihrem Fange erscheinen viele Tausende von Schiffen. Die erbeuteten Tiere werden meist getrocknet (Stockfisch). — Der sehr ähnliche **Schellfisch** ist an der sichelförmigen ersten Rückenflosse und einem dunkeln Flecke über der Brustflosse leicht zu erkennen. Wird er gekocht, so zerfällt sein Fleisch wie das des Kabeljaus in Blättchen oder Schalen.

2. Kreis. Gliederfüßler.

1. Klasse. Kerbtiere oder Insekten.

1. Der Maikäfer.

1. **Der Maikäfer, ein Gliederfüßler.** Der Maikäfer besitzt im Gegensatz zu den Wirbeltieren kein Knochengerüst. Eine feste äußere Hülle gibt ihm den nötigen Halt. Dieser Panzer ist ähnlich wie eine Ritterrüstung aus mehreren Abschnitten zusammengesetzt. Sie werden nach ihrer Form Ringe genannt und gewähren dem Käfer die notwendige Beweglichkeit. Ebenso ist der Panzer der Gliedmaßen in mehrere Abschnitte gesondert (Gliederfüßler).

2. **Der Maikäfer, ein Kerbtier oder Insekt.** Der Rumpf des Maikäfers besteht aus drei deutlich voneinander geschiedenen Teilen.

a) Den ersten Abschnitt bildet der Kopf, an dem sich der Mund befindet. Vor diesem stehen mehrere Werkzeuge, die zur Zerkleinerung der Nahrung dienen (s. w. u.). An den Seiten des Kopfes sind die Augen als zwei kleine Halbkugeln sichtbar. Betrachtet man sie durch ein Vergrößerungsglas, dann bemerkt man, daß ihre Oberfläche aus einer großen Zahl sechseckiger Felder besteht. Nicht weit von den Augen haben die Fühler ihren Platz, die die Gestalt kleiner, gestielter Fächer zeigen. Sie dienen nicht nur zum Tasten, sondern wahrscheinlich auch zum Riechen und Hören. Das Männchen zeichnet sich vor dem Weibchen durch größere Fühler aus.

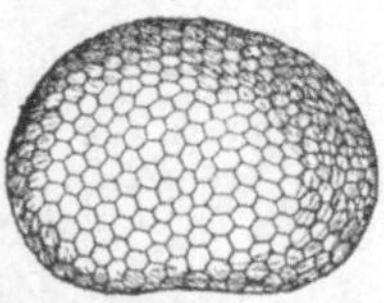
Oberfläche des Auges vom Maikäfer.

b) Der zweite Abschnitt, die Brust, besteht aus drei Ringen, von denen die beiden letzten miteinander verschmolzen sind. Jeder von ihnen trägt ein Paar Beine. An der Rückenseite des zweiten und dritten Ringes sind außerdem noch die Flügel befestigt. Bei angelegten Flügeln ist oben vom zweiten Brustringe das dreieckige Schildchen zu sehen. Die feste Rückendecke des ersten Brustringes, die schwarz, rot oder weiß erscheint, bezeichnet man als Halsschild. Von den beiden Flügelpaaren dient nur das hintere als Flugwerkzeug. Die braunen Vorderflügel bilden gewölbte, hornige Platten, die die zarthäutigen Hinterflügel gegen Verletzung schützen. Man nennt sie daher Flügeldecken. Da sie kleiner sind als die Hinterflügel, können diese unter ihnen nur Platz finden, wenn sie gefaltet werden.

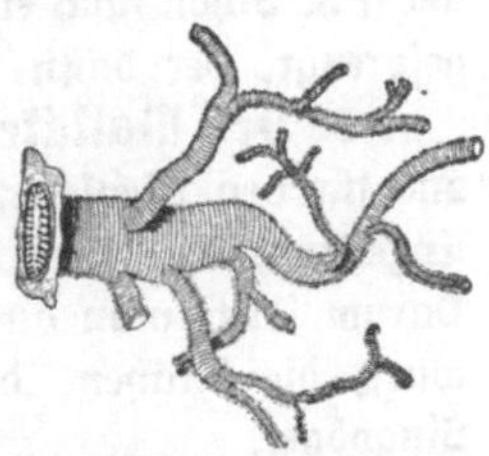
Luftröhre eines Insekts. Sie endet links in ein Atemloch.

c) Der dritte Rumpfabschnitt, der Hinterleib, endet in einen langen, abwärts gebogenen Stachel und ist auf der Rückenfläche auffallend weich. Auf ihr liegen jedoch die harten Vorderflügel gleichfalls als schützende Decken. Der Hinterleib ist bis auf fünf weiße Flecken an jeder Seite schwarz.

d) Schickt sich der Maikäfer an fortzufliegen, dann hebt er die Flügeldecken etwas empor und beginnt lebhaft zu atmen (er „zählt"). Indem er den Hinterleib abwechselnd zusammenzieht und wieder ausdehnt, pumpt er Luft in den Körper. Sie wird in vielen Röhren, die sich immer feiner verzweigen, in alle Teile des Körpers geleitet. Die Eingangsöffnungen dieser Luftröhren bilden die kleinen Atemlöcher, die über den weißen Flecken des Hinterleibes sichtbar sind.

3. **Der Maikäfer, ein Blattfresser.** Zur Maienzeit kommt der Käfer aus der Erde hervor. Mit lautem Gebrumme fliegt er von Baum zu Baum und läßt sich die zarten Blätter wohl schmecken. Da die letzten Glieder aller Beine je zwei spitze Krallen tragen, vermag er sich an den schwankenden Blättern sicher festzuhalten. Unter den Mundwerkzeugen zeichnen sich die Freßzangen durch Größe und Stärke aus. Mit ihnen schneidet der fressende Käfer von den Blättern fortgesetzt kleine Teilchen ab.

Der Maikäfer und seine Verwandlung.

4. **Die Entwicklung des Käfers.** Wenige Wochen, nachdem der Maikäfer die Erde verlassen hat, wühlt das Weibchen Löcher in den lockeren Boden. In jedes legt es einige hanfkorngroße, weiße Eier. Einige Wochen später gehen daraus die Larven, die wurmförmigen „Engerlinge", hervor (L.). Sie sind, wie die meisten Tiere, die im Finstern leben, weiß und augenlos. Wurzeln, die sie mit den mächtigen Freßzangen zernagen, bilden ihre Nahrung. Mit Hilfe dieser Werkzeuge durchwühlen sie auch den Boden; denn die drei Beinpaare sind zu dieser Arbeit zu schwach. Gewöhnlich im Sommer des dritten Jahres gräbt der Engerling eine Höhle und bildet sich zu einer weißen Puppe um (P.). Schon nach einigen Wochen der Ruhe wird die Puppenhaut vom fertigen Käfer gesprengt, der dann im Frühlinge des vierten Jahres an der Erdoberfläche erscheint.

5. **Der Maikäfer und der Mensch.** Käfer und Larven sind unersättliche Fresser und für den Menschen darum überaus schädliche Tiere. Am schlimmsten haust der Engerling, der durch Abnagen der Wurzeln die ganze Pflanze zum Absterben bringt. Darum sollte man die Feinde dieser gefährlichen Zerstörer wohl schützen: den Maulwurf, die Krähen, die Fledermäuse, den Igel und besonders das große Heer der Singvögel.

Ein anderer sehr schädlicher Käfer ist der **Apfelblütenstecher** oder **Brenner.** Da er einen rüsselförmigen Kopf besitzt (Rüsselkäfer), vermag er Löcher in die Knospen des Apfelbaumes zu nagen und je eines seiner Eier hineinzuschieben. Die ausschlüpfenden Larven verzehren die Staubblätter und Stempel. Dann sehen die Blüten wie verbrannt aus. — In den Wäldern richten die **Borkenkäfer** oft großen Schaden an. Die winzigen Tiere nähren sich von Holz, Bast oder Rinde der Bäume. — Der schmucke **Goldschmied** dagegen ist ein unersättlicher Räuber und für uns mithin ein sehr nützliches Tier. Raupen, Würmer und andere Kleintiere bilden seine Nahrung. — Fleißige Vertilger der schädlichen Blattläuse sind die **Marienkäfer** samt ihren Larven.

2. Der Kohlweißling.

1. **Ei.** Das Weibchen des Kohlweißlings legt seine goldgelben Eier gern an Kohlblätter; denn diese bilden die Lieblingsnahrung der daraus hervorgehenden Raupen.

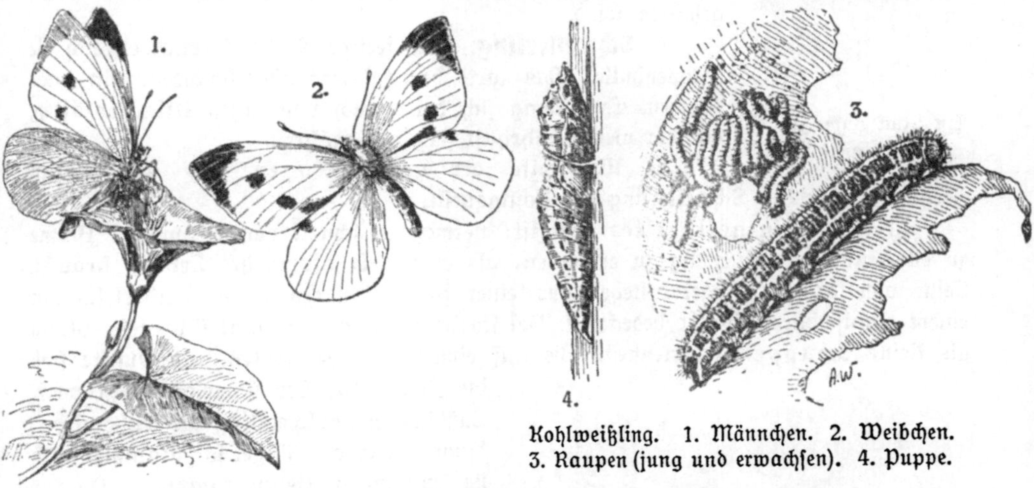

Kohlweißling. 1. Männchen. 2. Weibchen. 3. Raupen (jung und erwachsen). 4. Puppe.

Gewöhnlich bevorzugt das Tierchen die Unterseite der Blätter, weil dort die Eier gegen Regen und Sonne geschützt sind und von Vögeln nicht so leicht gesehen werden.

Der grimmigste Feind des Kohlweißlings, die Kohlraupen-Schlupfwespe, weiß jedoch selbst hier die Eier leicht zu finden. Dies kleine, schwarze Insekt läßt mit Hilfe einer Legeröhre ihre Eier in die des Schmetterlings gleiten. Während aus den Eiern des Kohlweißlings je eine Raupe hervorgeht, entwickeln sich aus denen der Schlupfwespe Maden. Sie ernähren sich von den Körpersäften „ihrer" Raupe, durchbrechen später deren Leibeswand, umgeben sich mit einem Gespinst und verpuppen sich. Die Raupe aber, die die Schmarotzer beherbergt hat, liegt abgestorben daneben. Die Schlupfwespe ist also dem Menschen ein ungemein wichtiger Gehilfe in der Vertilgung der überaus schädlichen Tiere.

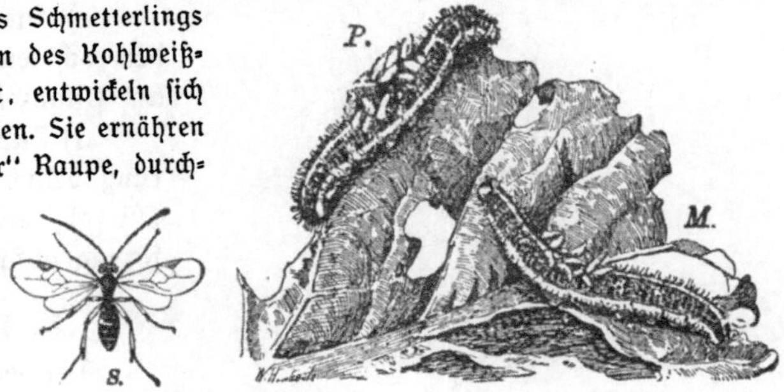

S. Kohlraupen-Schlupfwespe (vergr.). M. Kohlraupe mit Maden und P. mit Puppen des Tieres.

2. **Larve.** Die Larve des Kohlweißlings ist die bekannte „Kohlraupe". Das **wurmförmige** Tier erscheint **blaugrün**, schwarz punktiert und gelb gestreift. Die

drei Paar kurzen Beine wären nicht imstande, den langgestreckten Leib zu tragen, wenn sie nicht durch fünf Paar sog. Afterfüße unterstützt würden. Trotzdem vermag die Raupe nur langsam dahin zu kriechen. Das ist für sie jedoch insofern nicht nachteilig, als sie ihre Nahrung nicht zu erhaschen braucht. Mit Hilfe kräftiger Freßzangen schneidet sie von den Blättern kleine Teile ab.

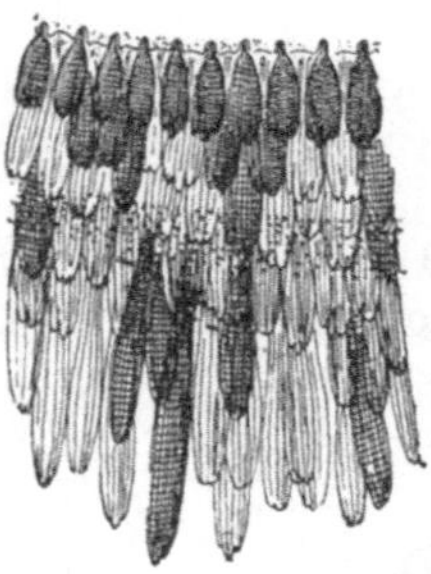
Ein Stück vom Flügel des Kohlweißlings.

3. **Puppe.** Hat die Raupe ihre volle Größe erreicht, dann steigt sie an Mauern, Baumstämmen u. dgl. empor und verpuppt sich. Vorher spinnt sie aus mehreren Fäden einen Gürtel über sich hinweg, den sie links und rechts an der Unterlage befestigt. Darnach streift sie die Haut ab und bildet sich zu einer grüngelben, schwarzgetüpfelten Puppe um, die durch den Gürtel festgehalten wird.

4. **Schmetterling.** Der fertige Falter sprengt endlich die Puppenhülle. Das zarte Geschöpf lebt aber höchstens ein paar Wochen. Es vermag sich daher auch von süßen Pflanzensäften, die sehr wenig nahrhaft sind, zu ernähren.

a) Mit Hilfe der großen Augen und der langen Fühler findet der Schmetterling die Honigquelle.

b) Da er ein geflügeltes Tier ist, vermag er schnell von Blume zu Blume zu eilen und so viel Honig zu erwerben, als er zur Erhaltung des Lebens braucht. Seine vier großen Flügel bestehen aus einer farblosen Haut, die beiderseits mit einem abwischbaren Staube bedeckt ist. Bei starker Vergrößerung gibt sich dieser Staub als kleine Schuppen zu erkennen. Bis auf einige schwarze Flecken und Punkte sind die Flügel auf der Oberseite rein weiß. Läßt sich der Kohlweißling zur Ruhe nieder, dann legt er die Flügel so zusammen, daß sie senkrecht zu stehen kommen. Da nun die Unterseite der Flügel genau so weit, wie sie jetzt sichtbar ist, eine gelbgrüne Färbung zeigt, ist das ruhende Tier durchaus unauffällig.

c) Die Beine sind schwach, genügen dem Schmetterlinge aber vollkommen, sich auf Pflanzen u. dgl. anzuklammern.

d) Zur Aufnahme der flüssigen Nahrung besitzt er ein Saugrohr, den sog. Rüssel, der während der Ruhe spiralförmig aufgerollt ist (Schutz!).

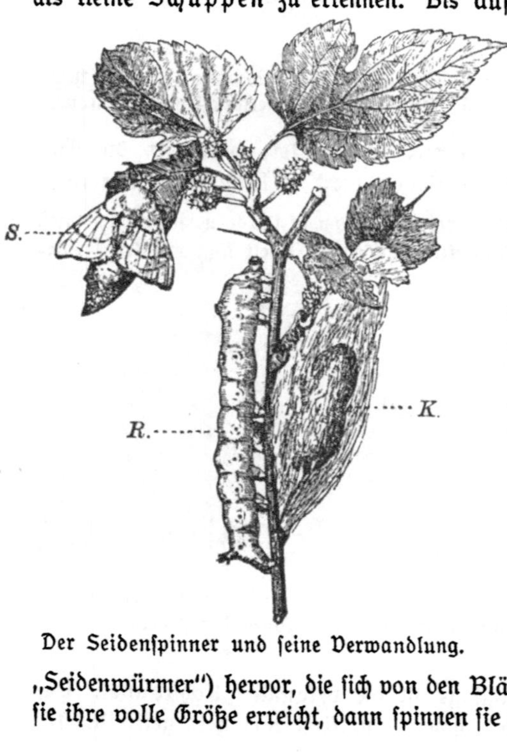

Der Seidenspinner und seine Verwandlung.

3. Der Seidenspinner.

Der Seidenspinner ist aus Ostasien zu uns gekommen und wird schon seit Jahrtausenden vom Menschen gezüchtet. Im Frühjahre kommen aus den Eiern die Raupen (R. „Seidenwürmer") hervor, die sich von den Blättern des Maulbeerbaumes nähren. Haben sie ihre volle Größe erreicht, dann spinnen sie sich ein. Unter der Mundöffnung tritt ein

Faden hervor, der von der Raupe mehrfach an Zweige, Blätter oder dgl. geklebt wird. Nachdem dieses lockere Fadengeflecht hergestellt ist, legt das Tier den Faden so um sich, daß ein dichtes Gespinst, ein **Kokon** (K.), entsteht. In ihm verwandelt sich die Raupe zur **Puppe**. Nach zwei bis drei Wochen ist der gelbweiße **Schmetterling** (S.) ausgebildet, der eine Breite von 40 mm erreicht. Durch einen scharfen Saft, der dem Tiere aus dem Munde fließt, wird das Gespinst durchweicht und gelockert. Daher vermag der schwache Schmetterling den Kokon nunmehr zu zerreißen und zu verlassen.

Beim Ausschlüpfen des Schmetterlings wird aber der etwa 1000 m lange Seidenfaden zerstört, den der Züchter gewinnen will. Er läßt daher nur so viel Puppen am

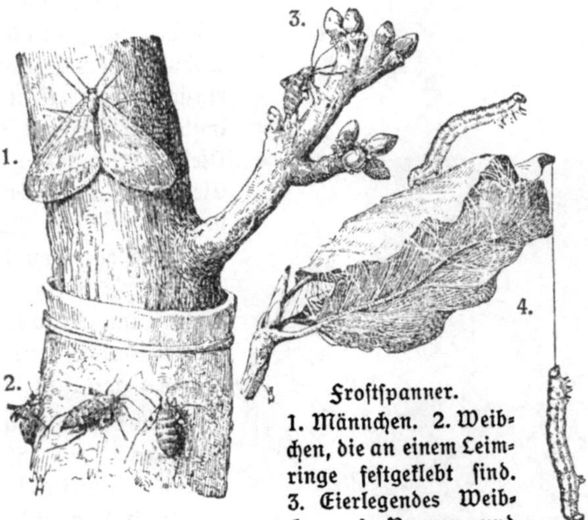

Frostspanner.
1. Männchen. 2. Weibchen, die an einem Leimringe festgeklebt sind. 3. Eierlegendes Weibchen. 4. Raupen und Raupennest.

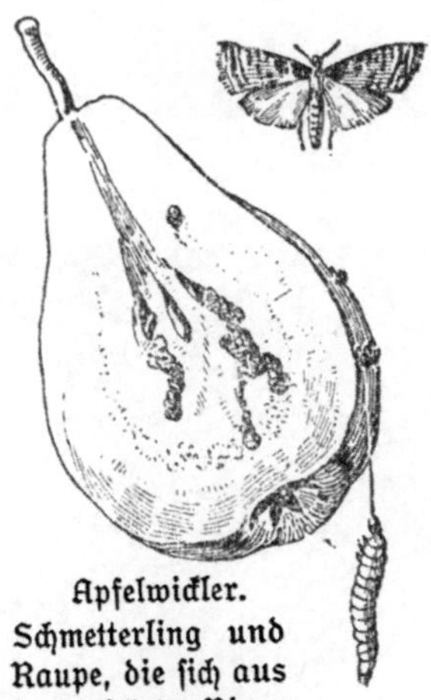

Apfelwickler.
Schmetterling und Raupe, die sich aus der zerstörten Birne an einem Spinnfaden zum Boden herabläßt.

Leben, als er Schmetterlinge zur Fortzucht bedarf. Die andern werden durch Hitze getötet. Darauf bringt man die Kokons in heißes Wasser und peitscht sie mit Ruten. Durch die Hitze löst sich der Leim, der die Fäden zusammenhält, so daß die frei gewordenen Fadenenden an den Ruten festkleben. Dann dreht man mehrere Enden zu einem Faden zusammen und haspelt ihn ab. So entsteht ein langer Seidenfaden, der zu Nähseide, Kleiderstoffen u. dgl. weiter verarbeitet wird.

Als Raupen fügen zahlreiche Schmetterlinge dem Menschen oft großen Schaden zu. **Kiefernspinner** und **Nonne** sind arge Waldverderber. — Auf Obstbäumen lebt der **Goldafter**, dessen Raupen in den bekannten „Raupennestern" überwintern, sowie die buntgestreifte Raupe des **Ringelspinners**, der seine Eier in Ringen um die Zweige legt. — Wenn die kältere Jahreszeit beginnt, fliegt das graubraune Männchen des **Frostspanners**. Sein staubgraues Weibchen besitzt nur Flügelstummel. Um zu den Baumknospen zu gelangen, an die es seine Eier legt, muß es am Stamme emporkriechen (Klebringe!). Die grüne Raupe nährt sich von Blättern und Blüten und richtet auf Obstbäumen oft sehr großen Schaden an. — Die weiße Raupe, die das „Wurmig- oder Madigwerden" des Kernobstes verursacht, ist die Larve des **Apfelwicklers**. — Von Haaren und Wolle nährt sich die überaus schädliche Larve der **Pelz-** oder **Kleidermotte**.

4. Die Honigbiene.

Da der Mensch den süßen Honig der Biene hoch schätzt, hat er das Insekt schon seit undenklichen Zeiten zum Haustiere gemacht. In Bienenstöcken bereitet der Bienenvater oder Imker seinen Pfleglingen die Wohnung.

1. **Der Bienenstaat.** a) Glieder des Staates. Ein Bienenstock wird von etwa 10- bis 50 000 Tieren bewohnt. Männchen oder Drohnen, die an ihrer Größe und den mächtigen Augen leicht zu erkennen sind, treten nur im Frühjahre und zwar gewöhnlich in der Zahl von einigen Hunderten auf. Die Weibchen bilden also den Hauptteil der Bewohner. Aber nur ein einziges von ihnen ist imstande, Eier zu legen. Dieses besonders große Tier wird als Königin bezeichnet. Die kleinen, nicht eierlegenden Weibchen verrichten alle Arbeiten im Stocke. Sie werden daher Arbeiterinnen genannt.

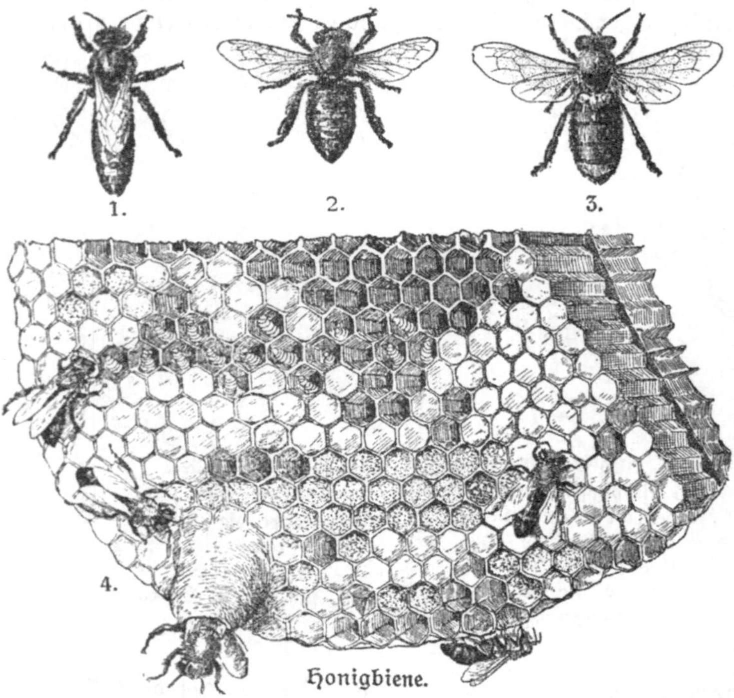

Honigbiene.

1. Königin, 2. Arbeiterin, 3. Drohne, 4. Stück einer Wabe: eine junge Königin kommt soeben aus ihrer Zelle hervor; in einigen Zellen sind Larven sichtbar; die andern Zellen sind teils leer, teils gefüllt. Letztere sind entweder mit einem Deckel versehen und mit Honig gefüllt, oder sie sind offen und enthalten Blütenstaub.

b) Gründung des Staates. Es ist ein warmer Junitag! Die Bienen haben sich stark vermehrt, und bald wird eine junge Königin aus ihrer Wiege hervorkommen. Da aber im Bienenstaate nicht zwei Königinnen zusammen leben können, verläßt die ältere gewöhnlich mit einem Teile der Genossen die Wohnung. In wilder Hast stürzen die Ausziehenden aus dem Flugloche hervor. Einige Minuten schwankt der Schwarm in der Luft hin und her, dann läßt er sich auf einem Aste oder dgl. nieder. Eine Biene klammert sich an die andere, so daß eine große „Traube" entsteht. Schnell eilt der Imker herbei und fegt alle Bienen in einen leeren Korb.

c) Arbeiten im Staate. Kaum ist das neue Heim bezogen, so beginnt auch schon die Arbeit. Aus dem Wachs, das zwischen den Ringen des Hinterleibes hervortritt, bauen die Arbeiterinnen die Waben. Diese hängen senkrecht von der Decke des Stockes herab und bestehen aus zahlreichen sechseckigen Zellen, die zu zwei Schichten angeordnet sind.

In jede Zelle legt die Königin ein Ei. Daraus geht bald eine weiße, augenlose (im Finstern lebende!) Larve hervor. Da sie keine Beine besitzt, also eine sog. Made ist, kann sie den Stock nicht verlassen. Sie muß daher von den Arbeiterinnen gefüttert werden.

Nach einigen Tagen wird ihre Zelle von diesen auch mit einem Wachsdeckel verschlossen. Darin verpuppt sich die Made, die darauf bald als fertiges Insekt aus „der Wiege“ hervorkommt. Die jungen Königinnen wachsen in großen, tonnenförmigen Zellen heran.

Bienenstock. Eine Seitenwand und ein Teil der Vorderwand sind entfernt.

d) Winterruhe im Staate. Während des Winters ziehen sich die Bienen in die Mitte des Stockes zurück. In diesem dichten Haufen herrscht selbst bei großer Kälte eine gewisse Wärme. Daher erstarren die Bienen auch nicht; sie verfallen also nicht in einen Winterschlaf wie die Insekten, die einzeln im Freien überwintern. Ohne Nahrung könnten sie die Wintermonate aber nicht überstehen. Sie sind daher genötigt, Vorräte aufzuspeichern: im Frühling und Sommer füllen sie einen Teil der Waben mit Honig und Blütenstaub und verschließen die Zellen luftdicht mit je einem Wachsdeckel. Ist der Vorrat aufgezehrt, dann ist auch der Frühling da.

2. **Wodurch ist die Biene zu diesen Arbeiten befähigt?** a) Neben den zwei großen, seitlichen Augen besitzt die Biene noch drei kleine, punktförmige Nebenaugen auf der Stirn. Trotzdem vermag sie aber nicht weit zu sehen. Der scharfe Geruchsinn, der seinen Sitz wahrscheinlich in den Fühlern hat, führt sie aus der Ferne zur Nahrung.

b) Da die Biene geflügelt ist, vermag sie sich wie der Kohlweißling sehr wohl von Honig zu ernähren. Auch von Blütenstaub, der in der Natur gleichfalls nur in kleinen Mengen vorkommt, kann sie sich sättigen. Als schneller und gewandter Flieger besucht sie in kurzer Zeit viele Blumen. Sie ist sogar imstande, die Larven und die Familienglieder, die den Stock nicht verlassen, mit beiden Stoffen zu versorgen und Vorräte davon aufzuspeichern. Alle vier häutigen Flügel (Hautflügler!) dienen als Flugwerkzeuge.

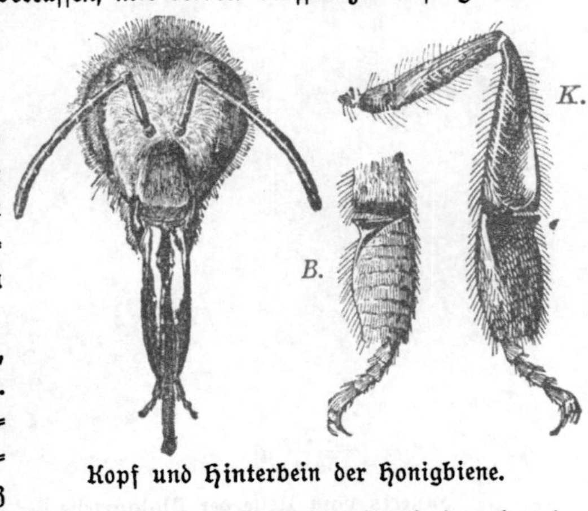

Kopf und Hinterbein der Honigbiene.

c) Mit den Klauen der letzten Fußglieder legt sich die Biene auf der Blume gleichsam vor Anker. Durch Haftballen zwischen den Klauen (s. Stubenfliege) vermag sie sich auch auf glatten und steilen Flächen festzuhalten.

d) Sobald sie sich niedergelassen hat, treten die Mundwerkzeuge in Tätigkeit. Einige von ihnen sind zu einer Röhre zusammengelegt, in der sich die „Zunge“ vor- und rückwärts bewegt. Ist der Haarbesatz der Zunge vom Blütensafte durchnäßt, dann wird sie zurückgezogen; der Saft gelangt in die Röhre und wird in den Mund emporgesogen. — Mit den kräftigen Freßzangen lockert und verspeist die Biene den Blütenstaub, verarbeitet das Wachs u. dgl. mehr.

e) Als „Gefäß“, in dem die Biene den Blumensaft nach Hause trägt, dient die Speiseröhre. Im Stocke angekommen, gibt sie ihn wieder von sich.

f) Der Behälter für den Blütenstaub ist das sog. Körbchen (K.), d. i. eine Vertiefung, die sich außen am vierten Abschnitte der Hinterbeine befindet. An der Innenseite des folgenden Abschnittes bemerkt man mehrere Reihen kurzer Haare. Mit dieser Bürste (B.) fegt die Biene den Blütenstaub zusammen, der an ihrem Körper haftet. Streicht sie darauf die Bürste an dem entgegengesetzten Beine ab, dann füllt sich das Körbchen: es entsteht ein Blütenstaubballen, das sog. Höschen.

3. **Die Biene in ihrem Verhältnis zu andern Naturwesen.** a) Ihren Nahrungsspendern leistet die Biene einen wichtigen Gegendienst: indem sie zufällig Blütenstaub zu der Narbe trägt, vermittelt sie die Bestäubung der Blüten.

b) Größere Tiere hüten sich zumeist, die Biene anzugreifen; denn ein Stich von ihr schmerzt heftig. Ihre Hauptfeinde sind Hornissen und Wespen.

Der Stachel der Biene steht mit einer Giftblase in Verbindung. Dringt er in den Körper eines Tieres ein, so fließt ein Tröpfchen Gift in die Wunde. Das Gift verursacht eine Entzündung, bei kleinen Tieren sogar den Tod.

Die Staaten der **Hummeln** und **Wespen** bestehen nur einen Sommer hindurch. Die Hummeln legen ihre kunstlosen Nester meist in Erdlöchern u. dgl. an; die Wespen dagegen führen aus abgenagten Holzfasern kunstvolle Bauten auf. Die Hummeln besuchen des Honigs wegen die Blumen; die Wespen aber sind Räuber, die sich besonders von Insekten nähren.

5. Die rote Waldameise.

Inneres vom Neste der Waldameise.
Arbeiterinnen, die mit der Pflege der Eier (E.), der Larven (L.) und Puppen (P.) beschäftigt sind.

An sonnigen Frühlingstagen herrscht auf den Hügeln der roten Waldameise ein besonders starkes Gewimmel. Zu den rotbraunen, flügellosen Tieren haben sich etwas größere, geflügelte gesellt. Letztere sind die jungen Weibchen und Männchen, die sich bald in die Luft erheben werden. Kommen sie zur Erde zurück, dann sterben die Männchen gewöhnlich bald; die Weibchen (Königinnen) dagegen gründen entweder neue Ansiedlungen, oder kehren in das alte Nest zurück. Die flügellosen Tiere sind die Arbeiterinnen, die alle Arbeiten im Staate verrichten. Einige bauen aus Tannen- und Kiefernadeln, aus Holzstückchen u. dgl. das Nest mit seinen vielen Höhlen und Gängen; andere pflegen die Eier, Larven und Puppen (fälschlich Ameiseneier genannt), und wieder andere tragen Nahrung herbei, die besonders aus allerlei Kleintieren besteht. Da die Waldameise viele schädliche Insekten vertilgt, ist sie für uns ein nützliches Tier.

6. Die Stubenfliege.

1. Die Stubenfliege ist ein ungern gesehener Hausgenosse des Menschen. Ein schmutziges Grau bildet ihre Grundfärbung. Auf der Brust finden sich vier schwarze Streifen; der Hinterleib ist oben schwarz gewürfelt, unten blaßgelb.

2. Die beiden häutigen **Flügel** tragen die Fliege leicht an jeden gewünschten Ort. Die langen, beweglichen **Beine** befähigen sie zu schnellem Laufe. Daß sie imstande ist, an den Fensterscheiben oder der Zimmerdecke zu sitzen und zu laufen, verdankt sie den **Haftballen** zwischen den Klauen der letzten Fußglieder.

3. Durch die mächtigen **Augen** (A.) oder die winzigen **Fühler** (F.) erkennt sie, wo es etwas zu naschen gibt. Mit dem stempelartigen **Rüssel** (R.) werden Flüssigkeiten aufgesogen. Auch Teilchen von festen Speisen werden damit aufgenommen, nachdem sie vorher durch Speichel aufgelöst worden sind.

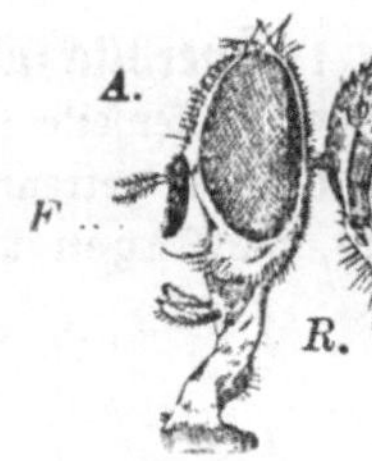

Kopf der Stubenfliege.

4. Die Fliege legt ihre weißen **Eier** an allerlei faulende Stoffe. Schon nach etwa zwölf Stunden kommen weiße, augenlose **Maden** daraus hervor. Haben sie sich an der ekelhaften Speise groß gefressen, dann schrumpft ihre Haut etwas zusammen, erhärtet und bildet eine Schutzhülle für die **Puppe**.

5. Die Made der Stubenfliege beseitigt (mit den Larven vieler anderer Fliegenarten) schnell eine Menge verwesender Stoffe, und die Fliege selbst dient wieder vielen andern Tieren zur Nahrung. Da sie sich aber überall niederläßt, überträgt sie andrerseits aber oft auch faulende Stoffe auf unsere Speisen u. dgl. Ja, sogar die Erreger gefährlicher Krankheiten können durch sie verbreitet werden. **Darum sollte man Speisen, besonders aber Körperwunden vor dem unsauberen Gaste sorgsam verwahren.**

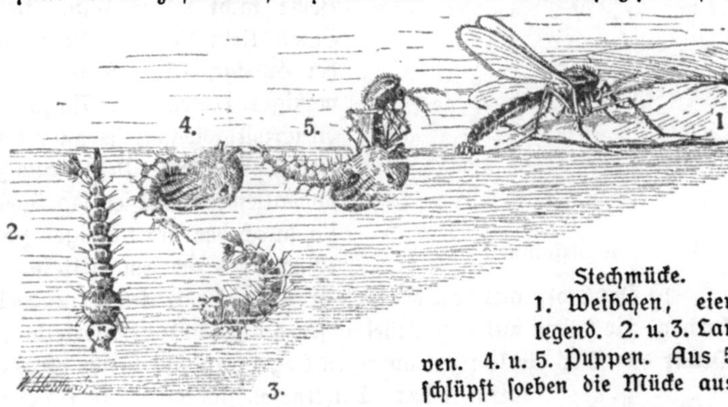

Stechmücke.
1. Weibchen, eierlegend. 2. u. 3. Larven. 4. u. 5. Puppen. Aus 5. schlüpft soeben die Mücke aus.

Die **Stechmücke** versetzt uns durch dolchartige Mundteile schmerzhafte Stiche. Sie erbohrt auf diese Weise Blut, das sie durch den Rüssel einsaugt. Ihre Jugend verlebt sie im Wasser. — Andere verhaßte Blutsauger sind die **Flöhe.** Sehr starke Beine machen sie zu ausgezeichneten Springern. Die fußlosen Larven leben in den Fugen zwischen den Dielen, im Kehricht u. dgl. — Dem Menschen überaus lästig ist auch die braune, übelriechende **Bettwanze.** Infolge des plattgedrückten Leibes findet sie in Lücken und Ritzen leicht Unterschlupf. — Noch ekelhafter sind die **Läuse,** die auf dem Kopfe (Kopflaus) unreinlicher Menschen leben, oder (Kleiderlaus) sich in den Nähten der Kleidungsstücke versteckt halten. — Die **Blattläuse** entziehen den Pflanzen nährende Säfte. Besonders gefährlich sind die **Blutlaus,** die auf dem Apfelbaume lebt, und die **Reblaus,** die in vielen Gegenden dem Weinbau ungeheuren Schaden zugefügt hat.

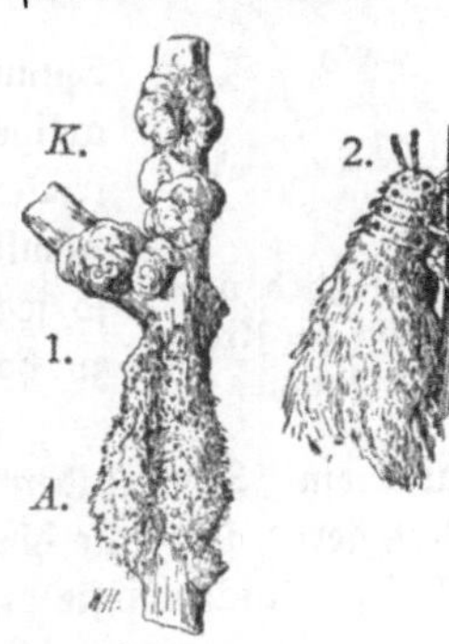

Blutlaus.
1. Zweigstück vom Apfelbaum mit *A.* einer Ansiedlung der Blutlaus und *K.* krankhaften Stellen, die durch das Saugen der Läuse entstanden sind. 2. Einzelne Blutlaus.

2. Klasse. Spinnentiere.

Die Kreuzspinne.

1. **Überblick über den Körperbau.** Der Rumpf der Kreuzspinne, der auf der dunklen Rückenseite (braungelb bis schwärzlich) ein weißes Kreuz zeigt, besteht aus zwei deutlich getrennten Abschnitten. Der vordere kleine Abschnitt trägt die Mundteile, die Augen und vier Paar lange Beine. Er entspricht also dem Kopfe und der Brust der Insekten. Daher wird er als Kopfbruststück bezeichnet. Der größere, hintere Abschnitt ist der weiche, fast kugelige Hinterleib.

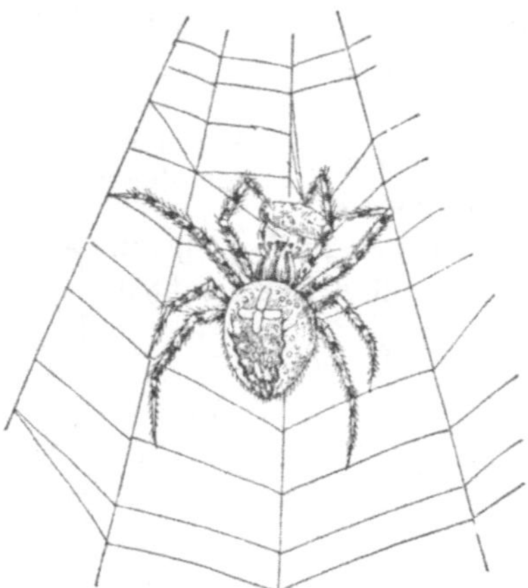

Kreuzspinne.

2. **Ernährung.** a) Die Kreuzspinne nährt sich vorwiegend von Fliegen und Mücken. Da sie flügellos ist, vermag sie ihre Beute in der Luft aber nicht zu erhaschen. Gleich dem Vogelfänger, der auch seiner Beute nicht folgen kann, stellt sie ein Netz auf. Zuerst klebt sie einen Faden so an mehrere Stellen der Zweige, Mauern oder dgl., daß ein unregelmäßiges Vieleck, der Rahmen des Netzes, entsteht. Gleichzeitig spannt sie quer durch das Vieleck einen Faden. Von seiner Mitte aus zieht sie sodann Fäden nach allen Seiten. Diese sog. Speichen verbindet sie endlich durch den sehr klebrigen Fangfaden, der in vielen Windungen um den Mittelpunkt des Netzes verläuft.

b) Der Stoff, aus dem das Netz gebaut wird, tritt aus Hunderten sehr feiner Röhren hervor. Sie stehen auf sechs Erhebungen am Ende des Hinterleibes, den Spinnwarzen. Drückt das Tier die Warzen an einen Gegenstand, so bleibt etwas von dem Spinnstoffe daran kleben. Entfernt es sich darauf von dieser Stelle, dann wird er zu je einem Fädchen ausgezogen. Indem sich alle Fädchen vereinigen und an der Luft erhärten, entsteht der feste Spinnfaden.

Endglied vom Fuße der Kreuzspinne.

c) Im Gegensatz zu den Fliegen und Mücken verstrickt sich die Spinne niemals in dem Gespinste. Das verdankt sie den kammartigen Fußklauen, mit denen sie übrigens auch nur auf die trockenen Fäden des Netzes tritt. Die Zähne dieser Klauen stoßen nämlich in sehr spitzen Winkeln aneinander; daher können die Fäden so fest zwischen sie geklemmt werden, daß sich das Tier sicher darauf zu halten vermag.

d) In der Mitte des Netzes oder in einem Schlupfwinkel, zu dem aber ein „Signalfaden" führt, lauert die Spinne auf Beute. Sobald eine solche in das Netz gerät, stürzt sie hinzu. Durch einen giftigen Biß mit den Oberkiefern tötet sie das Opfer. Nachdem sie es oft noch durch einige Fäden festgesponnen hat, saugt sie es aus.

3. **Fortpflanzung.** Im Spätherbste legt die weibliche Kreuzspinne, die das Männchen weit an Größe übertrifft (15 gegen 10 mm), eine Anzahl gelblicher Eier, die sie mit einem festen Gespinste umgibt (Schutz!). In irgend einem Verstecke wird das Säckchen aufgehängt. Im Frühjahre entschlüpfen den Eiern die jungen Spinnlein, die dem Muttertiere durchaus ähnlich sind.

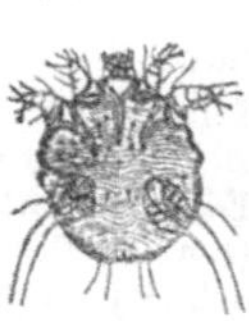

Krätzmilbe.

Zu den Spinnentieren zählen auch die **Milben**, die dem Menschen oft großen Schaden zufügen. Die **Krätzmilbe** bohrt sich in die Haut ein und erzeugt dadurch die ekelhafte Krätze. Ebenso wird die Räude der Hunde und anderer Haustiere durch Milben verursacht.

3. Klasse. Krebse.

Der Flußkrebs.

1. **Aufenthalt.** Der Krebs, der eine Länge von 20 cm erreicht, **bewohnt klare Bäche, Flüsse und Seen.** Tagsüber hält er sich unter Steinen, Wurzeln u. dgl. **versteckt.** Dort sucht er Schutz gegen seine Feinde (Fischotter, Wasserratte, Aal, Barsch und Mensch).

Flußkrebse.

2. **Überblick über den Körperbau.** Der Rumpf besteht wie der der Kreuzspinne aus Kopfbruststück und Hinterleib (Krebsschwanz). Das Kopfbruststück trägt am Vorderende die beiden Augen und zwei Paar Fühler. Die Augen stehen auf beweglichen Stielen. Daher vermag der Krebs einen weiten Umkreis zu überblicken (Nahrung, Feinde!). Die vorderen Fühler sind mit je zwei kurzen „Geißeln", die hinteren dagegen mit je einer sehr langen „Geißel" ausgerüstet. An der Unterseite des Kopfbruststückes finden sich die Mundgliedmaßen und fünf Paar **kräftige** Brustbeine. Auch der Hinterleib besitzt Beine, die aber viel schwächer sind als die der Brust (Afterfüße).

3. **Panzer.** Alle Teile des Körpers sind von einem festen Panzer umgeben. Der Rückenpanzer des Kopfbruststückes besteht aus einem Stück („Krebsnase"). Der Panzer des Hinterleibes dagegen ist aus mehreren Ringen zusammengesetzt. Da der Panzer mit dem wachsenden Krebse nicht an Größe zunimmt, muß er von Zeit zu Zeit

abgeworfen werden. Die neue Hülle ist aber anfangs sehr weich. Daher verbirgt sich das wehrlose Tier („Butterkrebs“) so lange, bis sie erhärtet ist. Die Färbung des Panzers (hellgrün bis fast schwarz) entspricht der des Untergrundes meist in hohem Grade.

4. **Ernährung.** Allerlei Tier- und Pflanzenstoffe, in der Not auch Aas, dienen dem Krebse zur Nahrung. Zum Ergreifen, Festhalten und Zerstückeln der Nahrung benutzt er die mächtigen Scheren der ersten Brustbeine. Sie können jedoch nicht zum Munde geführt werden, wohl aber die weit kleineren Scheren der beiden folgenden Beinpaare. Letztere überreichen die Nahrungsstücke den Mundgliedmaßen. Ihr vorderstes Paar besitzt einen harten, gezähnelten Kauteil, der das Hauptwerkzeug der Nahrungszerkleinerung ist. Die fünf folgenden Paare entbehren solch harter Kauteile. Sie dienen mehr dazu, die Brocken weiter zu geben und davor zu schützen, daß sie vom Wasser weggespült werden.

5. **Fortbewegung.** Auf den langen Brustbeinen schreitet der Krebs langsam dahin. Rückwärts geht er, wenn er nicht erschreckt wird, niemals. Naht sich ihm aber ein Feind, dann schlägt er mit dem Hinterleibe fortgesetzt kräftig gegen das Wasser und schwimmt auf diese Weise schnell seinem Verstecke zu. Da die Schläge nach vorn gerichtet sind, muß der Krebs rückwärts schwimmen. Die Kraft zu dieser Tätigkeit erhält der Hinterleib durch mächtige Muskeln, die fast seinen gesamten Innenraum ausfüllen. Da alle Ringe seines Panzers deutlich voneinander geschieden sind, besitzt er auch die nötige Beweglichkeit. Durch die sog. Schwanzflosse, die aus fünf Platten zusammengesetzt ist, wird die Fläche des Hinterleibes zudem wesentlich vergrößert.

6. **Atmung.** Wie die meisten Wassertiere atmet der Krebs durch Kiemen. Sie liegen an den Seiten des Kopfbruststückes und sind vom Rückenschilde schützend überdeckt. Wie an den Kiemen der Fische fließt auch an ihnen beständig ein Wasserstrom vorüber.

7. **Vermehrung.** Während des Winters und Frühjahrs bemerkt man unter den Krebsen häufig solche, denen an den kleinen Hinterleibsbeinen zahlreiche Eier kleben. Das sind weibliche Tiere. Auch die aus den Eiern hervorgehenden Jungen halten sich dort noch eine Zeitlang fest und lassen sich von der Mutter umhertragen.

3. Kreis. Weichtiere.

1. Klasse. Schnecken.

Die Weinbergschnecke.

1. **Überblick über den Körperbau.** Der bis 9 cm lange Körperteil, auf dem die Schnecke dahin gleitet, wird als Fuß bezeichnet. Von ihm ist der Kopf mit den zwei Fühlerpaaren nur undeutlich abgesetzt. Der Fuß trägt das gelbbraune, meist dunkler gestreifte Haus oder die Schale. Sie umschließt den Rumpf mit den Eingeweiden. Rings aus der Mündung der Schale schaut eine gelbliche Haut, der Mantel, hervor. An seiner rechten Seite bildet und schließt sich von Zeit zu Zeit eine Öffnung, die in einen Hohlraum des Körpers führt. Hier findet die Atmung statt, d. h. die Aufnahme des Sauerstoffes und die Abscheidung der Kohlensäure. Die

Öffnung, durch die die Außenluft in den Körper und die verbrauchte Luft nach außen strömt, bezeichnet man daher als Atemloch.

2. **Ein landbewohnendes Weichtier.** Die Weichtiere haben — wie schon ihr Name besagt — einen weichen, nackten Körper. Da sie jedoch zumeist Wasserbewohner sind, ist dies für sie kein Nachteil; denn im Wasser gibt es keine Verdunstung. Die Weinbergschnecke ist aber ein Tier des festen Landes, also der Gefahr des Vertrocknens ausgesetzt. Wie ist sie dagegen geschützt?

a) Ihre Haut ist mit einem klebrigen Schleime bedeckt, der die Körperfeuchtigkeit nur langsam verdunsten läßt. Zudem ist sie nur in taufrischen Nächten und an solchen Tagen in Bewegung, an denen Erdboden und Pflanzen feucht sind.

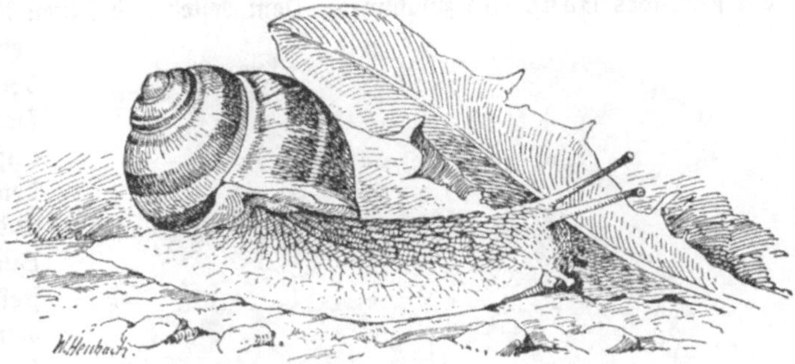

Weinbergschnecke.

b) Bei trockenem Wetter und brennendem Sonnenscheine ruht sie im sicheren Verstecke: sie hat sich gänzlich in ihr Haus zurückgezogen. Es besteht vorwiegend aus Kalk. Diesen wichtigen Baustoff nimmt das Tier mit der Nahrung oder durch Benagen von Mörtel u. dgl. auf und scheidet ihn durch den Mantel wieder ab. Die Weinbergschnecke ist daher auch nur da, wo es nicht an Kalk mangelt, anzutreffen. Darum sind Gegenden mit kalkhaltigem Boden, wie z. B. viele Weinberge, meist sehr reich an Schnecken.

c) Im Herbste wühlt sich die Weinbergschnecke mit Hilfe des Fußes in lockeren Boden ein, verschließt das Haus mit einem festen Kalkdeckel und verfällt in einen Winterschlaf. So ist sie gegen zu starke Wasserabgabe sowie gegen tödliche Kälte und Nahrungsmangel vortrefflich geschützt. — In einigen Teilen von Süddeutschland sowie in Österreich, Frankreich und andern Ländern von Südeuropa werden die Schnecken, nachdem sie den Deckel gebildet haben, vielfach verspeist.

3. **Ein pflanzenfressendes Tier.** a) Kriechend sucht die Weinbergschnecke ihre Nahrung, die besonders aus Blättern besteht. Das Werkzeug der Fortbewegung ist der Fuß, dessen breite Sohle beständig Schleim ausscheidet und von der Unterlage nicht abgehoben wird. Da die Schnecke ihre Nahrung überall leicht findet, kann sie sehr wohl ein langsames Tier sein. Die Langsamkeit hat aber große Gefahren im Gefolge (Feinde: Star, Spitzmäuse u. a.), die durch den Besitz der harten Schale jedoch zum Teil wieder ausgeglichen werden.

b) Fühler und Augen sind die Werkzeuge, die zum Wahrnehmen der Nahrung, wie überhaupt fremder Gegenstände dienen. Auf dem längeren der zwei Fühlerpaare (Hörner) lassen sich die beiden Augen als schwarze Punkte erkennen. Bei der leisesten Berührung werden die hohlen Fühler wie Handschuhfinger eingestülpt, und nur allmählich, vorsichtig tastend, treten sie wieder hervor.

4. **Vermehrung.** Im Sommer wühlt die Weinbergschnecke mit dem Fuße eine kleine Grube, in die sie 30 und mehr weiße, erbsengroße Eier legt.

2. Klasse. Muscheln.

Die Fluß- oder Malermuschel.

1. **Aufenthalt und Name.** Im schlammigen Grunde der Flüsse, Bäche und Seen ist das Tier überall häufig anzutreffen. Seine bis 9 cm langen Schalen, die außen grünlich, innen aber perlmutterglänzend sind, dienten früher als Behälter für Malerfarben.

2. **Überblick über den Körperbau.** Die Muschel können wir mit einem Buche vergleichen. Den Pappdeckeln des Einbandes entsprechen die beiden Muschelschalen (S.). Wie jene durch den beweglichen Buchrücken verbunden sind, hängen diese durch ein federndes Band (B.) zusammen. Dem ersten und letzten Blatte des Buches gleicht der häutige Mantel (Mt.), der den Schalen eng anliegt. Das zweite und dritte Blatt auf jeder Seite wird von den Kiemen (K.) gebildet, und alle übrigen Blätter des Buches zusammengenommen stellen den Rumpf (R.) mit dem Fuße (F.) dar. Vor dem Fuße liegt der Mund (M.).

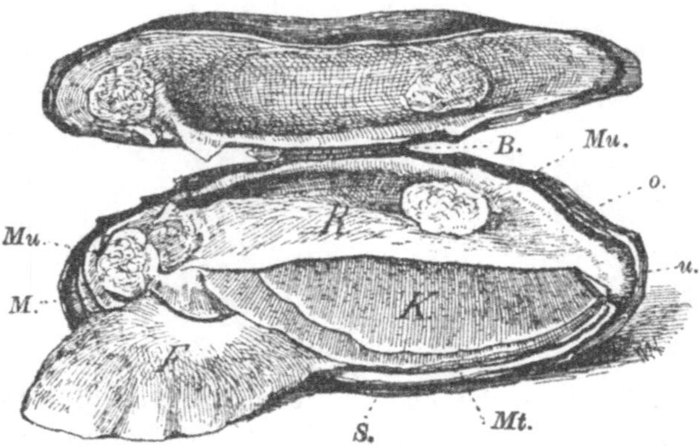

Flußmuschel, geöffnet.

3. **Die Muschel, ein seßhaftes Wassertier.** a) Indem die Muschel den beilförmigen Fuß ausstreckt und wieder zusammenzieht, vermag sie sich zwar langsam fortzubewegen. Gewöhnlich aber wühlt sie sich mit seiner Hilfe so tief in den weichen Grund ein, daß nur der hintere Körperabschnitt daraus hervorragt. So verharrt sie unbeweglich oft lange Zeit an demselben Orte.

b) Zwischen den Schalen, die etwas auseinander klaffen, bemerken wir dann zwei Öffnungen. Durch die untere Öffnung (u.) fließt fortgesetzt Wasser in die Muschel ein. Es strömt an den Kiemen und dem Munde (M.) vorüber und wird durch die obere Öffnung (o.) wieder ausgestoßen. Den Kiemen liefert es die nötige Atemluft, und dem Munde führt es verwesende Stoffe sowie winzige Pflanzen und Tiere zu. Auf diese Weise gelangt die seßhafte Muschel zur Nahrung, die sie umherstreifend ja nicht erbeuten kann. Als ein Tier, das sich nur von winzig kleinen Teilchen nährt, entbehrt die Muschel aller Werkzeuge, die zum Zerkleinern der Nahrung dienen. Ebenso fehlen ihr die Fühler und Augen, durch die andere Tiere die Nahrung aufsuchen. Auch ein Kopf, der diese Werkzeuge z. B. bei der Weinbergschnecke trägt, ist nicht vorhanden.

c) Naht eine Gefahr, dann zieht die wehrlose Muschel den Fuß zwischen die schützenden Schalen zurück. Zwei kräftige Muskeln (Mu.), die sich quer durch das Tier von Schale zu Schale erstrecken, schließen das Haus fest zu. Die Ansatzstellen der Muskeln kann man an den leeren Schalen deutlich sehen.

Der Flußmuschel sehr ähnlich ist die **Flußperlmuschel,** die schnellfließende Bäche bewohnt. Sie liefert weniger wertvolle Perlen als die **Seeperlmuscheln.** Die Schalen aller Perlmuscheln verwendet man zu Schmucksachen, Knöpfen u. dgl. — Die eßbare **Auster** findet sich in den deutschen Meeren nur an der Küste von Ostfriesland und an der Westküste von Schleswig-Holstein. — Vielfach verspeist man bei uns auch die blauschalige **Miesmuschel,** seltener die **Herzmuschel,** die eine dicke, gestreifte Schale besitzt.

1. Miesmuschel, 2. Austern und 3. Herzmuschel (verkl.).

4. Kreis. Würmer.

1. Der Regenwurm (Länge bis 30 cm).

Der Regenwurm, der 30 cm lang wird, hat einen weichen, nackten Körper. Würde dieser viel Wasser verdunsten, so müßte das Tier zugrunde gehen. Die fleischfarbene Haut ist aber mit einem klebrigen Schleime bedeckt, der einen zu starken Wasserverlust verhindert. Außerdem kommt der Regenwurm am Tage nur nach einem Regen oder nachts, wenn es taut, zur Erdoberfläche empor. Sonst hält er sich in seinen feuchten Gängen versteckt. In diese zieht er sich auch bei leisester Erschütterung des Bodens sofort zurück, ein Zeichen, daß er ein sehr feines Gefühl besitzt. Beleuchtet man ihn nachts, dann flieht er ebenfalls, obgleich ihm wie den meisten unterirdisch lebenden Tieren die Augen fehlen. Beim Kriechen verschmälert sich der „wurmförmige" Körper an seinem vorderen Teile und streckt sich nach vorn. Sodann aber wird er nach dem Hinterende zu allmählich verbreitert und verkürzt. So kriecht der Regenwurm vorwärts. Die große Dehnbarkeit, die der Körper hierbei zeigt, wird dadurch erhöht, daß die Leibeswand in zahlreiche Ringe geteilt ist. Von noch größerer Wichtigkeit für die Fortbewegung sind aber die winzigen Borsten, von denen jeder Ring vier Paare besitzt. Mit ihnen stemmt sich das Tier kräftig in die Unebenheiten des Untergrundes ein. Seine Gänge bohrt der Wurm auf doppelte Weise. Ist der Boden locker, dann treibt er ihn mit

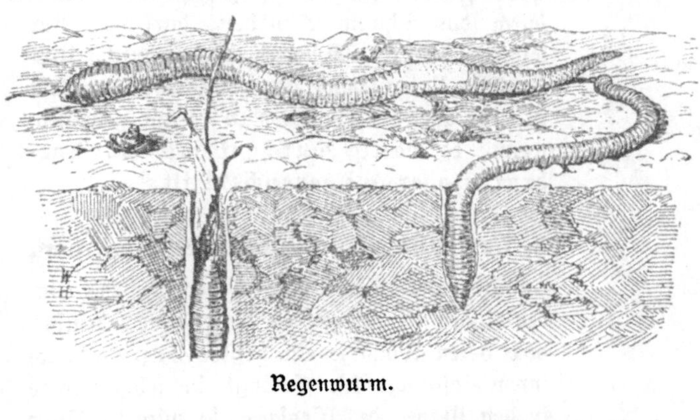
Regenwurm.

dem Vorderende des Körpers wie mit einem Keile auseinander. Ist die Erde aber hart, dann nimmt er sie mit dem Munde auf, läßt sie durch den Darm wandern und gibt sie in Form der bekannten Wurmhäufchen wieder von sich. Auf diese Weise bringt er die unteren Schichten des Bodens langsam nach oben und läßt die oberen verschwinden. Indem ferner seine Gänge immer wieder einstürzen, lockert er die Erde. Er ist also ein wichtiger Gehilfe des Landmanns. Mit der Erde nimmt der Regenwurm zugleich die Nahrung zu sich, die aus verwesenden Tier- und Pflanzenstoffen besteht. Die Blätter, Strohhalme u. dgl., die er nachts in seine Gänge zieht, dienen ihm, sobald sie durch Fäulnis zerfallen, gleichfalls als Speise.

2. Die Trichine.

Gelegentlich finden sich in den Muskeln von Schwein, Kaninchen und andern Tieren Würmchen, die von je einer kleinen Kapsel umgeben sind (1.). Verzehrt ein Mensch Fleisch mit diesen eingekapselten Trichinen, dann löst der Magensaft die Kapseln auf. Die freigewordenen Würmer wachsen im Darme schnell heran (2.), bohren sich in die Darmwand ein und bringen eine große Zahl lebender Junge hervor. Diese Würmchen werden von dem Blutstrome in die Muskeln getragen. Hier verbleiben sie, nähren sich von den Körperbestandteilen ihres „Wirtes" und werden endlich von der erwähnten Kapsel eingeschlossen. So können sie sehr lange ruhen, ohne zu sterben.

Beim Menschen rufen die einwandernden Trichinen eine oft tödlich verlaufende Krankheit hervor. Da wir den gefährlichen Wurm durch das Schwein erwerben, darf man nur solches Schweinefleisch verzehren, das durch mikroskopische Untersuchung als trichinenfrei erkannt ist, und auch dann sollte man es nur genießen, wenn es völlig durchgekocht, durchgebraten oder gut geräuchert ist.

1.

2.

Trichine.

3. Der Rinderbandwurm des Menschen.

In den verschiedensten Körperteilen des Rindes finden sich gelegentlich blasenartige Gebilde, von deren Wand je ein hohler Zapfen nach innen einspringt (1.). Gelangt eine solche Finne in den Magen des Menschen, so wird die Blase verdaut. Der Zapfen aber bleibt erhalten. Er stülpt sich wie ein Handschuhfinger nach außen um (2.), wandert in den Dünndarm und legt sich dort durch vier Saugnäpfe gleichsam vor Anker. Den Zapfen bezeichnet man nunmehr als Kopf. Kurz vor seinem Hinterende bildet sich bald eine ringförmige Furche: es entsteht ein „Glied", das aber mit

1.
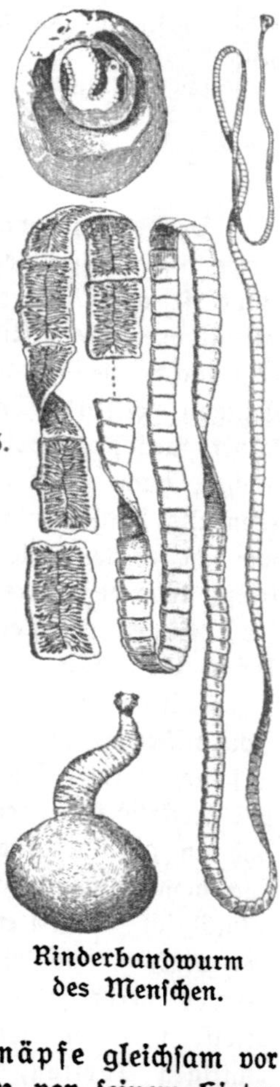
3.
2.

Rinderbandwurm des Menschen.

dem Kopfe im Zusammenhange bleibt. Vor diesem Gliede wird noch ein zweites, drittes usw. abgeschnürt. Auf diese Weise entwickelt sich nach und nach eine bandartige, bis 10 m lange Gliederkette, der Bandwurm (3.). Schließlich lösen sich die letzten Glieder, die sehr viele Eier enthalten, los und werden mit dem Kote ausgestoßen. Nimmt nun ein Rind zufällig eins dieser Eier mit der Nahrung auf, so geht aus ihm wieder eine Finne hervor.

Der Bandwurm erzeugt im Körper des Menschen allerlei Verdauungsstörungen und muß so bald als möglich entfernt werden. Darum sollte niemand rohes sowie ungenügend gekochtes oder gebratenes Rindfleisch verzehren.

Auf gleiche Weise schützt man sich auch gegen die Einwanderung anderer Bandwürmer Einer dieser Schmarotzer lebt als Finne im Schweine, ein anderer in mehreren Fischen (Hecht, Barsch u. a.). — Überaus gefährlich ist der **Hundebandwurm**, dessen Finne im Körper des Menschen nicht selten kopfgroße Blasen bildet. Darum dulde nie, daß dir ein Hund Gesicht oder Hände belecke!

5. Kreis. Hohltiere.

An Pflanzen und andern Gegenständen, die vom Süßwasser umspült werden, findet man häufig die merkwürdigen **Süßwasser-Polypen.** Während die braunen Tierchen ausgestreckt bis 3 cm messen, werden die grünen nur etwa halb so lang. Sie sitzen mit dem einen Ende des zylindrischen Körpers an den Gegenständen fest. Am andern Ende dagegen bemerken wir mehrere haarfeine Fädchen. Mit diesen Armen erbeuten die überaus zarten Geschöpfe allerlei winzige Tiere, die in das Innere des Körpers befördert werden. Dort finden wir aber keinen Darm, keine Blutgefäße u. dgl. Das Innere bildet vielmehr nur einen einzigen Hohlraum, der von der Leibeswand umschlossen wird (Hohltiere!). Bei reichlicher Nahrung entsteht am Körper des Polypen bald ein Auswuchs. Diese sog. Knospe entwickelt sich schnell zu einem jungen Polypen, der sich schließlich ablöst und selbständig weiterlebt.

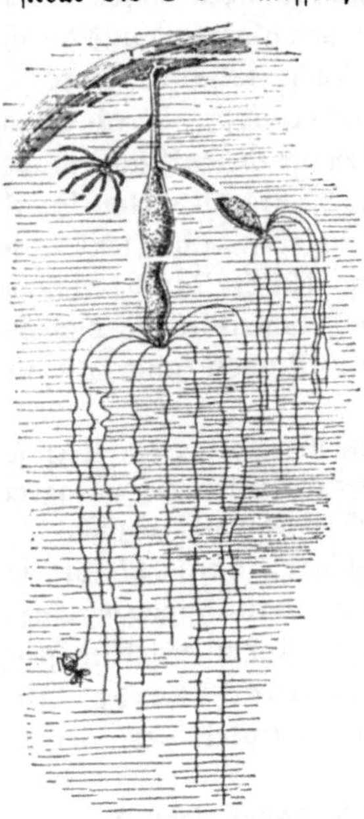

Süßwasser-Polyp, der ein kleines Wassertier ergriffen hat.

Edelkoralle.

2. Ein ganz ähnliches Tier ist die **Edelkoralle** des Mittelmeeres. Auch bei ihr bilden sich zahlreiche Knospen, die sich jedoch nicht ablösen. Auf diese Weise entsteht ein Tierstock, der nach und nach zu einem 30 cm hohen Bäumchen heranwächst. Gleichzeitig scheiden die Polypen nach innen eine feste Kalkmasse aus, die dem Ganzen Halt und Stütze gibt. Das Korallenbäumchen besteht demnach aus einem festen inneren Kalkgerüste und

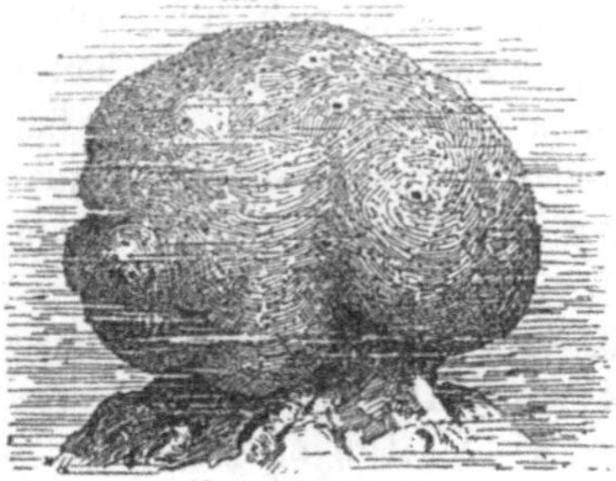
Badeschwamm.

einer äußeren weichen „Rinde", in der die Einzeltiere wie schneeweiße Blüten sitzen. Die marmorharte Kalkmasse wird zu allerlei Schmuckgegenständen verarbeitet.

3. Ein Tierstock ist auch der **Badeschwamm**, der gleichfalls das Mittelmeer bewohnt. Sein überaus weicher Körper wird durch ein Gerüst aus Hornfasern gestützt. Fischer lösen die Schwämme mit langen Gabeln vom Meeresgrunde los und bringen sie an das Land. Hier faulen die Weichteile sehr bald ab, so daß nur die wertvollen Hornfasern übrig bleiben.

Menschenkunde.

1. Das Knochengerüst.

1. **Die Knochen.** Unser Körper würde kraftlos zusammensinken, wenn er nicht durch ein Knochengerüst gestützt wäre. Dieses besteht aus zahlreichen einzelnen Teilen, den Knochen, die sich zumeist gegeneinander bewegen lassen. Trotz der festen Stütze besitzt der Körper daher die Beweglichkeit, die für das Leben notwendig ist.

a) Die Bewegung der Knochen erfolgt in den Gelenken, die von je einer festen, sehnigen Gelenkkapsel umgeben werden. Da die sich berührenden Knochenflächen durch einen Knorpelbelag vollkommen glatt sind und durch einen Schleim beständig feucht erhalten werden, gleiten sie leicht aneinander vorüber. Durch einen Fall, Stoß oder dgl. können die Gelenkflächen aus ihrer Lage kommen. Dadurch wird die Gelenkkapsel und die Bänder, die sie umgeben, überstark ausgedehnt oder gar zerrissen. Währt die Trennung der Gelenkflächen nur einen Augenblick, so bezeichnet man die Verletzung als Verstauchung, bleiben die Gelenkflächen aber in der falschen Lage, so ist eine Verrenkung eingetreten.

Gebrochener Unterschenkel mit einem Notverbande.

Bei Verrenkungen sowohl, wie bei schweren Verstauchungen ist stets sofort ein Arzt zu Rate zu ziehen. Bis zu dessen Eintreffen hat man das verletzte Gelenk möglichst ruhig zu lagern und fortgesetzt mit Tüchern zu bedecken, die in kaltem Wasser angefeuchtet worden sind.

b) Legt man einen frischen Knochen in verdünnte Salzsäure, dann bleibt ein knorpeliger Körper von der Form des Knochens zurück. Glüht man dagegen einen Knochen, so bleiben erdige Bestandteile übrig, die gleichfalls die Form des Knochens besitzen. Ein Knochen besteht also aus Knochenknorpel und Knochenerde. Die Knochenerde, deren Hauptmasse Kalk ist, gibt dem Knochen die Festigkeit des Steines. Dem Knorpel dagegen verdankt er die Biegsamkeit des Stahles.

In der Jugend sind die Knochen reich an Knorpel und daher sehr biegsam. Infolgedessen brechen sie schwer, können aber durch leichtfertige Wartung der Kinder, durch falsche Körperhaltung (besonders beim Sitzen in der Schule) und durch einseitiges Tragen großer Lasten (jüngerer Geschwister, schwerer Schultaschen u. dgl.) leicht verkrümmen.

Bei einem Knochenbruche ist vor allen Dingen darauf zu achten, daß der verletzte Körperteil völlige Ruhe erhält. Ist nicht bald ein Arzt zur Stelle, so ist dem Verunglückten ein Notverband anzulegen. Ein gebrochenes Bein ist in der Weise vorsichtig zu schienen, wie es die Abbildung auf S. 62 zeigt. Bei Armbrüchen verfährt man ebenso; man kann aber dem Verletzten auch ein größeres Tuch derart um die Schulter binden, daß der Unterarm gänzlich von diesem getragen wird.

A. Knochen des Kopfes.

a) Stirnbein.
b) Schläfenbein.
c) Scheitelbein.
d) Hinterhauptsbein.
e) Oberkiefer.
f) Wangenbein.
g) Nasenbein.
h) Unterkiefer.

B. Knochen des Rumpfes.

1. Der letzte Halswirbel.
2. Der letzte Brustwirbel.
3. Der letzte Lendenwirbel.
4. Kreuzbein und Schwanzbein.
5. Rippen.
6. Brustbein.

C. Schultergürtel und Arme.

7. Schulterblatt.
8. Schlüsselbein.
9. Oberarmknochen.
10. Speiche.
11. Elle.
12. Handwurzelknochen.
13. Mittelhandknochen.
14. Fingerknochen.

D. Beckengürtel und Beine.

15. Becken.
16. Oberschenkelknochen.
17. Kniescheibe.
18. Schienbein.
19. Wadenbein.
20. Fußwurzelknochen.
21. Mittelfußknochen.
22. Zehenknochen.

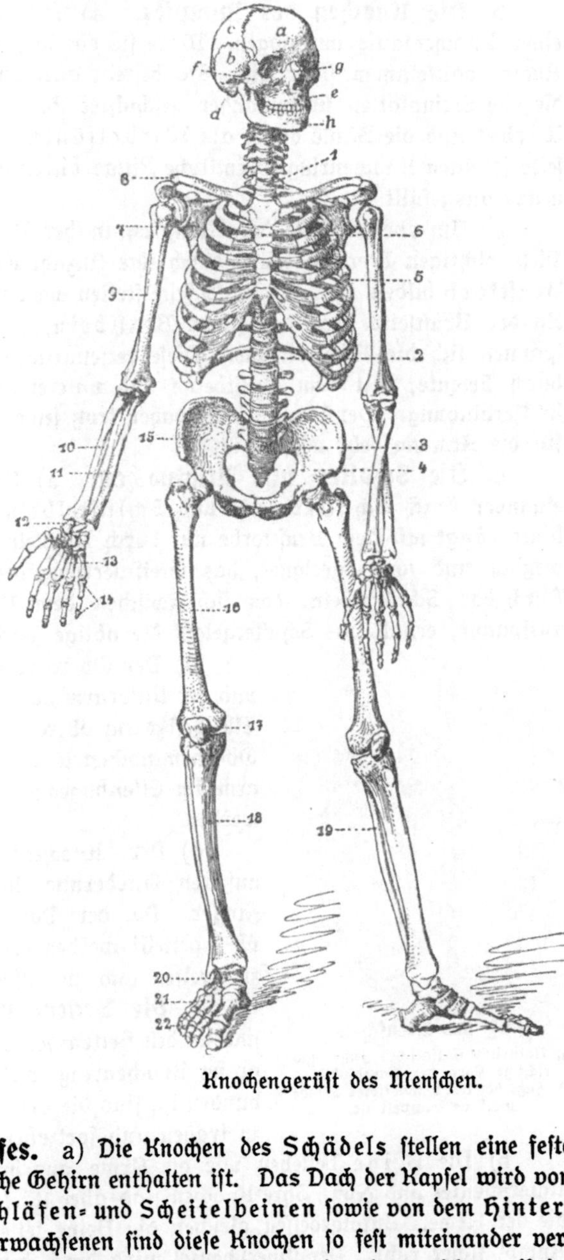

Knochengerüst des Menschen.

2. **Die Knochen des Kopfes.** a) Die Knochen des Schädels stellen eine feste Kapsel dar, in der das empfindliche Gehirn enthalten ist. Das Dach der Kapsel wird von dem Stirnbeine, den beiden Schläfen- und Scheitelbeinen sowie von dem Hinterhauptsbeine gebildet. Beim Erwachsenen sind diese Knochen so fest miteinander verbunden, daß sie selbst durch heftige Erschütterungen nicht auseinander weichen. Beim kleinen Kinde dagegen ist dies noch nicht der Fall. Daher ist auch sein Gehirn gegen Druck und Schlag sehr empfindlich.

b) Aus den Knochen des Gesichts werden die Augen- und Nasenhöhlen sowie die Mundhöhle gebildet. Die wichtigsten Gesichtsknochen sind der Oberkiefer, die Wangenbeine, die Nasenbeine und der bewegliche Unterkiefer.

3. **Die Knochen des Rumpfes.** a) Die Rückenwand des Rumpfes ist von einer Knochensäule durchzogen. Wäre sie ein ungegliedertes Ganzes, dann würde der Rumpf vollkommen starr sein. Sie besteht aber aus einer größeren Anzahl Knochen, die wie Steinplatten übereinander geschichtet sind. Diese Knochen bezeichnet man als Wirbel und die Säule daher als Wirbelsäule. Die Wirbel besitzen an der Rückenseite je einen Knochenring. Sämtliche Ringe bilden einen Kanal, der von dem Rückenmark ausgefüllt ist.

b) Im oberen Teile des Rumpfes, in der Brusthöhle, liegen Herz und Lungen. Diese wichtigen Werkzeuge sind durch eine Anzahl Knochen geschützt, die zusammen den Brustkorb bilden. An der Rückenseite stellen mehrere Wirbel die schützende Wand dar. An der Brustseite liegt das flache Brustbein, und zwischen ihm und den Wirbeln spannen sich die Rippen aus. Diese reifenartigen Knochen stehen mit den Wirbeln durch Gelenke, mit dem Brustbeine und untereinander dagegen durch Knorpelstücke in Verbindung. Der Brustkorb ist daher trotz seiner Starrheit erweiterungsfähig, was für die Atmung sehr wichtig ist.

4. **Die Schulter- und Armknochen.** a) Brustkorb und Arme werden miteinander durch Schulterblatt und Schlüsselbein verbunden. Das flache Schulterblatt hängt mit dem Brustkorbe nur durch Muskeln zusammen. Es ist daher sehr beweglich und somit geeignet, das Greifwerkzeug des Körpers, den Arm, zu tragen. Durch das Schlüsselbein, das sich zwischen dem Brustbeine und dem Schulterblatte ausspannt, erhält das Schultergelenk die nötige Festigkeit.

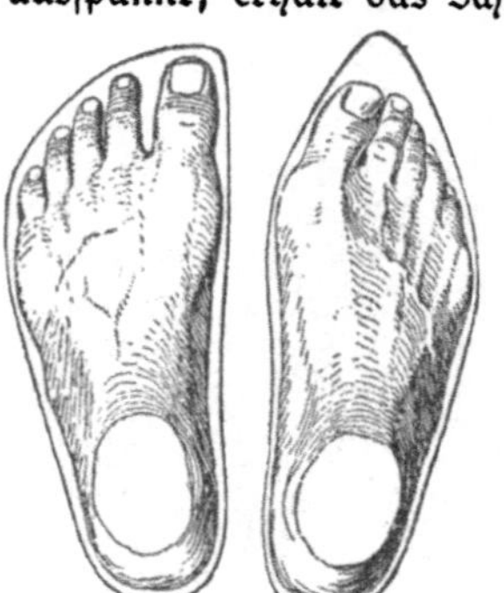

1. 2.

Fuß des Menschen
1. Natürliche Gestalt des Fußes und richtige Form der Schuhsohle.
2. Fuß, der durch modisches Schuhwerk verkrüppelt ist.

b) Der Oberarm wird von dem Oberarmknochen und der Unterarm von Elle und Speiche durchzogen. Die Elle besitzt am oberen Ende einen Fortsatz, der gegen den Oberarmknochen anschlägt. Infolgedessen kann der Unterarm im Ellenbogengelenk nicht auch nach hinten bewegt werden.

c) Der Knochenbau der Hand entspricht ihrer äußeren Gliederung in Handwurzel, Mittelhand und Finger. Da der Daumen jedem andern Finger gegenüber gestellt werden kann, ist die Hand überaus geschickt zu greifen und zu fassen.

5. **Die Becken- und Beinknochen.** a) Die Beine sind an den Seiten des Beckens eingelenkt. Da nun dieser große Knochenring wieder mit der Wirbelsäule fest verbunden ist, sind die Beine vortrefflich befähigt, den Körper zu tragen und fortzubewegen.

b) Die Beine bestehen wie die Arme aus drei Abschnitten, aus Oberschenkel, Unterschenkel und Fuß. Ihre Knochen sind aber stärker und ihre Muskeln kräftiger als die der Arme. Infolgedessen gleichen die Beine festen Säulen, auf denen der schwere Rumpf sicher ruht. Der Oberschenkel wird durch den großen Oberschenkelknochen, der Unterschenkel durch Schien- und Wadenbein gestützt. Das Schienbein besitzt nicht wie die Elle einen hemmenden Fortsatz. Trotzdem biegt sich das Kniegelenk nicht nach hinten durch; denn alle seine Teile werden durch sehnige Bänder in ihrer Lage gehalten. Vor dem Kniegelenke liegt ein platter Knochen, die Kniescheibe.

c) An dem Knochengerüste des Fußes ist die äußere Gliederung in Fußwurzel, Mittelfuß und Zehen deutlich wiederzuerkennen. Fußwurzel- und Mittelfußknochen bilden zusammen ein Gewölbe, das leicht die Last des Körpers trägt. Fehlt die Wölbung, so wird der Boden mit der ganzen Sohle berührt. Menschen mit solchen „Plattfüßen" haben daher einen schwerfälligen Gang.

Das Schuhwerk muß der natürlichen Fußform entsprechen. Durch spitze Schuhe werden die Zehen nach innen gedrückt, das Fußgewölbe wird abgeflacht und das schmerzhafte Einwachsen der Nägel befördert. Bei hohen Absätzen wird die Last, die der Fuß zu tragen hat, einseitig auf den Ballen des Mittelfußes verlegt. Zu enges Schuhwerk erzeugt die sogenannten Hühneraugen.

2. Die Muskeln.

Muskeln des Armes.

1. Das Fleisch des Menschen besteht wie das der Tiere aus vielen Abteilungen, den Muskeln. Jeder Muskel ist wieder aus kleineren Teilen zusammengesetzt, und diese bestehen aus noch kleineren. Die sehnigen Hüllen, von denen die Muskeln umgeben sind, gehen zumeist in feste Sehnen über.

2. Welche Bedeutung die Muskeln haben, zeigt folgender Versuch: An der Innenseite unsers Oberarmes liegt ein großer Muskel, der mit der Schulter und mit der Speiche des Unterarmes durch Sehnen verbunden ist. Wir setzen nun die Hand des andern Armes so auf diesen Muskel, daß der Daumen sein oberes Ende berührt und die Fingerspitzen auf das untere Ende zu liegen kommen. Wollen wir jetzt, daß der Unterarm emporgehoben werde, so merken wir deutlich, wie sich der Muskel verkürzt und darum stark anschwillt. Infolge dieser Verkürzung wird der Unterarm durch Vermittlung der Sehne emporgezogen wie eine Zugbrücke durch die Kette. Gleich dieser Bewegung kommen alle Bewegungen an und in unserm Körper durch Verkürzung von Muskeln zustande.

3. Pflege der Muskeln. Wie z. B. die starken Arme der Schmiede zeigen, werden die Muskeln durch körperliche Arbeit gekräftigt. Bei fortgesetztem Nichtstun aber erschlaffen sie und mit ihnen der ganze Körper. Daher die große Wichtigkeit der körperlichen Arbeit, des Turnens, Schwimmens u. dgl. Überanstrengung dagegen schadet den Muskeln wie allen andern Körperteilen. Tätigkeit und Ruhe müssen also miteinander abwechseln.

3. Die Nerven.

1. Nerven. Die Befehle, die wir den Muskeln erteilen, gehen von der Seele aus. Wir erkennen aber auch die Gegenstände, die uns umgeben; wir hören Geräusche, empfinden Schmerzen; kurz: es kommen uns allerlei äußere Reize zum Bewußtsein. Es muß daher eine Verbindung zwischen dem Sitze der Seele, dem Gehirne, und allen andern Teilen unsers Körpers vorhanden sein. Sie wird durch die Nerven hergestellt, d. s. zarte, weiße Stränge, die vom Gehirne und Rückenmarke ausgehen

und sich überaus fein verzweigen. Wie der elektrische Telegraph unsere Gedanken nach einem weit entfernten Orte trägt, so befördern gewisse Nerven die Befehle unserer Seele zu den Muskeln. Sie veranlassen diese zu einer Bewegung. Man nennt sie daher Bewegungsnerven. Die „Drähte" aber, die der „Telegraphenstation" des Gehirns Nachrichten übermitteln, heißen Empfindungsnerven.

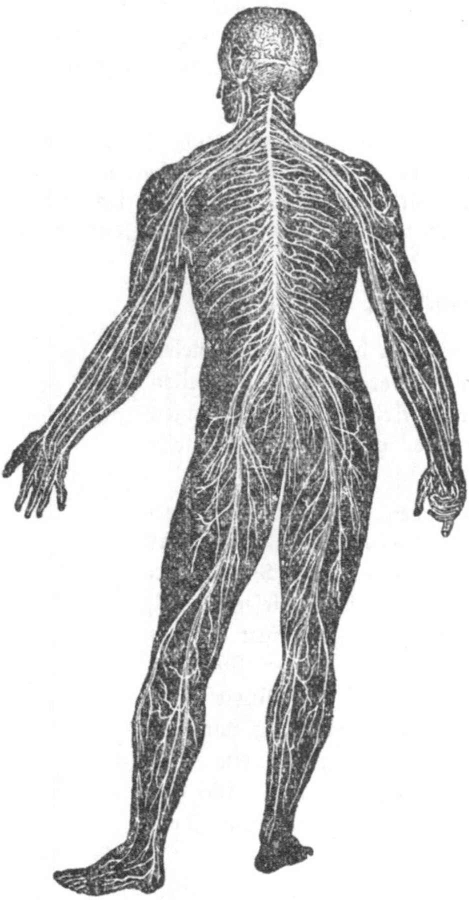

Nerven des Menschen.

2. Gehirn und Rückenmark. Das Gehirn besteht aus einer weichen Masse, die — wie bereits erwähnt — durch die Knochen des Schädels vor äußeren Verletzungen bewahrt wird. Gegen zu starke Erwärmung und Abkühlung ist das empfindliche Werkzeug durch einen schlechten Wärmeleiter geschützt, nämlich durch das Haupthaar. Mit dem Rückenmarke steht es in innigem Zusammenhange. Daher ist es auch mit den Teilen des Körpers verbunden, die von diesem aus mit Nerven versorgt werden. Das Rückenmark ist ein Strang von hirnartiger Beschaffenheit, der — wie wir gesehen haben — den Wirbelkanal ausfüllt.

3. Schädigung und Pflege der Nerven. Von Zeit zu Zeit stellen Gehirn, Rückenmark und Nerven die Arbeit fast gänzlich ein: sie suchen im Schlafe Ruhe und Erholung. Wer den Schlaf (besonders im Kindesalter!) beschränkt, schwächt daher die wichtigen Werkzeuge in hohem Grade. Ebenso wenig darf man sie durch geistige Arbeit oder durch Jagen nach Erwerb übermäßig anstrengen. Am gefährlichsten aber ist es, sie durch den Genuß von geistigen Getränken (Bier, Wein, Branntwein), von Tabak, starkem Kaffee oder dgl. fortgesetzt zu reizen. **Für Kinder sind geistige Getränke und Tabak stets Gift!**

4. Die Sinneswerkzeuge.

1. **Das Auge, das Werkzeug des Gesichts.** a) Schutzeinrichtungen. Das Auge liegt in der knöchernen Augenhöhle. Die Augenbrauen leiten den salzigen Schweiß nach den Seiten ab. Bei drohender Gefahr (zu grelles Licht, Staub, kleine Tiere u. dgl.) schließen sich die Lider mit großer Schnelligkeit („Augenblick"). Dasselbe geschieht, wenn die Augenwimpern auch nur ganz leise berührt werden. Gegen Staub, den z. B. der Wind aufwirbelt, wirken diese Härchen wie Filter. Die Tränenflüssigkeit verhindert die Reibung zwischen Lid und Augapfel. Sie wird durch un-

willkürliche Bewegung der Lider (Blinken oder Blinzeln) über die Augenfläche fein verteilt und reinigt diese von Staub u. dgl. (Putzen der Brillengläser!). Durch die Augenbutter wird die Tränenflüssigkeit zurückgehalten, nach außen abzufließen.

b) Augapfel. Die Wand des Augapfels wird von drei Häuten gebildet, die wie die Schalen einer Zwiebel ineinander liegen. Die äußerste Haut, die weiße Augenhaut (w. Au.), dient als schützende Hülle. Ihr uhrglasförmiger, vorderer Abschnitt wird wegen seiner großen Härte Hornhaut (H.) genannt; da er durchsichtig wie Glas erscheint, kann das Licht in das Innere des Auges eintreten. Die zweite Hautschicht ist schwarz und führt, weil sie sehr viel Blutgefäße enthält, den Namen Aderhaut (A.). Dort, wo die Hornhaut beginnt, erstreckt sich die Aderhaut quer wie ein Vorhang durch den Augapfel. Da dieser „Vorhang" bei den einzelnen Menschen verschieden gefärbt ist, bezeichnet man ihn als Regenbogenhaut oder Iris (R.). In seiner Mitte findet sich eine Öffnung, die infolge des dunklen Hintergrundes schwarz erscheint und Sehloch, Augenstern oder Pupille (P.) genannt wird. Bei grellem Lichte verengt sich die Pupille, bei schwachem aber erweitert sie sich. Daher dringen stets gerade so viel Lichtstrahlen in das Auge, wie zum Sehen nötig sind. Am hinteren Ende des Augapfels tritt der Sehnerv (Sn.) ein. Er durchbricht die beiden genannten Hautschichten und breitet sich als Netzhaut (N.) auf der Innenseite der Aderhaut aus.

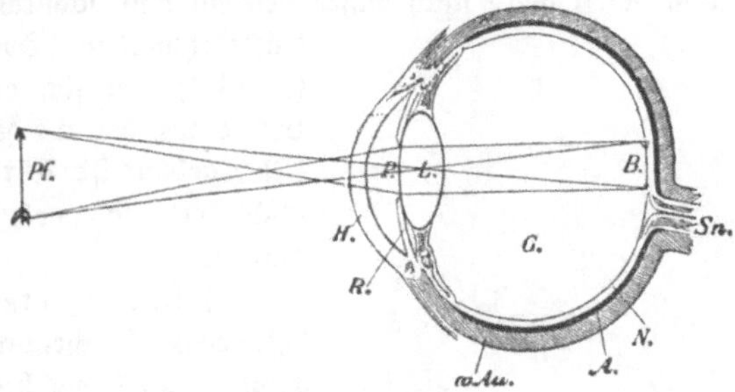

Auge des Menschen.

Unmittelbar hinter der Regenbogenhaut findet sich ein linsenförmiger Körper, die Augenlinse (L.). Der Raum vor der Regenbogenhaut ist mit einer wässerigen Flüssigkeit, der hinter der Linse mit einer gallertartigen Masse, dem Glaskörper (G.), angefüllt. Die Flüssigkeit sowohl, als auch die Linse und der Glaskörper sind von größter Durchsichtigkeit und können daher von Lichtstrahlen durchdrungen werden.

Das Auge ist also so gebaut wie die Dunkelkammer des photographischen Apparates (s. Naturlehre). Wie dort durch die Linse ein umgekehrtes, verkleinertes Bild auf der matten Glasscheibe oder der photographischen Platte entsteht, so erzeugt auch die Augenlinse ein umgekehrtes Bildchen (B.) von dem betrachteten Gegenstande (Pf.). Fällt dieses auf die Netzhaut, so wird sie gereizt. Der Reiz wird durch den Sehnerv dem Gehirn übermittelt und kommt uns zum Bewußtsein, d. h. wir sehen.

c) Über die Fähigkeit des Auges, sich den verschiedenen Entfernungen anzupassen sowie über die Weit- und Kurzsichtigkeit s. Naturlehre.

d) Pflege des Auges. Aus der Kenntnis vom Bau und der Tätigkeit des Auges ergeben sich folgende Verhaltungsmaßregeln: Schütze das Auge gegen Druck, Schlag und Stoß sowie gegen staubige, rauchige und heiße Luft! Meide den schnellen Wechsel von hell und dunkel! Lies, schreibe, nähe, sticke usw. nie bei zu grellem oder bei zu schwachem Lichte (bei direktem Sonnenlichte, in der Dämmerung, bei schlechtem Lampenlichte, bei flackernder Kerze, im Fahren usw.)! Halte die Arbeit etwa 25 cm vom Auge ab; denn durch fortgesetztes Betrachten sehr naher Gegenstände entsteht

Kurzsichtigkeit. Überanstrenge das Auge nicht! Mache von Zeit zu Zeit eine Pause! Bei Augenkrankheiten frage sofort den Arzt!

2. **Das Ohr, das Werkzeug des Gehörs.** a) Das äußere Ohr. Die Ohrmuschel (M.) wirft die anprallenden Schallwellen durch die Ohröffnung in den Gehörgang (G.). Dieser ist am inneren Ende durch eine Haut, das Trommelfell (T.), verschlossen, das durch die Schallwellen in Schwingung versetzt wird. Das braune Ohrenschmalz erhält das Trommelfell geschmeidig und hüllt eingedrungene Staubteilchen u. dgl. ein.

b) Das mittlere Ohr (m. O.) ist eine kleine, luftgefüllte Höhle. Sie steht durch einen Kanal, die Ohrtrompete (Ot.), mit der Rachenhöhle und dadurch mit der äußeren Luft in Verbindung. Infolgedessen herrscht auf beiden Seiten des Trommelfells derselbe Luftdruck. Wäre dies nicht der Fall, dann würde das Trommelfell bald nach innen, bald nach außen gepreßt und dadurch in seinen Schwingungen stark beeinträchtigt werden. Zwischen Trommelfell und innerem Ohre (i. O.) spannt sich quer durch die luftgefüllte Höhle eine Brücke aus, die aus den drei winzigen Gehörknöchelchen (Gk.) gebaut ist. Wird das Trommelfell durch Schallwellen erschüttert, so geraten auch die Knöchelchen in Schwingungen.

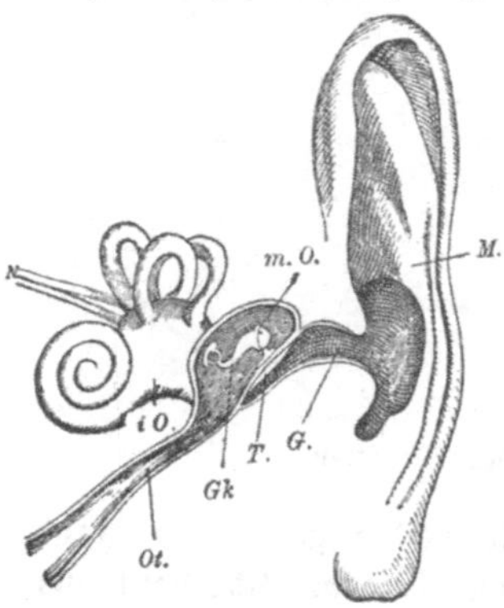

Ohr des Menschen.

c) Das innere Ohr (i. O.) liegt in einer völlig geschlossenen Knochenkapsel und ist mit einer Flüssigkeit angefüllt. In dieser breitet sich der Gehörnerv (N.) aus, nachdem er sich in eine sehr große Zahl feinster Fasern aufgelöst hat. In der Wand der Knochenkapsel befindet sich ein zartes Häutchen, an das sich das letzte der drei Gehörknöchelchen anlegt. Geraten die Knöchlein in Schwingungen, so muß also das Häutchen mitschwingen. Die Erschütterungen pflanzen sich aber auch auf die Flüssigkeit fort. Dadurch wird auf die Enden des Hörnerven ein Reiz ausgeübt, der zum Gehirn geleitet wird und uns dort als Ton oder Geräusch zum Bewußtsein kommt.

d) Schutz des Ohres. Das innere und mittlere Ohr sind sehr zarte und empfindliche Werkzeuge. Darum hüte man sich wohl, sie durch Stoß oder Schlag an den Kopf zu erschüttern! Verhärtetes Ohrenschmalz, das eine geringe Schwerhörigkeit verursachen kann, beseitige man durch Einspritzen von warmem Wasser. Niemals aber verwende man dazu spitze Gegenstände; denn dadurch kann man leicht das Trommelfell zerstören. Bei Erkrankung des Ohres wende man sich sofort an den Arzt!

3. **Die Nase ist der Träger der Geruchswerkzeuge.** Dies sind die feinsten, stabförmigen Endungen des Riechnerven, der sich im oberen Teile der Nasenhöhlen (Abb. S. 69) in immer feinere Fasern auflöst. Durch luftförmige, riechbare Stoffe, die in der Atemluft enthalten sind, werden diese Endungen gereizt. Der Reiz wird dem Gehirn übermittelt und dort als Geruch empfunden.

4. **Die Zunge ist der Träger der Geschmackswerkzeuge.** Diese finden sich als Wärzchen sehr zahlreich auf der Zungenoberfläche. In ihnen enden die Fasern des Geschmacksnerven. Durch flüssige Stoffe oder solche, die sich im Speichel oder in einer andern Flüssigkeit auflösen, werden die Nervenenden gereizt. Der Reiz kommt uns als Geschmacksempfindung zum Bewußtsein.

5. **Die Haut ist der Träger der Gefühlswerkzeuge.** Durch sie können wir die Form und Oberfläche eines Körpers feststellen, sein Gewicht abschätzen sowie warm und kalt unterscheiden. Als Werkzeuge dieser verschiedenen Gefühle dienen die Enden der Empfindungsnerven oder besondere Körperchen, in die jene Nervenendungen eintreten. Die wichtigsten dieser Gebilde sind die Tastkörperchen (s. Abb. S. 77 Ta.)

5. Die Atmung.

1. **Das Wesen der Atmung.** Werden Menschen oder Tiere längere Zeit gehindert, Luft einzuatmen, die Sauerstoff (s. Naturlehre) enthält, so gehen sie zugrunde. Untersucht man die ausgeatmete Luft, so findet man, daß ein Teil des Sauerstoffes verschwunden und durch Kohlensäure (s. Naturlehre) ersetzt ist. Darum sollte jedermann möglichst oft und lange sauerstoffreiche Luft einatmen, wie sie sich im Freien findet. Darum müssen auch Schlaf-, Wohnzimmer u. dgl. fleißig gelüftet werden.

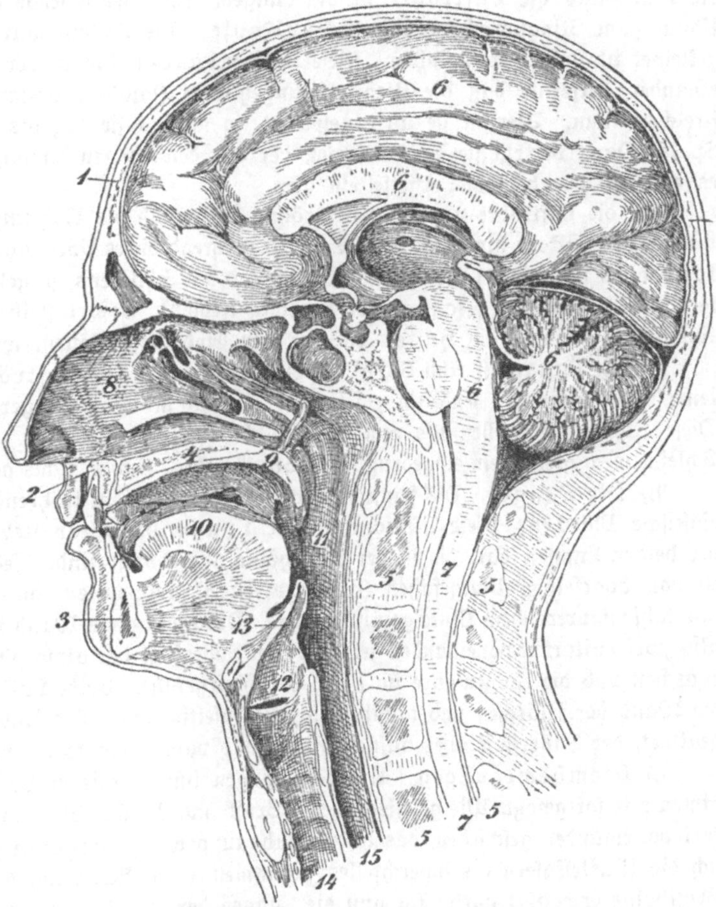

Längsschnitt durch Kopf und Hals.

1. Schädelknochen. 2. Oberkiefer mit mehreren Zähnen. 3. Unterkiefer mit einem Vorderzahne. 4. Gaumenbein (darunter der harte Gaumen). 5. Teile der Wirbel. 6. Teile des Gehirns. 7. Rückenmark. 8. Nasenhöhle. 9. weicher Gaumen und Zäpfchen. 10. Zunge. 11. Rachenhöhle, in der sich oben die Ohrtrompete öffnet. 12. Kehlkopf. 13. Kehlkopfdeckel. 14. Luftröhre. 15. Speiseröhre.

2. **Die Nase.** Die Atemluft wird durch die Nase eingesogen, durchströmt die Nasenhöhlen und gelangt durch zwei Öffnungen in die Rachenhöhle. Sie zieht also beim Eintritt in den Körper an den Geruchswerkzeugen vorüber. Da nun die schädlichen Beimengungen der Luft meist durch den Geruch wahrnehmbar sind, ist die Nase gleichsam ein Wächter des Körpers.

Die Nase ist ferner mit einer Haut ausgekleidet, die fortgesetzt Schleim absondert. Von dieser Schleimhaut nimmt die Atemluft daher beständig Feuchtigkeit auf. Zugleich lagert sich der Staub, den sie etwa mitführt, größtenteils auf dem Schleime ab. Endlich erwärmt sich die Luft beim Durchgange durch die Nase wie an einem Ofen. Alles dies ist von größter Wichtigkeit; denn gegen kalte Luft und Staub sind die zarten Lungen sehr empfindlich. Auch müßten die Atemwerkzeuge sehr bald austrocknen und sich heftig entzünden, wenn die eingeatmete Luft nicht immer wieder mit Feuchtigkeit bereichert würde. Es ist daher notwendig, stets durch die Nase zu atmen.

3. **Die Luftröhre mit dem Kehlkopfe** (s. Abb. S. 76). Aus der Rachenhöhle fließt die Luft durch die Luftröhre in die Lungen. Am oberen Ende erweitert sich dieser Kanal zum Stimmwerkzeuge, dem Kehlkopfe. Die Schleimhaut, von der er ausgekleidet ist, bildet zwei Falten. Diese Stimmbänder sind in der Ruhe so weit voneinander entfernt, daß die Atemluft ungehindert (lautlos) zwischen ihnen hindurchstreichen kann. Werden sie aber gespannt, so nähern sie sich bis auf einen schmalen Spalt. Dann versetzt sie der Luftstrom, der aus den Lungen kommt, in Schwingungen: es entsteht wie bei einer Pfeife ein Ton.

Da die Luftröhre vor der Speiseröhre liegt, muß die Nahrung beim Verschlucken über den Kehlkopf hinweggleiten. Er wird während dieses Vorganges durch den Kehlkopfdeckel verschlossen. Sprechen wir während des Schluckens, so gelangen leicht Speiseteile in den Luftweg („falsche oder unrechte Kehle"). Sofort stellt sich durch heftiges Auspressen der Luft ein Husten ein, der den Eindringling meist wieder entfernt.

4. **Die Lungen** (s. Abb. S. 76). a) Verzweigung der Luftröhre. Die Luftröhre teilt sich am unteren Ende in zwei Äste, die sich in immer engere Kanäle auflösen. Diese Röhren sind ebenfalls von einer Schleimhaut ausgekleidet. Der abgeschiedene Schleim wird gleich dem eingedrungenen Staube als Auswurf aus dem Körper entfernt.

b) Die Lungen. Die feinsten Verzweigungen der Luftröhrenäste enden in zarte, elastische Bläschen. Viele Millionen dieser Lungenbläschen stellen die Hauptmasse der beiden Lungen dar, die in der Brusthöhle aufgehängt sind. Jedes Lungenbläschen ist von haarfeinen Blutgefäßen (Haargefäßen) umsponnen, die immer von neuem mit kohlensäurereichem Blute gefüllt werden. Durch die zarte Wand jedes Bläschens sind also zwei Luftarten voneinander getrennt: der Sauerstoff der atmosphärischen Luft in den Bläschen und die Kohlensäure im Blute der Haargefäße. Beide Luftarten dringen durch die Wand der Bläschen und tauschen sich gegenseitig aus. Die Kohlensäure wird ausgeatmet, der Sauerstoff aber aufgenommen und vom Blute fortgeführt.

c) Atembewegungen. Um den Lungen immer wieder Sauerstoff zuzuführen, atmen wir fortgesetzt. Wie geschieht dies? Brust- und Bauchhöhle sind durch das Zwerchfell voneinander geschieden, das in der Ruhe kuppelartig nach oben gewölbt ist. Ziehen sich die Muskelfasern des Zwerchfelles zusammen, dann flacht sich dieses ab, so daß die Brusthöhle erweitert wird. Da nun die Lungen den Wänden dieser Höhle eng anliegen, erweitern sie sich gleichfalls. Infolgedessen wird in ihnen die Luft stark verdünnt, so daß durch die Atemwege Luft von außen einströmen muß (Einatmung). Hört das Einströmen auf, dann ziehen sich die elastischen Lungenbläschen wieder zusammen und treiben die Luft ins Freie (Ausatmung). Unterdes hat sich auch das Zwerchfell wieder gewölbt, und der Vorgang beginnt von neuem.

d) Pflege der Lungen. Beim gewöhnlichen Atmen, besonders im Sitzen, ist das Zwerchfell allein in Tätigkeit. Bei starker körperlicher Bewegung dagegen hebt und senkt sich der ganze Brustkorb: wir atmen tiefer. Dabei werden vor allen Dingen auch die oberen Lungenabschnitte (Spitzen), die sonst fast gänzlich ruhen, in Tätigkeit versetzt. Hieraus geht hervor, welch großen Wert körperliche Bewegung (Turnen, Wandern, Bergsteigen usw.) gerade für denjenigen hat, der einen großen Teil des Tages sitzt, und wie gefährlich gar das Krummsitzen beim Lesen, Schreiben, Nähen u. dgl. ist.

Bei fortgesetzter Untätigkeit erkranken schließlich die Lungenspitzen und damit die ganzen Lungen und — der ganze Mensch. Besonders gegen die Schwindsucht zeigen sich die Lungen dann gänzlich widerstandslos. Der Ansteckungsstoff dieser schrecklichen Krankheit gelangt vor allen Dingen dadurch in unsern Körper, daß wir den eingetrockneten und durch die Luft verwehten Auswurf Schwindsüchtiger einatmen. Ebenso gefährlich sind die winzigen Speicheltröpfchen, die der Kranke beim Husten oder Sprechen verbreitet. Auch durch die Milch und das Fleisch kranker Tiere kann eine Ansteckung erfolgen. Desgleichen kann man sich die Schwindsucht dadurch zuziehen, daß man Wunden und Verletzungen mit unreinen Händen berührt oder unreine Gegenstände (Trinkgläser, Löffel, Gabeln u. dgl.) in den Mund nimmt. Als Vorsichtsmaßregel gilt daher, niemals auf den Boden zu speien und an Orten, an denen zahlreiche Menschen verkehren, Spucknäpfe aufzustellen, die mit Wasser gefüllt sind. Daher sollte man ferner in allen Teilen des Hauses, auf den Höfen, Straßen usw., sowie am eigenen Körper die größte Reinlichkeit walten lassen und bei der Zubereitung und Aufbewahrung der Speisen (Fliegen!) die nötige Sauberkeit beobachten. Da nun schwächliche Menschen besonders leicht von der Schwindsucht befallen werden, so sollte endlich jeder alles meiden, was seinen Körper schwächen könnte. Man übe die größte Mäßigkeit im Essen und Trinken (geistige Getränke, Kaffee, Tee); man wähle sich eine sonnige Wohnung, die — wie bereits erwähnt — fleißig zu lüften ist, und man suche — wie ebenfalls schon gesagt — seinen Körper durch häufigen Aufenthalt im Freien sowie durch körperliche Bewegung zu kräftigen. Sehr große Gefahren für die Gesundheit hat auch die Unsitte des Schnürens im Gefolge, die bei Frauen und Mädchen weit verbreitet ist. Denn muß bei einem zusammengepreßten oder gar verkrüppelten Brustkorbe die Atmung nicht im höchsten Grade beeinträchtigt werden?

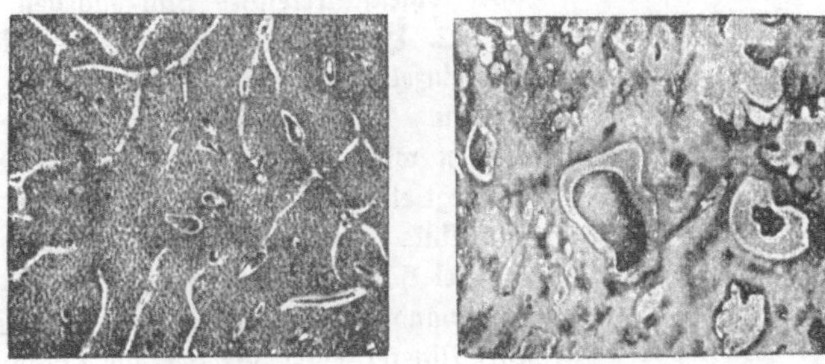

1. 2.

Stücke aus einer Lunge. 1. gesunde, 2. durch Lungenschwindsucht zerstörte Lunge.

5. **Wiederbelebung Scheintoter.** Häuft sich die Kohlensäure zu stark im Körper an, so tritt der Tod ein: der Mensch erstickt. Daher muß man bei Verunglückten, die dieser Gefahr nahe sind — also bei Personen, die bewußtlos aus dem Wasser gezogen wurden, die sich erhängt haben usw., — die unterbrochene Atmung wieder herzustellen versuchen. Man legt den Scheintoten auf den Fußboden, auf eine Bank oder dgl., befreit ihn von allen beengenden Kleidungsstücken und schiebt ihm einen festen Gegenstand unter das Kreuz. Dann zieht man ihm die Zunge aus dem Munde und bindet sie durch ein Tuch fest. Nun kniet man hinter seinem Kopfe nieder, ergreift seine Arme dicht unter dem Ellenbogen und führt sie im

Halbkreise über den Kopf, bis sich die Hände berühren. Infolge dieser Tätigkeit wird die Brust erweitert, so daß sich die Lungen mit Luft füllen. Darauf bewegt man die Arme des Scheintoten

Künstliche Atmung. 1. Einatmung. 2. Ausatmung.

langsam wieder zurück und preßt sie seitlich gegen dessen Brustkorb. Dadurch entweicht die Luft aus den Lungen. Die künstliche Atmung hat man nun so lange fortzusetzen, bis der Bewußtlose selbständig wieder zu atmen beginnt, oder bis ein Arzt den Tod festgestellt hat.

6. Das Blut und der Blutkreislauf.

1. **Das Blut.** Untersuchen wir ein wenig Blut unter dem Mikroskope, so sehen wir, daß es aus einer farblosen Flüssigkeit und einer unzählbaren Menge sehr kleiner, gelblicher Scheiben, den Blutkörperchen, besteht. Sie sind es, die sich in den Lungen mit Sauerstoff beladen, ihn an die einzelnen Körperteile abgeben und gegen Kohlensäure eintauschen. Blut, das reich an Sauerstoff ist, sieht hellrot aus; sauerstoffarmes, aber kohlensäurereiches Blut dagegen ist dunkelrot.

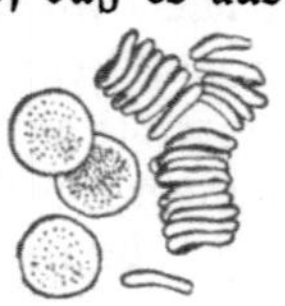

Blutkörperchen (stark vergr.).

2. **Herz und Blutgefäße.** Die Leitung des Blutes zu den einzelnen Körperteilen erfolgt in den Blutgefäßen oder Adern. Das Pumpwerk, von dem es durch diese Röhren getrieben wird, ist ein etwa faustgroßer Hohlmuskel, das Herz. Es liegt etwas schräg in der Mitte der Brust, so daß seine Spitze nach links unten gerichtet ist. Durch eine Längswand wird es in zwei Hälften geschieden, und jede Hälfte ist wieder durch eine Querwand in eine Vor- und eine Herzkammer geteilt. Wie jeder Muskel besitzt das Herz die Fähigkeit, sich zusammenzuziehen und wieder auszudehnen. Diese Bewegung wird von uns als Herzschlag gefühlt und gehört. Die Schlag- oder Pulsadern (Arterien) leiten das Blut vom Herzen fort, und in den Blutadern (Venen) kehrt es wieder zu ihm zurück. Beide Arten von Blutgefäßen müssen daher miteinander in Verbindung stehen. Diese Verbindung vermitteln die bereits erwähnten sehr engen Haargefäße.

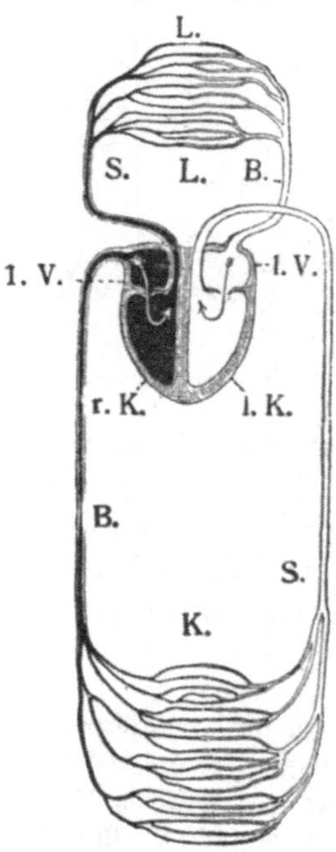

Blutkreislauf.

3. **Blutkreislauf** a) Das Blut, das sich in den Lungen mit Sauerstoff beladen hat, sammelt sich in der linken Vorkammer (l. V.), die es an die linke Herzkammer (l. K.) weiter gibt. Ziehen sich nun die starken Wände der letzteren zusammen, dann wird es in eine große Schlagader (S.) gepreßt, die sich in immer feinere Gefäße auflöst. An den größeren, oberflächlich liegenden Adern fühlt man die stoßweise Fortbewegung des Blutes, den Pulsschlag.

b) Die feinsten Schlagadern lösen sich schließlich in Haargefäße auf, die alle Teile des Körpers durchsetzen und umspinnen (K.). Durch ihre zarten Wände findet der umgekehrte Gasaustausch wie in den Lungen statt: der Sauerstoff, mit dem die Blutkörperchen reich beladen sind, dringt in die Körperteile (Muskeln, Nerven, Knochen usw.) ein, während Kohlensäure aus ihnen in das Blut übergeht.

Woher stammt aber die Kohlensäure? Der in die Muskeln, Nerven, Knochen usw. eindringende Sauerstoff verbindet sich mit deren kleinsten Teilen. Dabei bildet sich, genau wie beim Verbrennen von Kohle, Holz u. dgl., dieses giftige Gas (s. Naturlehre). Wie bei jenem Vorgange, so entsteht auch bei der „Verbrennung" in unserm Körper zugleich eine gewisse Wärme. Sie beträgt beim gesunden Menschen etwa 37° C. Nur bei dieser „Eigenwärme" gehen im menschlichen Körper alle Lebenstätigkeiten leicht von statten. Sinkt die Temperatur auch nur um einige Grade, so werden diese Tätigkeiten gestört; sinkt sie noch tiefer, dann stellen die Werkzeuge ihre Arbeit ein: der Mensch stirbt. Ebenso ist eine Erhöhung der Temperatur um einige Grade (Fieber) von großen Gefahren begleitet. Da wir nun beständig Wärme an unsere Umgebung abgeben, muß in unserm Körper auch immer von neuem Wärme erzeugt werden. Wie geschieht dies?

Wenn wir das Feuer unter einer Maschine nicht unterhalten, dann erlischt es, und die Maschine bleibt endlich stehen. Genau so verhält es sich mit dem „Feuer" in unserm Körper und mit der „Maschine" unsers Leibes. Die Zufuhr neuer „Brennstoffe" besorgt gleichfalls das Blut, in dem diese Stoffe gelöst vorhanden sind. Wie bei der Verbrennung von Kohle oder Holz, so bleiben bei der Verbrennung in unserm Körper aber auch Abfallstoffe, „Schlacken", zurück. Sie sind in Körperflüssigkeiten gelöst und müssen beseitigt werden. Durch die Wandungen der Haargefäße sind also auch zwei verschiedene Flüssigkeiten getrennt, die sich gleichfalls austauschen: die Brennstoffe dringen in die Muskeln, Nerven, Knochen usw. ein, während die Abfallstoffe aus ihnen in das Blut übergehen (Stoffwechsel).

c) Das in den Haargefäßen kohlensäurereich gewordene Blut sammelt sich in immer größeren Gefäßen, den bereits erwähnten Blutadern (B.), von denen die oberflächlich liegenden als bläuliche Stränge durch die Haut schimmern. Schließlich mündet es in die rechte Vorkammer des Herzens (r. V.).

d) Aus dieser fließt es in die rechte Herzkammer (r. K.), die es durch eine Schlagader (S.) in die Lungen pumpt. Hier löst sich die Schlagader in Haargefäße (L.) auf, in denen — wie wir oben gesehen haben — der Austausch der Kohlensäure gegen den Sauerstoff der Luft erfolgt. Die Haargefäße vereinigen sich dann wieder zu Blutadern (B.), die in die linke Vorkammer (l. V.) münden. Jetzt ist das Blut wieder zu dem Orte zurückgekehrt, von dem ab wir es verfolgt haben: es hat also einen Kreislauf beendet.

4. **Pflege.** Bei kräftiger Bewegung (körperlicher Arbeit, Turnen, Wandern u. dgl.) kreist das Blut schneller und schlägt das Herz kräftiger, als wenn wir ruhen. Dann geht der Austausch der Brenn- und Abfallstoffe rasch vonstatten, und wir fühlen uns wohl. Zugleich gewinnt das Herz dabei an Kraft; denn jeder Muskel wird — wie wir wissen — durch Übung gestählt. Überanstrengung aber schadet wie in allen Fällen.

5. **Blutungen.** Sind nur Haargefäße und kleinere Adern verletzt worden, so rieselt das Blut langsam aus der Wunde. Meist genügt dann schon ein leichter Druck, die Blutung zum Stehen zu bringen. Sorgsam bedacht muß man aber darauf sein, die Wunde nicht mit unsauberen Händen usw. zu berühren. Ist sie bereits verunreinigt, so muß sie mit reinem Wasser sorgfältig ausgewaschen werden. Mit sauberem Heftpflaster bedeckt, heilen kleine Wunden gewöhnlich schnell. Bei schwereren Verletzungen ist aber sofort ein Arzt zu Rate zu ziehen!

Tritt dunkles Blut in größeren Mengen aus der Wunde hervor, so ist eine *Blutader* getroffen. Hört die Blutung nach Anlegung einer festen Binde nicht auf, dann muß man das verletzte Gefäß zudrücken. Da das Blut von außen zuströmt, hat dies (vom Herzen aus!) hinter der Wunde zu geschehen. Spritzt ein hellroter Blutstrahl ruckweise aus der Wunde, so ist eine größere *Schlagader* verletzt. Dann muß man ungesäumt einen Arzt rufen. Bis zu dessen Eintreffen hat man die Wunde durch kräftigen Fingerdruck zu verschließen oder die Schlagader zwischen Herz und Wunde gegen einen benachbarten Knochen zu pressen, um den Blutzufluß zu unterbinden.

Bei heftigem *Nasenbluten* lagere man den Kopf hoch, verstopfe die Nasenlöcher mit reiner Watte oder ziehe mehrfach kaltes Wasser in die Nase empor. Haben diese Bemühungen keinen Erfolg, so muß man wie bei allen „inneren Blutungen" ärztliche Hilfe in Anspruch nehmen.

7. Die Verdauung.

1. **Wesen der Verdauung.** Die Stoffe, die aus dem Blute beständig in alle Teile des Körpers übertreten, nehmen wir durch die Nahrung auf. Da sie Häute (Darm!) durchdringen müssen, ist es notwendig, daß sie *flüssig oder in Flüssigkeit gelöst sind*. Es gilt daher erstens, sie — soweit es nicht schon der Fall ist — in diese Form überzuführen. Zumeist sind sie aber noch mit Stoffen vermischt, die für unsern Leib wertlos sind. Es ist daher zweitens nötig, *sie von diesen unbrauchbaren Bestandteilen zu trennen und letztere aus dem Körper zu entfernen*. Diese doppelte Arbeit wird in und von den *Verdauungswerkzeugen* verrichtet.

Die Stoffe der Nahrung, die für den Körper wertvoll sind, werden als *Nährstoffe* bezeichnet. Sie treten besonders als Eiweiß, Stärke oder Zucker, Fette, Wasser und Salze auf. Näheres hierüber s. Naturlehre.

2. **Zähne.** a) *Bau und Pflege.* Beim Verzehren fester Nahrung treten zuerst die Zähne in Tätigkeit. Den Teil des Zahnes, der aus dem Kiefer (K.) hervorragt, nennt man die *Krone*, den vom Kiefer eingeschlossenen die *Wurzel*. Im Innern des Zahnes findet sich eine *Höhle* (H.), in die ein Nerv (N.) und Blutgefäße (B.) eintreten (Ernährung des Zahnes!). Der Zahn besteht aus einer knochenartigen Masse, dem *Zahnbeine* (Zb.). Die Krone ist überdies noch mit einem sehr harten Stoffe, dem glasartigen *Schmelz* (S.), überzogen. Er setzt den Zahn in den Stand, den vielfachen Angriffen zu widerstehen, denen er ausgesetzt ist.

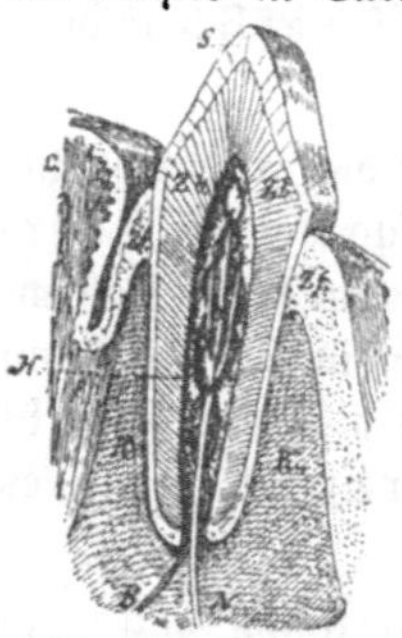

Durchschnitt eines Schneidezahnes.
Zf. Zahnfleisch. L. Lippe.

Der Schmelz ist aber sehr spröde. Bekommt er Risse, so dringen Flüssigkeiten und Speiseteilchen bis zum Zahnbeine vor. Es entsteht bald Fäulnis: der Zahn wird hohl, verursacht meist heftige Schmerzen und geht schließlich ganz verloren. Da nun die Zähne — wie wir noch sehen werden — überaus wichtige Werkzeuge sind, sollte man alles tun, sie zu erhalten. Vor allen Dingen hüte man sich, warme und kalte Speisen in schnellem Wechsel zu genießen, harte Stoffe (Nüsse u. dgl.) zu zerbeißen und metallene Gegenstände (Nadeln u. dgl.) als Zahnstocher zu benutzen. Durch häufiges Ausspülen des Mundes und durch regelmäßiges Reinigen der Zähne entferne man die Speisereste, die sich in den Zahnlücken festsetzen. Das Reinigen muß mit einer weichen Bürste und einem Putzmittel täglich wenigstens vor dem Schlafengehen geschehen. Auch gewöhne man sich, auf beiden Seiten gleichmäßig zu kauen; denn Untätigkeit schwächt die Zähne wie jeden andern Körperteil.

b) **Arten und Wechsel.** Die Vorderzähne (oben und unten je vier) bilden mit ihren meißelförmigen Kronen gleichsam zwei Messer zum Abschneiden passender Nahrungsteile. Darum nennt man sie auch „Schneidezähne". Die Backenzähne dagegen (beim Erwachsenen oben und unten jederseits fünf), die das Zermalmen der Nahrung besorgen, haben breite Kronen mit höckeriger Oberfläche. Die Eckzähne (in jedem Kiefer jederseits einer) ähneln den Schneidezähnen, die sie auch in ihrer Tätigkeit unterstützen. — Bis zum sechsten Lebensjahre besitzt der Mensch nur 20 Zähne. Diese Milchzähne fallen nach und nach aus und werden durch bleibende ersetzt. Hinter den beiden Backenzähnen kommen dann jederseits auch die drei noch fehlenden hervor.

3. **Die übrigen Werkzeuge der Mundhöhle** (Abb. S. 69). a) Während die Nahrung zerkleinert wird, ist die Mundhöhle allseitig geschlossen. Es würde sonst die Speise zum Teil herausfallen oder gar durch die Rachenhöhle in die Luftröhre gelangen. Die Lippen verschließen die Eingangsöffnung, den Mund; die Wangen bilden die Seitenwände, und durch den weichen Gaumen ist die Mundhöhle von der Rachenhöhle getrennt. Der weiche Gaumen schließt sich an das Dach der Mundhöhle, den harten Gaumen, an. Seine Mitte setzt sich in das Zäpfchen fort. Seitlich vom Eingange zur Rachenhöhle sind zwei große Drüsen, die Mandeln, sichtbar.

b) Am Boden der Mundhöhle liegt die Zunge. Sie untersucht — wie wir gesehen haben — die Nahrung auf ihren Geschmack und damit auf ihre Bekömmlichkeit für den Körper. Da sie ferner ein sehr empfindliches Werkzeug ist, vermag sie die Nahrung auch auf Wärme und Kälte zu prüfen. Dies ist von größter Wichtigkeit; denn der Genuß zu warmer oder zu kalter Speisen ruft oft schwere Magen- und Darmerkrankungen hervor. Die Zunge ist endlich auch ein sehr beweglicher Körper. Sie bringt die Speisen immer wieder zwischen die Zähne und drückt sie gleich der zu verschluckenden Flüssigkeit in die Rachenhöhle. Während des Kauens wird die Nahrung mit Speichel durchtränkt, der von den Speicheldrüsen geliefert wird.

4. **Rachenhöhle, Speiseröhre und Magen.** Indem sich die Wandungen der sackförmigen Rachenhöhle zusammenziehen, wird der Bissen in die Speiseröhre gedrückt. Durch sie gelangt er in den Magen, der im oberen Teile der Bauchhöhle liegt. In der Schleimhaut des Magens befinden sich Tausende von kleinen Drüsen, die den Magensaft absondern. Dieser Saft tötet einerseits die Fäulnis-, Gärungs- und Krankheitserreger, die mit den Speisen in den Magen gelangen. Er löst andrerseits aber auch Eiweißstoffe auf, ähnlich wie dies z. B. mit Zucker in Wasser geschieht. Nach und nach wird der ganze Inhalt des Magens in einen dünnen Brei, den Speisebrei, verwandelt.

Je feiner die Nahrung gekaut ist, desto besser kann der Magensaft auf sie einwirken; daher die große Wichtigkeit gründlichen Kauens und der Wert gesunder Zähne („Gut gekaut, ist halb verdaut!"). Je mehr man durch Trinken den Magensaft verdünnt, desto weniger kann er seine Wirkung entfalten. Magenkranke sind daher ansteckenden Krankheiten (Typhus, Cholera) viel mehr ausgesetzt als Gesunde. Ganz besonders gilt dies für Trinker, die fast stets an Erkrankung des Magens leiden.

5. **Der Darm und seine Drüsen.** Aus dem Magen gelangt der Speisebrei in den Darm, der eine zuerst engere, dann weitere Röhre darstellt, sich also in Dünn- und Dickdarm gliedert.

a) Sobald der Speisebrei in den **Dünndarm** einfließt, wird er durch Galle und Bauchspeichel weiter verändert. Die **Galle** ist eine grünliche, bittere Flüssigkeit. Sie wird von der **Leber**, einer großen, braunen Drüse in der rechten oberen Bauchhöhle, erzeugt. Die Galle hat besonders die Aufgabe, das Fett in außerordentlich feine Tröpfchen zu zerteilen, so daß es Häute durchdringen kann. An der Stelle, an der die Galle aus der Gallenblase in den Dünndarm gelangt, tritt auch der **Bauchspeichel** ein. Diese wasserklare Flüssigkeit wird von der graurötlichen **Bauchspeicheldrüse** unterhalb des Magens abgeschieden. Sie verwandelt vor allen Dingen Stärke in Zucker, der, in Wasser gelöst, gleichfalls Häute durchdringt.

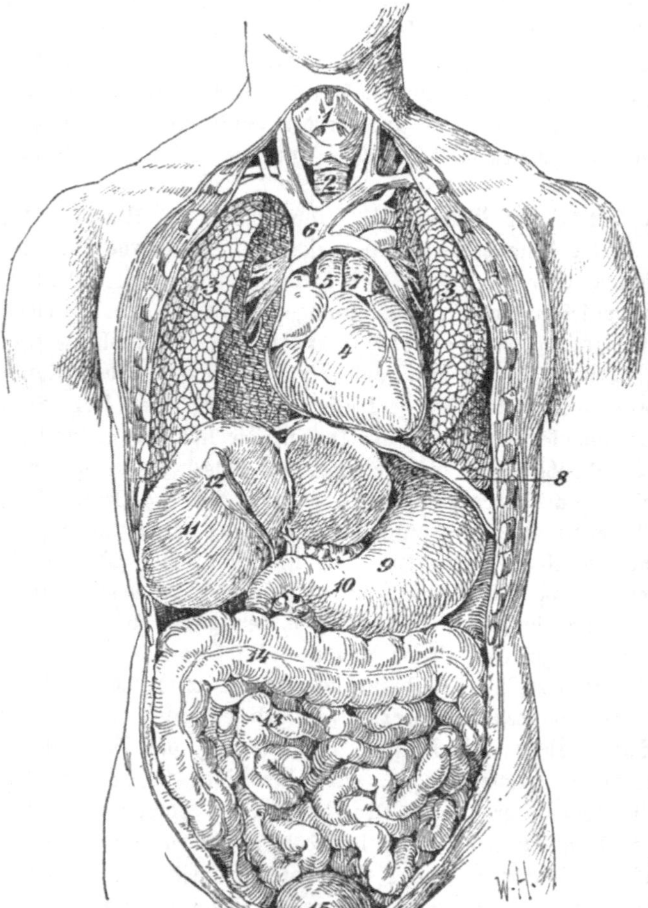

Geöffnete Brust- und Bauchhöhle.

1. Kehlkopf. 2. Luftröhre. 3. Lungen (die rechte Lunge ist geöffnet und die Verzweigung der Luftröhre zu sehen). 4. Herz. 5. Schlagader, die das Blut aus der linken Herzkammer in den Körper leitet. 6. Blutader, die das Blut aus dem Körper in die rechte Vorkammer führt. 7. Schlagader, die das Blut in die Lungen leitet. 8. Zwerchfell. 9. Magen. 10. Bauchspeicheldrüse. 11. Leber (emporgeschlagen). 12. Gallenblase. 13. Dünndarm. 14. Dickdarm. 15. Harnblase.

Durch die Verdauungssäfte sind also **Eiweiß, Fette und Stärke** in eine solche **Form übergeführt worden, daß sie von der Darmwand aufgesogen werden können**. Dort dringen sie in die zahlreich vorhandenen Blutgefäße ein, gelangen also in das Blut, dem auf diese Weise fortgesetzt die notwendigen Bau- und Brennstoffe zugeführt werden.

b) Der jetzt schon stark eingedickte Darminhalt wird nunmehr in den **Dickdarm** befördert. Im Anfangsteile (in der rechten Hüftgegend) bildet dieser eine sackartige Ausstülpung, den **Blinddarm**, dem der etwa fingerlange **Wurmfortsatz** anhängt. Beide sind der Sitz der sehr gefährlichen Blinddarmentzündung. Der Endabschnitt des Dickdarmes wird als **Mastdarm** bezeichnet. Die Wandungen des Dickdarmes nehmen aus dem Darminhalte etwa noch vorhandene Nährstoffe und besonders Wasser auf. Schließlich bleiben nur noch unverdauliche Reste übrig, die nach außen gestoßen werden.

c) Pflege. Wer die andern Verdauungswerkzeuge schützt und pflegt, übt zugleich eine vernünftige Darmpflege. Im übrigen ist Mäßigkeit im Essen und Trinken sowie Regelmäßigkeit in der gesamten Lebensweise Grundbedingung alles Wohlbefindens. Durch fortgesetzten, übermäßigen Genuß geistiger Getränke (Branntwein, Bier, Wein) werden Magen, Leber und Nieren gänzlich zerstört. Krankheit und ein vorzeitiger Tod sind zumeist die gerechten Strafen, die den Trinker treffen. Überaus verderblich wirkt auch das bereits erwähnte starke Schnüren: Magen, Leber und Darm werden durch den Druck zusammengepreßt und aus ihrer Lage gedrängt.

Bei Vergiftungen suche man den Magen durch Erbrechen zu entleeren. Gelingt dies nicht, oder ist das Gift bereits in das Blut übergegangen, so ist sofort ein Arzt herbeizurufen.

8. Die Ausscheidungswerkzeuge.

Die Abfallstoffe, die bei der Verbrennung entstehen, müssen aus dem Körper entfernt werden. Außer der giftigen Kohlensäure, die durch die Lungen ausgeatmet wird, bleiben noch andere „Schlacken" zurück. Sie werden vom Blutstrome zu den Nieren und zu der Haut getragen.

1. **Die Nieren** sind zwei braunrote, bohnenförmige Drüsen, die an der Hinterwand der Bauchhöhle liegen. In sie tritt je eine Schlagader ein, die sich in immer feinere Zweige auflöst. Durch die sehr zarten Wände dieser engen Gefäße sickern die in Wasser gelösten Abfallstoffe hindurch. Sie bilden den Harn, der durch eine Röhre in die Harnblase fließt. Die gefüllte Blase entleert sich, indem sich ihre Wände zusammenziehen.

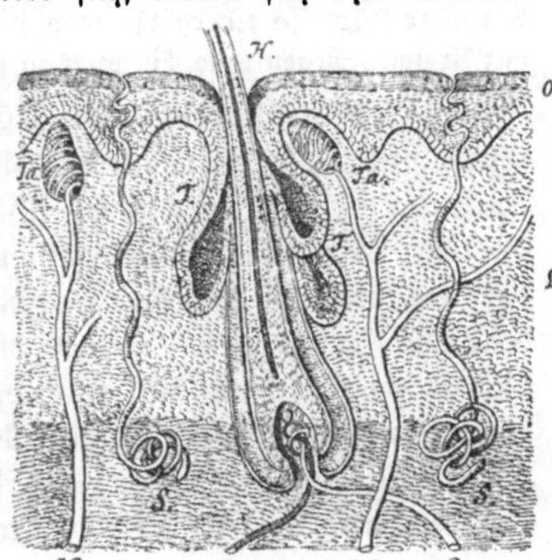

Bau der Haut.
Sa. Schlagader und B. Blutader, die beide zum Haar (H.) treten. N. Nerv, der in dem Tastkörperchen (Ta.) endigt.

2. **Die Haut.** a) Bau. Die Haut besteht aus zwei Schichten. Die obere Lage, die sog. Oberhaut (O.), ist unempfindlich und blutleer. Sie bewahrt daher die zarteren Teile, die unter ihr liegen, vor Verletzungen. An ihrer Oberfläche lösen sich fortgesetzt kleine, hornige Plättchen ab (Schuppen der Kopfhaut!). Dieser Verlust wird durch Zuwachs von unten immer wieder ausgeglichen. Ist die Hornlage sehr dünn, wie z. B. an den Wangen, dann erscheint sie infolge des durchschimmernden Blutes rot. Bei andauerndem, starkem Druck verdickt sie sich (Schwielen in den Handflächen und an den Fußsohlen; „Hühneraugen"). Die unter der Oberhaut liegende, weit stärkere Lederhaut (L.) führt ihren Namen daher, daß aus der entsprechenden Hautschicht der Tiere das Leder bereitet wird. In ihr liegen — wie wir bereits wissen — zahlreiche Gefühlswerkzeuge. Die Haut bewahrt uns daher rechtzeitig vor Schädigungen mancherlei Art.

b) Die Drüsen, die sich in sehr großer Zahl in der Haut eingesenkt finden, öffnen sich in den sog. Poren. Von den Talgdrüsen (T.) wird ein Fett abgesondert, das die Haut durchtränkt und geschmeidig erhält. Häuft sich das Fett in den Ausführungsgängen an, so bilden sich die bekannten Mitesser. Der schwarze Punkt an der Hautoberfläche ist nichts weiter als Schmutz. Das einfachste Mittel gegen dieses

Hautübel ist daher ein gründliches Waschen mit Seife. Die Schweißdrüsen (S.) scheiden den Schweiß aus, der stark mit Abfallstoffen beladen ist.

Ein so wichtiger Körperteil, wie die Haut es ist, bedarf auch einer sorgfältigen Pflege. Durch fleißiges Baden und gründliches Waschen mit Seife muß sie stets rein gehalten werden. Dadurch bleiben die Hautporen geöffnet, so daß die Hautdrüsen gehörig arbeiten können. Ferner werden die übelriechenden Ausscheidungsstoffe von der Haut entfernt, die sonst die Luft in unsern Wohnungen verderben würden. Endlich aber wird die Gefahr vermindert, Krankheitsstoffe auf sich selbst oder andere zu übertragen. Zur Pflege der Haut gehört auch eine gründliche Abhärtung. Wird dem Körper, besonders wenn er mit Schweiß bedeckt ist, schnell viel Wärme entzogen, so kommt es leicht zu einer Erkältung. Eine solche aber kann allerlei Krankheiten im Gefolge haben. Wie Landleute, Schiffer usw. zeigen, ist das beste Mittel, gegen eine schnelle Abkühlung unempfindlich zu werden, der Aufenthalt in frischer Luft. Denjenigen, die der Beruf an das Zimmer fesselt, dienen Waschungen mit kaltem Wasser sowie kalte Bäder als Ersatz.

Bei Verbrennungen bedeckt man, um die heftigen Schmerzen zu lindern, die getroffene Hautstelle mit Watte, Leinen- oder Baumwollenstoff, die mit reinem Fett, Mohn- oder Olivenöl benetzt sind. Bei tiefgehenden oder großen Brandwunden ist stets ein Arzt zu fragen. — Fangen die Kleider eines andern Feuer, so werfe man ihn zu Boden, bedecke ihn schnell mit Kleidern, Teppichen oder dgl. und wälze ihn rasch hin und her. Befindet man sich selbst in einer solchen Gefahr, so muß man gleichfalls versuchen, die Flammen durch Umherwälzen zu ersticken.

Sehr schmerzhafte Wunden entstehen auch durch Ätzungen. Ist die Haut durch eine Säure zerstört, so übergieße man sie mit Kalkmilch oder Salmiakgeist, oder man bestreue sie mit Kreide. Gegen eine Einwirkung starker Laugen wendet man am einfachsten Essigwasser an.

c) Horngebilde. Die Nägel sind Hornplatten, die den letzten Gliedern der Finger und Zehen aufliegen und diesen (beim Ergreifen von Gegenständen, beim Gehen, Laufen u. dgl.) einen sicheren Widerhalt geben. Da sie stets weiter wachsen, müssen sie von Zeit zu Zeit beschnitten werden. — Die Haare (H.) stellen Hornfäden dar, die mit den sog. Haarwurzeln in die Haut eingesenkt sind und von unten her beständig fortwachsen. Sterben die Haarwurzeln ab, dann können sie durch keins der vielfach angepriesenen Mittel wieder belebt werden. Um das Haupthaar gesund zu erhalten, muß man durch fleißiges Kämmen und Waschen die Oberhautschuppen und den fettigen Schmutz beseitigen. Auch darf man weder eine zu schwere, noch eine zu dichte Kopfbedeckung tragen, weil dadurch die Tätigkeit der Haut unterdrückt wird.

d) Kleidung. Unsere Lebenstätigkeiten (Verdauung, Blutumlauf usw.) gehen — wie wir gesehen haben — nur bei einer Körperwärme von etwa 37° C leicht von statten, eine Eigenschaft, die wir mit den gleichwarmen Säugetieren und Vögeln teilen. Diese Tiere besitzen in ihrem Haar- oder Federkleide einen schlechten Wärmeleiter, der die Körperwärme weder stark sinken, noch steigen läßt. Einer derartigen Hülle erfreut sich der „unbehaarte" Mensch nicht. In der Kleidung hat er sich aber ein solches Schutzmittel geschaffen. Wie und womit sich ein Mensch zu bekleiden hat, hängt ab von der Jahreszeit und den Witterungsverhältnissen seiner Heimat sowie von der Beschäftigungsart, dem Alter und dem Gesundheitszustande des einzelnen. Stets ist aber zu fordern, daß die benutzten Gewebe locker und luftdurchlässig seien; denn nur so lassen sie das wichtigste Abhärtungsmittel, die bewegte Luft, leicht an die Haut treten und die Hautausdünstungen wegführen. Sie saugen sich auch nicht so schnell und stark voll Schweiß wie dichte Stoffe. Diese unterbrechen daher, sobald sie feucht geworden sind, den Luftwechsel an der Haut. Auch bewirken sie, weil sie sich meist dem Körper eng anlegen, eine starke Abkühlung (Erkältung!). Da besonders die Unterkleider die Hautausdünstungen aufsaugen und schmutzig werden, verlieren sie auch nach und nach ihre Luftdurchlässigkeit. Diese Eigenschaft muß ihnen durch gründliches Waschen wieder gegeben werden.

Pflanzenkunde.

1. Abteilung. Blüten- oder Samenpflanzen.

1. Klasse. Bedecktsamige Pflanzen.

1. Unterklasse. Zweikeimblättrige Pflanzen.

1. Familie. Hahnenfußgewächse.

Das Scharbockskraut.

1. **Blütezeit und Standort.** 1. Kaum ist der Winterschnee geschmolzen, so kommt unter Gebüsch und auf nassen Wiesen das Scharbockskraut hervor. Die Stoffe, aus denen es sich aufbaut, entnimmt es kleinen, unterirdischen Knollen. Da es diese Stoffe also nicht erst zu erwerben braucht, ist es auch imstande, so früh im Jahre zu erscheinen. Im März und April blüht es bereits. In dieser Zeit stehen die Büsche noch kahl da, und das Gras auf der Wiese ist noch niedrig. Infolgedessen können jetzt die Sonnenstrahlen, ohne die keine grüne Pflanze gedeiht, noch bis zum Scharbockskraute gelangen. Schon im Mai aber ist dies nicht mehr möglich. Dann aber sind die oberirdischen Teile des Scharbockskrautes bereits wieder verschwunden.

2. **Stengel und Blätter.** a) Der junge Trieb hat die Form eines Keiles. Er kann daher den Boden leicht durchbrechen. Häutige, farblose Hüllblätter schützen die zarten inneren Teile hierbei gegen Verletzungen.

b) Stengel und Blätter sind sehr fleischig und saftreich. Trotzdem wird das Scharbockskraut von Tieren nicht verzehrt. Alle seine Teile besitzen nämlich einen unangenehmen Geschmack, der von einem schwach giftigen Stoffe herrührt. — Früher benutzte man die Pflanze als Heilmittel gegen den Skorbut oder Scharbock, d. i. eine Krankheit, die besonders bei langen Seereisen die Schiffer ergreift.

c) Dem Scharbockskraut macht bis zu beendigter Blütezeit meist keine andere Pflanze das Licht streitig. Darum erhebt sich sein hohler Stengel, namentlich wenn es einzeln steht, vielfach nur mit der Spitze vom Boden.

d) Trotzdem erhalten fast alle seine Blätter genügendes Licht. Die großen Blattflächen der unteren Blätter werden nämlich durch lange Stiele so weit vom Stengel abgerückt, daß die kurzgestielten und kleinen oberen Blätter in dessen Nähe Platz finden. Die Blattflächen sind herzförmig und am Rande meist gekerbt. Der untere Abschnitt der Blattstiele ist breit. Er umgibt schützend wie eine Scheide die jungen Blätter und später die Knollen, die sich in den Blattwinkeln bilden (s. w. u.)

3. **Blüte und Knollen.** a) Blüte. Acht oder mehr goldgelbe, glänzende **Blumenblätter** laden die Insekten zum Besuche ein. Sie sind von einem meist dreiblättrigen Kelche umstellt und umgeben zahlreiche Staubblätter und Stempel. Blütenstaub und Honig bilden die Kost der Gäste. Der Honig findet sich am Grunde der Blumenblätter in je einer kleinen Grube, die von einer Schuppe bedeckt ist. — Wenn es Abend wird, schließt sich die Blüte. So ist der Blütenstaub, der leicht verdirbt, vortrefflich gegen den nächtlichen Tau geschützt. Da die Kelchblätter auf der Rückseite grünlich und die Blumenblätter außen ohne Glanz sind, ist die Blüte jetzt ganz unscheinbar. Bei unfreundlichem Wetter, wenn Insektenbesuch gleichfalls nicht zu erwarten ist, bleiben die Blüten auch tagsüber geschlossen.

Scharbockskraut.

b) Knollen. Die Anzahl der blütenbesuchenden Insekten ist im März und April noch sehr gering. Daher unterbleibt beim Scharbocks-dung. Das ist aber für das Pflänzchen kein großer Nachteil; denn es pflanzt sich zumeist durch Knollen fort.

Die gelben bis braunen, keulenförmigen Wurzelknollen haben wir bereits als Vorratskammern erkannt. Je mehr ihnen die junge Pflanze Nahrung entnimmt, um so mehr verschrumpfen sie, bis sie endlich verwesen. Unterdessen sind an dem unteren Ende des Stengels neue, hellere Knollen hervorgebrochen, in denen sich die Baustoffe für das nächste Jahr ansammeln. Andere Knollen, die Weizenkörnern ähnlich sind, entstehen — wie gleichfalls schon erwähnt wurde — in den Achseln der Laubblätter. Da aus ihnen im nächsten Jahre auch Pflanzen hervorgehen, werden sie als Brutknollen bezeichnet.

In Busch und Wald entfaltet zur Frühlingszeit das zarte **Busch-Windröschen** seine weißen, oft rötlich angehauchten Blüten. Die Baustoffe entnimmt es einem unterirdischen Stamme oder Wurzelstocke, der am Vorderende beständig weiter wächst und am Hinterende allmählich abstirbt. — In derselben Zeit überstreuen zahlreiche **Hahnenfußarten** Wiesen und Grasplätze mit ihren gelben Blüten. Gleich dem Scharbockskraute werden diese Pflanzen infolge ihres giftigen Saftes von Pflanzenfressern gemieden. — An nassen Orten wächst die **Sumpfdotterblume** mit ihren großen, dottergelben Blüten.

2. Familie. Kreuzblütler.

1. Der Raps.

1. **Bedeutung.** Die Samen des Rapses sind als Futter für Stubenvögel allgemein bekannt. Zerdrückt man einige zwischen Papier, so entsteht ein bleibender Fettfleck, ein Zeichen, daß sie fettes Öl enthalten. Dieses „Rüböl“ dient zum Schmieren von

Maschinen, zur Bereitung von Seife und zu andern gewerblichen Zwecken. Es wird durch Zerquetschen und Zerstampfen der Samen gewonnen. Die hierbei zurückbleibenden, festen Bestandteile preßt man zu „Ölkuchen", die als Viehfutter geschätzt werden.

2. **Stengel.** Der Landmann sät die Samen des Rapses gewöhnlich im Spätsommer aus. Die daraus hervorgehenden Pflanzen hören aber auf zu wachsen, sobald der Winter anbricht. Ihre Stengel bleiben während der kalten Jahreszeit so niedrig, daß die Blätter dem Erdboden mehr oder weniger aufliegen und eine *Rosette* bilden. Daher vermag der Winterschnee die zarten Pflanzen nicht zu zerknicken. Im Frühlinge aber setzen sie das unterbrochene Wachstum fort: sie treiben Stengel, die eine Höhe von 1,50 m erreichen.

3. Die **Blätter** nehmen von unten nach oben allmählich an *Größe* ab. Infolgedessen rauben sie sich gegenseitig nicht das Sonnenlicht. Die oberen Blätter sind ganzrandig, die unteren dagegen stark eingebuchtet. Alle werden gleich dem Stengel von einer blaugrünen *Wachsschicht* bedeckt. Daher rollt Wasser, das man auf die Pflanze träufelt, sofort in Tropfen ab. Da nun die Blätter *schräg aufwärts* stehen und zumeist flache *Rinnen* bilden, fließt es zum Stengel und an ihm zum Boden hernieder. Dasselbe geschieht mit den Regentropfen, die auf die Blätter fallen. Befördert wird diese Wasserableitung noch dadurch, daß die oberen, ungestielten Blätter den Stengel teilweise *umfassen*. Bei den unteren, undeutlich gestielten aber ziehen sich die Blattflächen in kleinen Lappen beiderseits bis zum Stengel herab.

4. **Wurzel.** Die Rapspflanze leitet also das Wasser nach innen, nach der Mitte zu, ab. Dort liegen auch die feinen Saugwurzeln, die das Wasser aufnehmen. Wir finden nämlich beim Raps eine *möhrenförmige Hauptwurzel*, von der sich die Seitenwurzeln niemals weit entfernen.

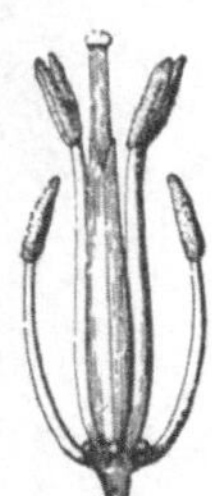

2.

1.

Blüten des Rapses.

1. Blütenstand. Aus den unteren Blüten sind bereits Früchte hervorgegangen. 2. Blüte, von der Kelch- und Blumenblätter entfernt sind.

5. **Blüte.** a) An dem oberen Ende der Stengel und Zweige entspringen in verschiedener Höhe zahlreiche langgestielte Blüten (Blütentraube). Jede Blüte besitzt 4 aufrechtstehende *Kelchblätter*, die mit vier kreuzweis gestellten *Blumenblättern* abwechseln (Kreuzblütler). Die unteren, schmalen Abschnitte der Blumenblätter bilden mit dem Kelche eine Röhre; die oberen, breiten Abschnitte dagegen sind rechtwinklig abgebogen. Von den 6 *Staubblättern* sind 2 kürzer als die 4 andern. Der langgestreckte *Fruchtknoten* trägt oben eine knopfförmige *Narbe*.

b) Die einzelnen Blüten sind zwar verhältnismäßig klein. Da sie aber in *großer Zahl* beieinander stehen und angenehm *duften*, stellen sich doch zahlreiche Insekten ein. *Blütenstaub* und *Honig* dienen den Gästen zur Nahrung. Der Honig wird von 4 Drüsen am Grunde der Staubblätter in solcher Menge abgeschieden, daß der Raps für den Bienenzüchter eine der wichtigsten Pflanzen ist. Senkt aber ein Insekt den Rüssel in die Blüte, so muß es auch eine Bestäubung herbeiführen; denn Staubbeutel und Narbe stehen ja im Eingange der „Röhre".

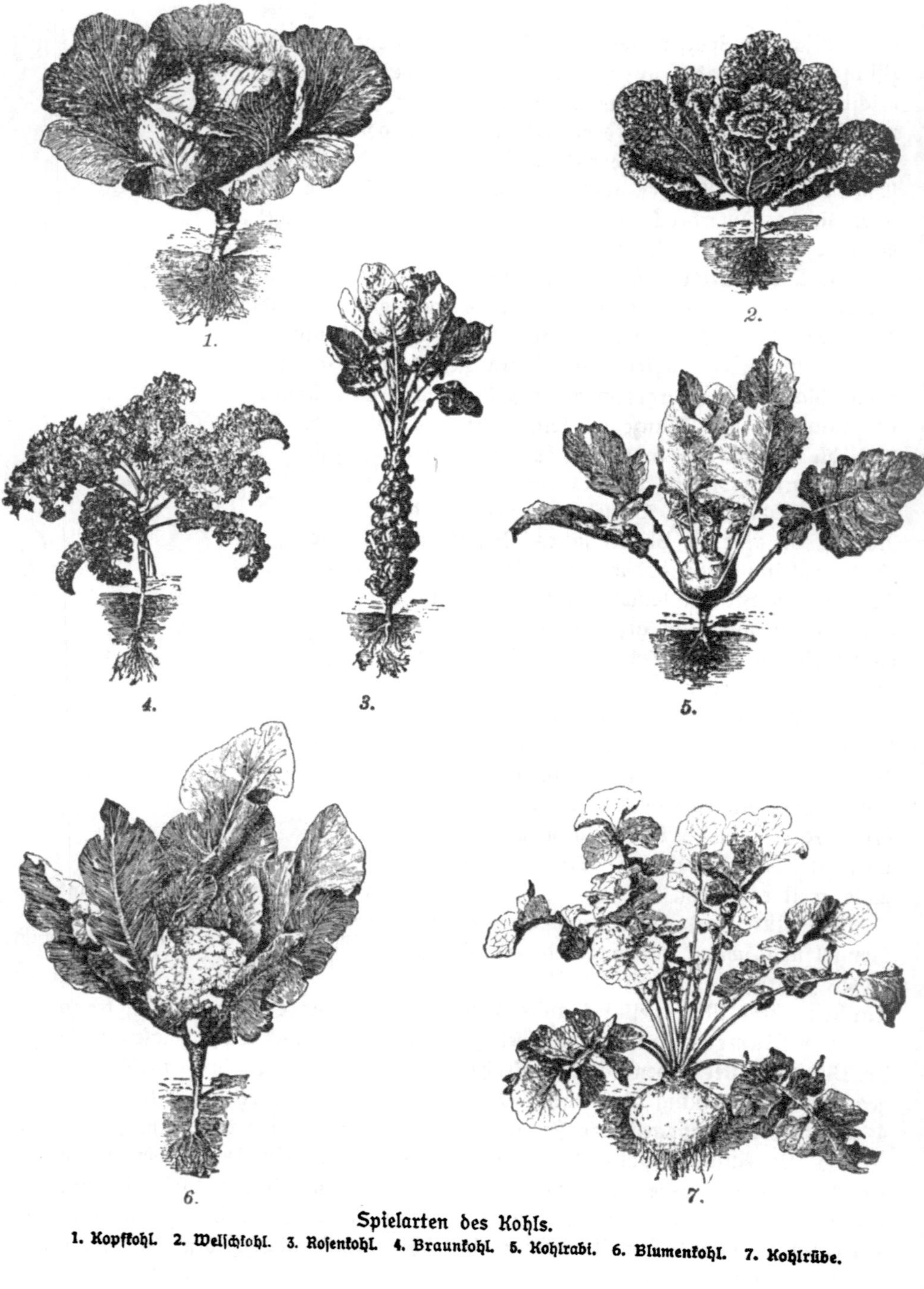

Spielarten des Kohls.
1. Kopfkohl. 2. Welschkohl. 3. Rosenkohl. 4. Braunkohl. 5. Kohlrabi. 6. Blumenkohl. 7. Kohlrübe.

6. Die **Frucht** besteht aus 2 Klappen, deren Ränder durch eine häutige Scheidewand verbunden sind. Eine solche Frucht bezeichnet man als Schote. Keimten die Samen wie bei einsamigen Früchten (Eichel, Haselnuß u. a.) in der Fruchthülle, so würden die jungen Pflänzchen einander Raum, Licht und Nahrung streitig machen. Die vielsamige Schote öffnet sich jedoch bei der Reife: die Klappen lösen sich von unten nach oben ab, so daß die häutige Scheidewand mit den Samen stehen bleibt. Die Samen sitzen aber so locker auf ihren Stielchen, daß sie schon von einem leisen Winde abgeschüttelt werden. Darum erntet der Landmann den Raps auch ein, bevor die Früchte völlig reif sind.

2. Andere Kreuzblütler.

1. Unter den Pflanzen, die der Mensch in Garten und Feld anbaut, nehmen die zahlreichen „Spielarten" des **Kohls** mit die erste Stelle ein (Abb. S. 82). Die überaus wichtigen Gewächse entstammen mehreren wildwachsenden Pflanzen, deren Heimat wahrscheinlich Südeuropa ist. Diese Pflanzen nahm der Mensch schon vor vielen Jahrtausenden in Pflege, d. h. er brachte sie auf fruchtbaren Boden, den er lockerte, düngte und von Unkraut rein hielt. Infolgedessen erhielten sie dickere Wurzeln und Stengel oder zartere Blätter oder ölreichere Samen; kurz: es fand eine Veredlung der Pflanzen statt. Bei der Fortzucht seiner Pfleglinge suchte der Mensch diejenigen Pflanzen zu vermehren, die ihm die dicksten Wurzeln und Stengel, die zartesten Blätter oder die ölreichsten Samen lieferten. Aus deren Nachkommen wählte er immer wieder die geeignetsten Pflanzen zur Nachzucht aus. So haben sich die zahlreichen Spielarten des Kohls gebildet. Außer dem Raps seien nur genannt: der Kopfkohl mit glatten, grünweißen oder roten Blättern (Weiß- und Rotkohl), der Welsch- oder Wirsingkohl mit blasigen Blättern, der Rosenkohl, dessen Seitenknospen rosenartige Köpfchen bilden, der Braunkohl mit krausen Blättern, der Kohlrabi, bei dem der Stengel über dem Boden stark verdickt ist, der Blumenkohl, dessen Blütenstiele und obere Blätter zu einer weißen, fleischigen Masse umgebildet sind, und die Kohlrübe, die eine eßbare Rübenwurzel besitzt. — Durch eine ähnliche „Auslese" sind auch die Spielarten und Sorten aller andern Nutzgewächse entstanden.

2. Als Gewürzpflanzen werden der **schwarze** und der **weiße Senf** angebaut. Die schwarzen, bzw. gelben Samen beider Pflanzen dienen besonders zur Herstellung von Tafelsenf oder Mostrich. — Als Sommer- und Winterrettich oder als Radieschen tritt uns der **Gartenrettich** entgegen. — Ein lästiges Unkraut ist der gelbblühende **Ackersenf**, der vielfach mit dem sehr ähnlichen **Hedrich** verwechselt wird. Diese Pflanze hat aber eine hellere Blütenfarbe, einen aufrechtstehenden Kelch und eine mehrfach eingeschnürte Schote. — Überall auf Äckern ist auch das **Hirtentäschelkraut** anzutreffen, das an den dreieckigen Früchten leicht zu erkennen ist. — Nassen Wiesen verleihen die lilafarbenen Blüten des **Wiesen-Schaumkrautes** einen prächtigen Schmuck.

3. Familie. Veilchengewächse.

Das wohlriechende Veilchen.

1. **Wurzel, Stengel, Blatt.** a) Ginge das Veilchen in jedem Frühjahre aus Samen hervor, so könnte es nicht schon im März und April grünen und blühen. Es ist aber eine ausdauernde Pflanze, die die Baustoffe für Blätter und Blüten fertig vorfindet. Sie sind im Stamme aufgespeichert, der zum größten Teile im Erdboden geborgen ist und hier zahlreiche feine Wurzeln treibt.

b) Die jungen Blätter sind tütenförmig zusammengerollt. Laß zwei solche Blätter, von denen das eine aber ausgebreitet wird, von der Sonne bestrahlen! Während das zusammengerollte Blatt nach einiger Zeit noch ganz „frisch“ aussieht, ist das andere bereits stark gewelkt. Das junge, überaus zarte Blatt wird durch die Tütenform also vortrefflich gegen eine zu schnelle Verdunstung des in ihm enthaltenen Wassers geschützt.

Nach und nach breitet sich das Blatt aus. Die Blattfläche ist herzförmig und am Rande gekerbt. Je nachdem das Veilchen in kurzem oder in langem Grase wächst, sind auch die Blattstiele von verschiedener Länge. Stets aber sind sie so lang, daß die Blattfläche von der Sonne beschienen werden kann. Am Grunde jedes Blattstieles sitzen zwei kleine Nebenblätter.

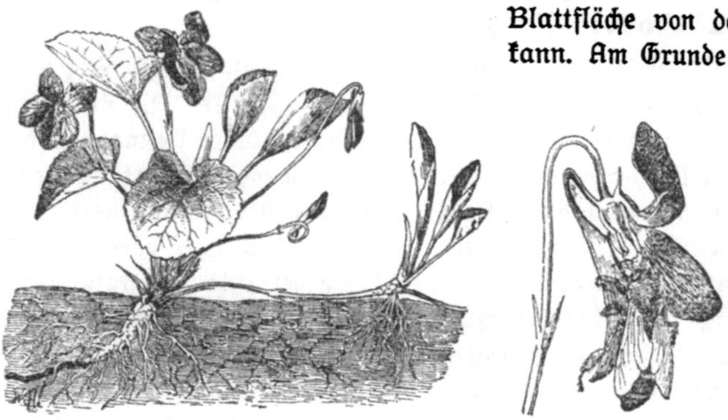

Veilchen. Ganze Pflanze sowie Blüte, die durchschnitten ist und von einer Honigbiene besucht wird.

c) Von dem Stamme gehen langgestreckte Zweige aus, die dem Erdboden aufliegen und Wurzeln schlagen. Am Ende dieser Ausläufer bilden sich bald Blattbüschel, aus denen im nächsten Jahre Blüten hervorbrechen: es sind neue Pflanzen entstanden.

2. Die **Blüte** besitzt je nach der Höhe der Nachbarpflanzen gleichfalls einen kürzeren oder längeren Stiel. Die 5 Kelchblätter umschließen anfänglich die inneren Blütenteile gänzlich. Später werden sie von den 5 violetten Blumenblättern auseinander gedrängt. Das untere Blumenblatt verlängert sich in einen Sporn, in dem sich der Honig befindet. Der Fruchtknoten wird von 5 Staubblättern umgeben, die oben je einen rotgelben Fortsatz haben. Sämtliche Fortsätze bilden einen Hohlraum, dessen Spitze von dem Griffel mit der hakenförmigen Narbe durchbrochen wird. Öffnen sich die Staubbeutel, so fällt der trockene, mehlartige Blütenstaub in den Hohlraum.

Will nun ein Insekt, das durch die bunte Färbung und den Duft der Blüte angelockt wird, den süßen Honig saugen, so muß es mit dem Rüssel in den Sporn eindringen. Dabei berührt es die Narbe, die den Eingang zum Sporn versperrt. Sobald diese jedoch erschüttert wird, bewegt sich der Griffel ein wenig nach oben. Dadurch öffnet sich der Hohlraum, und ein Teil des Blütenstaubes fällt dem Tiere auf Rüssel und Kopf. Fliegt das Insekt nun zu einer zweiten Blüte, so werden sicher einige Körnchen an der Narbe abgestrichen; denn sie steht gerade in dem Wege, der zum Honig führt.

Frucht des Veilchens, geschlossen und Samen ausstreuend.

3. Die **Frucht** ist eine kleine Kapsel. Sie öffnet sich bei der Reife durch drei Klappen, die in der Mitte zahlreiche Samen tragen. Indem die Klappen von den Seiten her zusammenschrumpfen, geraten die sehr glatten Samen zwischen die Klappenränder. Infolgedessen werden sie weit fortgeschnellt. Dieses eigentümliche Ausstreuen der Samen erfolgt um so leichter, als die Fruchtstiele, die bisher nach

unten gekrümmt waren, sich jetzt gerade gestreckt und aufgerichtet haben. Die Samen besitzen je einen weißen, fleischigen Anhang, der von gewissen Ameisen gern verzehrt wird. Daher tragen die Tierchen die Samen in ihre Baue, also an Orte, an denen sie keimen können.

Auf Feldern und Triften ist das **Feldstiefmütterchen** überall anzutreffen. Aus ihm und einigen verwandten Arten sind durch fortgesetzte Veredelung die Gartenstiefmütterchen hervorgegangen.

4. Familie. Roßkastaniengewächse.

Die Roßkastanie.

Die Roßkastanie wächst schnell zu einem stattlichen Baume empor, der eine Höhe von mehr als 20 m erreichen kann. Da seine Krone dichten Schatten wirft und im Frühjahre mit herrlichen Blütensträußen geziert ist, pflanzt man ihn in Alleen, auf Plätzen und in Anlagen gern an. Sein weiches Holz kann allerdings fast nur zu Schnitzarbeiten verwendet werden, und die bitteren Samen (Kastanien) dienen zumeist nur als Winterfutter für Hirsche, Rehe und Wildschweine.

1. **Knospen.** a) Wenn im Herbste die Blätter fallen, lassen sie an den Zweigen Narben zurück, die die Form eines Pferdehufes zeigen („Roß"-Kastanie!). In den Achseln der Blätter haben sich aber schon während des Sommers Knospen gebildet. Öffnet man eine solche, so hat man zuerst eine Anzahl schuppenförmiger Blätter zu entfernen, von denen die äußeren hart und braun sind. Dasselbe gilt auch von den inneren Blättern, soweit sie sich nicht decken. Alle sind durch eine harzige Masse verklebt und halten um so fester zusammen, als sie zum Teil zottige Härchen tragen. Die Knospenschuppen hüllen einen jungen Trieb ein, d. h. einen winzigen Zweig mit Blättern (Laubknospen), oder mit Blättern und Blüten (Blütenknospen). Seine einzelnen Teile sind von seidenartigen Haaren umhüllt.

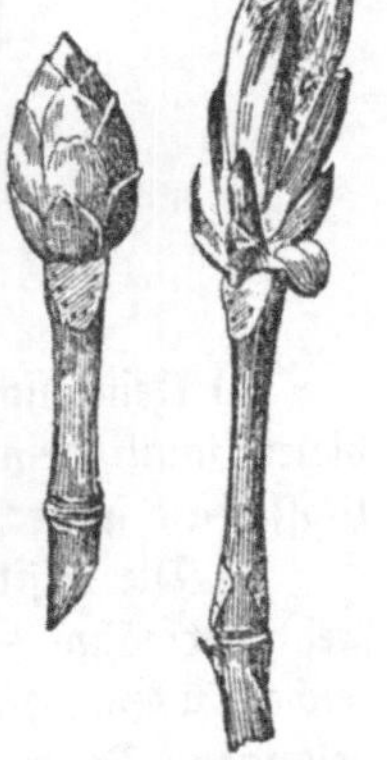

Eine geschlossene und eine sich öffnende Knospe der Roßkastanie.

Der Trieb erscheint ungemein zart. Da er jedoch sorgfältig „verpackt" ist, können ihn die Winterstürme nicht zerzausen. Es vermag auch kein Wasser (Regen, Tau, Reif, Schnee), das ihn beim Gefrieren unbedingt zerstören würde, bis zu ihm vorzudringen.

Im Herbste biegen wir Rosen- und Weinstöcke zumeist zum Boden herab und bedecken sie mit Erde, Laub u. dgl. Daher vermag ihnen der Frost nicht zu schaden, der besonders im zeitigen Frühjahr, wenn der Saft bereits in den Bäumen und Sträuchern emporsteigt, überaus gefährlich ist. So sind auch die jungen Triebe der Roßkastanie durch die Knospenschuppen gegen das Erfrieren geschützt.

Wir schneiden zwei gleich große Knospen von einem Zweige ab, entfernen von der einen sämtliche Knospenschuppen und legen beide in ein geheiztes Zimmer. Schon nach wenigen Tagen ist die Knospe ohne Schuppen vertrocknet, die andere aber noch ganz „frisch". Die Hülle schützt den jungen Trieb demnach auch gegen das Vertrocknen.

b) Wenn der Frühling anbricht, wird die Knospe nach und nach größer und trieft von Harz. Die inneren, grünen Knospenschuppen strecken sich mit dem wachsenden

Triebe und bewahren ihn weiter vor den Unbilden der Witterung. Endlich brechen sie auseinander, und der junge Trieb tritt ins Freie. Die Schuppen haben nun keine Bedeutung mehr, sie fallen ab.

2. **Blätter.** a) Das junge Blatt ist dicht mit weißen Haaren bedeckt, die später jedoch fast gänzlich verschwinden. Feuchtet man zwei gleich große Schwämme gleich stark an und bedeckt den einen sodann mit einem Tuche, so sieht man, daß dieser weit länger feucht bleibt als der andere. So verdunstet auch ein behaartes Blatt weniger Wasser als ein (sonst gleiches) unbehaartes. Es wird daher auch nicht so leicht verwelken, d. h. absterben.

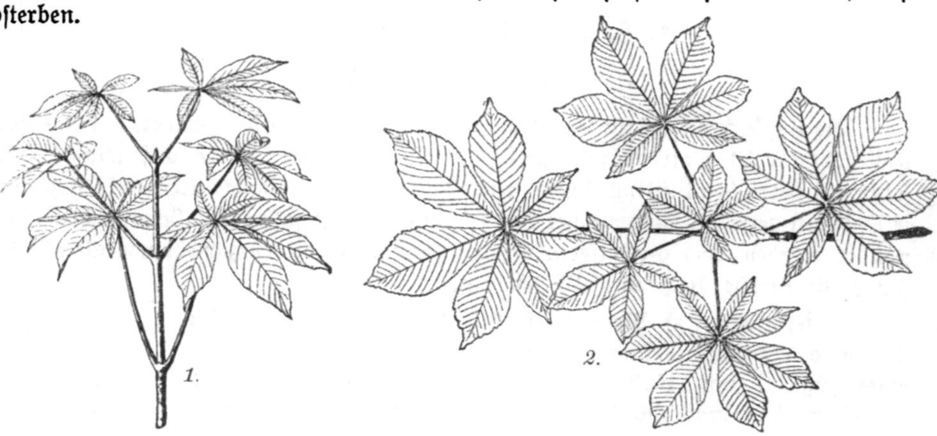

1. Senkrechter u. 2. wagerechter Zweig der Roßkastanie.

b) Beim jungen Blatte sind ferner die Einzelblätter der Länge nach gefaltet. Sie bieten somit dem Winde eine viel kleinere Fläche dar, verdunsten daher auch weniger Wasser als später, wenn sie sich ausgebreitet haben und widerstandsfähiger geworden sind.

c) Die Blätter der Roßkastanie sind sehr groß. Da aber jedes Blatt — wie soeben erwähnt — aus mehreren Einzelblättern zusammengesetzt ist, entstehen zahlreiche Lücken. Zwischen diesen können Lichtstrahlen auch zu tiefer stehenden Blättern gelangen. Die meist 7 feingezähnten Einzelblätter stehen am Ende eines Stieles wie die Finger an der Hand.

d) Ferner sind die Blätter auch so gestellt, daß sie sich gegenseitig nicht das Licht rauben. An senkrechten Zweigen stehen sich je zwei Blätter gegenüber. Jedes Blattpaar bildet mit dem vorhergehenden und nachfolgenden ein Kreuz; die einzelnen Blattpaare rücken weit auseinander, und die Endblätter sind stets viel kleiner und viel kürzer gestielt als die weiter unten am Zweige entspringenden. An wagerechten Zweigen ist die Blattstellung zwar genau dieselbe. Hier aber legen sich alle Blätter in eine Ebene; die inneren rücken ihre Flächen auf sehr langen Stielen nach außen, und alle ordnen sich zumeist so, daß keins das andere bedeckt.

Blüte der Roßkastanie, von einer Hummel besucht.

3. **Blüte.** Die Blüten verlieren gleich den Blättern bald das schützende Haarkleid. Auch der fünfzipflige Kelch fällt meist ab, wenn er seine Aufgabe erfüllt hat. Die Blüte hat 5 weiße Blumenblätter, die mit je einem gelben, später roten Flecke geziert sind. Sie umgeben 7 Staubblätter und 1 Stempel, der jedoch vielen Blüten fehlt. Da zahlreiche Blüten beieinander stehen, werden sie sehr auffällig. Zuerst stellt sich der

Griffel, dessen Ende die Narbe bildet, in den Eingang zur Blüte. Dann nehmen die Staubblätter seine Stelle ein. Lassen sich nun Hummeln so auf den Blüten nieder, daß sie Griffel und Staubblätter als „Sitzstangen" benutzen, so tragen sie unfreiwillig den Blütenstaub älterer Blüten zu den Narben jüngerer. Der Honig wird im Blütengrunde abgeschieden.

4. **Frucht.** Die grüne Fruchthülle ist mit spitzen Stacheln bedeckt. Bei der Reife löst sich die Frucht vom Stiele; die Hülle zerspringt, und die großen, dunkelbraunen Samen werden frei. Da sie denen der edlen Kastanie sehr ähnlich sind, führt unser Baum den Namen Roß-„Kastanie".

5. Familie. Leingewächse.

Der Lein oder Flachs.

1. Der bis meterhohe, schwache Stengel des Flachses ist mit zahlreichen kleinen, schmalen Blättern besetzt. Aus den himmelblauen Blüten entwickeln sich kugelige Früchte. Diese „Flachsknoten" enthalten glatte, bräunliche Samen, die als Vogelfutter bekannt sind und auch in der Heilkunde verwendet werden. Besondere Bedeutung erhalten sie aber durch den großen Reichtum an dem fetten „Leinöl", das zur Herstellung von Ölfarben, Seifen u. dgl. dient.

Oberer Teil vom Stengel des Leines.

2. Zerreißt man einen Flachsstengel, so schauen aus den Rißstellen dünne Fäden, die Flachsfasern, hervor. Diese eignen sich vortrefflich zur Herstellung von Geweben. Man gewinnt sie auf folgende Weise: Sobald die Stengel anfangen gelb zu werden, rauft man den Lein aus dem Boden und beseitigt (riffelt) die Früchte mit Hilfe eiserner Kämme. Sodann legt man die Pflanzen in Wasser oder überläßt sie ausgebreitet einige Wochen dem Regen und Tau (sie werden geröstet). Die durchfeuchteten Pflanzenteile beginnen bald zu faulen, so daß sich die Flachsfasern leicht abziehen lassen. Jetzt werden die Stengel getrocknet (gedörrt) und danach gebrecht, d. h. das mürbe gewordene Holz wird in kleine Stücke zerbrochen. Die dadurch frei gewordenen Flachsfasern, die aber noch netzförmig miteinander verbunden sind, befreit man nunmehr durch Schlagen mit einem schwertförmigen Holze (Schwingen) von den anhängenden Holz- und Rindenteilchen. Endlich zieht man sie durch die Zähne einer Hechel. Hierdurch wird das Netzwerk in einzelne Stränge zerrissen; die langen Fasern erhalten eine gleichmäßige Lage und lassen sich von den kurzen, dem Werg oder der Hede, leicht trennen.

Die Flachsfasern spinnt man zu Garn, aus dem die Leinwand gewebt wird. Das Werg verwendet man zur Füllung von Polstern sowie zur Herstellung von Stricken und Packleinwand. Aus unbrauchbar gewordenen Leinengeweben (Lumpen) bereitet man das bessere Papier.

6. Familie. Weinrebengewächse.

Der Weinstock.

1. **Verbreitung.** Der Weinstock reift im nördlichen Deutschland seine köstlichen Trauben nur an der Wand, die von den Sonnenstrahlen stark erwärmt wird. Am rebenumkränzten Rhein, an der Mosel und Ahr, am Main und Neckar, in Franken

und Baden und an vielen andern Orten dagegen bewohnt er das freie Feld oder den sonnigen Bergeshang. Wie in Deutschland gedeiht er auch in vielen andern Ländern der Erde.

2. **Stamm und Äste** (Reben) sind von einer graubraunen Borke bedeckt, die in bandartigen Streifen abblättert. Der Stamm kann bei hohem Alter baumartige Stärke erreichen; die Reben aber bleiben stets schwach. Daher geben wir den Weinstöcken Stützen (Spaliere, Stäbe), binden die fruchttragenden Reben an u. dgl. mehr.

Blühende Rebe des Weinstockes.

3. **Ranken.** Mit Hilfe gegabelter Ranken heftet der Weinstock die schwachen Reben an andern Gegenständen fest. Die Rankenäste bewegen sich langsam im Kreise, gleichsam als ob sie eine Stütze „suchten". Haben sie einen Zweig, einen Blattstiel oder den Spalierdraht erfaßt, so wird er von der Ranke bald mehrfach umwunden. Einige Tage später hat sich der Rankenteil, der zwischen Stütze und Rebe ausgespannt ist, korkzieherartig zusammengezogen. Infolgedessen wird die Rebe fester an die Stütze gefesselt, und da sie federt, vermag der Wind sie kaum einmal loszureißen. Dies ist um so weniger möglich, als die Ranken nicht nur nach und nach stärker werden, sondern auch verholzen. Dadurch erhalten sie fast die Festigkeit von Eisendraht. Die Ranken aber, die keine Stütze ergreifen konnten, vertrocknen und fallen ab. Dieser Verlust ist für die Pflanze jedoch nicht besonders groß, da an jeder Rebe zahlreiche Ranken gebildet werden.

4. **Das Blatt** ist in 5 Lappen geteilt und am Rande gesägt. Werden die Reben angebunden, so kommt das gesamte Blattwerk in „Unordnung". Nach einigen Tagen haben sich die Blätter aber wieder so gedreht, daß ihre Stiele schräg aufwärts gerichtet und ihre Blattflächen schräg abwärts geneigt sind. Infolgedessen werden sie von den Sonnenstrahlen senkrecht getroffen, also unter einem Winkel, unter dem diese ihre größte Wirkung ausüben. — Aus den Blattwinkeln geht noch in demselben Sommer je ein Zweig hervor. Da diese sog. Geize bei uns im Winter fast stets erfriert, entfernt sie der Gärtner („geizen"). Dadurch wird zugleich für die fruchttragenden Reben Platz (Licht) geschaffen.

5. **Die Blüten** sind sehr klein und zu Gemeinschaften vereinigt, die in Weingegenden als „Gescheine" bezeichnet werden. Solange sie sich im Knospenzustande befinden, erhebt sich über dem napfförmigen Kelche je eine kleine Haube (1.). Diese wird von den Blumenblättern gebildet und überdeckt schützend die 5 Staubblätter und den flaschenförmigen Stempel.

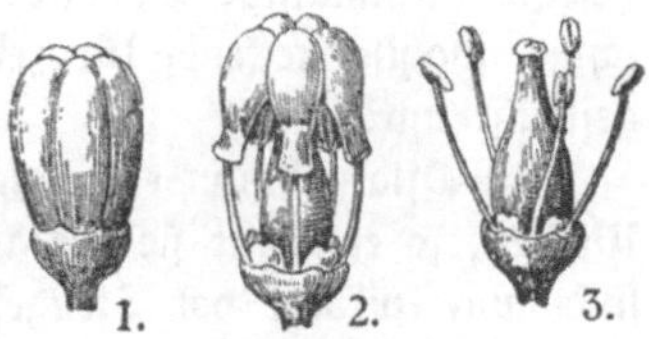
1. 2. 3.
Blüten des Weinstockes.

Während sich bei den allermeisten Pflanzen die Blumenblätter beim Aufblühen öffnen, bleiben sie hier am oberen Teile miteinander verbunden. Da sie sich jedoch vom Blütenboden loslösen und von den sich streckenden Staubblättern abgeworfen werden (2. und 3.), können sie die Bestäubung nicht hindern. Ein köstlicher Duft lockt zahlreiche Insekten herbei. Der für diese Gäste bestimmte Honig wird von fünf gelben Drüsen am Grunde des Stempels ausgeschieden. Vielfach fällt auch der Blütenstaub von selbst auf die Narbe derselben oder einer benachbarten Blüte.

6. **Die Frucht** ist eine Beere von gelber, grüner, roter oder blauer Färbung. Sie wird durch einen Wachsüberzug gegen Befeuchtung und damit verbundene Fäulnis geschützt und enthält 1—4 Samen.

a) Verbreitung. Die Pflanzen — und somit auch der Weinstock — erzeugen Samen, aus denen neue Pflanzen entstehen sollen. Werden die Weintrauben vom Menschen verwendet, so gehen die Samen zugrunde. Anders aber, wenn Stare, Sperlinge, Drosseln oder andere Vögel die Beeren verzehren. Während das saftige Fruchtfleisch verdaut wird, wandern die Samen, da sie eine steinharte Hülle besitzen, unverletzt durch den Körper der Tiere. Gelangen sie an einen Ort, an dem sie keimen können, so gehen daraus neue Pflanzen hervor. Auf diese Weise sind die wildwachsenden Weinstöcke entstanden, die man hier und da antrifft. — Die angebauten Reben vermehrt man ausschließlich durch Stecklinge.

Einer Pflanze aber, die nichts zu bieten vermag, werden die Vögel einen solchen Dienst nicht erweisen. Nur weil ihnen der Weinstock in seinen Beeren eine süße, saftige und wohlschmeckende Nahrung liefert, besuchen sie ihn. Er lockt sie gleichsam dadurch herbei, daß seine reifen Früchte eine Färbung erhalten, die von der des Laubes mehr oder weniger absticht.

Da die anfangs unscheinbar grün gefärbten und sauren Früchte erst zur Reifezeit wohlschmeckend werden und „Lockfarben" annehmen, verbreiten die Vögel die Samen auch erst dann, wenn sie keimfähig sind.

b) Verwendung. Frisch genießen wir die Trauben als schmackhaftes Obst, getrocknet als Rosinen und Korinthen. In dieser Form kommen sie besonders aus dem weinreichen Griechenland und Kleinasien. Vor allen Dingen dienen sie aber zur Bereitung des Weines (s. Naturlehre).

7. Familie. Doldengewächse.

Die Möhre oder Mohrrübe.

1. **Standort und Wurzel.** a) Die Möhre, die auch „gelbe Rübe" oder „gelbe Wurzel" genannt wird, wächst wild auf Wiesen, an Wegrändern und ähnlichen Stellen. Da ihre „möhrenförmige" Wurzel tief in die Erde hinabsteigt, vermag sie selbst auf

einem Boden zu leben, der im Sommer stark austrocknet. Die wildwachsenden Pflanzen haben zähe und holzige Wurzeln. Sät man jedoch ihre Früchte in gut bearbeitetes Garten- oder Ackerland, so verlieren sich diese Eigenschaften etwas. Durch weiter fortgesetzte planmäßige Veredelung erhält man schon nach wenigen Jahren eine fleischige, wohlschmeckende Wurzel, wie sie als Nahrung für Menschen und Haustiere hoch geschätzt wird.

b) Pflanzt man eine solche Wurzel im Frühjahre und untersucht sie nach einigen Wochen, so erscheint sie wie ausgesogen. Die Stoffe, die in ihr aufgespeichert waren, sind zum Aufbau von Stengel, Blättern und Blüten verwendet worden. Dasselbe ist auch bei den wildwachsenden Pflanzen zu beobachten. Im ersten Jahre ihres Lebens treibt die Möhre nur einen kurzen Stengel mit einer Blattrosette. Gleichzeitig füllt sie die Wurzel, die sich daher stark verdickt, mit Vorratsstoffen an. Im zweiten Jahre setzt sie das Leben fort, das durch den Winter unterbrochen wurde. Nachdem sie Samen erzeugt hat, stirbt sie ab. Sie ist also eine zweijährige Pflanze.

2. **Stengel und Blätter.** Der Stengel wird fast 1 m hoch; er ist hohl, gefurcht und mit steifen Haaren besetzt. Die zahlreichen Blätter, die er trägt, werden nach oben hin immer kleiner. Die unteren Blätter sind doppelt gefiedert und die Fiederblättchen meist nochmals tief gespalten.

3. **Blüte.** a) Blütenstand. Die Blüten sind sehr klein. Da sie aber in großer Zahl beieinander stehen, werden sie den Insekten doch auffällig. Der Stengel und seine Zweige enden je in einer Verdickung, von der mehrere Blütenstiele ausstrahlen. Einen solchen Blütenstand nennt man eine Dolde („Doldengewächse"). Jeder Doldenstrahl trägt wieder ein Döldchen. Die Möhre besitzt also eine zusammengesetzte Dolde. Sowohl unter der ganzen Dolde, als auch unter jedem Döldchen findet sich eine Hülle von mehreren Blättchen, die den jungen Blütenstand schützend umgeben.

b) Blüte. Der Fruchtknoten trägt alle andern Blütenteile: den Kelch, der nur durch grüne Zähnchen angedeutet ist, die 5 weißen Blumenblätter und die 5 Staubblätter. Ihm liegt ferner eine fleischige Scheibe auf, die den Honig absondert. Der süße Saft wird den Blütengästen also ganz offen dargeboten. Es stellen sich besonders Fliegen, Käfer und kurzrüsselige Bienen ein, die aus „flachen Blütenschüsseln" bequem trinken können (langrüsselige Gäste lieben „tiefe Gefäße"). Wenn die Tiere von Blüte zu Blüte schreiten, müssen sie auch Staubbeutel und Narben berühren (Bestäubung!).

4. Die **Frucht.** Sind die Blüten bestäubt, dann neigen sich die Doldenzweige wie zu einem Vogelneste zusammen. Zur Zeit der Fruchtreife aber breiten sie sich wieder aus, so daß die Samen

Möhre. Ganze Pflanze (verkl.) und vergrößerte Frucht.

verstreut werden können. Dies geschieht jedoch nur bei trockenem Wetter; bei feuchtem schließt sich das „Vogelnest" wieder.

Bei der Reife spaltet sich die Frucht in 2 einsamige Teilfrüchtchen. Diese sind mit mehreren Reihen von Stacheln besetzt, die oft in Widerhäkchen enden. Daher haften sie wie Kletten in dem Haarkleide der Tiere (Hasen, Kaninchen u. a.) und können somit leicht weit verbreitet werden.

Zerdrückt man ein Teilfrüchtchen, so nimmt man einen würzigen Geruch wahr. Er ist auch allen andern Teilen der Pflanze eigen und rührt von einem flüchtigen Öle her.

Wegen ihres Reichtums an flüchtigen Ölen sind **Petersilie** und **Kümmel, Dill** und **Fenchel, Anis** und **Gartenkerbel** wichtige Gewürzpflanzen. — Aus der fleischigen Wurzel

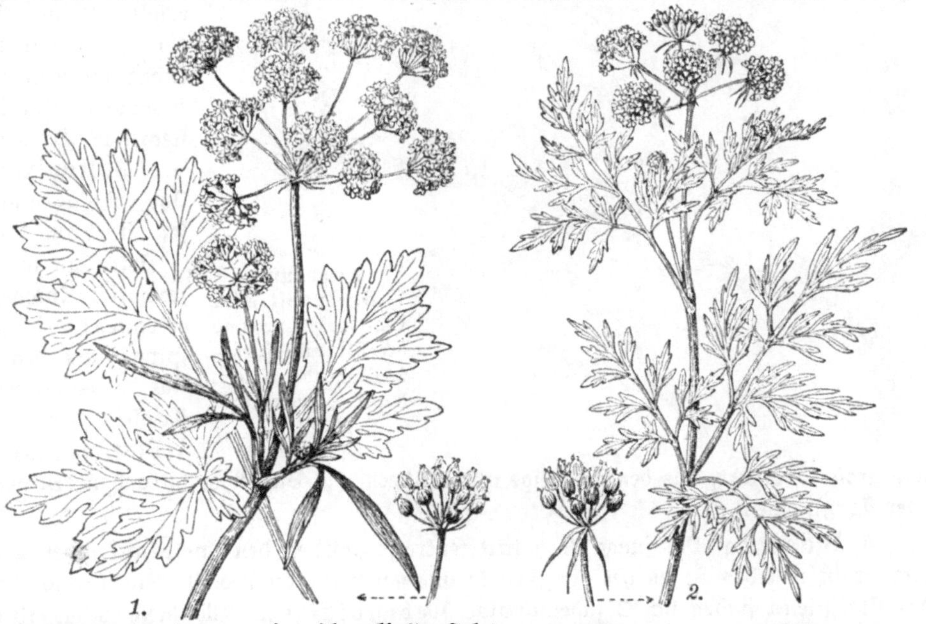

des **Sellerie** bereitet man einen schmackhaften Salat. — Zwischen der Petersilie wächst häufig der sehr giftige **Gartenschierling** oder die **Hundspetersilie.** Sicher zu unterscheiden ist die gefährliche Pflanze von der Petersilie durch den knoblauchartigen Geruch der Blätter, die glänzenden und viel schmaleren Blatteile, die 2 oder 3 langen und einseitig herabhängenden Hüllblätter unter den Döldchen und die weit dünnere Wurzel. — Auf Gemüseland findet sich nicht selten auch der **gefleckte Schierling,** dessen sämtliche Teile für Mensch und Tier gleichfalls ein furchtbares Gift sind. Er ist an den hohlen Blattstielen, dem braun gefleckten Stengel, dem mäuseartigen Geruche und den welligen Rippen der Früchte zu erkennen. — Die gefährlichste aller Doldenpflanzen ist der **Wasserschierling.** Der giftigste Teil, der gefächerte, sellerieähnliche Wurzelstock, bildet zugleich das sicherste Erkennungsmerkmal der mehr als meterhohen Pflanze.

1. Petersilie. 2. Hundspetersilie. 3. Blühender Zweig und Frucht des gefleckten Schierlings.

8. Familie. Rosenartige Gewächse.

1. Der Birnbaum.

1. **Vorkommen und Bedeutung.** Der Birnbaum kommt wild in Laubwäldern und Feldgehölzen vor. Er liefert die „Holzbirnen", die in alten Zeiten dem Menschen zur Nahrung dienten. Durch jahrtausendelange Zucht ist aus dem wilden Baume unser „edler" Birnbaum mit seinen großen, saftigsüßen und zartfleischigen Früchten entstanden.

2. **Stamm und Äste.** Der starke Stamm ist mit rissiger Borke bedeckt. Die Äste sind steil aufwärts gerichtet, so daß die Krone meist die Form einer Pyramide erhält. Beim wilden Birnbaume enden die unteren Zweige häufig in stechende Dornen.

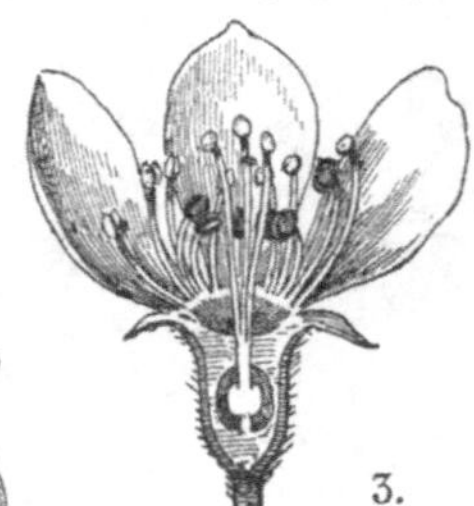

Birnbaum.
1. Zweig mit einer Blattknospe a. und drei Blütenknospen b.
2. Blühender Zweig.
3. Blüte, längs durchschnitten.

3. **Knospen.** Im Frühjahre lassen sich an dem Birnbaume zweierlei Knospen erkennen: kurze, spitze, aus denen sich beblätterte Triebe entwickeln (Blattknospen), und größere, dickere, aus denen Zweige mit Blättern und Blüten hervorgehen (Blüten- oder Tragknospen).

4. **Blätter.** a) Das junge Blatt tritt senkrecht zwischen den Knospenschuppen hervor. Es ist von den Seiten her eingerollt und mit Härchen bedeckt. Am Grunde des des Blattstieles finden sich 2 fadenförmige Nebenblätter. Alle diese Schutzmittel gehen später verloren.

b) Am ausgebildeten Blatte ist die eiförmige und am Rande gesägte Blattfläche schräg gestellt, so daß sie von den Sonnenstrahlen gut durchleuchtet werden kann. Diese Stellung gibt ihr der lange Blattstiel, der sie hebt und senkt, dreht und wendet, wie die Beleuchtung es erfordert.

c) Weht ein heftiger Wind, so stellt sich das zarte Blatt vermöge des biegsamen Stieles wie eine Wetterfahne in dessen Richtung. Ist der Windstoß vorüber, dann kehrt es unverletzt in die gewöhnliche Lage zurück. Ebenso weicht es mit Hilfe des Stieles den aufschlagenden schweren Regentropfen aus. Trotzdem bedarf das Blatt doch einer gewissen Festigkeit, um nicht zerrissen oder durchschlagen zu werden. Diese erlangt es durch die Adern oder Nerven, von denen die Blattfläche durchzogen ist.

d) Von Blättern, die nach außen stehen und schräg abwärts gerichtet sind, fließt das Regenwasser auch nach außen ab. Tiefer stehende Blätter leiten es weiter nach außen, und so geht es fort, bis am Umfange der Krone alles Wasser wie von einem aufgespannten Schirme zur Erde tropft. Gräbt man nun an dieser Stelle nach, so findet man dort stets die feinen Saugwurzeln, die das Wasser aus dem Boden aufnehmen.

5. a) Die **Blüten** stehen in kleinen Sträußen beieinander. Da sie duften und honigreich sind, wird der blühende Birnbaum von vielen Insekten umschwärmt. Wie notwendig den Blüten dieser Besuch ist, beweist folgende Tatsache: In Australien wollten die Obstbäume trotz aller Mühe der Ansiedler keine Früchte tragen. Da wurden von einem Imker Bienen eingeführt, und — in demselben Jahre hatte man eine reiche Obsternte.

b) Durchschneiden wir eine einzelne Blüte der Länge nach, so sehen wir, daß der oberste Teil des Blütenstieles, der sog. Blütenboden, einen kleinen Becher bildet. Der Becherrand trägt fünf Kelchblätter, ebensoviele weiße Blumenblätter und etwa 20 Staubblätter. Aus der Öffnung des Bechers ragen fünf Griffel hervor. Sie gehen vom Fruchtknoten aus, der mit dem Blütenboden verschmolzen ist.

6. Die **Frucht** entsteht aus Fruchtknoten und Blütenboden. Der Fruchtknoten wird zum „Kernhause", dessen fünf Fächer je zwei braune Samen enthalten (Obstkerne; Kernobst). Der Blütenboden dagegen liefert das Fruchtfleisch. Sollen sich die Samen zu neuen Pflanzen entwickeln, so muß die Frucht verfaulen, oder ein Vogel muß das Fleisch verspeisen, das Kernhaus öffnen und die Samen ausstreuen. Das saftige Fruchtfleisch ist also — genau wie beim Weinstocke — für die Verbreiter der Pflanze bestimmt. Leuchtende Färbung (gelb mit roten „Backen") und ein angenehmer Duft der Früchte locken die Gäste herbei. Die unreifen Früchte dagegen sind unscheinbar grün und zusammenziehend sauer.

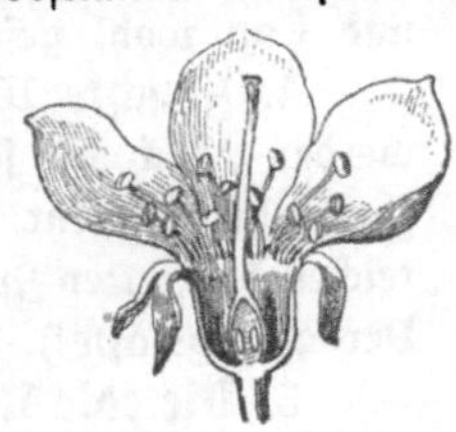
Blüte vom Kirschbaume, längsdurchschnitten.

Noch wichtiger als der Birnbaum ist der **Apfelbaum**, der aber eine breite Krone besitzt. Er kommt in unsern Wäldern (Holzäpfel!) gleich dem **Süßkirschbaume** noch wild vor. Die Blüte des letzteren ist der des Birn- und Apfelbaumes ganz ähnlich. Der Fruchtknoten steht aber frei im Grunde des kelchförmigen Blütenbodens und entwickelt sich zu der bekannten Steinfrucht. Die andern bei uns angebauten Steinobstarten, nämlich die **Sauerkirsche**, die **Pflaume** oder **Zwetsche**, ferner die **Aprikose** und die **Pfirsiche** sind aus Asien zu uns gekommen.

2. Die Hundsrose.

1. **Rosenhecke.** An Waldrändern, in Gebüschen und an ähnlichen Orten bildet die wilde oder Hundsrose oft große Hecken. Das Gewirr der Stämme und Äste wird durch die Stacheln noch undurchdringlicher, mit denen besonders die jungen Triebe, aber auch die Mittelrippen der Blätter und die Blütenstiele dicht besetzt sind. Diese stechenden, hakenförmig herabgebogenen Auswüchse der Rinde wehren Weidetiere und andere Pflanzenfresser ab, von den grünen Teilen zu naschen. Älteren Stämmen, die durch die harte, trockene Rinde geschützt sind, fehlt die Schutzwehr. — An den Zweigen finden sich häufig die wie mit Moos umkleideten Rosen- oder Schlafäpfel. Sie sind durch den Stich der Rosengallwespe entstanden und beherbergen die Larven dieses Insekts.

2. **Das Blatt** besteht aus einer langen Mittelrippe und 5—7 eirunden, gezähnten Blättchen. Von ihnen stehen sich je zwei und zwei gegenüber wie die Strahlen einer Feder. Das Ende der Mittelrippe dagegen nimmt ein einzelnes oder unpaares Blättchen ein: das Blatt ist unpaarig gefiedert. Am Grunde des ganzen Blattes finden sich zwei Nebenblätter, die mit der Mittelrippe verwachsen sind. An jungen Zweigen umfassen sie das nächst jüngere Blatt; zwischen dessen Nebenblättern ist wieder das nächst jüngere geborgen usf. Auf diese Weise werden die inneren, sehr zarten Blätter durch die äußeren, schon mehr erstarkten geschützt. Die jungen Fiederblätter sind in der Mittelrippe gefaltet und wie die Blätter eines Buches eng zusammengelegt.

3. **Blüte.** An den Blüten erkennen wir den Bau der Birnblüte deutlich wieder. Wir sehen einen krugförmigen Blütenboden, der mit einem gelben, fleischigen Ringe abschließt und 5 Kelchblätter, 5 rosafarbene Blumenblätter und viele Staubblätter trägt. In der Höhlung des Blütenbodens stehen zahlreiche Fruchtknoten, deren Griffel durch die Öffnung des „Kruges" ins Freie treten und dort zu hellgelben Narben anschwellen. Gegen Abend schließt sich die Blüte, so daß der Blütenstaub gegen Regen und Tau wohl geschützt ist.

Hundsrose.
Blühender Zweig und längsdurchschnittene Blüte.

4. **Frucht.** Wie der Weinstock wird auch die Rose durch Vögel verbreitet. Diese werden durch die scharlachrote Frucht angelockt, deren wohlschmeckendes Fleisch ihnen zur Nahrung dient. Im Innern der als Hagebutte bezeichneten Frucht finden sich die zahlreichen behaarten Früchte, die je ein kleines, hartschaliges Nüßchen darstellen (Schutz gegen Verdauungssäfte!). Die fleischige Wand der Hagebutte wird auch vom Menschen genossen.

5. **Die edle Rose** ist die prächtigste unserer Blumen. An ihren gefüllten Blüten ist oft deutlich zu erkennen, wie Staubblätter in Blumenblätter übergehen. Der Duft rührt von einem Öle her, das sich leicht verflüchtigt und auf Papier keinen bleibenden Fettfleck zurückläßt (flüchtiges Öl). Dieses wertvolle Rosenöl, das besonders auf der Balkanhalbinsel, in Ägypten und in mehreren Ländern Asiens gewonnen wird, benutzt man zur Herstellung wohlriechender Wasser, Seifen, Salben u. dgl.

Die **Wald-** und die **Gartenerdbeere** treiben lange Ausläufer, aus denen sich später selbständige Pflanzen entwickeln. Die weißen Blüten sind nachts und bei Regenwetter nickend. Nach dem Verblühen vergrößert sich der Blütenboden immer mehr, indem er zugleich fleischig und saftig wird. In ihm sind die zahlreichen Früchte zum Teil eingesenkt. Das so entstehende scharlachrote, duftende Gebilde nennen wir bekanntlich „Erdbeere". — In Wäldern finden sich oft die ausgedehnten Bestände des **Himbeerstrauches.** Die Stämme sind dicht mit Stacheln besetzt. Aus jedem der zahlreichen Fruchtknoten, die auf dem stielförmig verlängerten Blütenboden stehen, entwickelt sich bei der Reife eine kleine Steinfrucht. Sämtliche Früchtchen bilden die „Himbeere". — Ebenso gebaut ist die Frucht des **Brombeerstrauches**, die wie Erdbeere und Himbeere von zahlreichen Vögeln gern verzehrt wird. Die Früchte der genannten Pflanzen werden vom Menschen hoch geschätzt. — Dies gilt auch von denen des **Johannis-** und des **Stachelbeerstrauches**, die beide allerdings ganz abweichend gebaute Blüten tragen.

9. Familie. Schmetterlingsblütler.

1. Die Gemüsebohne.

1. **Same.** Die Gemüsebohne liefert uns in ihren grünen Früchten und reifen Samen eine nahrhafte Speise. Die Samen, die als „Bohnen" bezeichnet werden, sind von je einer festen, verschiedenfarbigen Haut umgeben. An dieser Samenhaut ist ein

matter Fleck (N.) zu erkennen. Hier saß die Bohne durch ein Stielchen an der Fruchtwand fest. Läßt man eine Bohne im Wasser aufquellen, so ist die Samenhaut leicht zu entfernen. Dann werden zwei große, halbnierenförmige Körper, die Keimblätter (Kb.), sichtbar (Zweikeimblättrige Pflanzen!). Beseitigen wir eins von ihnen, so sehen wir deutlich das zukünftige Pflänzchen. Wir erkennen einen winzigen Stengel (St.), der unten in ein Würzelchen (W.) endigt. In der Mitte trägt er die großen Keimblätter, und oben besitzt er eine kleine Knospe (K.).

2. **Keimung.** Verfolgen wir, wie aus diesem Keime die junge Pflanze entsteht! Die Bohnen, die wir zu diesem Zwecke zuerst in Wasser legen, saugen bald so viel davon ein, daß sie größer und schwerer werden. Endlich wird die Samenhaut gesprengt, und das Würzelchen kommt zum Vorscheine. Bringen wir die Bohnen jetzt in lockere Erde, so dringt die Wurzel abwärts in den Boden und sendet bald zahlreiche Seitenwurzeln aus. Gleichzeitig wächst der Stengelteil stark in die Länge. Er krümmt sich hakenförmig, durchbricht den Boden und zieht schließlich die Keimblätter samt der Knospe aus der Erde hervor. Die Keimblätter biegen sich jetzt auseinander; die ersten Laubblätter (L.) entfalten sich, und alle oberirdischen Teile ergrünen. Während sich die Pflanze kräftig weiter entwickelt, verschrumpfen die Keimblätter und fallen endlich ab. — Diese Vorgänge geben uns mancherlei zu denken:

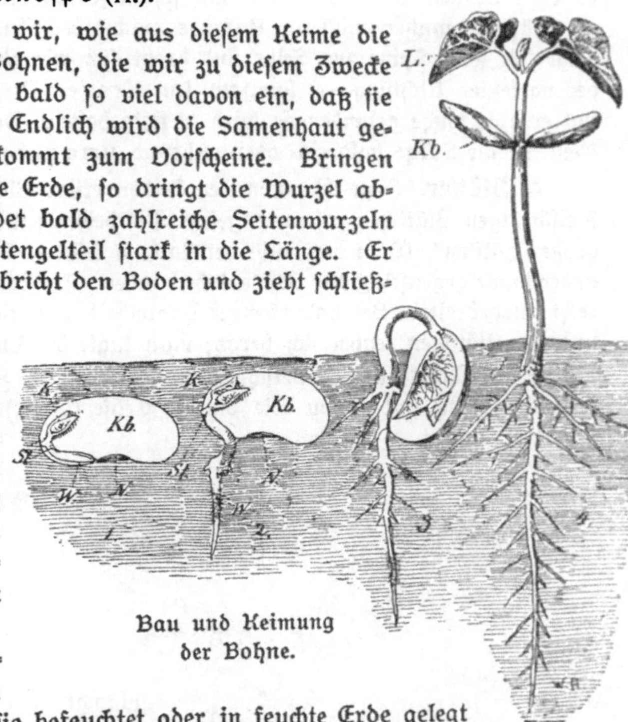

Bau und Keimung der Bohne.

a) Bohnen (oder andere Samen) keimen niemals an einem trockenen Orte. Erst nachdem sie befeuchtet oder in feuchte Erde gelegt werden, geschieht dies. Warum hat aber die Mutterpflanze den Keim nicht gleich mit dem notwendigen Wasser versorgt? Wir legen an einem kalten Wintertage einige trockene und einige aufgequollene Bohnen mehrere Stunden ins Freie. Bringen wir sie darauf in Blumentöpfe, die wir in das erwärmte Zimmer stellen, so werden die trockenen Samen bald, die aufgequollenen aber nicht keimen. Letztere wurden durch die Kälte zerstört: sie sind erfroren. Ebenso würde es den Samen ergehen, wenn sie das für die Keimung notwendige Wasser mit sich führten.

b) Das Würzelchen kommt zuerst hervor; denn die junge Pflanze muß bereits im Boden befestigt sein, wenn sie die Erde durchbricht. Da nun die Hauptwurzel zahlreiche Seitenwurzeln aussendet, ist die Verankerung um so sicherer. Die Wurzel hat aber auch dem Boden Wasser und darin gelöste Nährstoffe zu entnehmen. Da sie sich zuerst entwickelt, kann sie die junge Pflanze auch sofort damit versorgen.

c) Die Knospe ist ungemein zart. Sie könnte beim Durchbrechen der Erde daher auch nicht vorangehen, ohne sich zu verletzen. Diese Arbeit verrichtet der weit festere Stengel, der hakenförmig gebogen ist.

d) Da der Keimling die zum Wachstum nötigen Stoffe noch nicht erwerben kann, gibt sie ihm die Mutterpflanze mit auf den Weg. Sie liegen in den Keimblättern aufgespeichert. Daher verschrumpfen diese Blätter auch nach und nach und fallen, gänzlich ausgesogen, schließlich ab.

3. **Stengel.** Bei den „Zwerg- oder Buschbohnen" ist der Stengel so kurz und kräftig, daß er sich selbst aufrecht halten kann. Die „Kletter- oder Stangenbohnen" dagegen besitzen einen so langen und schwachen Stengel, daß sie andere Gegenstände als Stützen benutzen müssen. Anfangs wächst der Stengel gerade empor; dann aber neigt sich seine Spitze zur Seite und dreht sich wie ein Uhrzeiger — jedoch in entgegengesetzter Richtung — langsam im Kreise. Der Stengel „sucht" eine Stütze. Hat er eine solche gefunden, so wird er festgehalten. Da die Stengelspitze aber weiter kreist, ist die Stütze bald ein- oder mehrfach umwunden.

4. **Blätter.** Abgesehen von den beiden ersten Blättern sind alle folgenden aus 3 eiförmigen Blättchen zusammengesetzt. Die beiden seitlichen Blättchen besitzen ungleich große „Hälften". Wäre dies nicht der Fall, so würden sie sich zum Teil decken und einander somit gegenseitig das Sonnenlicht rauben. Am Tage sind die Blätter meist wagerecht ausgebreitet. Bei anbrechender Dunkelheit aber richtet sich der Blattstiel empor, und die Blättchen senken sich herab; man sagt: die Blätter schlafen.

5. Die **Blüte** ist von verschiedener Färbung. Sie zeigt die Form einer Schmetterlingsblüte, die fast genau wie die der Erbse (s. das.) gebaut ist. Ein gleiches gilt von der Frucht.

2. Die Erbse.

Erbse.
Blühender Zweig.

1. Eine rankende Pflanze.

Der verzweigte, hohle Stengel der Erbse hält sich ähnlich wie der Weinstock mit Hilfe von Ranken an benachbarten Pflanzen fest. Mit ihnen umschlingt er auch die Reiser, die wir dem schwachen Gewächs als Stütze darbieten. Die fadenförmigen Ranken finden sich an der Mittelrippe der gefiederten Blätter. Die großen Nebenblätter, die den Stengel meist umfassen, umgeben anfangs schützend die jungen Blätter, Zweige und Blüten. Dann breiten sie sich auseinander und bieten ihre ganze Fläche dem Sonnenlichte dar.

2. **Ein Schmetterlingsblütler.** a) Blütenbau. Die Blüte hat einige Ähnlichkeit mit einem Schmetterlinge (Schmetterlingsblütler!). Der becherförmige, fünfzipflige Kelch (K.) umschließt fünf weiße, verschieden gestaltete Blumenblätter. Das obere Blatt wird als Fahne (Fa.) bezeichnet; die beiden seitlichen Blätter heißen Flügel (Fl.), und die zwei unteren sind zu dem kahnförmigen

„Schiffchen" verwachsen (Sch.). Das Schiffchen umschließt schützend (Regen, Tau, Näscher!) den **Stempel** und die zehn **Staubblätter**. Der langgestreckte **Fruchtknoten** setzt sich in einen langen **Griffel** fort. Unter der **Narbe** am Griffelende finden sich Haare. Von den zehn Staubfäden sind neun miteinander zu einer Röhre verwachsen, die den Fruchtknoten umgibt. Innen am Grunde dieser Röhre wird der **Honig** abgesondert.

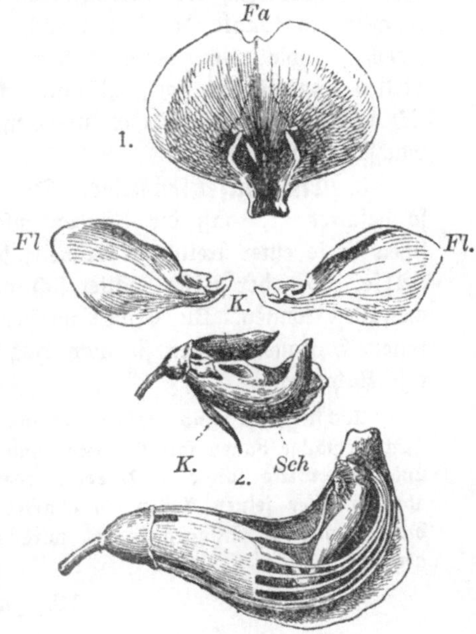

1. Blüte der Erbse, zerlegt.
2. Schiffchen, geöffnet.

b) **Bestäubung.** Die Blüte der Erbse bestäubt sich bei uns gewöhnlich selbst. In der Heimat der Pflanze, den Mittelmeerländern, wird die Bestäubung aber durch größere Insekten vermittelt. Hierauf weist auch der eigentümliche Bau der Blüte hin: Durch die weißen Blumenblätter werden die Insekten herbeigelockt. Die große, breite und aufgerichtete **Fahne** bildet gleichsam ein „Aushängeschild". Die **Flügel** dienen dem saugenden Tiere als „Sitzbrett". Sie haben je eine Einbuchtung, die genau in eine Vertiefung des **Schiffchens** eingreift. Läßt sich ein kräftiges Insekt auf den Flügeln nieder, so wird daher auch das Schiffchen herabgedrückt. Dann tritt aus seiner Spitze sofort der **Griffel** hervor. Bringt das Tier von einer andern Erbsenblüte Blütenstaub mit, so bleiben davon auch einige Körnchen an der **Narbe** haften. Dabei beladet sich das Insekt aber

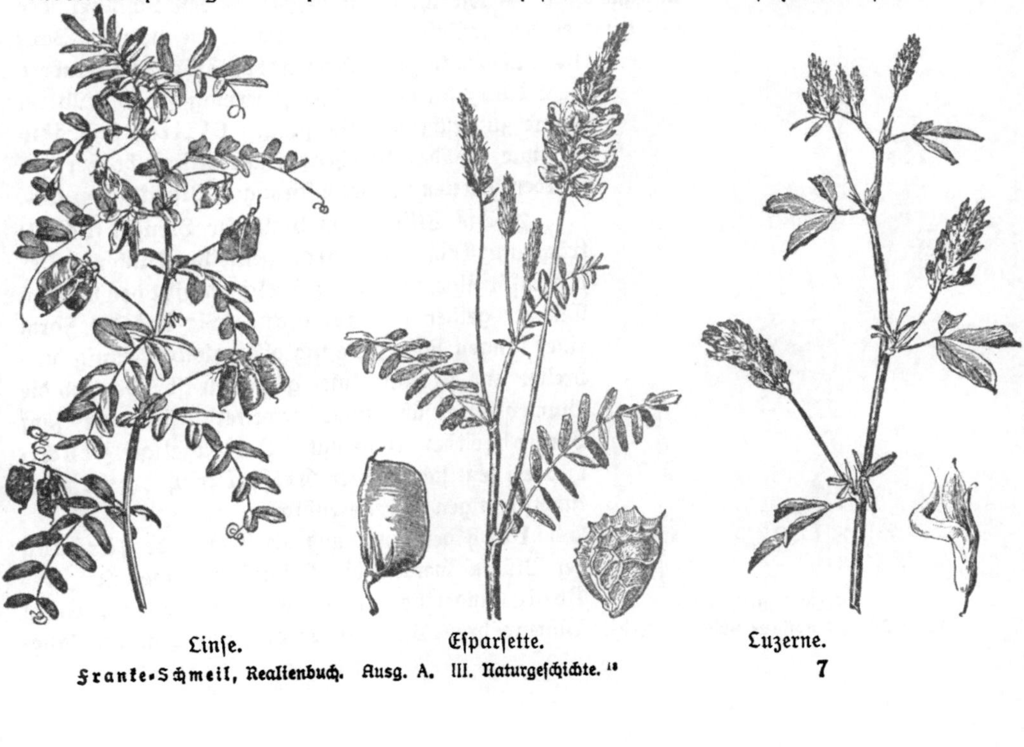

Linse. Esparsette. Luzerne.

von neuem mit Blütenstaub; denn dieser ist auf den Haaren am Griffel abgelagert worden, bevor sich die Blüte öffnete. Wären sämtliche Staubfäden miteinander verwachsen, so könnte das Insekt nicht zum Honig gelangen. Ein Staubblatt bleibt jedoch — wie wir gesehen haben — frei. Spaltet man den Kelch an mehreren Stellen, so wird das ganze „Kunstwerk" des Blütenbaues zerstört. Hieraus geht deutlich hervor, wie wichtig es ist, daß die 5 Blättchen des Kelches miteinander verwachsen sind.

3. **Ein Hülsenfrüchtler.** Die Frucht besteht aus einem langen Blatte, das so gefaltet ist, daß die Ränder zusammenstoßen. An den verwachsenen Rändern sitzen in je einer Reihe die Samen, die sog. Erbsen. Eine solche Frucht nennt man Hülse. Bei der Reife spaltet sich das Blatt an beiden Seiten, so daß die Samen ausfallen können. Die Erbsen werden unreif oder reif vom Menschen verspeist. In reifem Zustande dienen sie auch Hühnern, Tauben und andern Haustieren als wichtige Nahrung.

Nächst Erbse und Bohne ist uns die **Linse** eine wertvolle Gemüsepflanze. — Als Futtergewächse bauen wir **Wiesen-** und **Weißklee, Luzerne** und **Esparsette, Lupine** und **Saatwicke** sowie die **Pferde-** oder **Saubohne** an. — Ein beliebter Zierstrauch, der aber in allen seinen Teilen ein scharfes Gift enthält, ist der **Goldregen.** — Als Alleebaum sowie in Anlagen u. dgl. wird vielfach die **Robinie** oder **falsche Akazie** angepflanzt.

10. Familie. Schlüsselblumen-Gewächse.

Die duftende Schlüsselblume.

Schlüsselblume.
Ganze Pflanze, geöffnete Blüte und Frucht.

1. **Eine Frühlingspflanze.** Wenn die Schlüsselblume auf der Wiese wieder blüht, ist der Lenz endlich da. Sie bildet also gleichsam — wie ihr Name besagt — den Schlüssel, der den Himmel des Frühlings öffnet. Da sie die nötigen Baustoffe in dem kurzen, dicken unterirdischen Stamme oder Wurzelstocke vorfindet, vermag sie so früh im Jahre zu erscheinen. Die jungen Blätter sind ähnlich wie die des Veilchens eingerollt. Größer geworden, breiten sie ihre eiförmigen Blattflächen aus.

2. **Die Blüte.** Ein blattloser Stengel (Schaft) trägt am Ende eine Dolde gestielter Blüten. Der röhrenförmige, fünfzipflige Kelch umgibt den unteren Teil der gelben Blumenkrone. Sie hat die Form einer langen Röhre, die sich oben glockenförmig ausbreitet und in fünf Zipfel gespalten ist. Da, wo die Blumenröhre sich etwas erweitert, sind die fünf Staubblätter eingefügt. Der kugelige Fruchtknoten setzt sich in einen Griffel fort, der in einer knopfförmigen Narbe endigt.

Durch den Duft und die leuchtende Färbung der Blüten werden die Bestäuber angelockt. Der Honig findet sich am Grunde der langen, engen Blütenröhre. Daher ist er auch nur von den langrüsseligen Hummeln und Schmetterlingen zu erreichen. In den Weg, der zum Honig führt, sind aber die Staubblätter und die Narbe gestellt. Sie müssen von den saugenden Insekten daher auch gestreift werden (Bestäubung).

3. **Die Frucht** ist eine Kapsel, die zahlreiche Samen enthält. Sie reift im Schutze des Kelches, der hart und derb wird. Schließlich öffnet sie sich an der Spitze mit mehreren Zähnen. Da sich die Blütenstiele nach dem Verblühen senkrecht emporgerichtet haben und gleich dem blattlosen Stengel fest und elastisch geworden sind, stellt der Fruchtstand eine kleine Schleuder dar. Wird er vom Winde erschüttert, so werden die Samen weit verstreut. Bei Regenwetter krümmen sich die Zähne wieder nach innen, so daß die Samen gegen Befeuchtung vortrefflich geschützt sind. Im andern Falle würden sie hier bald keimen oder gar verfaulen.

11. Familie. Nachtschattengewächse.

1. Die Kartoffel.

Die Knollen der Kartoffel. a) Im Frühjahre „keimen" die Knollen im Keller, d. h. aus ihren „Augen" gehen beblätterte Stengel hervor. Dasselbe geschieht an den Knollen, die wir auf dem Felde in die Erde legen. Nehmen wir eine junge Pflanze

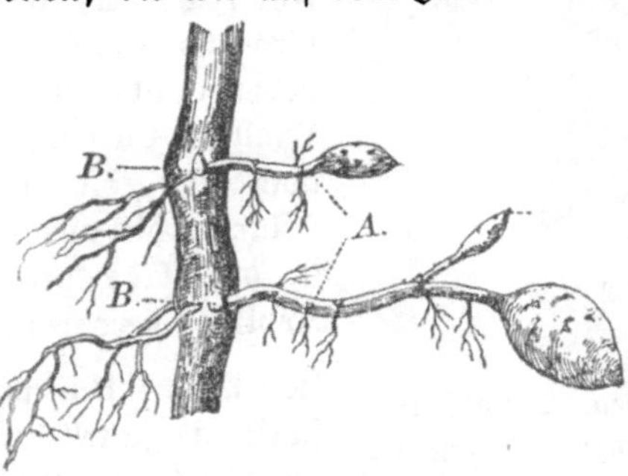

Bildung der Kartoffelknollen.

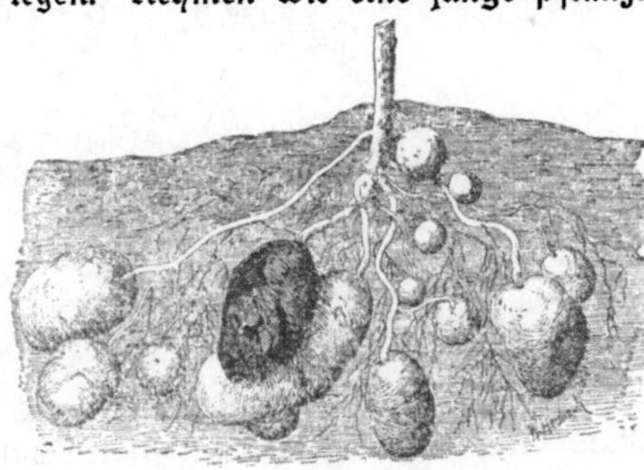
Unterirdische Teile der Kartoffel.

aus dem Boden, so sehen wir, daß sie an dem bewurzelten unterirdischen Teile des Stengels Seitenzweige (A.) gebildet hat. Diese fadenförmigen Ausläufer gehen aus den Achseln winziger Blättchen (B.) hervor. Sie erheben sich niemals über den Boden, verzweigen sich aber und schwellen an den Enden etwas an. Diese Anschwellungen werden größer und bilden sich zu je einer Knolle aus. Die Kartoffelknolle ist also ein verkürzter und stark angeschwollener Teil des Stengels. — Häuft man um die unteren Teile der oberirdischen Stengel Erde an, so entwickeln sich die Zweige, die daselbst entstehen, oft gleichfalls zu Ausläufern. Deshalb bilden diese Pflanzen meist zahlreichere Knollen als „unbehäufelte".

b) Da die Knollen Stengelteile sind, finden wir an ihnen auch die schuppenförmigen Blätter samt den Knospen wieder: es sind dies die Augen, die wohlgeschützt gegen Verletzung in einer Vertiefung der Knolle liegen. Daher kann aus einer Knolle und sogar aus einem Teile einer solchen, der jedoch stets wenigstens ein Auge besitzen muß, eine neue Pflanze hervorgehen. Die winzigen Blätter an den Augen und den unterirdischen Stengeln gehen, weil für die Pflanze ohne Bedeutung, meist bald zugrunde. Im Herbste sterben die Ausläufer ab; dann liegen die Knollen unter sich und von der gleichfalls abgestorbenen Mutterpflanze meist getrennt im Boden.

c) Die grünen Teile der Kartoffel erfrieren sehr leicht. Daher kann die Pflanze die Kälte unsers Winters nicht ertragen. Werden ihre Knollen aber vor Frost geschützt und im nächsten Frühjahre wieder gepflanzt, so gehen aus ihnen neue Pflanzen hervor. Die Kartoffel vermehrt sich also durch die Knollen und ist mit ihrer Hilfe imstande, den Winter zu überstehen.

Während dieser Zeit liegen die Knollen im Keller. Sterben sie aber hier nicht ab? Legt man eine geschälte Knolle an einen warmen Ort, so ist sie bald gänzlich vertrocknet. Bringt man sie darauf in die Erde, so entsteht aus ihr keine neue Pflanze. Die ungeschälte Knolle dagegen bleibt lebens- und „keimfähig". Es ist also die blaue, rote oder weiße „Schale", die die Knolle gegen das Vertrocknen schützt.

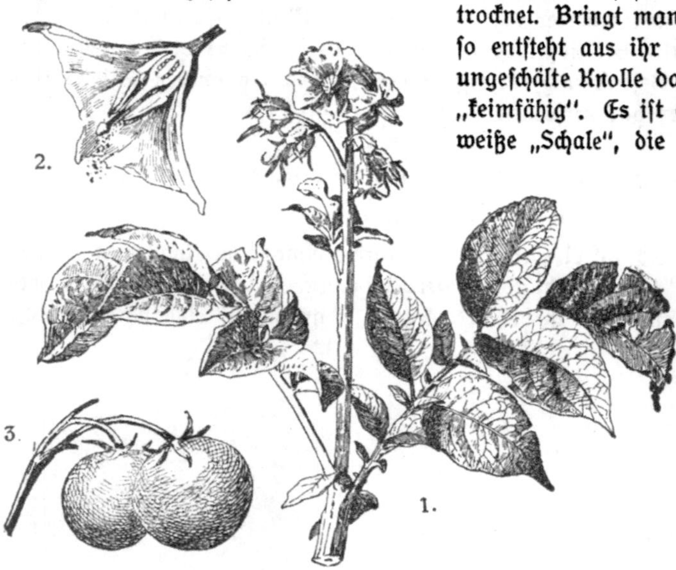

Kartoffel. 1. Stengelteil mit Blättern und Blüten. 2. Halbierte Blüte. Aus den Beuteln rieselt Blütenstaub hervor. 3. Früchte.

d) Die Stengel, die im Keller aus der Knolle austreiben, können die Stoffe, aus denen sie sich aufbauen, nirgends anders hernehmen als aus der Knolle. Dasselbe gilt auch für die junge Pflanze, die aus einer in die Erde gelegten Knolle hervorwächst. Je mehr Nahrungsstoffe die „alte" Knolle an die junge Pflanze abgibt, desto mehr verschrumpft sie auch, bis ihre wertlosen Reste endlich verfaulen.

Die Baustoffe, die in der Knolle enthalten sind, bestehen besonders aus Stärke. Zerreibt man einige rohe Knollen und wäscht man den erhaltenen Brei wiederholt in Wasser aus, so bleibt die Kartoffelstärke als weißes Pulver zurück. Da nun die Stärke für den Menschen einen notwendigen Nährstoff bildet, ist die Kartoffel eine unserer wichtigsten Nährpflanzen. Auch als Futter für die Haustiere sowie zur Herstellung von Stärke („Kartoffelmehl") und zur Bereitung von Spiritus werden die Knollen verwendet (s. Naturlehre).

2. **Die übrigen Teile der Kartoffel.** a) Stengel und Blätter. Die kantigen Stengel tragen große, rauhhaarige und unpaarig gefiederte Blätter. Zwischen den größeren Fiederblättchen sind kleinere eingefügt. Trotzdem aber bleiben so weite Lücken, daß noch genug Licht zu den tiefer stehenden Blättern gelangen kann. Stengel und Blätter, denen ein widerlicher Geruch entströmt, enthalten ein Gift. Daher werden sie auch nur von wenigen Tieren verzehrt. Noch giftiger sind die Früchte, die jungen Triebe und diejenigen Knollen, die vom Sonnenlichte getroffen wurden und ergrünt sind.

b) Blüte und Frucht. Der kleine, fünfzipflige Kelch umschließt die weiße oder blaßviolette, radförmige Blumenkrone, deren Rand 5 Ecken zeigt. Die Beutel der 5 Staubblätter bilden einen Kegel, dessen Spitze von dem Griffel durchbrochen wird. Da die Blüten keinen Honig und nur wenig Blütenstaub enthalten, werden sie auch nur selten von Insekten besucht. Der Fruchtknoten entwickelt sich zu einer grünen Beere.

3. **Die Heimat der Kartoffel** ist das warme Südamerika. Von hier aus wurde sie etwa in der Mitte des 16. Jahrhunderts nach Europa gebracht. Heutzutage hat sich die überaus wichtige Pflanze über den größten Teil der Erde verbreitet.

2. Andere Nachtschattengewächse.

1. Mit Beeren. Wie die Kartoffel enthalten zahlreiche andere Glieder der Familie in allen oder vielen Teilen ein scharfes Gift. Als solche Giftgewächse sind zunächst der **schwarze** und der **bittersüße Nachtschatten** zu nennen. Ersterer kommt

Tollkirsche.
Daneben eine Blüte.

Stechapfel.
Daneben eine Frucht.

auf Schutt sowie als Unkraut in Gärten und Feldern häufig vor, hat weiße Blüten und schwarze, giftige Beeren. Letzterer wächst in Gebüschen, trägt violette Blüten und rote, aber nicht giftige Beeren, die anfangs bitter und nachher süßlich schmecken. — Die

Bilsenkraut.

Schwarzer Nachtschatten.

Tabak.

Tollkirsche ist eine meterhohe Pflanze schattiger Bergwälder mit bräunlichen Glockenblüten. Ihre überaus giftige Frucht ähnelt einer Kirsche; die glänzend schwarze Beere sitzt aber in dem bleibenden Kelche. Ihr Genuß bewirkt Schwindel, Betäubung und oft sogar den Tod. Drosseln und Amseln jedoch verspeisen das süße, saftige Fruchtfleisch mit sichtlichem Behagen.

2. Mit Kapseln. Der **Tabak**, der eine Höhe von 2 m erreicht, ist aus Amerika zu uns gekommen. Hat die Pflanze ihre volle Größe erlangt, so werden die Blätter abgebrochen, auf Schnüre gereiht und getrocknet. In der Fabrik feuchtet man sie wieder an und schichtet sie zu großen Haufen auf. Sind die Haufen einigemal umgesetzt, dann können die Blätter als Rauch-, Kau- oder Schnupftabak verwendet werden. Der Tabak enthält jedoch ein überaus heftiges Gift. Fortgesetzter, starker Genuß von Tabak ruft daher nicht selten schwere Erkrankungen hervor. Für Kinder ist er selbst in kleinen Mengen überaus gefährlich. — Auf Schutthaufen und an Wegen findet sich das **Bilsenkraut**, eine sehr giftige Pflanze von ekelhaftem Geruch, mit klebrigen Blättern und schmutzig-gelben Blüten. — Dort wächst auch der gleichfalls sehr giftige **Stechapfel**. Das übelriechende Kraut trägt ausgebuchtete Blätter und lange, weiße Röhrenblüten. Die Fruchtkapseln sind mit Stacheln besetzt.

12. Familie. Lippenblütler.

Die weiße Taubnessel.

Weiße Taubnessel.
Ganze Pflanze, geöffnete Blüte, die von einer Hummel besucht wird, und Frucht.

Die Taubnessel wächst an Zäunen und Hecken, an Wegen, Gräben und ähnlichen Orten. Da ihre weißen Blüten von Hummeln und Bienen gern besucht werden, wird sie auch weißer Bienensaug genannt. Taubnessel heißt sie, weil ihre Blätter denen der Brennessel sehr ähnlich sind, aber nicht brennen, wenn man sie berührt.

1. **Blätter.** Die kurz gestielten Blätter sind eiförmig und am Rande sägezähnig eingeschnitten. Da sie sich paarweise gegenüber stehen, und da jedes Paar mit dem vorhergehenden oder nachfolgenden Paare ein Kreuz bildet, rauben sie sich gegenseitig nicht das Licht. Gleich allen andern grünen Teilen der Pflanze sind sie rauh behaart und von unangenehmem Geruch.

2. **Stengel.** a) Der oberirdische Stengel ist vierkantig. Wird er von einem Windstoße getroffen und dadurch gebogen, so werden die Stengelteile an der einen Seite stark ausgedehnt, an der andern aber zusammengedrückt. Die in der Mitte liegenden Teile dagegen hätten nichts auszuhalten. Der Stengel kann daher, ohne an Festigkeit einzubüßen, hohl sein.

Wie ein Versuch zeigt, läßt sich eine lange (Glas-)Röhre leichter zerbrechen als eine kurze. Dem Stengel der Taubnessel gereicht es daher zum Vorteil, daß er durch Querwände in mehrere kleine Röhren geteilt ist. Diese Querwände finden sich in den Stengelknoten, an denen die Blätter entspringen.

b) Der unterirdische Stengel (Wurzelstock) ist fast genau wie der oberirdische gebaut. Er hat jedoch eine weiße Färbung, ist nicht hohl und sendet zahlreiche fadenförmige Wurzeln aus. Seine Zweige erheben sich als oberirdische Stengel entweder über den Boden, oder sie kriechen wagerecht in der Erde dahin. Da sich diese Ausläufer wieder verzweigen, tritt die Taubnessel truppweise auf. Die Blätter der unterirdischen Stengel sind schuppenförmig. Sie umhüllen schützend die Knospen, die sich in ihren Achseln bilden, sowie die zarten Stengelenden, die den Boden durchbrechen. Haben sie diese Aufgabe erfüllt, dann verschrumpfen sie.

3. **Blüten.** a) Die Blüten stehen in den Achseln der oberen Blätter. Ein glockenförmiger, fünfzipfliger Kelch umschließt die weiße Blumenkrone. Ihr unterer Teil ist eine gebogene Röhre, deren Seitenwände oben zwei Lappen bilden. Die Hinterwand der Röhre setzt sich in die helmartige Oberlippe und die Vorderwand in die herzförmige Unterlippe fort („Lippenblüte"). Unter der Oberlippe stehen paarweise hintereinander die Beutel der 4 Staubblätter, deren Fäden mit der Röhre zum Teil verwachsen sind. Für den leicht verderbenden Blütenstaub bildet die Oberlippe ein schützendes Regendach. Vom Fruchtknoten erhebt sich ein langer Griffel, dessen zweigespaltene Narbe zwischen den Staubbeuteln ihren Platz hat.

b) Da der Honig am Grunde der langen Blütenröhre abgeschieden wird, kann er nur von langrüsseligen Insekten erreicht werden. Die Schmetterlinge vermögen wegen ihrer großen und steifen Flügel allerdings nicht in die Blüte einzudringen, desto besser aber die Hummeln. Das saugende Tier läßt sich auf der wagerecht gestellten Unterlippe wie auf einem Sitzbrette nieder und senkt Kopf und Brust tief in die Blumenkrone. Dabei muß es aber seinen Rücken der Oberlippe andrücken und infolgedessen auch den Blütenstaub von den Beuteln abstreifen. Kehrt die Hummel darauf in einer andern Blüte der Taubnessel ein, so berührt ihr Rücken zuerst den nach unten gerichteten Ast der Narbe, der daher auch mit fremdem Blütenstaube belegt wird.

Nicht weit vom Unterende ist die Blütenröhre plötzlich verengt und innen mit einem Ringe feiner Haare ausgerüstet. Kleine Insekten, die in die Röhre hinabkriechen, können den Haarzaun in der Regel nicht durchdringen, also auch nicht zum Honig gelangen; für die Hummeln dagegen ist er kein Hindernis. Die Honigbiene hat einen so kurzen Rüssel, daß sie den Honig auf „rechtem" Wege nicht erreichen kann. Sie beißt daher vielfach Löcher in die Blütenröhre und nascht von dem süßen Safte, ohne der Pflanze zu dienen.

4. **Frucht.** Der Fruchtknoten zerfällt in vier Teilfrüchtchen, die durch den Wind aus der Kelchröhre geschüttelt werden. Es sind olivenfarbene Nüßchen mit einem weißen, fleischigen Anhange.

Wegen ihres Reichtums an flüchtigen Ölen bauen wir als Gewürz- oder Arzneipflanzen das **Bohnenkraut**, den **Majoran**, den **Gartenthymian** und den **Gartensalbei** an. Die Heimat dieser allbekannten Gewächse sind die Länder um das Mittelmeer. — Ein starker Duft entströmt auch dem rotblühenden **Feldthymian**, der an trockenen Stellen niedrige Rasen bildet, sowie dem **Wiesensalbei**, der sich an ähnlichen Orten findet. Die prächtig blauen Blüten der letztgenannten Pflanze besitzen nur zwei Staubblätter, die wie kleine Schlagbäume von den Bestäubern bewegt werden.

13. Familie. Kürbisgewächse.

Der Kürbis.

1. **Stengel, Ranken und Blätter.** Der fünfkantige, hohle Stengel des Kürbis wird gleich allen andern grünen Teilen von kleinen Stacheln bedeckt. Da er überaus schwach ist, liegt er entweder dem Boden auf, oder er klettert mit Hilfe von Ranken an fremden Gegenständen empor. Die Ranken entspringen neben den Blättern und tragen auf einem gemeinsamen Stiele meist drei bis fünf Äste.

Die Blätter stehen in einer Schraubenlinie um den Stengel. Eine Pflanze, die am Boden liegt oder an andern Gegenständen emporklettert, empfängt aber nur von einer Seite Licht. Dorthin richten sich alle Blätter: die langen, hohlen Blattstiele heben die Blattflächen von der Unterlage (Erdboden, Stütze) ab und stellen sie abwechselnd rechts und links vom Stengel. So können alle von den Sonnenstrahlen getroffen werden. Die herzförmigen, fünf- bis siebenlappigen Blattflächen sind sehr groß. Trotzdem werden sie vom Winde nicht zerrissen; denn die beiden äußersten starken Seitennerven bilden bis zu ihrer ersten Verzweigung gleichsam feste Säume.

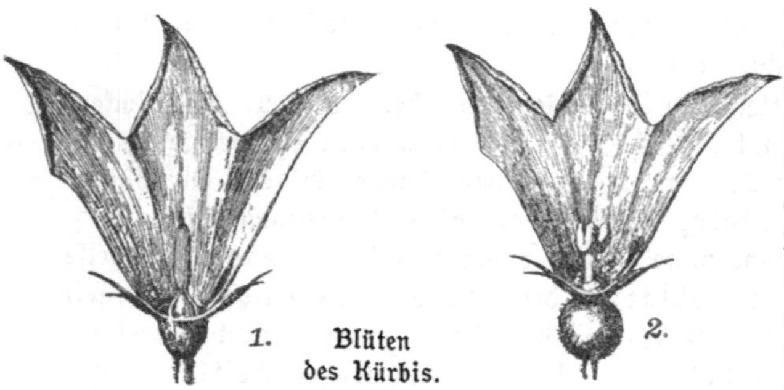

1. Blüten des Kürbis. 2.

2. **Blüten.** Die großen Blüten erheben sich auf kurzen Stielen aus den Blattwinkeln. Der Kelch ist bis auf 5 Zipfel mit dem unteren Teile der gelben, trichterförmigen und gleichfalls fünfzipfligen Blumenkrone verwachsen. Während die Mehrzahl der Blüten nur je 5 Staubblätter enthält (1), ist in den andern nur je ein Stempel anzutreffen (2). Die „Stempel- oder Fruchtblüten" können daher nur durch Blütenstaub belegt werden, der aus den „tauben", d. h. unfruchtbaren „Staubblüten" stammt. Diese Bestäubung vermitteln Insekten, die durch die Blütenfarbe und den Honig im Blütengrunde angelockt werden.

3. **Frucht.** Die grünen, weißen oder bunten Früchte des Kürbis sind von verschiedener Form und oft von riesiger Größe. Sie werden vom Menschen verspeist oder den Haustieren als Futter vorgelegt. Vielfach pflanzt man das kletternde Gewächs auch nur zur Zierde an. Stellt man durch eine reife Frucht einen Querschnitt her, so sieht man eine ringförmige, fleischige Wand, von der sich meist drei „Zapfen" in das Innere erstrecken. Die Zapfen bestehen aus einer faserigen, klebrigen Masse, in der die zahlreichen Samen („Kürbiskerne") eingebettet sind.

Dem Kürbis ähnelt in allen Stücken die überaus wichtige **Gurke.** Sie hat aber einfache Ranken und langgestreckte Früchte.

14. Familie. Korbblütler.

Die Sonnenblume oder Sonnenrose.

Die Sonnenblume oder Sonnenrose ist überall in Gärten anzutreffen; denn wir erfreuen uns gern an ihren mächtigen „Blumen", die sich mit strahlenden Sonnen vergleichen lassen.

1. **Stengel.** Aus den Früchten gehen kräftige Pflanzen hervor, die eine Höhe von mehr als 3 m erreichen können. Der oft armdicke Stengel fühlt sich wie alle grünen Teile rauh an und bildet eine weite Röhre, die mit lockerem Marke angefüllt ist.

2. **Blätter.** Eine hohe Pflanze ist den Angriffen des Windes stark ausgesetzt, zumal wenn sie sehr große Blätter besitzt. Da die herzförmigen Blattflächen der Sonnenblume jedoch von langen Stielen getragen werden, weichen sie dem Anpralle des Windes leicht aus. Sie werden vom Winde auch kaum einmal zerrissen; denn die starken Seitennerven bilden (wie beim Kürbisblatte) am Grunde feste „Säume". Die Blätter sind in einer Schraubenlinie angeordnet. Keins raubt dem andern mithin das Licht. Da sich die Blattspitzen nach unten neigen, werden die Blattflächen von den Sonnenstrahlen ziemlich senkrecht getroffen. So können diese ihre größte Wirkung ausüben.

Sonnenblume. Oberer Teil der blühenden Pflanze.

3. **Wurzel.** Bei der Sonnenblume erwartet man eine tiefgehende Hauptwurzel und lange Seitenwurzeln, die das schwere Gewächs sicher im Boden verankern. Gräbt man die Pflanze aber aus, so findet man zwar eine Hauptwurzel, die senkrecht in den Boden hinabsteigt; die von ihr ausstrahlenden Seitenwurzeln dagegen bleiben auffallend kurz. Dafür sind sie aber in sehr großer Zahl vorhanden und verzweigen sich so stark, daß ein dichtes Wurzelgeflecht entsteht.

4. **Blütenstand.** Die Stengel und Zweige tragen am Ende je eine große, seitlich gerichtete „Blume". Durchschneiden wir sie der Länge nach, so sehen wir, daß auf dem scheibenförmig erweiterten Ende des Stengels, dem Blütenboden (Bb.), sehr viele kleine Blüten sitzen. An ihrem Grunde befindet sich je ein dreizackiges Blättchen (B.). Wir haben es hier also nicht mit einer einzelnen Blüte, sondern mit einem Blütenstande zu tun. Durch die Häufung fallen die winzigen Blüten den Insekten viel mehr auf, als wenn sie einzeln ständen. Am Umfange des Blütenstandes erblickt man mehrere große, grüne Blätter. Sie überdecken die Blüten anfangs vollständig und sind auch den geöffneten noch ein Schutz gegen ankriechende Tiere (Schnecken, Ameisen u. dgl.). Durch diesen Hüllkelch (Hk.) erhält der Blütenstand das Aussehen eines Körbchens, das mit vielen Blüten gefüllt ist. Darum bezeichnet man ihn auch als Blütenkörbchen („Korbblütler").

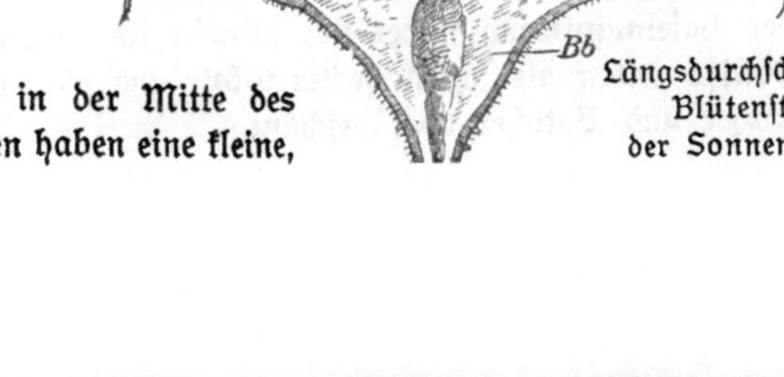

Längsdurchschnittener Blütenstand der Sonnenblume.

5. **Einzelblüte.** Die in der Mitte des Blütenbodens stehenden Blüten haben eine kleine,

gelbbraune, röhrenförmige Blumenkrone. Die Blumenkrone der am Rande des Körbchens befindlichen Blüten dagegen ist gelb und zu einem Bande oder einer Zunge ausgezogen. Man unterscheidet daher Röhren- (R.) und Zungenblüten (Z.).

a) Röhrenblüten. Der Fruchtknoten (F.) trägt 2 Blättchen, in denen wir den Kelch (K.) vor uns haben. Die Blumenkrone (Bk.) ist eine enge Röhre, die sich im unteren Teile kugelig erweitert und oben in 5 Zipfel endet. Am Grunde der Erweiterung sind die Fäden der 5 Staubblätter (St.) eingefügt. Die Staubbeutel sind zu einer schwarzbraunen Röhre verwachsen, die den zweinarbigen Griffel (G.) umgibt. Am Grunde des Griffels wird der Honig abgeschieden.

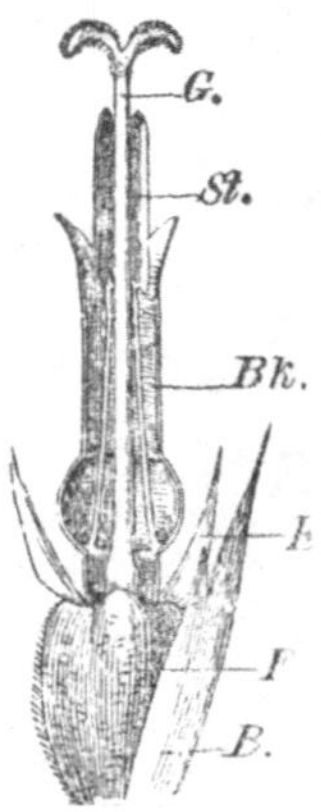

Längsdurchschnittene Röhrenblüte der Sonnenblume.

Die Röhrenblüten entfalten sich reihenweise von außen nach innen. Während sie noch geschlossen sind, öffnen sich aber bereits die Staubbeutel. Bald darauf dringt der wachsende Griffel in die Staubbeutelröhre ein. Diese wird, wenn sich sodann die Blumenkrone öffnet, vom Griffel ins Freie gehoben und zugleich der Blütenstaub aus ihr hervorgedrängt. Ist der Staub abgeholt, dann spreizen die Narben, die bisher dicht zusammen lagen, auseinander. Die Blüte kann also jetzt erst bestäubt werden. Gewöhnlich dauert es auch nicht lange, so bringen die Insekten von andern Blüten Staub herbei.

b) Die Zungenblüten besitzen eine sehr kurze Blütenröhre. Da ihnen Staubblätter und Griffel fehlen, sind sie unfruchtbar. Sie machen den Blütenkorb aber auffälliger, helfen also, Bestäuber herbei zu locken. Da sie sich am Körbchen zuerst öffnen und zuletzt schließen, können sie auch allen Röhrenblüten „dienen".

6. **Frucht.** Die schwarzgraue Fruchthülle schließt nur einen Samen ein. Sie öffnet sich dementsprechend auch bei der Reife nicht.

Überall auf unsern Fluren treffen wir auf Korbblütler. Im Garten pflanzen wir den **Salat** seiner wohlschmeckenden Blätter wegen an. **Aster** und **Georgine** erfreuen uns hier durch ihre Blütenpracht. — Auf dem Felde steht die **Kornblume,** deren blaue Blütenkörbe nur aus Röhrenblüten zusammengesetzt sind. In ihrer Gesellschaft findet sich häufig die **echte Kamille,** die in der Heilkunde verwendet wird. — Auf Wiesen und Grasplätzen, an Wegrändern und ähnlichen Stellen entfaltet der **Löwenzahn** seine gelben Blütenstände, die nur aus Zungenblüten bestehen. Jedes Früchtchen ist mit einer langgestielten Haarkrone versehen. Wird der Fruchtstand von einem Windstoße getroffen, so löst sich eine Frucht nach der andern vom Blütenboden ab und schwebt, wie an einem kleinen Fallschirme hängend, dahin. — Blaue Blütenstände besitzt die **Zichorie.** Da ihre Wurzeln einen vielbenutzten Kaffee-„Ersatz" liefern, wird die sparrige Pflanze auch angebaut. — An denselben Orten treffen wir ferner das zierliche **Gänseblümchen,** die sehr ähnliche, aber größere **Wucherblume** und die **Schafgarbe** häufig an. — Bei den **Disteln** sind alle Blattzipfel sowie die Blätter des Hüllkelches in lange Stacheln ausgezogen. Die stechenden Gewächse werden daher auch von den meisten Pflanzenfressern gemieden.

15. Familie. Becherfrüchtler.

Der Haselnußstrauch.

Der Haselnußstrauch findet sich zumeist im Laubwalde als Unterholz. Seine süßen Nüsse gelten als schmackhaftes Obst, und die biegsamen Zweige werden vom Korbmacher und Böttcher hoch geschätzt.

1. **Blüten.** a) Im Winter bemerken wir an den kahlen Zweigen neben gewöhnlichen Knospen zahlreiche Kätzchen. Bis zum Eintritte milderen Wetters sind sie starr und steif. Dann aber (Februar, März) strecken sie sich in die Länge und werden biegsam. Jedes Kätzchen besteht aus einem Stengelteile, der Achse, und vielen schuppenförmigen Blättchen. Unter jeder Kätzchenschuppe finden sich acht Staubblätter (1).

b) Aus mehreren Knospen ragen purpurrote Fäden hervor. Je zwei davon gehen von kleinen Körpern aus, in denen wir leicht Fruchtknoten erkennen. Die Fäden selbst sind also die Narben. Die Fruchtknoten stehen zu zweien am Grunde schuppenförmiger Blätter und sind von je einer kleinen, zerschlissenen Hülle umgeben (2.).

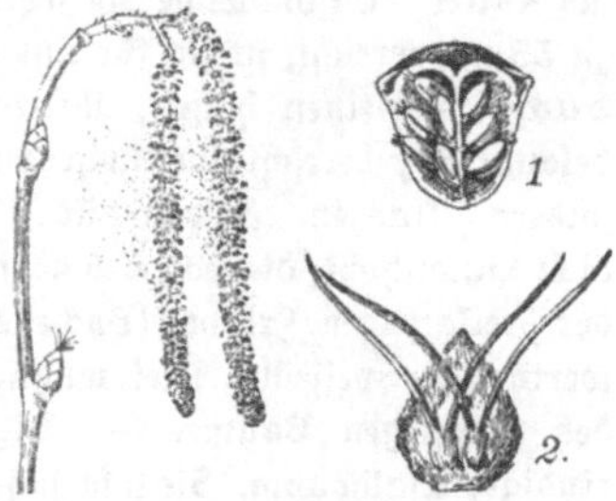

Blüten des Haselnußstrauches.

c) Wer trägt aber den Blütenstaub zu den Narben? Insekten können es nicht sein; denn sie liegen zu der Zeit, in der die Pflanze blüht, noch im Winterschlafe. Besuchen wir den Strauch an einem sonnigen, aber etwas windigen Tage, so sehen wir, daß der Wind die Bestäubung vermittelt. Der Haselnußstrauch ist also ein Windblütler.

Diese Erkenntnis macht uns folgende Tatsachen verständlich: Im Gegensatz zu den Pflanzen, die durch Insekten bestäubt werden, fehlen den Blüten des Haselnußstrauches leuchtende Färbung, Duft und Honig. — Kurz bevor die Kätzchen stäuben, werden sie biegsam, und ihre Schuppen rücken auseinander. Daher vermag der Wind die „schwankenden Troddeln" zu erschüttern und den Blütenstaub zu entführen. Dies geschieht um so leichter, als die Kätzchen an dünnen Zweigen stehen. — Sehr viel Blütenstaub wird allerdings nutzlos vom Winde verstreut. Das ist für den Haselnußstrauch jedoch kein sonderlicher Verlust; denn er erzeugt diesen Stoff in sehr großen Mengen. — Während die Insektenblütler zumeist klebrigen Blütenstaub besitzen, ist er hier staubartig trocken, so daß er leicht verweht werden kann. — Da die Narben zur Blütezeit aus der Knospe hervorragen, sind sie gleichfalls dem Winde frei ausgesetzt. Sie vermögen den Blütenstaub um so leichter aufzufangen, als sie groß und dicht mit Härchen besetzt sind, also vortreffliche „Staubfänger" darstellen. — Sehr vorteilhaft für die Bestäubung ist auch die frühe Blütezeit. Jetzt steht der Haselnußstrauch noch unbelaubt da, und der Wind kann ungehindert zu Kätzchen und Narben treten.

2. **Blätter.** Einige Wochen nach dem Stäuben kommt der junge Trieb aus den schwellenden Knospen hervor. Die kreis-, ei- oder herzförmigen Blätter sind mit zerstreuten Haaren bedeckt und am Rande mit großen Sägezähnen versehen, die wiederum fein gezähnt erscheinen. Da sie verhältnismäßig groß und sehr zart sind, fangen sie zahlreiche Lichtstrahlen auf und können selbst von schwachem Lichte durchleuchtet werden. Der Haselnußstrauch ist daher sehr wohl imstande, im Schatten der Waldbäume zu gedeihen.

3. **Frucht.** Der Fruchtknoten entwickelt sich zur Haselnuß. Sie besteht aus einer harten, holzigen Schale und einem süßen Kerne, dem Samen. Die „zerschlissene Hülle", die den Fruchtknoten umgab, schmeckt sehr unangenehm. Daher werden die unreifen Nüsse von Tieren, die den Kernen nachstellen, nicht berührt. Wenn sich die reifen Früchte aber aus den Hüllen lösen, stellen sich besonders Eichhörnchen häufig ein. Sie verspeisen die wohlschmeckenden Kerne und verstecken zahlreiche Nüsse als Vorrat für den Winter. Da die Eichhörnchen aber auch manche Nuß verlieren und

die Vorräte oft vergessen, so tragen sie unfreiwillig dazu bei, den Haselnußstrauch weiter zu verbreiten.

Die **Eiche** besitzt einen starken, von rissiger Borke bedeckten Stamm, der sich in zahlreiche knorrige Äste auflöst. Die tief eingebuchteten Blätter finden sich nur an den äußersten Zweigen. Daher vermögen sich (Licht!) zahlreiche Sträucher und Kräuter unter dem Eichbaume anzusiedeln. Sein Holz übertrifft an Festigkeit, Härte und Dauerhaftigkeit jedes andere Holz unserer Wälder. Die Rinde liefert Gerberlohe. Die Früchte, Eicheln genannt, dienen in waldreichen Gegenden Schweinen als Futter. Da die Eiche ein sehr hohes Alter (bis 2000 Jahre) und eine gewaltige Größe (bis zu 35 m) erreicht, ist sie für uns das Sinnbild der Kraft und Stärke. — Die **Buche** oder **Rotbuche** hat einen hohen, glatten, silbergrauen Stamm. Da ihre Krone auch im Innern reich belaubt ist, herrscht im Buchenwalde ein stark gedämpftes Licht. Deshalb ist er auch arm an andern Pflanzen. Zudem bilden die glatten, eiförmigen Blätter, wenn sie abgefallen sind, eine dicke Laubschicht, die von den zarten Keimlingen nur schwer durchbrochen werden kann. Je zwei der dreikantigen Früchte (Bucheckern) sind von einer stacheligen Hülle umgeben. Sie liefern ein wertvolles Speiseöl. Viel wichtiger ist uns aber das harte, feste, rötliche Holz („Rotbuche") des prächtigen Baumes. — Die **Weiß-** oder **Hainbuche** ist gleichfalls ein hoher, glattrindiger Waldbaum. Sie läßt sich von der Rotbuche jedoch leicht unterscheiden durch den seilartig gedrehten Stamm, durch die gesägten Blätter und durch die blattartigen, dreilappigen Fruchtbecher. Das weiße Holz („Weißbuche") ist sehr fest und wird deshalb besonders von Drechslern und Stellmachern verwendet. — Von andern bekannten Bäumen, die jedoch keine Becherfrüchte tragen, seien genannt: die **Birke**, die an der weißen Rinde leicht zu erkennen ist, die **Erle**, die vorwiegend an feuchten Stellen wächst, die **Ulme** oder **Rüster**, die gern in Alleen angepflanzt wird, und der **Walnußbaum**, dessen Früchte hoch geschätzt werden.

16. Familie. Weidengewächse.

Die Sal- oder Palmweide.

1. **Standort.** Die Salweide wächst an den Ufern der Gewässer, findet sich aber auch in feuchten Gebüschen und Waldungen; ja sie kommt selbst noch auf ziemlich trockenem Boden vor.

2. **Stamm und Zweige.** Zumeist tritt sie uns als Strauch entgegen; sie entwickelt sich aber auch zum Baume. Stellen wir, bevor sich die Knospen entfalten, einige Zweiglein in ein Glas mit Wasser, so treiben sie bald lange, vielfach verzweigte Wurzeln und später auch Blätter. Dasselbe beobachten wir, wenn wir die Zweige in feuchte Erde pflanzen. Durch solche Stecklinge werden die Weiden gewöhnlich vermehrt.

Der kurze und vielfach krumme Stamm liefert gleich den sparrigen Zweigen fast nur Brennholz. Die langen, biegsamen Triebe dagegen, die aus stehengebliebenen Stammteilen hervorsprossen, verwendet man besonders zu Faßreifen und zur Herstellung von grobem Flechtwerk.

3. **Knospen.** Die Knospen sind von je einer kapuzenförmigen, lederartigen, braunen Schuppe umhüllt, die im März abgeworfen wird. Dann erscheinen die Blütenkätzchen. Sie sind durch ein silberweißes Haarkleid gegen zu starke Verdunstung und gegen die Fröste des Vorfrühlings wohl geschützt. Zweige mit den zierlichen Gebilden gelten in vielen Gegenden als Erinnerungszeichen an die „Palmzweige", die man Christus auf den Weg streute.

4. **Blüten.** Die Kätzchen sind entweder aus Staub-, oder aus Stempelblüten zusammengesetzt. Beide Blüten- oder Kätzchenarten trifft man aber auf verschiedenen Bäumen oder Sträuchern an.

a) An den eiförmigen, gelben Staubkätzchen (1) findet sich unter jeder braun und grün gefärbten Kätzchenschuppe eine Blüte. Sie besteht (3) aus zwei gelben Staubblättern und einer kurzen, stäbchenförmigen Honigdrüse.

b) Die langgestreckten, grünen Stempelkätzchen (2) tragen unter jeder Schuppe außer der Honigdrüse einen Stempel, der einen flaschenförmigen Fruchtknoten und eine gelbe Narbe aufweist (4).

c) Aus den Staubkätzchen sehen wir niemals Blütenstaubwolken entweichen. Im Gegensatz zum Haselnußstrauche kann der Wind daher auch nicht der Bestäuber der Salweide sein. Wohl aber finden wir an beiderlei Kätzchen zahlreiche Insekten. Die Salweide ist also ein Insektenblütler.

Blüten der Salweide.

Daher weicht sie auch in zahlreichen Stücken vom Haselnußstrauche ab: Während wir bei diesem ganz unscheinbare Kätzchen finden, haben die der Salweide eine auffallende Färbung. — Obgleich die Einzelblüten sehr klein sind, können sie die Aufmerksamkeit der Insekten doch erregen; denn es stehen ihrer viele in den Kätzchen beieinander. Diese werden um so auffälliger, als die Salweide bereits blüht, bevor sich ihre Blätter entfaltet haben. — Im Gegensatz zu den Blüten der Haselnuß besitzen die der Salweide einen angenehmen Duft und süßen Honig. — Ihre Kätzchen stellen auch nicht wie die jener Pflanze leicht bewegliche Gebilde dar, sondern sie sind steif und schräg aufwärts gerichtet. Auf ihnen vermögen daher die saugenden Insekten festen Fuß zu fassen. — In weiterem Gegensatz zur Haselnuß ist der Blütenstaub der Salweide klebrig. Er haftet somit leicht an dem behaarten Insektenkörper. — Die Salweide erzeugt viel weniger Blütenstaub als die Haselnuß, bei der ein großer Teil vom Winde unnütz verstreut wird.

5. **Blätter.** Die jungen Blätter sind wie die Kätzchen ganz in weißen Flaum gehüllt. Beim ausgebildeten Blatte dagegen bleibt die Behaarung nur auf der Unterseite der eiförmigen, gekerbten Blattfläche erhalten. Am Grunde des Blattstieles stehen zwei Nebenblätter.

Geöffnete Frucht der Salweide.

6. **Frucht.** Die Frucht ist eine Kapsel, die sich bereits im Mai öffnet. Sie umschließt zahlreiche Samen, die rings von Haaren eingehüllt sind. Bei der Reife spreizen die Haare auseinander. Dadurch werden die Samen emporgehoben und vom Winde bald weithin verweht.

Infolge der langen, vielfach verzweigten Wurzeln eignen sich die **Weiden** vortrefflich dazu, Ufer und Dämme zu befestigen. Ihre außerordentlich biegsamen Zweige werden

— wie bereits oben erwähnt — besonders zur Herstellung von Faßreifen sowie zu Korb- und Stuhlwaren verwendet. Um möglichst glatte, astlose Ruten zu erhalten, zieht man die Weiden zumeist als Sträucher, die man von Zeit zu Zeit abschneidet, oder als sog. Kopfweiden. Diese eigentümliche Baumform kommt dadurch zustande, daß man die jungen Stämme „köpft" und ihnen alle Zweige nimmt. Am abgestutzten Ende bildet sich dann eine besenförmige Krone langer Zweige, wie sie der Mensch zu erhalten wünscht. Indem die Zweige nach Verlauf einiger Jahre immer wieder entfernt werden, schwillt das obere Ende des Stammes kopfförmig an. In die zahlreichen Wunden, die man so der Weide fortgesetzt schlägt, dringen nun Wasser und Pilzsporen ein: das Holz beginnt zu faulen und verwandelt sich in eine braune, lockere Masse, die Weiden- oder Baumerde. So wird nach und nach fast der ganze Holzkörper zerstört und der Stamm schließlich hohl.

Im Gegensatz zu den Weiden sind die **Pappeln** Windblütler. Die **Schwarzpappel** hat fast rechtwinklig vom Stamme abstehende Äste und daher eine mächtige Krone. — Die **italienische Pappel** dagegen wird durch die steil aufwärts gerichteten Zweige zu einem hohen, schlanken Baume. Er ist aus Italien zu uns gekommen. — Die **Silberpappel** kann man an den unterseits weißbehaarten Blättern leicht erkennen.

Tulpe.
Blühende Pflanze.

2. Unterklasse. Einkeimblättrige Pflanzen.

17. Familie. Liliengewächse.

Die Tulpe.

1. **Zwiebel.** a) Die Tulpe wächst aus einer Zwiebel hervor. Durchschneiden wir eine Tulpenzwiebel, bevor sie „ausgetrieben" ist, der Länge nach, so sehen wir einen kurzen, plattgedrückten Stamm (S.) mit zahlreichen Wurzeln. Diese Zwiebelscheibe setzt sich in einen Stengel (St.) fort, der einige Laubblätter und eine Blüte trägt. Auf der Zwiebelscheibe erheben sich noch mehrere Blätter, die sog. Zwiebelschalen. Die inneren, weißen Schalen sind saftig und fleischig, die äußeren, braunen dagegen trocken und brüchig. Diese äußeren ungenießbaren Schalen und ein Giftstoff schützen die Zwiebel gegen Tiere.

b) Da die Laubblätter und die Blüte bereits in der Zwiebel vorhanden sind, vermag die Tulpe auch zeitig im Frühjahre zu grünen und zu blühen. Jene Teile sind aber noch sehr klein. Bevor sie über den Erdboden hervorgedrungen sind, bedürfen sie noch einer Menge von Baustoffen. Diese entnehmen sie den dicken, fleischigen Zwiebelschalen, die deshalb immer schlaffer werden und schließlich ganz vertrocknen: die alte Zwiebel stirbt nach und nach ab.

c) Unterdessen wurde für sie in der Achsel der innersten Zwiebelschale bereits eine Ersatzzwiebel (E.) geschaffen, die fortgesetzt an Größe zunimmt und die Schalen der alten Zwiebel nach außen drängt. Ist sie endlich vollkommen ausgebildet, dann sind die Schalen der alten Zwiebel zu trockenen Häuten verschrumpft. — In den Achseln anderer Zwiebelschalen findet man zumeist noch weitere Knospen, die sich gleichfalls zu Zwiebeln entwickeln (B.). Diese werden, wenn die Schalen der „alten" Zwiebel verwesen, frei und führen ein selbständiges Leben. Man bezeichnet sie daher als **Brutzwiebeln**.

2. a) **Stengel und Blätter** müssen nicht selten eine dicke und feste Erdschicht durchbrechen. Da die **Blätter**, die auch die zarte Blüte schützend umhüllen, **zu einem Kegel** zusammengelegt sind, vermögen sie diese Arbeit wohl zu leisten. Die Spitze des äußersten Blattes, die beim Durchbrechen des Bodens vorangeht, ist zudem **kapuzenförmig** und fast stechend **hart**.

b) Die **Blätter** sind ungestielt und umfassen den Stengel. Sie stehen schräg aufwärts und haben meist die Gestalt deutlicher Rinnen. Daher rollen auch die Regentropfen nach innen ab, also dorthin, wo sich die Wurzeln befinden. Gefördert wird diese Wasserableitung noch dadurch, daß die Blätter mit einer bläulichen Wachsschicht bedeckt sind, die kein Wasser „annimmt". Die Blattnerven laufen unverzweigt dem Rande parallel.

3. **Blüte.** Die **Blütenhülle** wird aus 6 Blättern von sehr wechselvoller Färbung gebildet. Sechs **Staubblätter** umgeben den **Stempel**, der aus einem säulenartigen Fruchtknoten und einer dreilappigen Narbe besteht. Obgleich die Blüte keinen **Honig** ausscheidet, stellen sich doch zahlreiche Insekten zum Besuche ein. Die großen Staubbeutel enthalten so viel Staub, daß die

1. Porree. 2. Schnittlauch. 3. Küchenzwiebel (Sommerzwiebel). 4. Knoblauch.

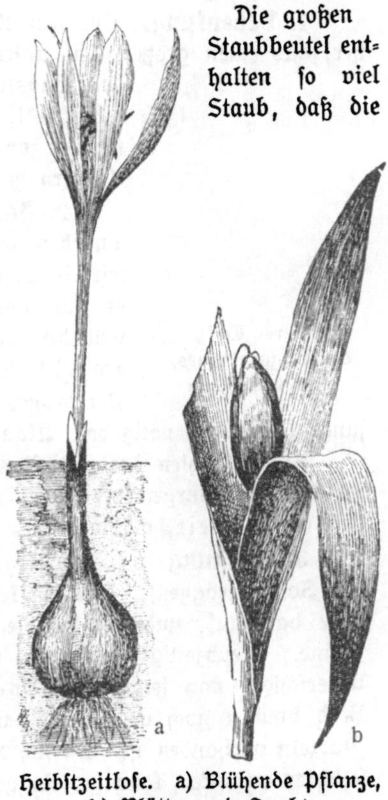

Herbstzeitlose. a) Blühende Pflanze, b) Blätter und Frucht.

Besucher ohne Schaden für die Pflanze davon speisen können. Im hellen Sonnenscheine breiten sich die Blumenblätter auseinander. Abends schließt sich die Blüte wieder; bei trübem und regnerischem Wetter öffnet sie sich gar nicht.

Geöffnete Frucht der Tulpe.

4. **Die Frucht** springt bei der Reife mit drei Klappen auf. Da der Stengel jetzt trocken und elastisch geworden ist, vermag der Wind die flachen Samen leicht auszuschütteln (Schleuder!).

Gleich der Tulpe erfreuen uns **Hyazinthen, Kaiserkronen** und **Lilien** durch ihre prächtigen Blüten. Auch **Schneeglöckchen, Narzissen** und **Krokus,** deren Blüten ganz ähnlich gebaut sind, bilden eine beliebte Zier unserer Gärten. — **Küchenzwiebel, Schnittlauch, Knoblauch** und **Porree** (Abb. S. 111) bauen wir als wichtige Küchengewürze an. — Die jungen Triebe des **Spargels** werden als Gemüse hoch geschätzt. — Den Wald bewohnt die zarte **Maiblume** oder das **Maiglöckchen,** und die Wiese erhält durch die sehr giftige **Herbstzeitlose** den letzten Schmuck. Sobald die blauroten Blüten bestäubt sind, zieht sich die letztgenannte Pflanze gleichsam wieder in den Boden zurück. Dort sind die zarten Samenknospen vor tödlichem Froste geschützt. Im kommenden Frühjahre erst hebt ein kurzer Stiel die „tulpenartigen" Blätter und die schwellende Frucht zum Lichte empor (Abb. S. 111).

18. Familie. Gräser.

1. Der Roggen.

1. **Bedeutung.** Aus den Körnern des Roggens stellen wir das Schwarzbrot her, das einen großen Teil unserer täglichen Nahrung bildet. Roggenstroh wird den Haustieren in den Stall gestreut und, klein geschnitten („Häcksel"), den Pferden als Futter vorgelegt. Auch verwertet man es zur Anfertigung von Seilen, Strohmatten u. dgl. Aus den Körnern gewinnt man den Kornbranntwein (s. Naturlehre).

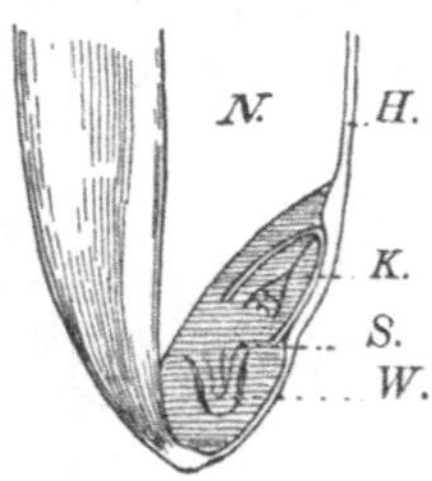

Unterer Teil des Roggenkornes, längsdurchschnitten.

2. **Das Roggenkorn** ist von einer graugelben „Haut" (H.) umgeben und mit einer Längsfurche versehen. Durchschneiden wir ein aufgequollenes Korn der Länge nach, so sehen wir, daß es aus zwei Teilen besteht. Der kleinere, untere Abschnitt stellt den Keimling dar: wir erkennen die Knospe (K.) mit den ersten Blättern, einen kurzen Stengel (S.) und ein Würzelchen (W.). Der größere, obere Abschnitt (N.) enthält die Nahrung, die das junge Pflänzchen nötig hat. Man bezeichnet ihn daher als das Nährgewebe.

Beim Mahlen des Getreides werden die Haut, der Keimling und die äußere Schicht des Nährgewebes durch die Mühlsteine von den Körnern abgerieben. Sie liefern die Kleie, während das fein gepulverte Nährgewebe das Mehl gibt.

3. **Keimung.** a) Der Roggen wird im Herbst oder Frühling gesät (Winter- und Sommerroggen). Wie die keimenden Bohnen quellen die Körner in der feuchten Erde bald auf, und wie bei diesen kommt das Würzelchen auch zuerst zum Vorscheine. Gleichzeitig entspringen aus dem Stengelchen zwei Wurzeln, die man zum Unterschiede von jener Hauptwurzel (Hw.) als Nebenwurzeln (Nw.) bezeichnet. Bald brechen noch weitere Nebenwurzeln hervor, so daß schließlich ein Büschel von Wurzeln vorhanden ist. Da sich die Wurzeln bis in die tieferen, stets feuchten Bodenschichten erstrecken, kann der Roggen selbst auf trockenem Sandboden wachsen.

b) Während die Wurzeln das Korn im Boden verankern, wächst auch die Knospe (K.) stark in die Länge. Ihr erstes, meist rötliches Blatt, das alle andern schützend umgibt, stellt eine feste Scheide (Sch.) dar, die den Boden wie ein Keil durchbricht. An der Erdoberfläche öffnet sich die „Scheide", um das erste grüne Blatt (g. Bl.) hervortreten zu lassen.

c) Sobald die Keimung beginnt, wird das Roggenkorn weich, und sein Nährgewebe verwandelt sich in eine milchige Masse. Je mehr sich der Keimling entwickelt, desto mehr leert sich auch der Vorratsspeicher. Die letzten wertlosen Reste des Kornes zerfallen schließlich durch Fäulnis.

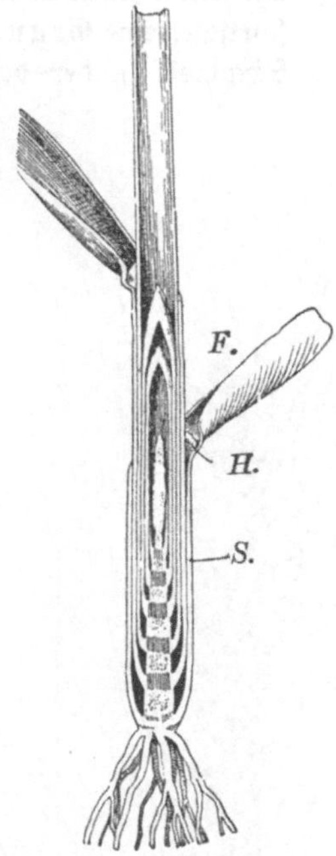

Junge Roggenpflanze, längsdurchschnitten.

4. **Halm.** Den Stengel des Roggens nennt man Halm. Er wird bis 2 m hoch, aber nur wenige Millimeter dick. Trotzdem vermag er nicht nur die Last der Blätter und der Ähre zu tragen, sondern meist auch dem heftigsten Winde zu widerstehen. Er ist nämlich gleich dem Stengel der Taubnessel hohl und wird durch Knoten in mehrere kurze Röhren geteilt. Aus den unteren Knoten sprießen mehrere Zweige hervor, die vielfach abermals Zweige treiben. Da nun jeder Zweig (Halm) eine Ähre trägt, hat eine starke Verzweigung meist auch eine reiche Ernte zur Folge.

Keimung des Roggenkornes.

5. **Blatt.** Jedes Blatt besteht aus Blattscheide und Blattfläche. Da, wo beide zusammenstoßen, erhebt sich das Blatthäutchen.

a) Die Blattscheide (S.) ist eine offene Röhre, deren Ränder aber fest übereinander greifen. Stellt man durch eine junge Roggenpflanze einen Längsschnitt her, so sieht man, daß sämtliche Blattscheiden einen Hohlraum bilden. In ihm finden sich der Stengel, die jüngeren Blätter und die winzige Ähre. Ständen diese überaus zarten Gebilde frei, so würden sie schon von einem leichten Winde vernichtet werden oder bald vertrocknen. — Entfernt man an einer älteren Pflanze eine Blattscheide, so sieht man, daß der Halm unmittelbar über dem Knoten noch zart und weich ist. Schon ein schwacher Windstoß würde ihn knicken. Die Blattscheiden verleihen also dem Halme den notwendigen Schutz und die nötige Festigkeit.

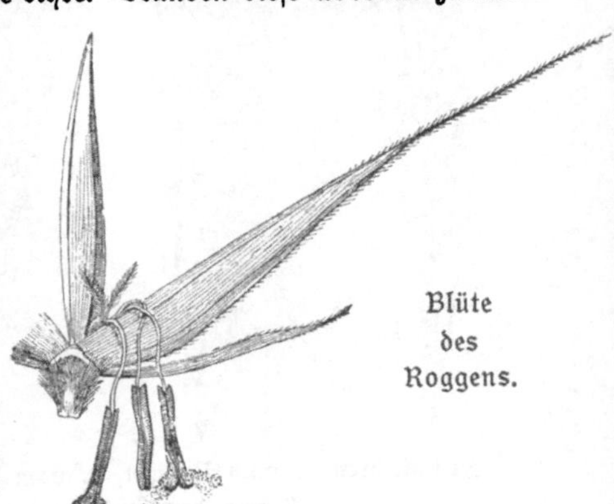
Blüte des Roggens.

b) Die Blattfläche (F.) ist bandartig und flattert wie eine Fahne mit dem Winde. Daher vermag dieser auf die schwache Pflanze auch nicht seine volle Kraft auszuüben.

c) Das Blatthäutchen (H.) liegt dem Halme dicht an. Es verhindert also das Eindringen von Wasser zwischen Halm und Blattscheide, was leicht Fäulnis verursachen könnte.

6. **Blüte.** a) Die Ähre ist aus zahlreichen Blüten zusammengesetzt, die auf kleinen Absätzen ihrer Achse stehen. Lösen wir eine Blüte ab, solange sie sich noch nicht geöffnet hat, dann erblicken wir 3 grünliche Blätter, von denen das mittlere einen bestachelten Fortsatz, eine Granne, trägt. Dieses Blatt bildet mit dem inneren gleichsam eine kleine Schachtel, in der der Fruchtknoten mit den beiden federartigen Narben und die 3 Staubblätter den nötigen Schutz finden.

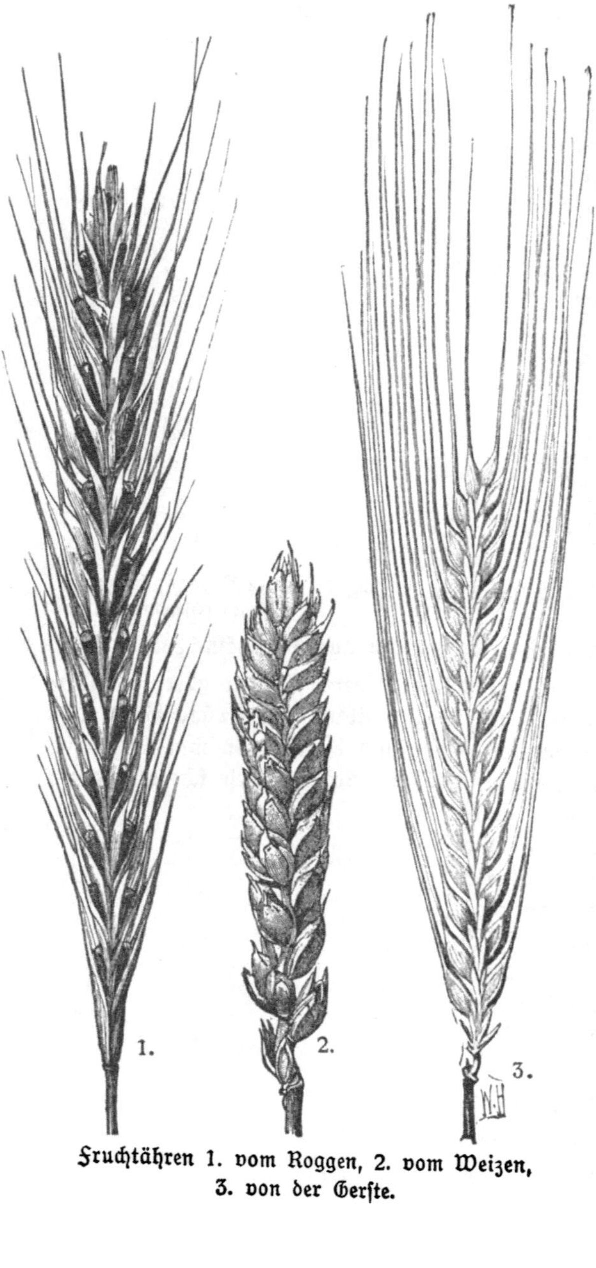

Fruchtähren 1. vom Roggen, 2. vom Weizen, 3. von der Gerste.

b) Im Juni „stäubt" der Roggen. Er ist also ein Windblütler wie der Haselnußstrauch. Wie dieser besitzt er unscheinbare, duft- und honiglose Blüten. — Eine Bestäubung kann aber nur erfolgen, wenn Staubblätter und Stempel frei dastehen. Die „Schachtel", in der diese Teile geborgen sind, öffnet sich daher. — Während dies geschieht, werden die Staubbeutel ins Freie geschoben. Schließlich hängen sie an langen, dünnen Fäden aus der Blüte. Deshalb vermag schon ein leiser Windhauch den Blütenstaub auszuschütteln. — Da der Roggen trockenen Blütenstaub besitzt, kann dieser leicht verweht werden, und da der Staub in großen Mengen erzeugt wird, fallen wohl auch einige Körnchen auf eine Narbe nieder. — Dies ist um so eher möglich, als die Narben (wie erwähnt) während des Stäubens freistehen und große, federartige Gebilde, also vortreffliche „Staubfänger" darstellen. — Für die Bestäubung wichtig ist endlich auch, daß der Halm schon durch einen leichten Wind ins Schwanken gerät, daß die Ähre den höchsten Punkt des Stengels einnimmt, und daß sich die Blüten nur an trockenen, sonnigen Tagen öffnen. — Ist das Stäuben beendet, so schließt sich die „Schachtel" wieder, und in ihr reift dann die Frucht heran.

2. Andere Gräser.

Nächst dem Roggen ist der **Weizen** unsere wichtigste Getreideart. Er verlangt aber zum Gedeihen einen fruchtbareren Boden und größere Sommerwärme als jene anspruchslose Pflanze. Sein feines, weißes Mehl wird besonders zu Weißbrot und feinem Backwerk verwendet. Auch gewinnt man aus den Weizenkörnern größtenteils die Stärke, die u. a. zum Stärken der Wäsche im Gebrauch ist. — Die **Gerste** stellt an die Sommerwärme nur geringe Ansprüche.

Fruchtrispe des Hafers.

Mais. Oberer Teil der blühenden Pflanze.

Sie gedeiht daher mit dem Roggen selbst noch in kälteren Gegenden. Ihre Körner dienen besonders zur Gewinnung des Malzes (s. Naturlehre) sowie zur Herstellung von Graupen und Grieß. Auch als Futter für die Haustiere werden sie hoch geschätzt. — Der **Hafer** unterscheidet sich von den andern Getreidearten wesentlich durch den Blütenstand, der eine sog. Rispe darstellt. Die Körner liefern besonders das Pferdefutter; ihr Mehl wird jedoch auch vom Menschen verzehrt (Hafergrütze). — Den **Mais** baut man in allen warmen Ländern sowie in den milderen Gegenden der gemäßigten Zonen an. Auf dem Gipfel des Stengels erhebt sich eine große Rispe von Staubblüten. Die Stempelblüten bilden dicke Kolben, die aus den Blattwinkeln entspringen und von zahlreichen Blättern schützend umhüllt sind. Die meist gelben Körner werden als Futter für die Haustiere verwendet, dienen aber auch dem Menschen zur Nahrung (Maismehl). Bei uns wird die Pflanze besonders als Grünfutter angebaut.

Unter den zahlreichen wildwachsenden Gräsern haben besonders diejenigen für uns eine große Bedeutung, die die **Wiesen** und **Weiden** bilden. — Die **Quecke** ist eins unserer lästigsten Unkräuter.

2. Klasse. Nacktsamige Pflanzen.

19. Familie. Nadelhölzer.

Die Kiefer.

1. **Wurzel.** Die Kiefer bildet besonders auf Sandboden große Wälder („Heiden"). Mit zahlreichen weit ausgreifenden Wurzeln, von denen sich die stärkste wie ein Pfahl (Pfahlwurzel) tief in die Erde senkt, hält sie sich in dem lockeren Grunde fest. Vermöge dieses mächtigen Wurzelgeflechtes kann sie ferner auch selbst noch aus dem ödesten Sande genügend Wasser und Nahrung herbeischaffen.

2. **Stamm und Zweige** sind in der Jugend mit einer rötlichen **Rinde**, später von einer dicken, graubraunen **Borke** bedeckt. Der Stamm verlängert sich in jedem Frühjahre um ein Stück. Auf diese Weise entsteht eine kerzengerade Säule, die eine Höhe von fast 50 m erreichen kann. Am Ende des Stammes bilden sich alljährlich mehrere quirlförmig gestellte **Zweige**. Infolge dieses regelmäßigen Wachstumes kann man an einem jüngeren Baume leicht das Alter feststellen: soviel „Stockwerke" vorhanden sind, soviel Jahre zählt er. Die Zweige verlängern und verzweigen sich fortgesetzt in derselben Weise. Schlägt man der Kiefer eine Wunde, so fließt ein sehr klebriges **Harz** hervor. Es verschließt die Wundstelle, verwehrt also den Pilzkeimen, die Krankheit oder Fäulnis erregen, in die Pflanze einzudringen. Außerdem hält es zahlreiche Tiere ab, Teile des Baumes durch Fraß zu zerstören.

3. **Blätter.** Die Blätter werden nach ihrer Form als **Nadeln** bezeichnet. Sie stehen stets paarweise an dem Stamme oder an den Zweigen. Da sie überaus zäh und fest sind und bloß eine kleine Oberfläche besitzen, verdunsten sie auch nur wenig Wasser. Die Kiefer vermag deshalb auch während des „trockenen" Winters (vgl. S. 135, c) ihre Blätter zu behalten: sie ist **immergrün**. Zwischen den nadelförmigen Blättern häufen sich auch bei weitem nicht so große Schneemassen an, als dies bei Laubbäumen geschehen würde, wenn sie im Winter die Blätter behielten. Immerhin ist die Schneelast, die die Kiefer zu tragen hat, oft beträchtlich. Daß sie ihr nicht schadet, verdankt sie den Zweigen, die auffallend dick und biegsam sind. Die abgefallenen, harten und harzreichen Nadeln verwesen sehr langsam. Daher häufen sie sich nach und nach zu einer dicken Schicht an, die besonders für Pilze eine reiche Nahrungsquelle bildet.

Blüten der Kiefer.

4. **Blüten.** a) Die Kiefer besitzt zweierlei Blüten. Die **Staubblüten** (1) finden sich in größerer Anzahl am Grunde der jungen Triebe und sehen den Kätzchen der Weiden und anderer Laubbäume ähnlich. Sie sind aus einem Stengelteile, der Blütenachse, und zahlreichen gelben Staubblättern zusammengesetzt. Die **Samenblüten** (2) stehen als rötliche Zapfen an der Spitze der jungen Triebe. Ihre Blütenachse trägt zahlreiche fleischige Blätter. Am Grunde dieser Fruchtschuppen (3) finden sich oberseits je 2 kleine Samenknospen (S.).

Während bei den bisher betrachteten Pflanzen die Samenknospen von einem Fruchtknoten eingeschlossen werden, liegen sie hier also **frei** da („Nacktsamige Pflanzen" im Gegensatz zu den „Bedecktsamigen Pflanzen").

b) Die **Bestäubung** wird durch den Wind vermittelt. Wie bei allen Pflanzen, die in gleicher Weise bestäubt werden, erscheinen die Blüten der Kiefer **unauffällig, duft- und honiglos.** — Da sich die Blüten an den jungen Trieben, also an der **Außenseite der Baumkrone** entwickeln, sind sie dem Winde frei ausgesetzt. — Der Blütenstaub wird **in großen Mengen** erzeugt, so daß sicher auch einige Körnchen auf die Samenblüten niederfallen werden. Der meiste Staub geht allerdings verloren. Er bedeckt vielfach die Pfützen auf den Waldwegen wie mit einer gelben Schicht. „Es hat Schwefel geregnet", sagen dann die Leute. — Da der Blütenstaub ein **trockenes Pulver** bildet, kann er vom Winde leicht verweht werden. — Die **Samenblüten** stehen aufrecht und spreizen ihre Fruchtschuppen zur Blütezeit von der Achse ab. Infolgedessen vermag der trockene Blütenstaub leicht zu den Samenknospen hinabzurollen.

5. **Zapfen und Samen.** a) Die jungen Samen, die aus den Samenknospen hervorgehen, sind überaus zart. Indem sich die fortwachsenden Fruchtschuppen nach der Bestäubung **schließen**, und indem ihre Ränder durch Harz **verkleben**, finden die Samen Schutz gegen die Unbilden der Witterung. Im ersten Jahre vergrößert sich der Zapfen nur wenig. Er neigt sich aber langsam nach unten. Im zweiten Jahre wächst er um so schneller. Die bisher grünen Fruchtschuppen **verholzen** jetzt und nehmen eine braune Färbung an. Im dritten Jahre endlich trocknen die Schuppen so stark ein, daß sie auseinander spreizen.

Fruchtschuppe der Kiefer mit 2 Samen.

b) Da nun die Zapfen herabhängen, fallen die reifen Samen sofort heraus. Die federleichten, mit einem **flügelförmigen Anhange** ausgerüsteten Gebilde werden vom Winde ergriffen und oft weithin verweht. Der Zapfen öffnet sich jedoch nur bei trockenem Wetter, und der bereits geöffnete schließt sich wieder, sobald er befeuchtet wird. Infolgedessen werden die Samen durch anhaftende Regentropfen nicht beschwert und ihre Verbreitung durch den Wind wird nicht gefährdet.

6. **Bedeutung.** Mit Hilfe der Kiefer vermag der Mensch selbst dem unfruchtbarsten Sandboden noch einen Ertrag abzuringen. Sie liefert ein wichtiges Bau-, Werk- und Brennholz. Aus dem Harze gewinnt man das Terpentinöl, das Geigenharz oder Kolophonium und das Faßpech. Sehr harzreiches Holz („Kienholz") gibt beim Verbrennen den Kienruß, aus dem man z. B. Stiefelwichse und Druckerschwärze herstellt. Die abgefallenen Nadeln dienen als Streu für das Vieh und dann als Dünger für den Acker. Indem die Nadelschicht unter den Bäumen vermodert, verwandelt sich der öde Sandboden im Laufe langer Zeiträume schließlich in fruchtbares Ackerland.

Die **Fichte,** unser „Christ-, Weihnachts- oder Tannenbaum", bildet besonders im Gebirge ausgedehnte Wälder. Da sie mit den Wurzeln gern Felsblöcke umklammert, findet sie selbst in dünner Erdschicht sicheren Halt. In der Ebene dagegen wird sie leicht vom Sturme entwurzelt; denn ihr fehlt eine Pfahlwurzel. Ihre Zweige sind rings mit Nadeln besetzt. — Ein echter Gebirgsbaum ist die **Tanne,** auch „Edeltanne" genannt. Von der rotrindigen Fichte, der „Rottanne", unterscheidet sie sich durch die glatte, weißliche Rinde („Weißtanne") und die zweireihig gestellten Nadeln, die auf der Unterseite zwei weiße Streifen besitzen.

2. Abteilung. Blütenlose oder Sporenpflanzen.

1. Klasse. Farne.

Der Wurmfarn.

1. **Vorkommen.** Der Wurmfarn ist in Wäldern häufig anzutreffen. Auch an den Ufern der Bäche, die dicht mit Buschwerk bestanden sind, an schattigen Abhängen und ähnlichen Orten siedelt er sich gern an.

2. **Der Stamm** (Wurzelstock), der ein Mittel gegen den Bandwurm liefert, ist im Boden schräg eingesenkt. Am oberen Ende trägt er einen Büschel Blätter. Sonst ist er dicht mit Resten abgestorbener Blätter sowie mit schwarzbraunen Schuppen und faserigen Wurzeln bedeckt. Wie schon die Blattstielreste andeuten, stirbt der Stamm am Hinterende allmählich ab, während er am Vorderende alljährlich ein Stück weiter wächst.

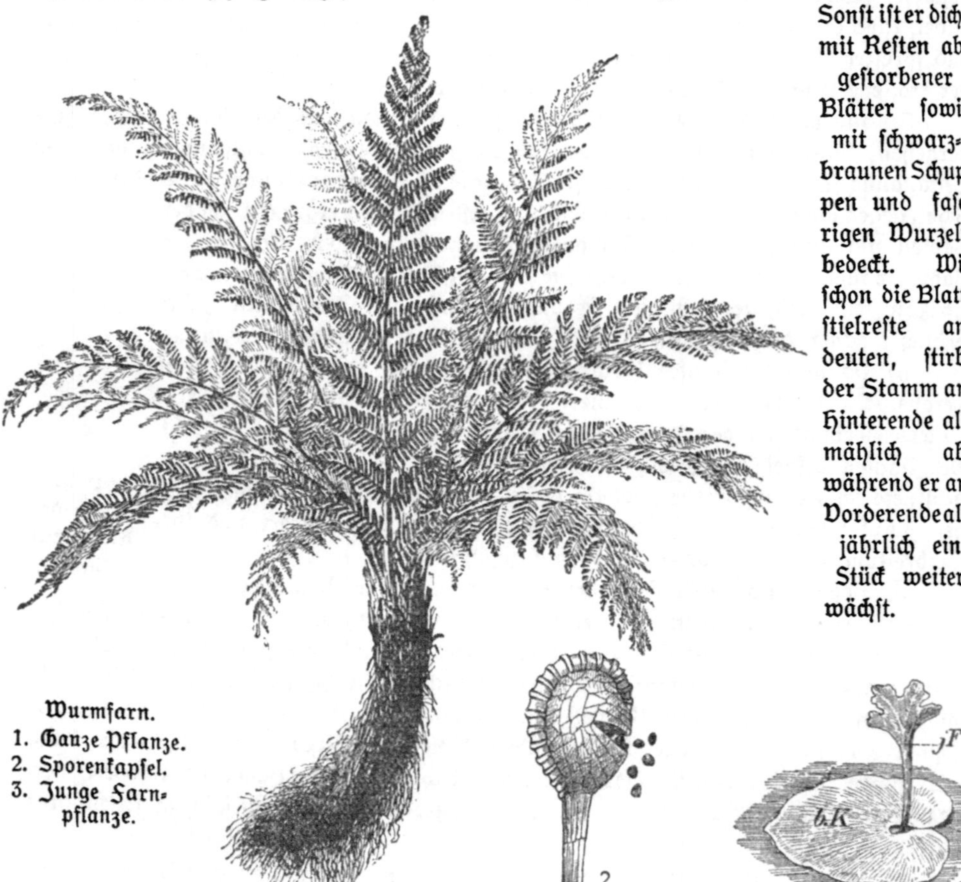

Wurmfarn.
1. Ganze Pflanze.
2. Sporenkapsel.
3. Junge Farnpflanze.

3. **Blätter.** a) Die Blätter sind auffallend groß und dünn. Infolgedessen können sie trotz des schwachen Lichtes, das am Standorte des Wurmfarns in der Regel herrscht, genug Lichtstrahlen auffangen und von ihnen durchleuchtet werden. Hierbei kommt der Pflanze sehr zustatten, daß die Blätter zusammen meist einen regelmäßigen Trichter bilden. Blätter dieser Art verdunsten aber sehr viel Wasser. Daran hat jedoch der Boden, auf dem die Pflanze wächst, zumeist keinen Mangel. Große und zarte Blätter können

vom Winde leicht zerrissen werden. Da aber die Blattflächen aus zahlreichen Abschnitten bestehen, die dem Winde ausweichen, trotzt die Pflanze selbst einem Sturme. Die Blätter sind gefiedert; jedes Fiederblättchen ist abermals gespalten, und diese „Fiederchen" sind wieder mehr oder weniger tief eingeschnitten.

b) Das junge, sehr zarte Blatt ist schneckenförmig eingerollt. Wie ein angefeuchtetes Stück Zeug, das man fest zusammenwickelt, verdunstet es daher auch viel weniger Wasser, als wenn es ausgebreitet wäre. Hat das junge Blatt den Erdboden oder die Laubdecke des Waldes zu durchbrechen, so sind die Fiederblättchen durch die Einrollung zugleich gegen Verletzung geschützt. Beiden Aufgaben dienen auch die braunen Schuppen, mit denen das junge Blatt bedeckt ist.

4. **Sporen.** a) Bei älteren Pflanzen findet man auf der Unterseite der Blätter zahlreiche nierenförmige Häutchen, die anfangs hellgrün, später grau und endlich rotbraun sind. Sie bedecken, wie das Mikroskop zeigt, eine Anzahl sandkorngroßer, gestielter Kapseln. Aus diesen treten im Spätsommer viele braune Körnchen, Sporen genannt, hervor. Gelangt eine solche Spore auf geeigneten Boden, so entwickelt sich aus ihr ein blattartiger Körper (b. K.), aus dem später eine junge Farnpflanze (j. F.) hervorgeht.

b) Die Sporen bilden ein staubfeines Pulver. Sie können daher wie die Samen zahlreicher Blütenpflanzen leicht durch den Wind über einen großen Bezirk ausgestreut werden. Auf der Unterseite der Blätter sind sie gleich den Sporenkapseln vortrefflich gegen Regen geschützt. Ein weiterer Schutz wird beiden durch die bereits erwähnten Häutchen gewährt. Kurz bevor sich die Kapseln öffnen, verschrumpfen aber diese Hüllen, so daß der Wind ungehindert zu den Sporen treten kann.

2. Klasse. Moose.

Das goldene Frauenhaar.

1. **Stengel.** Das zierliche Moos bildet in feuchten Wäldern und auf Moorboden bis 30 cm hohe Polster. An trockenen Stellen jedoch tritt es uns in niedrigen Rasen entgegen. Der Stengel stirbt vom unteren Ende aus allmählich ab, während er oben beständig weiter wächst. Daher ist er auch nur am oberen Teile mit grünen Blättern besetzt. Das untere Stengelende wird von zahlreichen braunen Haaren bedeckt, die die Stelle der fehlenden Wurzeln vertreten.

2. Die **Blätter** haben die Form eines langgestreckten Dreiecks. Nehmen wir ein Pflänzchen aus dem Boden, so falten sich die Blätter der Länge nach zusammen und legen sich dicht an den Stengel. Daher verdunsten sie jetzt viel weniger Wasser als vordem. Diese Stellung nehmen die Blätter bei trockener Witterung auch im Freien ein.

Bietet man einem Pflänzchen, das scheinbar vertrocknet ist, Wasser dar, dann nimmt es sein früheres Aussehen wieder an. Stellt man den Versuch mit einem Moosrasen an, so saugt sich dieser wie ein Schwamm schnell voll Wasser.

3. **Sporenkapsel.** Auf dem Stengel zahlreicher Pflänzchen des goldenen Frauenhaares erhebt sich eine zierliche, vierkantige Kapsel, die mit einem grünen Pulver, den Sporen, angefüllt ist. Sie wird von einem rot und gelb gefärbten, fingerlangen Stiele getragen und ist mit einer Haube aus gelblichen Haaren bedeckt (1). Entfernt man die Haube, so sieht man (2), daß die Kapsel durch einen kleinen Deckel (D.)

verschlossen ist. Beseitigt man auch dieses Gebilde, dann bemerkt man ein feines Häutchen, das sich über die Kapselöffnung spannt.

Der eigentümliche Bau der Kapsel wird uns verständlich, wenn wir folgendes beachten. Während der Stiel frühzeitig erstarkt, bleibt die Kapsel lange Zeit sehr zart. Durch die Haube ist sie aber vor austrocknenden Winden, vor heißen Sonnenstrahlen und vor schädlicher Nässe (Tau, Regen) bewahrt. Sind die Sporen gereift, dann fällt die nunmehr bedeutungslos gewordene Hülle ab. Ebenso überflüssig ist jetzt das Deckelchen. Es fällt gleichfalls ab. — Wie für die Samen der Blütenpflanzen ist es für die Sporen sehr wichtig, möglichst einzeln ausgestreut zu werden. Dies bewirkt beim Frauenhaar das Häutchen, das die Kapselöffnung verschließt. Es fällt nämlich bei der Sporenreife nicht ab. An dem Kapselrande entstehen aber zahlreiche kleine Löcher, durch die stets nur wenige Sporen auf einmal ins Freie gelangen. — Obgleich die reife Kapsel wagerecht steht (3), fallen die Sporen nicht von selbst heraus. Sie muß erst erschüttert werden. Da sie sich nun auf einem langen, elastischen Stiele erhebt, genügt hierzu schon ein sanfter Wind.

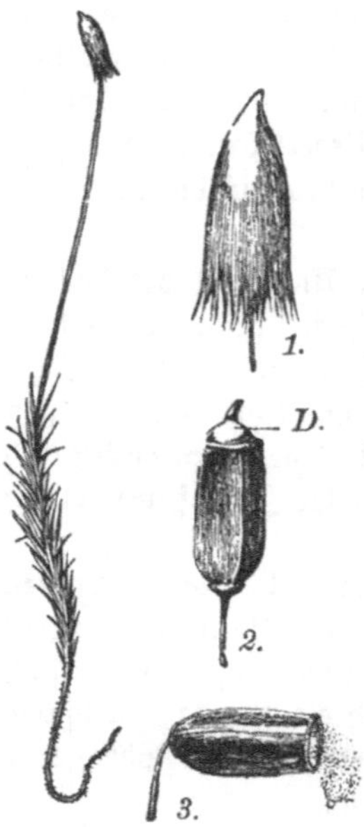

Goldenes Frauenhaar.

4. **Die Bedeutung der Moose.** a) Wie das Frauenhaar vermögen die meisten Moose so stark auszutrocknen, daß wir sie zu Staub zermalmen können. Sobald sie aber von einem Regen benetzt werden, erwachen sie von neuem. Daher können sich viele von ihnen auch an Felsen und Baumstämmen, auf Mauern und Dächern, kurz an überaus trockenen Orten ansiedeln. — Dasselbe gilt auch von jenen meist graugrünen Pflänzchen, die man als Flechten bezeichnet.

In den Moospolstern sammelt sich im Laufe der Zeit Staub an. Außerdem zerfallen die absterbenden Teile der Pflänzchen zu Erde. Geht dies eine lange Reihe von Jahren so fort, dann vermögen an den Stellen, an denen anfänglich nur Moose (oder Flechten) gedeihen konnten, auch andere Pflanzen zu wachsen. Die Moose sind also (gleich den Flechten) die ersten Ansiedler an Felsen und machen nach und nach selbst den ödesten Boden fruchtbar.

b) Im wasserdurchtränkten Moore dagegen können die abgestorbenen Teile nicht zu Erde zerfallen. Gleich der Rasen- und Erdschicht, die der Köhler über den Meiler deckt (s. Naturlehre), verhindert nämlich das Wasser eine vollkommene Zersetzung der Pflanzenteile. Wie im Meiler häufen sich daher im Boden große Mengen von Kohlenstoff an: es entsteht Torf. Im Laufe von Jahrhunderten oder Jahrtausenden bilden sich dann mächtige Torflager (Brennmaterial!). Brennt der Moorbauer die oberste Schicht der Torflager ab, oder vermengt er die schwarze Torferde mit lockerndem Sande, so gewinnt er Ackerland.

c) Wie wir sahen, sind die Moospolster imstande, sich wie Schwämme voll Wasser zu saugen. Da nun der Boden der Wälder oft auf weite Strecken hin mit Moos bedeckt ist, werden von den unscheinbaren Pflänzchen bei jedem Regen riesige Wassermengen aufgesogen und festgehalten. Schlägt man die Wälder nieder, dann gehen auch die schattenliebenden Waldmoose meist zugrunde. Geschieht dies auf einem Gebirge, so stürzen bei heftigen Gewitterregen oder beim Schmelzen des Schnees die Wassermengen wie reißende Ströme zu Tal und vernichten nicht selten die Felder und Wohnstätten der Menschen. In kürzester Zeit ist das Wasser abgeflossen. Dann versiegen Bäche und Flüsse, so daß Feld und Mensch unter dem Wassermangel stark leiden müssen. Ist das Gebirge aber mit Wald bedeckt, so gibt das

Moos das eingesogene Wasser nur sehr langsam wieder ab. Das Moos des Waldes schützt also Täler und Niederungen vor Überschwemmungen und versorgt sie das ganze Jahr hindurch mit Wasser.

3. Klasse. Algen.

1. **Bau.** In Bächen und Flüssen, in Tümpeln, Teichen und Seen findet man vielfach Pflanzen, die grünen Fäden gleichen. Entweder schweben sie frei im Wasser, oder sie sind an Steinen, Brückenpfeilern und andern Gegenständen festgewachsen. In allen diesen Pflanzen haben wir Algen vor uns. Die Algen sind im Vergleich zu den Landpflanzen überaus zarte Gewächse. Nimmt man sie aus dem Wasser, so sinken sie kraftlos zusammen. Sie können eben nur im Wasser leben, in dem sie schweben, und von dem sie getragen werden. Mit Hilfe des Mikroskops erkennen wir, daß sie nicht in Stengel, Blätter und Wurzeln gegliedert sind, sondern nur einfache Reihen von Zellen (S. 131) darstellen. Es gibt aber auch zahlreiche Algen, die nur aus je einer einzigen Zelle bestehen. Andere wieder können sich an Größe mit den Landpflanzen messen. Sie bewohnen das Meer und werden „Tange" genannt.

1. 2.

Algen. 1. Teil eines Algenfadens, der aus vier Zellen besteht. 2. Eine einzellige Alge. Stark vergr.

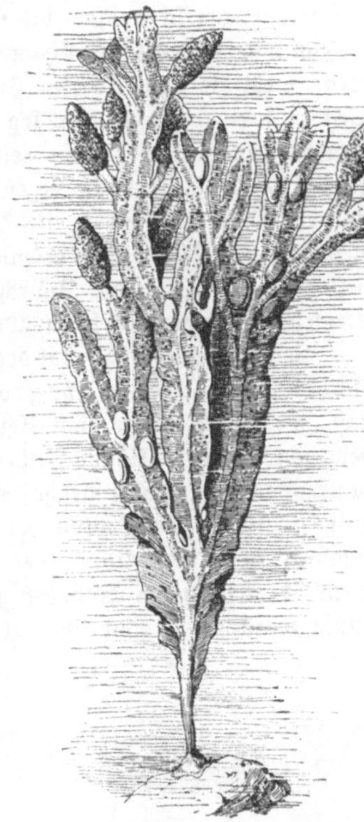

Der häufigste Tang der Nord- und Ostsee, der sog. Blasentang (verkl.).

2. **Bedeutung.** a) Die Tiere vermögen ihr Leben nur dadurch zu erhalten, daß sie tierische oder pflanzliche Nahrung verzehren. In letzter Linie sind also alle auf Pflanzenstoffe angewiesen. Da nun die Algen den Hauptteil der Wassergewächse ausmachen, sind sie auch die wichtigste Nahrungsquelle der Wassertiere.

b) Setzen wir Algen (oder andere untergetauchte Wasserpflanzen) in einem Gefäße mit Wasser direktem Sonnenlichte aus, dann sehen wir von ihnen Luftbläschen emporsteigen. Da in dieser Luft ein glimmender Span sofort mit heller Flamme brennt, haben wir es in ihr mit Sauerstoff zu tun (s. Naturlehre). Die Algen (Wasserpflanzen) liefern den Wassertieren also auch Atemluft.

c) Bringt man Algen in ein Gefäß mit Wasser, in dem Tierstoffe faulen, so wird das Wasser nach und nach klarer. Schließlich verschwindet auch der üble Geruch vollständig. Die Algen haben die faulenden Tierstoffe aufgenommen und zum Leben und Aufbau ihres Körpers verwendet. Da nun in jedem Gewässer täglich große Mengen von Tierstoffen verwesen, so würde das Wasser ohne die Tätigkeit der Algen (Wasserpflanzen) bald verpestet sein. Alles tierische Leben müßte dann aber in ihm zugrunde gehen.

4. Klasse. Pilze.

1. Der Feld-Champignon.

1. **Fruchtkörper.** Der „Champignon" bricht im Sommer und Herbste auf Feldern und Wiesen, an Wegen und ähnlichen Orten aus dem Boden hervor. Er besteht aus einem Stiele und einem Hute von weißer oder bräunlicher Färbung. Auf der Unterseite des Hutes finden sich zahlreiche senkrecht gestellte Blättchen, die anfangs rosa, später dagegen schokolade- bis schwarzbraun aussehen. (Diese Färbung ist das sicherste Erkennungsmerkmal des Champignons. Auch den Anisduft soll man wohl beachten, wenn man die schmackhaften Pilze zur Speise sammelt). Anfangs sind die zarten Blättchen von einer Haut, dem sog. Schleier, schützend überdeckt. Ist der Pilz aber vollkommen ausgebildet, dann reißt die Haut am Rande des Hutes ab und bleibt als Ring am Stiele zurück. Legen wir den Hut eines älteren Pilzes mit der Unterseite auf ein Blatt Papier, so ist dieses bald mit einem schwarzbraunen Pulver bedeckt. Mit Hilfe des Mikroskops erkennen wir, daß das Pulver aus einer Unzahl von Sporen besteht, die sich von den Blättchen abgelöst haben. Gelangen die Sporen, vom Winde verweht, an einen günstigen Ort, so rufen sie eine neue Pflanze ins Dasein.

Sehr viele Sporen trägt der Wind aber dorthin, wo sie sich nicht entwickeln können. Da der Pilz jedoch eine sehr große Anzahl von Sporen erzeugt, ist wohl zu erwarten, daß wenigstens einige zum Keimen kommen werden. — Die Millionen von Sporen bedürfen zu ihrer Bildung aber auch eines großen Platzes. Ein solcher ist durch die zahlreichen Blättchen geschaffen, durch die die Unterseite des Hutes beträchtlich vergrößert wird. Mit Beginn der Sporenreife löst sich der Schleier vom Hutrande ab. Dadurch steht dem Winde der Zutritt zu den Sporen offen. — Da der Hut durch einen Stiel über den Erdboden gehoben wird, können die Sporen vom Winde auch leicht erfaßt werden. — Eine Aussaat von Sporen ist aber nur bei trockenem Wetter möglich. Die Unterseite des Hutes, der einem Regendache gleicht, ist daher auch eine sehr geeignete Bildungsstätte der winzigen Körper.

Feld-Champignon.

2. **Fadengeflecht.** Nimmt man einen Champignon vorsichtig aus dem Boden, so sieht man, daß er mit weißen Fäden in Verbindung steht. Dieses Fadengeflecht durchzieht die Erde wie ein Spinngewebe. Hat es eine gewisse Ausdehnung erlangt, dann werden von ihm „Pilze" erzeugt. Sobald diese ihre Sporen ausgestreut haben, vergehen sie; andere sprossen hervor, gehen wieder zugrunde usf. Das Fadengeflecht dagegen wächst weiter. Es gleicht also einem Obstbaume mit zahlreichen Früchten, die bei der Reife abgeworfen werden. Das Fadengeflecht ist darum die eigentliche Pflanze, der eigentliche Pilz, während die „Champignons, Pilze oder Schwämme" nur die Sporenträger oder Fruchtkörper dieser Pflanze oder dieses Pilzes sind.

Die Fäden sind **außerordentlich zart**. Außerhalb des Bodens sinken sie kraftlos zusammen. Im Gegensatz zu dem festen Fruchtkörper, der sich selbst halten muß, können sie eine solche Zartheit wohl besitzen; denn sie werden ja von der Erde getragen.

Von Blattgrün (S. 133) finden wir in keinem Teile des Pilzes eine Spur. Der Champignon vermag daher die Stoffe, die er zum Leben und Wachstum braucht, auch nicht selbst zu bereiten. Er entzieht sie vielmehr in fertiger Form dem Boden, in dem pflanzliche und tierische Stoffe verwesen: er ist eine **Verwesungspflanze**. In gleicher Weise ernähren sich auch die meisten andern „Hutpilze".

2. Eßbare, giftige und schmarotzende Pilze.

Gleich dem wohlschmeckenden Champignon dienen zahlreiche andere Pilze dem Menschen zur Speise. Ein Merkmal, durch das sich diese von den giftigen unterscheiden, gibt es jedoch nicht. Gehen eßbare Pilze in Verwesung über, so können sie gleichfalls Vergiftung hervorrufen. **Darum sollten nur junge Pilze und zwar kurz nach dem Einsammeln verspeist werden.**

Knollenblätterpilz.

Eierpilz.

Steinpilz.

Habichtschwamm.

Ziegenbart.

Spitzmorchel.

Mit dem Champignon wird häufig der sehr giftige **Knollenblätterpilz** verwechselt. An den weißen Blättern, dem unten knollenförmig angeschwollenen Stiele und dem Geruch nach Rettich oder austreibenden Kartoffelknollen ist er jedoch sicher zu erkennen. Hut und Stiel sind anfangs von einer gemeinsamen Hülle schützend umgeben. Später wird die Hülle gesprengt und bleibt auf dem Hute als Fetzen und an dem knolligen Teile des Stieles als häutige Scheide zurück. Dies beides sind auch Merkmale, die dem Champignon stets fehlen. — Bei dem gleichfalls giftigen **Fliegenpilze** bilden die Reste der Hülle weiße Flocken auf dem scharlachroten Hute. — Einer der wichtigsten Speisepilze ist der **Gelbling, Pfifferling** oder **Eierpilz** (Abb. S. 123). Er läßt sich an der dottergelben Färbung und den am Stengel herablaufenden Blättern unschwer erkennen. — Hochgeschätzt wird auch der **Reizker.** Sein meist ziegelroter Hut ist mit orangefarbenen oder grünlichen Ringen geziert. Bei Verletzungen tropft aus ihm ein rotgelber Milchsaft hervor, während der **zottige Reizker** verwundet eine weiße Milch absondert. Den früheren Namen „Giftreizker" trägt letzterer mit Unrecht; denn nach vorheriger Abkochung ist er völlig unschädlich. — Sehr schmackhaft ist ferner der **Steinpilz,** der einen knolligen, hellbraunen Stiel und einen mattbraunen Hut besitzt. Die Unterseite des Hutes trägt keine Blätter, wie wir sie beim Champignon und andern „Blätterpilzen" finden, sondern eine dicke, feingelöcherte Röhrenschicht. Sie ist anfangs weiß, später gelblich und schließlich grünlich. Gleich dem Steinpilze sind alle die „Röhrenpilze" eßbar, deren Stiel einen Ring besitzt, und von den ringlosen Arten wieder diejenigen, die beim Zerbrechen nicht sofort die Farbe ändern. — Kleine Stacheln auf der Unterseite des Hutes trägt der eßbare **Habichtschwamm** oder **Rehpilz.** Die Oberseite des Hutes erscheint schokoladenbraun und wird von großen Schuppen bedeckt. — Bei dem schmackhaften **Ziegenbart** oder **Hahnenkamm** ist der Fruchtkörper vielfach zerteilt. — Auch die bekannten **Boviste** können, solange sie jung sind, gegessen werden. Der **Kartoffelbovist** aber ist giftig. Seine Fruchtkörper sehen wie Kartoffelknollen aus, werden innen zuletzt aber ganz schwarz. — Sehr wohlschmeckende Pilze sind auch die **Morcheln,** von denen auf S. 123 die **Spitzmorchel** abgebildet ist.

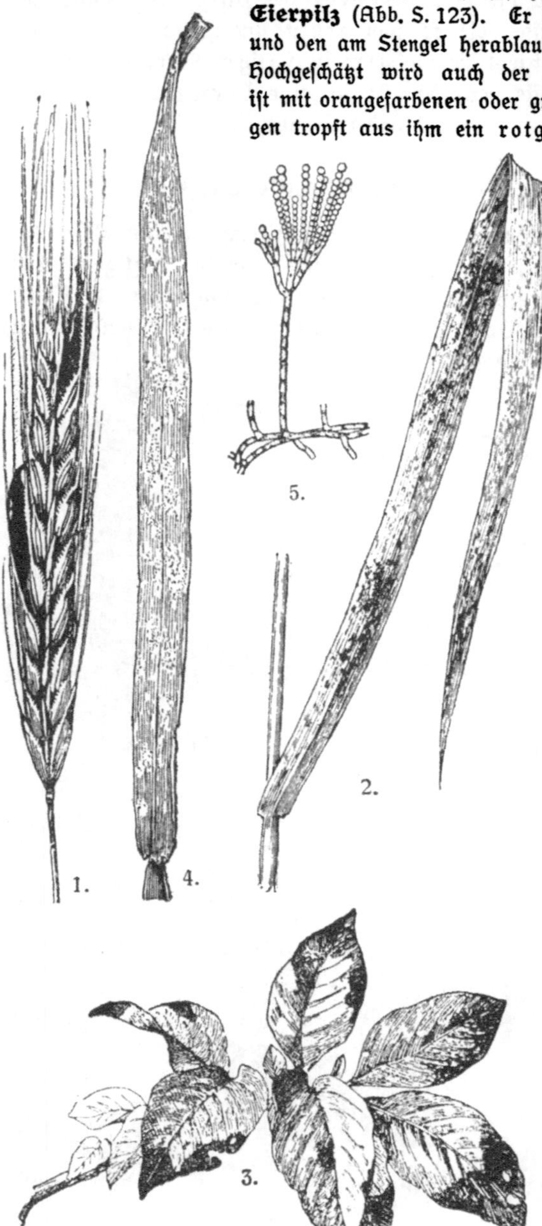

Schmarotzende Pilze.

1. Roggenähre mit Mutterkorn. 2. Rostkrankes Getreideblatt. 3. Kartoffelblatt, vom Kartoffelpilz befallen. 4. Blatt mit Meltau. 5. Brotschimmel (stark vergr.).

Es gibt eine große Anzahl von Pilzen, die ihre Nahrung andern lebenden Wesen, besonders Pflanzen, entziehen. Einer dieser „Schmarotzer" ist der **Mutterkornpilz** der Roggenähre. — Andere Arten rufen an den Getreidepflanzen jene gelben, braunen oder schwarzen Flecke und Streifen hervor, die wie Rostflecke aussehen. Nicht selten vernichten diese **Rostpilze** einen großen Teil der erwarteten Ernte. — Der **Kartoffelpilz** durchzieht mit seinem Fadengeflechte die Kartoffelpflanze und verursacht die Kartoffelfäule. Das „Kartoffelkraut" bekommt schwarze Flecke und stirbt vorzeitig ab. Infolgedessen bleiben die Knollen klein. Werden sie selbst von der Krankheit erfaßt, so verwandeln sie sich in eine jauchige oder bröckelige Masse. Daher sind nur gesunde Knollen zu pflanzen und die kranken sorgfältig von den Feldern zu entfernen und zu vernichten. — Die Blätter anderer Pflanzen findet man gleichfalls häufig wie mit Schimmel überzogen: das ist das Fadengeflecht der **Meltaupilze**, die den Gewächsen oft großen Schaden zufügen. Einer der gefährlichsten dieser Zerstörer ist der **Rebenmeltau.** Man tötet ihn, indem man die Weinblätter mit Schwefelpulver bestreut. — Noch mehr gefürchtet ist der sog. **falsche Rebenmeltau**, der im Innern der Blätter lebt. Gegen ihn hat sich die Besprengung der Reben mit einer Lösung von Kupfervitriol und Soda oder Kalk am besten bewährt. — Auch der **„Schimmel"**, der häufig auf Brot, eingemachten Früchten u. dgl. angetroffen wird, ist das Fadengeflecht mikroskopisch kleiner Pilze.

3. Spaltpilze (Bakterien).

1. **Vom Bau der Spaltpilze.** a) Verteilen wir von dem weißen Belage unserer Zähne ein wenig in einem Wassertropfen (1), so erblicken wir mit Hilfe des Mikroskops zahlreiche Spaltpilze oder Bakterien. Viele dieser kleinsten Lebewesen erreichen noch nicht einmal $^1/_{1000}$ mm an Länge. Sie haben die Gestalt einer Kugel, eines kürzeren oder längeren Stäbchens, sind mehr oder weniger gekrümmt oder gar korkzieherartig gewunden.

b) Die Spaltpilze vermehren sich außerordentlich schnell, indem sie sich teilen. Vielfach bildet sich in ihnen auch je eine Spore (2). Gerät diese nach Monaten oder Jahren an einen Ort, an dem sie keimen kann, so geht aus ihr wieder ein Spaltpilz hervor. Zahlreiche Spaltpilze können jedoch auch ein gänzliches Austrocknen vertragen, ohne Sporen zu bilden. Die winzigen Körper werden in trockenem Zustande leicht vom Winde emporgewirbelt und verweht. Als unsichtbarer Staub schweben sie überall in der Luft und kehren mit andern Staubteilchen wieder zur Erde zurück. Die „Keime" der Spaltpilze finden sich daher auf jedem Gegenstande, in jedem Gewässer: kurz, sie sind geradezu allgegenwärtig.

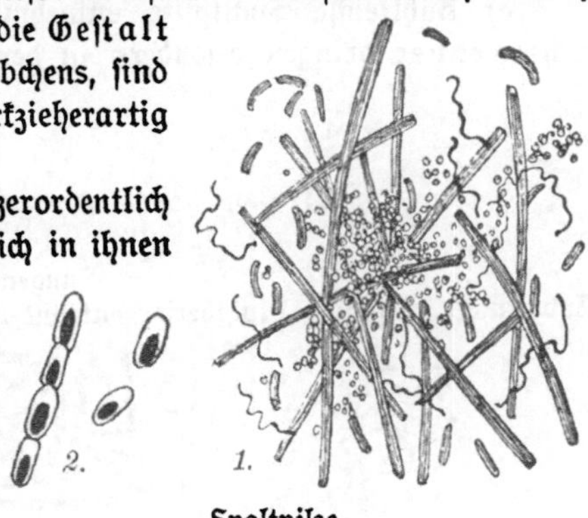

Spaltpilze.

2. **Von der Tätigkeit der Spaltpilze.** a) Die Spaltpilze enthalten wie alle andern Pilze kein Blattgrün. Sie sind daher ebenfalls auf „fertige" Nahrung angewiesen, die sie zumeist faulenden Tier- und Pflanzenstoffen entnehmen. Da ihre Keime nun fast überall vorkommen, treffen wir sie auch stets da an, wo Fäulnis stattfindet.

Die Spaltpilze sind aber weit mehr als Fäulnisbewohner. Wir nehmen zwei Glaskolben mit etwas Wasser, in das wir irgend einen Tier- oder Pflanzenstoff legen. Während wir den Inhalt des einen Kolbens unverändert lassen, kochen wir den des andern längere Zeit hindurch. Dadurch werden in diesem Kolben alle Spaltpilze oder deren Keime getötet; denn sie vermögen ebenso wenig wie andere Lebewesen der Siedehitze zu widerstehen. Dann verschließen wir den Kolben schnell durch einen Wattepfropf, den wir unmittelbar zuvor über einer Flamme abgesengt haben. Während der Inhalt des ersten Kolbens bald in Fäulnis übergeht, bleibt der des zweiten unverändert. Wenn wir von ihm den Pfropf aber nur kurze Zeit abnehmen, so daß Spaltpilze oder deren Keime aus der Luft hineinfallen können, tritt in ihm gleichfalls Fäulnis ein. Die Spaltpilze sind also nicht nur Bewohner, sondern auch *Erreger der Fäulnis*. Ohne Spaltpilze würde es daher keine Fäulnis geben. Dann aber würden ungezählte Millionen von Tier- und Pflanzenleichen den Erdboden bedecken, und alle Gewässer wären mit toten Körpern erfüllt. Kein Fleckchen Erde wäre vorhanden, auf dem noch eine Pflanze wachsen könnte, und mit dem Pflanzenleben wäre das Tier- und Menschenleben längst erloschen.

Bierhefe (stark vergr.)

b) Wie wir in der Naturlehre erfahren, sind Spaltpilze auch die *Erreger der Gärung*.

Dort sehen wir auch, daß dieser Vorgang noch durch andere winzige Pflänzchen, die **Hefepilze**, hervorgerufen wird. Ein solcher Gärungserreger ist die **Bierhefe**. Wir bekommen sie leicht zu Gesicht, wenn wir etwas Preßhefe in Wasser verteilen. Alle die farblosen, kugeligen Körper, die vielfach kleine Ketten bilden, stellen je ein Pflänzchen dar.

c) Zahlreiche Spaltpilze entnehmen ihre Nahrung andern Lebewesen. Diese *Schmarotzer* dringen besonders in den Körper der Tiere und Menschen ein. Dort vermehren sie sich außerordentlich schnell, erzeugen heftige Gifte und rufen daher *Erkrankungen* hervor, die vielfach mit dem Tode endigen. Von diesen Krankheiten seien hier nur genannt: die Schwindsucht oder Tuberkulose, der Typhus, die Diphtherie, die Lungenentzündung und die Influenza, die Cholera und die Pest, der Rotlauf der Schweine und die Pest der Rinder sowie endlich der Milzbrand, der ganze Haustierherden vernichtet und auch den Menschen nicht verschont.

Tuberkulose.

Typhus.

Diphtherie.

Lungenentzündung.

Influenza.

Cholera.

Pest.

Milzbrand.

3. **Von unserm Verhalten gegen die Spaltpilze.** a) Da die Spaltpilze fast „allgegenwärtig" sind, können sie nur durch die *größte Reinlichkeit* ferngehalten werden. Dies gilt besonders für die Gefäße, die wir bei der Herstellung und Aufbewahrung von Speisen verwenden, für unsere Wohnungen und deren Umgebung (Höfe, Straßen usw.), für unsere Kleider, Wäsche und Speisegeräte (besonders in Gasthäusern!) sowie für unsern Körper selbst. Die Auswurfsstoffe der Menschen, die an einer ansteckenden Krankheit leiden, müssen gleich den Abfällen des menschlichen Haushaltes sobald als möglich aus unserer Nähe entfernt werden.

b) Wie unsere Versuche zeigten, gehen die Spaltpilze durch *Siedehitze* zugrunde. Durch längeres Kochen und sorgfältigen Verschluß der Gefäße vermögen wir daher Fleisch, Früchte, Gemüse, Milch u. a. längere Zeit zu erhalten oder zu „konservieren".

c) Kühlt man einen faulenden Stoff stark ab, so wird man finden, daß die Fäulnis bei einer Wärme von 5° C aufhört. Bei dieser Temperatur stellen die Spaltpilze also wie alle Pflanzen ihre Lebenstätigkeiten ein. Darum setzt man Stoffe, die leicht verderben (Fleisch u. dgl.), der Kälte aus; man legt sie z. B. auf Eis.

d) Spaltpilze brauchen ferner wie alle Pflanzen Wasser zu ihrem Bestehen. Trocknen und Dörren sind daher andere Mittel, leicht faulende Stoffe längere Zeit zu erhalten (Backobst, Stockfisch, getrocknetes Fleisch usw.).

e) Bringen wir in eine Flüssigkeit, in der irgend ein Stoff fault, etwas Karbolsäure, so hört die Fäulnis nach kurzer Zeit auf: Karbolsäure ist für Spaltpilze ein tödliches Gift. Solche fäulniswidrigen Mittel benutzt der Mensch schon seit uralter Zeit: z. B. das Kochsalz (in größerer Menge!) zum Pökeln, den Essig oder Zucker (in starker Lösung!) zum Einkochen der Früchte, den Rauch zum Räuchern der Fleischwaren. Als aber die Spaltpilze auch als die Erreger zahlreicher Krankheiten erkannt wurden, lernte er zugleich die durch sie bewirkten Ansteckungen und Vergiftungen verhüten. Vor allen Dingen hat man durch größte Reinlichkeit dafür zu sorgen, daß keine Spaltpilze in Wunden gelangen (sorgfältiges Waschen der Hände, Verwendung völlig reinen Wassers u. dgl.).

f) Naturforscher setzten Kleider, Betten, Möbel und andere Gegenstände, in die sie Krankheitskeime gebracht hatten, den Sonnenstrahlen aus, und siehe da, schon nach wenigen Stunden waren die gefährlichen Feinde vernichtet. Die Sonnenstrahlen müssen daher zu unsern Wohn- und Schlafräumen ungehinderten Zutritt haben!

Anhang.

I. Ausländische Nutzpflanzen.

1. **Die Kaffeepflanze** (Abb. S. 128) ist ein kleiner Baum oder ein Strauch. In den Achseln der immergrünen Blätter stehen zahlreiche weiße Blüten, aus denen die anfangs grünen, dann roten und zuletzt violetten Früchte hervorgehen. Sie sind kleinen Kirschen ähnlich, umschließen aber je zwei hornartige Samen (S.). Diese „Kaffeebohnen" enthalten Koffeïn, das auf den Menschen eine belebende Wirkung ausübt. In größerer Menge genossen, ist dieser Stoff aber ein heftiges Gift. Daher erzeugt sehr starker Kaffee Herzklopfen, Angstgefühl, Muskelzittern und bei fortgesetztem Genusse sogar schwere Nervenleiden. Nährende Bestandteile enthält der Kaffee nicht; er ist nur ein Reiz- oder Genußmittel. In jüngster Zeit hat man gelernt, den Bohnen das Gift zum größten Teil zu entziehen. Als Ersatz für den Kaffee dienen besonders Zichorie und Gerste.

Die Heimat der wichtigen Pflanze ist wahrscheinlich der gebirgige, östliche Teil des heißen Afrika. Zuerst wurde sie in Süd-Arabien angebaut („Mokka"-Kaffee); jetzt dagegen findet sie sich in fast ganz Ostindien, in einem großen Teile von Amerika und in andern warmen Gegenden der Erde.

2. **Der Teestrauch** wird besonders in China, aber auch in Japan, Südasien und am Kaukasus *angebaut*. Er besitzt immergrüne, lederartige *Blätter* und rosenähnliche, weiße *Blüten*. Die ganz jungen Blätter liefern den Tee. Sie enthalten ein flüchtiges Öl von angenehmem Duft und einen Stoff, der mit dem Öle die *belebende Wirkung* des Teeaufgusses verursacht.

Zweig vom Kaffeebaume.
Daneben eine Frucht.

Zweig des Teestrauches.

Die eingeernteten Blätter werden an der Luft getrocknet und erhalten dadurch eine fast schwarze Färbung (schwarzer Tee). Alsdann werden sie zwischen den flachen Händen gerollt, in Pfannen geröstet, nochmals gerollt und schließlich langsam getrocknet. Setzt man sie heißen Wasserdämpfen aus, so bleibt die grüne Färbung erhalten (grüner Tee).

3. **Der Kakaobaum** hat in den Urwäldern des tropischen Amerika seine *Heimat*, wird jetzt aber in fast allen heißen Ländern *angebaut*. Seine gurkenähnlichen Früchte enthalten zahlreiche sehr bittere Samen, die sog. *Kakaobohnen*. Die eingeernteten Früchte legt man auf Haufen oder schüttet sie in Gruben und läßt sie hier einige Tage liegen. Dadurch erhalten die Bohnen einen angenehmen Geschmack, so daß sie nunmehr verwendet werden können. Um als Speise für den Menschen zu dienen, werden sie geröstet, von den Schalen befreit, zerrieben und entölt. Der zurückbleibende „Preßkuchen" wird staubfein zerkleinert und liefert das *Kakaopulver*; mit Zucker vermischt

Zweig des Kakaobaumes. Daneben eine geöffnete Frucht.

Reispflanzen mit fast reifen Körnern.

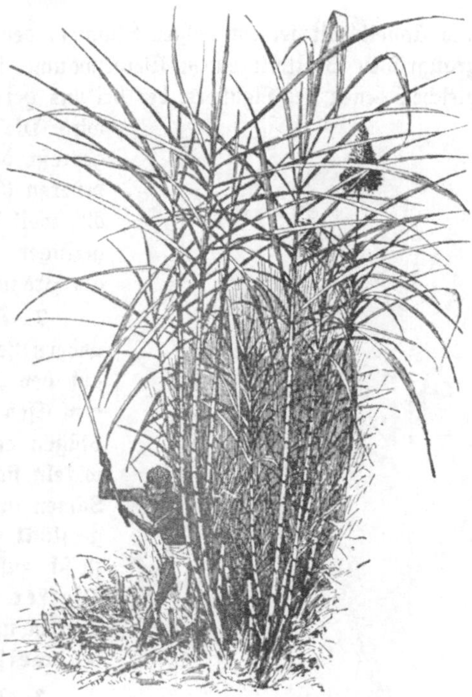

Zuckerrohr. Im Hintergrunde Halme mit Blütenständen.

gibt er die Schokolade. Wie Kaffee und Tee enthält auch der Kakao einen Stoff, der auf den Menschen eine belebende Wirkung ausübt. Da man aber vom Kakao nicht nur einen Aufguß trinkt, sondern ihn als Ganzes genießt, ist er zugleich ein Nahrungsmittel.

4. **Der Reis** ist ein Rispengras wie der Hafer. Er erreicht eine Höhe von 1,50 m und wird in allen heißen und warmen Ländern angebaut. Da er eine Sumpfpflanze ist, gedeiht er besonders in Niederungen, die regelmäßig überschwemmt werden. Seine Körner bilden für viele Millionen von Menschen die tägliche Nahrung. Auch bereitet man aus ihnen die wertvolle Reisstärke.

5. **Das Zuckerrohr** ist eine wichtige Nutzpflanze aller heißen Länder. Es ähnelt ganz unserm Schilfe, kann aber bis 6 m hoch werden. Wenn die Pflanze eingeerntet wird, schlagen Arbeiter die Stengel dicht über dem Boden ab und entfernen die Blätter. Die Stengel kommen sodann zwischen eiserne Walzen, die das Mark zerquetschen. Der ausfließende Zuckersaft wird wie der Saft der Zuckerrübe weiter verarbeitet. Aus den zuckerreichen Rückständen gewinnt man den Rum.

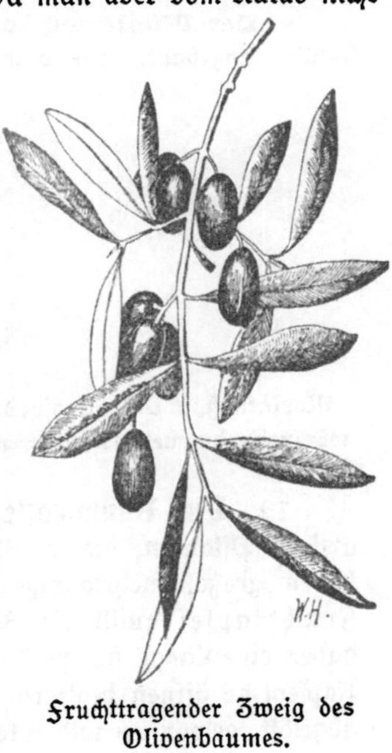

Fruchttragender Zweig des Olivenbaumes.

6. **Der Öl- oder Olivenbaum** bewohnt die Länder um das Mittelmeer. Er erreicht ein sehr hohes Alter

und ähnelt mit seinem hohlen Stamme, den sparrigen Ästen und den schmalen, aber graugrünen Blättern einem Weidenbaume in hohem Grade. Seine weißen Blüten gleichen denen des Ligusters, der bei uns gern zur Anlage „lebender Hecken" verwendet wird. Die schlehenähnlichen Steinfrüchte liefern ausgepreßt das wertvolle Oliven- oder Baumöl. Die besseren Ölsorten dienen als Speiseöl („Provenceröl", weil besonders in der Provence gewonnen); die geringeren werden zur Herstellung von Seifen sowie als Brenn- und Schmieröle verwendet.

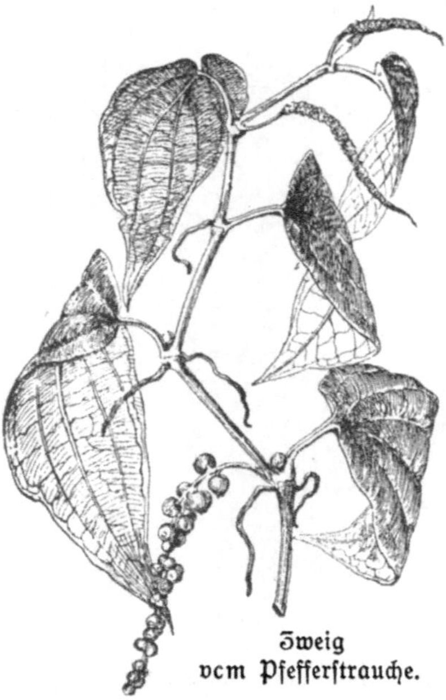

Zweig vom Pfefferstrauche.

7. **Der Pfefferstrauch** wird außer in vielen andern heißen Ländern besonders in Ostindien und auf den Sundainseln angebaut. Er klettert gleich dem Efeu mit Hilfe von Wurzeln an Stämmen und Stützen empor. Aus den unscheinbaren Blüten entwickeln sich rote Beeren, die je einen hartschaligen Samen umschließen. Werden die Früchte unreif abgepflückt und getrocknet, dann schrumpft das Fruchtfleisch zusammen, und man erhält den schwarzen Pfeffer. Läßt man sie dagegen vollkommen reif werden und beseitigt das Fruchtfleisch, so liefern sie den weißen Pfeffer.

8. **Der Zimtbaum** wird auf Ceylon in Strauchform gezogen. Haben die Stämme eine Stärke von etwa 4 cm erreicht, dann schneidet man sie ab und löst von Stamm und Ästen die Rinde los. Werden die Rindenstücke getrocknet, so rollen sie sich zusammen, nehmen eine rotbraune Farbe an und kommen als Zimt in den Handel.

9. **Der Muskatnußbaum** ist auf den Molukken heimisch, wird aber auch auf den Antillen angebaut. Die walnußgroße Frucht enthält einen steinharten Samen (S.), der die Muskatnuß liefert. Umgeben ist der Same von einem karminroten, zerschlitzten Gebilde (B.), das gepulvert bei uns als „Muskatblüte" verkauft wird.

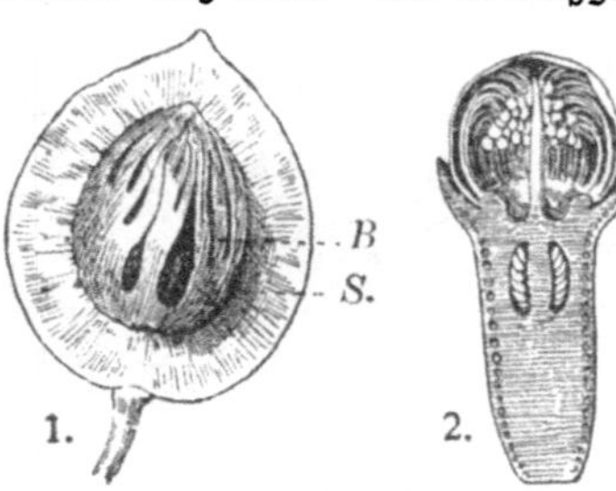

1. Muskatnuß. 2. Blütenknospe des Gewürznelkenbaumes, längsdurchschnitten.

10. Auf den Molukken hat auch der **Gewürznelkenbaum** seine Heimat. Er ist jetzt aber über alle heißen Länder verbreitet. Seine getrockneten Blütenknospen sind die sog. Gewürznelken.

11. Ein kostbares Gewürz liefert uns in ihren schotenförmigen Früchten die **Vanille.** Sie ist eine Kletterpflanze aus den Urwäldern des tropischen Amerika, hat gegenwärtig aber in vielen Teilen der heißen Zone Eingang gefunden.

12. **Die Baumwolle** entstammt verschiedenen kraut-, strauch- und baumartigen Pflanzen, die in allen wärmeren Ländern der Erde angebaut werden. Sie haben große, mehrlappige Blätter und gelbe Malvenblüten. Aus der reifen Fruchtkapsel quillt die Baumwolle als mächtiger Haarschopf hervor. Die Haare haben eine Länge bis zu 5 cm und sitzen an den erbsengroßen Samen. Sobald sich die Kapseln zu öffnen beginnen, sammelt man sie ein. Die Haare werden von den Samen abgelöst, gesponnen und entweder als Garn verwendet (Strick-, Häkelgarn u. dgl.), oder

zu Zeugen verwebt (Kattun, Barchent, Musselin usw.). Aus den Samen wird Öl gepreßt (Baumwollsaatöl), und die Rückstände dienen noch als nahrhaftes Viehfutter.

13. Verletzt man eine Wolfsmilchpflanze, wie sie bei uns an Wegen, als Unkraut in Gärten oder an andern Orten vorkommt, so quillt aus der Wunde ein giftiger, klebriger Milchsaft hervor (Name!). Er enthält geringe Mengen eines Stoffes, den man als **Federharz** oder **Kautschuk** bezeichnet. In weit größerer Menge findet sich dieser wertvolle Stoff in dem Milchsafte mehrerer Bäume, die in den Urwäldern des heißen Südamerika heimisch sind. Er dient als Radiergummi, zur Herstellung von Schläuchen, Gummischuhen, wasserdichten Überzügen und hundert andern Sachen. Gehärtet erhält er fast die Festigkeit von Horn und Fischbein. Diesen „Hartgummi" benutzt man daher zur Anfertigung von Kämmen, Knöpfen u. dgl.

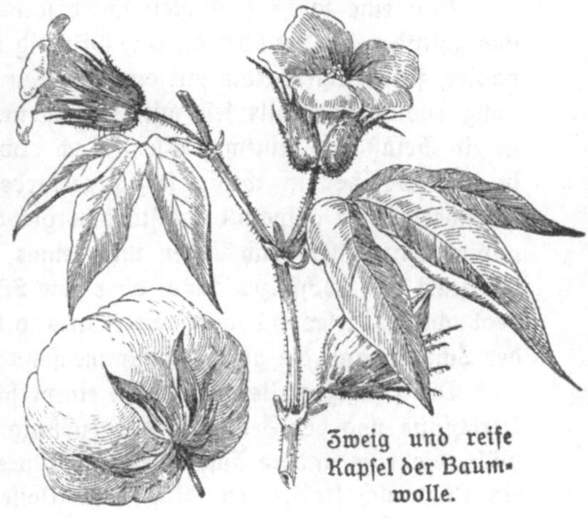

Zweig und reife Kapsel der Baumwolle.

II. Vom Bau und Leben der Pflanze.

1. Vom Bau und Leben der Zelle.

1. **Die Zelle.** Das Mikroskop läßt uns erkennen, daß die Pflanze aus Körpern zusammengesetzt ist, die einen ganz bestimmten Bau zeigen. Da diese Körper vielfach wie die Zellen der Bienenwabe geformt sind, werden sie Zellen genannt. Während zahlreiche Algen und Pilze nur aus je einer Zelle bestehen, sind die größeren Gewächse, ja schon jedes Blatt, jede Wurzel u. dgl. aus sehr vielen Zellen zusammengesetzt. Sie zeigen eine verschiedene Gestalt und erreichen meist nicht einmal die Länge eines Millimeters. In der Regel kann man an ihnen eine feste Wand, die Zellhaut (H.), und einen farblosen Inhalt erkennen, der als Urbildungsstoff oder Protoplasma (P.) bezeichnet wird.

2. **Das Protoplasma** bildet meist eine zähflüssige Masse, die sehr reich an Eiweiß ist (s. Naturlehre) und sich an einer Stelle zu einem rundlichen Körper verdichtet hat. Dieser Zellkern (K.) spaltet sich in den Zellen wachsender Pflanzenteile vielfach in zwei Teile, die etwas auseinander rücken. Indem darauf zwischen den beiden Stücken im Protoplasma eine Scheidewand entsteht, sind aus der einen Zelle durch Teilung zwei Zellen hervorgegangen.

Neben dem Zellkerne finden sich in der Zelle noch kleinere Protoplasmaballen (B.), die zumeist einen grünen Farbstoff enthalten. In den grünen Blättern z. B. sind sie in so großer Zahl vorhanden, daß sie die an sich farblosen Blätter grün erscheinen lassen. Dasselbe gilt für alle andern grünen Pflanzenteile. Den Farbstoff bezeichnet man als Blattgrün, und die Körperchen, in denen er sich findet, nennt man Blattgrünkörper.

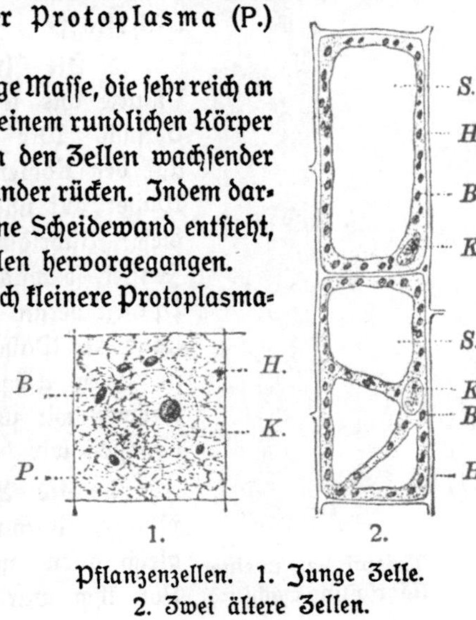

Pflanzenzellen. 1. Junge Zelle. 2. Zwei ältere Zellen.

3. **Der Zellsaft.** Junge Pflanzenzellen (1) sind vollkommen mit Protoplasma angefüllt. In

älteren Zellen (2) dagegen treten Hohlräume auf, die eine Flüssigkeit enthalten. In diesem Zellsafte (S.) sind Säuren, Salze, Zucker oder andere Stoffe gelöst.

Wie eine solche Flüssigkeit wirkt, soll uns ein Versuch zeigen: Wir nehmen einen Glaszylinder, binden über die eine Öffnung luftdicht ein Stück angefeuchtetes Pergamentpapier, füllen ihn darauf mit einer starken Kochsalzlösung und binden die andere Öffnung endlich ebenfalls fest mit Pergamentpapier zu. Den Zylinder legen wir sodann in ein Gefäß mit reinem Wasser. Nach etwa 24 Stunden finden wir, daß das Wasser in dem Gefäße ein wenig salzig geworden ist, und daß die beiden Verschlüsse des Zylinders straff gespannt und stark vorgewölbt sind. Es ist also durch das Pergamentpapier Salzwasser nach außen und reines Wasser nach innen gedrungen. Verwenden wir statt des Kochsalzes Zucker oder eine Säure, so werden wir dieselben Erscheinungen beobachten. Dieser Austausch dauert stets so lange, bis die Flüssigkeiten auf beiden Seiten der Scheidewand die gleiche Zusammensetzung haben.

Die Pflanzenzelle gleicht nun einem solchen Zylinder: die Zellhaut entspricht dem Verschlusse und der Zellsaft der Salzlösung. Wird die Zelle von einer Flüssigkeit umspült, die eine andere Zusammensetzung als der Zellsaft hat, so muß zwischen beiden ein Austausch stattfinden. Auf diese Weise wandern in der Pflanze die Stoffe von einer Zelle zur andern.

2. Vom Bau und Leben des Blattes.

1. **Die Baustoffe der Pflanze.** Alle Teile der lebenden Pflanze sind von Wasser durchtränkt. Daher ist ohne Wasser kein Pflanzenleben möglich! Sie enthalten ferner Kohlenstoff sowie Stickstoff (s. Naturlehre), ohne den es kein Eiweiß, also auch kein Protoplasma gibt. Verbrennt man eine Pflanze, so bleibt Asche zurück, die aus zahlreichen chemischen Grundstoffen oder Elementen zusammengesetzt ist (Schwefel, Phosphor, Eisen u. a.). Da die genannten Stoffe den Pflanzenkörper aufgebaut haben, müssen sie von der Pflanze auch mit der Nahrung aufgenommen worden sein. Die Baustoffe bezeichnet man daher auch als Nährstoffe.

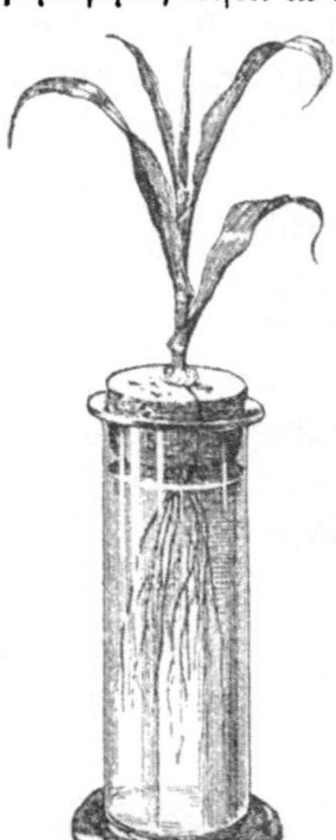

Maispflanze, in einer Nährlösung wachsend.

2. **Die Aneignung der Nährsalze.** Daß sich die (grüne) Pflanze aus jenen Stoffen wirklich aufbaut, zeigt ein einfacher Versuch. Wir lösen gewisse Salze, die sämtliche Nährstoffe bis auf den Kohlenstoff enthalten, in völlig reinem (destilliertem) Wasser auf und setzen einen Maiskeimling mit den Wurzeln in diese „Nährlösung". Stellen wir das Gefäß an ein sonniges Fenster, so wächst der Keimling nach und nach zu einer stattlichen Pflanze heran. Da der Pflanze aber nichts weiter zur Verfügung stand als Wasser, „Nährsalze" und atmosphärische Luft, so muß sie ihren Körper auch aus diesen Stoffen aufgebaut haben. Nehmen wir zu unserm Versuche andere (grüne) Pflanzen, so beobachten wir denselben Vorgang.

3. **Die Aneignung des Kohlenstoffes.** a) Die Maispflanze, die wir in der Nährlösung gezogen haben, braucht aber gleich allen andern Gewächsen Kohlenstoff zu ihrem Aufbau. Von ihm war jedoch in der Nährlösung auch nicht eine Spur

vorhanden. Da die Maispflanze außerdem nur noch mit der atmosphärischen Luft in Berührung gekommen ist, kann sie den Kohlenstoff auch nur ihr entzogen haben. Der wichtige Baustoff ist in der Luft als Kohlensäure vorhanden (s. Naturlehre). Je 100 Liter Luft enthalten allerdings nur etwa 0,03 Liter dieses farblosen Gases.

b) Wie die Aneignung des Kohlenstoffes erfolgt, soll uns wieder ein Versuch zeigen. Wir bringen Zweige der Wasserpest unter einem Glastrichter in ein Gefäß mit frischem Brunnenwasser. Über die Mündung des Trichters, die sich unter dem Wasserspiegel befinden muß, stülpen wir sodann ein mit Wasser gefülltes Probierglas und setzen endlich die ganze Vorrichtung dem direkten Sonnenlichte aus. Es währt nicht lange, so steigen von den Pflanzen Luftbläschen empor, die sich in dem Probierglase ansammeln und alles Wasser daraus verdrängen. Nun schließen wir das Glas unter Wasser mit dem Daumen, nehmen es aus dem Gefäße und führen einen glimmenden Span hinein. Da der Span sofort mit heller Flamme brennt, kann das von den Pflanzen ausgeschiedene Gas nichts anderes als Sauerstoff sein (s. Naturlehre).

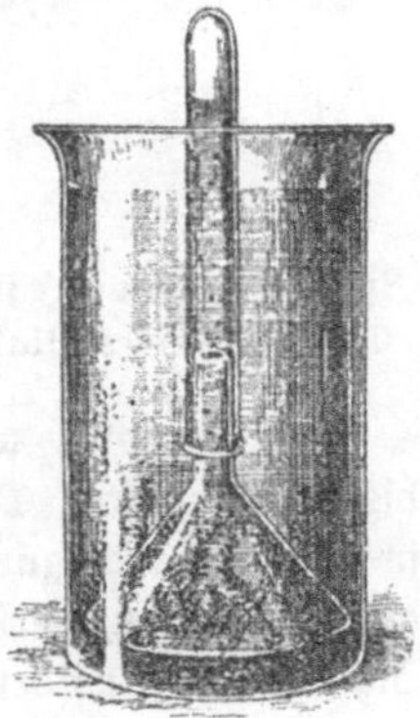
Sauerstoffausscheidung durch Pflanzen.

Wie ist dieser Vorgang zu erklären? Lassen wir ein Glas mit Brunnenwasser eine Zeitlang ruhig stehen, so bedecken sich die Wände mit Luftbläschen. Dem Wasser ist also etwas Luft beigemengt. Die Pflanzen, die wir bei unserm Versuche verwendeten, nehmen diese Luft auf und zerlegen die darin enthaltene Kohlensäure: der Sauerstoff wird ausgeschieden, der Kohlenstoff dagegen zurückbehalten.

c) Ebenso verhalten sich alle andern (grünen) Gewächse. Kohlensäure wird aber von Menschen und Tieren ausgeatmet, und Sauerstoff ist für beide „Lebensluft". In der Natur findet also ein gewaltiger Kreislauf der beiden Gasarten statt. Ohne Pflanzenleben daher kein Tier- und Menschenleben!

4. **Die Bedeutung des Blattgrüns.** Setzen wir Kartoffelknollen oder Mohrrüben in derselben Weise wie die Wasserpest dem Lichte aus, so wird kein Sauerstoff ausgeschieden. Es findet also auch keine Aneignung des Kohlenstoffes statt. Dasselbe ist an allen Pflanzen und Pflanzenteilen zu beobachten, die des Blattgrüns entbehren. Da sich nun Pflanzenstoffe ohne Kohlenstoff nicht bilden können, so verstehen wir auch, wie überaus wichtig das Blattgrün ist. Es findet sich — wie wir bereits wissen — besonders in den grünen Blättern. Diese stellen daher die wichtigsten Ernährungswerkzeuge der Pflanze dar.

Die blattgrünfreien Pflanzen müssen die Stoffe, die sie zum Leben und Aufbau ihres Körpers nötig haben, „fertig" aufnehmen: sie sind Schmarotzer oder Verwesungspflanzen, wie wir das an den Pilzen gesehen haben. Ebenso wenig vermögen Tiere und Menschen sich von Wasser, Nährsalzen und Kohlensäure zu ernähren. Sie sind vielmehr auf die Stoffe angewiesen, die von der grünen Pflanze bereitet werden. Ohne Pflanzenleben kann es also auch aus diesem Grunde weder Tier-, noch Menschenleben geben.

5. **Die Pflanze und das Licht.** Verwehren wir den Sonnenstrahlen, zu den Wasserpestzweigen zu treten, so hört die Ausscheidung von Sauerstoff, also die Zerlegung der Kohlensäure sofort auf. Ebenso werden wir auch bei Versuchen mit andern Pflanzen stets finden, daß die Aneignung des Kohlenstoffes nur im Lichte statt-

findet. Von der Sonne hängt somit alles Leben ab, das Pflanzenleben sowohl, als auch das Tier- und Menschenleben.

6. **Die Durchlüftung des Blattes.** Betrachten wir dünne Querschnitte von einem grünen Blatte durch das Mikroskop, so sehen wir, daß nur die inneren Zellen Blattgrünkörper enthalten. Sie sind daher auch allein imstande, der atmosphärischen Luft Kohlenstoff zu entziehen. Die Außenzellen, die des Blattgrüns entbehren, schließen aber so eng aneinander, daß sie sich als feines Oberhäutchen vielfach abziehen lassen. Da zu den inneren Zellen aber Luft gelangen muß, besitzt die Oberhaut sehr viele kleine Öffnungen, die nach ihrer Form Spaltöffnungen genannt werden.

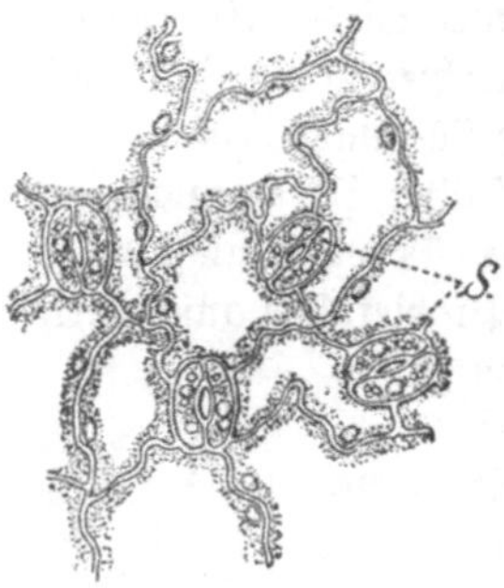

Spaltöffnungen (S.) in der Oberhaut eines Blattes.

7. **Die erzeugten Pflanzenstoffe.** Der erste sichtbare Stoff, der in den meisten Pflanzen durch Aneignung der Nährstoffe gebildet wird, ist Stärke. Bringen wir ein wenig Stärke, wie man sie im Haushalte verwendet, unter das Mikroskop, so sehen wir, daß sie aus winzigen Körnern zusammengesetzt ist.

a) Betupfen wir etwas Stärke mit einer Lösung von Jod, so färbt sie sich blau bis blauschwarz. Die Jodlösung läßt sich daher vortrefflich dazu verwenden, Stärke in Pflanzen nachzuweisen. Zu diesem Zwecke stellen wir z. B. eine im Blumentopfe gezogene Kapuzinerkresse 24 Stunden ins Dunkle und schneiden von ihr sodann einige Blätter ab. Nachdem wir diese Blätter eine Zeitlang gekocht und ihnen durch Alkohol das Blattgrün entzogen haben, bringen wir sie in eine schwache Jodlösung: sie bleiben farblos, besitzen also keine Stärke. Darauf stellen wir die Pflanze ins Freie und untersuchen an einem Nachmittage wieder einige Blätter auf dieselbe Weise: sie färben sich tiefblau, enthalten also reichlich Stärke.

Stärkekorn aus einer Kartoffelknolle.

b) Die Stärke dient der Pflanze zu sehr verschiedenen Zwecken. Sie hilft z. B. die Zellhäute aufbauen und die Eiweißstoffe bilden, die — wie wir wissen — einen Hauptbestandteil des Protoplasmas ausmachen. Das Eiweiß enthält u. a. aber Stickstoff, der sich in der Stärke niemals findet. In der atmosphärischen Luft dagegen ist er in großer Menge vorhanden. Ihr vermag die Pflanze den wichtigen Nährstoff jedoch nicht zu entnehmen. Sie ist damit also auf den Boden angewiesen. Mit jeder Ernte wird aber dem Acker reichlich Stickstoff entzogen. Soll er im nächsten Jahre wieder eine gute Ernte bringen, so müssen wir ihm daher neue Stickstoffmengen zuführen. Dies geschieht durch die Düngung.

8. **Die Verdunstung.** a) Legen wir unter eine Glasglocke frisch abgeschnittene, beblätterte Zweige, so beschlägt die Glaswand bald mit Wassertropfen. Bei einer zweiten Glocke, unter der sich keine Pflanzenteile befinden, ist dies nicht zu beobachten. Das Wasser an der Glaswand muß daher von den Pflanzenteilen in Form von Wasserdampf ausgeschieden worden sein. Eine solche Verdunstung findet bei allen lebenden Pflanzen, und zwar zu jeder Zeit statt. Durch welche Mittel eine zu starke Verdunstung verhindert wird, haben wir bei der Betrachtung zahlreicher Pflanzen (Veilchen, Roßkastanie u. v. a.) kennen gelernt.

b) Wir haben gesehen, daß die Pflanzenstoffe besonders in den grünen Blättern gebildet werden. Hierzu sind aber außer dem Kohlenstoffe der Luft Wasser und darin gelöste Nährsalze notwendig. Da diese Stoffe nun von den Wurzeln aufgenommen werden, muß von ihnen ein beständiger Wasserstrom nach den Blättern fließen. Dort verdunstet aber ein großer Teil des Wassers. Daher wird fortgesetzt Platz für neues Wasser geschaffen, mit dem zugleich immer neue Nährstoffe emporgehoben werden.

c) Kühlt sich der Erdboden stark ab, dann sind die Wurzeln nicht mehr imstande, Wasser aufzusaugen. Dies tritt bei uns alljährlich im Winter ein. Behielten die Bäume und Sträucher während dieser Zeit ihr Laub, so würden sie auch immerfort Wasser verdunsten. Da die Wurzeln aber keinen Ersatz schaffen können, müßten die Pflanzen schließlich vertrocknen. Diesem Schicksal entgehen sie jedoch dadurch, daß sie im Herbste die Hauptwerkzeuge der Verdunstung, die Blätter, abwerfen. Die Bäume und Sträucher, deren Blätter durch besondere Mittel gegen eine zu starke Verdunstung geschützt sind (Kiefer, Heidekraut u. a.), können auch im Winter ihr Laub behalten: sie sind „immergrün". Selbst wenn die Wurzeln ihre Tätigkeit in der kalten Jahreszeit nicht einstellten, könnten die Laubbäume unserer Gegenden nicht immergrün sein: Zweige und Stämme müßten unter der Last der Schneemassen brechen, die sich in ihren Kronen anhäufen würden (vgl. dag. die Kiefer!).

3. Vom Bau und Leben der Wurzel.

1. **Die Aufgaben der Wurzel.** Die grüne Pflanze baut sich — wie wir wissen — unter Mithilfe der Sonnenstrahlen aus Stoffen auf, die sie der Luft (Kohlenstoff) und dem Erdboden (Wasser und darin gelöste Nährstoffe) entnimmt. Der eine Teil ihres Körpers streckt sich daher in die Luft dem Lichte entgegen, während sich der andere, d. i. die Wurzel, in die Erde hinabsenkt. Sollen aber die oberirdischen Teile vom Sturme nicht zu Boden geworfen werden, so muß die Pflanze auch fest in der Erde verankert sein. Diese Aufgabe wird gleichfalls von der Wurzel erfüllt.

Je größer eine Pflanze wird, desto mehr Wasser und Nährstoffe verbraucht sie, und desto stärker ist sie auch den Angriffen der Winde ausgesetzt. Dementsprechend verzweigt sich die wachsende Wurzel immer mehr und dringt immer weiter im Boden vor.

2. **Die Wurzelhaare.** Lassen wir Samen zwischen feuchtem Fließpapier keimen, so kommen an den Wurzeln in einiger Entfernung von der Spitze bald viele zarte Härchen hervor (1). Nehmen wir aber irgend eine Pflanze aus dem Boden, dann sehen wir, wie an diesen Wurzelhaaren Erde haftet (2). Selbst durch Abspülen in Wasser gelingt es nicht, die Bodenteilchen vollkommen zu entfernen; denn die Wurzelhaare sind, wie das Mikroskop erkennen läßt, mit ihnen innig verklebt. Daher wurzelt die Pflanze auch so auffallend fest im Boden.

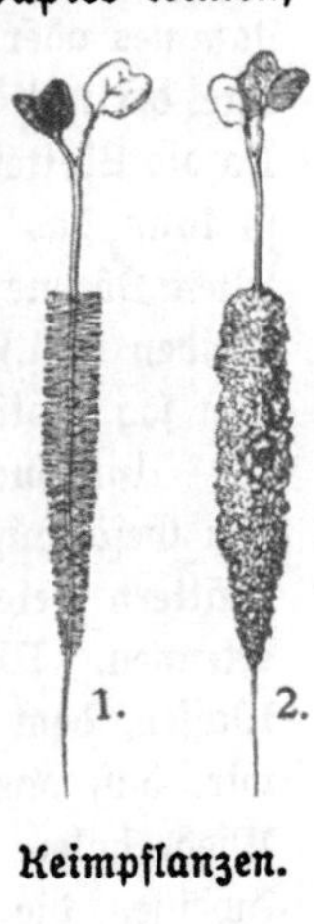

Keimpflanzen.

Durch die Wandungen der Wurzelhaare sind aber auch zwei Flüssigkeiten voneinander getrennt: der Zellsaft, der reich an Salzen und Säuren ist, und das Wasser des Bodens, das geringe Mengen von Nährsalzen gelöst enthält. Zwischen beiden Flüssigkeiten muß daher ein Austausch stattfinden (S. 132). Das Protoplasma der Zellen läßt jedoch aus dem Zellsafte nur geringe Stoffmengen aus-, dafür aber um so mehr Wasser und Nährsalze eintreten.

4. Vom Bau und Leben des Stammes.

1. **Der Stamm der Holzgewächse.** a) Stellen wir durch das Stämmchen eines Holzgewächses, das noch nicht ein Jahr alt ist, einen Querschnitt her, so erblicken wir zu äußerst einen von der Oberhaut gebildeten Ring (O.). Weiter innen auf der Schnittfläche nehmen wir einen helleren Kreis wahr, der aus den Querschnitten der sog. Gefäßbündel (G) besteht. Diese langen, festen Stränge durchziehen den Stamm der ganzen Länge nach. Sie stehen auch mit der Wurzel im Zusammenhange und senden in jedes Blatt eine oder mehrere Abzweigungen, die hier als Nerven oder Adern bezeichnet werden. Der Teil des Stammes, der innerhalb des Gefäßbündelkreises liegt, wird Mark genannt (M.).

b) Wie ferner deutlich zu erkennen ist, besteht jedes Gefäßbündel aus zwei Teilen, dem inneren Holzteile (H.) und dem äußeren Bastteile (B.). Zwischen beiden liegt eine Schicht von Zellen (V.), die die Fähigkeit haben, sich durch Teilung fortgesetzt zu vermehren. Die jungen Zellen dieses sog. Kambiums bilden sich nach innen zu den Bestandteilen des Holzes und nach außen zu den Bestandteilen des Bastes um. Auf diese Weise wächst der Stamm in die Dicke. Die Holzteile der Gefäßbündel verschmelzen nach und nach zu einem festen Holzkörper, der die Reste des Markes umschließt. Ebenso vereinigen sich auch die Bastteile der Gefäßbündel. Sie bilden mit den Teilen des Stammes, die außerhalb der Gefäßbündel liegen, die Rinde des Baumes. Da der Stamm also fortgesetzt stärker wird, vermag er auch die immer größer werdende Last der Krone zu tragen.

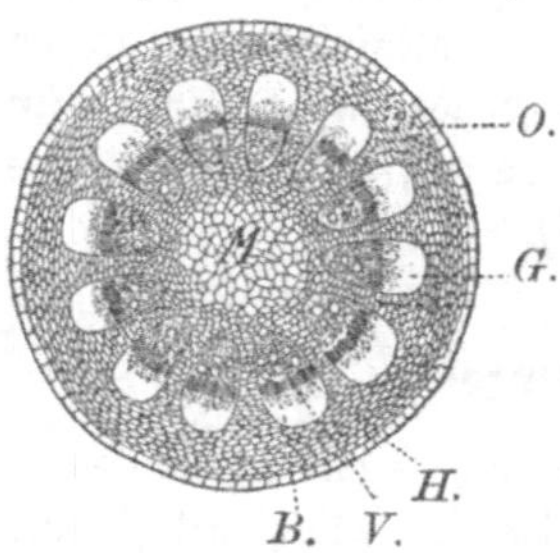

Querschnitt durch den Stamm eines jungen Holzgewächses.

c) Das Wachstum geht vom Frühjahre bis zum Herbste vor sich. Das Frühjahrsholz ist aber lockerer und zarter als das dichte, feste Herbstholz. Beide lassen sich daher meist leicht voneinander unterscheiden. So entstehen in der Holzmasse die sog. Jahresringe.

2. **Die Wasserleitung im Stamme.** Das Wasser und die darin gelösten Nährsalze müssen von der Wurzel zu den Blättern emporsteigen. In welchem Teile des Holzstammes oder Zweiges dies geschieht, zeigt folgender Versuch: Wir entfernen von einem Aste, der mit dem Baume im Zusammenhange bleibt, einen Rindenring bis auf das Holz. Da die Blätter dieses Zweiges nicht vertrocknen, das Mark aber bereits verschrumpft ist, so kann das Wasser nur im Holze emporgestiegen sein. Nun sehen wir nicht selten Bäume lebhaft grünen, in denen alles ältere Holz durch Fäulnis zerstört ist (hohle Weiden u. a.). Die Leitung des Wassers muß also in den jüngsten Jahresringen, dem sog. Splint, erfolgen.

Untersuchen wir krautige Stämme, so finden wir sie gleichfalls der Länge nach von Gefäßbündeln durchzogen. In welchem Teile dieser Stämme das Wasser zu den Blättern geleitet wird, ist leicht an dem durchscheinenden Stamme der Balsamine zu erkennen. Wir stellen einen abgeschnittenen Stengel der bekannten Gartenpflanze in Wasser, dem wir etwas rote (Anilin-)Tinte zugesetzt haben. Nach einiger Zeit sehen wir, daß das rotgefärbte Wasser in den Gefäßbündeln des Stengels emporsteigt. Wiederholen wir den Versuch mit Blüten, die weiße Blumenblätter besitzen, oder mit Zweigen, die farblose Laubblätter tragen, so bemerken wir etwas ganz Ähnliches. Der

Wasserstrom benutzt die Nerven oder Adern der Blätter (also gleichfalls die Gefäßbündel!) als Wege.

3. **Die Bekleidung des Stammes.** Wächst der Stamm in die Dicke, so wird die Oberhaut gesprengt. An ihre Stelle tritt dann eine andere Schutzdecke, und zwar eine Korklage, die für Luft und Wasser fast undurchdringlich ist (Flaschenkork!). Bleibt die Lage dünn, dann erhält der Stamm eine glatte Oberfläche (Buche, Haselnußstrauch usw.). Die Feldulme bildet sehr dicke Korkmassen. In noch größerem Maße ist dies bei der Korkeiche der Fall, die die Mittelmeerländer bewohnt und den Flaschenkork liefert. Vielfach sterben auch die äußeren Teile des Stammes ab: es entsteht die Borke, die sich in Streifen (Weinstock), Schuppen (Fichte) u. dgl. ablöst.

4. **Das Veredeln der Holzgewächse.** Die guten Obstsorten, die edlen Rosen u. dgl. werden dadurch erhalten, daß man Reiser von ihnen „wilden" Stämmen einpflanzt. Während sich die Wunde schließt, die man dem „Wildlinge" geschlagen hat, verwächst seine Kambiumschicht mit der des „Edelreises". Die von diesen gemeinsamen Kambiumzellen gebildeten Holz- und Bastschichten gehören dann beiden Teilen an, so daß sie vollkommen miteinander verschmelzen.

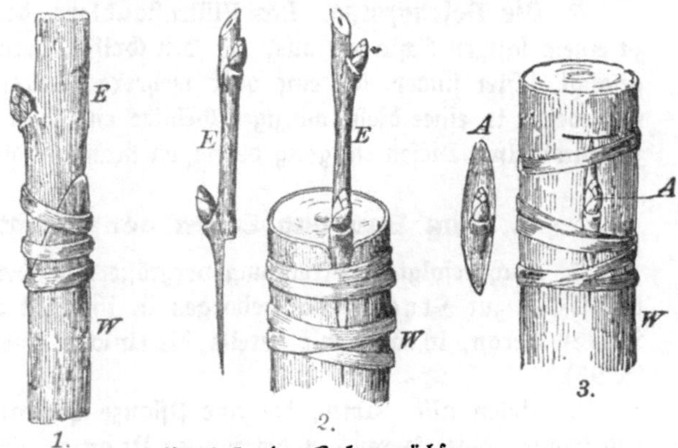

Veredeln der Holzgewächse.

a) Haben Wildling und Edelreis gleiche Stärke (1), so bedient sich der Gärtner meist des Kopulierens: er schneidet Wildling (W.) und Edelreis (E.) glatt und schräg durch und setzt sie so zusammen, daß die Schnittflächen genau aufeinander passen. Nachdem er die Verbindungsstelle fest mit Bast umwickelt hat, überstreicht er sie mit Baumwachs.

b) Das Pfropfen (unter die Rinde) wendet der Gärtner an, wenn der Wildling stärker ist als das Edelreis (2). Er schneidet oder sägt den Wildling (W.) wagerecht durch, worauf er die Rinde auf eine kurze Strecke spaltet und löst. Dann fügt er das Reis (E.), das er zuvor so zugeschnitten hat, wie es die Abbildung zeigt, in den Spalt ein. Endlich legt er wie beim Kopulieren einen Verband um die Pfropfstelle.

c) Beim Okulieren (3) schneidet man eine Knospe oder ein „Auge" mit einem schildförmigen Stück Rinde (A.) aus dem Edelreise. Dann führt man am Wildlinge (W.) einen T-förmigen Schnitt aus, hebt die Rinde etwas empor, schiebt das „Auge" darunter und verbindet die Wundstelle sorgfältig. Ist das „Auge" angewachsen, so schneidet man den Wildling darüber ab.

5. Vom Bau und Leben der Blüte.

1. **Die Bestäubung.** Schneidet man z. B. aus Tulpenblüten die Staubblätter heraus, bevor sich deren Beutel geöffnet haben, und umwickelt man die Blüten dann (um die Insekten abzuhalten!) mit engmaschiger Gaze, dann bleiben sie unfruchtbar. Überträgt man jedoch auf die Narben anderer, aber ebenso behandelter Blüten Blütenstaub, der aus andern Tulpenblüten stammt, so tritt sicher in den meisten Fällen Samenbil-

dung ein. Ebenso bringen alle andern Pflanzen nur dann Samen hervor, wenn auf ihre Narben reifer Blütenstaub von einer Pflanze derselben Art gelangt, oder kurz, wenn sie bestäubt werden. Auf dieselbe Weise läßt sich auch dartun, daß bei der Bestäubung einer Blüte mit ihrem eigenen Blütenstaube, oder kurz: bei Selbstbestäubung, in der Regel keine oder nur schwächliche Samen entstehen. Stammt der Blütenstaub dagegen aus andern Blüten, erfolgt also Fremdbestäubung, so bilden sich zahlreiche und kräftige Samen. In diesem Falle muß jedoch die oft weite Strecke, die zwischen Staubbeutel und Narbe liegt, überbrückt werden. Hierzu ist aber die Pflanze allein nicht imstande, sie bedient sich der Hilfe der Insekten oder des Windes.

2. **Die Befruchtung.** Das Blütenstaubkorn, das auf die Narbe gelangt, wächst zu einem langen Schlauche aus, der den Griffel durchbohrt und in den Fruchtknoten gelangt. Hier finden sich eine oder mehrere Samenknospen. Dringt der Schlauch nun weiter in eines dieser winzigen Gebilde ein, so ist es befähigt, sich zu einem Samen zu entwickeln. Diesen Vorgang bezeichnet man als die Befruchtung der Blüte.

6. Vom Bau und Leben der Frucht und des Samens.

1. Nach erfolgter Befruchtung vergrößert sich der Fruchtknoten fortgesetzt: er entwickelt sich zur Frucht. Wohlgeborgen in ihr reift gleichzeitig die Samenknospe zum Samen heran, in dem wir bereits die Anlage einer jungen Pflanze erkannt haben (S. 95).

2. Fielen alle Samen, die eine Pflanze hervorbringt, einfach zum Boden herab und keimten dort, so würden die jungen Pflanzen einander Raum, Luft und Nahrung streitig machen und sich gegenseitig vernichten. Es ist für die Pflanze daher von Wichtigkeit, daß die Samen über einen möglichst großen Bezirk ausgestreut werden.

Eine solche Wanderschaft könnte ein ausgebildetes Pflänzchen aber unmöglich unternehmen. Es würde bald so stark verletzt sein, durch Verdunstung so viel Wasser verlieren und unter der Kälte des Winters so leiden, daß es zugrunde gehen müßte. Der Keimling dagegen ist hierzu wohl imstande; denn er wird von einer festen Samenschale schützend umhüllt und ist gegen Trockenheit und Winterkälte vollkommen unempfindlich. Da er zudem einen Nahrungsvorrat von der Mutter mit auf den Weg bekommen hat, so vermag er auch die ersten „Ausgaben" bei seiner Ansiedlung zu bestreiten. Hat er seine Wanderung beendet, dann erwacht er bei der nötigen Feuchtigkeit und Wärme aus dem Ruhezustande: er beginnt zu keimen. Wie dies im einzelnen erfolgt, haben wir bei der Bohne und bei dem Roggenkorne näher verfolgt.

IV. Naturlehre.

A. Physik.

I. Von der Ruhe und der Bewegung der Körper (Mechanik).

1. Von den festen Körpern.

1. **Schwerkraft.** a) Regen, Schnee und Hagel fallen zur Erde hernieder. Ist es ganz windstill, so fallen sie senkrecht herab. Führe andere Beispiele an! — Befestigen wir eine Metallkugel an einem Faden und lassen sie los, während wir den Faden festhalten, dann fällt sie so weit, wie dieser es zuläßt. Der straff gespannte Faden hängt gleichfalls senkrecht herab. Die Richtung eines solchen Lotes bezeichnen wir auch als lotrecht. Ebenso ziehen z. B. das Uhrgewicht, der Kronleuchter u. dgl. die Kette, an der sie hängen, lotrecht nach unten. Nenne andere Beispiele! — Legen wir Gegenstände auf die Hand, so fühlen wir einen Druck, der ebenfalls senkrecht nach unten wirkt. Daher drücken die Wagen in lockerem Boden Geleise ein, und wir hinterlassen Fußtapfen, wenn wir über weichen Schnee schreiten. Die Körper werden also von der Erde gleichsam angezogen. Diese „Anziehungskraft" heißt Schwerkraft; sie wirkt lotrecht (senkrecht) nach unten.

b) Halten wir ein Lot an den Balken einer ruhenden Wage, so bilden beide rechte Winkel miteinander. Auch mit der Oberfläche des stillstehenden Wassers sowie mit allen anderen wagerechten oder wasserrechten Flächen (und Linien) bildet das Lot rechte Winkel.

Darum benutzen z. B. Maurer und Zimmerleute das Lot, um die senkrechte Richtung der Mauern oder die wagerechte Richtung der Balken festzustellen. Sie bedienen sich dazu vielfach der Setzwage (Fig. 1), die wir uns anfertigen wollen. Auf einem Brettchen, das die Gestalt eines gleichschenkligen Dreiecks hat, ziehen wir von dem Scheitelpunkte senkrecht nach unten eine Rinne. Dann schneiden wir dem Scheitel gegenüber einen halbkreisförmigen Ausschnitt aus dem Brettchen heraus und bringen im Scheitelpunkte ein Lot so an, daß es an der Brettfläche frei hin und her spielen kann.

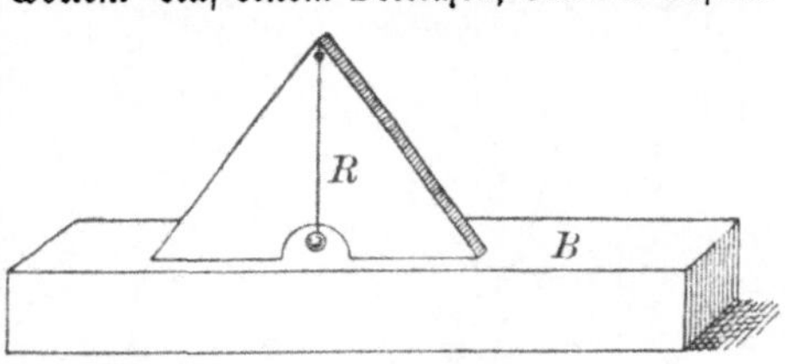

Fig. 1.
Der Balken B liegt wagerecht, wenn der Faden des Lotes längs der Rinne R liegt.

Aufgaben. Warum sind die Richtungen von lotrecht stehenden Türmen und Schornsteinen doch nicht gleichlaufend (parallel)? — Prüfe mit Hilfe des Lotes, ob die Wandtafel, die Wandkarte usw. lotrecht stehen! — Untersuche mit der Setzwage, ob der Fußboden, die Fensterbretter, die Schulbänke usw. wagerecht sind! — Nach welcher Richtung neigt sich eine Mauer, wenn das Lot der Setzwage nach rechts (links) aus der Rinne weicht?

2. **Gewicht.** Der Zug oder Druck, den ein Körper in lotrechter Richtung ausübt, heißt sein Gewicht. Zum Messen des Gewichtes dient uns das Kilogramm (kg), d. i. das Gewicht eines Liters (l) = 1000 ccm Wasser. — Vergleichen wir das Gewicht eines Badeschwammes, eines Brotes und eines Feldsteines von gleicher Größe miteinander, so finden wir, daß von den drei Körpern der Schwamm am wenigsten, der Stein am meisten wiegt. Nun sind die einzelnen Teilchen des Schwammes durch große Hohlräume voneinander getrennt: der Schwamm ist sehr locker. Bei dem Brote liegen die Teilchen schon dichter aneinander, und der Stein ist am dichtesten. – Das Gewicht eines Körpers ist um so größer, je dichter er ist.

3. **Schwerpunkt.** Ein Lineal läßt sich so über den Finger legen, daß es zum größten Teile frei in der Luft schwebt. Ebenso können wir ein Buch, eine Schiefertafel usw. auf die Finger-, ja sogar auf eine Nadelspitze legen, ohne daß sie fallen. Wir müssen die Körper nur in dem richtigen Punkte unterstützen. Links und rechts von diesem Punkte liegen die gleichen Stoffmengen. Sie halten sich daher — wie Ware und Gewicht auf der Wage — das Gleichgewicht. Dasselbe gilt für die Stoffmengen, die vorn und hinten liegen usw. Das Gewicht des Körpers ist also um diesen Punkt gleichmäßig verteilt. Man nennt ihn den Schwerpunkt.

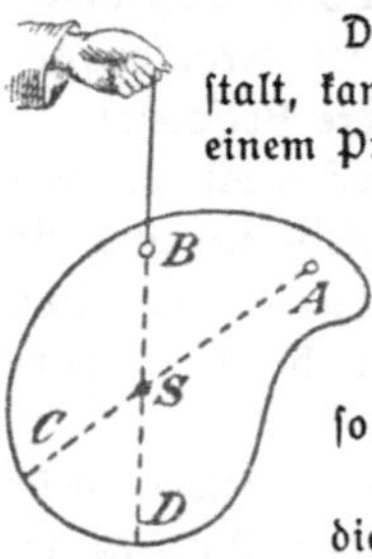

Fig. 2.

Den Schwerpunkt eines Körpers, z. B. einer Pappscheibe von beliebiger Gestalt, kann man folgendermaßen finden. Man hängt die Scheibe (Fig. 2) in irgendeinem Punkte (*A*) an einem Faden auf. Sobald sie zur Ruhe gekommen ist, zieht man in der Verlängerung des (lotrechten) Fadens die „Schwerlinie" (*AC*). Dann hängt man die Scheibe in einem beliebigen anderen Punkte (*B*) auf und verfährt ebenso. Die Schwerlinien *AC* und *BD* schneiden sich im Punkte *S*. Hängen wir die Scheibe in diesem Punkte auf oder unterstützen wir sie dort, so befindet sie sich im Gleichgewicht. *S* ist also der Schwerpunkt der Scheibe.

Aufgaben. Wo liegt der Schwerpunkt bei regelmäßigen, gleichdichten Körpern, wo bei solchen mit ungleicher Dichte (z. B. einem Hammer)? — Untersuche, indem du dich über eine Reckstange legst, wo ungefähr der Schwerpunkt des menschlichen Körpers liegt!

4. **Standfestigkeit.** Wenn wir einen Berg hinaufsteigen oder eine Last auf dem Rücken tragen, neigen wir den Körper nach vorn. Ein Wagen, der an einem Bergabhange entlang fährt, also schief steht, fällt leicht um. Wenn wir uns seitwärts mit dem linken Beine dicht an die Wand stellen, können wir das rechte nicht heben. Diese und ähnliche Tatsachen sollen uns zwei Versuche erklären.

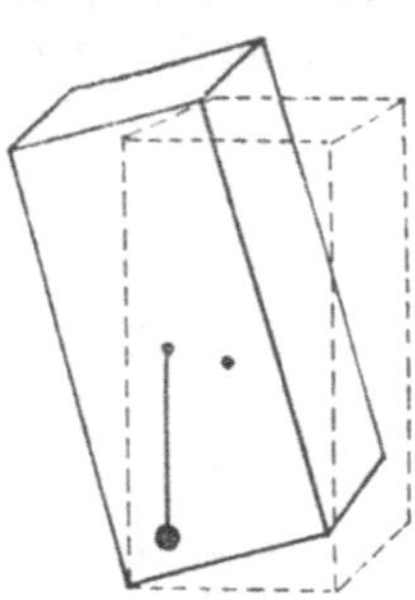
Fig. 3.

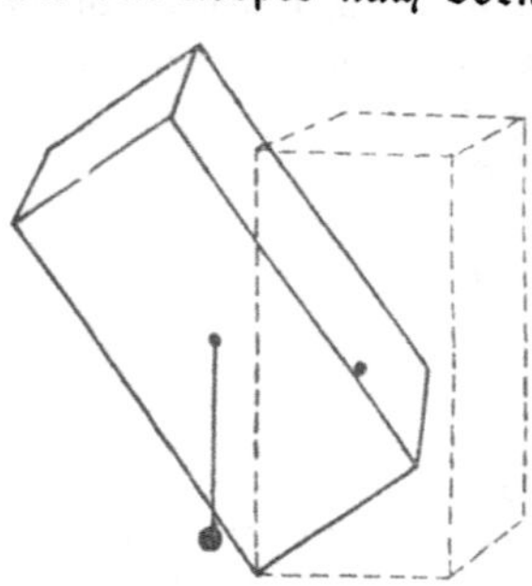
Fig. 4.

Wir nehmen ein starkes, rechteckiges Brett und bestimmen seinen Schwerpunkt. Das Brett stellen wir auf den Tisch: es steht fest. Dann rücken wir es ein Stück über die Tischkante hinaus: es steht noch immer fest; denn die Holzmasse, die unterstützt wird, ist größer als die nicht unterstützte. Nun rücken wir es so weit nach außen, daß sein Schwerpunkt gerade über der Tischkante liegt: es steht eben noch (warum?). Wenn wir das Brett aber so weit über die Tischkante schieben, daß sein Schwerpunkt nicht mehr über der Unterstützungs- oder Standfläche liegt, dann stürzt es zu Boden; denn der nicht unterstützte Teil hat das Übergewicht. Nun hängen wir im Schwerpunkte des Brettes ein Lot auf und neigen das Brett so, daß Schwerpunkt und Lot senkrecht über der Standfläche des Brettes liegen (Fig. 3). Lassen wir jetzt das Brett los, dann stellt es sich wieder senkrecht. Neigen wir aber das Brett so stark, daß Schwerpunkt und Lot außerhalb der Standfläche fallen, dann stürzt das Brett beim Loslassen zu Boden (Fig. 4). Genau so ist es bei allen anderen Gegenständen: sie stehen fest, solange ihr Schwerpunkt senkrecht über ihrer Unterstützungsfläche liegt.

Aufgaben. Warum macht man den Fuß der Lampen breit und schwer? – Warum turnen wir am Schwebebaum mit seitwärts ausgestreckten Armen? – Warum ist der Gang der Enten „watschelnd"? – Warum würde der in Fig. 5 abgebildete Wagen umfallen, der schiefe Turm dagegen nicht?

Fig. 5.

5. **Ruhe, Bewegung und Geschwindigkeit.** a) Ein stillstehender Wagen ändert seine Lage zu einem Hause oder Baume nicht: er befindet sich in Ruhe. Bewegt sich dagegen der Wagen, so verändert er seine Lage zu dem Hause oder Baume: er ist in Bewegung. (Führe andere Beispiele an!) – Die Spur, die der Wagen zurückläßt, seine Bahn, kann stets dieselbe Richtung haben: die Bahn ist geradlinig. Ändert sich dagegen die Richtung der Bewegung beständig, so wird die Bahn krummlinig.

b) Der Minutenzeiger einer Uhr beschreibt mit seiner Spitze in 60 Minuten einen Kreis. In jeder Minute legt er also $^1/_{60}$ des Kreises zurück, d. h. er durchläuft in gleichen Zeiten gleich große Wege. Man sagt, seine Bewegung ist gleichförmig. — Weise nach, daß auch der Stundenzeiger sich gleichförmig bewegt! Der Minutenzeiger durchläuft aber in derselben Zeit einen größeren Weg als der Stundenzeiger: er bewegt sich schneller, geschwinder.

c) In 1 Sekunde legt ein Fußgänger einen Weg von 1,5 m, ein galoppierendes Pferd einen Weg von 4,5 m, ein Schnellzug einen Weg von 20 m zurück: der Weg, den ein Körper bei gleichförmiger Bewegung in 1 Sekunde zurücklegt, heißt seine Geschwindigkeit.

Aufgaben. Wie ist die Bahn eines fallenden Steines, wie die eines in schiefer Richtung nach oben geworfenen Balles? — Führe Beispiele an, daß wir uns über Ruhe und Bewegung eines Gegenstandes leicht täuschen können! — Wie lange braucht ein Dampfer von Hamburg nach Neuyork (6800 km), wenn seine Geschwindigkeit 10 m beträgt?

6. **Beharrung.** a) Stillstehende Wagen oder Eisenbahnzüge, ruhende Windmühlenflügel, Wasserräder u. dgl. kommen nicht von selbst in Bewegung; sie müssen erst durch die Kraft der Zugtiere, des Dampfes, des Windes, des Wassers usw. dazu veranlaßt werden. Wird ein Wagen, in dem wir sitzen, plötzlich angezogen, so neigen wir uns unwillkürlich nach hinten.

Wir schieben eine mit Wasser gefüllte, ruhig stehende Schale von ihrem Platze schnell fort: das Wasser läuft nach der entgegengesetzten Seite über. Es hat gleichsam das Bestreben da zu bleiben, wo es ist. Ähnlich ist es bei allen Körpern: sie beharren so lange in Ruhe, bis sie durch eine Kraft in Bewegung gesetzt werden.

b) Laufen wir schnell, so können wir nicht plötzlich stehenbleiben. Werden wir aufgehalten, z. B. dadurch, daß wir an einen Stein stoßen, dann fallen wir nach vorn: wir stolpern. Wenn der Wagen, in dem wir fahren, plötzlich stillhält, neigen wir uns nach der Fahrrichtung.

Eine mit Wasser gefüllte Schale bewegen wir erst langsam, dann immer schneller nach einer Richtung; halten wir die Schale plötzlich an, so fließt das Wasser auf der Seite über, nach der die Schale bewegt wurde. — Wir heben ein mit Wasser gefülltes Glas schnell in die Höhe und halten plötzlich an: das Wasser springt trotz der Schwerkraft nach oben. Diese und ähnliche Beobachtungen (Beispiele!) lehren, daß ein Körper in der Richtung beharrt, in der er sich bewegt.

Aufgaben. Warum wird ein auf dem Stiele lose sitzender Hammer befestigt, wenn man mit dem Stiele gegen den Fußboden stößt? — Warum zerreißen beim plötzlichen Anziehen der Pferde die Stränge leicht? — Warum darf man von einem Wagen nur in der Fahrrichtung abspringen?

7. **Reibung.** a) Infolge des Beharrungsvermögens müßte ein Körper, wenn er einmal in Bewegung gesetzt worden ist, nie zur Ruhe kommen. Nun fährt ein Eisenbahnzug, nachdem der Dampf abgestellt ist, zwar noch ein Stück weiter, kommt aber doch endlich zum Stehen. Eine Kegelkugel, die wir ins Rollen bringen, bewegt sich allmählich langsamer, und zwar gelangt sie um so eher zur Ruhe, je weniger glatt die Bahn ist. Die Bewegung wird also gehemmt.

Wir stecken zwei Bürsten mit den Borsten zusammen. Versuchen wir nun, sie übereinander entlang zu schieben, so können wir uns deutlich vorstellen, wodurch die Hemmung hervorgerufen wird. Die Eisenbahnschienen, die Kegelbahn sind nicht ganz glatt; sie haben Unebenheiten. Das ist auch der Fall bei den Radreifen und der Kugel. Die Erhabenheiten der Unterlage greifen in die Vertiefungen des sich bewegenden Körpers und umgekehrt. Durch diesen Widerstand, die Reibung, wird die Fortbewegung gehemmt.

Gewöhnlich suchen wir deshalb die Reibung zu vermindern: wir ölen die Achsen der Räder, pflastern die Straßen usw. Führe andere Beispiele an! — Anderseits benutzen wir die Reibung, um die Bewegung zu verringern oder aufzuheben: wir überziehen z. B. schräge Schreibpulte mit Tuch; wir bremsen den Wagen, wenn er bergab fährt. Keile, Schrauben und Nägel werden durch die Reibung festgehalten.

b) Sind die Eisenbahnschienen sehr glatt, z. B. weil sich darauf Eis gebildet hat oder weil aus der Maschine Öl auf sie gefallen ist, so drehen sich die großen Triebräder der Lokomotive nur an Ort und Stelle. Wir sehen also, daß unter Umständen ein gewisses Maß von Reibung für die Fortbewegung notwendig ist. Darum streuen wir bei Glatteis Sand auf die Wege. — Gib andere Beispiele an!

Aufgaben. Warum fließt der Fluß in der Mitte schneller als am Ufer? — Warum bestreicht man den Geigenbogen mit Kolophonium? — Warum gleitet der Schlitten auf Schnee leicht, auf schneefreien Wegen dagegen schwer dahin? — Warum ziehen Pferde einen Wagen, den sie auf dem Acker nicht fortzubewegen vermochten, auf einer Landstraße leicht von der Stelle?

8. **Der freie Fall.** a) Beim Rangieren stoßen die Eisenbahnwagen zusammen, ohne sich zu beschädigen. Treffen aber zwei Eisenbahnzüge in voller Fahrt aufeinander, so werden sie oft gänzlich zertrümmert. Rollen wir eine Kugel langsam gegen ein Holzklötzchen, dann fällt es nicht um; wenn wir sie aber schnell dagegen rollen, wird es umgeworfen. Die Wirkung eines sich bewegenden Körpers auf einen anderen ist also um so größer, je größer seine Geschwindigkeit ist.

b) Der Rammklotz treibt den Pfahl um so tiefer in die Erde hinein, je größer die Höhe ist, aus der er herabkommt. Die kleinen Hagelkörner, die aus den Wolken fallen, zerschlagen die Getreidehalme. Wenn wir sie aus geringer Höhe hinabfallen lassen, können sie kein Pflänzchen knicken. Die Wirkung eines freifallenden Körpers nimmt also mit der Fallhöhe zu. Hieraus und aus dem, was wir im vorigen Abschnitte kennen gelernt haben, geht hervor, daß die Geschwindigkeit eines freifallenden Körpers fortwährend wächst. (Zusammenwirken von Schwerkraft und Beharrung!)

Durch Versuche hat man festgestellt, daß ein freifallender Körper in der ersten Sekunde etwa 5 m = **1** × 5 m, in der zweiten 15 m = **3** × 5 m, in der dritten 25 m = **5** × 5 m usw. zurücklegt. Die Fallräume in den einzelnen Sekunden wachsen also wie die ungeraden Zahlen. Mithin beträgt der Gesamtweg nach der ersten Sekunde 5 m = **1** × **1** × 5 m, nach der zweiten 5 m + 15 m = 20 m = **2** × **2** × 5 m, nach der dritten 5 m + 15 m + 25 m = 45 m = **3** × **3** × 5 m usw. Die Gesamtwege wachsen demnach wie die Quadratzahlen der einzelnen Sekunden.

Aufgaben. Wie weit fällt ein Körper in der vierten, der fünften, der achten Sekunde? – Wie weit ist ein Körper nach der vierten, der fünften, der achten Sekunde gefallen? – Die Türme des Magdeburger Domes sind 100 m hoch. Wie lange braucht ein Stein, der von der Turmspitze herabfällt, bis er die Erde erreicht? – Wie tief ist ein Brunnen, wenn ein hineingefallener Stein nach sieben Sekunden aufschlägt?

9. **Der Hebel.** Wollen Arbeiter einen schweren Holzstamm, einen Steinblock, kurz eine Last, die sie mit den Armen allein nicht heben können, fortbewegen, so benutzen sie dazu vielfach eine dicke, unbiegsame Stange. Sie schieben diesen „Hebebaum" ein Stück unter die Last und legen einen Holzklotz oder dgl. so unter ihn, daß diese Stütze möglichst nahe an der Last liegt. Drücken sie nun den Hebebaum am freien Ende nieder, so dreht er sich um den Stützpunkt, und die Last wird gehoben. Jetzt reicht also die Kraft der Arbeiter aus, um den schweren Gegenstand zu heben.

Ahmen wir dies im kleinen nach! Als Last diene uns ein dickes Buch oder ein Ziegelstein, als Hebel ein Lineal, und den Stützpunkt möge irgend ein kleiner Körper liefern. An diesem Hebel (Fig. 6) können wir zwei Teile, Arme, unterscheiden. Der eine reicht von dem Unterstützungs- oder Drehpunkte (Name!) bis zu der Stelle, wo die Last aufliegt: das ist der Lastarm. Der andere reicht vom Drehpunkte bis dahin, wo unsere Hand angreift, d. h. bis zu dem Angriffspunkte der Kraft: das ist der Kraftarm.

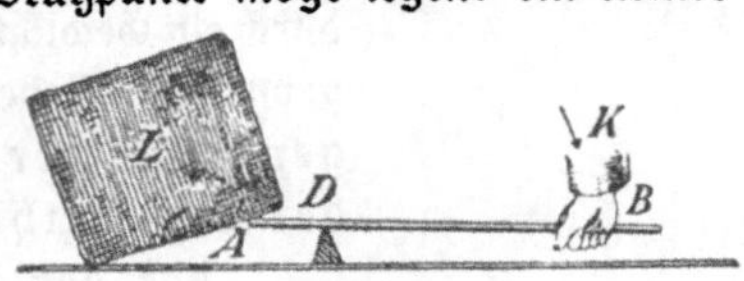

Fig. 6.
D = Drehpunkt: die Last L ruht in A auf dem Lastarme DA; die Kraft K greift in B an dem Kraftarme DB an.

Je nachdem wir die beiden Arme gleich oder verschieden lang machen, haben wir einen gleich- oder einen ungleicharmigen Hebel. Durch Versuche finden wir, daß wir zum Heben der Last um so weniger Kraft gebrauchen, je länger der Kraftarm im Verhältnis zu dem Lastarme ist. — Wie berücksichtigen das die Arbeiter bei der Anwendung des Hebebaumes?

Wir beobachten ferner, daß die Hand, d. h. also die Kraft, die an dem längeren Kraftarme angreift, einen weiteren Weg (nach unten) zurücklegt als die Last, die sich an dem kürzeren Lastarme (nach oben) bewegt.

10. **Der gleicharmige Hebel.** a) Wir nehmen einen unbiegsamen, überall gleichdicken Stab von 120 cm Länge, durchbohren ihn in der Mitte und bringen auf beiden Seiten in gleichen Abständen, z. B. von je 10 cm, Haken an (Fig. 7). Darauf befestigen wir den Stab mittels eines Stiftes so zwischen zwei Stangen, daß er sich um seinen Mittelpunkt drehen läßt. Ist der Hebel zur Ruhe gekommen, dann liegt er wagerecht; er befindet sich im Gleichgewicht (warum?).

Hängen wir nun an das eine Ende des Hebels eine Last, z. B. 1 kg, so sinkt der Lastarm herunter. Bringen wir darauf an dem letzten Haken des Kraftarmes ein Gewicht von gleichfalls 1 kg an, so stellt sich der Hebel wieder wagerecht: Last und Kraft halten sich also das Gleichgewicht. Dasselbe finden wir, wenn wir an dem Last- und dem Kraftarme gleiche Gewichte an anderen Haken aufhängen, die aber stets gleichweit vom Drehpunkte entfernt sein müssen. — Am gleicharmigen Hebel herrscht Gleichgewicht, wenn Last und Kraft einander gleich sind.

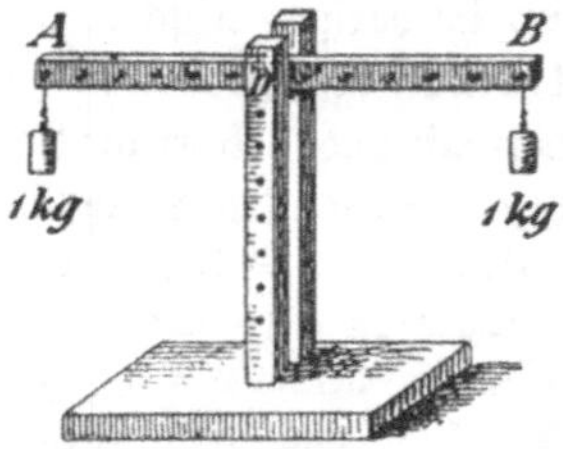

Fig. 7.
D = Drehpunkt; DA = Lastarm; DB = Kraftarm.

b) Nun stellen wir hinter den Gewichten des gleicharmigen Hebels Maßstäbe auf. Wiederholen wir die Versuche, so finden wir, daß das Lastgewicht stets ebenso hoch gehoben wird, wie das Kraftgewicht sinkt: der Lastweg ist ebenso groß wie der Kraftweg.

c) Die bekannteste Anwendung findet der gleicharmige Hebel bei der Krämerwage. Beschreibe sie nach Fig. 8! Welcher Teil der Wage ist der Hebel? Wozu dient die Schere? Warum befindet sich die Wage im Gleichgewicht, wenn die Zunge genau in der Schere liegt? — Auch die Schaukel (Wippe), die sich die Kinder herstellen, indem sie ein langes Brett über einen Balken legen, ist ein gleicharmiger Hebel (aber nur wann?).

11. **Der ungleicharmige Hebel.** a) An den Lastarm unserer Hebelvorrichtung (Fig. 7) hängen wir 30 cm vom Drehpunkte entfernt 1 kg an. Den Kraftarm aber wählen wir 60 cm, also doppelt so lang. Wie leicht zu ermitteln ist, stellt sich der Hebel wagerecht, wenn wir an dem Kraftarme $\frac{1}{2}$ kg, also die Hälfte der Last anhängen. Nehmen wir den Kraftarm 3-, 4-, 5 mal so lang als den Lastarm, dann wird durch ein Gewicht, das den 3., 4., 5. Teil der Last beträgt, das Gleichgewicht am Hebel hergestellt. Wir finden: an dem ungleicharmigen Hebel herrscht Gleichgewicht, wenn die Kraft so oft in der Last enthalten ist wie die Länge des Lastarmes in der des Kraftarmes.

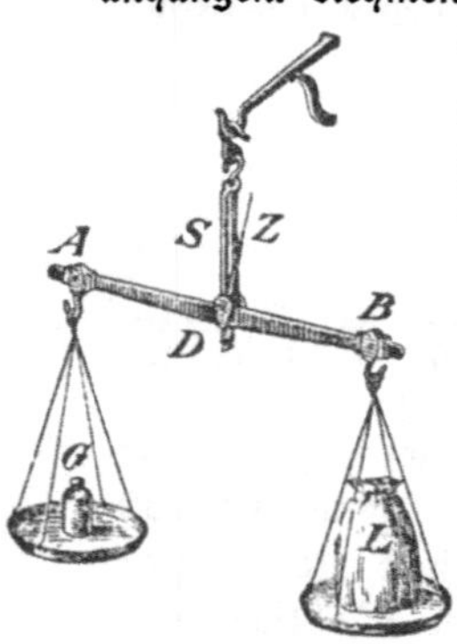

Fig. 8.
Die Zunge Z, die senkrecht auf dem Wagebalken ADB steht, kann sich in der gabelförmigen Schere S frei bewegen.

b) Messen wir die Wege, die bei unseren Versuchen Kraft und Last zurücklegen, so finden wir folgendes: der Weg, den die 2-, 3-, 4-, 5mal so kleine Kraft zurücklegen muß, um den ungleicharmigen Hebel wieder ins Gleichgewicht zu bringen, ist 2-, 3-, 4-, 5mal so groß als der Lastweg.

Was an Kraft erspart oder gewonnen wird, geht an Weg (also an Zeit) verloren („goldene Regel“).

c) Den ungleicharmigen Hebel benutzen wir u. a. an dem Pumpenschwengel, dem Spaten, dem Brecheisen und der Schnellwage. Beschreibe sie nach Fig. 9! — Bei anderen Werkzeugen (Schere, Zange) verwenden wir zwei ungleicharmige Hebel, die einen gemeinschaftlichen Drehpunkt haben.

Aufgaben. Bezeichne bei den genannten Werkzeugen den Drehpunkt, den Last- und den Kraftarm! — Weise an ihnen das Gesetz der „goldenen Regel“ nach! — Welche Kraft ist erforderlich, um einen Stein von 210 kg mittels eines 2 m langen Hebebaumes zu heben, wenn der Lastarm 25 cm lang ist?

12. **Der einarmige Hebel.** a) Vielfach gebrauchen die Arbeiter den Hebebaum auch so, daß sie ihn beim Heben der Last auf den Erdboden stemmen.

Heben wir auf diese Weise mit Hilfe eines Lineals ein Buch oder dgl. (Fig. 10), so sehen wir folgendes. Der Drehpunkt des Hebels liegt an dem Ende des Lineals, wo es die Tischplatte berührt; der Angriffspunkt der Last ist die Stelle, an welcher der Mauerstein auf dem Lineale ruht, und unsere Hand, die Kraft, greift im Punkte B an. — Der Lastarm und der Kraftarm liegen mithin auf derselben Seite des Hebels, der gleichsam nur einen Arm hat.

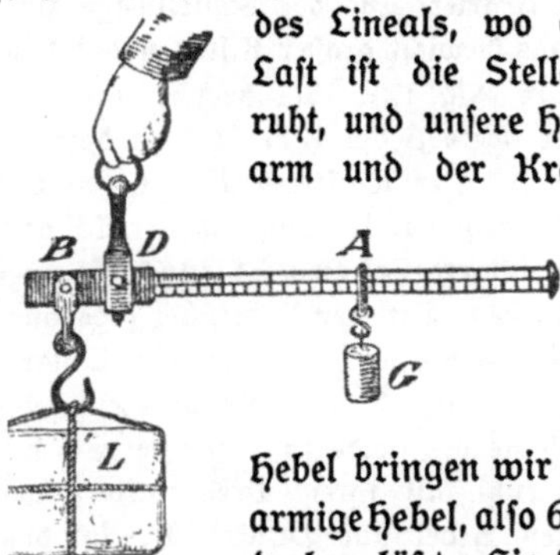

Fig. 9.
An dem langen Arme läßt sich das „Laufgewicht" G verschieben. Ohne Last L und Gewicht schwebt der Wagebalken BDA wagerecht.

b) Prüfen wir nunmehr, welche Kraft nötig ist, um mittels eines solchen einarmigen Hebels eine Last zu heben! Hierzu benutzen wir wieder unsere Hebelvorrichtung (Fig. 11). Unter dem gleicharmigen Hebel bringen wir aber eine Stange an, die halb so lang wie der gleicharmige Hebel, also 60 cm lang ist und die sich um einen Stift im Endpunkte D drehen läßt. Sie stellt den einarmigen Hebel dar. Ihr freies Ende A verbinden wir durch eine Schnur mit dem Ende C des gleicharmigen Hebels. Hängen wir an seinem anderen Ende E ein Gewicht an, so wird der Punkt C nach oben gezogen. Da aber C mit A verbunden ist, gilt dasselbe auch von A. Dort greift also an dem einarmigen Hebel die Kraft an. Sein Kraftarm ist demnach DA; er ist 60 cm lang.

Wir belasten zunächst den freien Arm des gleicharmigen Hebels durch ein kleines Gewicht (G), so daß beide Hebel wagerecht liegen, sich also im Gleichgewicht befinden. Darauf hängen wir an den einarmigen Hebel, und zwar 30 cm von seinem Drehpunkte entfernt, eine Last von 1 kg an. Wir sehen, daß der Lastarm sinkt. Das Gleichgewicht ist aber wiederhergestellt, sobald wir im Punkte E des gleicharmigen Hebels $^1/_2$ kg anhängen. An dem Kraftarme des einarmigen Hebels, der 60 cm lang ist, wirkt demnach $^1/_2$ kg ebenso stark wie 1 kg an dem 30 cm langen Lastarme. – Weitere Versuche ergeben gleichfalls: der einarmige Hebel befindet sich im Gleichgewicht, wenn die Kraft ebenso oft in der Last enthalten ist wie der Lastarm im Kraftarme.

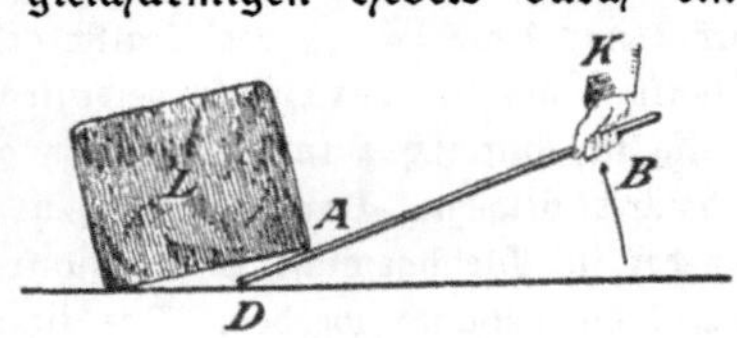

Fig. 10.
Lastarm DA und Kraftarm DB liegen auf derselben Seite des Drehpunktes D.

Weise nach, daß die „goldene Regel" auch für den einarmigen Hebel gilt!

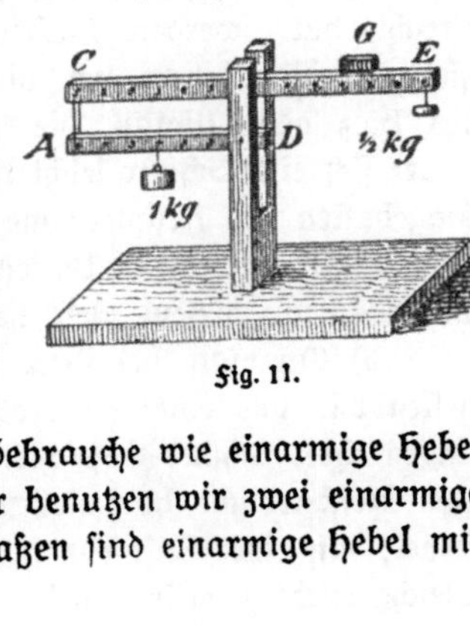

Fig. 11.

c) Auch der einarmige Hebel findet vielfach Verwendung an Werkzeugen und Maschinen. So sind z. B. der Schubkarren und das Messer der Brotschneidemaschine einarmige Hebel, bei denen der Kraftarm länger ist als der Lastarm (Druckhebel!). Das Trittbrett des Schleifsteines und der Nähmaschine dagegen, das Messer, die Sense, die Heugabel, der Dreschflegel usw. wirken beim Gebrauche wie einarmige Hebel mit kürzerem Kraftarme (Wurfhebel!). Am Nußknacker benutzen wir zwei einarmige Hebel mit gemeinschaftlichem Drehpunkte. Unsere Gliedmaßen sind einarmige Hebel mit kurzem Kraftarme (Beweis!).

Aufgaben. Bezeichne bei den genannten Werkzeugen den Drehpunkt, Last- und Kraftarm und weise an ihnen das Gesetz der „goldenen Regel" nach! — Warum haben Blechscheren lange, Papierscheren dagegen kurze Griffe? — Zwei verschieden starke Personen tragen eine schwere Last an einer langen Stange. Wie kann der Stärkere dem Schwächeren die Last erleichtern?

13. **Die Brückenwage.** Während wir uns der Krämer- und der Schnellwage zum Abwägen kleinerer Lasten bedienen, verwenden wir, um das Gewicht großer Kisten u. dgl. festzustellen, meist die Brückenwage (Fig. 12). Sie beruht auf einer Verbindung mehrerer Hebel. Der obere Hebel $ADBC$, an dem die Wagschale hängt, ist ungleicharmig. Der Kraftarm DA ist doppelt so lang als der Lastarm DC und zehnmal so lang als der Lastarm DB. Der kürzere Lastarm ist durch die Zugstange 1 mit dem mittleren Hebel, der sogenannten „Brücke" JH, und der längere Lastarm durch die Zugstange 2 mit dem unteren Hebel EFG verbunden. Beide sind einarmige Hebel. Die Brücke ruht mit ihrem Drehpunkte J auf dem unteren Hebel im Punkte F, so daß $EF = \frac{1}{5}\, EG$ ist.

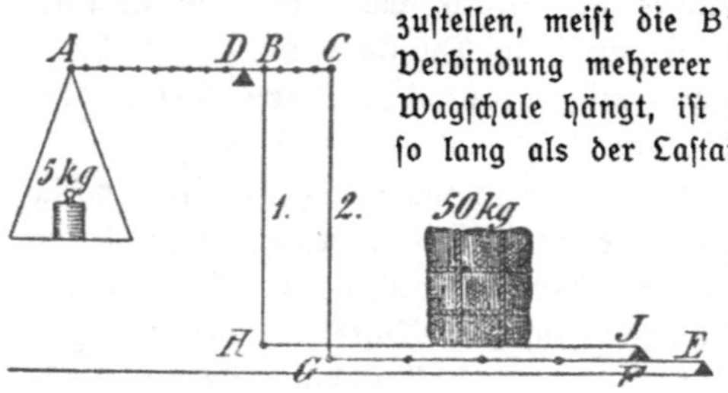

Fig. 12.
JH = Brücke; EFG = unterer Hebel; $ADBC$ = oberer Hebel.

Legen wir eine Last auf die Brücke, so bewegen sich die Brücke, der untere Hebel und die beiden Lastarme des oberen Hebels nach unten, während der Kraftarm mit der Wagschale emporgehoben wird: das Gleichgewicht ist gestört. Durch Messung stellen wir fest, daß sich die Wagschale z. B. um 10 cm nach oben bewegt hat, daß also der Kraftweg 10 cm beträgt. Dann müssen sich Punkt B des kurzen Lastarmes DB und somit auch Punkt H der Brücke um 1 cm nach unten bewegt haben (warum?), d. h. der Lastweg beträgt nur 1 cm = $\frac{1}{10}$ des Kraftweges. Punkt C des längeren Lastarmes DC dagegen und Punkt G des unteren Hebels bewegten sich um 5 cm nach unten. Da nun dieser Hebel fünfteilig ist, hat sich Punkt F, in dem die Brücke samt der Last unterstützt ist, nur um 1 cm abwärts bewegt. Darum stellt sich die Brücke auch wieder wagerecht, d. h. die Wage ist wieder im Gleichgewicht, wenn Punkt F des unteren Hebels und Punkt B des oberen Hebels um 1 cm gehoben werden. Das ist aber nach der goldenen Regel hier der Fall, wenn die Kraft = $\frac{1}{10}$ der auf der Brücke ruhenden Last ist. So wird z. B. einer 50 kg schweren Last auf der Brücke das Gleichgewicht gehalten durch 5 kg, die in der Wagschale liegen. Um auf der Brückenwage das Gewicht einer Last festzustellen, brauchen wir also nur ein Gewichtstück, das den zehnten Teil der Last beträgt. Darum heißt die Brückenwage auch Dezimalwage (decem heißt zehn).

14. **Die feste Rolle.** a) Wenn der Neubau eines Hauses eine gewisse Höhe erreicht hat, werden Balken, Quadersteine usw. zur Arbeitstätte emporgezogen. Hierzu bedient man sich vielfach einer Rolle. Das ist eine kreisrunde Scheibe aus Holz oder Metall, die um eine Achse drehbar ist. Ihr Rand hat eine Rinne, in der sich eine Schnur leicht bewegen kann, ohne abzugleiten. Die Achse ruht wie der Wagebalken der Krämerwage in einer gabelförmigen Schere. Diese endigt in einem Haken, der an einem Balken des Baugerüstes befestigt wird. Da die Rolle beim Gebrauche an diesem Orte verbleibt, nennt man sie feste Rolle.

b) Ob man bei ihrer Anwendung wohl Kraft erspart? Um das zu prüfen, stellen wir uns eine feste Rolle, wie sie Fig. 13 zeigt, her und hängen an die beiden Enden ihrer Schnur Gewichte. Nehmen wir z. B. als Last 1 kg, so müssen wir, um das Gleichgewicht herzustellen, als Kraft ebenfalls 1 kg verwenden. Es zeigt sich ferner, daß einer Last von 2, 3, 4 usw. kg durch eine Kraft von 2, 3, 4 usw. kg das Gleichgewicht gehalten wird: an der festen Rolle herrscht Gleichgewicht, wenn

Last und Kraft einander gleich sind. — Hierin stimmt die feste Rolle mit dem gleicharmigen Hebel überein. Ferner liegt bei beiden der Drehpunkt in der Mitte, und bei beiden greift die Last auf der einen, die Kraft auf der anderen Seite an. Endlich sind auch bei der festen Rolle Lastarm und Kraftarm gleichlang (als Halbmesser ein und desselben Kreises), und dasselbe gilt von dem Last- und dem Kraftwege.

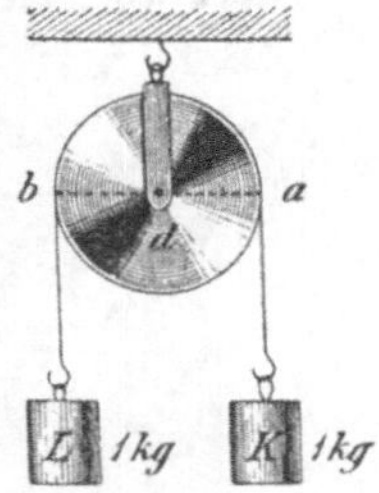

Fig. 13.
L = Last;
K = Kraft;
db = Lastarm;
da = Kraftarm.

c) Durch Anwendung einer festen Rolle wird also keine Kraft erspart. Trotzdem benutzen wir sie, um der Kraft in vorteilhafter Weise eine andere Richtung zu geben. — Beweise dies für Hängelampen, Rollvorhänge und Zuggardinen! Türen werden durch ein herabfallendes Gewicht geschlossen. Führe andere Beispiele an!

15. **Die bewegliche Rolle.** a) Wollen die Arbeiter sehr schwere Lasten in die Höhe ziehen, so bedienen sie sich vielfach zweier Rollen. Sie bringen an einem Balken eine feste Rolle an. Dann befestigen sie in der Nähe an einem Haken ein starkes Seil. Dieses führen sie zunächst um eine zweite Rolle, deren Schere mit der Last nach unten hängt, und darauf um die feste Rolle. Ziehen sie nun an dem freien Ende des Seiles nach unten, so dreht sich die zweite Rolle nicht nur um sich selbst, sondern sie bewegt sich mit der Last auch aufwärts. Es ist eine bewegliche Rolle.

b) Um zu erfahren, ob auf diese Weise Kraft erspart wird, stellen wir dieselbe Vorrichtung im kleinen her (Fig. 14).[1]) Darauf hängen wir an die Schere der beweglichen Rolle 1 kg als Last. Um das Gleichgewicht herzustellen, müssen wir an dem freien Ende der Schnur $^1/_2$ kg befestigen. Die Last zieht im Mittelpunkte der beweglichen Rolle nach unten, die Kraft auf der einen Seite der Rolle, in a, nach oben (warum?). Der gemeinschaftliche Drehpunkt des Lastarmes und des Kraftarmes liegt da, wo sich die Schnur auf der anderen Seite an die Rolle anlegt, also in d. Der Kraftarm ist daher doppelt so lang als der Lastarm (Beweis!). Wir verstehen nun auch, daß die bewegliche Rolle sich im Gleichgewicht befindet, wenn die Kraft halb so groß ist als die Last.

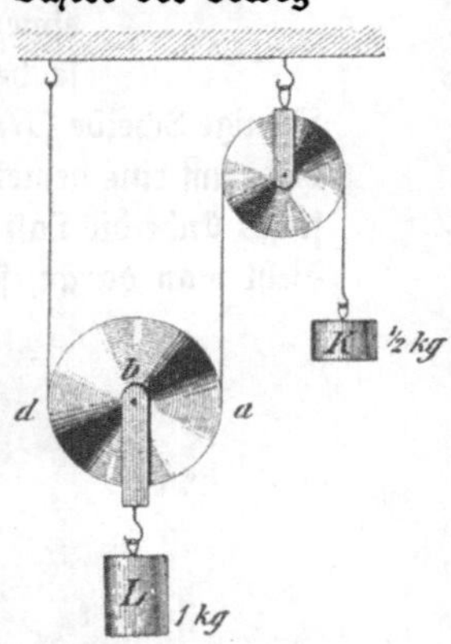

Fig. 14.
db = Lastarm;
da = Kraftarm.

c) Messen wir jedoch die Wege, die von Kraft und Last zurückgelegt werden, so finden wir, daß die Last nur halb so hoch gehoben wird, als die Kraft sich abwärts bewegt, während bei der festen Rolle Kraft- und Lastweg einander gleich sind. Was man also mittels der beweglichen Rolle an Kraft spart, setzt man am Wege, d. h. an Zeit, zu (goldene Regel!). — Vergleiche die bewegliche Rolle mit einem einarmigen Hebel!

16. **Der Flaschenzug.** Wir vereinigen mehrere Rollen — nach Fig. 15 z. B. drei — in einer gemeinschaftlichen Schere zu einer Flasche. Verbinden wir sodann eine feste und eine bewegliche Flasche durch ein Seil (wo beginnt die Seilführung?), dann haben wir uns einen Flaschenzug hergestellt, mit dem wir sehr schwere Lasten leicht emporziehen können. Nach unserer Figur z. B. hängt die Last gleichsam an sechs Seil-

1) Da mit der Last auch die bewegliche Rolle emporgezogen werden muß, bringen wir zunächst diese durch ein kleines Gewicht an dem freien Ende der Schnur ins Gleichgewicht.

stücken, auf die sie sich gleichmäßig verteilt. Denken wir uns nämlich das Seil oberhalb der beweglichen Flasche abgeschnitten, so wären sechs Arme nötig, um die Last zu halten; aber jeder Arm hätte nur $1/6$ der Last zu tragen. Daher genügt, wie ein Versuch leicht ergibt, eine sechsmal so kleine Kraft, um der Last das Gleichgewicht zu halten.[1])

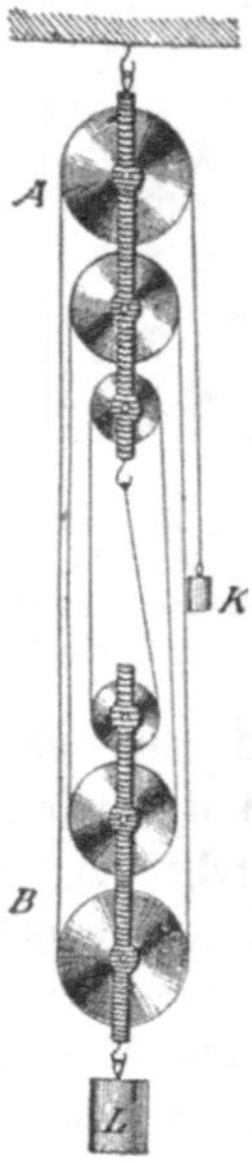

Fig. 15.

Am Flaschenzuge herrscht Gleichgewicht, wenn die Kraft so oft in der Last enthalten ist, wie Seilstücke vorhanden sind.

Auch die Länge des Kraft- und des Lastweges können wir leicht ermitteln. Wir beobachten z. B., daß mit 5 Zügen zu je 60 cm die Last nur um 50 cm gehoben wird. Der Lastweg (50 cm) verhält sich also zum Kraftwege (5 × 60 cm) wie 50 cm zu 300 cm, d. h. wie 1 zu 6. Wie groß ist die Kraft, die aufgeboten werden muß? Mit der erheblichen Krafterspamis ist also ein beträchtlicher Zeitverlust verbunden: **der Lastweg beträgt nämlich den sovielten Teil des Kraftweges, wie Seilstücke (Rollen) vorhanden sind.**

Aufgaben (zu 14—16.) Wie kann man durch zwei feste Rollen, ein Seil und ein Gewicht eine offene Tür schließen? — Warum hängt man bei Wanduhren zuweilen das Gewicht an einer beweglichen Rolle auf? — Welche Kraft ist erforderlich, um an einem Flaschenzuge mit sechs Rollen einer Last von 360 kg das Gleichgewicht zu halten?

17. **Das Rad an der Welle.** a) Will man den gefüllten Wassereimer aus dem Brunnen oder andere Lasten aus der Tiefe emporziehen, so benutzt man dazu häufig das „Wellrad". Das ist (Fig. 16) eine radförmige Scheibe (*R*), die an einer Walze, der „Welle" (*W*), derartig befestigt ist, daß sich beide um eine gemeinschaftliche Achse drehen. An der Welle ist ein Seil angebracht, dessen freies Ende die Last trägt. Um die Scheibe, das „Rad", ist gleichfalls ein Seil gewunden. Zieht man daran, so wickelt es sich ab. Infolgedessen wickelt sich das Seil an der Welle auf, so daß die Last allmählich emporgezogen wird. Statt der Scheibe befestigt man auch wohl Stäbe an der Welle, die gleichsam die Speichen eines Rades vorstellen, oder man verwendet nur eine einzige Radspeiche, die mit einem Handgriffe versehen ist, eine sogenannte „Kurbel".

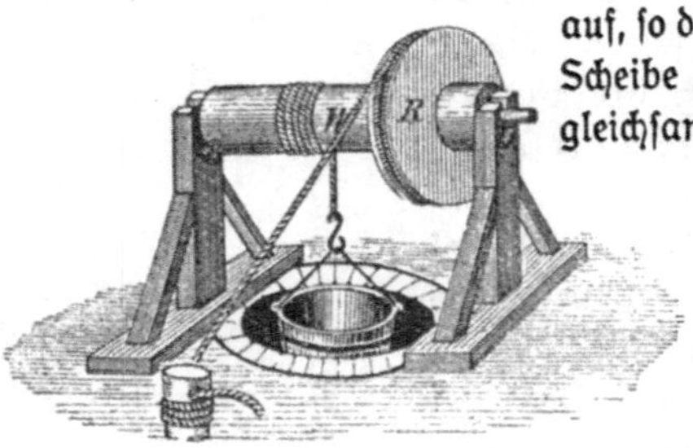

Fig. 16.

b) Um festzustellen, welche Kraft nötig ist, um mit Hilfe eines Wellrades eine Last zu heben, stellen wir uns eine solche Vorrichtung im kleinen her. Wir wählen dazu eine Walze, die einen Durchmesser von 4 cm hat, durchbohren sie und stecken durch das entstandene Loch einen Stab (Radspeiche!). An das freie Ende der an der Welle befestigten Schnur hängen wir sodann eine Last von z. B. 1 kg. Der Lastarm ist also gleich dem Halbmesser der Welle, d. h. 2 cm lang. Geben wir dem Kraftarme (der Radspeiche) eine Länge von 10 cm, so brauchen wir ein Gewicht von 200 g, um das Gleichgewicht herzustellen. Bei einem 20 cm langen Kraftarme gehören 100 g dazu, bei einem 40 cm langen nur 50 g usw. — Es ergibt sich:

1) Wie die bewegliche Rolle muß auch der Flaschenzug zunächst durch ein Ausgleichgewicht ins Gleichgewicht gebracht werden.

Am Wellrade herrscht Gleichgewicht, wenn die Kraft so oft in der Last enthalten ist wie der Halbmesser der Welle in dem des Rades.

Messen wir die Wege, die Kraft und Last in derselben Zeit zurücklegen, so ergibt sich, daß die „goldene Regel" auch für das Wellrad gilt (Beweis!). Vergleiche das Rad an der Welle mit dem ungleicharmigen Hebel!

c) Das Wellrad wird an der Kaffeemühle, an Rollvorhängen, am Karussell, bei den Räderwerken aller Maschinen (Drehrolle, Wringmaschine, Wagenwinde, Kran usw.) angewendet. Auch das Steuerrad der Schiffe, die Windmühlenflügel, die Wasserräder sind Räder an der Welle, und der Korkzieher, der Bohrer usw. wirken gleichfalls wie ein Wellrad (Beweis!).

Aufgaben. Welchen Einfluß übt es auf die Wirkung eines Wellrades aus, wenn man a) die Welle dicker oder dünner, b) die Kurbel größer oder kleiner macht?

18. **Die schiefe Ebene.** a) Will ein Fuhrmann den Wagen mit Fässern oder anderen Lasten beladen, die er nicht hinaufheben kann, so lehnt er eine „Schrotleiter" (Fig. 17) an den Wagen. Auf den beiden Balken, die durch Querleisten verbunden sind, rollt oder schiebt er sodann die Lasten empor. Und zwar braucht er sich um so weniger anzustrengen, je schräger diese „schiefe Ebene" ist.

b) Um zu prüfen, welche Kraft beim Gebrauch einer Schrotleiter in jedem einzelnen Falle angewendet werden muß, stellen wir uns eine schiefe Ebene her (Fig. 18). Wir nehmen ein Brett, das 40 cm lang sein mag. An seinem oberen Ende, das wir (durch untergelegte Bücher) beliebig weit von der Tischplatte abheben können, bringen wir eine feste Rolle an. Als Last benutzen wir einen kleinen Wagen, der z. B. 600 g wiegt. Der Ebene geben wir zuerst eine Höhe von 2 cm. Stellen wir den Wagen darauf, dann rollt er hinunter (warum?). Binden wir ihn aber an eine Schnur, die wir über die Rolle leiten, und hängen wir an das freie Ende der Schnur 30 g, so bleibt er auf der schiefen Ebene stehen. Die Kraft hält also einer 20mal so großen Last das Gleichgewicht. Wieviel mal so groß als die Höhe ist die Länge der schiefen Ebene? — Geben wir der Ebene eine Höhe von 4 cm, so brauchen wir, um das Gleichgewicht herzustellen, eine Kraft von 60 g, bei 10 cm (wie in der Fig.) eine Kraft von 150 g usw.

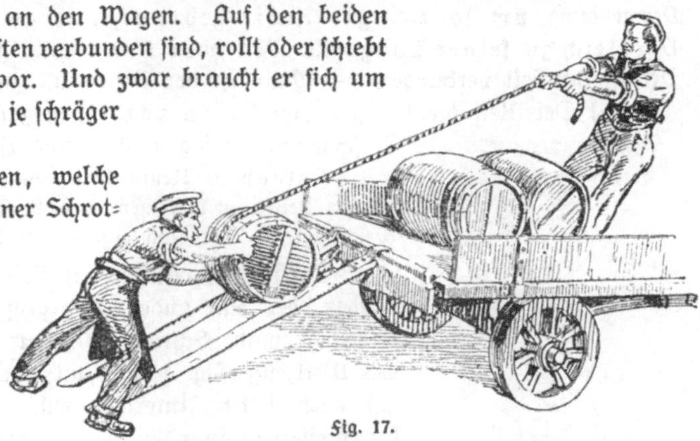
Fig. 17.

Auf der schiefen Ebene herrscht Gleichgewicht, wenn die Kraft so oft in der Last enthalten ist wie die Höhe der schiefen Ebene in ihrer Länge.

Beweise, daß die Ersparnis an Kraft mit einem Verluste an Zeit verbunden ist!

c) Außer als Schrotleiter findet die schiefe Ebene noch Verwendung als Bretterbahn bei Bauten und in Sägemühlen, als Rampe, Leiter, Treppe u. dgl. Schiefe Ebenen sind auch die Bergstraßen

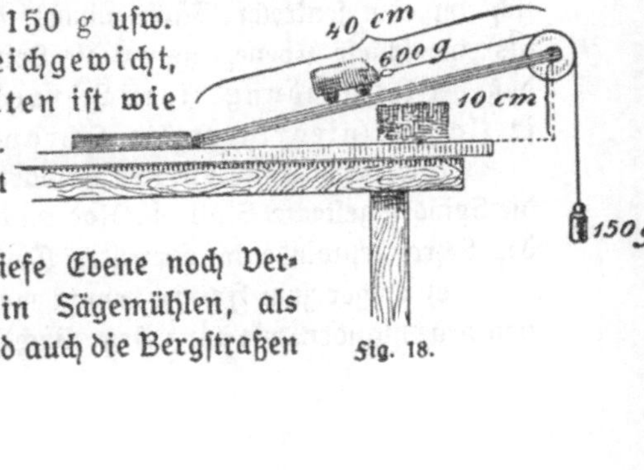

Fig. 18.

(Beweis!). — Eine Straße, die bei einer Länge von 100 m 1 m ansteigt, hat eine „Steigung" von $^{1}/_{100}$.

Aufgaben. An einem Eisenbahndamme steht eine Tafel mit der Aufschrift 1 : 50; was heißt das? — Zeichne eine schiefe Ebene, bei der sich Höhe und Länge wie 3 : 5 verhalten!

19. **Der Keil.** a) Wollen Zimmerleute einen Balken heben, der sich ein wenig gesenkt hat, so zwängen sie die Schneide eines Holz- oder Eisenkeiles darunter und schlagen mit der Axt auf seinen breiten Rücken. Ähnlich verfährt man auf Schiffbauplätzen, um Kähne oder Schiffe etwas zu heben, oder wenn man mittels des keilförmigen Stemmeisens den Deckel einer Kiste öffnen will. In allen Fällen beobachtet man, daß die Arbeit um so leichter vonstatten geht, je schmaler der Rücken des Keiles ist.

b) Legen wir einen Keil mit einer seiner breiten Flächen auf den Tisch, so sehen wir, daß die andere Seite wie eine schiefe Ebene schräg ansteigt. Während aber bei dieser die Last darüber bewegt wird, schiebt sich der Keil unter die Last; er ist also nichts anderes als eine bewegliche schiefe Ebene. Daher wird auch bei seiner Verwendung um so weniger Kraft gebraucht, je geringer seine Höhe im Vergleich zu seiner Länge ist. Mit seiner Anwendung ist allerdings ebenfalls ein Verlust an Zeit verbunden. — Wann ist der Zeitverlust am kleinsten?

c) Der Keil dient außer zum Heben von Lasten zum Trennen (Zerspalten, Zerschneiden, Zersägen usw.) und Befestigen von Körpern.

Aufgaben. Nenne Werkzeuge, die wir a) zum Trennen, b) zum Befestigen brauchen, und beweise, daß es Keile sind! — Welche unserer Zähne sind keilförmig, und wozu eignen sie sich daher?

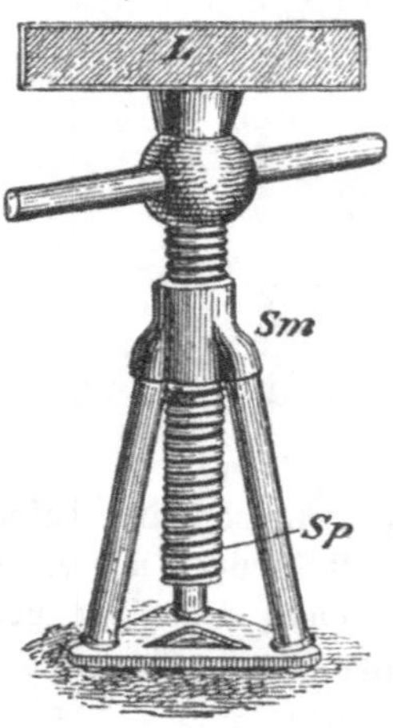

Fig. 19.
Sm = Schraubenmutter; Sp = Schraubenspindel; L = Last.

20. **Die Schraube.** a) Soll ein Stockwerk eines Gebäudes oder eine andere sehr große Last gehoben werden, so bringt man „Schraubenwinden" darunter an. Ein solches Werkzeug (Fig. 19) ist an einem Gestelle befestigt, das auf einer festen Unterlage ruht. Es besteht aus einem kurzen eisernen Zylinder, der „Schraubenmutter", aus der die walzenförmige „Schraubenspindel" hervorragt. Um die Spindel winden sich vorspringende Leisten, die „Schraubengänge". Sie passen genau in die Windungen, die in die innere Wand der Schraubenmutter eingeschnitten sind. Steckt man wagerecht durch die Spindel einen langen Stab, dann genügt schon die Kraft weniger Arbeiter, um die Spindel zu drehen. Sie bewegt sich dabei langsam aufwärts, so daß die schwere Last, die auf ihr ruht, gehoben wird.

b) Die Schraube können wir mit einer Wendeltreppe vergleichen. Wie diese sich um eine senkrechte Säule windet, so sind auch die Schraubengänge nichts anderes als eine schiefe Ebene, die um die Spindel gewunden ist. Wir verstehen daher auch, daß bei Anwendung einer Schraube um so weniger Kraft erforderlich ist, je flacher (niedriger) die Schraubengänge sind.

Wie verhält sich die Kraftersparnis zum Zeitverluste? — Beweise, daß der durch die Spindel gesteckte Stab ein Rad an der Welle bildet, daß also durch die Verwendung der Schraubenwinde in doppelter Weise an Kraft gespart wird!

c) Außer zum Heben benutzt man die Schrauben noch zum Zusammenpressen von Gegenständen, wie wir z. B. an Buchdrucker-, Pflanzen-, Weinpressen und an der Bremse der Wagen sehen. Ferner werden die Schrauben zum Befestigen von Brettern, Beschlägen u. dgl. verwendet. Auch dienen sie zur Fortbewegung selbst der größten Seedampfer. Hier ist das Wasser gleichsam die Schraubenmutter, in die sich die Schiffsschraube einbohrt. Flugapparate und lenkbare Luftschiffe sind mit Luftschrauben (s. S. 26) ausgerüstet.

Die Vorrichtungen, die wir in Absch. 9—20 kennen gelernt haben, benutzen wir, wenn wir eine Kraft nicht unmittelbar auf eine Last einwirken lassen wollen. Wir nennen sie Maschinen, und zwar sind Hebel, Rolle, Keil, Schraube usw. die einfachsten aller Maschinen. Durch ihre Verwendung wird, wie wir gesehen haben, zwar nichts an der Arbeit erspart („goldene Regel"!); wohl aber können wir mit ihrer Hilfe

a) die Kraft an einer anderen Stelle angreifen lassen als die Last (Beweis!),

b) der Kraft eine andere Richtung geben (Beweis!) und

c) mit Kraftersparnis (aber Zeitverlust) schwere Lasten bewegen (Beweis!).

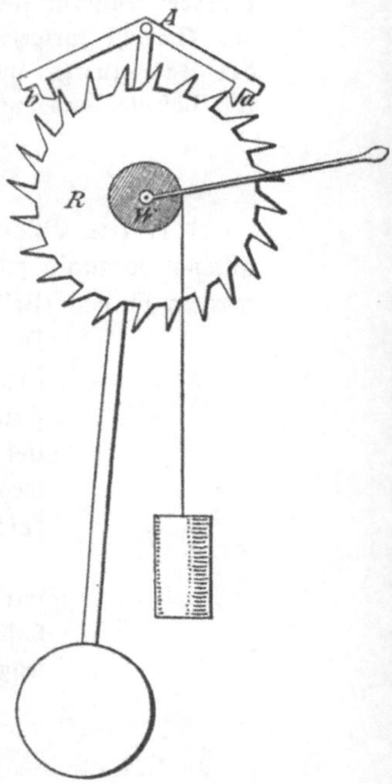

Fig. 20.
R = Steigrad mit Welle *W*, an der das Gewicht hängt; *A* = Anker mit den Zähnen *a* und *b*.

21. **Das Pendel.** a) An der Wanduhr sehen wir das Pendel (Perpendikel) regelmäßig hin und her gehen. Indem wir ein Lot an einem Nagel aufhängen und in Schwingungen versetzen, können wir uns eine solche Vorrichtung leicht herstellen. Entfernen wir das Pendel aus seiner Ruhelage und lassen es los, so kehrt es nicht nur in die lotrechte Richtung zurück (Schwerkraft!), sondern es schwingt noch darüber hinaus (Beharrung!). Darauf macht es denselben Weg zurück. So schwingt es infolge der Schwerkraft und der Beharrung längere Zeit hin und her. Dabei werden die Schwingungen immer kleiner; denn der Widerstand der Luft und die Reibung am Aufhängepunkte hemmen die Bewegung. Mögen die Schwingungen groß oder klein sein, durch genaues Zählen finden wir: alle Schwingungen ein und desselben Pendels dauern gleich lange.

b) Nunmehr stellen wir aus verschiedenen Stoffen mehrere Pendel her (Faden, Eisendraht; Metall- oder Holzscheibe), die jedoch alle gleichlang sind. Versetzen wir sie in Schwingung, so finden wir, daß die Schwingungen unabhängig sind von dem Stoffe oder dem Gewichte des Pendels: gleichlange Pendel schwingen gleichschnell.

c) Beobachten wir endlich die Schwingungen verschieden langer Pendel, so ergibt sich: ein Pendel schwingt um so schneller, je kürzer es ist.

Diese Tatsache wenden wir bei der Wanduhr an. Geht sie vor (zu schnell), so schieben wir die Metallscheibe herunter: wir verlängern das Pendel; geht sie dagegen nach (zu langsam), so schieben wir die Metallscheibe hinauf: wir machen das Pendel kürzer.

22. **Die Wanduhr.** Da die Schwingungen ein und desselben Pendels gleichmäßig schnell erfolgen, benutzt man sie zum Messen der Zeit. Hierauf beruht die Verwendung des Pendels an der Wand- oder Pendeluhr (Fig. 20). Sie besteht im wesentlichen aus dem gezahnten „Steigrade", an dessen Welle das Gewicht hängt. Ziehen wir die Uhr auf, so wickelt sich die Schnur, an der das Gewicht befestigt ist, um die Welle. Hierdurch wird unsere Muskelkraft gleichsam auf die Uhr übertragen: das gehobene Gewicht kann jetzt fallen und dadurch das Steigrad drehen. Solange die Uhr steht, wird ihre Bewegung dadurch gehemmt, daß der bügel-

förmige Anker das Steigrad festhält. Nun ist aber der Anker mit einem Pendel verbunden. Stoßen wir dieses an, dann löst sich ein Zahn des Bügels aus dem Steigrade, das sich jetzt so lange drehen kann, bis es an den anderen Zahn des Ankers trifft. Dadurch erhält das Pendel einen Antrieb nach der anderen Seite. Weil aber die Zähne des Steigrades gleichweit voneinander entfernt sind, wiederholt sich dieser Vorgang unverändert gleichmäßig, während das Gewicht fortgesetzt ruckweise fällt. *Das Fallen des Gewichtes unterhält also die Bewegung, und das Pendel regelt den Gang der Uhr.* — Warum würde die Uhr schneller und immer schneller gehen, wenn das Perpendikel fehlte?

2. Von den flüssigen Körpern.

1. **Die Oberfläche der Flüssigkeiten.** Die einzelnen Teile der festen Körper hängen so innig zusammen, daß sie oft nur mit Anstrengung voneinander getrennt werden können (Beispiele!). Die Teile einer Flüssigkeit dagegen sind leicht verschiebbar. Die Kraft, durch die sie *untereinander* zusammenhängen, die *Zusammenhangskraft* oder *Kohäsion*, ist also nur gering. Deshalb sinken die einzelnen Teilchen einer Flüssigkeit infolge der Schwerkraft so tief wie möglich. Erst wenn keins mehr tiefer sinken kann, hört die Bewegung auf. — *Die Oberfläche einer jeden ruhenden Flüssigkeit ist daher stets wagerecht* (S. 1, 1b).

Fig. 21.

Wir füllen eine leicht nach oben gebogene (nicht zu enge) Glasröhre fast ganz mit Wasser und verschließen ihre Öffnungen, so daß eine kleine Luftblase darin bleibt. Legen wir dann (mit Hilfe eines Lotes) das Glasrohr wagerecht, so befindet sich die Luftblase genau in der Mitte. Umgeben wir es zum Schutze mit einer Metallhülse, so daß sein oberer Teil sichtbar ist, und befestigen wir das Ganze auf einer Holz- oder Metallplatte, dann haben wir eine *Wasserwage* oder *Libelle* hergestellt (Fig. 21). — Untersuche mittels der Libelle, ob die Fensterbretter wagerecht liegen!

2. **Verbundene Gefäße.** Bei der Kaffee- oder der Gießkanne sehen wir, daß die Flüssigkeit in der Ausflußröhre ebenso hoch steht wie in der Kanne selbst, so sehr wir diese auch neigen mögen.

Wir nehmen einen Glaszylinder und verschließen die untere Öffnung mit einem Korke. Durch diesen stecken wir eine gebogene Glasröhre so hindurch, daß Wasser (oder irgendeine andere Flüssigkeit) ungehindert aus dem Zylinder in die Röhre fließen kann und umgekehrt. Gießen wir nun Wasser in den Zylinder, so strömt es auch in die Röhre. Nach einigem Hin- und Herschwanken kommt es zur Ruhe und steht dann in dem Zylinder und in der Röhre *gleichhoch*.

In verbundenen Gefäßen steht ein und dieselbe Flüssigkeit gleichhoch.

Auf dem Gesetze der verbundenen Gefäße beruht der *Springbrunnen*. Stelle dir aus einem Trichter, einem Gummischlauche und einer Glasröhre, die in eine Spitze ausgezogen ist, einen Springbrunnen her! — Die Reibung an der Ausflußöffnung, der Widerstand der Luft und die Schwerkraft hindern allerdings den Wasserstrahl, ganz so hoch zu steigen, wie das Wasser im Trichter steht. — Die wichtigste Anwendung finden die verbundenen Gefäße in der *Wasserleitung*. Beschreibe sie! — Die *Quellen* sind gleichsam natürliche Wasserleitungen. Das Regenwasser sickert in den Boden ein, sammelt sich und tritt an tieferen Stellen als „Quelle" wieder hervor. Befindet sich solch ein unterirdischer Wasserbehälter zwischen „undurchlässigen" Erdschichten (Ton, Mergel), so kommt das Wasser erst dadurch „zutage", daß man die darüberliegenden Schichten durchbohrt. Das Wasser kann dann durch Pumpen (S. 20 u. 21) heraufbefördert werden. Wenn es aber aus höher liegenden Erdschichten zur Bohrstelle hinabdringt, dann sprudelt oder springt es aus dem Bohrloche heraus: „artesischer Brunnen" (nach der französischen Landschaft Artois).

3. **Haarröhrchen.** a) Hat man Wasser oder eine andere Flüssigkeit verschüttet, so legt man einen Schwamm oder ein Wischtuch darauf, und bald ist die Flüssigkeit von ihm aufgesogen. Hält man ein Stück Zucker mit der einen Ecke in den Kaffee, so ist in kurzer Zeit das ganze Stück durchtränkt. Dasselbe beobachtet man, wenn man einen Docht in Spiritus oder Petroleum, oder ein Löschblatt in Tinte hält. Ein Fettfleck, den man nicht gleich aus dem Kleide entfernt, wird größer. In lockerem Mauerwerk zieht die Feuchtigkeit des Bodens oft weit hinauf.

b) Um diese und ähnliche Erscheinungen (nenne noch einige!) zu verstehen, stellen wir mehrere verschieden weite Glasröhren in ein Becken, das mit gefärbtem Wasser gefüllt ist. Das Wasser steigt in allen Röhren empor. Während es aber in den weiten Röhren dieselbe Höhe wie in dem Becken erreicht, steigt es in den engen, den Haarröhrchen (Name!), höher, und zwar um so höher, je enger sie sind.

Auch der Schwamm, das Wischtuch, der Zucker, der Docht, das Löschblatt, die Kleiderstoffe, das Mauerwerk usw. sind von zahlreichen engen Kanälen durchzogen, die wie Haarröhrchen wirken. Daher dringt das Wasser in diesen („porösen") Körpern weiter vor, als es nach dem Gesetze der verbundenen Gefäße der Fall sein würde.

c) Wie können wir uns diese Wirkung erklären? Beobachten wir den Wasserstand in irgendeinem Gefäße ganz genau, dann sehen wir, daß das Wasser am Rande etwas höher steht als in der Mitte. Halten wir einen Stab, ein Brett, einen Finger oder einen anderen festen Gegenstand in das Wasser, so steht es an diesen Körpern höher als an den übrigen Stellen. Wenn wir darauf die Gegenstände herausziehen, sind sie naß; das Wasser bleibt an den Körpern hängen. Ähnlich ziehen die Wandungsflächen der Haarröhrchen das Wasser und jede andere sie benetzende Flüssigkeit an („Haarröhrchen-Anziehung").

Auch zwischen festen Körpern wirkt diese Flächenanziehung oder Adhäsion. Kommen wir z. B. einer beschriebenen Schultafel oder einer geweißten Wand zu nahe, so bleiben Kreide oder Kalkteilchen an unseren Kleidern haften. Der Staub setzt sich auch an die senkrechten Flächen der Stühle, Schränke, Wände, ja sogar an die Zimmerdecken, von wo er infolge der Schwerkraft doch herunterfallen müßte. Das Schreiben mit Kreide und Bleistift, das Zeichnen usw. beruhen gleichfalls darauf, daß Körper, die einander berühren, sich gegenseitig anziehen.

Aufgaben. Wodurch unterscheiden sich Kohäsion und Adhäsion? — Nenne Körper mit großer und solche mit geringer Kohäsion! — Wie macht sich die Adhäsion bei feuchtem Wetter bemerkbar? — Hänge einen Docht so über den Rand eines mit Wasser gefüllten Glases, daß das eine Ende des Dochtes ins Wasser taucht! Warum tröpfelt nach einiger Zeit von dem anderen Dochtende Wasser ab? — Führe Beispiele an, die beweisen, daß die Adhäsion um so weniger wirksam ist, je größer die Kohäsion ist!

4. **Der Druck der Flüssigkeiten.** a) Aus einem Fasse, das mit Wasser oder einer anderen Flüssigkeit gefüllt ist, werden locker gewordene Stöpsel herausgeschleudert, gleichviel, ob sie sich an dem Boden oder an den Seiten des Fasses befinden. In leck gewordene Kähne dringt das Wasser überall ein, ganz gleich, wo das Leck entstanden ist. Drückt man beim Wasserschöpfen den leeren Eimer ins Wasser, so nimmt man einen starken Gegendruck nach oben wahr.

Die Flüssigkeiten üben nach allen Seiten einen Druck aus.

b) Wir stellen uns aus einem Stück eines Holunderzweiges eine Knallbüchse her, verschließen aber das untere Ende fest durch eine Holzscheibe. Diese und die Seitenwände am unteren Ende durchbohren wir an verschiedenen Stellen. Füllen wir nun den Hohlraum mit Wasser, und drücken wir dann den Kolben hinab, so strömt das Wasser aus allen Öffnungen in *gleicher* Stärke aus.

Der Druck, der auf eine Flüssigkeit ausgeübt wird, pflanzt sich gleichmäßig nach allen Richtungen fort.

Hierauf beruht die Wasser- oder *Hydraulische* Presse (Fig. 22). Ihre Hauptteile sind zwei sehr verschieden weite Zylinder, in denen sich je ein Kolben auf und ab bewegen läßt. Sie stehen durch ein Querrohr miteinander in Verbindung. Der Raum unter den Kolben ist mit Wasser gefüllt. Der enge Zylinder, der in einem Wasserbehälter (B) steht, ist wie eine Druckpumpe (S. 21) eingerichtet. Drückt man den darin befindlichen Kolben hinab, so wird Wasser in den weiten Zylinder gepreßt; hebt man den Kolben, so füllt sich der enge („Druck-") Zylinder wieder mit Wasser. Durch Pumpen wird also fortgesetzt Wasser in den weiten („Preß-")Zylinder gedrückt. Daher bewegt sich der „Preßkolben" langsam nach oben. Nun wissen wir aber, daß der Druck im Wasser sich *gleichmäßig* fortpflanzt. Hat also der Preßkolben eine Grundfläche, die hundertmal so groß ist wie die des „Druckkolbens", dann erfährt sie auch einen Druck, der hundertmal so groß ist wie der Druck, der auf den Druckkolben ausgeübt wird. Mit Hilfe der Wasserpresse können wir daher durch eine kleine Kraft einen gewaltigen Druck auf einen Körper (L) ausüben, den wir zwischen den Preßkolben und eine feste Platte (A) bringen.

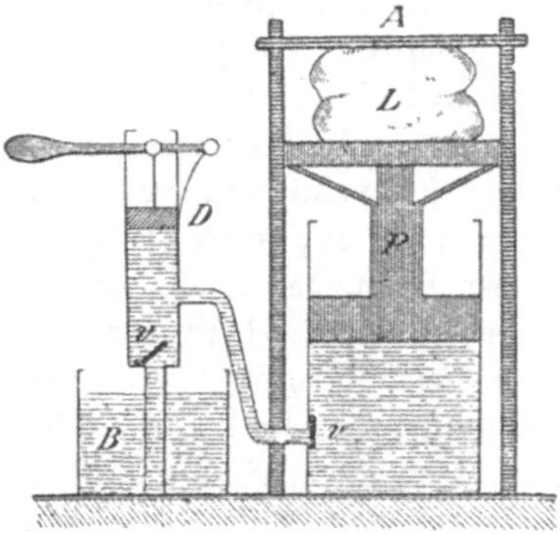

Fig. 22.
D = Druckkolben; P = Preßkolben.

Die Wasserpresse findet Verwendung zum Pressen von Stroh, Heu, Holzwolle u. dgl., zum Biegen dicker Eisenplatten und zum Heben sehr großer Lasten (Brücken). Wird durch die Hydraulische Presse ein *Arbeitsgewinn* erzielt?

Zum Treiben von Mühlen usw. benutzt man vielfach *Wasserräder* (Name!). Das Wasser drückt hierbei gegen die Radschaufeln, indem es entweder von oben herabfällt (*oberschlächtige Räder*), oder unten fließend dagegen drückt (*unterschlächtige Räder*).

Die Wirkung der *Spritzräder*, die man zum Besprengen der Rasenflächen benutzt, beruht gleichfalls auf dem Drucke des Wassers. Hängen wir ein Probiergläschen, das unten eine Seitenöffnung hat, an einem Faden auf, und gießen wir dann Wasser hinein, so fließt es unten aus der Öffnung heraus. Dadurch wird an dieser Stelle der Druck des Wassers aufgehoben. Das Wasser drückt einseitig („Seitendruck") auf die gegenüberliegende Wand und bewegt daher das Gläschen nach dieser Richtung. — Warum drehen sich die Gartenspritzräder?

5. **Der Gewichtsverlust eingetauchter Körper.** a) Einen großen, schweren Eimer, der mit Wasser gefüllt ist, können wir kaum tragen. Solange er sich jedoch im Wasser befindet, heben wir ihn mit geringer Mühe empor. Das Wasser (und jede andere Flüssigkeit) drückt einen eingetauchten Körper aufwärts („Aufdruck"). Infolge des dadurch entstehenden „Auftriebes" *trägt das Wasser einen Teil des eingetauchten Gegenstandes, der gleichsam etwas von seinem Gewichte verliert.*

b) Wie groß die Kraft des Auftriebes oder der Gewichtsverlust eines Körpers im Wasser ist, soll ein Versuch lehren. An die eine Schale einer Wage hängen wir mittels eines Fadens einen Schlüssel und stellen durch Gewichte das Gleichgewicht her. Wir finden, daß der Schlüssel z. B. 45 g wiegt. Dann lassen wir den Schlüssel in ein Glas mit Wasser eintauchen, das wir von unten her emporheben; die Schale mit den Gewichten sinkt (warum?). Legen wir nun auf die Schale, an welcher der Schlüssel hängt, ein Gewicht von 6 g, so wird das Gleichgewicht hergestellt. Der Gewichtsverlust, den der Schlüssel im Wasser erfährt, beträgt also 6 g. — Als der Schlüssel in das Wasser eintauchte, stieg dieses im Glase empor. Der Schlüssel verdrängt demnach einen Teil des Wassers. Um zu ermitteln, wie groß diese Wassermenge ist, benutzen wir ein Glasgefäß, das in ccm eingeteilt ist. Füllen wir es bis zu einer bestimmten Höhe, z. B. bis zu 100 ccm, mit Wasser, und tauchen wir dann den Schlüssel ganz hinein, so steigt es bis zu 106 ccm. Der Schlüssel verdrängt also 6 ccm Wasser, die, wie wir wissen (S. 2, 2), 6 g wiegen. Ebenso groß war auch der Gewichtsverlust des eingetauchten Schlüssels.

Das Wasser trägt von einem eingetauchten Körper so viel, wie die verdrängte Wassermenge wiegt. — Das gilt auch für alle anderen Flüssigkeiten.

c) Demnach muß ein Körper untersinken, wenn er mehr wiegt als die Flüssigkeitsmenge, die er verdrängt. Ist er aber leichter als diese, dann steigt er in der Flüssigkeit empor: er schwimmt. Eine leere Blechbüchse z. B. schwimmt auf dem Wasser; drücken wir sie aber stark zusammen, so sinkt sie unter, obgleich sich ihr Gewicht nicht verändert hat. — Wir verstehen nun auch, daß ein schwimmender Körper um so tiefer eintaucht, je mehr er wiegt. Holz z. B. sinkt tiefer ein als Kork. (Führe andere Beispiele an!) — Der menschliche Körper wiegt etwa ebensoviel wie das Wasser, das er verdrängt. Durch geeignete Bewegungen (künstliches Schwimmen) können wir uns daher leicht an der Oberfläche halten.

Aufgaben. Warum schwimmen die eisernen Panzerschiffe, während ein Stück Eisen im Wasser untersinkt? — Warum kann das Grundeis beim Aufsteigen ziemlich große Steine emporheben? — Warum sinkt ein eiserner Nagel im Wasser unter, während er auf Quecksilber schwimmt? — Wie groß ist der Gewichtsverlust eines Marmorwürfels von 25 cm Kantenlänge?

6. **Das spezifische Gewicht.** Der eiserne Schlüssel, den wir zu unseren Versuchen benutzten, verdrängt 6 ccm Wasser, d. h. er nimmt einen Raum von 6 ccm ein. Nun wiegen, wie wir festgestellt haben, diese 6 ccm Eisen 45 g; 1 ccm Eisen wiegt also 7,5 g, d. h. 7,5mal so viel wie 1 ccm Wasser. — Die Zahl der Gramme, die 1 ccm eines Stoffes wiegt, nennt man sein spezifisches Gewicht.

Durch ähnliche Versuche kann man das spezifische Gewicht auch von anderen festen Körpern ermitteln. — Wie kann man das spezifische Gewicht von Flüssigkeiten bestimmen?

7. **Die Senkwage** (das „Aräometer“). Ein Stück Holz sinkt im Wasser nicht so tief ein wie im Alkohol. Frische Eier, die in reinem Wasser untersinken, schwimmen, wenn man sie in Wasser legt, in dem viel Salz aufgelöst ist. — Wir füllen drei Gläser: das eine mit Spiritus, das zweite mit reinem Wasser, das dritte mit einer Salzlösung. Tauchen wir dann ein Probiergläschen, in das wir einige Schrotkugeln getan haben, einen sogenannten „Schwimmer“, in den Spiritus, so sinkt der Schwimmer bis zu einer bestimmten Stelle ein. Im Wasser sinkt er nicht so tief und in der Salzlösung noch weniger tief ein. Der Auftrieb ist also in der Salzlösung am größten. Ein Körper sinkt demnach um so tiefer in eine Flüssigkeit ein, je kleiner ihr spezifisches Gewicht ist. — Auf diesen Tatsachen beruht die Einrichtung und Verwendung der „Senkwage“. Sie ist nichts anderes als ein Schwimmer, der mit einer Skala versehen ist, und dient zur Bestimmung des spezifischen Gewichtes von Flüssigkeiten (Spiritus, Milch u. a.) sowie von Mischungen verschiedener Flüssigkeiten.

3. Von den luftförmigen Körpern (Gasen).

1. **Die Luft ist ein Körper.** a) Füllen wir Bier, Wein u. dgl. auf Flaschen, so sehen wir, daß die Flüssigkeit nur langsam und spärlich durch den Trichter fließt, wenn er fest in dem Halse der Flasche steckt. Setzen wir den Trichter luftdicht hinein (umwickle ihn mit feuchtem Fließpapier!), so dringt noch weniger von der Flüssigkeit in die Flasche. Tauchen wir eine Flasche so in Wasser, daß ihre Öffnung nach unten gerichtet ist, dann dringt fast gar kein Wasser in die Flasche. Wenn wir aber die Öffnung der untergetauchten Flasche nach oben halten, strömt das Wasser rasch ein, während Luftblasen aus der Flasche entweichen. Aus alledem ergibt sich, daß da, wo Luft ist, nicht gleichzeitig etwas anderes sein kann.

Die Luft nimmt also einen Raum ein: sie ist ein Körper. — Dasselbe gilt von allen anderen Luftarten oder Gasen. (Nenne einige!)

b) Da die Luft ein Körper ist, hat sie auch Gewicht. Wie Versuche ergeben, wiegt 1 l der Luft, die uns umgibt (atmosphärische Luft), etwa 1,3 g. Leuchtgas (S. 80) und Wasserdampf sind leichter, Kohlensäure (S. 79) dagegen ist schwerer als atmosphärische Luft.

2. **Der Druck der Luft.** a) Wenn wir schnell gehen, oder wenn es windig ist, fühlen wir, daß die Luft einen Druck auf uns ausübt. — Wir füllen ein Glas vollständig mit Wasser, drücken ein Blatt Papier darauf und kehren es schnell um. Auch wenn wir danach die Hand von dem Papiere entfernen, fließt kein Wasser aus dem Glase. Ebenso strömt aus einer dünnen Glasröhre, die wir mit Wasser füllen, nichts aus, solange wir die obere Öffnung mit dem Finger verschließen, gleichviel, ob wir die Röhre senkrecht, wagerecht oder schräg halten. — In ein Probierglas gießen wir etwas Öl und schieben einen Kolben langsam bis in das Öl hinein. Dann gießen wir etwas Öl auf den Kolben, damit er luftdicht schließt. Wenn wir den Kolben emporziehen, entsteht in dem Glase ein fast luftleerer Raum. Sobald wir nun den Kolben loslassen, bewegt er sich schnell zurück, ganz gleich, wie wir das Glas halten.

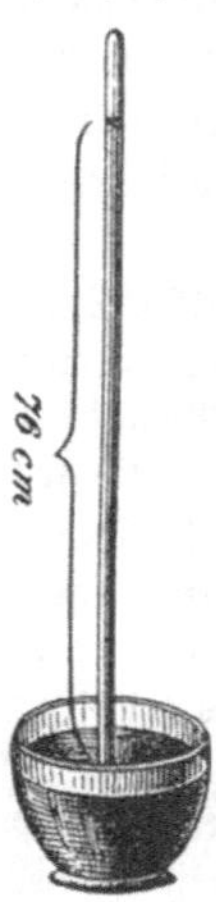

Fig. 23.

Die atmosphärische Luft übt auf andere Körper einen Druck aus, und zwar wirkt dieser Druck nach allen Seiten gleichstark. — Das gilt von allen Luftarten. Die Gase verhalten sich in dieser Hinsicht also wie Flüssigkeiten.

b) Eine 1 m lange oder noch längere Glasröhre, die an dem einen Ende zugeschmolzen ist, füllen wir ganz mit Wasser. Drehen wir die Röhre um, so daß ihre Öffnung nach unten gerichtet ist, dann wird das Wasser durch den einseitigen Druck der Luft verhindert hinauszufließen. Darauf wiederholen wir den Versuch, indem wir statt des Wassers Quecksilber verwenden. Die Mündung der mit Quecksilber gefüllten Röhre verschließen wir mit dem Finger und tauchen sie umgekehrt in ein Gefäß mit Quecksilber. Ziehen wir nun den Finger weg, dann fließt stets so viel Quecksilber aus der Röhre, daß es in ihr 76 cm hoch steht (Fig. 23). Der Luftdruck trägt also wohl eine Wassersäule, die 1 m hoch, ja sogar höher ist; aber der Luftdruck vermag nur einer Quecksilbersäule von 76 cm Höhe das Gleichgewicht zu halten.

Ist die Glasröhre 1 qcm weit, so enthält sie 76 ccm Quecksilber. Diese haben, da 1 ccm Quecksilber 13,6 g wiegt, ein Gewicht von etwa 1 kg. Der Druck, den die atmosphärische Luft auf eine Fläche von 1 qcm ausübt, beträgt also rund 1 kg. Man nennt ihn kurz eine Atmosphäre.

3. **Die Spannkraft der Luft.** a) Ist der Hahn einer Gasleitung aus Versehen offen geblieben, so verbreitet sich das Gas, wie wir durch den Geruch wahrnehmen, bald durch das ganze Zimmer. — Wir legen eine Tierblase, die nur wenig Luft enthält, unter die Glocke einer Luftpumpe (S. 22, 11). Pumpen wir darauf Luft aus der Glocke, so bläht sich die Blase auf. Die Luft in der Blase hat sich also ausgedehnt.

Während die einzelnen Teilchen der festen und flüssigen Körper mehr oder weniger innig zusammenhängen, besitzen die der luftförmigen Körper gar keine Kohäsion. Sie haben vielmehr das Bestreben, jeden ihnen zugänglichen Raum auszufüllen, indem sie sich ausdehnen. Diese Eigenschaft der Luft nennt man ihre Spannkraft.

b) Stoßen wir kräftig gegen den Kolben einer Knallbüchse, so fliegt der dicht schließende Pfropfen mit einem Knalle hinaus, und zwar noch bevor ihn der Kolben erreicht hat. — Wir schieben in ein Probierglas einen luftdicht schließenden Kolben. Sobald wir ihn loslassen, bewegt er sich zurück, und zwar um so rascher, je tiefer wir ihn hineindrücken. Die Spannkraft der Luft wächst, je mehr die Luft zusammengedrückt wird.

Aufgaben (zu 2 u. 3). Warum fließt das Bier aus einem Fasse durch den Hahn erst dann aus, wenn man auch das Spundloch geöffnet hat? — Quecksilber wiegt 13,6 mal so viel als Wasser; wie hoch ist daher die Wassersäule, der durch eine Atmosphäre das Gleichgewicht gehalten wird? — Lege einen Kistendeckel so auf den Tischrand, daß er gerade kippen würde, breite ein paar große, glattgestrichene Zeitungsblätter über den auf dem Tische liegenden Teil und schlage mit der Faust kräftig auf das überstehende Ende. Beobachtung? Erklärung! — Sauge in ein Glasrohr einen Wassertropfen, verschließe die eine Öffnung und blase in die andere kräftig hinein. Beobachtung? Erklärung!

Auf dem Drucke und der Spannkraft eingeschlossener Luft beruhen zahlreiche Werkzeuge:

4. **Der Blasebalg** wird zum Anfachen des Feuers benutzt. Beschreibe ihn nach Fig. 24 und beachte, daß sich die Klappe, das „Ventil", nur nach innen öffnet! Ziehen wir die Handgriffe eines Blasebalges auseinander, so erweitert sich sein Hohlraum. Die darin befindliche Luft dehnt sich daher aus und wird dünner. Die dichtere Außenluft drückt infolgedessen die Klappe nach innen auf und strömt so lange ein, bis die Luft innen und außen gleich dicht ist. Drücken wir dann die Handgriffe zusammen, so wird die Luft im Hohlraume zusammengepreßt; sie schließt das Ventil und strömt durch das Ansatzrohr aus. — Einen doppelten Blasebalg stellen unsere Lungen dar (Beweis!). — Saugen wir eine Flüssigkeit durch eine Röhre auf, so wird die Luft in Mundhöhle und Röhre verdünnt. Infolgedessen drückt die dichtere Außenluft die Flüssigkeit in den Mund.

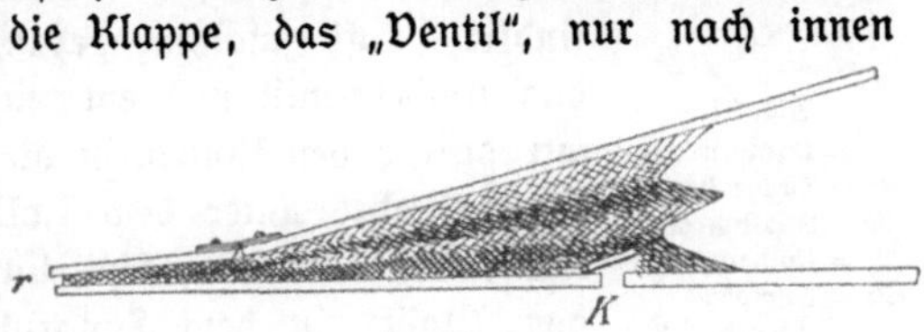

Fig. 24.
K = Ventil; r = Ansatzrohr.

5. **Der Stechheber.** Wollen wir einem Fasse, das mit Spiritus, Essig oder dgl. gefüllt ist, eine Probe entnehmen, so benutzen wir einen Stechheber (Fig. 25). Dieser ist ein röhrenförmiges Gefäß, das in der Mitte erweitert und mit einem Henkel versehen ist. Die obere Öffnung des Stechhebers läßt sich mit dem Daumen leicht verschließen, und das untere Ende ist so eng, daß Luftblasen und Flüssigkeitstropfen einander darin nicht ausweichen können. Tauchen wir den Heber in eine Flüssigkeit, so füllt er sich alsbald damit (wie weit?). Verschließen wir darauf seine obere Öffnung, und heben wir ihn empor, dann fließt nichts von der Flüssigkeit aus (warum?).

Fig. 25.

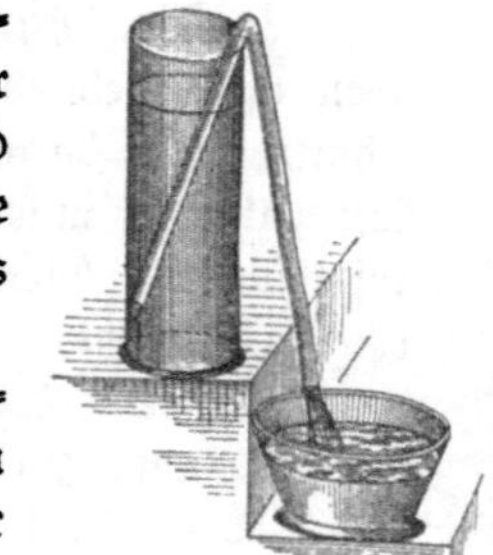
Fig. 26.

6. **Der Saugheber.** Wollen wir eine Flüssigkeit aus einem Gefäße, das nur oben offen ist, in ein tiefer stehendes ablaufen lassen, so verwenden wir einen Saugheber (Fig. 26), d. i. eine Glasröhre, die so gebogen ist, daß sie aus einem kurzen und einem langen Schenkel besteht. (Vielfach benutzt man auch nur einen Gummischlauch.) Nachdem wir den kurzen Schenkel des Hebers in die Flüssigkeit getaucht haben, saugen wir an dem Ende des anderen. Infolge des Luftdruckes steigt die Flüssigkeit in dem kurzen Schenkel empor und fließt in ununterbrochenem Strahle aus der Öffnung des langen Schenkels ab. Das Ausströmen hört jedoch auf, sobald die Ausflußöffnung höher liegt als die Oberfläche der Flüssigkeit (warum?).

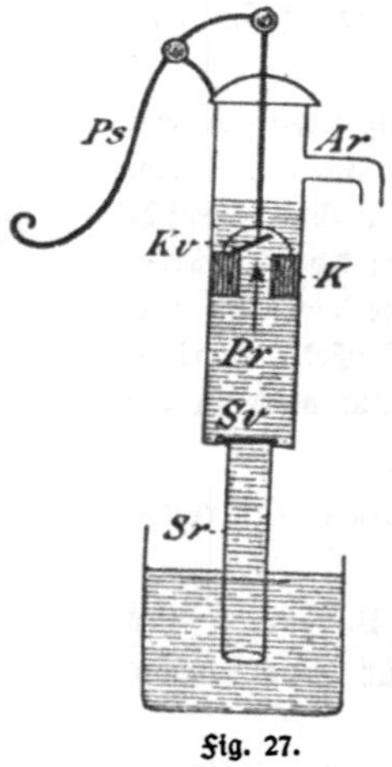

Fig. 27.
Pr = Pumpenrohr; Sr = Saugrohr; Ar = Ausflußrohr; K = Kolben; Ps = Pumpenschwengel; Kv = Kolbenventil; Sv = Saugventil.

7. **Die Saugpumpe** (Fig. 27) besteht aus dem zylinderförmigen Pumpenrohre, das unten in das engere Saugrohr übergeht und oben ein Ausflußrohr besitzt. In dem Pumpenrohre läßt sich ein Kolben, der wasserdicht schließt, durch einen ungleicharmigen Hebel, den Pumpenschwengel, auf und ab bewegen. Der Kolben ist durchbohrt und der Bohrgang von oben her durch das Kolbenventil geschlossen. Zwischen dem Pumpen- und dem Saugrohre befindet sich ein zweites Ventil, das Saugventil. Beide Ventile können sich nur nach oben öffnen. — Wir stellen die Pumpe mit dem Saugrohre in ein Gefäß mit Wasser. Drücken wir mittels des Pumpenschwengels den Kolben hinab, so wird die unter ihm im Pumpenrohre befindliche Luft zusammengepreßt. Sie schließt das Saugventil, öffnet das Kolbenventil und entweicht zum größten Teil ins Freie. Ziehen wir darauf den Kolben in die Höhe, dann wird die Luft, die sich im Pumpenrohre unter dem Kolben befindet, verdünnt. Infolgedessen treibt die atmosphärische Luft, die auf den Wasserspiegel drückt, das Wasser in dem Saugrohre empor. Es öffnet von unten her das Saugventil, strömt in das Pumpenrohr und verschließt darauf durch sein eigenes Gewicht das Saugventil wieder. Drücken wir endlich den Kolben von neuem hinunter, so tritt das in das Pumpenrohr eingedrungene Wasser durch das Kolbenventil über den Kolben. Durch fortgesetztes Pumpen steigt das Wasser in dem Pumpenrohre schließlich so hoch, daß es durch das Ausflußrohr in das Freie fließt. — Wie hoch darf das Saugventil höchstens über dem Wasserspiegel liegen, wenn die Pumpe ihren Zweck erfüllen soll? (S. 18, 2b.)

8. **Die Druckpumpe.** Beschreibe sie nach Fig. 28! Von der Saugpumpe unterscheidet sie sich dadurch, daß der Kolben massiv ist, also **kein** Ventil hat. Das Abflußrohr, das hier „Steigrohr" genannt wird, mündet unter dem Kolben in das Pumpenrohr und enthält das „Druckventil", das sich nach oben öffnet. — Wir setzen die Druckpumpe mit dem Saugrohre in Wasser. Drücken wir den Kolben hinab, so entweicht die im Pumpenrohre befindliche Luft nach außen durch das Druckventil, das sich sodann schließt (warum?). Heben wir den Kolben, dann tritt – wie bei der Saugpumpe — das Wasser in das Pumpenrohr. Drücken wir ihn abermals hinunter, so strömt das Wasser durch das Druckventil in das Steigrohr und verschließt darauf durch sein Gewicht das Ventil wieder. Infolgedessen kann das in das Steigrohr eingetretene Wasser nicht zurückfließen und wird darin bei fortgesetztem Pumpen beliebig hoch getrieben. — Man benutzt deshalb Druckpumpen, wenn man Wasser auf größere Höhen heben will (z. B. aus Bergwerken zur Erdoberfläche; auf die Wassertürme der Wasserleitungen) oder wenn durch das im Steigrohre eingeschlossene Wasser ein großer Druck ausgeübt werden soll (Hydraulische Presse, S. 16). — Jede Hälfte des menschlichen Herzens läßt sich mit einer Druckpumpe vergleichen (Beweis!).

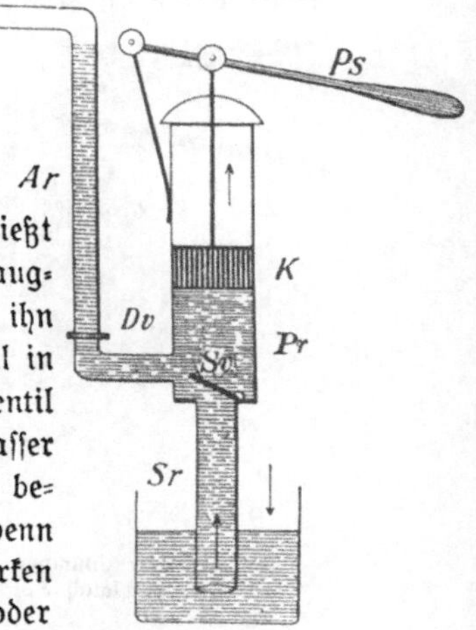

Fig. 28.
Pr = Pumpenrohr;
Sr = Saugrohr;
Ar = Steigrohr;
K = Kolben;
Ps = Pumpenschwengel;
Dv = Druckventil;
Sv = Saugventil.

9. **Der Windkessel.** a) Wir füllen eine Flasche zum Teil mit Wasser, verschließen sie mit einem durchbohrten Korke und stecken durch den Bohrgang eine oben dünn ausgezogene Glasröhre, die fast bis auf den Boden der Flasche reicht. Blasen wir nun durch die Röhre Luft ein, so steigt diese durch das Wasser in den oberen Teil der Flasche. Hierdurch wird die Luft über dem Wasser verdichtet. Stellen wir darauf das Blasen ein, dann spritzt das Wasser aus der Röhre heraus (warum?). Eine Einrichtung, wie wir sie uns soeben hergestellt haben, wird als **Windkessel** bezeichnet (Name!). Nach Heron, einem Naturforscher des alten Griechenlands, nennt man sie auch **Heronsball.**

Fig. 29.

b) Führen wir durch den Kork noch ein zweites Rohr, das unmittelbar unter dem Korke endigt, in den Heronsball ein, so haben wir ihn in eine „Spritzflasche" (Fig. 29) umgewandelt. Blasen wir durch dieses Rohr (*R*) Luft in die Flasche, dann wird die in ihr befindliche Luft zusammengepreßt. Sie drückt auf das Wasser, so daß es aus dem ersten Rohre, dem Steigrohre (*S*), in einem Strahle herausspritzt.

Verbinden wir das zweite Rohr (*R*) mit einer Druckpumpe, und pumpen wir Wasser in die Spritzflasche, so zeigt sich derselbe Erfolg. Diese Vorrichtung ist im kleinen das, was die Feuerspritze im großen ist.

10. Bei der **Feuerspritze** (Fig. 30) sind zwei Druckpumpen mit einem Windkessel verbunden. Unter der Spritze befindet sich der Spritzkasten, der durch einen Schlauch an die Wasserleitung angeschlossen oder mit einem nahen Gewässer verbunden werden kann. Durch eine gemeinsame Druckstange werden beide Pumpen gleichzeitig in Tätigkeit gesetzt, so daß sich

die Kolben abwechselnd auf und ab bewegen. Drücken wir z. B. das linke Ende der Stange herunter, so wird der mit dem rechten Stangenarme verbundene Kolben gehoben. In die rechte Pumpe steigt daher Wasser aus dem Spritzkasten (warum?). Gleichzeitig wird der Kolben der linken Pumpe herabgedrückt und drängt das Wasser aus dem Pumpenrohre in den Windkessel (warum? Achte auf die Bewegung der Ventile!). Was geschieht, wenn wir das rechte Ende der Stange herunterdrücken? — Setzen wir das Pumpen fort, dann strömt ununterbrochen Wasser in den Windkessel. Hierdurch wird die darin befindliche Luft immer mehr zusammengepreßt. Sie drückt auf das Wasser, so daß es durch den Spritzenschlauch, der unten an den Windkessel angeschraubt ist, in einem ununterbrochenen Strahle herausspritzt.

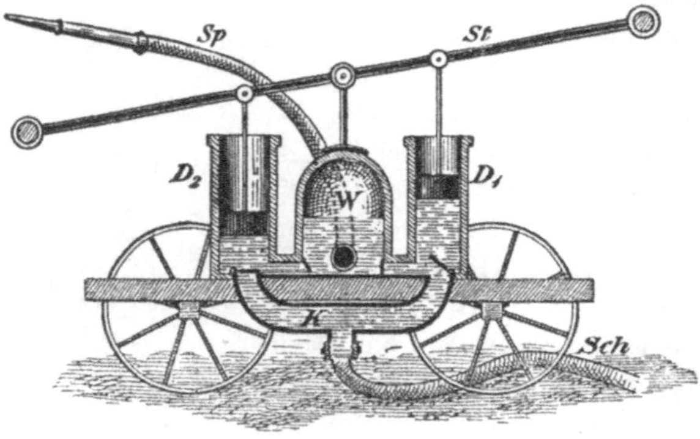

Fig. 30.
D_1 u. D_2 = Druckpumpen mit Druckstange *St*; *W* = Windkessel mit Spritzenschlauch *Sp*; *K* = Spritzkasten mit Schlauch *Sch*.

11. **Die Hahnluftpumpe.** Wie wir gesehen haben, kann die Luft in einem abgeschlossenen Raume schon durch Saugen verdünnt werden. Wollen wir sie aber erheblich verdünnen, so können wir dazu die sog. „Hahnluftpumpe" (Fig. 31) benutzen. Sie besteht aus einer Glasglocke, dem „Rezipienten", und einem Metallzylinder, dem „Stiefel", die beide durch eine Röhre verbunden sind. Die Glocke ruht auf einem Teller, dessen Oberfläche ebenso wie der Rand der Glocke glatt geschliffen ist (warum wohl?). In der Röhre befindet sich dicht vor dem Stiefel ein Hahn. Er besitzt zwei voneinander getrennte Bohrungen: der eine Bohrgang verläuft geradlinig, der andere aber im Bogen (Fig. 32). In dem Stiefel läßt sich ein luftdicht schließender Kolben hin und her bewegen. — Wir schieben den Kolben bis auf den Boden des Stiefels und drehen den Hahn so, daß Glocke und Stiefel durch den geraden Bohrgang in Verbindung gesetzt sind (Fig. 31). Ziehen wir nun den Kolben heraus, dann dringt die in der Glocke enthaltene Luft auch in den Stiefel; sie wird also verdünnt (warum?). Hierauf drehen wir den Hahn so, daß der gebogene Bohrgang in Wirksamkeit tritt (Fig. 32). Dadurch wird der Stiefel mit der Außenluft verbunden. Wenn wir nun den Kolben zurückschieben, wird die in den Stiefel eingedrungene Luft ins Freie getrieben. Setzen wir das Verfahren fort, dann wird bei jedem Kolbenzuge die Luft unter dem Rezipienten immer mehr verdünnt und dieser endlich fast luftleer.

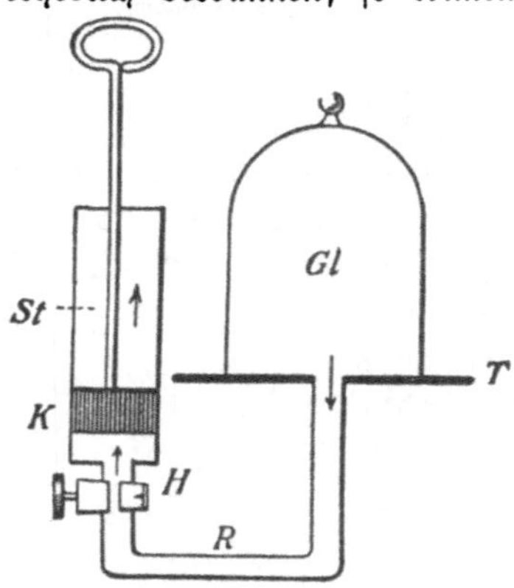

Fig. 31.
Gl = Rezipient mit Teller *T*; *St* = Stiefel mit Kolben *K* und dem Hahne *H*; *R* = Verbindungsröhre.

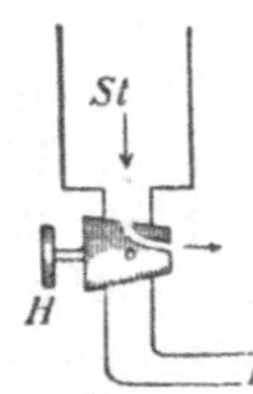

Fig. 32.

Aufgaben. Warum erfordert jeder Kolbenzug eine größere Kraft als der vorhergehende? — Warum haftet die Glocke immer fester am Teller? — Warum schwellen welke Äpfel unter der Glocke an? — Warum springt dort der Heronsball von selbst?

12. **Das Barometer.** a) Wenn wir die Vorrichtung, die uns dazu diente, den Druck der atmosphärischen Luft zu bestimmen (Fig. 23), an verschiedenen Tagen beobachten, sehen wir, daß das Quecksilber in der Röhre nicht immer gleichhoch steht. Der Druck der Luft ist also nicht beständig gleichgroß. Vereinigen wir diese Vorrichtung in etwas abweichender Form mit einer Skala (Fig. 33), so können wir die wechselnde Größe des Luftdruckes messen. Wir haben einen Schweremesser der Luft, ein Barometer, hergestellt. Beschreibe das Barometer und beachte dabei, daß der obere Teil des langen, geschlossenen Schenkels luftleer ist, und daß wir an der Skala ablesen, wieviel mm das Quecksilber in diesem Schenkel höher steht als in dem kurzen, offenen, d. h. wie groß der Luftdruck ist.

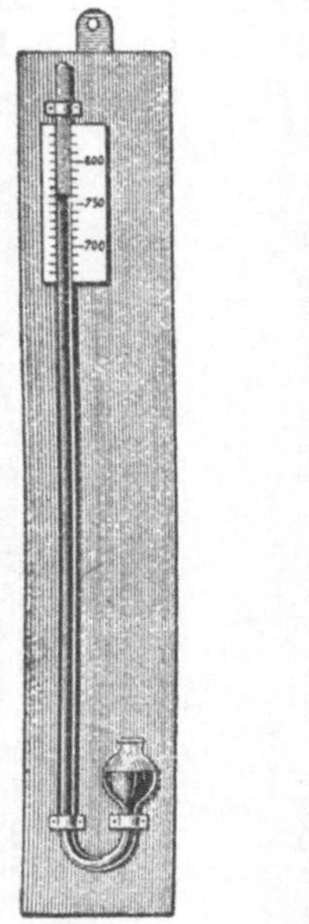
Fig. 33.

b) Steigen wir mit einem Barometer auf einen Berg, so beobachten wir, daß das Quecksilber in dem langen Schenkel allmählich sinkt. Je weiter wir nämlich emporsteigen, um so mehr nimmt die Höhe der Luftsäule ab, und um so kleiner wird also auch ihr Druck; daher „fällt" jetzt das Barometer. Gehen wir den Berg hinunter, dann „steigt" es wieder. Das Barometer kann deshalb auch als Höhenmesser benutzt werden. Durch Beobachtungen und Berechnungen hat man gefunden, daß mit je 10 m Erhebung der Luftdruck annähernd um 1 mm abnimmt.

Aufgaben. Warum muß beim Barometer der Raum über dem Quecksilber luftleer sein? — Im Orte A ist der Luftdruck 745 mm, in dem Nachbarorte B zu derselben Zeit 760 mm; um wieviel m liegt A höher als B? — Wie hoch ist der Barometerstand auf dem Brocken (1100 m), wie hoch auf der Schneekoppe (1600 m), wenn er über dem Meeresspiegel 760 mm beträgt?

13. **Vom Wetter.** a) Durch zahlreiche Beobachtungen hat man gefunden, daß das Barometer zu derselben Zeit nicht an allen Orten gleichhoch steht, und daß das Wetter von dem Luftdruck abhängig ist. An bestimmten Orten, den Wetterdienststellen, werden daher der Barometerstand, die Richtung und Stärke des Windes, die Temperatur der Luft, die Bedeckung des Himmels und die Niederschläge regelmäßig morgens um 8 Uhr festgestellt. Trägt man in eine Landkarte die Beobachtungen der einzelnen Wetterdienststellen durch bestimmte Zeichen ein, und verbindet man die Orte mit demselben Barometerstande, also mit gleichem Luftdruck, durch Linien, so hat man eine Wetterkarte gezeichnet. — Gib an, welche Orte unserer Wetterkarte (S. 24), den normalen Luftdruck (760 mm) haben! Wo ist der Barometerstand höher, z. B. 770 mm, wo tiefer, z. B. 750 mm? Wie ist die Richtung und die Stärke des Windes in Berlin, München, Stockholm, Wien, Paris usw.? Welche Lufttemperatur herrscht an diesen Orten? Wie ist der Himmel dort, und was für Niederschläge haben die Orte?

b) Wie wir gesehen haben, gibt es also auf der Erdoberfläche gleichzeitig Gebiete mit hohem und Gebiete mit tiefem Barometerstande; das Gleichgewicht in der Luft (Atmosphäre) ist mithin gestört. Daher strömt (vgl. auch S. 29, 6b!) die Luft aus dem Gebiete hohen Luftdrucks dahin, wo augenblicklich der Luftdruck geringer („niedriger") ist: es entstehen die Winde. Sie suchen den Luftdruckunterschied auszugleichen, und sie wehen um so stärker, je größer der Unterschied ist. (Vgl. die „Strömung" und das „Gefälle" eines Flusses!) Die Luftmassen strömen jedoch nicht geradlinig von einem „Hoch" nach einem „Tief". Sie werden vielmehr in-

Öffentlicher Wetterdienst

Dienststelle zu Magdeburg — Wetterwarte der „Magdeburgischen Zeitung".

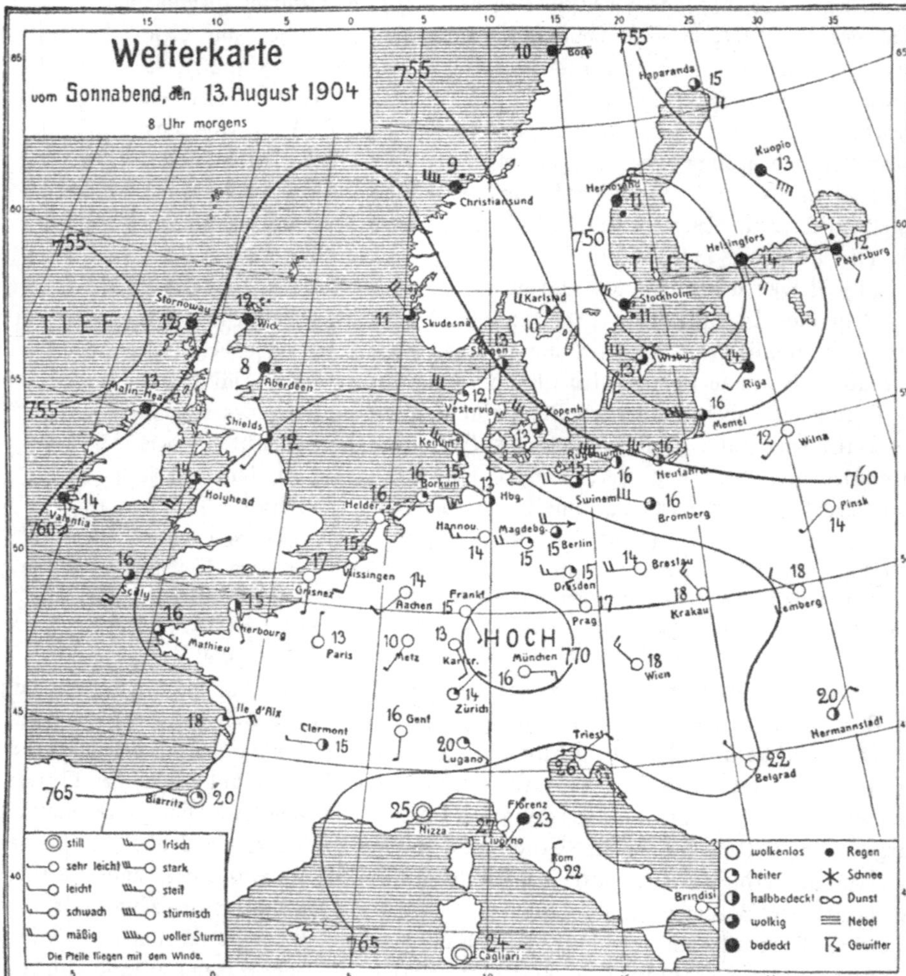

Die Linien auf der Karte verbinden die Orte mit gleichem Barometerstande. Die Zahlen neben den Ortsnamen geben die Lufttemperatur in Celsiusgraden an.

folge der Erdumdrehung abgelenkt, und zwar so, daß sie auf der nördlichen Halbkugel die Hochdruckgebiete in der Richtung des Uhrzeigers, also nach rechts umkreisen. Den Tiefdruckgebieten strömen sie in entgegengesetzter Richtung zu. Stellen wir uns daher so, daß wir den Wind im Rücken haben, dann befindet sich der niedere Luftdruck links von uns. Weise das an unserer Wetterkarte nach!

c) In den Gegenden mit niedrigem Luftdruck steigt die Luft in die Höhe (warum wohl? Vgl. S. 19, 3!), sie kühlt sich daher ab und verdichtet ihren Wasserdampf zu Wolken und zu Niederschlägen. (Vgl. S. 33, 12 und S. 34, 13.) In den Hochdruckgebieten dagegen bewegt sich die Luft abwärts (warum?), erwärmt sich und kann darum mehr Wasserdampf aufnehmen: sie wird verhältnismäßig trockener. Hier herrscht deshalb heiteres und trockenes Wetter (im Winter meist Frost, im Sommer Hitze). Steigt also das Barometer, dann ist „gutes“ Wetter zu erwarten; fällt es, so steht „schlechtes“ Wetter in Aussicht. Das Barometer ist daher ein (freilich nicht unfehlbarer) Wetterprophet. — Die Hoch- und Tiefdruckgebiete verändern fast stetig ihre Lage. Sie wandern bei uns mit verschieden großer Geschwindigkeit meist von Westen nach Osten. Gewöhnlich bewegen sich die Tiefdruckgebiete nördlich an uns vorüber. Zieht ein Tief von Westen heran, so befinden wir uns auf seiner Ost- oder **Vorderseite**. Das Barometer fällt, und der Wind weht zuerst von Südosten, dann von Süden her. Auf der südlichen Seite des Tiefdruckgebietes wehen die Winde aus Westen vom Ozean her; sie sind daher feucht und bringen meist Niederschläge. Ist das Tief vorüber, so geht der Wind zunächst in einen Nordwest- und dann in einen Nordwind über, die Niederschläge lassen nach, es klärt sich auf, und das Barometer steigt. Zieht demnach ein Tief an uns vorüber, so **dreht sich der Wind mit der Sonne**.

Fig. 34. Das Zeppelinluftschiff.
In der Mitte ein Teil der Gerüstbekleidung (Stoffhülle) weggenommen. Teil des Gerüstes des Ballons und des Verbindungssteges zwischen den beiden Gondeln sichtbar. In den Kammern fünf von den 17 kleinen Ballons sichtbar, in welche das Wasserstoffgas gefüllt ist.

14. **Der Auftrieb der Luft und die Luftschiffahrt.** a) Wie im Wasser (S. 16, 5a) so erfährt ein Körper auch in der Luft einen Auftrieb (Seifenblasen, Kautschukballons). Dieser ist gleich dem Gewichte der verdrängten Luft. **Ein Körper verliert also in der Luft so viel von seinem Gewicht, wie die Luftmasse wiegt, die er verdrängt.**

b) Hierauf beruht die **Luftschiffahrt**, die für die Erforschung der höheren Luftschichten und für die Landesverteidigung wichtig ist.

c) Der **Freiballon** (Fig. 36) wird gewöhnlich aus gefirnißtem Seidenstoff hergestellt und mit einer Luftart (Leuchtgas, Wasserstoff) angefüllt, die leichter ist als atmosphärische Luft. Unter dem Ballon ist zur Aufnahme der Luftschiffer ein leichter Korb, die „Gondel“, angebracht, und an dieser hängt ein Anker, der zum „Landen“ dient. —

Fig. 35. Drachenflieger.

Während der Freiballon in seiner horizontalen Bewegung von den Luftströmungen abhängig ist, kann man mit den lenkbaren Luftschiffen (Fig. 34) nach allen Richtungen fahren. An dem langgestreckten „Tragkörper", der zur Aufnahme des Gases dient, hängen eine oder zwei Gondeln. In ihnen befinden sich die Motoren (s. S. 33), durch die riesige Luftschrauben (Propeller) in Bewegung gesetzt werden. Sie treiben das Luftschiff vorwärts, dessen Richtung durch „Seiten- und Höhensteuer" geregelt wird. — Auch mit Flugmaschinen (Fig. 35) kann man die Luft nach allen Richtungen hin durchkreuzen. Ihre Hauptteile sind die verschieden gestalteten Tragflächen und die von einem Motor getriebenen Luftschrauben.

II. Von der Wärme.

1. Quellen der Wärme. a) Die Sonne spendet uns jahraus, jahrein Wärme. Ohne ihre wärmenden Strahlen können die Pflanzen auf die Dauer nicht leben. Die Pflanzen bilden aber die Nahrung für unzählige Tiere, die wieder den „Fleischfressern" zur Beute werden. Und von pflanzlichen und tierischen Stoffen nährt sich auch der Mensch. Ohne die Sonne würde die Erde mithin ohne Leben sein: die Sonne ist unsere wichtigste Wärmequelle.

b) Das Feuer ist uns im Hause, in Werkstatt und Fabrik unentbehrlich (Beweis!); es ist unsere wichtigste künstliche Wärmequelle. Wir erzeugen es gewöhnlich dadurch, daß wir Holz, Kohle oder andere Stoffe verbrennen.

Wenn ein Körper brennt, verbindet er sich mit dem Sauerstoff der Luft. Ein ähnlicher „chemischer" Vorgang (S. 69, 4b) findet statt, wenn feuchtes Heu längere Zeit übereinander geschichtet liegt. Die dabei entstehende Wärme wird zuweilen so groß, daß sich das Heu entzündet. Auch bei der Atmung und beim Löschen des Kalkes (S. 86) wird Wärme durch chemische Vorgänge erzeugt.

c) Im Winter reiben wir die Hände, um sie zu erwärmen. Messer und Gabel werden warm, wenn wir sie putzen. Schlagen wir Stahl gegen einen Feuerstein, dann wird die Wärme oft so groß, daß Stahlteilchen glühend werden und abspringen (Steinfeuerzeug!). Hammer und Amboß erwärmen sich beim Hämmern; auch Bohrer, Säge, Feile und andere Werkzeuge werden beim Gebrauche warm. In allen diesen Fällen wird Wärme durch mechanische Arbeit hervorgerufen. Dabei geht also die verwendete (Muskel-) Kraft nicht verloren; sie wird in Wärme (und oft zugleich in Licht) umgewandelt.

d) Auch Elektrizität kann in Wärme (und in Licht) umgewandelt und in „elektrischen Öfen" zum Kochen und Heizen verwendet werden.

2. Ausdehnung der Körper durch die Wärme. a) Feste Körper. Der glühende Bolzen füllt den Hohlraum des Bügeleisens vollständig aus, während der kalte nur lose darin liegt. An einem warmen Sommertage hängen die Telegraphendrähte schlaff herunter, bei strenger Kälte aber scheinen sie straff angezogen zu sein.

Wir erhitzen eine Metallkugel, die sich knapp durch einen Ring schieben ließ, und finden, daß sie nicht mehr durch den Ring fällt. Sie ist größer geworden, hat sich also ausgedehnt. Kühlen wir die Kugel darauf in kaltem Wasser ab, so fällt sie wieder durch den Ring: sie hat sich zusammengezogen.

b) Flüssige Körper. Ein bis zum Rande mit Wasser gefülltes Gefäß „läuft über", wenn wir es erhitzen. — Wir füllen eine Kochflasche mit Weingeist (Alkohol) und verschließen sie fest mit einem Korke, durch den eine Glasröhre bis in den

Spiritus hinabreicht. Dann erwärmen wir die Flasche vorsichtig über einer Flamme. Der Weingeist steigt in der Flasche und daher auch in der Röhre schnell empor; er dehnt sich also stark aus. — Entfernen wir die Flamme, so sinkt der Weingeist in der Röhre wieder zurück. Kühlen wir die Flasche in Schnee oder in Eiswasser ab, dann zieht sich der Weingeist so stark zusammen, daß er einen kleineren Teil der Flasche ausfüllt als beim Beginne des Versuches.

c) Luftförmige Körper. Legen wir eine fest zugebundene Tierblase, die kalte Luft enthält, auf einen warmen Ofen, so bläht sie sich auf. Kühlen wir sie darauf in kaltem Wasser ab, dann schrumpft sie wieder zusammen. Dasselbe beobachten wir, wenn wir zu diesem Versuche die kleinen Kinderluftballons benutzen, die mit einer anderen Luftart (Wasserstoff oder Leuchtgas) gefüllt sind.

Wir halten die Öffnung einer Kochflasche so unter Wasser, daß die Luft in der Flasche von der äußeren Luft abgeschlossen ist. Wenn wir die Flasche erwärmen, entweichen daraus Luftblasen. Offenbar hat sich die Luft infolge des Erwärmens ausgedehnt. Kühlen wir nun die Flasche ab, so sehen wir, daß reichlich Wasser in sie eindringt. Die noch in der Flasche vorhandene Luft muß sich also zusammengezogen haben.

Die Körper dehnen sich bei der Erwärmung aus und ziehen sich bei der Abkühlung zusammen.

Aufgaben. Warum legt der Schmied den Reifen heiß um das Rad? — Man lockert einen festsitzenden Glasstöpsel, indem man den Hals der Flasche erwärmt; erkläre den Vorgang! — Warum zerspringt ein Glas, wenn man schnell heißes Wasser hineingießt? — Warum knistern Holz und Kohle beim Brennen?

3. **Wie wir die Wärme messen.** Wollen wir den Ofen prüfen, ob er warm oder kalt ist, so berühren wir ihn mit der Hand. Auch die Temperatur der Luft, des Wassers und anderer Körper unterscheiden wir durch das Gefühl. Ob es uns aber nicht manchmal täuscht? — Wir füllen drei Gefäße, das erste mit kaltem, das zweite mit lauwarmem und das dritte mit heißem Wasser. Dann halten wir eine Zeitlang die rechte Hand in das kalte, die linke aber in das heiße Wasser. Tauchen wir hierauf beide Hände gleichzeitig in das lauwarme Wasser, so erscheint es uns an der rechten Hand warm, an der linken dagegen kalt. Unser Gefühl ist also für die Beurteilung der Temperatur nicht unbedingt zuverlässig.

4. **Das Thermometer.** Durch Versuche hat man gefunden, daß das Quecksilber sich sehr gleichmäßig ausdehnt. Mit seiner Hilfe kann man daher die Temperatur der Luft, des Wassers oder anderer Körper genau bestimmen. Zu diesem Zwecke werden „Wärmemesser" oder „Thermometer" hergestellt. Man nimmt eine enge, überall gleichweite Glasröhre, die unten gewöhnlich kugelförmig erweitert ist. Den unteren Teil der Röhre füllt man mit Quecksilber und treibt es durch Erwärmen so hoch, daß es die Röhre ganz ausfüllt. In diesem Augenblicke schmilzt man die Röhre rasch zu. Sinkt das sich abkühlende Quecksilber, dann befindet sich über ihm ein luftleerer Raum. Die Röhre befestigt man auf einem Brettchen. Darauf steckt man das Ganze in ein Gefäß mit schmelzendem Eise. Infolge der Abkühlung zieht sich das Quecksilber zusammen. Es sinkt („fällt") in der Röhre, jedoch nur bis zu einem bestimmten Punkte. Diesen Eis- oder Schmelzpunkt bezeichnet man auf dem Brettchen mit 0. Nun bringt man das Wasser allmählich zum Sieden. Das Quecksilber dehnt sich aus. Es „steigt"

daher in der Röhre, und zwar wieder bis zu einem bestimmten Punkte, dem Siedepunkte (Name!). Den Abstand zwischen Eis- und Siedepunkt teilt man nach Celsius (C) in 100, oder nach Reaumur (R) in 80 gleiche Teile oder Grade (^{0}) ein. So erhält man eine 100teilige oder eine 80teilige Skala. Die Einteilung setzt man auch unter dem Eispunkte fort, jedoch meist nur bis zu 30^0 (warum?). Die Grade über 0 werden Wärmegrade genannt und mit + (plus) bezeichnet oder ohne Vorzeichen geschrieben; die Grade unter 0 heißen Kältegrade, man bezeichnet sie mit — (minus). Vielfach wird zur Herstellung von Thermometern statt des Quecksilbers auch Weingeist verwendet.

Unsere Körperwärme beträgt etwa 37^0 C; gib sie nach Reaumur an! — Wieviel ^{0} C sind 20^0 R? — In geheizten Zimmern sollte die Wärme 20^0 C nicht übersteigen.

Aufgabe. Stelle die Lufttemperatur fest um 7 Uhr morgens, 2 Uhr mittags und 9 Uhr abends! Berechne die „mittlere" Tagestemperatur, indem du die abends gemessene Temperatur verdoppelst, zu den beiden anderen Temperaturen zuzählst und die Summe durch 4 teilst!

5. **Verhalten des Wassers.** a) Wir wiederholen den in Abschnitt 2b ausgeführten Versuch, verwenden jedoch statt des Weingeistes Wasser und stellen ein Thermometer in das Gefäß. Wir sehen, daß auch das Wasser sich ausdehnt, wenn es erwärmt wird. Kühlen wir darauf die Flasche ab, so zieht sich das Wasser zusammen, aber nur so lange, bis es eine Temperatur von 4^0 C hat. Setzen wir die Abkühlung fort, dann dehnt es sich wieder aus. Von 4^0 C ab wird also das Wasser ausgedehnt, gleichviel, ob wir es erwärmen oder abkühlen: das Wasser nimmt bei 4^0 C den kleinsten Raum ein, es ist am dichtesten.

b) Füllen wir an einem kalten Wintertage eine Flasche mit Wasser, so zerspringt sie, wenn dieses gefriert. Das Eis nimmt also einen größeren Raum ein als die Wassermasse, aus der es entstanden ist.

Derselbe Vorgang wiederholt sich alljährlich bei uns im Freien. Das Wasser, das in die Ritzen der Felsen eindringt, sprengt, wenn es gefriert, kleine Teilchen ab. So werden im Laufe der Zeit selbst mächtige Felsblöcke zertrümmert: sie „verwittern". — Die großen Erdschollen eines Feldes, das im Herbste umgepflügt worden ist, sind im darauf folgenden Frühlinge in kleine Brocken zerfallen. Erkläre den Vorgang!

Da Wasser von 4^0 dichter, also auch schwerer als kälteres Wasser ist, frieren unsere Gewässer nicht bis auf den Grund zu. — Bei Beginn des Winters kühlen sich die oberen Wasserschichten ab. Sie werden dadurch dichter und sinken unter, während wärmere Schichten von unten nach oben kommen. Das dauert so lange, bis das Wasser in allen Schichten eine Temperatur von 4^0 hat. Setzt sich die Abkühlung fort, dann bleibt das kältere, also leichtere Wasser oben. Bei 0^0 gefriert es. Die Eisdecke ist aber ein schlechter Wärmeleiter (S. 34): sie hindert die Kälte, tiefer einzudringen. Wäre es anders, so würden unsere Gewässer ganz zu Eis erstarren. Die meisten Wassertiere müßten dann zugrunde gehen, das Auftauen dauerte sehr lange, und der Luft würde dadurch sehr viel Wärme entzogen (S. 29).

6. **Strömung der Luft.** a) Wie uns das Thermometer zeigt, ist die Luft eines geheizten Zimmers an der Decke wärmer als am Fußboden. Der Rauch steigt im Schornstein nach oben. — Halten wir über den Zylinder einer brennenden Lampe ein Stückchen Goldschaum, so wird es in die Höhe getrieben. Die Flamme erwärmt die Luft im Zylinder. Diese dehnt sich daher aus, sie wird dünner und folglich auch leichter als die

sie umgebende Luft. **Erwärmte Luft steigt nach oben** (ähnlich wie ein Kork im Wasser). — Durch erwärmte Luft brachte man die ersten Luftballons zum Steigen.

b) Wir stellen einen Lampenzylinder so über ein brennendes Licht, daß er auf zwei Holzklötzchen ruht. Halten wir nun an seine untere Öffnung ein Stück Seidenpapier, so wird es hineingeweht. Es wird eine **Luftströmung** erzeugt, und zwar strömt die Luft von unten in den Zylinder, aus dem, wie wir schon wissen, die erhitzte Luft oben hinauszieht. Ähnlich entsteht der „Zug" in unseren Öfen. — Halten wir in die Türöffnung zwischen einem warmen und einem kalten Zimmer unten und oben eine brennende Kerze, so erkennen wir an der Richtung der Flammen gleichfalls:

die kühlere Luft strömt unten in den erwärmten Raum, die wärmere Luft aber oben in den kälteren Raum.

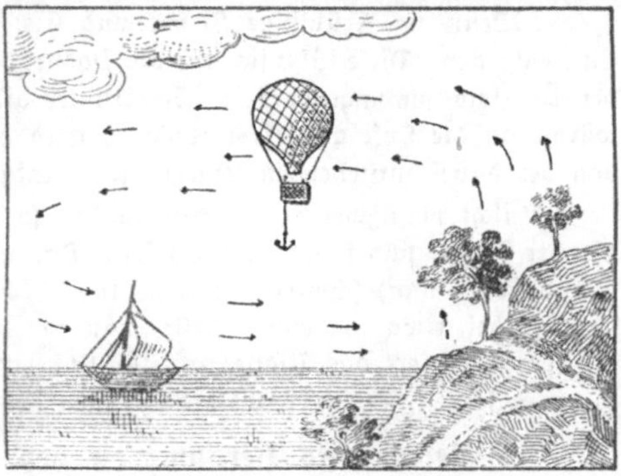

Fig. 36.

Diese Luftströmung dauert so lange, bis beide Räume annähernd gleichmäßig erwärmt sind.

Die **Land- und Seewinde** entstehen auf ähnliche Weise. Am Tage erwärmt sich das Land stärker als das Wasser. Die warme Landluft steigt in die Höhe und strömt oben (und daher für uns nicht fühlbar) nach dem Meere zu ab. Die kühlere Seeluft aber weht unten als „Seewind" gegen das Land (Fig. 36). Abends kühlt sich das Land stärker ab als das Wasser (Beweis!). Dann setzt der gegen das Meer hin gerichtete „Landwind" ein. An Meeresküsten beobachtet man daher einen regelmäßigen Wechsel von Land- und Seewind. — Erkläre die Entstehung der **Monsune**!

In den Gegenden am Äquator wird die Erde das ganze Jahr hindurch gleichmäßig und sehr stark erwärmt. Die erhitzte Luft steigt also in die Höhe und strömt jahraus, jahrein nach den Polen zu ab. Umgekehrt weht dicht über dem Erdboden von Norden und Süden her kühlere Luft gegen den Äquator. So entstehen die **Passate** oder **Reisewinde** (Name!).

Aufgaben. Erkläre die Wirkung der Schornsteine! — Wo benutzen wir den Wind als treibende Kraft? — Warum läßt sich ein Zimmer im Winter leichter lüften als im Sommer?

7. Schmelzen und Erstarren. Wie wir beim „Zerlassen" der Butter und beim „Bleigießen" beobachten, werden manche feste Körper, wenn wir sie erwärmen, flüssig: sie **schmelzen**. Kühlen wir sie darauf ab, so werden sie wieder fest: sie **erstarren**. Darum nennen wir den Grad der Temperatur, bei dem beides geschieht, ihren **Schmelzpunkt** oder **Erstarrungspunkt**. Quecksilber schmilzt (erstarrt) bei -39^0, Eis (Wasser) bei 0^0, Wachs bei 68^0, Zinn bei 230^0, Blei bei 325^0, Schmiedeeisen bei $1500-1600^0$. Die meisten Körper dehnen sich beim Schmelzen aus und ziehen sich beim Erstarren zusammen. Eine Ausnahme macht, wie wir gesehen haben, das Wasser. Manche Körper (Eis, Blei u. a.) gehen beim Schmelzen aus dem festen Zustande unmittelbar in den flüssigen über, andere (Butter, Wachs, Eisen usw.) werden erst weich („Schweißbarkeit" des Eisens! S. 92).

Schmelz- und Erstarrungswärme. Wir stellen ein Thermometer in ein Gefäß mit Wasser, in dem Eisstücke schwimmen. Die Temperatur des Wassers beträgt 0^0. Bringen wir das Eis durch allmähliches Erwärmen zum Schmelzen, so beobachten wir, daß die Temperatur auf dem Schmelzpunkte bleibt, bis alles Eis flüssig geworden ist; dann erst erhöht sie sich. Dasselbe zeigt sich beim Schmelzen aller anderen Körper. Die ihnen zugeführte Schmelzwärme wird also gleichsam verbraucht, um den innigen Zusammenhang der Teile der festen Körper zu lockern. Sie leistet somit gewissermaßen schon eine Arbeit und kann deshalb nicht noch eine andere Arbeit, nämlich eine Erhöhung der Temperatur, bewirken. — Die Schmelzwärme der Körper ist verschieden; zum Schmelzen von 1 kg Eis von 0° braucht man so viel Wärme, wie nötig ist, um 1 kg Wasser von 0° auf 80° zu erwärmen. — Beim Erstarren geben die Körper die Wärme, die sie beim Schmelzen aufnehmen oder „binden", an die Umgebung ab (Erstarrungswärme).

Wenn im Frühlinge Schnee und Eis schmelzen, wird die dazu nötige Wärme der Luft entzogen. Diese kühlt sich also ab. Dadurch wird das Schmelzen verlangsamt (Verminderung der Überschwemmungsgefahr!). Im Winter gibt das Wasser beim Gefrieren die Erstarrungswärme an die Luft ab; die Eisbildung wird daher verlangsamt. — Warum merken wir wohl von der dabei entstehenden Wärme nur wenig?

Mischt man zwei Körper miteinander, so liegt der Schmelzpunkt der Mischungen niedriger als der Schmelzpunkt der Körper selbst. Das vom Klempner benutzte „Schnellot" (1 Teil Blei und 2 Teile Zinn) schmilzt bei etwa 169°. Eine Mischung von Schnee (Eis) und Kochsalz schmilzt bei etwa — 20°. Stellt man in eine derartige „Kältemischung" ein Gefäß mit Wasser, so gefriert das Wasser zu „künstlichem" Eise (Eisfabrikation!). — Warum streut man, wenn es schneit, Kochsalz auf die Schienen der Straßenbahn?

8. **Sieden und Verdampfen des Wassers.** a) Bei der Zubereitung vieler Nahrungsmittel brauchen wir kochendes Wasser. Um genau beobachten zu können, wie das Sieden erfolgt, füllen wir eine Kochflasche etwa bis zur Hälfte mit Wasser und erwärmen sie. Zuerst bilden sich innen an den Wänden kleine Blasen, die sich nach und nach loslösen und aufsteigen: die im Wasser befindliche Luft entweicht in Gestalt von Bläschen. Dann entstehen am Boden der Flasche größere Blasen. Durch die zunehmende Wärme verwandelt sich nämlich das flüssige Wasser in luft- oder gasförmigen Wasserdampf. Die Dampfblasen steigen in die Höhe, werden aber in den kühleren Schichten wieder zu flüssigem Wasser. Dabei entsteht ein leises Geräusch: das Wasser „singt". Endlich sehen wir, daß sich in allen Schichten Blasen bilden. Sie steigen empor, bringen dadurch das Wasser zum Wallen und zerplatzen an der Oberfläche: das Wasser „siedet" oder „kocht". Setzen wir das Kochen fort, so verdampft das Wasser in der Flasche immer weiter: es „kocht ein". Beim Verdampfen des Wassers wird also Wärme verbraucht (Verdampfungswärme); die Dampfbildung erfolgt in allen Schichten des siedenden Wassers.

b) Stellen wir während des Versuches ein Thermometer in die Flasche, so beobachten wir, daß die Temperatur des kochenden Wassers nicht über den Siedepunkt (100° C) steigt. Alle zugeführte Wärme wird gleichsam verbraucht, um den Zusammenhang der Teile des flüssigen Wassers zu lockern. Die Wärme leistet somit gewissermaßen schon eine Arbeit und vermag deshalb nicht noch eine andere Arbeit — nämlich die Erhöhung der Temperatur — zu verrichten. Das Wasser kann also in einem offenen Gefäße nicht über seinen Siedepunkt erhitzt werden. Sobald es kocht, genügt daher ein kleines Feuer, das Sieden zu unterhalten. Was folgt daraus für den Verbrauch von Kohlen und anderen Brennstoffen?

Der Wärmegrad („Siedepunkt"), bei dem die Körper sieden und verdampfen, ist verschieden; so siedet z. B. Alkohol bei 78° C, Quecksilber bei 357° C, Schwefel bei 448° C.

c) Wie wir beobachtet haben, zerplatzen die Dampfblasen an der Oberfläche des siedenden Wassers. Der obere Teil der Flasche ist daher von unsichtbarem Wasserdampf erfüllt. In einiger Entfernung über der Flaschenöffnung aber, in der kühleren Luft, werden weißgraue Dämpfe sichtbar. Halten wir in diese eine kalte Glasplatte, so bilden sich an ihr Wassertropfen. Dasselbe beobachten wir an dem Deckel eines Kochtopfes. Infolge der Abkühlung verwandelt sich also der unsichtbare Wasserdampf zu sichtbarem Dunste, der aus winzig kleinen Wasserkügelchen besteht. Diese „verdichten" sich bei stärkerer Abkühlung zu Wassertropfen.

Wenn Wasserdämpfe sich verdichten, wird die zum Verdampfen verbrauchte Wärme frei. Diese Verdichtungswärme wird bei der „Dampfheizung" zum Erwärmen von Wohn- und Schulräumen, Eisenbahnwagen usw. benutzt.

9. **Dampfspannung.** Wenn Wasser in einem zugedeckten Gefäße lebhaft kocht, hebt sich von Zeit zu Zeit der Deckel, so daß etwas Dampf entweicht. Offenbar üben die Wasserdämpfe diese Wirkung aus. — Wir bringen in einer Kochflasche Wasser zum Sieden. Die Wasserdämpfe verdrängen die Luft aus der Flasche. Nun unterbrechen wir das Kochen und schieben in den Hals der Flasche einen dicht schließenden Kolben, der sich aber bequem auf und ab bewegen läßt. Hierauf erhitzen wir die Flasche von neuem und sehen, daß der Kolben in die Höhe getrieben wird. Endlich nehmen wir die Flasche von der Flamme weg und kühlen sie ab: der Kolben sinkt herunter. Die Wasserdämpfe nehmen mithin einen viel größeren (etwa 1700 fachen) Raum ein als das Wasser, aus dem sie entstanden sind. Der Dampf übt deshalb einen Druck aus, und dieser Dampfspannung gibt der bewegliche Kolben nach. Bei der Abkühlung der Flasche verwandelt sich der darin befindliche Dampf in flüssiges Wasser; es entsteht daher ein luftverdünnter Raum, so daß der Druck der äußeren Luft den Kolben nach unten treibt. Ähnliche Beobachtungen und Versuche führten zur Erfindung der Dampfmaschine (James Watt, 1765).

10. **Dampfmaschine.** Ihre Hauptteile sind der Dampfkessel, in dem der Dampf erzeugt wird, und die eigentliche Maschine, in welcher der Dampf Arbeit leistet.

a) Der Dampfkessel (Fig. 37) ist ein großer Zylinder aus starkem Eisenblech. Unter, vor oder in ihm befindet sich die Feurungsanlage, aus der Heizröhren durch den Kessel („Röhrenkessel") zum Schornsteine führen. Aus dem Feuerraume schlagen die Flammen in die Heizröhren, so daß das Wasser, von dem sie umgeben sind, schnell zum Sieden gebracht wird. Der Kessel soll etwa zu $^2/_3$ mit Wasser gefüllt sein. Zur Prüfung des Wasserstandes dient eine mit dem Kessel verbundene Röhre (S. 14, 2), das Wasserstandglas. Der beim Sieden entstehende Dampf sammelt sich über dem Wasser und in dem kuppelförmigen Dampfdome. Den jeweiligen Druck zeigt ein Druckmesser oder Manometer an. Wird die Dampfspannung zu groß, so öffnet sich infolgedessen ein Sicherheitsventil, durch das der überflüssige Dampf ausströmt. Das Dampfrohr leitet den Dampf aus dem Dampfdome in

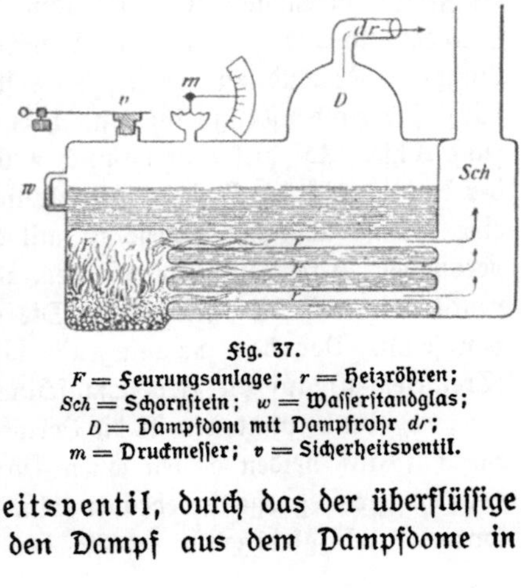

Fig. 37.
F = Feurungsanlage; *r* = Heizröhren; *Sch* = Schornstein; *w* = Wasserstandglas; *D* = Dampfdom mit Dampfrohr *dr*; *m* = Druckmesser; *v* = Sicherheitsventil.

b) die **eigentliche Maschine** (Fig. 38). Zunächst gelangt der Dampf in den **Dampfraum** oder den **Ventilkasten**, aus dem sich ihm drei Auswege bieten. Zwei von ihnen (*a* und *b*) führen in den Hauptteil der Maschine, in den **Dampf-**

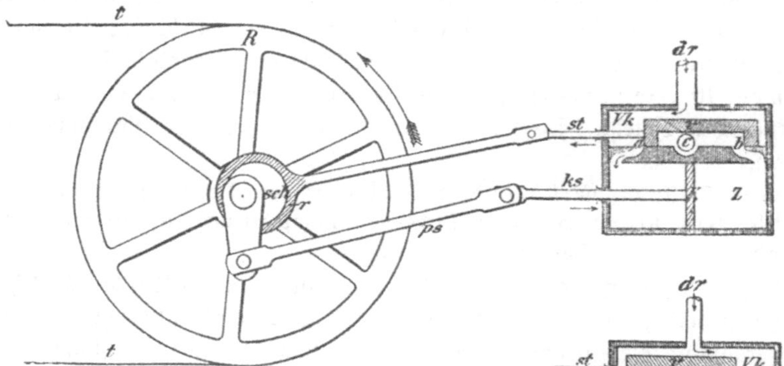

Fig. 38.

dr = Dampfrohr; *Vk* = Ventilkasten mit dem Schieberventil *v*, den Röhren *a* u. *b* sowie dem Abzugsrohre *c*; *Z* = Dampfzylinder mit Kolben *K*; *ks* = Kolbenstange; *ps* = Pleuelstange; *R* = Schwungrad mit Scheibe *sch*, Ring *r* und Schieberstange *st*; *t* = Treibriemen.

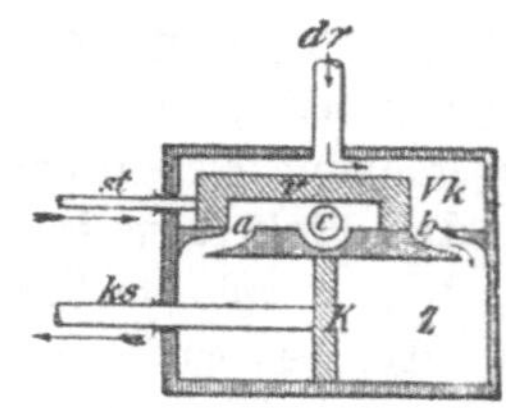

Fig. 39.

zylinder mit dem **Kolben**; der dritte (*c*) führt ins Freie. In dem Ventilkasten befindet sich ein (hohles) **Schieberventil**, das jedesmal 2 der Öffnungen — entweder *b* und *c* (Fig. 38), oder *a* und *c* (Fig. 39) — bedeckt. Tritt z. B. der Dampf durch die Öffnung *a* in den Dampfzylinder (Fig. 38), so wird der Kolben nach rechts gedrückt. Gleichzeitig wird das Schieberventil durch eine „selbsttätige Steurung", die wir gleich kennen lernen werden, nach links (Fig. 39) geschoben. Jetzt kann der Dampf nur durch die Öffnung *b* in den Zylinder eintreten; er treibt daher den Kolben nach links. Hierdurch wird der anfangs (durch *a*) in den Zylinder eingetretene Dampf zurück durch *a* und weiter durch das Abzugsrohr *c* ins Freie gepreßt. Das Ventil schiebt sich dabei nach rechts (Fig. 38). Die Öffnung *a* wird also wieder frei, und der rechts vom Kolben befindliche Dampf gelangt durch *b* und dann durch *c* ins Freie. Indem sich dieser Vorgang regelmäßig wiederholt, geht der Kolben in dem Zylinder hin und her. Die **Kolbenstange** steht durch ein Gelenk mit einer zweiten Stange in Verbindung. Diese **Pleuelstange** ist an dem großen Schwungrade befestigt. Läuft die Kolbenstange hin und her, so dreht sich infolgedessen das Schwungrad um seine Achse. Auf dieser ist nämlich eine kreisförmige Scheibe so befestigt, daß die Achse des Rades nicht durch ihren Mittelpunkt geht. Um die Scheibe läuft ein Ring, der in eine Stange übergeht. Diese ist mit der **Schieberstange** gleichfalls durch ein Gelenk verbunden. Dreht sich nun mit dem Schwungrade der Ring, dann wird das Schieberventil hin und her geschoben. Die „Steurung" des Ventils erfolgt also gleichsam von selbst. Von dem Schwungrade wird die Bewegung durch geeignete Vorrichtungen (Treibriemen) auf die Arbeitsmaschinen übertragen.

c) Am bekanntesten ist die Verwendung der Dampfmaschine bei der **Lokomotive**. Sie hat auf beiden Seiten einen Dampfzylinder; die Stelle des Schwungrades aber nehmen zwei große Triebräder ein. Diese drehen sich nicht nur um ihre Achse, sondern auch gleichzeitig infolge der Reibung (S. 4, 7) auf den Schienen vorwärts.

— Die erste Lokomotive baute der Engländer Stephenson 1826. Die erste Eisenbahn in Deutschland wurde 1835 zwischen Nürnberg und Fürth eröffnet.

d) Bei den Gaskraft- oder Explosionsmaschinen, den sog. Motoren, wird der Kolben durch die Kraft explodierender Stoffe (Gas, Petroleum, Benzin) in Bewegung gesetzt. (Motor heißt Beweger.) — Wo verwendet man solche Motoren?

11. **Verdunsten des Wassers.** a) Die Wäsche, die wir ins Freie hängen, trocknet sowohl im Sommer als auch im Winter. Ebenso werden die durch einen Regen naß gewordenen Straßen in jeder Jahreszeit trocken. Das Wasser wird also nicht bloß beim Sieden durch Verdampfen, sondern bei jeder Temperatur luftförmig. Lassen wir Wasser in einem offenen Gefäße stehen, so „trocknet es ein". Es löst sich gleichsam — etwa wie Zucker im Wasser — in der Luft auf, ohne daß wir nachher etwas davon sehen: es verdunstet.

b) Feuchte Wäsche und Kleider breiten wir aus, damit sie rasch trocknen. Wir wissen auch, daß sie bei warmem und windigem Wetter schneller trocken werden, als wenn es kalt und windstill ist.

Die Verdunstung erfolgt um so stärker, je größer die verdunstende Oberfläche ist; sie wird ferner durch höhere Temperatur und durch Luftzug gefördert, der die Feuchtigkeit fortführt.

c) Nach dem Besprengen des Schulhofes oder nach einem Regen kühlt sich die Luft ab. In nassen oder durchschwitzten Kleidern fröstelt uns. — Umwickeln wir die Kugel eines Thermometers mit einem Leinwandläppchen, das wir mit Wasser befeuchten, und schwenken wir darauf das Thermometer einige Male durch die Luft, so sinkt das Quecksilber schnell unter seinen früheren Stand. – Beim Verdunsten wird Wärme verbraucht. – Sie wird der Umgebung des verdunstenden Körpers und ihm selbst entzogen („Verdunstungskälte").

Aufgaben. Wodurch unterscheiden sich Verdunstung und Verdampfung? — Warum fröstelt uns leicht nach einem Bade? — Erkläre die Abkühlung der Luft nach einem Regen! — Nenne Schutzeinrichtungen der Pflanzen gegen zu starke Verdunstung!

12. **Feuchtigkeit der Luft.** Da im Freien fortgesetzt große Wassermassen verdunsten, befindet sich in der Luft stets Wasserdampf, den wir jedoch nicht immer bemerken. An einem kalten Wintertage aber erblicken wir unseren Hauch; auch sehen wir, daß schwitzende Pferde „dampfen". Ähnlich wie wir es beim Kochen des Wassers beobachtet haben, werden in der kalten Luft die Wasserdünste sichtbar. Die Fensterscheiben „schwitzen", wenn es draußen kalt wird; eine kalte Flasche „beschlägt", sobald wir sie in ein warmes Zimmer setzen.

Wir gießen Wasser auf einen Teller, stülpen eine dicht schließende Glasglocke darüber und stellen das Ganze auf den warmen Ofen. Schon am anderen Tage können wir erkennen, daß das Wasser abgenommen hat; offenbar ist ein Teil davon verdunstet. Kühlen wir die Glocke ab, dann bilden sich an ihrer Innenwand Wassertropfen. Ähnlich wie 1 l Wasser nur eine ganz bestimmte Menge Kochsalz aufzulösen vermag, kann die Luft immer nur eine bestimmte Menge Wasserdampf aufnehmen, und zwar warme Luft mehr als kalte. Enthält die Luft so viel Wasserdampf, wie sie aufzunehmen vermag, dann ist sie damit „gesättigt". Wird gesättigte Luft abgekühlt, so verdichtet sich ein Teil des unsichtbaren Wasserdampfes zu sichtbarem Dunste.

13. Atmosphärische Niederschläge. a) Infolge der Abkühlung entstehen in der Luft, die die Erde umgibt, zahllose schwebende, sichtbare Wasserkügelchen. Befinden sich diese Dunstmassen unmittelbar über der Erdoberfläche, so nennen wir sie Nebel. Nebel in höheren Luftschichten oder auf hohen Bergen werden von unten aus als Wolken gesehen.

b) Schreitet die Abkühlung in den Wolken weiter fort, dann vereinigen sich die Wasserkügelchen zu Tropfen, die infolge ihrer Schwere zur Erde fallen: es regnet.

c) Sinkt die Temperatur der Wasserkügelchen in den Wolken unter 0^0, so entstehen daraus kleine sechsstrahlige Eissternchen, die als Schnee herunterfallen. Meist vereinigen sich viele dieser Kriställchen (S. 83, 1a) zu Schneeflocken. — Wie Graupeln und Hagel entstehen, weiß man nicht genau. Man kann sich den Vorgang folgendermaßen denken. Wenn Schneeflocken durch eine warme Luftschicht fallen, schmelzen sie teilweise und frieren darauf wieder zu kleinen Schneebällen, den Graupeln, zusammen. Bildet sich um die herabfallenden Graupeln eine Eisschicht, so entsteht Hagel. Die Hagelkörner erreichen zuweilen die Größe von Taubeneiern und verursachen daher oft großen Schaden (Verhageln des Getreides!).

d) Wir wissen aus Erfahrung, daß sich die Erde nachts bei wolkenlosem Himmel stark abkühlt. Dasselbe gilt besonders auch von den Pflanzen. Wie die kalte Glasscheibe, die wir in die aufsteigenden Dämpfe des kochenden Wassers hielten, oder wie die „beschlagenden" Fensterscheiben, so bedecken sich die abgekühlten Pflanzen mit Wassertröpfchen, die wir Tau nennen. Sinkt die Temperatur unter 0^0, dann setzen sich kleine Eiskristalle an, die den Reif bilden. — Ähnlich wie der Kaffee in der Kanne durch die darüber gestülpte „Haube" warm gehalten wird, so schützen die Wolken die Erde vor starker Abkühlung. Daher unterbleiben bei bewölktem Himmel Tau- und Reifbildung.

Aufgaben. Warum taut es nicht bei bewölktem Himmel, bei windigem Wetter, unter den im Freien stehenden Tischen, Stühlen usw.? — Wie schützt der Gärtner die Pflanzen gegen den Reif? — In welcher Jahreszeit treten die meisten Nebel auf? — Fange Schneeflocken auf und zeichne die Sternchen!

14. Leitung der Wärme. a) Halten wir eine Stricknadel oder ein Geldstück in eine Flamme, so werden sie in kurzer Zeit unerträglich heiß. Ein brennendes Streichholz aber können wir so lange halten, bis die Flamme unsere Hand fast berührt.

An einen Kupferstab und an einen gleichlangen Glasstab kleben wir mit Wachs kleine Ton- oder Schrotkugeln in gleichen Abständen an. Hierauf befestigen wir die Stäbe so, daß sie mit ihren freien Enden zusammenstoßen. Erwärmen wir sie endlich an dieser Stelle (Fig. 40), so beobachten wir, daß die Kugeln sich nacheinander ablösen, und zwar die an dem Kupferstabe viel schneller als die an dem Glasstabe.

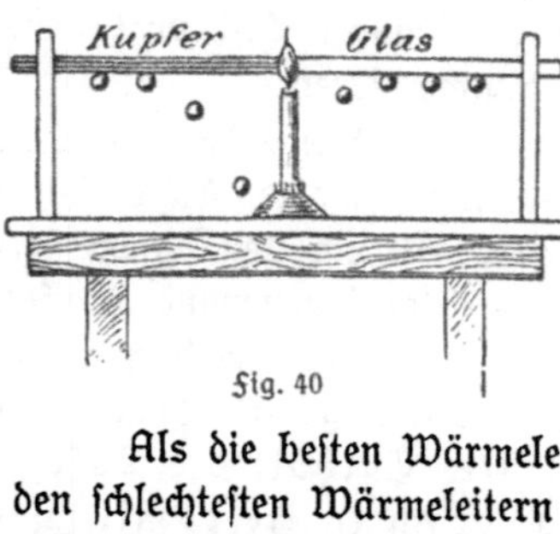

Fig. 40

Alle diese Tatsachen zeigen uns, daß sich die Wärme in den Körpern von Teilchen zu Teilchen fortpflanzt, daß aber die Körper die Wärme nicht gleichschnell leiten. Es gibt vielmehr gute und schlechte Wärmeleiter.

Als die besten Wärmeleiter haben sich die Metalle erwiesen (nenne einige!). Zu den schlechtesten Wärmeleitern gehören Luft und alle lockeren Körper, z. B. Holz, Sägespäne, Stroh, Laub, Asche, Haare, Wolle, Federn, Schnee, Eis, Wasser. In der Mitte stehen u. a. Glas, Ofenkacheln, Porzellan, Steine, Seide, Leinwand.

b) Der eiserne Reifen eines Wagenrades fühlt sich im Winter kälter an als das Holz der Speichen. Auch zwischen der Klinke und den Holzteilen der Tür beobachten wir denselben Unterschied. Das gut leitende Eisen entzieht nämlich unserer Hand mehr Wärme als das schlecht leitende Holz. Bringen wir im Winter einen Hammer aus der warmen Stube ins Freie, so kühlt sich der eiserne Kopf viel schneller ab als der Holzstiel. — Gute Wärmeleiter nehmen die Wärme schneller auf und geben sie auch schneller ab als schlechte Wärmeleiter.

c) Hierauf beruht die verschiedene Verwendung der Stoffe im täglichen Leben. Eiserne und kupferne Gefäße benutzt man, um die Speisen schnell zu kochen; in Ton- oder Porzellangeschirr dagegen bringt man sie auf den Tisch. In Räumen, die rasch warm werden müssen, verwendet man eiserne Öfen; Kachelöfen aber setzt man in Zimmer, die längere Zeit warm bleiben sollen. Feuerhaken, Bügeleisen usw. versieht man mit Holz- oder Ledergriffen. Heiße Töpfe faßt man mit einem Tuche an. Im Winter trägt man wollene Kleider oder Pelze. Auch versetzt man im Winter die Kellerfenster und umwickelt die Pumpenrohre mit Stroh. — Gute Wärmeleiter benutzen wir, um die Wärme schnell zu verbreiten; schlechte dagegen, um uns vor Wärmeverlust zu schützen, oder um Wärme (bzw. Kälte) zurückzuhalten.

Aufgaben. Warum springt ein Glas, in das man heißes Wasser gießt, nicht so leicht, wenn man einen Teelöffel hineingestellt hat? — Nenne Schutzmittel gegen großen Wärmeverlust bei Tieren und Pflanzen!

15. **Strahlung der Wärme.** a) Treten wir an einen stark geheizten Ofen oder an ein offenes Feuer, so wird uns die Wärme bald unerträglich. Wenn wir aber einen Ofenschirm zwischen uns und jene Wärmequellen stellen, dann verschwindet das lästige Wärmegefühl augenblicklich. Die Wärme des Ofens oder des Feuers ist also unmittelbar und nicht durch Vermittlung der Luft zu uns gelangt. Im Gegensatz zur Wärmeleitung nennen wir diesen Vorgang Wärmestrahlung. Auch die Sonnenwärme verbreitet sich durch Strahlung; daher ist die Temperatur „in der Sonne" höher als „im Schatten".

b) Ein offenes Feuer, eine brennende Lampe u. dgl. strahlen ihre Wärme — ebenso wie das von ihnen ausgehende Licht — nach allen Seiten aus. Wir wissen ferner aus Erfahrung, daß immer nur die der Wärmequelle zugekehrte Seite unseres Körpers stark erwärmt wird. Stellen wir uns hinter einen Ofenschirm, so werden wir durch die von dem heißen Ofen kommenden Wärmestrahlen nicht getroffen, und vor den Sonnenstrahlen schützen wir uns durch breite Hüte oder Sonnenschirme. — Die Wärmestrahlen verbreiten sich also geradlinig (wie die Lichtstrahlen).

16. **Wirkung der Sonnenstrahlen.** a) Der Schnee schmilzt auf einem schrägen Dache und am Bergabhange schneller als in der Ebene. Mittags, wenn die Sonne hoch steht, wenn ihre Strahlen daher steil auf die Erde fallen, ist es wärmer als morgens und abends.

Wir halten die Handfläche so vor die Öffnung eines Ofens, in dem ein Feuer brennt, daß die Wärmestrahlen senkrecht auf die Hand fallen; die Hitze wird bald unerträglich. Nachdem sich die Hand abgekühlt hat, halten wir sie schräg vor das Ofenloch. Jetzt wird die Hand von den Wärmestrahlen schiefwinklig getroffen, und sie erwärmt sich viel langsamer. In beiden Fällen sind zwar die bestrahlten Flächen gleichgroß (Fig. 41); die Hand wurde aber in der ersten Stellung durch eine größere Zahl von Wärmestrahlen getroffen als in der zweiten. — **Die Erwärmung einer Fläche ist um so größer, je steiler die Wärmestrahlen auffallen.**

b) Wenn im Sommer die Sonne scheint, empfinden wir in hellen Kleidern die Hitze nicht so sehr wie in dunkeln. — Wir umwickeln von zwei gleichgroßen Gefäßen das eine mit weißem, das andere mit schwarzem Tuche, füllen sie darauf mit Wasser und setzen sie „in die Sonne". Nach kurzer Zeit schon können wir mit Hilfe des Thermometers feststellen, daß das Wasser in dem schwarz umhüllten Gefäße wärmer geworden ist als das in dem anderen.

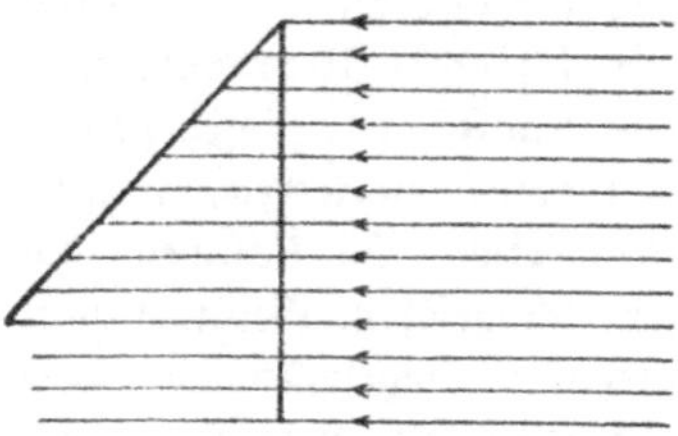

Fig. 41.

c) Wir füllen eine blanke und eine berußte Kakaobüchse mit heißem Wasser und stellen in jede ein Thermometer: das Thermometer fällt in dieser schneller als in jener. **Dunkle Körper werden von den Wärmestrahlen stärker und schneller erwärmt, strahlen aber die Wärme auch schneller aus als helle.** — Führe andere Beispiele an, die das beweisen!

d) Im Sommer fühlt sich der Erdboden warm an; trockener Sandboden, Steine und Metalle werden zuweilen so heiß, daß man sie mit bloßen Füßen kaum betreten kann. Die Sonnenstrahlen erwärmen die Erde, und diese teilt die Wärme der Luft mit. Luftschiffer, die in einem Luftballon aufsteigen, kommen selbst an heißen Sommertagen bald in sehr kalte Luftschichten.

Die unteren, der Erde näheren Luftschichten sind wärmer als die oberen. — Auch auf hohen Bergen ist es kälter als in der Ebene; denn dort können ja nur geringe Landmassen erwärmt werden.

III. Vom Schalle.

1. **Arten des Schalles.** Wird ein Gewehr abgeschossen, so hören wir einen **Knall**. Der Wagen, der über das Pflaster fährt, verursacht ein **Geräusch**. Brausen, Brummen, Donnern, Klirren, Plätschern, Rauschen, Rollen, Zischeln usw. sind gleichfalls Geräusche. Die angerissene Saite einer Geige gibt einen **Ton**. Wird eine Glocke geläutet, so hört man einen **Klang**. Da wir alles, was wir mit dem Ohre wahrnehmen, **Schall** nennen, sind Knall und Geräusch, Ton und Klang Arten des Schalles.

2. **Entstehung des Schalles.** a) Hält ein Wagen auf der Straße still, oder hängt eine Glocke ruhig da, so entsteht kein Schall. Sie müssen erst **bewegt** werden.

Biegt man das freie Ende einer fest eingeklemmten Stricknadel zur Seite und läßt es los, dann **schwingt** die Nadel hin und her. Wenn die **Schwingungen** langsam sind, nehmen wir sie nur mit den Augen wahr; werden sie aber schneller, so hören wir sie auch: es entsteht ein Schall. Halten wir die Nadel fest, so daß sie nicht mehr schwingen kann, dann verstummt auch der Schall. Dasselbe beobachten wir an einer tönenden Saite, einer Stimmgabel usw. — **Der Schall entsteht durch hinreichend schnelle Schwingungen eines Körpers.**

Das rauschende Wasser und der heulende Wind zeigen uns, daß nicht nur feste, sondern auch flüssige und luftförmige Körper einen Schall erregen können, und zwar ist der Schall um so lauter, je stärker die Schwingungen sind. — Durch Versuche hat man festgestellt, daß ein Schall um so höher ist, je schneller ein Körper schwingt.

b) Die Schwingungen einer tönenden Glasglocke sind zwar nicht sichtbar, aber wir fühlen sie deutlich. Noch besser nehmen wir sie wahr, wenn wir an die Glocke ein freihängendes Kügelchen aus Holundermark halten: es wird fortgesetzt weggestoßen. — Wir befestigen am Tische einen Blechtrichter, über dessen weite Öffnung ein Trommelfell oder ein Blatt Papier straff gespannt ist, und stellen vor die gegenüberliegende, enge Öffnung ein brennendes Licht (Fig. 42). Schlagen wir mit einem Klöppel kräftig gegen das Fell, so hören wir einen Schall. Gleichzeitig sehen wir, daß die Flamme hin und her zuckt. Die (oft unsichtbaren) Schwingungen des schallerzeugenden Körpers teilen sich also der Luft mit. Dabei entstehen — ähnlich wie im Wasser, in das man einen Stein wirft — in der Luft Wellen, die immer weiter fortschreiten. Zum Unterschiede von jenen Wasserwellen nennt man sie Schallwellen (Fig. 43). Sie gelangen an unser Ohr und werden von uns als Schall empfunden.

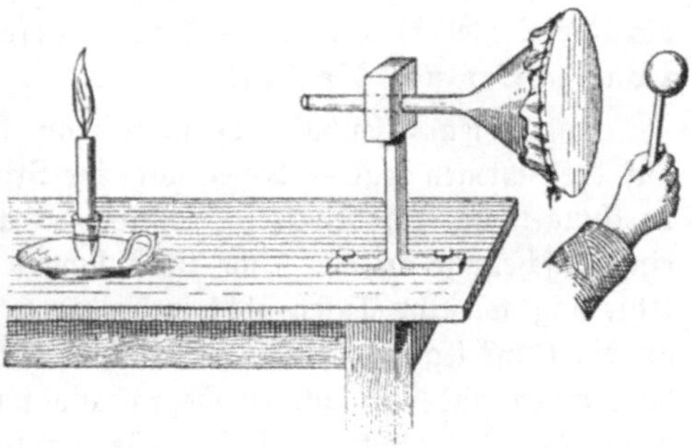

Fig. 42.

Sehen wir genauer zu, was bei der Erregung eines Schalles in der Luft vor sich geht! Bewegt sich das freie Ende einer schwingenden Stricknadel schnell nach rechts, so wird die Luft auf der rechten Seite der Nadel zusammengedrängt. Dort entsteht also eine Verdichtung der Luft. Links von der Nadel dehnt sich die Luft infolgedessen aus; dort entsteht daher eine Verdünnung der Luft. Schwingt die Nadel zurück, dann bildet sich links eine Verdichtung und rechts eine Verdünnung. Dieser Vorgang wiederholt sich, solange die Nadel schwingt. Da sich nun die Bewegung der Luftteilchen auf die anstoßenden überträgt, schreiten die Verdichtungen und Verdünnungen, die Schallwellen, immer weiter fort. — Wirft man einen Stein ins Wasser, so entstehen Wellen, die sich in Kreisen von der Treffstelle aus weiter verbreiten. Die Erhöhungen nennt man Wellenberge (Name!), die Vertiefungen Wellentäler (Name!). Ein Wellenberg und ein Wellental machen eine Welle aus. Legt man ein Stück Holz auf das Wasser, so bleibt es trotz der Wellenbewegung an derselben Stelle. Die Wasserwelle schreitet also vorwärts, die Wasserteilchen aber verlassen ihren Ort nicht. Ebenso verhält es sich mit den Schallwellen, die sich in der Luft nach allen Seiten verbreiten. Die Verdichtungen entsprechen den Wellenbergen und die Verdünnungen den Wellentälern.

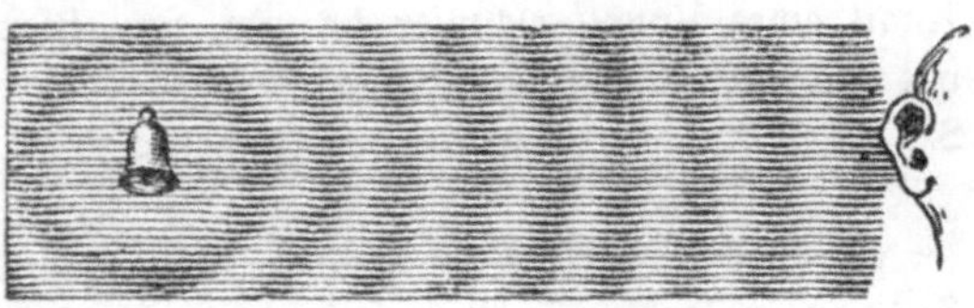

Fig. 43.

Aufgaben. Erkläre das Summen der Telegraphendrähte! — Berühre eine tönende Klingel mit den Fingerspitzen! — Beobachtung? Erklärung!

3. **Leitung des Schalles.** a) Der Schall wird gewöhnlich durch die Luft zu unserem Ohre geleitet. Wir stellen eine aufgezogene Weckeruhr auf einen Filzdeckel, bringen sie unter die Glocke einer Luftpumpe (S. 22) und pumpen die Luft heraus. Der Schall des Läutewerkes wird immer schwächer, und endlich hören wir fast nichts mehr davon. Lassen wir nun allmählich wieder Luft einströmen, so wird der Schall

lauter und lauter, bis er endlich seine anfängliche Stärke wieder erhält. — Die Luft leitet den Schall um so besser, je dichter sie ist.

b) Schlagen wir zwei Steine unter Wasser aneinander, so hören wir den Schall deutlich außerhalb des Wassers. Taucher vernehmen unter dem Wasser einen darüber abgefeuerten Schuß. Sie hören das Nahen eines Dampfschiffes eher als die Leute im Boote. — Das Wasser leitet gleichfalls den Schall, und zwar besser als die Luft.

c) Einen Eisenbahnzug kann man kilometerweit hören, wenn man das Ohr auf die Schienen legt. — Setzen wir eine Stimmgabel, deren Ton für unser Ohr bereits verklungen ist, auf den Kopf, so nehmen wir ihren Ton wieder wahr. — Wir legen eine Taschenuhr an das Ende einer langen Bank und entfernen uns so weit von der Uhr, daß wir ihr Ticken nicht mehr hören. Wenn wir aber an dieser Stelle das Ohr an die Bank legen, vernehmen wir das Ticken deutlich. Lassen wir dagegen ein Tuch oder einen anderen lockeren Gegenstand unter die Uhr schieben, dann hören wir das Ticken der Uhr nicht. — Feste Körper leiten den Schall besser als die Luft.

Aufgaben. Warum leiten lockere Körper den Schall schlecht? — Warum heißt es der Horcher an der Wand ...? — Warum ist ein Schrei unter dem Federbette kaum hörbar?

4. **Geschwindigkeit des Schalles.** Die Saite einer Geige hören wir tönen, sobald sie angerissen wird. Bei geringer Entfernung vernehmen wir also den Schall in dem Augenblicke, in dem er entsteht. Beobachten wir dagegen einen arbeitenden Holzhauer aus größerer Entfernung, so sehen wir die Axt früher fallen, als wir den Schlag hören. Auch bei einem Gewitter sehen wir zuerst den Blitz; den gleichzeitig entstehenden Donner aber hören wir erst nach einiger Zeit. Indem man feststellte, wie lange der Knall eines Kanonenschusses braucht, um einen genau gemessenen Weg zurückzulegen, hat man die Geschwindigkeit des Schalles berechnet. — Die Geschwindigkeit des Schalles beträgt in der Luft etwa 340 m in 1 Sekunde.

Aufgaben. Wie lange braucht der Schall, um 1 km zurückzulegen? — Wie weit ist ein Gewitter entfernt, wenn zwischen Blitz und Donner 20 Sekunden vergehen? — Wenn Soldaten in langem Zuge nach der voranschreitenden Musik marschieren, halten die letzten Reihen nicht gleichen Tritt mit den ersten. Erklärung?

5. **Zurückwerfung des Schalles.** a) Werfen wir einen Ball gegen eine Wand, so springt er wieder zurück. Ähnlich wird, wie wir bei dem Echo deutlich wahrnehmen, der Schall von einem Hause, einer Felswand oder dgl. zurückgeworfen. Ist der Gegenstand, von dem die Schallwellen abprallen, wenigstens 17 m von uns entfernt, so schlägt der zurückkommende Schall erst dann an unser Ohr, wenn der ursprüngliche bereits verklungen ist. Wir hören deshalb nach diesem Schalle deutlich noch einen zweiten, den Widerhall oder das Echo. Ein Echo nennt man einfach, wenn der Schall von einem Gegenstande, mehrfach, wenn er von mehreren Gegenständen nacheinander zurückgeworfen wird.

Genaue Versuche haben gezeigt, daß ein Schall erst nach 0,1 Sek. in unserem Ohre ganz verklungen ist. Ein Echo kann also nur dann entstehen, wenn der zurückgeworfene Schall wenigstens 0,1 Sek. später an unser Ohr gelangt als der ursprüngliche. In dieser Zeit muß der Schall aber von dem Orte seiner Entstehung bis zur Wand und wieder zurück eilen. Da nun der Schall in 0,1 Sek. 34 m zurücklegt, muß die Wand mindestens 34 m : 2 = 17 m von der Schallquelle entfernt sein.

b) Wenn die Wände uns näher sind, trifft der zurückgeworfene Schall unser Ohr, noch ehe der ursprüngliche ganz verklungen ist. Infolgedessen entsteht, wie wir in großen Sälen, in Kirchen u. dgl. beobachten können, ein Nachhall (Name!), wodurch die Rede oder der Gesang undeutlich werden.

c) In unseren Stuben vernehmen wir auch leise gesprochene Worte deutlich. Die Wände, von denen die Schallwellen abprallen, sind uns nämlich so nahe, daß die zurückgeworfenen Schallwellen mit den ursprünglichen gleichzeitig an unser Ohr gelangen. Hierdurch wird der Schall verstärkt.

Die Schallwellen verbreiten sich, wie wir gesehen haben, nach allen Seiten. Der Schall wird daher besonders im Freien schnell so schwach, daß er von unserem Ohre nicht mehr vernommen werden kann. Spricht man aber in eine etwa 2—3 cm weite Röhre, so werden die Schallwellen darin zusammengehalten und nach ein und derselben Richtung geleitet. Mit Hilfe eines solchen Schallrohres (Name!) kann man daher nach entfernten Räumen sprechen (z. B. in Häusern und Fabriken von einem Stockwerke zum anderen, auf Schiffen von der Kommandobrücke nach dem Maschinenraume usw.).

Spricht man in die enge Öffnung eines Trichters, dann werden die Schallwellen durch die Wände des Rohres verhindert, sich seitlich auszubreiten. Sie verlassen daher den Trichter in der Richtung des Rohres. Verwendet man ein 1,5—2 m langes, trichterförmiges Rohr, so kann man sich mit einem solchen Sprachrohre (Name!) selbst im Freien auf große Entfernungen verständlich machen.

Steckt man die Spitze eines Trichters in das Ohr, so werden die Schallwellen in der weiten Öffnung gesammelt und in dem Rohre zusammengedrängt. Dadurch wird der Schall verstärkt. Ein derartiges Werkzeug ist das Hörrohr (Name!), das von Schwerhörigen benutzt wird.

Aufgaben. Warum unterbleibt der Nachhall, wenn die Wände mit weichen Stoffen behängt sind, oder wenn der Saal dicht mit Menschen besetzt ist? — Nach welcher Zeit hört man das Echo, wenn die zurückwerfende Wand 85 m von der Schallquelle entfernt ist? — Warum rollt der Donner in Gebirgen stärker als in der Ebene?

6. **Musikinstrumente.** a) Wollen wir Töne erzeugen, so bedienen wir uns der Musikwerkzeuge oder Musikinstrumente. Bei Geige, Baß, Gitarre, Zither, Klavier usw. werden die Töne durch schwingende Saiten erzeugt: Saiteninstrumente. Tönende Platten benutzen wir bei Glocken und Becken, tönende Häute bei Trommel und Pauke: Flächeninstrumente. In Trompete, Pfeife usw. entstehen die Töne durch schwingende Luftsäulen: Blasinstrumente.

Auch der menschliche Kehlkopf ist ein Musikinstrument, auf dem wir verschieden hohe Töne hervorbringen können. — Beim Geigenspiele beobachten wir, daß der Ton um so höher ist, je dünner und kürzer eine Saite und je straffer sie gespannt ist. Ähnlich wird bei der Trommel der Ton höher, je fester man das Trommelfell spannt. Von zwei Platten, die aus demselben Stoffe bestehen, gibt die kleinere und dünnere einen höheren Ton als die größere und dickere. An den gewöhnlichen Weiden- und Kinderpfeifen können wir feststellen, daß der Ton um so höher ist, je kürzer die schwingende Luftsäule ist.

b) Der Ton einer Saite klingt stärker, wenn sie, statt frei in der Luft, auf der Geige ausgespannt ist. Stellt man eine angeschlagene Stimmgabel mit ihrem Stiele auf einen leeren Holzkasten, so tönt sie lauter, als wenn man sie frei hält. Die Schwingungen der Saite und der Stimmgabel übertragen sich nämlich auf das Holz und auf die in dem Kasten oder in der Geige befindliche Luft. Durch das Mitschwingen dieser Körper, die Resonanz, wird der Ton verstärkt.

Aufgaben. Warum haben Baßgeige und Cello tiefere Töne als die Geige? — Erkläre das „Pfeifen" mit dem Munde! — Wodurch werden die Töne verstärkt, die durch die Schwingungen unserer Stimmbänder erzeugt werden?

7. **Der Schall als Kraft.** Bei einem kräftigen Schalle (Donner, Knall einer Kanone) klirren die Fenster. Schreit man jemandem ins Ohr, so kann das Trommelfell platzen. Wir wissen bereits, daß der Schall auf Luftschwingungen beruht. Diese besitzen eine gewisse Kraft. Durch den Schall kann also Arbeit verrichtet werden, ähnlich wie wir durch die Kraft unseres Armes Arbeit leisten. Der Schall ist demnach auch eine Kraft. Beim Läuten der Glocken, beim Singen usw. verrichten wir Arbeit. Ein Schall entsteht daher nur, wenn Arbeit geleistet wird, und wir erkennen, daß Arbeit in Schall und umgekehrt Schall in Arbeit umgesetzt werden kann.

Ein Instrument, das uns diesen Vorgang deutlich zeigt, ist der Schallschreiber oder Phonograph (Edison; 1877). Wir sehen an ihm einen Schalltrichter, an dessen unterem Ende eine dünne Platte befestigt ist. Die Platte trägt einen Stift. An dem Stifte bewegt sich, durch ein Uhrwerk getrieben, eine Walze vorüber, die mit Wachs überzogen ist. Der von dem Trichter aufgenommene Schall versetzt die Platte in Schwingungen. Der Stift schwingt infolgedessen mit, so daß auf der Walze zahlreiche Eindrücke entstehen. Stellt man dann die Walze so ein, daß der Stift diesen Eindrücken von Anfang bis zu Ende folgen muß, dann wiederholt die Platte dieselben Schwingungen, die sie bei Aufnahme des Schalles machte: der aufgenommene Schall wird zurückgegeben. — Bei der Aufnahme wird also Schall in Arbeit, bei der Wiedergabe jedoch Arbeit in Schall verwandelt. — Das Grammophon wird nur zur Wiedergabe von Schallen (Reden, Gesängen, Musikstücken) benutzt.

IV. Vom Lichte.

1. **Lichtquellen.** Ein brennendes Licht, eine glühende Ofenplatte, die Sonne und die Fixsterne leuchten von selbst; es sind selbstleuchtende Körper oder Lichtquellen. Unsere wichtigste Lichtquelle ist die Sonne. Gib andere Lichtquellen an!

2. **Dunkle Körper.** a) Wenn es ganz finster ist, können wir „die Hand nicht vor den Augen" sehen. Sobald es aber hell wird, sehen wir die Dinge um uns. Steine, Pflanzen und andere Gegenstände, die Menschen und Tiere werden also für uns erst sichtbar, wenn sie von dem Lichte einer Lichtquelle beleuchtet werden und einen Teil davon in unser Auge zurückwerfen. Einige von diesen dunkeln Körpern, z. B. ein frisch abgebrochenes Stück Zucker oder Marmor, leuchten auch noch im Finstern weiter, wenn sie eine Zeitlang in der Sonne gelegen haben. Sie geben also das empfangene Licht selbst dann noch ab, wenn sie nicht mehr von einer Lichtquelle beschienen werden.

b) In der Luft befindliche Gegenstände sehen wir auf weite Entfernungen hin; ebenso erkennen wir die Gestalt und die Farbe der Häuser, Bäume usw. durch die Fensterscheiben. Durch Luft, Glas und andere durchsichtige Körper dringt also das Licht reichlich hindurch. — Das Milchglas der Lampenglocken, Ölpapier, dünne Hornplatten u. dgl. lassen zwar auch Licht hindurch, aber nicht so viel, daß wir die dahinter befindlichen Gegenstände deutlich sehen können: sie sind durchscheinend. — Durch eine Schiefertafel oder ein Brett können wir nichts erkennen: sie sind für Licht undurchdringlich, undurchsichtig.

Aufgaben. Nenne dunkle Körper, die durch Erhitzen glühend (leuchtend) werden! — Halte nacheinander gegen die Sonne ein Stück Packpapier, geöltes Papier, eine Hornplatte, einen Hobelspan, grünes Flaschenglas, und ordne die Gegenstände nach ihrer Lichtdurchlässigkeit!

3. **Ausbreitung des Lichtes.** Eine brennende Lampe sendet ihr Licht nach *allen Seiten* aus. Fallen Sonnenstrahlen durch eine kleine Öffnung in ein staub- oder raucherfülltes Zimmer, so erkennen wir an den hellbeleuchteten Staub- oder Rauchteilchen, daß sich die Strahlen *geradlinig* fortpflanzen. Dasselbe beobachten wir, wenn die Sonne „Wasser zieht", d. h. wenn die Sonnenstrahlen durch eine Lücke zwischen Wolkenmassen dringen. Halten wir ein Stück Pappe vor die Augen, so sehen wir den dadurch verdeckten Gegenstand nicht; wir können nicht „um die Ecke" sehen.

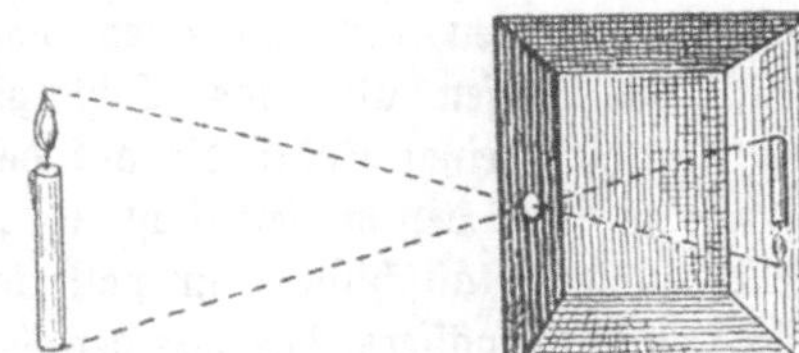

Fig. 44.

Wir nehmen eine Zigarrenkiste, ersetzen eine Wand durch eine matte Glasscheibe oder durch Ölpapier und bohren in die gegenüberliegende Wand ein kleines Loch. Stellen wir dann vor das Loch ein brennendes Licht, so erblicken wir (Fig. 44) auf der Glasplatte (oder dem Ölpapiere) ein umgekehrtes Bildchen des Lichtes. Aus diesen Beobachtungen und Versuchen ergibt sich: *das Licht verbreitet sich geradlinig nach allen Seiten hin.*

4. **Der Schatten.** a) Wird ein undurchsichtiger Körper einseitig vom Lichte beschienen, so entsteht hinter ihm ein lichtarmer Raum, ein *Schatten*. Der Schatten liegt also *auf der Seite des dunkeln Körpers, die der Lichtquelle abgewendet ist.*

b) Wenn am Morgen die Sonne im Osten aufgeht, ist der (nach Westen fallende) Schatten sehr lang. Die Sonne steigt höher und bewegt sich gen Süden; der Schatten wird kürzer und wandert nach Norden. Mittags um 12 steht die Sonne am höchsten und genau im Süden; der Schatten ist am kürzesten und zeigt genau nach Norden. Dann sinkt die Sonne nach Westen; der Schatten wird länger und bewegt sich nach Osten zu.

Wir stellen einen Bleistift auf eine helle Unterlage. Bewegen wir nun vor ihm ein Licht auf und ab, so bestätigt uns dieser Versuch, daß *die Größe und die Lage des Schattens von der Stellung abhängen, die der leuchtende und der beleuchtete Körper zueinander haben.*

Durch den Schatten eines Gegenstandes, der von der Sonne beschienen wird, können wir die Himmelsgegenden und die Zeit bestimmen (Sonnenuhr!).

c) Wir beleuchten verschiedene Gegenstände, z. B. eine runde Pappscheibe, einen Würfel, ein Ei, eine Kugel usw. und fangen ihre Schattenbilder auf einem hellen Schirme auf. *Verändern* wir die Stellung dieser Körper wiederholt, so sehen wir, daß sich auch die Form ihrer Schattenbilder *ändert*. *Nur das Schattenbild der Kugel ist stets kreisförmig* (Beweis für die Kugelgestalt der Erde!).

Aufgaben (zu 3 u. 4). Warum kann man ein Zimmer von *einer* Stelle aus beleuchten? — Beschreibe eine dir bekannte Sonnenuhr! — Beobachte an ein und demselben Gegenstande Richtung und Länge des Schattens zu den verschiedenen Tages- und Jahreszeiten, und beurteile die Stellung der Sonne!

5. **Geschwindigkeit des Lichtes.** Bei einem Gewitter glauben wir den Blitz in dem Augenblicke seines Entstehens zu sehen. Sorgfältige Versuche haben jedoch ergeben, daß auch das Licht zu seiner Verbreitung Zeit braucht. Die Geschwindigkeit des Lichtes ist aber sehr groß; es legt nämlich in 1 Sekunde den Weg von 300000 km zurück.

Aufgaben. Wie oft könnte also ein Lichtstrahl in 1 Sekunde um die Erde laufen, deren Umfang 40000 km beträgt? — Wie lange braucht das Licht der Sonne, um bis zur Erde zu dringen, die von ihr rund 150 Millionen km entfernt ist? — Wie können wir die Entfernung eines Gewitters berechnen?

6. **Zurückwerfung des Lichtes.** Wie der Schall, so wird auch das Licht zurückgeworfen. Steine, Pflanzen und andere Körper, die eine rauhe Oberfläche haben, erscheinen uns an allen von der Sonne beleuchteten Teilen gleichmäßig hell. Sie werfen also das Licht gleichmäßig nach allen Seiten zurück. Suchen wir aber nach einer Nadel, die auf den Fußboden gefallen ist, so beobachten wir, daß sie nur in einer bestimmten Richtung glänzt. Ähnliches sehen wir an blanken Knöpfen, Tellern und Metallschildern, an polierten Holz- und Steinplatten. Auch die glatte Oberfläche eines Gewässers, das von der Sonne beschienen wird, glänzt an einer bestimmten Stelle besonders hell.

Die Körper mit glatter Oberfläche werfen das meiste Licht in einer bestimmten Richtung zurück. — Da wir in ihnen ein Bild von uns erblicken, uns also in ihnen spiegeln können, nennen wir sie Spiegel.

7. **Dämmerung.** Wie von allen Körpern wird das Sonnenlicht auch von den Staubteilchen und den Wasserkügelchen, die in der Luft schweben, wenigstens teilweise zurückgeworfen. Daher ist es auf der Erde bereits hell, wenn die Sonne noch nicht aufgegangen ist (Morgendämmerung), und es bleibt auch nach Sonnenuntergang eine Zeitlang hell (Abenddämmerung).

8. **Ebene Spiegel.** a) In einem Stubenspiegel (beschreibe ihn!), der an der Wand hängt, erblicken wir nicht nur unser eigenes Bild, sondern zugleich die Bilder anderer Gegenstände. Dabei scheinen die Abstände zwischen den Bildern ebenso groß zu sein wie die zwischen den Gegenständen selbst. Wir sehen ferner die Bilder um so näher hinter dem Spiegel, je näher sich die Gegenstände vor dem Spiegel befinden. Endlich entsprechen auch die Größe und die Gestalt der Bilder denen der Dinge. Bewegen wir aber einen Gegenstand nach rechts, so bewegt sich sein Bild nach links. Wenn wir unseren linken Arm emporheben, hebt unser Spiegelbild den rechten. Legen wir den Spiegel auf den Fußboden, so erscheint darin unser Bild mit dem Kopfe nach unten.

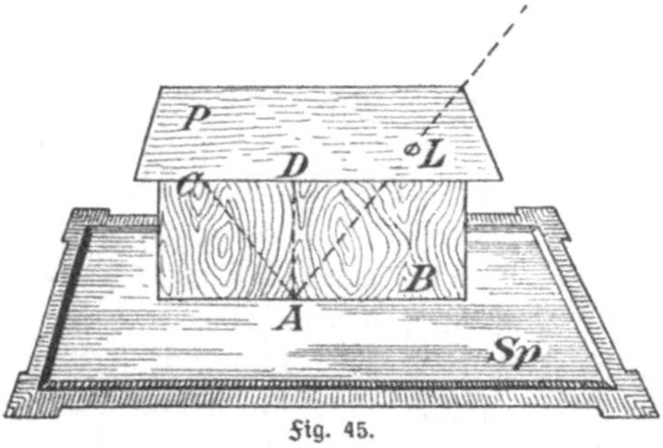

Fig. 45.

Ein Lichtstrahl, der durch das Loch *L* des Pappdeckels *P* auf den Spiegel *Sp* fällt, wird von *A* nach *C* zurückgeworfen.

Die in einem ebenen Spiegel entstehenden Bilder befinden sich ebensoweit hinter dem Spiegel, wie die Gegenstände vor dem Spiegel liegen. Die Bilder gleichen den Gegenständen in Größe und Gestalt, aber die Seiten erscheinen vertauscht. — Wie sind diese Erscheinungen zu erklären?

b) Wir legen einen ebenen Spiegel (Fig. 45) in die Sonne und stellen senkrecht darauf ein Brett (*B*). Dann halten wir einen Pappdeckel, in den wir ein kleines Loch gebohrt haben, so darüber, daß ein Sonnenstrahl durch das Loch an dem Brette entlang auf den Spiegel fällt. An der Stelle, wo der Lichtstrahl den Spiegel trifft, bemerken wir einen hellen Punkt, von dem aus der zurückgeworfene Strahl an dem Brette entlang nach *C* läuft. Mit Hilfe eines

Winkelmessers können wir leicht feststellen, daß der einfallende und der zurückgeworfene Lichtstrahl mit der Fläche des Spiegels gleiche Winkel bilden. Ein senkrecht (etwa von D nach A) auffallender Strahl, der „Hauptstrahl", wird also in sich selbst zurückgeworfen.

c) Nun werden wir leicht verstehen, wie in dem Spiegel (Fig. 46) ein Bild von dem Pfeile ab zustande kommt. Die Spitze a des Pfeiles entsendet nach allen Seiten geradlinig Lichtstrahlen. Einige — wir zeichnen nur zwei — fallen auf den Spiegel in die Nähe von c und werden von dort aus unter gleichen Winkeln zurückgeworfen. Für ein in O befindliches Auge aber erscheint es, als ob sie von einem Punkte a' hinter dem Spiegel herkämen, nämlich von dem Schnittpunkte ihrer Rückverlängerungen. Ebenso werden die von dem anderen Endpunkte des Pfeiles auf den Spiegel in die Nähe von d fallenden Lichtstrahlen zurückgeworfen, während das Auge ihren Ausgangspunkt in b' zu finden glaubt. Ähnlich verhält es sich mit allen anderen Lichtstrahlen, die von dem Pfeile ausgehen und den Spiegel treffen. Ein etwa in O befindliches Auge, in das die zurückgeworfenen Strahlen dringen, sieht daher hinter dem Spiegel ein Bild des Pfeiles $a' b'$, das ebenso groß, aber anders gerichtet ist als der Gegenstand. Da die Lichtstrahlen in Wirklichkeit nicht durch den Spiegel dringen, ist das Bild nicht wirklich vorhanden: es ist nur ein scheinbares Bild.

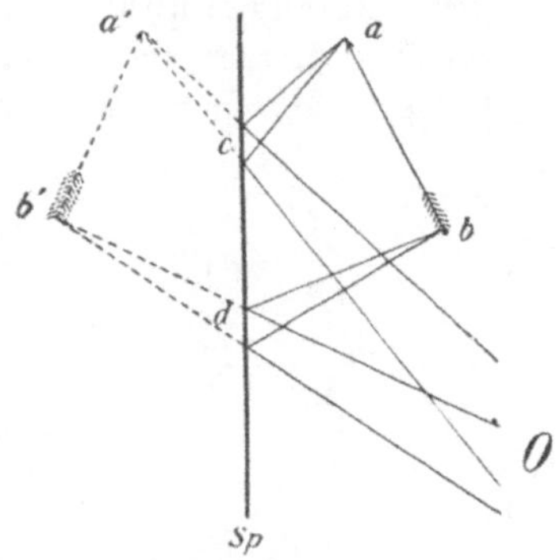

Fig. 46.
Durch den Spiegel Sp werden die von a kommenden Lichtstrahlen bei c, die von b kommenden bei d in ein etwa bei O befindliches Auge zurückgeworfen.

9. **Der Hohlspiegel.** a) Um das Licht der brennenden Küchenlampen, der Laternen an Wagen, Lokomotiven usw. möglichst nach einer bestimmten Richtung zu werfen, bringt man hinter der Flamme eine Metallscheibe an, deren hohle Innenfläche poliert ist. Eine solche „Blendscheibe" (Name!) heißt Hohlspiegel. Vielfach sind diese Spiegel Teile einer Kugelschale. Denkt man sich einen solchen Hohlspiegel (Fig. 47) zur Kugel vervollständigt, so nennt man die gerade Linie, die den Mittelpunkt der Kugel, den Krümmungsmittelpunkt, mit der Mitte des Spiegels verbindet, die Spiegelachse.

Halten wir einen Hohlspiegel so, daß seine Achse genau gegen die Sonne gerichtet ist, und bewegen wir einen Papierschirm in der Richtung der Achse hin und her, dann finden wir eine Stelle, wo sich die Sonnenstrahlen in einem kleinen, hellen Punkte vereinigen. Bringen wir schwarzes Papier, ein Stück Feuerschwamm oder andere leicht entzündliche Gegenstände in diesen Punkt, so fangen sie bald an zu brennen. Er heißt deshalb der Brennpunkt, und sein Abstand vom Spiegel ist die Brennweite.

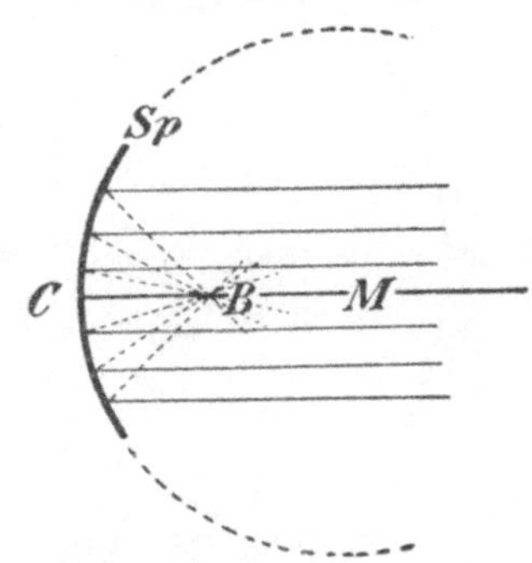

Fig. 47.
M ist der Mittelpunkt der Kugel, zu der man den Spiegel Sp vervollständigen kann. C = Mittel-, B = Brennpunkt des Spiegels; CBM = Spiegelachse; CB = Brennweite.

Lichtstrahlen, die parallel mit der Achse auf einen Hohlspiegel fallen, werden sämtlich nach dem Brennpunkte zurückgeworfen.

Hieraus folgt, daß anderseits Lichtstrahlen, die von einer im Brennpunkte eines Hohlspiegels befindlichen Lichtquelle ausgehen, parallel zu seiner Achse, also nach ein und derselben Richtung zurückgeworfen werden.

In dieser Richtung wirkt mithin die Leuchtkraft der Lichtquelle besonders stark (Beleuchtungsspiegel!). — Wie wir beobachtet haben, fangen leicht entzündliche Körper im Brennpunkte an zu brennen. Daraus folgt, daß der Hohlspiegel nicht nur die Lichtstrahlen, sondern auch die Wärmestrahlen der Sonne in seinem Brennpunkte vereinigt. Der Hohlspiegel kann daher auch als Brennspiegel benutzt werden.

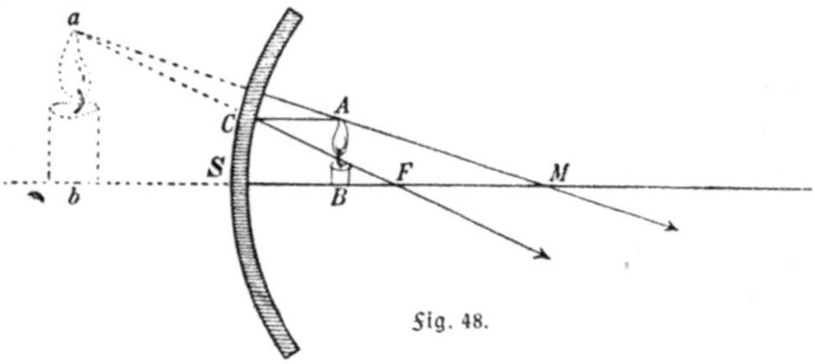

Fig. 48.

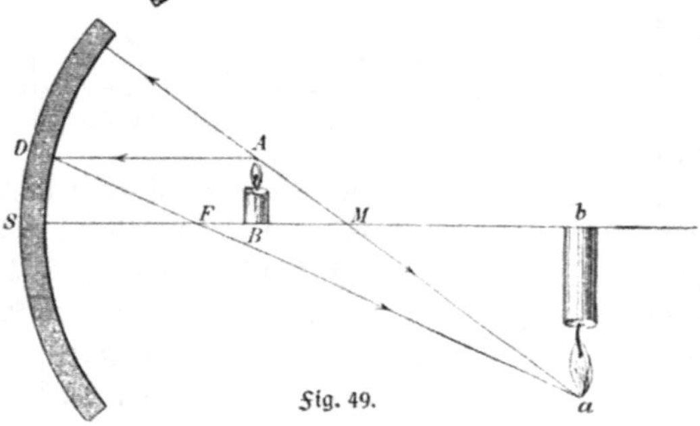

Fig. 49.

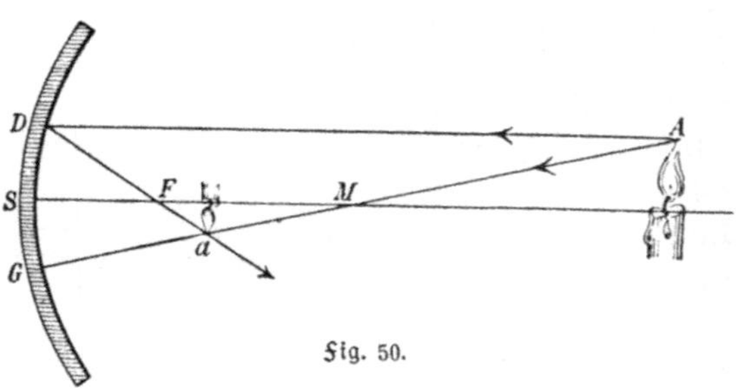

Fig. 50.

b) Blicken wir aus unmittelbarer Nähe in einen Hohlspiegel, so sehen wir dahinter — ähnlich wie bei einem ebenen Spiegel — ein Bild von uns; es ist aber vergrößert. Wir stellen ein Licht innerhalb der Brennweite eines Hohlspiegels auf: es entsteht hinter dem Spiegel ein aufrechtes, vergrößertes Bild des Lichtes. Erkläre die Erscheinung an Fig. 48! — Wir entfernen das Licht über die Brennweite hinaus, jedoch so, daß es in der Nähe des Brennpunktes steht. Das Bild hinter dem Spiegel verschwindet. Führen wir vor dem Spiegel, und zwar außerhalb der doppelten Brennweite einen Papierschirm hin und her, dann erscheint in einer bestimmten Entfernung vor dem Spiegel ein umgekehrtes, vergrößertes Bild des Lichtes auf dem Schirme. Erläutere den Vorgang an Fig. 49! — Stellen wir endlich das Licht außerhalb der doppelten Brennweite auf, so entsteht ein umgekehrtes, verkleinertes Bild das gleichfalls vor dem Hohlspiegel liegt. Erkläre die Erscheinung an Fig. 50!

Während die Bilder hinter dem Hohlspiegel (wie bei dem ebenen Spiegel) nur scheinbare sind, lassen sich die Bilder vor dem Hohlspiegel auffangen; es sind also wirkliche Bilder. Bei sehr großen Hohlspiegeln erscheinen die Bilder sogar frei in der Luft (Geistererscheinungen in Zaubertheatern!).

Aufgaben. Zeichne den Gang der Lichtstrahlen a) beim Brenn-, b) beim Beleuchtungsspiegel! — Zeichne die Bilder eines Pfeiles, der a) innerhalb der Brennweite, b) zwischen Brennpunkt und Krümmungsmittelpunkt und c) außerhalb der doppelten Brennweite eines Hohlspiegels liegt!

10. **Brechung des Lichtes.** Halten wir einen geraden Stab schräg in das Wasser, so kommt es uns vor, als ob er genau an der Wasseroberfläche gebrochen wäre. Wenn wir ihn dagegen lotrecht hineinstellen, erscheint er uns gerade, sein untergetauchter Teil aber verkürzt.

Wir legen eine Münze (Fig. 51) in ein undurchsichtiges Gefäß und stellen uns so, daß sie für unser Auge durch den Rand des Gefäßes gerade verdeckt ist. Lassen wir dann vorsichtig Wasser in das Gefäß gießen, so sehen wir die Münze wieder, obwohl sie ihre Lage nicht verändert hat. Es müssen also die von ihr ausgehenden Lichtstrahlen von ihrer Richtung abgelenkt oder gebrochen worden sein. Die Beobachtung an dem Stabe zeigt, daß die Ablenkung der Lichtstrahlen an der Wasseroberfläche, d. h. bei ihrem Übergange aus dem Wasser in die Luft erfolgt.

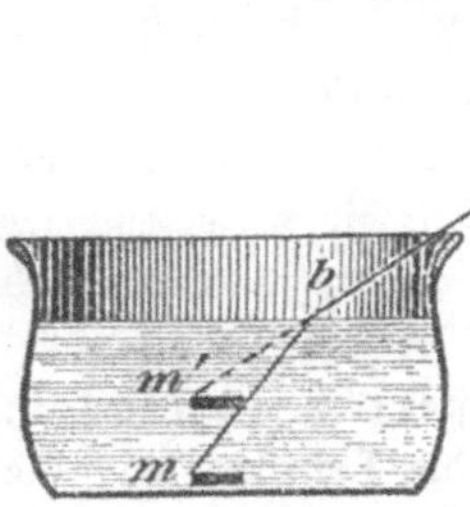

Fig. 51.

Ein in a befindliches Auge sieht die Münze m in m'.

Einige der Lichtstrahlen, z. B. die, die in der Richtung $m\ b$ verlaufen (wir zeichnen nur einen Strahl), werden nach $b\ a$ hin gebrochen und fallen in das Auge. Dieses glaubt daher die Münze in der Rückverlängerung der Strahlen $a\ b$, nämlich bei m', zu sehen. Die Münze erscheint, ebenso wie der Boden des Gefäßes, auf dem sie liegt, gleichsam gehoben. — Warum täuscht man sich also leicht über die Tiefe eines klaren Gewässers?

Wir zeichnen eine gerade Linie und legen eine Glasplatte so darauf, daß sie die Linie zum Teil bedeckt. Sehen wir genau senkrecht auf die Linie, so verläuft sie in ihrer ganzen Länge gerade. Blicken wir aber schräg auf das Glas, dann erscheint der darunter liegende Teil der Linie emporgehoben. Die Lichtstrahlen, die von der Linie aus schräg durch die Glasplatte gehen, werden also abgelenkt, und zwar erfolgt die Brechung (ähnlich wie beim Wasser) bei dem Übergange aus dem Glase in die Luft. Da Wasser und Glas dichter sind als Luft, können wir sagen:

Lichtstrahlen, die in schräger Richtung aus einem dichten Körper in einen weniger dichten übergehen, werden gebrochen. — Dasselbe gilt auch für Lichtstrahlen, die umgekehrt aus einem dünneren Körper in einen dichteren übertreten.

11. **Die erhabene Linse.** a) Ein linsenförmig geschliffenes Glas, das also kreisrund und in der Mitte dicker als am Rande ist, nennt man eine erhabene Linse (Fig. 52). Die beiden Außenflächen sind so gekrümmt, daß sie einen Teil von der Oberfläche je einer Kugel bilden würden. Die Linie, welche die Mittelpunkte der beiden Kugeln verbindet, geht durch die Mitte der Linse; man nennt sie Achse der Linse.

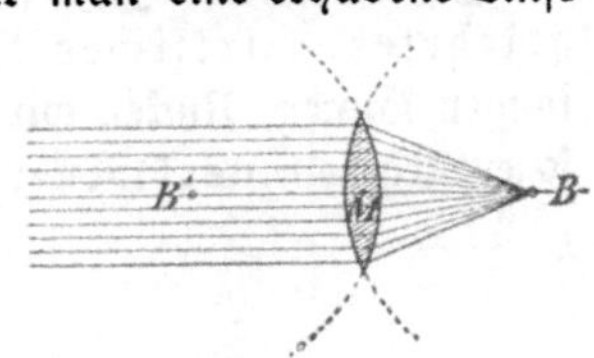

Fig. 52.

B und B' sind die Mittelpunkte von zwei gleichgroßen Kugeln, zu denen man die Außenflächen der Linse vervollständigen kann; M = Mittelpunkt; $B'MB$ = Achse; B und B' = Brennpunkte der Linse.

b) Richten wir eine erhabene Linse so gegen die Sonne, daß die Sonnenstrahlen parallel zur Achse auffallen, und halten wir ein Blatt Papier nahe hinter die Linse, dann erblicken wir auf ihm einen hellen Kreis. Dieser wird größer oder kleiner, je mehr oder weniger wir das Blatt entfernen. In einer bestimmten Entfernung erscheint er zu einem leuchtenden Punkte zusammengezogen (Fig. 52). Lassen wir diesen auf die Hand fallen, so fühlen wir eine empfindliche Wärme, und leicht entzündliche Körper brennen an, wenn wir sie in diesen Brennpunkt bringen (Brennlinse!).

Die mit der Achse einer erhabenen Linse parallelen Strahlen werden mithin so gebrochen, daß sie sich auf der anderen Seite der Linse in dem Brennpunkte sammeln (Sammellinse!). Der durch die Mitte der Linse gehende „Hauptstrahl" aber wird nicht gebrochen.

Hieraus folgt, daß die vom Brennpunkte einer erhabenen Linse ausgehenden Lichtstrahlen so gebrochen werden, daß sie mit der Achse parallel laufen (Beleuchtungslinse).

Die Entfernung des Brennpunktes von der Linse heißt — wie beim Hohlspiegel — **Brennweite**. Mit Hilfe eines Längenmaßes können wir leicht feststellen, daß sie (nahezu) gleich der „Krümmungsweite" der Linse ist. Je stärker daher die Linse gekrümmt ist, desto stärker bricht sie auch die durchgehenden Lichtstrahlen.

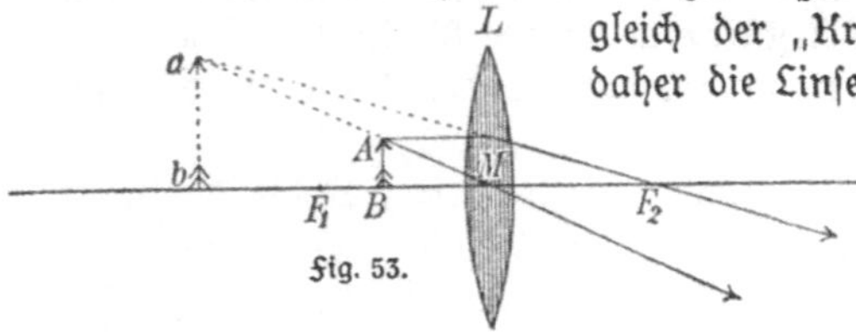

Fig. 53.

c) Betrachten wir durch eine erhabene Linse die Schrift eines Buches oder irgendeinen anderen Gegenstand, der sich **innerhalb** ihrer Brennweite befindet (Fig. 53), so sehen wir auf derselben Seite der Linse ein **vergrößertes, aufrechtes, scheinbares Bild** des Gegenstandes. Wir verfolgen nämlich die Lichtstrahlen, die bei ihrem Durchgange durch die Linse auseinandergehen, bis dahin, wo sie sich scheinbar vereinigen. Es kommt uns daher vor, als gingen sie von dem Bilde *a b* aus. Die erhabene Linse benutzen wir deshalb als **Vergrößerungsglas** oder **Lupe**.

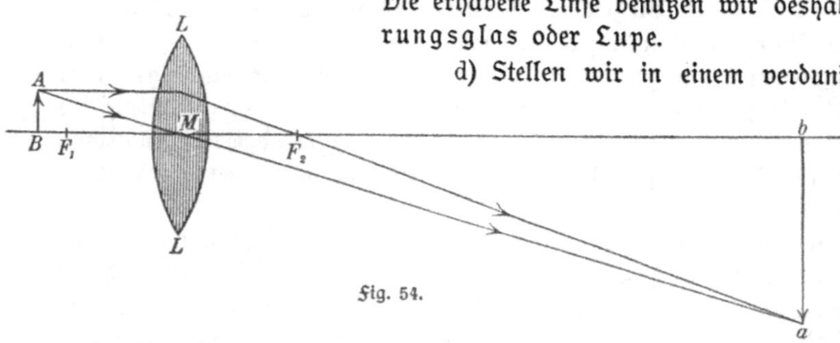

Fig. 54.

d) Stellen wir in einem verdunkelten Zimmer ein brennendes Licht so vor eine erhabene Linse, daß es sich **außerhalb** der einfachen, aber **innerhalb** der **doppelten** Brennweite befindet (Fig. 54), dann zeigt sich auf der anderen Seite der Linse ein **vergrößertes, umgekehrtes, wirkliches** Bild des Lichtes, das wir also auf einem Papierschirme auffangen können. Rücken wir das Licht **über die doppelte** Brennweite hinaus (Fig. 55), so entsteht ein **verkleinertes, umgekehrtes, wirkliches** Bild des Lichtes. Erkläre die Erscheinungen an den Fig. 54 und 55 (vgl. Absch. 11 b)! Die Eigenschaft der erhabenen Linsen, Bilder von Gegenständen zu erzeugen, hat zur Erfindung wichtiger Instrumente geführt:

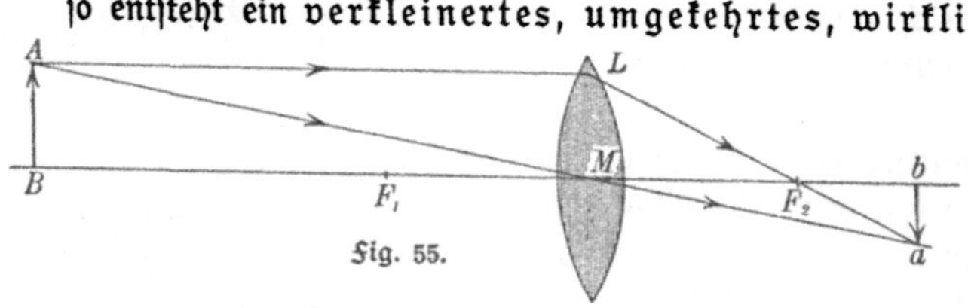

Fig. 55.

12. a) **Das Mikroskop** (Kleinseher) dient zur Betrachtung sehr kleiner Gegenstände. Es besteht in seiner einfachsten Form aus einer Metallröhre, deren Öffnungen durch je eine erhabene Linse verschlossen sind. Das Mikroskop stellt man so ein, daß sich der Gegenstand, der beobachtet werden soll, außerhalb der Brennweite, jedoch nahe an dem Brennpunkte der einen Linse befindet, und daß das dadurch entstehende vergrößerte, umgekehrte, wirkliche Bild innerhalb der Brennweite der anderen Linse liegt. Diese zweite Linse wirkt daher als Vergrößerungsglas oder Lupe (Absch. 11, c): wir sehen den Gegenstand stark **vergrößert**, aber **umgekehrt**.

b) **Das Fernrohr** (Erdfernrohr) besteht aus 3 Linsen, die in Metallröhren angebracht sind. Um das Instrument bequem tragen zu können, lassen sich die Röhren ineinander schieben.

Beim Gebrauche werden sie auseinander gezogen. Durch die große, dem Gegenstande zugewandte Linse des Fernrohrs entsteht ein umgekehrtes, verkleinertes, wirkliches Bild des weit entfernten Gegenstandes (wieso?). Durch die beiden anderen Linsen wird das Bild gleichsam wie durch ein Mikroskop betrachtet (Beweis!). Wir sehen den Gegenstand daher aufrecht, größer und deshalb deutlicher als mit bloßem Auge.

c) **Der photographische Apparat** besteht aus einem Kasten, dessen Innenwände geschwärzt sind. Diese „Dunkelkammer" besitzt an der Vorderseite eine erhabene Linse und anstatt der Hinterwand eine matte Glasscheibe. — Wenn wir z. B. ein Haus photographieren wollen, stellen wir den Apparat so ein, daß das umgekehrte, verkleinerte, wirkliche Bild des Hauses, das durch die Linse entsteht, gerade auf die Glasscheibe fällt. Dann verdecken wir die Linse mit einer undurchsichtigen Kapsel und vertauschen die matte Scheibe mit einer Glasplatte, die mit Bromsilber (oder einem ähnlichen, lichtempfindlichen Stoffe) überzogen ist. Nehmen wir jetzt die Kapsel von der Linse, so wird die „photographische Platte" von den Lichtstrahlen getroffen, die von dem Hause ausgehen. Wie andere Stoffe wird auch das Bromsilber durch das Licht verändert. (Verschießen gefärbter Kleider, Bleichen der Leinwand!) Das Licht scheidet nämlich aus dem Bromsilber das Silber als eine schwärzliche Masse aus. Da nun von den hellen Teilen des Hauses mehr Lichtstrahlen ausgehen als von den dunkeln, wird das Bromsilber dort, wo es von dem hellen Lichte getroffen wird, auch mehr verändert als an den anderen Stellen. Nach einigen Augenblicken bedecken wir die Linse wieder mit der Kapsel und bringen die Platte, ohne daß sie jedoch von Lichtstrahlen getroffen werden darf (warum?), in einen Raum mit roten Fensterscheiben; denn durch rotes Licht wird Bromsilber nicht zerstört. Übergießen wir hier die Platte mit einer geeigneten Flüssigkeit (mit Eisenchlorid oder oxalsaurem Kalium), so sehen wir, daß das Bild des Hauses, von dem bisher nichts zu bemerken war, bald zum Vorschein kommt. Es zeigt aber die dunkeln Teile des Hauses hell, die hellen dagegen dunkel. (Gib den Grund an!) Würden wir die Platte, auf der wir so das „negative" Bild „entwickelt" haben, an das Licht bringen, dann würden sich die hellen Stellen des Bildes ebenfalls schwärzen. Wir beseitigen deshalb das noch unverändert gebliebene Bromsilber, indem wir die Platte in eine Flüssigkeit tauchen, in der ein geeigneter Stoff (unterschwefligsaures Natrium) gelöst ist: wir „fixieren" das Bild. Darauf legen wir die fixierte, vollkommen trockene Platte auf ein Blatt Papier, das mit einem dem Bromsilber ähnlichen, gleichfalls sehr lichtempfindlichen Stoffe durchtränkt ist, und setzen das Ganze dem Lichte aus. Die Lichtstrahlen, die durch die hellen Stellen der Platte dringen, schwärzen die darunter befindlichen Teile des „photographischen Papiers"; diejenigen Teile aber, die unter den dunkeln Stellen der Platte liegen, bleiben unverändert. Durch geeignete Mittel „fixieren" wir dann das auf dem Papiere entstandene „positive" Bild, auf dem Licht und Schatten richtig verteilt sind.

Aufgaben. Warum entsteht hinter einer mit Wasser gefüllten Karaffe, die von der Sonne beschienen wird, ein heller Fleck? — Erkläre die Verwendung der „Schusterkugel"! — Vergleiche die erhabene Linse mit dem Hohlspiegel hinsichtlich ihrer Wirkung! — Zeichne die beobachteten Linsenbilder! — Zeichne den Gang der Lichtstrahlen bei Lupe, Mikroskop und Fernrohr!

13. **Das Auge und die Brillen.** a) Wiederhole, was wir über den Bau des Auges bereits gelernt haben!

b) Wir wissen schon, daß wir einen Gegenstand nur dann sehen, wenn von ihm ein Bildchen auf die Netzhaut fällt. Wie kommt es nun, daß von sehr verschieden entfernten Gegenständen Bilder auf der Netzhaut entstehen? — Wenn wir durch einen Tüllschleier, der sich nahe vor unseren Augen befindet, in einem Buche lesen, verschwimmt das Maschennetz. Betrachten wir aber das Gewebe des Schleiers genau, so verschwimmen die weiter von den Augen entfernten Buchstaben.

Wir stellen eine brennende Kerze, eine erhabene Linse und einen Papierschirm so auf, daß auf dem Schirme ein (umgekehrtes, verkleinertes) Bild der Flamme entsteht.

Die Linse soll unsere Augenlinse und der Schirm die Netzhaut vorstellen. Wir würden also die Flamme deutlich sehen. Nähern wir aber die Kerze der Linse, so wird das Bild auf dem Schirme undeutlich; es käme — wenn dies möglich wäre — erst hinter dem Schirme klar zustande. Ebenso verhält es sich mit dem ruhenden Auge, das einen nahen Gegenstand betrachtet. Ersetzen wir aber die Linse durch eine stärker gekrümmte, dann erscheint auf dem Schirme wieder ein scharfes Bild der Flamme. Die Lichtstrahlen vereinigen sich nach dem Durchgange durch diese stärker gekrümmte Linse früher zu einem Bilde als vordem; denn sie sind stärker gebrochen worden (vgl. Absch. 11, b). Unsere Augenlinse besitzt nun die Fähigkeit, sich beim Betrachten naher Gegenstände stärker zu wölben. Die Lichtstrahlen werden dann auch stärker von ihr gebrochen, so daß die Bilder dieser Körper auf die Netzhaut fallen.

Das Auge hat die Fähigkeit, sich den verschiedenen Entfernungen anzupassen.

c) Ältere Leute sehen wohl entfernte Gegenstände gut, nahe dagegen nicht. Beim Lesen oder Nähen müssen sie deshalb das Buch oder das Nähzeug möglichst weit von sich halten: sie sind weitsichtig. Bei zunehmendem Alter vermag sich nämlich die Augenlinse meist nicht mehr so stark zu wölben wie früher. Indem Weitsichtige aber eine Brille mit passenden, erhabenen Linsen (Gläsern) benutzen, wird die mangelnde Brechkraft der Augenlinse ausgeglichen. Die Glas- und die Augenlinse wirken gleichsam wie eine stärker gewölbte Linse, so daß die Bilder naher Gegenstände auf die Netzhaut fallen.

d) Manche Menschen, die ihre Augen durch viele Naharbeit (Lesen, Schreiben, Sticken usw.) angestrengt haben, können häufig nur nahe Gegenstände deutlich erkennen: sie sind kurzsichtig. Infolge der häufigen Naharbeit verliert nämlich die Augenlinse die Fähigkeit, sich abzuflachen. Die Bilder entfernter Gegenstände entstehen daher vor der Netzhaut. Dieses Übel kann durch eine Brille beseitigt werden, deren Gläser in der Mitte dünner sind als am Rande. — Lassen wir nämlich auf eine solche Hohllinse die Sonnenstrahlen parallel mit der Achse auffallen, und halten wir einen Papierschirm dahinter, so erscheint auf dem Blatte ein heller Kreis, der größer als die Linse ist und sich mit der Entfernung des Schirmes vergrößert. Die hohle Linse zerstreut also die Lichtstrahlen. Dasselbe geschieht mit den Lichtstrahlen, die durch eine solche Linse in das Auge des Kurzsichtigen gelangen. Das Bild, das durch die Augenlinse entsteht, wird dann mit Hilfe der künstlichen „Zerstreuungslinse" weiter nach hinten gerückt und fällt, wenn die Brille richtig gewählt wird, auf die Netzhaut.

14. **Die Zerlegung des Lichtes in Farben.** a) Wenn Sonnenstrahlen durch eine Flasche fallen, die mit Wasser gefüllt ist, erblicken wir dahinter einen Lichtstreifen von verschiedenen Farben.

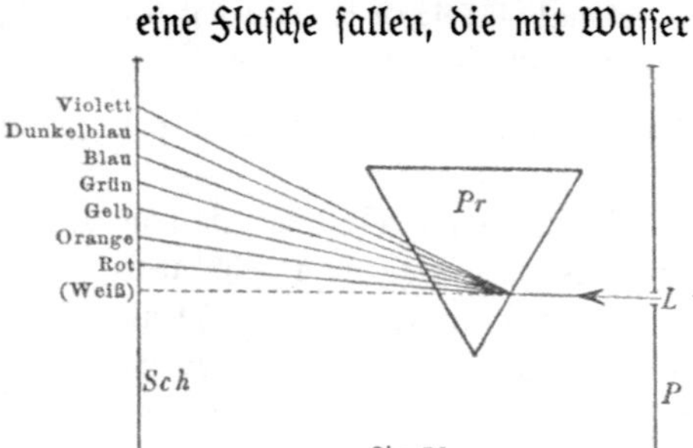

Fig. 56.

Das weiße Sonnenlicht *S* fällt durch das Loch *L* der Pappscheibe *P* auf das Prisma *Pr* und wird in die sieben Regenbogenfarben zerlegt.

Wir lassen das Sonnenlicht durch ein kleines, rundes Loch einer Pappscheibe fallen und fangen es mit einem Papierschirme auf. Auf dem Schirme entsteht ein kleiner, heller Fleck. Halten wir nun zwischen die Öffnung und den Schirm eine dreiseitige Glassäule, ein Glasprisma, so daß eine Kante desselben unten liegt, dann erblicken wir einen farbigen Streifen, der von unten nach oben folgende sieben Regenbogenfarben zeigt: rot, orange, gelb, grün, hellblau, dunkelblau und violett (Fig. 56). —

Das weiße Sonnenlicht besteht aus sieben Farben, in die es zerlegt werden kann.

b) Stellen wir zwischen das Prisma und den Schirm eine Sammellinse, so erscheint auf ihm der helle Fleck wieder. Die sieben Farben geben vereinigt weißes Licht.

c) Der untere Rand des farbigen Bandes liegt höher als der weiße Fleck. — Die farbigen Lichtstrahlen werden gebrochen, und zwar die roten Strahlen am schwächsten, die violetten am stärksten.

15. **Der Regenbogen.** a) Treten wir an einem taufrischen Morgen bei Sonnenschein ins Freie, so sehen wir, wie die Tautropfen farbig glitzern. Wir beobachten die Erscheinung jedoch nur dann, wenn wir die Sonne im Rücken haben. Jeder Tropfen zeigt nur eine Farbe. Ändern wir unsere Stellung, so ändert sich auch die Farbe der Tautropfen. Diese richtet sich also nach der Stellung, die Sonne, Auge und Tropfen zueinander haben. Das Sonnenlicht wird nämlich durch die Tautropfen in seine sieben Farben zerlegt, die von der hinteren Wand der Tautropfen wie von einem Spiegel zurückgeworfen werden. Da die Farben aber verschieden stark gebrochen werden, dringen auch nur die Strahlen einer Farbe in unser Auge. Weil endlich die Tautropfen zu Auge und Sonne verschiedene Stellung haben, werfen die einen z. B. nur rote, die anderen nur grüne, die dritten nur violette Strahlen usw. in unser Auge. Sie glänzen daher in „allen Regenbogenfarben".

b) Jetzt werden wir auch leicht einsehen, wie der Regenbogen entsteht. Wir erblicken ihn, wenn wir eine Wolke, aus der Millionen von Regentropfen zur Erde fallen, vor uns, die leuchtende Sonne aber im Rücken haben. Jeder einzelne Tropfen zerlegt die Sonnenstrahlen, von denen er getroffen wird, in ihre Farben und wirft sie zurück. Von den Tropfen, die zu unserem Auge und der Sonne dieselbe Stellung haben, müssen deshalb auch dieselben Strahlen in unser Auge gelangen. Diese Tropfen liegen aber sämtlich in einem Kreise. (Zum Beweise denke dir einen Stab, der vom Auge nach der Regenwolke reicht, im Kreise bewegt!) Am Himmel entstehen daher so viele farbige Kreisbogen, wie das Sonnenlicht Farben hat. Sie bilden zusammen das farbige Band des Regenbogens. — Warum sieht jeder Beobachter den Regenbogen an einer etwas anderen Stelle? — Warum sehen wir den Regenbogen niemals am südlichen Himmel?

V. Vom Magnetismus.

1. **Magnetische Anziehung.** a) An einigen Orten der Erde findet man ein Eisenerz, das die merkwürdige Eigenschaft besitzt, Eisen- und Stahlstückchen anzuziehen und festzuhalten. Schon die alten Griechen kannten den Stein. Sie sollen ihn nach der Stadt Magnesia in Kleinasien, wo er gefunden wurde, Magnet genannt haben. Wir nennen ihn Magneteisenstein, und die eigentümliche Kraft, die ihm innewohnt, bezeichnen wir als Magnetismus.

b) Läßt man Stahl längere Zeit an Magneteisenstein haften, so erhält er gleichfalls die Fähigkeit, Eisenteilchen anzuziehen: er ist ein Magnet geworden. Solche künstliche Stahlmagnete lassen sich rasch dadurch herstellen, daß man Stahl ein paarmal an Magneteisenstein oder an einem anderen Magneten abstreicht. Man gibt ihnen gewöhnlich die Form einer zweispitzigen Nadel, eines Stabes oder eines Hufeisens (Fig. 57).

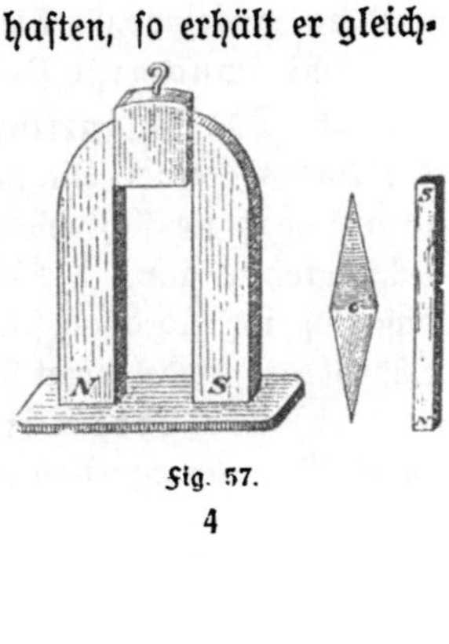

Fig. 57.

c) Wir bringen andere Stoffe als Eisen, z. B. Holz-, Glas-, Blei- oder Kupferstückchen, in die Nähe eines Magneten: sie werden von ihm nicht angezogen. — Wir hängen einen

Magneten so an einem Faden auf, daß er sich frei bewegen kann. Nähern wir ihm ein Stück Eisen, dann sehen wir, daß es den Magneten anzieht.

Ein Magnet und unmagnetisches Eisen ziehen sich gegenseitig an.

d) Dasselbe beobachten wir, wenn wir zwischen den Magneten und das Eisen ein Blatt Papier, ein Buch, ein Stück Tuch, eine Glasscheibe, ein Holzbrettchen u. dgl. bringen.

Der Magnetismus wirkt ungehindert durch einige Stoffe hindurch (ähnlich wie das Licht und die Wärme der Sonne durch Glasplatten).

Aufgaben. Nenne ein Spielzeug, das auf der magnetischen Anziehung beruht! — Wie kann man heruntergefallene Nadeln bequem aufheben? — Mache eine Stricknadel magnetisch!

2. **Die Pole des Magneten.** a) Bestreut man einen Magneten mit Eisenfeilspänen (Name!), so sieht man, daß sie an den beiden Enden wie dicke Bärte hängen bleiben, während in der Mitte keine Anziehung zu bemerken ist. — Die beiden Stellen eines Magneten, an denen die Anziehung am stärksten wirkt, nennt man seine Pole, und den Raum, in dem ein Magnet wirksam ist, bezeichnet man als sein magnetisches Feld.

b) Man setze einen Magneten, der die Form einer zweispitzigen Nadel hat, so auf einen lotrechten Metallstift, daß er sich in wagerechter Richtung frei bewegen kann. Wie man die Nadel auch drehen mag, sie stellt sich immer wieder so, daß der eine Pol nach Norden, der andere nach Süden zeigt. Jenen hat man deshalb den Nordpol, diesen den Südpol des Magneten genannt. Genaue Untersuchungen haben ergeben, daß der Nordpol der Magnetnadel stets etwas von der genauen Nordrichtung abweicht, und zwar an jedem Orte der Erde verschieden stark. Man hat für jeden Ort diese Abweichung festgestellt; bei uns beträgt sie etwa 10^0 nach Westen.

Fig. 58.

3. **Der Kompaß.** Eine wagerecht freischwebende Magnetnadel kann daher zur Bestimmung der Himmelsgegenden benutzt werden. Das Werkzeug, das hierzu (von den Schiffern auf dem Meere, von den Bergleuten im Bergwerke usw.) gebraucht wird, ist der Kompaß (Fig. 58). Er besteht aus der Magnetnadel und der „Windrose", auf der die Himmelsgegenden bezeichnet sind. Beide befinden sich in einem Gehäuse, das oben durch eine Glasplatte verschlossen ist. — Warum darf das Gehäuse kein Eisen enthalten?

4. **Wechselwirkung zweier Magnete.** Nähert man dem Nordpole einer freischwebenden Magnetnadel den Nordpol eines anderen Magneten, so flieht jener gleichsam: er wird „abgestoßen". Nähert man ihm dagegen den Südpol eines Magneten, dann wird er „angezogen". Dieselben Versuche mit dem Südpole der Magnetnadel ergeben:

Gleichnamige Pole stoßen sich ab, ungleichnamige aber ziehen sich an.

5. **Das magnetische Verhalten der Erde.** a) Wie wir gesehen haben, zeigt der Nordpol einer Magnetnadel immer nach Norden. Wir hängen nun die Nadel so auf, daß sie sich wie der Wagebalken um eine durch ihren Schwerpunkt gehende Achse drehen kann. Die Magnetnadel stellt sich dann aber nicht wagerecht, sondern so, daß sich ihr Nordpol stark abwärts neigt: er wird von der Erde angezogen. Der Südpol der Nadel zeigt bei uns stets nach oben: er wird von der Erde abgestoßen.

b) Die Erde wirkt wie ein großer Magnet; auf der nördlichen Halbkugel ist Südmagnetismus, auf der südlichen dagegen Nordmagnetismus vorhanden. — Ihre magnetischen Pole fallen jedoch nicht mit den geographischen zusammen. Der magnetische Südpol liegt im nördlichen Nordamerika, etwa 2250 km (so weit wie Berlin von Gibraltar) vom geographischen Nordpole entfernt; der magnetische Nordpol liegt im südlichen Eismeere.

6. **Innere Beschaffenheit des Magneten.** Wir zerbrechen eine magnetisch gemachte Stricknadel in der Mitte und tauchen beide Teile in Eisenfeilspäne. An den Enden beider Stücke haften Eisenspäne. Die Bruchstellen sind also Magnetpole und die beiden Nadelhälften sind selbständige Magnete geworden. Durch Versuche kann leicht festgestellt werden, daß an den Bruchstellen diejenigen Pole auftreten, die durch die Teilung der Nadel gleichsam verloren gegangen sind. Setzen wir die Teilung der Nadel fort, so beobachten wir stets dieselbe Erscheinung: jedes kleinste Teilchen wird zu einem selbständigen Magneten. Wir nehmen darum an, daß ein Magnet aus einer Menge von kleinsten Magneten besteht, deren Nordpole sämtlich nach der einen, und deren Südpole sämtlich nach der anderen Seite gerichtet sind (Fig. 59).

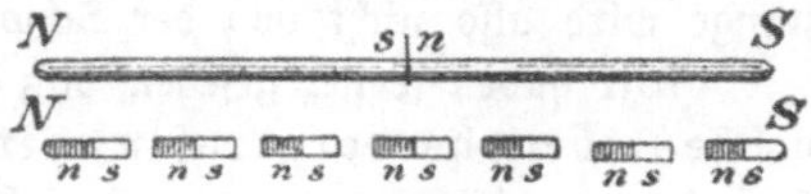

Fig. 59.

7. **Magnetische Verteilung.** Ein Stab aus weichem (Schmiede-) Eisen zieht Eisenfeilspäne nicht an. Nähern wir jedoch dem einen Ende einen starken magnetischen Pol, so zieht jetzt das andere Ende Eisenfeilspäne an: das Eisen ist also magnetisch geworden. Entfernen wir den Magneten, dann fallen die Eisenspäne ab: das Eisen verliert die magnetische Kraft wieder. Wenn wir den Versuch mit einem Stabe aus Stahl machen, zeigt sich, daß Stahl langsamer magnetisch wird als Eisen, daß er dann aber magnetisch bleibt. So oft wir auch die Versuche wiederholen, immer bleibt der Magnet selbst gleichstark. Er hat also nichts von seiner Kraft an das Eisen oder an den Stahl abgegeben. Wie sind diese Erscheinungen zu erklären? — Man nimmt an, daß Eisen und Stahl gleichfalls aus kleinsten Magneten bestehen, die unregelmäßig durcheinander liegen. Durch einen kräftigen Magneten werden sie jedoch so geordnet, daß sich die gleichnamigen Pole alle nach derselben Seite richten. Es tritt, wie man kurz sagt, eine magnetische Verteilung („Influenz") ein. Entfernt man den Magneten, so kehren im Eisen die Magnetteilchen wieder in ihre regellose Lage zurück: es wird unmagnetisch. Im Stahle aber bleibt die Ordnung der Teilchen erhalten, und deshalb behält er auch die magnetische Kraft.

Aufgaben. Warum nimmt die Kraft eines Magneten zu oder ab, je nachdem man ihm ein Stück weiches Eisen nähert oder es von ihm entfernt (vgl. S. 66, 1b)? — Warum wird das dem Magneten zugewandte Ende des Eisens ungleichnamig, das abgewandte Ende aber gleichnamig magnetisch? (Vgl. Absch. 5.) — Wie kann man sich erklären, daß ein Magnet durch Hämmern unmagnetisch wird?

VI. Von der Elektrizität.

1. Von der Reibungselektrizität.

1. **Merkmale eines elektrischen Körpers.** a) Reiben wir einen Stab aus Harz, Siegellack oder Hartgummi (Gummifederhalter) mit einem Stück Wollstoff oder Pelz, und nähern wir ihm dann Papierschnitzel, so werden diese angezogen, fallen aber nach kurzer Zeit von dem Stabe wieder ab.

Wir hängen ein Kügelchen aus Kork oder Holundermark an einem Seidenfaden auf und nähern ihm eine geriebene Harzstange; das Kügelchen wird angezogen, nach der Berührung aber kräftig abgestoßen. Das gleiche beobachten wir, wenn wir den Versuch mit einem Glasstabe wiederholen, den wir zuvor mit einem Stück Seidenstoff gerieben haben.

b) Man weiß jetzt, daß sich diese Erscheinung an fast allen Körpern zeigt, wenn sie vorher mit einem anderen, geeigneten Stoffe gerieben worden sind. Im Altertum kannte man die Eigenschaft jedoch nur vom Bernsteine, den die Griechen „Elektron“ nannten. Deshalb bezeichnet man das, was den geriebenen Körpern die Kraft der Anziehung und Abstoßung verleiht, als Elektrizität, und Körper, die diese Eigenschaft besitzen, nennt man elektrisch. — Elektrische Körper sind imstande, unelektrische Körper anzuziehen und nach der Berührung abzustoßen. (Das Herunterfallen der angezogenen Papierschnitzel von der geriebenen Harz- oder Glasstange wird also nicht von der Schwerkraft bewirkt!)

Wir haben ferner gesehen, daß Elektrizität durch Reiben, also durch mechanische Arbeit hervorgerufen werden kann, und daß sie ihrerseits wieder Arbeit zu leisten vermag (Anziehung — Abstoßung!).

c) Wir berühren das an einem Seidenfaden hängende Korkkügelchen, das man kurz als „elektrisches Pendel“ bezeichnet, mit einem geriebenen Harz- oder Glasstabe. (Was geschieht?) Nähern wir dem Pendel darauf ein zweites, so wird dieses von jenem angezogen. Ein anfänglich unelektrischer Körper (das erste Pendel) wird demnach durch Berührung mit einem elektrischen (dem geriebenen Stabe) selbst elektrisch.

Elektrizität läßt sich von einem Körper auf einen anderen übertragen. – Man sagt, der Körper wird mit Elektrizität „geladen“.

2. **Arten der Elektrizität.** a) Wir machen ein elektrisches Pendel durch eine geriebene Harzstange elektrisch und nähern ihm eine andere geriebene Harzstange: die Kugel wird abgestoßen. Nähern wir ihm aber eine geriebene Glasstange, so wird die Kugel angezogen. In dem Harz- und dem Glasstabe sind also verschiedene Elektrizitäten vorhanden. Die eine Art nennt man die Glas- oder positive Elektrizität (+ El.), die andere die Harz- oder negative Elektrizität (— El.).

b) Wir hängen eine geriebene Harzstange an einem Seidenfaden auf und nähern ihr eine andere geriebene Harzstange: sie wird von dieser abgestoßen. Nähern wir ihr aber eine geriebene Glasstange, so wird sie angezogen. Wiederholen wir die Versuche, indem wir jedoch einen Glasstab an einem Faden aufhängen, so ergibt sich gleichfalls:

Gleichnamige Elektrizitäten stoßen sich ab, ungleichnamige Elektrizitäten ziehen sich an.

c) Nähern wir der aufgehängten, geriebenen Harzstange die Wolle oder das Fell, womit wir sie gerieben haben, dann beobachten wir, daß die Stange angezogen wird. Da die Harzstange, die neg. Elektrizität enthält, von dem „Reibzeuge“ angezogen wird, muß dieses pos. elektrisch geworden sein. Stellen wir denselben Versuch mit einer Glasstange an, so finden wir ebenfalls:

Werden zwei unelektrische Körper aneinander gerieben, so wird der eine positiv, der andere dagegen negativ elektrisch.

Aufgaben. Vergleiche a) die elektrische und die magnetische Anziehung, b) das Verhalten von zwei elektrisch geladenen Körpern mit dem Verhalten von zwei Magnetpolen!

3. **Leitung der Elektrizität.** a) Wie wir gesehen haben, kann Elektrizität von einem Körper auf einen anderen übertragen werden. — Wir legen einen Kupferdraht auf ein Glas und berühren das eine Ende mit einem geriebenen Hartgummistabe. Nähern wir dem Drahte gleichzeitig ein elektrisches Pendel, so beobachten wir, daß die Kugel vom Drahte an allen Stellen angezogen wird; der Draht ist überall elektrisch

geworden. Das Kupfer leitet also die Elektrizität. Benutzen wir bei dem Versuche aber statt des Kupferdrahtes einen Glasstab, dann erfolgt keine Anziehung. Das Glas leitet mithin die Elektrizität nicht. Verwenden wir zu unseren Versuchen Porzellan, Siegellack, Bernstein, Schwefel, Seide, so sehen wir, daß sie die Elektrizität gleichfalls nicht leiten. — Dagegen sind die Metalle, das Wasser, feuchte Luft, die Erde, der menschliche, tierische und pflanzliche Körper gute Leiter. Die Elektrizität fließt gleichsam durch sie hindurch und zur Erde ab.

b) Wir befestigen eine (hohle) Metallkugel auf einem Glasfuße (Fig. 60 *A*) und berühren sie wiederholt mit einer geriebenen Hartgummistange. Nähern wir die Kugel darauf einem beweglich aufgehängten, geriebenen Hartgummistabe, so wird er abgestoßen. Die neg. Elektrizität ist also, da der Glasstab die Elektrizität nicht leitet, auf der Metallkugel festgehalten, „gesammelt" worden. Machen wir den Versuch mit geriebenen Glasstangen, so zeigt sich dasselbe für die pos. Elektrizität. Leiter der Elektrizität, die auf Nichtleitern ruhen oder von ihnen umgeben werden (z. B. von trockener Luft), sind von der Umgebung gleichsam geschieden, „isoliert". Deshalb werden Nichtleiter als Isolatoren für die „Sammler" von Elektrizität, die Konduktoren verwendet.

4. **Elektrische Verteilung (Influenz).** a) Wie wir mehrfach beobachtet haben, wirkt die Elektrizität schon aus der Ferne. Um das genauer zu prüfen, laden wir den Konduktor (Fig. 60 *A*), den wir bei dem letzten Versuche verwendet haben, sowie ein elektrisches Pendel mit neg. Elektrizität. Darauf nähern wir den Konduktor einem anderen, hantelförmigen (*B*), ohne diesen aber zu berühren. Bringen wir nun das elektrische Pendel in die Nähe der Kugel 1, die dem Konduktor *A* zugekehrt ist, so wird es angezogen. In der Kugel 1 befindet sich also pos. Elektrizität. Nähern wir das Pendel aber der Kugel 2, die dem Konduktor *A* abgekehrt ist, so wird es abgestoßen. In Kugel 2 hat sich demnach neg. Elektrizität angesammelt. Was beobachten wir, wenn wir den mit neg. Elektrizität geladenen Konduktor *A* der Kugel 2 des Konduktors *B* nähern? — Entfernen wir *A* von *B*, so können wir leicht feststellen, daß *B* wieder unelektrisch geworden ist.

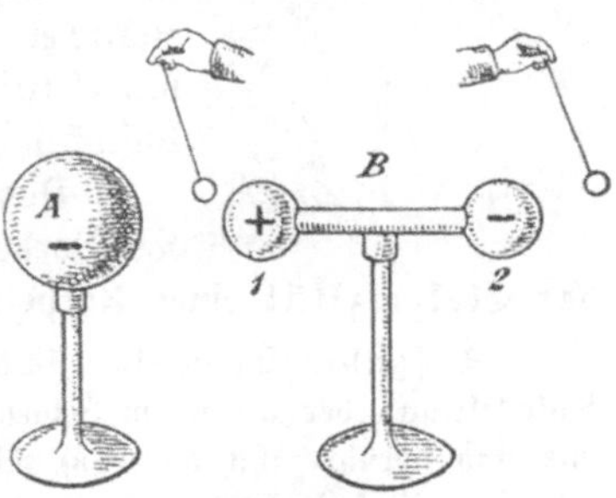

Fig. 60.

b) Diese Vorgänge erklärt man sich folgendermaßen. — Jeder (unelektrische) Leiter (der Konduktor *B*) enthält beide Arten Elektrizität, und zwar gleichsam so innig miteinander vereinigt, daß sie sich in ihrer Wirkung gegenseitig aufheben. Nähert man ihm aber einen elektrischen Körper (den Konduktor *A*), so werden die beiden Elektrizitäten voneinander getrennt, und zwar verteilen sie sich so, daß die ungleichartige Elektrizität angezogen, die gleichartige dagegen abgestoßen wird. — Die durch Verteilung (Influenz) erzeugte Elektrizität nennt man Verteilungs- oder Influenz-Elektrizität.

c) Wir bringen in die Nähe eines (unelektrischen) Konduktors, den wir mit der Hand berühren, einen elektrischen Körper, z. B. einen geriebenen Glasstab. Darauf entfernen wir die Hand und sodann den Glasstab. Prüfen wir nunmehr die Elektrizität des Konduktors (auf welche Weise?), so finden wir, daß er mit neg. Elektrizität geladen ist. Von den durch Verteilung geschiedenen Elektrizitäten des Konduktors ist nämlich die pos. Glaselektrizität gleichsam **frei** geworden. Sie wird durch unseren Körper abgeleitet (wohin wohl?), während die neg. Elektrizität festgehalten, **gebunden** wird und deshalb nicht entweichen kann.

Aufgaben: Warum muß man zu den Versuchen über elektrische Verteilung isolierte Leiter benutzen? — Erkläre die Beobachtungen aus Absch. 1 bis 3 durch das Gesetz der elektrischen Verteilung! — Vergleiche elektrische und magnetische Verteilung!

5. **Der Elektrizitätsanzeiger** oder **das Elektroskop.** a) Um das **Vorhandensein** von Elektrizität nachzuweisen, benutzten wir bisher das elektrische Pendel. Gewöhnlich bedient man sich hierzu aber einer anderen Vorrichtung, die wir uns herstellen wollen. Wir stecken durch einen Gummistöpsel einen Metallstab, der oben in eine kleine Kugel endet, während unten zwei schmale Streifen Blattgold hängen. Setzen wir dann den Stöpsel fest in den Hals einer kleinen Flasche, damit die Goldblättchen gegen Luftzug und Feuchtigkeit geschützt sind, so haben wir uns ein **Elektroskop** verfertigt.

b) Bringen wir nun einen elektrischen Körper, z. B. eine geriebene Glasstange, in die Nähe des Knopfes unseres Elektroskops (Fig. 61), dann wird die neg. Elektrizität in den Knopf gezogen und gebunden. Die freie pos. Elektrizität dagegen wird in die Blättchen getrieben, die deshalb auseinander gehen.

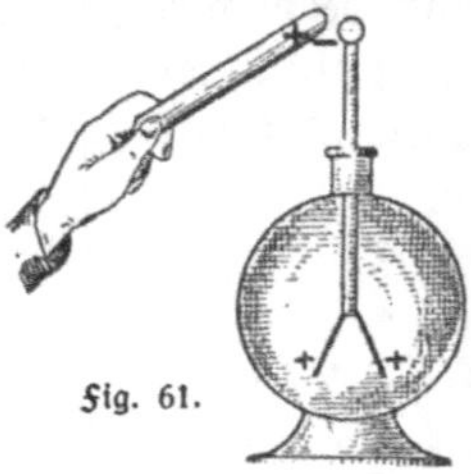

Fig. 61.

Hierauf laden wir das Elektroskop z. B. mit pos. Elektrizität: die Blattgoldstreifen gehen auseinander. Nähern wir nunmehr dem Knopfe einen anderen pos. elektrischen Körper, so gehen die Blättchen noch weiter auseinander. Bringen wir aber einen neg. elektrischen Körper in die Nähe des Knopfes, dann fallen die Blättchen zusammen. — (Erkläre die Vorgänge!)

Das Elektroskop kann also benutzt werden, nicht nur um das Vorhandensein von Elektrizität, sondern auch um die Art der **Elektrizität** eines Körpers nachzuweisen.

Aufgabe. Hänge einen in der Mitte geknickten Streifen Seidenpapier an einen eisernen Schlüsselring, der an einem Seidenfaden befestigt ist! Teile dem Ringe positive Elektrizität mit und berühre ihn dann a) mit einer geriebenen Glasstange, b) mit einem elektrischen Hartgummistabe! Was beobachtest du? Erkläre diese Erscheinungen!

6. **Sitz und Ausbreitung der Elektrizität an der Außenfläche eines Leiters.** a) Wir elektrisieren einen isoliert aufgestellten Blechbecher. Sodann berühren wir die Innenseite des Bechers mit einer Messingscheibe, die an einem gläsernen (also isolierenden) Handgriffe sitzt. Bringen wir nun diese „Probierscheibe" an ein Elektroskop, so zeigt es keinen Ausschlag: die Probierscheibe ist unelektrisch geblieben. Wenn wir jedoch die Außenseite des Bechers mit der Probierscheibe berühren, können wir nachweisen, daß sie elektrisch geworden ist.

Die freie Elektrizität hat ihren Sitz an der Außenseite eines Leiters.

b) An einer Fliegenglocke aus Drahtgeflecht, die einen metallenen Boden hat, hängen wir innen zwei Goldblattstreifen dicht nebeneinander auf, während wir an der Außenseite einzelne Goldblättchen befestigen. Stellen wir dann die Glocke isoliert auf und laden wir sie mit Elektrizität, so gehen die im Innern der Glocke hängenden Streifen nicht auseinander: sie sind nicht elektrisch geworden. Die außen befestigten Blättchen aber werden lebhaft abgestoßen: sie erweisen sich als elektrisch.

Die Elektrizität verbreitet sich auf der Außenfläche des Leiters.

7. **Elektrische Spannung.** a) Weil gleichartige Elektrizitäten sich abstoßen und gute Leiter der Ausbreitung der Elektrizität fast gar keinen Widerstand entgegensetzen, wird der Bewegung der Elektrizität erst an der Oberfläche eines Leiters (der Drahtglocke) gleichsam eine Schranke gesetzt. Damit ist aber ihr Bestreben, sich von dem Leiter zu entfernen, nicht erloschen. Die Elektrizität übt daher (ganz ähnlich wie die in einer Knallbüchse zusammengepreßte Luft auf die Wandungen der Knallbüchse) gleichsam einen Druck auf die nicht leitende Umgebung, die Luft, aus. Diesen Druck bezeichnet man als elektrische Spannung.

b) Wir laden mit Hilfe einer Elektrisiermaschine (Absch. 9) einen Konduktor. Nähern wir ihm darauf einen Fingerknöchel, so beobachten wir, wenn vorher das Zimmer verdunkelt worden ist, daß ein blitzähnlicher Funke überspringt. Gleichzeitig empfinden wir einen kleinen, stechenden Schmerz und hören einen schwachen Knall (Gewitter im kleinen!). Die pos. Elektrizität des Konduktors wirkt verteilend auf die Elektrizität unseres Körpers und zieht seine neg. Elektrizität in den Fingerknöchel. Hat nun die elektrische Spannung eine gewisse Stärke erreicht, dann vereinigen sich die pos. Elektrizität des Konduktors und die neg. Elektrizität des Fingerknöchels durch die dazwischenliegende Luftschicht unter Lichterscheinung („elektrischer Funke").

8. **Ausströmen der Elektrizität durch Spitzen.** Wir befestigen auf dem Knopfe eines Elektroskops eine Nadel, nähern ihrer Spitze einen elektrischen Glasstab und entfernen ihn wieder. Prüfen wir nunmehr die Elektrizität des Elektroskops (auf welche Weise?), so finden wir, daß es pos. elektrisch geladen ist; die (freie) neg. Elektrizität muß also daraus entwichen sein. Wiederholen wir den Versuch, indem wir einen elektrischen Hartgummistab verwenden, so erweist sich das Elektroskop als mit neg. Elektrizität geladen; dann ist also die (freie) pos. Elektrizität daraus verschwunden. — Um diese Vorgänge zu verstehen, befestigen wir eine Metallspitze an einem Konduktor und laden ihn mit Hilfe der Elektrisiermaschine. Wir versuchen darauf (ähnlich wie bei dem Versuche in Absch. 7b) Funken aus der Spitze zu ziehen: es gelingt uns nicht. Stellen wir ein brennendes Licht vor die Spitze, dann wird die Flamme, während wir den Konduktor fortgesetzt laden, zur Seite geblasen.

Aus den Spitzen eines Leiters strömt also die Elektrizität aus.

Das erfolgt oft so stark, daß die benachbarten (elektrisierten) Luftteilchen weggestoßen werden: es entsteht der „elektrische Wind".

9. **Die Elektrisiermaschine.** Wenn wir einen Glas- oder einen Hartgummistab reiben, erhalten wir immer nur kleine Mengen Elektrizität. Wollen wir größere Mengen entwickeln, so benutzen wir dazu vielfach die Elektrisiermaschine.

a) Einrichtung (Fig. 62). An der Reibungselektrisiermaschine sehen wir eine kreisrunde Glasscheibe, die gut isoliert ist, und die sich durch eine Kurbel um ihre Achse drehen läßt. Gegen die beiden Seiten der Scheibe wird mittels einer gabelförmigen Klammer das Reibzeug gedrückt. Es besteht aus zwei Lederkissen, die mit Amalgam bestrichen sind. (Das Amalgam ist eine Masse, die aus 2 Teilen Zink, 1 Teil Zinn und 2 Teilen

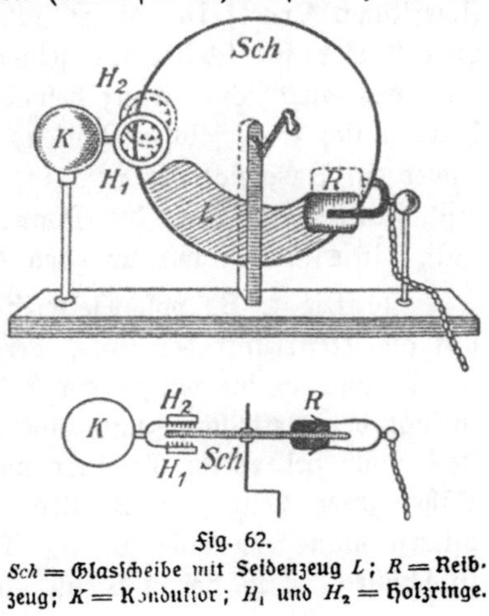

Fig. 62.
Sch = Glasscheibe mit Seidenzeug *L*; *R* = Reibzeug; *K* = Konduktor; H_1 und H_2 = Holzringe.

Quecksilber besteht.) Das Reibzeug steht durch eine Metallkette mit der Erde in Verbindung. Neben der Scheibe befindet sich ein Konduktor, an dem zwei Holzringe leitend befestigt sind. Sie greifen über die Scheibe und tragen an der ihr zugekehrten Seite eine Reihe von Metallspitzen. Zwischen den Ringen und dem Reibzeuge ist die Glasscheibe von einem Streifen Seidenzeug (oder einem anderen Nichtleiter) teilweise bedeckt (warum wohl?).

b) Wirkung. Versetzen wir die Glasscheibe in Umdrehung, so reibt sie sich an den Lederkissen des Reibzeugs und wird pos. elektrisch. Während die neg. Elektrizität des Reibzeugs durch die Kette nach der Erde abgeleitet wird, wirkt die pos. Elektrizität der Glasscheibe verteilend auf die Elektrizität des Konduktors. Seine neg. Elektrizität wird angezogen und strömt aus den Metallspitzen der Holzringe gegen die Glasscheibe, deren pos. Elektrizität dadurch gebunden, also unwirksam gemacht wird. Da aus dem Konduktor neg. Elektrizität austritt, wird er mit pos. Elektrizität geladen, also mit derselben Elektrizität, die auf der Glasscheibe durch Reibung entsteht. Es hat daher den Anschein, als ob die Holzringe durch ihre Metallspitzen die Elektrizität der Glasscheibe einsaugen.

Aufgaben. Erkläre folgende Versuche und Beobachtungen: Ein Schüler zieht Gummischuhe an und berührt mit der Hand den Konduktor. Setzen wir die Elektrisiermaschine in Tätigkeit, so können wir Funken aus dem Körper des Schülers ziehen. — Wir nähern dem Konduktor unsere Hand und hängen zwischen beiden einen Papierstreifen frei auf. Der Streifen bewegt sich fortgesetzt hin und her. — Wir bringen Holundermarkkügelchen in einen Glaszylinder und verschließen ihn oben und unten durch Metalldeckel. Verbinden wir den oberen Deckel mit dem Konduktor, während wir den unteren mit der Erde in leitende Verbindung setzen, so tanzen die Kügelchen auf und nieder. — Wir lassen den elektrischen Funken in leicht brennbare Stoffe (Äther, ausströmendes Gas) schlagen: sie entzünden sich.

10. **Das Gewitter.** a) Schildere, was du bei einem Gewitter beobachtet hast! — Wir befestigen an dem Knopfe eines Elektrizitätanzeigers einen Metalldraht und halten sein spitz auslaufendes Ende mittels einer Stange zum Dachfenster hinaus hoch in die Luft. Dann sehen wir, daß die Goldblättchen des Elektroskops (meist) auseinander gehen: die Luft ist elektrisch geladen, und das ist — wie man durch andere Versuche festgestellt hat — stets der Fall. Der Amerikaner Franklin hat im Jahre 1752 zuerst nachgewiesen, daß die Wolken noch weit stärker mit Elektrizität geladen sind als die Luft, und zwar sind sie bald pos., bald neg. elektrisch. Ganz besonders reich an Elektrizität sind die Gewitterwolken. Nähern sich zwei solcher Wolken, die mit verschiedener Elektrizität geladen sind, so findet ein Ausgleich der pos. und der neg. Elektrizität durch einen oft meilenlangen Blitz statt. Ihm folgt der Donner, dessen Rollen infolge des Widerhalls lange anhält. Wie können wir uns den Vorgang erklären?

b) Die z. B. pos. Elektrizität einer Gewitterwolke (Fig. 63) wirkt verteilend auf die Elektrizität der Erde, deren neg. Elektrizität angezogen wird (in die Gipfel der Bäume, in die Spitzen der Gebäude usw.). Ist die Spannung groß genug, dann springt der elektrische Funke über: der Blitz „schlägt ein“ (vgl. Absch. 7b). Daher stelle dich bei einem Gewitter nicht unter einzeln stehende Bäume! Vermeide die Nähe guter Leiter, z. B. Kronleuchter, Öfen, Dachrinnen! — Auf dem Lande pflanzt man gern hohe Bäume in die Nähe der Gehöfte, um sich gegen Blitzschlag zu schützen. Den besten Schutz aber bietet der Blitzableiter.

11. **Der Blitzableiter** (Fig. 63), der von Franklin erfunden wurde, besteht aus drei Teilen. An den höchsten Stellen des zu schützenden Gebäudes erheben sich senkrechte, metallene Auffangestangen, deren Spitzen gewöhnlich vergoldet sind (warum?). Diese Stangen sind durch einen Kupferdraht[1]) verbunden, der an dem Hause entlang in den Erdboden bis zum Grundwasser führt. Dort steht er mit großen Metallplatten in Verbindung. — Zieht über das Haus eine Gewitterwolke, die z. B. mit pos. Elektrizität geladen ist, so strömt die von ihr angezogene neg. Elektrizität der Erde durch die Spitzen des Blitzableiters aus (vgl. Absch. 8), bindet die pos. Elektrizität der Wolke und macht sie somit unwirksam. Die Wolke wird also allmählich entladen, so daß in der Regel kein Blitz entsteht. Wenn aber bei allzu großer elektrischer Spannung dennoch ein Funke überspringt, trifft er die Auffangestange, deren Spitze ihm am nächsten liegt. Durch den Kupferdraht wird er jedoch ohne Gefahr für das Gebäude in die Erde geleitet.

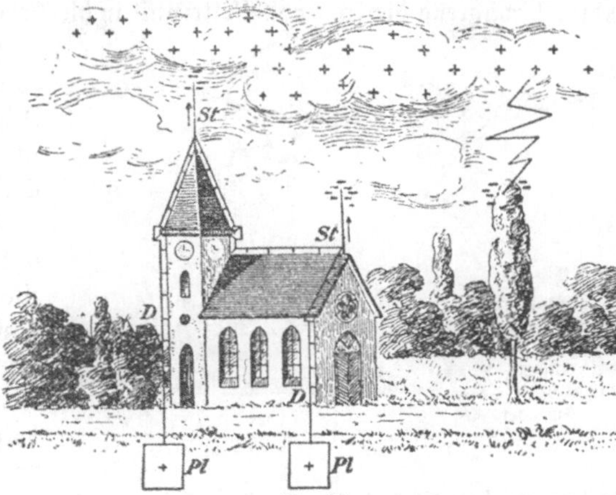

Fig. 63.
St = Auffangestangen; *D* = Kupferdraht; *Pl* = Metallplatten.

Aufgaben. Beobachte vom Blitz angerichtete Baumschäden! — Warum soll man während des Gewitters keine eisernen Geräte (Sensen, Spaten) tragen? — Warum ist ein schadhafter Blitzableiter sehr gefährlich?

12. **Die Leidener Flasche.** a) Wie wir schon erfahren haben, können die Maschinen (S. 13) nur ein bestimmtes Maß von Arbeit leisten. Durch viele Beobachtungen und Versuche hat man erkannt, daß sich auch mit einer Glas- oder Hartgummistange, ja selbst mit der besten Reibungselektrisiermaschine stets nur eine bestimmte Menge von Elektrizität erzeugen läßt. Fährt man trotzdem fort, den Glas- oder Gummistab zu reiben, bzw. die Scheibe der Elektrisiermaschine zu drehen, so wird dadurch nur noch Wärme, nicht aber neue Elektrizität hervorgebracht. Deshalb kann der Konduktor einer Elektrisiermaschine auch nur mit so viel Elektrizität geladen werden, wie die Glasscheibe selbst besitzt. Wir haben es hier mit einem ähnlichen Vorgange zu tun wie beim kochenden Wasser, in das wir irgendwelche Körper legen: sie können sich auch nur bis zu dem Temperaturgrade des Wassers erwärmen. In der sogenannten Verstärkungs- oder Leidener Flasche besitzen wir aber eine Vorrichtung, durch die wir mit Hilfe einer Elektrisiermaschine mehr Elektrizität gewinnen können als unter gewöhnlichen Umständen.

b) Stellen wir uns eine solche Flasche (Fig. 64) her! Wir belegen ein Glasgefäß innen und außen so mit Stanniol (gewalztem Zinn), daß die Beläge nicht bis zum Rande reichen. Dann verschließen wir das Glas mit einem durchbohrten und gefirnißten Holzdeckel. Durch seine Bohrung stecken wir einen Metallstab, der oben in einer Kugel endet und unten den inneren Belag der Flasche berührt. — Verbinden wir nun die Kugel mit dem Konduktor der Elektrisiermaschine, und setzen wir diese in Tätigkeit, so wird

1) Da infolge des Weltkrieges mit Kupfer (und anderen Metallen) gespart werden muß (Sparmetalle!), verwendet man jetzt Eisenbänder.

der innere Belag mit pos. Elektrizität geladen (warum?). Diese wirkt verteilend auf die Elektrizität des äußeren Belages: seine neg. Elektrizität wird festgehalten [(—) in der Figur!], während die freie pos. Elektrizität in die Erde geleitet wird, gleichsam also in der Richtung des Pfeiles abfließt. Die gebundene (neg.) Elektrizität des äußeren Belages wirkt aber zurück auf die Elektrizität des inneren Belages und bindet einen Teil der pos. Elektrizität desselben [(+) in der Figur!]. Der innere Belag besitzt daher jetzt weniger freie pos. Elektrizität, d. h. er hat einen geringeren „Elektrizitätsgrad" als der Konduktor und als die Glasscheibe der Elektrisiermaschine. Ähnlich wie die Wärme des heißen Plättbolzens in die weniger heiße Metallhülle strömt, kann daher auch von dem Konduktor wieder Elektrizität zu dem inneren Belage nachfließen. Die Leidener Flasche dient deshalb als Verstärker von Elektrizität. — Berühren wir den äußeren Belag mit dem einen Ende eines isolierten Metalldrahtes, eines sogenannten „Entladers", und nähern wir dann das andere Ende dem Metallstabe, der mit dem inneren Belage der Flasche in Verbindung steht, so springt mit lautem Knall ein Funke über (warum?). Man sagt: die Flasche wird „entladen". (Vergleiche diesen Vorgang mit dem Blitze.)

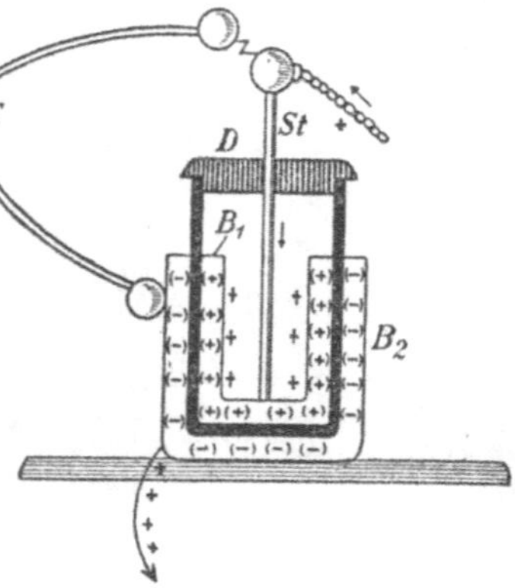

Fig. 64. B_1 = innerer, B_2 = äußerer Stanniolbelag; D = Deckel des Glases; St = Metallstab; E = Entlader.

2. Von der strömenden Elektrizität (Galvanismus).

1. Wie die strömende Elektrizität entsteht. a) In ein Glas mit Wasser gießen wir etwas Schwefelsäure und stellen in die Flüssigkeit eine blanke Zinkplatte, so daß ihr oberes Ende daraus hervorragt. Nach und nach bedeckt sich der eingetauchte Teil der Platte mit einem grauen Überzuge, wird matt und erscheint wie angefressen. Gleichzeitig steigen lebhaft Gasblasen auf. Setzen wir den Versuch lange genug fort, dann löst sich schließlich alles Zink in der Schwefelsäure gleichsam auf: es vereinigt sich mit der Schwefelsäure zu einer chemischen Verbindung (S. 71, 6b), die schwefelsaures Zink oder „Zinkvitriol" genannt wird. Stellen wir während des Versuches ein Thermometer in die Flüssigkeit, so beobachten wir, daß durch den chemischen Vorgang Wärme erzeugt wird. Verbinden wir das obere Ende der Zinkplatte durch einen Kupferdraht mit einem sehr empfindlichen Elektrizitätsanzeiger, so erkennen wir, daß auch Elektrizität entsteht. Ebenso können wir leicht ermitteln, daß das Zink neg. elektrisch wird. — Wie das Zink verhalten sich alle Metalle und die Kohle: sie werden stets neg. elektrisch. Die Flüssigkeit aber erweist sich stets als pos. elektrisch.

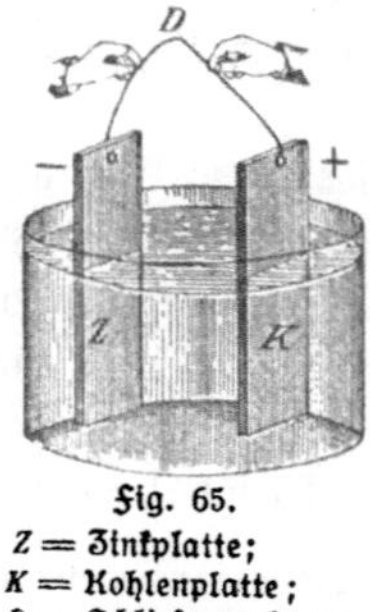

Fig. 65. Z = Zinkplatte; K = Kohlenplatte; D = Schließungsbogen.

b) Nun lösen wir doppeltchromsaures Kalium, ein rotes Salz in Wasser auf, setzen zu der Lösung etwas Schwefelsäure und stellen in die bräunlichrote Flüssigkeit eine Zink- und eine Kohlenplatte so hinein, daß sie sich nicht berühren (Fig. 65). Wenn wir darauf die Elektrizität der Platten prüfen, zeigt das Zink neg. Elektrizität, die Kohle dagegen pos. Elektrizität. Die Kohle dient also nur als Leiter der pos. Elektrizität der Flüssigkeit. Eine solche Vorrichtung wird als elektrisches oder — zu Ehren des italienischen Naturforschers Galvani — als galvanisches Element bezeichnet. – Die aus der Flüssigkeit hervorragenden Enden der Platten nennt man die Pole, und zwar ist das Ende des Zinks der neg. Pol, das der Kohle der pos. Pol des Elementes.

c) Nähern wir die Pole eines galvanischen Elementes einander, so springt kein Funke über. Es werden nämlich nur kleine Elektrizitätsmengen erzeugt, so daß die elektrische Spannung in den Platten sehr gering ist. Der Ausgleich der entgegengesetzten Elektrizitäten kann mithin nicht gewaltsam durch die dazwischenliegende (isolierende) Luftschicht vor sich gehen. Verbinden wir jedoch mit jeder Platte ein Stück Kupferdraht, und schließen wir die freien Enden aneinander, so erfolgt durch diesen „Schließungsbogen" der Ausgleich der Elektrizitäten. — Ähnlich wie ein Strom in seinem Flußbette oder wie das Wasser in den Rohrleitungen, strömt durch den Schließungsbogen die pos. Elektrizität zum Zink und dann durch die Flüssigkeit zur Kohle, während die neg. Elektrizität die umgekehrte Richtung einschlägt. Deshalb nennt man die durch galvanische Elemente hervorgerufene Elektrizität, den Galvanismus, auch strömende Elektrizität. Sie fließt ununterbrochen durch ihre Stromleitung, solange der chemische Vorgang dauert, d. h. solange die Platten in der Flüssigkeit stehen. — Der Einfachheit wegen wird nur der pos. Strom berücksichtigt, und wir sagen: der galvanische Strom fließt von der Kohle durch den Schließungsbogen zum Zink und von diesem durch die Flüssigkeit zur Kohle zurück.

Vergleiche die strömende und die Reibungselektrizität miteinander!

d) Dem von uns benutzten Elemente gibt man meist die Form einer geschlossenen Flasche (Fig. 66), deren unteres Drittel mit der Lösung aus doppeltchromsaurem Kalium und verdünnter Schwefelsäure gefüllt ist. Im Innern der Flasche hängen an dem Messingstabe *I* zwei Kohlenplatten und dazwischen an dem Messingstabe *II* die Zinkplatte. Die Stäbe ragen durch Bohrungen des Deckels aus der Flasche und tragen an ihren oberen Enden je eine Schraube zum Befestigen der Leitungsdrähte. Benutzt man das Flaschen- oder Chromsäureelement nicht, so hebt man die Platten an den Stäben aus der Flüssigkeit (warum wohl?).

Fig. 66.
K_1 u. K_2 = Kohlenplatten; Z = Zinkplatte.

Verbindet, „schaltet" man mehrere Elemente so aneinander, daß die Kohlenplatte des einen mit der Zinkplatte des nächsten Elementes durch einen kurzen Draht leitend verbunden ist, so erhält man einen stärkeren Strom. — Wo liegen die beiden Pole dieser galvanischen Batterie?

2. **Wie der galvanische Strom auf den menschlichen Körper wirkt.** Fassen wir die Drähte einer galvanischen Batterie mit (angefeuchteten) Händen an, so empfinden wir in demselben Augenblicke einen stechenden Schmerz und zucken heftig zusammen. Lassen wir die Drähte nicht wieder los, dann fließt der Strom ruhig durch unseren Körper, und wir verspüren fast keine Wirkung. Sobald wir aber einen Draht loslassen, d. h. den vorher „geschlossenen" Strom „öffnen", wiederholen sich jene Erscheinungen. Die Wirkungen des elektrischen Stromes sind daher um so größer, je rascher wir ihn schließen und öffnen. Das erreichen wir leicht dadurch, daß wir in einen der beiden Leitungsdrähte einen sogenannten „Stromunterbrecher" (S. 63) einschalten. — Schwache Ströme werden oft mit gutem Erfolge zu Heilzwecken (zum „Elektrisieren") benutzt; sehr starke Ströme dagegen töten einen Menschen augenblicklich.

3. **Elektrisches Glühlicht.** Wir schalten in den Schließungsbogen einer galvanischen Batterie einen dünnen Eisen- oder Platindraht ein: er wird glühend. Dasselbe beobachten wir, wenn wir zu dem Versuche einen dünnen Kohlenfaden (verkohlte Pflanzenfaser) verwenden. In der Luft freilich verbrennt der Faden. Bringen wir ihn aber in ein birnenförmiges Glas (Fig. 67), welches wir darauf luftleer machen, so kann das nicht geschehen. Diese Vorrichtung ist die Glühlampe. Sie leuchtet, solange der galvanische Strom hindurchgeht. Allmählich wird aber der Kohlenfaden durch den Strom zerstört. Darum müssen die „Birnen" der elektrischen Glühlampen von Zeit zu Zeit erneuert werden. Jetzt benutzt man statt der Kohlenfäden Metallfäden, die heller leuchten und weniger Strom brauchen (Osramlampen).

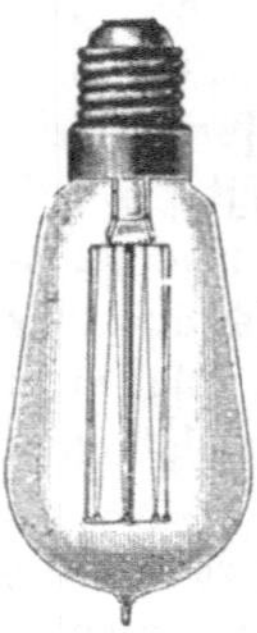
Fig. 67. Osramlampe.

Vergleiche das elektrische Glühlicht mit dem Petroleum- und Gaslichte! Welche Vorzüge hat es ihnen gegenüber?

4. **Elektrisches Bogenlicht.** a) Nähern wir die Kupferdrähte einer elektrischen Batterie einander so weit, daß ihre Enden sich berühren, dann beobachten wir einen schwachen, grünlichweißen Funken. Öffnen wir darauf den Strom, so sehen wir einen Funken, der noch stärker als der erste ist. Drücken wir den einen Draht gegen eine eiserne Feile, und streichen wir mit dem Ende des anderen über die Rauhigkeiten, so nehmen wir ein Sprühen gelblicher Funken wahr. Befestigen wir an den Enden der Drähte je ein Stück zugespitzter Holzkohle, und berühren wir beide leise miteinander, dann entsteht an der Berührungsstelle ein sehr heller, bläulichweißer Lichtfunke.

b) Verwenden wir zu dem letzten Versuche einen sehr starken Strom, und entfernen wir nach der Berührung die Kohlenspitzen vorsichtig voneinander, so werden durch die kräftig ausströmende Elektrizität (Spitzenwirkung!) weißglühende Kohlenteilchen in einem leuchtenden Bogen von einer Spitze zur anderen gerissen: wir haben eine elektrische Bogenlampe erhalten. Da die Kohlenspitzen sich in der Luft befinden, verbrennen sie nach und nach. Ihr Abstand wird daher immer größer, so daß schließlich der Lichtbogen erlöschen müßte (warum wohl?). Deshalb ist in den Bogenlampen ein Uhrwerk angebracht, durch das der obere Kohlenstift langsam und gleichmäßig nach unten geschoben wird.

Während das Glühlicht zur Beleuchtung der Wohnräume dient, verwendet man das Bogenlicht, um Straßen, Anlagen, große Säle usw. zu erleuchten. Das grelle Licht mildert man durch Glocken aus Milchglas (S. 87). Zur Herstellung des erforderlichen elektrischen Stromes benutzt man jetzt meist Dynamomaschinen (S. 67, 3).

5. **Chemische Wirkungen des galvanischen Stromes (Ausscheidung von Metallen).** a) Wir wissen bereits, daß durch den elektrischen Strom auch chemische Wirkungen hervorgerufen werden (S. 58, 1). An den Enden der Leitungsdrähte einer galvanischen Batterie befestigen wir kleine Platinbleche und hängen sie so in eine Lösung von Kupfervitriol (einem blauen Salze), daß sie sich nicht berühren. Nach kurzer Zeit ist die Platte, die wir an den neg. Zinkpol angeschlossen haben, mit einer roten Kupferschicht überzogen: wir haben sie „verkupfert". Verwenden wir zu dem Versuche die Lösung eines anderen Metalles, z. B. Gold, Silber, Nickel usw., so zeigt sich gleichfalls, daß der elektrische Strom Metallösungen zersetzt, und zwar scheidet sich das Metall stets an dem neg. Pole ab. — Hängen wir statt des Platinbleches einen anderen metallischen Körper (z. B. eine Kupfermünze) in die Lösung, dann bedeckt er sich mit einem Überzuge von Gold, Silber, Nickel usw. („Galvanostegie"!).

b) Wir können daher den elektrischen Strom verwenden, um genaue Abdrücke und Nachbildungen von Münzen, Medaillen u. dgl. herzustellen („Galvanoplastik“). Zunächst verfertigen wir uns von einer Münze einen Gipsabdruck (S. 86, 2). Dieser zeigt die Erhöhungen der Münze vertieft, die Vertiefungen aber erhöht. Da Gips die Elektrizität nicht leitet, überziehen wir den Abdruck mit einer feinen Schicht von Graphit (S. 78, 4a) und befestigen ihn dann an dem neg. Pole der Batterie. An dem pos. Pole bringen wir eine Metall-, z. B. eine Kupferplatte, an. Hängen wir nun beides in eine Lösung von Kupfervitriol, dann setzen sich an dem Gipsabdrucke so viele Kupferteilchen ab, daß im Laufe von etwa 24 Stunden eine dünne Schicht entsteht. Wenn wir diese ablösen, haben wir einen Kupferabdruck der Münze erhalten. In ähnlicher Weise werden die Platten für Abbildungen u. dgl. hergestellt.

6. **Ablenkung der Magnetnadel.** a) Führen wir den Schließungsbogen eines galvanischen Elementes wagerecht über oder unter einer Magnetnadel vorbei, so wird sie abgelenkt. Der elektrische Strom übt also auch außerhalb seiner Leitung Wirkungen aus („Fernwirkungen“!).

b) Wir bringen zwischen zwei kleine, dünne Papptafeln eine Magnetnadel und wickeln um die Täfelchen einen mit Seide umsponnenen Kupferdraht mehrere Male so auf, daß die Windungen dieselbe Richtung wie die Magnetnadel haben. Leiten wir denselben Strom, den wir zu unserem vorigen Versuche benutzt haben, durch den Draht, so beobachten wir, daß die Ablenkung der Magnetnadel weit größer wird, wenn der Strom sie in möglichst vielen Windungen umkreist. — Mit Hilfe eines solchen Strommessers (Galvanometers) können wir daher nicht nur das Vorhandensein sehr schwacher Ströme nachweisen, sondern auch an der Größe der Ablenkung der Magnetnadel die Stärke des Stromes messen.

7. **Elektrische Maßeinheiten.** a) Das Ohm. Lassen wir Wasser durch zwei gleichweite, aber verschieden lange Röhren fließen, so finden wir, daß in derselben Zeit durch die längere Röhre weniger Wasser fließt als durch die kürzere; denn in jener ist der Widerstand, die Reibung, größer als in dieser. Ganz ähnlich setzt ein langer Kupferdraht dem elektrischen Strome einen größeren Widerstand entgegen als ein kurzer, aber gleichdicker Draht. Ferner hat man durch Versuche festgestellt, daß ein dicker Kupferdraht den Strom besser leitet als ein dünner und daß die Leitungsfähigkeit der Metalle verschieden ist. So leistet z. B. Eisen dem elektrischen Strome einen sechsmal so großen Widerstand als Kupfer.

Den Widerstand, den eine Quecksilbersäule von 106 cm Länge und 1 qmm Querschnitt dem Durchfließen des elektrischen Stromes entgegensetzt, bezeichnet man als 1 Ohm (zu Ehren des deutschen Naturforschers Ohm).

Das Ohm ist die Maßeinheit des elektrischen Widerstandes.

b) Das Ampère (spr. Angpär). Wie wir erfahren haben, kann die Stärke der elektrischen Ströme verschieden groß sein.

Wir löten an die Enden der beiden Leitungsdrähte einer Batterie je ein kleines Platinblech und bringen sie in eine Schale mit Wasser, das wir durch einige Tropfen Schwefelsäure angesäuert und damit leitend gemacht haben. Schließen wir dann den Strom, so werden an den beiden Polen farblose Gasblasen abgeschieden: das Wasser wird zersetzt (S. 73, 4 u. 74). Nun füllen wir einen Glaszylinder, der eine cmm-Einteilung besitzt, mit Wasser und stülpen ihn in der Schale unter Wasser so um, daß kein Wasser ausfließen kann. Führen wir endlich die Drahtenden von unten her in diesen Meßzylinder hinein, so können wir das Gas auffangen und messen. Je nachdem wir einen stärkeren oder schwächeren Strom verwenden, wird mehr oder weniger Gas erzeugt. — Die Stromstärke, durch die in 1 Minute 10,44 ccm Gas aus dem Wasser ausgeschieden wird, heißt 1 Ampère (nach dem französischen Naturforscher Ampère).

Das Ampère ist die Maßeinheit der elektrischen Stromstärke.

c) Das Volt ist die Maßeinheit der elektrischen Spannung, und zwar ist 1 Volt diejenige Spannung, die bei 1 Ohm Widerstand 1 Ampère Stromstärke erzeugt.

Man hat gefunden, daß die Stromstärke mit der Spannung wächst, aber mit dem Widerstande abnimmt, und zwar ist die Stromstärke (Am) gleich der Spannung (V) geteilt durch den Widerstand (O): $Am = \frac{V}{O}$. Berechne hiernach die elektrische Spannung, wenn Stromstärke und Widerstand, und ferner den Widerstand, wenn Stromstärke und Spannung bekannt sind.

d) Das Watt. Elektrizität leistet Arbeit (S. 52, b). Die Arbeit, die eine Strommenge von 1 Ampère Stärke und 1 Volt Spannung in 1 Sekunde leistet, bezeichnet man (nach dem englischen Naturforscher James Watt) als 1 Watt = 1 Volt $\times$ 1 Ampère. 1000 Watt = 1 Kilowatt; 736 Watt = 1 Pferdestärke. Die Anzahl von Kilowatt, die in 1 Stunde erzeugt werden, nennt man Kilowattstunden. Die Kilowattstunde (= 1000 Watt in 1 Stunde) bildet die Einheit für den Preis der verbrauchten Elektrizität.

3. Vom Elektromagnetismus und seiner Verwendung.

1. **Elektromagnetismus.** a) Wir haben gesehen, daß der galvanische Strom die Magnetnadel ablenkt. — Um zu untersuchen, wie er auf gewöhnliches Eisen wirkt, wickeln wir um einen Eisenstab (schmiedeeisernen Nagel) in Spiralen einen Kupferdraht, durch den wir einen elektrischen Strom leiten. Bringen wir darauf die Enden des Eisenstabes in die Nähe von Eisenfeilspänen, Nähnadeln oder anderen kleinen, eisernen Gegenständen, so werden diese angezogen: das Eisen ist durch den elektrischen Strom magnetisch geworden.

Deshalb bezeichnet man den Magnetismus, der durch einen elektrischen Strom hervorgerufen wird, als Elektromagnetismus, und den von dem Kupferdrahte umsponnenen Eisenkern, der von dem Strome umflossen wird, nennt man Elektromagnet. — Unterbrechen wir den Strom, so fallen die Eisenstücke wieder ab.

Ein Elektromagnet bleibt nur so lange magnetisch, wie er von einem elektrischen Strome umflossen wird. — Erkläre die Erscheinungen durch die magnetische Verteilung!

b) Dem Elektromagneten gibt man gewöhnlich die Form eines Hufeisens. Wir umwickeln zwei Spulen aus Holz oder Hartgummi so mit umsponnenem Kupferdraht, daß seine Windungen in mehreren Lagen (wie Zwirn auf einer Rolle) übereinanderliegen, und schieben die Spulen (Fig. 68 *I* und *II*) über die Schenkel eines hufeisenförmig gebogenen Eisenstabes. Zwei von den vier Drahtenden verbinden wir untereinander, die beiden anderen dagegen mit den Leitungsdrähten eines Elementes. Darauf stellen wir den elektrischen Strom an. Bringen wir nun in die Nähe der beiden Enden des Hufeisens ein Stück Eisen, so wird dieser Anker (*a*) von den Polen des Elektromagneten angezogen und festgehalten (wie lange?).

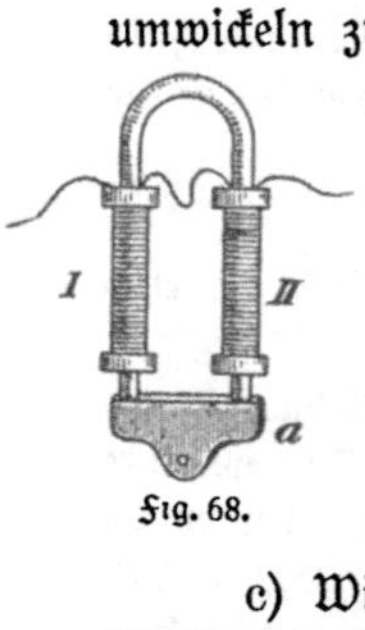

Fig. 68.

c) Wir nähern den Polen eines Elektromagneten, um den ein elektrischer Strom fließt, eine Magnetnadel. Dabei beobachten wir, daß ihr Nordpol von demjenigen Pole des Elektromagneten angezogen wird, dessen zugehöriger Schenkel von dem Kupferdrahte in derselben Richtung umwunden ist, in der sich der Zeiger einer Uhr dreht: das ist der Südpol des Elektromagneten.

Der elektrische Strom umfließt den Südpol eines Elektromagneten in der Richtung des Uhrzeigers, „rechts herum", den Nordpol in entgegengesetzter Richtung.

Wechseln wir die Richtung des Stromes (auf welche Weise?), und prüfen wir nunmehr die Pole des Elektromagneten, so finden wir, daß ihre Lage mit der Richtung des Stromes wechselt.

2. **Die elektrische Klingel.** In Fabriken, Fernsprechanlagen, Häusern usw. benutzt man die elektrische Klingel, um nach einer entfernten Stelle hin Glockenzeichen zu geben. Die wichtigsten Teile dieser Anlage sind die Batterie mit den Leitungsdrähten, das Läutewerk und der Druckknopf.

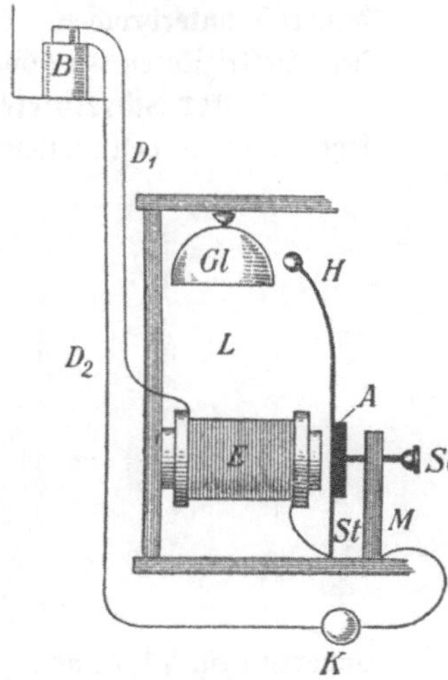

Fig. 69.
B = Batterie mit den Leitungsdrähten D_1 und D_2; K = Druckknopf; L = Läutewerk mit dem Elektromagneten E und der Glocke Gl; St = Stahlstreifen mit dem Anker A und dem Hammer H; M = Metallstab mit Schraube Sch.

a) Einrichtung. Von den Polen der galvanischen Batterie (Fig. 69) führt der eine Leitungsdraht unmittelbar, der andere dagegen durch den Druckknopf zum Läutewerk, das auf einem Brettchen angebracht ist und wieder aus mehreren Teilen besteht. Wir sehen zunächst einen Elektromagneten, in dessen Drahtspirale sich der Leitungsdraht D_1 fortsetzt. Vor seinem Pole befindet sich an einem federnden Stahlstreifen, der auf dem Brettchen befestigt ist, der Anker. Das freie Ende des Stahlstreifens trägt einen Hammer, welcher der Glocke gegenübersteht. Befindet sich die Klingel in Ruhe, dann berührt der Anker eine Schraube, die durch einen kleinen Metallstab geht. Dieser ist mit dem Leitungsdrahte D_2 verbunden, in den der Druckknopf eingeschaltet ist.

Schrauben wir den Druckknopf auseinander, so sehen wir (Fig. 70), daß auf seiner hölzernen Grundplatte zwei Metallstreifen angeschraubt sind. In dem einen, z. B. in dem unteren Streifen, endet der Teil des Leitungsdrahtes, der von der Batterie kommt; aus dem oberen Streifen aber geht der Draht weiter zum Läutewerke. Ist die Klingel in Ruhe, so steht der obere Metallstreifen von dem unteren ab und berührt mit seinem Ende die Unterseite eines beweglichen Knöpfchens, das aus Horn besteht (warum wohl?). Der Druckknopf wirkt mithin als Stromunterbrecher. Drücken wir auf den Hornknopf, so berührt der obere Streifen den unteren. Dadurch verbinden wir die Enden des Leitungsdrahtes, d. h. wir schließen den bis dahin unterbrochenen Strom.

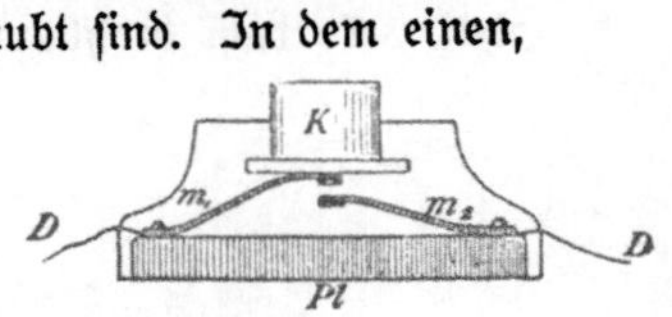

Fig. 70.
Pl = Platte mit den Metallstreifen m_1 u. m_2; D = Leitungsdraht; K = Hornknopf.

b) Wirkung. Sobald dies geschieht, fließt der Strom durch die Kupferdrahtwindungen des Elektromagneten: der Eisenkern wird magnetisch; er zieht den Anker an, und der Hammer schlägt gegen die Glocke. Dabei entfernt sich aber der angezogene Anker von der Schraube, und in demselben Augenblick ist der Strom wieder unterbrochen. Der Elektromagnet verliert mithin seine Anziehungskraft, und der federnde Stahlstreifen bewegt den Anker zu der Schraube zurück. Dadurch wird der Strom von neuem geschlossen, der Anker also wieder angezogen und der Hammer wieder gegen die Glocke geschlagen. Diese Vorgänge folgen sehr rasch aufeinander, und durch diese selbsttätige Stromunterbrechung (an welcher Stelle?) läutet die Glocke, solange wir den Druckknopf herabdrücken. Sobald wir ihn aber loslassen, wird der Strom dauernd unterbrochen. Der Druckknopf verhütet mithin den fortwährenden Ausgleich der Elektrizitäten. — Gib den Vorteil dieses Stromunterbrechers an!

3. **Der Schreibtelegraph oder Fernschreiber.** An Eisenbahnen und Landstraßen sehen wir in bestimmten Abständen „Telegraphenstangen". Sie tragen meist mehrere Glocken aus Porzellan, an denen verzinkte Eisendrähte befestigt sind. – Wollen wir nach einem entfernten Orte eine eilige Mitteilung machen, so geben wir auf der Post (dem „Telegraphenamte") eine „Depesche" oder ein „Telegramm" auf. – Zur Einrichtung des Telegraphen gehören die Batterie, die Leitung, der Schlüssel und der Schreibapparat.

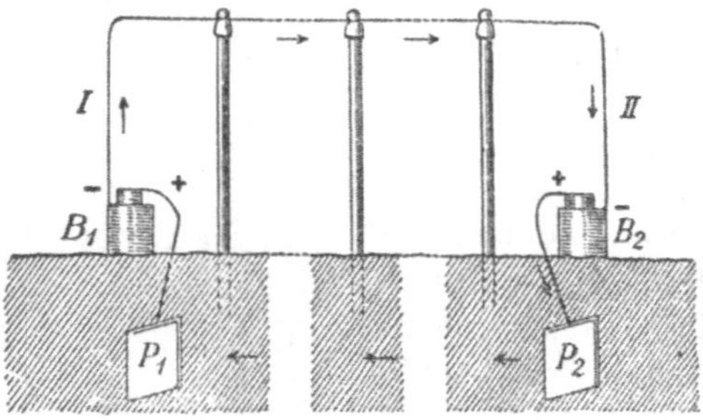

Fig. 71.

a) In den Telegraphendrähten fließt der elektrische Strom von einer Station zur anderen (Fig. 71, *I* und *II*). Auf jeder Station steht eine galvanische Batterie (B_1 und B_2). Merkwürdigerweise genügt nur ein Draht, um beide Stationen elektrisch miteinander zu verbinden. Der zweite Draht wird nämlich durch das in der Erde befindliche Grundwasser ersetzt, wenn man die Drahtenden mit je einer Metallplatte (P_1 und P_2) verbindet und diese in den Erdboden bis zum Grundwasser versenkt. Indem die Elektrizität (bei den Telegraphen der deutschen Reichspost der neg. Strom) oberirdisch durch den Leitungsdraht, unterirdisch von Platte zu Platte eilt, ist der Strom geschlossen. Da nun der elektrische Strom dazu dienen soll, Zeichen zu geben, muß er durch den Schlüssel und durch den Schreibapparat fließen.

b) Der Schlüssel oder der Zeichengeber (Fig. 72) ist ein zweiarmiger Hebel aus Metall, der wie eine Türklinke aussieht und an einem Ende einen Handgriff (*g*) hat. Er ruht drehbar in einer Metallsäule (*S*), die auf einem Brette befestigt ist und von der aus der Leitungsdraht (*d*) zu der anderen Station führt (vgl. auch Fig. 73 u. 74). An der Unterseite der beiden Hebelarme befindet sich je eine Metallspitze (a_1 und a_2). Ihnen gegenüber sind auf dem Holzbrette zwei kleine Messingkegel angeschraubt. Der eine (k_1) ist mit dem neg. Pole der Batterie, der andere (k_2) dagegen mit dem pos. Pole der Batterie und mit dem Schreibapparate der Station leitend verbunden. Für gewöhnlich drückt eine Feder (*f*) den Hebelarm mit dem Handgriffe nach oben, so daß a_2 und k_2 einander berühren, während zwischen a_1 und k_1 ein kleiner Zwischenraum bleibt. Der Stromkreis ist mithin unterbrochen. Der Schlüssel des Telegraphen dient also als Stromunterbrecher (ebenso wie der Druckknopf der elektrischen Klingel). Drücken wir aber den Handgriff des Schlüssels auf einer Station, z. B. auf Station *I* (Fig. 73), herunter, dann fließt der neg. Strom von der Batterie B_1 durch den Schlüssel Sch_1 in den Leitungsdraht zu der Station *II*. Dort gelangt er durch den Schlüssel Sch_2 und die Batterie B_2 in die Kupferplatte P_2. Im Grundwasser des Erdbodens eilt er endlich zu der Kupferplatte P_1 und zur Batterie der Station *I* zurück: der Strom ist jetzt also geschlossen.

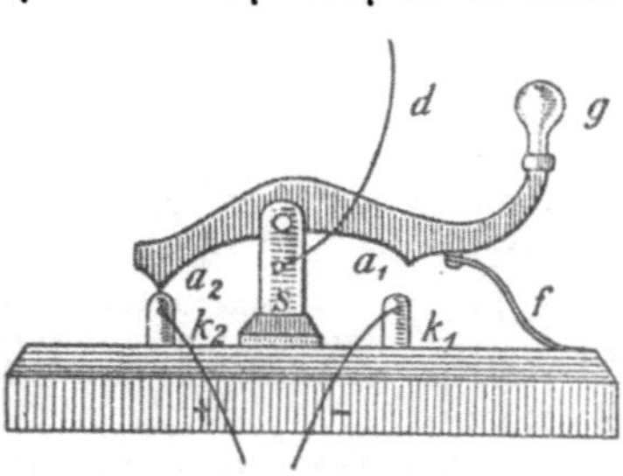

Fig. 72.

c) Auf jeder Station ist, wie wir gesehen haben, noch ein zweiter Apparat eingeschaltet, der **Schreibapparat** oder **Zeichenempfänger** (Fig. 75). Sein Hauptteil, ein Elektromagnet, steht auf einem Brette. Von den Drahtwindungen des Elektromagneten ist das eine Ende mit dem pos. Pole der Stationsbatterie, das andere dagegen mit der in das Grundwasser versenkten Kupferplatte verbunden. Über dem Eisenkerne des Elektromagneten schwebt der Anker. Er sitzt am Ende des einen Armes

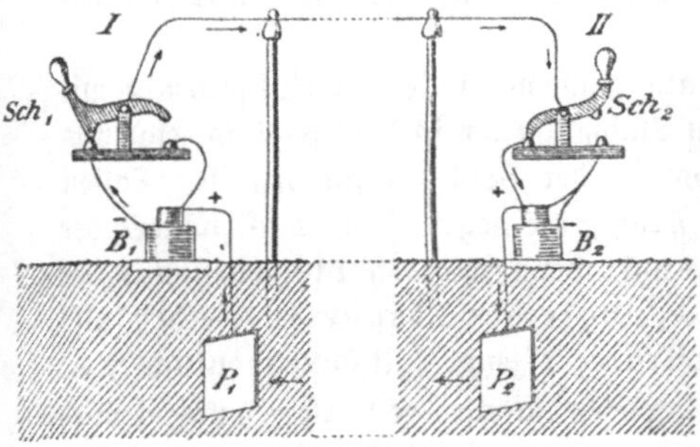

Fig. 73.

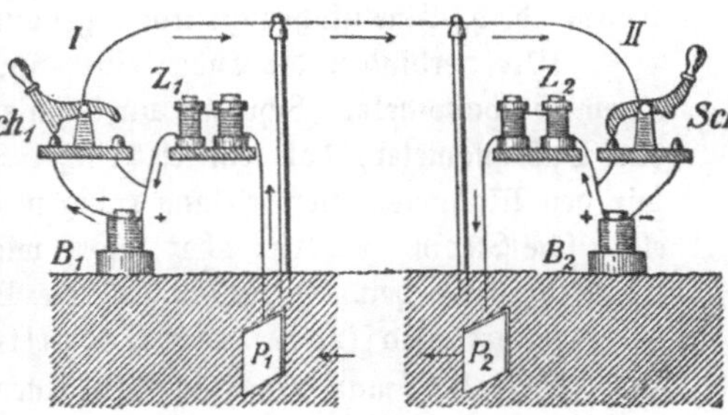

Fig. 74.

Die Stationen *I* u. *II* mit den Batterien B_1 u. B_2, den Metallplatten P_1 u. P_2, den Schlüsseln Sch_1 u. Sch_2 und den Schreibapparaten Z_1 u. Z_2.

eines zweiarmigen Hebels, dessen anderer Arm, der „Schreibarm", am Ende das „Schreibrädchen" trägt. Dieses taucht unten in den Farbenkasten. In einiger Entfernung läuft zwischen mehreren Walzen ein Papierstreifen an dem Schreibrädchen vorbei.

d) Solange der Telegraph nicht in Tätigkeit gesetzt ist, zieht eine Feder den Schreibarm nach unten, so daß das Schreibrädchen den Papierstreifen nicht berührt. Gleichzeitig wird der Ankerarm nach oben gedrückt und infolgedessen der Anker von dem Elektromagneten ferngehalten. Soll aber z. B. von Station *I* ein Telegramm nach der Station *II* geschickt werden, so wird der Schlüssel der Station *I* heruntergedrückt und damit die Leitung geschlossen (Fig. 74). Der elektrische Strom fließt daher durch die Leitung zu dem in der Ruhelage befindlichen Schlüssel der Station *II* und von dort durch die Drahtwindungen des Elektromagneten, der zum Schreibapparate Z_2 gehört, und von hier zu P_2. Der Elektromagnet wird magnetisch, zieht den Anker an, und das Schreibrädchen wird gegen den Papierstreifen gedrückt. Unterbricht man den Strom, dann zieht die Feder den Schreibarm wieder herunter. Da nun der Papierstreifen (durch ein Uhrwerk) gleichmäßig fortbewegt wird, zeichnet das Schreibrädchen Punkte oder Striche darauf, je nachdem man den Strom nur einen Augenblick oder längere Zeit wirken läßt. Aus diesen Punkten und Strichen hat man Zeichen zusammengestellt, die die Buchstaben unseres Alphabetes und die Ziffern bedeuten, z. B. a . —, b — . . ., c — . — . usw. Das Wort Berlin würde durch folgende Zeichen ausgedrückt werden: — . . . . . — . . — . . . . — .

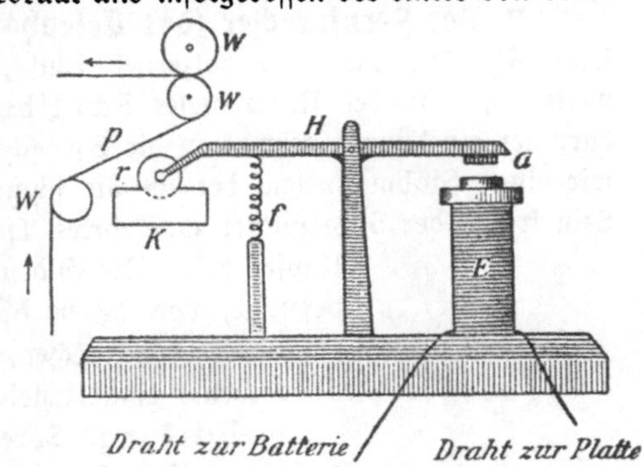

Fig. 75.

E = Elektromagnet; *H* = Hebel mit Anker *a*, Schreibrädchen *r*, das in den Farbenkasten *K* taucht, und Feder *f*; *W* = Walzen, zwischen denen der Papierstreifen *p* läuft.

(Gib an, wie man von Station *II* nach Station *I* telegraphiert oder depeschiert!)

4. Von der Induktionselektrizität und ihrer Verwendung.

1. **Entstehung von Induktionsströmen.** a) Wie wir erfahren haben, wird ein unelektrischer Leiter durch Verteilung elektrisch, wenn man ihm einen elektrischen Körper nähert (S. 53, 4). Ebenso ruft ein galvanischer Strom in einem benachbarten, geschlossenen Leiter einen elektrischen Strom hervor. Dieser wird in den geschlossenen Leiter gleichsam hineingeführt und deshalb Induktionsstrom, d. h. Hineinführungsstrom, genannt.

Wir verbinden die Enden einer Spule aus dünnem, isoliertem Kupferdraht mit einem Galvanometer. Schieben wir dann einen Stabmagneten in die Spule, so zeigt uns das Galvanometer, daß ein elektrischer Strom in der Spule entstanden ist. Lassen wir den Magneten eine Zeitlang ruhig in der Drahtspule liegen, dann verschwindet der elektrische Strom. Er tritt aber sofort wieder auf, wenn wir den Magneten aus der Spule herausziehen. — Auch durch die Bewegung eines Magneten werden also in einem geschlossenen Leiter Induktionsströme erzeugt („Magnetinduktion").

b) Nähert man ein Stück Eisen einem Magneten, so wird er stärker; entfernt man das Eisen, dann wird er schwächer (magnetische Verteilung; S. 51, 7). Hält man daher einen Streifen Eisenblech vor einen Stabmagneten, der in einer geschlossenen Drahtspule liegt, und versetzt man das Eisenblech in Schwingungen, so wird die Kraft des Magneten abwechselnd verstärkt und geschwächt. Durch sorgfältige Versuche ist festgestellt worden, daß auch in diesem Falle Induktionsströme in der Spirale hervorgerufen werden. Hierauf beruht der Fernsprecher, den man auf dem Postamte, in Geschäftshäusern und vielen Wohnungen findet.

Aufgaben. Auf welche verschiedene Weise kann man elektrische Ströme erzeugen? — Vergleiche die Entstehung des Induktionsstromes mit der magnetischen und der elektrischen Verteilung!

2. **Der Fernsprecher (das Telephon).** a) Einrichtung. Der Fernsprecher besteht (Fig. 76) aus einer hölzernen Hülse, die an dem einen Ende becherförmig erweitert ist. In der Mitte dieses Schallbechers sehen wir ein kreisrundes Loch und darunter ein dünnes Eisenblech, die Sprechplatte. Öffnen wir die Hülse, so erblicken wir einen Stabmagneten, der an die schmale Seite der Holzfassung angeschraubt ist. Sein freies, der Sprechplatte zugekehrtes Ende steckt in einer Rolle von umsponnenem Kupferdraht. Die Enden des Drahtes sind in zwei Klemmschrauben befestigt, von denen die Leitungsdrähte ausgehen. Diese führen zu einem Fernsprecher, der an einer anderen Stelle angebracht, aber ebenso eingerichtet ist.

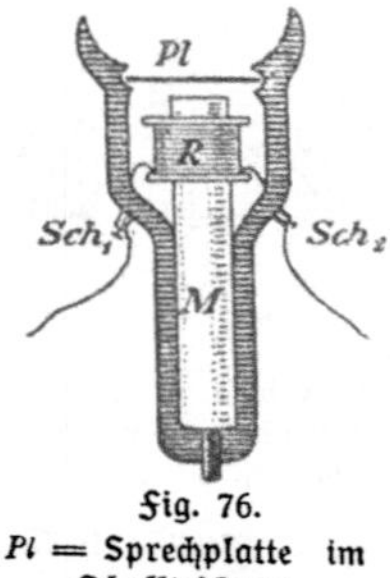

Fig. 76.
Pl = Sprechplatte im Schalltrichter; *M* = Stabmagnet; *R* = Rolle von Kupferdraht umsponnen, dessen Enden durch die Schrauben Sch_1 und Sch_2 mit den Leitungsdrähten zur zweiten Station verbunden sind.

b) Wirkung. Sprechen wir auf einer Station in den Schalltrichter des Telephons, so wird die Sprechplatte durch die Schallwellen in Schwingungen versetzt. Die Platte nähert sich dabei dem Stabmagneten, oder sie entfernt sich von ihm, und zwar in einer ganz bestimmten Weise, die bei jedem Tone anders ist. Dadurch werden aber bestimmte Änderungen (Verstärkung, Schwächung) des Magnetismus und mithin in der Drahtspule Induktionsströme erzeugt, die den magnetischen Schwankungen entsprechen. In fast unmeßbarer Geschwindigkeit eilen die Ströme durch die Leitung zu dem Telephon der zweiten Station. Dort umkreisen sie in der Spule den Magneten und erregen in ihm dieselben Kraftänderungen, die bei dem Apparate der ersten Station hervorgerufen wurden. Infolgedessen zieht der Magnet das Eisenplättchen verschieden stark an und versetzt es in dieselben Schwingungen, wie sie die Sprechplatte auf der ersten Station ausführte. Diese Schwingungen bringen in der Luft Schallwellen hervor. Halten wir also das Ohr an den Schalltrichter, dann vernehmen wir dieselben Laute und Töne, die in das Telephon der ersten Station hineingesprochen wurden. — Der „Sprechapparat" verwandelt also die Schallwellen in Induktionsströme; der „Hörapparat" dagegen setzt elektrische Ströme in Schallwellen um.

Durch die Schwingungen des Eisenplättchens im Telephon werden nur schwache Induktionsströme hervorgerufen, die auf große Entfernungen nicht wirksam genug sind. Man benutzt deshalb als Sprechapparat nicht mehr ein Telephon, sondern eine andere Vorrichtung, das Mikrophon, in dem die Schallwellen sehr starke Stromschwankungen erzeugen. Diese werden meilenweit durch die Drahtleitung auf das Telephon einer anderen Station übertragen, das als Hörapparat dient.

3. **Die Dynamomaschine** (d. h. Kraftmaschine). a) Durch Versuche ist festgestellt worden, daß sehr kräftige Induktionsströme entstehen, wenn ein Elektromagnet vor den Polen eines zweiten, ruhenden Elektromagneten schnell kreist, und wenn die Drahtenden beider miteinander verbunden sind. Eine solche Vorrichtung nennt man Dynamomaschine. Dem beweglichen Elektromagneten, dem „Anker", gibt man vielfach die Gestalt eines kurzen Zylinders, der deshalb einem Ringe ähnelt. — Nun besitzt jedes Stück Eisen eine Spur von Magnetismus. Setzt man daher den Anker durch fließendes Wasser, durch eine Dampfmaschine oder durch eine andere Kraft in Bewegung, so erregt der freilich nur schwache Magnetismus des ruhenden Elektromagneten zunächst auch nur schwache Induktionsströme in den Drahtwindungen des Ankers. Da diese mit den Drahtwindungen des ruhenden Elektromagneten verbunden sind, umkreisen die Ströme auch ihn und verstärken infolgedessen seinen Magnetismus. Der verstärkte Magnetismus erzeugt wieder kräftigere Induktionsströme, und so steigert sich diese Wechselwirkung, bis die Maschine ihre höchste Leistungsfähigkeit erreicht hat.

Durch die Dynamomaschine wird mechanische Arbeit in Elektrizität d. h. in elektrische Kraft umgesetzt.

b) Den durch die Dynamomaschine in sogenannten Elektrizitätswerken erzeugten Strom kann man in (gut isolierten) Drähten weiterleiten, z. B. zu elektrischen Glüh- oder Bogenlampen, und ihn so in Licht umsetzen. Leitet man ihn in die Drahtspulen einer anderen Dynamomaschine, dann wird der Anker dieses Elektromotors (Name? s. S. 33, 10, d) in Umdrehungen versetzt. Verbindet man den Anker durch einen Treibriemen mit einer Pumpe, einer Mühle oder mit anderen Arbeitsmaschinen, so kommen sie in Tätigkeit. — Durch den Elektromotor wird also die elektrische Kraft in Arbeitskraft umgewandelt.

Man kann mithin die Muskelkraft der Tiere, die Kraft des Wassers, des Windes, des Dampfes, kurz jede Arbeits- oder mechanische Kraft in elektrische Kraft umsetzen, diese durch Drähte fortleiten und an einer anderen Stelle wieder in Wärme, in Licht oder in mechanische Kraft umwandeln. Mittels solcher elektrischen Kraftübertragung wurden z. B. bei einer Ausstellung in Frankfurt a. M. (1891) sämtliche Maschinen durch die Kraft des Neckars bei Lauffen aus einer Entfernung von etwa 175 km betrieben. Heutzutage findet die Übertragung elektrischer Kraft vielfach Verwendung. — Führe einige Beispiele an!

4. **Die elektrische Bahn.** Leitet man den Strom in einen Motor, der unter einem auf Eisenbahnschienen stehenden Wagen angebracht und mit den Rädern verbunden ist, so bewegt sich der Wagen. Aus den Leitungsdrähten, die über den Schienen entlang führen, gelangt der Strom durch eine federnde Eisenstange, die auf dem Wagen angebracht und an ihrem oberen Ende mit einem Bügel oder einer Rolle versehen ist, in den Motor. Von hier fließt er durch die Schienen zum Elektrizitätswerk zurück.

5. **Die Funkentelegraphie.** a) Sorgfältige Versuche haben gelehrt, daß durch den elektrischen Funken nicht nur Schall- und Lichtwellen (Donner, Blitz), sondern auch elektrische Wellen entstehen. Sie verbreiten sich nach allen Seiten, und zwar wie die Lichtwellen mit einer Geschwindigkeit von 300000 km in der Sekunde.

b) In eine kleine Glasröhre füllen wir Nickel- oder Messingspäne, verschließen die Röhre durch Metallplättchen, die mit einem Draht versehen sind (Fig. 77 II, *F*), und verbinden die Drähte mit den Polen einer galvanischen Batterie. Nun schalten wir in den Stromkreis eine elektrische Klingel ein: die Klingel ertönt nicht. Die nur lose aneinanderliegenden Metallteilchen setzen dem elektrischen Strome einen zu großen Widerstand entgegen. Setzen wir aber eine Elektrisiermaschine in Betrieb, so ertönt die Klingel. Die elektrischen Wellen, die von der Elektrisiermaschine ausgehen, wirken auf die Metallteilchen. Durch die dabei entwickelte Wärme werden die Feilspäne ein wenig aneinandergeschweißt, zusammenge„frittet" und leitend gemacht. Darum führt die Röhre den Namen Fritter.

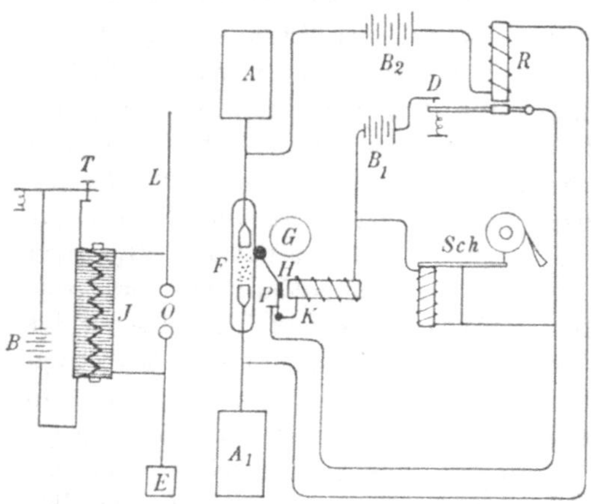

Fig. 77. Funkenapparat.

Klopfen wir jetzt mit einem Finger gegen die Röhre, so ertönt die Glocke nicht mehr. Der Zusammenhang mit den Metallspänen ist durch die Erschütterung wieder aufgehoben, und der Strom ist dadurch unterbrochen worden.

c) Hierauf beruht die Funkentelegraphie (Telegraphie ohne Draht). Der Funkenapparat (Fig. 77) besteht aus dem Sender (I) und dem Empfänger (II). Drückt man auf den Taster *T* des Senders, so fließt der Strom der Batterie nach dem Induktor *J*. Der hier erzeugte Induktionsstrom wird zu den Metallstäben *L* und *E* geleitet, zwischen deren Kugeln *O* der Entladungsfunken überspringt. Die hierdurch erzeugten elektrischen Wellen gelangen durch die Auffangebleche $A A_1$ des Empfängers II zu dem Fritter *F* und machen ihn leitend. Der Strom der Batterie B_2 umfließt nun den Elektromagneten *R*; der Anker wird angezogen und schließt bei *D* den Stromkreis der Batterie B_1. Infolgedessen zieht der Elektromagnet *K* den Hammer *H* an, der gegen die Glocke *G* schlägt. Dadurch wird aber der Strom bei *P* unterbrochen, der Hammer schnellt gegen den Fritter zurück, dessen Leitungsfähigkeit daher aufgehoben wird, bis ihn eine elektrische Welle trifft. — Wenn der Stromkreis bei *D* geschlossen wird, tritt der Schreibapparat *Sch* in Tätigkeit. Je nachdem nun der Taster *T* des Senders kürzere oder längere Zeit niedergedrückt wird, zeichnet der Schreibapparat einzelne Punkte oder Reihen von dicht nebeneinander liegenden Punkten auf. Die Punktreihen entsprechen den Strichen des telegraphischen Alphabetes (S. 65). — Um die Wirkung der elektrischen Wellen auf weite Entfernung hin zu erhöhen, sind Sender und Empfänger mit Antennen oder Luftdrähten verbunden, die auf isolierten Masten stehen. Sender und Empfänger hat man mit der Erde leitend verbunden („geerdet").

Die Funkentelegraphie hat eine große **Bedeutung** für die Schiffahrt (Benachrichtigung in Seenot, Schiffszeitungen), für die Kriegsflotte und das Landheer und für den Wetterdienst (Sturmwarnungen).

Die bedeutendste Funkenstation Deutschlands und des europäischen Festlandes ist **Nauen** bei Berlin. Hier hat man eine Reichweite der elektrischen Wellen von über 6000 km erzielt.

B. Chemie und Mineralogie.

I. Von der Luft.

1. **Eigenschaften der Luft.** Die Erde wird von einer Lufthülle, der Atmosphäre, umgeben. Sie ist durchsichtig und farblos; nur dickere, staubfreie Luftschichten erscheinen blau (blauer Himmel!). Die Luft durchdringt den Erdboden, das Mauerwerk, das Holz sowie die meisten anderen Körper und wird auch vom Wasser aufgenommen (Atmung der Fische!). Wie wir bereits früher kennen gelernt haben, ist sie der wichtigste Leiter des Schalles (S. 37, 3a), und der Druck „einer Atmosphäre" beträgt 1 kg (S. 19). Ebenso haben wir erfahren, daß erwärmte Luft emporsteigt (S. 29), und daß die Luft stets Wasserdampf enthält (S. 33). Rauch, Staub und winzige Pilzkeime, die Fäulnis, Gärung (S. 97) und Krankheiten hervorrufen können, schweben in ihr.

2. **Die wichtigsten Bestandteile der Luft.** Wir stellen einen Leuchter mit einem brennenden Lichte in eine Schüssel, die mit Wasser gefüllt ist. Dann stülpen wir eine Glasglocke so über das Licht, daß ihr Rand etwas in das Wasser taucht. Nach einiger Zeit erlischt die Flamme; das Wasser steigt in die Glocke und nimmt einen Teil des Raumes ein, der vorher ganz von Luft erfüllt war. In der Luft ist also ein Stoff vorhanden, der zum Brennen notwendig ist. Er wird von dem brennenden Körper gleichsam verzehrt. Sobald das geschehen ist, geht die Flamme aus. Wir verbrennen ein Stückchen Phosphor, das unter einer Glasglocke in einem Schälchen auf Wasser schwimmt. Nachdem die weißen Nebel (S. 71) verschwunden sind, finden wir, daß die atmosphärische Luft zu etwa $^1/_5$ aus einem Gase besteht, das beim Brennen der Flamme verbraucht wird; man nennt es **Sauerstoff** (S. 70). Der größere Teil der Luft dagegen ist ein Gas, in dem die Flamme erstickt; es heißt deshalb **Stickstoff**.

Die Luft besteht aus etwa 21 Teilen Sauerstoff und 79 Teilen Stickstoff.

3. **Der Stickstoff** ist eine farb-, geruch- und geschmacklose Luftart, welche die Verbrennung nicht unterhält. Würden Menschen oder Tiere in reinen Stickstoff gebracht werden, so müßten sie ersticken. Der Stickstoff ist mithin zur Atmung untauglich. Dagegen brauchen ihn alle Lebewesen zur Ernährung.

4. **Physikalische und chemische Vorgänge.** a) Durch bewegte Luftmassen (Wind!) werden Mühlen, Segelschiffe u. dgl. in Bewegung gesetzt, und der Druck der Luft treibt, wie wir wissen, das Wasser der Pumpe sowie das Quecksilber im Barometer empor. Bei diesen **physikalischen** Vorgängen wird also der Zustand der Körper verändert. — Nenne physikalische Vorgänge, die durch Wärme, Elektrizität und andere Kräfte bewirkt werden!

b) Kupfer- und Messinggeräte überziehen sich leicht mit (giftigem) Grünspan und eiserne „rosten". Wir wissen, daß Grünspan und Rost ganz andere Stoffe sind als Kupfer und Eisen. — Um zu prüfen, ob die Luft auch diese Vorgänge bewirkt, erhitzen wir etwas Eisenpulver auf einem kleinen Löffel, dessen Stiel wir in einen Kork gesteckt haben. Darauf schieben wir den Löffel schnell in ein Probierglas, verschließen es fest mit dem Korke und schütteln tüchtig. Dadurch kommt das Eisenpulver mit der Luft im Glase in innige Berührung, und wir beobachten, daß das Eisen seinen Glanz verliert. Öffnen wir endlich das umgestülpte Probiergläschen unter Wasser, so steigt dieses hinein und füllt etwa $1/5$ des Glases aus. Die zurückgebliebene Luftart erweist sich als Stickstoff (wodurch?). Das Eisen nimmt also — und zwar besonders schnell, wenn es erhitzt ist — Sauerstoff aus der Luft auf und vereinigt sich damit zu einem neuen Stoffe, dem „Eisenroste".

Zinkspäne verbrennen mit bläulicher Flamme zu weißer „Zinkasche". Auch das Verbrennen von Holz, Kohle u. dgl. zeigt, daß bei manchen Vorgängen der Stoff der Körper verändert wird. Im Gegensatz zu den physikalischen Erscheinungen bezeichnet man diese als chemische Vorgänge.

5. **Darstellung des Sauerstoffes.** Kupfer, Eisen, Zink und alle anderen „unedlen" Metalle verbinden sich leicht mit dem Sauerstoff der Luft. Sie geben ihn auch schwer wieder ab. Silber, Gold, Platin und alle „edlen" Metalle dagegen vereinigen sich nicht mit dem Sauerstoff der Luft, selbst wenn sie stark erhitzt werden. Eine Mittelstellung nimmt das Quecksilber ein. Erhitzen wir es, so überzieht es sich langsam mit einer roten Haut, und schließlich erhalten wir an Stelle des Quecksilbers ein rotes, sehr giftiges Pulver, das sog. Quecksilberoxyd. Hiervon bringen wir etwas in einen Kolben aus schwer schmelzbarem Glase. Die Öffnung verschließen wir mit einem durchbohrten Korke, durch den wir eine zweimal gebogene Glasröhre stecken (Fig. 78). Ihr freies Ende führen wir unter ein Glasgefäß, das wir mit Wasser gefüllt und unter Wasser umgestülpt haben. (Warum fließt das Wasser nicht aus?) — Erhitzen wir nun den Kolben, so steigen in dem Glase Blasen empor, die das Wasser verdrängen, während sich an den kühleren Teilen des Kolbens und in der Röhre Quecksilbertröpfchen ansetzen. Endlich ist das Glas ganz mit einem farblosen Gase gefüllt, das nichts anderes als Sauerstoff sein kann. Wir verschließen das Glas unter Wasser durch einen Kork und stellen es vorläufig beiseite. Auf dieselbe Weise füllen wir noch einige Gläser mit Sauerstoff, bis sämtliches Quecksilberoxyd in seine Bestandteile (nenne sie!) zerlegt worden ist und die Gasentwicklung aufhört.

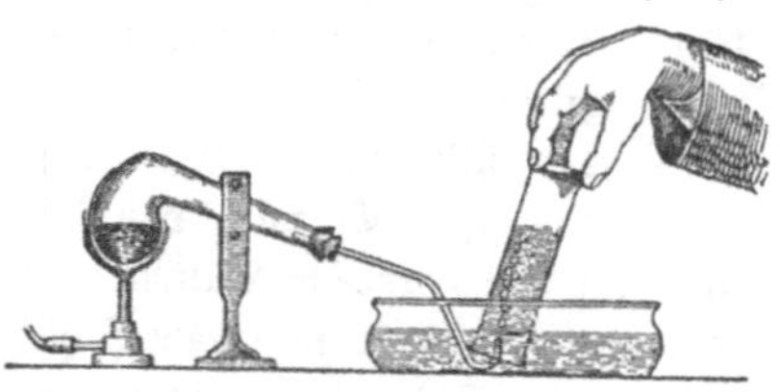

Fig. 78.

6. **Mechanisches Gemenge, chemische Verbindung, chemische Zerlegung, Element.** a) Vermischen wir Salz und Zucker miteinander, so erscheint das weiße Pulver dem bloßen Auge wie ein gleichartiger Stoff. Mit Hilfe des Mikroskopes aber erkennen wir die einzelnen Salz- und Zuckerkörnchen. — Wir reiben in einer Porzellanschale Eisenpulver und Schwefel gut durcheinander, so daß ein graugrünes Pulver entsteht, das wie ein gleichartiger Stoff aussieht. Mit Hilfe des Mikroskopes erkennen wir jedoch, daß das Pulver ungleichartig zusammengesetzt ist. Wir können auch die Eisen- und Schwefelteilchen durch einen Magneten, also mechanisch, leicht voneinander trennen.

Auch die Luft ist ein solches Gemenge oder Gemisch; sie wirkt wie Sauerstoff, der durch Stickstoff verdünnt ist (vgl. Absch. 7!).

b) Wir erhitzen das Pulver, das wir aus Eisen und Schwefel hergestellt haben, in einem Probierglase. Plötzlich beginnt das Gemenge an der erhitzten Stelle zu glühen, und, obgleich wir die Flamme sogleich entfernen, pflanzt sich das Glühen von selbst durch die ganze Masse fort. Nachdem sie sich abgekühlt hat, können wir mit Hilfe des Magneten und des Mikroskopes feststellen, daß der entstandene grauschwarze Körper kein Gemenge mehr ist. Es ist vielmehr ein einheitlicher, gleichartig zusammengesetzter Körper entstanden, das Schwefeleisen, das ganz andere Eigenschaften hat als seine Bestandteile (nenne sie!). Man sagt: das Schwefeleisen ist eine chemische Verbindung. — Wieso hat sich bei diesem chemischen Vorgange Wärme entwickelt? (s. S. 26, 1b u. S. 58, 1).

c) Wie wir gesehen haben, verbindet sich das Quecksilber bei hinreichender Erhitzung mit dem Sauerstoff zu Quecksilberoxyd: chemische Verbindung. Durch Erwärmung kann es wieder in seine Bestandteile zerlegt werden: chemische Zerlegung. Bei beiden Vorgängen entstehen Körper mit anderen Eigenschaften (Beweis!)

d) Eisen, Schwefel, Quecksilber und Sauerstoff hat man bisher auf keine Weise in noch einfachere Stoffe zerlegen können. Das gleiche gilt von dem Stickstoff, dem Kupfer und von allen anderen chemischen Grundstoffen oder Elementen.

7. **Eigenschaften und Vorkommen des Sauerstoffes.** a) Wie Luft und Stickstoff ist der Sauerstoff ein farb-, geruch- und geschmackloses Gas. Halten wir einen Holzspan, der an der Luft nur glüht, in ein mit Sauerstoff gefülltes Gefäß, so flammt er hell auf, wobei jedoch die Flamme nicht in das Gefäß hineinschlägt. Der Sauerstoff unterhält und beschleunigt also die Verbrennung; aber er selbst ist nicht brennbar.

Ein Stück Schwefel brennt an der Luft mit schwacher, bläulicher Flamme. Bringen wir es aber in ein Glas, das wir vorher mit Sauerstoff gefüllt haben, so brennt es mit hellem, blauem Lichte. Nachdem der Schwefel verbrannt ist, gießen wir etwas Wasser in das Glas und schütteln. Das Wasser schmeckt jetzt säuerlich und färbt blaues Lackmuspapier rot. (Lackmus ist ein Farbstoff, der aus einer Flechte hergestellt wird.) Der Schwefel hat sich nämlich bei der Verbrennung mit dem Sauerstoffe zu schwefliger Säure verbunden.

Verbrennen wir Phosphor in reinem Sauerstoff, so entstehen unter sonnenheller Lichterscheinung dichte, weiße Nebel, die eine Verbindung von Phosphor und Sauerstoff, nämlich Phosphorsäure, sind.

Verbrennen wir in gleicher Weise ein Stückchen Holzkohle, so können wir mit Hilfe von feuchtem, blauem Lackmuspapier feststellen, daß sich gleichfalls eine Säure, nämlich Kohlensäure (S. 79, 5) bildet, d. i. eine Verbindung des Kohlenstoffes mit dem Sauerstoff.

Auch mit den meisten anderen Körpern verbindet sich der Sauerstoff; man sagt, er „oxydiert" sie. Einige seiner Verbindungen, die „Oxyde", sind Säuren („Sauer"stoff!).

b) Der Sauerstoff ist ein Hauptbestandteil der Luft, des Wassers und fast aller Gesteine. Er findet sich als der verbreitetste Grundstoff auch im Körper der Pflanzen, Tiere und Menschen.

8. **Bedeutung des Sauerstoffes.** a) Stellen wir über ein brennendes Licht einen (engen) Lampenzylinder, so daß die Luft von unten her nicht hinzutreten kann, dann geht es bald aus. Ebenso erlischt das Feuer im Ofen, wenn ihm keine Luft, also kein Sauerstoff zugeführt wird. — Wie bewirken wir den nötigen Luftzug bei unseren Lampen und Öfen?

b) Wie wir erfahren haben, verbinden sich viele Stoffe rasch mit dem Sauerstoff der Luft, wenn wir sie erwärmen oder anzünden. Dabei entstehen Licht und Wärme. Dagegen geht das Rosten des Eisens bei gewöhnlicher Temperatur langsam vor sich. Auch wenn tierische Stoffe verwesen, oder wenn Stroh, Heu u. dgl. verfaulen, verbinden sie sich langsam mit dem Sauerstoffe der Luft. Bei diesen langsamen Verbrennungen entsteht jedoch nur Wärme. Sie kann allerdings so groß werden, daß sich die Körper von selbst entzünden.

Daß sich in unserem Körper eine langsame Verbrennung der Nahrung vollzieht, wodurch unsere Körperwärme erzeugt wird, haben wir bereits erfahren (s. Menschenkunde).

Woher kommt es, daß der Sauerstoffgehalt der Luft nicht abnimmt?

II. Vom Wasser.

1. **Vorkommen und Eigenschaften.** a) Das Wasser kommt fest (Eis), flüssig und gasförmig (Wasserdampf) vor. Als Meer bedeckt es etwa $^3/_4$ der Erdoberfläche; es findet sich aber auch in der Erde („Grundwasser"!). Im Fleische, das wir kaufen, sind etwa 60 % Wasser enthalten. Ebenso bildet es einen Hauptbestandteil des menschlichen und pflanzlichen Körpers; es ist also ein sehr verbreiteter Stoff.

b) In reinem Zustande ist das Wasser farb- und geruchlos sowie sehr durchsichtig. Wie verhält es sich, wenn wir es erwärmen oder abkühlen? (S. 28.) Milch, Spiritus und andere Flüssigkeiten vermischen sich mit ihm (Senkwage!), und viele Körper sind in ihm löslich (Beispiele!).

Wir lösen im Wasser Alaun auf und setzen so lange Stücke dieses Salzes zu, bis sie ungelöst am Boden des Gefäßes liegen bleiben. Verwenden wir Kochsalz oder Zucker zu dem Versuche, so zeigt sich gleichfalls, daß das Wasser nur eine bestimmte Menge eines Stoffes auflösen kann: die Lösung ist dann gesättigt.

Lassen wir ein Glas Wasser eine Zeitlang stehen, oder erwärmen wir es, so steigen Luft- und Kohlensäurebläschen empor. Das Wasser löst also auch luftförmige Körper auf. Besonders reich an Kohlensäure ist das Quell- und Brunnenwasser, das deshalb erfrischend schmeckt; dagegen ist „abgestandenes" oder abgekochtes Wasser schal.

Sind im Quellwasser heilkräftige Mineralstoffe aufgelöst, so nennt man es Mineralwasser. „Solwasser" z. B. ist reich an Kochsalz, „Stahlwasser" enthält Eisenverbindungen, in den „Säuerlingen" ist viel Kohlensäure, und in den „Schwefelquellen" Schwefelwasserstoff (S. 82, 3b) enthalten. — Das Quellwasser hat sehr verschiedene Temperatur (kalte, warme, heiße Quellen).

2. **Hartes und weiches Wasser.** a) Quell- und Brunnenwasser fühlen sich beim Waschen meist hart an, Regenwasser dagegen weich. Verdampfen wir etwas Quell- oder Brunnenwasser, so erhalten wir einen Rückstand, der aus Kalk und Gips (S. 85 u. 86) besteht. Bei dem Verdampfen von Regenwasser aber bleibt kein Rückstand. Kalk und Gips machen also das Wasser hart.

b) Kocht man hartes Wasser in einem Kessel, dann setzen sich Kalk und Gips an der Innenseite des Kessels ab. Dieser „Kesselstein" leitet die Wärme schlecht; er verhindert daher die Wärmezufuhr zum Wasser, also auch die Dampfbildung. Wenn nun beim Erhitzen die Wand des Kessels glühend wird und der Kesselstein Sprünge bekommt, dann dringt Wasser an die glühende Fläche (Kesselexplosion!).

Erbsen, Bohnen und andere Hülsenfrüchte kochen im harten Wasser nicht recht gar. Der Kalk bildet nämlich mit einigen Pflanzenstoffen eine hornartige Verbindung, die sich als Kruste um die Hülsenfrüchte absetzt.

c) Wenn wir uns mit Regenwasser waschen, verbrauchen wir weniger Seife, als wenn wir Quell- oder Brunnenwasser benutzen. — Wir schütteln Regenwasser mit einigen Tropfen Seifenlösung; es bildet sich reichlich Schaum, ohne daß ein Rückstand bleibt. Verwenden wir dagegen hartes Wasser zu dem Versuche, so wird das Wasser trübe, und es entsteht schließlich die krümelige, unlösliche „Kalkseife". Erst wenn wir eine große Menge Seifenlösung zufügen, bildet sich Seifenschaum. Beim Waschen der Wäsche setzt sich die Kalkseife zwischen die Fasern, verschmiert sie und macht die Wäsche mit der Zeit übelriechend. — Flußwasser nimmt in bezug auf die Härte eine Mittelstellung zwischen Quell- und Regenwasser ein (warum wohl?).

3. **Vom Trinkwasser.** Das in der Natur vorkommende Wasser ist meist nicht völlig rein. Oft ist es durch erdige Bestandteile („Sinkstoffe") getrübt, und manchmal enthält es verwesende Pflanzen- und Tierstoffe. Auch finden sich darin Pilzkeime (Bakterien), die tödliche Krankheiten (Cholera, Typhus) verursachen können. — Wir verfertigen uns aus weißem Löschpapier eine kleine Tüte, füllen sie mit reinem Sand, stellen sie in einen Glastrichter und halten das Ganze über ein Wasserglas. Gießen wir nun trübes Wasser in diesen „Filter", so sickern unten klare Tropfen heraus. Benutzen wir statt des Sandes pulverisierte Holzkohle, so beobachten wir gleichfalls, daß die Verunreinigungen des Wassers in dem Filter zurückbleiben. Sorgfältige Versuche haben ergeben, daß von einem guten Filter auch der größte Teil der Pilzkeime zurückgehalten wird. — Was wir im kleinen ausgeführt haben, geschieht im großen in den „Wasserwerken" vieler Städte, bevor das Wasser durch die „Wasserleitung" als klares, farb-, geruchloses und von schädlichen Bakterien freies Trinkwasser jeder Haushaltung zugeführt wird.

4. **Die Zusammensetzung des Wassers.** Um zu untersuchen, woraus Wasser besteht, benutzen wir eine Vorrichtung, wie sie Fig. 79 zeigt. Beschreibe sie und beachte dabei, daß die beiden seitlichen Röhren *S* und *W* oben durch Hähne verschlossen werden können, und daß unten in sie je ein Platindraht (S. 90, 3) eingeschmolzen ist, der in ein kleines Platinblech (*Pl* + und *Pl* —) endet! Wir füllen durch die mittlere Röhre Wasser ein, das wir durch einige Tropfen Schwefelsäure angesäuert und daher leitend gemacht haben. (Warum müssen dabei die Hähne der Röhren *S* und *W* geöffnet sein?) Nachdem die seitlichen Röhren mit Wasser gefüllt sind, schließen wir die Hähne und verbinden die Platindrähte mit einer elektrischen Batterie. Alsbald sehen wir, daß an den Platinblechen, den elektrischen Polen, farblose Gasblasen abgeschieden werden. Und zwar entwickelt sich an dem Platinbleche (*Pl* —) der Röhre *W*, dem neg. Pole, genau doppelt soviel Gas wie an dem pos. Pole (*Pl* +) in Röhre *S*. Nach einiger Zeit unterbrechen wir den Strom; die Gasentwicklung hört auf. Nun öffnen wir den Hahn der Röhre *S* und halten in das ausströmende Gas einen glimmenden Span: er flammt auf. Das Gas ist also Sauerstoff. Darauf öffnen wir den anderen Hahn und nähern ihm ein brennendes Licht; das ausströmende Gas entzündet sich und brennt mit schwacher, blauer Flamme. Stülpen wir ein trockenes Glas darüber, so beschlägt seine Innenseite mit Wasser. Das Gas verbrennt also zu Wasser und heißt deshalb Wasserstoff. Durch den elektrischen Strom wird demnach das Wasser in seine Bestandteile zerlegt, und zwar zeigt sich, daß es aus 2 Teilen Wasserstoff und 1 Teile Sauerstoff zusammengesetzt ist.

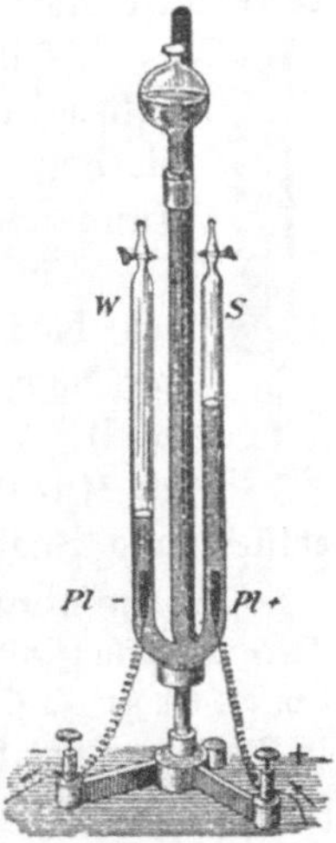

Fig. 79.

Wasser, das nur diese beiden Bestandteile enthält, nennt man „chemisch rein". — Warum ist das Wasser eine chemische Verbindung?

5. **Der Wasserstoff.** a) Für gewöhnlich stellt man den Wasserstoff nicht durch Zersetzen des Wassers, sondern mit Hilfe einer Vorrichtung dar, wie sie Fig. 80 zeigt.

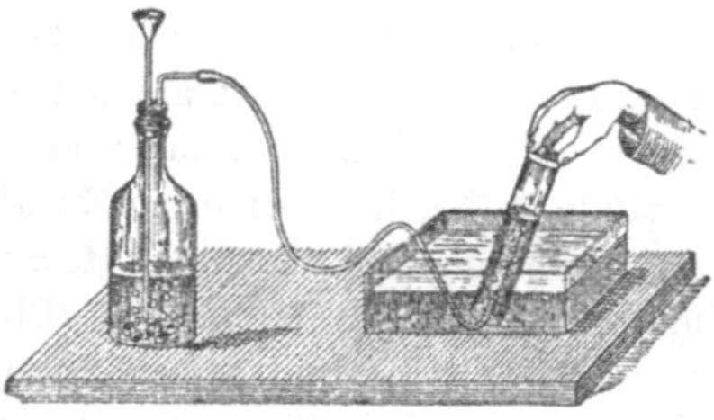

Fig. 80.

In die Gasentwicklungsflasche schüttet man Zinkspäne und gießt Wasser darüber. Fügt man durch den Trichter Salzsäure hinzu, so braust die Flüssigkeit auf, und Gasblasen steigen empor. Das Gas, das aus dem Gummischlauche ausströmt, gibt sich leicht als Wasserstoff zu erkennen, da es zu Wasser verbrennt. Bevor man ihm aber eine Flamme nähern darf, muß die Gasentwicklung bereits einige Minuten vor sich gegangen sein (Knallgas! s. u.).

Die Salzsäure besteht aus Chlor (S. 85, 4) und Wasserstoff. Das Zink vereinigt sich mit dem Chlor zu einer chemischen Verbindung, so daß der Wasserstoff gleichsam aus der Salzsäure verdrängt und dadurch frei wird.

b) Wie den Sauerstoff können wir auch den Wasserstoff in Gläsern auffangen (Fig. 80). Dabei beobachten wir, daß er farb- und geruchlos ist. — Öffnen wir ein mit Wasserstoff gefülltes Glas, dessen Mündung nach oben gekehrt ist, so entweicht er sofort. Wasserstoff ist also leichter als Luft, und zwar ist er der leichteste aller Körper. Deshalb wird er auch zur Füllung von Luftballons benutzt.

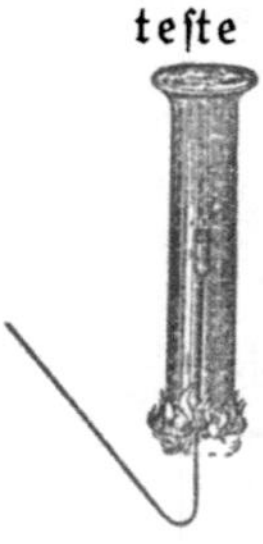

Fig. 81.

Führen wir in ein mit Wasserstoff gefülltes Gefäß (wie müssen wir es halten?) eine brennende Kerze (Fig. 81), so entzündet sich zwar der Wasserstoff, die Kerze dagegen erlischt. Der Wasserstoff unterhält also die Verbrennung nicht.

In ein Probierglas lassen wir Wasserstoff einströmen (wie müssen wir das Glas halten?), so daß er sich mit der Luft im Glase mischt. Nähern wir dann dem Gasgemisch eine Flamme, so erfolgt eine heftige Explosion (Vorsicht!). Ein Gemisch aus Sauerstoff und Wasserstoff bezeichnet man deshalb als Knallgas. Bei der Zersetzung des Wassers durch den elektrischen Strom entsteht also Knallgas (vgl. S. 73 u. 61, 7 b).

6. **Ammoniak.** a) In schlecht gelüfteten Pferdeställen, an Dungstätten und überall, wo Tier- und Pflanzenstoffe in Fäulnis übergehen, nehmen wir häufig einen stechenden Geruch wahr, der die Augen zu Tränen reizt. — Wir lösen in einer Gasentwicklungsflasche etwas Salmiak in Wasser auf und fügen etwa ebensoviel gelöschten Kalk (S. 86) zu. Erwärmen wir dann das Ganze, so bemerken wir denselben durchdringenden Geruch. Er rührt von einem Gase her, das aus Wasserstoff und Stickstoff besteht und Ammoniak genannt wird. (Salmiak ist eine chemische Verbindung aus Chlor (S. 85) und Ammoniak, das durch den Kalk vertrieben wird.)

b) Wir leiten Ammoniakgas in ein Glasgefäß, bis alle Luft daraus verdrängt ist, und verschließen die Mündung. Öffnen wir darauf das umgestülpte Gefäß unter Wasser, so strömt dieses schnell ein. Das Wasser verschluckt gleichsam das Ammoniak und löst es in großen Mengen auf. Es entsteht „Salmiakgeist".

Kommt durch Versehen ein Tropfen einer Säure (Salz-, Schwefelsäure oder dgl.) auf die Kleider, so zeigt sich nach einiger Zeit ein roter Fleck, der nicht mehr „herausgeht". — Betupfen wir aber ein Stück Wollenzeug mit Salzsäure und gleich darauf mit Salmiakgeist, dann entsteht kein roter Fleck. Das Ammoniak hebt also die Wirkung der Säure auf. Darum benutzen wir Salmiakgeist, um Säure- und Obstflecke aus Kleidern zu entfernen.

7. Salpeter und Salpetersäure. a) An den Wänden von Viehställen beobachten wir zuweilen „Auswitterungen", die wie Salz aussehen. Dieser Kalk- oder Mauersalpeter „zerfrißt" allmählich die Mauern. In den regenarmen Gegenden Chiles findet sich in mächtigen Schichten der Natron- oder Chilisalpeter. Weil er leicht Wasser aufnimmt, zerfließt er an der Luft. Er ist ein sehr wichtiges Düngemittel (Stickstoff!). Dem Natronsalpeter sehr ähnlich ist der Kalisalpeter, der sich aber an der Luft nicht verändert. Er wird jetzt meist künstlich hergestellt. Man benutzt ihn zum Einpökeln des Fleisches, zur Herstellung des Schießpulvers (S. 82, 1c), zur Glasfabrikation, als Düngemittel und zur Gewinnung der

b) Salpetersäure. Wir schütten in einen Glaskolben Salpeter, gießen Schwefelsäure darüber und erhitzen ihn vorsichtig. Bald steigen braune Dämpfe auf. Legen wir vor den Kolben eine Flasche, die wir durch kaltes Wasser fortgesetzt abkühlen, dann verdichten sich die Dämpfe in dieser „Vorlage" zu flüssiger Salpetersäure. — Wir betupfen die Hand mit stark verdünnter Salpetersäure: die Stelle wird gelb. Auch Federn und Seide kann man auf diese Weise gelb färben. — Übergießen wir ein Stück Kupfer mit Salpetersäure, so löst es sich auf. Dasselbe beobachten wir an allen anderen Metallen; nur Gold und Platin werden von der überaus scharfen Säure nicht angegriffen. Darum benutzt man sie, um das Gold von anderen Metallen zu scheiden („Scheidewasser"), oder um den Goldgehalt einer Mischung festzustellen („Goldprobe").

III. Vom Feuer und von der Heizung.

1. **Entzündungswärme.** Holz, Stearin, Steinöl (Petroleum), Leuchtgas, kurz alle unsere Heiz- und Beleuchtungsstoffe brennen nicht von selbst an: wir müssen sie anzünden. Ein Streichholz, das wir an einen kalten Ofen halten, entzündet sich nicht. Es brennt auch noch nicht an, wenn wir es auf eine warme Kachel bringen; dagegen entzündet es sich, sobald wir damit die heiße Ofentür berühren. Zum Entzünden eines brennbaren Körpers ist also eine bestimmte Wärme erforderlich. — Die „Entzündungswärme" der Streichhölzer erzeugen wir gewöhnlich durch Reiben.

2. **Die Flamme.** a) An einer brennenden Stearinkerze befindet sich rings um den (baumwollenen) Docht eine kleine Vertiefung, die mit geschmolzenem Stearin angefüllt ist. Es steigt in dem Dochte in die Höhe (Haarröhrchen!) und speist die Flamme fortgesetzt mit Brennstoff. — Stellen wir die Kerze unter eine gut abgetrocknete Glasglocke, so beschlägt ihre Innenseite mit Wassertröpfchen. Nun wissen wir schon, daß das Wasser aus Sauerstoff und Wasserstoff besteht. Im Stearin ist also Wasserstoff vorhanden. Dieser verbrennt, d. h. er verbindet sich mit dem Sauerstoff der Luft zu Wasser. Halten wir dicht über die Flamme eine Porzellanplatte, dann bedeckt sich diese mit Ruß, der nichts anderes als Kohlenstoff ist. Auf ähnliche Weise können wir feststellen, daß in allen unseren Heiz- und Beleuchtungsstoffen Wasserstoff und Kohlenstoff verbrennen.

b) Halten wir über den Zylinder einer brennenden Lampe einen Holzspan, dann erscheint über ihm in der Luft eine Flamme, die später auch das Holz selbst erfaßt.

Wir rollen ein Blatt Papier zu einer Röhre zusammen und zünden das eine Ende an. Bringen wir in den Rauch, der am anderen Ende ausströmt, ein brennendes Streichholz, so entsteht eine Flamme. — In einer Porzellanschale erhitzen wir etwas Wachs oder Stearin. Nähern wir den Dämpfen, die aus der geschmolzenen Masse aufsteigen, ein brennendes Streichholz, dann flammen sie auf.

Die Flamme ist ein brennendes Gas. Ein Körper verbrennt also nur dann mit Flamme, wenn er vor dem Brennen oder während desselben in Gas verwandelt wird.

c) Betrachten wir eine Flamme, z. B. die einer Kerze (Fig. 82), dann sehen wir im Innern einen dunkeln Kern (a). Halten wir das Ende einer Glasröhre hinein, so strömt aus dem anderen Ende der Röhre ein weißlichgrauer Rauch hervor, der sich an einem brennenden Streichholze sofort entzündet. In dem dunkeln Kerne befinden sich also die Gase, die von dem Dochte aufsteigen. (Warum brennen sie in dem innersten Teile der Flamme noch nicht?) Wird das Licht ausgelöscht, so steigen sie als Rauch empor, der sich anzünden läßt.

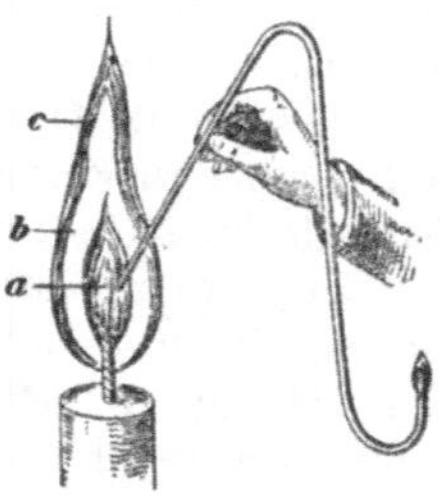

Fig. 82.

Den dunkeln Kern umgibt ein hellleuchtender Mantel (b). — Wir halten ein Kartenblatt einen Augenblick wagerecht mitten in die Flamme. Ziehen wir es dann rasch heraus, so sehen wir, daß sich darauf Ruß in Form eines Ringes abgeschieden hat. In dem hellen Mantel sind also Kohlenstoffteilchen vorhanden, die sich an dem (kälteren) Kartenblatte abgesetzt haben. Sie können nur aus den Gasen stammen, die in dem Mantel brennen. Welche Bedeutung die Kohlenstoffteilchen hier haben, zeigt uns ein Eisen- oder Platindraht, den wir in eine schwach leuchtende Spiritusflamme halten: er glüht, so daß die Flamme hell leuchtet. So erhöhen auch die in dem Mantel glühenden Kohlenstoffteilchen die Leuchtkraft der Flamme.

An der Außenseite des Mantels erkennen wir einen schwachleuchtenden Saum (c). — Legen wir einen Holzspan quer durch die Flamme, so entzündet er sich zuerst an den beiden Stellen, die in diesem Saume liegen. Das ist also der heißeste Teil der Flamme; denn der Sauerstoff der Luft kann ungehindert hinzutreten. — Wollen wir also durch eine Flamme große Hitze erzeugen, dann müssen wir ihr viel Luft zuführen (Blasebalg!). Um dagegen ihre Leuchtkraft zu erhöhen, brauchen wir nur feste Körper darin zum Glühen zu bringen. Hängen wir z. B. ein feinmaschiges Tüllgewebe, das mit einer Lösung von unverbrennlichen Salzen getränkt ist, in eine Gasflamme, so strahlt dieser „Glühstrumpf" helles „Glühlicht" aus. Hierbei wird also ein Teil der Wärme in Licht umgewandelt.

3. **Die Heizung.** a) Gegen zu starken Wärmeverlust schützen wir uns nicht nur durch unsere Kleidung (s. Menschenkunde), sondern auch durch die Heizung unserer Wohnräume. Die Zimmertemperatur soll nicht unter 16° C fallen und nicht erheblich über 20° C steigen. Für das Schlafzimmer ist eine Temperatur von 15° ausreichend. Die Heizung geschieht bei uns meist durch Öfen.

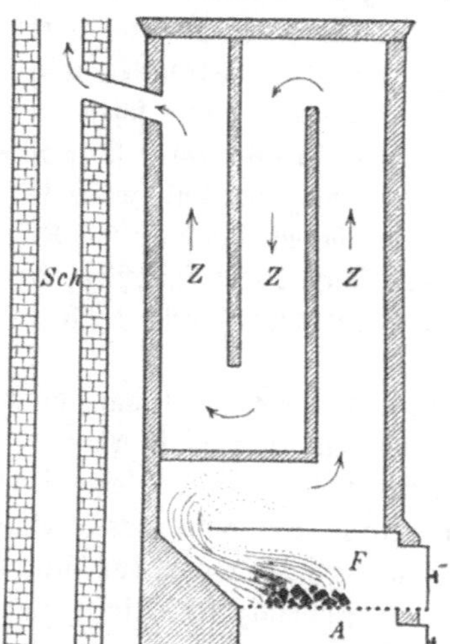

Fig. 83. Kachelofen.
Z = Züge, F = Feuerung, A = Aschenfall, Sch = Schornstein.

Der Kachelofen (Fig. 83) ist aus Ziegeln erbaut und mit glasierten Ziegeln, den „Kacheln", überkleidet. Vom Feuerraum F führt ein Kanal, der von den „Zügen" Z gebildet wird, im Ofen empor. Indem die Feuergase auf diesem Wege zum Schornstein Sch gelangen, geben sie einen großen Teil der Wärme an die Kacheln ab. Diese erwärmen sich zwar langsam, behalten aber die Wärme lange („Wärmespeicher"). — Der Abzug der Gase ist um so besser, je wärmer die aufsteigende Luft und je höher der Schornstein ist. Damit der Wind den Rauch nicht zurücktreiben kann, versieht man den Schornstein zuweilen mit einem Kaminhut. — Ist das Zimmer durchgeheizt, und sind nur noch glühende Kohlen im Ofen vorhanden, so können die Ofentüren geschlossen werden. Geschieht dies aber, bevor die Flammen erloschen sind, so kann sich das giftige Kohlenoxydgas (S. 79) bilden. Es dringt zwischen den Fugen und Ritzen des Ofens hindurch in das Zimmer. — Da sich die Feuergase beim Emporsteigen allmählich abkühlen, scheidet sich Kohlenstoff aus, der sich als Ruß im Schornstein absetzt. Er ist ein schlechter

Wärmeleiter, verstopft die Züge und hindert die Feuergase am Entweichen: „der Ofen hat keinen Zug mehr". Weil außerdem verrußte Schornsteine leicht in Brand geraten, müssen sie von Zeit zu Zeit „gefegt" werden, um den Ruß zu entfernen.

Eiserne Öfen werden schneller warm als Kachelöfen, geben aber die Wärme schnell wieder ab. Zimmerstaub, der sich auf dem eisernen Ofen niederschlägt, versengt und verbreitet dabei einen unangenehmen Geruch (Reizung der Atmungswerkzeuge!)

IV. Von den Heizstoffen.

1. **Der Kohlenstoff.** a) Wenn wir im Ofen Holz verbrennen, bleibt schließlich nur (unverbrennbare) Asche zurück. Verschließen wir aber die Ofentür luftdicht, ehe alles Holz verbrannt ist, dann finden wir nach dem Erlöschen des Feuers auch noch Kohlenstücke.

Wir schieben einen brennenden Holzspan langsam in ein Probierglas. Während er außerhalb des Glases lebhaft weiter brennt, verbrennt der andere Teil nur unvollständig (warum?); er „verkohlt". Die zurückbleibende schwarze Masse besteht vorwiegend aus Kohlenstoff. Da der Kohlenstoff nicht in noch einfachere Stoffe zerlegt werden kann, ist er ein chemisches Element.

b) Wir füllen ein Probierglas etwa bis zur Hälfte mit Sägespänen oder Holzstückchen und verschließen es mit einem Korke, durch den wir eine oben spitz auslaufende Glasröhre stecken. Erhitzen wir dann das Glas, so steigen aus der Röhre brennbare Dämpfe auf, während im Glase Kohle zurückbleibt. Verwenden wir zu dem Versuche Stärke, Zucker, Blut u. dgl., so ergibt sich, daß der Kohlenstoff ein Bestandteil aller Pflanzen- oder Tierstoffe ist.

2. **Die Holzkohle.** a) Dieser wichtige Heizstoff wird in waldreichen Gegenden durch unvollständiges Verbrennen von Holz, besonders der Buche, gewonnen. Der Kohlenbrenner oder Köhler schichtet Holzstücke zu einem halbkugelförmigen Haufen auf, den er mit Rasen und Erde bedeckt. Ist der „Meiler" (Fig. 84) fertig, dann wird das Holz angezündet. In das Innere läßt der Köhler jedoch nur so viel Luft eintreten, daß das Holz langsam verkohlt. Rauch und (brennbare) Gase entweichen durch Zuglöcher des Meilers (z. B. bei a). Sobald der Rauch hell und blau erscheint, ist alles Holz verkohlt. Nun läßt der Köhler den Meiler erkalten und trägt die Decke ab.

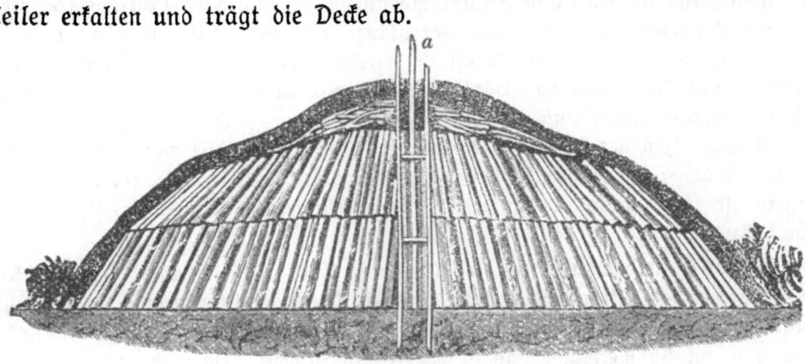

Fig. 84.

b) Die Holzkohle (Name!) ist schwarz, leicht und porös. Beim Verbrennen erzeugt sie große Hitze und wird darum in vielen Gewerben verwendet. Auch widersteht sie der Fäulnis. Deshalb verkohlt man die unteren Enden der Pfähle, die in die Erde geschlagen werden sollen. Wie wir bereits gesehen haben (S. 73, 3), wird die Holzkohle auch zum Reinigen des Wassers benutzt. — Eine ähnliche Verwendung findet die aus Knochen,

Fleisch oder Blut hergestellte Tierkohle in der Zuckerfabrikation (S. 93, 1). Bei unvollkommener Verbrennung vieler kohlenstoffhaltigen Körper entsteht der Ruß (S. 76, 3). Im großen hergestellt, wird er besonders zur Bereitung von chinesischer Tusche und von Buchdruckfarbe verwendet.

3. **Das Verkohlen der Pflanzenstoffe in der Natur.** a) Stoßen wir einen Stab in den sumpfigen Boden eines Gewässers, dann steigen in dem Wasser Gasblasen empor. Wenn wir dieses „Sumpfgas" (Name!) auffangen, können wir feststellen, daß es farb-, geruchlos und brennbar ist. Es besteht aus Kohlenstoff und Wasserstoff (Beweis!). Das Gas entströmt auch dem Meiler, es findet sich ferner in Torfmooren, Kohlenbergwerken („Grubengas") und überall da, wo Pflanzenstoffe sich bei unzureichendem Luftzutritt zersetzen, verkohlen. Vermischt es sich in den Bergwerken mit Luft, so entsteht eine Art Knallgas. Kommen die Bergleute in eine solche Luftmischung, dann entzündet sie sich leicht an ihren Grubenlampen („schlagende Wetter").

b) Der Torf. Wenn wir Torf zerreißen, sehen wir, daß er vorwiegend aus Pflanzenresten besteht. Für wald- und kohlenarme Gegenden ist er ein wichtiger Heizstoff, der in „Torfstichen" gewonnen und an der Luft getrocknet wird. — Die in den wasserdurchtränkten Torfboden alljährlich einsinkenden Pflanzenteile können nur unvollständig zu Erde zerfallen, denn der Sauerstoff der Luft vermag nicht zu ihnen zu dringen (warum?). Wie im Meiler häufen sich mithin große Mengen von Kohlenstoff an. Wiederholt sich dieser Vorgang Jahrhunderte oder gar Jahrtausende hindurch, so entstehen Lager von braunem oder schwarzem Torfe.

c) Auch bei der Braunkohle (beschreibe sie!) erkennen wir leicht, daß sie aus Pflanzen entstanden ist, und zwar hat sie sich meist aus Nadelhölzern gebildet, an deren verkohlten Stämmen man oft noch die Jahresringe sehen kann. Die mächtigen Kohlenschichten sind wahrscheinlich dadurch entstanden, daß die Baumstämme in riesigen Massen zusammengeschwemmt und mit Sand- oder Tonschichten überdeckt wurden. Die Holzmassen verkohlten dann ähnlich wie im Meiler, nur viel langsamer. — Vermischt man Braunkohlenpulver mit Wasser, und preßt man daraus Ziegel, die an der Luft getrocknet werden, so erhält man die „Naßpreßsteine". Trocknet man dagegen das Kohlenpulver bis zu einem gewissen Grade, so stellt man unter hohem Druck daraus die „Trockenpreßsteine" oder „Briketts" her.

d) Meist tiefer als Torf und Braunkohle finden sich in der Erde oft ausgedehnte Lager, die aus einer schwarzen, mehr oder weniger glänzenden und häufig steinharten Kohle, der Steinkohle, bestehen. Die „Steinkohlenflöze" wechseln gewöhnlich mit Schichten aus Sandstein, Kalkstein und Schieferton ab. Häufig erkennt man in ihnen noch deutlich Abdrücke von Farnwedeln, Schachtelhalmen und anderen Sporenpflanzen. — Die Steinkohle wird als Heizstoff, zum Ausschmelzen der Erze usw. verwendet. Auch Leuchtstoffe werden daraus hergestellt (S. 80). Sie ist daher die wichtigste Grundlage für die Industrie, und der Besitz von Steinkohlenlagern ist für ein Land von sehr großem Werte. — Nenne die Steinkohlengebiete Deutschlands!

4. **Graphit und Diamant.** a) Wenn wir Torf, Holz-, Braun- oder Steinkohle verbrennen, bleiben erdige Bestandteile, „Asche", zurück. Die Kohle ist also nicht reiner Kohlenstoff. Fast vollständig rein aber findet er sich im Graphit, d. i. ein schwarzer, glänzender und weicher Stein, der u. a. im Böhmerwalde und in Schlesien vorkommt. Da man mit ihm auf Papier schreiben kann, verwendet man ihn zur Herstellung der Bleistifte, die man früher aus dem weit härteren Blei anfertigte. Zu diesem Zwecke wird der Graphit fein gemahlen und mit Wasser und Ton vermengt. Aus der teigartigen Masse preßt man dann lange Stifte, die getrocknet und in Holz gefaßt werden. Da der Graphit an der Luft weder schmilzt noch verbrennt, verwendet man ihn auch als Farbe für eiserne Öfen. Ferner leitet er, wie wir wissen, die Elektrizität gut (S. 61, 5b).

b) Verbrennt man einen Diamanten in reinem Sauerstoff, so erhält man Kohlensäure, ohne daß Asche zurückbleibt. Er ist also vollkommen reiner Kohlenstoff. Dieser seltene und sehr geschätzte Edelstein kommt in Ostindien, Brasilien sowie in Südafrika, und zwar gewöhnlich im Sande der Flüsse vor. Er ist der härteste aller Körper und wird deshalb benutzt, um Glas zu schneiden, Löcher in festes Gestein zu bohren und Buchstaben in Metall zu gravieren. Meist ist er durchsichtig und farblos; doch gibt es auch gelbe, rote, ja schwarze Diamanten. Da er geschliffen das Licht sehr stark bricht, ist er ein überaus wertvoller Schmuckstein.

5. **Die Kohlensäure.** a) Wie wir bereits erfahren haben (S. 71, 7a), entsteht beim Verbrennen von Holzkohle, d. h. bei der Vereinigung von (fast reinem) Kohlenstoff mit Sauerstoff, eine Säure, die Kohlensäure genannt wird. Dasselbe beobachten wir, wenn wir einen anderen kohlenstoffhaltigen Körper verbrennen. — Kohlensäure bildet sich also auch, wenn wir ein brennendes Licht in ein Glasgefäß stellen, das wir verschließen. Sobald aller Sauerstoff verbraucht ist, erlischt das Licht, und die Luft in dem Gefäße ist jetzt sehr reich an Kohlensäure. — Nun lösen wir ein wenig gelöschten Kalk in viel Wasser auf und erhalten klares Kalkwasser. Gießen wir es in das Gefäß und schütteln, so wird die Flüssigkeit weiß wie Milch („Kalkmilch"). Wenn wir dagegen nach dem Erlöschen des Lichtes in das Gefäß reines Wasser gießen, so bleibt dieses ganz klar. Die Trübung muß also dadurch entstanden sein, daß sich die Kohlensäure der Luft mit dem Kalke des Kalkwassers verbunden hat. Der weiße Bodensatz, der sich nach und nach bildet, ist kohlensaurer Kalk. Das Kalkwasser läßt sich also verwenden, um das Vorhandensein von Kohlensäure nachzuweisen. — Auch der Kalkstein, die Kreide und der Marmor sind kohlensaurer Kalk.

b) Wir bringen in eine Gasentwicklungsflasche geschabte Kreide oder Marmorstückchen und übergießen sie mit Schwefelsäure. Unter starkem Aufbrausen entwickelt sich Kohlensäure (Beweis!), die wir wie Sauerstoff auffangen können. — Halten wir in ein mit Kohlensäure gefülltes Gefäß ein brennendes Licht, so erlischt es: Kohlensäure ist weder brennbar, noch unterhält sie die Verbrennung. Ebenso ersticken Menschen und Tiere in Räumen, die mit Kohlensäure gefüllt sind: sie ist zur Atmung untauglich. Auch in alten Brunnen, in schlecht gelüfteten Kellern, in den Gärräumen der Brennereien, Brauereien und Weinkellereien sowie in Bergwerken sammelt sich oft Kohlensäure an. Woran erkennt wohl der Bergmann diese „stickenden Wetter"? — Wir wissen bereits, daß sich Kohlensäure in Wasser auflöst. Man kann sie sogar in großen Mengen in das Wasser pressen (künstliches Selters- oder Sodawasser). Kohlensaure Getränke wirken erfrischend.

c) Wenn wir durch eine Glasröhre eine Zeitlang in klares Kalkwasser blasen, so entsteht Kalkmilch; wir atmen also Kohlensäure aus. Sie entwickelt sich ferner überall da, wo Tier- oder Pflanzenstoffe verwesen, und wo kohlenstoffhaltige Körper verbrennen. Die Luft enthält daher immer Kohlensäure.

d) Wie sich der Wasserdampf bei Abkühlung in flüssiges Wasser verwandelt, so wird die Kohlensäure flüssig, wenn man sie einem starken Drucke aussetzt. Die flüssige Kohlensäure wird in dickwandige Stahlzylinder gefüllt, die durch einen Hahn verschlossen sind. Sie bleibt darin flüssig, weil das im oberen Teile des Gefäßes befindliche Kohlensäuregas einen hohen Druck auf sie ausübt. Öffnet man aber den Hahn, dann entweicht Gas, der Druck nimmt ab, und ein Teil der flüssigen Kohlensäure wird luftförmig. Verbindet man daher einen solchen Zylinder mit einem Fasse Bier, das im Keller liegt, so kann man das Bier in den Schankraum hinaufdrücken. Wie verfährt man dabei? Auch bleibt das Bier dadurch frisch (reich an Kohlensäure).

6. **Das Kohlenoxyd.** Wenn ein Ofen nicht genügend Luftzug hat, züngeln über die glühenden Kohlen bläuliche Flämmchen eines Gases. Dieses „Kohlenoxyd" entsteht also,

wenn nicht genug Sauerstoff zu der brennenden Kohle treten kann. Es ist daher **ärmer an Sauerstoff als die Kohlensäure.** Plätterinnen, die ihre Bügeleisen mit Kohlen heizen, bekommen leicht Kopfschmerzen. Das Kohlenoxyd ist nämlich sehr **giftig** und um so gefährlicher, als es **geruchlos** ist. Ist ein Mensch durch dieses Gas vergiftet, dann muß man ihn sofort an die frische Luft bringen und — wie bei scheinbar Ertrunkenen — Wiederbelebungsversuche anstellen.

V. Von den Beleuchtungsstoffen.

Zur Beleuchtung benutzen wir Kerzen, Steinöl (Petroleum), Leuchtgas und neuerdings auch das elektrische Licht (S. 60, 3 u. 4). Die gebräuchlichen **Kerzen** werden aus **Stearin** gegossen, das man namentlich aus Palmöl bereitet, oder aus **Paraffin** hergestellt, das besonders aus Braunkohle gewonnen wird. Auch aus **Bienenwachs** verfertigt man Lichte.

1. **Das Steinöl** (Petroleum). a) An manchen Orten (Nordamerika, am Kaspischen Meere, Rumänien, Galizien, Lüneburger Heide) quillt das Steinöl aus der Erde. Das rohe Steinöl **entzündet sich sehr leicht**; es verliert jedoch diese Eigenschaft wenn es **gereinigt** wird. Aber auch mit dem gereinigten Petroleum, das wir im Haushalte verwenden (wozu?), müssen wir vorsichtig umgehen. Benutze es nicht, um Feuer damit anzuzünden, und gieße es nicht in den Behälter einer brennenden Lampe!

b) Beschreibe eine **Petroleumlampe**! Warum ist der „Fuß" breit und schwer? Weshalb steigt das Petroleum in dem Dochte empor? Wozu dient der Kanal in der Mitte des „Brenners"? Wie wirkt der „Zylinder"? Warum „rußt" die Lampe, wenn wir sie zu hoch schrauben? Willst du die Lampe auslöschen, so sollst du den Docht bis unter den Rand des Brenners schrauben! Warum darfst du nicht von oben stark in die Lampe blasen?

2. **Das Leuchtgas.** a) Die Gase, die wir bei den Versuchen in Absch. 2b, S. 75 kennen gelernt haben, sind Leuchtgas. Auch in der Flamme der Petroleumlampe und des Ofens brennt Leuchtgas. Wir können es also aus den verschiedensten Heiz- und Leuchtstoffen gewinnen. Zu diesem Zwecke stellen wir uns eine Vorrichtung zusammen, wie sie Fig. 85 zeigt. Unter das Probierglas *I*, das wir zum Teil mit Holzstückchen angefüllt haben, bringen wir eine Flamme. Infolgedessen verkohlt das Holz. Die entstehenden Dämpfe treten durch die Röhre r_1 in das Gläschen *II*, das in einem Gefäße mit kaltem Wasser steht. In dieser „Vorlage" verdichtet sich ein Teil von ihnen zu Wasser, ein anderer Teil zu dunkelm „Holzteer" und hellerem „Holzessig", der darüber schwimmt. Durch die Röhre r_2 aber entweicht „Leuchtgas", das wir anzünden können.

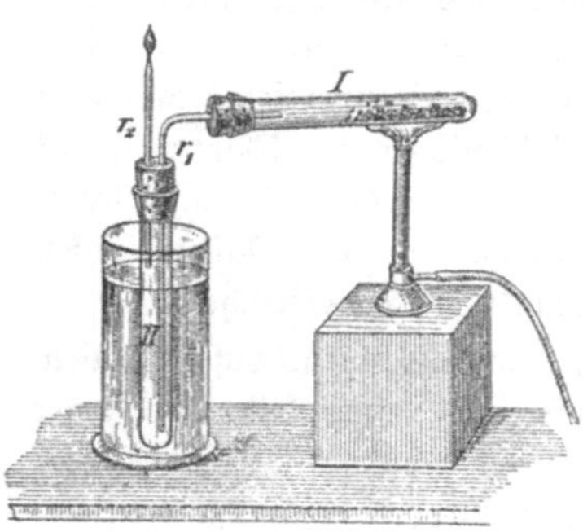

Fig. 85.

b) Ganz ähnlich wird das Leuchtgas in den Gasfabriken hergestellt (Fig. 86). In einem Ofen liegen mehrere Zylinder aus feuerfestem Ton, sog. „Retorten", die mit Steinkohlen gefüllt, sodann luftdicht verschlossen und stark (auf 1000° C) erhitzt werden. Dadurch trennen sich die gasförmigen Stoffe von den festen Teilen der Kohle. Die ersteren steigen durch ein Rohr in eine Vorlage, die auf dem Ofen steht, die letzteren werden nach dem „Entgasen" der Kohle aus den Retorten als **Koks** (S. 81) entfernt.

Das Gasgemisch, das in die Vorlage gelangt, enthält außer dem Leuchtgas noch andere Gase, Teer- und Wasserdämpfe, von denen es befreit werden muß. Dazu wird es zunächst in den „Luftkühler" (Name!) geleitet, wo sich ein großer Teil des Teeres und des Wassers absetzt. Nun gelangt das Gas in einen eisernen Zylinder mit Holzgittern, sog. „Hürden", die wagerecht liegen und mit Öl berieselt werden. Das Öl nimmt das im Gase befindliche **Naphthalin** auf. Aus diesem „Naphthalinwäscher" zieht das Gas durch die Röhren des „Wasserkühlers" (Name!) in den „Ammoniakwäscher", der ebenso wie der Naphthalinwäscher eingerichtet ist, aber mit Wasser berieselt wird.

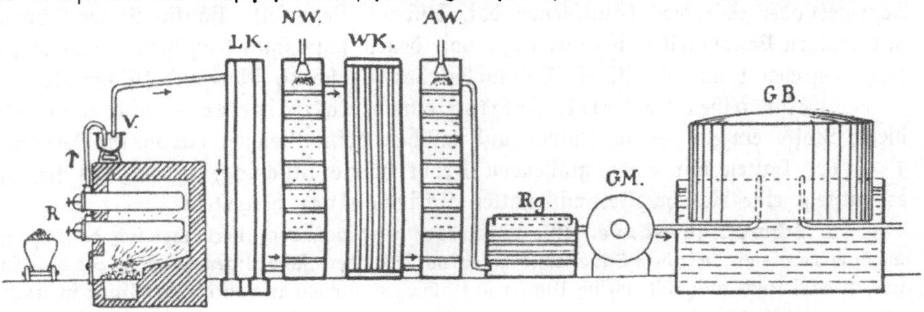

Fig. 86.
Schematische Darstellung einer Gasfabrik.
R. = Retorten; V. = Vorlage; LK. = Luftkühler; NW. = Naphthalinwäscher; WK. = Wasserkühler; AW. = Ammoniakwäscher; Rg. = Reinigung; GM. = Gasmesser; GB. = Gasbehälter.

Das Rieselwasser nimmt das im Gasgemisch vorhandene Ammoniak (S. 74, 6) auf. Dann strömt das Gas in die „Reinigung", in der es mit einem Gemenge von gelöschtem Kalk, Eisenerzen und Sägespänen in Berührung kommt. Der Kalk entzieht ihm die Kohlensäure, das Eisen den Schwefelwasserstoff (S. 82, 3b), und die Sägespäne halten die letzten Teerteile zurück. Das so **gereinigte** Leuchtgas tritt durch ein Rohr in den „Gasmesser" (Name!) und endlich in eine eiserne Glocke, die in Kalkwasser taucht und sich zwischen senkrechten Eisenstangen durch Rollen leicht hebt und senkt. Aus diesem „Gasbehälter" wird das Leuchtgas durch ein zweites Rohr, das sich immer weiter verzweigt, in die Häuser, Laternen und zu den anderen Verbrauchsstätten geleitet.

c) Das Leuchtgas ist ein **Gemisch** von **Gasen**, u.a. enthält es auch Kohlenoxyd. Eingeatmet, wirkt es **giftig**. Wird es mit Luft vermengt und entzündet, so explodiert es (Vorsicht!). Da es leichter als Luft ist, benutzt man es zum Füllen von Luftballons.

d) Der **Koks** ist ein wertvoller Heizstoff. Das **Naphthalin** wird zur Herstellung von Farben und im Haushalt als Schutzmittel gegen Motten gebraucht. Den **Steinkohlenteer** verwendet man zum Anstreichen von Eisen, Pappdächern, Holz, Mauerwerk u. dgl. (warum?). Ferner gewinnt man aus ihm die leuchtenden **Anilinfarben** und die **Karbolsäure**, die in der Heilkunde gebraucht wird. — Auch das **Benzol** wird daraus hergestellt. Da es Harze und Fette leicht auflöst, ohne dabei die Farben zu zerstören, benutzen wir es zum Reinigen der Kleider. Es brennt mit heller Flamme und wird darum als Leuchtstoff verwendet; doch muß man damit sehr vorsichtig umgehen, denn es entzündet sich äußerst leicht.

VI. Schwefel und Phosphor.

1. **Der Schwefel.** a) Wenn wir Schwefel in einer Retorte erwärmen, schmilzt er zu einer gelben Flüssigkeit. Erhitzen wir ihn stärker, so wird er dickflüssig und braun, dann wieder dünnflüssig, und endlich siedet er. Leiten wir die Schwefeldämpfe in eine Vor-

lage, dann verdichten sie sich dort zu gelben „Schwefelblumen". Allmählich erwärmt sich auch die Vorlage, und dann sammelt sich in ihr flüssiger Schwefel an. Lassen wir diesen in eine zylindrische Form fließen, so haben wir „Stangenschwefel" hergestellt. — Der Schwefel ist spröde, wird durch Reiben negativ elektrisch und entzündet sich leicht (Beweis!). Er kann nicht in einfachere Stoffe zerlegt werden, ist also ein chemisches Element.

b) Der Schwefel findet sich rein oder „gediegen" namentlich in vulkanischen Gegenden (Sizilien), gewöhnlich aber in Verbindung mit Metallen. Man nennt diese Steine „Kiese" (Schwefelkies, d. i. Eisen und Schwefel), „Glanze" (Bleiglanz, d. i. Blei und Schwefel) oder „Blenden" (Zinkblende, d. i. Zink und Schwefel). Häufig ist der Schwefel mit erdigen Bestandteilen verunreinigt, von denen man ihn jedoch durch Ausschmelzen leicht befreien kann. Er ist ein Bestandteil des Menschen-, Tier- und Pflanzenkörpers.

c) Wir reiben Schwefel, Holzkohle und Kalisalpeter — und zwar jeden dieser Stoffe einzeln — zu Pulver und mischen kleine Mengen davon im Verhältnis 1 : 1 : 6. Halten wir einen glühenden Draht in die Mischung, so verpufft sie, und es entsteht eine Rauchwolke: wir hatten Schießpulver hergestellt.

2. **Schweflige Säure.** Wie wir früher gesehen haben, verbindet sich der Schwefel, wenn er verbrennt, mit dem Sauerstoffe zu einem Gase, der „schwefligen Säure". Sie hat einen stechenden Geruch und löst sich im Wasser auf. Gießen wir etwas von dieser Lösung in Wasser, das wir mit Kirsch- oder einem anderen Fruchtsafte gefärbt haben, so wird die Flüssigkeit entfärbt, „gebleicht". Wenn wir daher Frucht- oder Rotweinflecke aus der Wäsche entfernen wollen, feuchten wir diese an und halten sie über brennende „Schwefelfäden". Auch Wolle, Seide, Federn, Stroh- und Korbwaren bleicht man mit Hilfe von schwefliger Säure. — Von zwei Brotstücken, die mit „Schimmel" befallen sind, legen wir das eine in einen feuchten, dunkeln Raum, das andere in ein Glas, in dem wir vorher Schwefel verbrannt haben, und decken das Glas zu. Nach wenigen Tagen ist das erste Stück Brot ganz mit Schimmelpilzen bedeckt, während sie auf dem anderen getötet worden sind. Sollen daher Wein oder eingekochte Früchte nicht verderben, so „schwefelt" man die Fässer oder die Gläser.

3. **Schwefelsäure.** a) Schüttelt man Wasser, in dem schweflige Säure aufgelöst ist, in einem Glase, so daß der Sauerstoff der Luft hinzutreten kann, dann bildet sich „Schwefelsäure". Sie hat mehr Sauerstoff als die schweflige Säure und ist in reinem Zustande eine wasserhelle, ölige Flüssigkeit. Da sie in vielen Gewerben Verwendung findet, wird sie fabrikmäßig hergestellt. Wir tauchen Holz, Wolle oder andere Pflanzen- und Tierstoffe in reine Schwefelsäure: sie verkohlen. Den Stoffen wird nämlich durch die Schwefelsäure Wasser entzogen. Wenn Schwefelsäure auf unsere Haut kommt, verursacht sie schwere Verletzungen. Wird Schwefelsäure verschluckt, dann können die Verletzungen sogar tödlich wirken. — Gießen wir in etwas Schwefelsäure Kalkwasser, so entsteht ein weißer Niederschlag, der „schwefelsaurer Kalk" oder „Gips" (S. 86) ist. Hat daher jemand Schwefelsäure getrunken, so muß man ihm schleunigst in Wasser angerührte Kreide eingeben. Die Schwefelsäure verbindet sich dann mit dem Kalke und wird dadurch unschädlich gemacht. — In einem Probiergläschen übergießen wir ein Stückchen Eisen mit verdünnter Schwefelsäure. Erwärmen wir darauf das Ganze, so wird das Eisen von der Säure schnell aufgelöst. Da sie auch viele andere Metalle und Metalloxyde (S. 71) auflöst, benutzt man sie (wie Salzsäure) im Haushalte unter dem Namen „Vitriolöl", um „blind" gewordene Kupfer- und Messinggeräte zu reinigen. Wenn du dir zu diesem Zwecke verdünnte Schwefelsäure bereiten willst, mußt du langsam und unter beständigem Umrühren Schwefelsäure in Wasser gießen; du darfst aber nie umgekehrt verfahren!

b) Wir gießen Schwefelsäure in verdünnte Salzsäure. Es entweicht ein Gas, das nach faulen Eiern riecht und nach seinen Bestandteilen Schwefelwasserstoff heißt. Wir nehmen dieses Gas auch überall da wahr, wo Tier- und Pflanzenstoffe verfaulen. Atmen Arbeiter, die Gräben oder Kloaken zu reinigen haben, dieses giftige Gas in größeren Mengen ein, so werden sie besinnungslos und verunglücken dann häufig.

4. **Der Phosphor** ist gelblich weiß und weich wie Wachs. Lassen wir ihn an der Luft liegen, so steigen weiße Dämpfe auf, die im Finstern leuchten (Phosphor heißt Lichtträger!). Da der Phosphor also schon bei gewöhnlicher Temperatur verbrennt, bewahren wir ihn unter Wasser auf. Er entzündet sich sehr leicht, wenn er gerieben wird (Reibung erzeugt Wärme!). — Die Brandwunden, die der Phosphor erzeugt, sind sehr gefährlich. (Halte die verletzte Stelle sofort in eine starke Sodalösung!) Auch ist er sehr giftig (Gegenmittel: lauwarmes Wasser und Brechmittel). Darum verwendet man ihn meist in einer Form, die man nach ihrer Farbe als roten Phosphor bezeichnet. Man erhält diesen Körper, indem man gelben Phosphor in einem Gefäße, das mit Kohlensäure gefüllt und luftdicht verschlossen ist, stark erhitzt. Der rote Phosphor leuchtet nicht im Dunkeln, ist nicht giftig und entzündet sich schwerer. Er hat also ganz andere Eigenschaften als der gelbe, obgleich beide ein und derselbe Stoff sind. (Vgl. z. B. Kohle, Graphit und Diamant!)

Die Zündhölzer. Wegen seiner leichten Entzündlichkeit benutzte man den gelben Phosphor früher zur Herstellung von Zündhölzern. Wir bereiten uns eine Zündmasse, indem wir gelben Phosphor mit einem sauerstoffreichen Stoffe, z. B. mit chlorsaurem Kalium, vermischen. Das ist ein weißes Salz, das wir bei Halsentzündungen zum Gurgeln verwenden. Tauchen wir nun das eine Ende eines Holzstäbchens in flüssigen Schwefel und dann in die Zündmasse, so haben wir uns ein „Schwefelholz" hergestellt. Der Zündkopf der Streichhölzer wurde mit Gummiarabikum überzogen (warum?).

Ihrer Giftigkeit wegen ist die Herstellung von Phosphorstreichhölzern verboten worden. An ihre Stelle sind die „Sicherheitszündhölzer" getreten, die von dem Deutschen Böttger erfunden wurden (1848). Die Hölzchen werden aus Pappel- oder Eschenholz geschnitten, an dem einen Ende mit Paraffin getränkt (warum?) und in die Zündmasse getaucht. Diese besteht aus chlorsaurem Kalium und einer Schwefelverbindung, deren Entzündbarkeit durch einen Zusatz von Gummiarabikum abgeschwächt ist. Der Zündkopf entzündet sich nicht an jeder beliebigen Reibfläche. Die an der Schachtel angebrachte Reibfläche besteht vorwiegend aus rotem Phosphor. Diese Zündhölzer wurden zuerst von Schweden aus in den Handel gebracht („schwedische" Z.).

In der Natur findet sich der Phosphor nur in Verbindung mit anderen Elementen. (Warum wohl nicht „gediegen"?) — Die wichtigste Verbindung ist der phosphorsaure Kalk, der dem Erdboden von den Pflanzen durch die Wurzeln entzogen wird. Durch die Nahrung gelangt der Phosphor in den Körper der Tiere und Menschen und hilft hier das Knochengerüst aufbauen. Daher stellt man ihn aus Knochen her. Wie kommt der Phosphor, den die Pflanzen dem Boden entziehen, wieder dahin zurück?

VII. Das Kochsalz und andere Salze.

1. **Das Kochsalz.** a) Es schmeckt rein salzig und ist im Wasser leicht löslich. Lassen wir eine kalte „gesättigte" Kochsalzlösung (S. 72) langsam verdunsten, so scheiden sich kleine, glashelle Würfel ab. Wir sagen: das Kochsalz kristallisiert in Würfeln. — Auch andere Steine nehmen vielfach eine ihnen durchaus eigentümliche Gestalt an. Die „Kristalle" des Alauns z. B., die sich aus einer heißgesättigten Lösung bei langsamer Abkühlung bilden (Versuch!), sind regelmäßige Doppelpyramiden (Fig. 87). Der Schwefel kristallisiert in spitzen Doppelpyramiden (Fig. 88) oder (aus dem Schmelzflusse; Versuch!) in schiefen Säulen (Fig. 89). Die schönen, großen Quarzkristalle (Fig. 90) sind sechsseitige Säulen, die oben und manchmal auch unten in sechsseitigen Pyramiden endigen. — Durch einen starken elektrischen Strom wird geschmolzenes Kochsalz in seine Bestandteile, Chlor und Natrium (S. 84), zerlegt.

b) Das Kochsalz findet sich in größeren oder kleineren Mengen überall im Erdboden. Daher enthalten alle Gewässer des Landes etwas Salz, meist aber nur so wenig, daß wir es nicht schmecken („Süßwasser"). Die Flüsse führen es dem Meere zu. Bei der Verdunstung des Wassers bleibt das Salz zurück (Versuch!); darum ist das Meer im Laufe der Jahrtausende „salzig" geworden. In abgeschlossenen Meeresbuchten und in manchen Binnenseen setzt sich sogar Salz am Grunde ab. Auf ähnliche Weise sind wohl die großen Salzlager entstanden (z. B. Staßfurt), in denen das Salz in ausgedehnten Massen als festes Gestein, „Steinsalz", auftritt. Es wird in Bergwerken „abgebaut". Häufig wird das Salz unterirdischer Lager durch Wasser aufgelöst. Tritt dieses Wasser ans Tageslicht, so entsteht eine „Salz-" oder „Solquelle". — Wenn die „Sole" reich an Salz ist, wird sie in eiserne Pfannen geleitet und verdampft. Darauf wird das sich abscheidende Kochsalz herausgenommen und getrocknet. Anderenfalls erhöht man zunächst den Salzgehalt, indem man einen Teil des Wassers verdunsten läßt, so daß die Sole einen höheren „Grad" von Salz erhält. Zu diesem Zwecke läßt man die Sole durch hohe Wände aus Reisigbündeln tropfen („Gradierwerke"), wobei zugleich schwerlösliche Verunreinigungen (Kalk, Gips) am Reisig hängen bleiben („Dornstein").

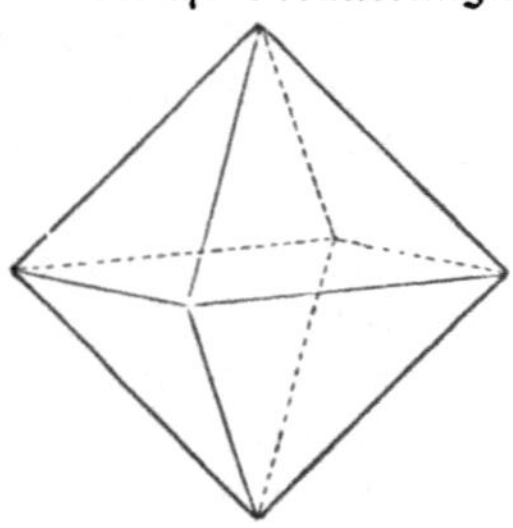
Fig. 87.

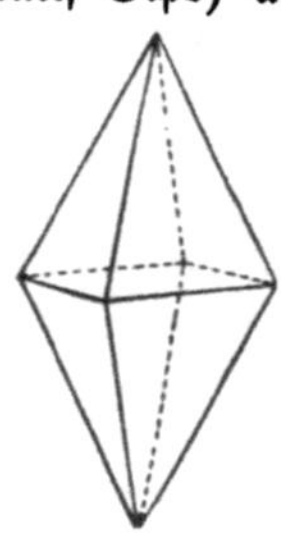
Fig. 88.

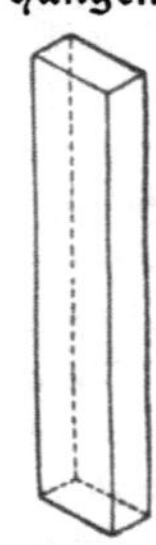
Fig. 89.

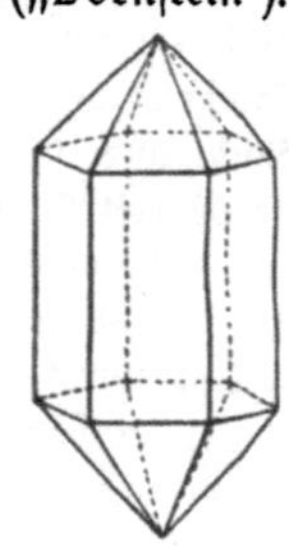
Fig. 90.

c) Wie wir aus Erfahrung wissen, verlangt unser Körper nach Salz. Da nun unsere Nahrungsmittel, und zwar besonders die pflanzlichen, nicht genug Salz enthalten, setzen wir den Speisen etwas davon zu. Auch die Tiere bedürfen des Salzes, und für viele Pflanzenfresser (Schafe, Ziegen, Kamele) ist es geradezu ein Leckerbissen. Da starke Salzlösungen für Spaltpilze Gift sind, salzt man Fleisch, Fische, Bohnen, Kraut usw. ein, um sie vor dem Verderben zu schützen, zu „konservieren". Das Salz wird ferner bei der Tonwaren- und Seifenfabrikation, in der Gerberei und anderen Gewerben verwendet. Endlich gebraucht man es auch zu Heilzwecken (See- und Solbäder).

2. **Die Soda.** a) Sie ist wie das Kochsalz in jedem Haushalte wohlbekannt. Wir verwenden sie zum Waschen und Scheuern besonders fettiger Gegenstände (S. 94, 4). Auch bei der Herstellung des Glases wird sie gebraucht.

b) Gießen wir Schwefelsäure auf Soda, so entweicht Kohlensäure (Beweis?). Halten wir ein Stückchen Soda in eine Flamme, so nimmt diese eine gelbe Färbung an. Dasselbe beobachten wir, wenn wir den Versuch mit Kochsalz anstellen. Beide Salze enthalten nämlich Natrium, dessen Dämpfe die Flamme gelb färben. Die Soda ist also kohlensaures Natrium. Schneiden wir von diesem leichten und weichen Metalle ein Stück ab, so bedecken sich die anfangs silberweißen Schnittflächen mit einer weißen Masse. Das Natrium verbindet sich nämlich sehr leicht mit Sauerstoff zu „Natriumoxyd", das an der Luft allmählich zerfließt. (Warum wohl?) Das Natrium wird deshalb in Petroleum aufbewahrt. Lösen wir Natriumoxyd in Wasser auf, dann schmeckt das Wasser laugenhaft und färbt rotes Lackmuspapier blau: es ist „Natronlauge" entstanden. Leitet man in eine Sodalösung Kohlensäure, so erhält man doppelkohlensaures Natrium oder Bullrichs Salz (Verwendung?).

Dem Natrium sehr ähnlich ist das Metall Kalium, dessen Dämpfe die Flamme aber violett färben. Wir haben es bereits als einen Bestandteil des Kalisalpeters kennen gelernt.

3. **Die Pottasche.** Wir bringen Holzasche in einen Filter (S. 73, 3), den wir über eine Porzellanschale stellen, und gießen Wasser auf die Asche. Verdampfen wir die durchgesickerte Flüssigkeit, so bleibt eine graue Masse zurück, die beim Glühen in weiße Pottasche übergeht. Um sie im großen herzustellen, wird „ausgelaugte" Pflanzenasche in eisernen Töpfen, „Potten", geglüht. Die Pottasche wird ähnlich wie die Soda und als „Backpulver" verwendet. Sie ist kohlensaures Kalium (Beweis!).

4. **Das Chlor.** Wenn wir gelb gewordene Baumwollen- oder Leinenstoffe schnell bleichen wollen, bringen wir sie eine Zeitlang in eine Lösung von „Bleichkalk", spülen sie in sehr stark verdünnter Schwefelsäure ab und waschen sie dann sorgfältig aus. Die Stoffe sind dann schön weiß. — Um diesen Vorgang zu verstehen, schütten wir Bleichkalk in eine Gasentwicklungsflasche und gießen etwas Schwefelsäure darüber. Es entwickelt sich Chlor, ein grünliches Gas, das einen stechenden Geruch hat und Hustenreiz und Atemnot erzeugt. Größere Mengen wirken sogar tödlich (also Vorsicht! Gegenmittel: an Salmiakgeist riechen!). Da das Chlor schwerer als atmosphärische Luft ist, kann es leicht in leere Glasflaschen geleitet werden. — Wir füllen auf diese Weise ein Glas mit Chlor und bringen bunte Blumen, angefeuchtete, farbige Läppchen aus Baumwolle oder Leinen sowie ein Blatt Papier hinein, das mit Tinte beschrieben ist. Bald haben Blumen und Läppchen ihre Farben verloren, und auch die Tinte ist gebleicht. Das Chlor zerstört also pflanzliche Farbstoffe. — Wie bei unserem Versuche wird bei der Kunst- oder Schnellbleiche das Chlor durch die Schwefelsäure aus dem Bleich- oder Chlorkalk (Name!) vertrieben. Die Schwefelsäure verbindet sich mit dem Kalke, während das freiwerdende Chlor das Bleichen bewirkt. Damit der Überschuß von Chlor und Säure das Gewebe nicht zerstört, muß das Zeug gut ausgewaschen werden. Vielfach verwendet man dazu auch „Antichlor" (d. h. Gegenchlor). Wolle und Seide werden durch Chlor sehr leicht zerstört. Womit bleicht man deshalb diese Stoffe? (S. 82, 2). — Auch durch Sonnenlicht werden die Farben unserer Kleider nach und nach zerstört (Natur- oder Rasenbleiche).

5. **Die Salzsäure.** Wir schütten in eine Gasentwicklungsflasche etwas Kochsalz und gießen verdünnte Schwefelsäure darüber. Erhitzen wir dann die Flasche, so entweicht ein farbloses Gas, das aus Chlor und Wasserstoff besteht. Es hat einen stechenden Geruch und bildet an der Luft weiße Nebel. Leiten wir es in Wasser, dann löst es sich auf. Die Lösung schmeckt sauer und färbt blaues Lackmuspapier rot: wir haben Salzsäure erhalten (Name!). Reiben wir damit eine schwarz gewordene Kupfermünze, so wird sie blank; die Salzsäure löst also Metalloxyde auf. Deshalb wird sie im Haushalte zum Reinigen von Metallgeräten benutzt. Doch ist Vorsicht nötig, weil sie die Gewebe der Kleider zerstört. Wie verhütet man den Schaden? (S. 74, 6b.)

VIII. Kalk und Gips.

1. **Der Kalkstein.** a) Der Kalkstein ist wie das Kochsalz weit verbreitet. Aus der Erdkunde wissen wir, daß er in großen, ausgedehnten Massen als Gestein auftritt und häufig hohe Gebirge bildet (Beispiele!). Auch haben wir bereits erfahren (S. 79, 5a), daß er kohlensaurer Kalk ist. — Gießen wir etwas kohlensaures Wasser (Selterswasser) in klares Kalkwasser, dann entsteht eine Trübung; es bildet sich kohlen-

saurer Kalk. Fügen wir immer mehr kohlensaures Wasser hinzu, so wird die Flüssigkeit schließlich wieder klar. Kalk wird also von kohlensaurem Wasser aufgelöst.

Im Regenwasser ist stets etwas Kohlensäure vorhanden (warum?). Sickert es durch den Erdboden, so kommt es mit verwesenden Stoffen in Berührung und wird daher reicher an Kohlensäure. Trifft es nun auf Kalk, dann löst es Teilchen davon auf (Höhlen in Kalkgebirgen!). Deshalb ist das Quellwasser und also auch das Flußwasser kalkhaltig (hartes Wasser!).

Der in dem Wasser der Ströme aufgelöste Kalk wird in das Meer geführt, das daher immer kalkreicher werden müßte. Krebse, Muscheln, Schnecken und andere Tiere entziehen ihm aber Kalk und verfertigen daraus ihre Panzer, Schalen u. dgl. Die Gehäuse und Schalen abgestorbener Tiere sinken zu Boden und häufen sich zu oft mächtigen Schichten an, die im Laufe der Zeit in Kalkstein übergehen. — Der Kalk hat sich im Wasser in Schichten abgesetzt: er ist ein Schicht- oder Sediment-, d. h. Absatzgestein.

Auch der weiße, erdige Kalkstein, die Kreide (Insel Rügen), ist, wie wir mit Hilfe des Mikroskopes erkennen, aus Millionen von winzig kleinen Gehäusen abgestorbener Seetiere entstanden. Die Kreide ist weich, und es lösen sich kleine Teilchen leicht von ihr los: sie „färbt ab" (Verwendung?).

Ein sehr fester, feinkörniger Kalkstein ist der Marmor. Er ist weiß oder auch bunt gefärbt und wird zu Bauten, Denkmälern und anderen Kunstwerken verwendet.

b) Wenn wir Kalkstein mit Salzsäure betupfen, braust er auf: die schwächere Kohlensäure entweicht. — Wir erhitzen ein Stück Kalkstein längere Zeit sehr stark. Betupfen wir diesen gebrannten Kalk mit einer Säure, so beobachten wir kein Aufbrausen mehr. Die Kohlensäure ist also durch die Hitze ausgetrieben worden.

Übergießen wir etwas gebrannten Kalk mit Wasser, so verwandelt er sich in eine weiße, pulvrige Masse, die als gelöschter Kalk bezeichnet wird. Bei diesem chemischen Vorgange entsteht Wärme. — Wenn die Maurer Kalk „löschen", übergießen sie ihn mit viel Wasser. Den weißen Kalkbrei vermengen sie mit Sand zu Mörtel, der in dünner Schicht zwischen die Steine des Bauwerkes gelegt wird. Läßt man Kalkbrei lange Zeit an der Luft liegen, so verbindet sich der Kalk wieder mit Kohlensäure zu hartem Kalksteine (Beweis!). Derselbe Vorgang findet im Mörtel statt, der daher ein überaus wichtiges Bindemittel darstellt: er verbindet die Steine eines Bauwerks zu einer einzigen, sehr festen Masse.

Wenn man tonhaltige Kalksteine brennt, sie dann löscht und mit Sand vermengt, erhält man den Zement, der selbst unter Wasser hart wie Stein wird. Deshalb benutzt man ihn besonders zu Brücken-, Brunnen- und anderen Wasserbauten.

2. **Der Gips.** Wie wir S. 82, 3a gesehen haben, verdrängt die Schwefelsäure aus dem Kalksteine die Kohlensäure und setzt sich an ihre Stelle: es entsteht schwefelsaurer Kalk oder Gips. Er ist im Wasser löslich (hartes Wasser!). Man findet ihn häufig zusammen mit dem Steinsalz, und er ist wie dieses und der Kalkstein ein Schichtgestein.

Erhitzen wir Gips, so wird er weiß und brüchig, während Wasser in Dampfform entweicht (Beweis!). Wenn wir zu diesem gebrannten Gips („Gipsmehl") wieder Wasser fügen, nimmt er es begierig auf und erstarrt rasch zu einer harten Masse. Daher verwendet man Gipsmehl, um Haken, Nägel usw. in Zimmerwänden zu befestigen und um daraus Fußböden, Stuckarbeiten, Abgüsse, Figuren u. dgl. herzustellen.

Wie der gewöhnliche Gips, läßt sich auch seine weiße, feinkörnige Abart, der Alabaster, leicht mit dem Messer ritzen. Er ist weich und kann daher gut zu Vasen, Schalen und anderen Kunstgegenständen verarbeitet werden. — Die wasserhellen, tafelförmigen Arten, die man mit dem Messer in papierdünne Blättchen spalten kann, heißen Marienglas.

IX. Glas- und Tonwaren.

1. **Der Quarz** kommt in der Natur außerordentlich häufig vor und bildet als Sand, Kies oder Sandstein oft große Lager, ja ganze Gebirge (Beispiele!). Er ist ein Schichtgestein. Vielfach ist er (mit Feldspat und Glimmer) ein Bestandteil von zusammengesetzten „Gesteinen" (Gneis, Granit, Glimmerschiefer, Porphyr, Grauwacke), die gleichfalls Gebirge bilden (Beispiele!).

Der Quarz glänzt etwas und ist so hart, daß man ihn mit dem Messer nicht ritzen kann. Schlägt man mit einem Stahle gegen ein Stück Quarz, so springen kleine Stahlteilchen ab und werden glühend (warum?). Besonders eignet sich hierzu der scharfkantige Feuerstein, der daher früher in jedem Haushalte zum Anzünden des Feuers benutzt wurde. Jetzt kann man solche „Steinfeuerzeuge" noch bei Hirten und Jägern sehen. In grauer Vorzeit verfertigten die Menschen aus den scharfkantigen Feuersteinstücken Messer, Äxte, Pfeilspitzen u. dgl. — Chemisch ist der Quarz Kieselsäure.

Die wasserhellen Kristalle des Quarzes heißen Bergkristall. Sie werden, ebenso wie die farbigen Quarzarten, der violette Amethyst, der buntstreifige Achat, der farbenprächtige Opal usw., zu Schmuckgegenständen verarbeitet. Den reinen Quarzsand gebraucht man zur Glasbereitung.

2. **Die Glasbereitung.** a) Das gewöhnliche Glas ist durchsichtig, hart und sehr spröde. Erwärmen wir ein Glasrohr, so können wir es biegen, ausziehen, aufblasen, ja sogar zu feinen, elastischen Fäden spinnen. Bei sehr hoher Temperatur wird das Glas flüssig und läßt sich in Formen gießen.

b) Das Glas wird in „Glashütten" hergestellt, indem man reinen Quarzsand zusammen mit Soda oder Pottasche und Kalkstein in einem sehr heißen Ofen schmilzt. Mit Hilfe eines langen, eisernen Rohres, der „Pfeife", geben die Glasbläser der noch glühenden, zähen Masse die gewünschte Form eines Trinkglases, einer Flasche u. dgl. Sie verfahren dabei ähnlich wie die Kinder beim Herstellen von Seifenblasen. — Um Glasscheiben zu erhalten, bläst man erst große Zylinder. Diese werden der Länge nach aufgeschnitten oder gesprengt und dann glatt gestreckt. — Die großen „Spiegelscheiben" der Schaufenster u. dgl. werden „gegossen". Man bringt die flüssige Glasmasse auf eine glatte Platte und walzt sie aus. — Setzt man zu der Glasmasse geeignete Metalloxyde, so erhält man gefärbte Gläser. Die grüne oder braune Farbe des Flaschenglases z. B. wird durch Zusatz von Eisenoxyd erzeugt. Durch einen Zusatz von Zinnoxyd erhält man das „Milchglas", das z. B. zur Herstellung von Lampenglocken Verwendung findet.

3. **Der Ton.** a) Er ist außerordentlich verbreitet und findet sich in oft mächtigen Lagern. In trockenem Zustande kann man ihn leicht zerreiben. Wenn wir ihn aber mit Wasser anrühren, läßt er sich kneten und formen. Stellen wir aus der „plastischen", zähen Masse eine Schale oder dgl. her und füllen sie mit Wasser, so sehen wir, daß

es durch den Ton nicht zu sickern vermag. Deshalb bilden die Tonlager „undurchlässige" Schichten, über denen sich oft viel Grundwasser ansammelt. Da der Ton begierig Wasser aufnimmt, klebt er an der Zunge. Hauchen wir ihn an, oder erwärmen wir ihn, so nehmen wir einen Geruch wie von verbrannten Knochen wahr, den sog. „Tongeruch". Wenn wir einen Tonklumpen in das lebhaft brennende Feuer eines Ofens legen, wird er steinhart. Bei diesem „Brennen" werden nämlich die schmelzbaren Bestandteile des Tones flüssig. Dieser glasartige „Fluß" durchdringt die anderen, unschmelzbaren Bestandteile und verbindet sie beim Erkalten fest miteinander.

b) Ein wichtiger Bestandteil des Tones ist ein sehr leichtes, silberweißes Metall, das Aluminium. Da es bei gewöhnlicher Temperatur nicht oxydiert, sich ferner bequem ausziehen, walzen und hämmern läßt, wird es zu Löffeln, Dosen, Feldflaschen und anderen Gebrauchsgegenständen sowie zu Schmucksachen verarbeitet. — Der Ton ist durch Zersetzung (Verwitterung) feldspathaltiger Gesteine (Granit) entstanden und häufig durch andere Stoffe verunreinigt. Der reinste Ton ist die weiße Porzellanerde.

4. Aus **Porzellanerde** werden Teller, Tassen, Vasen und viele andere Porzellangegenstände hergestellt. Die Porzellanerde widersteht aber dem stärksten Feuer. Um sie zu schmelzen, muß sie daher mit einem „Flußmittel" (Feldspat, Quarz und Kalk) vermischt werden. Alle diese Stoffe werden fein zermahlen, sorgfältig gereinigt und zu einem plastischen Teige verarbeitet, aus dem man Teller, Tassen usw. formt. Nachdem die fertigen Gegenstände getrocknet sind, werden sie zunächst schwach gebrannt, wobei die Flußmittel die Porzellanerde durchdringen wie Öl das Papier. Da die Gegenstände aber eine feste, glatte Oberfläche erhalten müssen (warum?), werden sie in eine milchartige Flüssigkeit getaucht, in der jene Flußmittel gleichfalls enthalten sind, und nochmals gebrannt. Infolgedessen bedecken sie sich mit einem dünnen, glasartigen Überzuge, mit einer „Glasur".

5. **Der Töpferton** ist meist gelb oder rötlich gefärbt, mit Kalk und Eisen verunreinigt und ohne Zusatz eines Flußmittels schmelzbar. Man verwendet ihn zur Herstellung von Töpfen, Tellern, Schüsseln und allem anderen „irdenen" Geschirr. Aus der gereinigten, zähen Tonmasse formt der Töpfer auf der „Drehscheibe" verschiedene Gefäße, die getrocknet und dann gebrannt werden. Sie sind aber porös (Blumentöpfe!). Sollen sie zum Aufbewahren von Flüssigkeiten dienen, so müssen sie daher wie die Porzellangefäße mit einer Glasur überzogen werden. Da diese vielfach giftige Bleiverbindungen enthält, darf man Eßwaren nie lange in irdenem Geschirr stehen lassen. Insbesondere soll man gekochte Früchte, Essiggurken und saure Speisen nicht darin aufbewahren, weil die Säuren das Blei leicht auflösen.

6. **Der Lehm** ist eine durch Sand und Kalk stark verunreinigte Tonart. Die gelbe Farbe, die er gewöhnlich besitzt, verdankt er einer Eisenverbindung, dem Ocker. Der Lehm findet sich an vielen Orten und liefert uns in den Ziegelsteinen das wichtigste Baumaterial. Zu diesem Zwecke wird er in der „Ziegelei" gereinigt und zu einer zähen, gleichartigen Masse durchgeknetet Hieraus werden die Ziegel in Holzformen „gestrichen" oder mit Hilfe von Maschinen geformt. Die getrockneten Ziegel brennt man in Öfen. Dabei werden sie steinhart und rot. Sehr harte Ziegel nennt man „Klinker".

Der Löß und der Mergel sind kalkreiche Lehmarten, durch die der Ackerboden sehr fruchtbar wird. Über die Entstehung der Lößlager s. Erdkunde (China).

X. Granit, Porphyr, Basalt.

Im Gegensatz zu den Schichtgesteinen (Kalkstein) sind der Granit, Porphyr und Basalt in feuerflüssigen Massen aus der Erde hervorgedrungen. Man bezeichnet solche Gesteine als Massengesteine.

1. **Der Granit** besteht, wie wir an Pflastersteinen, Trottoirplatten u. dgl. schon mit bloßem Auge erkennen, aus verschiedenartigen Mineralkörnern. Dieser körnigen Zusammensetzung verdankt er den Namen (granum heißt Korn). Er besteht aus Quarz, Feldspat und Glimmer. Die gewöhnlich grauen Quarzkörner erkennen wir leicht an ihrer Härte und ihrem trüben, fettigen Aussehen. Der verschieden gefärbte Feldspat zeigt oft deutliche Kristalle, und der meist dunkle Glimmer fällt durch seine glänzenden Blättchen auf.

Der Granit bildet vielfach mit anderen Gesteinen ganze Gebirge (Harz, Sudeten, Fichtelgebirge usw.), auf denen infolge der Verwitterung oft große Granitblöcke sich losgelöst haben und durcheinander gestürzt sind. Daß die granitischen „Irrblöcke" des norddeutschen Tieflandes durch gewaltige Gletscher aus Skandinavien zu uns gelangt sind, haben wir schon in der Geographie erfahren. — Verwitterung des Granits s. auch S. 88, Absch. 3, b.

Weil der Granit sehr dauerhaft ist, verwendet man ihn als Straßenpflaster, zu Bauten und Denkmälern.

2. **Der Porphyr** besteht hauptsächlich aus Quarz und Feldspat. In einer dichten, roten bis braunen Grundmasse erkennt man die Quarz- und Feldspatkristalle oft sehr deutlich. Da der Porphyr sich leicht polieren läßt, werden besonders die schön rot gefärbten Arten vielfach zu Schalen, Vasen und anderen Kunstgegenständen verarbeitet.

3. **Der Basalt** ist ein dichtes, schwarzes Gestein, das sich beim Erkalten häufig in regelmäßigen, hohen Säulen abgesondert hat (Hessen).

Der Basalt bildet wie der Porphyr einzelne Bergkuppen (Hessen, Eifel), aber auch ganze Gebirge (Vogelsgebirge, Rhön). Er wird als Pflasterstein und, in kleine Stücke zerschlagen, zum „Beschottern" von Chausseen verwendet.

XI. Von den Metallen.

1. Die Edelmetalle.

1. **Das Gold** ist das am meisten geschätzte Edelmetall. Man findet es häufig, aber gewöhnlich nur in kleineren Mengen im Innern der Gebirge, und zwar vorwiegend in Quarzgängen. Wenn die goldhaltigen Gesteine verwittern, wird das Gold vom Wasser fortgeschwemmt. Daher enthält fast jeder Flußsand (Rhein!) ein wenig Gold. Da Gold schwerer als Sand ist, kann man es von ihm durch fließendes Wasser leicht trennen. Während der Wasserstrom den Sand wegspült, bleiben die Goldkörnchen zurück („Goldwäsche"!). Das wertvolle Metall findet sich besonders in Nordamerika, Australien, Südafrika und im Ural.

Das Gold ist so geschmeidig und dehnbar, daß es sich zu ganz dünnen Blättchen („Blattgold") aushämmern läßt. Da es aber sehr weich ist und sich deshalb leicht abnutzt, verwendet man zur Anfertigung von Schmucksachen, Münzen usw. nie reines Gold, sondern „legiert", d. h. vermischt es mit härteren Metallen, zumeist mit Silber oder Kupfer. Unsere Goldmünzen z. B. sind „Legierungen" von 900 Teilen Gold und 100 Teilen Kupfer; man sagt, sie haben einen „Feingehalt" von 900.

2. **Das Silber** kommt sowohl gediegen als auch in Verbindung mit anderen Stoffen, in „Erzen", vor. Es wird zu Schmuckgegenständen, zu verschiedenen Speisegerätschaften (Beispiele!) sowie zu Münzen verarbeitet, und zwar wie das Gold nur in Legierungen. Unsere Reichsmünzen z. B. enthalten 900 Teile Silber und 100 Teile Kupfer. — Silberne Löffel werden schwarz, wenn wir damit Eier, Pilze oder andere eiweiß-, d. h. schwefelhaltige Speisen essen. Silber und Schwefel vereinigen sich nämlich zu Schwefelsilber. (Das Schwarzwerden eines silbernen Löffels in kochenden Pilzen beweist also nicht, daß diese giftig sind!) Dasselbe erfolgt auch an anderem Silbergerät, denn in der Luft sind stets geringe Mengen von schwefelhaltigen Stoffen vorhanden.

In der Physik haben wir gehört, daß Chlorsilber durch das Licht zersetzt wird, und daß sich dabei fein verteiltes, metallisches Silber schwarz abscheidet (S. 47, 12c). — Lösen wir Silber in Salpetersäure auf, so erhalten wir den Höllenstein, der z. B. zum Wegbeizen von Warzen verwendet wird. Die mit diesem sehr giftigen Salze bestrichenen Körperteile werden schwarz, weil sich auf ihnen metallisches Silber ablagert. Daher verwendet man den Höllenstein auch als „unauslöschliche" Tinte zum Zeichnen der Wäsche u. dgl.

3. **Das Platin** kommt nur an wenigen Orten der Erde vor (Ural, Brasilien). Da es sehr schwer schmilzt und von den meisten Säuren nicht angegriffen wird, verarbeitet man es zu Schmelztiegeln und anderen chemischen Gerätschaften. Was haben wir in der Physik (Elektrizität!) über seine Verwendung gehört?

2. Die unedlen Metalle.

1. **Das Quecksilber** findet sich in der Natur nur selten gediegen, und zwar in Form von kleinen Tropfen; meist wird es aus dem roten Zinnober gewonnen, der aus Quecksilber und Schwefel besteht (Krain, Spanien). Es ist silberweiß, bei gewöhnlicher Temperatur flüssig, sehr beweglich (quick bedeutet beweglich; Name!) und giftig (Gegenmittel: Eiweiß; dieses verbindet sich nämlich mit Metallen leicht zu einer unverdaulichen Masse S. 96, 2b). Wiederhole, was wir über seine Verwendung schon erfahren haben!

Wir gießen in eine Schale Quecksilber und werfen einen eisernen Nagel darauf. Er schwimmt (warum?), aber er verändert sich nicht. Legen wir dagegen ein Stück Blei hinein, so löst es sich gleichsam auf. Auch alle anderen Metalle (außer Eisen) lösen sich im Quecksilber leicht auf. Erhitzen wir ein solches Amalgam, so trennen sich die beiden Metalle wieder. Das macht sich der Goldschmied zunutze. Er bestreicht einen metallenen Gegenstand mit Goldamalgam und hält ihn über Feuer. Das Quecksilber verdampft, während sich das Gold auf der Oberfläche des Gegenstandes festsetzt („Feuervergoldung"!).

2. **Das Nickel** kommt zusammen mit anderen Metallen in Erzen vor (Harz, Erzgebirge usw.). Es wird wie das Eisen vom Magneten angezogen. Da es schwer rostet, einen schönen Glanz und eine silberähnliche Farbe hat, wird es zur Herstellung von Münzen, Schmucksachen und Gerätschaften aller Art benutzt (Beispiele!). Es wird als reines Metall sowie in Legierungen verarbeitet. Unsere Nickelmünzen bestehen aus 1 Teile Nickel und 3 Teilen Kupfer.

3. **Das Kupfer** ist das einzige rot gefärbte Metall. Es kommt sehr häufig vor, und zwar sowohl gediegen als auch in Erzen (Kupferglanz, d. i. Kupfer und Schwefel).

Da es sehr zähe und dehnbar ist (Kupferdraht, Kupferblech), lassen sich daraus durch Hämmern Kessel, Pfannen und allerlei andere Gerätschaften, ja sogar Denkmäler „treiben" (Hermannsdenkmal, Siegesgöttin auf dem Brandenburger Tore). Diese überziehen sich, wie wir auch an Kupferdächern und bei Standbildern aus Bronze (s. u.) beobachten können, im Laufe der Zeit mit einer grünen Schicht, dem „Edelroste". Da Kupfersalze (Grünspan!) giftig sind (Gegenmittel: Brechmittel und dann viel Zuckerwasser und Eiweiß; vgl. Absch. 1), muß man bei der Verwendung kupferner Kochgeschirre vorsichtig sein; insbesondere darf man saure, fette und sehr salzige Speisen nicht darin stehen lassen. Man tut daher gut, nur verzinnte Kupfergefäße zu benutzen. — Wiederhole, was wir in der Physik über den Gebrauch des Kupfers gelernt haben!

Das Kupfer läßt sich sehr leicht mit anderen Metallen zusammenschmelzen. Diese Legierungen werden zur Herstellung von Kunstgegenständen und Gerätschaften aller Art benutzt. Die bekanntesten Legierungen sind das Messing (etwa 3 Teile Kupfer und 1 Teil Zink; Verwendung?) und die Bronzen (Rotguß), die hauptsächlich aus Kupfer und Zinn bestehen (Statuenbronze, Glocken- und Kanonenmetall). Unsere Kupfermünzen sind Legierungen aus 95 Teilen Kupfer, 4 Teilen Zinn und 1 Teile Zink.

4. **Das Blei** wird vorwiegend aus dem Bleiglanze (S. 82, 1b) gewonnen, der sehr häufig vorkommt. Das bläulichweiße, glänzende Metall verbindet sich leicht mit dem Sauerstoffe der Luft: es „läuft an", indem sich Bleioxyd bildet. Da das Blei weich, geschmeidig und dehnbar ist, läßt es sich leicht verarbeiten. Infolge seiner Billigkeit findet es auch vielfache Verwendung. Man benutzt es zur Herstellung von Schrotkugeln und anderen Geschossen, zum Einfassen von Fensterscheiben, zur Herstellung von Dachplatten usw. — Halten wir ein Stück Blei über eine Flamme, so beobachten wir, daß es leicht schmilzt („Bleigießen"!). Noch leichter schmilzt seine Legierung mit Zinn, die daher vom Klempner und Zinngießer als „Schnellot" verwendet wird. — Wie wir schon erfahren haben (S. 88, 5), sind Bleiverbindungen sehr giftig. Da sich aber das Metall in hartem, insbesondere kohlensäurehaltigem Wasser nur sehr schwer auflöst, kann man trotzdem Bleiröhren bei Wasserleitungen verwenden.

Einige Bleiverbindungen, z. B. die rote Mennige und das Bleiweiß, dienen als wichtige Maler- und Anstrichfarben.

5. **Das Zinn** findet sich zumeist im Zinnstein (Zinnoxyd; Erzgebirge, England, Malakka). Es ist silberweiß, sehr weich, geschmeidig und dehnbar. Man kann es zu papierdünnen Blättern ausschlagen, die uns als „Stanniol" bekannt sind, und zum Verpacken von Tee, Schokolade, Käse usw. dienen. Da es schwer oxydiert, „verzinnt" man eiserne und kupferne Gefäße. Verzinntes Eisenblech heißt „Weißblech".

6. **Das Zink** ist äußerlich dem Zinn sehr ähnlich. Es wird aus Zinkblende (Zink und Schwefel) gewonnen und ist wie das Zinn gegen Wasser und Luft sehr widerstandsfähig. Man verarbeitet es daher zu Badewannen, Dachrinnen und anderen Gegenständen, die dem Wasser oder der feuchten Luft ausgesetzt sind. Da seine Salze aber giftig sind, kann es zu Küchengeräten nicht verwendet werden. Beim Verbrennen von Zink entsteht „Zinkweiß", das als Anstrichfarbe benutzt wird. Aus der Legierung mit Kupfer und Nickel, dem „Neusilber", stellt man allerlei Gerätschaften her.

7. **Das Eisen** ist das nützlichste und wichtigste aller Metalle (Beweis!). Obwohl es gediegen nur selten vorkommt, sind seine Verbindungen überaus verbreitet. Sie finden sich in der Ackererde, in vielen Gesteinen, die dadurch gelb, braun oder

rot gefärbt werden, in fast allen Gewässern, im Blute der Menschen und Tiere und im Blattgrün der Pflanzen. Auch seine Erze (Magneteisen-, Roteisen-, Brauneisen-, und Spateisenstein) sind sehr häufig.

a) Gewinnung. Die Eisenerze werden zunächst zerkleinert („gepocht") und von den beigemengten erdigen oder steinigen Massen möglichst gesondert. Dann „röstet" man sie, wodurch Wasser und Kohlensäure verflüchtigt werden. Um das Schmelzen zu fördern, setzt man den so „zubereiteten" Erzen ein geeignetes „Flußmittel" (S. 88, 4) zu. Nun kommen sie in den angeheizten „Hochofen", der bis 30 m hoch und mit feuerfesten Steinen ausgemauert ist. Eine Lage Erze wechselt stets mit einer Schicht Koks oder Holzkohle ab. Mittels großer Gebläsemaschinen wird von unten Luft in die Flammen geblasen. Hierdurch wird die Hitze im Ofen so gesteigert, daß das Erz schmilzt; es bildet sich Eisen, das nach unten tropft und sich am Grunde des Ofens, auf dem „Herde" sammelt. Von dort wird das geschmolzene Eisen von Zeit zu Zeit abgelassen. Es fließt in längliche Sandformen, in denen es erstarrt. Da der Ofen, einmal angezündet, dauernd in Betrieb sein muß, wird von oben schichtweise Eisenerz und Brennmaterial nachgefüllt.

b) Verwendung. Das auf diese Weise gewonnene Roheisen enthält $2^1/_2$—4 % Kohlenstoff. Es läßt sich zwar feilen, bohren und in Formen gießen („Gußeisen"), ist aber spröde. Darum kann man es nur zu Töpfen, Öfen und solchen Maschinenteilen verarbeiten, die keine große Festigkeit bedingen. — Um es für Schmiede- und Schlosserarbeiten verwendbar zu machen, muß ihm durch ein besonderes Schmelzverfahren der Kohlenstoff bis auf etwa $^1/_{12}$ % entzogen werden. Es entsteht dann das Schmiede- oder Stabeisen, das zäh und dehnbar ist. Daher kann man es hämmern und walzen. In der Glühhitze wird es weich, so daß sich getrennte Stücke unter dem Hammer zusammen„schweißen" lassen. Man verfertigt daraus Träger für Bauten, Bleche für Dampfkessel, Ketten usw. — Eisen, das 0,3—1,6 % Kohlenstoff enthält, bezeichnete man früher als Stahl. Jetzt ist die Bezeichnung (Stahl oder Eisen) mehr oder weniger willkürlich, weil es viele Zwischenstufen gibt. Wenn man glühenden Stahl plötzlich in Wasser abkühlt, wird er sehr hart. Da er zugleich elastisch ist, wird er zu Feilen, Sensen, Messer- und Säbelklingen, ferner zu Nadeln, Uhrfedern usw. verarbeitet. — Gegossenen Stahl nennt man Gußstahl. Er wird zur Herstellung von Geschützrohren und Maschinenteilen aller Art verwendet. — Wiederhole, was wir über den Magnetismus des Eisens erfahren haben!

Lösen wir etwas Eisen in verdünnter Schwefelsäure auf, und dampfen wir die grünliche Flüssigkeit ein, so scheiden sich grüne Kristalle von Eisenvitriol aus. Im großen gewinnt man das Eisenvitriol aus dem messinggelben Schwefelkies (S. 82, 1 b). Fügen wir zu einer Lösung von Eisenvitriol Gerbsäure (S. 100), so wird die Flüssigkeit schwarz. Darum verwendet man Eisenvitriol zur Herstellung der Tinte. Auch in der Färberei und in anderen Gewerben wird das wichtige Salz vielfach benutzt.

XII. Von den Nährstoffen.

Diejenigen Stoffe der Nahrung, die für den Aufbau und die Erhaltung unseres Körpers erforderlich sind, nennt man Nährstoffe. Außer Wasser und Salzen (Kalksalze, Kochsalz) sind es Zucker, Stärke, Eiweiß und Fette.

1. **Der Zucker** ist in Wurzeln, Stengeln und Früchten weit verbreitet (Fruchtzucker; Trauben- oder Stärkezucker) und auch in der Milch der Säugetiere vorhanden (Milchzucker). Die Zuckerart, die wir zumeist verwenden, wird aus dem Safte der Zuckerrüben hergestellt (Rübenzucker). — Die Rüben werden sorgfältig gereinigt und in „Schnitzel" zerschnitten, aus denen man den zuckerhaltigen Saft gewöhnlich durch Auslaugen gewinnt. Dieser „Rohsaft" enthält aber außer Zucker noch andere Stoffe, insbesondere Eiweiß und Säuren, von denen er befreit werden muß. Der so geläuterte „Dünnsaft" wird in besonders eingerichteten Gefäßen zu „Dicksaft" eingedampft, aus dem sich der Zucker in kleinen Kristallen abscheidet. Nachdem der kristallisierte Zucker in Schleudermaschinen von dem „Sirup" befreit worden ist, wird der so erhaltene „Rohzucker" nochmals in Wasser aufgelöst, durch Holzkohle entfärbt und wieder eingedampft („raffiniert"). Dann stellt man aus ihm die „Zuckerhüte" und den „Würfelzucker" her. — Die ausgelaugten Schnitzel sind ein gutes Viehfutter. — Auch aus dem Zuckerrohre (s. Pflanzenkunde) gewinnt man auf ähnliche Weise Zucker (Rohrzucker), der dem Rübenzucker völlig gleicht.

Wenn wir Zucker gelinde erwärmen, schmilzt er und erstarrt beim Erkalten zu einer glasartigen Masse (Bonbon). — Lassen wir eine gesättigte Zuckerlösung stehen, so daß das Wasser langsam verdunstet, dann scheiden sich Kristalle ab (Kandiszucker). — Erhitzen wir geschmolzenen Zucker, dann wird er immer dunkler; dabei entweichen Wasserdampf und brennbare Gase (Leuchtgas). Der Zucker besteht also aus Kohlenstoff, Sauerstoff und Wasserstoff.

Wie wir wissen, ist er im Wasser leicht löslich; er ist auch sehr leicht verdaulich und wirkt daher nach körperlichen Anstrengungen schnell kräftigend. Da starke Zuckerlösungen die Entwicklung von Bakterien verhindern, benutzt man sie, um Früchte längere Zeit zu erhalten, zu „konservieren".

2. **Die Stärke** ist uns aus jedem Haushalte als weiße, weiche, leicht zerreibliche Masse bekannt. Wir haben bereits erfahren (s. Pflanzenkunde), daß sie von den Pflanzen bereitet wird. Besonders reich daran sind die Getreidekörner, die Samen der Hülsenfrüchte, die Kartoffeln usw. Wie sie aus letzteren gewonnen wird, haben wir schon kennen gelernt (s. Pflanzenkunde). — Die Stärke hat dieselben Bestandteile wie der Zucker (Nachweis!), aber sie ist in kaltem Wasser unlöslich. Rühren wir sie mit warmem Wasser an, so quellen die Körnchen auf, und wir erhalten „Stärkekleister". Buchbinder und Tapezierer brauchen ihn zum Kleben; die Wäscherin „stärkt" damit die Wäsche (Glanzplätten!). — Die Stärke, die in rohem Zustande fast unverdaulich ist, führen wir dem Körper in mehlhaltigen Speisen und Backwaren zu. Durch das Kochen oder Backen wird sie nämlich in Stärkekleister verwandelt, der durch den Mund- und Bauchspeichel sowie den Magen- und den Darmsaft in Zucker umgesetzt wird. — Auch die Pflanzen können nur gelöste Stoffe aufnehmen. Beim „Keimen" der Samen und Knollen verwandelt sich die darin aufgespeicherte Stärke in Zucker (Malzbereitung, S. 98, 3).

3. **Das Eiweiß** hat seinen Namen von dem Weißen im Hühnerei. Dieses wird, wie wir wissen, beim Erwärmen fest (Kochen der Eier); es „gerinnt". An der Luft geht es leicht in Fäulnis über. Da sich dabei Wasser, Kohlensäure, Ammoniak und Schwefelwasserstoff bilden (Beweis!), enthält das Eiweiß außer Kohlen-, Sauer- und Wasserstoff noch Stickstoff und Schwefel. Auch Phosphor hat man im Eiweiß nachgewiesen. — Verbrennen wir Hühnereiweiß, so nehmen wir einen Geruch wie nach verbrannten Haaren oder Federn wahr.

Wir übergießen Schabefleisch mit kaltem Wasser, drücken das Fleisch aus und filtrieren den wässerigen Fleischsaft. Erhitzen wir ihn, so bilden sich weißlich-graue Flocken, die sich beim Verbrennen durch den unangenehmen Geruch als Eiweiß zu erkennen geben. Eiweißstoffe, die in der Hitze „gerinnen", heißen Albumine.

Wir gießen etwas Essig oder Salzsäure in Milch: die Milch „gerinnt". Filtrieren wir die geronnene Milch, so bleibt der gelblich-weiße Käsestoff (das Kaseïn) zurück. Beim Erhitzen (Kochen der Milch) gerinnt diese Eiweißart aber nicht.

Das frische Blut geschlachteter Tiere gerinnt, sobald es mit der Luft in Berührung kommt. Waschen wir den dabei sich abscheidenden dunkelroten „Blutkuchen" mit Wasser aus, so bleibt eine weiße, faserige Masse, der Faserstoff (das Fibrin) zurück. Durch Erhitzen erkennen wir, daß das Fibrin ebenfalls Eiweiß ist. — Wodurch unterscheiden sich also die drei Eiweißarten?

In der Flüssigkeit, aus der sich die Kartoffelstärke absetzt, ist ebenfalls Eiweiß leicht festzustellen (Versuch!). Dieses Pflanzeneiweiß oder Kleber kommt in vielen Pflanzensamen, besonders in den Getreidekörnern und in den Samen der Hülsenfrüchtler vor.

Das Eiweiß wird hauptsächlich von den Pflanzen gebildet (woraus?). Dort hilft es den Inhalt der Zellen, das Protoplasma, aufbauen (s. Pflanzenkunde), und für uns ist es der eigentliche Fleisch- und Blutbildner.

4. **Die Fette** kommen im Pflanzen- und im Tierreiche vor. Sie sind fest (Talg), halbweich (Butter, Schmalz) oder flüssig (Öle). Die meist flüssigen Pflanzenfette (fette und flüchtige Öle; s. Pflanzenkunde) finden sich hauptsächlich in Früchten und Samen (Beispiele!). Die tierischen Fette sind fast alle fest (Ausnahme: Lebertran!). Die festen Fette werden durch Ausschmelzen gewonnen (Talg), die Öle dagegen durch Auspressen oder durch Auskochen mit Wasser. Alle Fette sind nämlich in Wasser unlöslich und sammeln sich auf seiner Oberfläche an (warum?). — Wir lösen Soda in Wasser auf und gießen etwas Öl hinzu. Schütteln wir die Flüssigkeit, so wird sie milchig. Das Öl hat sich in viele, sehr kleine Tröpfchen verteilt und kann nun mit der ganzen Mischung ausgegossen werden. Um unser Kochgeschirr von Fett zu reinigen, tun wir daher Soda in das Abwaschwasser. Aus den Kleidern entfernen wir Fettflecke zumeist durch Benzin, das Fett auflöst. — Ganz reine Fette sind geruchlos; an der Luft werden sie aber durch Aufnahme von Sauerstoff übelriechend, „ranzig". Beim Verbrennen von Fetten bildet sich Leuchtgas (Versuch!); sie bestehen also aus Kohlen-, Sauer- und Wasserstoff. Da sich die Fette aber erst bei hoher Temperatur (300⁰) zersetzen, also viel heißer als Wasser werden können, benutzen wir sie im Haushalte, um Fleisch und andere Speisen zu braten. Dabei bleibt das Fleisch zugleich schmackhaft. Legen wir nämlich Fleisch in heißes Fett, dann gerinnt das Eiweiß der äußeren Schicht, so daß der wohlschmeckende Fleischsaft zurückgehalten wird. — Die Fette sind die wichtigsten „Brennstoffe" des Körpers (s. Menschenkunde). Darum genießen die Bewohner kalter Länder fettreiche Speisen, und die Grönländer trinken sogar Tran.

Wie wir wissen, werden die Fette als Heiz- und Beleuchtungsstoffe verwendet (Beispiele!). Einige Öle, z. B. das Leinöl, erhärten an der Luft; sie dienen darum als Firnis zum Anstrich. Kneten wir Leinöl mit Kreide zusammen, so erhalten wir den „Glaserkitt". Fette aller Art benutzt man auch zur Seifenbereitung.

5. **Die Seifenbereitung.** a) In einer großen Porzellanschale schmelzen wir Talg, setzen Natronlauge (S. 84, 2 b) hinzu und kochen die Masse unter beständigem Umrühren, bis sie

Fäden zieht. Dann fügen wir Kochsalz bei, kochen die Mischung noch einige Zeit und lassen sie erkalten. Dabei scheidet sich aus der wässerigen Lauge ein fester Körper ab: wir haben Seife hergestellt. Ähnlich bereitet der Seifensieder die „Kern-“ oder „Natronseife“ im großen. Verwendet er Kalilauge, ohne Kochsalz hinzuzufügen, so erhält er die „Schmier-“ oder „Kaliseife“ (Name?), die besonders zum Scheuern gebraucht wird.

b) Wir wissen bereits, daß sich Seife in Wasser auflöst (S. 72, 2c). Dabei wird gleichzeitig Natron- oder Kalilauge frei. Diese verbindet sich beim Waschen mit den auf dem Körper oder in den Stoffen vorhandenen Fetten zu löslicher Seife, die ebenso wie der anhaftende Staub und Schmutz durch Wasser weggespült wird.

XIII. Von einigen Nahrungs- und Genußmitteln.

Die Nährstoffe nehmen wir in den Nahrungsmitteln (Name?) auf, aus denen unsere Speisen bereitet werden. Die wichtigsten Nahrungsmittel aus dem Tierreiche sind Milch, Eier und Fleisch. Das Pflanzenreich liefert uns unter anderem Mehl, Hülsenfrüchte, Kartoffeln, Gemüse, Pilze, Obst usw.

1. **Die Milch** ist weiß bis gelblich und schmeckt süß, denn sie enthält Milchzucker (S. 93, 1). Lassen wir süße Milch längere Zeit stehen, dann wird sie sauer. Infolge der durch Spaltpilze erregten Gärung (S. 97) verwandelt sich nämlich ein Teil des Milchzuckers in „Milchsäure“, und die Milch gerinnt (S. 94, 3): sie wird „dick“, indem sich von der gelblichen „Molke“ der Käsestoff absondert. — Betrachten wir Milch unter dem Mikroskop, dann erblicken wir inmitten einer hellen Flüssigkeit zahlreiche Fettkügelchen. Beim Kochen der Milch setzen sich an dem Deckel des Gefäßes Wassertropfen ab. Endlich enthält die Milch auch Kalksalze und Kochsalz; sie besitzt mithin alle zur Ernährung notwendigen Stoffe, und zwar in leicht verdaulicher Form. Sie ist — besonders für kleine Kinder — das vollkommenste Nahrungsmittel.

Wollen wir Milch längere Zeit brauchbar erhalten, so müssen wir sie kochen, um die darin vorhandenen Pilzkeime zu töten, und sie in reinen, geschlossenen Gefäßen an einem kühlem Orte aufbewahren. — Genieße nur Milch von gesunden Tieren und beziehe sie nur aus reinlichen Wirtschaften (s. Menschenkunde).

Lassen wir Milch ruhig stehen, dann steigen die Fettkügelchen an die Oberfläche (warum?) und sammeln sich dort als Rahm (Sahne) an. Schöpfen wir den Rahm ab, und schütteln wir ihn längere Zeit tüchtig, so vereinigen sich die Fettkügelchen zu Klümpchen: wir haben Butter hergestellt. Im großen bringt man den Rahm in ein Butterfaß oder eine Buttermaschine, in denen er kräftig geschlagen wird. Dabei sondern sich die Butterklumpen von der „Buttermilch“. Dann wäscht man die Buttermasse wiederholt mit Wasser, um alle noch vorhandenen Milchteile zu entfernen. In einigen Gegenden knetet man endlich die Butter mit Kochsalz durch, damit sie sich länger „hält“.

Die entrahmte Milch heißt Magermilch (Name?), im Gegensatz zu der Vollmilch. — Warum genügt Magermilch nicht zur Ernährung der Säuglinge?

Die sog. Kunstbutter oder Margarine wird aus Rindertalg, Sesamöl und Milch, die Kokosnußbutter (Palmin) aus dem Öle der Kokosnuß hergestellt.

Preßt man „dicke Milch“ durch einen Beutel, so fließt die „Molke“ ab, während der Käsestoff als Weißkäse („Quark“ oder dgl.) zurückbleibt. Er ist eines unserer besten Nahrungsmittel (warum?). Der Käsestoff wird ferner zu verschiedenen Käsesorten (nenne einige!) verarbeitet. Rahmkäse wird aus Rahm, Fettkäse aus Vollmilch, Magerkäse aus

Magermilch hergestellt. Zur Bereitung von Käsen verwendet man in einigen Ländern nicht nur die Milch der Kühe, sondern auch Schaf-, Ziegen- und Pferdemilch.

2. **Das Ei.** Durchschneiden wir ein gekochtes Ei, so sehen wir, daß es aus Schale, Weißei und Gelbei (Dotter) besteht.

a) Ein einzelnes Stück der dünnen Schale kann man leicht zertrümmern. Versuchen wir jedoch, das Ei von seinen beiden Enden her zusammenzudrücken, dann finden wir, daß es einen sehr starken Druck auszuhalten vermag, ohne zu zerbrechen. Wie den Brückenbogen und anderen Gewölben verleiht also die eigentümliche Gestalt (Krümmung) der Eierschale ihre Festigkeit.

Die Eierschale besteht aus kohlensaurem Kalk (Beweis! S. 86, 1b). Lassen wir Eier einige Zeit in Salzwasser liegen, so finden wir, daß es durch die Schale in das Ei eingedrungen ist: die Schale ist porös (S. 15, 3b). Darum können auch die Luft und Fäulnisbakterien in die Eier gelangen, und darum verlieren die Eier einen Teil ihres Wassergehaltes, wenn man sie längere Zeit aufbewahrt; sie werden leichter.

b) Das Weißei ist eine zähe, dickflüssige Lösung von Eiweiß (Beweis! S. 93, 3) in Wasser, die sich durch Zusatz von Wasser beliebig verdünnen läßt (Versuch!). Erwärmen wir verschieden stark verdünnte Eiweißlösungen, dann beobachten wir, daß das Eiweiß um so schwerer gerinnt, je verdünnter es ist. Nun verstehen wir auch, warum „frische" Eier länger kochen müssen als „alte". — Wenn wir das Weißei mit einem Löffel oder dgl. schlagen, entsteht schaumiger „Schnee", in dem zahllose Luftbläschen die Eiweißmasse durchsetzen. Der Schnee „steht" um so besser, je zähflüssiger die Eiweißmasse ist; verdünnte Eiweißlösung läßt sich nicht zu Schnee schlagen (Versuch!). Warum gibt das Eiweiß leichter Schnee, wenn Zucker zugesetzt wird?

Gießen wir in eine Lösung von Kupfervitriol oder in die Lösung eines anderen Metallsalzes etwas Eiweißlösung, so scheidet sich eine flockige Masse ab. Ein ähnlicher Vorgang vollzieht sich im Magen, wenn jemand eine Metallsalzlösung (Grünspan) genossen hat und darauf Eiweiß einnimmt. Eiweiß ist also ein gutes Mittel gegen giftige Metallsalze (vgl. S. 90!).

c) Das Gelbei (Dotter) enthält mehr Eiweiß als das Weißei. Betrachten wir es unter dem Mikroskop, so erkennen wir darin auch zahllose Fettröpfchen. Dieses „Eieröl" gibt dem Dotter die gelbe Farbe.

d) Da die Eier auch Zucker und Salze enthalten (s. Tabelle!) und wohlschmeckend sind, bilden sie ein wichtiges und beliebtes Nahrungsmittel. Um die Eier zu „konservieren", muß man die Poren verschließen: man versieht die Eier mit einem luftdichten Überzuge (Paraffin), oder man legt sie in Kalkwasser, in mit Wasser verdünntes Wasserglas oder dgl.

3. **Das Fleisch** enthält dieselben Nährstoffe wie das Ei, jedoch in anderer Mischung; auch die einzelnen Fleischsorten verhalten sich hierin verschieden (vgl. Tabelle!). Das Rindfleisch gilt als das nahrhafteste Fleisch. Die Güte des Fleisches richtet sich aber auch nach dem Alter und der Nahrung (Fütterung) der Schlachttiere. Das Fleisch von kranken Tieren ist gesundheitsschädlich. Auch sollte man rohes oder ungenügend gekochtes Fleisch nicht essen (Trichine, Bandwurm; s. Tierkunde).

Wie wir schon erfahren haben, enthält das Fleisch lösliche und unlösliche Eiweißstoffe. Setzt man daher das Fleisch mit kaltem Wasser auf, so werden dem Fleisch außer den Salzen auch lösliche Eiweißstoffe entzogen. Man erhält eine gute Fleischbrühe, aber saftarmes Fleisch. Wenn wir das Fleisch aber mit heißem Wasser aufsetzen oder es braten, bleibt es saftiger und nahrhafter (warum? S. 94, 4).

Über das Konservieren des Fleisches s. Pflanzenkunde (Spaltpilze).

4. **Die pflanzlichen Nahrungsmittel** enthalten besonders viel Zuckerstoffe (Stärke). Sehr nährstoffreich sind die Hülsenfrüchte (nenne einige!) und das Brot; dagegen haben die Kohlarten (nenne sie!), Salat, Obst und Pilze geringen Nährwert (vgl. Tabelle!). Trotzdem sind sie sehr zuträglich für unsere Ernährung, denn viele von ihnen enthalten angenehm duftende Öle oder wohlschmeckende Stoffe, die den Appetit anregen und die Verdauung fördern. Auch können wir mit Hilfe der pflanzlichen Nahrungsmittel unsere Speisen abwechslungsreicher herrichten.

5. **Die Gewürze** verwenden wir, um die Speisen schmackhafter zu machen. Sie regen ebenso wie die Genußmittel die Nerventätigkeit und den Stoffwechsel an, solange sie in geringen Mengen genossen werden. Im Übermaß genossen, wirken aber beide gesundheitsschädlich. Über unsere wichtigsten Genußmittel (Kaffee, Tee, Kakao, Tabak) und Gewürze (Senf, Kümmel, Fenchel, Dill, Petersilie, Gartenkerbel, Pfeffer, Zimt, Muskatnuß, Gewürznelken, Vanille) s. Naturgeschichte.

Wieviel kostet nach unseren Marktpreisen 1 kg eines jeden Nährstoffes in den einzelnen Nahrungsmitteln?

Zusammensetzung wichtiger Nahrungsmittel.

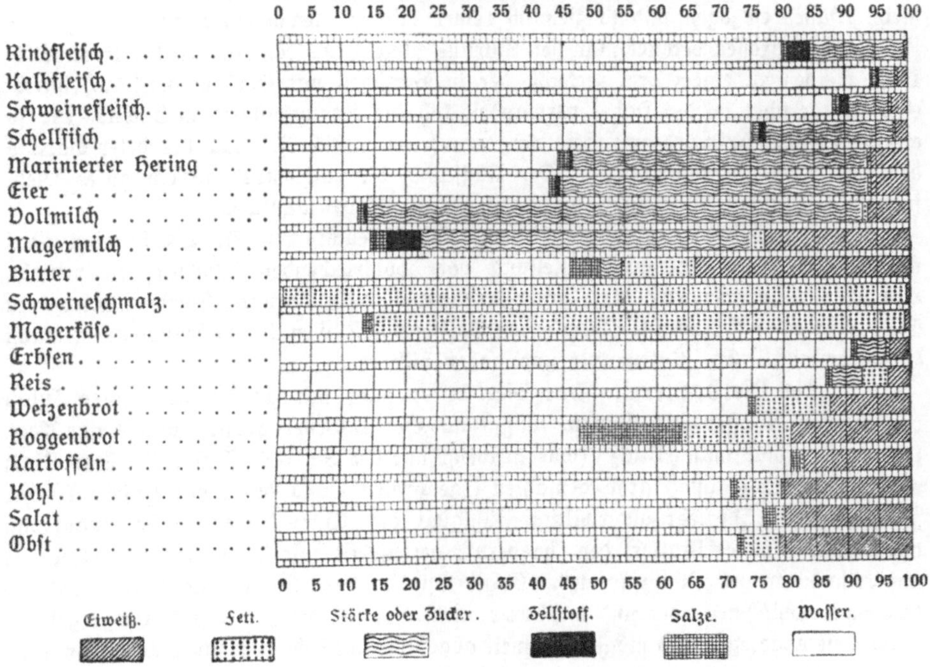

XIV. Von der Gärung.

1. **Die geistige Gärung.** a) Bleibt klarer, süßer Obstsaft längere Zeit in einem offenen Glase stehen, so sieht man Gasbläschen aufsteigen. Der Saft wird trübe und beginnt zu schäumen: er „gärt". Mit Hilfe des Mikroskopes erkennt man darin unzählige Zellen des Hefepilzes (s. Pflanzenkunde). Wenn die „Gärung" beendet ist, schmeckt die Flüssigkeit nicht mehr süß, sondern branntweinartig.

b) Um diesen Vorgang zu verstehen, gießen wir eine dünne Traubenzuckerlösung in eine Gasentwicklungsflasche, setzen ein wenig Bierhefe zu, führen das gebogene Glasrohr in Kalkwasser und erwärmen die Flüssigkeit gelinde (auf etwa 20°). Da das aus der schäumenden Lösung aufsteigende Gas das Kalkwasser trübt, haben wir es mit Kohlensäure zu tun. Hört die Gasentwicklung auf, so schmeckt die Flüssigkeit nicht mehr süß, sondern nach Spiritus (Weingeist) oder Alkohol. Durch die Einwirkung der Hefe ist also der Zucker in Kohlensäure und Alkohol zerfallen. — Dieselbe Zersetzung erleidet auch die Stärke, nachdem sie vorher durch Malz (s. u.) in Trauben- oder Stärkezucker umgewandelt worden ist. Auf dieser „geistigen" Gärung des Zuckers und der Stärke beruhen wichtige Gewerbe.

2. **Die Spiritusbereitung (Branntweinbrennerei).** a) Die gegorene Flüssigkeit, die wir bei dem letzten Versuche erhalten haben, erwärmen wir auf etwa 80° und leiten die entstehenden Dämpfe in eine abgekühlte Vorlage. Hier verdichten sich die Dämpfe zu einer wasserhellen, leichtbeweglichen Flüssigkeit, die mit schwachleuchtender, bläulicher Flamme brennt: wir haben Spiritus oder Alkohol hergestellt. Dieser enthält freilich noch viel Wasser. Da er aber schon bei 78°, Wasser jedoch erst bei 100° siedet, kann der Mischung durch wiederholtes „Destillieren" immer mehr Wasser entzogen und so ziemlich reiner Alkohol gewonnen werden.

b) Im großen bereitet man den Spiritus zumeist aus den Knollen der Kartoffeln. Diese werden zu einem Brei zerkocht, der in Bottichen mit Gerstenmalz (s. u.) durcheinander gerührt wird. Dabei verwandelt sich die Kartoffelstärke in Zucker. Die so erhaltene „Maische" wird mit Hefe vergoren (was entsteht?). Nach beendeter Gärung destilliert man den Spiritus ab. Der Rückstand, die „Schlempe", ist ein gutes Viehfutter. Ähnlich gewinnt man aus Roggen den „Kornbranntwein".

c) Der Spiritus wird als Brenn- und Beleuchtungsstoff, als Lösungsmittel von Harzen (Firnisse), zur Herstellung von wohlriechenden Wassern, Heilmitteln, Likören usw. verwendet. Der zum Brennen u. dgl. benutzte Spiritus wird mit übelriechenden und schlecht schmeckenden Stoffen zum Genusse unbrauchbar gemacht („denaturiert"). Er ist steuerfrei und daher billiger.

3. **Die Bierbrauerei.** Das Bier braut man aus Gerstenmalz unter Zusatz von weichem Wasser und Hopfen. Läßt man Gerstenkörner quellen und einige Tage keimen, so erhält man „Malz" (was geschieht mit der Stärke? S. 93, 2). Das Malz wird getrocknet, geröstet, grob gemahlen („geschroten") und dann mit heißem Wasser „eingemaischt". Die sehr zuckerhaltige Flüssigkeit, die „Würze", trennt man darauf von den Rückständen des Malzes, den „Trebern", versetzt sie mit Fruchtzapfen des Hopfens und kocht sie in der „Würzpfanne". Dabei löst sich das „Hopfenbitter" auf, wodurch das Bier wohlschmeckender und haltbarer wird. Hat sich die „gehopfte" Würze geklärt, so wird sie abgezogen und möglichst schnell abgekühlt (weil sie sonst sauer werden würde) und vergoren. Läßt man die Gärung bei höherer Temperatur (etwa 14°) verlaufen, dann entwickelt sich die Kohlensäure reichlich und lebhaft. Infolgedessen wird die Hefe an die Oberfläche gedrängt („Obergärung"). Daher besitzen Weißbier und andere „obergärige" Biere (nenne einige!) viel Kohlensäure. Findet aber die Gärung bei niedriger Temperatur (4—10°) statt, so erfolgt die Kohlensäurebildung langsam, und die Hefe sammelt sich unten am Boden des Bottichs an („Untergärung"). Das „untergärige" Bier füllt man auf Fässer und läßt es zur Nachgärung längere Zeit lagern („Lagerbier"). Die sich dabei entwickelnde Kohlensäure löst sich im Biere auf

und macht es haltbarer und „frisch“ (S. 79, 5d). Obergäriges Bier läßt man gewöhnlich in Flaschen nachgären; es wird aber schnell sauer (s. Essiggärung). Das Bier färbt man durch das Malz selbst oder durch einen Zusatz von Zucker, den man vorher gebrannt hat. — Die ausgewaschenen Treber dienen als Futtermittel.

4. **Die Weinbereitung.** Die zuckerhaltigen Weinbeeren werden gepreßt, „gekeltert“. Dann bringt man den Weinsaft („Most“) in offene Fässer, wo er bald in Gärung übergeht. Die in der Luft und auf den frischen Beeren stets vorhandenen Hefepilze gelangen ohne besonderes Zutun in den Most und veranlassen so diese „Selbstgärung“. Sie ist nach 2—3 Wochen beendet. Dann gießt man den Wein zur Nachgärung in Fässer. Hierbei bilden sich auch die wohlriechenden Stoffe, die dem Weine die „Blume“ geben. Der Most, auch der von blauen Beeren, ist immer weiß. Will man Rotwein erhalten, so muß man die blauen Schalen der Beeren mitgären lassen. — Auf ähnliche Weise gewinnt man aus den Säften anderer Früchte (Johannisbeeren, Stachelbeeren, Äpfel) die Obstweine.

Branntwein, Bier, Wein und alle anderen geistigen Getränke enthalten Alkohol. Der regelmäßige und reichliche Genuß geistiger Getränke ist überaus schädlich! Kinder sollen nie alkoholische Getränke erhalten!

5. **Die Essiggärung.** a) Läßt man Wein, Bier oder gegorene Fruchtsäfte längere Zeit an der Luft offen stehen, so werden sie sauer. Unter Mitwirkung des Essigsäurepilzes geht nämlich der Alkohol durch Aufnahme von Sauerstoff in Essigsäure über. Hierauf beruht auch das Sauerwerden stärkehaltiger Speisen. Welche Umwandlung muß aber vorher die Stärke erfahren haben?

b) Fabrikmäßig stellt man den Essig aus verdünntem Alkohol her. In hölzerne 2—3 m hohe Fässer füllt man Buchenholzspäne, die mit Essig getränkt sind. Darüber befindet sich ein siebartiger Einsatz, durch dessen Öffnungen der mit etwas Essig versetzte Spiritus auf die Späne tropft. Er breitet sich über die Oberfläche der Späne aus, kommt mit dem Essigpilze und mit der Luft in Berührung, die durch seitliche Öffnungen der Faßwand einströmt. Infolgedessen oxydiert der Spiritus zu Essig, der durch ein Abflußrohr am Boden des Bottichs abgelassen wird. — Der aus Wein gewonnene Essig heißt „Weinessig“. Der Speiseessig ist stark durch Wasser verdünnt. — Mit Metallen bildet die Essigsäure sehr giftige Salze, z. B. mit Blei den „Bleizucker“ und mit Kupfer den „Grünspan“. (Vorsicht!)

6. **Die Brotbereitung.** Daß aus den Getreidekörnern das Mehl bereitet wird, haben wir in der Pflanzenkunde erfahren. Wir wissen auch schon, daß es fast unverdaulich ist. Es muß darum in einen leicht verdaulichen und zugleich wohlschmeckenden Zustand verwandelt werden. Zunächst rührt man das Mehl mit lauwarmem Wasser zu einem zähen Teige an, den man mit Hefe (Hefepilze!) oder Sauerteig (d. i. älterer, gärender Teig) durchknetet, in die bekannten Formen bringt und einige Stunden stehen läßt. Die Kohlensäure, die sich bei der Gärung bildet, durchsetzt den Teig mit Blasen, wodurch er locker wird und anschwillt: er „geht auf“. Darauf schiebt man das Brot in den Backofen. Durch die Hitze werden Kohlensäure und Alkohol vertrieben und die Pilze getötet, welche die Gärung bewirkt haben. Die Stärkekörner aber verkleistern wie beim Kochen und werden dadurch verdaulich. Gleichzeitig entsteht an der Oberfläche des Brotes aus der Stärke eine Art Gummi, der die wohlschmeckende, braune Kruste bildet. — Ist die Ofenhitze beim Backen zu stark,

dann erhärtet die Kruste zu schnell, so daß die entstehenden Gase nicht entweichen können. Sie sammeln sich dann unter der Rinde und sprengen sie ab: das Brot ist „abgebacken". Ist dagegen der Ofen nicht heiß genug, dann erhärtet die Rinde zu langsam, die Gase entweichen zu schnell, und die Poren fallen zusammen: das Brot erhält einen „Wasserstreifen".

XV. Von der Lederbereitung.

Wenn rohe Tierhäute austrocknen, werden sie hart und brüchig; im feuchten Zustande aber faulen sie leicht. Um sie zur Anfertigung unseres Schuhwerks verwendbar zu machen, muß man aus ihnen Leder bereiten, das der Fäulnis widersteht, für Wasser undurchlässig ist und biegsam und geschmeidig bleibt. Dies geschieht durch das Gerben der Tierhäute. — Zunächst werden sie in fließendem Wasser eingeweicht (warum wohl?). Dann schabt man alle Fett- und Fleischteile ab und entfernt die Oberhaut mit den Haaren. Endlich legt man die übrigbleibende Lederhaut (Name!) in Gruben, so daß eine Schicht Häute mit einer Schicht gemahlener, nasser Eichen- oder Fichtenrinde („Gerberlohe"; „Lohgerberei") abwechselt. Die Gerberlohe enthält reichlich Gerbsäure. Diese dringt in die Poren der Lederhaut ein und gibt ihr die gewünschten Eigenschaften. — Da dieser Vorgang jedoch 2 bis 3 Jahre dauert, verwendet man heutzutage vielfach statt der Lohe schneller wirkende Stoffe („Schnellgerberei").

Die Gerbsäure findet sich auch in dem Fleische unreifer Früchte, die deshalb einen herben, zusammenziehenden Geschmack haben. Beim Reifen der Früchte verwandelt sie sich in Zucker. Sie besteht wie dieser aus Kohlenstoff, Sauerstoff und Wasserstoff.

Additional material from *Realienbuch,*
ISBN 978-3-663-15268-2, is available at http://extras.springer.com

GPSR Compliance

The European Union's (EU) General Product Safety Regulation (GPSR) is a set of rules that requires consumer products to be safe and our obligations to ensure this.

If you have any concerns about our products, you can contact us on ProductSafety@springernature.com

In case Publisher is established outside the EU, the EU authorized representative is:

Springer Nature Customer Service Center GmbH
Europaplatz 3
69115 Heidelberg, Germany

Batch number: 10577878

Printed by Printforce, the Netherlands